TRAITÉ

DE

STATIQUE GRAPHIQUE

PAR

C. CULMANN

PROFESSEUR A L'ÉCOLE POLYTECHNIQUE FÉDÉRALE DE ZURICH

TRADUIT SUR LA DEUXIÈME ÉDITION ALLEMANDE

PAR

G. GLASSER ET J. JACQUIER

INGÉNIEURS DES PONTS ET CHAUSSÉES

ET

A. VALAT

INGÉNIEUR CIVIL, ANCIEN SUPPLÉANT DE M. CULMANN A L'ÉCOLE POLYTECHNIQUE DE ZURICH

Ouvrage honoré d'une Souscription de Monsieur le Ministre
des Travaux publics

TOME PREMIER

—

TEXTE

PARIS

DUNOD, ÉDITEUR

LIBRAIRE DES CORPS NATIONAUX DES PONTS ET CHAUSSÉES, DES MINES
ET DES TÉLÉGRAPHES

49, Quai des Augustins, 49

1880

TRAITÉ

DE

STATIQUE GRAPHIQUE

—

TOME PREMIER

PARIS — IMPRIMERIE ARNOUS DE RIVIÈRE

26, RUE RACINE. 26

PRÉFACE DE L'AUTEUR

Les premières applications systématiques des méthodes graphiques, à la détermination des dimensions des diverses parties des constructions, sont dues à Poncelet. C'est en effet à l'école d'application du génie et de l'artillerie, à Metz, que ces méthodes, dont les beaux travaux de Monge avaient en quelque sorte jeté les bases, furent pour la première fois professées par Poncelet, devant un auditoire formé d'anciens élèves de l'École polytechnique de Paris, la seule où les sciences graphiques fussent enseignées à cette époque.

Poncelet avait reconnu le premier, que ces méthodes, tout en étant beaucoup plus expéditives que les méthodes analytiques, offraient cependant une approximation plus que suffisante dans la pratique puisque, quoi que l'on fasse, il ne sera jamais possible d'obtenir dans un projet rapporté sur le papier, une exactitude supérieure à celle donnée par une épure graphique.

Ces méthodes, appliquées à la théorie des voûtes et des murs de soutènement, ont été publiées dans le *Mémorial de l'officier du génie* (tomes, XII et XIII, années 1835 et 1840).

Poncelet n'a cependant pas fait usage, pour déterminer les résultantes, du polygone funiculaire, dont l'emploi offre des ressources si précieuses à la statique graphique (*), et il était réservé à son successeur à l'école de Metz, M. Michon, d'en faire le pre-

---

(*) Varignon en fait mention dans sa *Nouvelle mécanique* publiée en 1687.

mier l'application à la détermination des centres de gravité des voussoirs, dans sa *Théorie des voûtes* (*).

La géométrie de position, à laquelle Poncelet a fait faire tant de progrès, n'était cependant pas à cette époque suffisamment avancée pour qu'il fût possible de la substituer complètement à la géométrie ordinaire (*Geometrie des Maasses*) dans le développement et la démonstration des épures. Aussi Poncelet recourait-il, aussi souvent que possible, à la géométrie ordinaire, et lorsque les méthodes élémentaires ne lui suffisaient plus pour ses démonstrations, il se bornait à traduire en épures les formules algébriques.

Nous devons faire remarquer, du reste, que le premier Traité de géométrie de position, dans lequel il soit fait complètement abstraction de l'idée de mesure, n'a été publié qu'en 1847, par G. de Staudt, professeur de mathématiques à Erlangen (*Die Geometrie der Lage*, Nürenberg, 1847).

Quand nous fûmes appelé, en 1855, lors de la création de l'École polytechnique de Zurich, à professer le cours de construction (comprenant les terrassements, la construction des ponts, des routes et des chemins de fer), nous fûmes obligé d'introduire dans notre enseignement les méthodes graphiques de Poncelet pour suppléer aux lacunes des cours de mécanique appliquée. Ce cours ne comprenait alors à Zurich que les méthodes analytiques; il en était de même, à cette époque, à l'École des ponts et chaussées de Paris, et c'est en vain que l'on chercherait dans le *Cours de résistance des matériaux* de M. Bresse, les épures de Poncelet et de M. Michon.

Cette introduction des théories de la Statique graphique dans les cours de construction, ne laissait pas que de présenter certains inconvénients, en retardant outre mesure la marche des études; nous obtînmes, en 1860, la création d'un cours d'hiver (à deux leçons par semaine) obligatoire pour les ingénieurs, dans lequel nous

---

(**) C'est par l'effet du hasard qu'en 1845 un cours autographié sans nom d'auteur, ayant pour titre : *Instruction sur la stabilité des constructions*, est tombé entre nos mains. Celui qui nous l'a remis l'attribuait à M. Michon. Ce cours contient six leçons sur la stabilité des voûtes et quatre sur celle des murs de revêtement.

traitions ceux des problèmes de statique appliqués à la construction, qui étaient susceptibles de solutions graphiques, et dont l'enseignement ne trouvait pas place, faute de temps, dans le cours de mécanique technique (alors professé par M. Zeuner).

Telle fut l'origine de la Statique graphique. Les cours de construction (ponts et chemins de fer) qui rentraient plus particulièrement dans notre spécialité, et celui de statique, se trouvant ainsi réunis dans un même enseignement, nous fûmes fréquemment amené à donner aux élèves des explications complémentaires sur les parties qu'ils n'avaient pas parfaitement comprises. Dans ces circonstances nous avons toujours trouvé qu'il était bien plus facile de rappeler des théorèmes de géométrie de position, dont la démonstration pouvait se faire à l'aide des lignes mêmes de l'épure, que de recourir à des calculs analytiques dont les développements exigeaient l'emploi d'une feuille de papier séparé.

C'est ainsi que nous fûmes amené, pour ainsi dire irrésistiblement, à remplacer autant que possible l'algèbre par la géométrie de position. Pendant les premières années, les connaissances des élèves, dans cette matière, laissaient, il est vrai, un peu à désirer ; mais depuis qu'un cours spécial de géométrie de position professé par M. Fiedler (auquel la *Géométrie descriptive* de cet auteur avait déjà préparé les élèves), a été introduit dans le programme des études, nous n'avons plus éprouvé aucune difficulté dans notre enseignement.

C'est lorsque cet enseignement eut pris quelque développement, que nous avons publié la première édition de notre *Statique graphique*. (La première moitié a paru en 1864 et la deuxième en 1865.)

Nos épures obtinrent plus de succès que nos méthodes. Notre publication fut suivie d'un grand nombre de Statiques élémentaires, dans lesquelles, tout en reproduisant nos épures les plus simples (le plus souvent sans y rien changer), les auteurs s'efforçaient d'en donner des démonstrations analytiques.

Nous estimons que la vérité n'est pas là ; qu'on ne parviendra jamais à tracer les lignes d'une épure et à exécuter simultanément les opérations algébriques que comporte l'explication de cette épure, ni à se bien pénétrer de la signification de chaque ligne et à se représenter les relations statiques, si l'on se borne à traduire une formule dont les développements ne sont plus présents à la mémoire.

Nous devons toutefois excepter du reproche que nous nous croyons en droit d'adresser à nos successeurs, les auteurs italiens, et en particulier Cremona qui a introduit la Statique graphique dans l'enseignement de l'École polytechnique de Milan. Ce savant, auquel les sciences graphiques doivent de beaux travaux dont nous avons profité, ne dédaignait pas d'enseigner lui-même à ses élèves la géométrie de position. Bien que Cremona ait aujourd'hui quitté Milan pour Rome, l'enseignement de la Statique graphique est continué à l'École polytechnique de Milan dans le même esprit.

Les explications qui précèdent nous ont paru nécessaires à l'historique de la Statique graphique, il nous reste à indiquer, en quelques mots, l'ordre que nous avons suivi dans notre ouvrage.

Le premier chapitre de la première partie traite du *calcul par le trait*. Bien qu'il soit étranger à la Statique proprement dite, il est nécessaire que les élèves le connaissent, et comme il n'est pas enseigné dans les cours préparatoires, nous avons pensé qu'il était indispensable de faire connaître ces méthodes, qui sont empruntées aux auteurs français et surtout à Cousinéry. Au calcul par le trait nous avons ajouté la cubature des terrassements, le mouvement des terres, la théorie de la règle à calcul, les méthodes si ingénieuses de M. Lalanne (aujourd'hui inspecteur général des ponts et chaussées et Directeur de l'École des ponts et chaussées de Paris) sur les représentations graphiques et sur les carrés logarithmiques.

La deuxième partie traite de la composition et de la décomposition des forces en général.

La troisième partie est consacrée aux forces parallèles et à leurs moments du premier et du second ordre, dont les applications à la théorie de l'élasticité, qui forme la quatrième partie de l'ouvrage, sont si nombreuses.

Le second volume contiendra une série d'applications aux poutres, aux frameworks, aux arcs et aux murs de soutènement.

Nous avions espéré, après la publication de la première édition de la *Statique graphique*, que les analystes chercheraient à la traiter comme Salmon et Fiedler, par exemple, ont traité la Géométrie. Mais comme il n'en a rien été, nous avons essayé dans la deuxième édition, de joindre aussi brièvement que possible les solutions analytiques aux solutions purement géométriques. Les méthodes analytiques nouvelles ont le grand mérite de conduire directement au but et, en outre, de concorder avec les méthodes géométriques. Dans la plupart des cas nous avons pu déduire les formules des développements géométriques qui les précèdent. Ce mode de procéder a l'avantage de donner aux théorèmes une forme, qui, dans bien des cas, découle immédiatement des constructions géométriques, et, en outre, de laisser le choix, toutes les fois que nous donnons les deux solutions, entre la construction graphique et le calcul ; dans la pratique c'est tantôt l'une des méthodes, tantôt l'autre qui conduit le plus rapidement au but. Cependant comme les méthodes analytiques exigent en général des connaissances plus élevées que les méthodes géométriques et que, notamment à Zurich, nous ne pouvons les exiger de tous les élèves, nous avons eu soin de distinguer par l'emploi de plus petits caractères, tout ce qui n'est pas indispensable à la compréhension de la suite de l'ouvrage.

Les développements analytiques que nous n'étions pas en mesure de remplacer par des démonstrations géométriques et qui doivent nécessairement être étudiées, ont été imprimées en caractères ordinaires. Grâce à la méthode que nous avons suivie, nous avons montré à ceux qui cherchent à expliquer une épure analytiquement, comment il faut appliquer l'analyse pour faire ressortir l'identité des formules et des épures.

Dans le développement des formules analytiques nous avons jugé nécessaire de bien indiquer dans les formules mêmes, les degrés qui sont si importants en géométrie. Nous avons pensé que nous y arriverions de la manière la plus convenable par le choix même des notations. Nous avons donc désigné partout les volumes par une grande lettre gothique qui représente ainsi trois dimensions. Les surfaces, qui représentent deux dimensions, ont été désignées par une grande lettre latine, et les lignes, par une petite lettre latine. Nous avons réservé les petites lettres grecques pour la dimension 0 ou pour les nombres exprimant des rapports de diverses natures.

Dans la Statique graphique les forces proviennent en général d'une transformation de surface; par suite nous les avons traitées comme des surfaces et nous les avons désignées par de grandes lettres latines. Eu égard au mode de notation adopté, nous avons été amené tout naturellement à désigner les moments (qui sont des produits de forces par des lignes) par une grande lettre gothique, les charges ou les forces réparties par unité de longueur (qu'il est nécessaire de multiplier par une ligne pour en faire des forces) par une petite lettre latine, et enfin les forces ou les charges par unité de surface par une petite lettre grecque.

Nous nous sommes efforcé de maintenir autant que possible l'analogie dans les notations, et par application d'une sorte de dualité, nous avons désigné par :

𝔍 le volume des corps.

F les sections.

$abclmxyz$ les bases, les longueurs, les coordonnées.

f les surfaces transformées $= \dfrac{F}{h}$.

hik les hauteurs et les distances d'axes.

$\alpha\beta\gamma\pi$ les angles et les rapports connus.

$\varphi\psi$ les angles et les rapports inconnus.

𝔍 les moments d'inertie.

ℭ (ℭ𝔐) les moments en général.

𝔅 le moment d'une force verticale infiniment éloignée, tournant autour d'un axe horizontal.

𝔇𝔗 les moments par rapport à des axes qui ne sont pas horizontaux.

A B les réactions des appuis.

P les forces verticales.

Q les tensions dans les arbalétriers.

R les pressions $id.$

S les forces qui agissent suivant des barres ou des treillis.

T les forces qui agissent sur des arcs ou des chaînes.

p les charges verticales par unité de longueur.

ε le coefficient d'élasticité.

η les rapports de moments.

τ les tangentes.

$\varvartheta$ le coefficient de torsion.

ρ le cofficient de résistance à la compression ou à l'extension.

σ le coefficient de résistance au cisaillement.

ϖ la charge verticale par unité de surface.

L'application d'un système invariable de notations a l'avantage de permettre de se rendre compte, par un simple coup d'œil, de la signification d'une expression et d'en constater l'homogénéité, ainsi, par exemple, l'équation

$$\mathfrak{J} = h\mathrm{F} = abh = hr^2\pi$$

est homogène; il en est de même de l'égalité de moments

$$\mathfrak{P} = l\mathrm{P} + \frac{1}{2}\,pl^2 = l\mathrm{P} + \frac{1}{2}\,\varpi\,bl^2.$$

Dans la statique graphique il n'y a pas d'équations hétérogènes, parce qu'on ne peut pas égaler une ligne à un volume ou un moment à un bras de levier, et si l'on arrive parfois à une équation pareille, c'est que l'on a supposé que certaines grandeurs étaient égales à l'unité et qu'on n'a pas jugé nécessaire de mettre ces unités en évidence.

Cependant, quelque utilité que présente ce mode de notation, il est difficile de le maintenir toujours, parce qu'il y a plus de degrés que d'espèces différentes de caractères; ainsi nous n'avons plus eu de caractères spéciaux à notre disposition pour désigner les moments d'inertie des volumes. Dans le même ordre d'idée, les coordonnées pluckériennes, qui sont des longueurs réciproques, auraient dû être désignées par une notation autre que la notation grecque. Toutes réflexions faites, nous n'avons pas non plus osé écrire l'équation de la droite

$$ax + by + \mathrm{C} = 0$$

parce que les déterminants, qui sont représentés par ces coefficients, perdraient en clarté, si l'on en désignait les éléments par des caractères différents.

En terminant, nous devons exprimer notre satisfaction de voir notre ouvrage porté à la connaissance des ingénieurs français.

Les sciences graphiques ont été de tout temps en honneur parmi eux, et ce sont les travaux de leurs illustres devanciers qui ont jeté les bases de la Statique graphique.

Ch. CULMANN.

Zurich, le 24 Novembre 1879.

TABLE DES MATIÈRES

PREMIÈRE PARTIE

DU CALCUL GRAPHIQUE

CHAPITRE I

OPÉRATIONS SUR LES LIGNES

CHAPITRE II

LOGARITHMES ET RÈGLES A CALCUL

CHAPITRE III

TRANSFORMATION DES SURFACES

CHAPITRE IV

TRANSFORMATION DES VOLUMES

DEUXIÈME PARTIE

COMPOSITION DES FORCES

CHAPITRE I

CHAPITRE II

MOMENT DES FORCES ET FORCES A L'INFINI DANS LE PLAN

CHAPITRE III

FORCES DANS L'ESPACE

CHAPITRE IV

RELATIONS PROJECTIVES ENTRE LE POLYGONE DES FORCES ET LE POLYGONE FUNICULAIRE

TROISIÈME PARTIE

MOMENTS DES FORCES PARALLÈLES

CHAPITRE I

FORCES PARALLÈLES

CHAPITRE II

CENTRE DE GRAVITÉ

CHAPITRE III

MOMENTS D'INERTIE

CHAPITRE IV

CONSTRUCTION DE L'ELLIPSE CENTRALE ET DU NOYAU DE FIGURES PLANES

QUATRIÈME PARTIE

ÉLÉMENTS DE LA THÉORIE DE L'ÉLASTICITÉ

CHAPITRE I

FORCES PROPORTIONNELLES A DES LIGNES OU A DES SURFACES

CHAPITRE II

FIBRE MOYENNE

CHAPITRE III
ARC ÉLASTIQUE

CHAPITRE IV
ARCS ÉLASTIQUES DE FORME PARABOLIQUE ET POUR LESQUELS

$$\mathfrak{C} = \varepsilon \mathfrak{J} \frac{dx}{ds} \text{ EST CONSTANT}$$

CHAPITRE V
POUTRE DROITE ÉLASTIQUE

NOTES DES TRADUCTEURS

STATIQUE GRAPHIQUE

PREMIÈRE PARTIE

DU CALCUL GRAPHIQUE

CHAPITRE I

OPÉRATIONS SUR LES LIGNES

---

1. ADDITION ET SOUSTRACTION

Dans le calcul par le trait, l'addition et la soustraction s'opèrent exclusivement sur des lignes droites. Pour ajouter ou retrancher des surfaces, des corps, des poids, des forces, etc., on les ramène préalablement à des lignes, en les représentant par des longueurs. Nous développerons plus loin les méthodes qui permettent d'exécuter ces réductions et nous admettrons dès maintenant que nous n'avons à opérer que sur les résultats de ces réductions, c'est-à-dire sur des lignes.

Les lignes droites à composer doivent être données en grandeur et en direction. La position d'une droite ne détermine pas à elle seule sa direction, car à chaque position correspondent deux directions qui diffèrent de π et que l'on appelle « directement opposées. »

Fig. 1.

Lorsque plusieurs droites partent d'une même origine O (*fig.* 1), il suffit, pour déterminer rigoureusement les directions de ces lignes, de convenir qu'on ne tracera chaque droite que d'un seul côté de l'origine.

En général, en désignant par le signe O l'origine d'une droite limitée, on détermine par là même sa direction. Ainsi les deux droites de longueurs égales de la *fig.* 2 ont des directions opposées.

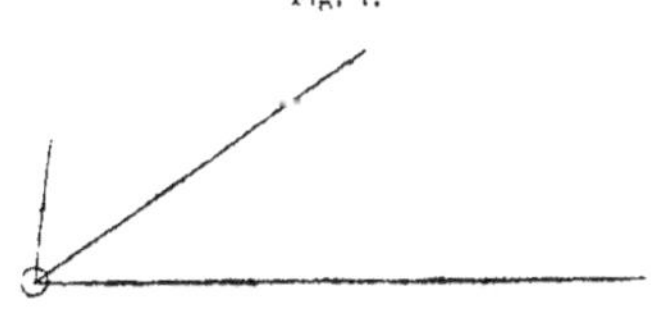

Fig. 2.

Lorsqu'une droite est indéfinie ou qu'on considère plusieurs segments sur la même droite, et, en général, dans tous les cas où la désignation de l'origine ne suffit plus pour préciser la direction, nous l'indiquerons au moyen d'une flèche. Ainsi, dans la *fig.* 3, sur la ligne A, les deux droites de longueurs égales l_1, l_2 ont des directions opposées différant de π. Pour distinguer les deux directions possibles d'une même droite, on se sert souvent du mot « sens » et l'on dit, par exemple, que les segments $l_1 l_2$ de la ligne A ont des sens opposés. Ces

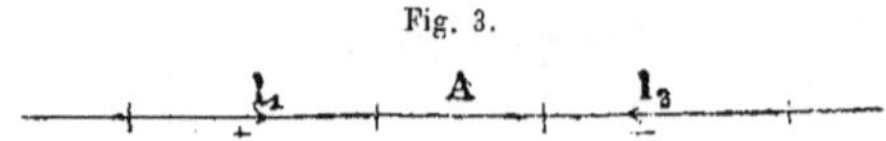

Fig. 3.

deux sens correspondent complètement aux signes $+$ et $-$ de l'analyse et nous nous servirons souvent de ces mêmes signes pour distinguer les deux sens; ainsi, si l'on convient de donner le signe $+$ à l_1, l_2 aura le signe $-$.

L'addition graphique consiste simplement à porter, à partir de l'origine, la première droite en grandeur et en direction, puis à partir de l'extrémité de celle-ci, la 2ᵉ droite également en grandeur et en direction, puis la 3ᵉ, et ainsi de suite pour toutes les autres. On considérera comme donnant, en grandeur et en direction, le résultat de cette construction ou de l'addition, la droite qui, partant de l'origine, ferme le polygone ainsi formé.

Nous verrons plus tard que la composition des forces n'est qu'une addition de lignes, et nous nous réservons de faire, à ce moment, une étude plus complète de cette opération.

Nous ajouterons cependant quelques mots sur l'addition de lignes de même direction. Dans ce cas, le polygone précédent se réduit à une droite, parce que toutes les directions ont un point commun à l'infini. Si les lignes ont des signes différents, la notation devient un peu plus compliquée.

Il est bon d'insister sur ce point, bien qu'il soit accessoire, parce qu'une mauvaise notation entraînerait, surtout pour les commençants, beaucoup d'erreurs.

Une droite peut être considérée soit comme une série de points, soit comme une série de longueurs. Dans le premier cas, il suffit (*fig.* 4), pour éviter toute ambiguité, de désigner chaque point par une lettre ou un numéro quelconque. Dans le deuxième cas, il ne convient pas de donner à chaque point de séparation des différentes longueurs un indice spécial, ce qui conduirait à désigner chaque longueur par deux indices n'ayant aucun rapport avec celle-ci. Dans l'intérêt de la clarté et de la facilité de la lecture, il est utile que chaque longueur porte son indice, par exemple, la longueur l_i, la force f_i, l'indice i.

Si toutes les grandeurs ont le même signe, il suffit de placer l'indice de chacune d'elles en son milieu (*fig.* 5).

Cette méthode est encore suffisante lorsqu'à une série de segments de même signe vient s'ajouter une série de segments de signe contraire (*fig.* 6). Dans ce cas, il y a un point de rebroussement (entre 3 et 4) quand on passe d'une série à l'autre, et la somme des segments est

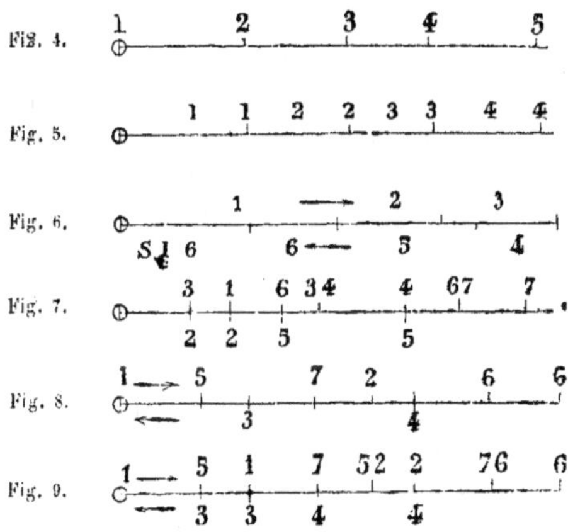

égale à $s\,1...6$. L'un des côtés de la droite est affecté aux lignes positives; l'autre côté, aux lignes négatives.

Dans le cas général, c'est-à-dire lorsque les signes se succèdent sans aucun ordre, il vaut mieux inscrire le même chiffre ou le même indice aux deux extrémités de chaque segment (*fig.* 7), et inscrire tous les indices de même signe sur le même côté de la droite, ainsi que l'indiquent les flèches de la *fig.* 6.

Très souvent l'on essaye, dans les cas 5 et 6, de ne désigner que les points; mais cette notation n'est suffisante que lorsque l'on connaît : 1° l'ordre des segments, et 2° les limites du segment correspondant à ces indices. Cette dernière condition peut, il est vrai, être remplie, si l'on convient de placer toujours l'indice à l'extrémité de chaque segment; mais l'ordre de ces segments reste toujours indéterminé et ne ressort pas de l'examen de la figure. Ainsi, dans la *fig.* 8, où chaque indice a été placé au commencement du segment correspondant, rien ne détermine l'ordre des indices 1, 3, 5, 2, 4, 7, 6, et la longueur des segments reste indéterminée, tandis qu'il résulte clairement de la *fig.* 9 que le segment 1 est suivi par le segment 3, 3 par 5, et ainsi de suite.

Les commençants commettent très souvent des erreurs, parce qu'ils n'observent pas ces règles, et nous ne pouvons assez leur recommander de désigner une longueur par deux mêmes indices placés à ses extrémités dès qu'il peut y avoir la moindre confusion. Un seul indice placé en regard d'un point d'une ligne ne peut, en général, servir qu'à désigner ce point.

Il arrive, dans certains problèmes, que l'on représente sur une même droite des grandeurs de nature différente. (Voir. par exemple, les épures des poutres continues, où, sur les mêmes verticales, on porte, non seulement les charges, mais aussi les efforts tranchants.) Dans ce cas, il est bon de distinguer les diverses grandeurs en ramenant leurs extrémités sur des parallèles à la ligne principale et en y inscrivant leurs indices. C'est ce que l'on fait pour les échelles, où les divisions principales sont indiquées par de grands traits et les subdivisions par des traits plus petits.

La soustraction étant l'inverse de l'addition, il suffira, pour soustraire une grandeur d'une autre ou de la somme de plusieurs autres, de la leur ajouter après en avoir changé le signe.

Tout ce que nous avons dit au sujet de l'addition et de la soustraction de droites de mêmes position et direction s'applique aussi à l'addition et à la soustraction d'arcs de la même circonférence ou d'angles situés dans un même plan. Toutefois, il faut remarquer que ces méthodes ne peuvent pas s'employer pour l'addition de grands cercles sur la sphère et par suite pour des rotations dans l'espace, parce que deux grands cercles formant le même angle avec un troisième ne sont pas parallèles entre eux, et parce qu'il n'existe pas sur la sphère des grands cercles parallèles. Dès lors, il n'est pas psssible d'opérer sur une sphère des déplacements parallèles.

En analyse, on indique l'addition de grandeurs au moyen du signe Σ :

$$s_{1\ldots n} = l_1 + l_2 + \ldots + l_{i\ldots} + l_n = \sum_1^n l_i.$$

ou

$$P_{1\ldots n} = P_1 + P_2 + \ldots + P_{i\ldots} + P_n = \sum_1^n P_i.$$

La soustraction s'indique par un simple changement de signe.

$$x = l_1 + l_2 + l_3 + \ldots - (l_i - l_{i+1})$$
$$= l_1 + l_2 + l_3 + \ldots - l_i + l_{i+1}.$$

2. MULTIPLICATION ET DIVISION DE LIGNES PAR DES RAPPORTS

On distingue deux cas dans la multiplication et la division :

1° La multiplication ou division des lignes par des rapports; dans ce cas le degré n'est pas altéré et le résultat est une ligne.

2° La multiplication des lignes par des lignes, ce qui donne des surfaces, des surfaces par des lignes, ce qui donne des volumes, etc.; et inversement la division des volumes par des lignes, ce qui reproduit des surfaces, et ainsi de suite. Dans ce cas il y a changement dans le degré.

Ce dernier cas est étudié dans le chapitre de la réduction des surfaces et des volumes, et nous ne nous occuperons pour le moment que du premier, c'est-à-dire de la multiplication et de la division des lignes par des rapports.

Dans plusieurs ouvrages, on considère le cas où le rapport est donné par un nombre, et l'on dit que pour multiplier une longueur par 1, 2, 3…, n, on la porte 1, 2…, n fois de suite sur une droite. Cette méthode, quoique très simple, ne correspond pas entièrement à l'esprit de la statique graphique. Les constructions graphiques ne peuvent donner que des lignes et non des nombres; de plus, on ne peut les effectuer que sur des lignes. Porter n fois de suite une même longueur sur une droite revient à représenter par une ligne le résultat d'une opération numérique. Cette opération fait aussi peu partie de la construction graphique que celle qui consiste à mesurer la ligne obtenue comme résultat de la construction pour l'exprimer numériquement. Nous supposerons donc toujours que le rapport qui sert de facteur est exprimé par celui de deux lignes m et n.

La méthode la plus simple pour multiplier une longueur l par un rapport $\dfrac{m}{n}$, c'est-à-dire pour déterminer $x = l\,\dfrac{m}{n}$, nous est fournie par les propriétés des triangles semblables. Les triangles peuvent avoir une position quelconque et un troisième côté quelconque. Il suffit de grouper les trois longueurs l, m et n de manière que l et m, lignes qui se multiplient, n'appartiennent pas au même triangle et ne soient pas homologues dans deux triangles différents. Si l'épure ne conduit pas au choix d'une position particulière de deux triangles, le plus simple sera toujours de les former en menant deux parallèles limitées aux côtés d'un même angle,

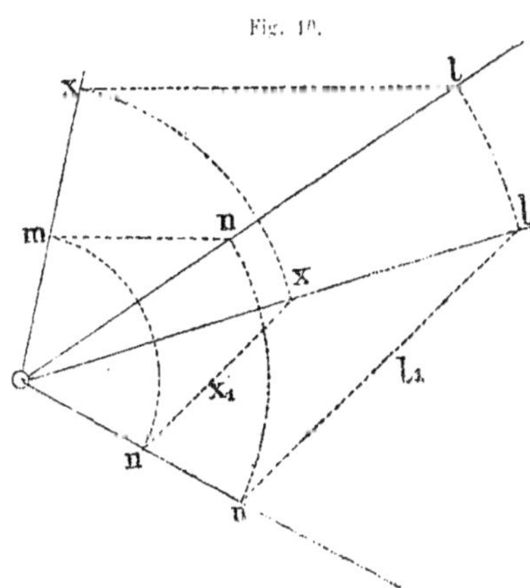

Fig. 10.

Fig. 11.

ce qui donne lieu à deux arrangements indiqués par les *fig.* 10 et 11.

Toutes les longueurs sont portées à partir de O; mais m ne doit pas être porté, comme on l'a vu, sur le même côté que l, ni joint à l par l'une des parallèles. Si n est porté sur le même côté que l, on obtient la *fig.* 10, s'il est porté sur l'autre côté de l'angle, on obtient la *fig.* 11 ; dans le premier cas, x ne se trouve pas sur le même côté que l, dans le second, il s'y trouve. La *fig.* 10 fournit non seulement la réduction, dans le rapport $\dfrac{m}{n}$, des longueurs entières portées à partir de l'origine, mais encore des segments tels que $l-n$, ce que nous exprimerons en disant que la direction mn projette entre les côtés de l'angle le rapport $\dfrac{m}{n}$.

Enfin, dans la *fig.* 11, non-seulement toutes les parallèles partant des extrémités de m et n déterminent sur l'autre côté des longueurs proportionnelles à m et à n, mais encore les longueurs de ces parallèles elles-mêmes sont dans le rapport $\dfrac{m}{n}$ et l'on a, par exemple, $x_1 = l_1\,\dfrac{m}{n}$.

EXEMPLE. Quelle est la hauteur d'un prisme de pierre de même poids et de même base qu'un prisme de terre de hauteur h? Les poids spécifiques de la terre et de la pierre sont entre eux comme m est à n. Les hauteurs des deux prismes seront en rapport inverse de leurs poids spécifiques, et celle du prisme de pierre sera $h\,\dfrac{m}{n}$. Les *fig.* 10 et 11 donnent la solution de la question.

Fig. 12.

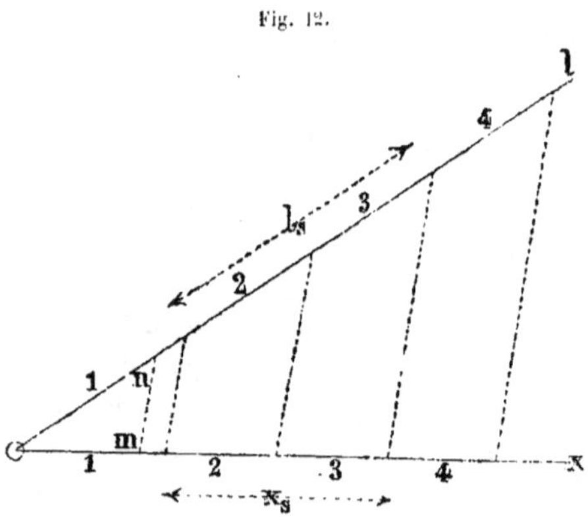

Si l'on a plusieurs longueurs l_1, l_2, l_3 à réduire dans un rapport donné, on peut faire une construction (*fig.* 12) analogue à la *fig.* 10, ou une autre (*fig.* 13) analogue à la *fig.* 11.

Les analogies sont assez frappantes pour que nous puissions nous dispenser de toute explication.

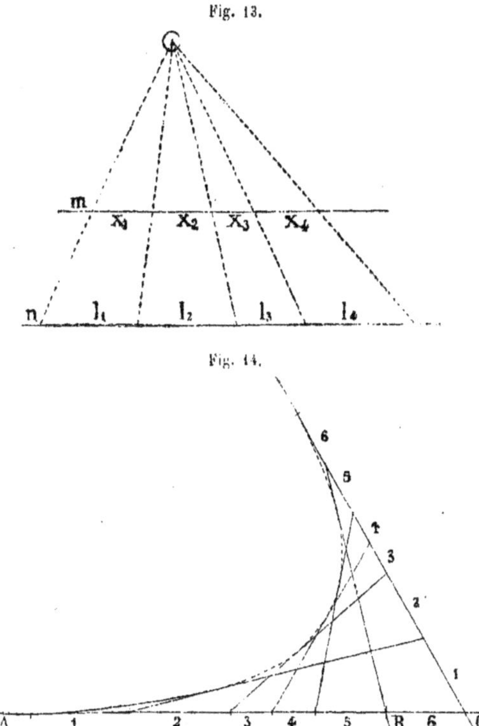

Fig. 13.

Fig. 14.

Toutes les contructions précédentes exigent l'emploi de parallèles. Pour éviter cet emploi, on a proposé de se servir de la parabole pour la multiplication par un rapport constant. Les ponctuelles déterminées par les points d'intersection des diverses tangentes à une parabole sont toutes semblables; les segments limités par les mêmes tangentes se correspondent et l'on doit considérer le point de contact d'une tangente comme l'intersection de cette tangente avec elle-même. Par exemple, dans la *fig.* 14, les segments portant les mêmes chiffres sur les trois droites A, B, C, se correspondent. Si l'on donne une de ces lignes, B (1, 2, 3, 4, 5), par exemple, ainsi que la parabole qui lui est tangente, et si l'on a à multiplier ces différents segments par le rapport 1C : 1B, on peut, par tous les points de la ligne B, mener des tangentes à la parabole, puis déplacer la tangente C jusqu'à ce que les extrémités de 1C viennent l'une sur A, l'autre sur la tangente 12; la série C (1, 2,

3, 4, 5) sera alors semblable à B (1, 2, 3, 4, 5). On pourrait, au lieu de la parabole, donner une deuxième série A semblable à B, car alors toutes les droites joignant des points homologues seraient tangentes à une même parabole. Il faut naturellement encore déterminer la position de C, de manière que cette ligne passe par des points homologues de A et de B. Ainsi 6A et 6B doivent se correspondre. Cette construction générale se simplifie un peu quand tous les segments ont la même grandeur, car alors il suffit de rendre les segments 6 sur A et sur B égaux à l'un quelconque des segments déjà marqués sur ces droites. Toutefois cette multiplication est toujours plus compliquée que celle indiquée dans les *fig.* 12 et 13; nous ne l'avons indiquée que pour mémoire, et nous ne nous arrêterons pas davantage à toutes les solutions pratiques que peut fournir la parabole.

Les diverses méthodes que nous venons d'exposer sont toutes également satisfaisantes au point de vue théorique; mais, dans la pratique, nous recommanderons surtout la construction suivante (*fig.* 15). Son avantage consiste en ce que n et x se mesurent directement avec le compas sans qu'on ait besoin de tracer les lignes qui leur correspondent, et l'on sait que les constructions qui ne se font qu'avec le compas sont de beaucoup les plus exactes. Pour construire $x = l\dfrac{m}{n}$, on décrit de l'extrémité de n

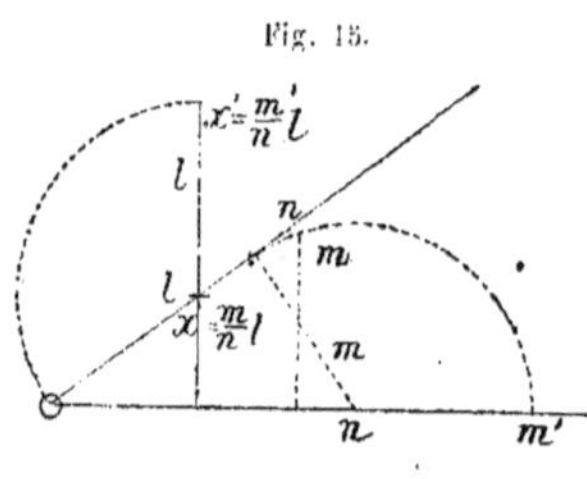

comme centre une circonférence de rayon m, puis de l'origine O on mène une tangente à cette circonférence (on voit par la figure qu'on peut commencer l'opération sur l'un quelconque des côtés de l'angle). La distance de l'extrémité de l à cette tangente est la grandeur cherchée, et cette distance peut se mesurer directement avec le compas sans qu'il soit nécessaire de la tracer elle-même.

Cette construction est surtout avantageuse lorsqu'il s'agit de multiplier plusieurs longueurs l par le même rapport $\dfrac{m}{n}$. On prend la longueur l avec le compas, on la porte à partir de l'origine et l'on mesure directement x.

Si l'on pose $n = 1$, m sera le sinus de l'angle formé à l'origine. On voit qu'en se servant du sinus la construction est plus pratique qu'avec la tangente trigonométrique que l'on emploie si souvent.

Nous avons supposé dans la construction précédente que n était plus grand que m. Dans le cas contraire, on peut tourner la difficulté de deux manières. Lorsque la position de x est indifférente pour l'épure, on permute simplement m et n, x et l. Le sinus de l'angle O ainsi formé sera $\dfrac{n}{m}$ et x sera la longueur de la portion de la tangente comprise entre l'origine et le point dont l'ordonnée est l.

S'il était avantageux d'obtenir $x' = \dfrac{m'}{n} l$ sur des verticales, on construirait l'angle O au moyen du rapport $\dfrac{m}{n} = \dfrac{m' - \varkappa n}{n}$ où $\varkappa$ est un nombre entier choisi de manière que l'on ait $m' < n$. On l'obtient en retranchant autant de fois que possible n de m', la grandeur m est le reste de cette opération.

Cela posé, on a :

$$x' = \frac{m'}{n} l = \frac{m}{n} l + \varkappa l.$$

On construira $\dfrac{m}{n} l$ comme nous l'avons indiqué, et il suffira d'ajouter $\varkappa l$ à la longueur trouvée, ce qui peut se faire sur l'ordonnée elle-même.

Dans la *fig.* 15, nous avons supposé $\varkappa = 1$, c'est-à-dire $\dfrac{m'}{n} = \dfrac{m + n}{n}$.

Pour diviser une ligne par un rapport, il suffit de la multiplier par le rapport inverse. On emploie, en outre, souvent le mot de division au lieu de multiplication lorsque, dans les *fig.* 12, 13, 14, ce ne sont pas les divers segments, mais la longueur entière d'une ligne qui est donnée et qu'il s'agit de la partager en divers segments proportionnels à ceux d'une autre droite. Les longueurs totales des deux droites données remplacent alors m et n. Dans la *fig.* 12, la parallèle extrême est déterminée par les extrémités des deux lignes données, et dans la *fig.* 13 l'on obtient le centre O de projection en prolongeant jusqu'à leur point de rencontre les droites de jonction des extrémités des lignes données, ces lignes étant tracées parallèlement.

Si l'on veut diviser une longueur l en 2 parties proportionnelles à $\dfrac{-m}{+n}$ ou $\dfrac{m'}{n}$, on porte les lignes n, m ou $-m'$ sur deux parallèles passant par les extrémités de l (*fig.* 16). La ligne qui joint les extrémités de ces longueurs détermine sur l les segments cherchés, comme on le voit par la figure, sans qu'il soit nécessaire d'une démonstration spéciale.

Pour l'exactitude de la construction, il faut que la ligne de jonction ne coupe pas l sous un angle trop aigu. Cet angle est maximum quand la ligne de jonction est normale aux parallèles, c'est-à-dire tangente commune aux deux cercles décrits des extrémités de l comme centres

Fig. 16.

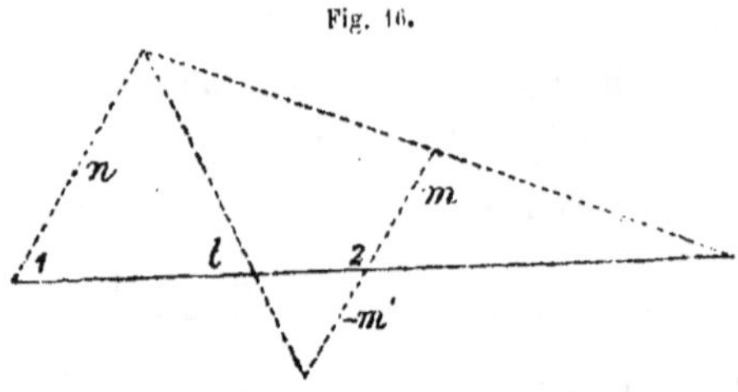

avec m et n comme rayons. Si l'angle ainsi obtenu est encore trop petit, on fait la construction avec des multiples de m et n.

Ces dernières constructions nous fournissent les solutions des équations du premier degré :

$$nx_1 + mx_2 = 0$$
$$nx_1 - mx_2 = 0,$$

où m, n, x_2 sont connus.

Nous pourrions énumérer ici toutes les méthodes employées pour traduire graphiquement les résultats de l'analyse; nous pourrions aussi parler des constructions qui se rapportent aux systèmes anharmoniques et en involution, mais nous ne voulons pas aborder ce chapitre qui appartient tout entier à la géométrie de position. Nous nous contenterons de faire remarquer que lorsque $m' = -m$, la construction de la *fig.* 16 nous permet de déterminer d'une manière très simple les points harmoniquement conjugués à deux points donnés.

1re *Application.* Soit à construire la longueur $F = \dfrac{F_1 F_2}{F_1 + F_2}$.

Fig. 17.

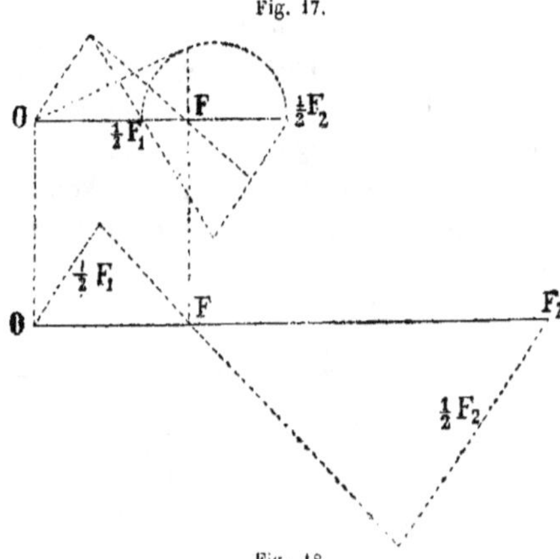

Fig. 18.

En mettant cette expression sous la forme $\dfrac{2}{F} = \dfrac{2}{F_1} + \dfrac{2}{F_2}$, on voit que si l'on porte à partir d'un point O les longueurs $\frac{1}{2}\,F_1$ et $\frac{1}{2}\,F_2$, F sera la distance à l'origine du point qui, avec O, partage harmoniquement ces deux longueurs.

La *fig.* 17 donne la solution du problème ; une autre solution, au moyen d'un arc de cercle, est indiquée par des lignes moins fortes.

Une troisième solution, plus simple, nous est donnée par la *fig.* 18.

La question que nous venons de résoudre se présente dans la construction du moment d'inertie de deux surfaces.

2ᵉ *Application.* — Représenter la surface F d'un triangle OAB par une longueur *f*, de manière que *f*, multiplié par une longueur *b* constante pour toutes les surfaces à mesurer, soit égal à F, ou, en d'autres termes, réduire la surface F à la base *b*.

Soient *a* la base, *h* la hauteur du triangle. Il s'agit de former

$$f = \frac{F}{b} = h\,\frac{a}{2b} = a\,\frac{h}{2b},$$

ce qui nous donne les deux constructions indiquées (*fig.* 19 et *fig.* 20).

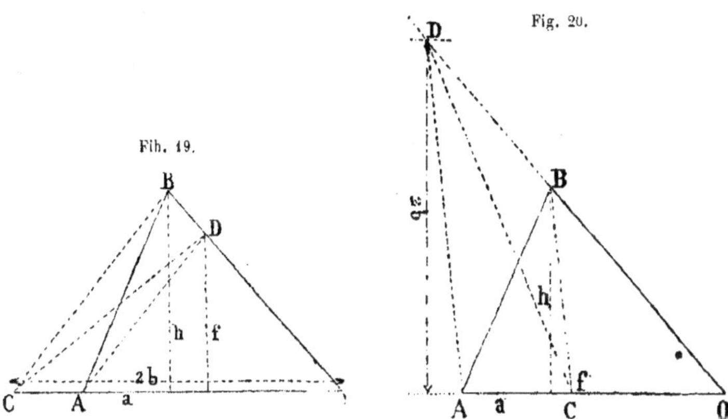

Après avoir, dans la *fig.* 19, porté OC = 2*b*, et déterminé, dans la *fig.* 20, le point D sur OB de manière que sa distance à la base soit 2*b*, on obtient dans chaque figure, au moyen d'une parallèle BC à AD, des triangles semblables ADO, CBO dans lesquels les hauteurs sont proportionnelles aux côtés. On a donc, dans les deux figures,

$\frac{f}{h} = \frac{a}{2b}$, pourvu que *a* et *h* n'appartiennent pas au même triangle et ne soient pas des côtés homologues de deux triangles différents.

3. ÉLÉVATION AUX PUISSANCES

L'élévation à une puissance consiste dans la multiplication plusieurs fois répétée d'une ligne par un même rapport, c'est-à-dire dans la formation des valeurs :

$$(1) \qquad l\,\frac{m}{n}, \quad l\left(\frac{m}{n}\right)^2,\dots \quad l\left(\frac{m}{n}\right)^p.$$

où l et le rapport $\dfrac{m}{n}$ sont donnés.

Dans le cas où $l = m$, $n = 1$, ces expressions deviénnent

$$(2) \qquad l, \quad l^2, \quad l^3\dots, \quad l^p, \quad l^{p+1}.$$

valeurs qui représentent les diverses puissances de l. Il ne faut cependant pas oublier que dans ce cas l^i, par exemple, ne représente pas la $i^{\text{ème}}$ puissance d'une ligne; l^i représente le produit de la multiplication de l'unité de mesure de l par la $(i-1)^{\text{ème}}$ puissance du rapport de l à cette unité. D'après cela $l, l^2, l^3,\dots$ sont des quantités du 1er degré et varient avec l'unité choisie pour les mesurer. Pour éviter toute confusion, nous conserverons ici n en évidence, et nous construirons les valeurs écrites dans la série (1).

Pour cela, il suffit de répéter les constructions indiquées (*fig.* 10) pour la multiplication.

Portons (*fig.* 21) sur chaque côté d'un angle AOB, à partir de O les

Fig. 21.

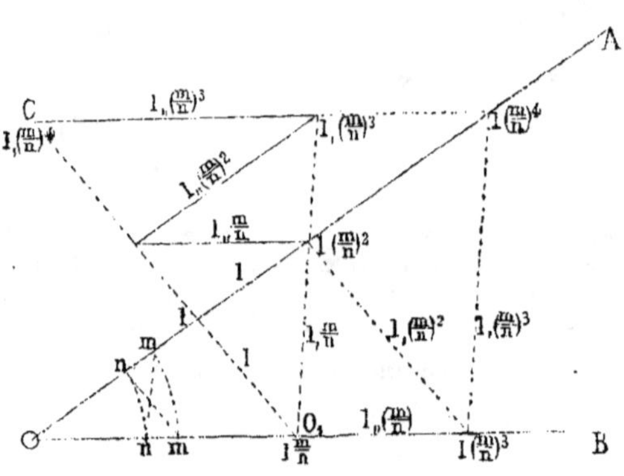

longueurs m et n, et joignons leurs extrémités en croix. Une parallèle à l'une quelconque de ces droites de jonction, que nous appellerons *antiparallèles*, déterminera sur les deux côtés de l'angle des segments respectivement proportionnels à m et à n. Si donc nous portons l sur OA à partir de l'origine, une première projection nous donnera sur B la longueur

$l\frac{m}{n}$, le nouveau segment projeté sur A parallèlement à l'autre direction nous donnera $l\left(\frac{m}{n}\right)^2$, et ainsi de suite.

Toutes les longueurs ainsi formées sur A et B, mesurées depuis l'origine, donnent sur chaque côté une progression géométrique dont la raison est $\left(\frac{m}{n}\right)^2$.

$$\text{Sur A :} \qquad l, \qquad l\left(\frac{m}{n}\right)^2, \quad l\left(\frac{m}{n}\right)^4, \ldots,$$

$$\text{Sur B :} \qquad l\frac{m}{n}, \quad l\left(\frac{m}{n}\right)^3, \quad l\left(\frac{m}{n}\right)^5, \ldots$$

Les antiparallèles forment aussi une progression géométrique dont la raison est $\frac{m}{n}$.

$$l_1, \quad l_1\frac{m}{n}, \quad l_1\left(\frac{m}{n}\right)^2 \ldots$$

Si l'on continuait la progression l_1, $l_1\frac{m}{n}$, dans l'angle O_1 formé par deux antiparallèles consécutives, on formerait dans une figure CO'D analogue à AOB', sur ces deux antiparallèles les progressions

$$l_1, \quad l_1\left(\frac{m}{n}\right)^2, \ldots \quad \text{et} \quad l_1\left(\frac{m}{n}\right), \quad l_1\left(\frac{m}{n}\right)^3 \ldots$$

Dans cette nouvelle figure, les directions projetantes sont parallèles à OA et OB, et les nouvelles antiparallèles forment la progression géométrique

$$l_2, \quad l_2\left(\frac{m}{n}\right), \quad l_2\left(\frac{m}{n}\right)^2 \ldots \quad l_2\left(\frac{m}{n}\right)^i.$$

On voit donc que les segments déterminés sur OA et sur OB par la série des transversales forment ainsi sur ces deux lignes des progressions géométriques, ce que l'on peut d'ailleurs démontrer directement au moyen des triangles semblables dont se compose la figure.

Nous traiterons, dans le chapitre v, le cas où l'exposant est fractionnaire à l'occasion de l'extraction des racines. Auparavant nous dirons quelques mots des travaux de trois mathématiciens qui ont essayé de construire, par un procédé graphique et d'après les règles précédentes, des expressions purement analytiques.

Nous citerons les trois ouvrages suivants :

1° *Sul calcolo grafico dei Polinomi interi e razionali della forma* $x^m + ax^{m-1} + \ldots + qx + l$. Nota dell' Ingegnere E. Stamm (Rendi conti del Reale Instituto Lombardo. Milano, 1864.)

2° *Grundzüge einer graphischen Arithmethik* von Dr Egger. Schaffouse, 1865.

3° *Das graphische Rechnen*, Promotions-Dissertation von Eug. Jäger. Spire, 1867.

Dans ces trois ouvrages, les constructions de polynômes algébriques ne diffèrent pas essentiellement. Les recherches de Stamm sont les plus anciennes; celles d'Egger sont de beaucoup les plus générales, et le livre de Jäger s'appuie sur des constructions plus connues.

Nous allons construire, au moyen de la méthode d'Egger, le polynôme

$$y = \alpha_1 \alpha_2 \ldots \alpha_i p_i + \alpha_1 \alpha_2 \ldots \alpha_{i-1} p_{i-1} + \ldots + \alpha_1 \alpha_2 p_2 + \alpha_1 p_1 + p_0$$

où p_i représente des longueurs et α le rapport toujours positif $\dfrac{m}{n}$ de deux lignes m et n.

Notre construction ne diffère de celle du Dr Egger qu'en ce que nous nous sommes servis de la méthode du sinus indiquée n° 2, p. 10, tandis que M. Egger s'est servi de la tangente, parce qu'il est parti dans ses recherches de l'équation d'une droite $y = ax + b$ où le rapport tangentiel est en évidence.

Écrivons le polynôme de la manière suivante :

$$y = \left\{ \left([(\alpha_i p_i + p_{i-1})\alpha_{i-1} + p_{i-2}]\alpha_{i-2} + \ldots + p_2 \right)\alpha_2 + p_1 \right\} \alpha_1 + p_0$$

et remplaçons successivement les quantités entre parenthèses par y_{i-1}, y_{i-2}, de manière que :

$$\begin{cases} y_{i-1} = \alpha_i p_i + p_{i-1}, \\ y_{k-1} = \alpha_k y_k + p_{k-1}, \\ y_0 = y. \end{cases}$$

Le problème est ramené à construire les différents y.

Prenons (*fig. 22*) deux axes Ox, Oy, et menons par l'origine O, des droites faisant avec Ox des angles dont les sinus soient α_i, α_{i-1}, α_{i-2}, etc. Pour traiter la question d'une manière générale, nous avons supposé α_{i-1} plus grand que 1 et nous en avons retranché l'unité pour avoir un sinus réel, c'est-à-dire <1; au lieu de porter α_{i-1}, nous avons donc porté $\alpha_{i-1} - 1$. Si ce dernier résultat avait encore été plus grand que 1, nous aurions retranché 2, 3, etc., jusqu'à ce que nous ayons obtenu un sinus réel.

Cela fait, portons les différents p comme ordonnées sur l'axe des y, les positifs vers le bas et les négatifs vers le haut, et menons par leurs extrémités des parallèles à l'axe des x. Si nous portons maintenant, au moyen du compas, p_i sur α_i à partir de l'origine, l'ordonnée du point ainsi obtenu sera $p_i\alpha_i$; et la distance verticale entre ce point et l'horizontale de p_{i-1} sera $y_{i-1} = p_i\alpha_i + p_{i-1}$.

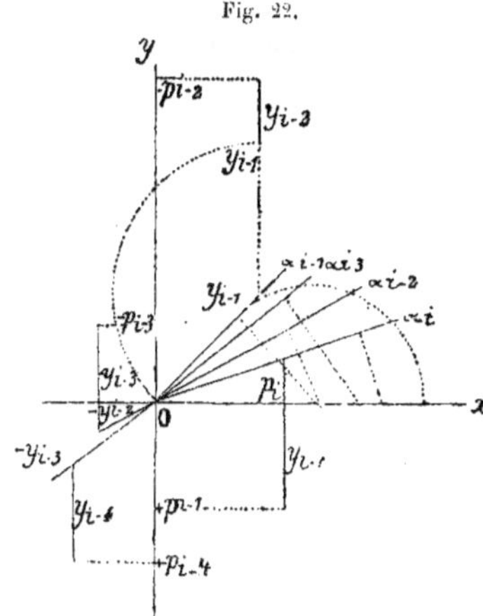

Cette longueur y_{i-1} se mesure sans qu'il soit nécessaire de tracer aucune autre ligne. On la porte une première fois sur α_{i-1}; puis, à partir du point ainsi obtenu sur α_{i-1}, on la porte, une deuxième fois, sur l'ordonnée de ce point, vers le haut (puisque α_{i-1} est > 1). La distance entre ce point et l'horizontale de $-p_{i-2}$ est égale à $-y_{i-2}$. Dans la figure, y_{i-2} est négatif; il faut donc, pour continuer la construction, la porter sur α_{i-2} dans le sens négatif, c'est-à-dire vers la gauche. On mesure de nouveau l'ordonnée comprise entre son extrémité et l'horizontale de p_{i-3}, on la porte sur α_{i-4}, et ainsi de suite jusqu'à ce qu'on ait trouvé la valeur de y.

Lorsque tous les rapports α ont la même valeur, le polynôme devient

$$y = p_i\alpha^i + p_{i-1}\alpha^{i-1} + \ldots + p_0.$$

Il suffit, dans ce cas, de construire un seul α; la construction reste la même que la précédente.

Si α est inconnu et s'il doit être déterminé par la condition que $y = 0$, notre construction nous permet de résoudre, d'une manière analogue à celle fournie par la méthode des essais, l'équation

$$0 = p_i x^i + p_{i-1} x^{i-1} + \ldots + p_0.$$

On ne peut toutefois obtenir directement que les racines comprises entre -1 et $+1$; pour obtenir les autres, il faudrait changer dans l'équation x en $\dfrac{1}{x}$, et recommencer les opérations pour cette nouvelle équation.

EXEMPLE. Soit, par exemple, à résoudre l'équation :

$$x^3 - 6x^2 - x + 23 = 0.$$

2

L'équation n'a pas de racines comprises entre $+1$ et -1. Nous changerons donc x en $\dfrac{1}{x}$, et nous aurons une nouvelle équation

$$y = 22x^3 - x^2 - 6x + 1 = 0,$$

dont les y_i ont été construits (*fig.* 23) pour différents x à l'échelle de $1 = 0^m,003 = 1$ ligne suisse.

Fig. 23.

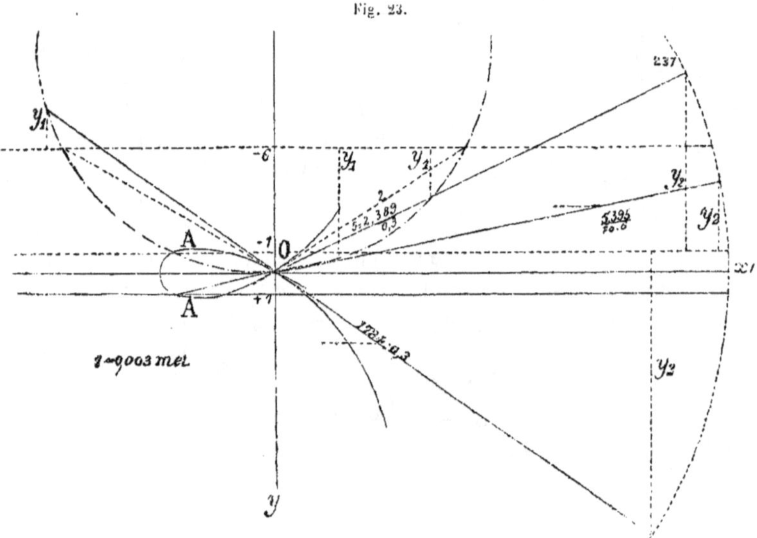

Si nous portons successivement la longueur 23 sur des rayons correspondant à différents x, le lieu de son extrémité sera le cercle pointillé concentrique à l'origine, et $y_2 = 23x - 1$ sera égal à la hauteur de l'une quelconque de ces extrémités au-dessous de l'horizontale -1.

En portant ces longueurs y_2 à partir de O sur les rayons qui leur correspondent, on obtiendra comme lieu des extrémités des y_2, la ligne semi-pointillée.

Les grandeurs $y_1 = 23x^2 - x - 6$ sont, de même que précédemment, égales aux hauteurs des extrémités de y_2 au-dessus de l'horizontale -6.

Portant enfin ces y_1, à partir de O, sur leurs rayons respectifs, on obtient, comme lieu de leurs extrémités, la courbe figurée par un trait plein, et les grandeurs $y = 23x^3 - x - 6 + 1$ sont égales aux hauteurs des différents points de cette courbe au-dessus de l'horizontale $+1$.

L'intersection de cette courbe avec l'horizontale $+1$ détermine les rayons correspondant aux trois racines. Comme les racines de l'équation proposée sont inverses des x ainsi obtenus, on peut les mesurer directement sur la figure en prenant la distance de l'origine O aux horizontales $+1$ et -1 sur les rayons correspondants. L'échelle de la figure étant trop petite, on a mesuré ces lignes sur les horizontales $\pm \frac{1}{0,300} = 1$ centimètre et inscrites sur les directions correspondantes.

On voit qu'en faisant le dessin à une échelle convenable, on peut arriver à une assez grande approximation. Cette méthode graphique a le grand avantage de faire voir clairement les variations de y.

Les deux intersections de la courbe avec les horizontales supérieures et inférieures se confondraient si le dernier terme de l'équation, au lieu d'être égale à $+1$, était égal à l'ordonnée du point A. L'équation aurait alors une racine double. Si le dernier terme était plus grand, il y aurait deux racines imaginaires. On voit aussi par la construction que les tangentes au point double O de la courbe des y passent par l'intersection de la courbe y_1 avec l'horizontale -6, et que y, y_1 et y_2 ont des maximums faciles à déterminer.

En construisant toutes les courbes pour des rayons formant avec l'axe horizontal un angle plus petit que 180°, on obtiendra toutes les valeurs de $\frac{1}{x}$ comprises entre $+1$ et -1. En prenant des angles plus grands que 180°, les constructions se répètent. Si donc l'équation a des racines les unes plus petites, les autres plus grandes que l'unité, il sera bon de faire l'épure pour les premières d'un côté de l'axe des x, et de l'autre pour les secondes. Les mêmes horizontales servent dans les deux constructions, mais en ordre inverse.

Notre but n'est pas de traiter plus complètement, par les procédés graphiques, la théorie des équations, mais il est certain qu'elle gagnerait en clarté si les grandeurs étaient représentées par des lignes au lieu de l'être par des nombres abstraits.

4. POLYGONES DE SOMMATION OU POLYGONES FUNICULAIRES

On est souvent conduit, notamment dans la statique, à multiplier non seulement des lignes isolées (comme dans le chapitre précédent), mais toute une série de lignes par divers rapports qui sont quelquefois à construire eux-mêmes ; et, de plus, on est amené à sommer ces rapports ainsi que les produits formés. Lorsque la sommation de ces produits se fait de manière que les triangles qui servent à former les produits se succèdent d'une manière continue, on obtient des polygones de sommation, aussi appelés polygones funiculaires à cause de leurs propriétés statiques. Ces polygones sont d'une très grande importance en statique graphique.

Soit, par exemple, à former l'expression

$$\sum_1^n x_i \frac{\Delta P_i}{H_i} = x_1 \frac{\Delta P_1}{H_1} + x_2 \frac{\Delta P_2}{H_2} + \ldots + x_i \frac{\Delta P_i}{H_i} + \ldots + x_n \frac{\Delta P_n}{H_n}$$

dans laquelle les x_i représentent des abscisses mesurées à partir d'un même point dans une direction déterminée, les ΔP_i, des charges isolées agissant verticalement, et les H_i des coefficients de réduction arbitraires ou des efforts horizontaux. Nous supposerons, pour le moment, que ΔP_i et H_i sont donnés par des longueurs.

Portons sur une verticale, *fig.* 25, tous les ΔP à la suite des uns des autres, en tenant compte de leurs signes, de manière qu'on puisse mesurer sur cette ligne la somme d'un nombre quelconque de forces sucessives, et la somme de toutes les forces $P = \sum_1^n \Delta P_i$.

Par l'origine de ΔP_1 menons une droite ayant un coefficient angulaire quelconque τ_{01}.

Par le point 1 de cette droite dont l'abscisse est égal à H_1 et par l'extrémité de ΔP_1, menons une droite que nous prolongerons jusqu'au point 2 qui a pour abscisse H_2. La distance verticale du pied de H_1 à l'origine de ΔP_1 est $H_1 \tau_{01}$; par suite, la distance de ce même pied à l'extrémité de ΔP_1 est $H_1 \tau_{01} - \Delta P_1$; mais comme cette distance est aussi égale à $H_1 \tau_{12}$, il en résulte que le coefficient angulaire du deuxième rayon est déterminé par la relation

$$\tau_{12} = \tau_{01} - \frac{\Delta P_1}{H_1}.$$

Par l'extrémité de ΔP_2 et par le point 2, menons un troisième rayon jusqu'au point 3 dont la distance à la ligne P est égale à H_3. En opérant comme précédemment, on obtiendra le coefficient angulaire de ce troisième rayon par la relation

$$\tau_{23} = \tau_{12} - \frac{\Delta P_2}{H_2} = \tau_{01} - \frac{\Delta P_1}{H_1} - \frac{\Delta P_2}{H_2}.$$

En continuant de la même manière on obtient le polygone des τ dans lequel le coefficient angulaire d'un quelconque des côtés est donné par la relation

$$\tau_{i,\, i+1} = \tau_{0,1} - \sum_1^i \frac{\Delta P_i}{H_i}.$$

On voit que le coefficient angulaire τ_{01} pris arbitrairement, joue par rapport à $\displaystyle\sum_1^i \frac{\Delta P_i}{H_i}$ le rôle d'une constante d'intégration.

Fig. 24.

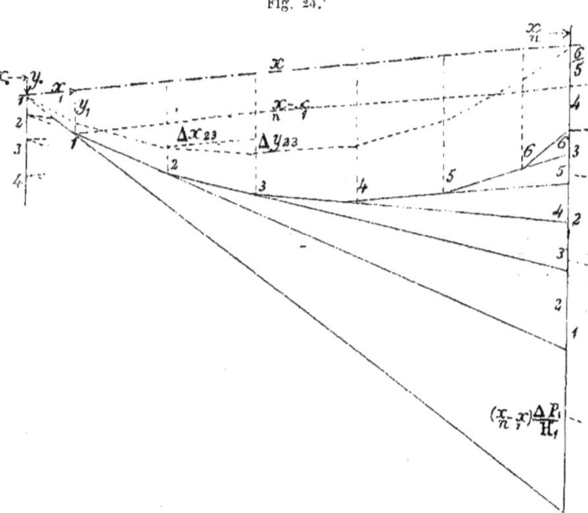

Fig. 25. 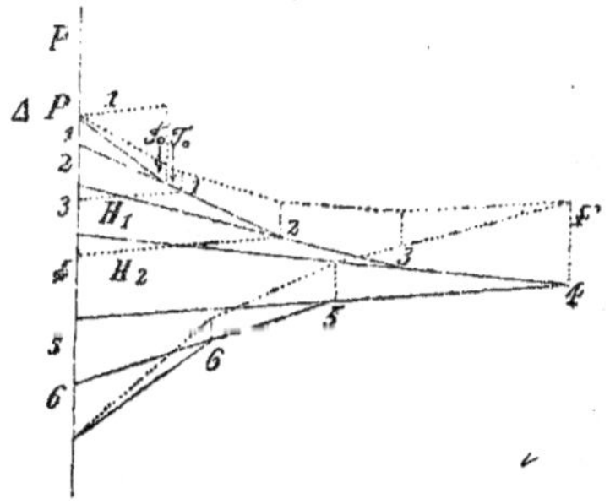   Fig. 26.

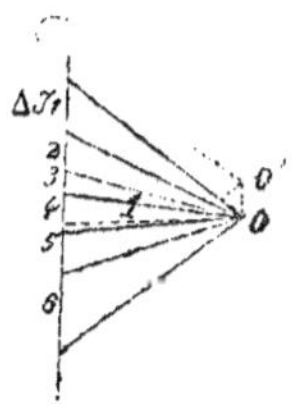

Si nous menons par un point O (*fig.* 26) des parallèles aux divers côtés 1, 2, 3... de la *fig.* 25, ces parallèles détermineront sur la verticale dont la distance au point O est égale à l'unité les rapports

$$\Delta \tau_i = \tau_{i,i+1} - \tau_{i-1,i} = \frac{\Delta P_i}{H_i}$$

et ces rapports se trouveront sommés, sur la verticale que nous appellerons la ligne des τ, dans l'ordre même suivant lequel les ΔP ont été portés sur la verticale de la *fig.* 25.

En faisant varier la direction du premier côté, en remplaçant par exemple τ_{01} par τ'_{01}, (voir le tracé ponctué de la *fig.* 25), toute la figure se modifie ; mais par suite de la construction même, la ponctuelle P reste invariable, et tous les points extérieurs à P se déplacent sur des verticales. Les deux figures ont alors la ponctuelle P commune, ainsi que les faisceaux des verticales ; elles sont donc en affinité. Il résulte de la géométrie de position, ainsi que de la construction elle-même, que, dans de pareils systèmes, les ponctuelles correspondantes, situées sur une même verticale, sont congruentes, car les rayons qui se coupent au point 4, par exemple, déterminent sur toutes les verticales des segments de même grandeur que ceux qui se coupent en 4', parce que 4 et 4' sont à la même distance de P ; comme on peut répéter ce raisonnement pour deux rayons quelconques, la proposition que nous venons d'énoncer en découle. Il faut du reste qu'il en soit ainsi, car ces segments s'expriment par le rapport $\dfrac{\Delta P_i}{H_i}$ et par la position des verticales, et qu'ils sont complètement indépendants de τ_{01}.

Tout ce qui vient d'être dit de la *fig.* 25 s'applique à la *fig.* 26, où le point 0 se déplace en 0'.

Revenons maintenant à la construction de l'expression

$$\sum_1^n x_1 \frac{\Delta P_i}{H_i}.$$

Portons sur l'axe des x les diverses abscisses par lesquelles il faut multiplier les rapports $\dfrac{\Delta P_i}{H_i}$ que nous venons de construire, en tenant compte de leurs signes (*fig.* 24). Menons par les extrémités de chacune de ces abscisses des verticales, et partant d'un point quelconque, relions ces verticales par des lignes menées parallèlement aux τ des *fig.* 25 et 26. Nous mènerons par exemple entre 0 et 1 une parallèle à τ_{01}, entre 1 et 2 une parallèle à τ_{12}, et ainsi de suite.

Les côtés du polygone ainsi formé, prolongés jusqu'à la verticale de x_n, interceptent sur cette verticale les produits cherchés $(x_n - x_i) \dfrac{\Delta P_i}{H_i}$; car pour ΔP_1 et x_1, par exemple, on a, à cause de la similitude des figures, 1, $x_n - x_1$, $(x_n - x_1) \dfrac{\Delta P_1}{H_1}$ dans la *fig.* 24, et 1, H_1, ΔP_1 dans la *fig.* 25 :

$$\frac{x_n - x_1}{H_1} = \frac{(x_n - x_1)\Delta P_1 : H_1}{\Delta P_1}.$$

Comme cette relation est applicable à tous les autres ΔP_i, on en conclut que les produits cherchés $(x_n - x_i)\dfrac{\Delta P_i}{H_i}$ se trouvent sur les x_n, avec leurs signes et dans l'ordre dans lequel les ΔP ont été portés les uns à la suite des autres dans la *fig.* 25. On peut donc déterminer sur la ligne x_n la somme d'un nombre quelconque des produits

$$\sum_k^i (x_n - x_i)\frac{\Delta P_i}{H_i}.$$

Supposons que les x_i, et par suite la position relative des ΔP, restent invariables, et par contre que les x_n varient, rien ne change dans le polygone de la *fig.* 24; seule la verticale x_n change de position. Si nous remplaçons, pour exprimer cette relation, en général x par x_n, on peut dire :

Deux rayons du polygone de sommation de la *fig.* 24 considéré comme faisceau interceptent sur les verticales x les sommes

$$\sum (x - x_i)\frac{\Delta P_i}{H_i}$$

des ΔP_i compris entre ces rayons.

Ce résultat ne changerait pas si l'on menait les côtés du polygone (*fig.* 24) parallèlement aux côtés pointillés des *fig.* 25 et 26. Les sommes partielles dont il a été parlé ci-dessus sont en effet indépendantes de la valeur du τ_{01} choisi arbitrairement. En général, tout ce que nous avons dit des polygones des *fig.* 25 et 26 est encore applicable aux deux polygones de la *fig.* 24. Ils sont en affinité, et les segments qui se correspondent sur les verticales sont congruents. Cette propriété nous permet de faire passer le polygone funiculaire par deux points déterminés. Supposons, par exemple, que le premier côté 01 doive passer par le point $x_0 y_0$ et le dernier 67 par le point $x_n y_0$. On construit le polygone en commençant au point $x_0 y_0$, et prenant une première direction τ_{01} quelconque. Si le dernier côté 67 ne passe pas par le point $x_n y_0$, il suffit de reculer tout le système de points obtenu sur la verticale x_n, de manière que le point qui suit 6 se place sur le point $x_n y_0$. Dans la *fig.* 24, on a indiqué ce déplacement sur la droite de la verticale x_n. Cela fait, le premier côté 01 du polygone cherché passe par le point $x_0 y_0$ et le point 01 de la verticale x_n; le second côté 12 passe par l'intersection de 01 avec x_1 et par le point 12 sur x_n, et ainsi de suite jusqu'au dernier côté.

On peut aussi, au lieu de la verticale x_n, se servir de la première verticale x_0, et la construction devient beaucoup plus simple. Le système de points sur x_0 ne change pas de position et les côtés homologues des deux polygones devront, par suite, se couper sur cette verticale. Le dernier côté 67 est donc donné par le point $x_n y_0$ et le point 67, que détermine sur x_0 le côté 67 du premier polygone. Les autres côtés se construisent de la même manière en rebroussant chemin. Dans la figure, la construction n'est indiquée, à cause du manque de place, que pour les côtés 1, 2, 3, 4.

Cherchons maintenant une expression algébrique qui nous donne la valeur d'une ordonnée y_i. Nous désignerons la différence de deux coordonnées successives par $\Delta x_{i, i+1}$ et $\Delta y_{i, i+1}$. Nous leur mettons deux indices, car il n'est pas possible de désigner d'une manière générale des coordonnées successives par des indices consécutifs. La différence sera positive lorsque l'ordonnée du deuxième indice sera la plus grande.

On aura (*fig.* 24)

$$\Delta y_{i, i+1} = \tau_{i, i+1} \Delta x_{i, i+1}.$$

et par suite

$$y_n = y_0 + \sum_1^n \tau_{n, n+1} \Delta x_{n, n+1} = y_0 + \sum_1^n \left(\tau_{01} - \sum_0^i \frac{\Delta P_i}{H_i} \right) \Delta x_{i, i+1}.$$

ou

$$y_n = y_0 + (x_n - x_0)\tau_{01} - \sum_1^n \Delta x_{i, i+1} \sum_1^i \frac{\Delta P_i}{H_i}.$$

On peut obtenir une autre expression de y_n en remarquant que l'ordonnée de l'intersection du premier côté avec la verticale x_n est $y_0 + x_n \tau_{01}$, et que le segment total intercepté par les côtés du polygone funiculaire est $\sum_1^n (x_n - x_i) \dfrac{\Delta P_i}{H_i}$; y_n est leur différence :

$$y_n = y_0 + (x_n - x_0)\tau_{01} - \sum_1^n (x_n - x_i) \frac{\Delta P_i}{H_i}.$$

On doit donc avoir la relation

$$\sum_1^n \Delta x_{i, i+1} \sum_1^i \frac{\Delta P_i}{H_i} = \sum_1^n (x_n - x_i) \frac{\Delta P_i}{H_i}.$$

On peut démontrer, en développant $\Delta x_{i, i+1} \sum_1^i \dfrac{\Delta P_i}{H_i}$, que le second membre n'est qu'une sommation partielle du premier. On a en effet, en remarquant que $\Delta x_{i, i+1} = x_{i+1} - x_i$

$$\Delta x_{12}\,\frac{\Delta P_1}{H_1} = (x_2 - x_1)\,\frac{\Delta P_1}{H_1},$$

$$\Delta x_{23}\,\sum_1^2 \frac{\Delta P_i}{H_i} = (x_3 - x_2)\left(\frac{\Delta P_1}{H_1} + \frac{\Delta P_2}{H_2}\right),$$

$$\Delta x_{34}\,\sum_1^3 \frac{\Delta P_i}{H_i} = (x_4 - x_3)\left(\frac{\Delta P_1}{H_1} + \frac{\Delta P_2}{H_2} + \frac{\Delta P_3}{H_3}\right),$$

$$\vdots$$

$$\Delta x_{n-1,n}\,\sum_1^{n-1} \frac{\Delta P_i}{H_i} = (x_n - x_{n-1})\left(\frac{\Delta P_1}{H_1} + \dots \frac{\Delta P_{n-1}}{H_{n-1}}\right).$$

Ajoutant membre à membre toutes ces relations, il vient :

$$\sum_1^{n} \Delta x_{i,i+1} \sum_1^{i} \frac{\Delta P_i}{H_i} = (x_n - x_1)\,\frac{\Delta P_1}{H_1} + (x_n - x_2)\,\frac{\Delta P_2}{H_2} + \dots$$

$$= \sum_1^{n} (x_n - x_i)\,\frac{\Delta P_i}{H_i}. \qquad\qquad \text{C. Q. F. D.}$$

Nous avons déjà fait remarquer que les produits ont été formés en tenant compte des signes des facteurs, ce qui est évident d'après la construction. Toutefois nous avons cru devoir le confirmer par une application pl. III$_1$; toutes les combinaisons de signes des trois facteurs $x_n - x_i$, ΔP_i et $\frac{1}{H_i}$ y sont étudiées, et le signe de l'accroissement de la somme des produits y dépend du signe des facteurs élémentaires qu'on ajoute. On a supposé que le sens positif de l'axe de x était de gauche à droite, celui des verticales ΔP de haut en bas, et enfin, pour déterminer le signe des H, on a considéré ces grandeurs comme bras de leviers a l'extrémité desquels agissent des forces ΔP ; si un ΔP positif tourne autour de l'origine de H dans le sens positif, c'est-à-dire dans le sens des aiguilles d'une montre, H est supposé positif ; il est négatif dans le cas contraire. Un $x_n - x_i$ positif se trouvera par rapport à x_n du même côté qu'une tension H_i positive par rapport à P_i : dans ce cas le signe du produit est celui de la rotation du ΔP correspondant autour de H ; si $x_n - x_i$ est négatif, le signe sera contraire de celui de la rotation. On voit immédiatement sur le polygone de sommation des ΔP que le signe de la rotation concorde avec celui de $\frac{\Delta P}{H}$.

Nous pouvons ajouter, comme autre conséquence de cette sommation algébrique, que le résultat de ces constructions est indépendant de l'ordre dans lequel on a sommé les produits. Il est évident que les segments sur les verticales des ΔP et des produits ne peuvent pas varier : les mêmes segments sont toujours portés les uns à la suite des autres. Les polygones eux-mêmes restent identiques en dehors des ΔP dont on a changé l'ordre. En effet, sur la verticale des τ (*fig.* 26) la somme des $\Delta\tau$ correspondants à ces ΔP est restée la même, et les rayons non permutés restent les mêmes avant et après la permutation. Les polygones ont donc, avant et après le changement d'ordre, des côtés parallèles qui doivent passer par les mêmes points de la verticale des $(x_n - x_i)\,\dfrac{\Delta P_i}{H_i}$, c'est-à-dire des côtés qui coïncident. Dans la Pl. III$_1$, on a permuté ΔP$_1$ et ΔP$_2$. On peut aussi démontrer géométriquement que les côtés 1'2 et 2'3 (Pl. III$_1$) doivent coïncider; car si les côtés 12', 2'1' et 12 sont menés parallèlement aux côtés de même nom du polygone des ΔP, et si de plus les côtés verticaux 11', 22' sont parallèles, cinq éléments (côtés ou diagonales) des quadrilatères 11', 22' sont parallèles entre eux; par suite les sixièmes devront l'être aussi, c'est-à-dire que 21' sera parallèle à la ligne 23 du premier polygone et se confondra avec elle.

Les *fig.* 24 et 25 deviennent très compliquées lorsque l'on trace entièrement toutes les lignes du polygone. Il suffit toujours de tracer les côtés du polygone entre les verticales qui leur correspondent et d'indiquer leur intersection avec la ligne des ΔP ou des produits. Les commençants feront bien de prendre comme modèle la pl. III$_1$. Un côté quelconque, 34 par exemple, de l'un des polygones passe par le point 34 de la verticale, et est parallèle au côté 34 de l'autre polygone.

De même que nous avons construit la *fig.* 24 au moyen de la *fig.* 25, nous pourrions, en partant de la *fig.* 24, construire un autre polygone qui nous donnerait des expressions de la forme $\displaystyle\sum \frac{z_n - z_i}{h_i} \cdot \frac{x_n - x_i}{H_i} \cdot \Delta P_i,$ et au moyen de ce dernier, d'autres expressions, telles que :

$$\sum \frac{u_n - u_i}{h'_i} \cdot \frac{z_n - z_i}{h_i} \cdot \frac{x_n - x_i}{H_i} \cdot \Delta P_i, \text{ etc.}$$

Ces constructions se présenteront dans l'étude des moments d'inertie, et en général dans celle de tous les moments d'ordre supérieur. Pour le moment nous avons voulu nous borner à montrer qu'elles nous donnent le moyen le plus commode d'intégrer graphiquement, et nous les retrouverons plus tard, en nous appuyant sur des considérations purement statiques.

3. EXTRACTION DES RACINES

Extraire une racine, c'est déterminer le rapport $\frac{m}{n}$ quand l et $l\left(\frac{m}{n}\right)^k$ sont donnés. Cette extraction de racines ne peut pas s'opérer directement; il faut qu'on ait recours à des courbes auxiliaires, telles que les deux courbes qui ont été construites Pl. I.

Dans la Pl. I, nous avons formé, sur les deux côtés OL et OM de l'angle LOM, des puissances successives au moyen d'un système de parallèles et d'antiparallèles formé des dix droites ABCD...KLM. A côté du premier triangle AOB, nous avons porté un second triangle C'OB = COB, à côté de ce dernier, un troisième triangle D'OC = DOC, et ainsi de suite, de telle manière que les parallèles et antiparallèles forment un tracé continu ABC'D'...K'LM, dont le dernier côté LM coïncide avec une des droites de l'angle LOM, quand celui-ci est une division paire de la circonférence, $\frac{1}{10}$ par exemple dans le cas actuel.

Dans cette figure, non seulement tous les triangles fondamentaux sont semblables, mais encore les figures formées du groupement de deux, trois ou n triangles consécutifs le sont aussi, comme étant composés de triangles semblables et semblablement placés.

Les angles LMO, K'LO, I'KO, F'GO, sont tous égaux de même que les angles K'MO, I'LO, H'KO, etc., et les angles I'MO = H'LO, etc. En général, sont semblables tous les triangles formés par des rayons partant de O, et par des cordes sous-tendant le même nombre de côtés du polygone ABC'D'...K'LM, c'est-à-dire déterminant le même angle en O.

Ces propriétés sont tout à fait indépendantes de l'angle au centre LOM du premier élément triangulaire. Elles subsistent donc encore lorsqu'on suppose cet angle infiniment petit; la ligne polygonale devient alors une courbe, les cordes qui sous-tendent le même nombre de parties élémentaires deviennent, dans la courbe, celles qui correspondent à des angles au centre égaux; les triangles formés par des cordes et les rayons correspondants sont toujours semblables, et les rayons successifs, formant le même angle entre eux, déterminent une progression géométrique.

Les longueurs de ces rayons sont dans le rapport $\frac{m}{n}$. Par suite, pour déterminer, dans le cas qui nous occupe, $\frac{m}{n}$, quand l et $l\left(\frac{m}{n}\right)^k$ sont donnés, il suffit de déterminer les rayons de longueur l et $l\left(\dfrac{m}{n}\right)^k$ et de partager l'angle qu'ils comprennent en k parties. Les deux côtés de l'angle ainsi formé sont dans le rapport $\dfrac{m}{n}$.

De la similitude des triangles élémentaires, on déduit aussi que leurs troisièmes côtés forment avec les deux autres côtés des angles égaux; pour des angles au centre, infiniment petits, le troisième côté devient la tangente, d'où il résulte que toutes les tangentes forment des angles égaux avec le rayon vecteur mené par leur point de tangence. Par suite, la courbe est une spirale logarithmique.

Cette spirale logarithmique se construit facilement et exactement au moyen de sa développée et d'un certain nombre d'arcs de cercles osculateurs.

La développée F″G″H″ est en effet une spirale logarithmique de même progression. Comme toutes les parties de la courbe F′G′H′ sont semblables entre elles, il en est nécessairement de même des triangles F′OF″, G′OG″, H′OH″ qui sont déterminés par le point O, l'un des trois points F′G′H′ et les centres des cercles osculateurs correspondant F″G″H″. Les rayons vecteurs O(F″G″H″) se comportent par suite comme les rayons vecteurs O(F′G′H′) et forment les mêmes angles entre eux; F″G″H″ est donc la même spirale que F′G′H′; elle est simplement déplacée.

Deux points quelconques F′G′ de la spirale logarithmique, le centre O et les deux points de rencontre N et N′ des tangentes et des normales correspondantes se trouvent sur le même cercle.

En effet, les angles NG′N′ et NF′N′ sont supplémentaires, car ils sont droits tous deux; de même, les angles OG′N et OF′N sont aussi supplémentaires, car les tangentes F′N et NG′ coupent les rayons vecteurs OG′ et OF′ sous le même angle. Par suite, les deux quadrilatères N′F′NG′ et OF′NG′ sont inscriptibles et le cercle circonscrit étant, dans les deux cas, déterminé par les trois sommets communs F′NG′, passera aussi par N′ et O. NN′ est un diamètre de ce cercle, parce que les angles en F′ et G′ sont droits, l'angle NON′ est donc aussi droit. Cette propriété subsiste encore lorsque G′ se rapproche indéfiniment de F′ et que ces deux points coïncident finalement. N′ vient alors se confondre avec F′ et G′, et N devient le centre de courbure en F′ comme étant l'intersection de deux normales infiniment voisines. On en conclut que, dans la spirale logarithmique, chaque rayon de courbure F′F″ et G′G″ est projeté du centre O sous un angle droit.

Cela posé, il est facile de construire la développée quand on connaît l'angle sous lequel les rayons vecteurs sont coupés par la spirale. L'angle que la normale FF'' forme avec le rayon vecteur en est le complément et F'' se détermine en menant OF'' perpendiculaire à OF' et prenant son intersection avec FF''.

Supposons qu'outre le centre O on donne les points A et C fort éloignés l'un de l'autre (*fig.* 27) et qui doivent être raccordés par une même spirale.

Fig. 27.

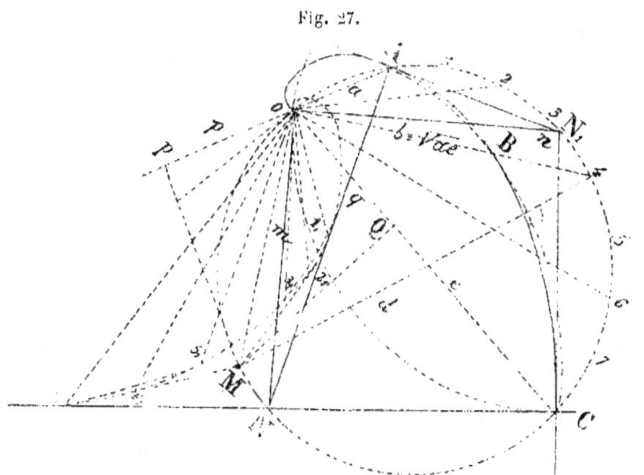

Circonscrivons un cercle au triangle OAC. Ce cercle contiendra, d'après ce qui a été dit plus haut, les points N et N' de rencontre des tangentes et des normales en A et en C.

D'un point M de la circonférence également distant de A et C, décrivons un deuxième cercle ponctué passant par A et C. Ce deuxième cercle coupe la spirale encore une fois en un point B situé sur la bissectrice OL de l'angle GOA.

Menons, en effet, les perpendiculaires MQ et MP sur OA et OC et désignons par a, b, c, m, p, q, les longueurs des rayons O (A, B, C, M, P, Q). Nous aurons d'abord $p = q$, car OM est bissecteur du supplément de OAB De plus, les angles OAM, OCM sont égaux, ainsi que les longueurs AM et CM ; par suite, les triangles AMP, QCM le seront aussi, et nous aurons

$$AP = CQ = a + p = c - q; \quad \text{or}, \quad p = q,$$

donc

$$(1) \qquad 2p = 2q = c - a.$$

Dans le triangle OAM nous avons :

$$AM = CM = \sqrt{a^2 + m^2 + 2ap} = \sqrt{m^2 + ac}$$

en tenant compte de (1).

MB, dans le triangle rectangle MOB, a pour valeur $\sqrt{m^2 + b^2}$ et est égal à AM et CM comme rayon du cercle; par suite :

$$\sqrt{m^2 + ac} = \sqrt{m^2 + b^2} \quad \text{ou} \quad b^2 = ac.$$

Le rayon OB étant moyenne proportionnelle entre OC et OA dont il divise l'angle en deux parties égales, le point B fait partie de la spirale. Au moyen de M, nous obtiendrons facilement les centres 2′ et 6′ des arcs de cercle AB et BC qui coupent encore la spirale sur les bissectrices O2 et O6. Ces centres se trouvent sur les perpendiculaires menées de M aux cordes AB et BC, et sur les rayons O2′, O6′, on trouvera les points 1′, 3′, 5′, 7′ correspondants aux subdivisions. En continuant ainsi jusqu'à ce que ces subdivisions soient assez petites, nous pourrons décrire la spirale au moyen des arcs de cercle tels que AB qui se rapprochent du cercle osculateur à mesure que l'on augmente le nombre des subdivisions.

Les arcs de cercle décrits avec 2′, 6′ comme centres, se confondent déjà à peu près avec la spirale. Les points 1′, 3′, 5′, 7′ sont complètement situés sur la développée. Les rayons extrêmes A1′, C7′ se coupent, comme cela doit être, en N sur le cercle OAC et de même les tangentes en A et en C se coupent sur le même cercle en N′ diamétralement opposé à N. Si l'on prolongeait la spirale du côté du centre O, elle couperait encore le cercle OAC en un nombre infini de points réels (deux fois par chaque rotation autour du centre); toutes les tangentes aux points d'intersection passeraient par N′, toutes les normales par N.

Enfin, si par deux de ces points d'intersection l'on mène un cercle dont le centre soit situé sur le cercle OAC, ce nouveau cercle coupera une fois la spirale entre les deux points, sur le rayon bissecteur de l'angle au centre entre ces deux points. Deux de ces cercles sont représentés dans la *fig.* 27. A part les trois points d'intersection considérés, ils n'ont aucun autre point réel commun avec la spirale. Ce cercle devient osculateur lorsque les trois points se confondent.

Si au lieu de donner deux points A et C assez éloignés, on donnait (Pl. I) deux points F′G′ assez rapprochés pour que la spirale puisse être remplacée dans l'intervalle par un arc de cercle, on déterminerait le centre N′ de cet arc en remarquant qu'il doit se trouver à l'extrémité du diamètre du cercle G′F′O perpendiculaire à la corde F′G′. En déterminant de cette manière le centre d'un élément suivant G′H′, c'est-à-dire en traçant un cercle H′G′O et déterminant son intersection P′ avec le diamètre perpendiculaire à la corde H′G′, les points P′N′G′ seront en ligne droite (dans le cas où les portions de courbe F′G′, G′H′ pourront être remplacées par des portions d'arc de cercle). Si donc on détermine exactement un centre de courbure N′, le suivant P′ et tous les autres peuvent facilement être déterminés en formant un triangle G'OP' semblable à F'ON' et ainsi de suite.

Un moyen plus simple encore consiste à calculer l'angle α sous lequel la spirale coupe les rayons vecteurs. L'équation de la spirale logarithmique est :

$$\theta - \theta' = \mathrm{tg}\,\alpha\,\lg n. \frac{u}{u'}$$

θ, θ', u, u' représentant deux azimuts avec les rayons vecteurs qui leur correspondent. Ces 4 quantités étant données, on peut calculer tg α qui est aussi le rapport constant des longueurs de 2 rayons perpendiculaires l'un à l'autre qui projettent, comme nous l'avons vu plus haut, le rayon de courbure d'un point quelconque de la courbe, et ce rapport suffit pour construire la spirale d'après la méthode indiquée.

Posons dans cette équation,

$$\theta - \theta' = \frac{3}{2}\,\pi$$

et

$$\frac{u}{u'} = \mathrm{tg}\,\alpha$$

nous obtiendrons une spirale telle qu'en faisant tourner les rayons de trois angles droits ils augmentent dans la même proportion que ceux qui projettent les rayons de courbure, c'est-à-dire que *les centres de courbure de la spirale construite avec cette valeur de tg α se trouvent sur la spirale elle-même qui par suite est sa propre développée, Pl.* I_2. Dès qu'une portion de cette courbe est construite dans un angle de $\frac{3\pi}{2}$, il suffit, pour l'achever, de placer le centre des arcs sur la courbe elle-même. Les normales et les rayons de courbure UT, TS et SO sont en même temps les tangentes.

De l'équation

$$\frac{3}{2}\,\pi = \mathrm{tg}\,\alpha\,\lg n.\ \mathrm{tg}\,\alpha$$

on tire par des essais successifs, l'angle sous lequel la courbe coupe les rayons vecteurs, c'est-à-dire le rapport des rayons vecteurs.

$$\mathrm{tg}\,\alpha = \frac{RO}{OS} = \frac{SO}{OT} = \frac{TO}{OU}\ \text{etc.} = 3{,}6441734.$$

La courbe est construite d'une manière très simple au moyen de ce rapport (ou des rapports $\frac{315}{53}$, $\frac{379}{104}$, $\frac{373}{267}$, valeurs approchées commodes pour les échelles ordinaires sur lesquelles on peut lire trois chiffres) : on peut, de plus, calculer un rayon vecteur quelconque, au moyen de la formule :

$$\lg \frac{r}{c} = 0,000034660603\, \Theta' = 0,0020799962\, \Theta°,$$

où Θ' et $\Theta°$ représentent en minutes et en degrés l'angle que les rayons r et c forment entre eux. L'angle α lui-même est égal à 74° 39′ 18″ 53.

Ces deux spirales (Pl. 1) peuvent complètement tenir lieu de logarithmes et servent encore à multiplier ou élever aux puissances des rapports linéaires : l'angle que forment deux rayons quelconques est le logarithme de leurs rapports. Nous montrerons plus loin, par un exemple, l'usage de ces spirales.

Comme les longueurs des rayons ne peuvent être comparées directement avec les angles qu'ils forment entre eux, il est indifférent de choisir une progression quelconque pour la spirale. Pour construire la planche I, nous l'avons choisie de manière que le rayon vecteur décuple en un tour complet. Nous avons donc partagé en 20 parties la circonférence du cercle qui sert à mesurer les angles, et nous avons désigné ces parties par 0 5, 10,.... 90, 95, 100, de manière que la notation corresponde au système décimal. Tous les rayons vecteurs dont le rapport est 10, 100, 1000, etc., se trouvent sur la même direction. Remarquons que cette disposition n'a aucun avantage en statique graphique, car on ne se sert que de rapports linéaires, et non de rapports numériques. La spirale qui coïncide avec sa propre développée et qui se construit, par suite, plus exactement, doit donc être préférée. La circonférence qui sert à mesurer les angles est partagée en 24 parties. Il faut naturellement, pour que la construction soit bien précise, que les arcs de ce cercle ne soient pas trop éloignés, ou différents des arcs correspondants de la spirale ; on a donc, dès que la spirale s'est trop écartée du centre, tracé un 2ᵉ cercle plus grand que le premier que l'on a partagé de la même manière.

EXEMPLE. On donne les 3 hauteurs d'un parallélipipède abc, trouver le côté du cube équivalent.

1″ Il faut trouver

$$x = \sqrt[3]{abc}$$

ou

$$\frac{x}{l} = \sqrt[3]{\frac{a}{l} \cdot \frac{b}{l} \cdot \frac{c}{l}}$$

où l représente l'unité, c'est-à-dire la longueur du rayon de l'axe polaire.

On détermine sur la spirale les rayons de longueur a, b, c, Pl. I₂, on ajoute les trois angles $\widehat{al}$: $\widehat{bl}$; $\widehat{cl}$, en tenant compte de leurs signes, et

x sera le rayon vecteur qui formera avec l un angle égal au $\frac{1}{3}$ de l'angle total.

2° On peut simplifier la construction en posant :

$$\frac{x}{a} = \sqrt[3]{\frac{b}{a} \cdot \frac{c}{a}}.$$

Si a est la plus grande ou la plus petite des 2 hauteurs, $\widehat{ba}$, $\widehat{ca}$ sont de même signe et s'ajoutent, et le résultat est partagé en trois parties.

Si a est la longueur moyenne, comme nous l'avons supposé Pl. I_2, $\widehat{ba}$, $\widehat{ca}$ sont de signes contraires, et se retranchent.

Si l'on opère de manière que la différence $\widehat{a\Delta}$ soit mesurée à partir du rayon a dans le plus grand angle, et que l'on partage en trois parties égales l'angle $\widehat{a\Delta}$, la longueur du premier rayon de division à partir de a nous donnera l'inconnue x.

On a très souvent à construire l'expression :

$$x = \sqrt{ab}.$$

La question pourrait être résolue au moyen de la spirale en mettant l'expression sous la forme $\dfrac{x}{a} = \sqrt{\dfrac{b}{a}}$, mais dans tous les cas, il est plus simple de se servir du cercle pour déterminer la moyenne proportionnelle.

Fig. 28.

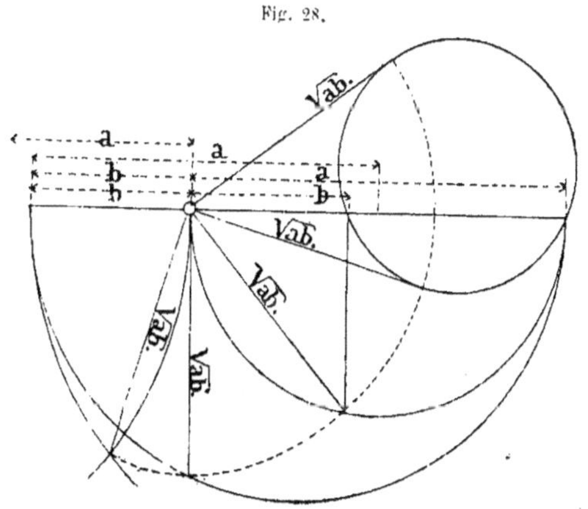

Il y a pour cela différentes constructions représentées *fig.* 28 et qui reposent sur les principes suivants :

a) La tangente est moyenne proportionnelle entre la sécante entière et sa partie extérieure.

b) Toute corde est moyenne proportionnelle entre le diamètre passant par une de ses extrémités et sa projection sur ce diamètre.

c) La perpendiculaire abaissée d'un point quelconque d'une circonférence sur un diamètre est moyenne proportionnelle entre les deux segments qu'elle détermine sur ce diamètre.

d) Les deux cordes déterminées par deux arcs de cercle de même diamètre et terminées d'un côté par le point d'intersection commun, de l'autre par la ligne des centres, sont moyennes proportionnelles entre leurs rayons et le segment coupé par 2 arcs sur la ligne des centres.

Les propositions *a*, *b*, *c*, sont démontrées dans tous les traités de géométrie, et l'on voit que *b* et *d* sont identiques, car le segment dans *d* est le double de la projection de la corde dans *b*, par contre le diamètre en *d* n'est que la moitié du diamètre en *b*.

CHAPITRE II

LOGARITHMES ET RÈGLES A CALCUL

---

6. ADDITION ET SOUSTRACTION AU MOYEN DE RÈGLES A CALCUL

La représentation graphique des logarithmes est, dans la pratique, d'une très grande utilité. On peut représenter graphiquement les logarithmes de différentes manières, et notamment au moyen de la règle à calcul.

Les opérations qui se rattachent à cette représentation ne sont pas de nature essentiellement graphique, comme le calcul par le trait et la statique graphique, parce que les quantités algébriques sont représentées graphiquement pour fournir des résultats algébriques, tandis que dans la statique graphique on opère graphiquement sur des données graphiques pour obtenir des résultats graphiques. Nous croyons, néanmoins, devoir indiquer ces méthodes, parce que toutes les brochures écrites sur les règles à calcul ne parlent pas des logarithmes, qui sont la base de leur théorie, et ne donnent par suite que des règles pratiques pour les ouvriers. Comme il est impossible de se servir avantageusement de la règle à calcul, si l'on ne connaît pas la théorie des logarithmes, cet instrument n'a pas trouvé l'accueil qu'il méritait auprès des ingénieurs instruits. Nous espérons, en démontrant ses propriétés, en répandre l'usage à l'École polytechnique de Zurich.

La manière d'ajouter ou de retrancher des nombres au moyen de la règle à calcul (*), se démontre très facilement sur des échelles mobiles.

Supposons deux réglettes divisées et graduées de la même manière,

---

(*) Il s'agit, bien entendu ici, d'une règle à calcul spéciale pour l'addition et la soustraction, et non de la règle à calcul ordinaire.

et faisons glisser l'une d'elles au-dessous de l'autre (*fig.* 29); il est évident que la différence entre les numéros de deux traits placés en regard l'un de l'autre sera constante pour une même position

Fig. 29.

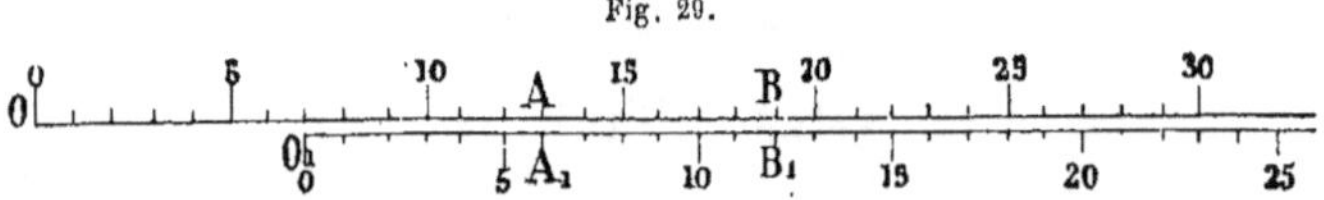

relative des réglettes; dans la *fig.* 29, cette différence est de 7. Représentons par a, b, c..., les numéros des divisions de la réglette supérieure, et par a_1, b_1, c_1..., ceux de la réglette inférieure; on aura, en remarquant que ces numéros peuvent aussi désigner les longueurs 0) ABC et O_1) $A_1 B_1 C_1$:

$$a - a_1 = b - b_1 = c - c_1 = \ldots$$

Si l'une de ces quantités, par exemple b, est considérée comme inconnue, on pourra écrire :

$$b = a - a_1 + b_1$$

Pour bien faire sentir le sens de cette formule, nous montrons (*fig.* 30)

Fig 30.

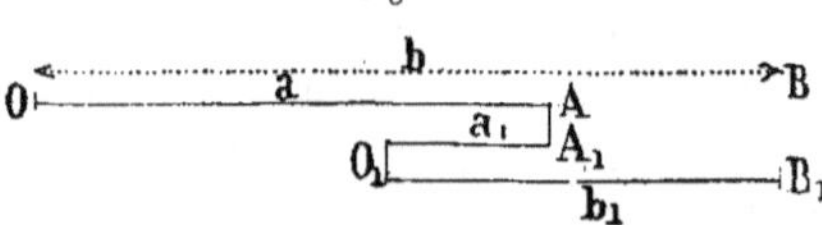

comment l'on a formé la longueur b au moyen des longueurs a, a_1, b_1. Une pareille figure est toujours possible.

De ce que nous venons de dire, il résulte que :

On peut, en faisant glisser l'une contre l'autre deux réglettes de même graduation, retrancher un nombre d'un autre, et ajouter un 3e nombre à leur différence. Les réglettes conservent la même position tant que les deux premiers nombres restent les mêmes. Toutes les valeurs des sommes cherchées qui dépendent alors du dernier terme b_1, se liront sur la réglette supérieure en regard de b_1. En égalant à o l'une de ces quantités on peut ajouter ou retrancher deux nombres quelconques.

Fig. 31.

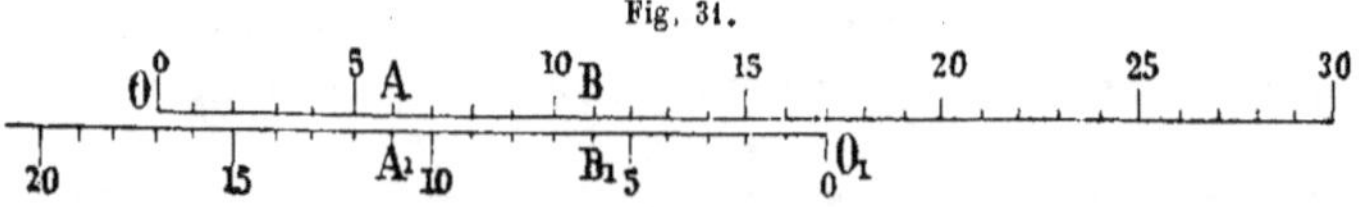

On peut aussi retourner l'une des réglettes, et faire correspondre des graduations allant en sens contraire (*fig.* 31); dans ce cas, la somme de

deux numéros placés verticalement en regard l'un de l'autre est constante, et l'on obtient les résultats suivants :

$$a + a_1 = b + b_1 = c + c_1 = \ldots$$
$$b = a + a_1 - b_1$$

Fig. 32.

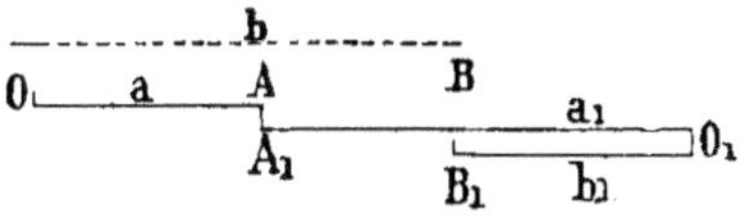

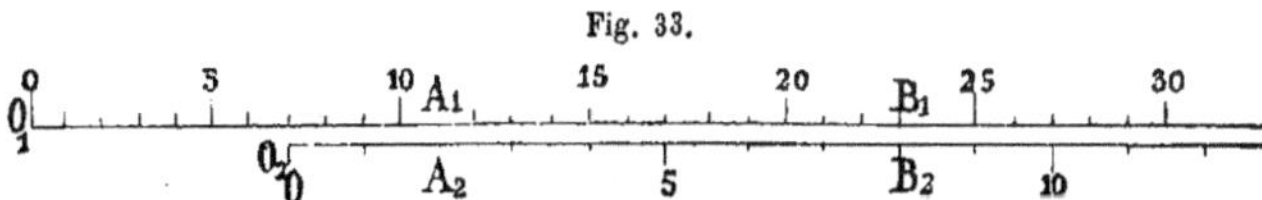

La formation de b s'explique au moyen de la *fig.* 32, et l'on en déduit
les propositions suivantes :

*On peut, en faisant glisser l'une contre l'autre des réglettes dont la gra-
duation est inverse, retrancher un nombre de la somme de deux autres. Les
réglettes conservent la même position relative tant que la somme des 2 premiers nombres reste la même. Toutes les valeurs correspondantes au résultat
final se lisent sur la réglette supérieure en regard de* b_1. *En égalant à* o *l'une
de ces quantités, l'opération revient à ajouter ou retrancher deux nombres
quelconques.*

On peut aussi se servir de réglettes dont l'une ait des divisions deux,
trois, … fois plus grandes que l'autre. Dans la *fig.* 33, l'échelle de la

Fig. 33.

réglette inférieure est double de celle de la réglette supérieure. Pour
comparer les longueurs de la deuxième réglette avec celle de la première,
il faut évidemment multiplier les numéros de sa graduation par 2 avant
de les ajouter. Nous aurons donc, en nous servant des indices 1 et 2,
pour distinguer les graduations des deux réglettes :

$$a_1 - 2a_2 = b_1 - 2b_2 = c_1 - 2c_2 = \ldots,$$
$$b_1 = a_1 - 2a_2 + 2b_2,$$
$$b_2 = a_2 - \tfrac{1}{2}a_1 + \tfrac{1}{2}b_2.$$

En retournant les réglettes bout à bout on aura :

$$a_1 + 2a_2 = b_1 + 2b_2 = c_1 + c_2 = \ldots$$
$$b_1 = a_1 + 2a_2 - 2b_2,$$
$$b_2 = a_2 + \tfrac{1}{2}a_1 - \tfrac{1}{2}b_1.$$

Les résultats s'énoncent comme précédemment.

En prenant des réglettes dont les divisions soient dans le rapport $\dfrac{m}{n}$, il faudrait multiplier les numéros de la graduation par m et par n.

7. RÈGLE A CALCUL ORDINAIRE

Dans les règles à calcul ordinaires, les longueurs $(O)AB\ldots, (O_1)A_1B_1\ldots,$ ne sont plus proportionnelles aux nombres $ab\ldots, a_1b_1\ldots,$ mais à leurs logarithmes $\log a, \log b\ldots, \log a_1, \log b_1\ldots$

On peut construire graphiquement ces logarithmes au moyen des spirales logarithmiques (Pl. $1_{1\text{ et }2}$). On détermine sur l'une de ces deux courbes les points dont les distances au pôle O sont 1, a, $b\ldots$, et l'on porte sur la règle des divisions dont les abscisses sont proportionnelles aux angles que forment entre eux les rayons vecteurs de ces points; les abscisses s'obtiennent en développant les arcs de cercles interceptés par ces rayons sur une circonférence dont le centre se trouve en O. En changeant le rayon de cette circonférence, on obtiendra différentes longueurs d'échelles. On retrouve les mêmes échelles pour des rayons vecteurs de $\frac{1}{10}$ à 1, de 1 à 10 et de 10 à 100. On porte ordinairement sur la règle deux de ces échelles à la suite l'une de l'autre. Nous n'avons indiqué la méthode précédente que pour donner une construction graphique des logarithmes, mais dans la pratique, on se borne à porter comme abscisses, deux fois à la suite les uns des autres, les logarithmes des nombres de 1 à 100, mesurés à une échelle quelconque.

Au système ainsi formé, on joint ordinairement une troisième échelle ayant des divisions doubles des précédentes et sur laquelle on ne porte qu'une seule fois les logarithmes de 1 à 10, comme le montre la *fig.* 34.

Fig. 34.

Dans une coulisse pratiquée au milieu de la règle à calcul, on place une réglette mobile. La partie supérieure de la règle, dont nous continuerons à désigner les divisions par $ab\ldots$, contient deux séries de logarithmes. La partie supérieure de la réglette est graduée de la même manière. Nous donnerons à ces divisions l'indice 1, et nous désignerons par suite par $a_1, b_1, c_1\ldots$ les longueurs correspondantes à $a, b, c\ldots$ Quand

la division de la partie inférieure de la réglette est la même que celle de
la partie supérieure, nous la désignerons aussi par le même indice,
c'est-à-dire par a_1, b_1, c_1... Si, au contraire, comme dans la *fig.* 35 (n° 9),
les logarithmes sont portés à la partie inférieure à une échelle double,
de manière que cette partie ne comprenne qu'une seule série de logarithmes, nous désignerons les divisions par a_2, b_2, c_2... La partie inférieure de la règle, que nous affecterons de l'indice 3, porte toujours des
divisions à l'échelle double, et par suite ne renferme qu'une seule série
de logarithmes.

En appliquant les règles de l'addition de la *fig.* 30 à la partie supérieure de la règle et de la réglette, on aura :

$$\log b = \log a - \log a_1 + \log b_1,$$
$$b = \frac{a}{a_1} \, b_1.$$

Dans la *fig.*34, par exemple, on aura

$$b = \frac{9}{4} \, 3 = 6,75.$$

Le théorème énoncé au n° 6, à savoir que la position de la réglette ne
change pas tant que la différence $a - a_1$ des deux premiers membres
reste la même, peut s'appliquer maintenant aux logarithmes : la position ne
change pas, tant que la différence des logarithmes, c'est-à-dire le quotient
des nombres correspondants, reste le même. Ainsi, dans la *fig.* 34, tous
les nombres dont le quotient est de $\frac{9}{4} = 2,25$ se correspondent verticalement sur la règle et la réglette.

Comme 0 est le logarithme de 1, on peut, en égalant à 1 l'un des trois
nombres précédents, multiplier ou diviser deux nombres quelconques
l'un par l'autre.

Nous pouvons résumer tout ce qui précède de la manière suivante :

*On peut, en faisant glisser la réglette mobile d'une règle à calcul graduée
comme la réglette, multiplier le quotient de deux nombres par un troisième
nombre quelconque, par suite aussi multiplier ou diviser un nombre par un
autre. La position de la réglette ne change pas quand les deux premiers
nombres restent les mêmes, et par suite tous les nombres dont le quotient est
constant se correspondent respectivement sur les deux échelles.*

Comme les divisions correspondent aux mantisses des logarithmes, il
faut ajouter séparément les caractéristiques. L'opération se fait ordinairement de tête. Si les mantisses des logarithmes à ajouter sont assez
grandes pour que leur somme dépasse l'unité, l'extrémité du système de

lignes de la *fig.* 30 tombe sur la 2ᵉ série de logarithmes de la règle. Il faut donc, dans ce cas, augmenter d'une unité la caractéristique que l'on aurait trouvée sans cette circonstance. Il faut en retrancher l'unité lorsque cette extrémité tombe en avant de la 1ʳᵉ série de logarithmes par suite de la grandeur exagérée du dénominateur.

Soit, par exemple, à former $b = \dfrac{9}{4}$ 7. La position de la réglette sera indiquée par le tableau suivant :

$$
\begin{array}{cccccc}
0; & 1 & & 9 & 10 & 15\,\tfrac{3}{4} \\
1; & & 1 & 4 & & 7
\end{array}
$$

Il faut ajouter 1 à la somme des caractéristiques, qui est ici 0, parce que le nombre correspondant 7, qui forme l'extrémité du système commençant en **1**, tombe à droite de la 1ʳᵉ série de logarithmes de la règle. La caractéristique finale est donc 1, et le résultat est 15 ¾.

Pour former $b = \dfrac{90}{0,4} \cdot 700$, on aurait, pour la même position de la réglette, la caractéristique

$$
1 - 9 + 2 + 1 = 5,
$$

et le résultat serait 157 500.

Soit $b = \dfrac{2}{9} \cdot 3,5$ à former ; on placera la réglette dans la position indiquée par le tableau suivant :

$$
\begin{array}{ccccc}
0; & 1 & 7,8 & 1 & 2, \\
1; & & 1 & 3,5 & 9,
\end{array}
$$

et on prendra comme origine du système de lignes le point **1** qui forme le commencement de la deuxième série, car on a besoin de la série précédente.

Si l'on retranche, du 2 qui suit 1, log 9, on tombe sur la série précédente et, même après l'addition de 3,5, on n'arrive pas à 1. La caractéristique sera 9, et le résultat de l'opération 0,78.

Pour former $\dfrac{0,2}{900} \cdot 0,035$, la caractéristique serait

$$
9 - 2 + 8 - 1 = 4
$$

et le résultat égal à 0,000 0078.

Si la règle à calcul est construite de manière que la réglette puisse être retournée, on peut faire les mêmes opérations que plus haut. Le nouveau système de lignes ne se distingue du précédent qu'en ce qu'on ajoute d'abord les deux logarithmes, puis qu'on en retranche le troisième. Dans le dernier exemple, la réglette aurait la position indiquée par le tableau suivant :

$$0; \qquad 7,8 \quad \mathbf{1} \quad 2$$
$$1; \quad 1 \quad 9 \quad 7 \quad 3,5 \quad 1.$$

Le produit de tous les nombres qui se correspondent sur la règle et la réglette est égal à 7.

On peut donc, en retournant la réglette, diviser le produit de deux nombres par un troisième et, par suite, multiplier ou diviser un nombre quelconque par un troisième.

La position de la réglette ne change pas tant que les deux premiers nombres et, par suite, leur produit ne changent pas, et tous les nombres se correspondant sur la règle et la réglette ont un produit constant.

Comme cas particulier, des nombres réciproques se correspondent sur la réglette et sur la règle quand la division 1 de la réglette se trouve au-dessous de la division 1 de la règle.

Nous n'avons considéré jusqu'ici que la partie supérieure de la règle et de la réglette, considérons maintenant leur partie inférieure. Dans la disposition de la *fig.* 34, les différences

$$\lg a - \lg a_1 = 2 \lg a_3 - \lg a_1$$

seront constantes.

On voit, au moyen de cette équation, qu'on peut trouver les b dans les rapports :

$$\frac{b}{b_1} = \frac{b_3^2}{b_1} = \frac{a}{a_1} = \frac{a_3^2}{a_1},$$

c'est-à-dire faire les opérations suivantes :

$$b_1 = \frac{a_1}{a_3^2} \qquad b = \frac{a_1}{a} b_3^2 = \frac{a_1}{a_3^2} b_3^2$$

ou

$$b_3 = \frac{a_3}{\sqrt{a_1}} \sqrt{b_1} = \sqrt{\frac{a}{a_1} b_1}.$$

Nous laissons au lecteur le soin de traduire ces résultats en langage ordinaire et nous nous contenterons d'indiquer les positions de la réglette dans deux cas particuliers : celui de la recherche de b_1 et celui de la recherche de b_3.

Soit à former $b_1 = \frac{4}{9} \cdot \overline{2,6}^2 = 3$. (Le résultat exact est 3,0044, on voit d'ailleurs sur la règle que le 3 est un peu dépassé.)

La réglette a la position indiquée par le tableau :

0;	1				9				
1;				1		4	1		
1;		8		1	3		1	1,2	3
3;	2	1,342			2,6	3		5,2	8,22.

Si au lieu de 9, on avait eu 3^2, on aurait pu faire toutes les opérations au moyen des échelles inférieures 1 et 3.

Si l'extrémité du système de lignes se trouve dans la première série, il suffit d'ajouter les caractéristiques, celle du carré étant naturellement doublée. Si l'extrémité dépasse la première série, il faut ajouter 1 à la caractéristique trouvée. Ainsi pour

$$b_1 = \frac{40}{0,9}\,\overline{52}^2 = 120\,178.$$

La caractéristique est :

$$1 - 9 + 2.1 + 1 = 5.$$

La même position de la réglette permet aussi de faire le calcul suivant :

$$b_3 = \sqrt{\frac{9}{4} \cdot 3} = 2,6 \text{ (exactement 2,598)};$$

mais il faut remarquer que l'origine du système se trouve à gauche au premier 1 et non plus au point 1. Si la somme des caractéristiques n'est pas égale à 0, il faut naturellement la diviser. Cette somme pouvant être impaire, il peut arriver que sa moitié soit de la forme $n + \frac{1}{2}$. Dans ce cas, si l'on considère l'échelle 3 de la règle comme la vraie échelle de logarithmes, les longueurs $\sqrt{a}$, $\sqrt{a_1}$, $\sqrt{b_1}$ des échelles supérieures devront être considérées comme des demi-logarithmes et par suite la caractéristique $\frac{1}{2}$ représentera la longueur d'une des séries supérieures qu'il faudra ajouter dans ce cas au système de lignes pour lire le résultat.

Par exemple, $b_3 = \sqrt{\frac{9}{4} \cdot 30} = 8,22$ (exactement 8,216).

La caractéristique est $\frac{1}{2}$, c'est-à-dire qu'il faut ajouter au système la longueur d'une série supérieure, et le résultat se lira en regard du nombre 3 placé sur la deuxième série de la réglette comme l'indique le tableau précédent.

Si le système ainsi prolongé dépassait 3, il faudrait se servir de la série qui précéderait celles de la réglette, et alors ajouter 1 à la caractéristique, car l'opération indiquée revient à former $1 - \frac{1}{2}$ au lieu de $\frac{1}{2}$.

Par exemple $b_3 = \sqrt{\frac{9}{4}} \cdot 80 = 13{,}42$ (exactement 13,416).

On ne peut lire le résultat qu'au moyen de la série placée avant la réglette, moins la caractéristique $= 1$. (Voir le tableau.)

Comme l'échelle 3 n'est gravée qu'une fois sur la règle, il n'est pas toujours possible de lire à la fois tous les résultats ; lorsque, par exemple, on détermine le rapport $\frac{9}{4}$ sur les échelles 0 et 1, il est impossible de lire en même temps sur les échelles 1 et 3 les rapports compris entre $\frac{4{,}4}{1^2}$ et $\frac{1}{1^2{,}5}$, et entre $\frac{1}{4^2{,}74}$ et $\frac{4{,}4}{1}$.

Dans ce cas, on peut très facilement trouver le résultat au moyen d'un compas : on mesure avec le compas la longueur qui dépasse l'échelle et on la porte à partir de l'autre extrémité de cette échelle. On peut aussi, en prenant avec le compas la longueur d'une des séries supérieures, ou en la marquant sur une bande de papier, reculer d'une série un nombre quelconque, et lire le résultat sur l'échelle inférieure lorsque la réglette n'atteint pas le point voulu. Il est inutile d'expliquer plus longuement ces opérations qui sont évidentes, nous passerons sous silence tous les cas particuliers qui ont tant occupé M. Sella, par exemple ; il suffit de dire qu'avec le compas ou une bande de papier, on peut faire toutes les opérations.

En égalant à l'unité ou entre elles une ou deux des longueurs de la page 41, on voit qu'on peut exécuter les opérations suivantes :

Élever des nombres au carré et au cube ; diviser des nombres, des carrés, des cubes, par des nombres ou des carrés. Extraire des racines carrées de nombres et de cubes, c'est-à-dire former la puissance $\frac{3}{2}$; déterminer des moyennes proportionnelles, enfin diviser ces puissances par une racine carrée.

Nous laisserons au lecteur le soin de s'exercer dans ces opérations qui sont toutes simples, et nous n'ajouterons plus qu'une remarque sur l'élévation au cube et l'extraction de la racine cubique.

La meilleure méthode, pour exécuter ces opérations, consiste à retourner la réglette. Si l'on met en regard sur la réglette et sur la règle le nombre dont on cherche le cube, l'extrémité de la réglette correspondra sur la règle supérieure au cube cherché. Lorsque le nombre est supérieur à $\sqrt[3]{10} = 2,154$, l'extrémité du système de lignes, qui se compose du logarithme double sur l'échelle 3 et du logarithme simple sur l'échelle 1, tombe dans la première série; la caractéristique est alors trois fois celle du nombre. Lorsque le nombre est compris entre 2,154 et $\sqrt[3]{100} = 4,642$, l'extrémité du système tombe dans la deuxième série et la caractéristique est égale à trois fois celle du nombre $+ 1$. En prenant des nombres plus grands, l'extrémité du système se trouve dans la deuxième série, et la caractéristique est égale à trois fois celle du nombre $+ 2$.

Les règles pour l'extraction de la racine cubique sont inverses de celles que nous venons d'exposer.

On peut extraire les racines cubiques suivantes :

$$b_3 = \sqrt[3]{a\,a_1} = \sqrt[3]{a_3^2\,a_1}.$$

Après avoir retourné la réglette, on met en regard les nombres a dans les échelles correspondantes, puis l'on cherche le nombre qui se correspond à lui-même sur les échelles 3 et 1. L'on cherchera cette correspondance entre 0 et 2,15 quand la caractéristique est entière, entre 2,15 et 4,64 lorsqu'elle est égale à un nombre entier augmenté de $\frac{1}{3}$ ou diminué de $-\frac{2}{3}$, et enfin entre 4,64 et 10 quand elle est formée d'un nombre entier augmenté de $\frac{2}{3}$ ou $-\frac{1}{3}$.

Soit par exemple à former

$$b_3 = \sqrt[3]{4.9} = \sqrt[3]{4.3^2} = \sqrt[3]{2^2.9}.$$

Positions de la réglette :

```
0;   1                4   9   1            3,6
1:                1   9   4                1
1;       1,532   1   9   4          3,3    1    7,12
3;   1   1,532        2   2          3,3    6    7,12    1
```

On a :

$$\sqrt[3]{3,6} = 1,532, \qquad \text{car la caractéristique} = 0,$$

$$\sqrt[3]{36} = 3,3\,(019), \qquad id. \qquad = \frac{1}{3},$$

$$\sqrt[3]{360} = 7,12\,(7,114), \qquad id \qquad = \frac{2}{3}.$$

Il faut remarquer, pour l'application des dernières décimales, que, lorsque deux mêmes nombres se correspondent sur les échelles 1 et 2, la différence de longueur, pour une même différence sur le nombre, est moitié aussi grande sur l'échelle 1 que sur l'échelle 3. Si donc on lit deux nombres correspondants aux environs du point exact, la différence entre eux et le nombre cherché sera sur 1 deux fois aussi grande que sur 3. On aura par exemple, en faisant coïncider 9 :

$$1; \quad 9,1 \quad 9 \quad 8,9,$$
$$3: \quad 8,95 \quad 9 \quad 9,05.$$

On voit que pour avoir 9, il faut de 9,05 retrancher le tiers de sa différence avec 9,1. On pourra donc facilement interpoler.

8. DE L'USAGE DE LA RÈGLE A CALCUL ORDINAIRE

La longueur d'une règle à calcul ordinaire est de $0^m,26$ à $0^m,30$. Elle est divisée de deux en deux centièmes entre 1 et 2, de 0,05 en 0,05 entre 2 et 5, et enfin de 0,1 en 0,1 entre 5 et 10. Si l'on admet que l'on puisse apprécier avec une certaine exactitude les cinquièmes de divisions, nous aurons comme approximation

$$\text{entre } 1 \text{ et } 2; \quad 0,004 : (1 \text{ à } 2) = 0,004 \text{ à } 0,002,$$
$$\textit{id.} \quad 2 \text{ et } 5; \quad 0,01 \; : (2 \text{ à } 5) = 0,005 \text{ à } 0,002,$$
$$\textit{id.} \quad 5 \text{ et } 10; \quad 0,02 \; : (5 \text{ à } 10) = 0,004 \text{ à } 0,002.$$

En moyenne, l'approximation sera de $\frac{1}{300}$; l'usage de la règle à calcul est donc indiqué pour tous les cas où cette approximation est suffisante : ainsi pour les calculs de sommes d'argent qui ne sont pas trois cents fois plus grandes que la plus petite monnaie; pour tous les devis approximatifs; pour les calculs des poutres, car le coefficient de résistance est loin d'être déterminé avec l'approximation de $\frac{1}{300}$; pour tous les petits calculs qui se présentent dans la construction et qui demandent rarement une plus grande exactitude. L'usage de la règle à calcul doit être recommandé dans tous les cas précités, car il épargne du temps et les lectures seules peuvent occasionner des fautes. Pour lire exactement, faisons encore remarquer l'avantage suivant : il est difficile d'interpoler ou de lire des nombres lorsqu'il faut apprécier des décimales sur chacune des deux échelles, tandis que cette difficulté n'existe pas lorsque sur l'une des échelles le nombre correspond à une division. On fera donc bien de corriger l'un des nombres, celui qui correspond à une plus petite division, de manière qu'il tombe sur une division exacte dans l'autre échelle. Soit $a+\delta$ le nombre qui se trouve sur le côté des grands intervalles; δ représente la quantité, toujours plus petite que 0,1, à apprécier entre deux divisions, et supposons qu'on doive faire correspondre à $a+\delta$ un nombre a_1 qui ne tombe pas non plus exactement sur une division: comme l'on a :

$$a_1 : a + \delta = a_1 - \frac{a_1\delta}{a+\delta} : a.$$

on voit que la position de la réglette ne change pas quand, au lieu de faire correspondre a_1 et $a + \delta$, on fait correspondre $a_1 - \frac{a\delta}{a+\delta}$ et a. La correction $\delta' = \frac{a_1\delta}{a+\delta}$ peut se lire directement sur la réglette, car il résulte de l'égalité $\frac{\delta'}{\delta} = \frac{a_1}{a+\delta}$ qu'elle se trouve du côté de a_1, vis-à-vis de la correction δ du côté de a.

Exemple. Soit à faire correspondre 312 et 743. Les subdivisions sont plus grandes près de 31 que près de 74. Nous fixerons donc 31 et corrigerons 743. Plaçons provisoirement 74 au-dessous de 31.

$$0; \qquad 1 \qquad 2 \qquad 31,$$
$$1; \qquad \qquad 4,78 \qquad 74,$$

vis-à-vis de la correction $\delta = 2$ se trouve 4,78 ou 5, en nombre rond. Nous devons donc corriger 743 de 5, et par suite placer 738 au-dessus de 31 ce qui peut se faire très exactement.

On opère inversement pour lire des résultats, vis-à-vis de 31 on lit exactement 738, et l'on ajoute 5.

Lorsque la réglette est renversée, on a :

$$(a + \delta)a_1 = a \left(a_1 + \frac{a_1\delta}{a} \right).$$

Dans ce cas, la correction n'est pas aussi facile, car il faut d'abord faire coïncider a_1 et δ puis lire la correction vis-à-vis de a.

$$0; \qquad 1 \qquad 2 \qquad 3,1$$
$$1; \qquad \qquad 7,4 \qquad 4,8 \qquad 1.$$

Il en est de même pour faire coïncider des nombres sur les échelles 1 et 3. On a, en négligeant les puissances supérieures de δ :

$$a_1 : (a_3 + \delta)^2 = a_1 - \frac{2a_1\delta}{a_3 + \delta} : a_3^2$$

et

$$a_1 + \delta : a_3^2 = a_1 : \left[a_3 - \frac{a_3\delta}{2(a_1 + \delta)} \right]^2 .$$

Il faut donc faire d'abord coïncider les nombres sur les échelles 0 et 1, comme si a_3 n'était pas au carré, puis multiplier ou diviser par 2 la correction, suivant qu'il faut l'appliquer à l'échelle 1 ou à l'échelle 3.

Cette règle reste la même lorsqu'on retourne la réglette.

Nous allons encore montrer par quelques exemples comment la règle à calcul peut servir à calculer des formules usuelles et combien son emploi peut être avantageux.

Il suffit ici de faire remarquer combien elle est utile lorsque, avec l'approximation qu'elle permet, il faut multiplier plusieurs nombres par un même rapport. On forme le rapport sur la règle et tous les produits se trouvent en face des facteurs; cette application se présente dans les devis où plusieurs objets doivent être multipliés par le même prix. Pour des calculs de société, on place la masse totale vis-à-vis de la totalité des frais et, aux différentes parts sociales, correspondent sur la règle les frais partiels.

Pour des réductions d'échelles, on place la base de réduction vis-à-vis de 1, et les mesures de mêmes longueurs se trouvent vis-à-vis l'une de l'autre. On peut aussi effectuer directement des réductions composées en opérant de la même manière.

Les Anglais, par exemple, expriment la pression π sur l'unité de surface en livres de $0^k,4534$ ou en tonnes de $1^t,0156$, l'unité de surface étant le pouce carré de $0^m,0254$ de côté. Quelle est la pression π_{fr} en kilog. ou en tonnes par centimètre carré? Nous transformons les livres anglaises π_a et le pouce carré en mesure française. Le quotient $0,4534\pi_a : 2,54^2$ devra donner π kil. par centimètre carré. On fait donc coïncider, dans les échelles 1 et 3, 0,4534 et 2,54, les unités de pressions se liront en regard dans les échelles 0 et 1.

0 ;	1	14,23	14,7
1 ;	0,703	1	1,033
1 ;	0,703	1	4,4534,
3 :	1		Ath. 2,54 .

Pour des tonnes, on aurait :

$$
\begin{array}{llll}
0; & 1 & 4,45 & 6,36 \\
1; & 0,1574 & 0,7 & 1 \\
1; & & & 1,016, \\
3; & & & 2,54\ .
\end{array}
$$

On peut, de la même manière, trouver les prix pour des unités de longueur ou des unités de surface différentes.

Pour multiplier le produit de deux nombres ou d'un nombre et d'un carré par un coefficient constant, on fera bien de calculer, une fois pour toutes, la réciproque du coefficient; le calcul pourra alors se faire au moyen d'une seule position de la réglette.

Nous donnons ici un tableau de coefficients réciproques pour le calcul des corps géométriques. Nous avons désigné par d les diamètres, par u le périmètre du cercle, h la hauteur du corps, par s le côté ou longueur de la génératrice qui le décrit.

Surface latérale d'un cylindre.	$\pi d h$	$\dfrac{1}{\pi} = 0,3183$	$u h$	
Surface latérale d'un cône droit.	$\frac{1}{2}\pi d s$	$\dfrac{2}{\pi} = 0,6366$	$\frac{1}{2} u h$	2
Surface latérale d'un tronc de cône droit.	$\pi\dfrac{d + d_1}{2} s$	$\dfrac{2}{\pi} = 0,6366$	$\frac{1}{2}(u + u_1)s$	2
Surface d'un cercle.	$\frac{1}{4}\pi d^2$	$\dfrac{4}{\pi} = 1,273$	$\dfrac{u^2}{4\pi}$	$4\pi = 12,57$
Surface d'une zone sphérique.	$\pi d h$	$\dfrac{1}{\pi} = 0,3183$	$u h$	
Volume d'un cylindre droit circulaire.	$\frac{1}{4}\pi d^2 h$	$\dfrac{4}{\pi} = 1,273$	$\dfrac{u^2 h}{4\pi}$	$4\pi = 12,57$
Volume d'un cône droit circulaire.	$\frac{1}{12}\pi d^2 h$	$\dfrac{12}{\pi} = 3,820$	$\dfrac{u^2 h}{12\pi}$	$12\pi = 37,70$
Volume d'une sphère.	$\frac{1}{6}\pi d^3$	$\dfrac{6}{\pi} = 1,910$	$\dfrac{1}{6\pi^2} u^3$	$6\pi^2 = 59,22$

Si les cercles sont remplacés par des polygones réguliers, donnés par leur périmètre et les diamètres d_i et d_c des cercles inscrits et circonscrits, on aura $\pi_i = \dfrac{u}{d_i}$ et $\pi_c = \dfrac{u}{d_c}$. La longueur du polygone est alors égale à $\dfrac{1}{4}\, u d_i = \dfrac{u^2}{4\pi_i} = \dfrac{1}{4}\,\pi_c\, d_i^2 = \dfrac{\pi_c^2 d_c^2}{4\pi_i}$.

Nous donnons ici les valeurs de π_i, π_c, $4\pi_i$ et les réciproques de $\dfrac{\pi_c^2}{4\pi_i}$ et de $\dfrac{1}{4}\,\pi_i$.

S'il faut calculer les poids des corps au lieu de leurs volumes, on fera bien de combiner avec les coefficients déjà calculés, les réciproques des

	π_o	π_i	$\dfrac{4\pi_i}{\pi_o{}^2}$	$\dfrac{4}{\pi_i}$	$4\pi_i$
Triangle.	2,598	5,196	3,0793	0,7698	20,784
Carré.	2,828	4,000	2,0000	1,0000	16,000
Pentagone.	2,939	3,633	1,6813	1,1011	14,531
Hexagone..	3,000	3,464	1,5396	1,1547	13,857
Heptagone.	3,037	3,371	·1,4618	1,1866	13,484
Octogone.	3,062	3,314	1,4142	1,2071	13,255
Polygone à 9 côtés.	3,078	3,276	1,3821	1,2211	13,103
— 10 côtés.	3,090	3,349	1,3612	1,2311	12,997
— 11 côtés.	3,099	3,229	1,3449	1,2387	12,917
— 12 côtés.	3,106	3,215	1,3333	1,2440	12,861
— 13 côtés.	3,111	3,208	1,3259	1,2468	12,833
— 14 côtés.	3,115	3,196	1,3179	1,2528	12,782
— 15 côtés.	3,119	3,188	1,3112	1,2546	12,753
— 16 côtés.	3,122	3,183	1,3065	1,2568	12,730

poids spécifiques, de manière à trouver le poids cherché en ne donnant qu'une seule position à la réglette. Dans sa *Règle logarithmique*, Paris, 1845, M. J.-F. Artur a calculé, pour différents métaux, les coefficients suivants :

Le poids spécifique. . . . . γ'

Sa réciproque pour le calcul des prismes dont on connaît la

section et la hauteur. . . . . $\gamma = \dfrac{1}{\gamma'}$

Pour le calcul de cylindres dont on connaît la hauteur et le

carré du diamètre. . . . . $4 : \pi\gamma'$

Pour le calcul du cylindre dont on connaît la hauteur et le

carré du périmètre. . . . . $4\pi : \pi\gamma$

De sphères dont on connaît le cube du diamètre. . . . . . . $6 : \pi\gamma'$

De sphères dont on connaît le cube du périmètre. . . . . . . $6\pi^2 : \gamma'$

Nous donnons (pages 50 et 51) ces coefficients pour certaines matières, et nous ajouterons un seul exemple pour montrer leur emploi.

EXEMPLE. Soient deux poutres à relier par un boulon de $0^m,025$ de diamètre. La somme des épaisseurs des poutres est égale à 66 centimètres. Quel est le poids du boulon ?

Pour tenir compte de la tête et de l'écrou, nous ajouterons 20 fois le

diamètre, c'est-à-dire 50 centimètres. Le coefficient $\dfrac{4}{\pi\gamma'}$ pour des cylindres de fer est égal à 0,1625.

NOMS DES CORPS.	POIDS spécifique γ'	RÉCIPROQUE du poids spécifique $1 : \gamma' = \gamma$	CYLINDRE EN FONCTION DU CARRÉ		SPHÈRE EN FONCTION DU CUBE	
			du diamètre $4 : \pi\gamma'$	du périmètre $4\pi : \gamma'$	du rayon $6 : \pi\gamma'$	de la surface $6\pi^2 : \gamma'$
A. *Corps solides.*						
Platine laminé.	22,069	0,0453	0,0577	0,5694	0,0865	2,683
Or forgé.	19,3617	0,0516	0,0658	0,6490	0,0986	3,058
Mercure (à 0°)	13,598	0,0735	0,0936	0,9244	0,1405	4,355
Plomb fondu.	11,3523	0,0881	0,1122	1,107	0,1682	5,216
Argent fondu.	10,4743	0,0955	0,1216	1,200	0,1823	5,654
Cuivre laminé.	8,95	0,1170	0,1423	1,404	0,2134	6,616
Nickel forgé.	8,666	0,1154	0,1469	1,450	0,2204	6,833
Acier non écroui.	7,8163	0,1279	0,1629	1,608	0,2443	7,576
Fer en barre.	7,7880	0,1284	0,1635	1,614	0,2452	7,604
Fer fondu.	7,2070	0,1388	0,1767	1,744	0,2650	8,217
Fonte grise.	7,67	0,1304	0,1660	1,638	0,2490	7,721
Étain fondu.	7,2914	0,1371	0,1746	1,723	0,2619	8,122
Zinc fondu.	7,19	0,1391	0,1771	1,748	0,2656	8,236
Mica, 2,7 à.	3	0,3333	0,4244	4,189	0,6366	19,74
Calcaire, 2,6 à Marbre.	2,8376	0,3524	0,4487	4,429	0,6731	20,37
Quarz, 2,636 — 2,653.	2,65	0,3774	0,4805	4,743	0,7208	22,35
Feldspath, 2,49 — 2,62.	2,6	0,3846	0,4897	4,833	0,7345	22,78
Graphite, meulière, etc.	2,5	0,4	0,5093	5,027	0,7639	23,69
Sulfate de chaux, 2,2 —	2,4	0,4167	0,5305	5,236	0,7958	24,67
Craie et grès.	2,3	0,4348	0,5536	5,464	0,8304	25,75
Terre, silicate d'alumine, 1,86 —	2,2	0,4545	0,5787	5,712	0,8681	26,92
Soufre.	2	0,5	0,6366	6,283	0,9549	29,61
Sable sec, 1,4; mouillé.	1,9	0,5263	0,6701	6,614	1,005	31,17
Albâtre.	1,8470	0,5336	0,6794	6,706	1,019	31,60
Mortier.	1,8	0,5556	0,7073	6,981	1,061	32,90
Argile, vase, 1,66 — 1,76.	1,7	0,5882	0,7489	7,392	1,123	34,83
Ciment, 1,7.	1,6	0,625	0,7958	7,854	1,194	37,01
Brique, 2,2.	1,5	0,6667	0,8488	8,378	1,273	39,48
Lait de chaux, 1,6; sec.	1,4	0,7143	0,9094	8,976	1,364	42,29
Charbon dense.	1,3292	0,7523	0,9579	9,454	1,437	44,55
Gypse, terre végétale brûlée.	1,25	0,8	1,0186	10,053	1,528	47,37
Chaux éteinte, 1,4; vive.	0,8	1,25	1,5915	15,708	2,387	74,02
Chêne frais.	0,930	1,075	1,369	13,51	2,054	63,67
Chêne sec.	1,670	0,5988	0,7624	7,525	1,144	35,46
Acajou.	1,063	0,9407	1,198	11,82	1,797	55,71
Buis de France.	0,91	1,099	1,399	13,81	2,099	65,07
Hêtre.	0,852	1,174	1,494	14,75	2,242	69,50
Frêne.	0,845	1,183	1,507	14,87	2,260	70,08
Orme et Aulne.	0,800	1,250	1,592	15,71	2,387	74,02
Prunier.	0,785	1,274	1,622	16,01	2,433	75,44
Pommier.	0,733	1,364	1,737	17,14	2,606	80,79

NOMS DES CORPS.	POIDS spécifique γ'	RÉCIPROQUE du poids spécifique $1 : \gamma' = \gamma$	CYLINDRE EN FONCTION DU CARRÉ		SPHÈRE EN FONCTION DU CUBE	
			du diamètre $4 : \pi\gamma'$	du périmètre $4\pi : \gamma'$	du rayon $6 : \pi\gamma'$	de la surface $6\pi^2 : \gamma'$
Cerisier.	0,715	1,399	1,781	17,58	2,671	82,82
Noyer.	0,671	1,490	1,898	18,73	2,846	88,25
Poirier.	0,661	1,513	1,926	19,01	2,889	89,59
Sapin jaune.	0,657	1,522	1,938	19,13	2,907	90,13
Sapin.	0,550	1,818	2,315	22,85	3,472	107,7
Tilleul et noisetier.	0,604	1,656	2,108	20,81	3,162	98,04
Peuplier blanc d'Espagne.	0,529	1,890	2,407	23,75	3,610	111,9
Peuplier ordinaire.	0,383	2,611	3,324	32,81	4,987	154,6
Liége.	0,240	4,167	5,305	52,36	7,958	246,7
B. *Liquides.*						
Acide sulfurique.	1,8409	0,5432	0,6916	6,826	1,037	32,17
Eau de la mer Morte.	1,2403	0,8063	1,027	10,13	1,540	47,74
Eau de mer.	1,0263	0,9744	1,241	12,24	1,861	57,70
Eau distillée.	1,0	1,0000	1,273	12,57	1,910	59,22
Vin de Bourgogne.	0,9915	1,009	1,284	12,67	1,926	59,73
Huile d'olive.	0,9153	1,093	1,391	13,73	2,087	64,70
Huile essentielle de térébenthine.	0,8697	1,150	1,464	14,45	2,196	68,09
Bitume liquide.	0,8475	1,180	1,502	14,83	2,254	69,87
Alcool absolu.	0,792	1,263	1,608	15,87	2,411	74,77
Éther sulfurique.	0,7155	1,398	1,780	17,56	2,669	82,76
C. *Gaz.*	Mille fois les densités par rapport à l'eau sous la pression 0,76					
Air sec.	1,2987	0,7700	0,9804	9,676	1,471	45,60
Vapeur d'iode.	11,319	0,0883	0,1125	1,110	0,1687	5,232
Vapeur d'essence de térébenthine.	6,1870	0,1616	0,2058	2,031	0,3087	9,571
Vapeur d'éther sulfurique.	3,3584	0,2978	0,3791	3,742	0,5687	17,63
Chlore.	3,2078	0,3117	0,3969	3,917	0,5954	18,46
Gaz sulfureux.	2,9013	0,3447	0,4389	4,331	0,6583	20,41
Vapeur d'alcool absolu.	2,0952	0,4773	0,6077	5,998	0,9115	28,26
Acide carbonique.	1,9792	0,5053	0,6433	6,349	0,9650	29,92
Gaz hydrochlorique.	1,6200	0,6173	0,7860	7,757	1,179	36,55
Gaz hydrosulfurique.	1,5470	0,6464	0,8230	8,123	1,235	38,28
Oxygène.	1,4357	0,6965	0,8868	8,753	1,330	41,25
Azote.	1,2693	0,7922	1,009	9,955	1,513	46,91
Oxyde de carbone.	1,2427	0,8047	1,025	10,11	1,537	47,65
Vapeur d'eau.	0,8097	1,235	1,572	15,52	2,359	73,14
Ammoniaque.	0,7749	1,290	1,643	16,22	2,465	76,42
Gaz des marais.	0,7208	1,387	1,766	17,43	2,650	82,16
Hydrogène arsénié.	0,6870	1,456	1,853	18,29	2,780	86,20
Hydrogène.	0,08974	11,14	14,19	140,0	21,28	659,9

Position de la réglette pour l'expression $\dfrac{0,25^2 \cdot 11,6}{0,16\,35}$:

0 ;	444		volume
1 ;	116	16 34	longueur
2 ;	1	25	diamètre

caractéristique.

$$2.\underline{9} - \underline{9} + 1 = 0.$$

Le boulon pèse donc $4^{k\kappa},44$.

Dans beaucoup de cas l'exactitude de la règle à calcul suffit pour les problèmes d'hydraulique, car les coefficients fournis par l'expérience n'ont pas une exactitude de $\frac{1}{300}$, et l'on se fait illusion quand on croit pouvoir obtenir une approximation plus grande. Nous donnerons ici quelques indications au sujet de l'emploi de la réglette.

Soit à calculer la vitesse de l'eau dans des fleuves ou canaux au moyen de la formule

$$v = k \sqrt{\frac{h}{l} \cdot \frac{F}{p}}.$$

Nous considérons l'échelle 3 comme celle des vrais logarithmes. Nous ferons coïncider l_1 avec k_3, puis à h_1, extrémité du système de lignes, nous ajouterons la différence des logarithmes $\sqrt{\dfrac{F}{p}}$ mesurée avec le compas sur l'échelle 1, et nous trouverons sur 3 la vitesse v. Comme ce résultat s'obtient sur l'échelle double, on peut très exactement lui faire correspondre sur 0, la division 1 de l'échelle 1, et lire sur 0, vis-à-vis de F, la masse d'eau Q.

Souvent les quantités Q, k, h, et l sont données et il faut calculer par essais la valeur $\dfrac{F}{p}$. On combine alors avec $k \sqrt{\dfrac{h}{l}}$ un nombre quelconque, et l'on calcule directement $\left(k \sqrt{\dfrac{h}{l}} \right) \sqrt{\dfrac{F}{p}}$.

Weisbach emploie le coefficient ζ au lieu du coefficient k. On a alors la relation :

$$k^2 \zeta = 2g$$

d'où l'on tire très simplement k au moyen de la règle à calcul en fonction des différentes valeurs de ζ. On lit ensuite $2g = 19,62$ sur 0, on lui fait correspondre 1 ou 10 de l'échelle 1, et les ζ et k se trouvent vis-à-vis l'un de l'autre sur les échelles 1 et 3.

Pour calculer la hauteur h résultant d'équations de la forme

$$h = \zeta \frac{v^2}{2g} \frac{p}{F} \, l = \frac{v^2}{k^2} \frac{p}{F} \, l$$

on forme $\frac{v^2}{k^2} \, l$ et on y ajoute, au moyen du compas, le rapport $\frac{p}{F}$.

Pour calculer des formules de la forme :

$$Q = \mu \sqrt{2g} \; bk^{\frac{3}{2}} = \frac{\mu b k^{\frac{3}{2}}}{0.2258}$$

on forme $k^{\frac{3}{2}}$ en prenant avec le compas la moitié de k^3 sur la réglette, et on ajoute cette longueur à $\dfrac{\mu b}{0.2258}$.

On voit, par ces exemples, combien l'on peut étendre l'emploi de la règle à calcul au moyen du compas. On peut, en général, prendre avec le compas un rapport quelconque $\frac{c_0}{c_1}$ et au moyen du rapport des sinus $\frac{m}{n}$ (voir n° 2, page 10), former la longueur $\lg \left(\frac{c_0}{c_1}\right)^{\frac{m}{n}}$, l'ajouter à un système de lignes quelconque, par exemple à $\frac{a_0}{a_1} b$, et calculer ainsi les valeurs de la forme :

$$b = b_1 \, \frac{a_0}{a_1} \left(\frac{c}{c_1}\right)^{\pm \frac{m}{n}}$$

d'une manière très simple et très rapide.

Le même rapport peut se répéter plusieurs fois, de sorte que l'on pourra multiplier $\left(\frac{c_0}{c_1}\right)^{\pm p \frac{m}{n_i}}$ par des nombres ou rapports quelconques. Les multiplications successives d'un rapport constant par différentes puissances d'un nombre se font très simplement au moyen d'échelles.

Les règles anglaises (n° 12) dont nous parlerons dans le numéro suivant ont de ces échelles, qui sont construites pour déterminer la valeur $1',05$ de $1'$ au bout d'une année de placement, de manière que l'on puisse multiplier un nombre quelconque par les puissances de cette valeur, sans le recours du compas ou de la bande de papier.

Nous exposerons, dans les chapitres suivants, de nouveaux perfectionnements qui étendent encore l'usage de la règle à calcul.

9. RÈGLE A CALCUL PERFECTIONNÉE

Nous allons indiquer quelques perfectionnements qu'on a apportés dans la construction des règles à calcul afin d'en étendre l'emploi ou de l'approprier à des calculs spéciaux.

Dans ces derniers temps, MM. *Tavernier* et *Vinay* (Paris, 39, rue de Babylone) ont remplacé la graduation inférieure de la réglette par une graduation double, de manière que la réglette porte la graduation double aussi bien que la graduation simple (*fig.* 35). Il ne serait plus possi-

Fig. 35.

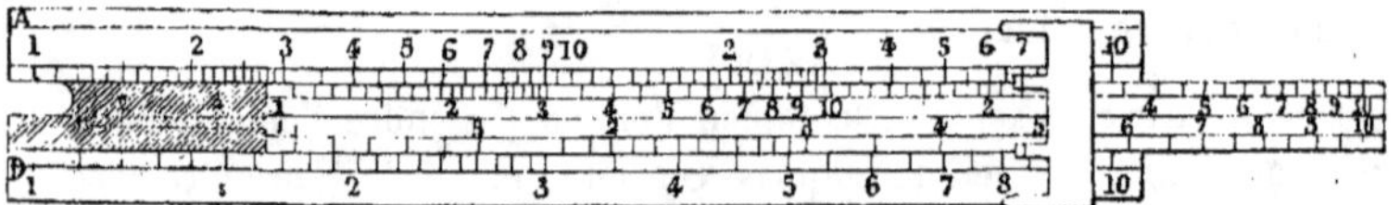

ble, avec cette disposition, de faire correspondre l'échelle simple avec l'échelle double sur deux règles voisines si l'on n'y avait pas remédié au moyen d'un curseur (voir la figure) qui permet de reporter les nombres d'une échelle sur l'autre. Le curseur peut se déplacer sur la règle et la réglette glisse au-dessus du curseur sans le toucher. Les traits marqués sur les deux petits indicateurs donnent, pour une position quelconque, des nombres correspondants sur les quatre échelles.

Ce changement présente les avantages suivants : parmi les opérations indiquées comme possibles dans le n° 7, p. 38, ne se trouvent pas les deux suivantes :

$$b_0 = \frac{a_2^3}{a_2^2} b_2^2 \quad \text{et} \quad b_3 = \frac{a_3}{a_2} \sqrt{b_1}.$$

On peut maintenant les effectuer. Soit, par exemple,

$$b_0 = \frac{7^2}{4^2} 3^2 \quad \text{et} \quad b_3 = \frac{7}{4} \sqrt{9}.$$

Position de la réglette :

0;	1		1	2,75
1;				9
2;		1		3	4
3;	1			5,25	7.

Dans la première opération, on lit sur 0, au moyen du curseur et vis-à-vis du nombre 3 de l'échelle 2, le nombre 27,5 (exactement $27\frac{9}{16}$); la caractéristique est 1, car le système de lignes dépasse la première série. Dans le deuxième exemple, on lit 5,25 sur l'échelle 3, vis-à-vis de 9 de l'échelle 1. On considére, dans ce dernier exemple, les échelles 2 et 3 comme celles des logarithmes entiers et l'échelle 0 comme celles des demi-logarithmes ou des racines. On peut maintenant, d'une manière générale, combiner des carrés et des nombres ou des nombres et des racines carrées.

En supposant le dénominateur égal à 1, on voit qu'il est possible de former des puissances quatrièmes et d'extraire des racines bicarrées. Cette dernière opération s'effectue très facilement comme celle de l'extraction des racines cubiques, en retournant la réglette. On recule le curseur jusqu'à ce qu'il indique le même nombre sur l'échelle 3 et sur l'échelle 2 (placée maintenant vis-à-vis de l'échelle 0).

Pour un seul et même nombre, la coïncidence peut se produire en quatre points différents, suivant que la caractéristique est égale à un nombre entier $\pm\frac{i}{4}$, où i peut représenter les quatre nombres 1, 2, 3, 4.

Pour des caractéristiques entières, la réglette retournée dépasse l'extrémité gauche de la règle de plus que la longueur d'une petite échelle, et le point de coïncidence se trouve entre 1 et 1,7783. Lorsque la caractéristique est augmentée de la fraction $\frac{1}{4}$ ou $-\frac{3}{4}$, la réglette dépasse l'extrémité de gauche d'une longueur inférieure à celle d'une petite échelle; la coïncidence a lieu entre 1,7783 et 3,1622. Avec les fractions $\pm\frac{2}{4}$, la réglette dépasse l'extrémité de droite d'une longueur moindre que celle d'une petite échelle, et la coïncidence a lieu entre 3,1623 et 5,6234; enfin, avec les fractions $+\frac{3}{4}$ ou $-\frac{1}{4}$, la réglette dépasse l'extrémité de droite d'une longueur supérieure à celle d'une petite échelle, et la coïncidence a lieu entre 5,6234 et 10.

On peut, sur cette règle à calcul, former directement $a^{\frac{3}{4}}$ et $a^{\frac{4}{3}}$; la réglette étant retournée, on lit, sur les échelles 1 et 3, qui sont maintenant en contact, des nombres égaux dont le cube est égal à la quatrième puissance des nombres qui se correspondent sur les échelles 2 et 3 au moyen du curseur.

Les deux coïncidences auront rarement lieu pour une même position de la réglette et il faudra, le plus souvent, reculer la réglette d'une double échelle. Soit, par exemple, $8^4 = 16^2$.

0 ;				4,1	4,1		10	1
2 ;			2,53		10	8		
1 ;		1,6		1	1			
3 ;	1	1,6	2,53		6,4	8	10	

Extrémité de la règle.

Si sur 3 et sur 1 on fait coïncider 1,6, on lira sur 0 le nombre 4,1 avec la caractéristique 3, c'est-à-dire 4100 (exactement 4096). L'extrémité de la règle n'atteint que 6,4 sur l'échelle 3. La coïncidence pour 2 et 3 aura lieu au point 2,53 ; mais, d'après ce que nous avons dit précédemment,

il faut la chercher entre 5,623 et 10 à cause de la caractéristique $\frac{3}{4}$; on

fera donc glisser la réglette de sa longueur entière en conservant sur 3 la position 6,4 au moyen du curseur ; dans cette nouvelle position, la réglette dépassera la règle de plus d'une série, et la coïncidence aura lieu au point 8.

Il faut considérer le curseur comme un véritable perfectionnement (*) ; il permet de marquer sur l'une des échelles un nombre quelconque tombant entre les subdivisions et de chercher avec exactitude le nombre qui lui correspond sur une des autres règles. Les corrections indiquées nᵒ 8, p. 46, deviennent donc inutiles. Malheureusement le curseur n'est pas toujours parfaitement perpendiculaire à la règle. Un autre inconvénient consiste en ce qu'on ne peut plus faire coïncider des nombres dont le produit est constant ; cette opération doit se faire au moyen du curseur, car les deux échelles simples ne peuvent plus être placées vis-à-vis l'une de l'autre.

10. RÈGLE TRIGONOMÉTRIQUE

Sur le revers de la réglette et en son milieu se trouve l'échelle suivant laquelle la double série de logarithmes a été portée. Elle est disposée de manière qu'en plaçant le 1 de la réglette au-dessus d'un nombre quelconque de l'échelle inférieure, on lise sur le revers de la réglette et à l'extrémité de la règle, la valeur du logarithme de ce nombre. Les deux bords du revers de la réglette portent les log sin et les log tang à l'échelle de la série simple pour les valeurs caractéristiques 8 et 1. Les sinus commencent donc à 34′24″,7 et s'étendent jusqu'à 90° (voir *fig.* 36) ; les tangentes commencent à 34′22″,7 pour s'étendre jusqu'à 45°. Mal-

---

(*) Nous croyons toutefois devoir ajouter que l'auteur a changé d'avis sur ce point et qu'il considère le curseur comme réduisant l'exactitude à $\frac{1}{50}$ au lieu de $\frac{1}{300}$.

heureusement ces graduations sont faites d'une manière très grossière.
Jusqu'à 10°, la graduation n'est faite que de 10′ en 10′, tandis que l'intervalle entre 40′ et 50′ est aussi grand que 20 des subdivisions indiquées
sur la règle entre 1,4 et 2, on pourrait donc le diviser en demi-minutes,

Fig. 36.

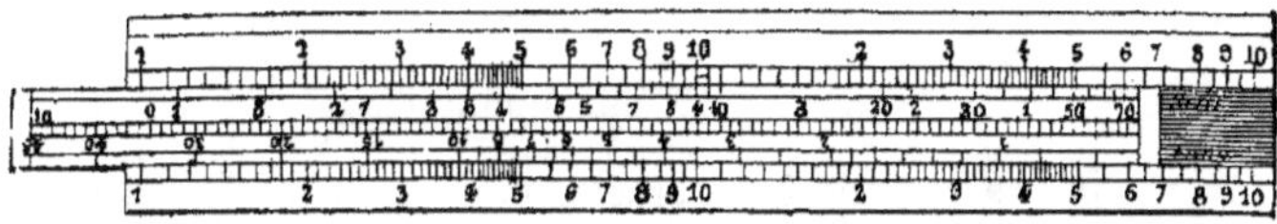

mais avec la graduation actuelle, il est inutile de songer à placer exactement la réglette.

Vers l'extrémité de la réglette, il y a aussi peu d'exactitude. Entre 50
et 60°, il y a encore dix subdivisions et enfin trois traits indiquant 75°,
80° et 90° entre lesquels il est impossible d'interpoler. En dehors de ces
dernières divisions, on peut, après avoir retourné la réglette de manière
que la partie inférieure se trouve en haut, multiplier des quantités par
des rapports de sinus et de cosinus, c'est-à-dire résoudre beaucoup de
problèmes de trigonométrie. Lorsque les extrémités des échelles coïncident, les sinus se trouvent sur la règle en regard des degrés.

Les remarques que nous avons faites pour les sinus des petits angles
s'appliquent aussi à leurs tangentes; à partir de 10°, la graduation est
faite de 20′ en 20′ et entre 20° et 45° de 30′ en 30′. On ne peut donc commodément multiplier par des rapports tangentiels qu'entre 2° et 45°.
Lorsque l'on veut déterminer le rapport des tangentes de deux angles,
l'un plus grand, l'autre plus petit que 45°, on obtient son logarithme en
mesurant, sur l'échelle des tangentes, la longueur comprise entre le
plus petit angle et l'extrémité correspondant à 45°, et en y ajoutant la
longueur mesurée en sens inverse depuis 45° jusqu'au complément du
plus grand angle. Le tout peut se faire au moyen du compas, mais l'opération n'est, en général, pas simple; car, pour de grandes différences
d'angles, la longueur obtenue peut être quatre fois celle d'une des petites séries de logarithmes; il faut alors retrancher de 1 à 3 de ces séries,
ajouter autant d'unités à la caractéristique et opérer sur le reste comme
sur un rapport de tangentes. Ces réductions étant longues, nous nous
servons de la même règle à calcul que pour les calculs trigonométriques
les plus simples. Lorsque, par exemple, les extrémités de l'échelle des
tangentes coïncident avec celles des échelles supérieures de la règle, on
peut lire les tangentes en regard des degrés. Ainsi, l'on voit qu'à une
rampe de 10 p. 100 correspond l'angle de 5° 43′ (exactement 5° 42′ 38″).

A quel angle correspondent des rampes de 2 sur 30 et sur 3 mètres. Les caractéristiques sont $\underline{8}$ et $\underline{9}$. Pour résoudre les deux problèmes, nous placerons l'échelle des tangentes au-dessous du 3 de la deuxième série; comme l'indique le tableau suivant, où le commencement de la réglette est indiqué par 34′ et l'extrémité par 45°.

0		1	2	3	10	20	30	1
Tg	**34′**	1° 54	3° 49	5° 43	18° 25	33° 45	45	

Le 2 qui se trouve entre 34′ et 5° 43 nous donne l'angle 3° 49 (exactement 3° 48′ 49″) qui correspond à la caractéristique $\underline{8}$ $\left(\text{tg} = \dfrac{2}{30} \right)$ et le 2 qui se trouve entre 5° 43 et 45′ nous donne l'angle 33° 45 (exactement 33° 41′ 24″) qui correspond à la caractéristique $\underline{9}$ $\left(\text{tg} = \dfrac{2}{3}, \text{ rampe de } 1\frac{1}{2} \right)$. Remarquons que le 1 et le 10 nous donnent les angles correspondants à des rampes de $\dfrac{1}{30}$ et de $\dfrac{1}{3}$. Ces angles sont de 1° 54′ (exactement 1° 54′ 33″) et de 18° 25′ (exactement 18° 26′ 6″).

En général, à chaque angle correspondent les hauteurs mesurées à une distance du sommet de l'angle égale à 30.

Enfin, pour calculer aussi des fonctions trigonométriques pour des angles au-dessous de 34′ 23″, on a porté sur l'échelle 0 les longueurs réciproques de 1′ et de 1″, c'est-à-dire les nombres de minutes et de secondes que comprend un diamètre. Ces nombres sont de 3437,75 et de 206 265 (il eût été utile de marquer aussi le nombre de degrés, 57,296; nos figures sont trop petites pour indiquer l'un quelconque de ces nombres). Comme, jusqu'à 1°, les sinus et les tangentes ne diffèrent qu'à partir de la quatrième décimale, on pourra, pour l'emploi de cette règle, prendre l'arc au lieu du sinus ou de la tangente. On peut maintenant multiplier un nombre quelconque de minutes ou de secondes par un rayon. Trouver, par exemple, la longueur d'un arc de n minutes décrit avec 300 mètres de rayon; il suffit de former $\dfrac{n.300}{1:1'}$. Position de la réglette :

0;		1	1,745	3	5,25	8,73
1;	11,45	20	(1′)	60	100′	

En tenant compte de la caractéristique 3 de 1:1′ on voit que, pour 300 mètres de rayon, 1 mètre correspond à 11′,45 et que les arcs sont donnés en minutes vis-à-vis de leur longueur; 60′ ou 1° a une longueur de 5ᵐ,24, etc.

On voit, par la différence entre les angles exacts et ceux que nous trouvons par la règle à calcul, que les opérations sont peu approchées, quelque habitude que l'on ait de l'instrument. On pourrait un peu augmenter l'approximation par une meilleure graduation, surtout au commencement de l'échelle, mais les erreurs seraient encore sensibles. Elles ne sont d'ailleurs qu'apparentes et proviennent d'une autre raison ; nous mesurons les longueurs au moyen d'instruments divisés très grossièrement, par exemple avec des chaînes dont les tiges ont $0^m,20$ à $0^m,50$ de long, tandis que les angles se mesurent avec des instruments d'une grande précision dont les subdivisions ne peuvent se lire qu'au moyen de la loupe ; par suite, en combinant des longueurs avec des angles, ces derniers sont donnés avec un plus grand nombre de décimales, et la lecture des angles sur la règle paraît moins exacte.

EXEMPLE. Soient 50°, 70° et 60° les angles d'un triangle, soit 600^m la longueur du côté opposé à 70°. Quelle est la longueur des deux autres côtés?

On place 6 vis-à-vis de 70, voir *fig.* 36, et l'on a :

0	1	489	553	600		10
sin		50°	60°	70°	90°,	

488 vis-à-vis de 50, et 551 vis-à-vis de 60°.

On emploie aussi avantageusement la règle à calcul dans la tachéométrie pour réduire à l'horizon les longueurs que l'on mesure et pour trouver la différence de hauteur de leurs extrémités. Les calculs sont excessivement simples quand la mire est tenue perpendiculairement au rayon visuel, il suffit de multiplier la longueur lue sur la mire par le sinus et le cosinus de l'angle, opération qui n'exige aucune explication et qui peut se faire au moyen d'une règle à calcul ordinaire.

Les géomètres, qui répètent chaque jour cette opération une centaine de fois, ont avantage à se procurer une règle construite spécialement pour cet usage. Dans ces instruments, les dernières subdivisions de l'échelle des sinus portent les indices des angles complémentaires, au lieu de marquer 45°, 50°, 60°... 90°, on marque 45°, 40°, 30°, 0°, car on a rarement à observer des distances angulaires supérieures à 45° ; on a de cette manière, vis-à-vis de l'échelle supérieure, une longueur égale à environ 1,8 de l'une de ses séries et correspondant aux sinus des distances angulaires ; la partie restante, égale à 0,2 de l'une des séries, correspond aux cosinus pour les réductions à l'horizon. Afin de trouver constamment les sinus et cosinus en ne donnant qu'une seule position à la réglette, il faut ajouter, pour les cosinus, quelques traits de division à gauche de 34′ 23″ ; ils ne sont strictement nécessaires que jusqu'au sinus dont le logarithme est 9, c'est-à-dire jusqu'à 5° 43′. Pour lire, par exemple, cos 5° quand 5,20′ se trouve au-dessous de 98, on a besoin de ces traits, car alors l'extrémité droite de l'échelle marquée sur la réglette dépasse la règle. Comme $\cos 10° = \sin 80° = 0{,}9848$, on peut toujours marquer sur l'échelle ces quelques traits de division sans augmenter la longueur de l'instrument.

La mire ne se place pas, en général, perpendiculairement au rayon visuel, on la tient verticalement. Au lieu de la longueur $2a'$, on lira, par suite (*fig.* 37), une longueur :

$$a = a' \left(\frac{\cos \delta}{\cos(\varepsilon + \delta)} + \frac{\cos \delta}{\cos(\varepsilon - \delta)} \right) = \frac{2a'}{\cos \varepsilon(1 - \mathrm{tg}^2 \delta\, \mathrm{tg}^2 \varepsilon)}.$$

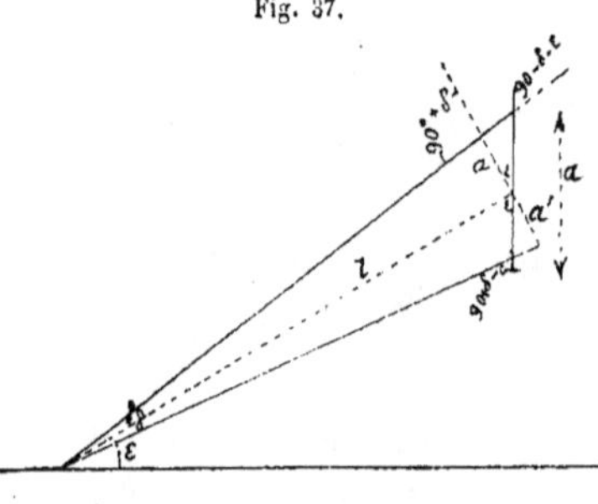

Fig. 37.

La distance directe est donc égale à $a \cos \varepsilon$ en négligeant $\mathrm{tg}^2 \delta\, \mathrm{tg}^2 \varepsilon$ qui est très petit, ce qui est toujours permis, car l'angle 2δ est déterminé par deux fils de la lunette et est, par suite, excessivement petit.

La distance réduite à l'horizon est, par suite, égale à $a \cos^2 \varepsilon$ et la différence d'altitude à $a \cos 2 \sin \varepsilon = a\,\dfrac{1}{2} \sin 2\varepsilon$.

On peut, pour calculer ces quantités, se servir d'une règle disposée comme l'indique la *fig.* 38.

Fig. 38.

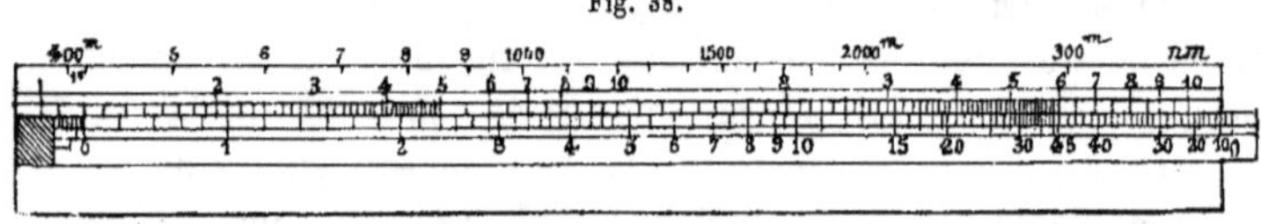

La partie supérieure de la règle contient, comme d'habitude, deux séries successives des logarithmes de 1 à 10. Sur le bord correspondant de la réglette, on peut indiquer les valeurs $\lg \dfrac{1}{2} \sin 2a$ pour les caractéristiques comprises entre $\underline{8}$ et 1. Le plus petit angle marqué est $\dfrac{1}{2}$ arc sin $0{,}02 = 34'23''$, l'angle $\dfrac{1}{2}$ arc sin $0{,}2 = 5°46'6'',5$ correspond à l'extrémité de la 1ʳᵉ série. L'angle $45°$ correspond au chiffre 5 de la 2ᵉ série, et forme l'extrémité de l'échelle de la réglette, car la fonction ne peut jamais surpasser la valeur $0{,}5$. Lorsque la distance angulaire est plus grande que 45°, il faut lire la différence d'altitude vis-à-vis du complé-ment de l'angle, car on a $\frac{1}{2} \sin 2 (45 + \varepsilon) = \frac{1}{2} \cos 2 \varepsilon$.

L'espace libre entre 45° et l'extrémité de la réglette suffit pour porter les cos² des angles compris entre 45° et 0°. En reculant la réglette vers la gauche, et plaçant son extrémité droite au-dessous de la 2ᵉ série de la règle, on pourra toujours lire sur l'échelle des sinus tous les degrés supérieurs à 5° 46′ 6″,5. Quant à l'échelle des cosinus, elle est située tout entière au-dessous de la réglette. Si cependant il fallait faire coïn-cider de grands nombres, par exemple 99 avec des angles inférieurs à 5° 46′, comme cela arrive pour des distances de 1ᵐ, 10ᵐ, 100ᵐ, etc., on ne pourrait amener la coïncidence qu'en reculant la réglette vers la droite. Dans ce cas, l'échelle des cosinus se trouve tout entière à droite de la règle et ne peut plus servir pour la lecture ; il faut donc, pour lire les nombres correspondants aux cosinus sans déplacer la réglette, tracer sur la gauche une graduation pour les cosinus, au moins jusqu'à 5° 46′. Nous indiquerons, afin d'employer des chiffres ronds, la graduation entre cos² 10° et cos² 0° = 1, et l'on pourra alors, en donnant une seule position à la réglette, lire en même temps la réduction à l'horizon et la différence d'altitude des stations.

Sur le bord supérieur de la règle figure encore une graduation gros-sière dont les divisions sont très écartées ; elle donne la correction qu'il faut faire à la différence d'altitude lorsqu'on tient compte de la courbure de la terre c'est-à-dire de la réfraction, calculée au moyen de la formule $0{,}0672 \left(\dfrac{l}{1\,000} \right)^2$. On lit à gauche, au-dessous des hectomètres, ou à droite, au-dessous des kilomètres, la valeur de la réfraction en centi-mètres ou en décimètres.

Nous avons supposé que la limite des visées était de 2ᵏᵐ, et nous avons arrêté l'échelle à cette valeur ; à droite, nous avons encore indiqué 300ᵐ (au lieu de 3 000) sous lequel on lit la réfraction en millimètres.

Cette échelle ne peut évidemment servir que lorsque le mètre est l'unité de mesure. On voit, par la formule à construire, que cette échelle n'est autre que l'échelle double des logarithmes reculée de 0,672. Il faut remarquer, lorsqu'on en fait usage, que la correction doit se retrancher de la hauteur, quelle que soit la direction de la visée.

Exemple. On lit 120ᵐ (ou 1 200) sur la mire. La position de la réglette est celle de la *fig.* 38 pour des distances angulaires inférieures à 20°. La distance réduite s'obtiendra sur la règle vis-à-vis de la distance angu-laire lue à gauche du 1ᵉʳ zéro de la réglette, par exemple 110 vis-à-vis de 16° ; la différence d'altitude 32 se lira vis-à-vis du 16 de l'échelle principale de la réglette. La réfraction pour 120^m de distance est égale à 1^{mm}; elle est négligeable, mais pour 1 200^m elle est de 10^{cent.}

A droite, les lectures peuvent encore se faire pour 22°. Si l'on reculait la réglette d'une série entière vers la gauche, on pourrait faire les lectures pour toutes les distances angulaires comprises entre 4° 55' et 45°. Cette position serait, à vrai dire, la meilleure, mais nous ne pouvions l'indiquer dans la *fig.* 38, car nous voulions donner la réglette entière. Dans la pratique, il n'y aura jamais de doutes sur la manière de placer la réglette; pour des distances angulaires au-dessous de 5°, l'extrémité gauche se placera à l'intérieur de la règle; pour de plus grands angles, ce sera l'extrémité droite qui devra s'y placer.

11. RÈGLES A CALCUL POUR DES USAGES SPÉCIAUX

Lorsqu'il faut souvent multiplier des nombres par des coefficients déterminés, on supprime presque toutes les causes d'erreur en ne marquant sur l'une des échelles que les graduations correspondant à ces coefficients, au moyen d'un trait bien apparent. Ainsi, j'ai remarqué, au gueulard d'un haut-fourneau en Angleterre, une règle à calcul dont la réglette ne portait que trois traits comme graduation. Ces traits étaient marqués des mots : « minerai, charbon, castine. » Les ouvriers, qui devaient veiller à ce que ces différentes substances fussent employées toujours dans la même proportion, n'avaient qu'à peser le wagon de minerais, et à placer le trait « minerais » en regard du poids trouvé, pour lire immédiatement en regard des deux autres traits les poids correspondants de charbon et de castine. On ne demandait ainsi à l'ouvrier que de savoir lire exactement sur la règle.

On trouve aussi en Angleterre des règles à calcul au moyen desquelles on peut, pour de petits achats, transformer les pence en *shillings* et les onces en livres, c'est-à-dire éviter la multiplication par les fractions $\frac{1}{12}$ et $\frac{1}{16}$.

Fig. 39.

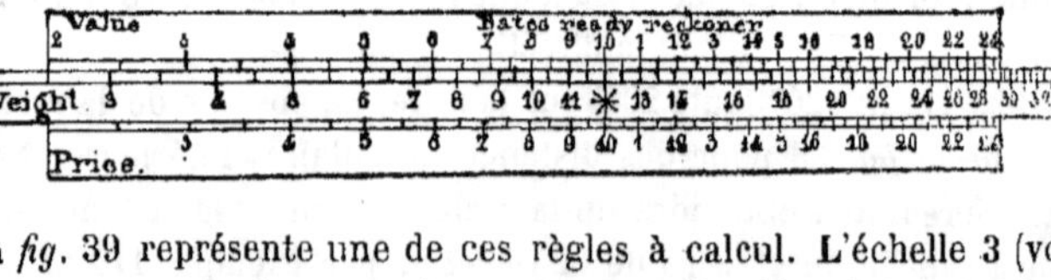

La *fig.* 39 représente une de ces règles à calcul. L'échelle 3 (voir la figure) est consacrée aux prix en pence : elle s'étend de 2 à 25 pence et porte des subdivisions indiquant les 1/4 de pence. L'échelle 2 de la réglette ne porte qu'un trait fortement marqué que l'on place au-dessus du prix. L'échelle 1 de la réglette est celle des poids, elle s'étend de 2 à 36; sur toute sa longueur, qui est de 0^m,32, chaque division est partagée en 16 subdivisions qui correspondent à des onces (ces subdivisions n'ont pu être toutes indiquées dans notre figure). L'échelle supérieure de la règle indique les valeurs en shillings et est divisée sur toute sa longueur en pence. (La *fig.* 39 n'indique pas non plus toutes ces subdivisions.) Les calculs se font très-simplement au moyen de la règle et n'ont pas besoin d'explication ; on place l'indice au-dessus du prix et on lit en regard de l'indice le poids de la marchandise, ou, réciproquement, en faisant coïncider la valeur d'une marchandise avec son poids, on lira sur 3, au-dessous de l'indice, le prix de l'unité-poids.

On ne construira évidemment plus de ces règles dès que le système décimal aura pénétré partout; mais l'on peut toujours concevoir des cas soit dans la construction, soit dans l'économie rurale, où des règles analogues rendraient de grands services.

On a construit, également en Angleterre, une règle analogue à celle que nous indiquons *fig.* 40, et destinée à réduire les longueurs, les poids et les monnaies. La réglette seule est divisée en logarithmes. Des deux côtés de la réglette sont indiqués sur la règle plus de 100 longueurs, poids et monnaies de différentes espèces, et cette graduation de la règle est faite de manière qu'à chaque trait de graduation corresponde sur la réglette son coefficient de réduction. En plaçant une longueur quelconque, ou un poids, ou une somme d'argent, vis-à-vis de son unité, on peut lire immédiatement sa valeur en fonction d'une autre unité quelconque marquée sur la règle. Cette règle présente un avantage sur les tables ordinaires de réduction : elle fournit non seulement les coefficients de réduction comme cette dernière, mais encore leurs différents multiples. Elle rendra de grands services aussi longtemps qu'on n'aura pas, sur toute la terre, les mêmes unités de poids, de mesures et de monnaies; son usage serait surtout commode si, à côté de chaque trait de graduation, on inscrivait le coefficient de réduction correspondant,

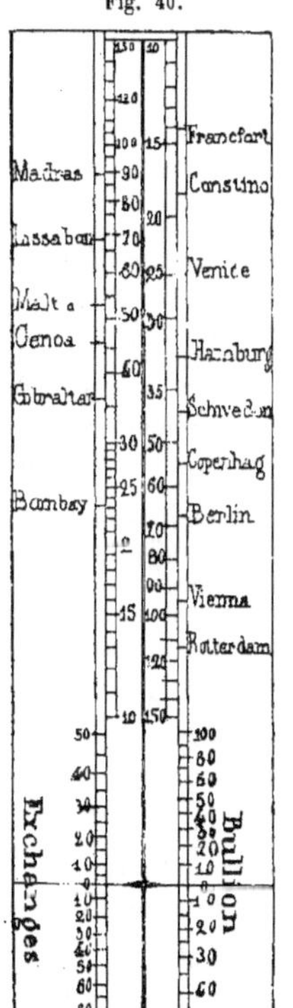

Fig. 40.

car alors on n'aurait plus besoin du tableau comparatif; elle pourra même encore être employée avec utilité après que les unités seront partout les mêmes pour transformer directement des grandeurs qui peuvent être exprimées de différentes manières, pour transformer, par exemple. une pression atmosphérique en pression d'une colonne d'eau, de mercure, de pierre, de ciment, etc.

La *fig.* 40 nous représente une règle servant à la réduction du change et des monnaies. Sur l'un des côtés de la réglette sont indiqués les cours des différents papiers arrivant habituellement sur la place (de Londres dans notre figure). Ces cours sont portés à leur place sur l'échelle logarithmique et indiqués par des chiffres. De l'autre côté, sur la droite de la réglette, sont indiquées de la même manière les valeurs des différentes espèces de monnaies; remarquons que l'on fera bien de prendre pour leur évaluation la valeur réelle du métal qui les compose.

Le fabricant a disposé les deux échelles en sens inverse : le haut de l'échelle correspond aux cours élevés des papiers et aux cours faibles des monnaies. Enfin, au bas de la réglette et sur ses deux bords sont portées les deux échelles 1 à 2 et 5 à 100, qui ont même longueur. Le trait 1 de l'échelle 1 à 2 a été désigné par 0, le trait 1,10 par 10, 1,20 par 20, et 2 par 100; quant à l'échelle de 5 à 100, on a désigné log 90 par 10, log 80 par 20, log 50 par 50; on a disposé le tout de manière que lorsqu'on place l'indice de la réglette vis-à-vis du zéro de la graduation inférieure, les cours indiqués par la règle sur la réglette soient au pair.

Si maintenant on place un cours quelconque vis-à-vis du repère correspondant de la règle, on pourra lire vis-à-vis de l'indice de la réglette de combien ce cours est supérieur ou inférieur au pair. En regard d'une autre valeur quelconque on trouve le cours qu'elle devrait avoir pour être aussi chère que celle qu'on a placée tout d'abord. On jugera donc de l'opportunité du payement par cette valeur. Enfin, pour une portion quelconque de la réglette, vis-à-vis de deux valeurs quelconques, se trouvent des nombres qui représentent la même somme dans ces deux valeurs, de manière que la réglette peut aussi servir à trouver, étant données des valeurs en une certaine monnaie, les valeurs correspondantes dans toutes les autres.

Feu L. Pestalozzi, banquier, a construit pour l'agiotage une règle à calcul très ingénieuse avec du papier à dessin. La règle se compose (voir la coupe *fig.* 42), d'un étui aplati en papier dans lequel peut glisser une réglette également en papier à dessin. Afin de rendre la réglette visible, on a découpé à la partie supérieure de l'étui de longues bandes, de sorte que les bords des ouvertures ainsi formées peuvent être gradués comme ceux des règles ordinaires. La *fig.* 41 présente trois de ces ouvertures,

c'est-à-dire six bords sur lesquels on peut indiquer une graduation logarithmique. On peut faire des graduations analogues sur la réglette, et
l'on obtient ainsi un ensemble de plusieurs règles. Chaque bord de la

Fig. 41.

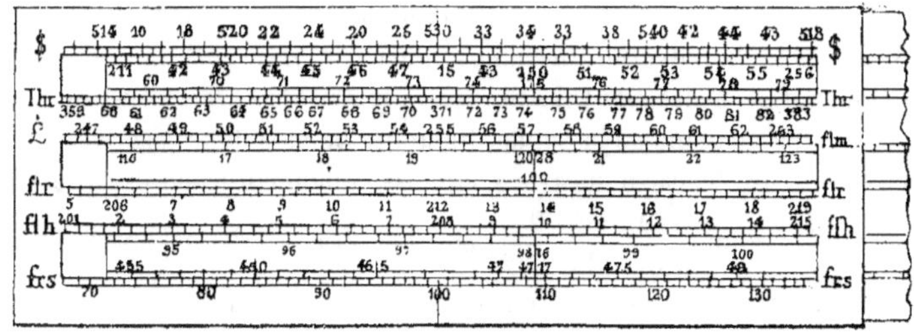

Fig. 42.

règle est affecté à une place commerciale en relations avec la maison,
et l'on y indique les logarithmes des valeurs en francs de l'unité de
monnaie en usage sur cette place. Comme les cours des valeurs ne varient qu'entre de petites limites, 8 p. 100 au plus, sous l'influence de
l'offre et de la demande, et que par suite l'on n'a besoin que d'une partie
de la règle ordinaire, de celle qui s'étend de 0,96 à 1,04, on peut prendre
une échelle très grande : il suffit de porter sur la règle que nous décrivons la longueur $\log 1,04 - \log 0,96 = 0,035$. En supposant, comme on
l'a fait ici, une longueur de $7^m,50$ pour la série entière de logarithmes,
on aura pour l'instrument une longueur de $0^m,26$. (La *fig.* 41 a été construite au moyen d'une échelle de $3^m - 10$ pieds de longueur totale).

Au milieu de chaque série de l'encadrement on porte les valeurs
moyennes $ 530, thlr 371, LS et fl M 255, fl Holl 208, Paris (Zurich)
100, etc., à droite et à gauche de ces traits, la division logarithmique
dont nous avons parlé; ainsi le trait 5,10 sur la série des dollars est
porté vers la gauche à la distance $\lg 530 - \lg 510 = 0,01671$ (1 pouce,
6,71 lignes); 5,2 à la distance $\lg 5,3 - \lg 5,2 = 0,00828$ (8,28 lignes);
5,4 à la distance $\lg 5,4 - \lg 5,3 = 0,00811$, etc.; sur la série des thalers
on a gradué à gauche aux distances $\lg \dfrac{371}{369} = 0,00234$, $\lg \dfrac{371}{370} = 0,00117...$
et à droite, aux distances $\lg \dfrac{372}{371} = 0,00117$, etc... Les divisions ainsi
formées ne sont pas partagées en 10 subdivisions, mais en 8, selon
l'usage routinier des places commerciales.

On a construit, pour chaque place commerciale, une bande mobile servant de réglette et portant des divisions qui indiquent les cours de cette place exprimés dans l'unité de monnaie qu'on y emploie. Il faut remarquer que les échelles de la bande mobile et celles de l'encadrement sont reculées l'une par rapport à l'autre, et que par suite les nombres placés vis-à-vis l'un de l'autre sont dans un rapport constant. On emploiera, pour la réduction, les cours moyens : ainsi, pour la bande correspondant à la place de Francfort (voir la *fig.* 41) ce cours est de 2,12. Sur la ligne médiane de la bande, ligne qui dans la figure est reculée un peu vers la droite, car nous avons supposé la bande un peu déplacée, on marque les points $\dfrac{530}{212}$, $\dfrac{371}{212}$, $\dfrac{255}{212}$, etc. La série fl. rh. ne porte pas de subdivisions; elle n'a qu'un point de repère en son milieu.

Le trait 243 pour $\mathcal{S}$ à gauche, est situé à la distance

$$\lg \frac{5{,}30}{2{,}12,\ 2{,}43} = \lg \frac{250}{226} = 0{,}0123.$$

Le trait 257, à la distance $\lg \dfrac{257}{250} = 0{,}120$ à droite du milieu, correspond exactement à 250 (250 fl. valent 100 dollars. 1 dollar vaut $2^{fl}{,}30$). Les graduations ont été faites de la même manière sur les autres échelles.

Nous voyons par cette description que cette règle n'est autre chose que l'assemblage de plusieurs règles ordinaires ayant 3 mètres de longueur d'échelle, dont on n'a conservé que les parties nécessaires, et que l'on a placées l'une au-dessous de l'autre parce que cela était plus commode.

Remarquons que, dans ce nouveau système, on ne peut pas, comme dans la règle ordinaire, retourner bout à bout la réglette. La *fig.* 41, où l'on a supposé la bande mobile marquée Francfort, sert pour les opérations entre Zurich et Francfort, et permet de résoudre le problème suivant : Quel est le prix du florin à Francfort lorsqu'une des valeurs indiquées sur l'encadrement, par exemple £, se vend à Zurich 255 fr. et à Francfort 119 1/4 florins (pour 10 £)? Le cours cherché du florin est évidemment égal au quotient $\dfrac{255}{119\ 1/4}$ des cours donnés, on lit le résultat 213 13/16 sur la règle du milieu de l'encadrement. Pour comparer les cours de Zurich et de Francfort, il suffit de jeter un regard sur la règle pour voir si le payement avec des papiers étrangers revient plus cher ou moins cher. Supposons que les florins hollandais vaillent à Zurich 210 et à Francfort 98, ces papiers seraient plus chers que ceux de Londres, car il faudrait tirer la bande mobile vers la droite pour la régler d'après les cours. Si au contraire Paris était coté 98 à Zurich et 48 7/8 à Francfort, les papiers de Paris seraient meilleur marché, car pour faire coïncider les deux cours il faut reculer la bande vers la gauche : on fait ainsi reculer cette bande en comparant les cours jusqu'à ce que l'on ait trouvé le mode de payement le moins cher à employer.

L'exactitude de cet instrument est tout à fait suffisante, car les subdivisions (1/8) sont encore très longues. Il donne, dans une position quelconque de la bande, un aperçu des cours équivalents avec toute l'approximation désirable.

On pourrait peut-être perfectionner l'instrument en graduant la partie de la bande qui correspond à Fancfort suivant les logarithmes des nombres 98, 99, 100, 101, 102 et indiquant des subdivisions aux 1/8; il serait alors possible de combiner, avec les cours donnés, des « tant pour 100 » provenant de frais, de commission, etc.

12. DESCRIPTION D'UNE RÈGLE A CALCUL ANGLAISE

Nous terminerons par la description d'une règle à calcul très soignée, qui appartient à M. Finsler, directeur de banque. C'est une règle double, c'est-à-dire que l'encadrement de bois est assez épais ($0^m,008$) pour être muni de deux réglettes, l'une d'un côté, l'autre de l'autre.

Le côté supérieur est identique à la règle ordinaire décrite n° 7, p. 38; la réglette supérieure porte aussi sur son revers les graduations des fonctions sinus et tangente.

Sur le dessous de la règle sont portées, comme d'habitude, deux séries successives; mais la réglette qui leur correspond en porte trois. Comme l'on peut changer entre elles les deux réglettes, il sera possible de faire correspondre l'échelle $\left(\frac{1}{3}\right)$ de la réglette aussi bien avec la grande échelle (1) qu'avec l'échelle ordinaire $\left(\frac{1}{2}\right)$ du dessus de la règle, et, par suite, d'exécuter toutes les opérations indiquées n° 8, p. 52, opérations avantageuses pour divers calculs, surtout pour les calculs hydrométriques.

L'envers de la réglette de dessous porte les deux séries ordinaires, mais en sens inverse de la graduation ordinaire, c'est-à-dire que sa graduation est marquée en allant de droite à gauche. La partie de la règle qui sépare les deux réglettes a été taillée en biseau afin que les lectures se fassent plus facilement d'un côté de la règle à l'autre (voir la *fig.* 43 qui donne le profil de la règle). Supposons maintenant que l'on permute les deux réglettes et que l'on retourne la règle de manière à pouvoir lire au moyen du biseau sur l'échelle graduée en sens inverse; supposons aussi que l'on fasse coïncider un nombre b quelconque de la réglette avec le biseau, on pourra, grâce au choix des graduations, lire, en retournant

Fig. 43.

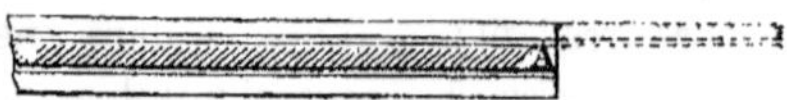

de nouveau la réglette, sur les échelles du dessus, des nombres a_0, a_1, a_3, tels que :

$$\frac{a_0}{a_1^{\frac{7}{4}}} = \frac{a_3^{\frac{2}{3}}}{a_1^{\frac{2}{3}}} = 0,81\ b.$$

Nous n'avons pu découvrir d'où provenait cette formule, qui dérive évidemment des unités anglaises; mais nous la donnons parce que des dispositions analogues pourraient rendre de grands services dans les calculs d'hydraulique et de résistance des matériaux, et que nous voulons faire une description complète de la règle.

La partie inférieure du dessous de la règle porte une échelle ordinaire, c'est-à-dire dont les traits de graduation sont équidistants. Leur distance est égale à lg 1,05. En considérant le point zéro de cette graduation comme origine d'un système de lignes, on pourra former, comme l'indique la *fig.* 44 :

$$\lg a_0 = \lg p^n - \lg a_2 + \lg a_1$$

ou

$$a_0 = \frac{a_1}{a_2}\, p^n$$

Fig. 44.

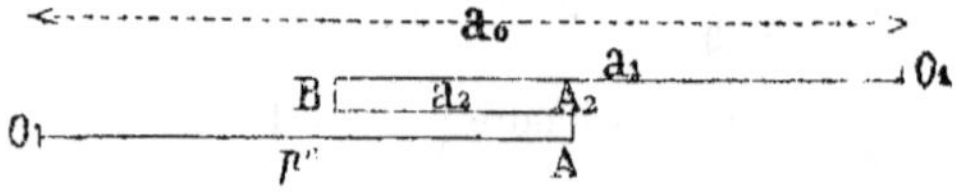

formule fondamentale des intérêts composés.

Les parties de la règle situées sous les réglettes, qui n'indiquent ordinairement que la longueur totale de l'instrument lorsque la réglette est déplacée, sont graduées ici de manière à servir pour les calculs de rentes. De l'un des côtés la graduation est telle que, lorsque l'extrémité de la réglette correspond au trait n de cette graduation, la réglette a été déplacée de

$$\lg (1 + 1,05 + 1,05^2 + \ldots + 1,05^{n-1}),$$

de sorte que deux nombres quelconques placés vis-à-vis l'un de l'autre sur la règle et la réglette, sont dans le rapport :

$$a_0 = a_1(1 + 1,05 + \ldots + 1,05^{n-1}).$$

De l'autre côté se trouve une division analogue : elle indique les valeurs

$$\lg\left(1 + \frac{1}{1,05} + \frac{1}{1,05^2} + \ldots + \frac{1}{1,05^n}\right),$$

et les traits correspondants de la règle et de la réglette donnent des valeurs

$$a_0 = a_1\left(1 + \frac{1}{1,05} + \frac{1}{1,05^2} + \ldots + \frac{1}{1,05^n}\right).$$

On voit que cette règle résout les formules les plus usuelles des intérêts composés et des annuités ou valeurs des rentes passées ou futures. Elle sera donc très utile pour un calcul approché des rentes ; pour un calcul exact, les trois décimales que fournit la règle ne seraient plus suffisantes.

L'instrument que nous décrivons a exactement la longueur d'un pied anglais. Il porte sur ses bords extérieurs des divisions en 100 et 144 parties de cette longueur. Enfin, sur l'un des deux côtés se trouvent indiqués quelques-uns des coefficients que nous avons donnés page 50.

Il faut malheureusement constater que les nouvelles règles usuelles sont moins avantageuses que cette règle ancienne. Non seulement la graduation est plus fine dans ce vieil instrument, mais encore le bois dont il est fait est bien supérieur à celui que l'on emploie maintenant; c'est du buis très dur qui aujourd'hui encore est poli, tandis que les nouveaux instruments sont faits avec un bois cassant qui s'ébrèche en peu de temps.

Outre ces avantages, il permet de faire beaucoup plus de calculs, et il faut certainement regretter que la fabrique n'existe plus. Il porte la marque : Cary London. Sur l'une des règles décrites n° 11, se trouvait la marque : W. Cary 182 Strand 1815. Une autre règle analogue porte : 17 Poultry London 1824.

Remarquons, pour terminer, que l'on peut se procurer, en dessinant des échelles, beaucoup des avantages que fournissent les règles à calcul. Les trois échelles qui servent à calculer les intérêts et les rentes peuvent se dessiner directement.

Nous avons construit, Pl. II$_6$, les valeurs de p^n; Pl. II$_7$, celles de $\sum_1^n \frac{1}{p^n}$; Pl. II$_8$, celles de $\sum^n p^n$ pour $p = 1,05$. L'échelle de la série formée est de $\frac{1}{10}$; si cette échelle était celle de la règle à calcul que l'on a à sa disposition, on pourrait mesurer au compas le logarithme de l'une quelconque de ces fonctions, et l'ajouter au logarithme d'un autre nombre quelconque. On pourrait se passer ainsi des échelles spéciales de la règle anglaise.

N'oublions pas de remarquer combien ces graduations rendent claire la nature de la fonction. Comme cela est évident, les traits de division des p^n (Pl. II_6) sont équidistants pour les mêmes différences de n. Les subdivisions de $\sum \dfrac{1}{p^n}$ (Pl. II_7) diminuent constamment pour ces mêmes différences et leur somme converge vers 20, ce que l'on a indiqué par un gros trait final. Les distances de Σp^n diminuent aussi, mais leur somme n'est pas convergente.

Nous reviendrons plus tard sur les autres échelles indiquées sur la Pl. II.

13. REMARQUES GÉNÉRALES SUR LES REPRÉSENTATIONS GRAPHIQUES

L'art des représentations graphiques est né en même temps que celui du dessin, et l'écriture primitive ne fut d'abord que la représentation des objets que l'on voulait rappeler à l'esprit. Mais peu à peu l'écriture se perfectionna, et les signes qu'elle employait s'éloignèrent de plus en plus de la forme primitive des objets pour devenir de simples signes conventionnels; au contraire, l'art du dessin chercha de plus en plus à se rapprocher de la réalité, et déjà, dans une antiquité reculée, on était parvenu à une perfection assez grande pour tromper, par des images, les animaux eux-mêmes. Les dessins primitifs n'étaient que de simples contours, des profils. Ces profils, malgré leur simplicité, avaient une utilité spéciale, outre qu'ils contribuaient aux progrès de l'art du dessin. Il fallait, pour la construction des anciens temples, dessiner le profil de leur entablement. Les contours des montagnes et les profils en long des routes qui les traversent ne sont aussi que des *profils*. Le profil, cependant, ne sert pas seulement pour les représentations techniques; il peut aussi servir à représenter les conceptions abstraites, depuis que l'on connaît plus intimement les propriétés des différentes courbes.

On considère les courbes planes comme la représentation graphique de la relation entre deux variables; elles rendent, prises à ce point de vue, d'immenses services à l'analyse et à la construction. Une courbe dessinée permet, mieux que l'équation qui la fournit, de saisir l'ensemble de ses propriétés; le dessin en met en relief et en rend apparentes toutes les singularités. L'avantage que présentent les courbes est bien plus grand encore quand ce n'est pas l'équation de la courbe qui est donnée, mais seulement un tableau de certaines valeurs correspondantes des variables. On peut, dans ce cas, au moyen de la courbe, trouver souvent les relations encore inconnues entre les variables. C'est ainsi que les courbes thermométriques et barométriques fournissent à la météorologie des moyens d'étude précieux.

Nous ferons, dans notre livre, un usage constant des courbes; aussi c'est un devoir pour nous de citer les recherches de l'ingénieur français L. Lalanne (*), publiées dans les *Annales des ponts et chaussées*, 1846, I, p. 1, et intitulées : « *Mémoire sur les tables graphiques et sur la géométrie anamorphique appliquée à diverses questions qui se rattachent à l'art de l'ingénieur.* » Il y essaya de perfectionner le système de représentation graphique et de l'étendre à trois variables. Notre citation est d'autant plus à sa place à la fin du chapitre des règles à calcul que ses recherches le conduisirent à un instrument tout à fait semblable (quoique déjà connu antérieurement).

De même qu'une fonction de deux variables peut être représentée par une courbe, dont ces variables sont les coordonnées, de même une fonction de trois variables pourra l'être au moyen d'une surface. Si maintenant on parvenait à représenter sur le papier, qui n'a que deux dimensions, une surface courbe, on résoudrait le problème pour les fonctions de trois variables aussi bien qu'on l'a résolu pour celles de deux au moyen du profil.

Il est possible d'atteindre ce résultat par l'emploi des courbes horizontales. Supposons que les trois inconnues xyz représentent des coordonnées dans l'espace, et admettons, pour avoir le droit d'employer le mot « courbe horizontale », que le plan xy soit horizontal. Donnons à la variable z une valeur constante $z = z_n$ qui détermine un plan z_n parallèle au plan des xy. Les points qui dans ce plan satisfont à l'équation donnée sont situés sur une courbe que nous projetons sur le plan des xy parallèlement à l'axe des z, et que nous dessinons dans ce plan. Si l'on répète l'opération pour une série de valeurs équidistantes z_0 $(z = 0)$, z_1, $z_2 \ldots z_{n-1}$, on obtiendra une série de courbes qui ne sont autre chose que les courbes de niveau, ou courbes horizontales, usitées en topographie, et qui donnent une image exacte de la surface lorsque les sections sont assez rapprochées. En traçant en outre à des distances assez rapprochées une série de lignes parallèles aux axes des x et des y, on pourra, sans aucune nouvelle ligne, lire sur le dessin la valeur de z correspondant à des coordonnées quelconques x, y.

(*) Aujourd'hui inspecteur général des ponts et chaussées.

Si l'équation est du 1ᵉʳ degré par rapport à x et à y, les horizontales des z seront des lignes droites. La fonction $z = \alpha x + \beta y + c$ est représentée par une série de parallèles. En particulier, ces parallèles forment des angles égaux avec les axes des x et des y lorsque $\alpha = \beta$, soit des angles de 45° lorsque ces deux axes sont perpendiculaires l'un à l'autre.

L'équation $z = \dfrac{x}{y}$, ou plus généralement $z - c = \dfrac{x - a}{y - b}$, sera représentée par un faisceau de droites dont le centre se trouve au point a,b.

Si l'équation est du second degré, les courbes seront des coniques.

La table de Pythagore $z = xy$ est représentée par une série d'hyperboles équilatères qui ont comme asymptotes les axes de coordonnées. On peut facilement transformer ces hyperboles en lignes droites, il suffit de poser :

$$\lg z = \lg x + \lg y$$

et de considérer les logarithmes comme inconnues. Comme dans cette équation $\lg x$ et $\lg y$ ont les mêmes coefficients $\alpha = \beta = 1$, on obtiendra, pour des valeurs constantes de z, des lignes faisant des angles de 45° avec les axes. Nous donnons (Pl. II₁) une table de multiplication ainsi construite. Les côtés du carré portent les divisions logarithmiques que nous avons déjà appris à connaître en étudiant les règles à calcul.

Tous les points du contour portant les mêmes indices ont été joints au moyen d'horizontales, de verticales et de lignes à 45°. On peut opérer avec cette table, que Lalanne a appelée « abaque », comme avec les règles à calcul. D'après les raisons données plus haut, et qui sont d'ailleurs évidentes, l'horizontale d'un nombre coupe la verticale d'un autre sur la ligne inclinée qui correspond à leur produit, et, de même, l'horizontale (ou la verticale) d'un nombre coupe la ligne inclinée d'un autre sur la verticale (ou l'horizontale) de leur quotient.

On n'est pas limité d'ailleurs au produit de deux nombres; on peut multiplier entre eux autant de nombres que l'on voudra. Soit, par exemple, à former le produit 2. 3. 5. 7; on suivra (avec une pointe quelconque) la verticale 2 jusqu'à l'horizontale 3, l'intersection se trouve sur l'oblique 6; on suit cette oblique jusqu'à l'un des côtés du carré, par exemple, le côté inférieur, de là on remonte verticalement jusqu'à l'horizontale 5, l'intersection se trouve sur l'oblique 3 (ou 30), et nous répétons les opérations indiquées pour arriver à l'horizontale 7 qui correspond à l'oblique 21. Chaque fois que l'on arrivera au côté de droite ou au côté supérieur du carré, il faudra ajouter une unité à la caractéristique; cela est arrivé deux fois dans notre opération, la caractéristique est donc 2 et le résultat 210.

On opère de la même manière pour diviser, mais en sens inverse. Soit $\dfrac{360}{3.4.5.6}$. Nous suivons l'oblique 360 jusqu'à son intersection avec la verticale, elle se fait sur l'horizontale 6; nous la suivons jusqu'au côté gauche en 6, et nous allons de là, suivant l'oblique 6, jusqu'à l'horizontale 5; la rencontre a lieu sur la verticale 1,2; nous remontons cette verticale jusqu'au côté supérieur, et nous suivons l'oblique ainsi trouvée jusqu'à l'horizontale 4, qui nous fournit le dernier facteur 3, par lequel il faut diviser. Le quotient total est donc égal à 1.

On peut ainsi obtenir les multiplications et les divisions, de manière à fournir des produits de facteurs directs et réciproques.

L'horizontale et la verticale d'un même nombre se coupent sur la diagonale partant de l'origine et perpendiculaire aux lignes obliques, on peut donner à cette droite le nom de *ligne des carrés*.

Si l'on mène par l'origine une ligne faisant avec l'horizontale un angle dont la tangente est 2, la verticale de chaque nombre la coupera sur l'horizontale de son carré et sur l'oblique de son cube. On peut donc lui donner le nom de *ligne des cubes*.

Supposons maintenant, d'une façon générale, que l'on ait tracé une série de droites formant avec l'horizontale des angles dont les tangentes soient les nombres entiers consécutifs 1, 2, 3, 4, etc.; l'une quelconque de ces lignes sera coupée par la verticale d'un nombre sur l'horizontale de sa 1re, 2e, 3e.., $n^{ième}$ puissance et sur l'oblique de sa 2e, 3e, 4e... $(n+1)^{ième}$ puissance. On n'a indiqué (Pl. II,) que les lignes correspondant aux 2e et 3e puissances. On voit que ces lignes permettent aussi d'extraire les racines carrées et les racines cubiques.

Si l'on a à multiplier plusieurs nombres, carrés ou cubes, par un coefficient, on pourra le faire directement avec le compas, ou bien, si le coefficient se répète souvent, on peut le faire une fois pour toutes, en tirant une horizontale par le numéro qui correspond à ce coefficient. Supposons, par exemple, l'horizontale p tracée, on formera l^2p, en remontant la verticale l jusqu'à la ligne des carrés, puis suivant l'oblique jusqu'au bord du carré et remontant la verticale jusqu'à p, où on lira le produit.

Il est encore plus commode, lorsque les opérations se répètent très souvent, de mener des parallèles aux lignes des carrés ou des cubes, à des distances égales au coefficient. On a fait cette construction (Pl. II,) pour former $r\pi$ et $r^2\pi$. Par les nombres π des bords verticaux, on a mené des parallèles à la diagonale. Une verticale quelconque, 4 par exemple, coupe cette parallèle sur l'horizontale $r\pi = 12,6$ et sur l'oblique 50,3; la caractéristique est, dans les deux cas, égale à 1, car la ligne π a rencontré une fois le bord horizontal avant l'intersection.

Dans la Pl. II$_1$, on a aussi mené une ligne suivant l'inclinaison $\frac{2}{1}$ par le point $\frac{4}{3} \pi = 4,19$; une verticale r quelconque donne sur cette ligne le volume de la sphère de rayon r.

On voit, par ce qui précède, que l'on peut, en réalité, effectuer toutes les opérations au moyen de l'abaque simple de la Pl. II$_1$, mais que celles qui se répètent souvent peuvent être simplifiées. Nous avons encore représenté (Pl. II$_2$) un carré destiné à former les valeurs ab^2 et $\sqrt{a}.b$ qui se présentent si souvent dans les calculs de construction. Si l'on joint les divisions de l'axe des ordonnées correspondantes à la série des nombres entiers aux divisions de l'axe des abscisses correspondantes aux carrés de ces mêmes nombres, on obtient des lignes ayant une inclinaison de $-\frac{1}{2}$. Ces obliques aboutissent sur le bord horizontal aux valeurs de ab^2 et sur le bord vertical aux valeurs de $\sqrt{a}.b$. L'ingénieur ayant plus souvent besoin de calculer ab^2, nous avons mené les obliques par les divisions du bord inférieur qui correspondent à la série des nombres entiers et nous avons écrit leurs racines aux points de rencontre de ces obliques avec le bord vertical. Pour les calculs de mécanique et d'hydraulique où l'expression $\sqrt{a}.b$ se présente le plus souvent, on aurait mené les obliques par les divisions du bord vertical et indiqué les valeurs des carrés aux points de rencontre avec le bord horizontal. Enfin, s'il fallait multiplier souvent par un même coefficient les expressions ab^2 ou $\sqrt{a}.b$, on reculerait tout le système d'une quantité égale au logarithme de ce coefficient, et cela verticalement, s'il s'agissait d'un coefficient de $\sqrt{a}.b$, et horizontalement pour un coefficient de ab^2. La ligne à 45° passant par l'origine coupe les verticales et les horizontales sur les obliques des cubes et des puissances $\frac{3}{2}$.

Si la ligne, au lieu d'être inclinée à 45°, a l'inclinaison n, elle coupera au même point la verticale a, l'horizontale a^n et l'oblique qui aboutit sur le bord horizontal au point a^{2n+1} et sur le bord vertical au point $a^{n+\frac{1}{2}}$.

EXEMPLE. Quel est le poids d'une barre de fer à section carrée de $0^m,05$ de côté et 3^m de longueur? Nous prenons au compas (pl. II$_2$) la longueur correspondant au poids spécifique du fer, 7, 8, et nous la portons horizontalement à partir de l'intersection de l'horizontale 5 avec la verticale 3. L'extrémité aboutit à l'oblique 59 (exactement 585). La caractéristique est, en calculant par décimètres et kilogrammes, $= 1 + 2 \times \overline{9} = \overline{9}$. L'oblique 59 aboutit sur la troisième échelle, la caractéristique du résultat est donc $\overline{9} + 2 = 1$, et le poids est de 59 kilog.

Si la section était circulaire, on ajouterait encore $\log \pi$ au logarithme du coefficient.

Les tables numériques des coefficients entrant dans des multiplications ou divisions peuvent être remplacées par des échelles sur lesquelles on mesure directement les valeurs de ces coefficients. Ainsi, nous avons représenté, au moyen d'échelles, les fonctions trigonométriques (Pl. $\mathrm{II}_{4 \text{ et } 5}$). Notons un avantage de ces échelles sur les tables. Les deux segments, déterminés par un trait quelconque sur l'échelle entière, forment ensemble une longueur constante ; ils représentent par suite les logarithmes de deux nombres réciproques. On écrira donc sur les échelles des sinus et des cosinus les valeurs des sécantes et des cosécantes en mesurant les distances jusqu'à l'extrémité de droite.

De même, sur l'échelle des p^n (pl. II_6), la distance d'un n quelconque à l'extrémité de droite sera le log de $\dfrac{1}{p^n}$.

Les échelles des sinus et des cosinus ne s'étendent qu'entre les caractéristiques $\overline{8}$ et 1. Comme on peut substituer l'arc lui-même au sinus et à la tangente lorsque son logarithme est plus petit que $\overline{8}$, il suffira, pour trouver les logarithmes de ces fonctions, d'ajouter au logarithme du nombre de minutes ou de secondes celui de la longueur d'une minute ou d'une seconde et que l'on pourra mesurer (Pl. II_9). Les échelles de la Pl. $\mathrm{II}_{6, 7 \text{ et } 8}$ ont été expliquées plus haut.

Nous avons enfin représenté, sur la *fig.* 9, quelques fonctions de g et de π. Pour g surtout, il est bon de remarquer l'avantage que donnent les segments complémentaires, car l'on a aussi souvent besoin de $\dfrac{1}{2g}$ et de $\dfrac{1}{\sqrt{2g}}$ que de $2g$ et de $\sqrt{2g}$.

On pourra, suivant les besoins des calculs, étendre ces échelles ou en construire de nouvelles. Nous ne les avons indiquées que comme exemples.

En comparant les opérations de l'abaque avec celles de la règle à calcul, il semble que les premières soient plus générales et plus étendues que les secondes ; mais elles nous paraissent au contraire moins pratiques et moins exactes. On commet certainement plus d'erreurs en interpolant une ligne entre deux obliques, en la suivant jusqu'à une verticale également interpolée, et enfin en remontant cette verticale, qu'en faisant la somme de trois segments placés les uns à la suite des autres. Si l'on remarque en outre qu'une règle à calcul est bien plus portative qu'un abaque construit à grande échelle, on comprendra facilement que l'usage de la règle à calcul se soit peu à peu généralisé beaucoup plus que celui de l'abaque.

14. TRANSFORMATION DES ÉQUATIONS QUI DONNENT COMME LIGNES DE NIVEAU DES COURBES, DE FAÇON A OBTENIR DES LIGNES DROITES

Il nous a été possible, dans la construction de l'abaque, de transformer l'équation $z = xy$ qui donne des hyperboles comme courbes horizontales, en une autre donnant des droites, par le moyen des logarithmes. Cette méthode est susceptible d'extension. Il est d'abord clair que le problème est toujours possible quand l'équation entre les deux inconnues x et y peut être mise sous la forme

$$a_z x + b_z y' + c_z = 0,$$

où x' représente une fonction de x seulement, y' une fonction de y, et où a_z, b_z, c_z ne contiennent que z. Il suffit, en effet, de donner à x et y des valeurs successives, de calculer les x' et y' correspondants et de porter les résultats sur les axes de coordonnées en mettant des indices correspondants aux valeurs de x et de y; puis de calculer, pour des valeurs successives de z, les longueurs $-\dfrac{c_z}{b_z}$ et $-\dfrac{c_z}{a_z}$ interceptées sur les axes par les droites représentées par l'équation ci-dessus, de tirer les obliques correspondantes en donnant comme indice à chaque oblique la valeur correspondante de z et la représentation graphique sera terminée. La feuille sera alors couverte de trois systèmes de lignes, des parallèles aux axes de coordonnées et des obliques, et aux points d'intersection de trois de ces lignes correspondent les valeurs simultanées de x, y, z, qui sont indiquées par les indices des lignes.

Dans l'exemple que nous avons traité plus haut, $z = \dfrac{x}{y}$, on a $x' = x$, $y' = y$, $a_z = 1$, $b_z = -z$ et $c_z = 0$; dans l'autre exemple, $z = xy$, on a $x' = \lg x$, $y' = \lg y$, $a_z = b_z = 1$ et $c_z = -\lg z$.

On ne peut pas donner de règle générale pour transformer $\varphi(xyz) = 0$ en $a_z x' + b_z y' + c_z = 0$. On prendra comme z l'inconnue qui se présente le plus souvent et qui a le plus fort exposant, et l'on cherchera par des divisions convenables à séparer les deux autres inconnues. Si cette opération ne réussit pas, on pourra toujours, d'une infinité de manières, écrire l'équation de la manière suivante :

$$\varphi(xyz) = a_z f_1(xy) + b_z f_2(xy) + c_z = 0.$$

En posant maintenant

$$x' = f_1(xy) \quad \text{et} \quad y' = f_2(xy),$$

on pourra faire la réduction demandée ; mais on aura peut-être besoin, pour représenter x' et y', de construire un ou deux tableaux auxiliaires se composant aussi de trois systèmes de lignes. Si l'une de ces fonctions f_1 ou f_2 ne pouvait elle-même être représentée par un seul tableau de lignes droites, il faudrait construire de nouveaux tableaux auxiliaires. Il est même des cas où il faudrait un nombre infini de tableaux, où par suite la fonction ne serait pas convergente dans le sens que nous indiquons ici. Quoi qu'il en soit, il n'est jamais avantageux d'employer plus d'un tableau pour la représentation, et, si cela n'est pas possible au moyen de droites, il sera préférable de se servir de courbes, car l'emploi de plusieurs tableaux enlève à la représentation graphique toute sa clarté.

Lalanne donne comme exemple d'une fonction nécessitant deux tableaux la fonction suivante :

$$z = \frac{ax^2}{x+y}.$$

Il pose $x + y = y'$, ce qui donne un tableau d'obliques à 45° ; quant à $x' = ax^2$, on peut l'obtenir directement par le calcul. La fonction $z = \dfrac{x'}{y'}$ sera alors représentée par un faisceau de droites passant par l'origine. On peut toutefois se passer de ce dernier tableau. Il suffit d'écrire en effet l'équation sous la forme suivante :

$$y - ax^2 \cdot \frac{1}{z} + x = 0$$

ou

$$y - (ax^2)z' + x = 0,$$

où l'on a posé $z' = \dfrac{1}{z}$; on voit que l'on arrive ainsi à une équation du premier degré entre y et z'.

Nous citerons encore, parmi les exemples traités par Lalanne, son tableau graphique pour les calculs de déblais et de remblais sur lequel nous reviendrons plus loin, et son tableau très ingénieux pour la résolution des équations du troisième degré, ramenées préalablement à la forme

$$x^3 + px + q = 0.$$

Si l'on considère les paramètres p et q comme des coordonnées variables pour chaque valeur de x, cette équation représentera une droite. Toutes ces droites enveloppent une parabole cubique ; par chaque point de l'intérieur de la parabole on peut mener trois tangentes à la courbe et, par chaque point de l'extérieur, une seule ; de sorte que l'on voit immédiatement s'il y a des racines imaginaires. On peut évidemment étendre cette construction à des équations de la forme

$$x^m + px^n + q = 0.$$

Le mémoire de Lalanne se termine par un aperçu historique sur les méthodes de représentation graphique.

Nous n'avons pas cru pouvoir, dans notre étude des méthodes graphiques, passer sous silence ce travail important.

CHAPITRE III

TRANSFORMATION DES SURFACES

15. TRANSFORMATION DES TRIANGLES

On peut démontrer directement, par la géométrie, l'exactitude de la multiplication effectuée au n° 2, *fig.* 19 et 20, p. 13 pour déterminer la surface d'un triangle. Joignant, en effet, les joints C et B, D et A, on voit, à cause du parallélisme des droites AD et BC, que le triangle OCD est équivalent à OAB. Dans la *fig.* 19, $2b$ est la base et f la hauteur du triangle OCD; dans la *fig.* 20, au contraire, $2b$ est la base et f la hauteur; par suite, on aura, dans les deux cas, comme surface de OAB $= \mathrm{F} =$

$$\frac{1}{2} f \cdot 2b = bf, \qquad \text{d'où} \qquad f = \frac{\mathrm{F}}{b};$$

c'est-à-dire que la surface F est représentée par la hauteur f d'un rectangle dont la base serait b. On voit ainsi qu'en réduisant un triangle à une base ou à une hauteur $2b$ donnée, on arrive au même résultat qu'en multipliant la base par la hauteur et divisant ensuite le produit par b.

Cette concordance des deux méthodes ne peut plus se démontrer lorsque, au lieu de triangles, on a des figures plus compliquées; il est alors plus simple de transformer la figure que de calculer, puis sommer les différents triangles qui la composent. Nous allons montrer comment on peut mesurer une figure quelconque en la transformant en un rectangle de base donnée ou en un triangle ayant comme base ou comme hauteur le double de cette longueur. On obtient, par ces transformations, des longueurs proportionnelles aux surfaces à mesurer et sur lesquelles on peut opérer d'après les règles indiquées dans le premier chapitre.

Il n'est pas nécessaire de considérer, comme base du triangle, l'un de ses trois côtés, ainsi que nous l'avons fait *fig.* 19 et 20 ; mais on peut prendre comme base une droite quelconque AB_1 (*fig.* 45) joignant un

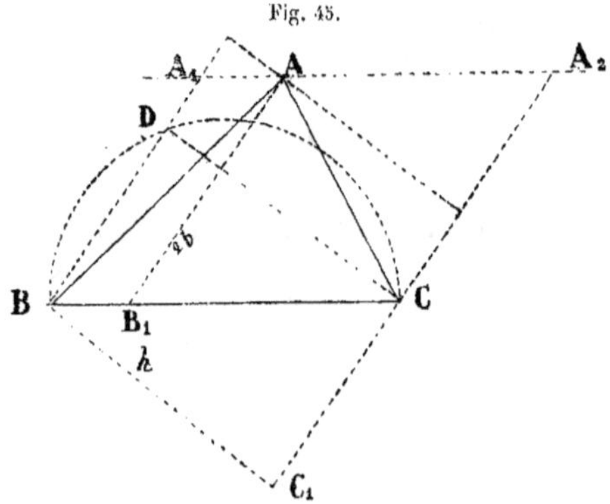

sommet A du triangle à un point B_1 pris sur le côté opposé BC. La hauteur correspondante à cette base sera alors la projection orthogonale CD du côté BC opposé au sommet A sur une perpendiculaire à AB_1. Pour distinguer cette projection sur une perpendiculaire de la projection sur la ligne AB_1 elle-même, nous l'appellerons antiprojection.

Menons, en effet, la parallèle AA_1 à BC et la parallèle BA_1 à AB_1 ; le triangle A_1BC (A_1C n'est pas tracé sur la figure) sera équivalent au triangle donné et la hauteur de ce triangle est CD. Cette hauteur CD est maximum lorsqu'elle se confond avec BC et à ce maximum correspond le minimum de AB_1, c'est-à-dire la hauteur du triangle ABC. Si l'on fait tourner AB_1 autour du sommet A, sa longueur augmente indéfiniment et le point D parcourt un demi-cercle décrit sur BC comme diamètre ; en même temps que AB_1 augmente indéfiniment, CD diminue jusqu'à zéro.

On peut donc, pour effectuer la réduction, prendre comme base une longueur quelconque plus grande que la hauteur du triangle ou, comme hauteur, une longueur quelconque plus petite que le côté BC opposé à A.

On aurait pu de même transformer le triangle ABC en un autre triangle A_2BC et la surface de ce nouveau triangle serait exprimée par $\frac{1}{2} A_2C . BC_1$. D'une façon générale, on peut dire que la base de réduction $2b$ est la distance entre la base BC du triangle et la parallèle AA_1 mesurée obliquement suivant la direction de cette base $2b$ et que la hauteur correspondante h est la distance normale des deux parallèles menées par les sommets B et C à cette même base $2b$. Sur la *fig.* 45, on a indiqué les trois positions de la base et de la hauteur qui passent par les trois sommets du triangle.

En considérant dans cette figure comme correspondantes deux perpendiculaires passant par un même sommet, par exemple A_1B et BC_1, on peut énoncer la construction de la manière suivante :

Si l'on mène, par le sommet B d'un triangle, deux perpendiculaires correspondantes BA_1 et BC_1 et que l'on intercepte sur l'une d'elles le segment BA_1 au moyen d'une parallèle AA_1 à l'un des côtés passant par B et, sur l'autre, le segment BC_1 au moyen d'une parallèle CC_1 à BA_1, le produit de ces deux segments représentera le double de la surface du triangle.

Lorsque l'un de ces segments CD ou AB_1 est égal au double de la base de réduction, l'autre sera la longueur qui représente la surface du triangle.

16. TRANSFORMATION DU QUADRILATÈRE

La transformation d'un quadrilatère ABCD (*fig.* 46) peut se ramener à celle du triangle. Il suffit de mener, par l'un des sommets B, une parallèle à la diagonale AC jusqu'en B_1 sur AD, et le triangle B_1CD (B_1C n'est pas tracé) sera équivalent au quadrilatère donné. La surface de ce triangle se mesurera au moyen d'une base quelconque FC et de l'anti-

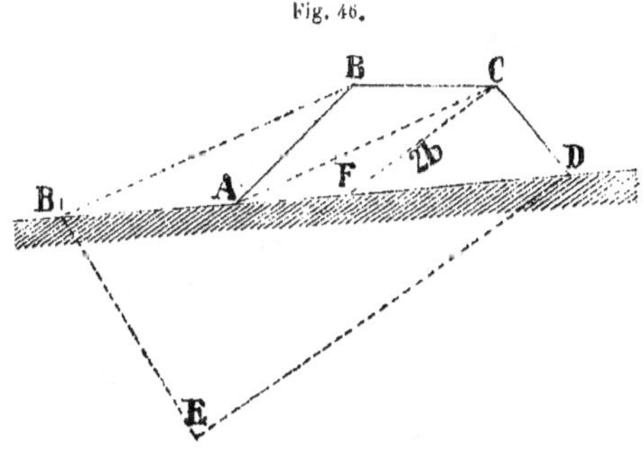

Fig. 46.

projection B_1E du côté B_1D. Si l'une de ces deux longueurs est la base $2b$, l'autre sera alors la mesure f du quadrilatère.

Le problème peut être résolu directement (*fig.* 47).

De C comme centre décrivons un arc de cercle FC $= 2b$ comme rayon, et du sommet A, menons une tangente B_1F à ce cercle. Considérons FC comme l'anti projection de la diagonale AC; nous aurons alors (comme dans la *fig.* 45, page 80), en menant BB_1 et DD_1 parallèlement à CA, AB_1 comme base réduite du triangle ABC et AD comme base réduite du triangle ABC; par suite, la surface du quadrilatère ABCD sera égale à

$$\frac{1}{2} B_1 D_1 \cdot CF = \frac{1}{2} B_1 D_1 \cdot 2b = B_1 D_1$$

c'est-à-dire que la surface du quadrilatère sera représentée par $B_1 D_1$,

Fig. 47.

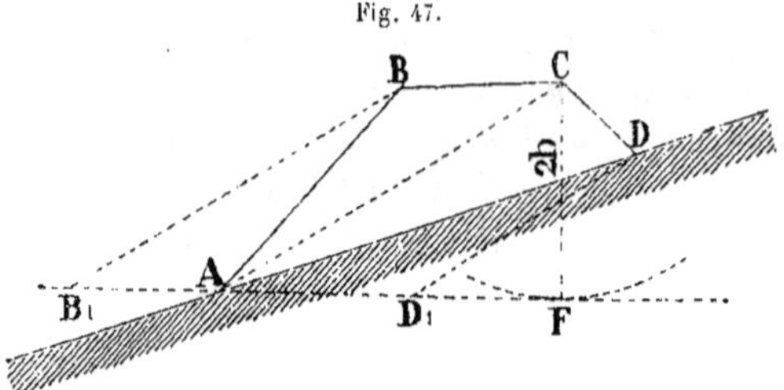

Cette construction n'est plus applicable quand $CF = 2b$ est plus grand que la plus grande dimension du quadrilatère ABCD. On porte alors $2b$ comme base en $B_1 D$ (*fig.* 48) au moyen d'un arc de cercle décrit

Fig. 48.

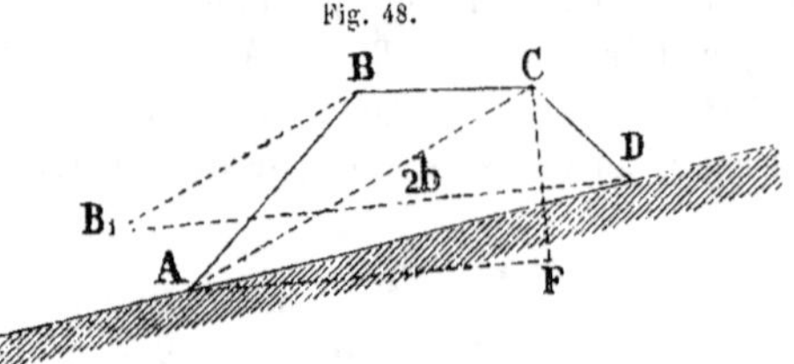

de D comme centre avec $2b$ comme rayon jusqu'à sa rencontre en B_1 avec la parallèle BB_1 à AC, et l'aire cherchée sera mesurée par l'anti-projection CF de la diagonale commune AC.

Lorsque le quadrilatère est étoilé, comme dans la *fig.* 49, la construc-

Fig. 49.

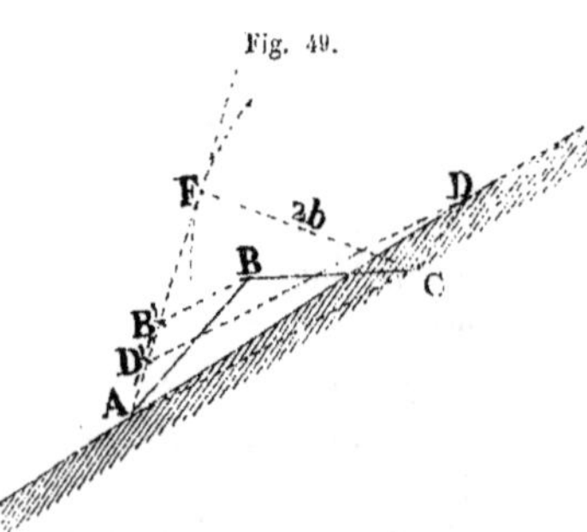

tion indiquée (*fig.* 47) donne la différence des deux triangles ABC et ACD au lieu de donner leur somme. Les bases réduites des deux triangles ABC et ADC tombent l'une sur l'autre, se retranchent, et la plus grande AB_1 correspond à la plus grande des surfaces. Dans le quadrilatère étoilé, f a le signe de l'un des deux triangles composant le

quadrilatère dont le sommet est le plus éloigné de la diagonale commune AC.

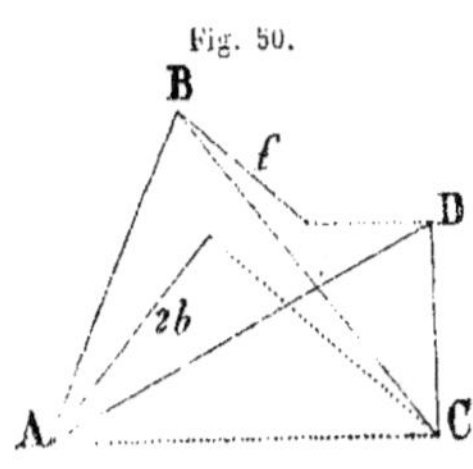

Fig. 50.

On peut pour le quadrilatère, comme pour le triangle, obtenir dans diverses positions les lignes qui le mesurent. Ne pouvant indiquer toutes ces positions, nous nous contenterons de faire connaître une construction commode pour le quadrilatère étoilé (*fig.* 50) en laissant au lecteur le soin de la démonstration.

17. TRANSFORMATION DES POLYGONES DE PLUS DE QUATRE CÔTÉS

Soit un polygone 0 1 2 3 4 5.

Par le sommet 1 (*fig.* 51) menons une parallèle 1 2_1 à la diagonale 0 2

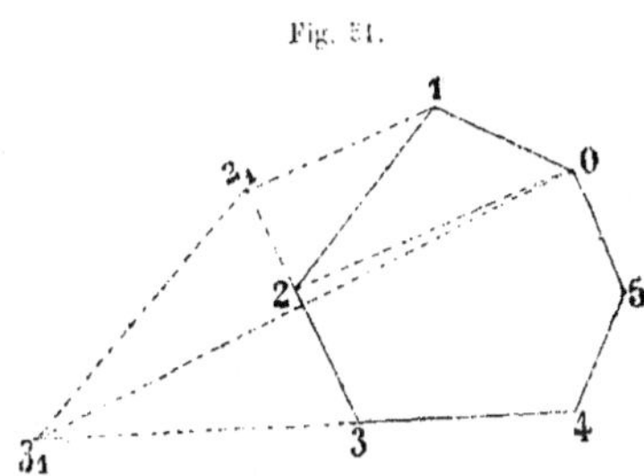

Fig. 51.

qui joint les 2 sommets voisins jusqu'à sa rencontre en 2_1 avec le deuxième côté 2 3 ; le triangle 0 1 2 sera équivalent au triangle 0 2_1 2 ($2_1$0 n'est pas tracé sur la figure) ; par suite le polygone 0 2_1 3 4 5 sera aussi équivalent à 0 1 2 3 4 5. Le sommet 1 a été ainsi éliminé et le nouveau polygone a un sommet de moins que le polygone donné. Nous pourrons de même éliminer le sommet 2_1 en menant 2_1 3_1 parallèlement à 0 3 ; en opérant ainsi, on pourra réduire un polygone d'un nombre quelconque de côtés à un quadrilatère tel que 0 3_1 4 5, que l'on réduira enfin à la base 2 6 par les méthodes exposées au n° 16, page 81.

Dans cette construction, le sommet 0 est resté fixe, et chaque nouveau côté des polygones successifs est venu passer par ce sommet ; on pourrait, au lieu de conserver ainsi un sommet du polygone primitif, conserver un côté de ce polygone.

La construction est indiquée (Pl. III_2) pour un profil en travers de chemin de fer.

Nous avons mené

1 1′	parallèlement à	2 0
2 2′	»	3 1
3 3′	»	4 2′
4 4′	»	5 3′
5 D	»	A 4′

Nous obtenons ainsi la ligne droite AD qui intercepte à gauche et à droite des surfaces équivalentes. Cette construction n'a pas besoin d'explication et il suffit d'en indiquer la marche. La partie supérieure du profil peut de même être réduite à une droite BC, et nous aurons ainsi transformé la figure en un quadrilatère ABCD qui, réduit à la base $2b$, nous donnera la longueur f représentant la surface du profil.

Cette méthode est la plus simple pour des profils en travers de forme quelconque. Avec un peu d'habitude, on peut faire la transformation d'une façon presque mécanique en portant la pointe du compas ou du crayon en $1, 2, 3, 4$, etc., sans avoir même besoin de numéroter ou de tracer les lignes de construction. Plaçant, par exemple, une équerre en $3_1 3$, on la fixe avec le crayon au point 3_1, et faisant tourner l'équerre autour de ce point en même temps que la règle sur laquelle elle devra glisser plus tard, on l'amène sur le point 5, puis on fait glisser l'équerre sur la règle jusqu'au point 4, ce qui détermine le point 4_1, et ainsi de suite.

Cette construction, toute mécanique, est absolument indépendante de la forme du contour de la figure à transformer et il est indifférent que ce contour se dirige à droite ou à gauche. Or, les constructions qui peuvent se faire sans qu'il soit nécessaire de se préoccuper de la position respective des diverses lignes de la figure, sont tout à fait générales; aussi la méthode que nous venons d'indiquer peut s'appliquer aux polygones étoilés, ainsi qu'aux polygones dont certains côtés se coupent, et elle donne la surface exacte de ces polygones en tenant compte des signes.

Si l'on répète en effet les constructions précédentes sur un profil contenant à la fois du déblai et du remblai (Pl. III$_3$), on voit que les parties en déblai se retranchent d'elles-mêmes des parties en remblai et le profil transformé ABCD est égal à la différence des deux surfaces.

Pour reconnaître les signes des différentes surfaces composant une même figure, on n'a qu'à parcourir d'une façon continue le contour de la figure, et à remarquer le sens suivant lequel on décrit le contour de chaque surface partielle; les surfaces décrites dans des sens différents ont des signes contraires.

On voit par exemple que le sens suivant lequel on décrit le contour de la surface en remblai $34ABCO$ est inverse de celui qu'on obtient en suivant le contour de la surface de déblai $CO1234$, ainsi que l'indiquent les flèches placées à l'intérieur des deux surfaces. Enfin, le sens suivant lequel on parcourt le profil transformé ABCD donne le signe du résultat. Si, par exemple, il y avait eu plus de déblai que de remblai, et que par suite AD fût venu en AD_1, les surfaces $ABCD_1A$ et $CO1234$ auraient été de même signe.

18. USAGE DE LA PARABOLE POUR LA DÉTERMINATION DES SURFACES DE DÉBLAI ET DE REMBLAI

Les profils en travers des routes et des chemins de fer sont en général des quadrilatères, dont trois côtés ont toujours une direction et une position constantes, et dont le 4° côté, qui est la ligne du terrain naturel, varie en position et en direction pour chaque profil.

Comme le calcul de ces profils se présente très fréquemment dans la pratique, on a calculé à l'avance les surfaces de déblai et de remblai pour différentes positions et directions de la ligne du terrain naturel, et on a mis les résultats sous forme de table. On a aussi construit des tableaux graphiques qui fournissent immédiatement les surfaces des profils en les mesurant suivant les horizontales qui correspondent aux données du terrain naturel. Nous allons expliquer la construction de ces tableaux graphiques. Nous ne considérerons, comme il est d'usage, que le demi-profil ABCD (*fig.* 52) et nous le transformerons en le con-

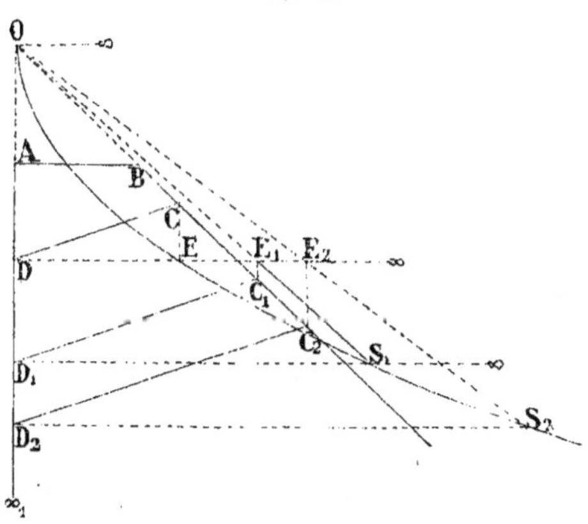

Fig. 52.

sidérant comme la différence des triangles OCD et OBA. Cette méthode a l'avantage de permettre d'appliquer le tableau graphique à tous les profils de même talus, car il suffit de retrancher, au moyen d'une parallèle à OD_2, le triangle OBA qui est situé au-dessus du profil et qui est constant pour chaque espèce de profil. Nous allons d'abord réduire les triangles OCD, OC_1D_1, OC_2D_2 (C_1D_1, C_2D_2 sont parallèles) à une même base $OD = 2b$, de manière que les sommets des triangles réduits soient situés sur les horizontales passant par D, D_1, D_2, etc.

Projetons en E, E_1, E_2, par des verticales, les différents points CC_1C_2 correspondant aux pieds des talus sur une horizontale passant par l'extrémité D de la base de réduction. Les triangles donnés OCD, OC_1D_1, etc. seront équivalents aux triangles OED_1, OE_1D_1, OE_2D_2, et ces derniers, aux triangles OED, ODS_1, ODS_2 (les lignes D_1E_1, D_2E_2, D_1S_1, D_2S_2 ne sont pas tracées sur la figure) obtenus en projetant du point O les points EE_1E_2 sur les horizontales menées par D, D_1, D_2. Les lignes DE, D_1S_1, D_2S_2, représenteront alors les surfaces des différents triangles donnés. Pour obtenir leurs valeurs, il suffira de multiplier ces lignes par la base $\frac{1}{2}$OD.

Si l'on joint tous les points S ainsi obtenus au moyen d'une courbe dont nous étudierons plus loin la nature, cette courbe permettra de déterminer la surface de tous les profils de même talus et correspondants à la même inclinaison du terrain naturel.

Les points E, S_1, S_2 peuvent être considérés comme résultant de l'intersection du faisceau $O(DE_1E_2...\infty)$ avec le faisceau de rayons parallèles $\infty(ODD_1D_2...\infty)$. Ces deux faisceaux, étant projectifs à la même ponctuelle $OCC_1C_2...\infty$, le lieu du point S sera une courbe du 2e degré.

En considérant le rayon commun $O\infty$ comme appartenant au faisceau O, son conjugué dans le faisceau parallèle ∞ sera la droite à l'infini $\infty\infty_1$; par suite la courbe est tangente à cette dernière droite au point ∞, et c'est une parabole dont le rayon $O\infty$ est un diamètre.

Le rayon commun $O\infty$, considéré comme faisant partie du faisceau parallèle, a pour conjugué, dans le faisceau O, la droite OD, qui est par conséquent aussi tangente à la courbe au point O. Enfin cette tangente, étant perpendiculaire à la direction de son conjugué $O\infty$, qui est un diamètre, est la tangente au sommet, et $O\infty$ est l'axe de la parabole.

La parabole est donc complètement déterminée et peut se construire facilement pour chaque inclinaison du talus du profil et du terrain naturel.

La parabole varie quand on fait varier l'une ou l'autre de ces inclinaisons: si on la construit pour une série d'inclinaisons différentes du terrain naturel, on pourra, par une interpolation, déterminer la surface du profil pour une inclinaison quelconque en mesurant cette surface sur l'horizontale qui correspond à la cote sur l'axe.

En changeant le talus du profil, la parabole change aussi. Mais les variations provenant des changements de l'inclinaison du talus sont tout à fait de même nature que celles qui proviennent des changements dans l'inclinaison du terrain naturel, et les surfaces des profils OCD, OC_1D et OC_2D (*fig.* 53) sont équivalentes lorsque la différence $\tau - \alpha$, entre la tangente de l'inclinaison du talus et la tangente de l'inclinaison du terrain naturel, reste constante. Par suite, au lieu de prendre comme

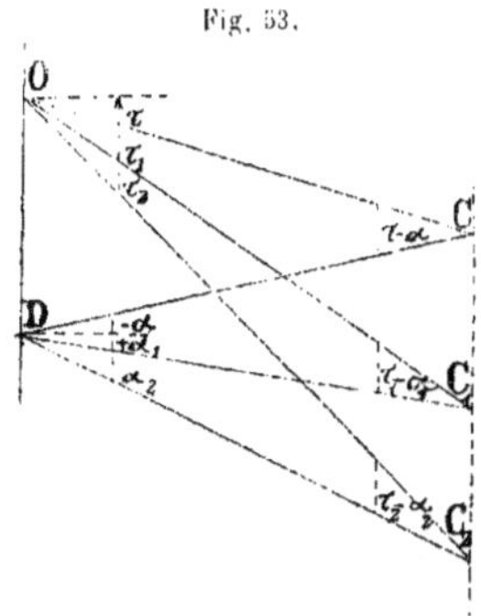

Fig. 53.

indices des paraboles, les inclinaisons du talus et du terrain naturel, il est bien préférable d'adopter comme indice la différence des tangentes de ces inclinaisons. On obtient ainsi un tableau graphique qui peut servir, quelles que soient les inclinaisons du talus et du terrain naturel, ainsi que la cote sur l'axe.

La différence $\tau - \alpha$ étant prise comme indice pour la construction du tableau, il convient de la faire varier suivant une progression arithmétique. Cette disposition est non seulement très commode pour lire directement les surfaces sur le tableau sans construction préliminaire, mais encore elle facilite beaucoup la construction du tableau graphique, car tous les rayons du faisceau O (*fig.* 52, p. 85) seront alors divisés en parties égales par les diverses paraboles.

Soit, en effet (Pl. III_4), un rayon quelconque OC coupant en C l'horizontale DC menée par l'extrémité D de la base de réduction $2b = OD$; soit arc tang τ l'angle de OC avec l'horizontale, le point C sera un point de la parabole correspondant à une différence τ des tangentes, c'est-à-dire dont l'indice est τ, car DC représente, sans réduction, la surface du triangle ODC, qui a la base OD voulue. Faisons maintenant varier de δ la différence τ des tangentes, en prenant tang $D_1CD = \delta$; la surface du triangle OCD devra être lue sur la parabole de $\tau - \delta$, et nous obtiendrons un point de cette parabole en menant la parallèle C_1D_1, de façon à transformer le triangle OCD_1 en un autre triangle OC_1D, dont la hauteur soit égale à la base de réduction CD, et dont la base C_1D_1 sera par suite la mesure du triangle OCD_1. Mais comme le point C_1 se trouve, par construction, sur le rayon OC et sur l'horizontale correspondant au point D du terrain naturel, ce point C_1 est le point de la parabole $\tau - \delta$ situé sur le rayon OC. Par suite les formes OD_1D et OC_1C sont semblables et, lorque les variations DD_1, D_1D_2, etc., des différences des tangentes sont constantes, les segments CC_1, C_1C_2... interceptés par les différentes paraboles sur le rayon OC seront aussi constants. Pour déterminer les points où d'autres rayons OB, OE rencontrent les mêmes paraboles, on cherche les intersections H et K de ces rayons et de l'horizontale menée par le point de rencontre C de l'une quelconque de ces paraboles avec le rayon OC; on projette H et K parallèlement à la tangente commune OD sur le rayon OC, en G et I, puis on projette ces points G et I horizontalement (c'est-à-dire parallèlement au diamètre commun) sur O(HK) et l'on obtient les points cherchés B et E.

La démonstration de cette construction se fait comme précédemment, en remarquant que les faisceaux $\infty(OGCI\infty_2)$ et $O(DHCD\infty)$ sont tous deux projectifs avec la ponctuelle $OGCI\infty_2$.

On voit par cette construction que les ponctuelles OB_2B_1B, OC_2C_1C, OE_2E_1E, déterminées avec les rayons du faisceau O par les différentes paraboles, sont semblables. Cette propriété résulte d'ailleurs d'une façon immédiate de ce que le point O est le centre de similitude des paraboles, qui sont semblablement placées. Il résulte aussi de cette dernière considération qu'un rayon quelconque du faisceau O coupe toutes les paraboles sous le même angle, et, comme les segments interceptés sont égaux, nous aurons sur toute la longueur du rayon la même figure.

Si la variation de la différence des tangentes allait en diminuant (au lieu d'être constante) en passant de la verticale à l'horizontale, il faudrait diminuer, d'après les mêmes lois, les segments interceptés sur un même rayon. Le long d'un rayon, la différence des valeurs $\tau - \alpha$ augmentera de 0,01 à 0,02, par exemple, puis à 0,05 et à 0,10.

19. CONSTRUCTION ET USAGE DU TABLEAU PARABOLIQUE

Les propriétés que nous venons d'exposer et quelques calculs très simples permettent de construire facilement le tableau graphique.

Traçons (en prenant le décimètre comme unité) un cadre de 2,4 de longueur sur 1,8 de hauteur (Pl. IV), et remplissons-le par un quadrillage en millimètres. Considérons le côté supérieur comme axe des abscisses et en même temps comme axe des paraboles, le côté gauche comme axe des ordonnées et comme tangente commune, et désignons par O l'intersection de ces deux axes, c'est-à-dire l'origine des coordonnées, et par x, y les coordonnées d'un point quelconque de l'une des courbes.

L'équation des paraboles à construire, par exemple celle de OBC, se déduit facilement de la proportion $\dfrac{FB}{FG} = \dfrac{DH}{DC}$ ou ($fig.$ 54), $\dfrac{x}{y} = \dfrac{ay}{b^2}$ ou $\dfrac{y}{a}$, en supposant, comme on l'a fait pour la pl. IV, $b = a$, c'est-à-dire l'angle GOF de 45°; car alors l'ordonnée y des points $B = OF = FG = DH$, et l'équation de la parabole est $y^2 = ax$.

Au moyen de cette équation, on a calculé pour construire la pl. IV les ordonnées des paraboles dont les paramètres sont respectivement 100, 50, 30 et 20, et pour des différences d'ordonnées de 0,1 à 0,2.

Quant aux autres paraboles, on a déterminé leurs intersections avec des rayons successifs issus de O. Pour le premier de ces rayons, par exemple, pour celui qui coupe le côté inférieur de la feuille à l'abscisse 0,18 (*) et dont l'équation est par suite

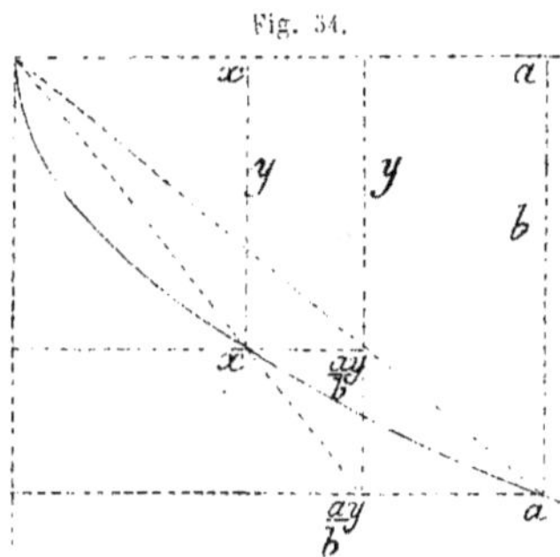

$$y = \tau x = \frac{1,8}{0,18}\, x = 10x,$$

on a :

$$y = \frac{a}{\tau} = 0,1a \text{ et } x = \frac{a}{\tau^2} = 0,01a.$$

En prenant pour unité la différence Δa des paramètres des paraboles consécutives coupant ce rayon, la différence des ordonnées successives sera de 0,1 (1 centimètre) et celle des abscisses de 0,01 (1 millimètre). Il passera donc une parabole par chaque intersection du rayon $\tau = 10$ avec les horizontales correspondant aux divisions en centimètres et avec les verticales correspondant aux millimètres.

On a ensuite posé $\frac{1}{\tau} = 0,12$. Le rayon correspondant coupe le côté inférieur à l'abscisse 0,216, au même point que la parabole 15, et la différence d'ordonnées correspondant à une différence de paramètres égale à 1 est $\Delta y = 0,12$. Les paraboles qui passaient par l'intersection du rayon 10 avec les horizontales 0,1, 0,2, 0,3... passent aussi par l'intersection du rayon $\frac{1}{0,12}$ avec les horizontales 0,12, 0,24, 0,36, et ainsi de suite. Les arcs de paraboles compris entre ces rayons peuvent par suite être tracés directement, car ils sont tous parallèles entre eux et on les obtiendra successivement en faisant glisser une équerre le long d'une règle. Les différences entre les abscisses des intersections des paraboles avec le rayon $\frac{1}{0,12}$ sont $\Delta x = \frac{\Delta a}{\tau^2} = 0,0144$. La parabole $a = 25$ est la première qui passe par l'intersection d'une des verticales tracées sur le tableau avec le rayon, et cette verticale correspond à l'abscisse 0,36 ; comme cette intersection est en dehors de la feuille, il en résulte que le rayon $\frac{1}{0,12}$ ne contient aucune intersection d'une des verticales du tableau avec une des parallèles.

(*) Il ne faut pas oublier que, dans tout ce paragraphe, le décimètre est l'unité de longueur.

On construit de la même manière les arcs de paraboles compris entre les rayons $\frac{1}{\tau} = 0,12$ et $0,13$, et ainsi de suite. Nous nous contenterons de donner les valeurs de $\frac{1}{\tau}$, Δa, Δx et Δy correspondantes au rayon pour lequel nous avons, dans l'intérêt de la clarté de la figure, changé la valeur de Δa, c'est-à-dire pour lequel le nombre des paraboles varie d'un côté à l'autre de chaque rayon.

$\frac{1}{\tau}$	0,1	0,2	0,3	0,5	0,8	1,2	2,4	4	8	15
Δa	1	0,5	0,2	0,1	0,05	0,05	0,01	0,005	0,002	0,002
Δy	0,1	0,1	0,06	0,05	0,04	0,024	0,24	0,02	0,016	0,03
Δx	0,01	0,02	0,018	0,025	0,032	0,0282	0,0576	0,08	0,128	0,45

Les abscisses des intersections avec le côté inférieur s'obtiendront en multipliant $1,8$ par $\frac{1}{\tau}$, et les ordonnées des intersections avec le côté droit en divisant $2,4$ par $\frac{1}{\tau}$.

Vers la fin de la construction, les intersections des rayons avec les intersections deviennent très obliques ; mais d'un autre côté, les longueurs des segments interceptés par les diverses paraboles sur ces rayons augmenteront, et le nombre des points de rencontre qui coïncident avec des intersections des lignes du quadrillage augmente aussi ; on obtiendra des points des autres paraboles intermédiaires en divisant en un certain nombre de parties la distance de ces intersections au point O.

Considérons, par exemple, le rayon $\frac{1}{\tau} = 4$; ce rayon rencontre toutes les paraboles sur des intersections du quadrillage, et ces points de rencontre coïncident de cinq en cinq avec des intersections des lignes correspondantes aux centimètres. Ainsi, les coordonnées de l'intersection K de ce rayon avec la parabole $a = 0,1$ sont $x = 1,6$ et $y = 0,4$; on les obtient en multipliant Δx et Δy par $\frac{a}{\Delta a}$ ou 20.

Comme une parabole est déterminée quand on connaît son axe, son sommet et un autre quelconque de ses points, on obtiendra les mêmes paraboles, quelle que soit la base de réduction ; on pourra donc s'en servir, dans la Pl. IV, pourvu qu'en changeant la base de réduction on change aussi d'une façon correspondante les indices des paraboles. Si l'on veut désigner les paraboles par la différence des tangentes $\tau - \alpha$ (*fig.* 53, p. 87), il faudra donner l'indice 1 à celle qui passe par le point ($x = 2b$.

$y = 2b$) dont les coordonnées sont égales au double de la base de réduction. Sur la Pl. IV, on a marqué les indices correspondants à la base $b = 5$ centimètres ou à la double base $2b = 10$ centimètres et la parabole qui passe par le point $(x = 1, y = 1)$ a été affectée de l'indice 1. Il est évident, en effet, que le triangle rectangle dont l'hypoténuse est O1 (sur la ligne OC) n'a pas besoin de réduction, puisque chaque côté de l'angle droit est égal à $2b$ et que sa surface est ainsi représentée par cette longueur. L'indice des autres paraboles s'obtient en numérotant proportionnellement tous les rayons du faisceau O.

Nous terminerons en indiquant l'usage de ces tables au moyen d'un exemple.

Soit à déterminer les surfaces de déblai et de remblai pour le profil type dessiné Pl. III₅.

Dans le cas du remblai, nous réduisons à un triangle AOA_1 ayant pour hauteur la base de réduction b, le polygone constant O3241 compris entre le prolongement du talus en remblai, l'axe et le contour supérieur du profil. Dans le cas du déblai, nous réduisons de même le polygone constant $O_1$54321I. Les moitiés des bases f et f_1 donneront par conséquent les surfaces de ces polygones (savoir $6^{cmq},75$ et $12^{cmq},4$). Pour déterminer les surfaces de remblai au moyen de la Pl. IV, on prendra l'origine des coordonnées au point M dont l'abscisse est égale à f et dont l'ordonnée est égale à OL (Pl. III₅). Pour le déblai, l'origine devra être prise au point N dont l'abscisse est f_1 et dont l'ordonnée est O_1L

Soit, par exemple, une hauteur de remblai LP avec une inclinaison du terrain naturel de 0,53 (Pl. III₅). La surface du profil sera donnée par l'abscisse PQ (Pl. IV) du point de la parabole ayant pour indice $0,67 - (-0,53) = 1,2$, dont l'ordonnée MP est égale à la hauteur LP. La longueur ainsi obtenue doit naturellement être la même que celle qui résulte de la construction directe faite sur le profil lui-même. La surface cherchée est égale à $PQ \times b = 3,66 \times 5 = 18^{cmq},3$.

On peut aussi déterminer la parabole graphiquement.

Le rayon OC_1 (Pl. IV) qui forme avec l'horizontale un angle dont la tangente est $\tau - \alpha$, coupe toujours la parabole correspondante sur l'horizontale D_1C_1 dont l'ordonnée est $2b = 10$ centimètres, car le triangle D_1OC_1 n'a pas besoin de réduction. On porte donc une fois pour toutes, sur la verticale $x = 2b = OR$ et, à partir de R, la tangente RT de l'angle constant du talus mesurée en prenant OR comme rayon (ici elle est de $\frac{2}{3} = 6^{cm},7$), on en retranche la tangente TU de l'inclinaison du terrain mesurée toujours avec OR comme rayon (ici $-10 \times 0,53 = -5,3$) et le résultat RU sera égal à $2b(\tau - \alpha)$; par suite U sera un point du rayon OC_1 et on déterminera ainsi le point C_1 de la parabole cherchée.

La surface du profil peut être encore déterminée sans construire les joints M et P.

Ajoutons à la hauteur du remblai $LP = 5^{cm},1$ (Pl. III$_3$) la hauteur constante $OL = 2,65$, ce qui donne 7,75, puis cherchons (Pl. IV) sur la parabole 1,2 l'abscisse du point Q dont l'ordonnée est égale à 7,75. (L'indice de la parabole a été déterminé par une soustraction, comme on l'a vu.) Cette abscisse est égale à 5 centimètres et correspond à une surface de $5 \times 5 = 25$ centimètres carrés. On en retranche la surface du triangle $6^{cmq},75$ déterminée une fois pour toutes, et il reste $15^{cmq},25$ comme surface du profil.

Tout ce que nous venons de dire pour le remblai s'applique aussi au déblai. Il est à peine nécessaire d'ajouter que le tableau parabolique peut servir à la détermination de l'une des deux valeurs x et y liées par une relation $y^2 = n \cdot 2bx$ lorsque l'autre est donnée, n étant l'indice de la parabole. La parabole 0,1, par exemple, passe par tous les points dont l'ordonnée est égale à la racine de l'abscisse, c'est-à-dire par les points (1,1), (4,2), (9,3), (16,4), etc.

20. FORMULES DES SURFACES DE DÉBLAI ET DE REMBLAI, ET REPRÉSENTATION DE CES SURFACES AU MOYEN DE LIGNES DROITES

On a construit autrefois, comme nous l'avons déjà dit, des tables à double entrée donnant pour différentes hauteurs de déblai et de remblai, et pour diverses inclinaisons du terrain naturel, les surfaces correspondantes. Quoique ces tables ne paraissent pas avoir une grande utilité pratique à cause des modifications qui se présentent constamment dans les dimensions des profils-types, et parce que la réduction graphique ou l'emploi du planimètre que nous étudierons bientôt conduisent presque aussi vite au résultat que l'usage d'une table quelconque, nous allons néanmoins établir ici en peu de mots les formules qui servent à les calculer.

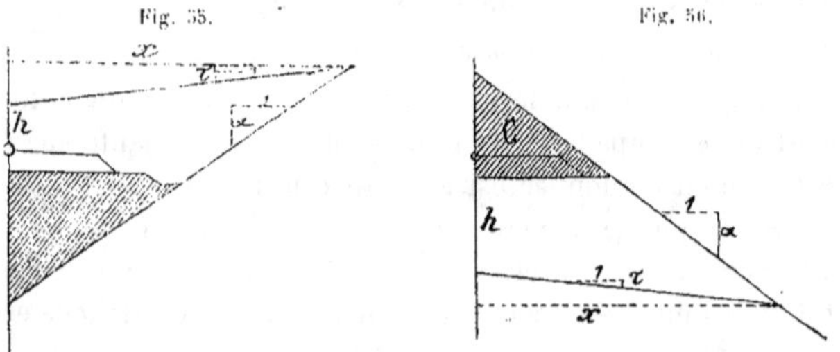

Soit α la tangente de l'angle que fait avec l'horizontale le dernier côté du profil. Dans les *fig.* 55 et 56, ce dernier côté correspond au talus. Soit τ la tangente de l'inclinaison du terrain naturel; soient, de plus, h la hauteur du remblai ou du déblai, c la hauteur constante qu'il faut ajouter à h pour avoir le segment total intercepté sur l'axe par la ligne du talus α et celle du sol τ, et enfin x la distance à l'axe de l'intersection du talus avec le sol. Nous aurons :

$$(\alpha - \tau)x = h + c.$$

Appelons C la surface constante de la figure qui complète le profil pour en former un triangle compris entre l'axe du profil, le terrain naturel et le talus, et que nous avons distinguée par des hachures sur les *fig.* 55 et 56. Cette surface est négative sur ces deux figures; mais elle peut être positive dans certains cas, quand, par exemple, la ligne du terrain part du fond du fossé. Nous aurons, comme surface du profil :

$$F = \frac{1}{2}(h + c)x - C = \frac{(h + c)^2}{2(\alpha - \tau)} - C.$$

Cette équation confirme les résultats trouvés plus haut. En considérant $h + c$ comme une abscisse variable et portant à son extrémité comme ordonnée la grandeur F à une échelle quelconque, ou bien, pour employer un langage plus conforme aux opérations graphiques, la grandeur F réduite à une base quelconque, le lieu des extrémités de F sera une parabole, comme on le voit d'après l'équation ci-dessus qui ne contient F qu'au premier degré. La ligne des $(h+c)$ est l'axe de la parabole. Le paramètre n'est ni une fonction de τ, ni une fonction de α, mais de $(\alpha - \tau)$; on obtiendra donc des paraboles différentes pour différents α ou différents τ, mais la même parabole pour de mêmes différences $\alpha - \tau$. La surface constante C se retranchera en déplaçant convenablement l'axe les abscisses parallèlement à lui-même.

Cette formule n'est applicable qu'entre certaines limites, car il faut pour cela que la ligne du terrain naturel rencontre celle du talus. Soient x et y les coordonnées d'un sommet du profil. On doit avoir $h = y \pm x\,\mathrm{tg}\,\alpha$ quand la ligne du sol passe par ce sommet, et cette équation permet de déterminer les limites entre lesquelles la formule est applicable. Pour certaines valeurs de h, prises en dehors de ces limites, la ligne du terrain naturel coupe deux fois le profil-type; dans ce cas, le profil contient en même temps du remblai et du déblai; la surface nouvelle qui se présente alors doit être déterminée séparément et ajoutée à celle donnée par la formule, car celle-ci donne la surface algébrique de la figure, et, en l'appliquant à un profil mixte, on obtient la différence du remblai et du déblai. Lorsque le remblai égale le déblai, cette différence est nulle, et il faut évidemment, pour obtenir la surface totale, ajouter à cette surface 0 celle qu'on a calculée séparément. Sur la pl. II, nous avons représenté ces surfaces au moyen de lignes droites, d'après les méthodes de Lalanne.

Dans la formule simplifiée

$$F = \frac{1}{2}h^2\,\frac{1}{\alpha - \tau}$$

nous considérons $\frac{1}{2}h^2$ comme coefficient de l'abscisse $\frac{1}{\alpha - \tau}$, et en considérant F comme une ordonnée, nous avons l'équation d'une ligne droite.

Nous avons pris $0^m,02$ comme unité pour $\frac{1}{\alpha - \tau}$, c'est-à-dire que nous avons porté comme abscisses $\frac{0^m,02}{\alpha - \tau}$. Nous avons par suite mis l'indice 2 à la verticale $0^m,01$: 1 à la verticale $0,02$; $0,5$ à $0,04$ et $0,25$ à l'extrémité de la planche sur la verticale $0^m,08$. Comme échelle des surfaces nous avons pris $0^m,001$ pour 1 mètre carré. Nous avons par suite porté sur la verticale $0,25$, du côté droit de la figure, les segments

$$F = \frac{1}{2}\, h^2\, \frac{1}{0,25} = 2h^2$$ et, suivant l'échelle adoptée pour les surfaces, les hauteurs 0,002, 0,008, 0,018, 0,032, 0,05, 0,72; nous joignons les points obtenus à l'origine des coordonnées, et nous donnons comme indices à ces rayons les valeurs correspondantes de h 1, 2, 3, 4, 5, 6. On achève le tableau graphique en interpolant de nouveaux rayons entre les rayons déjà obtenus et en continuant la construction au delà de l'indice 6. Ce système de tableau graphique est certainement plus facile à construire que le tableau parabolique, mais il n'est pas d'une application aussi immédiate. Les hauteurs sont données par le calcul et doivent être complétées par le calcul. On ne peut plus, comme dans la pl. II, retrancher une fois pour toutes l'ordonnée complémentaire M ou N, et de ces points prendre au compas les hauteurs des profils, mais il faut ajouter numériquement à chaque hauteur de profil la hauteur complémentaire de M pour le remblai, hauteur qui, dans le profil de la pl. III₃, *fig*, 5, est de 2ᵐ,60, et pour le déblai celle de N qui est de 4ᵐ,55: c'est alors seulement qu'on pourra trouver sur le tableau graphique le rayon qui détermine la surface.

Par contre, on peut retrancher immédiatement, au moyen d'horizontales, les triangles complémentaires qui sont de 6ᵐ,75 pour le remblai et de 12,4 pour le déblai, puisque les verticales sont directement proportionnelles aux surfaces. Cette construction a été faite Pl. II₃. Pour calculer au moyen de ce tableau le profil de remblai de la Pl. III₅, on calcule d'abord la hauteur *totale* du profil, soit 7ᵐ,7, et on suit, sur le tableau, le rayon correspondant à 7ᵐ,7; ce rayon et l'horizontale 6,75 interceptent sur l'ordonnée $\alpha - \tau = 1,2$ le segment PQ qui représentera la surface cherchée.

Le tableau parabolique qui est général est bien préférable. Les paraboles montrent d'ailleurs bien mieux la loi de variation de la surface avec la hauteur du profil ou ses inclinaisons, que ne peut le faire une figure où les inverses des différences sont portés comme abscisses.

Mais si l'on veut construire un tableau pour un profil spécial, la construction de la Pl. II₃ est la plus simple. On ajoutera à h la hauteur complémentaire c, on donnera au rayon $h + c$ l'indice h, et on diminuera toutes les ordonnées de la hauteur représentant la surface constante du triangle complémentaire. On obtiendra alors directement la surface d'un profil par l'ordonnée du point d'intersection du rayon h avec la verticale marquée de l'indice $\tau - \alpha$.

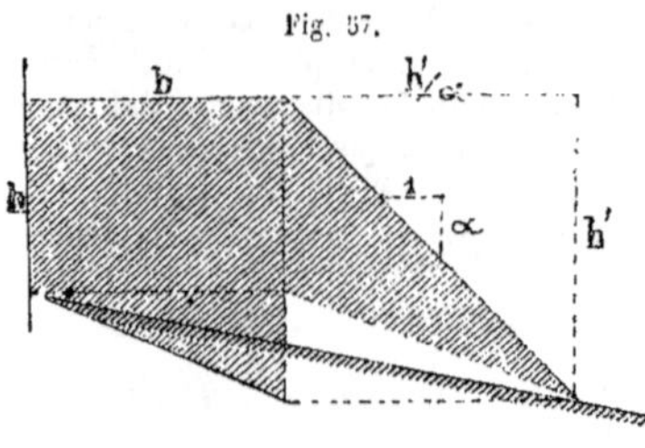

Fig. 57.

Comme nous l'avons fait remarquer plus haut, p. 77, Lalanne a aussi employé les paraboles pour représenter les surfaces des profils.

Plus tard, nous aurons besoin d'avoir les surfaces de profil exprimées au moyen des hauteurs h et h' (*fig*. 57). Pour cela, nous transformons le demi-profil donné suivant la surface ombrée, et nous voyons immédiatement que

$$F = \frac{1}{2}\, b(h + h') + \frac{hh'}{2\alpha},$$

formule qu'on peut écrire.

$$F = b\left(\frac{h + h'}{2}\right) + \frac{1}{2\alpha}\left(\frac{h + h'}{2}\right)^2 \frac{1}{2\alpha}\left(\frac{h - h'}{2}\right)^2,$$
$$= F' - \frac{1}{2\alpha}\left(\frac{h - h'}{2}\right)^2;$$

en désignant par F' la surface du profil de hauteur $\frac{1}{2}(h + h')$ et dont la base serait horizontale. Quant à $\frac{1}{2x}\left(\frac{h - h'}{2}\right)^2$, c'est la surface d'un petit triangle rectangle dont l'hypoténuse serait le talus, et dont la hauteur serait la demi-différence des hauteurs h et h'.

M. Éd. Pellis propose, dans la brochure autographiée intitulée : *Recueil de notes des anciens élèves-ingénieurs de Lausanne,* 15 déc. 1869, de calculer simplement des tables de déblai et de remblai pour un terrain horizontal, tables qui donneraient les surfaces F', correspondantes à différentes valeurs $\frac{1}{2}(h + h')$, et de ces surfaces on retrancherait le petit triangle d'erreur, calculé aussi d'avance pour différentes valeurs de $h - h'$.

Nous ferons remarquer à ce sujet que la hauteur extérieure h' nécessaire pour calculer les valeurs de $\frac{1}{2}(h + h')$ et $\frac{1}{2}(h - h')$ ne résulte pas directement des opérations effectuées sur le terrain, mais qu'il faut, pour la déterminer sans calcul, dessiner les profils; l'emploi d'une table perd dès lors son principal avantage qui est de dispenser de tout dessin.

Nous avons cru néanmoins devoir mentionner cette proposition, et nous ajouterons en outre que M. Pellis considérait, dans ses calculs, le profil complet et non le demi-profil. La forme des équations trouvées plus haut reste la même pour ce cas.

21. TRANSFORMATION DES SURFACES LIMITÉES PAR DES ARCS DE CERCLE

La transformation des surfaces limitées par des arcs de cercle repose sur la propriété suivante : la surface d'un secteur circulaire est équivalente à celle d'un triangle qui aurait pour base la longueur de l'arc rectifié suivant une de ses tangentes, le sommet opposé à cette base se trouvant au centre du cercle auquel l'arc appartient.

La seule méthode pratique pour rectifier un arc sur sa tangente consiste à porter le même nombre de fois sur les deux lignes une petite corde quelconque et d'ajouter à la longueur ainsi obtenue sur la tangente le reste trouvé sur l'arc après l'opération. Cherchons quelle grandeur on peut donner à l'arc a pour que, en mesurant l'arc l au moyen de la corde qui sous-tend l'arc a, l'erreur soit plus petite qu'une quantité donnée d.

La différence entre l'arc a et sa corde est, en appelant r le rayon de l'arc :

$$a - 2r \sin \frac{a}{2r},$$

ou, en développant en série :

$$\frac{a^3}{4.6 r^2} - \frac{a^5}{4.6.8.10 r^4} + \cdots$$

L'arc a étant porté $\frac{l}{a}$ fois sur l'arc l, l'erreur totale d sera $\frac{l}{a}$ fois cette différence. On aura donc :

$$d = \frac{l}{a} \cdot \frac{a^3}{24\,r^2} = \frac{a^2 l}{24\,r^2},$$

en supposant a assez petit pour que le deuxième terme soit négligeable en présence du premier.

On en tire :

$$(1) \qquad a = r \sqrt{\frac{24\,d}{l}}.$$

Dans le calcul graphique ordinaire, il suffit d'une approximation de $\frac{1}{100}$ de centimètre, ou, pour plus de simplicité dans notre formule, de $\frac{1}{96}$ de centimètre. Substituant $\frac{1}{96} = d$ dans la formule: il vient :

$$(2) \qquad a = \frac{r}{2\sqrt{l}},$$

l devant être exprimé en centimètres.

Si par exemple l'arc à mesurer est de 4 centimètres, $a = \frac{1}{4}r$; si l'arc est de 25 centimètres, a doit être pris égal à $\frac{1}{10}r$.

Nous recommandons de ne jamais prendre a plus petit que ne le donnent ces formules, parce que, en reportant trop souvent une petite corde à la suite d'elle-même, on commet une erreur plus grande que celle qui provient de la différence entre l'arc et sa corde.

En rectifiant un arc AB sur la tangente menée à une extrémité A de cet arc, il est bon de commencer par l'autre extrémité B de l'arc (*fig.* 58). On porte un certain nombre de fois, à partir de cette dernière extrémité, un petit arc a qui, sur la *fig.* 58, est à peu près le $\frac{1}{5}$ du rayon, et l'on va jusqu'à ce que l'on arrive à un point que l'on puisse considérer comme appartenant à la fois à l'arc et à la tangente. On repart alors de ce point sans lever le compas, en allant en sens inverse sur la tangente; et l'on reporte la corde de l'arc a le même nombre de fois qu'elle a été portée sur l'arc (7 fois dans le cas de la figure). Pour des raisons faciles à comprendre, cette méthode est beaucoup plus exacte que celle qui consiste à diviser l'arc en un certain nombre de parties égales.

Fig. 58.

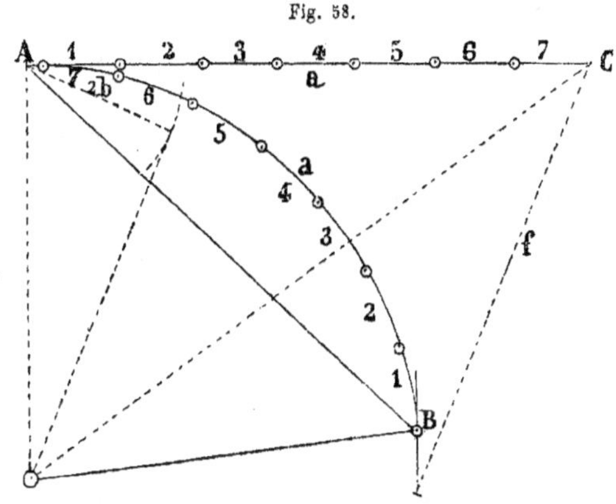

Nous croyons cette méthode plus pratique que celle qui consiste à construire la longueur dont il faut augmenter la corde d'un arc pour obtenir la longueur de cet arc. C'est ce que propose M. Raim. Hanacek dans les *Annales des ingénieurs et architectes autrichiens*, 1871 (*). Il construit l'arc d'après la formule :

$$s = 2\sqrt{l^2 + f^2} + \frac{f'^2}{3l}.$$

$\sqrt{l^2 + f^2}$ est la corde du demi-arc; l'autre terme $\frac{f'^2}{3l}$ se construit au moyen d'un triangle rectangle dont la hauteur est f, et dont un des segments déterminés sur l'hypoténuse par cette hauteur est f: l'autre segment est $\frac{f'^2}{3l}$.

Posons $\frac{f}{l} = \tau$, et développons s; il viendra :

$$s = 2l\left(1 + \frac{2}{3}\tau^2 - \frac{1}{8}\tau^4 + \frac{1}{16}\tau^6 - \dots\right).$$

La longueur réelle est, comme on le verra, p. 100 :

$$s = 2l\left(1 + \frac{2}{3}\tau^2 - \frac{2}{15}\tau^4 + \frac{2}{35}\tau^6 - \dots\right).$$

L'erreur est par suite sensiblement égale à $\frac{\tau^4}{120}$ fois la longueur de l'arc. Pour un demi-cercle de $0^m,05$ de diamètre, cette erreur serait de 0,00065.

Nous croyons qu'il sera en général plus exact et plus rapide de mesurer l'arc au moyen d'une corde a, assez petite pour ne pas avoir besoin de la corriger, que de le mesurer au moyen d'une correction à la longueur de la corde. Mais si l'on veut cal-

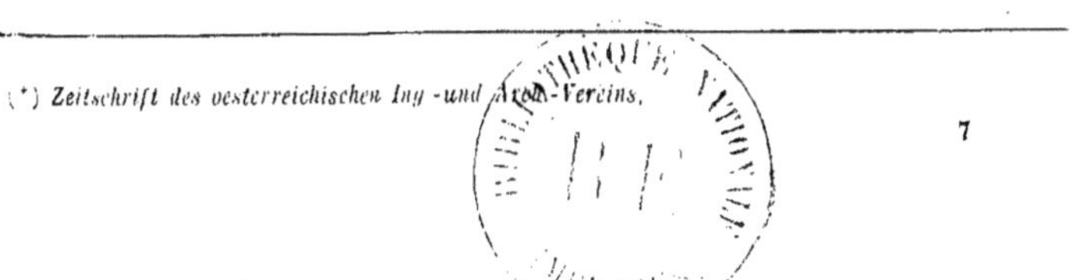

(*) *Zeitschrift des oesterreichischen Ing.-und Arch.-Vereins.*

culer la longueur d'un arc de cercle pour de très petites valeurs de τ, il vaudra mieux se servir des formules exactes données, p. 100.

La surface du secteur de cercle est égale à celle du triangle AOC, qu'on peut réduire par l'un quelconque des procédés que nous avons indiqués.

La surface du segment de cercle AB est égale à la différence des surfaces des triangles OAC et OAB, ou à la surface du quadrilatère étoilé ACOB, dont la surface peut être représentée par $\frac{1}{2} 2bf$, n° 16 (p. 83).

Il n'est pas nécessaire que la tangente soit menée par l'une des extrémités de l'arc; on peut la mener par un point quelconque intermédiaire, comme dans la *fig.* 59. Dans ce cas, ainsi que l'indique la figure, on rec-

Fig. 59.

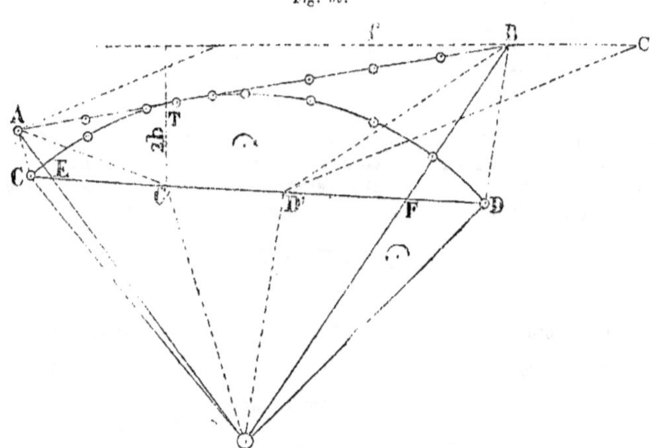

tifiera CT en AT et DT en AB, T étant le point de tangence. La surface du secteur sera celle du triangle OAB; la surface du segment sera OAB — OCD, égale à celle du polygone OABODCO, dans lequel le contour ABFE doit être parcouru dans un sens et les contours OCE, ODF en sens contraire. Le triangle intérieur OEF se retranche de lui-même.

La transformation de cette figure en un quadrilatère ABD_1C_1 se fera très simplement en menant OC_1 parallèle à CA, OD_1 parallèle à DB, et amenant ainsi les triangles négatifs AOC et BDO en AC_1C et BD_1D. La surface du quadrilatère ABD_1C_1 sera équivalente à celle du segment, et pourra être exprimée par $\frac{1}{2} 2b.f$.

22. TRANSFORMATION DE LA SURFACE D'UNE SECTION DE VOUTE

Soit à réduire à la base $2b$ la surface de voûte dessinée Pl. III$_6$.

On rectifie les deux arcs qui limitent la section de voûte considérée suivant les tangentes AB et 23 menées par leurs extrémités, et l'on obtient ainsi la surface du secteur extérieur OAB et celle du secteur intérieur 132. La surface cherchée sera égale à OAB moins la somme des trois triangles 132, OA1 et O1C, c'est-à-dire moins la *fig.* OA321CO. En retranchant les parties communes, il nous restera le polygone ABOC123A. Les parties qui restent à l'intérieur du triangle OAB ont été ombrées et leur contour doit être décrit dans le sens positif; les parties qui restent en dehors de ce triangle, et qui sont encore à retrancher, sont pointillées et doivent être décrites en sens contraire. On réduit cette sufrace à un quadrilatère d'après les méthodes connues. La plus simple consiste à réduire la ligne brisée C123A à la ligne C$_1$A (voir n° 17, p. 83) d'une manière analogue à ce qui a été fait sur la Pl. III$_2$; on obtiendra ainsi le quadrilatère étoilé ABOC$_1$ dont la surface sera exprimée par le produit des deux lignes $2b$ et f.

La figure se simplifie un peu quand on considère la moitié de la section entière de la voûte. On ramène, comme précédemment, la surface de la demi-voûte à celle de la figure ABCO321A (Pl. III$_7$), qui a autant de côtés que celui de la Pl. III$_6$. Cela fait, si on réduit le contour A1230 à la ligne AC$_1$ par un procédé analogue à celui qui a été suivi pour la *fig.* 51, p. 83, on obtiendra le quadrilatère ABCC$_1$, équivalent à la demi-voûte, et dont la surface sera représentée par le produit des deux lignes $2b$ et f.

Fig. 60.

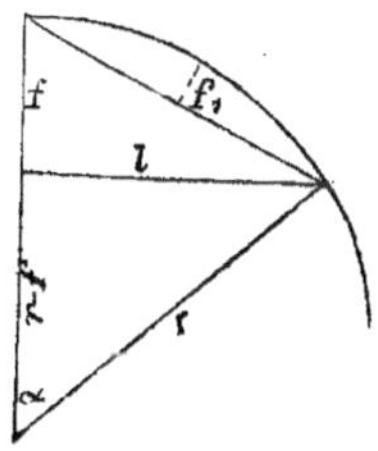

Très souvent, dans les cas que nous venons d'examiner, les arcs de cercle sont donnés par leur corde et leur flèche, et on se propose, au moyen de ces deux quantités, de calculer la longueur de l'arc et les surfaces du secteur et du segment.

Soient (*fig.* 60) f la flèche, l la demi-ouverture, α le demi-angle au centre. Nous calculerons d'abord α au moyen de la formule :

$$\operatorname{tg}\frac{1}{2}\alpha = \tau = \frac{f}{l},$$

et nous aurons ensuite

$$r = \frac{1}{2}f + \frac{l^2}{2f} = \frac{1}{2}f\left(\frac{1}{\tau^2} + 1\right) = \frac{1}{2}l\left(\frac{1}{\tau} + \tau\right),$$

$$r - f = \frac{l^2}{2f} = \frac{1}{2}f\left(\frac{1}{\tau^2} - 1\right).$$

Exprimons, au moyen de ces quantités, la demi-longueur s de l'arc, la surface du demi-secteur S_ℓ, et celle du demi-segment S_g. Nous aurons

$$s = \alpha r,$$
$$S_\ell = \frac{1}{2}\alpha r^2,$$
$$S_g = \frac{1}{2}\alpha r^2 - \frac{1}{2}l(r - f).$$

Lorsque le rapport $\frac{l}{r} = \tau$ est très petit, il est commode de développer toutes ces formules en séries ; on aura :

$$\frac{1}{2}\alpha = \tau - \frac{1}{3}\tau^3 + \frac{1}{5}\tau^5 - \frac{1}{7}\tau^7 + \ldots,$$
$$s = \alpha r = l\left(1 + \frac{2\tau^2}{1.3} - \frac{2\tau^4}{3.5} + \frac{2\tau^6}{5.7} - \frac{2\tau^8}{7.9} + \ldots\right),$$
$$S_\ell = \frac{1}{2}\alpha r^2 = \frac{1}{4}lf\left(\frac{1}{\tau^2} + \frac{5}{1.3} + \frac{8\tau^2}{1.3.5} - \frac{8\tau^4}{3.5.7} + \frac{8\tau^6}{5.7.9} + \ldots\right),$$
$$S_g = S_\ell - \frac{1}{4}lf\left(\frac{1}{\tau^2} - 1\right) = 2lf\left(\frac{1}{3} + \frac{\tau^2}{3.5} - \frac{\tau^4}{3.5.7} + \frac{\tau^6}{5.7.9} - \ldots\right).$$

Si le rayon et la corde sont donnés, on calculera f au moyen de la formule :

$$f = r - \sqrt{r^2 - l^2} = \frac{l^2}{2r}\alpha + \frac{l^4}{2.4r^3} + \frac{1.3l^6}{2.4.6.r^5} + \ldots$$

Si l'on veut exprimer la flèche f_1 du demi-arc au moyen de f et de r, on aura :

$$f_1 = r - \sqrt{r^2 - \frac{1}{2}rf} = \frac{1}{4}f + \frac{f^2}{4.8r} + \frac{1.3f^3}{4.8.12r^2} + \frac{1.3.5.f^4}{4.8.12.16.r^3} + \ldots$$

On voit que lorsque $\frac{l}{r}$ est très petit, on peut prendre pour la flèche du demi-arc le $\frac{1}{4}$ de celle de l'arc complet. C'est sur cette propriété que reposent certaines règles pratiques employées par les charpentiers, règles qui, dans beaucoup de cas, sont très commodes, par exemple, pour déterminer des points d'un cercle situés entre d'autres points donnés de ce cercle.

<h2 style="text-align:center">23. TRANSFORMATION DES SURFACES LIMITÉES
PAR DES COURBES QUELCONQUES</h2>

Pour résoudre ce problème, nous considérerons comme des arcs de parabole les portions peu étendues des courbes qui limitent la surface sur laquelle on veut opérer.

La surface d'un segment de parabole (*fig.* 61) est, comme on sait, égale au produit de la corde du segment par les

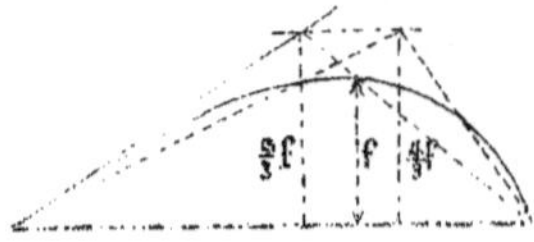

Fig. 61.

$\frac{2}{3}$ de la flèche, c'est-à-dire qu'elle est équivalente à celle d'un triangle ayant la corde comme base, et $\frac{4}{3} f$ comme hauteur (f étant la flèche du segment mesurée normalement à la base).

Si l'on a un grand nombre de ces transformations à faire, le moyen le plus simple pour multiplier f par $\frac{4}{3}$ consistera dans l'emploi d'un compas de réduction.

On partagera la ligne courbe limitant la surface en parties assez petites pour que chacune d'elles puisse être considérée comme un arc de parabole, et on transformera en triangles les segments de parabole (*fig.* 62)

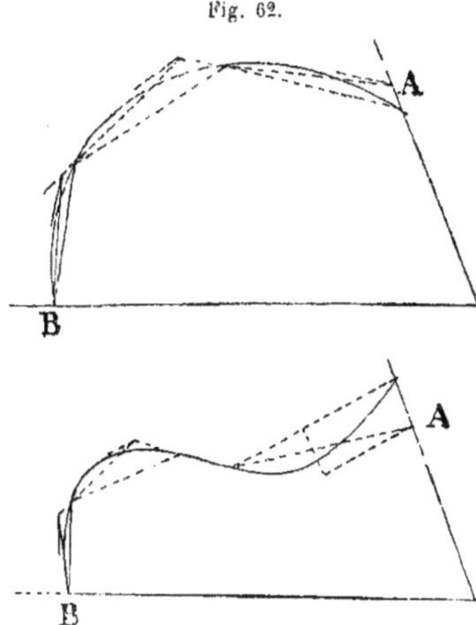

Fig. 62.

de manière que le sommet de chaque nouveau triangle ainsi obtenu se trouve sur le prolongement de la base du triangle précédent. On obtient ainsi un polygone équivalent à la figure donnée et ayant autant de côtés qu'il y a de segments. La *fig.* 62 indique la manière de procéder; la construction a été faite en allant de A vers B. Il ne reste plus alors qu'à transformer ce polygone par les méthodes connues.

Quant à la grandeur que l'on peut donner aux arcs successifs pour qu'ils puissent être considérés comme des arcs de parabole, on ne peut à cet égard rien dire de précis tant qu'on ne connaît pas la nature de la courbe à transformer. Nous nous bornerons à déterminer l'erreur que l'on commet lorsqu'on applique cette méthode à un segment de cercle.

La surface d'un segment de cercle exprimée au moyen de la flèche f et de la corde $2l$ est, comme on a vu dans le numéro précédent :

$$F = 4lf\left[\frac{1}{3} + \frac{1}{1.3.5}\left(\frac{f}{l}\right)^2 - \frac{1}{3.5.7}\left(\frac{f}{l}\right)^4 + \frac{1}{5.7.9}\left(\frac{f}{l}\right)^6 \quad \right]$$

Si l'on considère ce segment comme parabolique $= \frac{4}{3} fl$, on commet une erreur plus petite que $\frac{4}{3} lf \frac{1}{5}\left(\frac{f}{l}\right)^2$ ou plus petite que $\left(\frac{f}{2l}\right)^2$ multiplié par la surface ; ce rapport est facile à retenir. Lorsque la flèche est le $\frac{1}{10}$ de la corde, l'erreur est plus petite que $\frac{1}{100}$ de la surface.

Pour préciser davantage, nous supposerons toutes les surfaces réduites à une base de $0^m,01$ ou à une double base de $0^m,02$; nous admettrons en outre que l'approximation avec laquelle on peut mesurer les hauteurs soit de $\frac{1}{100}$ de centimètre ; dans ce cas, l'erreur commise sera moindre que $0^{mm},00001$.

Si donc on pose :

$$1 = \frac{4}{3} \, l f \frac{1}{3} \left(\frac{f}{l}\right)^2, \quad \text{ou} \quad 2l = \frac{8}{15} \, l^3,$$

on aura, pour différentes valeurs de f.

	$f =$	1	2	3	4	5 mill.
$2l = \frac{8}{15} f^3 =$		0,54	4,3	14,4	34,1	66,7 mill.
$\frac{2l}{f} = \frac{8}{15} f^2 =$		0,54	2,1	4,8	8.5	13,3
$r = \frac{32}{900} f^3 + \frac{1}{2} =$		0,54	2,1	10,1	38,4	113,6 mill.
Angle au centre $=$		150°8′	86°26′	45°14′	26°23′	11°25′.....

En dessinant ces segments, on obtient la *fig.* 63, pour laquelle on com-

Fig. 63.

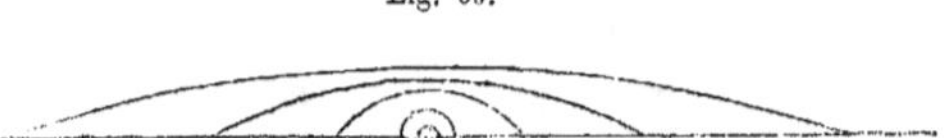

met une erreur d'un millimètre carré lorsqu'on détermine la surface des segments en multipliant la base par les $\frac{4}{3}$ de la hauteur. Dans les constructions graphiques ordinaires, on cherchera à obtenir des segments ressemblant aux trois derniers de la *fig.* 63 ; quand on se sera bien fixé dans la mémoire les formes de ces segments, il sera aisé, en se laissant guider par le sentiment, de diviser une courbe donnée en parties qui paraissent semblables aux segments de la figure.

24. DÉTERMINATION, PAR L'ADDITION D'ORDONNÉES, DE L'AIRE D'UNE SURFACE LIMITÉE PAR DES COURBES QUELCONQUES.

La méthode que nous allons exposer est très simple et d'un usage très fréquent dans la pratique, pour déterminer, par exemple, le profil d'une rivière. Elle consiste à additionner les longueurs d'une série d'ordonnées équidistantes et à multiplier cette somme par leur écartement constant b. Dans cette opération, chaque ordonnée est mesurée ou supposée mesurée au milieu de l'écartement b. Nous allons chercher l'erreur que l'on commet en appliquant cette méthode.

L'aire ainsi obtenue est égale à celle du polygone circonscrit à la courbe au moyen des tangentes menées par les extrémités des ordonnées $h_1 h_2 \dots h_{n-1} h_n$ (*fig.* 64) en admettant que les ordonnées soient assez

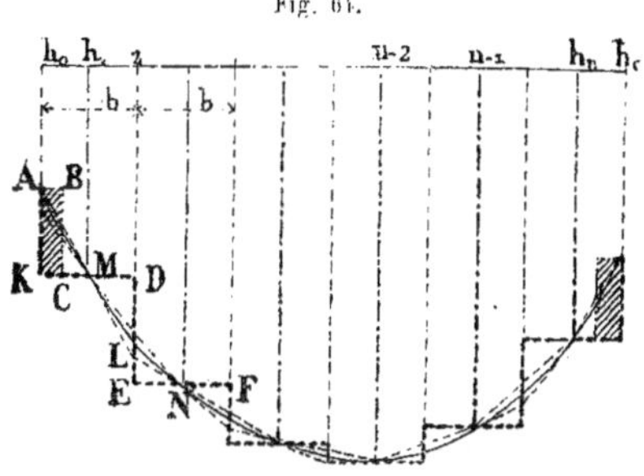

Fig. 64.

rapprochées pour que deux tangentes successives se coupent sur l'ordonnée intermédiaire. Ce polygone circonscrit est équivalent au polygone terminé par le contour KDEF..., comme il est facile de le voir. Sa surface est plus grande que celle du profil limité par la courbe. La surface du polygone inscrit dans la courbe, AMN... est, au contraire, plus petite, et elle est égale à celle du polygone terminée par le contour ABCDEF... La différence entre l'aire du polygone circonscrit et celle du polygone inscrit est, par suite, égale à la somme des aires des deux petits rectangles distingués par des hachures aux deux extrémités du profil ou à $\frac{1}{4} b(h_1 - h_0 + h_n - h_e)$.

Si les ordonnées sont assez rapprochées pour que les arcs de courbe situés entre elles puissent être considérés comme des arcs de parabole, chaque arc partagera le triangle formé par la corde et les tangentes à ses deux extrémités en deux parties, telles que la surface de l'une soit double de celle de l'autre.

La différence entre l'aire du polygone circonscrit et celle de la courbe est donc égale au tiers de celle des deux polygones circonscrit et inscrit. On aura donc pour l'expression de la surface

$$F = b \left(\Sigma h - \frac{1}{12} (h_1 - h_0 + h_n - h_e) \right).$$

Dans la plupart des cas, on pourra négliger la correction que nous venons de trouver; mais, si l'on en tient compte, cette formule due à *Poncelet* (voir Parmentier, *Nouvelles annales de mathématiques*, oct. 1855) est plus exacte que l'ancienne formule de Simpson, ainsi que nous allons le montrer par la comparaison des deux méthodes.

Simpson ne suppose aucune relation entre les divers trapèzes paraboliques. La surface comprise entre deux ordonnées quelconques et la corde de l'arc parabolique étant de $\frac{1}{2} (h_{2i} + h_{2i+2})b$ et celle du segment de parabole étant $\frac{2}{3} \left(h_{2i+1} - \frac{h_{2i} + h_{2i+2}}{2} \right) b$, Simpson obtient comme surface de la tranche :

$$\frac{1}{6} (h_{2i} + 4h_{2i+1} + h_{2i+2})b.$$

En faisant la somme de toutes ces tranches, la première et la dernière ordonnée h_0 et h_e n'interviennent qu'une fois, tandis que chacune des ordonnées d'indice pair se répètera deux fois, une fois pour la tranche qui la précède, une deuxième fois pour celle qui la suit. Les ordonnées impaires conservent leur coefficient 4, et la formule de sommation devient

$$F = \frac{1}{6} (h_0 + 4h_1 + 2h_2 + 4h_3 + \ldots + 4h_n + h_e)b.$$

Si l'on veut comparer cette formule à la précédente, il faut supposer un profil spécial. Lorsque ce profil est réellement terminé par un arc de parabole, les deux formules donnent le même résultat, qui est alors parfaitement exact.

Supposons que toutes les ordonnées paires soient de même longueur, ainsi que les ordonnées impaires, ces dernières étant plus grandes que les premières d'une certaine quantité constante; la formule de Simpson correspondra alors à une série de tranches terminées en bas par des arcs qui se rejoignent à angle aigu sur les ordonnées paires, et qui sont arrondis sur les ordonnées impaires.

La formule de Parmentier, au contraire, donne une surface qui est terminée par des arcs de paraboles qui se raccordent entre eux, pour les ordonnées paires, aussi bien que pour les ordonnées impaires, et qui ondulent entre les extrémités des ordonnées; et c'est bien là le cas le plus fréquent dans la pratique. Ainsi, toutes les fois que la courbe ne présentera pas réellement des angles rentrants, la formule du Simpson donnera des résultats moins exacts que celle de Parmentier. L'erreur commise serait encore bien plus grande si les angles rentrants correspondaient aux ordonnées impaires; car alors les ordonnées paires auraient pour coefficient 4, et la formule deviendrait :

$$\frac{1}{6}(\dots 2h_{2i-1} + 4h_{2i} + 4h_{2i+1} + \dots)b.$$

L'erreur serait :

$$\frac{1}{6}(\dots 2h_{2i-1} - 2h_{2i} + 2h_{2i+1} - \dots)b,$$

valeur qui n'est plus négligeable.

Ces dernières observations subsistent encore quand les ordonnées ne sont plus alternativement plus grandes ou plus petites, mais sont tantôt au-dessus, tantôt au-dessous d'un arc de parabole d'une assez grande longueur. La formule de Simpson donne toujours, comme limites de la surface, des arcs de parabole en nombre moitié moins grand que celui des ordonnées, et qui formeront des angles aux ordonnées paires, tandis que la formule de Parmentier donne autant de paraboles que d'ordonnées, et toutes ces paraboles ont une tangente commune entre deux ordonnées successives. Par suite, le périmètre qui en résulte se rapproche beaucoup plus de la forme d'un sol ondulé ou de celle d'une ligne courbe obtenue en joignant ensemble une série de points isolés, que le périmètre correspondant à la formule de Simpson.

En outre, il n'y a absolument aucune raison pour supposer dans ces formules que les ordonnées impaires doivent avoir deux fois plus d'importance que les ordonnées paires.

Si l'on voulait doubler une fois les ordonnées paires, et une autre fois les ordonnées impaires, puis prendre la moyenne des deux résultats, on aurait un résultat plus exact, mais on retomberait sur la formule de Parmentier qui est, par suite, préférable.

25. SURFACES D'AIRE MAXIMA POUR UN PÉRIMÈTRE DONNÉ

Le problème suivant se présente souvent en hydraulique : construire
un profil d'aire donnée de manière que le rapport de l'aire au périmètre
mouillé, c'est-à-dire le rayon du profil, soit un maximum. En général,
on connaît l'inclinaison ou la direction des côtés du polygone.

Ce problème est traité dans toutes les géométries, mais en supposant
connues les longueurs des côtés au lieu de leurs directions, et on démontre que tous les sommets du profil doivent se trouver sur un demi-
cercle ; par contre, on n'y traite pas le cas où les directions des côtés
sont données. Steiner a complètement démontré dans le *Journal de Crelle*,
vol. XXIV, que, pour ce cas réciproque, les côtés du polygone doivent
être tangents à un demi-cercle dont le centre serait situé sur la surface
de l'eau ; mais, comme il est difficile de comprendre sa démonstration
sans avoir étudié les trente et une pages qui la précèdent et que les théorèmes sur lesquels il s'appuie paraissent peu connus, nous allons essayer
de donner une démonstration directe de sa proposition.

Soit (*fig.* 65) $A_1B_1B_1A_1$ un profil quelconque, trois côtés représentant

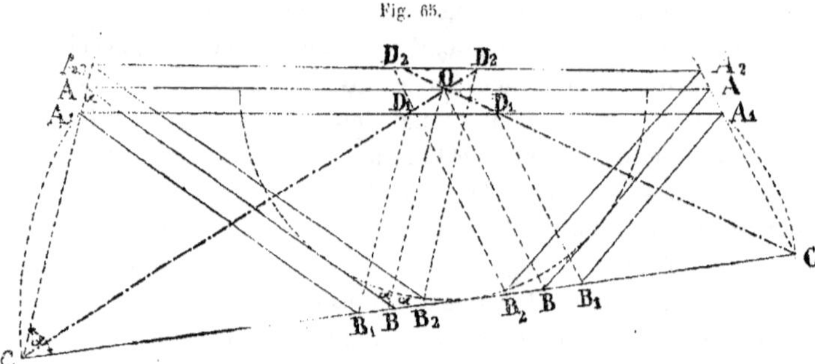

Fig. 65.

la section du canal, et le 4ᵉ, le niveau de l'eau, ces différents côtés étant
respectivement parallèles aux directions données. Recherchons si nous
ne pouvons pas, en conservant les directions des côtés et le même périmètre, construire un autre profil de surface plus grande.

Rabattons les côtés A_1B_1 en CB_1 sur la base de manière que CC représente le périmètre mouillé. Menons par B_1 les parallèles B_1D_1 aux
lignes CA_1, et joignons CD_1. Les deux quadrilatères $A_1B_1B_1A_1$ et CD_1D_1C
seront équivalents d'après la théorie des réductions de surface, et leur
surface sera égale à celle du triangle COC, moins celle du triangle D_1OD_1.

Menons maintenant l'horizontale AA par le sommet O du triangle COC, et traçons les lignes AB suivant les directions données; on aura AB = CB à cause de la similitude des triangles ABC et $A_1B_1C_1$, et le périmètre mouillé du quadrilatère ABBA sera égal à CC ou à celui du quadrilatère $A_1B_1B_1A_1$. Si maintenant nous transformons ce quadrilatère comme précédemment, en menant par B des parallèles à CA, ces parallèles passeront par le point O. En effet, les triangles $A_1D_1B_1$ et AOB sont semblables comme ayant leurs côtés parallèles, et par suite aussi les quadrilatères $A_1CB_1D_1$ et ACBO, et comme ces quadrilatères sont de plus perspectifs, les points CD_1O sont en ligne droite. La réduction du quadrilatère ABBA nous donne donc le triangle COC plus grand de D_1OD que le quadrilatère $A_1B_1B_1A_1$.

Comparons maintenant ABBA avec un quadrilatère $A_2B_2B_2A_2$, dont l'horizontale se trouve au-dessus de O; les parallèles A_2B_2 et B_2D_2 nous donnent des points D_2 situés encore sur CO, et la transformation nous conduit au quadrilatère étoilé CD_2D_2C. La surface est égale à $COC - D_2OD_2$ et est, par suite, plus petite que ABBA de la quantité D_2OD_2.

Le quadrilatère ABBA se distingue des autres en ce qu'il est circonscrit à une demi-circonférence dont le centre est en O, car les quatre angles marqués α sont égaux entre eux, les deux angles en B étant respectivement égaux à ceux du triangle isocèle ABC. Les lignes BO sont, par suite, les bissectrices des angles ABB, et leur point d'intersection O sera à égale distance des trois côtés.

Lorsque les deux niveaux A_1A_1 et A_2A_2 sont à égale distance de O, les deux quadrilatères $A_1B_1B_1A_1$ et $A_2B_2B_2A_2$ ont même surface, car ces deux surfaces diffèrent de ABBA de la surface des triangles égaux D_1OD_1 et D_1OD_2. Ce que nous venons de dire au sujet d'un quadrilatère circonscrit à un demi-cercle peut s'étendre immédiatement au cas d'un quadrilatère circonscrit à un cercle entier, la direction des côtés étant fixe. Partageons en effet en deux quadrilatères le quadrilatère donné au moyen de la bissectrice de l'angle formé par deux côtés opposés; on ne pourra, d'après ce qui précède, augmenter aucune des deux parties si elles sont circonscrites à une circonférence dont le centre se trouve sur la bissectrice. Dans le cas contraire, on pourra les augmenter, et il suffira pour cela d'augmenter ou de diminuer la longueur du segment déterminé sur la bissectrice par les deux côtés opposés, de manière à rapprocher de cette bissectrice le point O de la *fig.* 65 déterminé pour chacun des deux profils séparés par la bissectrice.

Tout ce que nous venons de dire de quadrilatères circonscrits à des demi-circonférences ou à des circonférences entières peut s'étendre immédiatement à des polygones d'un nombre quelconque de côtés.

Soit (*fig.* 66) BB un côté d'un polygone qui n'est pas tangent à la circonférence inscrite dans les deux côtés extérieurs, de manière que le centre de cette circonférence soit situé sur la surface de l'eau AA : on

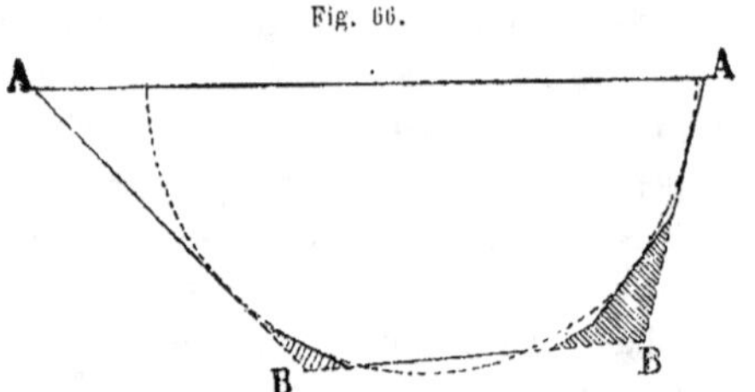

Fig. 66.

pourra augmenter, comme nous venons de le montrer, la surface du quadrilatère ABBA formé par BB, par l'horizontale de la surface de l'eau et par les deux côtés extrêmes tangents à la circonférence, tout en conservant le même périmètre et la même direction des côtés. Si maintenant on retranche du quadrilatère ainsi augmenté les deux surfaces ombrées près des sommets B, chacune de ces surfaces étant la partie comprise entre les côtés AB et BB et les côtés intermédiaires du polygone primitif, on formera un nouveau polygone de même périmètre que l'ancien, mais dont la surface aura été augmentée de la différence des deux quadrilatères. Cette augmentation de surface n'étant pas possible lorsque tous les côtés du polygone sont tangents à la circonférence, on peut dire que :

La direction des côtés d'un polygone étant fixe, le rapport de la surface au périmètre mouillé $\left(\dfrac{F}{p}\right)$ *est maximum quand le polygone est circonscrit à une circonférence.*

Lorsque, comme c'est le cas pour les profils de canaux, la longueur de l'horizontale correspondante au niveau de l'eau n'entre pas dans le périmètre mouillé, le rapport $\dfrac{F}{p}$ *est maximum lorsque les autres côtés sont circonscrits à une circonférence dont le centre se trouve sur cette horizontale.*

Lorsque le profil transversal d'un canal se compose d'une horizontale correspondante à la ligne d'eau, d'une autre horizontale correspondante au fond du lit (*fig.* 67), et de deux talus, la somme des longueurs de ces talus est égale à la largeur du canal à la ligne d'eau, lorsque $\dfrac{F}{p}$ est maximum.

En effet, l'angle AOB est égal à α à cause du parallélisme des côtés AA et BB, et le triangle BAO est par suite isocèle, d'où AB = AO. Il en résulte en général que $\dfrac{F}{p}$ *est maximum pour tous les quadrilatères dont deux*

côtés opposés sont les rayons de deux cercles tangents et ont leurs extrémités

Fig. 87.

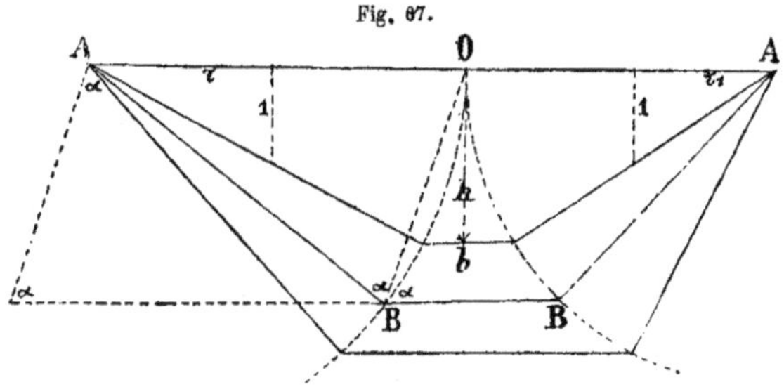

situées sur deux horizontales, dont l'une correspond au niveau de l'eau, et l'autre au fond du lit.

Soient τ, τ_1 les cotangentes des angles des talus (inclinaisons des talus), h la profondeur, et b la largeur au fond du lit du canal ; la largeur du canal à la ligne d'eau sera :

$$h\left(\sqrt{1+\tau^2}+\sqrt{1+\tau_1^2}\right)=b+h(\tau+\tau_1),$$

d'où l'on déduit :

$$\frac{b}{h}=\sqrt{1+\tau^2}-\tau+\sqrt{1+\tau_1^2}-\tau_1$$

et

$$\frac{2F}{h^2}=\frac{p}{h}=2\left(\sqrt{1+\tau^2}+\sqrt{1+\tau_1^2}\right)-(\tau+\tau_1)=\theta,$$

d'où enfin

$$\frac{F}{p}=\frac{1}{2}\,h.$$

Comme h est le rayon du cercle inscrit, on voit, ce qui d'ailleurs est presque évident, que le rayon moyen est égal à la moitié du rayon du cercle inscrit.

Dans la pratique, on se donne en général l'aire de la section et les inclinaisons des talus ; au moyen de ces données on peut calculer θ, et l'on a alors :

$$h=\frac{2F}{p}=\sqrt{\frac{2F}{\theta}}.$$

On peut calculer ainsi le périmètre mouillé et le rayon moyen qui complètent les éléments dont on a besoin dans les cas ordinaires.

Cependant, la construction que nous donnons (*fig.* 68) est toujours plus simple et plus pratique que le calcul. Soit à construire un profil de

Fig. 68.

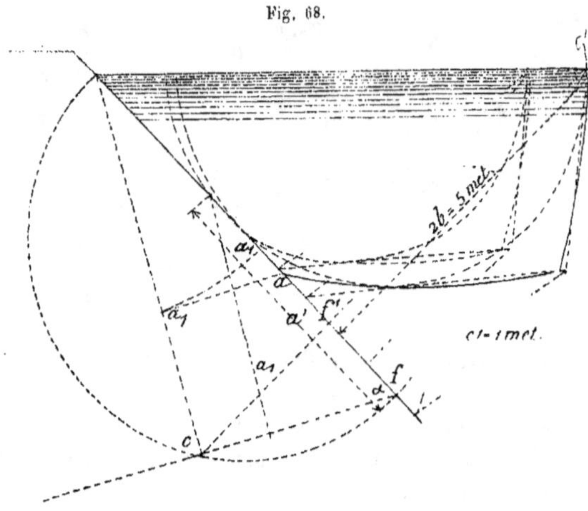

15 mètres carrés de superficie, et semblable à un profil donné circonscrit à une demi-circonférence.

Construisons un polygone quelconque (pointillé sur la figure) satisfaisant à cette condition, et réduisons-le à la base $2b = 5^m$, de manière à trouver le résultat f' sur l'un des côtés rectilignes du profil. L'aire du profil cherché doit être bf (f étant égal à 6^m) au lieu de bf'. Il faut donc modifier tous les côtés a_1 du premier polygone dans le rapport $\dfrac{\sqrt{bf}}{\sqrt{bf'}} = \dfrac{\sqrt{f}}{\sqrt{f'}}$.

Pour cela, sur la plus grande des longueurs f (f dans le cas de la figure), nous décrivons une demi-circonférence, nous menons par l'extrémité de l'autre f (c'est-à-dire f') une perpendiculaire à sa direction, et nous joignons son extrémité à l'origine commune de f et de f' au moyen d'une ligne C. On aura $c^2 = ff'$ ou $\dfrac{c}{f} = \dfrac{\sqrt{f'}}{\sqrt{f}}$. Si donc l'on augmente a_1 dans le rapport $\dfrac{c}{f}$, comme l'indique la figure, on obtiendra une longueur a qui est le côté cherché du profil demandé. Nous avons indiqué dans la figure toutes les lignes auxiliaires nécessaires à la construction.

On démontre dans toutes les géométries que pour des polygones réguliers le rapport $\dfrac{F}{p}$ augmente avec le nombre des côtés, et atteint, à la limite, pour le cercle, la valeur $\frac{1}{2}r$. On en conclut que de tous les pro-

Fig. 69.

fils (non semblables entre eux), celui qui a le plus grand rayon moyen est celui qui s'approche le plus du demi-cercle, et que c'est le demi-cercle lui-même qui a le plus grand rayon moyen. Si donc les berges d'un canal ne devaient pas dépasser une certaine inclinaison, on obtiendrait le profil de rayon moyen maximum au moyen d'un arc de cercle prolongé de chaque côté par deux tangentes dirigées suivant l'inclinaison maxima des talus (*fig.* 69). Ce profil a été employé avec succès pour les torrents.

26. THÉORIE DU PLANIMÈTRE

Supposons qu'une roulette soit adaptée sur le milieu d'une tige, de manière à ne pouvoir tourner que dans un plan perpendiculaire à celle-ci, on pourra, en déplaçant l'appareil sur un plan, mesurer, par le nombre de tours de la roulette, le chemin que parcourt le milieu de la tige perpendiculairement à elle-même. Ce chemin multiplié par la longueur b de la tige donnera toujours l'aire décrite par le système. La proposition est évidente dans le cas où la baguette se meut parallèlement à elle-même et décrit une surface dans le genre de celle que nous représentons (*fig.* 70). Le nombre de tours effectué par la roulette mesure en effet, dans ce cas, la distance normale l des positions extrêmes de la tige et en multipliant cette distance

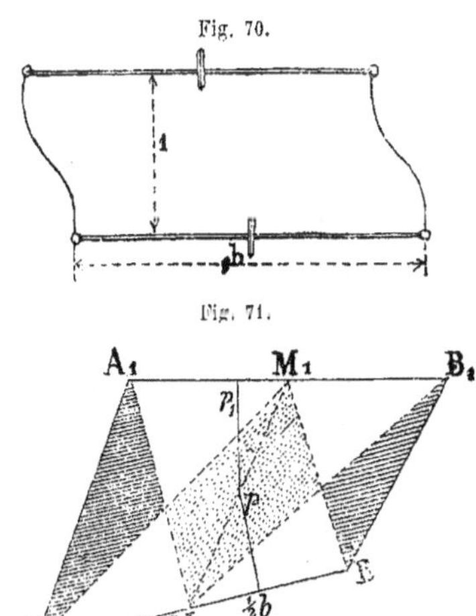

Fig. 70.

Fig. 71.

par la longueur b, on obtient bien l'aire de la figure. Il en est encore de même lorsque la tige ne reste pas parallèle à elle-même. Soient AB et A_1B_1 (*fig.* 71) deux positions successives de la baguette. La surface du quadrilatère AA_1BB_1 est égale à $b(p + p_1)$, p et p_1 étant les longueurs des perpendiculaires abaissées sur AB et A_1B_1 par le milieu de la droite MM_1 qui joint les milieux de ces côtés. En effet, le quadrilatère peut se décomposer en trois triangles $AM_1B + AA_1M_1 + BM_1B_1$; la somme des aires des deux derniers triangles est égale à celle du triangle MA_1B_1, car, M étant le milieu de AB, chacun des deux triangles MA_1M_1 et MM_1B_1 est égal à la moyenne arithmétique des surfaces AA_1M_1 et BM_1B_1, et leur somme est par suite égale à celle de ces surfaces ou à MA_1B_1. On voit donc que la surface du quadrilatère est égale à $AM_1B + MA_1B_1 = b(p + p_1)$, car p et p_1 sont les demi-hauteurs de ces triangles. Remarquons en outre que la somme des aires des deux triangles ombrés est égale à l'aire du quadrilatère pointillée, car les deux triangles AM_1B, A_1MB_1 ne recouvrent pas la partie ombrée et recouvrent deux fois la partie pointillée.

Pour obtenir le chemin l que décrit la roulette, supposons que la tige se déplace d'abord parallèlement à elle-même jusqu'au milieu N du chemin MM_1, puis tourne sur elle-même en N jusqu'à ce qu'elle soit parallèle à la direction A_1B_1, et enfin se déplace parallèlement à elle-même jusqu'à cette dernière position. Le système décrira ainsi la surface de la *fig.* 72, égale à la somme des deux parallélogrammes ACDB et $A_1B_1D_1C_1$,

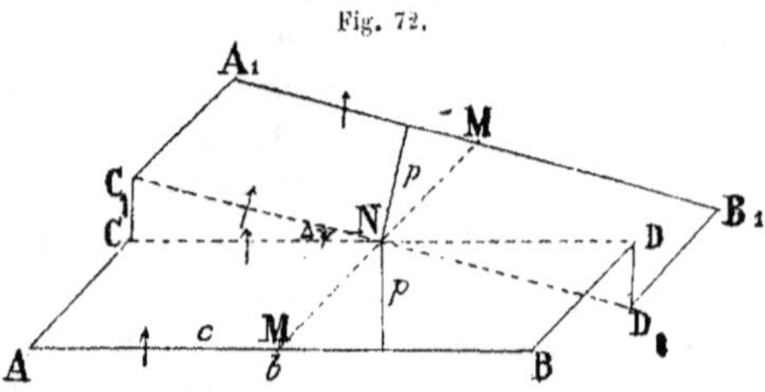

c'est-à-dire égale à $b(p + p_1)$, ou à la surface que l'on veut mesurer, car les deux secteurs égaux NCC_1 et NDD_1 ne doivent pas être comptés, puisque l'un s'ajoute et que l'autre se retranche. Pendant que la tige parcourt le premier parallélogramme, la roulette décrit le chemin p; pendant qu'elle parcourt les deux secteurs NCC_1 et NDD_1, la roulette décrira le chemin $c\Delta\psi$ si, au lieu d'être fixée au milieu de la tige on suppose, pour plus de généralité, qu'elle l'est à une distance c de ce milieu, $\Delta\psi$ étant l'angle des deux secteurs, c'est-à-dire l'angle que forment les deux directions extérieures AB et A_1B_1 de la tige; c doit être pris avec le signe $+$ lorsqu'en tournant la tige sur elle-même dans le sens positif, la roulette effectue aussi une rotation positive; enfin, pendant que le système parcourt le deuxième parallélogramme, la roulette décrit le chemin p_1.

Le chemin total Δl décrit par la roulette est donc :

$$\Delta l = p + p_1 + c\Delta\psi,$$

d'où

$$p + p_1 = \Delta l - c\Delta\psi,$$

et la surface du quadrilatère sera :

$$\Delta F = b(\Delta l - c\Delta\psi).$$

Si maintenant nous supposons que les positions extrêmes du système soient infiniment rapprochées, les éléments de surfaces des *fig.* 71 et 72, qui d'ailleurs sont toujours équivalentes, deviennent identiques; et, en sommant tous les éléments pour obtenir la surface entière parcourue, on trouvera comme superficie :

$$F = b(l - c\psi).$$

Dans toutes les figures employées jusqu'ici, nous avons supposé que l'axe de la roulette coïncide avec celui de la tige. Cette condition n'est cependant pas nécessaire; il suffit que la roulette soit fixée sur la tige, de manière que son axe reste parallèle à celui de la tige et qu'elle ne puisse pas se mouvoir sur elle dans le sens de la longueur.

En effet, deux roulettes fixées sur un châssis, de manière à ne pouvoir tourner que dans un seul et même plan, parcourent le même chemin quelle que soit la manière dont on déplace le châssis. Nous allons le démontrer d'abord pour le cas où l'on déplace le châssis autour d'un point O (*fig.* 73), de manière que tous ses points décrivent des arcs de cercle AA, BB, autour de ce centre. Soit φ l'angle dont on a fait tourner le châssis; on voit, d'après les notations de la figure, que le chemin suivant lequel on a déplacé la roulette A est égal à $\dfrac{r}{\cos\delta}\varphi$; mais le chemin décrit par la roulette elle-même sera $\dfrac{r}{\cos\delta}\varphi . \cos\delta = r\varphi$, car son plan fait toujours l'angle δ avec la direction du chemin suivant lequel on la déplace. Or $r\varphi$ est le chemin que décrirait en même temps une

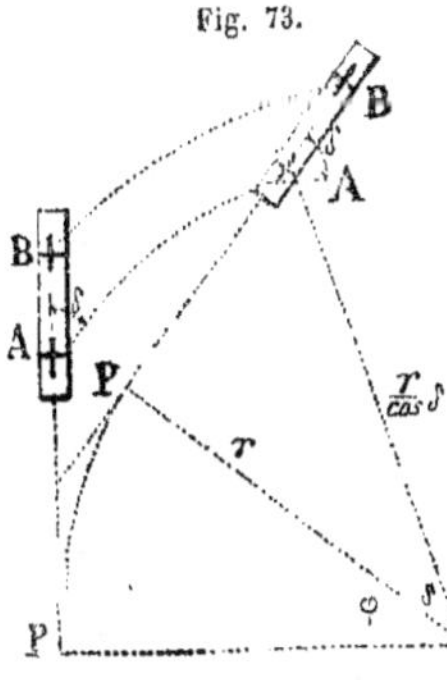

Fig. 73.

roulette située au pied P de la perpendiculaire OP. On voit donc que le chemin décrit par la roulette A est indépendant de la position de cette roulette sur le châssis, et que par suite les deux roulettes décrivent des chemins égaux.

Cela posé, comme il est toujours possible d'amener le châssis à prendre une position quelconque au moyen d'une rotation autour d'un point O (ce point O s'obtenant par l'intersection des perpendiculaires PO menées par des points P tels que CP soit égal à la demi-différence des longueurs CA), et comme l'on peut de plus considérer un arc de courbe quelconque infiniment petit comme un arc de cercle, il en résulte d'une façon générale que le chemin parcouru par la roulette est indépendant de la position de celle-ci sur le châssis, c'est-à-dire que toutes les roulettes, telles que A et B, parcourent le même chemin.

Lorsqu'on fait glisser le châssis parallèlement à lui-même, le point O est rejeté à l'infini ; lorsqu'on le fait tourner autour d'un point du plan des roulettes, le chemin parcouru est nul, comme on le comprend facilement.

La roulette peut tourner dans les deux sens, et si l'on parcourt une surface en sens opposé, elle tournera aussi en sens opposé. Il peut arriver aussi que la tige décrive plusieurs fois une même surface : lorsque cela a lieu toujours dans le même sens, la roulette tournera aussi chaque fois dans le même sens, et $b(l - c\psi)$ contiendra cette surface autant de fois qu'elle aura été parcourue. Si, enfin, la surface était parcourue deux fois, mais en deux sens opposés, son influence sur le chemin de la roulette serait nulle.

Il est donc important de connaître, dans chaque cas particulier, le sens dans lequel tourne la roulette lorsque l'on décrit une surface. Comme la tige ne laisse aucune trace sur la surface, il faudra que le sens suivant lequel on parcourt le périmètre d'une figure suffise pour déterminer le sens de rotation de la roulette. Nous pourrons appliquer ici toutes les règles données dans la géométrie pour établir la relation entre le signe d'une surface et le sens suivant lequel on parcourt son périmètre : il suffit pour cela de donner des signes contraires aux directions que suivent les deux extrémités de la tige, c'est-à-dire que si on distingue par une flèche tournée dans le sens de la marche la direction d'une des extrémités, on devra, pour l'autre extrémité, tourner la flèche vers le point de départ de celle-ci.

On peut, en effet, considérer un élément de surface ABCD (*fig.* 74) comme la différence des deux triangles OAB et ODC formés en prolongeant jusqu'en O les deux positions successives de la tige. Pour que le signe de la surface soit déterminé par le sens suivant lequel AB et DC ont été parcourus, il faudra donner à ces chemins AB et DC des signes contraires. On arrive au même résultat lorsque le point O se trouve sur la tige elle-même et non sur son prolongement (*fig.* 75) ; la surface totale de la figure a été augmentée de OAB et diminuée de OCD. Le triangle ODC est, par suite, négatif comme dans la *fig.* 74.

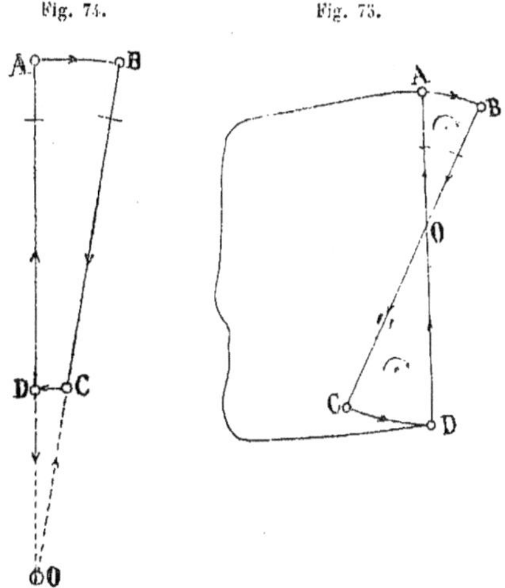

Fig. 74.   Fig. 75.

Si donc on place les flèches dans le sens de la marche pour une extrémité de la tige, et en sens contraire de la marche pour l'autre extrémité, et qu'on suppose ces flèches prolongées sur les positions extrêmes de la tige, le périmètre de tout élément positif, tel que ABCD (*fig.* 74) et OAB (*fig.* 75), sera parcouru dans un certain sens, et le périmètre d'un élément négatif, comme ODC (*fig.* 75), sera parcouru dans le sens contraire. Cette règle ne changeant pas lorsqu'un nouvel élément de surface vient s'ajouter à celui qui précède, on peut dire, pour les surfaces entières aussi bien que pour leurs éléments, qu'elles sont décrites dans un sens ou dans le sens inverse suivant que les flèches placées sur leurs périmètres parcourent ces périmètres dans un sens ou dans l'autre.

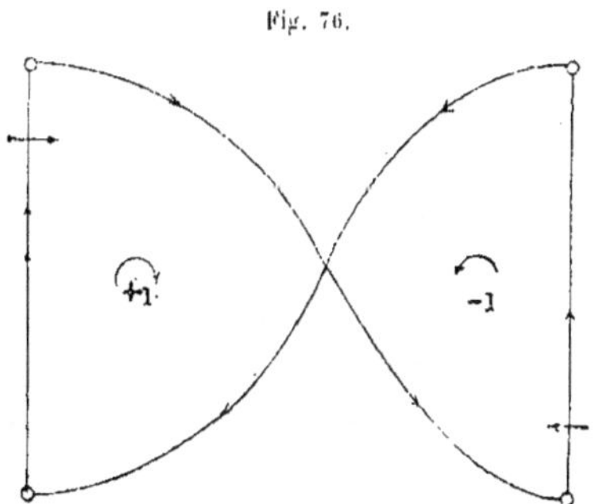

Fig. 76.

Il résulte de là que nous pourrons employer pour le planimètre les mêmes règles que celles en usage dans la géométrie pour les signes des surfaces dont le périmètre est parcouru dans des sens différents.

Montrons l'application de ces principes par quelques exemples. Les deux parties de la surface (*fig.* 76) ont, d'après la direction des flèches, des contours de sens inverse, et sont aussi parcourues par l'instrument en sens inverses comme l'indiquent les flèches placées dans le sens de l'avancement des roulettes.

Il est tout aussi évident que dans la *fig.* 77 les surfaces -1 et $+1$ sont parcourues en sens inverses, et que les surfaces 0 sont parcourues une fois dans chaque sens, de sorte qu'elles n'ont aucune influence sur le chemin décrit par la roulette.

Dans les *fig.* 77 et 78, le parcours de la roulette est proportionnel à la différence des surfaces marquées $+1$ et -1.

Fig. 77.

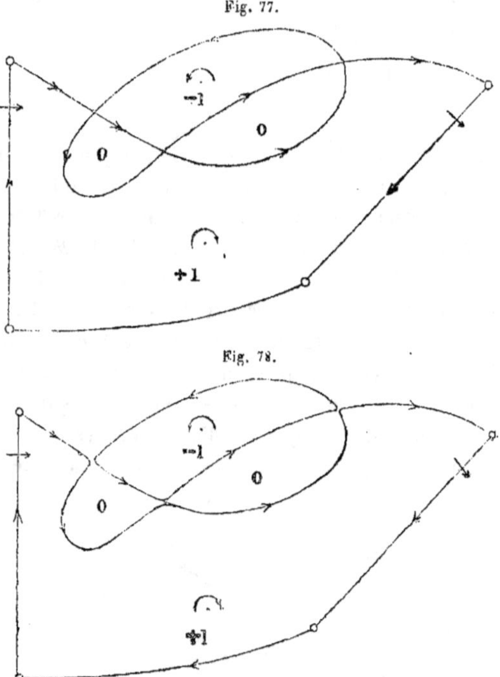

Fig. 78.

Comme les parcours des extrémités de la tige forment constamment une figure fermée par les positions extrêmes de la tige, on pourra toujours, pour une surface présentant des parties qui se recouvrent, partager la surface entière en parties séparées dont chacune ait, dans toute son étendue, un seul et même signe.

Nous avons indiqué cette décomposition sur la *fig*. 78, qui n'est autre chose que la *fig*. 77, dont les angles formés par les différentes parties du contour ont été arrondis. Si, comme dans la *fig*. 79, une surface est parcourue plusieurs fois, et que l'on arrondisse les angles comme précédemment (*fig*. 80), chaque partie décrite plusieurs fois sera comprise

Fig. 79.

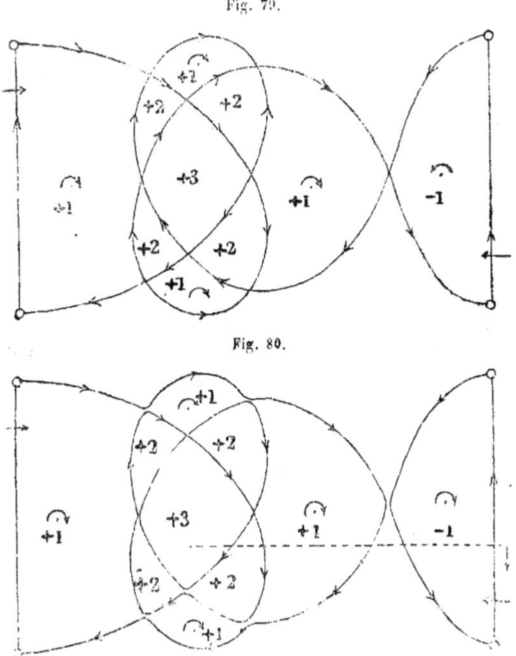

Fig. 80.

tout entière dans une autre partie décrite une fois de moins, et les surfaces de signes contraires seront complètement séparées. Dans une pareille figure, le chemin décrit par la roulette sera évidemment proportionnel à $1.(+1)+2.(+2)+3.(+3)-1.(-1)$, le symbole $(\pm n)$ servant simplement dans cette formule à désigner chaque surface avec le signe dont elle est affectée.

Il résulte aussi de ce que nous venons de dire que l'on peut voir immédiatement combien de fois une surface a été parcourue : il suffit de mener une droite depuis l'intérieur de cette surface et de compter ses intersections avec le périmètre en tenant compte des directions suivant lesquelles ce périmètre est parcouru aux points d'intersection. Ainsi la droite menée (*fig.* 80) de l'intérieur de (+3) coupe cinq fois le périmètre, savoir : une fois lorsque ce périmètre se dirige vers le haut, et 4 fois lorsqu'il se dirige vers le bas. La surface (+3) sera donc parcourue +3 fois dans le sens indiqué à l'extrémité de la sécante.

Rappelons encore que, lorsqu'on parcourt plusieurs fois la même ligne, il faut compter la surface correspondante autant de fois qu'elle est parcourue, et que, lorsqu'une ligne est parcourue autant de fois dans un sens que dans l'autre, la somme des surfaces correspondantes est nulle.

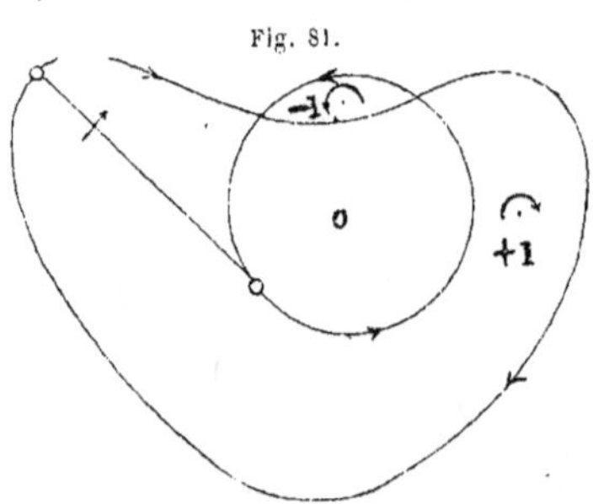

Fig. 81.

Lorsque la tige revient exactement à sa position primitive, ses deux extrémités ont décrit chacune une courbe fermée, et il est indifférent de considérer séparément les deux courbes décrites ou de les combiner ensemble de façon à former une courbe unique. Ainsi, dans la *fig.* 81, on peut dire que le chemin de la roulette correspond à la différence des surfaces (+1) et (−1), aussi bien qu'à la différence des surfaces limitées par la courbe en forme de cœur et par le cercle.

27. MESURE DES SURFACES AU MOYEN DU PLANIMÈTRE

Le planimètre n'a pas été employé sous la forme simple que nous avons étudiée jusqu'à présent; mais l'on conçoit très bien qu'un pareil instrument, construit sur

Fig. 82.

des dimensions assez grandes pour qu'une seule personne ne suffise plus à le manier, pourrait rendre de grands services. Si l'on avait, par exemple, un champ à mesurer, on pourrait fixer une espèce de roue de voiture (*fig.* 82) au milieu d'une perche un peu plus longue que la plus grande largeur du champ, et deux ouvriers, marchant de façon à maintenir constamment les extrémités de cette perche à l'aplomb des limites du champ, parcouraient l'espace à mesurer ; le géomètre n'aurait qu'à les suivre et à noter, à l'extrémité du champ, le nombre de tours que marquerait un compteur fixé sur la roue.

Mais, dès que le planimètre doit avoir les dimensions d'un compas, et doit être manié par une seule personne, il faut qu'il soit construit de façon à permettre à l'opérateur de concentrer son attention sur une seule des extrémités, à laquelle il fera décrire la figure à mesurer, pendant que l'autre extrémité décrira une figure d'aire connue.

L'instrument le plus pratique construit d'après ces données est le planimètre d'Amsler. Ce serait sortir du cadre de notre traité que de décrire ici les détails mécaniques de sa construction ; on les trouvera dans les nombreux articles que divers journaux techniques ont consacrés à cet instrument. Nous nous bornerons à en expliquer le principe. L'une des branches $AB = b$ (*fig.* 83) est munie à son extrémité A d'une pointe ou

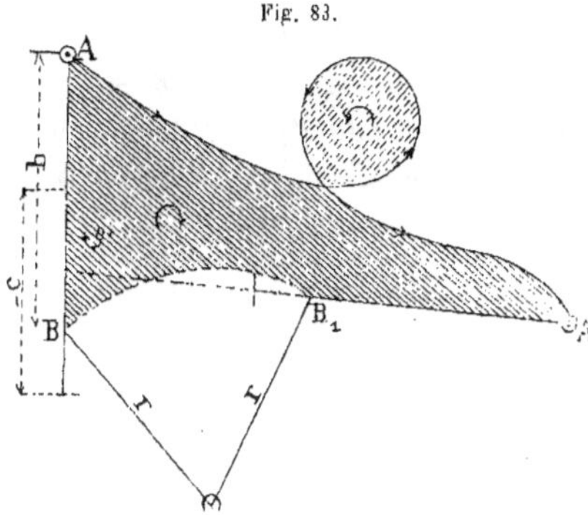

Fig. 83.

traceur qui sert à parcourir le contour des surfaces. Son autre extrémité B est reliée par une charnière à une autre branche OB mobile autour d'un point O, que l'on peut fixer dans la position que l'on désire. Si l'on décrit avec le traceur A (*fig.* 83) une courbe quelconque AA, la différence des surfaces $(+ 1)$ et $(- 1)$ sera, d'après le n° 26 (p. 113),

$$F = b(l + c\psi),$$

car c est négatif. Comme il arrive rarement que la figure à mesurer contienne dans son périmètre un arc de rayon r compris entre deux droites

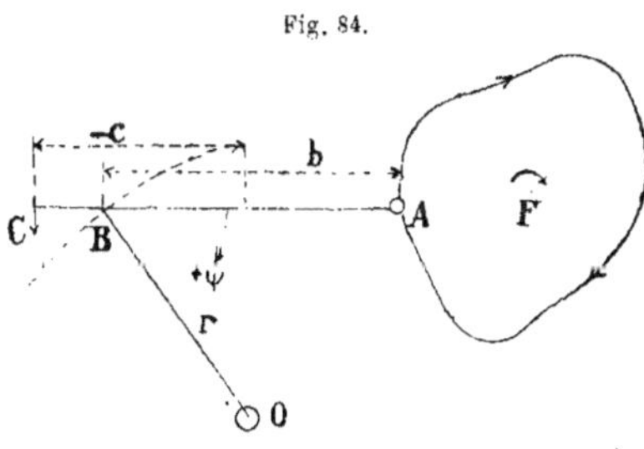

Fig. 84.

ayant exactement la longueur de la branche $AB = b$, il faudra le plus souvent parcourir avec la pointe A le périmètre entier de la surface à mesurer, comme l'indique la *fig.* 84. Si les deux extrémités A et B reviennent après l'opération dans leur position primitive, elles auront parcouru chacune une courbe fermée, et la surface décrite par B sera nulle, puisque B n'a fait que parcourir un arc de cercle de rayon r. De plus, l'angle ψ des directions extrêmes est égal à zéro, et la surface décrite par A est simplement

$$F = bl.$$

On voit que, sous cette forme, le planimètre est un instrument qui réduit les surfaces à une base constante b.

Lorsque O se trouve à l'intérieur de la figure, le point B parcourra un arc de cercle de rayon r placé comme l'indique, par exemple, la *fig.* 81 (page 118); on aura alors, en mettant des flèches comme dans cette même figure, et désignant par F la surface totale décrite par A,

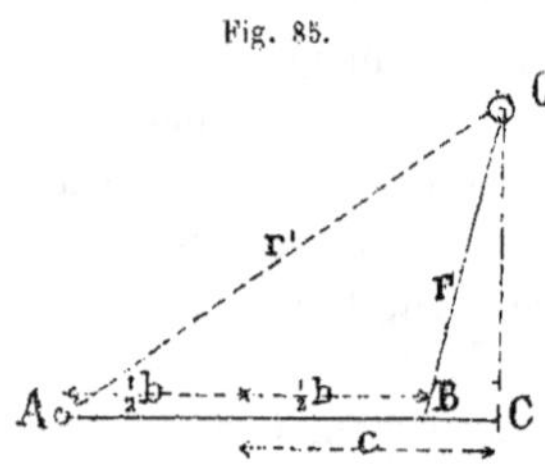

Fig. 85.

$$F - r^2\pi = b(l + 2c\pi),$$

car

$$\varphi = 2\pi;$$

d'où

$$F = bl + (r^2 + 2bc)\pi.$$

Or $r^2 + 2rbc$ est égal à r_1^2 (*fig.* 85), r_1 étant la longueur du rayon OA lorsque le plan c de la roulette passe par le pôle O. On a, en effet, dans ce cas :

$$r_1^2 = \overline{AC}^2 + \overline{OC}^2 = \left(r + \frac{1}{2}b\right)^2 + \left[r^2 - \left(c - \frac{1}{2}b\right)^2\right].$$

On aura donc simplement :

$$F = bl + r_1^2\pi.$$

Si l'on décrivait avec A un cercle de rayon r_1, la roulette ne tournerait évidemment pas; on aurait alors $l = 0$ et $F = r_1^2\pi$, ce qu'on devait trouver.

CHAPITRE IV

TRANSFORMATION DES VOLUMES

23. REPRÉSENTATION DES VOLUMES AU MOYEN DE LIGNES

Nous définirons la transformation ou réduction des volumes comme nous avons défini celle des surfaces : réduire un volume à une base donnée, c'est trouver la hauteur d'un prisme de base donnée et équivalent au volume donné.

En considérant dès lors le volume d'un corps comme étant le produit d'une surface F par une longueur ou hauteur k, on réduira d'abord la surface F à une base b, de manière que $bl = $ F. Le volume sera alors $\mathfrak{I} = Fk = blk$, et, en considérant lk comme une nouvelle surface que l'on réduit à une deuxième base a, de sorte que $ah = lk$, on aura enfin :

$$\mathfrak{I} = Fk = abh,$$

et, si l'on prend ab comme unité de surface, le volume sera mesuré par h.

On voit que le problème actuel consiste simplement à répéter deux fois la réduction des surfaces, et comme nous avons résolu cette question dans le chapitre précédent, nous n'expliquerons pas la réduction elle-même des volumes ; nous nous occuperons surtout du choix des dimensions à transformer et des modifications à apporter à la méthode dans le cas de volumes terminés par des surfaces irrégulières. Nous laisserons de côté les volumes géométriques simples, tels que parallélipipèdes, prismes, pyramides, etc.

Le plus souvent, les corps irréguliers dont on a à déterminer le volume sont donnés par une série de sections parallèles plus ou moins distantes les unes des autres. Le cas le plus important qui se présente dans la pratique consiste dans la détermination des volumes de déblai et de

remblai pour les routes et chemins de fer; aussi c'est ce cas que nous
allons traiter tout d'abord.

29. VOLUMES DE DÉBLAI ET DE REMBLAI TERMINÉS PAR DES LIGNES DROITES.

Les volumes de déblai et de remblai que nous considérons dans ce
paragraphe sont terminés par des lignes droites (Pl. V_1) et donnés par
des profils en travers consécutifs.

$$F = (ABCE) \quad \text{et} \quad F_1 = (A_1 B_1 C_1 E_1)$$

dont la distance $l = AA_1 = EE_1$ peut être prise assez petite pour que les
arêtes BB_1 et CC_1 puissent encore être considérées comme des lignes
droites. En supposant que le terrain naturel soit terminé par les droites
BC ou $B_1 C_1$ dans les profils extrêmes, et $B''C''$ dans un profil intermédiaire, la surface du terrain naturel sera, dans les limites du volume à
déterminer, un paraboloïde ayant pour directrices BB_1 et CC_1 et pour
génératrices des droites situées dans les profils en travers correspondants,
c'est-à-dire parallèles à un plan fixe. Ce paraboloïde partage en deux
parties équivalentes le tétraèdre $BCB_1 C_1$; car un profil intermédiaire
quelconque, $B''C''$ par exemple, coupe le tétraèdre suivant un parallélogramme (voir la figure) et le paraboloïde suivant la diagonale $B''C''$ qui
partage ce parallélogramme en deux parties égales. Chaque élément du
tétraèdre étant divisé en parties équivalentes par le paraboloïde, il en
sera de même du tétraèdre complet. On voit par suite que la somme
des volumes des deux prismes situés sous les faces BCC_1 et $BB_1 C_1$ du
tétraèdre et celle des prismes situés sous les faces $CB_1 C_1$ et $CB_1 B$ du
même tétraèdre comprennent entre elles le volume du prisme $ABCD$,
$A'B'C'D'$ et en diffèrent de la même quantité.

Le volume cherché sera donc égal à la moyenne arithmétique de ces
deux sommes, diminuée de la pyramide tronquée située sous les talus :

$$\mathfrak{d} = \frac{1}{2} \left\{ \frac{ADA_1}{BCB_1} + \frac{ADD_1}{BCC_1} + \frac{A_1 D_1 A}{B_1 C_1 B} + \frac{A_1 D_1 D}{B_1 C_1 C} \right\} - \frac{CDE}{C_1 D_1 E_1}.$$

Nous négligeons le volume du fossé, qui forme un prisme.

Soient maintenant $b = AE = A_1 E_1$ la demi-largeur de la voie, h et h_1
les hauteurs de déblai ou de remblai au milieu des profils extrêmes, h'
et h'_1 les hauteurs de déblai ou de remblai mesurées dans la partie correspondante aux arêtes extrêmes des talus, enfin τ la tangente de l'incli-

naison des talus, comme l'indique la figure ; nous aurons :

$$\text{ED} = \frac{h'}{\tau} ; \quad \text{E}_1\text{D}_1 = \frac{h'_1}{\tau} ; \quad \text{AD} = b + \frac{h'}{\tau} \quad \text{et} \quad \text{A}_1\text{D}_1 = b + \frac{h'_1}{\tau}$$

et le volume sera donné par l'expression

$$\mathfrak{I} = \frac{1}{2} \left\{ \begin{array}{l} \frac{1}{2} \, l \left(b + \frac{h'}{\tau} \right) \left[\frac{1}{3} (h + h' + h_1) + \frac{1}{3} (h + h' + h'_1) \right] + \\ \frac{1}{3} \, l \left(b + \frac{h'_1}{\tau} \right) \left[\frac{1}{3} (h_2 + h'_1 + h) + \frac{1}{3} (h_1 + h'_1 + h') \right] \end{array} \right\} \\ - \frac{1}{6} \, l \left(\frac{h'^2}{\tau} + \frac{h'^2_1}{\tau} + \frac{h'h'_1}{\tau} \right),$$

ou, en réduisant :

$$\mathfrak{I} = \frac{1}{4} \, lb(h + h' + h_1 + h'_1) + \frac{1}{4} \frac{l}{\tau} (hh' + h_1h'_1) - \frac{1}{12} \, l(h - h_1) \frac{h' - h'_1}{\tau}.$$

Or les profils ont pour surface (voir n° 20, page 94)

$$\text{F} = \frac{1}{2} \, b(h + h') + \frac{hh'}{2\tau}$$

et

$$\text{F}_1 = \frac{1}{2} \, b(h_1 + h'_1) + \frac{h_1h'_1}{2\tau} ;$$

on aura donc, en substituant :

$$\mathfrak{I} = l \frac{\text{F} + \text{F}_1}{2} - \frac{1}{12} \, l(h - h_1) \frac{h' - h'_1}{\tau}.$$

Cette formule peut s'obtenir analytiquement de la manière suivante. Si on suppose que, pour un profil quelconque, h varie proportionnellement à la distance x de ce profil au profil extrême, on aura, pour les hauteurs y et y' au milieu et à l'extrémité d'un profil :

$$y = h + (h_1 - h) \frac{x}{l},$$

$$y' = h' + (h'_1 - h') \frac{x}{l}.$$

Substituant ces valeurs dans l'expression qui donne la surface d'un profil, on trouvera une équation de la forme :

$$\text{F}(x) = a + bx + cx^2.$$

Le premier profil $(x = 0)$ aura par suite une surface $\text{F} = a$, et le dernier $(x = l)$, une surface

$$\text{F}_1 = \text{F} + bl + cl^2.$$

Il en résulte que l'on a :

$$\mathfrak{I} = \int_0^l \text{F}(x) dx = \text{F}l + \frac{1}{2} \, bl^2 + \frac{1}{2} \, cl^3.$$

Éliminons h entre les deux dernières équations, il viendra :

$$\mathfrak{I} = \frac{1}{2}\,l(\mathrm{F} + \mathrm{F}_1) - \frac{1}{6}\,cl^3.$$

Mais $c = \dfrac{(h_1 - h)(h'_1 - h')}{2\tau\,.\,l^2}$, donc :

$$\mathfrak{I} = \frac{1}{2}\,l(\mathrm{F} + \mathrm{F}_1) - \frac{1}{12}\,l(h_1 - h)\,\frac{h'_1 - h'}{\tau}.$$

La surface $\dfrac{\mathrm{F} + \mathrm{F}_1}{2}$ est la moyenne arithmétique des aires des profils extrêmes, en y comprenant, si l'on veut, les aires de tous les déblais prismatiques tels que fossés, etc. On voit, par la formule, qu'il n'est pas exact de multiplier simplement la surface moyenne par la distance des profils. Il faudrait auparavant diminuer la surface moyenne de la surface :

$$\frac{1}{12}\,(h - h_1)\,\frac{h' - h'_1}{\tau}.$$

Comme $\dfrac{h'}{\tau}$ et $\dfrac{h'_1}{\tau}$ sont les projections ED et $\mathrm{E}_1\mathrm{D}_1$ (Pl. V_1) des talus, cette surface sera égale à la sixième partie du triangle ABC (*fig.* 86), dont le

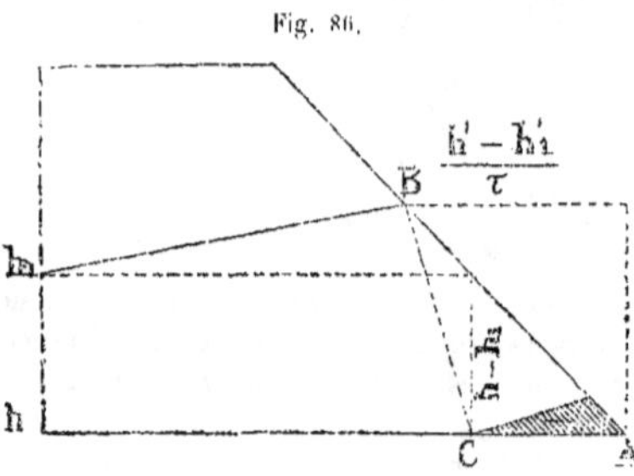

Fig. 86.

sommet C est situé au-dessous du talus à une distance verticale $h - h_1$, comme l'indiquent les constructions de la figure, et dont la base AB est égale à la différence des longueurs des talus. L'erreur sera donc égale au triangle ombré qui a pour base $\frac{1}{6}$ AB. Lorsque les lignes du terrain naturel se coupent dans les deux profils superposés, $h - h_1$ et $h' - h'_1$ seront de signes contraires, et l'erreur, qu'on construit de la même manière (*fig.* 87), devra être ajoutée à la moyenne des surfaces.

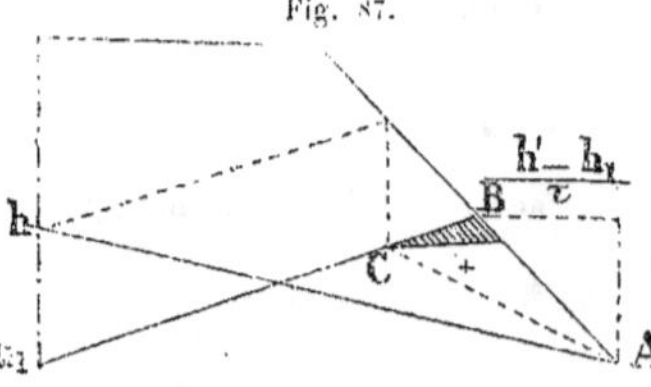

Fig. 87.

On pourra donc, dans chaque cas particulier, reconnaître, au moyen de cette construction simple, si l'erreur que l'on commet en prenant, pour le volume cherché, le produit de la moyenne des aires des profils extrêmes par la distance de ces profils est assez petite pour être négligée ; dans le cas contraire, on pourra tenir compte de l'erreur dans la réduction de chaque profil en réduisant en même temps le double du triangle d'erreur.

Lorsque le talus est vertical, sa projection est nulle, et l'on a

$$\frac{h'_1 - h'}{\tau} = 0,$$

c'est-à-dire que l'erreur est nulle aussi. Par suite :

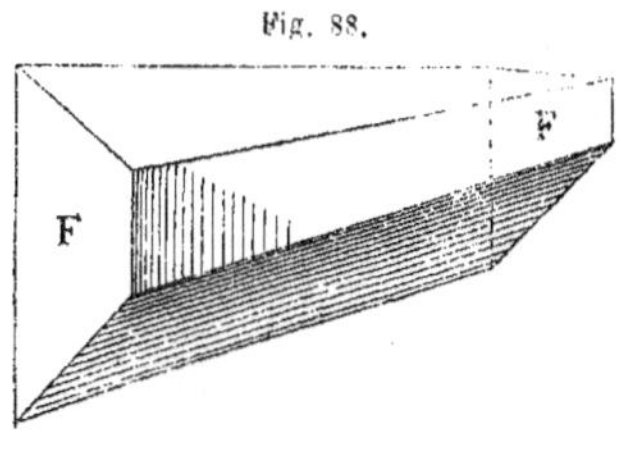

Fig. 88.

Le volume d'un corps compris entre deux surfaces parallèles et verticales, tel que celui de la *fig.* 88, est égal au produit de sa longueur par la moyenne de ses bases.

Dans le passage du remblai au déblai, on a souvent à déterminer les volumes de corps qui ont la forme de coins, comme ceux de la *fig.* 89. Les formules trouvées plus haut sont

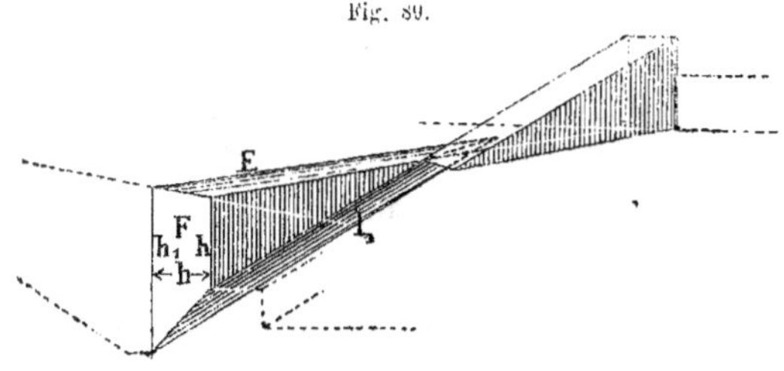

Fig. 89.

applicables à ces volumes. Les surfaces latérales F_0 et F_1 sont verticales et parallèles, et leur distance est égale à l'épaisseur b du coin.

Si l'on compare le corps de la *fig.* 89 avec celui de la Pl. V_1, et si l'on considère la largeur b du coin comme correspondant à la distance l des profils de la Pl. V, ce dernier deviendra, abstraction faite des fossés, analogue à celui de la *fig.* 89, en faisant partir les lignes des talus des points A et A'. Il suffira donc, pour calculer le volume représenté par la *fig.* 89, de remplacer, dans la formule générale, page 124, b par 0, l par b, $b + \dfrac{h'}{\tau}$ par l et $b + \dfrac{h'_1}{\tau}$ par l_1, ou, ce qui revient au même, h' et h'_1 par τl et τl_1, en laissant subsister h et h_1. On trouve, en faisant les substitutions indiquées :

$$\mathfrak{V} = \frac{1}{12} b(2hl + 2h_1 l_1 + hl_1 + h_1 l).$$

Dans les calculs des volumes de déblai et de remblai, on ne connaît pas les surfaces latérales F_0 et F_1, mais seulement la surface F d'un profil en travers, et, pour obtenir le volume, on multiplie ordinairement F par la moitié de la longueur moyenne ou $\dfrac{1}{2}\dfrac{l+l_1}{2}$, c'est-à-dire qu'on prend comme volume :

$$ F . \frac{l+l_1}{4} = \frac{1}{8}\, b(h+h_1)(l+l_1) = \frac{1}{8}\, b(hl + h_1 l_1 + hl_1 + h_1 l). $$

L'erreur est la différence entre cette quantité et le volume exact qu'on peut mettre sous la forme.

$$ \mathfrak{J} = F . \frac{l+l_1}{4} + \frac{1}{24}\, b(h_1 - h)(l_1 - l). $$

Mettons, dans ce dernier terme, $\dfrac{l_1 + l}{4}$ en facteur, afin de déterminer la correction qu'il faut faire subir à F pour avoir le volume exact au moyen de la formule pratique. Il viendra :

$$ \mathfrak{J} = \frac{l_1 + l}{4}\left[F + \frac{1}{2}\, b(h_1 - h) . \frac{\frac{1}{3}(l_1 - l)}{l_1 + l} \right]. $$

On aura donc le volume exact en augmentant F d'un triangle qui aurait b pour base, et $(h_1 - h)\,\dfrac{\frac{1}{3}(l_1 - l)}{l_1 + l}$ pour hauteur, puis en multipliant le résultat par la demi-moyenne des longueurs.

Nous indiquons (*fig.* 90) la construction de ce triangle qui est ombré

Fig. 90.

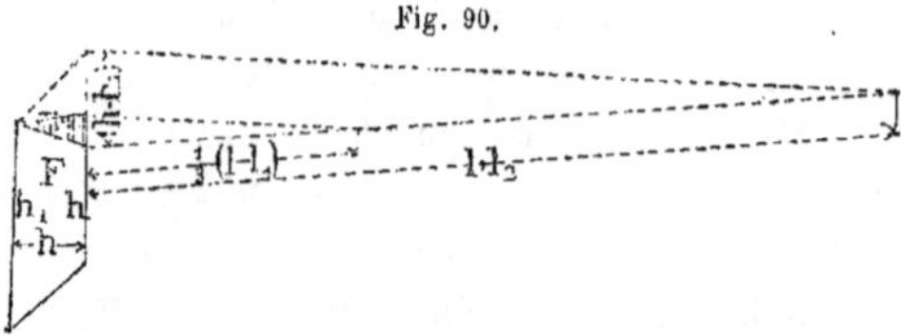

sur cette figure ; cette construction n'exige aucune explication nouvelle.

Remarquons seulement que $\dfrac{1}{3}(l-l_1)$ et $l_1 + l$ peuvent être portés à une échelle quelconque. La correction sera négative lorsque les valeurs $h-h_1$ et $l - l_1$ sont les signes contraires, c'est-à-dire lorsqu'au plus petit h correspond le plus grand l.

Des corps, tels que celui de la *fig.* 91, ne peuvent plus être considérés comme continus, et il faut les partager comme l'indique la figure. L'une

Fig. 91.

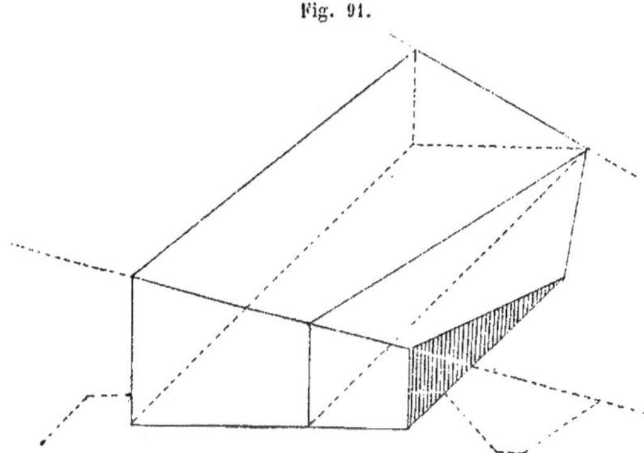

des parties se calculera par la surface moyenne comme dans le cas ordinaire; l'autre partie est précisément le corps en forme du coin que nous venons d'étudier.

30. DÉTERMINATION, D'APRÈS LA RÈGLE DE GULDIN, DES VOLUMES DE DÉBLAI ET DE REMBLAI TERMINÉS PAR DES LIGNES COURBES

Les volumes de déblai et de remblai ne sont pas toujours terminés par des lignes droites; le cas contraire se présente assez souvent dans les chemins de fer et surtout dans les routes, dont le tracé offre fréquemment des rayons très petits. En général, on néglige dans ce cas la courbure, et on multiplie les aires des profils pris normalement à l'axe de la voie par les longueurs mesurées aussi suivant cet axe. Ce calcul est suffisant dans la plupart des cas; mais quelquefois il donne lieu à des erreurs considérables. Supposons, par exemple (*fig.* 92), un profil en rocher, dans une partie de route en courbe de 20 mètres de rayon, et supposons que les centres de gravité S et S_1 des surfaces de déblais et de remblais soient à $2^m,50$ de l'axe de la route. On trouvera, par le calcul usuel, un volume trop grand de $\frac{1}{8}$ pour le déblai, et trop petit dans la même proportion pour le remblai. En effet, d'après la règle de Guldin, le volume d'un solide de révolution est égal au produit de la surface génératrice par le chemin que décrit le centre de gravité de cette surface, en admettant que la surface génératrice soit plane et dirigée normalement à la courbe

décrite par le centre de gravité. Dans le cas de la figure, le centre de
gravité décrit un arc de $17^m,5$ de rayon au lieu de 20 mètres, et les lon-

Fig. 92.

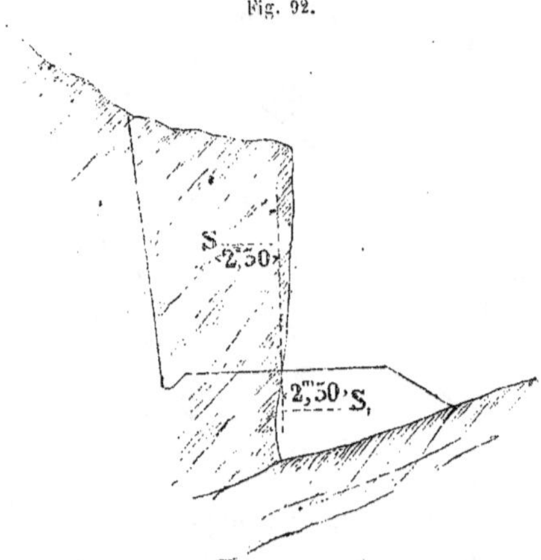

gueurs mesurées suivant l'arc devront être réduites dans le rapport

$$\frac{2,5}{20} = \frac{1}{8}.$$

La règle de Guldin est, en général, très utile à l'ingénieur ; elle peut
lui servir à déterminer le volume de corps irréguliers dont on connaît
des profils pris dans une certaine direction, problème qui se présente
assez souvent dans la pratique. Nous croyons que le meilleur exemple à
donner est celui d'une route qui vient traverser à niveau un chemin de
fer dans une partie en remblai (Pl. $V_{2\,et\,3}$). On pourrait, il est vrai, appliquer la méthode ordinaire, c'est-à-dire construire des profils intermédiaires a, b, c, d, et trouver le volume en multipliant les moyennes
des surfaces par leurs distances respectives ; dans ce cas, l'approximation dépendrait du nombre et du choix des profils. Mais si l'on veut déterminer le volume d'une façon plus exacte, on pourra procéder de la
manière suivante. Partageons le corps en trois parties au moyen du
plan vertical ABC passant par le pied du talus du chemin de fer, et de
la surface cylindrique DEB qui projette verticalement l'arête supérieure
de la route.

La première partie est comprise entre le talus du chemin de fer et le
plan vertical ABC, ses surfaces extrêmes se mesureront sur la projection
verticale (Pl. V_3) ; l'une se projette suivant le triangle curviligne·BCH et
l'autre suivant un triangle rectiligne. On multipliera la moyenne de ces

surfaces par la distance du centre de gravité S de la première au profil a, cette distance étant mesurée normalement à ce dernier profil.

La deuxième partie est un cylindre ayant pour base ABEDA (Pl. V_2), dont on construira la hauteur au centre de gravité S_1 de la base (voir la projection verticale *fig.* 3).

La troisième partie est comprise entre le talus de la route et le cylindre ABEDA ; elle est engendrée par la rotation d'un profil variable a, 1, 2, 3. Le profil 1 a été pris à l'endroit où la courbure de l'arête de la route change de sens, le profil 3 à l'extrémité B de la partie dont nous nous occupons, et le profil 2 sensiblement à égale distance de ces deux derniers. On multipliera la moyenne des aires de deux profils consécutifs par le chemin que décrit leur centre de gravité (ce chemin est indiqué au moyen d'une ligne —·——·—) ; quant à la portion comprise entre le profil 3 et le plan vertical BC, on l'obtiendra en multipliant l'aire du profil 3 par le chemin 3 F. La ligne des centres de gravité se trouvera au tiers de la largeur des talus. La dernière portion comprise entre le profil 3 et le plan vertical BC pourrait aussi être calculée comme portion de cône : on multiplierait la projection horizontale de sa base par le tiers de la distance du centre de gravité de cette projection au sommet du cône, cette distance étant mesurée verticalement. Le résultat serait le même que si l'on multipliait le $\frac{1}{3}$ de la base par la hauteur normale du sommet sur cette base.

On déterminera de cette même manière le volume des quarts de cône qui flanquent les grands viaducs lorsque le terrain naturel est très incliné : on multipliera aussi la projection horizontale de la base par le $\frac{1}{3}$ de la différence de niveau entre le sommet du cône et le centre de gravité de la base.

Lorsque le terrain est accidenté, on appliquera cette règle à chaque partie du cône pour laquelle la base pourra être considérée comme plane.

Le chemin à considérer dans les volumes de révolution, pour l'application de la règle de Guldin, est égal à $2\mathfrak{M}\pi$: F, F étant la surface génératrice et $\mathfrak{M}$ le moment statique de cette surface par rapport à l'axe de rotation. On voit que le volume d'un corps de révolution est égal à 2π fois son moment statique.

Nous appliquerons ce théorème lorsque nous aurons étudié les moments statiques.

31. CALCUL DES VOLUMES AU MOYEN DES COURBES DE NIVEAU

Les plans parallèles, au moyen desquels nous avons déterminé les volumes dans les cas précédents, étaient tous verticaux; mais on pourra souvent, pour des corps très irréguliers, se servir de plans horizontaux déterminant des courbes de niveau. La distance de deux courbes de niveau est ordinairement choisie de manière qu'en coupant le terrain entre ces deux courbes par un plan vertical, normal aux courbes, l'intersection puisse être considérée comme rectiligne. Si l'on suppose, de plus, que deux courbes consécutives soient semblables, le corps qu'elles limitent sera un tronc de cône et aura pour volume

$$\mathfrak{I} = \frac{1}{3} h\left(\mathrm{F} + \mathrm{F}_1 + \sqrt{\mathrm{FF}_1}\right),$$

h étant la distance des plans des deux courbes, F et F_1 les aires de ces courbes.

Dans la pratique, on se contente ordinairement de multiplier par h la moyenne des surfaces, c'est-à-dire que l'on prend

$$\mathfrak{I} = \frac{1}{2} h(\mathrm{F} + \mathrm{F}_1),$$

valeur trop grande de la quantité

$$\frac{1}{6} h\left(\sqrt{\mathrm{F}} - \sqrt{\mathrm{F}_1}\right)^2.$$

Comme toutes les dimensions semblables des deux surfaces sont dans le rapport

$$\sqrt{\mathrm{F}} : \sqrt{\mathrm{F}_1},$$

on obtiendra l'erreur en construisant (*fig.* 93) sur la différence S'A de deux rayons homologues SA et SS' partant du centre de similitude S, une courbe AB'C' semblable aux courbes données et en multipliant sa surface par le $\frac{1}{6}$ de la distance des deux plans horizontaux. En général le rapport $\dfrac{\mathrm{AS'}}{\mathrm{AS}}$ est très petit, et presque toujours l'erreur pourra être négligée. Une seconde erreur sera commise si les courbes ne sont pas semblables; mais cette erreur est plus petite encore que la précédente lorsque $\dfrac{AS'}{AS}$ est petit. La grandeur de cette erreur ne peut être déter-

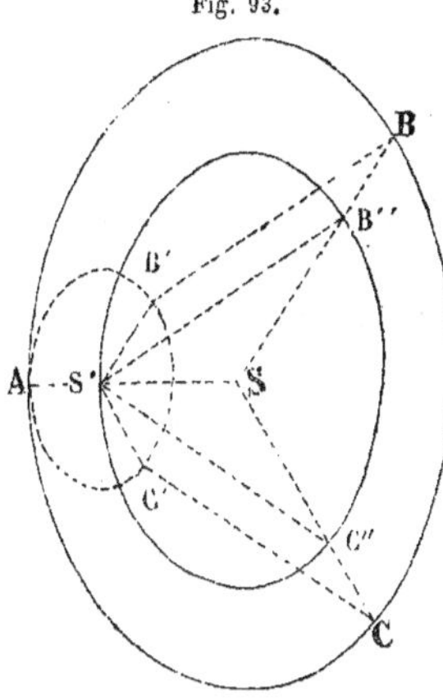

Fig. 93.

minée que pour une forme donnée de la courbe de niveau, et comme, dans la nature, la même forme ne se reproduit pas exactement plusieurs fois de suite, nous laisserons de côté cette erreur, qui n'est que de second ordre.

Il arrive souvent que le corps à mesurer n'est pas exactement limité à sa partie supérieure par une courbe horizontale; c'est ce qui a lieu, par exemple, pour un mamelon, et il reste alors, au-dessus de la dernière courbe horizontale, une portion de volume en forme de calotte. On multipliera dans ce cas l'aire de la dernière courbe de niveau par la moitié ou le tiers de la hauteur de la calotte, suivant que celle-ci est arrondie ou pointue, et en général par un nombre variant entre 0,33 h. et 0,5 h., suivant la forme de la partie supérieure. Si le corps est limité par un plateau incliné, on multipliera la hauteur verticale du centre de gravité du plateau au-dessus de la dernière courbe de niveau, par la moyenne des surfaces de la courbe et de la projection du plateau sur le plan de cette courbe.

La méthode la plus commode, pour ne pas dire la seule pratique, pour mesurer les aires de ces différentes courbes, consiste dans l'emploi du planimètre. Si les plans horizontaux sont menés à des distances égales, comme il convient de le faire, il suffit de multiplier par h la somme de ces surfaces diminuée de la moyenne des deux surfaces extrêmes, et l'on aura ainsi le volume total du corps compris entre ces surfaces. Si le corps était terminé par une calotte, il faudrait encore ajouter le volume de celle-ci au volume déjà trouvé.

32. DÉTERMINATION DES VOLUMES AU MOYEN DE PLANS COTÉS.

Le volume des corps dont la base n'a pas de très grandes dimensions et pour lesquels ces dimensions ne sont pas bien définies, se détermine facilement au moyen des plans cotés, car, dans ce cas, il sera inutile de tracer des courbes horizontales. On choisit et l'on nivèle sur le corps considéré assez de points pour que les triangles que l'on obtient en joi-

gnant tous ces points deux à deux par des lignes droites puissent être
considérés comme plans. On supposera alors que chacun de ces triangles
forme la base supérieure d'un prisme ayant la projection horizontale du
triangle comme base inférieure, et l'on multipliera la surface de cette
dernière base par la moyenne arithmétique des cotes des trois sommets
supérieurs. Ce calcul donnera le volume de la partie du corps projetée
par le triangle lorsque la surface inférieure du corps sera située dans le
plan de comparaison; dans le cas contraire, il faudra encore retrancher
du volume trouvé le volume compris entre le plan de comparaison et la
surface inférieure du corps.

Soit, par exemple, à déterminer le volume d'une chambre d'emprunt
représentée par la *fig.* 94, dont les lignes pointillées correspondent à la

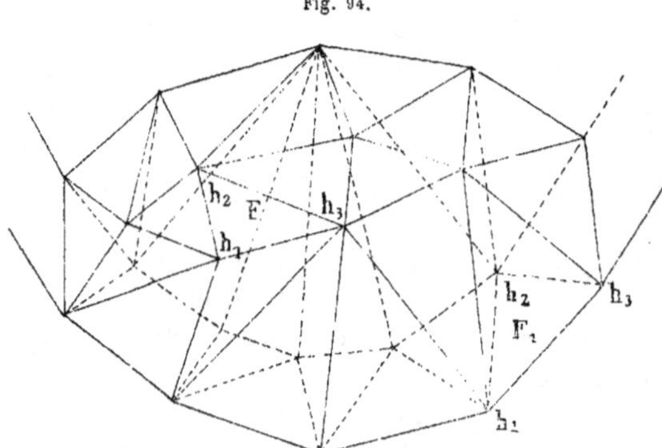

Fig. 94.

surface primitive du sol naturel, et les lignes pleines à la surface après
l'exploitation. On aura :

$$\Im = \sum \frac{1}{3}(h_1 + h_2 + h_3)\mathrm{F} - \sum \frac{1}{3}(h'_1 + h'_2 + h'_3)\mathrm{F}_1,$$

F étant la surface des faces triangulaires inférieures après l'enlèvement
des déblais, F_1 celles des faces supérieures primitives, et enfin h et h' les
cotes des différents sommets par rapport à un plan de comparaison supérieur.

On procéderait de la même manière pour déterminer le volume d'un
corps au moyen de la projection orthogonale.

33. MOUVEMENT DES TERRES.

Le mouvement des terres consiste dans la représentation graphique des volumes de déblai et de remblai qui correspondent à une certaine longueur d'une ligne à construire, et qui forment des corps dont la longueur est de beaucoup la dimension principale.

Cette représentation fournit des indications très claires sur le mode d'emploi des différents cubes de déblai et de remblai, sur les longueurs et les limites des sections de transport; elle peut même, lorsqu'on emploie une échelle assez grande, fournir une détermination graphique des prix de transport. Enfin, on peut en déduire immédiatement les règles à observer pour obtenir une bonne disposition des transports. Le mouvement des terres a été imaginé par l'ingénieur bavarois Bruckner, de Neustadt (Hardt), dont la mort a été malheureusement prématurée, et est exigé, en Bavière, sur les chemins de fer de l'État, comme un complément indispensable de tous les calculs de terrassements, afin de rendre bien évidente la répartition des terres.

Le mouvement des terres diffère du profil en long ordinaire en ce que, au lieu des cotes du terrain naturel, on porte comme ordonnées la somme algébrique de tous les déblais et remblais depuis l'origine jusqu'au profil considéré, les déblais et les remblais étant affectés de signes contraires (*).

Sans nous arrêter sur la manière de déterminer ces sommes, nous expliquerons la méthode à suivre, en prenant comme exemple le mouvement des terres représenté Pl. VI$_2$, au-dessous du profil en long ordinaire *fig.* 1. Sur cette épure, les remblais ont été considérés comme des quantités positives et les déblais comme des quantités négatives.

Le point O a été pris comme origine. Le deuxième point du mouvement des terres a été pris sur la verticale III^a, de manière que sa hauteur verticale au-dessus du point O, c'est-à-dire O$'$1, représente, à une échelle quelconque, le cube total des remblais en deçà du profil III^a. De même les différences de hauteur 12 et 2B représentent le cube total des remblais entre III^a et ^{b} d'une part, et entre ^{b} et ^{c} de l'autre. La verticale en-

---

(*) Il importe de remarquer que la représentation graphique du mouvement des terres dont il s'agit ici, diffère essentiellement de l'épure de la répartition des terrasses usitée en France. Dans cette dernière épure, les ordonnées représentent les surfaces de déblai et de remblai correspondantes aux différents profils. (Voir aussi la note A.)

tière O,B représente donc le cube total des remblais depuis l'origine O jusqu'à III°.

Le déblai commence en III° et est considéré comme négatif dans l'addition des cubes, de sorte que les sommes à porter en ordonnées, c'est-à-dire les cotes de l'épure du mouvement des terres, diminuent, et les cubes de déblai au delà de III° devront être portés vers le bas à partir du point B, et ainsi de suite.

D'après cette construction, on voit immédiatement que :

1° La ligne brisée obtenue en joignant les différents sommets des ordonnées s'élève dans les parties en remblai et descend dans les parties en déblai; nous l'avons figurée en trait plein dans le premier cas et en traits pointillés dans le second.

2° Les points de passage du remblai au déblai correspondent aux maxima des ordonnées du contour formé par la ligne brisée, et les points de passage du déblai au remblai correspondent aux minima des ordonnées de ce même contour.

3° L'inclinaison des côtés de la ligne brisée par rapport à l'horizontale est d'autant plus grande que les cubes des déblais ou des remblais correspondant à ces côtés sont plus considérables, c'est-à-dire que cette inclinaison augmente avec la surface des profils en travers, ce qu'on peut énoncer d'une façon plus générale en disant que

4° La tangente de l'angle que fait la ligne du mouvement des terres avec l'horizontale est proportionnelle à l'aire du profil en travers correspondant. La tangente est donc positive, c'est-à-dire dirigée vers le haut pour les remblais, et négative, ou dirigée vers le bas, pour les déblais; elle est nulle pour le passage de l'un à l'autre, et correspond alors à un maximum lorsqu'on passe du positif au négatif, c'est-à-dire du remblai au déblai, et à un minimum lorsqu'on passe du négatif au positif, c'est-à-dire du déblai au remblai.

5° Lorsque le profil en travers du déblai ou du remblai a une surface constante, le mouvement des terres est représenté par une ligne droite.

6° En général, des déblais ou des remblais qui commencent par croître, pour décroître ensuite, donneront une ligne ayant la forme d'un S couché.

On voit, par ce qui précède, que cette représentation du mouvement des terres donne un meilleur aperçu des cubes de déblai et de remblai que le profil en long, parce que ces cubes, qui ne sont pas en général proportionnels aux surfaces de déblai et de remblai, y sont portés comme ordonnées et apparaissent ainsi à l'œil sous la forme de grandeurs linéaires. Mais le plus grand avantage de cette représentation consiste en ce que :

7° Entre deux profils quelconques correspondants à des points situés sur une même horizontale, les cubes de remblai et de déblai sont égaux.

8° La surface comprise entre cette horizontale et la ligne brisée au-dessus et au-dessous est proportionnelle à la partie des frais de transport qui dépend de la distance.

9° Ces surfaces, qui ont la forme de montagnes et de vallées, indiquent les différentes sections de transport; les montagnes, ou parties au-dessus de l'horizontale, indiquent les sections où l'on transportera en arrière. et les vallées, ou parties au-dessous de l'horizontale, celles où l'on transportera en avant.

Pour démontrer le § 7, il suffit de remarquer que les ordonnées ont été formées par l'addition de cubes de remblai et de déblai; si, par suite, les ordonnées sont les mêmes pour deux profils, c'est que, dans la partie comprise entre ces profils, on aura ajouté autant de remblai que de déblai; ces deux cubes sont donc égaux, et les profils détermineront une ou plusieurs sections de transport.

En supposant, comme on le fait d'habitude pour dresser le tableau de frais de transport, que le prix du transport de l'unité de volume, à une distance variable, se compose d'une constante et d'une quantité proportionnelle à la distance, on déterminera cette dernière quantité en s'appuyant sur le § 8; quant à la partie constante, on pourra la supposer ajoutée aux frais d'extraction. Considérons, en effet, un élément ΔM (Pl. VI$_2$) de la section III, élément qui doit être transporté en arrière depuis le profil IIIe jusqu'au passage du remblai au déblai; les frais de transport correspondants seront proportionnels au produit $e\Delta M$ ou à la surface ombrée dans la section III. Les frais totaux de transport du cube de déblai M correspondant à la section III jusqu'au passage du déblai au remblai seront proportionnels à $\Sigma e\Delta M$ ou à la surface ABD. On démontre de la même manière que les frais de transport de la même masse M depuis le passage du déblai au remblai jusqu'à la place qu'ils doivent occuper dans le remblai, sont proportionnels à la surface BCD. La somme des frais de transport sera donc proportionnelle à la surface ABC.

Comme, dans cette démonstration, nous n'avons fait aucune hypothèse sur la position respective des éléments de remblai et de déblai, il est indifférent, au point de vue des frais de transport, de transporter les éléments du déblai en un point quelconque du remblai, pourvu qu'on ne dépasse pas, dans ce transport, les limites de la section, et que les transports s'effectuent parallèlement, ou à peu près, à l'axe de la voie.

Remarquons encore que les surfaces ABD, ou les $\Sigma e\Delta M$, sont proportionnelles aux moments statiques des cubes de terrassements par rapport au point de passage du déblai au remblai, c'est-à-dire au produit du cube M de déblai par la distance de son centre de gravité à ce point de passage, car $\Sigma e \Delta M$ est l'expression de ce moment statique.

Ce que nous venons de dire s'applique aussi aux transports des mêmes cubes depuis le point de passage jusqu'à leur lieu de dépôt; par suite, les frais totaux de transport d'un cube de déblai sont proportionnels au produit de ce cube par la distance des centres de gravité des volumes occupés dans le déblai et dans le remblai, comme l'a démontré autrefois Gauthey.

Il suffit de jeter un coup d'œil sur la Pl. VI$_{1 \text{ et } 2}$ pour s'assurer de l'exactitude de la neuvième proposition. Comme les transports s'effectuent toujours en allant du déblai au remblai, c'est-à-dire, sur notre épure, en allant d'une ligne qui descend à une ligne qui monte, et que d'ailleurs la ligne des déblais, que nous avons pointillée, se trouve nécessairement avant chaque vallée et après chaque montagne, il faudra évidemment transporter en arrière, pour les sections qui correspondent à des montagnes, et en avant pour les sections qui correspondent à des vallées.

Toutes les propriétés énoncées jusqu'à présent découlent de la représentation graphique que nous avons indiquée. Quant aux chambres d'emprunt et aux lieux de dépôt, on peut représenter d'une manière tout à fait quelconque les cubes qui s'y rapportent. Dans la Pl. VI$_2$ nous les avons représentés de la manière suivante.

Soit (*fig.* 3) le plan de la voie avec une chambre d'emprunt indiquée par une partie ombrée. Nous avons porté, sur une horizontale, à partir de chaque point C de la ligne du mouvement des terres, la distance $CE=C_1E_1$ (*fig.* 2 et 3) de ce point à la chambre d'emprunt, en tenant compte du sens du transport; pour un point (LL_1) situé de l'autre côté de la chambre d'emprunt, la distance doit être portée en sens contraire de CE, de manière que $LM = L_1J_1K_1$, en supposant, comme c'est le cas ordinaire, que les wagons qui servent au transport aboutissent toujours, en venant de la chambre d'emprunt, au même point de la voie.

Dans ce cas, le lieu des extrémités des distances sera la verticale MK, puisque les distances des points L à la chambre d'emprunt augmentent des mêmes quantités que les longueurs parcourues sur la voie. Le long de la chambre d'emprunt, entre (JFJ_1F_1), la distance à la voie est constante : $JK=FG=J_1K_1=F_1E_1$. Enfin, si l'on suppose que le milieu H de la chambre d'emprunt soit le point où l'on change le sens des transports, on aura comme lieu des extrémités des distances la ligne brisée EGHKM. On voit donc que la partie de la ligne desservie par la chambre d'emprunt se subdivise en deux sections (Pl. VI$_1$) I et II; dans la dernière on transporte en avant, et dans la première, en arrière. Les frais de transport sont proportionnels dans la section II à la surface EGHCE, et dans la section I à la surface MKHLM. On voit aussi que la section II, qui est adjacente à la ligne CP, forme par rapport à elle une vallée dans laquelle les transports se font en avant, ce qui concorde avec les résultats précédents.

Nous avons fait une construction semblable pour les deux lieux de dépôt compris dans les dernières sections VIII, IX, X et XI, et tout ce que nous venons de dire pour les emprunts s'applique encore dans ce dernier cas.

La délimitation des sections de transport entre deux lieux d'emprunt ou deux lieux de dépôt n'est en aucune façon déterminée par les opérations graphiques que nous venons d'effectuer. Il suffirait, en effet, de déplacer la ligne de répartition CP vers le haut pour augmenter le déblai dans l'emprunt de la section II, ainsi que le remblai dans les lieux de dépôt de la section VIII, et en même temps augmenter toutes les sections de vallées où l'on transporte en avant, et diminuer toutes les sections de montagnes où l'on transporte en arrière; en déplaçant la ligne de répartition vers le bas, on produirait l'effet inverse.

Il faut rechercher, par suite, comment on doit répartir les sections de transport pour que les frais de transport soient le plus petits possibles, ou, ce qui revient au même, comment on doit placer la ligne de répartition CP pour que la somme des surfaces des vallées et montagnes qu'elle détermine devienne un minimum.

Cherchons comment varie cette somme, qui est proportionnelle aux frais de transport, quand on donne un déplacement Δh infiniment petit à la ligne de répartition CP (Pl. VI$_2$). Soit b la base d'une montagne et soit k la partie variable des frais de transport de l'unité de volume à l'unité de distance. Le déplacement par le haut produira pour cette montagne une diminution de frais proportionnelle à $bk\Delta h$, et pour toutes les montagnes une diminution $\Delta h\Sigma_{\mathrm{M}}bk$, puisque Δh est constant.

Tandis que les frais diminuent pour les montagnes, ils augmentent pour les vallées d'une quantité analogue $\Delta h\Sigma_{\mathrm{V}}bk$. La diminution totale des frais n'est donc que de :

$$(\Sigma_{\mathrm{M}}bk - \Sigma_{\mathrm{V}}bk)\Delta h.$$

Pour qu'un nouveau déplacement vers le haut ou vers le bas ne puisse plus produire aucune diminution de frais, il faudra que la quantité écrite plus haut, qui représente cette diminution, soit égale à zéro, ou bien aussi la quantité entre parenthèses. Il faut donc que la somme des produits des bases des montagnes par les frais de transport respectifs soit égale à la somme des produits des bases des vallées par les frais de transport qui leur correspondent. En énonçant cette formule d'une manière pratique, nous obtiendrons l'importante règle qui suit :

Lorsqu'on doit exécuter des terrassements dans plusieurs sections de transport, il faut, pour diminuer le plus possible les frais de transport, distribuer ces sections de manière que la somme des produits des longueurs de toutes les sections où l'on transporte en avant, par les frais de transport respectifs, soit égale à la somme analogue pour toutes les sections où l'on transporte en arrière.

Dans ces sommes doivent évidemment entrer les longueurs des sections correspondant aux lieux d'emprunt et aux lieux de dépôt extrêmes, comme l'indique la Pl. VI$_2$.

M. le professeur *Eikemeyer* a, dans son ouvrage sur le mouvement des terres, étendu ce théorème au cas où les frais de transport sont proportionnels à la racine carrée de la distance; mais comme cette hypothèse n'est vraie que pour de très petites distances de transport, et que pour de grandes distances les quantités à transporter ont une influence considérable que l'on ne doit pas négliger, nous ne nous étendrons pas davantage sur la question considérée à ce point de vue. Mais nous supposerons qu'on a déterminé, d'une façon spéciale pour chaque section de transport, les frais de transport correspondant à l'unité de distance, en tenant compte de la longueur de la section et des quantités à transporter. Cela fait, nous réduirons graphiquement toutes les longueurs des sections au plus haut prix de transport en portant ce dernier prix sur une horizontale et à une échelle quelconque, puis décrivant, de son extrémité comme centre, des cercles ayant pour rayons les autres prix de transport et menant des tangentes à ces cercles par l'autre extrémité. Cette construction est celle de la méthode des sinus et nous fournit les longueurs réduites des sections. On porte alors, sur une horizontale et à la suite l'une de l'autre, les longueurs réduites des montagnes dans le sens positif et celles des vallées dans le sens négatif. Le résultat, pour la meilleure répartition des sections, doit être égal à zéro. Si le résultat n'est pas nul au premier essai, on pourra trouver facilement, comme nous allons l'indiquer, et au moyen d'une courbe d'erreur, la position de l'horizontale pour laquelle cette somme est égale à zéro.

La construction de cette horizontale est indiquée dans la Pl. VI$_2$. On a supposé, pour simplifier, que les frais de transport étaient les mêmes pour toutes les sections : la réduction dont nous avons parlé plus haut est alors inutile pour déterminer l'horizontale CP, la plus avantageuse. On obtiendra rapidement la différence des longueurs des sections de montagne et de vallée en rabattant successivement chacune d'elles sur la suivante au moyen du compas. Trouve-t-on, comme pour l'horizon-

ale P′, une longueur de vallées plus grande que celle des montagnes,
on portera l'excès sur cette horizontale à partir de P, et dans un sens
quelconque, en P′Q′ par exemple. Cela fait, si l'on trouve, pour une
deuxième horizontale P″, que la longueur des montagnes est la plus
grande, on portera son excès P″Q″ sur celle des vallées en sens inverse.
Il suffit alors de joindre Q′Q″ au moyen d'une courbe d'erreur pour obtenir par son intersection avec la verticale P′P″ le point P qui détermine
l'horizontale cherchée CP. La ligne Q′Q″ est une droite dans le cas
actuel, parce que le contour du mouvement des terres ne présente pas
d'angle entre les horizontales P′ et P″. Mais en général cette ligne est
une courbe désignée sous le nom de *courbe d'erreur*.

Nous emploierons souvent cette méthode, qui correspond entièrement
à la méthode connue en arithmétique sous le nom de *méthode de fausse
position*. Le principe général des courbes d'erreur est le suivant : Si l'on
a trouvé, en essayant certaines valeurs d'une inconnue à déterminer, des
erreurs telles que $+ P′Q′$ et $- P″Q″$, on les porte comme ordonnées dans
une direction et à une échelle quelconques à partir d'un axe des abcisses
P′P″, en tenant compte de leurs signes et de manière que ces ordonnées
aient une relation déterminée, mais quelconque d'ailleurs, avec les valeurs correspondantes de l'inconnue (dans l'exemple précédent, les ori-
gines P′P″ des ordonnées déterminent elles-mêmes les horizontales
essayées comme solutions); la courbe d'erreur s'obtient en joignant les
extrémités des ordonnées; cette courbe coupe l'axe des abscisses en un
point P qui détermine la solution exacte. Dans le cas actuel, l'horizontale cherchée passe elle-même par le point P.

D'après ce qui précède, la position la plus favorable de la ligne de
répartition détermine les longueurs de toutes les sections de transport,
pour lesquelles les frais de transport sont un minimum.

Autrefois, dans les chemins de fer bavarois, on ne se servait de cette
épure du mouvement des terres que pour la détermination graphique
des sections de transport; mais, dans ces derniers temps, les ingénieurs
des lignes suisses s'en sont servis pour déterminer en outre les frais de
transport eux-mêmes, en mesurant les surfaces des montagnes et des
vallées au moyen du planimètre.

On prétend souvent que l'approximation des frais de transport déterminés par ce procédé est insuffisante pour un projet définitif. Supposons,
pour nous faire une idée de cette approximation, que l'échelle des longueurs soit de 1 : 2000, et que celle des cubes soit telle que 1 millimètre
représente 1000 mètres cubes. Avec ces échelles, un très grand déblai, de
150 000 mètres cubes, par exemple, sera représenté par une hauteur de
$0^m,15$. Comme les longueurs des ordonnées sont obtenues par le calcul,

on pourra les porter tout à fait exactement, et la seule erreur que l'on puisse commettre est celle qui résultera de l'emploi du planimètre. Admettons que, sur une surface d'environ 250 centimètres carrés, on commette une erreur de 1/2 centimètre carré ; cette erreur représentera la 500ᵉ partie des frais du déblai ; elle correspondra au transport de 10 000 mètres cubes à 10 mètres de distance, ou de 200 mètres cubes à une distance moyenne de 500 mètres. Cette quantité peut certainement être négligée par rapport à un déblai aussi considérable, et l'approximation est suffisante. Les prix de terrassements ne peuvent d'ailleurs pas, en général, être calculés avec une approximation de 1 : 500.

Si, dans les travaux, on emploie différents modes de transport, il faudra évidemment mesurer à part la surface correspondant à chaque mode de transport et la multiplier par le prix qui lui est affecté.

34. CALCUL GRAPHIQUE DES TERRASSEMENTS

Nous terminerons ce chapitre en montrant par un exemple comment l'on peut se servir des méthodes exposées jusqu'ici pour exécuter graphiquement tous les calculs relatifs aux questions de terrassements : il nous suffira pour cela de présenter un résumé d'ensemble des constructions exécutées sur la Pl. VI, et qui ont déjà été indiquées séparément.

La Pl. VI₁ représente un profil en long. Si chaque profil en travers était donné, on pourrait réduire ces profils à la base de 10 centimètres au moyen du tableau graphique des surfaces (Pl. IV). Pour simplifier les constructions, nous avons supposé ici que les profils en travers avaient la forme simple ABC (Pl. VI₄) pour le remblai et A₁B₁C pour le déblai. En les réduisant à la base double $OH = 2b$, on obtient (d'après le nᵒ 19, p. 91) la parabole OO'O″ comme courbe de réduction, et O'X' et O″X″ comme axes des abscisses pour les remblais et les déblais ; de sorte qu'une ordonnée y de la parabole pour une certaine hauteur ou pour une certaine profondeur du profil représentera la surface réduite, c'est-à-dire que cette surface sera égale à by.

Si l'on porte toutes ces ordonnées y (Pl. VI₁) à partir de la ligne des terrassements sur les verticales des profils correspondants, on obtiendra la ligne pointillée. La surface de ce nouveau profil, comprise entre deux ordonnnées successives, est égale à l'ordonnée moyenne multipliée par leur distance ; elle est par conséquent proportionnelle au cube des terrassements compris entre les deux profils, puisque l'ordonnée moyenne est proportionnelle à la surface du profil en travers moyen. Le cube lui-même s'obtiendra en multipliant par b la surface du profil pointillé. Pour tenir compte, dans cette réduction, de l'erreur que l'on commet en multipliant la surface moyenne par la distance, il suffira de retrancher le triangle d'erreur des deux ordonnées successives.

Transformons toutes ces surfaces en triangles de hauteur constante h, nous obtiendrons de nouvelles bases qui seront proportionnelles aux cubes. Ainsi, pour le déblai commençant en V^d, les longueurs $O''1$, $1\,2$, $2\,3$, etc., sont proportionnelles aux cubes des déblais entre V^d et V^e, V^e et VI^a, VI^a et VI^b, etc. ; et ces déblais eux-mêmes s'obtiennent en multipliant les longueurs correspondantes par la surface constante bh. Comme ce déblai est très considérable, nous avons réduit les surfaces à la hauteur $2h$; toutes les bases obtenues devront donc être doublées. Si maintenant on mesure la longueur totale $O''5$ au moyen d'une échelle dont les divisions correspondent à la valeur des frais constants de transport, plus les prix d'extraction, multipliée par bh, on obtiendra la partie des dépenses relative au déblai qui suit le profil V^d. Il nous paraît inutile de montrer comment l'on pourrait tenir compte de modes de transport et de natures de déblais différents et trouver les dépenses correspondantes.

Ces mêmes longueurs, portées sur la verticale V^d dans la Pl. VI_2, donnent les différences de hauteur qui correspondent, sur la courbe du mouvement des terres, aux divers profils, et les surfaces des parties comprises entre cette courbe et une horizontale déterminant la répartition des sections de transport, fournissent la partie variable des frais de transport que l'on obtient au moyen du planimètre, en multipliant la surface trouvée par bh fois l'unité de prix de ces transports.

35. COMBINAISON DES LIGNES AVEC LES SURFACES, LES VOLUMES, LES MOMENTS

Nous avons montré dans l'exemple précédent comment les surfaces devenaient proportionnelles à des longueurs par leur réduction à une base déterminée ; comment ces longueurs, combinées avec d'autres, donnaient des surfaces proportionnelles à des volumes ; et enfin comment ces dernières surfaces pouvaient être réduites à une nouvelle base et représentées par des droites proportionnelles aussi à ces mêmes volumes ; de même, ces droites, combinées avec de nouvelles longueurs, donnent des surfaces proportionnelles à des moments statiques ou au produit d'une longueur par un volume; ces surfaces elles-mêmes peuvent être réduites de nouveau, et ainsi de suite.

On voit donc déjà qu'on peut déterminer graphiquement des moments statiques et des moments d'ordre plus élevé, tels que des moments d'inertie; mais il existe pour cela des méthodes plus appropriées à ces réductions. Nous les étudierons dans les chapitres suivants.

DEUXIÈME PARTIE

COMPOSITION DES FORCES

CHAPITRE I

36. DES FORCES EN GÉNÉRAL

M. le professeur Albert Mousson dit, dans son ouvrage (*) *La physique basée sur l'expérience*, Zurich, 1858 (1ᵉʳ volume, p. 26 et 27), en parlant des forces :

« Nous ne connaissons l'existence et la nature des forces que par l'observation de leurs effets; c'est par conséquent dans leurs effets que nous devons rechercher leurs caractères propres. Une force est définie complètement lorsqu'on donne :

« 1° Son point d'application, c'est-à-dire l'élément matériel sur lequel elle agit immédiatement;

« 2° Sa direction, ou la ligne suivant laquelle se déplacerait son poin d'application, si la force agissait seule et sans être contrariée;

« 3° Sa grandeur ou son intensité rapportée à une unité de force bien déterminée.

« Quand une force agit seule sur un corps, et sans que son effet soit contrarié, elle se manifeste en communiquant à ce corps un mouvement ou en développant une certaine quantité de mouvement. La quantité de mouvement ainsi développée sert à mesurer l'intensité de la force, à condition cependant que les forces à comparer aient agi pendant le même temps et sans s'être modifiées. Diverses forces P, P′ sont par suite proportionnelles aux quantités de mouvement qu'elles développent, et, si l'on désigne par m et m' les masses mises en mouvement, par g et g' les accélérations communiquées pendant l'unité de temps, on a

$$ \mathrm{P} : \mathrm{P}' = mg : m'g', $$

(*) *Physik auf Grundlage der Erfahrung.*

ou, si les formes agissent sur le même corps,

$$P : P' = g : g'.$$

« On admet que l'unité de force est celle qui, *dans l'unité de temps, est capable de communiquer à l'unité de masse une accélération égale à l'unité de longueur* (*). Si un obstacle empêche le corps, sur lequel la force agit, de se mettre en mouvement, la force se manifeste à l'état de pression. La pesanteur, par exemple, peut se manifester soit par la chute d'un corps, soit par la pression que ce corps exerce sur la main qui le supporte, pression que l'on appelle *poids*. Pour mesurer les forces qui agissent par pression, on se sert comme unité de la pression produite par l'*unité de poids*.

« Les deux manières de déterminer l'intensité d'une force soit par l'*unité de quantité de mouvement communiquée dans l'unité de temps, soit par l'unité de poids*, ne sont pas en contradiction, car l'expérience montre que la pression de deux forces qui agissent d'une manière continue est proportionnelle aux quantités de mouvement qu'elles peuvent produire. En outre on peut considérer chaque pression P donnée en unités de poids comme une quantité de mouvement produite par une réaction égale, ou comme l'équivalent de la quantité de mouvement que la pesanteur pourrait produire sur la masse correspondante à ce poids, en agissant d'une manière continue pendant l'unité de temps. Par suite, si l'on représente par m la masse et par g l'accélération due à la pesanteur, on aura

$$P = mg;$$

d'où l'on déduit :

$$m = \frac{P}{g}.$$

« Comme les forces qui agissent sans être contrariées dans leur action ne peuvent se manifester que par les mouvements qu'elles produisent, on peut appliquer aux forces tout ce que l'on a dit précédemment de la composition, de l'équivalence et de la décomposition des mouvements.

« Pour déterminer la résultante de plusieurs forces indépendantes, agissant sur une même molécule, résultante qui n'est autre chose que la force qui, agissant seule, produirait le même effet, on représente les forces par des lignes de longueurs proportionnelles à leurs intensités, et

---

(*) Dans cette citation, nous avons laissé de côté tout ce qui se rapportait aux différents systèmes de mesures, et remplacé les termes *seconde, gramme, mètre,* par *unité de temps, de poids, de longueur*.

on les traite comme des lignes représentant des mouvements. Le mouvement résultant que l'on obtient par le parallélogramme ou le polygone représente la résultante des forces en direction et en grandeur. »

Nous ne croyons pas nécessaire de répéter ce que M. le professeur Mousson dit à la page 22 de son ouvrage sur la composition des mouvements ; le lecteur pourra facilement compléter ces notions succinctes et s'assurer que cette conception des propriétés physiques des forces conduit au théorème suivant :

Si l'on représente la direction et l'intensité (ou grandeur) des forces par la direction et la longueur de lignes, la composition des forces n'est autre chose que l'addition des lignes, telle qu'elle est exposée au n° 1, p. 4, addition dont le parallélogramme des forces n'est qu'un cas particulier.

Tout en adoptant cette conception physico-dynamique des forces, nous devons faire remarquer que la statique ne s'occupe que des pressions et des poids produits par les forces, et nullement des mouvements qu'elles engendrent, mouvements dont l'étude est du domaine de la dynamique. Aussi a-t-on l'habitude dans la statique d'employer le mot *force* pour celui de *pression* ou de *poids*, bien qu'il y ait là réellement une interversion de la cause à l'effet.

37. LE PARALLÉLOGRAMME DES FORCES

Comme la statique ne s'occupe pas du mouvement qui pourrait être engendré par les forces, mais qu'elle les considère seulement au point de vue de leur équilibre, on comprend qu'on se soit efforcé, dans tous les traités pour l'enseignement de la statique pure, de ne rien emprunter à la dynamique et de trouver des démonstrations qui n'émanent pas de l'idée de mouvement.

En commençant par l'équilibre de trois forces, on a cherché une démonstration directe du parallélogramme des forces.

Cette démonstration, sans l'aide de la dynamique, ne paraît pas possible, car toutes les démonstrations que l'on a tentées supposent les trois propositions suivantes :

Si trois forces d'intensités A, B, C, dont les azimuths sont α, β, γ, sont en équilibre :

1° Elles passent toutes trois par un même point ; elles sont situées dans un même plan, et la direction de l'une quelconque d'entre elles, γ, par exemple, est une fonction du rapport $\dfrac{A}{B}$ des deux autres. En outre cette direction ne change pas quand les deux forces sont augmentées dans un même rapport, par exemple doublées.

2° Quand les directions de A et B, c'est-à-dire α et β, sont supposées constantes, il y a, pour chaque valeur du rapport $\dfrac{A}{B}$, une seule et même direction toujours réelle de la troisième force C; en d'autres termes, le rapport $\dfrac{A}{B}$ et la direction γ de C sont projectifs.

3° Quand une des trois forces devient égale à 0, les deux autres sont égales et de sens contraire, et quand deux forces sont égales entre elles, la troisième divise en deux parties égales l'angle formé par leurs directions. Ainsi

$$\text{pour} \quad A = 0, \quad \gamma = \beta - 180°,$$
$$\text{pour} \quad B = 0, \quad \gamma = \alpha - 180°,$$
$$\text{si} \quad A = B, \quad \gamma = \frac{1}{2}(\alpha + \beta) - 180°.$$

On essaye quelquefois de démontrer la première proposition en disant que l'on ne change évidemment rien en changeant l'unité au moyen de laquelle les forces A et B sont exprimées, et que par conséquent γ doit être une fonction du rapport $\dfrac{A}{B}$.

Dans toutes les démonstrations on admet les propositions n° 3 comme des axiomes se comprenant par eux-mêmes. Quant à la proposition n° 2, elle ressort de la forme analytique donnée à la plupart des démonstrations.

En admettant ces propositions, on peut immédiatement arriver de la manière suivante au triangle des forces (demi-parallélogramme) qui représente l'équilibre de trois forces.

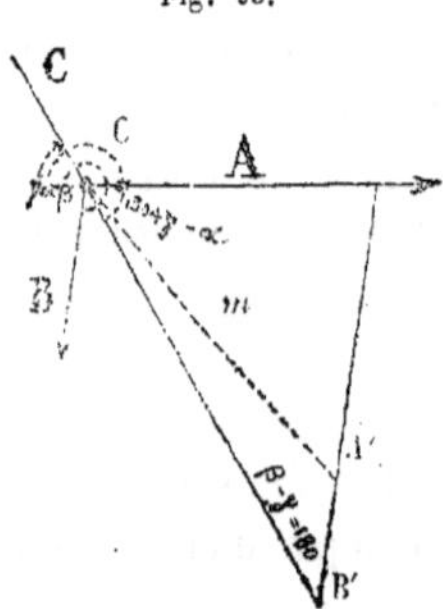

Fig. 95.

Comme, d'après la proposition n° 2, la direction de la troisième force ne dépend que du rapport $\dfrac{A}{B}$, nous pouvons, sans nuire à la généralité de la démonstration, considérer l'une de ces deux forces, A par exemple, comme constante, et faire varier seulement l'autre force B. Portons, à l'extrémité de A (*fig.* 95), B' = B en grandeur et en direction.

Si l'on fait B = 0, la direction de C devra coïncider avec celle de A; elle passera donc par l'extrémité de B'.

Si l'on fait $A = 0$, ce qui revient à prendre $\dfrac{B}{A} = \infty$ ou $B = \infty$, puisque nous représentons A par une longueur constante, la direction de C coïncide avec celle de B et passe par le point à l'infini des parallèles à B, c'est-à-dire encore par l'extrémité de B′.

Enfin, si l'on fait $B = A$, la ligne m, qui projette du point O l'extrémité de B′, partage en deux parties égales l'angle $AOB = \beta - \alpha$, et coïncide par suite avec C, d'après la partie de la proposition 3 qui se rapporte au cas de $\dfrac{B}{A} = 1$. Il y a donc trois rayons du faisceau C (faisceau qui est projectif au rapport $\dfrac{B}{A}$ ou à la longueur B, si l'on prend $A = 1$), qui passent par les extrémités correspondantes de B′. Par conséquent ce faisceau est perspectif au faisceau B′ formé en menant tous les B par l'extrémité de A, et toutes les directions de C passent par les extrémités correspondantes de B′.

Par suite on en déduit (v. *fig.* 95)

$$\frac{A}{\sin(\gamma - \beta)} = \frac{B}{\sin(\alpha - \gamma)}.$$

Si l'on détermine de la même manière la direction de A au moyen du rapport $\dfrac{B}{C}$, on obtient :

$$\frac{B}{\sin(\alpha - \gamma)} = \frac{C}{\sin(\beta - \alpha)};$$

par conséquent en général

$$\frac{A}{\sin(\gamma - \beta)} = \frac{D}{\sin(\alpha - \gamma)} = \frac{C}{\sin(\beta - \alpha)}.$$

Donc :

Trois forces agissant sur un même point, et qui sont en équilibre, se comportent en grandeur et en direction comme les côtés d'un triangle qui sont respectivement parallèles aux forces et sont proportionnels aux grandeurs de ces forces.

Analytiquement, on arrive de la manière suivante aux mêmes résultats. Le rapport $\dfrac{A}{B}$ et le faisceau C étant projectifs, $\dfrac{A}{B}$ et $\operatorname{tg}\gamma$ doivent satisfaire à une équation du premier degré relativement à chacune de ces quantités. L'équation doit par suite être de la forme :

$$a\,\frac{A}{B}\,\operatorname{tg}\gamma + b\,\operatorname{tg}\gamma + c\,\frac{A}{B} + d = 0,$$

ou bien

$$a\mathrm{A}\,\mathrm{tg}\,\gamma + b\mathrm{B}\,\mathrm{tg}\,\gamma + c\mathrm{A} + d\mathrm{B} = 0.$$

Pour déterminer les coefficients indéterminés a, b, c, d, on substitue successivement les trois valeurs de A et B indiquées plus haut dans la proposition 3, et on obtient les trois équations :

$$(a + b)\mathrm{tg}\,\tfrac{1}{2}(\alpha + \beta) + c + d = 0,$$
$$a\,\mathrm{tg}\,\alpha \quad + c = 0,$$
$$b\,\mathrm{tg}\,\beta \quad + d = 0,$$

d'où l'on tire

$$\frac{a}{\cos\alpha} = \frac{b}{\cos\beta} = \frac{c}{-\sin\alpha} = \frac{d}{-\sin\beta}.$$

La substitution de ces valeurs de a, b, c, d dans l'équation générale ci-dessus donne :

$$\frac{a}{\sin(\gamma - \beta)} = \frac{b}{\sin(\alpha - \gamma)}.$$

On démontrera de la même manière que chacun de ces rapports est aussi égal à $\dfrac{c}{\sin(\beta - \alpha)}$. On a, par suite d'une façon générale comme précédemment :

$$\frac{A}{\sin(\gamma - \beta)} = \frac{B}{\sin(\alpha - \gamma)} = \frac{C}{\sin(\beta - \alpha)}.$$

38. COMPOSITION DE FORCES QUI AGISSENT SUR UN MÊME POINT

Quand trois forces A_1, A_2, C qui agissent sur un même point sont en équilibre, il est évident que la force C est égale et directement opposée à la résultante de A_1 et de A_2. Ainsi, si l'on porte les forces A_1 et A_2 l'une à la suite de l'autre, à partir d'une origine O, en grandeur et en direction, c'est-à-dire si l'on additionne, comme il a été dit au n° 1, p. 4, les lignes qui représentent les forces A_1 et A_2, la somme S_{12} de ces deux forces sera représentée en grandeur et en direction (*fig.* 96) par la ligne qui réunit l'origine O à l'extrémité du contour $A_1 + A_2$. Si l'on agit à l'égard de la ligne S_{12} qui a son origine en O comme à l'égard de A_1, et que l'on ajoute à partir de son extrémité, c'est-à-dire à partir de l'extrémité du contour $A_1 + A_2$, la force A_3, on obtient évidemment la somme

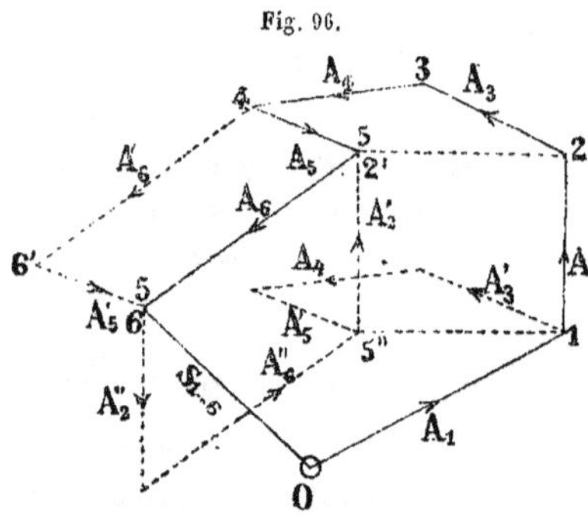

Fig. 96.

des trois forces $S_{1\ldots3} = A_1 + A_2 + A_3$, et ainsi de suite jusqu'à la dernière force A_6. La force O_6 représente alors en grandeur et en direction la somme $S_{1\ldots6}$ des six forces données. Dans cette construction, les forces A peuvent avoir des directions quelconques dans l'espace, et la *fig.* 96 peut être considérée comme une projection parallèle. Si cette composition de forces devait être réellement opérée, il serait nécessaire, pour déterminer la grandeur et la position des forces A, d'avoir deux de ces projections, et l'on projetterait les lignes d'après les règles ordinaires de la géométrie descriptive.

La détermination de la résultante revient donc, comme nous l'avons déjà fait remarquer, à l'addition de lignes; l'extrémité du contour obtenu donne le résultat de cette addition ou la somme. Ainsi, ce n'est que dans le cas où toutes les lignes ou forces ont la même direction, que la distance de l'origine à l'extrémité du contour est égale à la somme ou à la différence algébrique de toutes les lignes ou forces; et de même que du résultat de l'addition de plusieurs nombres on ne peut déduire la grandeur des divers éléments additionnés, on ne peut déduire ici, de la seule position de l'extrémité, celle des divers sommets du contour.

La *fig.* 96 donne non seulement la somme des forces A_{1-6}, mais encore la somme partielle d'un nombre quelconque de forces consécutives. Ainsi la force 2 — 5 est la somme des forces A_{345}.

De l'examen du parallélogramme formé par les quatre forces $A_5 A_6 A'_5 A'_6$, dans lequel les forces A'_5 et A'_6 sont respectivement égales en grandeur et en direction à A_5 et A_6, on conclut que l'on arrive à la même extrémité 6 et par suite aussi à la même somme S_{1-6} quand on intervertit dans l'addition l'ordre des forces A_5 et A_6. Il en serait de même de deux autres forces quelconques, par exemple, de la force $25 = 15''$, somme des forces A_{345} et $A_2 = A'_2$, puisque $1255''$ est un parallélogramme. On ne peut réunir que d'une seule manière les points 1 et $5''$ par un tracé A'_{345} dont les divers éléments soient en grandeur et en direction égaux à ceux du tracé 2, 3, 4, 5. Par suite, en partant du point 1, on arrive au même point 5 ou 2', soit qu'on ajoute les forces suivant l'ordre A_{2345}, soit qu'on les ajoute suivant l'ordre A'_{3452}. On ne change donc pas la direction et la grandeur de S_{1-6} quand on intercale la ligne A_2 entre A_5 et A_6 au lieu de la laisser entre A_1 et A_3. On peut de la même manière déplacer toute autre ligne et lui faire occuper une position quelconque dans le contour. Donc : *dans les additions de ce genre, la somme est indépendante de l'ordre suivant lequel les diverses forces ont été composées.*

Par analogie avec ce qui a été dit au n° 1, p. 7, de la soustraction des lignes, nous entendrons par soustraction de forces l'introduction de ces forces dans le contour avec un signe contraire. Dans la *fig.* 96, les forces

A_2 et A_6 ont été retranchées de S_{1-6}, ce qui veut dire que nous avons formé la somme de S_{1-6} avec $-A''_2$ et $-A''_6$, A''_2 étant égal à A_2, et A''_6 à A_6. Il est clair que le résultat doit être égal à $O5''$, somme de $A_{1\,3\,4\,5}$; nous avons en effet démontré que le résultat final est indépendant de l'ordre de succession des lignes; par conséquent nous obtiendrons la même somme $O5''$ en additionnant dans l'ordre suivant :

$$A_1 + A_3 - A''_2 + A_3 + A_4 + A_5 + A_6 - A''_6.$$

En effectuant la somme $A_2 - A''_2$, on avance et on recule d'une même quantité, et on reste ainsi au même point du contour; il en résulte que les additions $A_2 - A''_2$ et $A_6 - A''_6$ sont sans effet sur le résultat final, qui doit, par suite, être égal à la somme $A_{1\,3\,4\,5}$.

On en déduit que, lorsqu'on introduit dans un tracé deux forces égales et de sens contraire, ces deux forces se détruisent mutuellement.

La *fig.* 97 montre d'une manière spéciale que l'on arrive à la même somme lorsqu'on néglige complètement deux forces égales et de sens contraire, par exemple les forces A_3 et A_7. Tout le contour $A_{4\,5\,6}$ peut se transporter parallèlement à lui-même le long de ces deux forces à l'autre extrémité de A_3 et A_7, sans que les relations d'équilibre des autres forces soient troublées. Ces deux forces se détruisent donc sans rien changer aux relations d'équilibre des autres forces. On arrive au même résultat en plaçant dans le contour les forces A_3 et A_7 immédiatement à la suite l'une de l'autre.

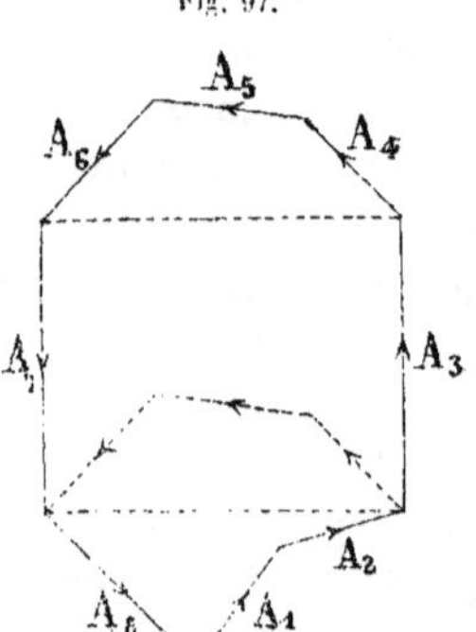

Fig. 97.

Si, dans un contour fermé, il se trouve des forces de sens différent (*), la somme de toutes les forces de même sens est égale à la somme de toutes les forces de sens contraire. On peut s'en convaincre facilement en composant toutes les forces de même sens. Dans le contour 12...8 (*fig.* 98), nous avons donné le même sens aux forces 1, 2, 4, 6 d'une part et aux forces 3, 5, 7, 8 de l'autre; en composant toutes ces forces dans l'ordre 1, 2, 4, 6, 3, 5, 7, 8, on voit que les forces 1, 2, 4, 6 et 8, 7, 5, 3 ont la même somme $O(3 - 6)$.

(*) Dans un contour polygonal, dont les côtés représentent des forces en grandeur et en direction, les forces ont le même sens si un mobile qui suit le contour les parcourt toutes dans le même sens, c'est-à-dire en allant constamment de l'origine de chaque force à son extrémité, ou inversement.

Si plusieurs forces agissant sur un même point peuvent former un contour fermé tel que toutes les forces aient le même sens, la résultante de ces forces est égale à 0, et les forces sont en équilibre.

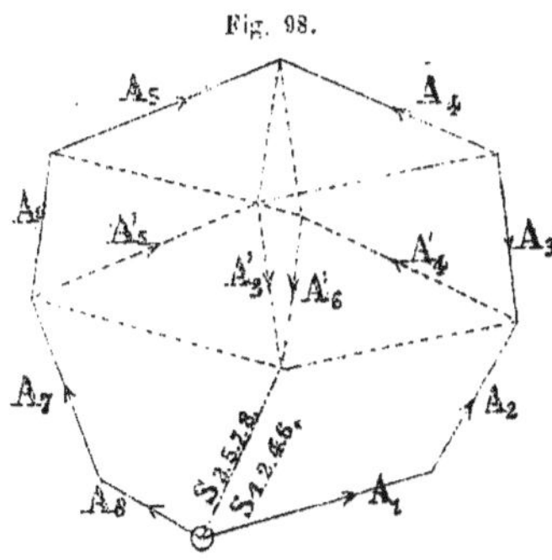

Si, dans un contour fermé (dans lequel le sens des forces est indiqué par des flèches), une flèche a un sens opposé à celui de toutes les autres, la force correspondant à cette flèche doit être considérée comme la résultante de toutes les autres.

Si $m + n$ forces en équilibre donnent un polygone fermé tel que toutes les flèches aient le même sens, la résultante des m forces est égale et directement opposée à celle des n autres.

Ce que nous venons de dire s'applique d'une façon générale, quelle que soit la position des lignes dans l'espace, et par suite aussi quand le contour résultant de la composition des forces se trouve tout entier dans un plan (c'est-à-dire quand toutes les directions coupent une droite à l'infini déterminée), et nous n'avons rien à ajouter pour ce cas.

Nous devons faire observer en outre que les angles des forces, dans le *polygone des forces*, dénomination que nous donnerons désormais au contour des forces, sont les suppléments des angles que celles-ci font réellement entre elles.

Tout ce que nous avons dit précédemment de la grandeur et du sens des lignes s'applique à la grandeur et au sens des forces. Lorsqu'une force sera désignée dans le texte par les numéros ou les lettres de ses extrémités, l'ordre de ces numéros ou de ces lettres exprimera la direction de la force, et la pointe de la flèche sera dirigée vers le dernier numéro ou la dernière lettre. Ainsi, la force $\overrightarrow{AB}$ est égale et directement opposée à la force $\overleftarrow{BA}$.

39. COMPOSITION ANALYTIQUE DE FORCES FORMANT UNE GERBE (*)

Nous nous appuierons sur la proposition démontrée au n° 37, p. 149, que trois forces en équilibre peuvent être représentées en grandeur et en direction par les grandeurs et les directions des trois côtés d'un triangle, c'est-à-dire d'une *figure fermée*.

(*) Une gerbe est une forme géométrique composée de lignes droites passant par un même point, mais non situées dans un même plan; c'est le faisceau dans l'espace.

Désignons, dans un système de coordonnées obliques ou rectangulaires, par X_i, Y_i, Z_i, les coordonnées de l'extrémité d'une force A_i ayant son point d'application à l'origine des coordonnées. Nous aurons, entre trois forces en équilibre, A_0, A_1, A_2, les relations :

$$X_0 + X_1 + X_2 = 0,$$
$$Y_0 + Y_1 + Y_2 = 0,$$
$$Z_0 + Z_1 + Z_2 = 0.$$

La résultante S_{12} des forces A_1 et A_2 étant une force telle que, changée de sens, elle soit en équilibre avec A_1 et A_2, on aura

$$X_{12} = X_1 + X_2,$$
$$Y_{12} = Y_1 + Y_2,$$
$$Z_{12} = Z_1 + Z_2.$$

Si maintenant nous composons la résultante S_{12} avec une troisième force A_3, nous aurons de la même manière :

$$X_{1\cdot3} = X_{12} + X_3 = X_1 + X_2 + X_3,$$

et, par suite, d'une façon générale :

$$X_{1\ldots n} = \Sigma X_i, \quad Y_{1\ldots n} = \Sigma Y_i, \quad Z_{1\ldots n} = \Sigma Z_i,$$

le signe Σ s'étendant à toutes les forces à composer.

Afin de comprendre dans une formule unique ces trois formules que nous avons données sous leur forme usuelle, multiplions tous les X par une variable ξ, tous les Y par une variable η, tous les Z par une variable ζ, et posons

$$\alpha'_i = X_i\xi + Y_i\eta + Z_i\zeta.$$

Si nous appelons $\sigma_{1\ldots n}$ le α'_i correspondant à la résultante $S_{1\ldots n}$, nous aurons évidemment :

$$\sigma_{1\ldots n} = X_{1\ldots n}\xi + Y_{1\ldots n}\eta + Z_{1\ldots n}\zeta = \sum_{1}^{n} \alpha'_i.$$

Pour donner à cette formule une valeur pratique, nous allons lui attribuer une signification géométrique, et les propriétés de la forme géométrique à laquelle nous assimilerons la formule seront aussi applicables à celle-ci.

Nous admettrons que ξ, η, ζ soient les coordonnées pluckériennes d'un plan, c'est-à-dire les inverses changées de signe des segments interceptés sur les axes de coordonnées par un plan variable (*). Alors $\alpha'_i = 0$ sera l'équation du point à l'infini de la force A_i, et $\alpha'_i + 1 = 0$ celle de son extrémité.

Soient maintenant a_i, b_i, c_i les coordonnées d'un point quelconque pris sur la direction de la force A_i. Cette direction sera représentée d'une façon générale par l'équation

$$a_i\xi + b_i\eta + c_i\zeta = 0$$

de son point à l'infini, et on aura entre les coordonnées du point $(a_i b_i c_i)$ et celles de l'extrémité de la force $(X_i Y_i Z_i)$ les relations :

$$\frac{X_i}{a_i} = \frac{Y_i}{b_i} = \frac{Z_i}{c_i} = \frac{A_i}{\left[e_i = \sqrt{a_i^2 + b_i^2 + c_i^2 + 2b_i c_i \omega_1 + 2c_i a_i \omega_2 + 2a_i b_i \omega_3}\right]}.$$

(*) Voir la note B.

ω_1, ω_2 et ω_3 étant les cosinus des angles formés par les axes de coordonnées, et e_i la distance du point $a_i b_i c_i$ à l'origine. On déduit de ces relations :

$$\alpha'_i = (a_i \xi + b_i \eta + c_i \zeta) \frac{A_i}{e_i}.$$

Posons

$$\alpha_i = \frac{1}{e_i} (a_i \xi + b_i \eta + c_i \zeta).$$

Nous appellerons $\alpha_i = 0$ la forme normale de l'équation du point à l'infini sur la direction de la force A_i. Cette forme normale n'est autre que l'équation du point de la direction A_i situé à l'unité de distance de l'origine, diminuée de 1.

Nous aurons par suite $\alpha'_i = A_i \alpha_i$, et l'équation du point à l'infini de la résultante sera

$$\sigma_{1\cdots n} = \Sigma A_i \alpha_i = 0.$$

L'équation de l'extrémité de la résultante sera

$$\sigma_{1\cdots n} + 1 = \Sigma A_i \alpha_i + 1 = 0.$$

De là on déduit pour la grandeur de la résultante :

$$S_{1\cdots n} = \sqrt{\left(\Sigma A_i \frac{a_i}{e_i}\right)^2 + \left(\Sigma A_i \frac{b_i}{e_i}\right)^2 + \left(\Sigma A_i \frac{c_i}{e_i}\right)^2 + 2\left(\Sigma A_i \frac{b_i}{e_i}\right)\left(\Sigma A_i \frac{c_i}{e_i}\right)\omega_1 + 2\left(\Sigma A_i \frac{c_i}{e_i}\right)\left(\Sigma A_i \frac{a_i}{e_i}\right)\omega_2 + 2\left(\Sigma A_i \frac{a_i}{e_i}\right)\left(\Sigma A_i \frac{b_i}{e_i}\right)\omega_3}.$$

Si, dans les formules qui précèdent, nous regardons comme ayant le signe positif la résultante $S_{1\cdots n}$ et tous les A_i, la ligne d'application d'une force sera déterminée sans ambiguïté par les signes de $\frac{a_i}{e_i}, \frac{b_i}{e_i}, \frac{c_i}{e_i}$, et la force elle-même par les signes des sommes correspondantes (*).

Il résulte de la nature même de l'équation que, lorsque toutes les forces données sont situées dans un plan, la résultante elle-même est située dans ce plan. Si nous prenons dans ce plan les axes des x et des y, nous obtiendrons les formules correspondantes en remplaçant simplement dans les formules trouvées plus haut c et Z par 0.

Nous écrirons de nouveau les formules pour le cas d'un plan. L'équation générale du point à l'infini de la force A_i sera

$$a_i \zeta + b_i \eta = 0,$$

et sa forme normale

$$\alpha_i = \frac{1}{e_i} (a_i \xi + b_i \eta) = 0,$$

où

$$e_i = \sqrt{a_i^2 + b_i^2 + 2a_i b_i \omega},$$

ω étant l'angle des axes des coordonnées.

L'équation du point à l'infini de la résultante sera

$$\sigma_{1\cdots n} = \Sigma A_i \alpha_i = 0,$$

---

et la grandeur de cette résultante

$$S_{1\dots n} = \sqrt{\left(\Sigma A_i \frac{a_i}{e_i}\right)^2 + \left(\Sigma A_i \frac{b_i}{e_i}\right)^2 + 2\left(\Sigma A_i \frac{a_i}{e_i}\right)\left(\Sigma A_i \frac{b_i}{e_i}\right)\omega}.$$

En faisant successivement dans $\sum_{1}^{n} A_i \alpha_i + 1 = 0$, $n = 1,\ 2\dots n$, on obtient n points correspondant aux sommets du *polygone des forces*, que l'on obtiendrait graphiquement par l'addition des lignes représentant les forces (n° 38, p. 150). Nous voyons ainsi, comme nous l'avons fait remarquer dans l'introduction, que la composition graphique et la composition analytique des forces sont des opérations identiques.

40. ÉQUILIBRE DE QUATRE FORCES FORMANT UNE GERBE

De même que dans le plan les grandeurs relatives de trois forces en équilibre sont déterminées dès que leurs directions sont données, de même, dans l'espace, les grandeurs relatives de quatre forces en équilibre formant une gerbe sont déterminées par leurs directions. Si, par exemple, on compose les quatre forces ABCD qui agissent sur le point 0, et qu'en conservant cet ordre, on forme un quadrilatère gauche, l'extrémité de B ou le sommet BC se trouvera à la fois dans chacun des plans AB et CD, et par suite sur leur ligne d'intersection; mais comme ces deux plans sont complètement déterminés d'une part par le point O, d'autre part par la direction des lignes A et B, C et D qui se trouvent respectivement dans ces plans, il s'ensuit que la ligne d'intersection O(BC) est complètement déterminée.

Par suite si l'on mène, par un point quelconque de cette ligne d'intersection, des parallèles à B et à C, elles couperont les directions de A et D. Si l'on menait ces parallèles à B et à C par un point pris en dehors de la ligne d'intersection, elles ne couperaient plus les lignes A et D. Si l'on déplace le point choisi sur O(BC), les longueurs des côtés du contour varieront en restant proportionnelles.

Si l'on intervertit l'ordre des quatre forces ABCD, on peut construire, comme on l'a dit au n° 38, dans le nouvel ordre de succession, un contour fermé dont les côtés seront égaux à ceux du premier tracé. Comme on peut en dire autant de tout ordre suivi pour la composition des forces, il en résulte que le rapport de quatre forces formant une gerbe est entièrement déterminé par leurs directions.

Si l'on fait varier l'ordre de ABC en laissant D à l'extrémité du contour, on obtient tous les sommets d'un parallélipipède oblique dont D est la diagonale; ce parallélipipède est une figure géométrique tout à fait analogue au parallélogramme des forces. Si l'on fait varier également D dans l'ordre de succession, on obtient huit parallélipipèdes, et chaque force figure deux fois comme diagonale, quand elle est la dernière de la série : ces huit parallélipipèdes ferment tout l'espace autour de l'origine.

41. COMPOSITION DE FORCES QUELCONQUES DANS LE PLAN

Soit à déterminer la résultante des forces P_1, P_2 ... P_9, qui sont données sur la Pl. V_4, en direction et en position, par les lignes P_1, $22''$, 33_1, où les chiffres sont considérés comme les indices de P.

On prolonge P_1 jusqu'à son point d'intersection 2 avec la force P_2; on compose, d'après les règles données plus haut, P_1 et P_2 pour former leur résultante P_{12}. On prolonge cette résultante P_{12} des deux premières forces jusqu'à son point d'intersection 3 avec P_3; à partir de 3, on compose P_{12} et P_3, et l'on obtient la résultante P_{123}; celle-ci peut ensuite être prolongée jusqu'à P_4, et ainsi de suite jusqu'à ce que toutes les forces données soient ramenées à leur résultante.

Comme il est pratiquement très facile de mener des parallèles, il est préférable d'opérer à part la composition des forces au moyen d'une figure spéciale (Pl. V_5). Pour cela on porte en 1, à partir d'un point O arbitrairement choisi, la force P_1 en direction et en grandeur, et l'on ajoute à cette force la force P_2 (2); le triangle qui projette du point O la force P_2 est égal au triangle $P_1 P_2 P_{12}$ (Pl. V_4); la ligne 23, menée par le point 2 de la *fig.* 4, parallèlement à O (23) de la *fig.* 5, sera par suite la position de la résultante P_{12}, et la ligne O (23) (*fig.* 5) fait connaître la direction et la grandeur de cette résultante. Si l'on ajoute (*fig.* 5) la force 3 à (12), 0,34) est en direction et en grandeur la résultante de 123; la parallèle 34, menée à cette ligne (*fig.* 4), donne sa position, et en continuant ainsi on obtient successivement les résultantes (12), (123), (1234).....(123...9) en direction et en grandeur comme rayons de la *fig.* 5, et en direction et en position comme côtés du contour qui, sur la *fig.* 4, réunit les différentes forces. Comme la *fig.* 5 est identique à celle que l'on obtiendrait si toutes les forces agissaient sur un même point, on en conclut qu'en changeant la position des forces partielles, on ne change ni la direction ni la grandeur de la résultante, et que cette direction et cette grandeur sont les mêmes que si toutes les forces agissaient sur le même point.

42. POLYGONE FUNICULAIRE OU COURBE DES PRESSIONS
ET POLYGONE DES FORCES

Comme, par suite de la disposition particulière de la Pl. V_4, les côtés du contour 1 2 3 4 5 sont soumis à des tensions, il suffirait, pour établir une liaison fixe entre les forces 1, 2 ..... 9, de les réunir par un fil sur lequel ces forces agiraient. C'est pour ce motif que l'on désigne fréquemment le contour polygonal formé par les résultantes sous le nom de *polygone funiculaire*. Dans la théorie des voûtes, où tous les côtés du polygone sont soumis à des pressions, on l'appelle *ligne des pressions*. Nous emploierons ces deux expressions, suivant que la majorité des côtés du polygone sera tendue ou comprimée. Nous appellerons par suite le contour $2 3, 4_1 ... 1 0_1$ (Pl. V_4) polygone funiculaire, bien que le côté $7_1 8_1$ soit comprimé. Pour déterminer si un côté du polygone est comprimé ou tendu, on décompose l'une des forces agissant sur le côté considéré en deux composantes dirigées suivant les côtés adjacents du polygone; si la composante dirigée suivant le côté considéré est tournée vers le sommet suivant du polygone, le côté est comprimé; si, au contraire, elle s'éloigne de ce sommet, le côté est tendu.

Sur la Pl. V_4, on a indiqué cette construction pour les côtés 78 et $7_1 8_1$, que nous avons supposés coupés; les directions des composantes sont indiquées par des flèches, et l'on voit que le côté 78 est tendu, tandis que le côté $7_1 8_1$ est comprimé.

Pour la distinguer du polygone funiculaire ou de la courbe des pressions, nous appellerons *polygone des forces* la figure auxiliaire (Pl. V_5) qui donne la direction et la grandeur des forces.

Afin de rendre plus immédiate la connexion des deux polygones, il convient, comme nous l'avons fait sur la Pl. V_{45}, de désigner par les mêmes notations, en se servant, par exemple, des indices des forces, les points d'application des forces dans le polygone funiculaire, c'est-à-dire les sommets de ce polygone, et les forces elles-mêmes dans le polygone des forces, c'est-à-dire les côtés de ce polygone. Si plusieurs forces parallèles, comme 4, 5, 6, 7, se suivent, leurs directions coïncident dans le polygone des forces, et l'on peut alors, suivant les cas, adopter l'une ou l'autre des solutions indiquées par les *fig.* 5, 6 et 7, p. 5. Lorsque le polygone des forces a été construit et noté, on en déduit immédiatement le polygone funiculaire en traçant les divers côtés 2 3, 3 4, 4 5 de ce polygone entre les forces correspondantes et parallèlement aux rayons O (2 3, 3 4, 4 5.....)

43. COMPOSITION ANALYTIQUE DES FORCES DANS LE PLAN

Puisque nous avons pu ramener la composition des forces formant un faisceau à la forme simple $\Sigma A\alpha$, il sera aussi possible de ramener à une forme simple semblable la composition générale des forces dans le plan. Ce résultat peut s'obtenir de la façon suivante.

Soit
$$a_i x + b_i y + c_i = a'_i = 0;$$

l'équation de la ligne droite suivant laquelle agit la force A_i. L'équation de la résultante des forces A_1 et A_2 devra être de la forme

$$ma'_1 + na'_2 = 0,$$

puisque cette résultante passe par le point d'intersection de A_1 et A_2. Les coefficients m et n devront être choisis de façon que cette ligne passe aussi par le point à l'infini de la résultante, point que l'on peut, d'après le n° 39, p. 155, déterminer de la manière suivante.

L'équation $a'_i = 0$ est satisfaite par les valeurs

$$x = + b_i \cdot \infty \qquad \text{et} \qquad y = - a_i \cdot \infty.$$

Par suite, l'équation du point à l'infini de la droite a'_i sera :

$$b_i \xi - a_i \eta = 0,$$

et sa forme normale :

$$\alpha_i = \frac{1}{c_i}(b_i \xi - a_i \eta) = 0.$$

où

$$c_i = \sqrt{a_i^2 + b_i^2 - 2a_i b_i \omega}.$$

L'équation du point à l'infini de la résultante de A_1 et A_2 sera donc :

$$0 = A_1\alpha_1 + A_2\alpha_2 = \left(A_1 \frac{b_1}{c_1} + A_2 \frac{b_2}{c_2}\right)\xi - \left(A_1 \frac{a_1}{c_1} + A_2 \frac{a_2}{c_2}\right)\eta.$$

La droite $ma'_1 + na'_2 = 0$ devant passer par ce point à l'infini, il faudra que m et n soient respectivement proportionnels à $\dfrac{A_1}{c_1}$ et $\dfrac{A_2}{c_2}$. Nous aurons ainsi pour l'équation de la résultante :

$$A_1 \frac{a'_1}{c_1} + A_2 \frac{a'_2}{c_2} = 0.$$

Si nous désignons par ω' le sinus de l'angle des axes des coordonnées, l'équation $a_i = \dfrac{a'_i \omega'}{c_i} = 0$ sera ce que nous appellerons la forme normale de l'équation a'_i, ou de l'équation de la direction de la force. Par suite, en multipliant l'équation de la résultante par ω', nous la mettrons sous la forme

$$A_1 a_1 + A_2 a_2 = 0.$$

Si nous appelons s_{12} la forme normale de cette résultante, nous aurons :

$$0 = s_{12} = \frac{\left[\left(A_1 \frac{a_1}{c_1} + A_2 \frac{a_2}{c_2}\right)x + \left(A_1 \frac{b_1}{c_1} + A_2 \frac{b_2}{c_2}\right)y + \left(A_1 \frac{c_1}{c_1} + A_2 \frac{c_2}{c_2}\right)\right]\omega'}{\sqrt{\left(A_1 \frac{a_1}{c_1} + A_1 \frac{a_2}{c_2}\right)^2 + \left(A_1 \frac{b_1}{c_1} + A_2 \frac{b_2}{c_2}\right)^2 - 2\left(A_1 \frac{a_1}{c_1} + A_2 \frac{a_2}{c_2}\right)\left(A_1 \frac{b_1}{c_1} + A_2 \frac{b_2}{c_2}\right)\omega}}.$$

Dans cette équation, le dénominateur représente, d'après le n° 39, p. 155, la résultante S_{12} des forces A_1 et A_2. La différence de signe, pour le coefficient de 2ω, provient de ce que nous avons pris, pour α'_i, l'équation $b_i\xi - a_i\eta$ au lieu de $a_i\xi + b_i\eta$.

On a par suite :

$$S_{12}s_{12} = A_1 a_1 + A_2 a_2.$$

S_{12} est donc une force comme A_1, et s_{12} une forme normale comme a_1. On pourra donc composer S_{12} avec une troisième force A_3 comme nous avons composé ensemble les forces A_1 et A_2. On aura ainsi :

$$S_{13}s_{13} = S_{12}s_{12} + A_3 a_3 = A_1 a_1 + A_2 a_2 + A_3 a_3,$$

et d'une façon générale :

$$Ss = \Sigma A a.$$

L'équation de la droite suivant laquelle agit la résultante d'un nombre quelconque de forces situées dans un plan s'obtient en égalant à 0 la somme des produits des formes normales des équations des directions des forces par ces forces elles-mêmes.

La valeur de la résultante s'obtient en formant le dénominateur qui ramène à la forme normale l'équation de la résultante mise d'abord sous forme d'une somme $\Sigma A_i a_i = 0$.

La quantité c_i étant une racine carrée peut être prise positivement ou négativement. On n'aura aucun doute quant au signe que l'on devra choisir dans les applications, si l'on remarque que, par suite de la forme $b_i\xi - a_i\eta$ que nous avons adoptée pour l'équation du point à l'infini de la ligne $a_i x + b_i y + c_i$, les coefficients de cette dernière équation ont la signification suivante :

$\dfrac{b_i}{c_i}$ est l'abscisse, prise avec son signe, de l'extrémité du rayon 1 mené parallèlement à la direction et dans le sens de la force à partir de l'origine des coordonnées (*).

$\dfrac{a_i}{c_i}$ est l'ordonnée, changée de signe, de ce même point.

Par conséquent, il faudra donner à c_i un signe tel que le signe de $\dfrac{b_i}{c_i}$ soit le même que celui de l'abscisse du rayon 1, ou bien, ce qui revient au même, que le signe de $\dfrac{a_i}{c_i}$ soit contraire à celui de l'ordonnée de ce même rayon.

Quant à $\dfrac{c_i}{c_i}$, son signe, qui est déterminé, puisque celui de c_i l'est d'après les considérations précédentes, fait connaître le sens de la rotation de la force autour de l'origine. En effet, l'ordonnée du point d'intersection de la force avec l'axe des y est $-\dfrac{c}{b} = -\dfrac{c}{e} : \dfrac{b}{e}$, en laissant de côté l'indice i. Le signe de $\dfrac{b}{e}$ étant le même que celui de l'abscisse du rayon 1, le signe de $\dfrac{c}{e}$ ne dépendra que du signe de cette ab-

---

(*) Ceci résulte de ce que nous disons dans la note C.

scisse, et du signe de l'ordonnée du point où la direction de la force coupe l'axe des y. Or on voit facilement que ces deux derniers signes déterminent le sens de rotation de la force autour de l'origine. Par conséquent, le signe de $\dfrac{c_i}{e_i}$ dépend uniquement de ce sens de rotation; on voit aussi que $\dfrac{c_i}{e_i}$ est positif quand la force tourne de $+x$ vers $+y$; c'est pour ce motif que nous adopterons ce dernier sens de rotation comme étant le sens positif.

Les considérations qui précèdent permettent de déterminer le signe de e au moyen de l'un quelconque des coefficients a, b, c; ce signe pourra donc être encore déterminé quand un ou deux de ces coefficients manquent, c'est-à-dire quand A passe par l'origine, ou est parallèle à l'un des axes, ou coïncide avec l'un des axes, ou s'éloigne à l'infini.

Nous avons montré que le signe de $\dfrac{c}{e}$ dépend uniquement du sens de rotation de la force autour de l'origine; une relation du même genre peut être établie pour les signes de $\dfrac{a}{e}$ et $\dfrac{b}{e}$. Puisque $\dfrac{a}{e}$ est l'ordonnée changée de signe de l'extrémité du rayon 1, le signe de $\dfrac{a}{e}$ sera positif si la force tend à tourner dans le sens positif autour du point de l'axe des x situé à l'infini dans le sens des abscisses positives, et négatif si le sens de cette rotation est négatif. De même, le signe de $\dfrac{b}{e}$ sera positif ou négatif suivant que la force tendra à tourner dans le sens positif ou dans le sens négatif autour du point de l'axe des y situé à l'infini dans le sens des ordonnées positives. Si donc on considère le triangle dont les sommets sont 0, $+x\infty$, $+y\infty$, les signes des coefficients $\dfrac{c}{e}$, $\dfrac{a}{e}$, $\dfrac{b}{e}$ seront déterminés respectivement par le sens de la rotation de la force autour de chacun de ces sommets.

L'ensemble de toutes les lignes que l'on obtient en faisant successivement dans $s_{1\ldots n}=0$, $n=1$, $n=2$, $n=3$, forme le polygone funiculaire, qui constitue un des auxiliaires les plus utiles de la statique graphique.

44. RÉSULTANTE DE PLUSIEURS FORCES CONSÉCUTIVES

La résultante de plusieurs forces consécutives passe toujours par le point de rencontre des côtés extrêmes du polygone funiculaire qui réunit ces forces.

La résultante des forces 2 et 3 (Pl. V_4), par exemple, passe premièrement par leur point d'intersection 3_1; elle est en outre parallèle au rayon $O_1(3\,4)$ qui, dans le polygone des forces (*fig.* 5), sous-tend les forces 2 et 3. Mais la diagonale $3_1(3\,4)$ (*fig.* 4) est parallèle à la direction de la résultante $(2\,3)$ (*fig.* 5), parce que ces deux lignes forment les sixièmes côtés de deux quadrilatères complets $2(3\,4)(3\,3_1)$ (*fig.* 4) et $O(1\,2)(2\,3)(3\,4)$ (*fig.* 5), qui ont deux couples de côtés opposés et un cinquième côté respectivement parallèles. En effet, dans les deux quadrilatères, les directions des deux forces 2 et 3 sont parallèles, et les trois côtés successifs du polygone funiculaire $1\,2(3\,4)$, $2\,3(3\,4)\,3\,4$ sont parallèles aux rayons

O(12, 23, 34). Par suite la ligne 3_1 (34) du polygone funiculaire coïncide avec la position de la résultante 23 et passe par le point d'intersection (34) du côté 12 du polygone funiculaire qui précède 2 et du côté 34 qui suit 3.

Il en résulte aussi qu'il est absolument indifférent de composer l'une après l'autre les forces 23 ou de composer immédiatement la résultante 23 avec 1.

Si l'on prolonge (Pl. V_4) la force (23) jusqu'à la rencontre de la force 4 en 4_1, la résultante de (23) et de 4 ou la force (234) passe par ce point 4_1, et, de la même manière que nous venons de démontrer que la résultante (23) passe par le point de rencontre (34) des deux côtés du polygone dont l'un précède 2 et l'autre suit 3, on démontrerait que la résultante de (23) et de 4 passe par le point (45), où se coupent le côté du polygone 1 (34), qui précède la force 23, et le côté 45, qui suit 4. Par suite, la ligne 4_1 (45) est la résultante des forces (234). En continuant de la même manière, on peut démontrer que les points d'intersection (56), (67), (78), etc., du côté du polygone 12 qui précède la force 2, avec les côtés du polygone qui suivent les forces 5, 6, 7, etc., qui portent les mêmes notations (56), (67), (78), etc., sont des points de la résultante des forces (2...5), (2...6), (2...7). Si l'on utilise ces points d'intersection pour construire le polygone $23_1 4_1 5_1 ... 9_1$, qui commence par la force 2, on obtient la position de ces diverses résultantes, qui doivent avoir les mêmes directions que les rayons O_1 (23, 34, 45...) (Pl. V_5) du faisceau qui a son sommet à l'origine O_1 de la force 2.

Si l'on considère les côtés d'un polygone funiculaire comme les rayons d'un faisceau, les relations que nous venons de démontrer en dernier lieu entre les *fig.* 4 et 5 séparées peuvent s'exprimer géométriquement de la manière suivante :

Les faisceaux $1234...$ *et* $23_1 4_1 ...$ *ont le rayon* 12 *commun.*

Ceci n'est du reste qu'un cas particulier de propositions que nous démontrerons au n° 46.

De plus, le premier faisceau a en commun avec le faisceau de premier ordre O la droite à l'infini, et le deuxième faisceau a cette même droite en commun avec le faisceau de premier ordre O_1 de la Pl. V_5. Par suite, la résultante d'un nombre quelconque de forces consécutives est complètement déterminée par un polygone funiculaire et un polygone des forces ; le point d'intersection des côtés extrêmes du polygone funiculaire donne un point de cette résultante, et, dans le polygone des forces, la ligne qui sous-tend toutes les forces partielles détermine la grandeur et la direction de cette résultante. Comme d'ailleurs chaque résultante forme dans le polygone des forces, avec le pôle O, un triangle dont les deux autres côtés représentent en grandeur et en direction les tensions des côtés extrêmes du polygone funiculaire, on peut aussi considérer cette résultante comme la résultante de ces tensions, pourvu que l'on ait égard au sens des flèches.

Ce que nous venons de dire peut se démontrer analytiquement d'une façon très simple. S_n peut être décomposé de la façon suivante :

$$S_{1\ldots n}s_{1\ldots n} = S_{1\ldots i} + S_{i+1\ldots n}s_{i+1\ldots n}.$$

Or on sait que quand les équations de trois droites sont reliées par une équation du 1er degré, ces droites passent un même point ; le théorème démontré dans le paragraphe résulte donc immédiatement de l'équation ci-dessus.

45. CHANGEMENT DE L'ORDRE DANS LA COMPOSITION DES FORCES

Si l'on change dans la composition des forces l'ordre de deux forces partielles qui se succèdent immédiatement, par exemple des forces 2 et 3, ce changement n'a aucune influence sur les résultantes suivantes.

Nous avons déjà démontré précédemment (n° 38, p. 151) que ce changement n'a aucune influence sur la direction et la grandeur des résultantes, et que, dans le polygone des forces (Pl. V_3), les deux contours $1\,2\,3$ et $1\,3_1\,2_1$ aboutissent au même point et conduisent à la même position pour la force 4. Il en résulte que la position 34 (Pl. V_4) de la résultante dans le polygone funiculaire qui est identique à $2''\,4$ n'est nullement modifiée par ce changement dans l'ordre de succession ; car cette résultante doit passer par le point $3\,4$, qui est déterminé par l'intersection du côté $1\,2$ du polygone avec la résultante $2\,3$ ou $3_1\,(3\,4)$. Par suite, le contour $1\,3''\,2''\,4\,5$ conduit au même résultat que le contour $1\,2\,3\,4\,5\ldots$ La force 2 pourrait être de la même manière intervertie non seulement avec 3, mais aussi avec la résultante d'un nombre quelconque de forces consécutives, sans que cette interversion modifiât le résultat final.

Ce que nous venons de dire de la force 2 s'applique aussi à une autre force quelconque. Nous pouvons donc, par l'interversion des forces entre elles, amener chaque force à une place quelconque dans l'ordre de succession, sans modifier en rien le résultat final, c'est-à-dire la grandeur, la direction et la position de la résultante.

Donc : *La résultante de plusieurs forces situées dans un même plan est complètement indépendante de l'ordre suivant lequel on opère la composition des forces entre elles.*

Analytiquement, cette propriété résulte immédiatement de l'équation

$$Ss = \Sigma A a,$$

car l'ordre suivant lequel on compose les différents éléments $A a$ ne modifie nullement la somme Ss.

46. CHANGEMENT D'UNE FORCE DANS LE POLYGONE FUNICULAIRE

Si dans un polygone funiculaire, tracé suivant un ordre de succession déterminé dans la composition des forces, on remplace une force quelconque par une autre force ne faisant pas partie de la série, aucune des résultantes précédentes ne sera changée; mais toutes les résultantes suivantes ou les côtés du polygone funiculaire seront modifiés de telle manière que deux côtés correspondants des polygones se coupent sur la résultante des forces considérées, dont l'une aura été préalablement changée de signe.

Ainsi, si l'on suppose (Pl. V_6) que l'on remplace la deuxième force 2 par la force 2_1, ce qui représente un cas absolument général, car on peut concevoir que 1 soit la résultante d'un nombre quelconque de forces qui la précèdent, le côté qui suivra la n^{me} force représentera la résultante des forces $(1, 2, 3 \ldots n)$ et des forces $(1, 2_1, 3 \ldots n)$ dans les deux polygones. Si l'on veut passer directement de l'une des résultantes à l'autre, il faut évidemment composer $(1, 2, 3 \ldots n)$ avec $(-2 + 2_1)$ pour obtenir $(1, 2_1, 3 \ldots n)$. Par suite, ces trois forces se coupent en un même point; mais comme la position de $(-2 + 2_1)$ reste la même pour toutes les combinaisons, toutes les résultantes se coupent suivant la ligne $(-2 + 2_1)$ ou, ce qui revient au même, suivant la ligne $(+2 - 2_1)$.

La résultante $(-2 + 2_1)$ passe naturellement par le point d'intersection A de ces deux forces, et l'on obtient sa direction en portant, à partir de A, ces deux forces en grandeur et en direction, et en joignant leurs extrémités; car, dans le petit triangle auxiliaire que l'on forme de cette manière, les flèches de 2 et de 2_1 ont des sens opposés. La ligne menée par A parallèlement à $(-2 + 2_1)$ est donc celle sur laquelle se coupent deux à deux les côtés correspondants des deux polygones funiculaires.

Si on introduit la force 2_1 dans le polygone des forces, à la place de la force 2, de telle façon que l'extrémité de cette force coïncide avec le sommet 23, il est clair que tous les sommets précédents, et par conséquent aussi le pôle O, seront déplacés en grandeur et en direction de la quantité $(-2 + 2_1)$.

Il résulte aussi de ce qui vient d'être dit que les côtés correspondants de deux polygones funiculaires qui réunissent la même série de forces se coupent sur une ligne droite qui est la résultante des deux forces qui agissent sur les premiers côtés des deux polygones, l'une de ces forces ayant été préalablement changée de signe. Par suite, on peut dire d'une manière générale :

Deux polygones funiculaires quelconques, qui réunissent la même série de forces, ont une ligne droite commune. On obtient la direction et la position de cette ligne en composant ensemble les résultantes de toutes les forces qui, dans chaque polygone, précèdent ou suivent la série commune, après avoir changé le signe de l'une des deux résultantes considérées.

Il est à peine nécessaire de faire remarquer que les deux polygones (Pl. V_{45}) sont compris dans cette proposition, car la force 1 est la seule qui ne soit pas commune aux deux polygones; par suite, tous les côtés correspondants se coupent deux à deux sur la direction de cette force 1.

Cette proposition est éminemment utile, car elle nous met à même de construire un nouveau polygone funiculaire sans recourir au polygone des forces.

Avec l'aide du polygone des forces, on peut construire chaque côté du polygone funiculaire sans déterminer les côtés précédents.

C'est ainsi que dans la construction des courbes de pression des arcs métalliques ou des voûtes, il est possible, quand une de ces courbes est construite, de changer à volonté la grandeur et la direction de la poussée horizontale, et d'obtenir immédiatement, comme nous le verrons plus loin, les changements correspondants du dernier élément de la courbe.

Nous allons démontrer d'une façon générale, par l'analyse, la proposition relative au remplacement des forces, et nous en déduirons les cas spéciaux dont la démonstration a fait l'objet du présent numéro et du précédent.

Soient $S_i s_i$ et $S'_i s'_i$ les résultantes des forces qui précèdent la série commune $i + 1 \dots n$, et

$$S_n s_n = S_i s_i + S_{i \dots n} s_{i \dots n}$$
$$S'_n s'_n = S'_i s'_i + S_{i \dots n} s_{i \dots n}$$

les résultantes des n premières forces des deux groupes que l'on obtient en remplaçant les i premières forces $S_i s_i$ par $S'_i s'_i$. La soustraction donne :

$$S_n s_n - S'_n s'_n = S_i s_i - S'_i s'_i.$$

Comme $S_i s_i - S'_i s'_i$ reste constant, quel que soit le nombre n des forces considérées, il résulte de cette équation que s_n et s'_n se coupent sur la ligne que l'on obtient en composant les résultantes de toutes les forces qui, dans chacun des deux groupes considérés, précèdent la série commune, et après avoir changé le signe de l'une de ces résultantes.

47. COMPOSITION ANALYTIQUE, DANS L'ESPACE, DE FORCES QUI PASSENT PAR UN MÊME POINT OU SONT SITUÉES DANS UN PLAN.

Dans les numéros précédents, nous avons supposé, pour la composition des forces, que celles-ci passaient toutes par l'origine des coordonnées, ou qu'elles étaient situées dans le plan des xy. Nous nous proposons maintenant, pour arriver ultérieurement à la composition des forces dans l'espace, de transformer les formules obtenues de façon qu'elles puissent s'appliquer à un faisceau ou à un plan quelconque de l'espace.

Nous suivrons une marche analogue à celle du n° 39, p. 154, et nous admettrons que les coordonnées du point à l'infini d'une force soient données sous la forme l_{41}, l_{42}, l_{43}, $0 = -l_{14}$, $-l_{24}$, $-l_{34}$, 0. Pour la détermination complète de la ligne d'application de cette force, nous avons besoin de connaître les coordonnées l_1, l_2, l_3,1 d'un second point (par exemple du centre du faisceau).

Nous aurons, dans ce système de notations (*)

$$l_{ik} = -l_{ki} = \begin{vmatrix} l_i & l_k \\ l_{4i} & l_{4k} \end{vmatrix} ; \quad l_{ii} = 0.$$

Pour $\left\{ \begin{array}{l} \text{qu'un point } xyzu \text{ se trouve sur cette ligne,} \\ \text{qu'un plan } \xi\eta\zeta v \text{ passe par cette ligne,} \end{array} \right\}$ leurs coordonnées doivent satisfaire aux équations :

$$\begin{aligned}
0 &= \phantom{l_{34}x +} l_{34}y + l_{42}z + l_{23}u, & 0 &= \phantom{l_{21}\xi +} l_{12}\eta + l_{13}\zeta + l_{14}v \\
0 &= l_{34}x \phantom{+ l_{41}y} + l_{41}z + l_{13}u, & 0 &= l_{21}\xi \phantom{+ l_{32}\eta} + l_{23}\zeta + l_{24}v \\
0 &= l_{24}x + l_{41}y \phantom{+ l_{41}z} + l_{12}u, & 0 &= l_{31}\xi + l_{32}\eta \phantom{+ l_{23}\zeta} + l_{34}v \\
0 &= l_{23}x + l_{31}y + l_{12}z, & 0 &= l_{41}\xi + l_{42}\eta + l_{53}\zeta.
\end{aligned}$$

ou, d'une façon générale, en représentant par *ghik* une combinaison quelconque, mais de même classe, des quatre indices 1234, et par x_1, x_2, x_3, x_4, ξ_1, ξ_2, ξ_3, ξ_4 les coordonnées x, y, z, u, ξ, η, ζ, v, aux équations :

$$0 = l_{ik}x_h + l_{kh}x_i + l_{hi}x_k \quad \text{et} \quad 0 = l_{gh}\xi_h + l_{gi}\xi_i + l_{gk}\xi_k,$$

qui sont respectivement les équations des plans de projection de la ligne sur les plans coordonnés. Mais, pour que cela soit possible, on doit avoir :

$$\mathfrak{L} = \begin{vmatrix} & l_{12} & l_{13} & l_{14} \\ l_{21} & & l_{23} & l_{24} \\ l_{31} & l_{32} & & l_{34} \\ l_{41} & l_{42} & l_{43} & \end{vmatrix} = (l_{12}l_{34} + l_{13}l_{42} + l_{14}l_{23})^2 = 0.$$

Dans ces équations, nous avons remplacé la quatrième coordonnée 1 par les lettres u et v, pour indiquer que les équations et les coordonnées peuvent être multipliées par des coefficients arbitraires.

Enfin les coordonnées

ξ' η' ζ' v' du plan qui projette la ligne du point fixe $x'y'z'1$,

$x''y''z''u''$ du point d'intersection de la ligne avec le plan fixe $\xi''\eta''\zeta''1''$,

sont représentées par les équations

$$\xi'_g = l_{ik}x'_h + l_{kh}x'_i + l_{hi}x'_k \quad \text{et} \quad x''_g = l_{gh}\xi''_h + l_{gi}\xi''_i + l_{gk}\xi''_k,$$

car, en premier lieu, les ξ' et les x'' satisfont aux équations posées, ce que l'on vérifie aisément en tenant compte de ce que $\mathfrak{L} = 0$; et, en second lieu, on a respectivement, pour les points et les plans :

$$\xi'x' + \eta'y' + \zeta'z' + v' = 0 \quad \text{et} \quad \xi''x'' + \eta''y'' + \zeta''z'' + u'' = 0.$$

(*) Voir la note D.

Au moyen de ces valeurs ξ'_g et x''_g, on pourra enfin former les équations du plan l' qui projette la ligne l du point $(x'y'z'1)$, et du point λ'', suivant lequel la ligne l coupe le plan $(\xi''\eta''\zeta''1)$, savoir :

$$l' = \xi'x + \eta'y + \zeta'z + v' \quad \text{et} \quad \lambda'' = x'\xi + y''\eta + z''\zeta + u''.$$

Cela posé, nous allons passer à la détermination de la résultante d'après la méthode du n° 39, p. 154. L'équation du point à l'infini de la force A agissant suivant la droite l est :

$$0 = l_{41}\xi + l_{42}\eta + l_{43}\zeta.$$

Le facteur qui ramène cette équation à la forme normale est :

$$e = \sqrt{l^2_{41} + l^2_{42} + l^2_{43} + 2l_{42}l_{43}w_1 + 2l_{43}l_{41}w_2 + 2l_{31}l_{42}w_3}.$$

Cette forme normale sera par suite :

$$\lambda = (l_{41}\xi + l_{42}\eta + l_{43}\zeta)\frac{1}{e} = 0.$$

L'équation du point à l'infini de la résultante sera :

$$\alpha = \Sigma\lambda A,$$

le signe Σ s'étendant à toutes les forces à composer.

Les l_{4i} ne se présentant qu'à la première puissance dans cette équation, les coefficients a_{4i} de l'équation du point à l'infini de la résultante, c'est-à-dire les coordonnées de ce point à l'infini seront :

$$a_{4i} = \Sigma l_{4i}\frac{A}{e}.$$

Désignons par a_1, a_2, a_3 les coordonnées du centre fixe du faisceau; nous aurons évidemment pour les coefficients qui entrent dans les équations de la résultante :

$$a_{ik} = \begin{vmatrix} a_i & a_k \\ \Sigma\dfrac{A}{e}l_{4i} & \Sigma\dfrac{A}{e}l_{4k} \end{vmatrix} = \Sigma\frac{A}{e}\begin{vmatrix} a_i & a_k \\ l_{4i} & l_{4k} \end{vmatrix} = \Sigma\frac{A}{e}l_{ik}$$

Projetons maintenant les directions des forces et de la résultante par un point fixe $(x'y'z'1)$, et coupons-les par le plan fixe $(\xi''\eta''\zeta''1)$; nous désignerons par l' le plan de projection des différentes forces et par a' celui de la résultante, par λ'' les points d'intersection des différentes forces avec le plan fixe, et par α'' celui de la résultante.

Nous aurons alors, d'après les formules préparatoires indiquées plus haut :

$$a' = \xi'x + \eta'y + \zeta'z + v' = 0 \quad \text{et} \quad \alpha'' = x'\xi + y''\eta + z''\zeta + u'',$$

où les coefficients ont les valeurs suivantes :

$$\xi'_g = a_{ik}x'_h + a_{kh}x'_i + a_{hi}x'_k \quad \text{et} \quad x''_g = a_{gi}\xi''_h + a_{gi}\xi''_i + a_{gk}\xi''_k.$$

Ces formules ne contenant les éléments $\dfrac{A}{e}l_{ik}$ qu'au premier degré dans ξ'_g et par suite aussi dans a', on peut les écrire de la manière suivante :

$$a' = \Sigma l'\frac{A}{e} \quad \text{et} \quad \alpha'' = \Sigma\lambda''\frac{A}{e}.$$

Ce que nous venons de démontrer pour le faisceau se démontre aussi pour le plan (*fig.* 99).

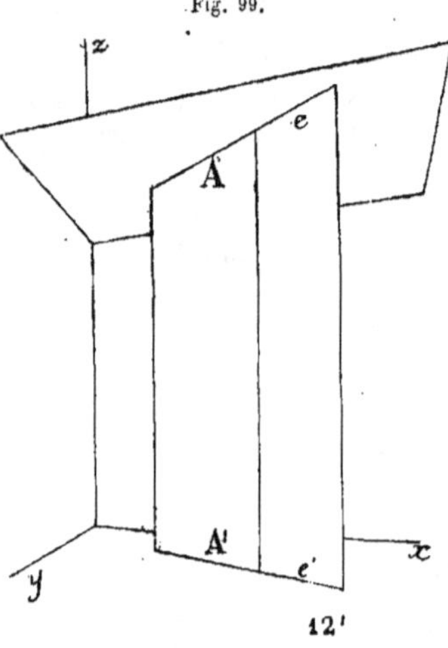

Projetons toutes les forces données, situées dans le même plan, sur un des plans de coordonnées, celui des xy par exemple; composons, dans ce dernier plan, toutes les projections suivant les règles du n° 43, p. 160, puis projetons la résultante sur le plan des forces par un plan perpendiculaire au plan des xy. Cette dernière projection sera la résultante des forces données, car le parallélisme respectif des rayons du polygone des forces et de ceux du polygone funiculaire subsiste dans les projections de ces polygones.

L'équation de la projection de la ligne l sur le plan xy est :

$$0 = l_{24}\,x + l_{41}\,y + l_{12}.$$

Le facteur $\dfrac{\mathrm{A}'}{e'}$, rapport de la force projetée à la longueur projetée e', qui ramène l'équation à sa forme normale, est évidemment égal à $\dfrac{\mathrm{A}}{e}$, A et e ayant la même signification que précédemment, car A et A', e et e' sont des segments de droites interceptés par des ordonnées parallèles, comme le montre la *fig.* 99. L'équation de la projection de la résultante sera donc :

$$0 = \Sigma\, \frac{\mathrm{A}}{e}\,(l_{24}\,x + l_{41}\,y + l_{12}).$$

Comme on peut de la même façon projeter le système de forces donné sur trois autres plans coordonnés, d'où résultent des systèmes semblables, on a d'une manière générale :

$$a_{ik} = \Sigma\, \frac{\mathrm{A}}{e}\,l_{ik}.$$

On peut en outre démontrer comme précédemment que si, d'un point fixe, on projette chaque force par un plan l', et qu'on coupe chaque force par un plan au point λ'', on a, dans tous les cas :

$$a' = \Sigma\, \frac{\mathrm{A}}{e}\, l' \quad \text{et} \quad a'' = \Sigma\, \frac{\mathrm{A}}{e}\, \lambda''.$$

On peut, par suite, énoncer d'une façon générale la proposition suivante :

Si, étant donné un système de forces passant toutes par le même point ou situées dans un même plan, on multiplie les coefficients entrant dans les équations de la direction de chaque force par le facteur normal $\dfrac{\mathrm{A}}{e}$, *et qu'au moyen des coefficients ainsi modifiés on forme les équations des plans qui projettent les différentes forces d'un même point fixe pris arbitrairement, ou bien les équations des points d'intersection de ces forces par un plan fixe, les coefficients correspondants des équations de la résultante sont les sommes algébriques des coefficients des équations des différentes forces, et les équations du plan qui, du point fixe, projette la résultante, ainsi que celle du point d'intersection de cette résultante avec le plan fixe, sont les sommes algébriques des équations correspondantes des différentes forces.*

CHAPITRE II

MOMENT DES FORCES ET FORCES A L'INFINI DANS LE PLAN

48. MOMENT DES FORCES DANS LE PLAN

On entend par moment d'une force P_1 (*fig.* 100) (les forces sont représentées simplement par leurs indices sur la figure) par rapport à un
point O arbitrairement choisi, le double de la surface du triangle O1 qui
projette du point O la force 1, supposée représentée par une longueur
proportionnelle portée sur sa direction. Le signe de la surface est déter-

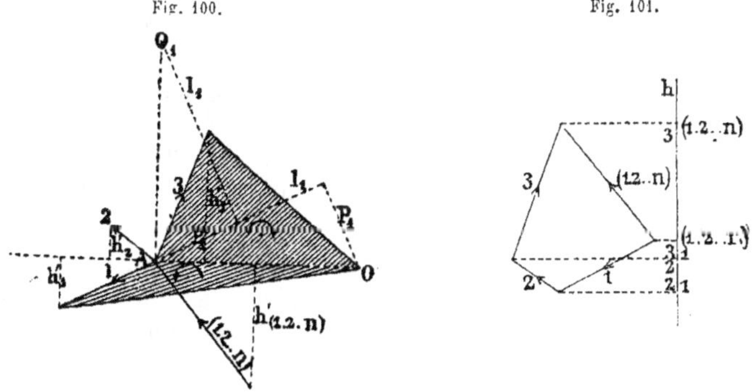

miné par la direction de la flèche qui indique la direction de la force.
Ainsi les moments des forces 1 et 3 ont des signes opposés, ainsi que
l'indiquent les deux flèches circulaires.

*La somme des moments d'un nombre quelconque de forces dans le plan, par
rapport à un point de ce plan, est égale au moment de leur résultante par
rapport à ce même point.*

Si toutes les forces agissent sur un même point A (*fig.* 100), relions ce
point au pôle des moments, et projetons le polygone des forces 1, 2 ... n

(*fig.* 101) sur une perpendiculaire à AO ; l'aire de chacun des triangles projetant les forces, par exemple 1, sera égale à la moitié du produit par AO de la projection h_1 de cette force sur la ligne h (*fig.* 101), car h_1 est égal à la hauteur h'_1 du triangle projetant.

Mais Σh (dans la *fig.* 101) $= h_{1,2...n}$; par suite aussi $\frac{1}{2} \mathrm{AO}\Sigma h = \frac{1}{2} \mathrm{AO} h_{1,2...n}$, ce que l'on traduit en disant que le moment des forces 1, 2 ... n est égal au moment de leur résultante (1, 2 ... n) par rapport à un point quelconque, qui est le même pour toutes ces forces.

Si les forces partielles n'agissent pas sur un seul et même point, on les relie toutes entre elles par un polygone funiculaire, et l'on obtient (Pl. V_4), en allant d'un sommet à l'autre, le moment de la tension du côté 23, qui est égal au moment des forces 1 et 2 ; puis le moment de la tension en 34, égal au moment de la force 3, augmenté de celui de la tension en 23, qui est égal à la somme des moments des forces 1 et 2 ; par suite, le moment de la tension en 34 est égal à la somme des moments des forces 1, 2 et 3, et l'on peut continuer ainsi la démonstration jusqu'à la $n^{\text{ème}}$ force.

D'habitude on exprime analytiquement le moment par le produit de la force P_1 par sa distance p_1 au pôle des moments, distance que l'on appelle bras de levier, c'est-à-dire par l'expression $\mathrm{P}_1 p_1$. Le moment de la résultante d'un nombre quelconque de forces est alors exprimé par $\Sigma \mathrm{P} p$. Quand toutes les forces agissent sur un même point, on forme aussi quelquefois, au lieu de $\mathrm{P}_1 p_1$, le produit $\mathrm{P}_1 l_1$, où l_1 est la distance du point A (*fig.* 100) au pied du bras de levier p_1. La même proposition est naturellement applicable à ces produits, car ils ne représentent pas autre chose que les moments des mêmes forces par rapport à un point O_1, placé de telle sorte que OAO_1 soit **un triangle** rectangle à côtés égaux, car alors les longueurs $l_1 l_1$ sont égales comme $p_1 p_1$.

Mais ces produits ne peuvent avoir un sens que lorsque toutes les forces passent par un même point, car c'est alors seulement que le point O_1 existe.

Puisque le moment d'un nombre quelconque de forces est égal au moment de leur résultante, ce moment sera nul par rapport à tous les points de cette résultante ; il sera constant pour tous les points situés sur une parallèle à la résultante, et la grandeur absolue du moment croîtra proportionnellement à la distance de cette parallèle à la résultante.

Si, dans la forme normale $\frac{\omega'}{e}(ax + by + c)$ de l'équation d'une droite, on substitue les coordonnées x et y d'un point déterminé, le résultat a représente la distance normale de ce point à la droite i. Les produits Aa, Ss ne sont donc autre chose que ce que l'on appelle ordinairement les moments des forces par rapport à un point.

Il résulte, par suite, de l'équation $Ss = \Sigma Aa$ que le moment de la résultante S par rapport à un point quelconque du plan des forces est égal à la somme des moments des composantes par rapport au même point. Si, en particulier, on substitue à x, y, 1 les coordonnées des sommets du triangle 1, 0, 0; 0, 1, 0; 0, 0, 1, ayant ses sommets sur les axes coordonnés à l'unité de distance de l'origine, on obtient :

$$S_{1\ldots n}s_{1\ldots n} = \sum_{1}^{n} A_i \frac{a_i}{e_i} \omega' = - Y_{1\ldots n}\omega',$$

$$S_{1\ldots n}s_{1\ldots n} = \sum_{1}^{n} A_i \frac{b_i}{e_i} \omega' = + X_{1\ldots n}\omega',$$

$$S_{1\ldots n}s_{1\ldots n} = \sum_{1}^{n} A_1 \frac{c_i}{e_i} \omega' = + \Sigma A_i p_i;$$

p_i représentant la longueur de la normale abaissée de l'origine sur la ligne i. Les deux premières formules signifient que les composantes parallèles aux axes de la résultante sont respectivement égales à la somme des composantes parallèles aux axes des différentes forces ; la dernière exprime l'égalité des moments par rapport à l'origine. Ce sont là les équations ordinairement employées pour la composition des forces ; on voit qu'elles sont contenues dans la formule générale de sommation et qu'elles en dérivent simplement par la substitution de valeurs particulières pour x et y.

49. DÉTERMINATION GRAPHIQUE DES MOMENTS

La détermination de la grandeur des moments s'opère très simplement par la transformation des surfaces qui les représentent, et nous n'aurions rien à ajouter à ce qui a été dit au n° 15, p. 79, s'il n'était pas possible de donner à ces constructions ou à d'autres analogues un sens plus statique, si nous pouvons nous exprimer ainsi.

De même que, pour la transformation des surfaces, nous les avons toutes ramenées à une base constante, afin d'obtenir des lignes qui fussent proportionnelles à ces surfaces, de même, pour la détermination des moments, nous ramènerons tous les moments à une force constante H contenant un nombre rond d'unités de poids, de telle manière que nous puissions lire sur le bras de levier h de cette force le moment Hh.

Comme le moment de toute force qui passe par le pôle des moments est égal à 0, nous arriverons facilement à déterminer le bras de levier h en décomposant (*fig.* 102 et 103), dans le polygone des forces, la force donnée P en deux composantes dont l'une soit en grandeur et en direction égale à la force H prise pour base des moments, ce qui détermine la deuxième composante Q. Si par le pôle O (*fig.* 103) on mène une parallèle OA à Q, et qu'on suppose la décomposition de P effectuée au point de rencontre de la force P avec cette parallèle, la force Q passera par le pôle, et le moment de P sera égal à celui de H ; la perpendiculaire h (que

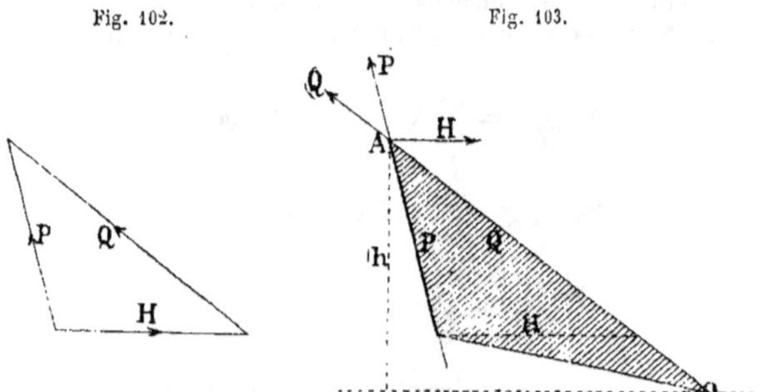

l'on n'a pas toujours besoin de tracer) abaissée du point A sur une parallèle H menée par le pôle O, est le bras de levier cherché. Pour montrer que toute cette opération n'est qu'une transformation de surfaces, nous avons reporté sur la *fig.* 103 le triangle PQH, et l'on voit du premier coup d'œil que Hh est le double de l'aire de la surface ombrée, qui représente le moment de P.

Nous devons faire remarquer ici que le sens de la surface ne dépend pas de la position de h, mais uniquement des flèches des forces P et H, qui doivent toujours donner des surfaces de moments parcourues dans le même sens. Comme tous les triangles représentant les moments ont un de leurs sommets au pôle O, le sens de la surface doit toujours être d'accord avec le sens de la rotation de la force autour du point O.

Appliquons ce que nous venons de dire à la détermination du moment de deux forces, et choisissons, par exemple, pour ces forces les tensions des deux côtés extrêmes d'un polygone funiculaire ou les résultantes des forces comprises entre ces côtés. Soient O (*fig.* 104) le pôle des moments (voyez aussi le polygone des forces, *fig.* 105), P et P_1 les forces dont nous avons à déterminer les moments ; enfin soit H la base des forces à laquelle nous devons réduire les moments cherchés. La *fig.* 105 indique la décomposition de la force P en H et Q, et de la force P_1 en H et Q_1 ; on obtient les points A et A_1 (*fig.* 104) sur lesquels la décomposition doit s'opérer, en menant OA et OA_1 parallèlement à Q et Q_1 (dans la *fig.* 105). Les perpendiculaires h et h_1 à une parallèle à H menée par le point O, sont les bras de levier cherchés. Ces deux bras de levier s'additionnent parce que les deux forces P et P_1, de même que les deux forces H, tournent dans le même sens autour de O. La ligne $h + h_1$ (qui est indiquée par un trait fort sur la *fig.* 104) multipliée par H est, par suite, égale au moment des deux forces P et P_1.

Si le pôle des moments se déplace sur une ligne OC parallèle à la résultante de P et de P_1, $h + h_1$ ne change pas. Si, en effet, on prolonge la droite AO jusqu'en B, où elle rencontre la parallèle BC menée à P par le point C, A,B et H sont toujours parallèles, comme sixièmes côtés des deux quadrilatères OA_1CB (*fig.* 104) et PP_1Q_1Q (*fig.* 105), qui ont déjà quatre de

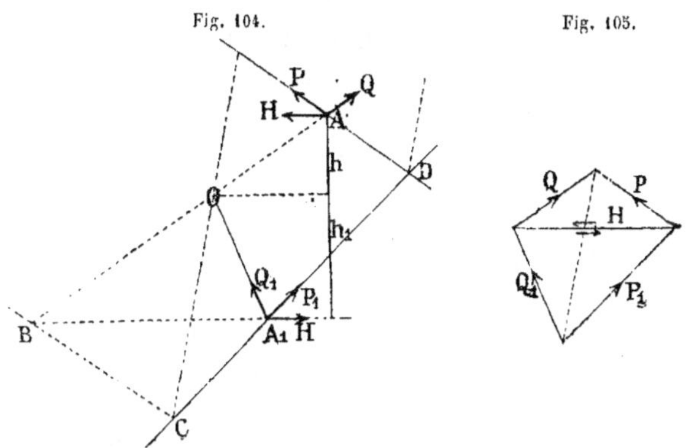

Fig. 104.   Fig. 105.

leurs côtés parallèles deux à deux, ainsi que les cinquièmes côtés : par suite $h + h_1$ est toujours la projection sur une perpendiculaire à H de la ligne AB, qui se meut parallèlement à elle-même entre deux parallèles, et qui, par suite, conserve toujours la même longueur. Si O, et avec O la ligne OC, se rapprochent du point d'intersection D des deux forces P et P_1, et par suite de leur résultante, la figure $OADA_1$ $(h + h_1)$ reste toujours semblable à elle-même, et $h + h_1$ varie proportionnellement à la distance du point D à O ou OC. La longueur $h + h_1$ devient égale à O quand OC passe par D.

Nous avons, il est vrai, déjà énoncé et démontré cette proposition (n° 48, p. 170); mais nous avons voulu en démontrer géométriquement l'exactitude, parce que nous l'utiliserons plus tard.

Si l'on a à déterminer le moment d'un très grand nombre de forces que l'on ne veut pas relier par un polygone funiculaire, on peut aussi employer avec avantage la construction suivante.

On décrit du pôle O (Pl. VII) comme centre une circonférence de rayon H; ce rayon doit être choisi suffisamment grand pour que la circonférence coupe toutes les forces dont on a à déterminer les moments. Si l'on considère alors H comme la base de tous les triangles représentatifs des moments partiels, les antiprojections h_1, h_2 ... des différentes forces sur le rayon qui aboutit à l'un des points d'intersection de chaque force avec la circonférence, seront les bras de levier cherchés, et, en les ajoutant, on obtiendra le moment total.

Les surfaces sont des produits de deux lignes homogènes; il n'en est plus de même des moments, qui sont le produit d'une force et d'une ligne, c'est-à-dire de deux éléments absolument hétérogènes; et l'on peut se demander s'il est permis, ainsi que nous l'avons fait, d'intervertir et de composer ces éléments comme s'ils étaient homogènes. A cette question, on doit répondre par l'affirmative. La surface qui représente un moment, considérée en elle-même, doit être regardée comme absolument homogène. Les kilogrammètres, par exemple, ne sont ni des kilogrammes, ni des mètres; mais des kilogrammètres, c'est-à-dire le produit de ces deux éléments, et, de même que ce produit peut être transformé, de même la surface qui le représente peut être transformée aussi, à la condition toutefois qu'elle aura été obtenue originairement par la multiplication d'une force et d'une ligne.

On peut, en conséquence, tout aussi bien transformer cette surface que remplacer le moment d'une force de 4 kilogr. agissant sur un bras de levier de 15 mètres, par le moment d'une force de 10 kilogr. agissant sur un bras de levier de 6 mètres. On peut aussi remplacer tout aussi bien le bras de levier par la force, que l'on peut, dans l'exemple cité plus haut, admettre une force de 6 kilogr. avec un bras de levier de 10 mètres. Mais il faut toujours, quand on a mesuré sur l'échelle des longueurs une des dimensions suivant lesquelles la surface qui représente les moments a été décomposée, mesurer la dimension qui lui est perpendiculaire sur l'échelle des forces qui a servi à porter les grandeurs des forces sur la première figure représentative du moment.

Les constructions qui ont servi à réduire les moments à un bras de levier contenant un nombre rond d'unités de longueur sont, par suite, exactement les mêmes que celles qui ont servi à la réduction des moments à une force contenant un nombre rond d'unités de forces. Si, par exemple (*fig.* 105), H est exprimé en un nombre rond d'unités de longueur, on peut lire $h + h_1$ sur l'échelle des forces, et considérer cette force comme agissant à l'extrémité du bras de levier H.

50. FORCES INFINIMENT PETITES SITUÉES A L'INFINI.

Quand deux côtés du polygone funiculaire sont parallèles, leur intersection se trouve à l'infini, et leur direction est aussi celle de la résultante des forces qui agissent entre ces côtés. Sur la Pl. V_4, par exemple, les côtés 4 5 et 9 1 0 du polygone sont parallèles ; par suite, le point à l'infini de la résultante des forces (5, 6, 7, 8, 9), c'est-à-dire de la direction de cette résultante, est déterminé ; mais la position de cette force ne l'est pas encore. Pour la déterminer, il suffit de relier ces forces par un autre polygone funiculaire quelconque $4_1 5_1 6_1 7_1 8_1 9_1 10_1$, dont le pôle correspondant O_1 dans le polygone des forces (Pl. V_5) ne se trouve pas sur le rayon $O(5\,4)(9\,1\,0)$ mené parallèlement aux côtés parallèles du polygone funiculaire, et de prolonger jusqu'à leur point de rencontre les côtés extrêmes $4_1 5_1$ et $9_1 10_1$ (Pl. V_4) de ce polygone funiculaire ; on obtiendra ainsi un point de la résultante (5 6 7 8 9), dont la direction et la position sont maintenant connues. Si la résultante se trouvait elle-même à l'infini, il faudrait aussi que les côtés $4_1 5_1$ et $9_1 10_1$ fussent parallèles, et, dans ce cas, la résultante passerait non seulement par le point à l'infini du côté 4 5 du polygone, mais aussi par celui du côté $4_1 5_1$, et elle serait entièrement à l'infini. Pour que cette circonstance puisse se présenter, il faut non seulement que les rayons O (4 5) et O (9 10) du polygone des forces (Pl. V_5) coïncident, mais aussi les rayons O_1 4 5 et O_1 (9 10), ce qui n'a lieu que lorsque les points (4 5) et (9 10) coïncident eux-mêmes, c'est-à-dire quand la grandeur de la résultante (5 6 7 8 9) est égale à 0, ou pour mieux dire est infiniment petite.

Ces forces infiniment petites, situées à l'infini, composées avec des forces finies, située à distance finie, ne peuvent pas, ainsi que le montre le polygone des forces, changer la grandeur de la résultante ; mais elles en changent la position, ainsi que cela résulte du polygone funiculaire. Si l'on compose, par exemple, les deux forces égales 6 et 7 qui sont parallèles, mais qui agissent dans un sens opposé, et que l'on appelle un couple (ces forces sont la conception la plus simple d'une force infiniment petite à l'infini), avec la force (1 2 3 4 5) dont la direction et la position est 5 6, celle-ci se transporte en (7 8) ; de même la position de la force (2 3 4 5) composée avec le même couple 6 7 se transporte parallèlement à elle-même de $5_1 6_1$ en $7_1 8_1$.

Il résulte également de ce qui vient d'être dit que des forces infiniment petites situées à l'infini sont des grandeurs de même ordre que des forces finies qui agissent à distance finie, et qu'elles peuvent être composées avec ces dernières. Des forces finies qui agissent à l'infini sont des grandeurs infinies, qui ne peuvent plus être composées avec des forces finies ; car si une force infiniment petite située à l'infini déplace la résultante (2 ... 5) d'une quantité finie, une force finie située à l'infini la déplacerait d'une quantité infinie, et la composition ne serait plus possible. Il est tout aussi évident qu'une force infiniment petite agissant à une distance finie ne peut pas faire varier la position d'une résultante finie, et qu'ele peut être négligée comme étant une grandeur infiniment petite d'ordre inférieur. Pour pouvoir composer directement des forces infiniment petites situées à l'infini, il ne nous manque plus que de savoir les mesurer.

51. MESURE DES FORCES INFINIMENT PETITES SITUÉES A L'INFINI

Comme les intensités des forces qui agissent suivant la direction d'une même ligne droite sont proportionnelles à leurs moments par rapport à un même pôle, les intensités des forces qui agissent suivant la direction de la droite à l'infini seront aussi proportionnelles à leurs moments par rapport à un pôle quelconque. Mais le déplacement de la position du pôle dans l'espace fini ne produit sur le bras de levier des forces à l'infini que des changements qui peuvent être négligés ; par suite, le moment des forces à l'infini est le même pour tous les pôles situés à distance finie. Nous pourrons donc, pour toutes les constructions qui s'opèrent dans l'espace fini, considérer le moment des forces à l'infini comme étant la mesure de ces forces. La grandeur réelle de ces forces sera d'ailleurs toujours égale à ce moment divisé par le bras de levier, qui est constant, mais infiniment grand.

On peut facilement vérifier sur un couple que le moment de toutes les forces infiniment petites situées à l'infini est indépendant de la position du pôle, c'est-à-dire constant. Ainsi, par exemple, le demi-moment des deux forces parallèles, mais qui agissent dans un sens opposé (*fig.* 106), est égal à la différence des deux triangles OAB et ODC ou à la figure ABOCDA = au triangle ABD. L'aire de ce dernier triangle est absolument indépendante de la position du pôle O, et le double de cette aire est égal au produit de l'une des forces AB par sa distance à l'autre force DC considérée comme bras de levier. Il en est forcément de même de la somme des moments d'un nombre quelconque de forces différentes dont la résultante est égale à 0. Comme le signe d'une pareille somme de moments est aussi compris dans leur grandeur, il en résulte que le contour des surfaces représentatives des moments de ces forces doit être parcouru dans le même sens que pour la résultante 0, et que par suite le sens de rotation

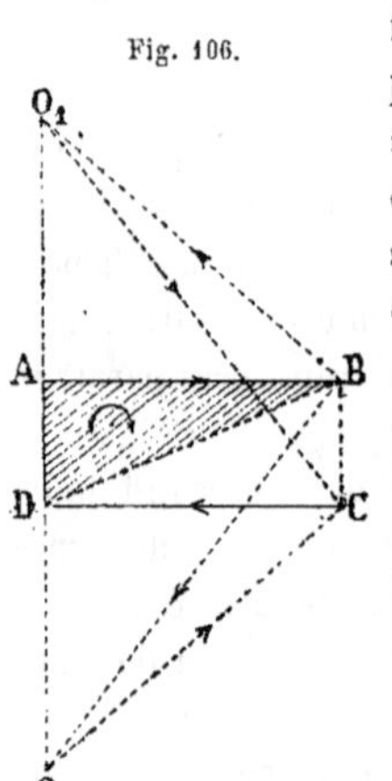

Fig. 106.

de ces forces à l'infini est indépendant de la position du pôle. La surface des moments du couple (*fig.* 106) est la même, si l'on transporte le pôle O en O_1 de l'autre côté du couple ; la surface est parcourue dans le même sens indiqué par la flèche, et le couple tourne autour de O_1 dans le même sens qu'autour de O.

Au point de vue analytique, la force infiniment petite à l'infini est caractérisée par cette circonstance que les coefficients de x et y dans l'expression Ss deviennent nuls ; Ss se réduit alors à $\sum \dfrac{A}{c} c\omega'$, et ce moment est aussi la mesure de la force infiniment petite.

52. COMPOSITION DES FORCES INFINIMENT PETITES SITUÉES A L'INFINI DANS LE PLAN

La ligne à l'infini du plan étant une droite, les forces à l'infini qui agissent suivant cette droite s'ajoutent simplement.

Cette proposition est entièrement d'accord avec ce que nous avons démontré au n° 48, p. 169, à savoir que les moments de plusieurs forces quelconques, par suite aussi de forces à l'infini, s'additionnent simplement dans la formation de la résultante.

Il en résulte aussi que deux couples ayant des moments égaux mais de signes contraires se détruisent mutuellement, parce que la somme des forces à l'infini qui les représente est égale à 0.

Cette proposition peut être démontrée géométriquement d'une manière très simple. Si les triangles ombrés, qui représentent les moments des deux couples PP_1 et QQ_1 (*fig.* 107), dont les forces ont été prolongées jusqu'à leurs points de rencontre, sont égaux et de sens opposés, BC et DE sont parallèles ; par suite, les forces P et Q seront respectivement proportionnelles à AE et AD, côtes du parallélogramme ADA_1E, et la résultante de P et Q coïncide avec la diagonale de ce parallélogramme, de même

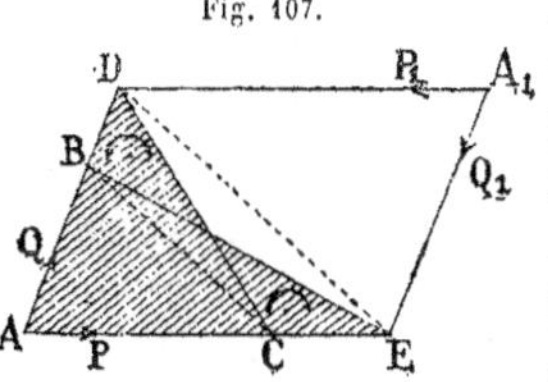

Fig. 107.

que la résultante égale mais de sens contraire de P_1 et Q_1 ; les quatre forces se détruisent donc mutuellement.

On démontrerait de la même manière le théorème suivant : Si deux couples sont en équilibre, les forces qui les composent sont entre elles comme les côtés du parallélogramme formé par leurs directions.

Si des forces infiniment petites à l'infini sont données comme résultantes de deux ou plusieurs autres forces, on peut les composer simplement avec d'autres forces, en les reliant par un polygone funiculaire, comme nous l'avons fait, par exemple, au n° 44, p. 162, Pl. V₁, où le couple 6 7 a été composé avec les résultantes (1 2 ... 5) et (2 3 ... 5).

Si les forces à l'infini sont données par les surfaces représentatives des moments qui les mesurent, et qu'on ait à les composer avec des forces finies, il suffit de déplacer la résultante de ces dernières forces d'une quantité telle que la surface représentant son mouvement par rapport à un point quelconque du plan augmente de la surface du moment des forces à l'infini. Car l'introduction de la force infiniment petite ne change ni la direction ni la grandeur de la résultante finie; seul le moment varie d'une quantité égale au moment de la force à l'infini. Si l'on suppose, pour effectuer ce déplacement, que le pôle 0 des moments se trouve sur la direction même de la résultante P, celle-ci,

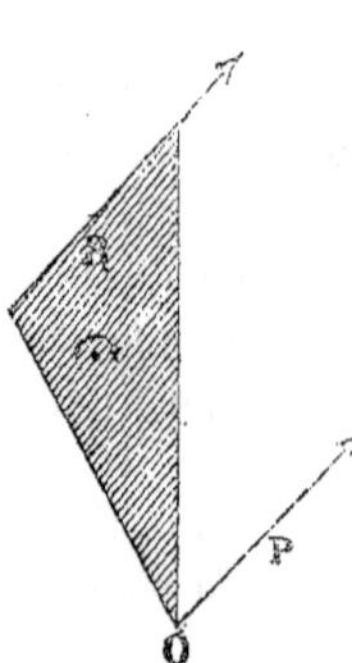

Fig. 108.

dans la composition avec une force à l'infini, se déplacera jusqu'en P₁ à une distance telle que la surface du moment ombrée sur la figure soit égale, en grandeur et en signe, à celle de la force à l'infini. Et réciproquement on peut décomposer une force quelconque P en une force P₁ égale et parallèle située à une distance arbitraire, et en une force à l'infini, dont la surface de moment soit égale à la surface ombrée changée de signe.

Si l'on voulait introduire, dans un polygone funiculaire, une force à l'infini donnée par son moment, ce que nous venons de dire de la force isolée P s'appliquerait exactement à la résultante agissant suivant le côté du polygone après lequel la force à l'infini doit se trouver; par exemple si, à la place du couple 6 7 (Pl. V₁), on donnait la surface de moment correspondante sous la forme d'un triangle, dont la hauteur h fût égale à la distance de ces forces et la base égale à l'une d'elles, et dont le sens fût indiqué par la flèche, il suffirait de transformer ce triangle et de le ramener à la base (1 ... 5) pour obtenir un point de la force (1 ... 7). Si les lignes 6, 7 et (6 7) n'étaient pas tracées, le polygone funiculaire ne devrait pas être considéré comme interrompu en 5, mais on devrait se le représenter comme partant de ce point pour aller à l'infini et recommencer ensuite en 7 8, ce que l'on pourrait indiquer par un crochet, comme on l'a fait sur la figure.

53. ÉQUILIBRE DE FORCES DANS LE PLAN

Nous pouvons maintenant énoncer d'une manière tout à fait générale les conditions d'équilibre des forces, en entendant par une force à l'infini et égale à 0 une force dont le moment est égal à 0.

Des forces en nombre quelconque sont en équilibre quand leur résultante est égale à 0.

Les forces sont prises ici dans leur sens le plus général ; elles peuvent être des forces finies ou à l'infini, mais elles ne peuvent avoir une résultante infinie.

Si des forces ne sont pas en équilibre, cet équilibre peut toujours être réalisé par l'adjonction de leur résultante prise en sens contraire, c'est-à-dire par l'adjonction de la force qui réduit à 0 la résultante de tout le système de forces.

Comme cas particuliers, nous pouvons mentionner les suivants :

Si plusieurs forces agissent suivant une même ligne droite, ou si plusieurs résultantes de divers systèmes de forces coïncident en direction avec une même ligne droite, l'équilibre, s'il n'existe pas, peut être réalisé au moyen d'une force unique dont la direction coïncide avec cette ligne.

Cette proposition s'applique aussi à la droite à l'infini. Ainsi l'équilibre de plusieurs couples, ou en général de systèmes de forces dont les résultantes coïncident toutes avec la droite à l'infini, peut être obtenu par une force unique à l'infini. Si toutes les forces situées à une distance finie ont une résultante finie, celle-ci reste finie, quel que soit le nombre de forces infiniment petites à l'infini que l'on compose avec elles.

Si plusieurs forces sont réunies par un polygone funiculaire de telle manière que la direction de la première force, comme dans la Pl. V$_4$, coïncide avec le premier côté du polygone, l'ensemble des 10 forces est en équilibre quand la résultante dans le polygone des forces est égale à 0, et quand la direction du dernier côté du polygone funiculaire coïncide avec la direction de la dernière force 10. Si tel n'est pas le cas, l'équilibre peut être établi en ajoutant une force agissant suivant le dernier côté du polygone funiculaire et dont la grandeur sera donnée par le polygone des forces.

Plusieurs forces, agissant sur un polygone funiculaire, sont en équilibre, quand le premier et l'avant-dernier côté du polygone se coupent sur la direction de la dernière force et que la somme de toutes les forces est égale à 0, c'est-à-dire quand le polygone des forces et le polygone funiculaire sont tous les deux fermés. Si l'on introduit, par exemple, dans le polygone funiculaire une force —(5 .... 9) (Pl. V$_4$) égale et contraire à la résultante des forces 5 6, 7, 8, 9, cette force — (5, 6 ... 9) sera en équilibre avec les forces 5, 6, 7, 8 et 9, et cet équilibre sera indiqué par la figure parce que le polygone 5, 6$_1$ 7$_1$ 8$_1$ 9$_1$ — (5.6... 8 9) 5$_1$ sera fermé ; quant à la somme de ces forces, il est clair qu'elle est égale à 0 et que le polygone des forces est également fermé. Dans l'autre polygone funiculaire tracé sur la Pl. V$_4$, la partie correspondant aux forces que nous venons d'indiquer est aussi fermée ; seulement le point — (5 6...8 9) est à l'infini. Si l'on désigne par le signe ∝ ce point, qui se trouve dans la direction des lignes 4 5 et 9 10, le polygone fermé est alors le polygone (∝ 4 5) 5 6 7 8 (9 10 ∝), dont les côtes ∝ 4 5 et 9 10 ∝ sont parallèles et se coupent sur le sommet ∝. Si l'on se figure également le couple 6 7 remplacé par la force à l'infini équivalente à ce couple, ce polygone passera deux fois par l'infini, sans que la position d'un sommet ou d'un côté du polygone cesse d'être déterminée avec précision. Inversement, si on ferme le polygone funiculaire et le polygone des forces, on pourra mettre en équilibre toutes les forces données en appliquant au point d'intersection du premier et du dernier côté du polygone funiculaire la force qui ferme le polygone des forces.

On peut aussi fermer le polygone par deux ou plusieurs forces, qui seraient les composantes de la force unique dont nous venons de parler.

Les propositions que nous venons de démontrer s'appliquent aussi, d'une manière générale, aux résultantes des divers groupes que l'on peut former au moyen des forces isolées. Ainsi, si un nombre quelconque de forces est en équilibre, il en est de même des résultantes des groupes, suivant lesquels ces forces ont été réparties.

En particulier, si l'on forme deux groupes, la résultante de l'un doit être égale et directement opposée à la résultante de l'autre. Cette proposition n'est que la généralisation du théorème suivant que l'on admet sans démonstration, à savoir que lorsque plusieurs forces sont en équilibre, chacune d'elles est égale à la résultante de toutes les autres forces prise en sens opposé.

Si l'on forme trois groupes, leurs résultantes se coupent en un même point et chacune d'elles est la résultante prise en sens opposé des deux autres.

Si l'on forme quatre groupes, la résultante de deux quelconques d'entre elles doit être égale et directement opposée à la résultante des deux autres.

Si, parmi ces forces, il s'en trouve une à l'infini, la résultante de toutes les autres doit pouvoir être ramenée à une force à l'infini.

Les propositions précédentes résultent aussi directement de la formule générale de sommation qui, dans le cas de l'équilibre, devient $Ss = 0$.

Si deux forces sont en équilibre, tous les coefficients de leurs équations normales doivent être respectivement égaux et de signes contraires, d'où résulte que les lignes de direction des deux forces doivent coïncider. Il en serait de même des résultantes de deux groupes dans lesquels on aurait séparé un nombre quelconque de forces en équilibre.

L'équilibre de trois forces ou des résultantes de trois groupes est exprimé par l'équation

$$A_1 a_1 + A_2 a_2 + A_3 a_3 = 0,$$

et on sait que, lorsque trois équations a multipliées respectivement par des coefficients A ont une somme nulle, les trois droites correspondantes se coupent au même point.

Toutes les propositions relatives à la division par groupes se déduisent de la forme algébrique de l'équation $\Sigma A a = 0$. Si on répartit les différents Aa en groupes arbitraires, et qu'on fasse passer un nombre quelconque de ces groupes dans l'autre membre de l'équation, on voit que les résultantes des groupes de chaque membre devront être égales et directement opposées.

54. COMPOSITION DES FORCES AVEC L'AIDE DES FORCES A L'INFINI

On peut, d'après ce qui a été dit au n° 52, p. 178, décomposer chaque force en une force parallèle et égale passant par un point arbitraire, et en une force à l'infini. Si l'on effectue cette décomposition pour toutes les forces données, on obtient, à l'aide d'un simple polygone des forces, la direction et la grandeur de la résultante de toutes les forces qui agissent sur le point O. Les forces à l'infini s'ajoutent simplement en une force unique à l'infini. Si l'on compose ensuite cette dernière avec la résultante des forces agissant sur le point O, on obtient la résultante de toutes les forces données.

Par ce procédé, on peut composer des forces sans l'aide de polygones funiculaires. Cependant, dans le plan, le polygone funiculaire est toujours le moyen le plus simple d'arriver à la position de la résultante de plusieurs forces. Quant au polygone des forces, on ne peut s'en passer dans aucune méthode.

Nous allons appliquer ce procédé à la composition de forces parallèles. Dans ce cas, le polygone des forces se réduit à une ligne droite, puisque toutes les forces ont la même direction, et la résultante R de ces forces est évidemment égale à leur somme ; ainsi $R = \Sigma A$, si l'on désigne par A les forces isolées. Si l'on décompose chaque force A en deux composantes dont l'une passe par un point donné, et dont l'autre est à l'infini, cette dernière a pour mesure le moment Aa, et la somme de toutes ces forces à l'infini est égale à $\mathfrak{R} = \Sigma Aa$, a désignant la longueur des perpendiculaires abaissées du point donné sur les directions des forces isolées. Les moments sont naturellement positifs ou négatifs, suivant que les forces tendent à tourner dans le sens positif ou dans le sens négatif autour du point fixe.

Si l'on compose maintenant la force à l'infini $\mathfrak{R}$ avec la force finie R qui passe par le point fixe, la grandeur de la résultante sera toujours R, et sa distance r au point fixe deviendra :

$$r = \frac{\mathfrak{R}}{R} = \frac{\Sigma A a}{\Sigma A} \, .$$

Les opérations algébriques exprimées par cette formule s'effectuent très simplement lorsque le nombre des forces à composer excède 2, au moyen du polygone funiculaire, d'après ce qui a été dit au n° 42, p. 158. Nous reviendrons plus loin sur ce sujet, dans un chapitre consacré spécialement aux forces parallèles, et, pour le moment, nous nous bornerons à énoncer encore quelques théorèmes généraux.

Si $\mathfrak{R}$ et R sont égaux à 0, le système est en équilibre ; si $\mathfrak{R}$ est seul égal à 0, il faut que $r = 0$, et le point fixe est sur la résultante R ; si enfin R est seul égal à 0, le système se réduit à une force à l'infini, absolument comme dans l'équilibre en général.

Lorsque les forces sont parallèles, toutes les perpendiculaires menées du point fixe sur les forces coïncident. Si l'on coupe les forces par une ligne oblique quelconque, les segments sont proportionnels aux perpendiculaires, et les équations d'équilibre indiquées plus haut seront encore applicables à ces segments, car dans tous les termes de ces équations les distances normales n'entrent qu'au 1er degré. Comme d'ailleurs ces propositions sont vraies pour une direction quelconque des forces parallèles, il en résulte que, si l'on fait tourner ces forces autour de leurs points d'application situés en ligne droite, leur résultante tournera aussi autour d'un point fixe de cette droite. Cette proposition, que nous démontrons ici en supposant les points d'application en ligne droite, peut être généralisée et s'étendre au cas où les points d'application sont dans un plan, et même au cas où ils sont situés d'une façon quelconque dans l'espace, ainsi que nous le verrons dans le chapitre suivant.

Le point autour duquel tourne la résultante s'appelle centre des forces parallèles. Dans la considération du centre, on fait complètement abstraction de la direction des forces parallèles, et on suppose les grandeurs de ces forces comme concentrées, ou on considère ces points d'application comme chargés de poids proportionnels à la grandeur des forces, et l'on peut alors, au moyen de ces points et de leurs poids, déterminer le centre, qui prend le nom de centre de gravité.

On entend par moment des points ainsi chargés le produit des forces qui agissent sur un point ou poids, par leur distance, mesurée suivant une direction quelconque, à une ligne déterminée, quand ces forces agissent dans un même plan, et à un plan quand elles agissent dans l'espace.

Si l'on coupe par une ligne droite un nombre quelconque de forces situées dans un même plan, et que l'on suppose les points d'intersection chargés de poids proportionnels aux hauteurs (*) *des forces par rapport à cette ligne droite, la résultante des forces données passera par le centre de gravité des points d'application ainsi chargés, et la hauteur de cette résultante sera égale à la somme des hauteurs des différentes forces données.*

Si, en effet, on décompose chaque force A, au point où elle coupe la ligne droite, en deux composantes dirigées l'une suivant cette ligne, l'autre suivant une ligne passant par un point quelconque à l'infini, c'est-à-dire parallèle à une direction arbitraire, ces dernières composantes seront proportionnelles aux hauteurs des forces par rapport à la ligne droite. La résultante de toutes ces forces parallèles est, par suite, proportionnelle à ΣH et passe par le centre de gravité des points d'intersection chargés de poids H; par suite, la résultante, qui provient de la composition de ΣH avec la somme de toutes les forces agissant suivant la ligne droite, passe également par ce point. Quant à la hauteur de cette dernière résultante par rapport à la ligne droite, on voit facilement qu'elle est précisément égale à la somme des hauteurs des différentes forces.

Appliquons ce que nous venons de dire à la composition de deux forces ou à l'équilibre de trois forces parallèles, dont chacune peut être considérée comme égale à la résultante des deux autres prise en sens contraire. L'expression de cet équilibre est :

$$A_1 + A_2 + A_3 = 0,$$
$$A_1 a_1 + A_2 a_2 + A_3 a_3 = 0,$$

d'où l'on déduit, par élimination d'un des trois A, les deux égalités

$$\frac{A_1}{a_2 - a_3} = \frac{A_2}{a_3 - a_1} = \frac{A_3}{a_1 - a_2}.$$

(*) On appelle *hauteur* d'une force par rapport à une droite qui la rencontre la distance de l'extrémité de la force à la droite, lorsque l'origine de la force est située sur cette droite; la hauteur d'une force par rapport à un plan se définit d'une manière analogue.

Dans ces égalités, les *a* représentent les distances à une droite quelconque des points d'intersection A avec une ligne droite.

Comme il n'y a que trois forces, il est nécessaire que deux d'entre elles aient le même signe et que la 3ᵉ ait un signe opposé, et cette dernière force doit être égale à la somme des deux autres.

La même proposition est applicable aux moments; si en particulier on égale un des trois *a* à 0, les deux autres ont des signes opposés, ce qui veut dire que deux des forces tournent en sens opposé autour d'un point de la 3ᵉ. Il résulte de là que le point d'application de la plus grande des trois forces est toujours compris entre les points d'application des deux autres, qui agissent en sens contraire de la 1ʳᵉ.

Chacune des trois forces est proportionnelle à la distance des deux autres.

Si l'une des trois forces est considérée comme la résultante, changée de signe, des deux autres, elle est située entre ces deux forces, quand celles-ci ont le même sens, et au delà de la plus grande de ces deux forces si elles sont de sens contraires.

Les démonstrations analytiques de ces propositions ne diffèrent pas de celles que nous avons données plus haut; il suffit de considérer les *a* comme les équations normales des directions des forces, équations qui ne diffèrent que par le terme constant.

A proprement parler, nous devrions encore traiter ici de la composition des forces dans le plan à l'infini; mais comme les opérations qui s'y rapportent doivent s'exécuter dans l'espace, nous nous en occuperons dans le chapitre suivant, en même temps que de la composition des forces dans l'espace.

55. DÉCOMPOSITION D'UNE FORCE EN DEUX COMPOSANTES

Dans la pratique, le problème de la composition des forces est en général lié d'une manière intime à celui de la décomposition. Il s'agit, par exemple, de déterminer la résultante de plusieurs forces (charges) et de la décomposer ensuite en plusieurs composantes (réactions) qui passent par des points déterminés (piles ou culées); ou bien encore, de composer les forces qui agissent en dehors de la section d'une construction, et de les décomposer ensuite suivant la direction des diverses parties de la construction.

Dans les décompositions, on ne peut pas décomposer une force en moins de deux composantes. Cette décomposition se présente souvent dans la pratique ; lorsque les deux directions suivant lesquelles une force doit être décomposée sont données, le cas est tellement simple que nous n'avons pas besoin de le traiter.

Dans la pratique, il arrive fréquemment que l'on connaît la résultante et deux points par lesquels les composantes doivent passer. Supposons, par exemple, qu'on ait à déterminer les réactions des appuis d'une poutre chargée d'un nombre quelconque de forces. Dans ce cas, les composantes doivent passer par deux points déterminés A' et B' (*fig.* 109); dans cette figure, R est supposée la résultante des forces 1, 2, 3, 4. Si cette résultante R est donnée, on ne peut plus choisir arbitrairement que la direction d'une des deux réactions A et B; cette direction peut résulter de certaines conditions des appuis : par exemple, quand l'un des deux appuis ne peut réagir que dans une direction déterminée; c'est ce qui arrive quand une extrémité de la poutre repose sur des rouleaux; la réaction de l'appui correspondant est alors verticale.

Le point d'intersection de cette composante avec la résultante R détermine la direction de l'autre composante; deux parallèles menées dans le polygone des forces par les extrémités de R (*fig.* 110) donnent les grandeurs de ces composantes.

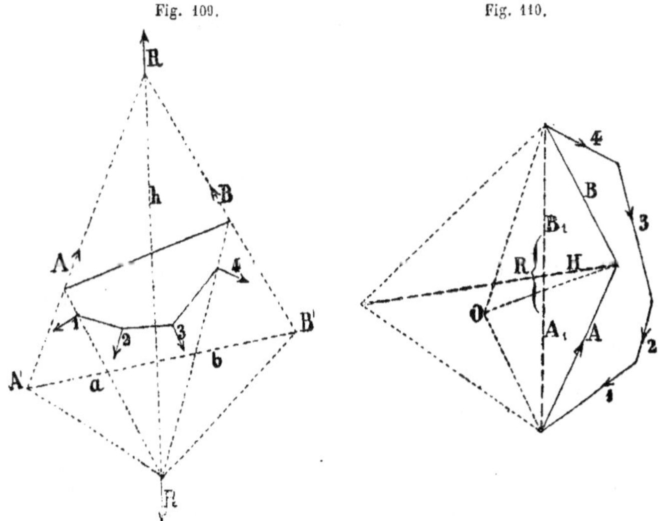

Fig. 109.   Fig. 110.

Si l'on change les directions de A et de B, on obtient dans le polygone funiculaire (*fig.* 109) deux faisceaux perspectifs; dans le polygone des forces (*fig.* 110), les faisceaux A et B sont aussi perspectifs, parce qu'ils ont le rayon R commun.

L'axe perspectif est parallèle à la ligne A′B′ qui relie les deux appuis, car lorsque, dans le polygone funiculaire (*fig.* 109), les deux forces A et B coïncident avec cette ligne, les rayons A et B dans le polygone des forces (*fig.* 110) lui sont aussi parallèles. La position de cet axe dans le polygone des forces peut, par suite, être déterminée au moyen d'un couple quelconque de rayons qui ne coïncident pas. Du reste, on peut aussi déterminer directement le point d'intersection de cet axe avec R (*fig.* 110); car si l'on désigne par a et b les segments suivant lesquels R coupe la ligne A′B′ (*fig.* 109) qui rencontre les deux forces A et B, et par A_1 et B_1 les hauteurs de ces deux forces par rapport à cette ligne A′B′ (*fig.* 110), on aura d'après ce qui a été dit au numéro précédent :

$$aA_1 = bB_1,$$

ce qui détermine A_1 et B_1.

Si l'on choisit, pour déterminer l'axe perspectif (*fig.* 110), le point d'intersection des côtés extrêmes du polygone funiculaire (*fig.* 109), qui est un point de R, il devient inutile de tracer R dans le polygone funiculaire; il suffit de joindre les points A′ et B′ à ce point d'intersection, et de mener sur la *fig.* 110 des rayons parallèles à ces deux rayons, ce qui donne un point de l'axe cherché. La construction est indiquée sur les deux figures. Enfin, nous ferons remarquer que la ligne AB qui ferme le contour du polygone funiculaire (*fig.* 109) est parallèle au rayon O (AB) (*fig.* 110).

Quelquefois, trois forces qui doivent être en équilibre passent par les sommets d'un triangle. Dans ce cas, si on décompose chaque force en deux composantes suivant les directions des côtés correspondants, les deux composantes dirigées suivant le même côté du triangle devront être égales et de sens contraires. Car si l'on considère le triangle comme un polygone funiculaire fermé, qui réunit les trois forces, chaque composante représente la tension dans le côté correspondant du polygone.

La méthode analytique la plus commode pour décomposer une force en deux composantes consiste à écrire les équations d'équilibre de trois forces; l'une quelconque de celles-ci peut alors être considérée comme étant égale et directement opposée à la résultante des deux autres. Si les trois forces agissent suivant les lignes a_1, a_2, a_3, il faudra déterminer trois coefficients α_1, α_2, α_3 tels que $a_1\alpha_1 + a_2\alpha_2 + a_3\alpha_3 = 0$. Ces coefficients déterminés, les forces correspondantes A_i seront proportionnelles à $\alpha_i e_i$, e_i étant le coefficient qui ramène a_i à la force normale. Pour que l'équation ci-dessus puisse être satisfaite, il faut que les trois lignes de direction se coupent au même point.

Si on écrit complètement les équations $a_i = a_i x + b_i y + c_i$, cette dernière condition peut s'exprimer par le déterminant :

$$\begin{vmatrix} a_1 b_1 c_1 \\ a_2 b_2 c_2 \\ a_3 b_3 c_3 \end{vmatrix} = 0.$$

En désignant par des lettres grecques les neuf déterminants mineurs, on pourra prendre, pour les coefficients qui annulent la somme des trois équations a, soit les déterminants mineurs α_1, α_2, α_3, soit β_1, β_2, β_3, soit enfin γ_1, γ_2, γ_3.

Les forces seront, par suite, déterminées par les équations

$$A_1 : \alpha_1 e_1 = A_2 : \alpha_2 e_2 = A_3 : \alpha_3 e_3,$$

et l'on voit que l'une d'elles suffit pour déterminer les deux autres.

Les équations peuvent encore être mises sous la forme suivante :

$$A_1 : \frac{\gamma_1 \omega'}{c_2 e_3} = A_2 : \frac{\gamma_2 \omega'}{e_3 e_1} = A_3 : \frac{\gamma_3 \omega'}{e_1 e_2}.$$

Comme $\gamma_i \omega' : l_i l_k$ n'est autre chose que le sinus de l'angle ik, on voit que nous retombons sur la condition qui nous a servi de point de départ pour la composition des forces.

Pour ramener au cas précédent le cas où on donne la résultante et un point de chacune des composantes, il suffit de déterminer une expression générale pour l'équation des deux composantes. Soit l l'équation de la ligne qui joint les deux points donnés A et B (*fig.* 109) et r l'équation de la résultante; les équations des parallèles à r menées par les points donnés seront respectivement $r - a$ et $r + b$, où a et b représentent les distances constantes comprises entre ces deux parallèles et la résultante R. Les équations des lignes de direction des forces A et B pourront dès lors être représentées par

$$- l + (r - a)\, b\lambda,$$
$$l + (r + b)\, a\lambda.$$

Il est clair que ces deux lignes se coupent toujours sur r, quel que soit λ, car la somme de leurs équations est $r(a + b)\lambda$, où a, b et λ sont des constantes.

Soient e_l et e_r les coefficients qui ramènent à la forme normale les équations l et r; écrivons complètement les équations des composantes, et calculons les coefficients e_a et e_b. Nous trouverons en faisant

$$e_l e_r \cos \widehat{ah} = -\, e_l e_r \cos \widehat{bh} = a_l b_r + a_r b_l - (a_l b_r + a_r b_l)\omega,$$

$$e_a = +\sqrt{e^2_l - 2b\lambda e_l e_r \cos \widehat{ah} + b^2\lambda^2 e^2_r}$$

$$e_b = +\sqrt{c^2_l - 2a\lambda e_l e_r \cos \widehat{bh} + a^2\lambda^2 e^2_r}.$$

Les forces seraient données par les relations

$$A : e_a = B : e_b = R : (a + b)\lambda e_r;$$

car on aura toujours dans ce cas

$$\frac{R}{e_r}\, r = \frac{A}{e_a}\, [- l + (r - a)\, b\lambda] + \frac{B}{e_b}\, [l + (r + b)a\lambda].$$

Il sera commode de se servir de ces formules lorsque les équations des lignes seront données réellement. Dans certains cas, cependant, il sera plus simple de faire un calcul trigonométrique sur les *fig.* 109 et 110; cela dépend des données. Dans tous les cas, ce sont les méthodes graphiques qui fournissent les procédés les plus pratiques.

56. DÉCOMPOSITION D'UNE FORCE EN TROIS COMPOSANTES

Dans la décomposition d'une force en deux composantes, la possibilité
de la décomposition est liée à la condition que les directions des trois
forces passent par un même point. Dans la décomposition d'une force
en trois composantes, ces forces ne se coupent plus nécessairement en
un même point. Si les trois composantes forment un triangle, une force
quelconque située dans le plan du triangle pourra toujours être décomposée suivant les trois directions des côtés.

La théorie des frameworks (*) offre un exemple de cette décomposition. Nous supposons, dans la *fig.* 111, la section d'une construction,

Fig. 111.

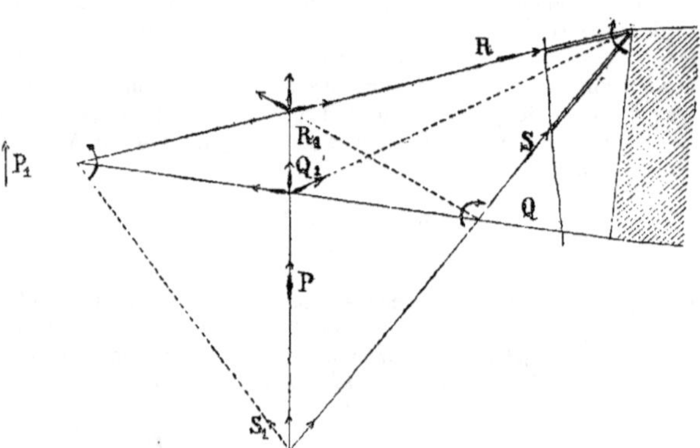

dans laquelle les forces extérieures sont équilibrées par les compressions ou les tensions de trois éléments de la construction, et nous cherchons à déterminer les forces qui agissent suivant les directions de ces
trois éléments, en supposant connue la résultante **P** des forces extérieures à la section considérée, résultante qui est donnée, construite ou
calculée d'une manière quelconque. Dans ce but :

On décompose la résultante P, au point d'intersection de cette résultante avec l'un des trois éléments de la construction, en deux composantes dirigées l'une suivant la direction de ces éléments et l'autre suivant la ligne qui joint ce point d'intersection au point de rencontre des

---

(*) Les systèmes rigides formés de barres, dont l'ensemble forme une sorte de
réseau triangulaire que les Allemands désignent sous le nom de *fachwerk*, et les
Anglais sous le nom de *framework*, n'ont pas de désignation précise en français.
Suivant l'exemple donné par M. Maurice Lévy dans sa *Statique graphique*, nous avons
adopté la dénomination anglaise.

deux autres éléments. Puis on décompose cette dernière force suivant la
direction des deux derniers éléments et on obtient les forces qui agissent
sur chacun d'eux.

Cette règle est générale et s'applique à la décomposition d'une force
quelconque en trois composantes, qui doivent agir suivant trois lignes
données situées dans un même plan contenant la force. Sur la *fig.* 111,
ces décompositions sont indiquées; dans cette figure et dans les figures
suivantes, Q désigne la tension dans l'élément tendu, R la compression
dans l'élément comprimé, et S la force qui agit suivant la contrefiche. La
force qui agit suivant la ligne qui joint le point où P rencontre Q au point
d'intersection RS, a été désignée par Q_1. Si l'on considère la *fig.* 111
comme un polygone funiculaire, ce polygone se réduit à la ligne pointillée Q_1, à l'une des extrémités de laquelle agissent les forces P et Q, et à
l'autre extrémité de laquelle agissent les forces R et S. La *fig.* 112 re-

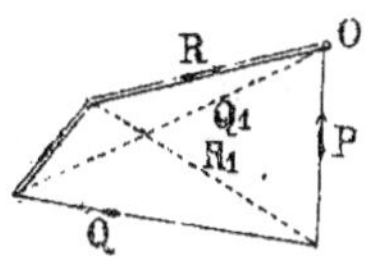

Fig. 112.

présente le polygone des forces correspondant. En
partant du pôle O, on a porté sur une verticale la
force donnée P, et à l'extrémité de P la direction
de Q; la grandeur de Q est déterminée par la diagonale menée du point O parallèlement au côté Q_1 du
polygone funiculaire. Les deux derniers côtés du polygone des forces, ou les forces S et R, sont parallèles aux éléments
correspondants de la construction, et sont par suite entièrement déterminés.

On arrive naturellement au même résultat si l'on entreprend la décomposition de P au point d'intersection PR (*fig.* 111), et si, dans le po-

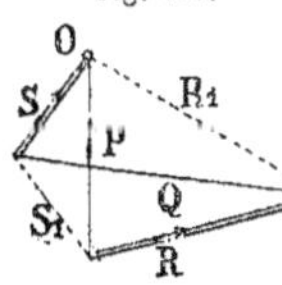

Fig. 113.

lygone des forces (*fig.* 113), on mène par le pôle O une
parallèle à R_1 et par l'extrémité de P une parallèle
à R. Il en résulte que les diagonales R_1 dans les
fig. 111 et 112 sont parallèles. Géométriquement, il
en résulte aussi que, dans les quadrilatères dont les
sommets sont les extrémités des deux diagonales Q_1
et R_1, deux côtés opposés sont respectivement parallèles dans les deux
figures.

En changeant l'ordre de composition des forces et en entreprenant la
première décomposition au point d'intersection SP (*fig.* 111), on obtient

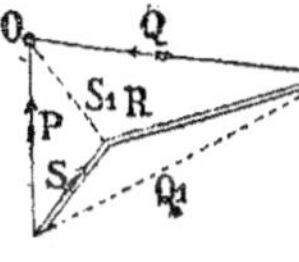

Fig. 114.

aussi les dispositions des *fig.* 113 et 114 pour le polygone des forces. On a le choix entre ces trois dispositions (*fig.* 111, 113 et 114) du plan des forces. Nous
choisissons d'habitude la disposition de la *fig.* 112,
quand toutes les forces, et par suite aussi les tensions
et les pressions Q et R dans les longerons, sont à dé-

terminer. Cependant, quand ces forces sont déjà données par une autre construction et qu'il suffit de déterminer la force S qui agit suivant la contre-fiche, nous choisissons les dispositions des *fig.* 113 et 114. D'habitude, nous pouvons, dans de pareils cas, laisser de côté les forces R et Q et limiter le polygone des forces au triangle PSS₁.

Dans la décomposition d'une force en deux composantes, le polygone des forces est toujours semblable au polygone funiculaire, c'est-à-dire à la figure que deux des éléments donnés de la construction forment avec la force qu'elles doivent équilibrer, car ces polygones se réduisent à des triangles qui ont leurs côtés parallèles. Pour les quadrilatères, il n'en est plus nécessairement ainsi, comme le montre la comparaison de la *fig.* 111 avec les figures suivantes; dans la *fig.* 111, par exemple, l'angle RS est aigu; dans la *fig.* 112 il est obtus, et ainsi de suite. La diversité des deux figures peut être mise en évidence, d'une façon plus nette encore, en dessinant,

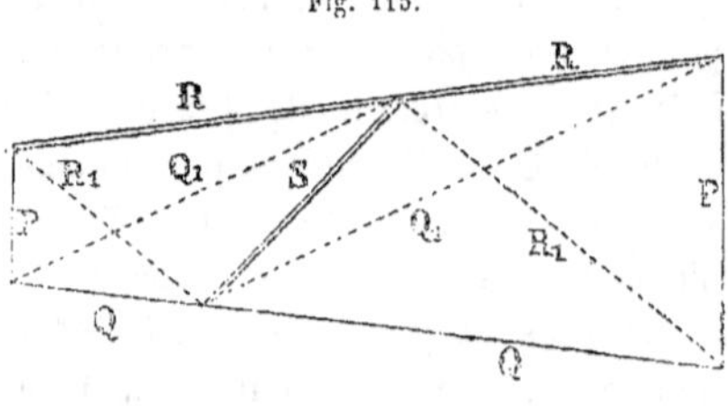

Fig. 115.

entre deux côtés opposés Q et R (*fig.* 115) reliés par un troisième côté S, deux figures semblables, l'une au polygone funiculaire de la *fig.* 111 (celle de gauche), et l'autre au polygone des forces de la *fig.* 112 (celle de droite). On peut montrer de la même manière la relation des *fig.* 113 et 114 avec la *fig.* 111.

Pour que le polygone funiculaire et le polygone des forces soient semblables, il faut que deux côtés opposés du polygone des forces soient parallèles. La *fig.* 116 donne un exemple de cette similitude pour le cas de longerons parallèles, et la *fig.* 117 pour le cas où

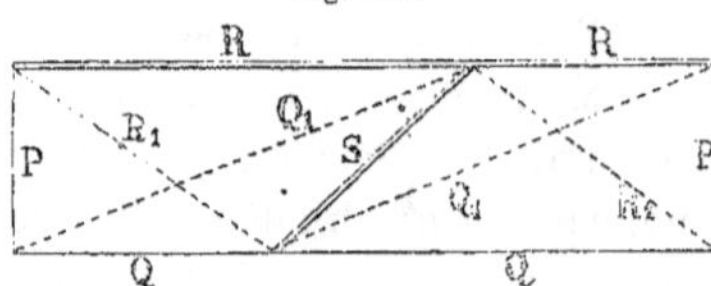

Fig. 116.

l'une des barres qui réunit les deux longerons, S par exemple, est parallèle à la force P. Il résulte également de ces figures que, dans le polygone funiculaire, c'est-à-dire dans la figure qui représente la construction et sur laquelle on a aussi indiqué la force, les forces qui agissent suivant les éléments parallèles de la construction sont dans le rapport inverse de leurs longueurs, et que celles qui agis-

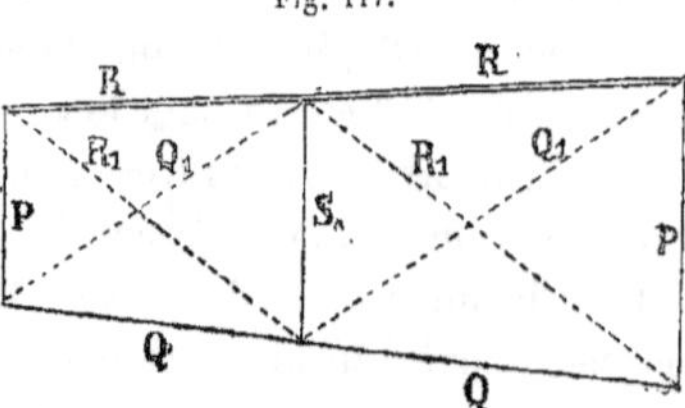

Fig. 117.

sent suivant les parties obliques sont dans le rapport direct de leurs longueurs.

Il en résulte que :

Dans le cas de longerons parallèles, la force qui agit suivant une contre-fiche, est à la résultante des forces agissant en dehors de cette contre-fiche, comme la longueur de celle-ci est à la lougueur du segment intercepté sur la direction de la force par les longerons parallèles.

On peut encore s'exprimer plus simplement, et dire : *la composante verticale de la force agissant suivant la contre-fiche est égale à la somme des forces qui agissent en dehors de cette contre-fiche.* Mais cette proposition n'est vraie dans ces termes que pour des *frameworks* ayant des longerons horizontaux ; lorsque les longerons sont inclinés, la deuxième composante ne doit pas être prise horizontale, mais parallèle aux longerons. S'il existe dans le framework des pièces verticales établissant la liaison entre les longerons, comme par exemple les poinçons dans les ponts du système Howe ou les montants dans divers systèmes de ponts métalliques, ces pièces n'auront à résister qu'à la somme des forces extérieures.

Si ces contre-fiches ou ces poinçons sont tous parallèles, les forces qui agissent suivant ces pièces sont proportionnelles à P et changent dans le même rapport.

La détermination des forces qui agissent sur les divers éléments d'un framework, telle que nous venons de l'exposer, est applicable tant que P tombe dans l'étendue de la feuille de dessin. Si P tombe en dehors de la feuille, on peut déterminer Q et R en divisant le moment de P par rapport aux points RS et QS par le bras de levier de chacune des forces Q et R par rapport aux mêmes points. P étant en effet la résultante de QRS, le moment de P par rapport à un point quelconque du plan est égal à la somme des moments des composantes par rapport au même point. Si l'on choisit ce point à l'intersection de leurs composantes, le moment de celles-ci sera égal à 0, et par suite le moment de P par rapport à ce point d'intersection sera égal à celui de la 3ᵉ composante.

Si l'on désigne, pour exprimer cette relation d'une manière générale, par $bqrs$ (nous écrivons b au lieu de p, parce que nous réservons la lettre p pour désigner les charges réparties sur l'unité de longueur) les perpendiculaires abaissées d'un point quelconque sur ces quatre forces l'égalité des moments conduit à la relation :

$$P b = Q q + R r + S s.$$

Si le point par rapport auquel on détermine le moment est le point

de rencontre de deux forces, les perpendiculaires abaissées de ce point
sur ces deux forces sont nulles, et la relation d'égalité des mouvements
se réduit à deux termes. Pour éviter toute ambiguïté, nous affecterons
la perpendiculaire qui intervient dans chaque terme d'un indice qui
sera la lettre représentant la force contenue dans l'autre terme. Ainsi,
si b_q est la perpendiculaire abaissée du point de rencontre des forces R
et S sur la direction de la force P, et q_p celle qui est abaissée des mêmes
points sur Q, on a :

$$P b_q = Q q_h.$$

De la même manière,

$$P b_r = R r_p,$$

et

$$P b_s = S s_p.$$

Dans la *fig.* 118, nous avons tracé toutes les perpendiculaires possi-

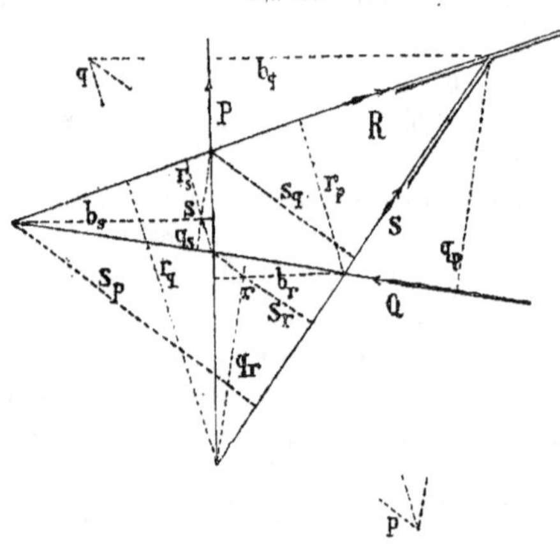

Fig. 118.

bles. On voit qu'il y en a douze ; elles sont trois par trois perpendicu·
laires à chacune des quatre lignes PQRS, et en outre elles se coupent,
trois par trois, au point de rencontre de chacun des quatre triangles que
l'on peut former avec les quatre directions des forces. Toutes les perpendiculaires qui sont normales à une même direction sont désignées
par la même lettre, et toutes celles qui se coupent au point de rencontre des hauteurs d'un même triangle portent le même indice.

Dans le tracé des polygones funiculaires, il convient de remplacer les
indices par les numéros des points de rencontre des barres du framework,
points que l'on appelle des *nœuds*.

Les perpendiculaires peuvent être soit mesurées sur l'épure, soit calculées, et elles permettent, étant donnée une des quatre forces, par exemple B, de déterminer les trois autres.

Si on élimine P dans les trois équations ci-dessus, on obtient trois autres équations entre les trois forces Q, R, S.

C'est de cette manière que M. le professeur Ritter, de Hanovre, a établi sa théorie pour le calcul des fermes et des ponts métalliques.

Sans examiner si cette méthode conduit plus rapidement au but que la décomposition directe de P et la construction graphique des composantes, on peut dire qu'elle montre d'une façon très claire dans quelle direction chacune des trois forces Q, R, S agit. A chaque sommet du triangle formé par ces forces (*fig.* 111, p. 188), on a indiqué par une flèche dans quel sens la force P tourne autour de ce sommet, et il est clair que la composante opposée à ce sommet doit tourner autour de lui dans le même sens, ce qui détermine si la barre correspondante du système est tendue ou comprimée.

On le sait *à priori* pour les deux longerons ; mais, pour savoir si une contre-fiche est tendue ou comprimée, il faut toujours avoir égard au sens suivant lequel P tourne autour du point QR. Si, par exemple, P_1 représentait, dans la *fig.* 111, la résultante des forces extérieures à la section considérée, cette résultante agirait, par rapport au point QR, dans une direction opposée à celle de P ; S agirait par suite aussi dans un sens opposé, et la contre-fiche serait soumise à une tension au lieu d'une compression.

La contre-fiche serait également tendue si elle était dirigée suivant l'autre diagonale du trapèze formé par les longerons et par la tige précédente et la tige suivante, comme l'indiquent les flèches de la *fig.* 119.

Tant que la position relative de P par rapport au point QR ne change pas, les tiges qui relient les deux longerons sont alternativement tendues et comprimées.

Si la direction de P passe par ce point, la contre-fiche correspondante n'est ni tendue ni comprimée.

Enfin si P passe de l'autre côté du point QR, en P_1 (*fig.* 111), il y a, comme nous venons de le voir, interversion dans l'ordre de succession des tiges alternativement tendues et comprimées.

Dans les frameworks à longerons parallèles, le point QR est à l'infini ; par suite, la force P a, par rapport à ce point, toujours la position indiquée par la *fig.* 119, et, comme nous le ferons encore ressortir plus tard, toutes les tiges qui vont en descendant (à partir d'une extrémité) sont tendues.

Dans les charpentes anglaises, c'est le contraire qui a lieu ; la résultante P

est toujours en deçà du point QR, parce que les longerons se coupent
au delà de l'appui. La résultante a par suite toujours la position indiquée
par P dans la *fig.* 111 ; elle tourne dans un sens opposé à celui qu'elle
avait dans le cas d'un framework à longerons parallèles, et les tiges
descendantes sont soumises à des compressions.

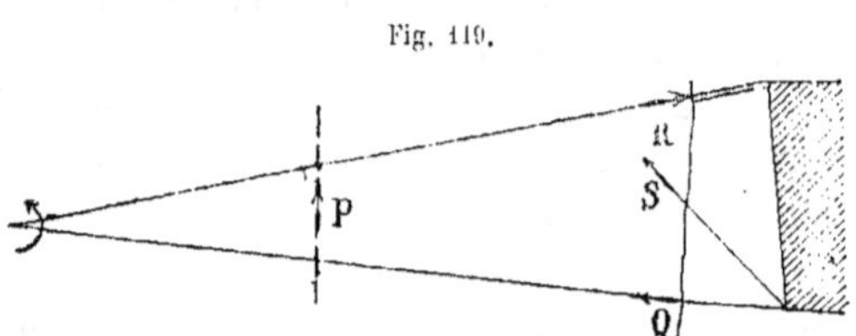

Fig. 110.

Dans les frameworks formés différemment, on ne peut rien dire de
précis sur le sens des efforts qui agissent dans les tiges reliant les longerons.

Si les deux longerons Q et R sont parallèles, q_p devient égal à r_p et
égal à la distance normale des deux longerons. Les forces sont, dans ce
cas, égales aux moments de la force P par rapport aux extrémités de la
contre-fiche, divisés par la hauteur constante de la construction.

Dans le cas de longerons non parallèles, si S est parallèle à P, b_s et s_p
sont proportionnels aux distances du point d'intersection QR à P et à S.
Par suite, pour déduire S de P, on n'aura qu'à porter P sur la direction
de S, et on joindra ensuite les extrémités de la longueur ainsi portée au
point QR, ou plus généralement à un point quelconque situé sur une
parallèle menée par QR à la direction commune à P et S. Le segment
intercepté sur P représentera S. Ceci résulte d'ailleurs de ce que P et S
sont en raison inverse des longueurs des côtés correspondants du polygone
funiculaire, ainsi que nous l'avons vu page 191.

Pour décomposer analytiquement une force suivant les directions de trois droites
données, nous nous appuierons sur la proposition suivante de la géométrie analytique : l'équation a_i d'une droite quelconque dans le plan peut être représentée au
moyen des équations a_1, a_2, a_3 de trois autres droites données ne passant pas par
le même point, de telle sorte que l'on ait : $A_i a_i = A_1 a_1 + A_2 a_2 + A_3 a_3$; A_i, A_1, A_2 et A_3
étant les déterminants des coefficients des équations a_i, a_1, a_2 et a_3. Pour traduire
cette proposition dans la statique, nous n'avons qu'à considérer les coefficients A_i,
A_1, A_2, A_3 comme des forces, et nous dirons : *une force quelconque peut être décomposée suivant trois directions situées dans le même plan et ne se coupant pas au même
point.*
Les formules prennent une forme parfaitement symétrique si no s   mons les
conditions d'équilibre des quatre forces, savoir :

$$\frac{A_1 a_1}{c_1} + \frac{A_2 a_2}{c_2} + \frac{A_3 a_3}{c_3} + \frac{A_4 a_4}{c_4} = 0,$$

$$\frac{A_1 b_1}{e_1} + \frac{A_2 b_2}{e_2} + \frac{A_3 b_3}{e_3} + \frac{A_4 b_4}{e_4} = 0,$$

$$\frac{A_1 c_1}{e_1} + \frac{A_2 c_2}{e_2} + \frac{A_3 c_3}{e_3} + \frac{A_4 c_4}{e_4} = 0.$$

On en déduit immédiatement les rapports des grandeurs des quatre forces :

$$\frac{A_1}{+ e_1 \begin{vmatrix} a_2 a_3 a_4 \\ b_2 b_3 b_4 \\ c_2 c_3 c_4 \end{vmatrix}} = \frac{A_2}{- e_2 \begin{vmatrix} a_1 a_3 a_4 \\ b_1 b_3 b_4 \\ c_1 c_3 c_4 \end{vmatrix}} = \frac{A_3}{+ e_3 \begin{vmatrix} a_1 a_2 a_4 \\ b_1 b_2 b_4 \\ c_1 c_2 c_4 \end{vmatrix}} = \frac{A_4}{- e_4 \begin{vmatrix} a_1 a_2 a_3 \\ b_1 b_2 b_3 \\ c_1 c_2 c_3 \end{vmatrix}}$$

Ces équations permettent, étant données une des forces et les quatre lignes d'application de déterminer les grandeurs des trois autres forces.

Si on substitue successivement dans les trois équations précédentes les coordonnées des sommets du triangle formé par les forces Q, R, S, on obtient les trois équations de la page 192, qui nous ont servi de point de départ, car $\dfrac{a_i \omega'}{e_i}$ n'est autre chose que la perpendiculaire abaissée du sommet considéré sur la ligne a_i.

CHAPITRE III

FORCES DANS L'ESPACE

57. COMPOSITION GÉNÉRALE DES FORCES DANS L'ESPACE

Pour composer les forces dans l'espace, choisissons arbitrairement un plan P et un point O situé en dehors de ce plan; menons le plan projetant du point O une des forces données, et cherchons l'intersection de ce plan avec le plan P; puis, déterminons le point d'intersection de la force avec le même plan et joignons ce point au point O. Nous obtenons ainsi deux droites situées dans le plan projetant de la force et la coupant dans le plan P; nous pourrons par suite décomposer la force suivant les directions de ces deux droites. En traitant de même toutes les forces données, nous les décomposerons en deux séries, telles que toutes les forces de la première série passent par un même point et que toutes celles de la seconde série soient situées dans un même plan. Les forces de chaque série pouvant être composées en une seule force, nous réduirons de cette manière le système entier à deux forces.

S'il arrive que ces deux forces se coupent, elles pourront être composées de nouveau, et le système aura dans ce cas une résultante unique. Mais, en général, il n'en sera pas ainsi.

Deux forces dans l'espace qui ne se rencontrent pas ne peuvent pas être composées entre elles, car, s'il était possible de les équilibrer au moyen d'une force unique égale et directement opposée à leur résultante, ces trois forces devraient, d'après la condition d'équilibre énoncée au n° 53, page 179, se couper en un même point et être situées dans un même plan, ce qui est contraire à notre hypothèse.

Quand deux forces ne peuvent pas être réduites à une seule, elles peuvent être d'une infinité de manières remplacées par deux autres forces, car, en changeant le point O ou le plan P, ou tous les deux à la fois, on obtiendra deux autres forces qui, prises en sens contraire, équilibreront le système donné et par suite les deux forces auxquelles on a réduit ce système.

Il est intéressant d'étudier les relations qui existent entre les forces données et la position du point et du plan choisis. Dans ce but, nous commencerons par généraliser quelques-unes des propositions du n° 54, page 181.

58. CENTRE DES FORCES PARALLÈLES

Si deux forces parallèles tournent dans l'espace autour de deux points fixes A et B, *fig.* 120, de façon à rester toujours parallèles et à conserver respectivement la même grandeur, leur résultante tournera

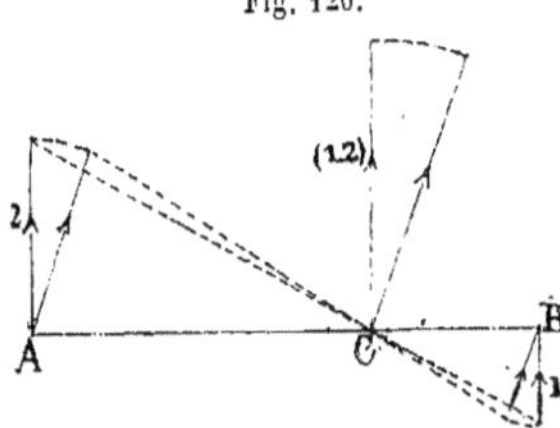

Fig. 120.

aussi autour d'un point fixe C, qui, d'après le n° 54, page 182, sera situé sur la ligne AB, de manière à diviser la longueur de cette ligne en segments inversement proportionnels aux forces. Si on ajoute au système une 3ᵉ force 3, tournant aussi autour d'un point fixe, ce que nous venons de dire s'appliquera

à cette force et à la résultante des forces 1 et 2, et par conséquent à un nombre quelconque de forces. Nous pouvons donc dire d'une manière générale :

Si des forces parallèles de grandeur quelconque, et qui peuvent par conséquent avoir des sens opposés, tournent dans l'espace autour de points fixes, de façon à rester toujours parallèles entre elles, sans changer de grandeur, la résultante de ces forces tournera aussi autour d'un point fixe appelé centre de ces forces. Si les forces dont il s'agit sont des poids, le centre des forces s'appelle centre de gravité.

Si les différents points dans l'espace, par exemple les points d'application des forces 1 2 3 4 (*fig.* 121), sont donnés par leurs projections sur deux plans qui se coupent, le centre de ces forces se projettera constamment sur la direction de la résultante que l'on obtient en menant, par les projections de ces points d'application et dans le plan de projection, des forces parallèles de même grandeur que les forces données et ayant une direction arbitraire.

Si, en effet, on fait tourner toutes les forces données autour de leurs points d'application, de façon qu'elles deviennent parallèles au plan de projection, tout en restant parallèles entre elles, puis qu'on projette toutes ces forces sur le plan de projection et qu'on décompose chaque force dans son plan projetant en une force à l'infini et en une composante parallèle, de même direction et de même grandeur, dans le plan

Fig. 121.

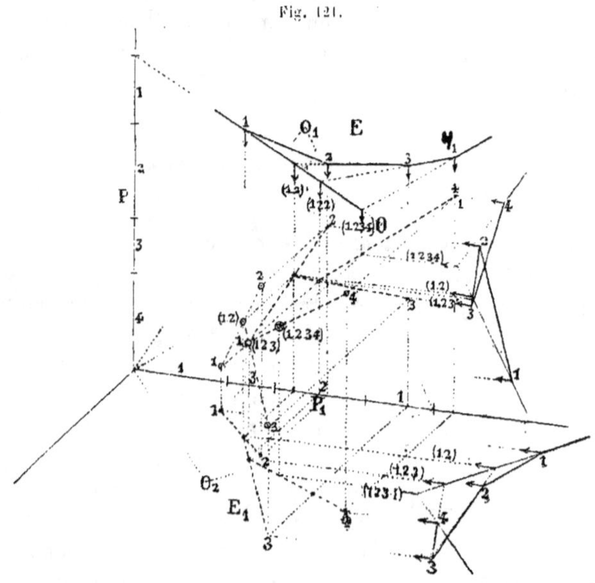

de projection, ces dernières forces pourront être composées, suivant la méthode ordinaire, comme des forces parallèles dans le plan, au moyen d'un polygone funiculaire.

Les directions des forces à l'infini coïncident avec la droite à l'infini qui détermine la position des plans projetants; leur somme et la résultante obtenue dans le plan de projection seront donc situées dans un même plan et pourront être composées l'une avec l'autre; le résultat de cette composition sera la résultante des forces parallèles données. Le plan dont il s'agit sera par suite le plan projetant de la résultante et contiendra aussi la résultante obtenue en composant les forces projetées dans le plan de projection.

Comme nous n'avons fait aucune hypothèse particulière au sujet des diverses directions et positions choisies, ce que nous venons de démontrer s'applique, quelles que soient la position du plan de projection et la direction des rayons parallèles projetant les points donnés dans l'espace, sur le point de projection choisi.

Si nous nous donnons la direction des forces parallèles dans le plan de projection, cette direction et celle des lignes projetantes détermineront

la direction des plans projetants. Si nous changeons la direction des
forces dans le plan de projection, les plans projetants tourneront autour
des rayons projetant les points d'application des forces dans l'espace.
En opérant ainsi, nous obtiendrons la projection du centre des forces
données, mais non la longueur du rayon projetant qui détermine la
position de ce centre dans l'espace. Pour déterminer cette position,
est nécessaire de changer au moins une fois la direction des rayons projetants. Il suffira alors de composer, en choisissant une direction arbitraire dans le plan de projection, les forces parallèles agissant sur les
nouvelles projections des points de l'espace, pour obtenir un plan projetant de la résultante, qui ne contiendra pas le rayon projetant déjà
obtenu, et dont, par suite, l'intersection avec ce rayon donnera la position du centre cherché. Il faut, par conséquent, exécuter trois fois l'opération consistant à déterminer la résultante des forces parallèles dans
le plan; chaque opération détermine un plan contenant la résultante
dans l'espace.

D'après ce qui précède, toutes ces opérations pourraient être effectuées
dans un seul et même plan, si on se donnait dans ce plan les projections des points d'application au moyen de deux directions différentes.
Toutefois, lorsque tous les points sont donnés au moyen de leurs projections sur deux plans rectangulaires, il est préférable d'opérer entièrement suivant les règles de la géométrie descriptive et de faire tourner
le plan de projection de $\frac{\pi}{2}$ lorsque le rayon projetant tourne lui-même
de $\frac{\pi}{2}$.

La *fig.* 121 montre comment ces opérations peuvent être effectuées.
Les points d'application 1 2 3 4 des forces dans l'espace sont donnés par
leurs projections sur un plan vertical E et un plan horizontal E_1. En
choisissant pour la direction des forces la direction de la verticale, on
obtient le polygone des forces PO; le polygone funiculaire correspondant donne les verticales (1 2), (1 2 3), (1 2 3 4), sur lesquelles sont situées
les projections des centres correspondants à ces différents groupes de
forces. En choisissant maintenant la direction des forces parallèlement
à la ligne de terre, on obtient le polygone des forces $P_1 O_1$, et le polygone funiculaire correspondant donne les horizontales (1 2), (1 2 3),
(1 2 3 4), dont les intersections avec les premières verticales déterminent
complètement les projections verticales des centres des groupes de
forces (1 2), (1 2 3), (1 2 3 4).

Après avoir effectué ces deux opérations dans le plan vertical, il suffira d'exécuter une seule opération analogue dans le plan horizontal, en

prenant les forces parallèles à la ligne de terre ; on construira ainsi le polygone des forces O_2P_1 et le polygone funiculaire correspondant déterminera les parallèles (12), (123), (1234) à la ligne de terre, sur lesquelles devront se trouver les projections des centres des groupes de forces correspondants. Les positions de ces centres dans l'espace seront ainsi complètement déterminées. Les points d'application des forces 1, (12) 2, (12)(123) 3, (123) (1234) 4, devront être en ligne droite, comme on l'a indiqué sur la figure.

Il résulte en outre des constructions faites jusqu'à présent que la forme du polygone funiculaire n'est pas modifiée quand, dans les plans projetant les forces, on rapproche ou on éloigne celles-ci du plan de projection.

59. MOMENT DES FORCES PARALLÈLES PAR RAPPORT A UN PLAN

Les composantes à l'infini des forces parallèles agissant sur différents points dans l'espace ont pour mesure le moment de ces forces par rapport à leurs projections respectives, et ce moment est lui-même proportionnel au produit de chaque force par la longueur du rayon projetant son point d'application. En outre, toutes ces composantes à l'infini sont situées sur une même droite à l'infini, et, par suite, s'ajoutent simplement en donnant une résultante qui est la mesure du moment de la résultante des forces données par rapport à la projection de celle-ci. Il en résulte que, si nous désignons d'une façon générale sous le nom de moment d'un système de forces parallèles par rapport à un plan donné la somme des produits de ces forces par les longueurs correspondantes des rayons parallèles qui projettent, suivant une direction arbitraire, leurs points d'application sur le plan donné, nous pourrons dire :

Le moment de diverses forces parallèles par rapport à un plan donné est égal au moment de la résultante de ces forces par rapport au même plan.

Il en résulte que, si l'on déplace les points d'application de différentes forces parallèles dans des plans parallèles quelconques, le point d'application de la résultante se déplacera aussi dans un plan parallèle à ces derniers. Cette proposition résulte aussi directement des constructions de la *fig.* 121.

Il en résulte aussi que le moment d'un nombre quelconque de forces parallèles consécutives réunies dans un plan de projection par un polygone funiculaire, par rapport à un plan projetant quelconque, est égal au produit du segment intercepté sur la projection de ce plan par les côtés extrêmes du polygone, et de la hauteur du polygone des forces.

Les deux propositions suivantes sont une nouvelle conséquence de la construction, ainsi que du théorème des moments énoncé ci-dessus :

Si toutes les forces à composer peuvent être réparties en groupes tels que les centres de tous les groupes coïncident au même point, ce point sera aussi le centre de l'ensemble des forces données.

Si les centres des groupes sont tous situés sur une même droite ou dans un même plan, le centre des forces sera aussi situé sur cette droite ou dans ce plan.

60. COMPOSITION, POUR UN SYSTÈME DE FORCES DANS L'ESPACE, DES COMPOSANTES PASSANT PAR UN MÊME POINT ET DES COMPOSANTES SITUÉES DANS UN MÊME PLAN

Si on coupe par un plan un nombre quelconque de forces dans l'espace et qu'on décompose chaque force, comme il a été dit au n° 56, en deux composantes dont l'une soit située dans le plan et dont l'autre passe par un point fixe arbitrairement choisi en dehors du plan, la résultante de ces dernières composantes rencontrera le plan au centre d'un système de forces parallèles appliquées aux points de rencontre des forces données avec le plan et ayant des intensités proportionnelles aux hauteurs respectives des différentes forces données au-dessus du plan (*). La hauteur de la résultante du groupe des composantes non situées dans le plan est égale à la somme des hauteurs des différentes forces données.

La proposition est évidente lorsque le point fixe est à l'infini. Pour l'étendre à un point quelconque, il suffit de remarquer que la résultante correspondant à un point à l'infini peut être décomposée en deux forces, l'une passant par le point choisi, l'autre située dans le plan, et que la hauteur de la première force au-dessus du plan est la même que celle de la résultante. Donc :

Étant donné un système de forces dans l'espace, à chaque plan choisi arbitrairement pour effectuer la décomposition indiquée précédemment correspond un point de ce plan par lequel passe constamment la résultante des composantes non situées dans ce plan, quel que soit le point fixe choisi en dehors du plan pour effectuer la décomposition.

(*) Voir, pour la définition de la hauteur d'une force au-dessus d'un plan, la note de la page 183.

A cette proposition correspond la réciproque suivante :

A chaque point arbitrairement choisi pour effectuer la décomposition des forces données, correspond un plan passant par ce point et qui contient constamment la résultante du groupe des composantes ne passant pas par le point choisi, quel que soit le plan adopté pour effectuer la décomposition.

Soit, en effet (*fig.* 122), ρ le point choisi. De ce point, projetons les deux

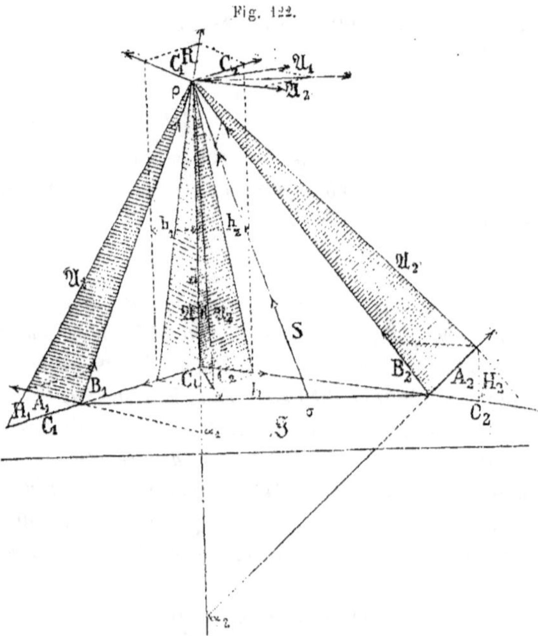

Fig. 122.

forces A_1 et A_2 sur un plan $\mathfrak{S}$ pris arbitrairement et décomposons chaque force A au point $(A\mathfrak{S})$ (nous représentons par A l'une quelconque des forces A_1 et A_2) en deux composantes suivant deux directions, l'une B passant par ρ, l'autre C située dans le plan $\mathfrak{S}$. Cela fait, déplaçons les forces agissant suivant les directions C, de façon que leurs points d'application se trouvent sur l'intersection d des deux plans projetants. La hauteur h de chaque force C par rapport à la ligne d sera alors égale au moment de A, par rapport au point ρ, divisé par d, soit $\dfrac{\mathfrak{A}}{d}$, $\mathfrak{A}$ étant le double de la surface représentative du moment, et d la distance du point ρ au plan $\mathfrak{S}$ mesurée suivant l'intersection des deux plans projetants, comme l'indique la *fig.* 122.

Cette hauteur des extrémités de C est indépendante de la position du plan $\mathfrak{S}$ dans l'espace, lorsque d reste constant; quelle que soit en effet la position du plan, l'extrémité de C décrit une parallèle à d à la distance h. Ces parallèles sont indiquées par un trait ponctué sur la *fig.* 122. Par suite, l'extrémité de la résultante R des deux forces C_1 et C_2 se déplace aussi suivant une parallèle à d, c'est-à-dire que la résultante est toujours située dans un plan fixe passant par ρ; en outre, le moment de cette résultante par rapport à ρ est constant. Si en particulier nous supposons le plan $\mathfrak{S}$ perpendiculaire à d, les composantes C, et par suite aussi la résultante R, seront proportionnelles à leurs moments respectifs; pour la résultante, ce moment sera $\mathfrak{R} = Rd$.

Nous avons supposé d constant, mais cette hypothèse n'est pas nécessaire pour la conclusion à laquelle nous voulons arriver. Si le plan $\mathfrak{S}$ coupe la ligne d à la distance d' au lieu de d, les h' correspondant à cette nouvelle position seront égaux à $\dfrac{\mathfrak{A}}{d'}$ au lieu de $\dfrac{\mathfrak{A}}{d}$; les deux h' seront donc proportionnels aux premiers h, c'est-à-dire qu'ils seront modifiés dans le rapport $\dfrac{d}{d'}$. Le plan projetant de R' ne sera par suite pas modifié, et R' sera devenu aussi $R\,\dfrac{d}{d'}$. Nous aurons donc comme précédemment :

$$R'd' = Rd = \mathfrak{R}.$$

La force R étant complètement déterminée par les intersections des parallèles à d avec le plan $\mathfrak{S}$, elle pourra de la même façon être composée avec la composante d'une autre force quelconque située dans le plan $\mathfrak{S}$.

Dans la géométrie descriptive, on donne souvent la direction d'un plan au moyen d'une perpendiculaire à ce plan. Cette perpendiculaire définit en effet complètement la direction du plan, puisque tous les plans perpendiculaires à une même droite sont parallèles entre eux, et que l'angle que deux plans font entre eux est égal à l'angle des deux normales à ces plans.

Suivant un usage analogue, nous définirons la position des plans projetants au moyen de leurs normales et d'un point de ces plans, par exemple le point fixe ρ.

Si maintenant nous donnons à ces normales des longueurs proportionnelles aux moments $\mathfrak{A}$, en faisant partir toutes ces longueurs du point ρ pris pour origine, et qu'on les compose entre elles comme des forces agissant sur le point ρ, la résultante de ces deux moments sera normale au plan $\mathfrak{R}$ et proportionnelle au moment $\mathfrak{A}$, car le contour $\mathfrak{A}_1\mathfrak{A}_2\mathfrak{R}$ servant à composer les moments est semblable au contour C_1C_2R, quand le plan $\mathfrak{S}$ est perpendiculaire à d, comme le montre la *fig.* 122. Par conséquent, si $\mathfrak{A}_1$ et $\mathfrak{A}_2$ sont perpendiculaires à C_1 et C_2, $\mathfrak{A}$ sera aussi perpendiculaire à R.

Nous possédons maintenant tous les éléments nécessaires pour composer avec le moment $\mathfrak{A}$ le moment $\mathfrak{M}_3$ de la composante C_3, dans le plan $\mathfrak{S}$, d'une 3ᵉ force A_3. Nous n'avons pour cela qu'à mener, dans le faisceau ρ, la normale correspondante au plan projetant de A_3, en lui donnant une longueur proportionnelle à $\mathfrak{A}_3$, et à ajouter cette longueur à $\mathfrak{M}$, c'est-à-dire à la somme $\mathfrak{A}_1 + \mathfrak{A}_2$. En procédant ainsi, nous avons remplacé la composition des forces dans le plan $\mathfrak{S}$ par une composition dans le faisceau ρ, et ce faisceau, par suite de la manière même dont il a été formé, jouit de propriétés réciproques par rapport au plan $\mathfrak{S}$. Ainsi trois forces ou un plus grand nombre, situées dans le plan $\mathfrak{S}$ et se coupant en un même point, correspondent à un même nombre de rayons normaux aux plans projetant ces forces et situés dans un même plan ; ce plan correspond au point d'intersection des forces. De même, différents points du plan $\mathfrak{S}$ situés en ligne droite correspondent à un même nombre de plans du faisceau, qui se coupent sur le rayon correspondant à la ligne droite sur laquelle sont situés les points.

Ainsi que nous l'avons déjà fait observer, cette composition des forces est complètement indépendante de la position du plan $\mathfrak{S}$, puisque, pour composer les moments, nous n'avons besoin d'autres données que la direction des plans projetants et la grandeur de ces moments. Cette composition s'applique donc aussi à des forces situées dans le plan à l'infini, car les moments par rapport à ρ ne sont, dans ce cas, pas autre chose que les composantes à l'infini obtenues en décomposant chaque force A en une force parallèle passant par ρ et en une autre force à l'infini.

Donc :

Si l'on veut composer des forces situées dans le plan à l'infini, on déterminera le rayon normal à la résultante cherchée et dont la longueur représente le moment de cette résultante, en portant les moments des différentes forces sur les rayons correspondants et composant les moments comme des forces ordinaires.

Ce que nous venons de dire montre comment on peut composer des forces à l'infini, opération que les indications du n° 54, p. 181, ne nous permettaient pas encore d'effectuer.

61. PROPRIÉTÉS PROJECTIVES D'UN SYSTÈME DE FORCES

Lorsqu'on a, par la méthode exposée dans les numéros précédents, réduit à deux forces R et S, qui ne se coupent pas, un système de forces dans l'espace. et qu'on prend un point σ sur l'une de ces deux forces, S, par exemple, le plan correspondant à ce point sera nécessairement le plan projetant σR. Décomposons en effet les différentes forces A, aux points où elles rencontrent un plan arbitraire $\mathfrak{R}$, suivant la direction du point σ et suivant la direction de l'intersection des plans σA et $\mathfrak{R}$, et opérons de même pour la résultante R. La composante de R, dans ce dernier cas, sera la résultante des composantes de toutes les forces données dans ce même plan. Cette composante sera donc projetée du point σ par le plan σR ou $\mathfrak{S}$, et, d'autre part, toutes les forces passant par le point σ, non compris la force S, seront en équilibre.

Inversement, si par la force R on mène le plan $\mathfrak{R}$, le point ρ correspondant à ce plan sera le point de rencontre du plan et de la force S. Si, en effet, on décompose les différentes forces A dans leurs plans projetants, menés par un point arbitraire σ pris sur la direction de S, en deux composantes dirigées, l'une suivant le point σ, l'autre suivant l'intersection de ces plans avec $\mathfrak{R}$, la force S sera la résultante de toutes les composantes passant par σ; cette résultante coupera donc toujours le plan $\mathfrak{R}$ au point de rencontre de ce plan avec S. De là résulte que, lorsque, en choisissant le point ρ, on a déterminé le plan $\mathfrak{R}$ qui doit projeter la force R ne passant pas par le point ρ, inversement à ce plan $\mathfrak{R}$ correspond le même point ρ, par lequel doit passer constamment la force S non contenue dans ce plan.

Donc :

Si, en choisissant une place fixe $\mathfrak{S}$, on détermine le point fixe σ de ce plan par lequel doit passer la force S non située dans ce plan, inversement, en prenant le point fixe σ, on obtient le plan fixe $\mathfrak{S}$, qui projette la force R ne passant pas par ce point.

En raison de l'importance de ce théorème de réciprocité, nous le démontrerons directement d'une façon géométrique. La hauteur de la force A par rapport à d est $\dfrac{\mathfrak{A}}{(\rho\alpha)}$; la hauteur de cette même force par rapport au plan $\mathfrak{R}$, mesurée normalement à ce plan, sera $\dfrac{\mathfrak{A}}{(\rho\alpha)} \cdot \dfrac{c}{C}$, en désignant par c la longueur des perpendiculaires abaissées des extrémités des forces C sur le plan $\mathfrak{R}$, longueur qui est la même pour C_1 et pour C_2.

Mais, comme $C = \dfrac{\mathfrak{A}}{d}$, il en résulte que la hauteur de la force A sur le plan $\mathfrak{R}$ est $\dfrac{cd}{(\rho\alpha)}$. Le produit cd étant constant pour les deux forces A_1 et A_2, les distances $\rho\alpha_1$ et $\rho\alpha_2$ seront en raison inverse des hauteurs des forces A par rapport au plan $\mathfrak{R}$. Le point ρ est donc situé sur la ligne d comme le point σ est situé sur la ligne b. Cela posé, dans le plan projetant la force A_1 du point σ, portons, sur une normale à b, le moment $\mathfrak{A}\sigma$ de cette force par rapport au point σ. Il est facile de voir que la hauteur de l'extrémité de ce moment, par rapport au plan $\mathfrak{S}$, est égale à $(\sigma A)H$. Mais on a par construction $(\sigma A_1) H_1 = (\sigma A_2) H_2$, c'est-à-dire que les hauteurs des moments $\mathfrak{A}\sigma_1$ et $\mathfrak{A}\sigma_2$, par rapport au plan $\mathfrak{S}$, sont égales. Par conséquent, le plan projetant le moment résultant, plan qui doit projeter aussi la résultante R, comme nous l'avons vu au numéro précédent, sera précisément le plan $\mathfrak{S}$. Ce plan $\mathfrak{S}$ correspond donc bien au point σ.

Pour démontrer les diverses propositions qui précèdent, nous avons choisi arbitrairement le point ρ et le plan $\mathfrak{S}$. Mais, puisque le plan $\mathfrak{S}$ est déterminé par le point σ, nous pouvons aussi choisir arbitrairement les points ρ et σ, et alors nous obtiendrons R en prenant l'intersection des deux plans R et $\mathfrak{S}$, qui correspondent respectivement à deux points ρ et σ de S. Inversement, nous pourrons nous donner arbitrairement les plans $\mathfrak{R}$ et $\mathfrak{S}$; la force R coïncidera alors avec l'intersection de ces deux plans et la force S avec la ligne joignant les deux points ρ et σ correspondant à ces deux plans.

Donc, *si un plan tourne autour d'une droite* R, *le point correspondant à ce plan décrit la droite* S *correspondant à* R.

Nous appellerons désormais *droites correspondantes* ou *conjuguées*, deux droites suivant lesquelles on peut appliquer des forces finies R et S, susceptibles d'équilibrer un système de forces donné, et nous appellerons *groupe* l'ensemble de deux forces R et S.

Le faisceau de plans passant par R et la ponctuelle S sont évidemment des formes projectives; ce sont même des formes perspectives.

Si le système de forces donné consiste simplement dans les forces A_1 et A_2 (*fig.* 122), A_1 et A_2 pouvant d'ailleurs être les résultantes d'autres forces, il résulte des propositions précédentes que les directions des quatre forces A_1, A_2, R et S sont situées sur un même hyperboloïde, dont les droites b et d sont des directrices. Quels que soient en effet les points ρ et σ pris sur S, les plans qui projettent les trois autres forces A_1, A_2 et R doivent se couper suivant une même droite, car autrement leurs moments ne pourraient pas se faire équilibre; de même, quels que soient les plans $\mathfrak{R}$ et $\mathfrak{S}$ menés par R, les points suivant lesquels ces plans coupent les trois autres forces doivent être en ligne droite, car sans cela les composantes de ces forces situées dans chacun de ces plans ne pourraient pas se faire équilibre.

Si l'on prend sur l'hyperboloïde A_1A_2RS une génératrice quelconque P, la ligne correspondante Q sera aussi une génératrice du même hyperboloïde. Si, par une directrice b, on mène un plan coupant deux lignes correspondantes A_1A_2, RS ou PQ, le point correspondant à ce plan décrira la même directrice b, car au point σ correspond le plan $\mathfrak{S}$, et au point A_1b le plan A_2b. De là résulte que toute directrice du système, c'est-à-dire toute droite qui rencontre deux directions correspondantes, se correspond à elle-même. Nous verrons plus tard que le système de forces donné ne peut être mis en équilibre suivant les directrices qu'au moyen de forces infinies. Les directrices du système de forces donné sont caractérisées par cette propriété que les moments du système par rapport à l'une quelconque d'entre elles est toujours nul; car, si cette directrice coupe l'une des deux forces auxquelles le système peut être réduit, elle coupera aussi l'autre; le moment de ces deux forces par rapport à la directrice est donc nul, et il en sera de même de celui du système.

Le faisceau de plans $\mathfrak{S}$ passant par la directrice b étant projectif avec la ponctuelle formée par le point σ qui décrit la même directrice, celle-ci sera aussi projective avec la ponctuelle obtenue par l'intersection de la force R projetée par le plan $\mathfrak{S}$ avec d. Mais, comme, par le déplacement du plan $\mathfrak{S}$, la force R engendre l'hyperboloïde, dont b est aussi une section, il en résulte que les ponctuelles $(b\,R)$ et σ sont aussi projectives. Les forces R et S étant correspondantes, ces deux ponctuelles sont en involution.

Donc *trois directrices quelconques du système déterminent un hyperboloïde, qui est le lieu géométrique d'une série de groupes de deux forces correspondantes formant une involution.*

Par conséquent, deux groupes de droites correspondantes qui doivent être situées sur un même hyperboloïde, suffisent pour déterminer le système, car ces droites déterminent l'hyperboloïde, et en outre, d'après le n° 40, p. 156, les rapports des quatre forces agissant suivant elles. Ordinairement on ne donne pas quatre lignes d'application des forces, mais seulement deux avec la grandeur des forces R et S correspondantes, et il s'agit alors de déterminer la force Q correspondant à une autre force P.

Menons par la force P deux plans coupant les droites R et S et divisons les points d'intersection en raison inverse des hauteurs des forces R et S par rapport à ces deux plans. Nous obtiendrons ainsi deux points de la droite Q. On peut aussi prendre deux points sur P et composer les moments $\mathfrak{R}$ et $\mathfrak{S}$ des forces R et S par rapport à chacun des deux points choisis; on obtient ainsi deux plans qui contiendront la force Q. Les quatre lignes PQRS seront, par construction, situées sur un même hyperboloïde. Nous verrons, à la fin de ce chapitre, comment ces opérations peuvent être effectuées d'après les règles de la géométrie descriptive.

Nous allons maintenant essayer de déterminer la position de Q sur

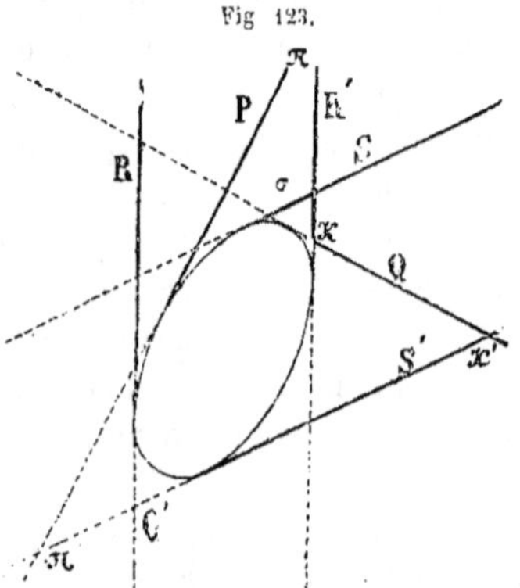

l'hyperboloïde. Soient R′ et S′ les directrices parallèles à R et S et situées sur le même hyperboloïde; ces directrices devront être coupées par toutes les génératrices. Nous désignerons les points d'intersection de RPSQ avec R′ par $\infty\,\pi\,\sigma\varkappa$ (*fig.* 123); et avec S′ par $\rho'\,\pi'\,\infty'\,\varkappa'$. Les côtés du contour fermé $\varkappa\pi\pi'\infty\varkappa'$ sont respectivement parallèles aux directions des quatre forces, et, comme le contour est gauche, ces forces devront, d'après le n° 40, p. 156,

être proportionnelles aux longueurs de ces côtés. Nous aurons donc :

$$\frac{R}{\varkappa\pi} = \frac{P}{\pi\pi'} = \frac{S}{\pi'\varkappa'} = \frac{Q}{\varkappa\varkappa}\,.$$

D'un autre côté, par suite de la projectivité des ponctuelles $\infty\pi\sigma\varkappa$ et $\infty'\varkappa'\rho'\pi'$, les formes $\pi\sigma\varkappa$ et $\varkappa'\rho'\pi'$ sont semblables, et l'on a :

$$\frac{\pi\sigma}{\varkappa'\rho'} = \frac{\sigma\varkappa}{\rho'\pi'} = \frac{\varkappa\pi}{\pi'\varkappa'} = \frac{R}{S}\,.$$

Ces relations permettent de déterminer très facilement la position d'une force Q par rapport à R′ et S′ au moyen des distances $\sigma\varkappa$ et $\varkappa'\rho'$ des points d'intersection de Q avec R′ et S′ à R et S, quand la position des autres points d'intersection est donnée.

Ce qui précède n'est, du reste, pas autre chose que la solution du problème de géométrie suivant : Déterminer, sur les ponctuelles projectives $\infty\pi\sigma$ et $\rho'\pi'\infty$, les points $\varkappa$ et $\varkappa'$ de telle sorte que les longueurs des segments $\varkappa\pi$ et $\pi'\varkappa'$ soient dans le rapport de deux longueurs données R et S.

L'expression générale du double rapport ou du rapport anharmonique des quatre forces RPSQ peut aussi s'obtenir au moyen des segments interceptés sur R′ et S′ par les trois premières forces seulement. On aura en effet :

$$(RPSQ) = (\infty\pi\sigma\varkappa) = (\rho'\pi'\infty'\varkappa') = \frac{\sigma\pi}{\sigma\varkappa} = \frac{\rho'\varkappa'}{\rho'\pi'},$$

ou bien :

$$(RPSQ) = \frac{\sigma\pi}{\rho'\pi'} \cdot \frac{S}{R} = \frac{\rho'\varkappa'}{\sigma\varkappa} \cdot \frac{R}{S}.$$

Ces relations donnent le rapport anharmonique des quatre forces sur l'hyperboloïde, quand on connaît le rapport des forces et les segments interceptés sur R′ ou S′ par les trois droites RPS ou SQR.

Appelons $\mathfrak{I}$ le volume du tétraèdre $\varkappa\pi\pi'\varkappa'$, $\mathfrak{I} \cdot \dfrac{R.S}{\varkappa\pi.\pi'\varkappa'}$ sera le volume du tétraèdre obtenu en joignant les extrémités des forces R et S portées sur leurs lignes d'application, car les volumes de deux tétraèdres dont deux arêtes opposées ont respectivement la même direction, sont entre eux comme les produits des longueurs de ces arêtes. De même le volume du tétraèdre déterminé par les deux forces P et Q sera $\mathfrak{I} \cdot \dfrac{P.Q}{\pi\pi'.\varkappa'\varkappa}$.

Les quatre rapports qui entrent dans les expressions de ces volumes étant égaux, les volumes des deux tétraèdres sont aussi égaux. De là le théorème suivant : *Le volume du tétraèdre obtenu en joignant les extrémités des deux forces d'un même groupe, auxquelles on peut réduire un système de forces donné, est constant.* On peut regarder une directrice comme une ligne double d'une involution de droites situées sur un hyperboloïde, et il existe alors une seconde directrice qui forme avec la première et avec deux droites correspondantes quelconques un système harmonique (*). Si on rapproche de plus en plus de la première ligne double les droites R et S, leur distance normale h et l'angle τ que ces directrices font entre elles deviennent de plus en plus petits, et enfin deviennent infiniment petits lorsque les deux droites arrivent à se confondre avec la directrice. Le volume du tétraèdre RS est $1/6$ R.S.h sin τ. Si h et τ deviennent infiniment petits, il faudra, pour que le volume reste constant, que R et S deviennent infinis. Toute directrice qui ne coupe pas R et S peut être considérée comme une ligne double de cette espèce, car elle détermine dans ce cas, avec RS, un hyperboloïde. Donc *les directrices du système sont des lignes doubles, pour lesquelles les deux forces du*

(*) Les deux droites doivent appartenir au même système de génératrices de l'hyperboloïde que les deux directrices.

*même groupe auxquelles le système de forces donné peut être réduit coïnci-
dent et deviennent infinies.*

Une ligne double n'équivaut cependant pas complètement, au point
de vue de la détermination du système, à deux droites correspondantes
distinctes. Le système est bien déterminé par les directions de deux
forces R et S et par une directrice L ne coupant pas celles-ci, car, sur
l'hyperboloïde RS.L, l'involution est complètement déterminée par le
groupe R S et la ligne double L; mais elle ne le serait pas si on se donnait seulement deux lignes doubles L et M ne se coupant pas. Il faut,
pour déterminer complètement le système réglé en involution, dont L et
M sont des rayons directeurs, ou bien se donner un rayon R du système,
ou bien trois directrices *b, c, d* coupant L et M.

Si on prend arbitrairement la première force R comme rayon de l'involution dont L et M sont des lignes doubles, le rayon S correspondant
à R sera tel que le groupe RS forme, avec les lignes doubles L et M, un
système harmonique. L'involution L.M.RS est maintenant complètement déterminée, et on n'aura qu'à construire un autre groupe quelconque pour déterminer le rapport des forces R et S.

Si deux forces R et S représentant le système sont données, et qu'on
prenne une troisième force P, on verra facilement si l'involution RS.PQ
possède des rayons doubles. Pour cela, menons par P un plan quelconque coupant R et S, et déterminons le centre des hauteurs de ces deux
forces au-dessus du plan, centre par lequel doit passer la force Q. Si
entre ce point et la droite P se trouve un des deux points de rencontre
du plan avec les deux forces R et S, l'involution PQ.RS n'a pas de ligne
double. On peut aussi, par un point quelconque de P, projeter les forces
R et S. et déterminer le plan résultant des moments de R et de S; ce
plan projettera Q et passera par l'intersection des deux premiers plans;
si ce plan est séparé de P par un seul des deux autres plans, l'involution PQ.RS n'a pas de ligne double.

Au lieu de déterminer un système de forces au moyen de deux forces
R et S, donnons-nous les lignes d'application des forces de deux groupes
RS et PQ, et cherchons à déterminer la force U correspondant à une
cinquième force T n'appartenant pas à la série RSPQ. Nous n'aurons
qu'à mener par T un plan quelconque coupant les quatre directions
données; en joignant respectivement les points d'intersection de ce plan
avec Q et S d'une part, et avec P et Q de l'autre, on aura deux droites
qui devront se couper en un point de U. Ou bien, par un point quelconque de T, nous projetterons les quatre forces, et le plan déterminé
par l'intersection des plans projetant RS et par celle des plans projetant
PQ devra passer par U. Il suffira, dans l'un et l'autre procédé, de deux

opérations semblables pour déterminer U. Tous les points et tous les plans ainsi déterminés devront être situés sur une même droite ou passer par une même droite U, comme cela résulte d'ailleurs de ce que U et T sont des rayons conjugués du système réglé en involution RS.PQ.

Nous avons jusqu'ici implicitement supposé que la force P ne coupe aucune des forces R et S ; s'il n'en est pas ainsi, si, par exemple, P coupe la force R, nous joindrons le point d'intersection de P et R au point de rencontre de la force S avec le plan PR, et nous décomposerons R en deux composantes dirigées l'une suivant cette ligne, l'autre suivant la direction de P, ce qui détermine la grandeur de P. Il ne restera plus alors, pour obtenir Q, qu'à composer la 1re composante avec la force S.

De là résulte que, si deux forces appartenant à deux groupes équivalents de deux forces se coupent, les deux autres forces devront aussi se couper. Il en est de même, par conséquent, lorsque les deux forces R et S se confondent suivant une directrice ; donc, si une directrice coupe une force, elle coupera aussi sa correspondante.

Nous pouvons maintenant nous représenter la distribution des directrices dans l'espace. Tout plan de l'espace contient un faisceau de directrices, et ce faisceau a pour centre le point correspondant à ce plan ; inversement, tout point de l'espace est le centre d'un faisceau de directrices situé dans le plan correspondant à ce point. Si un plan se déplace en tournant autour d'une droite, le faisceau correspondant de directrices se déplace perspectivement par rapport à la droite correspondante au faisceau de plans, et décrit par suite l'espace entier. Si un plan tourne autour d'une directrice, le centre du faisceau se déplace sur cette même directrice.

Tout hyperboloïde sur lequel sont situés deux groupes de forces correspondantes est le lieu d'une série de directrices. Ces directrices remplissent, par suite, l'espace entier dans toutes les directions, et cependant toutes les droites de l'espace ne sont pas des directrices.

62. RELATION DU SYSTÈME DE FORCES AVEC LE SYSTÈME FOCAL
ET AVEC LES COURBES DE 3e DEGRÉ

Les propriétés projectives du système de forces développées dans le numéro précédent, propriétés qui sont indépendantes de toute mesure, sont connues dans la géométrie de position, où le système de forces est nommé *système focal*. Le point correspondant à un plan s'appelle *foyer* de ce plan, et le plan correspondant à un point, *plan focal* de ce point.

Cette question est traitée d'une façon complète dans les *Beiträge* de *Staudt*, p. 58 à 62 (*), et nous en avons reproduit dans le numéro précédent les parties les plus importantes pour notre étude, en la considérant toujours au point de vue des forces. Il nous suffira d'appeler ici l'attention sur l'identité des deux systèmes.

De même qu'un système focal est déterminé par une courbe du 3ᵉ degré, un système de forces sera déterminé aussi par une semblable courbe, que l'on peut appeler par suite *courbe directrice du système*. La considération des relations entre le système de forces et ces courbes ne rend pas dans la pratique de bien grands services, parce que les résultantes dont on a besoin peuvent être construites directement avec autant de facilité qu'au moyen d'une courbe. En revanche, cette considération donne une idée très claire de la relation entre les points, les plans et les lignes correspondants, relation qui est tout à fait analogue à celle des pôles et des polaires dans le système polaire. Nous ne pouvons, par suite, nous dispenser de traiter la question à ce point de vue.

On peut, dans un plan, mener par un point quelconque deux tangentes réelles ou imaginaires à une courbe du 2ᵉ degré. La ligne qui joint les points de contact est la polaire du point. De même, par un point quelconque de l'espace, on peut mener trois plans osculateurs à une courbe du 3ᵉ degré, deux de ces plans pouvant être imaginaires ; le plan déterminé par les trois points d'osculation est le plan focal du point, et il passe toujours par ce dernier. Inversement, tout plan coupe la courbe en trois points, dont deux peuvent être imaginaires. Les trois plans osculateurs des points d'intersection se coupent en un point qui est le foyer du plan (Staudt, p. 313). Le foyer d'un plan est son point d'osculation.

Tous les rayons menés par ce foyer dans le plan focal correspondant sont des directrices ; il en est de même, par conséquent, de tous les rayons menés par un point de la courbe dans le plan osculateur. Le plan osculateur coupant la courbe en trois points, la tangente à la courbe, qui est située par suite dans ce plan, est la seule directrice reliant deux points de la courbe ; donc les droites qui joignent deux points de la courbe ne peuvent être des directrices que si elles sont tangentes à la courbe.

(*) Le système focal correspond à ce que Möbius, Staudt et les géomètres allemands appellent *Nullsystem*. Les expressions *foyer* et *plan focal* sont celles adoptées par Chasles et Mannheim ; elles paraissent préférables aux expressions de *pôle* et *plan polaire* adoptées par Cremona, et qui peuvent donner lieu à des confusions avec les systèmes polaires ordinaires.

A la droite qui joint deux points de la courbe correspond l'intersection des deux plans osculateurs ; cette intersection ne coupe pas la courbe,
car autrement chaque plan osculateur aurait un point commun avec la
courbe en dehors du point d'osculation. A un cône du 2e degré perspectif à la courbe du 3e degré correspond un faisceau, qui enveloppe une
courbe du 2e degré située dans le plan osculateur de la courbe au sommet du cône.

A une droite, qui passe par un point de la courbe sans être située dans
le plan osculateur, correspond une autre droite située dans le plan osculateur du point, mais ne passant pas par le point. Quand la première
droite est située dans le plan osculateur, elle est une directrice et se correspond à elle-même.

On peut de différentes manières construire des surfaces réglées contenant la courbe directrice. Une surface satisfaisant à cette condition est déterminée par une droite passant par un point de la courbe (Staudt,
n° 472) ; ou par une sécante (ligne joignant deux points réels ou imaginaires de la courbe) et un point arbitraire situé ni sur la courbe ni sur
la sécante, et qui détermine une deuxième sécante (Staudt, n° 478) ; par
conséquent aussi par deux sécantes (*). A chaque surface réglée, ainsi
déterminée, correspond une autre surface réglée, à laquelle sont tangents tous les plans osculateurs de la courbe d'ordre. Parmi les sécantes
de l'une de ces surfaces réglées et les intersections de deux plans de
l'autre, il se trouve deux sécantes et deux intersections qui sont tangentes à la courbe, et ces quatre tangentes coïncident deux à deux. Les
deux surfaces réglées ont, par suite, deux directrices communes.
Comme ces directrices ne se coupent pas, les deux surfaces doivent
se couper en outre suivant deux autres droites, et elles ont par conséquent en tout quatre droites communes, qui peuvent être imaginaires
deux à deux. Il en résulte que ces deux surfaces réglées ne peuvent pas
se couper suivant une courbe du 3e degré, et, par suite, qu'aucune des
surfaces réglées dont les génératrices forment une involution, et qui
déterminent le système de forces donné n° 61, p. 205, ne peut être per-
spective à une courbe de 3e degré déterminant le système. Sur chacune
de ces surfaces réglées, on peut construire une infinité de courbes du
3e degré, mais aucune de ces courbes ne peut être une courbe directrice
du système focal.

Après avoir vu comment le système focal peut être déterminé par une
courbe du 3e degré dans l'espace, c'est-à-dire comment une telle courbe

---

(*) Voir la note E.

peut être une courbe directrice du système de forces ou du système focal, il nous reste à montrer comment inversement, étant donné un système de forces ou un système focal, on peut construire une courbe directrice. Nous supposons d'abord le système donné, comme au n° 54, par une surface réglée dont les génératrices forment un système en involution représenté par le groupe $pp_1 \cdot qq_1$. Nous pouvons choisir sur cette surface trois directrices arbitraires abc, qui doivent être tangentes à la courbe ; nous pouvons en outre prendre arbitrairement les points de contact sur deux de ces tangentes, a et b par exemple. Soient $A = ap$ et $B = bq$ ces points. Alors ap_1 et bq_1 sont les plans focaux $A_1 B_1$ de ces points, et, par suite, les plans osculateurs de la courbe en ces points. D'après Staudt, n° 481, p. 311, les deux points de contact BC sur b et c sont divisés harmoniquement par les plans ap et ap_1 ; nous obtiendrons par conséquent le rayon r, sur lequel est situé le point de contact C de la directrice c, en déterminant le quatrième rayon harmonique du groupe pqp_1r. De même les points de contact A et C sont divisés harmoniquement par les plans bq et bq_1 ; r est donc aussi le quatrième rayon harmonique du groupe qpq_1r, et, par suite, un rayon double de l'involution $pq \cdot p_1q_1 \cdot r$. L'autre rayon double r_1 et le rayon r sont divisés harmoniquement par p et q ; r_1 sera donc le quatrième harmonique du groupe $qrpr_1$, et, comme les points de contact AB sont aussi divisés harmoniquement par les plans cr et cr_1, cr_1 est le plan osculateur du point. Il résulte en outre de ce que les rayons rr_1 appartiennent réellement à l'involution $pp_1 \cdot qq_1$, que p_1, q_1 et r_1 sont les quatrièmes rayons harmoniques des groupes $rpqp_1$, $pqrq_1$ et $qrpr_1$.

Chacun des trois cônes qui ont leurs sommets respectivement en. . . . .   A   B   C
et qui sont tangents aux plans. . . . . . A) p_1bc B) q_1ca C) r_1ab
projette la courbe directrice, qui est ainsi l'intersection de ces cônes pris deux à deux.

Les génératrices de contact de ces cônes avec les deux derniers plans tangents de chaque groupe sont respectivement. . . A) BC   B) CA   C) AB

63. CONSTRUCTION DE LA COURBE DIRECTRICE D'UN SYSTÈME DE FORCES

Nous avons essayé d'exécuter, sur la *fig.* 124, les opérations que nous venons d'indiquer. Nous avons pris arbitrairement les trois directrices abc et les points de contact ABC de ces directrices avec la courbe directrice. On peut aussi prendre arbitrairement deux rayons de la surface réglée

en involution, par exemple les rayons p et q, qui passent par A et B. Le
rayon r, qui passe par C, est alors déterminé ; il est tangent à l'hyperbole
qui limite la projection de l'hyperboloïde $abcpq$ sur le plan de la figure.

Fig. 124.

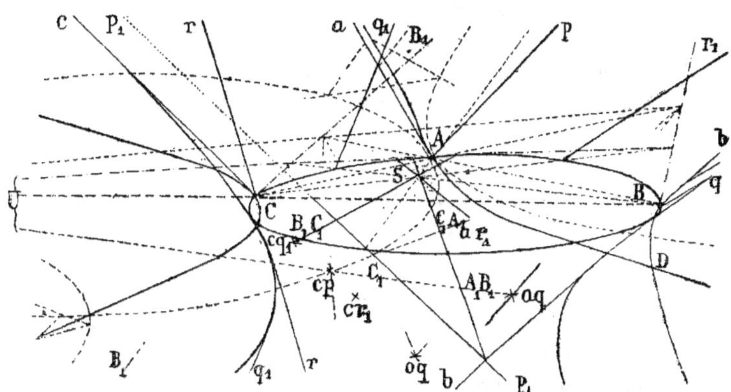

On détermine, par cette même condition de tangence à l'hyperbole
jointe à la condition que $rpqp_1$, $pqrq_1$ et $qrpr_1$ forment des groupes harmoniques, les trois derniers rayons $p_1q_1r_1$, dont le tracé n'exige aucune
explication spéciale.

Les trois plans focaux ou plans osculateurs des points ABC, c'est-à-dire
les plans $A_1 = ap_1$, $B_1 = bq_1$, $C_1 = cr_1$, sont déterminés par leurs intersections respectives. La ligne A_1B_1 passe par les points aq_1 et bp_1, car ces
points sont situés dans chacun des deux plans ; de même B_1C_1 passe par
les points br_1 et cq_1, et C_1A_1 par cp_1 et ar_1. Les trois intersections se coupent au point d'intersection S des trois plans, qui est le foyer du plan
ABC, et le centre de l'involution formée par les intersections de ce plan
avec $pp_1 \cdot qq_1 \cdot rr_1$.

Afin de déterminer les deux cônes qui projettent la courbe directrice
des points B et C, nous avons construit les sections de ces cônes par le
plan $A = ap$. Le cône B est tangent au plan B_1 suivant la génératrice b ;
le plan $B_1 = bq_1$ coupe $A = ap$ suivant la droite qui joint les points aq_1
(bp) (*), car ces deux points sont situés dans les deux plans. Le rayon b
coupe A en (bp) ; par suite, la section conique à construire est tangente
à B_1 en (bp). Le plan Ba coupe A suivant la ligne a et est tangent au

---

(*) Nous mettons entre parenthèses les éléments qui sortent de la figure.

cône suivant la génératrice BA ; donc la section de ce cône est tangente
à la ligne a en A. Le plan Bc, dans lequel se trouve aussi le rayon q,
puisqu'il doit couper la directrice c, coupe $A = ap$ suivant la droite joignant les points cp, aq, et est tangent au cône suivant la génératrice BC ;
la section conique cherchée est, par suite, tangente à la droite (cp, aq) en
son point d'intersection (U) avec BC. Ces trois tangentes et leurs points
de contact sont plus que suffisants pour construire la section conique
cherchée, qui est l'hyperbole pointillée sur la figure. Il est évidemment
avantageux d'utiliser pour cette construction le faisceau U ayant son
centre au point où la droite joignant les sommets B et C des cônes rencontre le plan A.

On obtient par un procédé analogue les éléments dont on a besoin
pour construire la section du cône C par le plan $A = ap$. Cette section
est tangente à la droite ar_1, cp au point cp ; à l'intersection (ar) (bp) du
plan Cb avec A en son point d'intersection (U) avec BC ; et enfin à la
droite a en A. Au moyen de ces trois tangentes et de leurs points de
contact, on pourra construire l'ellipse pointillée de la *fig.* 124. Il est
utile, pour cette construction, d'utiliser les rayons du faisceau U sur lesquels on a déterminé des points de l'hyperbole.

En joignant les sommets B et C des deux cônes à des points de l'ellipse et de l'hyperbole situés sur le même rayon du faisceau U, on
obtient des génératrices des deux cônes qui sont situées dans un même
plan et dont l'intersection donne, par suite, un point de la courbe du
3ᵉ degré que l'on veut construire.

Le point U est situé à la fois dans le plan $A = ap$ et dans le plan ABC ; par
suite la droite pointillée AU est l'intersection de ces deux plans ; le plan
$A = ap$ étant tangent à l'hyperboloïde en A, la droite AU est tangente à la
section de l'hyperboloïde par le plan ABC. Rappelons-nous maintenant que
U est l'intersection des droites (aq, cp) et (ar, bp), d'où il suit, par une permutation tournante des lettres, que l'intersection des droites (br, aq) et
(bp, cq) est située sur la droite AC et sur la tangente pointillée B, et enfin
que l'intersection de (cp, br) et (cq, ar) est située sur AB et sur la tangente C. Ces trois points d'intersection sont situés sur une même ligne
droite, qui est la polaire du point S par rapport à la section de l'hyperboloïde par le plan ABC. Au moyen de ces trois points, on obtient le
triangle pointillé circonscrit à cette section, et, au moyen de ce triangle,
on peut construire la section elle-même, qui est, dans le cas de la *fig.* 124,
une ellipse que nous avons figurée par un trait plein.

Pour construire la *fig.* 124, nous avons représenté par un trait plein
fort toutes les génératrices de la partie antérieure de l'hyperboloïde au-
dessus de l'ellipse, et nous avons supposé enlevée la partie antérieure au-

dessous de cette même ellipse, en nous bornant à indiquer par des croix les points d'intersection des directrices et des rayons qui étaient nécessaires à la construction. Enfin nous avons indiqué par un trait pointillé les génératrices de la partie postérieure de l'hyperboloïde.

La courbe directrice du système focal rencontre le plan à l'infini en trois points ; elle est formée par suite de trois branches. Elle a en commun avec l'hyperboloïde les trois points doubles ABC, soit en tout six points. Comme une courbe du 3ᵉ degré ne peut avoir plus de six points communs avec un hyperboloïde sans être située en entier sur cette surface, et que d'ailleurs la courbe cherchée est tangente aux directrices abc situées dans les plans osculateurs $A_1B_1C_1$, il en résulte que cette courbe est située complètement à l'intérieur ou à l'extérieur de l'hyperboloïde. Dans le cas actuel, elle est située à l'intérieur. La courbe passe aussi par le second point de tangence de l'ellipse et de l'hyperbole, sections des cônes B et C par le plan $A = ap$, puisque ce point appartient à l'intersection des deux cônes. Ce point et le point double A sont les trois points d'intersection de la courbe et du plan $A = ap$. Dans la projection représentée par la *fig.* 124, la courbe de l'espace se projette suivant une courbe plane du 3ᵉ degré ayant un point double en D. Cette courbe ayant, dans le cas actuel, trois asymptotes, n'a qu'un seul point d'inflection réel, situé au-dessus du point A.

Nous n'avons adopté aucune échelle pour construire la *fig.* 124. On ne pourrait évidemment opérer ainsi s'il s'agissait d'effectuer réellement la construction, et en outre il serait nécessaire de prendre deux plans de projection. En choisissant pour l'un de ces plans ABC et pour l'autre $A = ap$, les deux projections s'exécuteraient aussi facilement que la projection unique et abstraite de la *fig.* 124.

Comme confirmation de ce que nous avons dit en commençant, nous ferons remarquer que la courbe directrice du système focal ne se présente jamais comme moyen de construction, mais comme le résultat final de constructions exécutées au moyen de la surface réglée en involution. On doit, par suite, considérer la courbe directrice simplement comme un mode de représentation des directrices correspondantes d'un système de forces, tandis que la surface réglée en involution est le mode principal de représentation du système focal et du système de forces.

La *fig.* 124 peut aussi servir à mettre en lumière le contenu des nᵒˢ 483 à 487 de l'ouvrage de Staudt.

64. COMPOSITION ANALYTIQUE DES FORCES DANS L'ESPACE.

La composition analytique des forces dans l'espace n'est qu'une simple généralisation des formules de sommation établies au n° 47. Nous obtiendrons ces nouvelles formules en procédant exactement comme au n° 57, p. 196. Prenons un point arbitraire $(x'y'z'1)$ (*fig.* 125) et un plan arbitraire $(\xi''\eta''\zeta''v'')$; soient $(x''y''z''1)$ le point d'intersection de la droite l et du plan, et $(\xi'\eta'\zeta'v')$ le plan projetant cette droite par le point choisi.

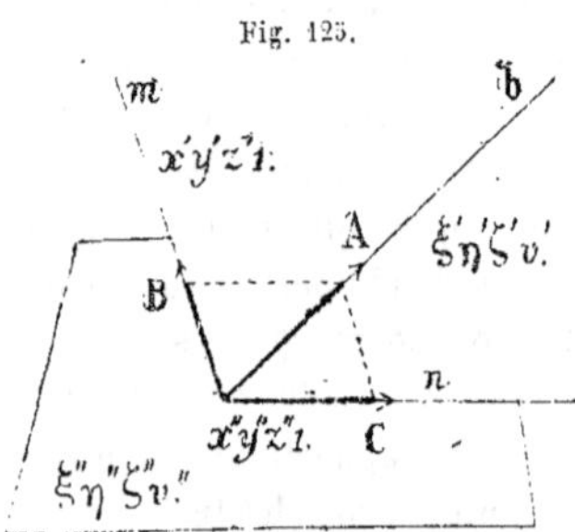

La droite m qui joint les deux points et l'intersection n des deux plans coupent la droite l au même point et sont situées dans un même plan. Nous pouvons par suite décomposer la force A agissant suivant l en deux composantes B et C suivant les directions de m et n. Nous ferons ensuite, d'après les règles déjà exposées, la somme de toutes les forces B passant par le même point $(x'y'z'1)$, et celle de toutes les forces C situées dans un même plan $(\xi''\eta''\zeta''v'')$. Ces opérations s'effectueront de la manière suivante :

Les coordonnées du point d'intersection x''_g... de la force A et celles du plan projetant ξ'_g... résultent, en adoptant les mêmes notations qu'au n° 47, p. 166, des équations

$$\xi'_g = l_{ik}x'_h + l_{kh}x'_i + l_{hi}x'_k \quad \text{et} \quad x''_g = l_{gh}\xi''_h + l_{gi}\xi''_i + l_{gi}\xi''_k.$$

En multipliant par les valeurs de ξ'' et x', nous obtenons les équations

$$\begin{aligned}
\xi'_g\xi''_h &= (l_{ik}x'_h + l_{kh}x'_i + l_{hi}x'_k)\xi''_h, \\
-\xi'_h\xi''_g &= -(l_{ki}x'_g + l_{gi}x'_i + l_{ig}x'_k)\xi''_g, \\
x''_i x'_k &= (l_{ig}\xi''_g + l_{ih}\xi''_h + l_{ik}\xi''_k)x'_k, \\
-x''_k x'_i &= -(l_{kg}\xi''_g + l_{ki}\xi''_i + l_{kh}\xi''_h)x'_i.
\end{aligned}$$

Les coordonnées linéaires des droites m et n seront

$$m_{ik} = x''_i x_k - x''_k x'_i \quad \text{et} \quad n_{ik} = \xi'_g\xi''_h - \xi'_h\xi''_g.$$

Appelons maintenant b la constante

$$b = \xi''_g x'_g + \xi''_h x'_h + \xi''_i x'_i + \xi''_k x'_k = \xi''x' + \eta''y' + \zeta''z' + 1.$$

L'addition des quatre équations ci-dessus nous donne :

$$m_{ik} + n_{ik} = bl_{ik}.$$

Il est bon de remarquer que les m, n et l ne sont pas du même degré, mais que les deux premières quantités ont en plus le facteur b.

Si on projette les trois droites l, m et n, d'un même point $(x'''y'''z'''1)$, et qu'on forme les équations m''', n''', l''' des trois plans projetants, de la même manière que nous avons, au n° 47, p. 167, formé l'équation l' au moyen de l_{ik}, ces équations ne contiendront les quantités m_{ik}, n_{ik} et l_{ik} qu'au 1er degré, et par suite nous devrons avoir aussi pour ces équations la relation

$$m''' + n''' = bl''.$$

D'après le n° 47, p. 168, les trois forces ABC étant dans un même plan seront liées entre elles par l'équation :

$$\frac{B}{e'}\, m''' + \frac{C}{e''}\, n''' = \frac{A}{e}\, l'',$$

où e' et e'' sont formés au moyen des coefficients m_{4i}, n_{4i} de la même manière que e au moyen de l_{4i}.

Les quantités l''', m''', n''' contenant les coordonnées variables x'''_i, ces équations ne pourront être simultanées que si l'on a :

$$\frac{B}{e'} = \frac{C}{e''} = \frac{A}{be}.$$

Nous déterminerons maintenant la résultante de toutes les forces B passant par le point $(x'y'z'1)$, d'après ce qui a été dit au n° 47, p. 168, en faisant la somme de toutes les équations des points d'intersection des lignes d'application m de ces forces avec le plan $(\xi''\eta''\zeta''v'')$, après avoir préalablement multiplié ces équations par leurs facteurs normaux. L'équation des points d'intersection est identique à celle de l multipliée par b; elle sera par suite $\lambda''b$, en désignant, comme nous l'avons fait précédemment au n° 47, p. 167, l'équation du point d'intersection par λ''. Le facteur normal est $\dfrac{B}{e'}$; par suite, l'équation α'' du point d'intersection de la résultante avec le plan $(\xi''\eta''\zeta''v'')$ sera :

$$\alpha'' = \sum \lambda''b\,\frac{B}{e'} = \sum \lambda''\,\frac{A}{e}.$$

Cette équation, qui correspond tout à fait à celle obtenue au n° 47, p. 168, est indépendante des coordonnées du point $(x'y'z'1)$, puisque le facteur b a disparu. Par suite, pour le même plan $(\xi''\eta''\zeta''v'')$, on obtiendra toujours le même point α''.

On obtient un résultat analogue en composant ensemble les composantes partielles C, qui agissent suivant les droites n et sont situées dans le même plan $(\xi''\eta''\zeta''v'')$. Projetons-les par le point $(x'y'z'1)$; les équations des plans projetants seront celles des l' multipliées, comme celles des lignes d'action des forces, par le facteur b. L'équation du plan projetant la résultante sera, par suite, d'après le n° 47, p. 168 :

$$\alpha' = \sum l'b\,\frac{C}{e''} = \sum l'\,\frac{A}{e}.$$

Ces équations sont indépendantes des coordonnées du plan $(\xi''\eta''\zeta''v'')$; on obtient donc le même plan projetant, quel que soit le plan choisi pour la décomposition des forces.

Les sommes a_{ik}, n° 47, p. 167, satisfaisaient à l'équation

$$a_{12}a_{34} + a_{13}a_{42} + a_{14}a_{23} = \mathfrak{R} = 0.$$

Il n'en est plus de même dans le cas actuel, parce que les a_{ik} et les l_{ik} ne sont pas formés au moyen des relations entre les coordonnées d'un même point ou d'un même plan et celles d'autres points ou plans quelconques, relations résultant de ce que nous supposions que les lignes d'action des forces étaient toutes situées dans un même plan ou passaient par un même point. S'il arrivait que l'équation $\mathfrak{R} = 0$ fût satisfaite, les a_{ik} seraient alors les coordonnées d'une droite, par laquelle tous les plans projetants a' passeraient, et sur laquelle tous les points de rencontre α'' seraient situés; le système se réduirait dans ce cas à une force unique agissant suivant cette droite.

Pour terminer, nous répéterons les propositions démontrées jusqu'à présent, qui s'appliquent d'une façon générale à l'espace, et parmi lesquelles sont comprises celles du n° 47, p. 168.

Formons, au moyen des coordonnées l_{ik} des droites suivant lesquelles agissent les forces A, les facteurs

$$e = \pm \sqrt{l_{41}^2 + l_{42}^2 + l_{43}^2 + 2l_{42}l_{43}\omega_1 + 2l_{43}l_{41}\omega_2 + 2l_{41}l_{42}\omega_3},$$

dans lesquels les ω représentent les cosinus des angles formés par les axes coordonnés. Le signe du radical doit être choisi de telle façon que $(l_{41}\xi + l_{42}\eta + l_{43}\zeta)\dfrac{1}{e}$ soit l'équation du point à l'infini vers lequel la force A est dirigée. Formons ensuite, au moyen des e, les sommes

$$a_{ik} = \sum l_{ik}\frac{\text{A}}{e}.$$

Les coordonnées du plan $(\xi'_m\eta'_m\zeta'_mv'_m)$ qui projette, du point $(x'y'z'1)$, l'une des deux forces auxquelles se réduit le système quand toutes les autres forces passent par ce point, seront :

$$\xi'_m = \sum \xi'\frac{\text{A}}{e} = \qquad\quad + a_{34}y' + a_{42}z' + a_{23},$$

$$\eta'_m = \sum \eta'\frac{\text{A}}{e} = a_{43}x' \qquad\quad + a_{14}z' + a_{31},$$

$$\zeta'_m = \sum \zeta'\frac{\text{A}}{e} = a_{24}x' + a_{41}y' \qquad\quad + a_{12},$$

$$v'_m = \sum v'\frac{\text{A}}{e} = a_{32}x' + a'_{13}y' + a_{21}z';$$

et l'équation du plan projetant est :

$$a' = \sum l'\frac{\text{A}}{e} = \xi'_m x + \eta'_m y + \zeta'_m z + v'_m.$$

Les coordonnées du point $(x''y''z''1)$, où le plan $(\xi''\eta''\zeta''v'')$ est rencontré par l'une des forces, l'autre force étant située dans ce plan, seront :

$$x''_m = \sum x''\frac{\text{A}}{e} = a_{12}\eta'' + a_{13}\zeta'' + a_{14}, \quad .$$

et ainsi de suite.

Il est très important, comme nous le verrons dans les numéros qui suivent, de bien montrer que les x''_m dépendent des ξ'' de la même manière que les x' dépendent des ξ'_m. Pour mettre plus clairement en évidence cette corrélation, nous mettrons les x_m sous la forme suivante :

$$\Re x''_m \qquad\quad + a_{12}\eta'' + a_{13}\zeta'' + a_{13}v'' = \Re x''_m + \sum x''u''\frac{\text{A}}{e} = 0,$$

$$\Re y''_m + a_{21}\xi'' \qquad\quad + a_{23}\zeta'' + a_{24}v'' = \Re y''_m + \sum y''u''\frac{\text{A}}{e} = 0,$$

$$\Re z''_m + a_{31}\xi'' + a_{32}\eta'' \qquad\quad + a_{34}v'' = \Re z''_m + \sum z''u''\frac{\text{A}}{e} = 0,$$

$$\Re \qquad\quad + a_{41}\xi'' + a_{42}\eta'' + a_{43}\zeta'' \qquad\quad = \Re \quad + \sum u''\frac{\text{A}}{e} = 0.$$

Ces équations donnent pour les $x''_m\ldots$, comme il est facile de s'en convaincre, les valeurs $x'y'z'1$, quand on remplace $\xi''\eta''\zeta''v''$ par les valeurs ci-dessus de $\xi'\eta'\zeta'v'$.

On voit par là qu'on ne peut pas prendre arbitrairement les $\xi\eta\zeta v$, mais qu'on doit les choisir de façon à satisfaire à la 4ᵉ équation, afin que la 4ᵉ coordonnée u soit égale à 1.

Si les coordonnées $\xi''\eta''\zeta''v''$ d'un plan ne satisfaisaient pas à cette condition, il faudrait les transformer en les multipliant par le facteur

$$-\frac{\mathfrak{R}}{a_{41}\xi'' + a_{42}\eta'' + a_{43}\zeta''}.$$

L'équation du point de rencontre est

$$a'' = \sum \lambda'' \frac{A}{e} = x''_m\xi + y''_m\eta + z''_m\zeta + v.$$

Dans ces équations, les $(\xi'\eta'\zeta'v')$, $(x''y''z''1)$, l' et λ'' ont la même signification qu'au n° 47, p. 166; ces quantités se déduisent du reste des l_{ik}, de la même façon que les $(\xi'_m\eta'_m\zeta'_m v'_m)$, $(x''_m y''_m z''_m 1)$, a', a'' se déduisent des a_{ik}.

Si donc on décompose, et qu'ensuite on réduise à 2 forces un système de forces donné au moyen d'un point et d'un plan, on peut énoncer de la manière suivante les équations ci-dessus :

Si on multiplie les coordonnées des lignes d'action d'un système de forces par le facteur normal correspondant $\dfrac{A}{e}$, ou bien $\dfrac{\mathfrak{R}}{E}$, lorsqu'il s'agit d'une force infiniment petite située à l'infini, et qu'on forme les équations des plans projetant ces lignes d'action d'un point fixe et les équations des points de rencontre de ces lignes avec un plan fixe, les sommes de ces équations donneront, d'une part, l'équation du plan projetant l'une des deux résultantes du système, d'autre part, l'équation du point d'intersection de l'autre résultante avec le plan fixe.

Nous démontrerons plus loin, au n° 67, que, dans le cas d'une force infiniment petite située à l'infini, dont le moment est $\mathfrak{A}$, et pour laquelle, par suite a_{14}, a_{24}, a_{34} et e sont nuls, le facteur normal est $\dfrac{\mathfrak{A}}{E}$, où

$$E' = - \begin{vmatrix} 1 & \omega_3 & \omega_2 & l_{23} \\ \omega_3 & 1 & \omega_1 & l_{31} \\ \omega_2 & \omega_1 & 1 & l_{32} \\ l_{23} & l_{31} & l_{12} & 0 \end{vmatrix}$$

65. SYSTÈME FOCAL ET DROITES CONJUGUÉES.

Les équations qui, dans le numéro précédent, expriment la manière dont les $\xi'_m\eta'_m\zeta'_m v'_m$ dépendent des $x'y'z'1$, et les $x''_m y''_m z''_m 1$ des $\xi''\eta''\zeta''v''$ étant du 1ᵉʳ degré, chaque système de quatre équations représente un système géométrique réciproque, dans lequel à chaque point correspond un plan et inversement. Nous avons déjà fait observer dans les numéros précédents que les deux groupes de quatre équations n'expriment qu'un seul et même mode de dépendance.

Les relations, qui sont représentées par le premier groupe de ces équations, sont identiques avec celles que représente le deuxième groupe; les deux systèmes forment donc un système unique mais réciproque, c'est-à-dire un *système polaire*.

En multipliant par $x'y'z'1$ les équations $\xi'_m\eta'_m\zeta'_m v'_m$, et remarquant que $a_{ik} = - a_{ki}$, on a

$$x''_m\xi + y'\eta'_m + z'\zeta'_m + v'_m = 0.$$

Donc chaque point du système est situé dans le plan qui lui correspond, et inversement; par conséquent le système polaire est un *système focal*.

Les droites correspondantes suivant lesquelles agissent les deux forces par lesquelles le système donné peut être représenté ont une importance spéciale. Si nous prenons deux points sur l'une des deux forces correspondantes, les plans correspondant à ces points sont des plans projetant l'autre force; celle-ci sera, par suite, déterminée par l'intersection des deux plans.

Aux coordonnées m_{ik}, multipliées par un facteur arbitraire μ, de la ligne qui réunit les deux points $(x'y'z'1)$, $(x''y''z''1)$, soit.

$$\mu m_{ik} = \begin{vmatrix} x'_i\ x'_k \\ x''_i\ x''_k \end{vmatrix} = \begin{vmatrix} a_{i1}\xi' + a_{i2}\eta' + a_{i3}\zeta' + a_{i4}v', & a_{k1}\xi' + a_{k2}\eta' + a_{k3}\zeta' + a_{k4}v' \\ a_{i1}\xi'' + a_{i2}\eta'' + a_{i3}\zeta'' + a_{i4}v'', & a_{k1}\xi'' + a_{k2}\eta'' + a_{k3}\zeta'' + a_{k3}v'' \end{vmatrix}$$

correspondent les coordonnées de l'intersection des deux plans $(\xi'\eta'\zeta'v')$ et $(\xi''\eta''\zeta''v'')$. L'expression générale des coordonnées linéaires de cette intersection sera

$$n_{ik} = \begin{vmatrix} \xi'_g\ \xi'_h \\ \xi''_g\ \xi''_h \end{vmatrix}$$

où $ghik$ est une combinaison de la même classe des indices $1\ 2\ 3\ 4$. Nous aurons en développant le déterminant

$$\mu m_{ik} = \begin{vmatrix} a_{i1}\ a_{i2} \\ a_{k1}a_{k2} \end{vmatrix} n_{34} + \begin{vmatrix} a_{i1}\ a_{i3} \\ a_{k1}a_{k3} \end{vmatrix} n_{42} + \begin{vmatrix} a_{i1}\ a_{i4} \\ a_{k1}a_{k4} \end{vmatrix} n_{23} + \begin{vmatrix} a_{i2}\ a_{i3} \\ a_{k2}a_{k3} \end{vmatrix} n_{14} + \begin{vmatrix} a_{i2}\ a_{i4} \\ a_{k2}a_{k4} \end{vmatrix} n_{31} + \begin{vmatrix} a_{i3}\ a_{i4} \\ a_{k3}a_{k3} \end{vmatrix} n_{12}$$

Si, dans le déterminant $\begin{vmatrix} a_{ip}a_{iq} \\ a_{kp}a_{kq} \end{vmatrix}$, où p et q représentent deux quelconques des indices $1\ 2\ 3\ 4$, un des indices p, q, ou tous les deux, sont égaux à k et i, le déterminant se réduit à $a_{ik}a_{pq}$. Ce cas se présente pour cinq des déterminants ci-dessus; mais, pour le sixième, les quatre indices $ikpq$ sont différents et sont par suite une combinaison de $1\ 2\ 3\ 4$. Mais on a

$$a_{ik}a_{pq} + a_{iq}a_{kp} + a_{ip}a_{qk} = \Re,$$

et par suite

$$\begin{vmatrix} a_{ip}a_{iq} \\ a_{kp}a_{kq} \end{vmatrix} = -\Re + a_{ik}a_{pq}.$$

Nous aurons donc

$$\mu m_{ik} = (a_{12}n_{34} + a_{13}n_{42} + a_{14}n_{23} + a_{23}n_{14} + a_{24}n_{31} + a_{34}n_{12})a_{12} - \Re n_{ik}.$$

Nous désignerons l'expression entre parenthèses, formée symétriquement au moyen de a et n, sous le nom de *moment linéaire*, et nous la représenterons par S_{an}. Quant à μ, que nous pouvons choisir arbitrairement, nous le prendrons égal à $\Re$, et nous obtiendrons alors pour l'équation de condition entre les coordonnées de deux droites correspondantes :

$$(m_{ik} + n_{ik})\,\Re = S_{ah}a_{ik}.$$

Multiplions les équations correspondantes aux six combinaisons des indices ik par les a_{gh} complémentaires, $ghik$ étant une combinaison de la même classe des indices $1\ 2\ 3\ 4$, et ajoutons-les; nous obtiendrons :

$$(S_{am} + S_{an})\,\Re = S_{an}S_{aa}.$$

Mais S_{aa} est est égal à $2\Re$; on en conclut que $S_{am} = S_{an}$, et l'équation ci-dessus entre les m_{ik} et n_{ik} devient complètement symétrique, savoir :

$$(m_{ik} + n_{ik})\,\Re = a_{ik}S_{am} = a_{ik}S_{al}.$$

Cette équation exprime la propriété caractéristique du système polaire, consistant en ce que, dans ce système, toutes les lignes se correspondent mutuellement.

En multipliant cette équation comme précédemment par m_{gh}, puis par n_{gh}, et ajoutant, on a

$$(S_{mm} + S_{mn})\, \mathfrak{R} = S^2_{am}$$
$$(S_{mn} + S_{nn})\, \mathfrak{R} = S^2_{an},$$

d'où résulte

$$S_{mm} = S_{nn}.$$

Par conséquent, si on a $S_{mm} = 0$, on aura aussi $S_{nn} = 0$. $S_{mm} = 0$ représente la condition à laquelle les m_{ik} doivent satisfaire pour représenter les coordonnées d'une ligne droite; l'équation générale ci-dessus donnera donc pour n_{ik} les coordonnées d'une ligne droite, quand on prendra pour les m_{ik} les coordonnées d'une droite. Si S_{mm} et S_{nn} sont nuls, on aura aussi

$$S_{mn}\, \mathfrak{R} = S^2_{am} = S^2_{an} = S_{am}S_{an}.$$

Si p_{ik} et q_{ik} sont les coordonnées de deux autres droites conjuguées, qu'on multiplie les équations précédentes par p_{gh} et les équations

$$(p_{ik} + q_{ik})\, \mathfrak{R} = S_{ap}a_{ik}$$

par q_{gh}, et qu'on additionne, on obtient

$$(1) \qquad (S_{mp} + S_{np})\, \mathfrak{R} = S_{an}S_{ap}$$
$$(2) \qquad (S_{np} + S_{nq})\, \mathfrak{R} = S_{ap}S_{an},$$

d'où l'on tire

$$(3) \qquad S_{mp} = S_{nq}.$$

$S_{mp} = 0$ représente la condition à laquelle les coordonnées des lignes m et p doivent satisfaire pour que ces lignes se coupent. Mais si $S_{mp} = 0$, S_{nq} sera aussi égal à zéro; par conséquent, lorsque, dans un système focal, deux lignes se coupent, les deux lignes conjuguées de celles-ci se coupent aussi.

Nous appellerons *directrices* du système les lignes droites dont le moment linéaire est nul, et dont les coordonnées l_{ik} satisfont par suite à la condition $S_{al} = 0$. Soient l'_{ik} les coefficients de la ligne l' conjuguée de l, nous aurons

$$(l_{ik} + l'_{ik})\mathfrak{R} = 0,$$

et par conséquent la ligne l' coïncide avec l. Donc *les directrices du système se correspondent à elles-mêmes.*

En remplaçant dans l'équation (1) p par l, on a :

$$(S_{ml} + S_{nl})\mathfrak{R} = S_{an}S_{al},$$

équation qui montre que toutes les droites, qui joignent entre eux des points appartenant à des droites correspondantes, sont des directrices, car si S_{ml} et S_{nl} sont nuls, S_{al} sera aussi nul; et que, quand une directrice est rencontrée par une droite, elle est aussi rencontrée par la droite correspondante, car quand S_{ml} et S_{al} sont nuls, S_{nl} est aussi nul.

Le moment de deux droites représentant le système et rencontrant une directrice est nul par rapport à celle-ci; d'où l'on déduit pour les directrices la signification statique que le moment de rotation du système des forces par rapport à une directrice est aussi nul. Nous appellerons, pour ce motif, les directrices axes de rotation du système.

De plus, on en conclut que tout plan contient un faisceau de directrices, le centre du faisceau étant le foyer du plan, et inversement. Il en résulte aussi que deux groupes quelconques de droites conjuguées sont situés sur un hyperboloïde, car toute directrice de l'hyperboloïde, qui coupe trois de ces droites, est une directrice du système et coupe par conséquent aussi la quatrième.

Si l'une de deux droites correspondantes décrit l'hyperboloïde, l'autre décrit sur cette dernière surface une forme projective ; et, comme les droites se correspondent mutuellement, l'ensemble de toutes les droites correspondantes sur l'hyperboloïde forme un système en involution. Nous allons, en vue d'applications ultérieures, chercher l'expression analytique de cette involution.

Soient (*fig.* 126) a et b les directrices de l'hyperboloïde, 1 et 2 deux lignes correspondantes, ainsi que λ et λ'.

Fig. 126.

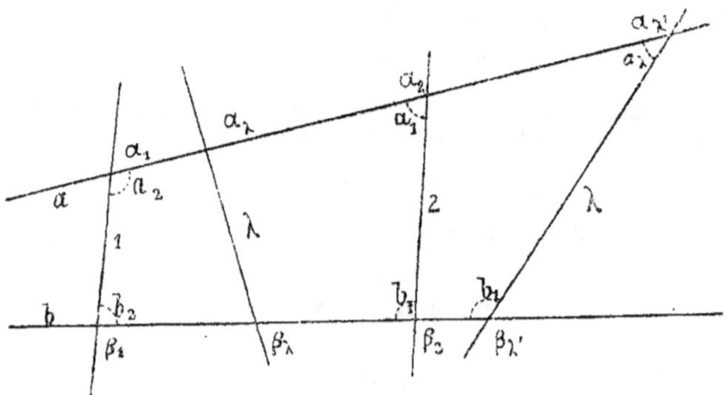

Nous désignerons par α_i et β_i les équations des points d'intersection de la ligne i avec a et b, et par a_i et b_i les équations des plans correspondant à ces points; ainsi a_i sera le plan correspondant au point α_i, et de même pour les autres.

A la droite qui réunit les deux points

$$\alpha_\lambda = \alpha_1 - \lambda\alpha_2 \quad \text{et} \quad \beta_\lambda = \beta_1 - \lambda\beta_2$$

correspond l'intersection des deux plans :

$$a_\lambda = a_1 - \lambda a_2 \quad \text{et} \quad b_\lambda = b_1 - \lambda b_2.$$

Pour obtenir la valeur du paramètre λ' correspondant à λ (*), nous devons chercher les points d'intersection $\alpha_{\lambda'}$ et $\beta_{\lambda'}$ des directrices a et b avec les plans a_λ et b_λ. L'équation du premier de ces points sera

$$\alpha_{\lambda'} = \alpha_{2\lambda}\alpha_1 - \alpha_{1\lambda}\alpha_2,$$

en désignant par $\alpha_{i\lambda}$ le résultat de la substitution des coordonnées du plan b_λ dans l'équation du point α_i. Par suite, $\alpha_{i\lambda}$ est la constante :

$$\alpha_{i\lambda} = x_i\xi_\lambda + y_i\eta_\lambda + z_i\zeta_\lambda + 1.$$

(*) Le paramètre λ représente le rapport de la distance des points α_1 et α_λ à la distance des points α_2 et α_λ ; λ' représente un rapport analogue.

En désignant de même par $a_{\lambda i}$ la constante que l'on obtient par la substitution des coordonnées du point i dans l'équation du plan k, il en résulte que $\alpha_{i\lambda} = a_{\lambda k}$. Comme, par suite, l'expression ci-dessus de α'_λ se compose des équations des points 1 et 2 multipliées par des constantes, cette expression représente l'équation d'un point de la ligne de jonction. Comme, d'ailleurs, la substitution des coordonnées du plan b_λ satisfait à l'équation, puisque $\alpha_{2\lambda}\alpha_{1\lambda} - \alpha_{1\lambda}\alpha_{2\lambda} = 0$, cette équation représente le point de rencontre de la ligne a avec le plan b_λ.

Il résulte de

$$b_\lambda = b_1 - \lambda b_2$$

que

$$\alpha_{2\lambda} = \alpha_{21} - \lambda\alpha_{22} = -\lambda\alpha_{22}$$

et aussi

$$\alpha_{1\lambda} = \alpha_{11} - \lambda\alpha_{12} = \alpha_{11},$$

car les coordonnées du plan n'entrent qu'à la première puissance dans les expressions ci-dessus, et α_{21} est nul ainsi que α_{12}, puisque le plan b_1 passe par le point α_2 et le plan b_2 par le point α_1.

L'équation $\alpha_{\lambda'}$ est donc :

$$-\lambda\alpha_{22}\alpha_1 - \alpha_{11}\alpha_2 = 0.$$

En la comparant avec $\alpha_{\lambda'} = \alpha_1 - \lambda'\alpha_2 = 0$, il en résulte que

$$\lambda' = -\frac{\alpha_{11}}{\lambda\alpha_{22}},$$

ou

$$\alpha_{11} + \alpha_{22}\lambda\lambda' = 0$$

et par suite aussi :

$$a_{11} + a_{22}\lambda\lambda' = 0.$$

Telle est la relation cherchée entre les rapports λ et λ' des segments interceptés par les droites α_λ et $\alpha_{\lambda'}$. Cette relation représente une involution de rayons.

66. COURBE DIRECTRICE DU SYSTÈME DE FORCES

Nous allons indiquer brièvement dans ce numéro, comme nous l'avons fait au n° 62, p. 211, la relation entre la courbe gauche du 3° degré et le système focal. Nous commencerons par rechercher le système focal qui est représenté par une cubique donnée.

La forme la plus simple des équations représentant une cubique est la suivante :

$$x_2 - \lambda x_1 = 0, \quad x_3 - \lambda x_2 = 0, \quad x_4 - \lambda x_3 = 0.$$

Dans ces équations, x_1, x_2, x_3, x_4 sont des coordonnées tétramétriques (voir la note B), qui se déduisent des coordonnées cartésiennes par des substitutions linéaires; λ est un paramètre variable. La cubique est ainsi engendrée par l'intersection de trois plans variables projectifs passant chacun par une droite fixe. La recherche des constantes, auxquelles les forces et les moments sont proportionnels, conduit à des expressions très compliquées, des déterminants du 5° degré, que nous développerons dans le numéro suivant. La formation de ces constantes ne présente aucun intérêt pratique dans le cas de coordonnées tétramétriques ; nous ne ferons par suite usage de ces coordonnées que quand il s'agira de déterminer la position des éléments géométriques, et non la grandeur des forces agissant sur les différents points ou des moments agissant dans différents plans.

L'équation du plan qui passe par les trois points $\lambda_1\lambda_2\lambda_3$ est (*) :

$$\lambda_1\lambda_2\lambda_3 x_1 - (\lambda_1\lambda_2 + \lambda_2\lambda_3 + \lambda_3\lambda_1)x_2 + (\lambda_1 + \lambda_2 + \lambda_3)x_3 - x_4 = 0,$$

et les coordonnées de ce plan sont données par les rapports :

$$\frac{\xi'_1}{\lambda_1\lambda_2\lambda_3} = \frac{\xi'_2}{-\lambda_1\lambda_2 - \lambda_2\lambda_3 - \lambda_3\lambda_1} = \frac{\xi'_3}{\lambda_1 + \lambda_2 + \lambda_3} = \frac{\xi'_4}{-1}.$$

Le point correspondant à ce plan $(\xi'_1\xi'_2\xi'_3\xi'_4)$ est l'intersection des trois plans osculateurs en $\lambda_1\lambda_2\lambda_3$. L'équation du plan osculateur en λ_i se déduit de celle du plan passant par les trois points $\lambda_1\lambda_2\lambda_3$ en faisant $\lambda_1 = \lambda_2 = \lambda_3 = \lambda_i$. Cette équation est :

$$\lambda_i^3 x_1 - 3\lambda_i^2 x_2 + 3\lambda_i x_3 - x_4 = 0.$$

En substituant successivement à λ_i λ_1, λ_2, λ_3, on obtient les équations des trois plans dont l'intersection donne le point cherché. Soient $x'_1 x'_2 x'_3 x'_4$ les coordonnées de ce point. La résolution des trois équations donne :

$$\frac{x'_1}{3} = \frac{x'_2}{\lambda_1 + \lambda_2 + \lambda_3} = \frac{x'_3}{\lambda_1\lambda_2 + \lambda_2\lambda_3 + \lambda_3\lambda_1} = \frac{x'_4}{3\lambda_1\lambda_2\lambda_3}.$$

En comparant ces ordonnées avec celle du plan correspondant $\xi'_1\xi'_2\xi'_3\xi'_4$, on obtient les équations de condition :

$$
\begin{aligned}
x'_1 &= & -3\xi'_4, \\
x'_3 &= & +\xi'_3, \\
x'_3 &= & -\xi'_2, \\
x'_4 &= +3\xi'_1,
\end{aligned}
$$

dans lesquelles les coefficients de tous les termes manquants sont nuls.

Si nous comparons maintenant ces coefficients avec ceux du système focal, n° 64, p. 220, nous voyons immédiatement qu'ils représentent aussi un système focal, car on a :

$$a_{11} = a_{12} = -a_{21} = a_{13} = -a_{31} = a_{22} = a_{24} = -a_{42} = a_{33} = a_{34} = -a_{43} = a_{44} = 0,$$
$$a_{14} = -a_{41} = -3, \qquad a_{23} = -a_{32} = 1$$

(*) On déduit immédiatement des équations qui précèdent.

$$x_1 = x_1, \qquad x_2 = \lambda_1 x_1, \qquad x_3 = \lambda_2 x_1, \qquad x_4 = \lambda_3 x_1,$$

d'où il résulte que les coordonnées du point λ_i sont 1, λ_i, λ_i^2, λ_i^3. L'équation du plan passant par les trois points λ_1 λ_2 λ_3 sera par suite

$$\begin{vmatrix} x_1 & x_2 & x_3 & x_4 \\ 1 & \lambda_1 & \lambda_1^2 & \lambda_1^3 \\ 1 & \lambda_2 & \lambda_2^2 & \lambda_2^3 \\ 1 & \lambda_3 & \lambda_3^2 & \lambda_3^3 \end{vmatrix} = 0$$

ou

$$[\lambda_1\lambda_2\lambda_3 x_1 - (\lambda_1\lambda_2 + \lambda_2\lambda_3 + \lambda_3\lambda_1)x_2 + (\lambda_1 + \lambda_2 + \lambda_3)x_3 - x_4]\begin{vmatrix} 1 & \lambda_1 & \lambda_1^2 \\ 1 & \lambda_2 & \lambda_2^2 \\ 1 & \lambda_3 & \lambda_3^2 \end{vmatrix} = 0.$$

et

$$\mathfrak{R} = -3.$$

On a aussi, pour une droite quelconque m_{ik} :

$$S_{am} = -3m_{23} + m_{14}.$$

Les droites correspondantes aux coefficients sont liées entre elles par la relation :

$$m_{ik} + n_{ik} = \left(m_{23} - \frac{1}{3} m_{14}\right) a_{ik} = \left(n_{23} - \frac{1}{3} n_{16}\right) a_{ik},$$

et les directrices doivent satisfaire à la condition $l_{14} = l_{23}$.

Nous allons vérifier, au moyen de ces équations, qu'à la droite qui joint deux points de la courbe correspond l'intersection des plans osculateurs en ces deux points.

Si, dans les équations ci-dessus qui donnent $x'_1 x'_2 x'_3 x'_4$ en fonction de $\lambda_1 \lambda_2 \lambda_3$, nous faisons $\lambda_1 = \lambda_2 = \lambda_3$, le point $x'_1 x'_2 x'_3 x'_4$ sera un point de la courbe. Nous trouvons en opérant ainsi

$$\frac{x'_1}{1} = \frac{x'_2}{\lambda_1} = \frac{x'_3}{\lambda_1^2} = \frac{x'_4}{\lambda_1^3}.$$

Le point, dont les coordonnées sont $1\lambda_1\lambda_1^2\lambda_1^3$, est donc un point de la courbe; nous aurons de même un second point $1\lambda_2\lambda_2^2\lambda_2^3$.

Par suite, pour obtenir les coordonnées de la droite qui joint ces deux points, nous n'aurons qu'à former les six déterminants :

$$\begin{vmatrix} 1 & \lambda_1 & \lambda_1^2 & \lambda_1^3 \\ 1 & \lambda_2 & \lambda_2^2 & \lambda_2^3 \end{vmatrix}$$

en prenant les colonnes deux à deux. La suppression du facteur commun $\lambda_2 - \lambda_1$ donne pour ces coordonnées :

$$\frac{m_{12}}{1} = \frac{m_{13}}{\lambda_1 + \lambda_2} = \frac{m_{14}}{\lambda_1^2 + \lambda_1\lambda_2 + \lambda_2^2} = \frac{m_{23}}{\lambda_1\lambda_2} = \frac{m_{24}}{\lambda_1\lambda_2(\lambda_1 + \lambda_2)} = \frac{m_{34}}{\lambda_1^2\lambda_2^2}.$$

Nous déterminons de la même manière les coordonnées de l'intersection des deux plans osculateurs correspondants aux deux points. Les coordonnées $\xi'_1 \xi'_2 \xi'_3 \xi'_4$ du plan osculateur au point λ_1 s'obtiennent en faisant $\lambda_1 = \lambda_2 = \lambda_3$ dans les équations donnant les coordonnées du plan $\lambda_1\lambda_2\lambda_3$, savoir :

$$\frac{\xi'_1}{\lambda_1^3} = \frac{\xi'_2}{-3\lambda_1^2} = \frac{\xi'_3}{3\lambda_1} = \frac{\xi'_4}{-1}.$$

Nous formerons par suite les coordonnées linéaires n_{ik} de l'intersection des plans osculateurs en λ_1 et λ_2 au moyen des six déterminants :

$$\begin{vmatrix} \lambda_1^3 & -3\lambda_1^2 & 3\lambda_1 & -1 \\ \lambda_2^3 & -3\lambda_2^2 & 3\lambda_2 & -1 \end{vmatrix}$$

en ayant soin de prendre, pour former n_{ik}, les colonnes gh, les lettres $ghik$ représentant, comme précédemment, une combinaison quelconque des indices 1 2 3 4.

Si nous supprimons le facteur commun $3(\lambda_1 - \lambda_2)$, nous obtenons :

$$\frac{n_{12}}{-1} = \frac{n_{13}}{-\lambda_1 - \lambda_2} = \frac{n_{14}}{-3\lambda_1\lambda_2} = \frac{n_{23}}{-\frac{1}{3}(\lambda_1^2 + \lambda_1\lambda_2 + \lambda_2^2)} = \frac{n_{24}}{-\lambda_1\lambda_2(\lambda_1 - \lambda_2)} = \frac{n_{34}}{-\lambda_1^2\lambda_2^2}.$$

Nous voyons par suite que $S_{mm} = S_{nn} = 0$; et que m_{ik} et n_{ik} sont bien les coordonnées de deux lignes droites; que

$$-\tfrac{1}{3}S_{am} = -\tfrac{1}{3}S_{an} = m_{23} - \tfrac{1}{3}m_{14} = n_{23} - \tfrac{1}{3}n_{14} = \lambda_1\lambda_2 - \tfrac{1}{3}(\lambda_1^2 + \lambda_1\lambda_2 + \lambda_2^2),$$

que, pour des indices ik tels que $a_{ik} = 0$, m_{ik} et n_{ik} sont égaux et de signes contraires. Nous voyons enfin que, pour $ik = 14$ et 23, les coordonnées de m et de n satisfont à l'équation

$$m_{ik} + n_{ik} = [\lambda_1\lambda_2 - \tfrac{1}{3}(\lambda_1^2 + \lambda_1\lambda_2 + \lambda_2^2)]a_{ik}.$$

Par conséquent les droites m et n, c'est-à-dire la droite qui joint deux points de la courbe et l'intersection des plans osculateurs de ces deux points sont bien des droites correspondantes du système focal.

En faisant $\lambda_1 = \lambda_2$, les droites m et n se confondent en une tangente à la courbe; les coordonnées de cette tangente se déduisent des équations de m_{ik} ou de celles de n_{ik}, et sont :

$$\frac{l_{12}}{1} = \frac{l_{13}}{2\lambda_1} = \frac{l_{14}}{3\lambda_1^2} = \frac{l_{23}}{\lambda_1^2} = \frac{l_{24}}{2\lambda_1^3} = \frac{l_{34}}{\lambda_1^4}.$$

Cette tangente est une directrice du système, parce que deux droites correspondantes se confondent sur cette tangente.

Cherchons encore la position du point, du plan osculateur et de la tangente à la courbe pour les valeurs particulières 0 et ∞ de λ_1. Pour $\lambda_1 = 0$, les coordonnées du point correspondant de la courbe $(x'_1 x'_2 x'_3 x'_4)$ sont $(1\,0\,0\,0)$; par suite, à cette valeur de λ_1 correspond le sommet 1 du tétraèdre formé par les quatre plans $x_1 x_2 x_3 x_4$, c'est-à-dire le sommet opposé à la face x_1. Les coordonnées du plan osculateur $(\xi'_1 \xi'_2 \xi'_3 \xi'_4)$ sont $(0\,0\,0\,1)$; ce sont les coordonnées du plan 4 qui passe par les sommets 1 2 3 du tétraèdre. Les coordonnées de la tangente sont toutes égales à 0 sauf $l_{12} = 1$. Si on se reporte à ce qui a été dit au n° 47, p. 166 et 167, on voit que ces coordonnées représentent la droite qui joint les points 1 2, ou, ce qui revient au même, l'intersection des plans 3 4. Donc, en résumé, à la valeur $\lambda_1 = 0$ correspond le sommet du tétraèdre des quatre plans coordonnés, et en ce point la courbe est tangente à la droite qui joint les sommets 1 2 et a pour plan osculateur le plan 1 2 3. On reconnaît de la même manière qu'à la valeur $\lambda_1 = \infty$ correspond le sommet 4, où la courbe est tangente à la droite 4 3 et a pour plan osculateur le plan 4 3 2. A la droite qui joint les points 1 4 correspond l'intersection des deux plans osculateurs 1 2 3 et 4 3 2 ou la droite 2 3; les droites 1 4 et 2 3 sont donc des directions correspondantes du système de forces représenté par la courbe. Les deux arêtes 1 3 et 2 4 du tétraèdre, dont nous n'avons pas parlé jusqu'à présent, sont des directrices.

Un système focal et la courbe du 3ᵉ degré qui le représente ne déterminent pas complètement le tétraèdre des coordonnées, et il y a une infinité de tétraèdres satisfaisant aux conditions que nous venons de trouver. Inversement, un tétraèdre donné ne détermine ni le système focal ni la courbe du 3ᵉ degré qui représente ce système. En effet, au point de vue statique, on peut faire varier le rapport des forces agissant suivant les arêtes 1 4, 2 3, et par suite le nombre des systèmes focaux possibles pour un tétraèdre donné est infini. Au point de vue analytique, la courbe du 3ᵉ degré et le système focal correspondant varient quand on multiplie les expressions $x_1 x_2 x_3 x_4$ par des constantes. Enfin, au point de vue graphique, deux points, ainsi que les plans osculateurs et les tangentes en ces points, ne suffisent pas pour déterminer une courbe gauche du 3ᵉ degré; on peut encore faire passer la courbe par un point arbitraire, pourvu que ce point ne soit situé dans aucun des deux plans osculateurs.

Pour terminer, nous montrerons encore comment une courbe du 3ᵉ degré peut être déterminée par un système focal. Il est clair que nous obtiendrons cette courbe au moyen d'une transformation linéaire du système focal qui supprime dans le déterminant $\mathfrak{R}^2$ la diagonale descendante, c'est-à-dire qui donne à ce déterminant la forme trouvée p. 220. Soient :

$$\beta_{i1}x'_1 + \beta_{i2}x'_2 + \beta_{i3}x'_3 + \beta_{i4}x'_4 = 0$$

les équations, ramenées à la forme normale, des plans du nouveau tétraèdre coordonné. Si ces équations n'étaient pas sous la forme normale, il faudrait multiplier les β par $\dfrac{\omega'}{E}$, ω' étant le sinus de l'angle solide et E^2 le déterminant

$$- \begin{vmatrix} 1 & \omega_3 & \omega_2 & \beta_{i1} \\ \omega_3 & 1 & \omega_1 & \beta_{i2} \\ \omega_2 & \omega_1 & 1 & \beta_{i3} \\ \beta_{i1} & \beta_{i2} & \beta_{i3} & 0 \end{vmatrix}$$

Comme nous ne nous occupons, dans ce numéro, que de la position des éléments conjugués, nous pouvons laisser de côté ces coefficients et nous poserons :

$$x'_i = b_{1i}x_1 + b_{2i}x_2 + b_{3i}x_3 + b_{4i}x_4,$$

et

$$\xi'_i = \beta_{1i}\xi_1 + \beta_{2i}\xi_2 + \beta_{3i}\xi_3 + \beta_{4i}\xi_4.$$

Substituons ces valeurs dans l'une des équations générales du système focal :

$$x'_i = a_{i1}\xi'_1 + a_{i2}\xi'_2 + a_{i3}\xi'_3 + a_{i4}\xi'_4,$$

et posons :

$$c_{ik} = a_{i1}\beta_{k1} + a_{i2}\beta_{k2} + a_{i3}\beta_{k3} + a_{i4}\beta_{k4}.$$

Le résultat de la substitution sera :

$$b_{1i}x_1 + b_{2i}x_2 + b_{3i}x_3 + b_{4i}x_4 = c_{i1}\xi_1 + c_{i2}\xi_2 + c_{i3}\xi_3 + c_{i4}\xi_4.$$

Multiplions maintenant chacune des équations obtenues en faisant successivement $i = 1, 2, 3, 4$, par β_{ki} et ajoutons; nous obtenons, en supprimant le facteur commun x_{k2} du déterminant de substitution :

$$B = \beta_{k1}b_{k1} + \beta_{k2}b_{k2} + \beta_{k3}b_{k3} + \beta_{k4}b_{k4}$$
$$x_k = t_{k1}\xi_1 + t_{k2}\xi_2 + t_{k3}\xi_3 + t_{k4}\xi_4,$$

où

$$t_{ki} = c_{1i}\beta_{k1} + c_{2i}\beta_{k2} + c_{3i}\beta_{k3} + c_{4i}\beta_{k4}$$
$$= a_{12}(\beta_{k1}\beta_{i2} - \beta_{k2}\beta_{i1}) + a_{13}(\beta_{k1}\beta_{i3} - \beta_{k3}\beta_{i1}) + a_{14}(\beta_{k1}\beta_{i4} - \beta_{k4}\beta_{i1})$$
$$+ a_{23}(\beta_{k2}\beta_{i3} - \beta_{k3}\beta_{i2}) + a_{24}(\beta_{k2}\beta_{i4} - \beta_{k4}\beta_{i2}) + a_{34}(\beta_{k3}\beta_{i4} - \beta_{k4}\beta_{i3})$$

Sous cette forme, on voit immédiatement que

$$t_{ii} = 0 \quad \text{et} \quad t_{ik} = -t_{ki}.$$

Le système est donc encore, après le changement de coordonnées, un système réciproque, car ce changement ne pouvait pas modifier la nature de la réciprocité. En outre, les déterminants mineurs mis entre parenthèses dans l'expression de t_{ki} ne sont pas autre chose que les coordonnées linéaires de l'intersection des plans ik, ou de la droite qui joint les points gh.

Donc : *Les éléments t_{ik} du système focal transformé sont, en tenant compte des signes, les moments linéaires $S_{a(gh)}$ de l'arête ik du nouveau tétraèdre coordonné.*

Le déterminant T *des éléments* t *est égal à* RB^2 *ou à*

$$T = \begin{vmatrix} & t_{12} & t_{13} & t_{14} \\ t_{21} & & t_{23} & t_{24} \\ t_{31} & t_{32} & & t_{34} \\ t_{41} & t_{42} & t_{43} & \end{vmatrix} = \begin{vmatrix} & a_{12} & a_{13} & a_{14} \\ a_{21} & & a_{23} & a_{24} \\ a_{31} & a_{32} & & a_{34} \\ a_{41} & a_{42} & a_{43} & \end{vmatrix} \begin{vmatrix} \beta_{11} & \beta_{12} & \beta_{13} & \beta_{14} \\ \beta_{21} & \beta_{22} & \beta_{23} & \beta_{24} \\ \beta_{31} & \beta_{32} & \beta_{33} & \beta_{34} \\ \beta_{41} & \beta_{42} & \beta_{43} & \beta_{44} \end{vmatrix}$$

ainsi que cela résulte du mode de substitution.

Nous pouvons maintenant trouver facilement la condition pour que $t_{ik} = S_{a(gh)} = 0$; d'après le n° 65, p. 223, *l'arête gh du tétraèdre coordonné doit être une directrice.*

Par conséquent, si la transformation des coordonnées doit être telle que la diagonale descendante du déterminant T soit supprimée, les arêtes 12, 13, 24, 34 du tétraèdre doivent être des directrices. Les arêtes 14 et 23 sont alors des droites correspondantes, ce qui concorde avec le résultat déjà obtenu p. 228. On obtiendra donc la forme simple du système focal en prenant les sommets du tétraèdre coordonné sur deux droites conjuguées.

Mais ces quatre sommets ne déterminent pas encore le système focal, car on peut le modifier en multipliant les coordonnées des arêtes par des facteurs arbitraires. Pour que le système transformé soit congruent avec le premier, il faut que les coordonnées des arêtes soient obtenues au moyen des β ramenés à la forme normale et des a_{ik}.

67. FORCES CONJUGUÉES

Après avoir étudié la position de deux droites conjuguées, suivant les directions desquelles agissent des forces, et au moyen desquelles le système de forces donné peut être représenté, il nous reste à déterminer la grandeur de ces forces.

Soient M et N les forces agissant suivant les droites conjuguées m et n. Soient m et n les facteurs normaux formés au moyen des m_{ik} et n_{ik} comme c a été formé au moyen de l, n° 64, p. 220. La somme des deux forces devant être égale à celle des différentes forces du système, nous aurons :

$$m_{ik} \frac{M}{m} + n_{ik} \frac{N}{n} = a_{ik}.$$

En comparant cette équation avec celle de la page 223, savoir

$$(m_{ik} + n_{ik})\mathfrak{R} = a_{ik}S_{am} = a_{ik}S_{an},$$

on voit que ces deux équations ne peuvent exister, quels que soient m_{ik} et n_{ik}, que si on a

$$\frac{M}{m} = \frac{N}{n} = \frac{\mathfrak{R}}{S_{am}} = \frac{\mathfrak{R}}{S_{an}}.$$

Ces équations permettent de calculer facilement la grandeur d'une force, étant données les coordonnées de la droite suivant laquelle cette force agit.

Pour les directrices, on a $S_{al} = 0$, et par suite la force qui agit suivant une directrice est infinie. Nous pouvons arriver au même résultat par un autre moyen, en déterminant le volume $\mathfrak{C}$ du tétraèdre formé en joignant les extrémités de deux forces conjuguées, ces forces étant portées à une échelle quelconque sur la direction des droites. Soient $x_i, y_i, z_i, 1$ les coordonnées des sommets de ce tétraèdre ($i = 1, 2, 3, 4$), et ω' le sinus de l'angle solide formé par les axes des coordonnées. Nous aurons :

$$6\mathfrak{C} = \begin{vmatrix} x_1 & y_1 & z_1 & 1 \\ x_2 & y_2 & z_2 & 1 \\ x_3 & y_3 & z_3 & 1 \\ x_4 & y_4 & z_4 & 1 \end{vmatrix} \omega' = \begin{vmatrix} x_1 & y_1 & z_1 & 1 \\ x_2 - x_1, & y_2 - y_1, & z_2 - z_1, & \\ x_3 & y_3 & z_3 & 1 \\ x_4 - x_3, & y_4 - y_3, & z_4 - z_3, & \end{vmatrix} \omega'$$

Si les points 1 et 2 sont situés sur la force M et les points 34 sur la force N, il faudra que

$$\frac{x_2 - x_1}{m_{41}} = \frac{y_2 - y_1}{n_{42}} = \frac{z_2 - z_1}{m_{43}} = \frac{M}{m}$$

et

$$\frac{x_4 - x_3}{n_{41}} = \frac{y_4 - y_3}{n_{42}} = \frac{z_4 - z_3}{n_{43}} = \frac{N}{n}.$$

Substituons ces valeurs des différences des coordonnées dans l'expression du volume du tétraèdre, et remarquons que les déterminants mineurs formés au moyen des colonnes ik des éléments

$$\begin{vmatrix} x_1 & y_1 & z_1 & 1 \\ m_{14} & m_{24} & m_{34} \end{vmatrix} \quad \text{et} \quad \begin{vmatrix} x_3 & y_2 & z_3 & 1 \\ n_{14} & n_{24} & n_{34} \end{vmatrix}$$

sont égaux à m_{ik} et n_{ik}: nous obtiendrons :

$$6\mathfrak{E} = \frac{M}{m} \cdot \frac{N}{n} \cdot S_{mn}\omega'.$$

Or $\dfrac{M}{m} \cdot \dfrac{N}{n}$ est égal à $\dfrac{\mathfrak{R}^2}{S_{am}^2}$, et S_{mn} à $\dfrac{S_{am}^2}{\mathfrak{R}}$, n° 65, p. 223; par suite :

$$6\mathfrak{E} = \mathfrak{R}\omega'.$$

Donc : *le produit de la constante $\mathfrak{R}$ du système focal par le sinus de l'angle solide est égal à six fois le volume du tétraèdre obtenu en joignant les extrémités de deux forces conjuguées.*

Appelons δ l'angle que les deux forces font entre elles, et h leur plus courte distance : nous aurons :

$$6\mathfrak{E} = \mathfrak{R}\omega' = h\mathrm{MN} \sin \delta.$$

Enfin, en appelant $\mathfrak{R}$ le moment de la force N par rapport à un point de M et μ l'angle que la direction de M fait avec le plan de ce moment, nous aurons une troisième expression du volume du tétraèdre, savoir :

$$6\mathfrak{E} = M\mathfrak{R} \sin \mu = \mathfrak{R}\omega'.$$

Cette formule est encore applicable lorsque l'une des deux forces est une force à l'infini, et montre que, dans ce cas, la base du tétraèdre est remplacée par la surface représentative du moment.

Si les deux forces conjuguées M et N coïncident suivant une directrice, h et $\sin \delta$ deviennent nuls, et il faut dans ce cas que les deux forces soient infinies pour que le produit $h\mathrm{MN} \sin \delta$ conserve une valeur finie. On doit par suite considérer la force agissant suivant une directrice comme formée de deux forces infinies. Si, au lieu du produit MN, on suppose $h \sin \delta$ infini, c'est-à-dire h infini, puisque $\sin \delta$ est toujours <1, l'une des deux forces M et N doit être une force infiniment petite située à l'infini.

Si les deux forces étaient des forces à l'infini, $\mathfrak{R}$ serait nul, et le système se réduirait à une force unique à l'infini résultant de la composition des deux forces agissant dans le plan à l'infini.

Puisque nous nous occupons ici de l'intensité des forces, nous allons indiquer encore la signification des équations fondamentales du n° 65, p. 220, signification que nous connaissons déjà d'après ce qui a été dit au n° 60, p. 201. Imaginons que la force A ait son origine au point $(x''y''z'')$ (*fig.* 125, p. 218); les coordonnées de l'extrémité de cette force seront :

$$\left(x''_{11} + l_{14}\frac{A}{e}, \quad y'' + l_{24}\frac{A}{e}, \quad z'' + l_{34}\frac{A}{e}, \quad 1 \right).$$

Substituons ces coordonnées dans l'équation du plan $(\xi''\eta''\zeta''v'')$ qui peut être mise sous la forme

$$\xi''(x - x'') + \eta''(y - y'') + \zeta''(z - z'') = C,$$

puisque ce plan contient le point $(x''y''z'')$. Nous obtenons :

$$(\xi''l_{14} + \eta''l_{24} + \zeta''l_{34}) \frac{A}{e} = u'' \frac{A}{e},$$

c'est-à-dire la hauteur, mesurée suivant une certaine direction, la même pour toutes les forces, de la force A par rapport au plan $(\xi''\eta''\zeta''v'')$. Pour avoir la hauteur suivant une normale, il faudrait multiplier cette expression par le facteur normal $\frac{\omega'}{E''}$.

La valeur de $- \mathfrak{R}$ tirée de la 4e équation de la page 220, n° 65, c'est-à-dire

$$- \mathfrak{R} = a_{41} \xi'' + a_{42} \eta'' + a_{43} \zeta'' = \sum u'' \frac{A}{e},$$

est par suite égale à la somme des hauteurs des différentes forces par rapport au plan $(\xi''\eta''\zeta''v'')$, ces hauteurs étant mesurées suivant une direction déterminée.

On a aussi :

$$- \mathfrak{R} x''_m = \sum x''u'' \frac{A}{e}.$$

Sous cette forme, on voit immédiatement que $(x''_m y''_m z''_m 1)$ sont les coordonnées du centre d'un système de forces parallèles ayant respectivement des intensités proportionnelles aux hauteurs de ces forces par rapport au plan.

Cette propriété subsiste quand le système de forces donné a été réduit à deux forces M et N formant un système équivalent, c'est-à-dire que :

Le foyer d'un plan est situé sur la droite qui joint les points d'intersection de ce plan et des droites m et n, de telle façon que sa distance à ces mêmes points soit en raison inverse des hauteurs des deux forces par rapport au plan.

Passons maintenant à la composition des moments. Désignons, comme nous l'avons fait, p. 218, par $\xi'_g = l_{ik}x'_h + l_{kh}x'_i + l_{hi}x'_k$, les coordonnées du plan qui projette la direction l d'une force A du point $(x'y'z'1)$, $\omega_1\omega_2\omega_3$ les cosinus des angles des axes coordonnés, et

$$E^2 = - \begin{vmatrix} 1 & \omega_3 & \omega_2 & \xi' \\ \omega_3 & 1 & \omega_1 & \eta' \\ \omega_2 & \omega_1 & 1 & \zeta' \\ \xi' & \eta' & \zeta' & \end{vmatrix}$$

un facteur, que nous appellerons le facteur normal des moments (voir n° 64, p. 221) ; $\frac{E}{e}$ sera la longueur de la perpendiculaire abaissée du point $(x'y'z'1)$ sur la droite l, et

$$\mathfrak{A} = \frac{E}{e} A$$

le moment de la force A par rapport à ce même point. Substituons, dans les équations $\xi'_{mi} = \sum \xi_i \frac{A}{e}$ du n° 64, p. 220, à $\frac{A}{e}$ sa valeur $\frac{\mathfrak{A}}{E}$; nous aurons, pour les coordonnées du plan projetant la résultante :

$$\xi'_{mi} = \sum \frac{\mathfrak{A}}{E}.$$

Cette équation est complètement indépendante de la grandeur de la force et des coordonnées de sa ligne d'action ; elle ne contient que le moment des différentes forces et les coordonnées du plan suivant lequel agit ce moment.

Supposons le système réduit à une force N passant par le point $(x'y'z'1)$, et à une autre force M ; la somme des moments se réduit au moment de cette dernière force, et nous avons :

$$\xi'_{mi} = \xi'_{mi}\frac{\mathfrak{M}}{E_m}, \quad \text{ou} \quad \mathfrak{M} = E_m.$$

Donc : *Si on fait le produit des coordonnées des plans projetant d'un point fixe les différentes forces et des moments préalablement divisés par leur facteur normal, la somme de ces produits donne les coordonnées du plan qui, de ce même point, projette la résultante ne passant pas par ce point. Le moment de cette résultante est le facteur normal formé au moyen de ces coordonnées.*

Nous supposons, dans cet énoncé, que les coordonnées $(\xi'\,\eta'\,\zeta'\,\nu')$ satisfont à l'équation de condition

$$\mathfrak{R} + a_{41}\xi' + a_{42}\eta' + a_{43}\zeta' = 0$$

indiquée au n° 64, p. 221. S'il n'en était pas ainsi, il faudrait multiplier chaque ξ, et par suite E, par le facteur $-\mathfrak{R} : (a_4\xi_1' + a_{42}\eta' + a_{43}\zeta')$. Si donc $(\xi'\,\eta'\,\zeta'\,\nu')$ désignent les coordonnées quelconques d'un plan, nous aurons pour l'expression du carré du moment agissant dans ce plan et pris par rapport au foyer :

$$\mathfrak{M}^2 = -\begin{vmatrix} 1 & \omega_3 & \omega_2 & \xi' \\ \omega_3 & 1 & \omega_1 & \eta' \\ \omega_2 & \omega_1 & 1 & \zeta' \\ \xi' & \eta' & \zeta' & 0 \end{vmatrix} \cdot \left(\frac{a_{12}a_{34} + a_{13}a_{42} + a_{14}a_{23}}{a_{41}\xi' + a_{42}\eta' + a_{43}\zeta'}\right)^2.$$

Quant à la hauteur de l'autre force N par rapport à ce plan, c'est-à-dire N sin ν, elle s'obtient au moyen de l'équation de la page 231 qui donne :

$$\text{N} \sin \nu = (a_{41}\xi' + a_{42}\eta' + a_{43}\zeta')\frac{\omega'}{E'} = e_a \sin \alpha_{4i}\xi',$$

en désignant par ν et $\alpha_{4i}\xi'$ les angles que la droite n et une droite dirigée vers le point à l'infini $(a_{41}a_{42}a_{43}0)$ forment avec le plan $(\xi'\eta'\zeta'\nu')$.

Au n° 64, nous avons déterminé la position des points et des plans correspondants, mais sans nous occuper de la grandeur des résultantes passant par les points ou situées dans les plans considérés. Nous pouvons maintenant déterminer la grandeur de ces résultantes.

Nous supposons que les coordonnées ξ''... du plan choisi satisfont à la condition

$$\mathfrak{R} + a_{41}\xi'' + a_{42}\eta'' + a_{43}\zeta'' = 0,$$

et qu'on détermine les ξ'... et les x''... par les équations du n° 64. En substituant ces valeurs dans

$$m_{ik} = \begin{vmatrix} x'_i & x''_i \\ x'_k & x''_k \end{vmatrix} \quad \text{et} \quad n_{ik} = \begin{vmatrix} \xi'_g & \xi''_g \\ \xi'_h & \xi''_h \end{vmatrix},$$

on obtient :

$$m_{ik} + n_{ik} = a_{ik}(x'\xi'' + y'\eta'' + z'\zeta'' + \nu'') = a_{ik}h.$$

La comparaison de cette équation avec

$$(m_{ik} + n_{ik})\,\mathfrak{R} = a_{ik}S_{am}$$

donne

$$\frac{M}{m} = \frac{N}{n} = \frac{S_{am}}{\mathfrak{R}} = \frac{S_{an}}{\mathfrak{R}} = h.$$

Il ne nous manque plus maintenant, pour déterminer M et N, que les deux facteurs normaux m et n. Si, dans l'expression de m_{ik} on fait $k = 4$, on a :

$$m_{i4} = (x'_i - x''_i)\,\mathfrak{R} = \mathfrak{R}x'_i + a_{i1}\xi'' + a_{i2}\eta'' + a_{i3}\zeta'' + a_{i4}\nu'',$$

et le facteur normal m peut être mis sous la forme suivante :

$$m^2 = - \begin{vmatrix} 1_{11} & \omega_{12} & \omega_{13}, & \mathfrak{R}x' + a_{12}\xi'' + a_{13}\eta'' + a_{14}\nu'' \\ \omega_{21} & 1_{22} & \omega_{23}, & \mathfrak{R}y' + a_{21}\xi'' + a_{23}\eta'' + a_{24}\nu'' \\ \omega_{31} & \omega_{32} & 1_{33}, & \mathfrak{R}z' + a_{31}\xi'' + a_{32}\eta'' + a_{34}\nu'' \\ m_{14} & m_{24} & m_{34} & 0 \end{vmatrix} \frac{1}{\omega^2}.$$

Dans cette expression 1_{ii}, ω_{ik} sont les coefficients des éléments du sinus de l'angle solide, éléments dont la position est indiquée par les indices correspondants.

Le facteur normal n peut de même se mettre sous la forme :

$$n^2 = \begin{vmatrix} 1 & \omega_3 & \omega_2 & \xi'', & a_{34}y' + a_{42}z' + a_{23} \\ \omega_3 & 1 & \omega_1 & \eta'', & a_{43}x + a_{14}z' + a_{31} \\ \omega_2 & \omega_1 & 1 & \zeta'', & a_{24}x' + a_{41}y' + a_{12} \\ \xi'' & \eta'' & \zeta'' & 0 & 0 \\ \xi' & \eta' & \zeta' & 0 & 0 \end{vmatrix}$$

Dans ces deux déterminants, la dernière ligne est égale à la dernière colonne.

Portons maintenant, comme au nº 60, p. 203, à partir d'un point quelconque, par exemple de l'origine des coordonnées, des forces proportionnelles aux moments $\mathfrak{A}$ et dirigées normalement aux plans $(\xi'\eta'\zeta'\nu')$. Les coordonnées d'un point quelconque de la ligne d'action d'une de ces forces seront

$$a = 1_{11}\,\xi' + \omega_{12}\eta' + \omega_{13}\zeta',$$
$$b = \omega_{21}\xi' + 1_{22}\eta' + \omega_{23}\zeta',$$
$$c = \omega_{31}\xi' + \omega_{32}\eta' + 1_{33}\zeta',$$

où les ω_{ik} sont les déterminants-mineurs du déterminant représentant le sinus ω' de l'angle solide, soit

$$\omega'^2 = \begin{vmatrix} 1 & \omega_3 & \omega_2 \\ \omega_3 & 1 & \omega_1 \\ \omega_2 & \omega_1 & 1 \end{vmatrix}$$

Le facteur normal des abc est

$$e = \sqrt{a^2 + b^2 + c^2 + 2bc\omega_1 + 2ca\omega_2 + 2ab\omega_3} = E\omega'.$$

Les composantes du moment $\mathfrak{A}$ suivant la direction des trois axes coordonnés sont données par les équations :

$$\frac{X}{a} = \frac{Y}{b} = \frac{Z}{c} = \frac{\mathfrak{A}}{e} = \frac{\mathfrak{A}}{E\omega'}.$$

Enfin, en faisant la somme des différentes forces et substituant les valeurs ci-dessus de abc, on obtient :

$$\omega'\Sigma X = \omega'X_s = 1_{11}\xi_m + \omega_{12}\eta_m + \omega_{13}\zeta_m,$$
$$\omega'\Sigma Y = \omega'Y_s = \omega_{21}\xi_m + 1_{22}\eta_m + \omega_{23}\zeta_m,$$
$$\omega'\Sigma Z = \omega'Z_s = \omega_{31}\xi_m + \omega_{32}\eta_m + 1_{33}\zeta_m.$$

Il résulte de ces équations que, *lorsqu'on fait la somme des forces menées normalement aux plans projetants, c'est-à-dire lorsqu'on les compose comme des forces formant un faisceau, la résultante S est aussi normale au plan* $(\xi_m \eta_m \zeta_m v_m)$.

La grandeur de la résultante est donnée par

$$\omega'S = \omega' \sqrt{X^2 + Y^2 + Z^2 + 2YZ\omega_1 + 2ZX\omega_2 + 2XY\omega_3} = \omega' E_m,$$

ou

$$S = E_m = \mathfrak{M}.$$

La résultante est donc égale au moment de la force M *qui ne passe pas par le point* $(x'y'z'1)$.

En ce qui concerne la direction de la force S sur la normale au plan et le signe correspondant de $\dfrac{\xi'}{E}$, il convient de remarquer que S doit être porté du côté du plan projetant qui correspond à un sens de rotation déterminé du moment, et que, si l'on déplace le plan du moment parallèlement à lui-même suivant la direction de S, le sens de ce mouvement suivant chacun des axes coordonnés détermine le signe de $\dfrac{\xi'}{E}$, $\dfrac{\eta'}{E}$ et $\dfrac{\zeta'}{E}$.

Pour terminer ces développements généraux, nous ajouterons quelques observations au sujet du système de coordonnées adopté. Les formules auxquelles nous sommes parvenus justifient le choix d'axes obliques; aucune formule n'est en effet devenue plus compliquée, et les fonctions des angles des axes, y compris le sinus de l'angle solide, ne sont intervenues que dans les expressions des facteurs normaux. En serait-il de même si nous avions adopté des coordonnées tétramétriques? Sans aucun doute; mais, dans ce cas, les expressions des facteurs normaux seraient beaucoup plus compliquées, ainsi que nous l'avons fait remarquer au commencement du numéro précédent. L'addition des forces a pour base une opération consistant à mener une parallèle à une force donnée par l'extrémité d'un polygone des forces. Pour exécuter cette opération au moyen de coordonnées tétramétriques, il faudrait introduire dans toutes les formules les coordonnées du plan à l'infini, qui ne sont plus 0 0 0 1, et les expressions des facteurs normaux contiendraient ainsi un bien plus grand nombre de termes; aussi, nous croyons inutile de les développer ici. Dans le numéro précédent, nous avons montré que, dans tous les cas où il s'agissait seulement de déterminer la position des forces et des éléments conjugués, on pouvait sans difficulté passer d'un système à l'autre. Quant à la réduction d'un système de forces à une force unique et à un moment, on peut la déduire des formules précédentes en prenant pour le plan $(\xi'' \eta'' \zeta'' 1)$ le plan à l'infini. Nous examinerons ce cas dans le prochain numéro.

68. COMPOSITION DES FORCES DANS L'ESPACE
AU MOYEN DU PLAN A L'INFINI

Si l'on choisit, pour décomposer les différentes forces suivant le procédé indiqué dans les numéros précédents, un point situé à distance finie, et comme plan, le plan à l'infini, on obtient, pour les composantes d'une force quelconque du système, la force elle-même transportée parallèlement à sa direction de façon qu'elle passe par le point, et un moment qui est égal au moment de la force par rapport à ce point. La détermi-

nation de la résultante des forces qui passent par le point choisi n'est
autre chose que la composition des forces données, comme si elles agissaient toutes au même point. Soit M cette résultante; elle reste constante

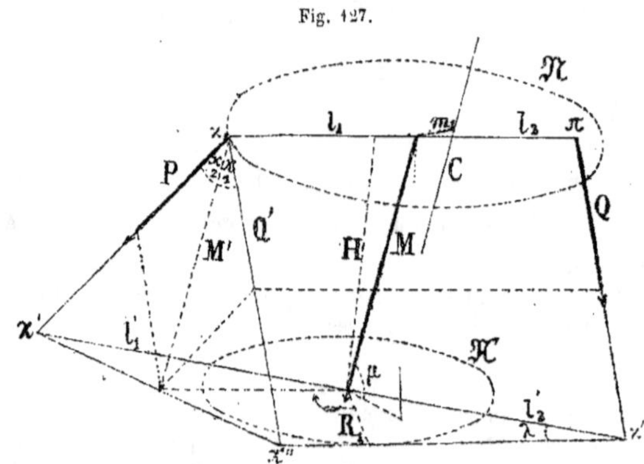

Fig. 127.

en grandeur et en direction, quelle que soit la position du point choisi;
elle passe donc toujours par le même point du plan à l'infini, propriété
qui n'est d'ailleurs que l'extension au plan à l'infini de la propriété générale démontrée au n° 60, p. 204. Nous avons aussi démontré, dans le
même numéro, que la hauteur de la résultante qui passe par le point,
par rapport au plan choisi, est indépendante de la position du point; à
cette propriété correspond, dans le cas actuel, la constance de l'intensité de la résultante M, car le plan à l'infini doit être regardé comme
perpendiculaire à tous les rayons d'une gerbe.

Quant à la détermination du plan correspondant au point choisi, plan
dont l'intersection avec le plan à l'infini donne la ligne d'application de
la force à l'infini, elle se fera comme dans le cas général : on composera
les moments comme au n° 60, p. 204, et le moment résultant $\mathfrak{M}$ sera la
mesure de la force à l'infini.

En comparant les opérations indiquées ici avec celles qui correspondent à la décomposition générale du n° 60, p. 201, on voit qu'on est dis-
pensé d'effectuer la décomposition de la force A, *fig.* 122, p. 202, en deux
composantes B et C, car la composante B, qui passe par le point choisi,
est égale à A ; en outre, on ne peut se passer des moments pour la détermination du plan R. Comme d'ailleurs les droites, points et plans correspondants sont plus faciles à déterminer, quand on a une force à distance finie M et une force à l'infini $\mathfrak{M}$, que quand on a deux forces à
distance finie M et N, il convient de se servir du plan à l'infini pour la
composition des forces dans l'espace. Nous indiquerons dans un des nu-

méros suivants les moyens pratiques d'effectuer cette composition ; nous rechercherons auparavant comment se comportent, dans ce cas, les propriétés projectives.

Soient M la force à distance finie et $\mathfrak{N}$ la force à l'infini, auxquelles on a réduit un système de forces donné, en décomposant chaque force suivant deux directions dont l'une passe par un point fixe à distance finie, et dont l'autre est située dans le plan à l'infini. Il s'agit de déterminer le plan correspondant à un point quelconque $\varkappa$.

Soit $\mathfrak{N}$ le plan de projection de la force à l'infini $\mathfrak{N}$; la droite l, qui joint le point $\varkappa$ au point d'intersection de ce plan et de la force M, est une directrice du système ; elle est, par suite, située dans le plan cherché. Il ne reste plus dès lors, pour obtenir ce plan, qu'à composer les deux moments $\mathfrak{N}$ et $\varkappa$M en partant de l'intersection l de leurs plans respectifs. Nous réduisons les deux moments à la même base, en prenant comme bras de levier commun la distance l_1 du point $\varkappa$ au point de rencontre M$\mathfrak{N}$. Nous portons, pour cela, la force M sur sa direction à partir de ce point, et la perpendiculaire H abaissée de l'extrémité de M sur l_1 est la longueur représentative du moment de M. Nous réduisons aussi le moment $\mathfrak{N}$ à la même base l_1, de telle sorte que $l_1 R_1 = \mathfrak{N}$, et alors R_1 est la longueur représentative de ce moment. Cela fait, nous composons ensemble H et R_1, en portant R_1 à partir de l'extrémité de H dans le plan $\mathfrak{N}'$ parallèle à $\mathfrak{N}$, perpendiculairement à l_1. Le plan cherché QQ' passe par l'extrémité de R_1. L'intersection de ce plan QQ' avec le plan $\mathfrak{N}'$ est parallèle à l_1, puisque les plans $\mathfrak{N}$ et $\mathfrak{N}'$ sont parallèles ; par suite, cette intersection est normale à R_1 et tangente au cercle décrit du point M$\mathfrak{N}'$ comme centre avec R_1 pour rayon. Le plan QQ' est dès lors tangent au cône qui a son sommet à l'origine de M et pour base le cercle $\mathfrak{N}'$.

L'équation $l_1 R_1 = \mathfrak{N}$ est indépendante de la direction des lignes l_1 et R_1 dans les plans $\mathfrak{N}$ et $\mathfrak{N}'$. Par suite, le cône que nous venons d'indiquer sera le même pour tous les points du plan $\mathfrak{N}$ situés à la même distance du point M$\mathfrak{N}$. Nous pouvons donc dire d'une façon générale :

Si, par les extrémités de la force M et par la force à l'infini, on mène les plans $\mathfrak{N}$ et $\mathfrak{N}'$, et que, de ces extrémités comme centres, on décrive, dans les deux plans, deux cercles ayant respectivement pour rayons les longueurs 1_1 et R_1, qui mesurées, l'une à l'échelle des longueurs, l'autre à l'échelle des forces, donnent un produit égal au moment $\mathfrak{N}$ de la force à l'infini ; que l'on considère l'un quelconque des deux cercles comme la base d'un cône ayant pour sommet le centre de l'autre cercle, le plan correspondant à chaque point de ce dernier cercle est un plan tangent au cône passant par ce point, et inversement.

Le choix à faire entre les deux plans tangents que donne la construction, ou les deux points du cercle dans la construction inverse, doit être tel que le sens de R_1 vers l_1 soit le sens de la rotation du moment $\mathfrak{R}$, comme on l'a indiqué sur la figure.

Les relations réciproques que nous venons d'exposer donnent une idée très claire des points et plans correspondants. Considérons, par exemple, les points et plans correspondants situés sur ou passant par une directrice l. Au point $M\mathfrak{R}$ de l correspond le plan $\mathfrak{R}$; si le point $\varkappa$ s'éloigne du point $M\mathfrak{R}$ sur la directrice l, le plan QQ' se rapproche de M, et, lorsque le point $\varkappa$ est à l'infini sur la directrice l, le plan correspondant est lM. Comme la ponctuelle $\varkappa$ et le faisceau de plans QQ' sont des formes projectives, toutes les ponctuelles obtenues en coupant le faisceau QQ' par une droite quelconque seront aussi projectives à $\varkappa$. Si en particulier on coupe le faisceau par une droite située dans le plan $\mathfrak{R}'$ et passant par l'extrémité de M, chaque extrémité de M correspondra au point à l'infini de l'autre ponctuelle, et les produits des segments correspondants seront constants. Soit par suite (*fig.* 127) π un autre point de la directrice l, et l'_1, l_2 les segments interceptés par les plans πP et $\varkappa$Q correspondants aux points π et $\varkappa$, sur une directrice quelconque tracée dans le plan $\mathfrak{R}'$. On aura : $l_1 l'_2 = l_2 l'_1$. Soit λ l'angle formé par les deux directrices l et l'; nous aurons :

$$R_1 = l'_2 \sin \lambda \quad \text{et, comme } R_1 l_1 = \mathfrak{R},$$
$$l_1 l'_2 \sin \lambda = l_2 l'_1 \sin \lambda = \mathfrak{R}.$$

Il convient d'observer que, dans les produits entrant dans ces équations, l'une des longueurs doit être mesurée à l'échelle des lignes, l'autre à l'échelle des forces.

Les droites P et Q, qui joignent les points $\varkappa\varkappa'$, $\pi\pi'$, sont des droites correspondantes du système donné, car si au point $\varkappa$ correspond le plan $\varkappa$Q, qui intercepte sur l le segment l'_2, au point $\varkappa'$ correspond de la même manière le plan $\varkappa'$Q$_1$ qui intercepte sur l le segment l_2. Si donc on a déterminé le plan QQ' correspondant à un point $\varkappa$ d'une droite P, ce qui revient à construire l'intersection $\varkappa''\pi'$ de ce plan avec $\mathfrak{R}'$, on obtiendra un point π' de la droite Q correspondante de P, en menant dans le plan $\mathfrak{R}$, par le point $P\mathfrak{R}' = \varkappa'$, la directrice $\varkappa'\pi'$, qui coupe le plan QQ' en un point de Q. On obtient un second point π au moyen de la proportionnalité des segments de l et l'.

Nous avons démontré d'une manière générale, au n° 64, p. 207, que deux groupes quelconques de deux droites correspondantes sont situés sur un hyperboloïde. Dans le cas actuel, l'une des quatre droites s'éloignant à l'infini, l'hyperboloïde devient un paraboloïde. Cela résulte aussi immédiatement de ce que nous venons de démontrer, car deux droites correspondantes déterminant sur les directrices l et l' des segments proportionnels, engendrent un paraboloïde, et à chaque génératrice de cette surface correspond une autre génératrice. On peut aussi déduire facilement des équations écrites ci-dessus la position respective des génératrices conjuguées. On déduit, en effet, de ces équations :

$$l_1 l_2 = \frac{l_1}{l'_1} \cdot \frac{\mathfrak{R}}{\sin \lambda} = \frac{l_2}{l'_2} \cdot \frac{\mathfrak{R}}{\sin \lambda}.$$

Les rapports $\dfrac{l_1}{l'_1}$, $\dfrac{l_2}{l'_2}$ étant constants, les produits $l_1 l_2$ seront aussi constants, et par suite les génératrices conjuguées déterminent sur chaque directrice du paraboloïde une involution dont le centre est sur.

Les points d'intersection des trois lignes MPQ avec le plan à l'infini sont situés sur une même génératrice et par suite sont en ligne droite. Si donc, par un point, on mène des parallèles à ces trois droites, elles seront dans un même plan, et on pourra décomposer la force M suivant les deux autres directions. Nous avons effectué cette décomposition au point $\varkappa$ et obtenu les deux composantes P et Q'; puis nous avons ramené la composante Q en Q' au moyen d'une parallèle à l.

Pour obtenir le volume $\mathfrak{E}$ du tétraèdre formé sur P et Q, nous n'avons qu'à multiplier par les rapports $\dfrac{\mathrm{P}}{\varkappa \varkappa'}$ et $\dfrac{\mathrm{Q}}{\pi \pi'}$ le volume du tétraèdre dont les sommets sont les points $\varkappa \varkappa' \pi \pi'$. Soit μ l'angle formé par la résultante M avec le plan $\mathfrak{R}$; nous aurons :

$$\text{Tét.}\,[ll'] = \frac{1}{6}\,(l_1 + l_2)\,(l'_1 + l'_2) \sin \lambda \cdot \mathrm{M} \sin \mu$$

et

$$\frac{\mathrm{P}}{\varkappa \varkappa'} = \frac{l'_2}{l'_1 + l'_2}, \quad \frac{\mathrm{Q}}{\pi \pi'} = \frac{\mathrm{Q}}{\varkappa \varkappa''} = \frac{l'_1}{l'_1 + l'_2} = \frac{l_1}{l_1 + l_2},$$

d'où

$$\mathfrak{E} = \frac{1}{6}\,l_1 l'_2 \sin \lambda \cdot \mathrm{M} \sin \mu = \frac{1}{6}\,\mathrm{M}\mathfrak{R} \sin \mu.$$

On voit que le volume du tétraèdre est équivalent à celui d'une pyramide ayant pour base la surface représentative du moment de la force à l'infini, et pour hauteur la hauteur de la force finie par rapport au plan $\mathfrak{R}$.

69. AXE CENTRAL D'UN SYSTÈME DE FORCES

Nous avons démontré au n° 61, p. 209, que, pour un système de forces donné, le volume du tétraèdre construit sur un système quelconque de deux forces équivalent au système donné est constant. Or M est constant quel que soit le point choisi, pourvu qu'on prenne comme plan le plan à l'infini, et par conséquent $\mathfrak{R} \sin \mu$ est aussi constant. La force à l'infini sera donc minima pour $\sin \mu = 1$ ou $\mu = 90°$. A ce cas particulier correspond une position unique C de la résultante M, et cette ligne C est appelée *axe central* du système. D'après ce qui a été dit précédemment, il est facile de construire l'axe central, car il suffit de chercher le point pour lequel le plan correspondant est perpendiculaire à M Menons, par l'extrémité supérieure de M, un plan perpendiculaire à M; le point cherché doit se trouver sur l'intersection m de ce plan et du plan $\mathfrak{R}$ (*fig.* 127). Appelons m_1 la distance de ce point à M mesurée sur la ligne m; nous aurons:

$$m_1 \cdot \frac{M}{\sin \mu} = \mathfrak{R},$$

parce que $\dfrac{M}{\sin \mu}$ est le rayon du cône $\mathfrak{R}'$ auquel le plan est tangent.

Il ne peut y avoir aucun doute sur le sens suivant lequel m_1 doit être porté si l'on a soin d'opérer comme nous l'avons indiqué. On voit d'ailleurs immédiatement sur la figure que m_1 doit être porté en haut, car, en se bornant aux rotations plus petites que 90°, le plan $\mathfrak{R}$ doit, pour devenir normal à M, tourner en sens opposé au sens de la rotation qui rapproche ce plan de QQ'. Par suite m_1 doit être porté dans un sens opposé à l_1. L'extrémité de m_1 détermine la position de l'axe central C.

L'axe central est rencontré par toutes les lignes de plus courte distance des directions de deux forces conjuguées. Supposons, en effet, l'axe central C construit; la ligne de plus courte distance entre une force P et cet axe C est une directrice, car elle rencontre C et elle est située dans un plan normal à C. Par suite, cette plus courte distance rencontre aussi la direction de la force Q conjuguée de P, et elle est perpendiculaire à un plan parallèle à ce plan. La ligne de plus courte distance entre P et C est donc aussi la ligne de plus courte distance entre P et Q, et, comme il n'y a qu'une seule ligne de plus courte distance entre deux droites, il en résulte que toutes les lignes de plus courte distance rencontrent l'axe central.

Cette propriété permet de déterminer facilement l'axe central au moyen d'un système de deux forces, car on obtiendra un point de cet axe en partageant la plus courte distance entre les directions des deux forces en raison inverse des hauteurs de ces deux forces par rapport à un plan perpendiculaire à la directrice de l'axe central. La même construction peut d'ailleurs s'appliquer en prenant, au lieu de la plus courte distance, la ligne qui joint les points de rencontre des deux forces avec un plan quelconque perpendiculaire à l'axe central.

Nous avons vu précédemment que les deux forces d'un même groupe peuvent être déplacées parallèlement à l'axe central sans cesser d'être conjuguées. Supposons que nous ayons ainsi déplacé tous les groupes possibles de systèmes équivalents de deux forces, de façon que leurs lignes de plus courte distance soient situées dans un même plan, nous aurons un moyen commode d'étudier toutes les positions possibles des éléments conjugués. Nous utiliserons pour cela la *fig.* 127, p. 236, en supposant que M soit normal au plan $\Re$, et que l soit la plus courte distance des directions conjuguées P et Q, c'est-à-dire que l soit perpendiculaire à un plan parallèle aux droites PMQ, par exemple PM'Q'. Nous aurons à faire en même temps H $=$ M. Cela posé, désignons par x_1 l'angle que le plan QQ' fait avec M; nous aurons M tg $x_1 = R_1$. Si nous posons $\Re = Mc$, c représentant une longueur constante, que l'on peut regarder comme l'unité du système, et si nous nous rappelons d'ailleurs que $\Re = l_1 R_1$, nous pourrons établir, entre la position d'un point x situé à une distance l_1 de l'axe central et la position du plan correspondant qui fait un angle x_1 avec l'axe, la relation simple

$$l_1 \, \mathrm{tg} \, x_1 = c.$$

Pour $l_1 = 0$, on a $x_1 = 90°$, c'est-à-dire que, pour tous les points de l'axe central, le plan correspondant passe par la force à l'infini. Pour $l_1 = x$, on a $x_1 = 0$, c'est-à-dire que, pour tous les points de la force à l'infini, le plan correspondant passe par l'axe central. Enfin, pour $l_1 = c$, $x_1 = 45°$, c'est-à-dire qu'aux points situés à une distance c de l'axe central correspondent des plans inclinés à 45° sur l'axe. L'équation précédente détermine complètement la position respective des éléments correspondants, puisque le plan correspondant à un point passe par la perpendiculaire abaissée de ce point sur l'axe central, et qu'inversement le point correspondant à un plan est situé sur la perpendiculaire à l'axe central menée dans ce plan par l'intersection du plan et de l'axe.

Si l'on connaît les plus courtes distances l_1 et l_2, par rapport à l'axe central, de deux directions conjuguées, ainsi que les deux angles x_1 et x_2, la position de ces directions conjuguées relativement à l'axe central sera complètement déterminée, car chacune d'elles est située dans un plan perpendiculaire à la direction commune de l_1 et l_2, et fait avec l'axe l'angle $\varkappa_1$ ou l'angle $\varkappa_2$. Si nous écrivons l'équation $l_1 \operatorname{tg} \varkappa_1 = c$ sous la forme

$$ l_1 \operatorname{tg} \varkappa_1 = l_2 \operatorname{tg} \varkappa_2, $$

l_1 et l_2 représenteront, dans cette équation, les plus courtes distances à l'axe central de deux droites conjuguées (ces plus courtes distances sont sur une même ligne droite), et $\varkappa_2$, $\varkappa_1$ représentent les angles que ces droites font avec l'axe. Nous avons indiqué ces angles sur la *fig.* 127; mais il faut toujours supposer que, sur cette figure, le plan $\mathfrak{R}$ est perpendiculaire à **M**, au lieu d'être oblique. Deux droites conjuguées quel-conques restent conjuguées si on les fait tourner autour de l'axe, et, dans cette rotation, elles engendrent deux hyperboloïdes de révolution. Deux hyperboloïdes conjugués ne peuvent jamais avoir aucun point réel commun, à moins qu'on n'ait $l_1 = l_2$. Si en effet on coupe deux hyper-boloïdes par un plan passant par l'axe central, on obtient deux hyper-boles dont les asymptotes font avec M l'angle $\varkappa_2$ pour l'hyperbole dont l'axe réel est l_1, et l'angle $\varkappa_1$ pour l'hyperbole dont l'axe réel est l_2. Or, si on suppose, par exemple, $l_1 < l_2$, on aura aussi $\varkappa_2 < \varkappa_1$, et par suite l'hyperbole l_1 enveloppe complètement l'hyperbole l_2 sans avoir aucun point commun avec celle-ci.

Deux hyperboloïdes conjugués n'ayant aucun point commun, il en ré-sulte que ces surfaces ne contiennent aucune directrice du système de forces donné.

Si $l_1 = l_2$, on aura aussi $\varkappa_1 = \varkappa_2$ et les deux hyperboloïdes conjugués se confondent. Dans ce cas, les génératrices rectilignes de l'un des sys-tèmes de cet hyperboloïde unique sont toutes des directrices; les géné-ratrices de l'autre système sont conjuguées deux à deux, et leurs points de rencontre avec le cercle de gorge forment une involution dont le centre est le centre de l'hyperboloïde. Cet hyperboloïde est un de ceux que nous avons considérés au n° 61, p. 206.

Si l'on a $l_1 = l_2 = c$ on aura $\varkappa_1 = \varkappa_2 = 45°$, et l'hyperbole génératrice de l'hyperboloïde est équilatère.

Il résulte de ce qui précède que, parmi tous les hyperboloïdes en nombre infini, correspondant à une même valeur de l_1, c'est-à-dire ayant le même cercle de gorge, il n'y en a qu'un seul qui contienne des direc-trices. Cet hyperboloïde est son propre conjugué.

70. RELATIONS ANALYTIQUES ENTRE LA FORCE A L'INFINI
ET LA FORCE FINIE CORRESPONDANTE.

Si l'une des deux forces conjuguées est à l'infini, l'autre doit passer par le foyer $a_{41}a_{42}a_{43}0$ du plan à l'infini. Les coordonnées de cette force seront par suite $a_{41}a_{42}a_{43}m_{12}m_{23}m_{31}$, et les m pourront être pris arbitrairement, pourvu qu'ils satisfassent à l'équation de condition

$$a_{14}m_{23} + a_{24}m_{31} + a_{34}m_{12} = 0,$$

qui exprime que ces coordonnées sont celles d'une droite.

On en déduit, comme au n° 65, p. 223 :

$$S_{am} = S_{an} = a_{12}a_{34} + a_{13}a_{42} + a_{23}a_{14} = \Re,$$

et l'on a d'une façon générale :

$$m_{ik} + n_{ik} = a_{ik}.$$

Les coordonnées de la droite n conjuguée de m sont par suite :

$$n_{12} = a_{12} - m_{12}, \quad n_{13} = a_{13} - m_{13}, \quad n_{23} = a_{23} - m_{23}$$

et

$$n_{14} = n_{24} = n_{34} = 0.$$

Pour déterminer la grandeur des forces M et N, on a :

$$m = e_a, \quad n = 0$$

et

$$\frac{M}{e_a} = \frac{N}{0} = 1,$$

c'est-à-dire $M = e_a$ et $N = 0$, comme on pouvait le prévoir.

Pour tous les plans qui passent par la droite à l'infini n, on a, d'après le n° 47, p. 165 :

$$\xi' = n_{23}, \quad \eta' = n_{31}, \quad \zeta' = n_{12}.$$

En substituant ces valeurs dans l'équation du n° 67, p. 232, on obtient :

$$u' = a_{14}n_{23} + a_{24}n_{31} + a_{34}n_{12} = S_{an} = \Re,$$

d'où

$$\frac{\Re}{u'} = 1$$

et

$$\Re^2 = - \begin{vmatrix} 1 & \omega_3 & \omega_2 & n_{23} \\ \omega_3 & 1 & \omega_1 & n_{31} \\ \omega_2 & \omega_1 & 1 & n_{12} \\ n_{23} & n_{31} & n_{12} & \end{vmatrix}$$

Enfin la hauteur de la force M par rapport au plan $\Re$ est :

$$M \sin \mu = \frac{\Re \omega'}{\Re}.$$

d'où on déduit, puisque $M = e_a$,

$$\sin \mu = \frac{\mathfrak{R}\omega'}{e_a \mathfrak{R}}.$$

On arrive au même résultat en formant, par un procédé purement géométrique, le sinus de l'angle que la droite a fait avec le plan n. Pour obtenir les coordonnées de l'axe central, écrivons :

$$n_{23} = -\frac{\mathfrak{R}}{e^2{}_a}(a_{41} + a_{42}\omega_3 + a_{43}\omega_2),$$

$$n_{31} = -\frac{\mathfrak{R}}{e^2{}_a}(a_{41}\omega_3 + a_{42} + a_{43}\omega_1),$$

$$n_{12} = -\frac{\mathfrak{R}}{e^2{}_a}(a_{41}\omega_2 + a_{42}\omega_1 + a_{43}).$$

Il suffit, pour que les n soient les coordonnées d'une droite perpendiculaire à l'axe qui passe par le point à l'infini $a_{41}a_{42}a_{43}0$, que ces coordonnées soient proportionnelles aux quantités entre parenthèses; le facteur $\mathfrak{R}:e^2{}_a$ est nécessaire pour que l'on ait :

$$S_{an} = a_{14}n_{23} + a_{24}n_{31} + a_{34}n_{12} = \mathfrak{R}.$$

De ces expressions, on déduit facilement les coordonnées de l'axe central, savoir:

$$m_{14}, \quad m_{24}, \quad m_{34} = a_{14}, \quad a_{24}, \quad a_{34}$$

et

$$m_{23} = a_{23} + \frac{\mathfrak{R}}{e^2{}_a}(a_{41} + a_{42}\omega_3 + a_{43}\omega_2),$$

$$m_{31} = a_{31} + \frac{\mathfrak{R}}{e^2{}_a}(a_{41}\omega_3 + a_{42} + a_{43}\omega_1),$$

$$m_{12} = a_{12} + \frac{\mathfrak{R}}{e^2{}_a}(a_{41}\omega_2 + a_{42}\omega_1 + a_{43}).$$

En substituant dans $\mathfrak{R}^2$ les valeurs de n ci-dessus, on a :

$$\mathfrak{R}^2 = \frac{\mathfrak{R}^2}{e^2{}_a}\omega'^2, \quad \text{ou} \quad \mathfrak{R} = \frac{\mathfrak{R}\omega'}{e_a},$$

d'où on déduit $\sin \mu = 1$, ce qui vérifie la perpendicularité de l'axe central sur le plan correspondant $\mathfrak{R}$.

Les autres propriétés, que nous avons démontrées géométriquement dans les deux numéros précédents, peuvent se démontrer très facilement par l'analyse au moyen d'une transformation de coordonnées. Prenons pour origine des nouveaux axes le point $(x_1 y_1 z_1 u_1)$, et faisons passer ces axes respectivement par les points à l'infini $b_{41}b_{42}b_{43}0$, $c_{41}c_{42}c_{43}0$, $a_{41}a_{42}a_{43}0$, c'est-à-dire prenons pour axe des z' la droite désignée jusqu'à présent par m.

Nous aurons alors :

$$x = \frac{b_{41}}{e_b}x' + \frac{c_{41}}{e_c}y' + \frac{a_{41}}{e_a}z' + x_1,$$

$$y = \frac{b_{42}}{e_b}x' + \frac{c_{42}}{e_c}y' + \frac{a_{42}}{e_a}z' + y_1,$$

$$z = \frac{b_{43}}{e_b}x' + \frac{c_{43}}{e_c}y' + \frac{a_{43}}{e_a}z' + z_1,$$

$$1 = \qquad\qquad\qquad\qquad\qquad 1;$$

$$0 = \xi + \frac{\beta_1}{e_a e_c}\,\xi' + \frac{\gamma_1}{e_a e_b}\,\eta' + \frac{\alpha_1}{e_b e_c}\,\zeta' \qquad\qquad ,$$

$$0 = \eta + \frac{\beta_2}{e_a e_c}\,\xi' + \frac{\gamma_2}{e_a e_b}\,\eta' + \frac{\alpha_2}{e_b e_c}\,\zeta' \qquad\qquad ,$$

$$0 = \zeta + \frac{\beta_3}{e_a e_c}\,\xi' + \frac{\gamma_3}{e_a e_b}\,\eta' + \frac{\alpha_3}{e_b e_c}\,\zeta' \qquad\qquad ,$$

$$0 = v + \frac{\beta_4}{e_a e_c}\,\xi' + \frac{\gamma_4}{e_a e_b}\,\eta' + \frac{\alpha_4}{e_b c_c}\,\zeta' + \frac{\delta_4}{e_a e_b c_c}\,v'.$$

Dans ces équations, les e représentent, comme précédemment, les coefficients normaux des coordonnées, qui sont désignées par leurs indices, et, dans les deux déterminants de substitution ci-dessous

$$\begin{vmatrix} b_{41} & b_{42} & b_{43} & \\ c_{41} & c_{42} & c_{43} & \\ a_{41} & a_{42} & a_{43} & \\ x_1 & y_1 & z_1 & 1 \end{vmatrix}^{3} = \begin{vmatrix} \beta_1 & \beta_2 & \beta_3 & \beta_4 \\ \gamma_1 & \gamma_2 & \gamma_3 & \gamma_4 \\ \alpha_1 & \alpha_2 & \alpha_3 & \alpha_4 \\ & & & \delta_4 \end{vmatrix} = \delta_4^{3}$$

nous considérons les éléments du second comme les coefficients des éléments du premier.

Après la substitution, nous pouvons disposer d'un u et d'un v, mais toutefois pas d'une manière complétement arbitraire, car il faut, dans le cas actuel, que le produit $\Re\omega'$, n° 67, soit égal au produit correspondant formé au moyen des nouvelles coordonnées. Ce produit représente en effet six fois le volume constant du tétraèdre formé au moyen de deux forces correspondantes; c'est un invariant.

Désignons par t_{ik}, comme au n° 66, p. 229, les nouveaux coefficients que l'on déduit d'un coefficient au moyen des a_{ik} et des éléments du déterminant de gauche à l'exception des e. Nous obtiendrons, en procédant comme dans ce numéro :

$$t_{12} = S_{am} = \Re, \quad t_{23} = S_{ab}, \quad t_{31} = S_{ac},$$
$$t_{14} = t_{24} = 0, \quad t_{34} = \delta_4.$$

On a $t_{14} = t_{24} = 0$, parce que nous avons fait passer l'axe des z' par le foyer $a_{41} a_{42} a_{43} 0$ du plan à l'infini, et que les droites à l'infini ab et bc sont ainsi devenues des directrices.

Si de plus nous prenons les axes des x' et des y', ou les points $(b_{41} b_{42} b_{43} 0)$ et $(c_{41} c_{42} c_{43} 0)$, dans le plan n conjugué à $(x_1 y_1 z_1 1)$, les équations

$$b_{41} n_{23} + b_{42} n_{31} + b_{43} n_{12} = 0,$$
$$c_{41} n_{23} + c_{42} n_{31} + c_{43} n_{12} = 0$$

seront satisfaites, et les axes des x' et des y' seront aussi des directrices. Nous aurons donc aussi :

$$S_{ab} = S_{aa} = 0.$$

Les équations du nouveau système focal sont par suite :

$$\frac{\Re e_a e_b e_c}{\delta_4}\,x'' + \frac{\Re e'_b e_c}{\delta_4}\,\eta'' \qquad , \qquad \xi' = e_a y' \qquad\qquad ,$$

$$\frac{\Re e_a e_b e_c}{\delta_4}\,y'' - \frac{\Re e'_b e_c}{\delta_4}\,\xi'' \qquad , \qquad \eta' = -\,e_a x' \qquad\qquad ,$$

$$\frac{\Re e_a e_b e_c}{\delta_4}\,z'' + e_a \qquad , \qquad \zeta' = \frac{\Re e_b e_c}{\delta_4} \qquad ,$$

$$\frac{\Re e_a e_b e_c}{\delta_4} - e_a \zeta'' \qquad , \qquad v' = \frac{\Re e_b e_c}{\delta_4}\,z'' \qquad .$$

La racine $\mathfrak{R}'$ des nouveaux déterminants de ces coefficients et le sinus o' du nouvel angle solide sont :

$$\mathfrak{R}' = \frac{\mathfrak{R} e_a e_b e_c}{\delta_5} \quad \text{et} \quad o' = \frac{\delta_4 \omega'}{e_a e_b e_c},$$

d'où on déduit, ce que l'on savait déjà :

$$\mathfrak{R}' o' = \mathfrak{R} \omega'.$$

Il en résulte aussi que les coefficients de $\eta'' \xi'' 1$ et z'', dans ces équations, sont égaux à $\dfrac{\mathfrak{R}'}{e_a}$. Mais e_a est, comme nous l'avons vu, p. 243, la résultante agissant suivant l'axe des z, résultante que nous désignerons dorénavant par R, au lieu de M. Les équations se réduisent alors aux suivantes :

$$\xi' = R y', \quad \eta' = - R x', \quad \zeta' = \frac{\mathfrak{R}'}{R}, \quad v' = - \frac{\mathfrak{R}'}{R} z'.$$

On tire des deux dernières équations :

$$\frac{\zeta'}{v'} z' + 1 = 0,$$

c'est-à-dire que le plan correspondant à un point $x_1 y_1 z_1 1$ coupe l'axe des z en un point dont l'ordonnée est égale à z_1. On tire des deux premières équations :

$$\xi' x' + \eta' y' = 0,$$

c'est-à-dire que la ligne qui joint le point $x_1 y_1 z_1 1$ au point de rencontre du plan correspondant et de l'axe des z est parallèle à la trace de ce plan sur le plan des xy.

Si maintenant on pose $z = - \dfrac{1}{\zeta} = R$, la perpendiculaire R_1 abaissée de l'origine sur la trace

$$\xi' x + \eta' y + v' = 0$$

du plan sera :

$$R_1 = \frac{v' o'_3}{\sqrt{\xi'^2 + \eta'^2 - 2\xi' \eta' o_3}} = \frac{\mathfrak{R}' o'_3}{R \sqrt{x'^2 + y'^2 + 2x' y' o_3}},$$

o'_3 et o_3 désignant le sinus et le cosinus de l'angle des axes des x et des y. Mais la distance du point à l'axe des z, mesurée parallèlement au plan des xy, est :

$$l_1 = \sqrt{x'^2 + y'^2 + 2x' y' o_3}.$$

On en déduit par suite, comme au n° 70, p.   :

$$l_1 R_1 = \frac{\mathfrak{R}'_1}{R} o'_3 = \mathfrak{R}.$$

$\mathfrak{R}$ étant le moment agissant dans le plan xy.

On détermine les coordonnées de deux forces conjuguées par un procédé analogue à celui du n° 65, p. 223. en faisant

$$a_{12} = \frac{\mathfrak{R}}{R}, \quad a_{31} = R.$$

et pour tous les autres indices $u_{ik} = 0$, au moyen de l'équation

$$\frac{S_{am}}{\mathfrak{R}'} = \frac{R m_{12}}{\mathfrak{R}'} + \frac{m_{34}}{R},$$

d'où l'on déduit la relation simple

$$R^2 n_{12} = \mathfrak{R}' m_{34}, \quad \text{ou} \quad R^2 m_{12} = \mathfrak{R}' n_{34},$$

et pour tous les autres indices $m_{ik} = - n_{ik}$.

Les droites suivant lesquelles sont appliquées deux forces conjuguées quelconques n'ont donc, si l'on fait abstraction des signes, que deux coordonnées différentes. Si l'on fait varier deux seulement des coordonnées d'une droite qui contiennent les quatre indices 1 2 3 4, le produit des deux nouvelles coordonnées est constant, puisqu'on doit avoir: $m_{12} m_{34} + m_{13} m_{42} + m_{14} m_{23} = 0$. Les n satisfont à cette condition, car on a $n_{12} n_{34} = m_{12} m_{34}$. Si l'on projette la droite m du sommet 3 du tétraèdre des plans coordonnés, c'est-à-dire du point à l'infini de l'axe des z, l'équation $m_{24} x + m_{41} y + m_{12} = 0$ de la projection sur le plan xy ne contient, comme terme constant, qu'une seule des deux coordonnées variables. Par suite de cette variation, la projection de la droite sur le plan xy se déplace parallèlement à elle-même, et la distance de l'origine à cette projection est proportionnelle au terme constant m_{12} de l'équation. Enfin, si nous substituons, dans les équations du n° 64, p. 218, du point d'intersection de la droite avec un plan, les constantes $00 \zeta v$, nous obtenons le point d'intersection de la droite avec un plan parallèle au plan xy, savoir :

$$u'x' = m_{13} \zeta + m_{14} v. \qquad u'z' = m_{34} v.$$
$$u'y' = m_{23} \zeta + m_{24} v, \qquad u' = m_{43} \zeta.$$

$u'x'$ et $u'y'$ ne contiennent aucun des coefficients variables; leur rapport $\dfrac{y'}{x'}$ reste par suite constant, c'est-à-dire que les points d'intersection de la droite variable m avec un plan fixe parallèle au plan xy sont situés sur une droite fixe qui rencontre l'axe des z au point $-\dfrac{v}{\zeta}$. Donc : *si on fait varier les coordonnées* m_{12} *et* m_{34} *seules, la droite* m *décrit un paraboloïde dont l'axe des* z *et la droite à l'infini du plan* xy *font partie.* C'est le paraboloïde du n° 68, p. 238, car la droite n en fait aussi partie.

Appelons m_3 le radical

$$m_3 = \sqrt{m^2_{31} + m^2_{32} + 2 m_{31} m_{32} o_3}.$$

La distance de la trace de la droite sur le plan xy à l'origine est $l_1 = \dfrac{m_3}{m_{34}}$; celle de la trace correspondante n est $l_2 = \dfrac{n_3}{n_{34}}$. Or, comme $m_3 = n_3$, et que $m_{12} m_{34}$ est constant, on aura :

$$l_1 l_2 = \frac{m^2_3}{m_{34} n_{34}} = \frac{\mathfrak{R} m^2_3}{R^2 m_{12} m_{34}} = \text{const.}$$

Donc : *les couples de droites correspondantes déterminent sur une génératrice du paraboloïde une involution dont le centre est sur l'axe des* z (n° 68, p. 239).

D'après ce que nous avons dit p. 230, on obtiendra la grandeur des forces qui agissent suivant deux droites conjuguées au moyen des équations

$$\frac{M}{m} = \frac{N}{n} = \frac{R \mathfrak{R}'}{R^2 m_{12} + \mathfrak{R}' m_{34}},$$

où m et n ont la signification indiquée p. 230.

Pour déterminer l'axe central dans ce système, on a, d'après ce qui a été dit p. 230,

$$m_{12} = m_{14} = m_{24} = 0, \quad m_{23} = -\frac{\mathfrak{R}'}{R}\, o_2, \quad m_{31} = \frac{\mathfrak{R}'}{R}\, o_1, \quad m_{34} = R.$$

Les trois dernières coordonnées sont celles d'un plan quelconque normal à l'axe central, ou, ce qui revient au même, les coordonnées d'une droite conjuguée :

$$n_{14} = n_{24} = n_{34} = 0, \quad \xi = n_{23} = \frac{\mathfrak{R}'}{R}\, o_2, \quad \eta = n_{31} = \frac{\mathfrak{R}'}{R}\, o_1, \quad \zeta = n_{12} = R.$$

Enfin, en substituant ces valeurs dans l'expression de $\mathfrak{R}^2$, p. 243, on obtient le moment $\mathfrak{C}$ par rapport à l'axe central

$$\mathfrak{C} = \frac{\mathfrak{R}o'}{R}.$$

Nous avons développé ici les formules correspondantes à celles des n°s 67 et 68, et toutes les propriétés, dont la démonstration ne résulte pas immédiatement de ces formules, peuvent se démontrer facilement, de sorte que nous n'avons pas besoin de nous arrêter plus longtemps sur ce sujet. Nous allons maintenant montrer comment on peut, dans la pratique, exécuter la composition des forces en employant les procédés de la géométrie descriptive.

71. COMPOSITION GRAPHIQUE DES FORCES DANS L'ESPACE

Nous avons vu, aux n°s 61 et 68, que le procédé le plus commode pour déterminer le plan focal d'un point donné consiste à composer les moments des forces par rapport à ce point. Ce procédé revient à prendre le plan à l'infini pour exécuter la construction indiquée au n° 57, c'est-à-dire à décomposer chaque force du système donné en une force de même grandeur et parallèle à elle-même passant par le point donné, et en une force à l'infini. En composant ensemble toutes les forces passant par le point donné, et en composant aussi toutes les forces à l'infini, on arrive immédiatement au système de forces du n° 68 (*fig.* 127), p. 235, qui permet d'obtenir des points et des plans conjugués, et par suite des droites conjuguées, plus facilement qu'au moyen de deux forces finies.

Les forces finies s'ajoutent directement, et on n'a qu'à exécuter graphiquement, au moyen de deux plans de projection, les opérations que nous avons indiquées par une projection axonométrique sur la *fig.* 96, p. 150.

D'après ce que nous avons démontré au n° 60, p. 204, les moments se composent comme des forces, en les représentant par des droites normales aux plans des moments et dont les longueurs sont proportionnelles aux moments. En général, les diverses forces ou moments sont donnés par leurs projections sur deux plans rectangulaires. Dans ce cas, il n'est pas nécessaire, pour construire le polygone des moments, de rabattre les plans projetant chacune des forces du point donné, et de transformer les surfaces représentatives des moments dans l'espace ; il suffit d'opérer sur les projections de ces surfaces, ainsi que nous allons le faire voir.

Imaginons que nous fassions tourner, autour de sa trace OX sur le plan horizontal, le plan OA projetant une force A du point O, et que ce plan entraîne avec lui sa normale représentant la force à l'infini que l'on obtient en décomposant A en une force égale et parallèle passant par O et en une force à l'infini. Dans cette rotation, la force A décrira un cône circulaire droit, et la normale un plan. Considérons diverses positions, A_1, A_2, A_3, etc..., de la force A, et les positions correspondantes p_1, p_2, p_3 de la normale. La position A_1 correspond au moment où le plan OA est horizontal. Dans une position quelconque A_2, par exemple, l'angle que le plan OA_2 fait avec le plan de projection est égal à l'angle que la normale p_2 fait avec la verticale O1. Par suite, le rapport de l'aire OA_2 à sa projection OF_2 sera le même que celui du rayon p_2 à sa projection verticale h_2, de sorte qu'il suffira pour obtenir h_2 de transformer l'aire OF_2.

Il résulte en outre de la *fig.* 128 que le signe de la projection de la

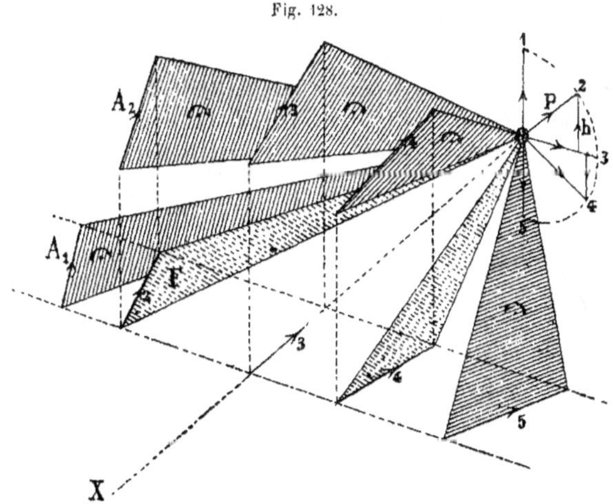

surface du moment correspond au signe de h. Choisissons d'abord le sens positif de h de façon que, dans une position déterminée, p_1 par exemple, son signe soit le même que celui de la surface correspondante A_1. Lorsque A_1 tourne autour de l'axe OX, h conserve le même signe jusqu'à la position verticale OA_3 du plan; dans cette position, p_3 est horizontal, et F_3 et h_3 sont tous les deux égaux à 0. Le plan continuant son mouvement de rotation, la projection de la surface change de signe, et il en est de même de h, qui devient négatif. Par suite, si la force A du système occupe la position A_4, à cette position correspondra une diminution h_4 de l'ordonnée du polygone des moments. Enfin, si le plan OA tourne de π, la force A revient dans le plan horizontal, et le rayon correspondant O5 est situé dans le prolongement de O1; il lui est égal et de sens contraire.

Il résulte de là que :

L'aire de la projection d'une surface de moment est proportionnelle à l'accroissement correspondant de l'ordonnée du polygone des moments, et le signe de cet accroissement correspond au signe de la projection.

Nous avons effectué, d'après les règles de la Géométrie descriptive, Pl. VII, les opérations indiquées, en les appliquant au cas de quatre forces et en utilisant la propriété que nous venons de démontrer.

Les quatre forces sont données en grandeur et en direction par leurs projections horizontale et verticale 1234. Nous décomposons chacune de ces forces en une force de même grandeur et de même direction passant par le point O, et en une force à l'infini. La résultante des premières composantes s'obtient au moyen du polygone des forces O1234M, d'après les règles connues (voir n° 38, p. 150); cette résultante OM est déterminée en grandeur et en direction par ses deux projections OM.

Les directions des composantes à l'infini sont déterminées par des rayons normaux aux surfaces de moment, et qui sont par suite perpendiculaires aux parallèles aux plans de projection menées dans ces surfaces.

Pour obtenir la projection d'une horizontale de la surface O1, par exemple, dont nous avons figuré le contour complet sur les deux plans de projection, on n'a qu'à mener une horizontale a_1 dans le plan vertical, et à projeter sur le plan horizontal les points d'intersection de cette horizontale avec le contour de la surface de moment; on obtient ainsi la projection cherchée a de l'horizontale. On détermine de la même manière la projection verticale b_1 d'une parallèle au plan vertical menée dans la surface de moment.

Ces droites, qui sont parallèles aux traces de la surface de moment sur les plans de projection, sont indiquées, pour les différentes forces, par des lignes pointillées ainsi : — · — · —. Les différents côtés du polygone des moments étant perpendiculaires aux surfaces de moment correspondantes, leurs projections seront perpendiculaires aux traces de ces surfaces. Ainsi, dans chaque plan de projection, le côté ... 3 ... du polygone des moments 0 1 2 3 4 U est perpendiculaire sur la ligne pointillée · — · — · — correspondante à la force 3.

L'accroissement de l'ordonnée de ce polygone, c'est-à-dire de la hauteur des sommets par rapport à chaque plan de projection, est proportionnel à l'aire de la surface suivant laquelle se projette la surface de moment correspondante. Nous réduisons, dans chaque plan de projection, tous les moments à une même base r, comme nous l'avons indiqué au n° 49, p. 173, en considérant le rayon correspondant à l'un des points d'intersection de chaque force 1, par exemple, avec le cercle comme base du triangle 01 ; l'aire de la projection de la surface de moment sera représentée, dans le plan horizontal, par l'antiprojection h_1, et, dans le plan vertical, par l'antiprojection k_1. Pour permettre de reconnaître le signe qu'il faut donner à chaque accroissement de l'ordonnée, nous avons indiqué, d'une façon générale, au moyen de flèches, la corrélation entre les signes de ces accroissements et les signes des surfaces. Les flèches placées sur la circonférence des cercles correspondent aux surfaces, et les flèches placées perpendiculairement à la ligne de terre correspondent aux accroissements des ordonnées.

Ces antiprojections nous donnent les accroissements des ordonnées du polygone des moments, savoir : h_1 pour le plan vertical, et k_1 pour le plan horizontal. Comme d'ailleurs les différents côtés du polygone sont perpendiculaires aux lignes pointillées · — · — · — correspondantes, les sommets consécutifs du polygone sont complètement déterminés.

La construction devient peu exacte lorsque la surface de moment se rapproche d'un plan perpendiculaire à la ligne de terre. On n'a, dans ce cas, qu'à changer l'un des plans de projection. C'est ce que nous avons fait pour la force 2. Nous avons changé le plan vertical en prenant pour nouvelle ligne de terre la projection de l'horizontale a_2. La nouvelle projection de la force 2 est 2_1, et celle du pôle O est 0_1. Nous avons ensuite réduit comme précédemment la surface de moment et obtenu, comme antiprojection de 2_1, normalement à a_2, la longueur k_2, qui est égale à la longueur du côté 2 du polygone des moments, puisque ce côté est perpendiculaire à la ligne de terre a_2.

Pour la détermination de la projection verticale, il suffit de déterminer l'accroissement de l'ordonnée par la réduction de la surface de moment 02 dans le plan horizontal.

On obtient de la même manière les différents côtés du polygone des moments 0 1 2 3 4 U, et on détermine ainsi le rayon OU qui correspond en grandeur et en direction à la résultante de toutes les forces à l'infini.

Nous déterminons ainsi complètement un système de forces analogue à celui de la *fig.* 127, p. 236; OM est en grandeur et en direction la résultante M; le plan mené par O normalement à OU est celui du moment $\mathfrak{M}$. Nous n'avons pas figuré les traces de ce plan, parce que nous n'en ferons pas usage dans les constructions que nous aurons à effectuer; nous nous servirons constamment de la perpendiculaire OU.

Nous allons maintenant déterminer l'axe central C et le moment correspondant $\mathfrak{C}$. Pour cela, nous décomposons la force à l'infini, qui correspond au rayon OU, en deux composantes situées dans le plan à l'infini, dont l'une est perpendiculaire à OM, et dont l'autre est dans un même plan avec OM. La première composante est représentée par la perpendiculaire abaissée de U sur OM, et la seconde par la distance du pied de cette perpendiculaire au point O. Pour déterminer le pied de la perpendiculaire, menons par U un plan perpendiculaire à OM; une horizontale menée par U dans ce plan se projettera suivant les droites u et u_1, dont la première est perpendiculaire à OM. Une parallèle au plan vertical menée dans ce même plan sera représentée par les droites v et v_1, menées par un même point de la droite uu_1, et dont v_1 est perpendiculaire à OM dans le plan vertical. Les intersections de ces deux droites (uu_1) et (vv_1) par le plan vertical qui se projette en OM, sont les points $d'd''$; la droite qui joint ces deux points est située à la fois dans le plan perpendiculaire à OM et dans le plan vertical projetant OM; son intersection avec OM donnera par suite la projection verticale du pied de la perpendiculaire qu'il s'agit de déterminer. Comme vérification, on peut déterminer d'une manière analogue la projection horizontale du même point.

Les distances U'' et U' de ce point à O et U, distances qui sont perpendiculaires l'une à l'autre, correspondent aux moments des composantes de la résultante à l'infini. La composante correspondante à U'' est perpendiculaire à OM; l'autre composante, correspondante à U', est située dans un même plan avec OM, parce que U' est perpendiculaire à OM, et nous pouvons par suite la composer avec la résultante OM. Pour déterminer la grandeur dans l'espace des distances U' et U'', dont nous n'avons du reste pas besoin pour notre construction, nous ramenons la ligne OM parallèlement au plan vertical, nous déterminons les distances OU et UM, et, au moyen de ces longueurs, nous construisons le triangle OUM, dont U' est la hauteur, et U'' un segment. Ces constructions n'ont besoin d'aucune explication spéciale.

En composant OM avec la force à l'infini correspondante à U', OM se déplace en C d'une quantité telle que la surface de moment correspondante soit égale, en tenant compte du signe, au moment représenté par U'.

Les perpendiculaires abaissées du point M, dans chaque plan de projection, sur les rayons passant par les points d'intersection de C et des cercles de réduction, doivent être égales à la différence des ordonnées des extrémités de U', ces ordonnées étant prises perpendiculairement au plan de projection considéré. Cette différence d'ordonnées est égale à h_u pour le plan horizontal et à k_u pour le plan vertical. Par suite, si du point M comme centre, on décrit, dans chaque plan de projection, un cercle ayant pour rayon $k'_u = k_u$ dans le plan horizontal, et $h'_u = h_u$ dans le plan vertical, les rayons des cercles de réduction tangents à ces cercles détermineront les intersections de C avec les cercles de réduction.

On peut, comme vérification, rechercher si le plan OC est bien perpendiculaire sur U'.

La droite C ainsi déterminée est l'axe central. Nous avons indiqué par un trait de force un segment de C égal à la résultante des quatre forces 1 2 3 4. Ces quatre forces se réduisent par suite à une force C et à un moment de rotation autour de cet axe, dont la grandeur est $\mathfrak{C} = \mathrm{U}''r$.

Il est très commode, pour les constructions que l'on peut avoir à exécuter sur ce système de forces, de se servir de parallèles au plan horizontal menées par le point O. Aussi, nous allons déterminer le foyer de ce plan, et pour cela nous emploierons un procédé analogue à celui qui nous a servi à déterminer l'axe central. Nous décomposons le moment OU de la force à l'infini en deux autres moments, dont l'un est situé dans le plan horizontal passant par O, et dont l'autre passe par le point à l'infini de M. La normale, qui représente le premier moment, est la verticale passant par O. Toutes les droites, menées perpendiculairement à OM par l'extrémité U du polygone des moments, sont situées dans le plan uv déjà construit. Le point d'intersection V de ce plan avec la verticale détermine par suite le sommet inconnu du contour OVU. Ce point est l'intersection de la droite $d'd''$ avec la verticale passant par O, car, par construction, ces deux lignes sont situées dans le même plan.

La différence des ordonnées du côté VU est égale, en ayant égard au signe, à l'antiprojection de la force M_1, quand on réduit celle-ci à la base r; on utilisera cette différence pour déterminer la nouvelle position M_1 de M, comme on l'a fait pour C. Le foyer d'un plan horizontal quelconque sera à son intersection avec M_1.

Sur la Pl. VII, nous avons marqué, par un trait de force, le segment de M_1 représentant la grandeur de la force, en portant ce segment à partir du plan horizontal mené par O. Faisons passer un second plan horizontal par l'extrémité de ce segment. Les deux plans horizontaux et la ligne M_1 correspondent complètement aux deux plans parallèles et à la ligne M de la *fig.* 127, p. 236. Appliquons les constructions que nous avons indiquées, et déterminons le plan correspondant à un point donné. Soit $\varkappa$ ce point, que nous prenons dans le plan horizontal supérieur; portons la résultante M à partir de ce point et en bas. Afin de pouvoir facilement mener des perpendiculaires à M_1, perpendiculaires qui sont parallèles au plan uv, nous changeons de plans de projection en prenant pour nouveau plan vertical le plan vertical passant par M_1 et pour plan horizontal le plan horizontal passant par O; M_1 se projette verticalement en M'_1 et $\varkappa$ en $\varkappa'_1$. Transformons maintenant, dans chaque plan de projection, le moment $\varkappa M_1$ en h_m et k'_m au moyen du rayon r. Appelons N le sommet inconnu du polygone des moments O'V'N. Les anti-projections h_m et k'_m nous donnent la différence des ordonnées du côté V'N qui représente le moment $\varkappa M_1$. Nous pouvons par suite tracer sur chaque plan la projection du contour O'V'N; cette projection est O'N dans le plan horizontal, et O'V'N' dans le plan vertical; O'N est perpendiculaire à la droite l_1 horizontale du plan $\varkappa M_1$, O'V' est égal à OV, moment de la force à l'infini située dans le plan horizontal, et enfin V'N' est perpendiculaire à M'_1, verticale du plan $\varkappa M_1$. Le plan cherché K passe par le point $\varkappa$ et est perpendiculaire à la droite V'N de l'espace; ses traces seront par suite perpendiculaires à O'N et O'N': il coupe la ligne de terre au point K.

Si on donnait le plan K et qu'on voulût déterminer le point correspondant $\varkappa$, on opérerait d'une façon exactement inverse. Le rayon O'N', perpendiculaire à la trace verticale, détermine, par son intersection avec V'N', le sommet N du polygone des moments, et ce sommet détermine à son tour les hauteurs h'_m et k_m, au moyen desquelles on obtient le point $\varkappa$ situé sur la parallèle l_1 à la trace horizontale.

Cherchons en particulier le point correspondant à un plan perpendiculaire à M_1. Nous aurons, dans ce cas, $k_m = 0$, c'est-à-dire que la projection verticale de l'axe central coïncide avec M'_1. Le rayon O'N' coïncide aussi avec M'_1; par suite, la longueur de la perpendiculaire abaissée de V' sur M'_1 est la différence d'ordonnées h'_c, qui, multipliée par r, est égale au produit de la projection horizontale M_1 par la distance de l'axe central et de M_1. Sur la Pl. VII, C passe par le pied de la perpendiculaire V'N'; mais c'est là une circonstance fortuite, qui ne peut pas servir de règle pour la détermination de l'axe central. Il n'en aurait pas été ainsi si on avait pris un autre rayon r pour base de réduction.

Considérons une droite $\varkappa\varkappa_1$, coupant en $\varkappa$ le plan horizontal mené par l'extrémité supérieure de M_1, et en $\varkappa_1$ le plan horizontal mené par l'extrémité inférieure. D'après ce que nous avons vu (*fig.* 127, p. 236), le point d'intersection π_1 de la droite l' et de la trace horizontale du plan K est un point de la droite $\pi_1\pi$ conjuguée de $\varkappa\varkappa_1$. On détermine le point de ren-

contre π avec le plan horizontal supérieur en faisant $l_2 = \dfrac{l_1 l'_2}{l'_1}$. On peut
aussi déterminer ce point en menant par π_1 un plan parallèle aux droites
M_1 et $\varkappa\varkappa_1$; le point de rencontre de ce plan et de l_1 est le point π; c'est
ainsi que nous avons déterminé ce point sur la Pl. VII. Cette construc-
tion n'exige aucune explication. Enfin, nous avons reporté sur le plan
vertical primitif toutes les lignes du plan auxiliaire passant par M_1.

La méthode exposée dans ce numéro est, dans la plupart des cas, la
plus pratique. Toutefois, il serait encore plus simple de prendre comme
plan de projection le plan uv normal à l'axe central; mais on aurait,
dans ce cas, à effectuer tout d'abord une transformation de coordonnées.
La *fig.* 129 montre comment les opérations se feraient après cette transformation.

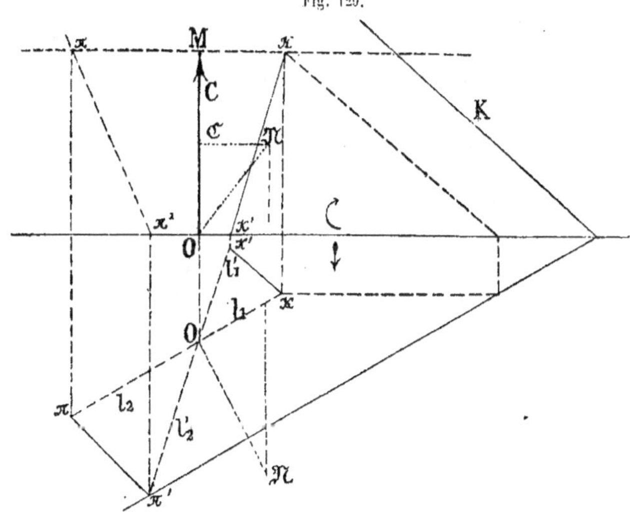

Fig. 129.

Nous avons conservé les mêmes lettres que sur la *fig.* 127 et sur la
Pl. VII. Pour déterminer le plan K correspondant au point $\varkappa$, nous menons par le point O, dans le plan horizontal, une perpendiculaire à $O\varkappa$,
et nous prenons sur cette perpendiculaire le point $\mathfrak{N}$ de telle façon que
la différence des ordonnées des points O et $\mathfrak{N}$ soit proportionnelle à
l'aire $\varkappa OC$, en ayant égard au signe; la projection verticale $\mathfrak{N}$ est située
sur l'horizontale correspondante à l'extrémité du moment $\mathfrak{C}$. Les traces
du plan cherché K sont perpendiculaires à $O\mathfrak{N}$ et $O'\mathfrak{N}'$. Soit $\varkappa'$ l'autre
extrémité de la droite $\varkappa\varkappa'$; nous obtiendrons un point de la droite con-

juguée $\pi\pi'$ en prolongeant Ox' jusqu'à π', et les projections horizontales des lignes xx', $\pi\pi'$ sont parallèles.

72. DÉCOMPOSITION DES FORCES ET TÉTRAÈDRE DES FORCES

Les méthodes exposées dans les numéros précédents suffisent le plus souvent pour résoudre les problèmes qui se présentent ordinairement dans la pratique. Supposons, par exemple, qu'il s'agisse d'équilibrer, au moyen d'une force unique agissant suivant une droite donnée R, différentes forces agissant sur un système matériel dont deux points sont fixes.

Prenons l'un des deux points fixes O comme pôle, et opérons la composition des forces indiquées dans le numéro précédent. Nous obtenons une force finie M passant par le point O, et une force à l'infini $\mathfrak{N}$, agissant dans un plan déterminé par un rayon normal $O\mathfrak{N}$ donné par la construction. Nous faisons ensuite passer par le second point fixe O' et par la droite R, un plan K, dont nous déterminons le foyer x et l'intersection avec le plan $\mathfrak{N}$. Une parallèle à cette intersection menée par le point O est située dans le plan xM; nous pouvons par suite décomposer la force M en deux autres forces dirigées l'une suivant Ox, l'autre suivant cette parallèle. La première est la pression ou tension sur le point O. La seconde, composée avec le moment $O\mathfrak{N}$, sera transportée parallèlement à elle-même suivant l'intersection des plans K et N ; nous pourrons, par suite, la décomposer en deux forces dirigées, l'une suivant le point O', l'autre suivant la droite donnée R. La première composante donne la pression ou tension produite sur le second point O'; la seconde est la force cherchée.

On fera bien de procéder d'une manière analogue quand on aura des forces à composer dans l'espace et à décomposer ensuite. Dans certains cas, on pourra utiliser une propriété générale que nous allons démontrer et qui conduira plus rapidement au résultat, si l'on suppose certaines constructions préliminaires effectuées. Nous avons vu précédemment, n° 56, p. 188, qu'un système de forces situées dans un même plan peut toujours être transformé en un système de trois forces dirigées suivant trois droites données ne se coupant pas en un même point. A cette propriété correspond, dans l'espace, la propriété analogue suivante : *Un système quelconque de forces dans l'espace peut être transformé en un système équivalent de six forces agissant suivant les arêtes d'un tétraèdre donné.*

Décomposons, en effet, chaque force en deux composantes dont l'une passe par un sommet du tétraèdre et dont l'autre soit située dans le plan de la face opposée à ce sommet. Toutes les composantes passant par le sommet pourront être ramenées à trois forces dirigées suivant les trois arêtes correspondant à ce sommet; les autres composantes pourront être ramenées à trois forces dirigées suivant les trois autres arêtes, qui sont situées dans le plan de la face.

Il résulte de la démonstration même que, si on modifie à volonté les six arêtes du tétraèdre, en conservant un sommet et le plan de la face opposée fixes, la résultante des trois forces qui passent par le sommet n'est pas modifiée, et qu'il en est de même de la résultante des trois forces de la face opposée.

Si deux arêtes sont fixes, et en outre deux sommets situés sur l'une de ces arêtes, ou, ce qui revient au même, deux plans passant par les autres sommets, les deux forces de direction variable qui passent par un des points fixes, ou qui sont situées dans un des plans fixes, ont une résultante constante, quelle que soit la position des deux points ou des deux plans variables. Prenons, en effet, l'un des plans fixes et le sommet fixe opposé à ce plan pour opérer la décomposition indiquée au n° 60; la force, qui agit dans le plan fixe considéré, est constante, et elle peut être décomposée en deux forces dirigées, l'une suivant l'arête fixe située dans ce plan, l'autre suivant le sommet fixe situé dans ce plan. Cette dernière force est la résultante constante des deux forces variables situées dans le plan fixe.

Ce tétraèdre fournit une solution plus simple du problème traité au commencement de ce numéro. Prenons comme sommets du tétraèdre les deux points fixes et deux points quelconques pris sur la droite donnée R. La force agissant suivant cette dernière arête sera la force cherchée. La force agissant sur chacun des points fixes est la résultante constante des deux forces variables passant par ce point. On peut composer chacune de ces forces avec une partie quelconque de la force agissant suivant l'axe OO' lui-même, et par suite on peut faire en sorte que la résultante ainsi obtenue fasse un angle donné avec l'axe. On peut aussi décomposer chaque résultante constante en une force normale à l'axe et une force dirigée suivant l'axe. Ces deux dernières forces, jointes à celle que donnait déjà la construction du tétraèdre, peuvent être équilibrées par la réaction d'un troisième point d'appui fixe établi spécialement dans ce but, par exemple au moyen d'une crapaudine ou d'un épaulement.

Le tétraèdre des forces n'est qu'un cas particulier de la décomposition beaucoup plus générale d'une force en six composantes agissant suivant des directions choisies arbitrairement, sans que plus de trois de ces six directions passent par un même point ou soient situées dans un même plan. Cette dernière restriction est nécessaire, car, si on se donnait quatre directions passant par un même point, le moment de la force par rapport à ce point devrait pouvoir se décomposer en deux autres moments dont les plans passeraient par chacune des deux autres directions et par le point, ce qui n'est possible que si les plans des trois moments passent par la même droite. Il en serait de même si quatre directions étaient dans le même plan.

Cette décomposition générale ne peut être effectuée que par l'analyse.

73. DÉCOMPOSITION ANALYTIQUE DES FORCES

Nous sommes maintenant en mesure d'opérer facilement la composition analytique d'une force M passant par le point $(x_4 y_4 z_4 1)$, ou d'une force N située dans le plan $(\xi'' \eta'' \zeta'' v'')$.

Pour décomposer la force M en trois forces passant par le point, on ne peut prendre arbitrairement pour chaque force que trois coefficients $l_{41} l_{42} l_{43}$, car un coefficient quelconque l doit être l'un des six déterminants :

$$\begin{vmatrix} x_4 & y_4 & z_4 & 1 \\ l_{41} & l_{42} & l_{43} & 0 \end{vmatrix}$$

Les grandeurs A, A', A'' des trois composantes doivent satisfaire aux équations :

$$\frac{M}{m} m_{41} = \frac{A}{c} l_{41} + \frac{A'}{c'} l'_{41} + \frac{A''}{c''} l''_{41},$$

$$\frac{M}{m} m_{42} = \frac{A}{c} l_{42} + \frac{A'}{c'} l'_{42} + \frac{A''}{c''} l''_{42},$$

$$\frac{M}{m} m_{43} = \frac{A}{c} l_{43} + \frac{A'}{c'} l'_{43} + \frac{A''}{c''} l''_{43}.$$

d'où l'on déduit :

$$\frac{A}{c \begin{vmatrix} m_{41} & l'_{41} & l''_{41} \\ m_{42} & l'_{42} & l''_{42} \\ m_{42} & l'_{43} & l''_{43} \end{vmatrix}} = \frac{A'}{c' \begin{vmatrix} l_{41} & m_{41} & l''_{41} \\ l_{42} & m_{42} & l''_{42} \\ l_{43} & m_{43} & l''_{43} \end{vmatrix}} = \frac{A''}{c'' \begin{vmatrix} l_{41} & l'_{41} & l''_{41} \\ l_{42} & l'_{42} & l''_{42} \\ l_{43} & l'_{43} & l''_{43} \end{vmatrix}} = \frac{M}{\begin{vmatrix} l_{41} & l'_{41} & l''_{41} \\ l_{42} & l'_{42} & l''_{42} \\ l_{43} & l'_{43} & l''_{43} \end{vmatrix}}.$$

Supposons en particulier que $l\,l'\,l''$ soient les arêtes 41 42 43 d'un tétraèdre passant toutes par le sommet 4. Nous aurons :

$$l'_{ik} = \begin{vmatrix} x_2 & y_2 & z_2 & 1 \\ x_4 & y_4 & z_4 & 1 \end{vmatrix} \quad \text{et} \quad l''_{ik} = \begin{vmatrix} x_3 & y_3 & z_3 & 1 \\ x_4 & y_4 & z_4 & 1 \end{vmatrix}$$

et par suite

$$\begin{vmatrix} l'_{42} & l''_{42} \\ l'_{43} & l''_{43} \end{vmatrix} = \begin{vmatrix} y_4 - y_2, & y_4 - y_3 \\ z_4 - z_2, & z_4 - z_3 \end{vmatrix} = \begin{vmatrix} y_2 & z_2 & 1 \\ y_3 & z_3 & 1 \\ y_4 & z_4 & 1 \end{vmatrix} = X_1,$$

en désignant par $X_i Y_i Z_i U_i$ les déterminants mineurs du déterminant

$$D = \begin{vmatrix} x_1 & y_1 & z_1 & 1 \\ x_2 & y_2 & z_2 & 1 \\ x_3 & y_3 & z_3 & 1 \\ x_4 & y_4 & z_4 & 1 \end{vmatrix}$$

De même les coefficients de l_{42} et l_{43} dans le dénominateur de M sont Y_1 et Z_1, et par suite ce dénominateur est égal à

$$(x_4 - x_1)X_1 + (y_4 - y_1)Y_1 + (z_4 - z_1)Z_1 = - D.$$

Le déterminant du dénominateur de A est égal à

$$\begin{vmatrix} m_{41} & m_{42} & m_{43} \\ x_2 & y_2 & z_2 & 1 \\ x_3 & y_3 & z_3 & 1 \\ x_4 & y_4 & z_4 & 1 \end{vmatrix}$$

Les six déterminants formés au moyen de la 1re et de la 4e ligne de ce déterminant donnent les valeurs de m changées de signe; en prenant la 2e et la 3e ligne, on obtient les coordonnées de l'arête 23 du tétraèdre, c'est-à-dire de l'arête opposée à l. Par suite, si nous désignons, pour abréger, les moments linéaires de m et de cette arête 23 par $S_{m,23}$, nous obtenons, entre les grandeurs des forces agissant suivant les arêtes, les relations

$$\frac{A}{cS_{m,23}} = \frac{A}{c'S_{m,31}} = \frac{A''}{c''S_{m,12}} = \frac{M}{mD}.$$

La décomposition de la force N en trois composantes, dont les directions forment un triangle 321, s'obtient au moyen des équations :

$$\frac{N}{n} m_{32} = \frac{A}{c} l_{32} + \frac{A'}{c'} l'_{32} + \frac{A''}{c''} l''_{32},$$

$$\frac{N}{n} m_{13} + \frac{A}{c} m_{12} + \frac{A'}{c'} m'_{13} + \frac{A''}{c''} m''_{13},$$

$$\frac{N}{n} m_{12} + \frac{A}{c} m_{12} + \frac{A'}{c'} m'_{12} + \frac{A''}{c''} m''_{12}.$$

Nous nous dispensons de développer la solution de ces équations, qui sont de la même forme que les précédentes.

Si nous considérons le triangle comme la base d'un tétraèdre, ayant pour faces les plans $\xi \eta \zeta c'$, nous obtiendrons, en procédant comme pour M :

$$\frac{A}{cS_{n,41}} = \frac{A'}{c'S_{n,42}} = \frac{A''}{c''S_{n,43}} = \frac{N}{n\Delta},$$

où Δ est le déterminant $(\xi_1 \eta_2 \zeta_3 1_4)$ des coordonnées des faces.

Supposons que M et N soient deux forces conjuguées d'un même système. En substituant dans les expressions précédentes les valeurs de $\frac{M}{m}$ et $\frac{N}{n}$ trouvées au n° 67, p. 230, nous obtiendrons les valeurs correspondantes des composantes A; mais nous pouvons obtenir ces valeurs par un procédé plus simple.

Nous avons vu qu'un système de forces dans l'espace peut toujours être remplacé par un système équivalent de six forces, dirigées suivant des droites arbitrairement choisies, à la condition qu'il n'y en ait pas plus de trois passant par un même point ou situées dans un même plan. Les grandeurs des six forces doivent satisfaire aux six équations :

$$a_{12} = l_{12}\frac{A}{e} + l'_{12}\frac{A'}{e'} + l''_{12}\frac{A''}{e''} + l'''_{12}\frac{A'''}{e'''} + l^{IV}_{12}\frac{A^{IV}}{e^{IV}} + l^{V}_{12}\frac{A^{V}}{e^{V}},$$

$$a_{13} = l_{13}\frac{A}{e} + l_{13}\frac{A'}{e'} + l''_{13}\frac{A''}{e''} + l'''_{13}\frac{A'''}{e'''} + l^{IV}_{13}\frac{A^{IV}}{e^{IV}} + l^{V}_{13}\frac{A^{V}}{e^{V}},$$

et ainsi de suite pour les indices 14, 23, 42, 34,

La solution générale de ces équations n'offre rien de particulier; mais elle se simplifie d'une manière remarquable lorsque les six directions choisies sont les arêtes d'un tétraèdre. Supposons, dans ce cas, que les arêtes l et l^V soient opposées. Pour déterminer A, multiplions chaque équation a_{ik} par le l^V qui est affecté de l'indice complémentaire gh. Nous aurons :

$$S_{al^V} = S_{l\,l^V} \cdot \frac{A}{e},$$

car tous les autres moments linéaires S_{il} sont nuls, puisque l^V rencontre toutes les arêtes à l'exception de l.

Si les l sont des déterminants mineurs du second degré de D et Δ, S_{ll^V} est constant et égal à D ou Δ pour toutes les arêtes opposées. On a, dans ce cas :

$$\frac{A}{e} = \frac{S_{al^V}}{D}.$$

En comparant ce résultat avec celui auquel nous sommes parvenus au n° 66, p. 229, on peut dire que *si, au moyen d'une transformation de coordonnées, on rapporte le système donné à un tétraèdre quelconque, les coefficients du système focal représentent les grandeurs des forces agissant suivant les arêtes du tétraèdre, quand on décompose le système suivant les directions de ces arêtes.*

Si nous appliquons cette décomposition au tétraèdre des coordonnées cartésiennes, nous trouvons que tous les e et les D sont égaux à 1. Quant aux arêtes, tous les l sont nuls, sauf celui qui a pour indices ceux des sommets situés sur cette arête; par suite, pour l'arête opposée à l'arête ik, S_{al} se réduit à $a_{ik}l_{gh} = a_{ik}$. Donc $A = a_{ik}$ *est la grandeur de la force agissant suivant l'axe* ik.

Cette application montre quelle est la signification des coefficients a_{ik}. Les forces $a_{41}a_{42}a_{43}$ agissant suivant les axes des x, des y et des z, sont des forces finies ordinaires, tandis que les forces $a_{12}a_{23}a_{31}$ agissant dans les plans des xy, des yz et des zx, sont des forces à l'infini, c'est-à-dire des moments.

CHAPITRE IV

RELATIONS PROJECTIVES ENTRE LE POLYGONE DES FORCES
ET LE POLYGONE FUNICULAIRE

74. RELATIONS COLLINÉAIRES ET RÉCIPROQUES.

La construction d'un polygone funiculaire correspondant à un polygone des forces est toujours possible, quel que soit le contour de ce dernier polygone, et inversement. Supposons que l'un des deux polygones soit inscrit ou circonscrit à une courbe du second degré, et recherchons dans quels cas l'autre polygone satisfera à la même condition.

Cette question serait résolue si nous pouvions indiquer dans quels cas les deux polygones sont projectifs, car alors l'un des deux polygones ne pourra être du second degré sans que l'autre le soit aussi.

Si les deux polygones sont projectifs, ils seront collinéaires ou réciproques. Pour mettre les deux polygones en relation collinéaire, nous devrons faire correspondre les côtés du polygone des forces aux droites suivant lesquelles ces forces sont appliquées, c'est-à-dire que le polygone des forces et le polygone formé par les directions des forces devront être collinéaires. Ces deux polygones ayant leurs côtés correspondants parallèles, auront comme droite commune la droite à l'infini; ils seront par suite semblables et semblablement placés. En construisant le polygone funiculaire, on obtient dans ce cas la figure de réduction donnée page 83, *fig.* 51, dans laquelle $O\,1\,2_1\,3_1\ldots$ représente le polygone funiculaire. Comme la surface réduite est proportionnelle au moment de la résultante, moment qui est égal à celui des composantes, il en résulte que le moment d'un nombre quelconque de forces, dont les directions forment un polygone semblable au polygone des forces, est proportionnel à l'aire de ce dernier polygone. Mais ce résultat, bien qu'intéressant, ne nous conduit pas au but que nous nous proposions, car les deux polygones $O\,1\,2,\,3_1$ et $O\,1\,2\,3$ ne sont pas projectifs. Nous laisserons par suite de côté la relation collinéaire pour nous occuper de la relation réciproque.

Si le polygone des forces et le polygone funiculaire sont réciproques, à un côté quelconque du polygone des forces devra correspondre, dans le polygone funiculaire, le point d'application de la force représentée par ce côté. Ainsi, aux différentes forces 2, 3, 4 .... du polygone des forces, Pl. VIII$_3$, correspondront les points d'application 2, 3, 4 ...., Pl. VIII$_3$, dans le polygone funiculaire. Inversement, les différents côtés 2 3, 3 4 .... du polygone funiculaire correspondront aux sommets 2 3, 3 4 .... du polygone des forces. Les rayons O_e) 2 3, 3 4 ...., *fig.* 5, devant être parallèles aux côtés 2 3, 3 4 ...., *fig.* 3, cette condition ne peut être satisfaite qu'en faisant correspondre le pôle O_e du polygone des forces à la droite à l'infini du polygone funiculaire, de façon qu'ils soient projectifs.

Tout rayon O_e) 2 3, 3 4 .... mené par le pôle O_e, rencontre alors la droite à l'infini au point correspondant ∞) 2 3, 3 4 .... du polygone funiculaire, c'est-à-dire que les rayons qui projettent de O_e les points 2 3, 3 4 .... sont parallèles aux côtés du polygone funiculaire qui correspondent à ces points, ainsi que cela doit être.

Si les deux polygones sont réciproques, les lignes d'application 2 3 4, *fig.* 3, des forces dans le polygone funiculaire, lignes qui sont parallèles aux côtés correspondants du polygone des forces, concourent en un même point O_e, qui est le point du polygone funiculaire correspondant à la droite à l'infini du polygone des forces.

Cette propriété, que nous devons à M. le Professeur *Reye*, résulte de ce que, dans deux systèmes plans réciproques, quand :

<table>
<tr><td>

une droite du premier système est perspective au faisceau correspondant dans le second, cette droite considérée comme appartenant au second système est perspective au faisceau correspondant dans le premier.

</td><td>

un faisceau du premier système est perspectif à la droite correspondante dans le second, ce faisceau considéré comme appartenant au second système est perspectif à la droite correspondante dans le premier.

</td></tr>
</table>

En effet, si les trois rayons *abc*, *fig.* 130, passent respectivement par leurs points correspondants ABC, et qu'à la droite *o*, sur laquelle sont situés ces points, corresponde le point O, les rayons O) ABC passent aussi par les points O) *abc* qui leur correspondent, car ces points sont identiques.

En vue d'applications ultérieures, nous allons montrer la forme par-

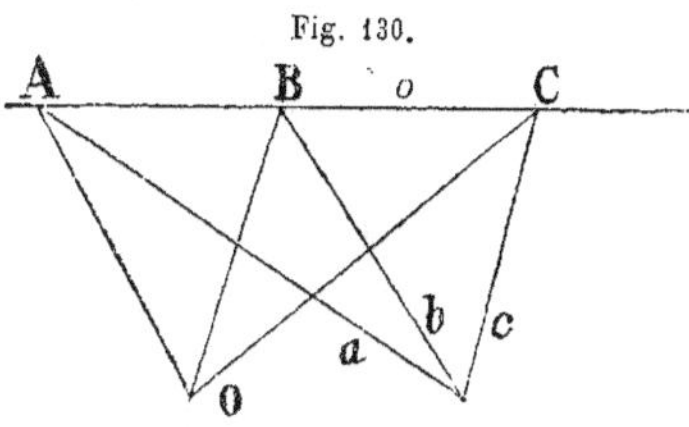

Fig. 130.

ticulière que prend cette propriété lorsqu'on l'applique au polygone des forces et au polygone funiculaire. Pour plus de clarté, nous avons représenté par une droite $U\infty$, tracée dans les limites de la *fig.* 131, la droite à l'infini. Le faisceau ayant pour centre le pôle O_k du polygone des forces correspond à la droite à l'infini $U\infty$, de telle

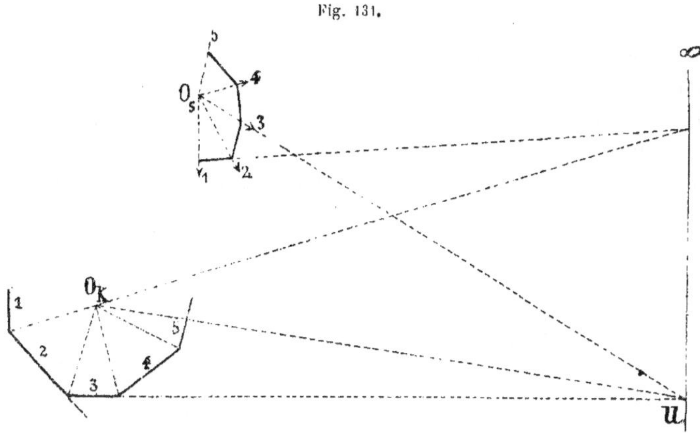

Fig. 131.

façon qu'à un rayon quelconque $O_k U$ du système plan auquel appartient le polygone des forces corresponde, dans le système plan auquel appartient le système funiculaire, le point U de la droite à l'infini situé sur ce rayon. Par suite, nous aurons comme éléments correspondants

dans le polygone $\begin{cases} \text{des forces} & O_k \quad O_k U \quad \infty \quad U \\ \text{funiculaire} & \infty \quad U \quad O_s \quad O_s U \end{cases}$ O_s étant le

point qui, dans le plan du polygone funiculaire, correspond à la droite à l'infini du polygone des forces. La correspondance des deux premiers éléments est une donnée de la question; celle des troisièmes éléments est une conséquence de la réciprocité, et enfin celles des quatrièmes éléments résulte de la correspondance des seconds et des troisièmes.

Si nous prenons le point U sur la direction d'une force quelconque, 3 par exemple, le rayon O_s correspondant devra, par suite de la réciprocité des deux figures, passer par le point d'application de la force 3 qui, dans le polygone funiculaire, correspond au côté 3 du polygone des forces. Donc les lignes d'application des différentes forces, dans le polygone funiculaire, passent toutes par un même point O_6, qui est le point correspondant à la droite à l'infini du polygone des forces. Donc aussi :

Quand toutes les forces d'un polygone funiculaire passent par un même point, le polygone des forces et le polygone funiculaire peuvent être mis en relation réciproque.

Si les pôles O, O_1 des deux systèmes, *fig.* 132 et 133, sont donnés et que l'on prenne, dans l'un des systèmes, une droite quelconque a, *fig.* 132, le point correspondant A_1 de l'autre système devra se trouver sur le rayon parallèle à a mené par O_1, et l'on peut prendre ce point arbitrairement sur ce rayon. Mais, une fois ce point choisi, les deux systèmes sont complètement déterminés. Traçons en effet une seconde droite b, *fig.* 132 ; le point correspondant B_1 est déterminé, car il se trouve à l'intersection du rayon O_1B_1 parallèle à b et de la droite A_1B_1 parallèle au rayon qui de O projette le point (ab). Inversement, si on se donne le point B_1, on construira par le même procédé la droite correspondante b, et enfin on pourra construire la droite qui, dans la *fig.* 133, correspond à un point quelconque de la *fig.* 132, au moyen du point

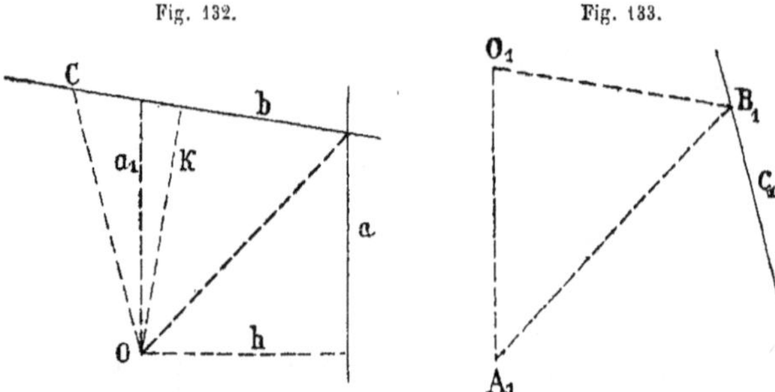

Fig. 132.   Fig. 133.

(ab) et de la droite correspondante A_1B_1. Ainsi, au point C pris sur b, correspond la droite C_1 menée par le point B_1 parallèlement au rayon OC.

Les trois droites passant par le point (ab) sont parallèles aux côtés du triangle $O_1A_1B_1$. Par suite, si l'on déplace une de ces lignes, a par exemple, parallèlement à elle-même jusqu'à ce qu'elle passe par le pôle O en a_1, cette nouvelle droite a_1 formera avec les deux autres un triangle $O(ab)(ba_1)$ semblable au triangle $O_1A_1B_1$. Abaissons maintenant du pôle O deux perpendiculaires h et k sur a et b ; l'aire du triangle $O(ab)(ba_1)$ sera $F = \dfrac{1}{2}a_1h = \dfrac{1}{2}bk$; d'où $\dfrac{a_1}{b} = \dfrac{k}{h}$.

D'un autre côté, la similitude des triangles donne

$$\frac{a_1}{b} = \frac{O_1A_1}{O_1B_1}.$$

On a donc $\dfrac{O_1 A_1}{O_1 B_1} = \dfrac{k}{h}$ ou $O_1 A_1 \times h = O_1 B_1 \times k$, c'est-à-dire que :

Dans deux systèmes reliés réciproquement comme nous l'avons indiqué, le produit des distances de deux éléments correspondants à leurs pôles respectifs est constant.

Soit c^2 la valeur constante de ce produit; au moyen de cette valeur et des pôles O et O′, on peut construire les éléments d'un système qui correspondent à des éléments donnés de l'autre. Soit, par exemple, a une droite donnée du premier système (*fig.* 134). Abaissons du pôle O la perpendiculaire h sur a, et portons la longueur c sur a à partir du pied de cette perpendiculaire; en construisant un triangle rectangle dont c soit la hauteur, nous obtiendrons sur le prolongement de h la distance $O_1 A$ du point correspondant au pôle O_1. Le point A sera situé sur une paral-

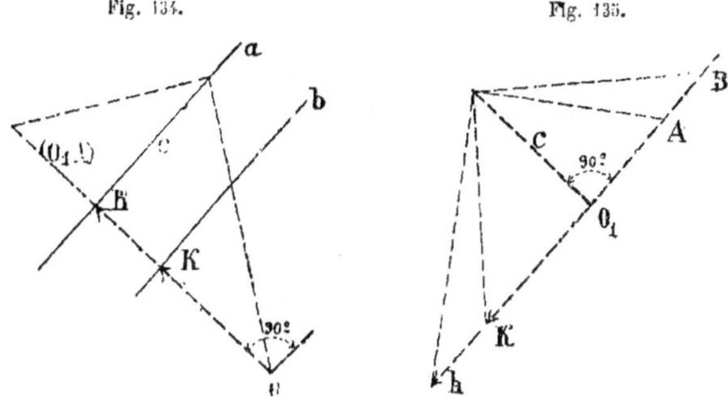

Fig. 134.　　　　　Fig. 135.

lèle à a menée par O_1, et de façon que $O_1 A$ forme avec h un angle droit de sens constant. Nous avons indiqué sur la *fig.* 135 la solution du problème inverse.

A des points situés sur un même rayon dans un système, par exemple AB, *fig.* 135, correspondent des droites parallèles dans l'autre, ab, *fig.* 134. Si, du pôle O, on mène un rayon quelconque, la forme Oba sera semblable à la forme $O_1 AB$. La relation $O_1 A \times h = O_1 B \times k$, donne en effet

$$\frac{O_1 A}{O_1 B} = \frac{k}{h} = \frac{Ob}{Oa}.$$

Cette propriété est utile pour la construction des polygones réciproques.

On pourrait déduire de là que, si un polygone des forces et un polygone funiculaire correspondants à un système de forces donné sont réciproques, tous les polygones funiculaires correspondants à ce même système sont des figures semblables. Mais cette propriété résulte immédiatement de ce que ces polygones ont tous la droite à l'infini commune.

Si l'on considère le polygone des forces et le polygone funiculaire au point de vue purement géométrique, c'est-à-dire comme des figures réciproques, tous les éléments du plan peuvent être considérés comme les éléments des deux polygones. Mais, si l'on considère ces polygones au point de vue statique, c'est-à-dire comme correspondants à un système de forces réel, *aucun côté du polygone funiculaire ne peut, dans ce cas, passer par le pôle de ce polygone, pourvu toutefois que les deux pôles soient situés à distance finie.* Si en effet un côté du polygone funiculaire passait par le pôle, tous les autres côtés devraient aussi passer par ce pôle comme intersection commune de ce côté avec toutes les autres forces. Si donc on relie par un polygone funiculaire un système de forces passant par un même point, aucun côté ne peut passer par le pôle. Il n'en est pas de même du polygone des forces, car les directions des forces ne sont assujetties à aucune condition.

Nous avons démontré d'une manière générale au n° 44, p. 161, que la résultante d'un nombre quelconque de forces passe par l'intersection des côtés extrêmes du polygone funiculaire. Cette propriété peut, dans le cas spécial qui fait l'objet du présent numéro, se déduire directement de la réciprocité des deux polygones. La résultante 9 1 2 est représentée, dans le polygone des forces, Pl. VIII$_5$, par la droite indiquée en pointillé. Aux extrémités de cette droite, qui sont les intersections des côtés 8 9 d'une part et 2 3 de l'autre, correspondent les côtés 8 9 et 2 3 du polygone funiculaire, et par suite à cette droite correspond dans le dernier polygone l'intersection (9 1 2) de ces côtés. Au point à l'infini de la droite 9 1 2 du polygone des forces correspond la droite qui joint le point O$_e$ avec (9 1 2), Pl. VIII$_9$. Cette dernière droite est donc parallèle à 9 1 2, Pl. VIII$_5$, c'est-à-dire qu'elle est en direction et en position la résultante 9 1 2, et elle passe par l'intersection des côtés 8 9 et 2 3 du polygone funiculaire.

Écrivons l'équation d'un côté du polygone funiculaire:

$$\left(\sum A \frac{a\omega'}{e}\right)x + \left(\sum A \frac{b\omega'}{e}\right)y + \sum A \frac{c\omega'}{e} = 0,$$

et celle du point correspondant du polygone des forces :

$$\left(\sum A \frac{b}{e}\right)\xi - \left(\sum A \frac{a}{e}\right)\eta + 1 = 0.$$

On voit que le point est situé sur le côté correspondant quand on fait $x = -\eta$, $y = \xi$, et que le coefficient $\sum A \frac{c}{e}$ de l'ordonnée constante 1 reste aussi constant.

Mais pour que ce dernier terme reste constant, il faut que l'équation du premier côté du polygone funiculaire ne renferme qu'un terme en c, et que les équations de tous les côtés suivants n'en contiennent aucun, c'est-à-dire soient de la forme $ax + by$. Ces côtés doivent donc passer par l'origine.

Donc : *quand toutes les forces d'un polygone funiculaire passent par un même point, le polygone des forces et le polygone funiculaire peuvent être reliés réciproquement.*

A la droite

$$ax + by + c = 0$$

correspond le point

$$- a\eta + b\xi + c = 0.$$

La perpendiculaire p abaissée de l'origine sur la droite a pour longueur $\dfrac{c\omega'}{c}$. La distance r du point à l'origine est $\dfrac{e}{c}$. Par suite $pr = \omega' = $ constante.

Donc : *le produit des distances des éléments correspondants à l'origine est constant.*

Comme x et η, y et ξ sont en même temps nuls et en même temps infinis, la droite à l'infini d'un polygone correspond à l'origine dans l'autre.

75. RELATION DU POLYGONE DES FORCES ET DU POLYGONE FUNICULAIRE
AVEC LES COURBES DU SECOND DEGRÉ

Quand les directions de toutes les forces passent par un même point et que les deux polygones sont réciproques, si l'un de ces polygones est inscrit ou circonscrit à une courbe du second degré, il en sera de même de l'autre polygone. Ce dernier polygone est inscrit ou circonscrit à une ellipse, une parabole ou une hyperbole, suivant que le pôle du premier polygone est situé à l'intérieur de la courbe, sur la courbe ou à l'extérieur.

En effet, à chaque pôle d'un polygone correspond la droite à l'infini de l'autre, et à tout point situé à l'intérieur d'une courbe correspond une droite située à l'extérieur de l'autre. Par suite, si le pôle est situé à l'intérieur de la courbe, la droite à l'infini est située à l'extérieur de l'autre courbe qui est ainsi une ellipse ; si le pôle est situé sur l'une des courbes, l'autre est une parabole ; enfin, si le pôle est situé en dehors d'une courbe, l'autre est une hyperbole.

Nous avons représenté ces relations sur la Pl. VIII, où nous avons figuré deux ellipses, deux paraboles et deux hyperboles respectivement réciproques deux à deux. Nous avons considéré les polygones inscrits comme des polygones funiculaires et les polygones circonscrits comme des polygones des forces. Sur la *fig.* 1, nous avons pris successivement trois pôles O_h, O_p et O_e, le premier à l'extérieur de l'hyperbole, le second sur la courbe, le troisième à l'intérieur ; les courbes réciproques sont, dans le premier cas, l'hyperbole (*fig.* 2) ; dans le second, la parabole (*fig.* 4), et, dans le troisième, l'ellipse (*fig.* 3). Les pôles correspondants O_h de ces trois courbes sont situés à l'extérieur, puisque la courbe correspondante (*fig.* 1) est une hyperbole. Nous avons encore dessiné sur la même planche l'ellipse (*fig.* 5) correspondante au pôle O_e de la *fig.* 3, et la parabole (*fig.* 6) correspondante au pôle O_p de la *fig.* 4, de sorte que cette planche représente toutes les relations réciproques possibles des trois courbes du second degré, à l'exception de celles de l'ellipse et de la parabole.

Avant d'aller plus loin dans l'explication des constructions représentées sur cette planche, nous devons encore appeler l'attention sur les relations réciproques suivantes des points et des droites qui y figurent.

Nous trouvons comme éléments correspondants :

A chaque élément d'une courbe,	l'élément suivant de l'autre :
A chaque rayon mené par un pôle,	le point à l'infini situé sur ce rayon ;
Aux deux points de la courbe situés sur ce rayon,	les deux tangentes menées par ce point, qui sont par suite parallèles au rayon ;
Aux tangentes en ces points,	les points de contact de ces tangentes ;
Au point d'intersection de ces tangentes,	le diamètre reliant les deux points de contact ;
A la polaire du pôle d'un polygone,	le centre de la courbe ;
A deux points conjugués de cette polaire,	deux diamètres conjugués parallèles aux rayons qui projettent les points de la polaire du pôle de l'autre courbe ;
Aux extrémités du diamètre passant par le pôle,	les tangentes parallèles au diamètre ;
Aux extrémités de la corde passant par le pôle et conjuguée au diamètre,	les tangentes parallèles à la corde ;
Aux points à l'infini d'une corde quelconque,	le rayon qui du pôle projette le point correspondant à la corde, et par suite qui est parallèle à cette corde ;
Aux points à l'infini sur les asymptotes,	les tangentes menées par le pôle parallèlement aux asymptotes ;
Aux deux branches de la courbe séparées par les asymptotes,	les deux parties de la courbe séparées par les points de contact de ces tangentes.

Il résulte en outre des propriétés démontrées précédemment, que les directions des deux diamètres passant par O_1 et O sont des directions conjuguées dans chaque courbe. Appelons rayons conjugués deux rayons menés par le pôle d'une courbe parallèlement à deux diamètres conjugués de l'autre courbe, et considérons chacun de ces rayons comme correspondant au diamètre qui ne lui est pas parallèle. Les deux faisceaux formés par ces rayons et ces diamètres sont projectifs, c'est-à-dire que le faisceau de rayons projetant, du pôle d'une courbe, les points de cette courbe est perspectif avec le faisceau de diamètres de l'autre courbe projetant les points de contact des tangentes correspondantes aux points de la première. En coupant ces deux faisceaux par deux directions conjuguées, on obtient deux ponctuelles semblables, car les points à l'infini de ces deux ponctuelles sont des points correspondants.

Comme application de ces propriétés, nous avons, sur la Pl. VIII, construit cinq couples de courbes réciproques. En commençant par la *fig.* 1, nous avons construit l'hyperbole (*fig.* 2) qui correspond au pôle O_h situé en dehors de la première courbe. Pour cela, nous avons d'abord mené le diamètre u passant par O_h, la corde v conjuguée à ce diamètre, le diamètre n conjugué de u et la polaire m de O_h. Cela fait, nous avons pris, pour former le polygone des forces, les tangentes aux six points de la courbe situés sur les droites mnv, les deux asymptotes et une tangente arbitraire 4, soit en tout 9 tangentes, dont 8 passent deux à deux par les points d'intersection de u avec les droites $vnm \infty$.

Prenons maintenant le pôle O_h sur la *fig.* 2; aux quatre parallèles $vnm \infty$ correspondent les quatre points ∞ NMO$_h$ situés sur les parallèles menées par O_h, et de telle façon que la ponctuelle NMO$_h$ soit semblable au faisceau de parallèles $u)mnv$ (n° 74, p. 263). Nous avons pris comme rapport de similitude $\frac{1}{2}$, c'est-à-dire que les distances NMO$_h$ sont les moitiés des distances $u)mnv$. Les quatre droites $59mu$ (*fig.* 1) se coupant en un même point, les quatre points correspondants 59MU de la *fig.* 2 seront sur une même ligne droite, qui est la parallèle à u menée par le point M. La position des points 5 et 9 sera maintenant complètement déterminée en menant les rayons O_h5 et O_h9 (*fig.* 2) parallèles aux tangentes aux points 5 et 9 (*fig.* 1). Réciproquement, les deux tangentes N)38 (*fig.* 2) doivent être parallèles aux rayons $O_h)38$ (*fig.* 1), ce qui détermine les points 3 et 8 sur O_hU. Enfin les tangentes $O_h)16$ (*fig.* 2) sont parallèles aux asymptotes de la *fig.* 1, et les asymptotes de la *fig.* 2, qui passent par M, sont parallèles aux tangentes $O_h)27$. En opérant comme nous venons de l'indiquer, on voit que nous avons obtenu des éléments disposés d'une manière analogue sur les deux courbes, savoir : trois couples de points situés sur des cordes parallèles, les tangentes en ces points et les asymptotes. Le résumé ci-après permet d'embrasser d'un coup d'œil ces relations :

ÉLÉMENTS CORRESPONDANTS.

	Fig. 1.				Fig. 2.			
	Tangentes.	Cordes parallèles.			Points.	Points sur un diamètre.	
Asymptotes.	1 6	n		De contact des tangentes menées par le pôle. . .	1 6	N	
Menées par le pôle. . . .	2 7	v	u	De contact des asymptotes	2 7	V	U
Aux sommets.	3 8	∞		Aux extrémités de la corde passant par le pôle. . .	3 8	O_h	
Aux extrémités de la corde passant par le pôle. . .	5 9	m		Sommets.	5 9	M	

<table>
<tr><td>Les quatre droites d'une même ligne ci-dessus se coupent en un même point. A l'espace 1n6 limité par les asymptotes et dont les rayons coupent la courbe,</td><td>Les quatre points d'une même ligne ci-dessus sont situés sur une même droite. correspond le segment 1N6, duquel on peut mener des tangentes à la courbe.</td></tr>
</table>

Il résulte de cette dernière relation réciproque qu'aucune partie de la droite à l'infini de l'hyperbole (*fig.* 1) ne peut coïncider avec une partie de la droite à l'infini de l'hyperbole (*fig.* 2); les deux points conjugués V_∞ et U_∞ appartiennent l'un V_∞ à la courbe (*fig.* 1), l'autre U_∞ à la courbe (*fig.* 2).

Pour déterminer le point 4 et sa tangente (*fig.* 2), nous avons, d'après ce que nous avons vu au n° 74, p. 265, mené le rayon O_h4 (*fig.* 2) parallèle à la tangente (*fig.* 1), et la droite M4 parallèle au rayon qui projette de O_h l'intersection de la tangente 4 avec m (*fig.* 1). L'intersection de O_h4 et de M4 nous donne le point 4, et la tangente en ce point est parallèle au rayon O_h4 (*fig.* 1).

Après avoir tracé les côtés du polygone, nous avons indiqué, sur la *fig.* 2, les directions des forces qui passent toutes par O_h, et nous avons montré en outre quel est le sens des efforts produits par ces forces sur l'hyperbole. On voit qu'une branche est comprimée et l'autre tendue.

En prenant le pôle sur la courbe en O_p (*fig.* 1), on obtient la parabole (*fig.* 4). Nous avons choisi ce pôle O_p sur n afin d'obtenir les mêmes directions conjuguées. Par le pôle O_h de la *fig.* 4, nous menons une parallèle à la tangente en 3 (*fig.* 1), et par suite à la tangente en 8; nous prenons arbitrairement sur cette parallèle le point 3 correspondant à la tangente 3. La parallèle à n menée par ce point 3 est la tangente au sommet; les parallèles O_h)16 aux asymptotes sont des tangentes, dont on détermine les points de contact en prenant une abscisse égale à la moitié de la sous-tangente. Les points correspondants aux tangentes 2 4 5 7 ont été obtenus directement par l'intersection des rayons projetant chacun de ces points de O_h et de 3; le premier de ces rayons est parallèle à la tangente correspondante, et le second est parallèle au rayon qui de O_h (*fig.* 1) projette le point d'intersection de cette tangente avec la tangente 3. Quant aux tangentes en ces points 2 4 5 7 de la *fig.* 4, elles sont parallèles aux rayons projetant de O_h les points de contact correspondants de la *fig.* 1. Nous ne les avons pas tracées sur la *fig.* 4; les flèches indiquées sur cette figure se rapportent au polygone des forces de la *fig.* 6 et non de la *fig.* 1.

Pour obtenir une ellipse, nous prenons (*fig.* 1) le pôle O_e à l'intérieur de l'hyperbole sur n, et nous construisons la corde $O_e 9$ conjuguée de n, ainsi que le pôle (nm_1) de cette corde. Nous construisons ensuite (*fig.* 3), une figure $O_h 38$ semblable à $O_e 83$, en prenant comme rapport de similitude 2 à 1. Les points d'intersection des tangentes 3 et 8 (*fig.* 4) avec les tangentes 9 et 9′ sont projetés de O_h par des rayons qui sont respectivement parallèles aux cordes 9 8, 9 3, 9′8, 9′3 de la *fig.* 1. Les points de contact des tangentes 9 et 9′ sont situés au milieu des segments interceptés sur ces tangentes par les tangentes 3 et 8. Les parallèles O_h)16 aux asymptotes sont des tangentes, dont les points de contact se projettent des points 3 et 8 d'après les règles ordinaires.

Nous prenons maintenant sur la *fig.* 3 un pôle O_e à l'intérieur de la courbe, et nous construisons l'ellipse correspondante (*fig.* 5). Pour cela, nous prenons la figure $80_e 3$ égale à $30_e 8$, c'est-à-dire un rapport de similitude égal à 1; les rayons qui, de O_e (*fig.* 5), projettent les intersections des tangentes aux cordes consécutives 1 3 6 8 1, sont parallèles aux cordes de la *fig.* 3 désignées par les mêmes numéros que les tangentes. La propriété inverse donne la longueur de la corde $O_e 9$ (*fig.* 5), la tangente 9 et la polaire m_1 de O_e. Les tangentes 2 4 5 7 ont été construites directement.

Enfin nous avons pris, sur la parabole (*fig.* 4), le pôle O_p au point 3, et construit la parabole correspondante (*fig.* 6). Après les explications que nous avons données, cette construction n'exige aucune indication nouvelle.

Au point de vue des propriétés projectives, il convient de remarquer que, lorsque le pôle est situé sur une courbe, ce pôle est perspectif à toutes les formes géométriques qui engendrent la courbe. Par suite, les différents points de la courbe forment un système projectif avec :

Les tangentes en ces points,

Le faisceau qui projette ces points du pôle,

Les intersections des tangentes en ces points et d'une tangente quelconque,

Le faisceau qui projette ces intersections d'un point quelconque et par conséquent du pôle,

Les points correspondants et les tangentes de la parabole réciproque, et les formes géométriques qui leur sont perspectives.

En particulier, des formes semblables sont engendrées par :

L'intersection de toutes les tangentes avec une parallèle à la tangente menée par le pôle;

L'intersection avec la même tangente du faisceau qui, du pôle, projette les points de contact;

Les intersections des tangentes parallèles correspondantes avec une quelconque de ces tangentes;

Le faisceau de rayons parallèles, qui projette les points correspondants de la parabole réciproque;

Le faisceau de rayons, qui, d'un point quelconque de la parabole, projette ces mêmes points sur une droite parallèle à la tangente menée par le pôle.

Comme cas particuliers de la position du pôle, nous étudierons encore celui où le pôle est au centre d'une courbe, et le cas où il est à l'infini.

76. PÔLE AU CENTRE D'UNE COURBE

Si le pôle d'une courbe est situé en son centre, ce pôle sera situé sur un diamètre quelconque de la courbe, et par suite le pôle de l'autre courbe sera situé sur le diamètre conjugué d'une direction quelconque, c'est-à-dire que le second pôle est situé aussi au centre de la courbe.

La polaire du pôle est la droite à l'infini, et deux points conjugués de cette polaire correspondent à deux diamètres conjugués de l'autre courbe. Par suite, deux diamètres d'une courbe, qui sont parallèles à deux diamètres conjugués de l'autre courbe, sont aussi des diamètres conjugués. Les deux courbes sont donc toutes les deux des ellipses ou toutes les deux des hyperboles. Dans le premier cas, les courbes sont semblables; dans le second, les courbes occupent les angles supplémentaires d'asymptotes parallèles.

Si l'on se rappelle que, pour un système de forces concourant en un même point, tous les polygones des forces ou funiculaires que l'on peut construire par rapport à un polygone funiculaire ou à un polygone des forces donné sont semblables, on en conclura immédiatement qu'on peut choisir les échelles des longueurs et des forces de telle façon que le polygone des forces et le polygone funiculaire soient l'un inscrit, l'autre circonscrit à la même ellipse.

On peut arriver au même résultat pour l'hyperbole en plaçant les deux hyperboles dans le même angle des asymptotes.

Nous supposerons, dans les deux cas, que le polygone des forces soit le polygone inscrit, et le polygone funiculaire le polygone circonscrit. La tension dans un côté quelconque du polygone funiculaire sera représentée par la longueur du demi-diamètre parallèle à ce côté, et chaque force sera représentée en grandeur par la corde de l'ellipse qui joint les extrémités des diamètres parallèles aux côtés du polygone funiculaire.

La *fig.* 136 met ces relations en évidence; elle représente l'équilibre

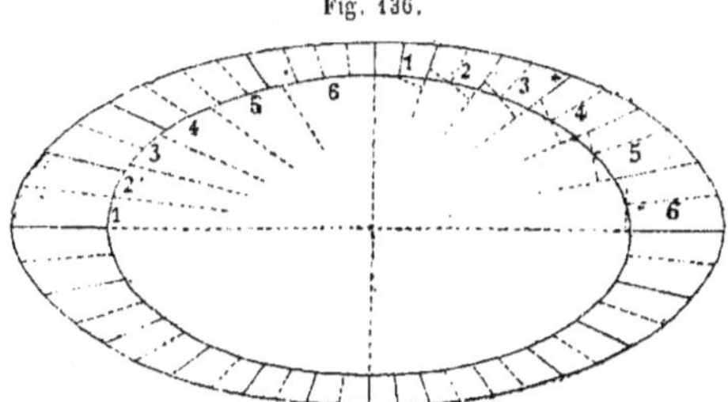

Fig. 136.

d'un système de forces agissant sur une enveloppe elliptique et passant par le centre de cette enveloppe.

Divisons le contour de l'ellipse, qui est la courbe intérieure de la figure, en arcs tels que, mesurés normalement à la direction correspondante des forces, c'est-à-dire suivant les petits arcs indiqués en pointillé, ils soient tous égaux les uns aux autres. Représentons l'intensité des forces agissant sur l'ellipse par l'aire de trapèzes ayant pour bases les arcs et pour côtés latéraux les diamètres correspondants aux extrémités de chaque arc. La hauteur moyenne 1, 2, 3, ... de chaque petit trapèze devra être proportionnelle (sur la figure nous l'avons prise égale) à la corde 1, 2, 3, ... qui joint les extrémités des deux diamètres conjugués aux diamètres limitant le trapèze. A la rigueur, nous aurions dû porter ces hauteurs moitié au-dessus et moitié au-dessous de l'arc représentant la largeur moyenne; mais la figure eût été disgracieuse.

La tension de l'enveloppe elliptique à l'extrémité d'un diamètre quelconque est représentée par la longueur du demi-diamètre conjugué.

Si l'ellipse est un cercle, la hauteur de chaque trapèze devient égale à sa base, et la tension en un point quelconque de l'enveloppe circulaire est constante. Dans ce cas, qui se présente fréquemment, par exemple quand on étudie les pressions d'un fluide sur un vase à paroi circulaire, le rapport entre la pression exercée sur un élément de l'enveloppe et la tension dans cet élément est égal au rapport entre la longueur de l'élément considéré et le rayon.

77. FORMULES DES COURBES RÉCIPROQUES DU SECOND DEGRÉ

Nous allons développer les formules des courbes réciproques du second degré. Soit

$$S = a_{11}x^2 + 2a_{12}xy + a_{22}y^2 + 2a_{13}x + 2a_{23}y + a_{33} = 0$$

l'équation d'une courbe du second degré en coordonnées cartésiennes. L'équation

$$\Sigma = a_{11}\eta^2 - 2a_{12}\xi\eta + a_{22}\xi^2 - 2a_{13}\eta + 2a_{23}\xi + a_{33} = 0$$

représentera, en coordonnées tangentielles, une courbe du second degré, enveloppe de la droite $\xi\eta$.

Si l'on écrit le discriminant (*) de chacune des formes S et Σ, on reconnaît que ce discriminant est le même dans les deux cas.

La courbe S est une hyperbole, une parabole ou une ellipse, suivant que le coefficient A_{33} de a_{33} dans le discriminant de S est < 0, $= 0$ ou > 0, c'est-à-dire, puisque ce coefficient est le même que celui du discriminant de Σ, suivant que l'origine de Σ est située à l'extérieur de la courbe, sur la courbe, ou à l'intérieur.

Réciproquement, la courbe Σ est une hyperbole, une parabole ou une ellipse, suivant que le coefficient de a_{33} dans le discriminant de Σ est < 0, $= 0$ ou > 0, c'est-à-dire suivant que l'origine de S est située à l'extérieur de la courbe, sur la courbe, ou à l'intérieur.

On peut démontrer très facilement les propriétés réciproques indiquées au n° 75, p. 268 ; on n'a qu'à écrire d'un côté les équations des formes géométriques (polaires, diamètres, etc.), considérées par rapport à S, et de l'autre ces mêmes équations dans lesquelles on aura remplacé x et y par $-\eta$ et ξ. Ces dernières équations représenteront les formes géométriques réciproques de Σ. On peut, de cette façon, transformer réciproquement presque toutes les formes ou propriétés de la géométrie analytique, et augmenter beaucoup le nombre des propositions réciproques que nous avons données.

Si le pôle d'une des deux sections coniques coïncide avec son centre, les coefficients a_{13}, a_{23} des puissances impaires de x et y deviennent nuls dans l'équation de cette conique, et il en est de même par conséquent pour l'équation de l'autre courbe. Donc : *Si le pôle de l'une des courbes coïncide avec son centre, le pôle de l'autre courbe coïncide aussi avec son centre.*

L'équation du faisceau du second degré qui enveloppe S est alors :

(*) Si l'on différentie une fonction homogène de k variables, par rapport à chacune des variables, et qu'on élimine ces variables entre les équations que l'on obtient en égalant à 0 les k dérivées, le résultat de cette élimination s'appelle *le discriminant* de la fonction ou forme donnée. La réduction à zéro du discriminant d'une équation algébrique exprime la condition pour que cette équation ait des racines égales, et la réduction à zéro du discriminant de l'équation d'une courbe ou d'une surface exprime la condition nécessaire pour que cette courbe ou cette surface ait un point double.

$$- \begin{vmatrix} a_{11} & a_{12} & 0 & \xi \\ a_{21} & a_{22} & 0 & \eta \\ 0 & 0 & a_{33} & 1 \\ \xi & \eta & 1 & 0 \end{vmatrix} = a_{33} \begin{vmatrix} a_{11} & a_{12} & \xi \\ a_{21} & a_{22} & \eta \\ \xi & \eta & -\dfrac{a_{33}}{1} \end{vmatrix}$$

$$= a_{33}\left[-a_{11}\eta^2 + 2a_{12}\xi\eta - a_{22}\xi^2 - \frac{A_{33}}{a_{33}} \right] = 0.$$

Les coefficients de cette dernière équation sont les mêmes que ceux de Σ, au terme constant près. Donc, dans ce cas, *les deux courbes sont semblables et semblablement placées.* Enfin, en faisant $a_{11} = a_{22}$, et, en coordonnées rectangulaires, $a_{12} = 0$, on obtient les tensions dans des enveloppes circulaires.

Si, dans les équations des polaires des deux courbes, on fait x_1 et y_1 d'une part, ξ_1, η_1 d'autre part, égaux à ∞, ces équations se réduisent à

$$P = S_x x_1 + S_y y_1 = 0, \quad \text{et} \quad \Pi = \Sigma_\xi \xi_1 - \Sigma_\eta \eta_1 = 0,$$

où

$$S_x = \frac{dS}{2dx}, \quad S_y = \frac{dS}{2dy}, \quad \Sigma_\xi = \frac{d\Sigma}{2d\xi} \quad \text{et} \quad \Sigma_\eta = \frac{d\Sigma}{2d\eta}.$$

Si l'on fait $x = -\eta$, $x_1 = -\eta_1$, $y = \xi$, $y_1 = \xi_1$, l'équation P devient l'équation Π ; par suite, les deux systèmes polaires se correspondent. Les coordonnées

$$x = \frac{A_{13}}{A_{33}}, \quad y = \frac{A_{23}}{A_{33}}$$

du centre de la courbe S, A_{ik} représentant les déterminants mineurs du discriminant, satisfont à l'équation P, car elles rendent S_x et S_y nuls. L'équation P est par suite l'équation générale d'un diamètre. De même les coordonnées $-\eta = \dfrac{A_{13}}{A_{33}}$ et $\xi = \dfrac{A_{23}}{A_{33}}$ de la polaire de l'origine annulant simultanément Σ_ξ et Σ_η, satisfont à l'équation Π. Donc : *Aux différents diamètres d'une courbe correspondent, dans l'autre courbe, des points de la polaire de l'origine des coordonnées, et à des diamètres conjugués d'une courbe correspondent, dans l'autre courbe, des rayons conjugués parallèles à ces diamètres.*

Pour démontrer la proposition de la page 269, consistant en ce que *les sections de ces deux faisceaux en involution par des droites parallèles à des diamètres conjugués sont des ponctuelles semblables,* mettons les équations P et Π sous la forme

$$P = a_{11}\left(x - \frac{A_{13}}{A_{33}} \right)x_1 + a_{12}\left[\left(x - \frac{A_{13}}{A_{33}} \right)y_1 + \left(y - \frac{A_{23}}{A_{33}} \right)x_1 \right] + a_{22}\left(y - \frac{A_{23}}{A_{33}} \right)y_1 = 0,$$

$$\Pi = a_{11}\left(\eta - \frac{A_{13}}{A_{33}} \right)\eta_1 - a_{12}\left[\left(\eta + \frac{A_{13}}{A_{33}} \right)\xi_1 + \left(\xi - \frac{A_{23}}{A_{33}} \right)\eta_1 \right] + a_{22}\left(\xi - \frac{A_{23}}{A_{23}} \right)\xi_1 = 0.$$

Coupons les deux faisceaux par des droites parallèles à des diamètres conjugués, et supposons, en outre, qu'on ait pris pour axes des coordonnées deux directions conjuguées, de telle sorte que a_{12} devienne égal à 0. Nous aurons :

$$\frac{y_1}{x_1} = \lambda = -\frac{a_{11}\left(x - \dfrac{A_{13}}{A_{33}} \right)}{a_{22}\left(y - \dfrac{A_{23}}{A_{33}} \right)} = -\frac{\xi_1}{\eta_1} = \frac{a_{11}\left(\eta + \dfrac{A_{13}}{A_{33}} \right)}{a_{22}\left(\xi - \dfrac{A_{23}}{A_{33}} \right)}.$$

Chaque valeur particulière du rapport $\dfrac{x_1}{y_1} = \lambda$ peut être considérée comme le rapport des coordonnées d'un point à l'infini du système plan auquel appartient la première courbe; et la même valeur λ du rapport $-\dfrac{\xi_1}{\eta_1}$ comme le rapport des coordonnées du rayon passant par ce point à l'infini et par l'origine.

Le rapport

$$\frac{x - \dfrac{A_{13}}{A_{33}}}{y - \dfrac{A_{23}}{A_{33}}} = -\frac{\lambda a_{22}}{a_{11}}$$

est le rapport des coordonnées du diamètre de la première courbe qui est conjugué au point à l'infini $\dfrac{y_1}{x_1}$. Dans cette expression, x et y peuvent être les coordonnées d'un point quelconque du diamètre, et par suite les coordonnées de l'un des points de la courbe situés sur ce diamètre.

L'équation

$$\frac{\eta + \dfrac{A_{13}}{A_{33}}}{\xi - \dfrac{A_{23}}{A_{33}}} = -\frac{\lambda a_{22}}{a_{11}}$$

est celle d'un point de la polaire de l'origine par rapport à la seconde courbe, car les coordonnées $\eta = -\dfrac{A_{13}}{A_{33}}$ et $\xi = \dfrac{A_{23}}{A_{33}}$ de la polaire satisfont à cette équation, quel que soit λ. Le rayon qui, de l'origine, projette ce point, est parallèle au diamètre correspondant, car, pour x, y, η, $\xi = \infty$, le rapport des coordonnées des deux droites est $-\dfrac{\lambda a_{22}}{a_{11}}$.

Si maintenant nous coupons les deux premiers faisceaux par une parallèle à l'axe des ordonnées, en faisant $-\dfrac{1}{\xi_1} = x_1 =$ une constante H, l'ordonnée du point d'intersection correspondante à chaque valeur de λ sera :

$$\frac{1}{\eta_1} = y_1 = \mathrm{H}\lambda.$$

Coupons les deux derniers faisceaux par une parallèle à l'axe des abscisses, à la distance c du centre, en faisant $y = -\dfrac{A_{23}}{A_{33}} = \dfrac{1}{\eta_\infty} = c$; nous aurons :

$$\frac{1}{\xi_\infty} = x - \frac{A_{13}}{A_{33}} = -\frac{a_{22}}{a_{11}} c\lambda.$$

Ces quatre faisceaux, et en particulier $\dfrac{1}{\eta_1}$, $x - \dfrac{A_{13}}{A_{33}}$, forment donc, par leurs intersections avec des parallèles aux axes, des ponctuelles semblables, ce qui démontre la proposition énoncée.

Les relations indiquées subsistent encore lorsque le pôle d'un polygone, du polygone des forces par exemple, s'éloigne à l'infini, c'est-à-dire quand toutes les forces qui agissent sur l'une des courbes sont parallèles. Nous n'avons qu'à imaginer, dans ce cas, le polygone comme transporté à l'infini, et l'intersection de la parallèle à l'axe des y avec le troisième faisceau $\xi_1 \eta_1$ peut être considérée comme une partie de ce polygone à l'infini réduite à une échelle plus petite que le polygone des forces réel.

La relation entre ce polygone des forces rectilignes et les points correspondants de la courbe résulte par suite de l'équation

$$H\lambda = y_1 = \frac{1}{\eta_1} = -\frac{a_{11}\left(x - \dfrac{A_{13}}{A_{33}}\right)}{a_{22}\left(y - \dfrac{A_{23}}{A_{33}}\right)}\,H.$$

H désigne maintenant, dans cette équation, la tension dans le polygone funiculaire mesurée suivant l'axe des x, c'est-à-dire la poussée horizontale dans une voûte et la tension horizontale dans une chaîne ou un câble, c'est-à-dire aussi la distance horizontale du pôle du polygone des forces à la droite sur laquelle ces forces sont portées. Enfin $y_1 = \dfrac{1}{\eta_1}$ représente l'ordonnée, mesurée à partir de l'extrémité de h, du point du polygone des forces qui correspond au point (xy) du polygone funiculaire. L'équation ci-dessus peut donc se traduire en langage ordinaire de la manière suivante : *Le polygone des forces est semblable à une section quelconque du faisceau qui, du centre de la courbe, projette les différents points de cette courbe sur une droite dont la direction est conjuguée à la direction des forces.* La charge correspondante à un élément dx est donnée par le dy_1 correspondant. La charge par unité de longueur sera donc $\dfrac{dy_1}{dx}$: nous la désignerons par p, et nous aurons :

$$p = \frac{dy_1}{dx} = -\frac{a_{11}\left[y - \dfrac{A_{23}}{A_{33}} + \left(x - \dfrac{A_{13}}{A_{33}}\right)\dfrac{S_x}{S_y}\right]}{a_{22}\left(y - \dfrac{A_{23}}{A_{33}}\right)}.$$

Mais on a, en appelant D le discriminant de S,

$$\left(x - \frac{A_{13}}{A_{33}}\right)S_x + \left(y - \frac{A_{23}}{A_{33}}\right)S_y + \frac{D}{A_{33}} = 0,$$

et, par suite de $a_{12} = 0$,

$$S_y = a_{22}\left(y - \frac{A_{23}}{A_{33}}\right).$$

d'où

$$p = \frac{a_{11}\,DH}{a_{22}^2\,A_{33}\left(y - \dfrac{A_{23}}{A_{33}}\right)^3}.$$

En portant les valeurs de p au-dessus de la voûte ou au-dessous de la chaîne, comme on l'a fait dans le numéro suivant, on obtient les courbes de charge qui y sont construites. Désignons par p_0 la charge correspondante à l'extrémité du diamètre parallèle à la direction des forces et par b la demi-longueur de ce diamètre. on aura :

$$y - \frac{A_{23}}{A_{33}} = b \quad \text{et} \quad p_0 = \frac{a_{11}\,DH}{a_{22}^2\,A_{33}\,b^3}$$

et

$$p = \left(\frac{b}{y - \dfrac{A_{23}}{A_{33}}}\right)^2 p_0.$$

Dans l'hyperbole, le dénominateur de la fraction entre parenthèses croît jusqu'à l'infini ; dans l'ellipse, il diminue depuis b jusqu'à 0. Les valeurs de p varient par suite en sens inverse.

Dans la parabole, le facteur de p_0 est constant et égal à 1 ; la charge sur la parabole est par suite constante.

Si l'on porte les hauteurs de charge à l'extérieur de la courbe, lorsque c'est une ellipse, et à l'intérieur lorsque c'est une hyperbole, l'équation de la courbe de charge sera :

$$y' = y + p.$$

Cette courbe peut avoir des points d'inflexion, et il est particulièrement intéressant de rechercher quand ces points d'inflexion coïncident. Dans ce cas, la courbe de charge a, en ce point quadruple, un élément rectiligne de plus grande longueur que dans le cas général (voir la courbe 12, Pl. IX). Pour déterminer ces points d'inflexion, nous prenons la dérivée seconde $\dfrac{d^2y'}{dx^2}$. Nous avons :

$$\frac{dy'}{dx} = \left[1 - \frac{3b^3 p_0}{\left(y - \dfrac{A_{23}}{A_{33}} \right)^4} \right] \frac{dy}{dx}.$$

$$\frac{d^2y'}{dx^2} = \left[1 - \frac{3b^3 p_0}{\left(y - \dfrac{A_{23}}{A_{33}} \right)^4} \right] \frac{d^2y}{dx^2} + \frac{12b^3 p_0}{\left(y - \dfrac{A_{23}}{A_{33}} \right)^5} \left(\frac{dy}{dx} \right)^2.$$

Aux points d'inflexion on a $\dfrac{d^2y'}{dx^2} = 0$. Au sommet de la courbe, $\dfrac{dy}{dx} = 0$, $\dfrac{d^2y}{dx^2}$ est différent de 0, et $y - \dfrac{A_{23}}{A_{33}} = b$. Par suite, pour qu'il y ait un point d'inflexion au sommet, il faut que

$$1 - 3\frac{p_0}{b} = 0, \quad \text{ou} \quad p_0 = \frac{1}{3}\, b.$$

Dans le cas d'une ellipse, si p_0 est plus petit que cette valeur, la courbe de charge a des points d'inflexion réels, et elle n'en a pas si p_0 est plus grand. Dans le cas d'une hyperbole, c'est l'inverse.

Si l'on veut déterminer les points d'inflexion pour une valeur de p_0 différente de $\frac{1}{3}\, b$, on devra, dans l'expression de $\dfrac{d^2y}{dx^2}$, substituer

$$\frac{dy}{dx} = -\frac{S_x}{S_y} = -\frac{a_{11}\left(x - \dfrac{A_{13}}{A_{33}} \right)}{a_{22}\left(y - \dfrac{A_{23}}{A_{33}} \right)}, \quad \frac{d^2y}{dx^2} = \frac{D}{S_y^3} = \frac{D}{a_{22}^3 \left(y - \dfrac{A_{23}}{A_{33}} \right)^3},$$

et déterminer les points de la courbe qui satisfont à l'équation :

$$\frac{d^2y'}{dx^2} = 0 = \left[1 - \frac{3b^3 h}{\left(y - \dfrac{A_{23}}{A_{33}} \right)^4} \right] \frac{D}{a_{22}^3 \left(y - \dfrac{A_{23}}{A_{33}} \right)^3} + \frac{12 a_{11}^2 b^3 p_0 \left(x - \dfrac{A_{13}}{A_{33}} \right)^2}{a_{22}^2 \left(y - \dfrac{A_{23}}{A_{33}} \right)^5}.$$

Dans le cas de la parabole, il ne peut être question de points d'inflexion pour les courbes de charge, et d'ailleurs aucune des formules données jusqu'ici ne parait applicable à ce cas. Toutefois, on peut, au moyen d'une transformation convenable, déduire de ces formules, pour le cas de la parabole, une relation entre la charge, le paramètre et les forces.

Soit $x^2 = 2ay$ l'équation de la parabole ; on a alors $a_{11} = 1$, $a_{22} = a$, et tous les autres coefficients $a_{ik} = 0$. On a en outre $D = -a^2$ et $A_{23} = -a$. La substitution de ces valeurs dans la première expression de p donne :

$$p = \frac{a_{11}DH}{a_{22}^2 A_{33}\left(y - \dfrac{A_{23}}{A_{33}}\right)^3} = \left(a_{11} - \frac{a_{12}^2}{a_{22}}\right)^2 \cdot \frac{H}{a} = \frac{H}{a}.$$

La tension constante suivant la direction du diamètre conjugué à la direction des forces est donc égale au paramètre multiplié par la charge constante. Nous démontrerons ultérieurement la même propriété par un procédé tout à fait différent.

Nous avons, pour plus de simplicité, réuni dans un même numéro tous les développements analytiques relatifs aux courbes du second degré; il nous reste à donner la démonstration géométrique des dernières propositions énoncées.

78. PÔLE SITUÉ A L'INFINI

Si le pôle du polygone funiculaire s'éloigne à l'infini, le polygone des forces devient une ligne droite, car les différentes forces sont alors toutes parallèles.

Cette ligne droite doit être considérée comme résultant de la superposition de deux droites. Menons en effet, par le pôle O du polygone des forces, une ligne droite passant par un point A de ce polygone, et menons deux tangentes à la courbe du polygone funiculaire qui soient parallèles à cette droite. Appelons B le second point où la ligne OA rencontre la courbe du polygone des forces, et a, b, les deux tangentes. D'après ce qui a été dit au n° 74, p. 265, les formes $ab\infty$, BAO sont semblables. Mais, comme $a\infty$ et $b\infty$ sont infinis, tandis que AO est fini, la similitude n'est possible que si les points A et B se confondent. Chaque point de la droite qui représente le polygone des forces est donc un point double, et ce polygone se réduit à une droite double, et non pas à deux droites placées symétriquement par rapport à O, comme on serait tenté de le croire au premier abord.

Si la courbe de l'un des polygones est une ellipse ou une parabole, la droite représentant l'autre polygone est illimitée, car, si l'on mène par le pôle O des parallèles à toutes les tangentes possibles de l'ellipse, on obtient toutes les directions possibles. Si, au contraire, la courbe de l'un des polygones est une hyperbole, l'autre polygone se réduit à une portion de droite qui sous-tend du pôle un angle égal au supplément de l'angle des asymptotes, car la partie de la droite à l'infini qui est comprise à l'intérieur de l'hyperbole, c'est-à-dire entre les asymptotes, n'est rencontrée par aucune tangente.

Cette portion de droite est finie lorsque le pôle à l'infini est situé à l'intérieur de l'hyperbole, parce qu'alors ce pôle se trouve en dehors de la portion de la droite à l'infini comprise dans le supplément de l'angle des asymptotes. Au contraire, quand le pôle à l'infini est situé à l'extérieur de l'hyperbole, la portion de droite qui représente l'autre polygone est infinie dans deux sens, c'est-à-dire est formée de deux branches parce que, dans ce cas, le pôle divise en deux parties la portion de la droite à l'infini comprise dans le supplément de l'angle des asymptotes.

Enfin, quand le pôle à l'infini est situé sur l'hyperbole, la droite représentant l'autre polygone devient parallèle à l'une des asymptotes ; la portion de cette droite représentant le polygone des forces et située dans le supplément de l'angle des asymptotes est alors limitée d'une part par un point situé à distance finie, d'autre part par un point situé à l'infini.

Toutes les relations projectives indiquées au n° 75, p. 268, trouvent encore ici leur application.

Pour construire les différents points du polygone des forces, le procédé le plus simple consiste à utiliser la propriété indiquée au n° 75, p. 269, d'après laquelle le polygone des forces est projectif à une section quelconque du faisceau, qui, du centre de la courbe, projette les différents points de cette courbe sur une droite dont la direction est conjuguée avec la direction des forces.

Faisons l'application de cette propriété à deux exemples, en prenant, dans un cas, comme polygone funiculaire une ellipse (*fig.* 137), dans

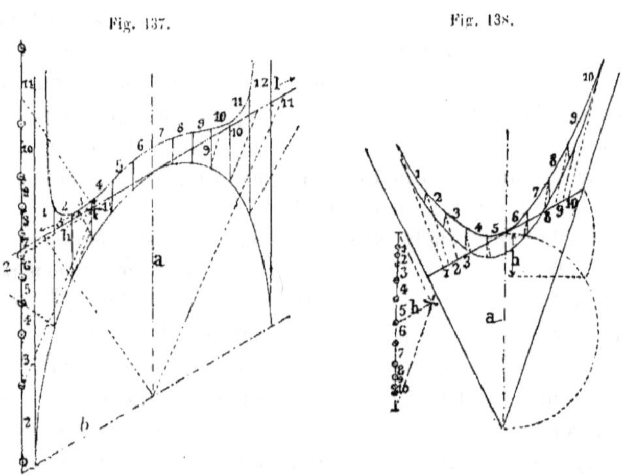

l'autre une hyperbole (*fig.* 138). Le premier cas correspond à celui d'une voûte elliptique, le second à celui d'un câble hyperbolique.

Nous supposons que les forces verticales résultent de charges réparties sur la voûte. Divisons l'arc elliptique en un certain nombre de parties ayant toutes la même largeur mesurée suivant la direction conjuguée de la verticale et représentons la charge agissant sur chaque partie par l'aire d'un trapèze ayant pour base l'arc correspondant et pour côtés latéraux des verticales. Les différentes forces du polygone des forces seront proportionnelles aux hauteurs de ces trapèzes. Mais ces forces sont aussi proportionnelles aux segments interceptés sur le faisceau qui projette les différents points de la courbe sur une droite parallèle à la direction conjuguée de la direction des forces. Par suite, nous menons des rayons (indiqués en pointillé sur la figure) jusqu'à la rencontre de la tangente au sommet, et les segments déterminés par ces rayons nous donnent les hauteurs des trapèzes. Les segments et les trapèzes correspondants sont désignés par les mêmes numéros, lorsque ces segments ne tombent pas dans l'étendue des trapèzes.

Il résulte des figures ci-dessus que les charges d'une courbe elliptique doivent augmenter jusqu'à l'infini, parce que, le centre étant situé à l'intérieur de la courbe, on peut mener des parallèles à une direction quelconque, et par suite à la direction conjuguée de celle des forces. Au contraire, les charges d'un câble hyperbolique diminuent jusqu'à zéro, parce que le centre est situé en dehors de la courbe et que les bases des trapèzes se rapprochent de plus en plus de la direction des asymptotes. Les segments sont en nombre infini ; mais leur somme est finie ; elle est égale à la partie de la tangente au sommet comprise entre les asymptotes. Nous ferons remarquer ici, en devançant les résultats que nous indiquerons plus loin, que, dans le cas d'une courbe parabolique, les segments n'augmentent ni ne diminuent, et que la charge est alors constante.

Si l'on veut pouvoir mesurer immédiatement sur le polygone des forces, en grandeur et en direction, les pressions et les tensions de la voûte et du câble, on n'a qu'à amener dans la direction des forces la tangente au sommet et les segments interceptés sur cette tangente ; on obtient alors le polygone des forces avec l'orientation qu'il doit avoir. Pour déterminer la position du pôle, il est nécessaire de connaître au moins la direction de deux rayons. Sur la *fig.* 138, le pôle est déterminé par l'intersection de trois rayons, parallèles respectivement à la tangente au sommet et aux asymptotes. Sur la *fig.* 137, le pôle est déterminé au moyen des rayons parallèles à la tangente au sommet, à la tangente au point (2 3) ou au diamètre conjugué au rayon (23), et au diamètre (2 3). L'intersection du rayon parallèle à ce dernier diamètre avec le polygone des forces s'obtient au moyen du segment 1 1 résultant de l'inter-

section du diamètre conjugué et de la tangente au sommet. La longueur
de chaque rayon fait connaître la compression ou la tension dans l'élément correspondant de l'arc ou du câble qui est parallèle à ce rayon.

Pour obtenir directement la distance polaire h, *fig.* 137, mesurée suivant la direction de la tangente au sommet, nous remarquons que le
triangle formé par cette distance polaire, par un rayon quelconque (2 3)
et par la droite sur laquelle les forces sont portées, est semblable au
triangle formé par le diamètre a parallèle à la direction des forces,
par le diamètre parallèle au rayon et par suite conjugué au diamètre
correspondant (2 3), et enfin par la portion l de la tangente au
sommet. Si donc la longueur l est prise égale à a, h devra être
aussi égal à la longueur correspondante (3 4 5 6), et par suite égal au
segment que le diamètre conjugué (soit 2 3 dans la figure) intercepte sur
la tangente au sommet à partir du point de contact de cette tangente.
En portant les longueurs a et h sur cette tangente, à partir de son point
de contact, dans des sens opposés pour une ellipse, et dans le même
sens pour une hyperbole, les extrémités de ces longueurs sont situées
sur des diamètres conjugués. La construction de ces diamètres fournit,
dans tous les cas, le procédé le plus rapide pour déterminer la distance
polaire, et si nous n'avons pas effectué cette construction sur la *fig.* 137,
c'est qu'elle sortait des limites de la figure.

Les extrémités des segments a et h portés sur la tangente au sommet
appartiennent à la ponctuelle en involution déterminée sur cette tangente par les diamètres conjugués; dans cette ponctuelle, le sommet
à partir duquel les segments a et h ont été portés, est conjugué du point
à l'infini. De là résulte que le produit ah est constant, comme nous l'a-
vons déjà vu d'une autre manière. Dans le cas de l'ellipse, a et h sont
portés dans des directions opposées et le produit ah est négatif; la ponctuelle n'a alors pas de points unis. Dans le cas de l'hyperbole, au contraire, a et h sont portés dans le même sens, et la ponctuelle a deux
points unis qui correspondent aux asymptotes. Dans les deux cas, le
produit ah est égal au carré b^2 du diamètre conjugué à a.

Par suite, dans le cas de l'hyperbole, on peut dire que la moitié de la
distance entre les extrémités du polygone des forces est moyenne proportionnelle entre a et h. Nous avons indiqué, sur la *fig.* 138, une construction déduite de cette propriété; mais elle n'est pas aussi expéditive
que la première.

Enfin rappelons-nous que deux tangentes quelconques, considérées
comme des côtés extrêmes du polygone funiculaire, se coupent sur la
résultante comprise entre les points de contact de ces tangentes. Ainsi
l'intersection de la tangente en (2 3) avec la tangente au sommet (6 7) est

située sur la résultante des pressions exercées par les trapèzes compris entre les points (2 3) et (6 7), c'est-à-dire les trapèzes 3 4 5 6 (3 4 5 dans le cas de l'hyperbole). Nous n'avons indiqué sur la *fig.* 137 que la tangente en (2 3).

Les courbes de pression, que nous venons de construire, sont importantes dans la pratique, parce qu'elles montrent comment on doit charger une voûte pour que sa courbe de pression soit une courbe du second degré. La plupart des voûtes étant circulaires ou elliptiques, nous avons indiqué, Pl. IX, comment les courbes de charge se modifient quand on fait varier la charge h_0 au sommet. Nous avons supposé, pour plus de généralité, que la section de la voûte est une demi-ellipse terminée aux extrémités du diamètre conjugué de la direction des forces, c'est-à-dire de la verticale dans le cas actuel. Nous avons divisé la charge en un certain nombre de parties au moyen de lignes verticales, dont la distance de l'une à l'autre, mesurée parallèlement au diamètre limitant l'ellipse, est constante. Nous avons indiqué sur la figure les verticales moyennes de chaque partie.

Pour construire la première courbe de charge 1, nous projetons sur une parallèle P à la tangente au sommet les points de division de l'arc, et nous portons les segments obtenus au-dessus de l'arc pour former les hauteurs correspondantes des trapèzes. Pour construire les autres courbes, nous déplaçons P parallèlement à elle-même et au diamètre limitant l'ellipse. Pour simplifier, nous avons construit les courbes 2, 4, 6, 8, 10, 12 et 23, en portant autant de fois les uns au-dessus des autres les segments déterminés sur P.

Outre ce que nous avons déjà dit de la forme des courbes de charge, nous ferons remarquer que pour les courbes de charge 1 à 10, dont la plus petite hauteur de charge correspond au sommet, la courbure de ces courbes est, à la clef, tournée dans le même sens que celle de l'ellipse, et, aux culées, la courbure est tournée en sens contraire. Les points d'inflexion sont naturellement situés entre les parties à courbures inverses. A mesure que la charge augmente, ces points d'inflexion se rapprochent du sommet, et le rayon de courbure de la portion de courbe comprise entre ces points augmente.

Quand la hauteur de charge au sommet est égale au tiers de l'axe vertical de l'ellipse, les points d'inflexion se confondent avec le sommet, d'après ce que nous avons vu au n° 77, p. 278, et le rayon de courbure au sommet devient infini. Ce point de la courbe est alors un point quadruple, et la courbe paraît avoir dans cette partie un élément rectiligne d'une longueur appréciable. C'est ce que représente la courbe 12.

La géométrie pure ne possède aucun moyen de déterminer le **rapport**

$\frac{1}{3}$ qui correspond à ce cas; nous ne pouvons, par suite, que renvoyer aux développements analytiques du n° 77.

Afin de montrer la forme que doit avoir un arc elliptique libre, par exemple un arc-boutant, nous avons couvert de hachures la surface comprise entre l'ellipse et la courbe 1. On voit que cette surface hachurée a tout à fait la forme que les anciens architectes donnaient à leurs arc-boutants; les clochetons, qui surmontaient toujours les culées, correspondent aux hauteurs de charge infinies. Ces constructeurs avaient ainsi un sentiment très juste de la forme qu'il convenait de donner aux voûtes au point de vue de la stabilité.

C'est le professeur *Bauernfeind*, de Munich, qui, à notre connaissance, a le premier donné l'équation des courbes de charge pour les sections coniques (vol. IV. 1846, du *Journal des chemins de fer de Stuttgard*, n° 34, p. 299).

79. POINT A L'INFINI D'UNE PARABOLE PRIS COMME PÔLE D'UN POLYGONE

Nous passons du cas de l'ellipse et de l'hyperbole à celui de la parabole en déplaçant à l'infini le centre de la courbe dans la direction des forces.

Remarquons que le polygone funiculaire correspondant à un arc ou à un câble uniformément chargé peut être considéré comme une ellipse ou une hyperbole dont le centre coïncide avec le centre de la terre. Si on considère ce centre comme situé à l'infini, l'ellipse ou l'hyperbole deviendra une parabole vers le point à l'infini de laquelle toutes les forces sont dirigées. Par suite, le faisceau de ces forces est perspectif à la courbe, et tout ce que nous avons dit au n° 75, p. 271, s'applique ici. Enfin, comme la droite à l'infini est tangente à la courbe, toutes les formes projectives, que nous avons mentionnées, sont semblables, parce que, dans toutes ces formes, le point à l'infini et la tangente à l'infini de la courbe sont des éléments correspondants.

Cette relation de similitude existe en particulier entre :

Le faisceau de rayons parallèles à la direction des forces, c'est-à-dire passant par le pôle, qui projettent les différents points de la parabole;

Les segments interceptés par les tangentes en ces points sur une tangente quelconque;

Les segments interceptés sur la droite qui forme le polygone des forces par le faisceau de rayons menés du pôle des forces parallèlement aux différentes tangentes.

Nous avons vu que, lorsque le pôle d'une des courbes est situé sur cette courbe, l'autre courbe est une parabole. Dans le cas actuel, cette parabole consiste en deux droites parallèles, dont l'une est le polygone des forces et dont l'autre passe par le pôle de ce polygone, car ce pôle étant perspectif à la courbe doit être situé sur celle-ci. On peut d'ailleurs donner de cette proposition une démonstration analogue à celle de la page 279. Menons, par le pôle O, une droite quelconque coupant le polygone des forces en A et l'autre droite en B; des deux tangentes a et b menées à la parabole du polygone funiculaire parallèlement à cette droite OAB, l'une b est la droite à l'infini, et elle passe par le pôle O_1. Or, comme OAB doit être semblable à O_1ab, cette condition ne peut être satisfaite que si le point B coïncide avec le pôle O.

De la relation de similitude entre le faisceau de rayons parallèles projetant les points de la courbe et les segments du polygone des forces, résulte encore cette propriété que, si les rayons du faisceau sont équidistants, les segments doivent être égaux (comparez n° 77, p. 278); par suite, la charge sur des portions de courbe de même largeur parallèlement à une direction quelconque est constante, ce qui montre que la parabole est la courbe correspondante à une charge uniformément répartie suivant une direction quelconque.

Le point d'intersection de deux tangentes quelconques à la parabole est situé à égale distance des diamètres passant par les points de contact, car, si on considère les deux diamètres comme les côtés d'un triangle inscrit dans une courbe du second degré, ils forment un faisceau harmonique avec la tangente en leur point d'intersection et la droite qui joint ce dernier point au point d'intersection des deux autres tangentes. Donc *le centre de pression d'un arc de parabole uniformément chargé est situé sur le diamètre moyen de cet arc.* De là résulte aussi que le rapport de similitude entre les deux ponctuelles obtenues par l'intersection d'une tangente quelconque avec toutes les autres tangentes et avec le faisceau de rayon parallèles menés par les points de contact est 1 : 2.

Construisons (*fig.* 139), au moyen du polygone des forces, le polygone funiculaire correspondant à une charge uniformément répartie. Soient 1, 2, 3 les forces agissant sur les longueurs horizontales 1, 2, 3; ces forces passent par le milieu de ces longueurs et leur sont proportionnelles. Sur la gauche de la figure, nous avons tracé le polygone des forces à l'extrémité d'une distance polaire H qui représente une poussée horizontale, puis nous avons mené les côtés du polygone funiculaire. Ces côtés étant tangents à une parabole se coupent mutuellement suivant des ponctuelles semblables. Les côtés du polygone des forces sont d'ailleurs proportionnels aux longueurs 1, 2, 3, interceptées sur la tangente

au sommet par les autres tangentes, et par suite le polygone des forces
forme une ponctuelle semblable à celle que l'on obtient par l'intersec-

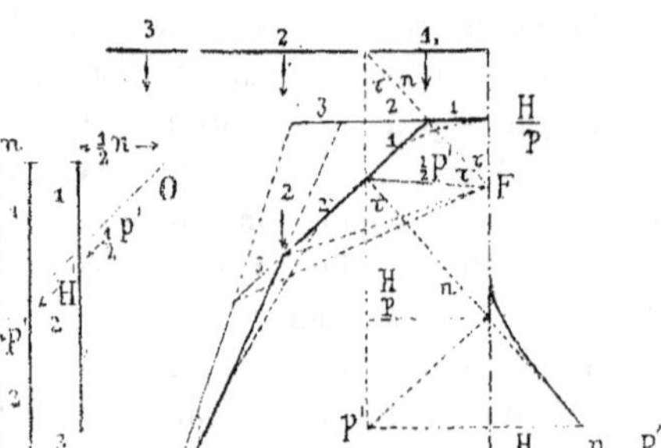

Fig. 139.

tion d'une tangente quelconque et des autres tangentes. En outre,
comme les rayons qui, du foyer F de la parabole, projettent les points
d'intersection d'une tangente avec les autres tangentes, forment des
angles égaux avec ces dernières, c'est-à-dire avec les côtés du polygone
funiculaire qui sont parallèles aux rayons OΔP, il en résulte que les
faisceaux F et O sont congruents; les rayons correspondants de ces
faisceaux forment entre eux un angle constant. Donc, *le polygone des forces
forme une ponctuelle semblable à celle qui résulte de l'intersection d'une tangente quelconque avec le faisceau* F, *et la première ponctuelle est congruente
avec l'une de celles-ci.*

Cette propriété nous donne un moyen facile pour construire le foyer
d'un polygone funiculaire parabolique. On n'a pour cela qu'à mener
une parallèle à ΔP telle que les segments interceptés sur le faisceau O
soient égaux aux segments correspondants d'une tangente quelconque;
puis, partant d'un des points de division, on fait l'angle F(12)3 égal à
l'angle O(12)3, et la distance F(12) égale à O(12), ce qui détermine le
foyer F cherché. On a alors tous les éléments dont on a besoin pour la
construction de la parabole.

Prenons en particulier, pour effectuer cette construction, le rayon
passant par le point de contact de la tangente considérée. Le rayon correspondant du polygone des forces sera parallèle à cette tangente, et, en

prenant celle-ci comme axe des abscisses et la direction des forces comme axe des ordonnées, nous aurons, d'après le n° 77, p. 278, pour l'équation de la parabole :

$$x^2 = 2\,\frac{H'}{p}\,y = 2p'y.$$

Le rapport $\dfrac{H'}{p} = p'$ n'est pas autre chose que le double de la distance du point de contact au foyer, distance que nous venons de construire, car on a, dans le polygone des forces :

$$\frac{H}{\frac{1}{2}p'} = \frac{p\Delta x}{\frac{1}{2}\Delta x}, \quad \text{d'où} \quad p' = \frac{H'}{p}.$$

Ce résultat s'accorde avec la propriété géométrique bien connue, d'après laquelle la distance du sommet au foyer est égale au paramètre de l'équation de la parabole, propriété qui subsiste lorsqu'on emploie des coordonnées obliques.

Les segments qui se correspondent sur les différentes tangentes se projettent tous du foyer F sous le même angle ; cet angle est égal à celui que feraient les rayons correspondants du polygone des forces. Ainsi tous les segments, que nous avons marqués de l'indice 1 sur la *fig.* 139, se projettent sous un même angle, qui est égal à l'angle formé par le rayon O(12) du polygone des forces avec l'horizontale. En désignant cet angle par τ, on a évidemment :

$$\frac{H}{p} = p\,\cos^2\tau.$$

La longueur des normales sera :

$$n = \frac{H}{p\cos\tau} = p'\cos\tau$$

Toutes ces relations sont indiquées sur la figure.

80. RAYON DE COURBURE DU POLYGONE FUNICULAIRE DANS LE CAS DE FORCES PARALLÈLES.

Il ne peut être question de déterminer le rayon de courbure du polygone funiculaire que lorsque les forces sont réparties d'une manière continue et non isolées.

Si, par les points de contact de deux côtés consécutifs très rapprochés du polygone funiculaire, on mène des normales à ces côtés (*fig.* 140),

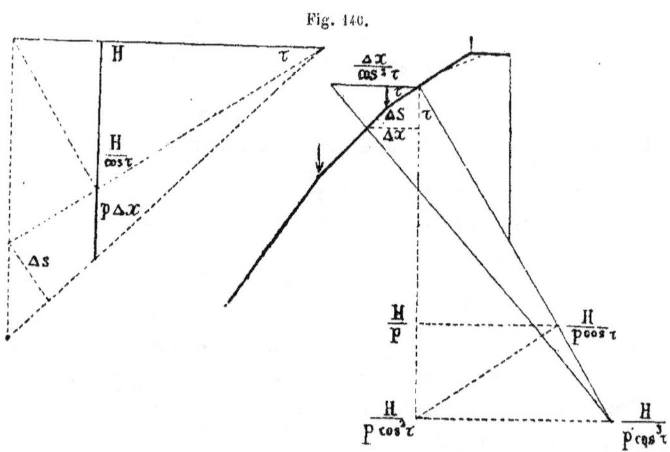

Fig. 140.

l'intersection de ces normales peut être considérée comme le centre du cercle osculateur du polygone funiculaire dans la partie considérée. Soient Δx la différence des abscisses des deux points de contact et p la charge par unité de longueur; $p\Delta x$ est la force qui agit entre ces deux points. Menons, par l'un des points de contact, une perpendiculaire à la direction des forces; cette perpendiculaire formera, avec les deux normales, un triangle semblable à celui que les rayons du polygone des forces perpendiculaires à ces normales forment avec la charge $p\Delta x$ de l'élément correspondant de la courbe. Soit τ l'angle formé par cet élément de la courbe avec une perpendiculaire à la direction des forces, c'est-à-dire en général avec l'horizontale; on voit immédiatement sur la figure que la longueur d'un des rayons est $\dfrac{H}{\cos\tau}$, et que la longueur de l'horizontale comprise entre les normales est $\dfrac{\Delta x}{\cos^2\tau}$. Lorsque les deux points de contact se confondent, la longueur des normales est la longueur r du rayon de courbure, et l'on a :

$$r : \frac{\Delta x}{\cos^2\tau} = \frac{H}{\cos\tau} : p\Delta x, \qquad \text{ou} \qquad r = \frac{H}{p\cos^3\tau}.$$

Cette détermination du rayon de courbure est identique avec la détermination géométrique ordinaire.

Il est facile de construire l'expression que nous venons de trouver pour le rayon de courbure. Menons par le point considéré de la courbe une parallèle à la direction des forces, c'est-à-dire une verticale, et portons sur cette verticale, à partir du point, la longueur $\frac{H}{p}$; une horizontale menée par l'extrémité de cette longueur interceptera sur la normale à la courbe la longueur $\frac{H}{p \cos \tau}$. Une antiparallèle, menée normalement à r, donnera sur la verticale $\frac{H}{p \cos^2 \tau}$, et enfin, une seconde horizontale donnera le rayon de courbure cherché $\frac{H}{p \cos^3 \tau}$.

Pour la tangente à la courbe, qui est perpendiculaire à la direction des forces, on a $\tau = 0$ et $\cos \tau = 1$. Par suite,

$$r = \frac{H}{p}, \quad \text{ou} \quad H = pr.$$

M. le professeur Bauernfeind, que nous avons cité déjà, p. 284, a utilisé cette propriété pour déterminer, au moyen de cette poussée approximative, l'épaisseur des voûtes à la clef.

Quand la charge est uniformément répartie, $\frac{H}{p}$ est constant, et le polygone funiculaire est une parabole. Dans ce cas, on voit sur la *fig.* 139, p. 286, que l'on a pour le rayon de courbure :

$$r = \frac{H}{p \cos^3 \tau} = \frac{n}{\cos^2 \tau} = \frac{p'}{\cos \tau}.$$

Suivant celle des grandeurs $\frac{H}{p}$, n, p' que l'on a à sa disposition, on peut construire le rayon de courbure comme on l'a indiqué sur la figure.

Si la charge est proportionnelle à la longueur de l'arc de la courbe, on a $p = \frac{p_1}{\cos \tau}$, en désignant par p_1 la charge au sommet, et par suite

$$r = \frac{H}{p_1 \cos^2 \tau}.$$

La construction précédente se simplifie dans ce cas; on porte la constante $\frac{H}{p_1}$ sur la normale à la courbe, et il suffit de mener une perpendiculaire à cette normale, puis une horizontale, pour obtenir le centre de courbure. Dans ce cas, la courbe est une chaînette; nous aurons occasion de nous en occuper ultérieurement.

Ayant maintenant le moyen de construire le centre de courbure, nous pouvons construire la développée du polygone funiculaire, lorsqu'on connaît la loi de variation de la charge. Cette développée montre mieux les propriétés du polygone funiculaire, ou plutôt de la courbe de pression.

Nous avons construit, Pl. IX$_2$, la courbe de pression d'une voûte circulaire en plein cintre et sa développée. Nous supposons la charge divisée en un certain nombre de parties, représentées par de petits trapèzes, et dont les résultantes sont indiquées par les verticales pointillées. Nous obtenons le polygone des forces en portant, à la suite les unes des autres, la moitié des longueurs de ces verticales. Comme les normales qui servent à construire la développée sont plus longues que les éléments de la courbe de pression, et qu'on peut tracer avec plus d'exactitude des parallèles que des normales, nous avons fait tourner de 90° le polygone des forces, de façon que les éléments de la courbe soient perpendiculaires aux rayons correspondants, et que les normales soient parallèles à ces rayons. La poussée horizontale H a été déterminée par tâtonnements de telle sorte que la courbe de pression soit tangente à l'horizontale qui limite la voûte au point correspondant au sommet, et à la courbe circulaire de l'intrados, entre les verticales 22 et 24 (la verticale 23 n'est pas numérotée sur la figure). Pour rendre la figure plus claire, nous avons déplacé la courbe de pression parallèlement à elle-même suivant une verticale, jusqu'à ce qu'elle fût située complètement en dehors de la voûte.

En même temps que nous avons construit chaque côté du polygone des pressions, nous avons mené la normale à ce côté, normale qui est parallèle au rayon correspondant du polygone des forces HP′, et nous l'avons prolongée jusqu'à la rencontre de la normale précédente. Nous avons ainsi obtenu la Pl. IX$_2$. On voit que la développée a deux points de rebroussement en A et en B; A est un point de rebroussement, parce que la courbe est symétrique par rapport à la verticale passant par le sommet de la voûte. Le rayon de courbure de la développée au sommet est un maximum relatif; au point B qui correspond au point 12-13, le rayon est un minimum absolu, et à partir de ce point il croît jusqu'à l'infini.

Les joints de rupture de la voûte passent par les points où la normale à l'intrados et la normale à la courbe de pression se confondent. D'après la position relative que nous avons donnée à la courbe de pression par rapport à la voûte, on voit que, par le centre O de la voûte, passent trois tangentes à la développée, savoir : les normales 0, 12-13 et 18-19. C'est suivant la première et la dernière de ces tangentes que la développée

est le plus éloignée de l'intrados, et c'est suivant l'autre tangente qu'elle
en est le plus rapprochée. Nous n'avons maintenant aucune difficulté
pour revenir à la véritable position de la courbe de pression. Si nous
déplaçons verticalement la voûte de façon que son horizontale supérieure soit tangente au sommet de la courbe de pression, le centre de
l'intrados vient en O'. De ce point on peut mener les trois normales à
la courbe de pression qui passent par les points 0, 4-5 et 23-24. Le
premier point correspond au minimum de la distance entre la courbe de
pression et l'horizontale qui forme l'extrados de la voûte, parce que, du
point ∞, centre de la courbe d'extrados, on ne peut mener qu'une normale à la courbe de pression. Il en est de même tant que le centre de
l'extrados est situé au-dessous du point A. Quand la courbe d'extrados
est parallèle à celle d'intrados, le point de la courbe de pression qui est
le plus rapproché de la première courbe est 4 — 5, et le point de rupture
supérieur à l'extrados ne correspond pas au sommet. En général, il ne
peut en être ainsi, lorsque la voûte n'est pas extradossée parallèlement
à l'intrados, que si le centre de l'extrados tombe entre les points A et C,
car ce n'est qu'entre ces deux points que l'on peut mener à la courbe de
pression deux normales autres que la verticale. L'intersection des normales avec la verticale décrit en effet le chemin AeA∞, pendant que la
normale elle-même décrit la développée, de sorte que la partie AC est la
seule qui soit rencontrée deux fois par les normales. Le point de rupture
inférieur se trouve en 23 — 24,

<h2 style="text-align:center">81. RELATIONS RÉCIPROQUES GÉNÉRALES ENTRE LE POLYGONE FUNICULAIRE
ET LE POLYGONE DES FORCES.</h2>

Les propriétés réciproques, que nous avons fait connaître jusqu'à présent entre le polygone funiculaire et le polygone des forces, et qui ont
été indiquées pour la première fois par le professeur *Clerk Maxwell*,
dans le *Philosophical Magazine*, 1864, p. 250, se rapportent uniquement
à des systèmes plans. Si on considère ces polygones comme les projections de polygones gauches, ces derniers peuvent être considérés de
leur côté comme des formes réciproques d'un système focal. Cette
théorie a été développée par *Cremona* dans son remarquable mémoire
intitulé : *Le figure reciproche nella Statica grafica*, Milano, *Bernardoni*,
1872. Nous suivrons ici principalement ce dernier ouvrage.

Considérons, dans un système focal, un contour polygonal gauche
123 (*fig.* 141), et coupons-le par un plan N; la section est un polygone
dont les sommets sont situés sur les côtés du premier. La figure réci-

proque (*fig.* 142), formée des droites conjuguées de celles de la *fig.* 141, consiste en un polygone et en un faisceau de rayons projetant les sommets de ce polygone du foyer O du plan N. Si maintenant, du point à

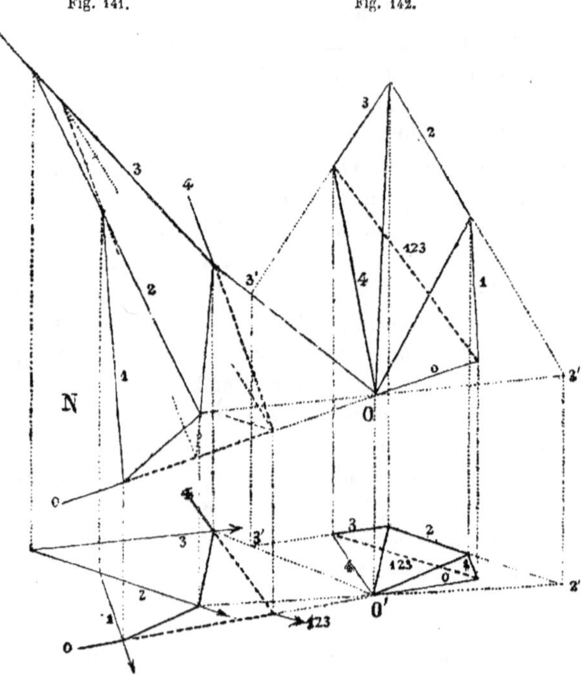

Fig. 141.   Fig. 142.

l'infini de l'axe central, nous projetons les deux systèmes sur un plan quelconque, nous obtenons deux polygones qui sont entre eux dans la même relation qu'un polygone funiculaire et un polygone des forces. Nous avons, dans les *fig.* 141 et 142, indiqué par des traits de force les côtés des deux polygones.

Dans un système focal, les plans qui, du point à l'infini de l'axe central, projettent deux droites conjuguées quelconques, sont parallèles, et par suite les projections des côtés du contour polygonal de la *fig.* 141 sont parallèles à celles de la *fig.* 142. Nous considérons les projections de la *fig.* 141 comme les lignes d'action d'un système de forces dans un plan, et les projections de la *fig.* 142 comme le polygone des forces correspondant. Si, en outre, nous considérons la projection du polygone d'intersection du plan N comme un polygone funiculaire reliant les différentes forces, les projections des rayons correspondants du faisceau O seront les tensions des côtés de ce polygone funiculaire, car ces projections passent toutes par le pôle O′ et sont parallèles aux côtés du polygone funiculaire.

Il est clair qu'étant donné un polygone funiculaire et un polygone des forces dans un plan, on peut construire une infinité de polygones réciproques correspondants dans l'espace. On peut tout d'abord prendre arbitrairement le plan N, et, en projetant le polygone des forces et le pôle O′ sur ce plan, on obtient les points de rencontre avec ce plan des côtés du contour polygonal de la *fig.* 141, et le pôle O de la *fig.* 142. Dans cette dernière figure, les points de rencontre 2′, 3′ du polygone des forces avec le plan N sont maintenant complètement déterminés, car ils sont situés sur les rayons qui, de O, projettent les points de rencontre correspondants de la *fig.* 141. Ces rayons étant en effet des directrices du système, puisqu'ils sont situés dans le plan focal et passent par le foyer, rencontrent les côtés du contour polygonal de la *fig.* 142. Par suite, les intersections des rayons du faisceau O′ avec les côtés du polygone des forces sont les projections des points de rencontre 2′, 3′ dans l'espace. Il suffit donc, pour obtenir ces points, de projeter de nouveau sur les rayons O les intersections des rayons O′. Après avoir construit ainsi les différents points d'intersection des deux contours polygonaux dans l'espace avec le plan N, on peut encore prendre arbitrairement un point du contour de la *fig.* 141 dans le plan projetant l'une des forces. En joignant ce point au point de rencontre correspondant, on obtient un côté du contour. L'intersection de ce côté avec le plan projetant la force suivante détermine un second côté du contour, et ainsi de suite.

La projection de la droite qui réunit, sur la *fig.* 142, le point 0 1 au point 3 4, est la résultante 1 2 3 du polygone des forces. A cette résultante correspond, sur la *fig.* 141, l'intersection des plans 0 1 et 3 4. Nous avons indiqué la construction de cette intersection, qui passe par le point de rencontre des côtés extrêmes du polygone funiculaire. Par suite, la résultante d'un nombre quelconque de forces situées dans un plan passe par l'intersection des côtés extrêmes de tout polygone funiculaire reliant ces forces.

Si on change le sens de la résultante 1 2 3, les forces sont en équilibre, et les deux polygones sont fermés. Donc, quand des forces sont en équilibre, le polygone des forces et tous les polygones funiculaires sont fermés.

Si, en partant du point 0 1, on change, dans la *fig.* 142, l'ordre des différents côtés du contour, on arrive toujours, d'après le n° 38, p. 151, au même point final 3 4. Par suite, dans la *fig.* 141, le premier et le dernier plan 0 1 et 3 4, et par conséquent aussi leur intersection, ne changent pas. La résultante d'un nombre quelconque de forces est donc indépendante de l'ordre dans lequel s'opère la composition; elle est le résultat d'une addition.

Si on prend un autre plan N, on obtient, dans la projection, un autre pôle O'_1 du polygone des forces et un autre polygone funiculaire. Deux côtés correspondants quelconques des polygones situés dans les plans N et N_1 se rencontrent, car ces côtés sont situés dans le plan de deux côtés consécutifs du polygone dans l'espace. L'intersection de ces côtés doit être située sur l'intersection des plans N et N_1. Ces intersections sont donc situées en ligne droite, et il en sera de même des intersections des projections de ces côtés. De là résulte le théorème démontré au n° 46, p. 164, que les côtés correspondants de deux polygones funiculaires reliant la même série de forces se coupent sur une même ligne droite. Il est clair que cette ligne droite, qui est parallèle à la droite joignant les deux pôles du polygone des forces, est la ligne d'action de la résultante des forces agissant suivant deux côtés correspondants quelconques des deux polygones funiculaires, l'une de ces forces étant prise en sens contraire.

A une droite à l'infini, correspond, dans un système focal, une parallèle à l'axe central. Par suite, si le plan N se déplace parallèlement à lui-même, son foyer décrit une parallèle à l'axe central, et, comme nous avons projeté les polygones par le point à l'infini de l'axe central, la projection du contour polygonal de la *fig.* 141, c'est-à-dire le polygone des forces, n'est pas modifiée. Quant aux côtés correspondants des deux polygones funiculaires, ils sont parallèles, puisqu'ils se coupent à l'infini; on obtient ainsi tous les polygones funiculaires qui peuvent être construits avec un seul et même polygone des forces. La résultante des forces égales agissant suivant les côtés correspondants de deux de ces polygones funiculaires, et dont l'une a été changée de signe, est constante; c'est une force à l'infini, c'est-à-dire un moment.

La considération du système focal permet donc de démontrer facilement et simplement les diverses propriétés du polygone funiculaire et du polygone des forces, et nous aurions pu substituer ces démonstrations à celles données dans les n°⁸ 41, 42, 44, 45, si le système focal était plus généralement connu. Mais, au point de vue graphique, la considération du système focal n'est d'aucune utilité, car il faut, comme nous l'avons vu, construire d'abord les polygones pour obtenir un contour possible dans le système focal. Toutefois, cette considération conduit, pour la composition des forces agissant sur un framework (*),

---

(*) Voir, pour le terme *framework*, la note de la page 188. Pour simplifier, nous emploierons fréquemment le terme *frame* au lieu de *framework*.

à un ordre particulier auquel correspondent des figures très élégantes, comme nous le montrerons dans le prochain numéro.

82. FRAMEWORKS A CHARGES CONSTANTES.

Soit (Pl. X_1) un frame aux nœuds duquel sont appliquées des forces quelconques, mais constantes. Nous reviendrons plus tard sur les différents systèmes de frames, et nous nous bornerons à faire remarquer, pour le moment, que les constructions de Cremona, que nous allons faire connaître, ne sont possibles que lorsque les forces sont toutes appliquées à des nœuds situés sur le contour du frame. Les forces doivent en outre être en équilibre. Par suite, si 012...7 sont les forces données, nous les composons tout d'abord, et nous décomposons ensuite la résultante en deux composantes dirigées suivant les réactions des culées. Cela posé, nous construisons un nouveau polygone des forces, en suivant l'ordre A1357B6420A; ce polygone est fermé. Sur la figure, nous avons désigné les nœuds du longeron comprimé par des chiffres impairs et ceux du longeron tendu par des chiffres pairs, de telle façon que les tiges qui relient les deux longerons soient désignées par la série des chiffres consécutifs 01234567. Au moyen de ce polygone des forces, on peut construire un polygone funiculaire, puis, en suivant les règles données au numéro précédent, un contour fermé dans l'espace analogue à la *fig.* 141, et on projette sur ce contour les nœuds du frame. Cela fait, en reliant par des lignes droites les points correspondants aux nœuds qui sont réunis par des tiges dans le frame, on obtient un solide formé d'autant de faces que le frame contient de compartiments ou mailles, et qui est limité par la surface développable du contour polygonal. En comparant la figure que l'on obtient ainsi avec la *fig.* 141, on voit que sur cette figure la surface développable, qui dans ce cas est fermée, n'est pas limitée par un plan unique N, mais par la surface polyédrique qui correspond au frame.

Construisons maintenant la forme réciproque dans le système focal. Elle se compose (comparez avec la *fig.* 141) d'un contour fermé gauche correspondant aux forces, d'un polygone dont les sommets sont les foyers des faces du polyèdre dont les sommets correspondent aux nœuds du frame, et enfin de droites correspondantes aux barres du longeron supérieur et du longeron inférieur du frame, droites qui remplacent les rayons issus du point O dans la *fig.* 140. A chaque nœud du frame correspond un polygone plan ayant autant de côtés qu'il y a de barres et de forces passant par ce nœud.

La projection (Pl. X_2) de cette forme réciproque est le plan des forces cherché. Cette projection comprend les parties suivantes : 1° un contour fermé qui est le polygone des forces ; nous avons représenté par des traits de force les côtés de ce polygone, et nous leur avons donné les mêmes numéros qu'aux forces ; — 2° un polygone dont les sommets correspondent aux mailles du frame ; ce frame peut être considéré comme un polyèdre, et à chaque étrésillon considéré comme l'intersection de deux faces consécutives de ce polyèdre correspond le côté qui joint deux sommets consécutifs du polygone ; les droites de la Pl. X_2 qui correspondent aux étrésillons du frame forment donc, comme ces étrésillons, un contour continu ; — 3° enfin une série de droites correspondantes aux barres des longerons supérieur et inférieur ; ces droites sont les intersections des plans qui correspondent aux extrémités de ces barres, et, par suite, chacune d'elles joint un sommet du polygone des forces à un sommet du polygone dont il vient d'être question.

A chaque maille du frame considéré comme face d'un polyèdre correspond un sommet du contour correspondant aux étrésillons. A chaque sommet du polygone des forces correspond un triangle, dont un côté est une barre de l'un des longerons, et les deux autres côtés les forces appliquées aux extrémités de cette barre ; ce triangle est par suite un élément de la surface développable. Il résulte de là, et de ce que les mailles du frame sont des triangles, que, par chaque sommet de la Pl. X_2, il passe trois droites, et trois droites seulement ; l'une de ces droites correspond à une barre des longerons, et les deux autres aux deux forces extérieures agissant aux extrémités de cette barre, ou aux étrésillons passant par ces extrémités. Les deux forces sont désignées par les indices des nœuds que réunit la barre, et le sommet correspondant à la maille dont cette barre est un côté est désigné par l'indice du nœud opposé à la barre. A l'exception des barres extrêmes A0 et 7B, l'indice du nœud opposé à une barre est compris entre les indices des nœuds situés aux extrémités de celle-ci. Il est facile, au moyen de ces remarques, de reconnaître les éléments correspondants de la Pl. $X_{1\text{ et }2}$.

A chaque nœud de la *fig.* 1 correspond, sur la *fig.* 2, un polygone fermé ayant autant de côtés qu'il y a de barres et de forces passant par ce nœud. Chaque force n'appartient qu'à un de ces polygones, tandis que chaque barre appartient à deux polygones. En ce qui concerne le signe de la surface de chaque polygone, signe qui est déterminé par celui de la force appartenant à ce polygone, on peut remarquer que chaque barre du frame est parcourue une fois dans un sens et une fois en sens contraire. Chacune des barres des longerons sépare en effet, sur la *fig.* 2, deux forces consécutives de même sens, et, par suite, doit avoir des signes différents par rapport à chacune de ces forces. Quant au contour correspondant aux étrésillons, il est parcouru dans le même sens pour tous les polygones dont l'un des côtés est une des forces d'un même longeron, et il est parcouru en sens contraire pour tous les polygones dont l'un des côtés est une des forces de l'autre longeron.

Par conséquent, si l'on considère ces polygones comme les polygones des forces agissant sur les différents nœuds, les forces correspondantes à chaque nœud sont en équilibre, puisque les polygones sont fermés. Si donc le frame est construit de telle façon que les forces extérieures ne puissent être équilibrées que par un seul système de forces intérieures, la *fig.* 2 est le plan des forces de ce système, et chaque barre n'aura qu'à résister aux deux forces égales et contraires qui agissent à ses extrémités. Sur la *fig.* 1, nous avons indiqué par un double trait les barres comprimées.

Si l'on fait la somme des aires des différents polygones qui représentent l'équilibre des nœuds, les côtés correspondants aux barres du frame sont parcourus une fois dans un sens et une fois dans un sens contraire, et par suite ces côtés n'influent pas sur la somme des aires. Cette somme est donc équivalente à l'aire du polygone des forces. Cette proposition apparaît d'une manière plus claire encore, si l'on imagine que l'aire de la figure soit décrite au moyen d'un planimètre simple, comme celui qui est représenté par les *fig.* 76 et 77 (p. 115). L'un des crayons devra décrire alors une fois dans un sens et une fois en sens contraire le contour correspondant aux étrésillons pour revenir à son point de départ, ce qui donne une aire nulle, et l'autre crayon décrit le contour fermé du polygone des forces.

Si l'on fait une section quelconque dans un frame, et qu'on applique aux barres coupées des forces égales aux tensions ou aux compressions de ces barres, l'équilibre du système ne sera pas altéré, car, dans ce cas, les forces qui agissent sur les différents nœuds et celles qui agissent sur les sections des barres coupées sont en équilibre. Quand la section est telle qu'elle laisse d'un côté un certain nombre de forces consécutives dans le polygone des forces, et de l'autre côté toutes les autres forces, le diagramme 2 montre immédiatement que l'équilibre subsiste en appliquant, comme nous venons de le dire, aux barres coupées des forces égales aux tensions ou aux compressions de ces barres, car, dans ce cas, le contour correspondant aux barres coupées forme le polygone des forces situées d'un même côté de la section. Ainsi, pour la section indiquée sur la *fig.* 1, l'équilibre est représenté par le côté correspondant à l'étrésillon 34, par les deux côtés correspondants aux barres 35 et 24 des longerons, dont l'une est tendue et l'autre comprimée, et enfin par le polygone des forces 20A13 ou 57B64, suivant qu'on considère l'équilibre à droite ou à gauche de la section. Quand il n'y a, comme dans le cas actuel, que trois barres coupées, on peut, comme vérification, déterminer directement les forces qui agissent sur ces barres par la méthode du n° 56.

Il est facile de voir, d'après ce qui précède, qu'il n'est pas nécessaire, pour construire les diagrammes 1 et 2, de recourir à la considération du système focal. Il faut, au contraire, construire tout d'abord le polygone funiculaire pour obtenir le contour correspondant dans l'espace, et les deux polygones ne diffèrent des polygones funiculaires et des polygones des forces ordinaires que par l'ordre particulier des forces à composer; cet ordre conduit, comme nous venons de le voir, à des figures très élégantes. Mais cette méthode présente un désavantage, c'est qu'il faut avant tout construire un polygone funiculaire spécial et un polygone des forces, destinés à déterminer l'équilibre des forces extérieures, ce à quoi ne peuvent servir les polygones funiculaires correspondants à un pôle déterminé, dont M. Cremona a fait usage dans ses figures, parce que les réactions des culées, qu'il est nécessaire d'introduire dans le contour des forces, ne sont pas connues *à priori*. En général, on devra, ou bien construire deux polygones des forces, ou bien opérer comme nous l'avons fait pour la Pl. XVI de la première édition du présent ouvrage. Mais, dans tous les cas, où les forces extérieures sont connues *à priori*, il n'y a aucune disposition du polygone des forces qui soit plus directe et plus élégante. Aussi nous ferons exclusivement usage de cette méthode dans le cours de cet ouvrage, lorsque nous voudrons déterminer, pour des frames symétriques, les forces intérieures résultant du poids propre; nous en ferons aussi usage pour les constructions en forme de grues. La Pl. X donne quelques exemples de l'application de cette méthode; ces exemples sont tous tirés de l'ouvrage de M. Cremona, à l'exception de celui qui se rapporte à la poutre du système Pauli.

Les *fig.* 3 et 4 représentent le plan des forces d'une poutre de ce dernier système. Les réactions des culées sont des forces verticales A et B, dirigées de bas en haut, et égales, comme on sait, à la moitié du poids propre de la poutre. Commençant par la force A, nous portons, à partir de l'extrémité supérieure de cette force, les charges 0, 2, 4, ..., 12 du longeron inférieur, puis la réaction B, et enfin les charges 13, 11, 9...1 du longeron supérieur. Comme nous n'avons que des charges verticales, le polygone des forces se réduit à une ligne droite. Par les points de division de cette ligne, nous menons des parallèles aux barres correspondantes des longerons, puis, partant du point 1 ou du point 13, nous menons des parallèles aux étrésillons, ce qui nous donne le contour

1 ... 13; les intersections de ce contour avec les parallèles aux barres du longeron déterminent les forces qui agissent suivant ces barres. Pour construire la figure, nous avons supposé les charges du longeron supérieur différentes de celles du longeron inférieur, afin de ne pas obtenir des forces infiniment petites pour les étrésillons. Dans les poutres du genre de celle que nous examinons, on adapte ordinairement des contre-étrésillons; on peut alors considérer la poutre comme formée par la superposition de deux poutres simples symétriques l'une de l'autre, et la *fig.* 4 suffit pour déterminer toutes les forces qui agissent suivant les différents éléments de la construction.

Les *fig.* 5, 6 se rapportent à une poutre à suspension, qui ne diffère de la poutre du système Pauli que par la disposition symétrique des étrésillons. La construction, dans ce cas, n'exige aucune explication spéciale.

Les *fig.* 7, 8 se rapportent à un câble rendu rigide par des étrésillons. Les tensions aux extrémités du câble se déterminent par la condition que la composante verticale de chacune d'elles soit égale à la moitié du poids mort total. On peut alors construire le polygone des forces, qui est un quadrilatère fermé, et l'on achève la construction comme dans les cas précédents.

La construction, dans le cas d'une grue, est encore plus simple (*fig.* 9 et 10). Le polygone des forces se réduit à une verticale et n'est pas fermé. En partant de la force appliquée à l'extrémité O, on peut construire successivement toutes les forces, et la construction peut se prolonger indéfiniment jusqu'à ce que l'on soit arrivé à la base de la grue. Le polygone des forces se ferme quand on y ajoute les forces agissant sur les éléments de la construction limités par cette base.

TROISIÈME PARTIE

—

MOMENTS DES FORCES PARALLÈLES

ous a
ls: n
e d'u
bode:
rs fr
our e-
ans p
AB et
par l
les q
ouru

B
θ
A

our d
e pa
CE r
s sig

CHAPITRE I

FORCES PARALLÈLES

83. COMPOSITION DE DEUX FORCES PARALLÈLES

Nous avons appris à composer les forces parallèles au moyen des moments ; mais dans la pratique il est plus commode de les composer à l'aide d'un polygone funiculaire. Nous exposerons dans ce chapitre les méthodes usuelles applicables à quelques-uns des cas qui se présentent le plus fréquemment.

Pour composer deux forces P et Q (*fig.* 143) agissant suivant deux directions parallèles AB et CD, intervertissons ces deux forces et portons Q sur AB et P sur CD, en ayant égard à leurs signes ; leur résultante passera par le point d'intersection O des deux lignes BC et DA qui forment, avec les quatre points ABCD, un quadrilatère tel que son périmètre soit parcouru dans le même sens suivant les forces P et Q.

Fig. 143.

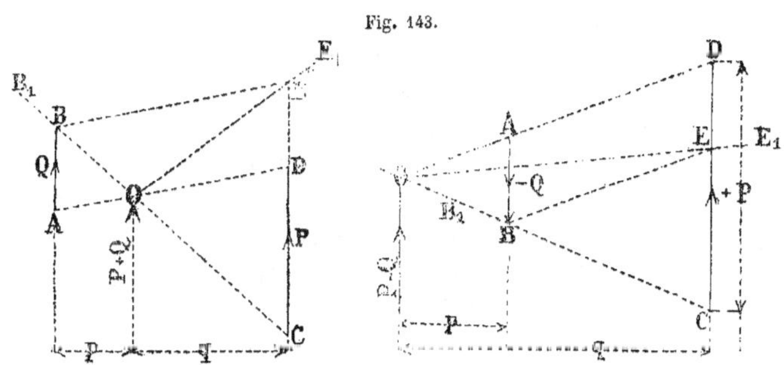

Pour démontrer cette proposition, projetons la force Q, au moyen d'une parallèle BE à AD, sur sa direction primitive CD, de telle sorte que CE représente la somme des forces P et Q, en tenant compte de leurs signes. On peut alors considérer OCDE comme un polygone des forces et B_1BEE_1 comme le polygone funiculaire correspondant. Le côté moyen BE de ce polygone est parallèle à OD et les côtés extrêmes B_1B et EE_1 se coupent en O; par suite O est un point de la résultante. La grandeur de la résultante est égale à $P + Q$ ou OE. Il résulte également de la similitude des deux triangles OAB et OCD, dans la *fig.* 143, que la direction de la résultante de deux forces parallèles est la même que celle des forces elles-mêmes, qu'elle est située entre ces forces quand celles-ci agissent dans le même sens (par rapport à la droite de l'infini), qu'elle est au contraire située en dehors de ces forces et du côté de la plus grande, quand elles agissent en sens contraire. Enfin le rapport de la distance des deux forces P et Q à O, soit

$$\frac{OB}{OC} = \frac{AO}{DO} = \frac{p}{q},$$

est inversement proportionnel au rapport $\frac{Q}{P}$ des deux forces.

Cette dernière proposition ressort également de la théorie des moments d'après laquelle $Pp = Qq$.

La *fig.* 143 fournit aussi la solution du problème inverse, qui se présente fréquemment et qui consiste à décomposer une force donnée en grandeur et en direction en deux composantes parallèles agissant suivant des droites données. Par un point quelconque O de la résultante, on mène deux rayons OC et OE, interceptant sur l'une des deux droites données une longueur CE, représentant en grandeur la force à décomposer; puis, par le même point O, on mène un rayon OD parallèle à la ligne BE, qui réunit les points d'intersection des deux rayons déjà tracés avec les droites données. Ce rayon divise la force donnée CE en deux composantes CD et DE qui, prises avec des signes convenables, représentent les composantes cherchées.

Si l'on n'a besoin que d'une seule des deux composantes, la force Q, par exemple, qui agit suivant la droite CD, il est inutile de faire la construction complète; cette force est représentée par le segment intercepté entre le point O et la ligne BE sur la direction de la force à décomposer. Il résulte en effet du parallélisme des lignes OD et BE que cette longueur est égale à DE, c'est-à-dire à Q.

84. COMPOSITION DE PLUSIEURS FORCES PARALLÈLES DANS LE PLAN

Si l'on a plus de deux forces à composer dans le plan, le moyen le plus simple consiste à construire un polygone funiculaire, d'après la méthode ordinaire; cette manière de procéder est du reste avantageuse, même dans le cas de deux forces, lorsqu'on a besoin de leurs moments. Comme les forces parallèles se coupent à une distance infinie, il n'est pas possible de prolonger la première des deux forces données jusqu'à son point de rencontre avec la deuxième, et de prendre l'origine de cette force pour pôle du polygone des forces. Il faut, dans ce cas, choisir le pôle en dehors de la ligne droite à laquelle se réduit le polygone des forces. On peut prendre, pour le premier côté du polygone funiculaire, une parallèle quelconque au rayon qui passe par l'origne de la première force, et le polygone peut être construit d'après les règles données précédemment.

Un exemple de ce mode de composition est donné par les *fig.* 144 et 145. Les quatre forces portées l'une à la suite de l'autre sur la

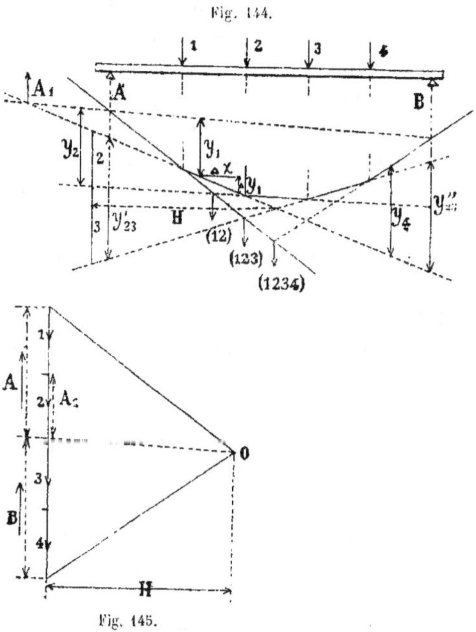

Fig. 144.

Fig. 145.

fig. 145 sont sur une même ligne droite qui constitue, avec le pôle 0, le polygone des forces. Dans le polygone funiculaire (*fig.* 144), les divers côtés sont parallèles aux rayons correspondants du polygone des forces. Ainsi le côté compris entre 2 et 3 est parallèle au rayon 0 (2 3) et les côtés extrêmes sont parallèles aux rayons extrêmes 01, 04.

L'intersection des deux côtés du polygone funiculaire détermine un point de la résultante des forces qui agissent entre ces côtés; quant à la grandeur et à la direction de cette résultante, elle est donnée par le polygone des forces.

Souvent on a besoin d'obtenir la résultante des 1, 2, 3, ... premières forces. On peut alors effectuer la construction comme l'indique la *fig.* 144, où les diverses résultantes sont représentées par les forces (1 2) (1 2 3) (1 2 3 4). Si les quatre forces données agissent sur une poutre ou sur une autre construction, et qu'on veuille déterminer les pressions sur les appuis A et B, il suffira (d'après le n° 83, p. 161, *fig.* 142; voyez aussi le n° 55) de décomposer la résultante (1 2 3 4) en deux forces passant par les points A et B. On obtient ce résultat en prolongeant les côtés extrêmes du polygone jusqu'à leur rencontre avec les parallèles menées par A et B à la direction des forces et en fermant le polygone par la ligne AB. Le rayon O(AB) du polygone des forces, qui est parallèle à AB, divise la somme (1 2 3 4) des quatre forces en deux composantes A et B qui sont les forces cherchées.

Si l'on établit l'équilibre du système en appliquant ces forces en A et B après avoir changé leur sens, comme l'indiquent les flèches sur la *fig.* 145, ces forces A et B représentent les réactions des appuis. Ainsi que l'exigent les conditions d'équilibre, la somme des six forces A 1 2 3 4 B est égale à 0 dans le polygone des forces, et le polygone funiculaire, dont AB représente un côté compris entre les deux forces A et B, est fermé (n° 53, p. 179).

Dans les études auxquelles donne lieu la construction des ponts, il est souvent nécessaire de connaître la résultante de toutes les forces qui agissent du même côté d'une section déterminée, par exemple y_1. On appelle cette résultante *effort tranchant* lorsqu'on suppose qu'elle agit dans la section donnée. Les forces agissant à gauche de la section y_1 sont, dans le cas de la *fig.* 144, A et 1. En prolongeant jusqu'à leur point de rencontre les côtés du polygone funiculaire qui comprennent ces deux forces, on obtient un point de la direction de la résultante cherchée et le polygone des forces donne la somme A_1 de (A1), ainsi que l'indiquent les *fig.* 144 et 145.

Il résulte de cette construction que, pour obtenir la somme des forces qui agissent d'un même côté de la section y_1, il suffit de mener par le point O (*fig.* 145) deux rayons respectivement parallèles aux côtés du polygone funiculaire qui comprennent ces forces; ces rayons intercepteront sur le polygone des forces la somme cherchée. On peut aussi construire directement cette somme, à l'aide de la *fig.* 144, sans recourir au polygone des forces; cette somme est donnée par le segment que les côtés du polygone funiculaire qui comprennent les forces à composer interceptent sur une parallèle aux forces menées à une distance H des points de rencontre de ces deux côtés. Cette construction est indiquée sur la *fig.* 144 pour les forces 2 et 3. Le triangle formé par les côtés extrêmes 1 2 et 3 4 du polygone funiculaire et la verticale 2 3 indiquée par un trait fort est égal au triangle correspondant O (2 3) du polygone des forces (*fig.* 145).

En outre, la somme des segments $y'_{23} + y''_{23}$ (*fig.* 144) que deux côtés du polygone interceptent sur les verticales menées par les points d'appui, est proportionnelle à la somme 2 + 3 des forces qui agissent entre ces côtés. En effet, si par le point d'intersection d'un côté du polygone avec l'une des verticales, nous menons une parallèle à l'autre côté du polygone, ces deux lignes et la verticale menée par le deuxième point d'appui, sur laquelle le segment intercepté est égal à $y'_{23} + y''_{23}$, forment un triangle, semblable au triangle correspondant du polygone des forces; ces deux triangles sont égaux si l'on prend pour distance polaire la distance $2l$ des points d'appui. Ainsi l'on a :

$$y'_{23} + y''_{23} = (2 + 3) \frac{2l}{H}.$$

On déduit de cette égalité que cette somme se change en différence, lorsque les côtés du polygone se coupent en dehors des points d'appui, comme c'est le cas, par exemple, pour la ligne qui ferme le polygone.

Si l'on prend $2l$ pour distance polaire, la somme des segments est, ainsi que nous l'avons déjà fait observer, égale à la somme des forces agissant entre les côtés du polygone. Comme cas particulier, les deux côtés extrêmes du polygone déterminent sur chacune des verticales des points d'appui, des segments égaux à la réaction de l'autre appui, car les segments compris entre la ligne qui ferme le contour polygonal et l'un des côtés sont nuls.

Si la distance polaire, au lieu d'être égale à $2l$, est un multiple ou un sous-multiple de cette longueur, on peut encore considérer les segments déterminés sur les verticales des appuis comme représentant les réactions ; seulement il faut avoir soin de les mesurer avec une échelle correspondante au rapport renversé.

Nous devons faire remarquer que la somme des forces agissant en dehors d'une section déterminée change de signe pour la force qui correspond au rayon O(AB) du polygone des forces, c'est-à-dire la force 2 dans le cas de la figure. Ainsi, les forces (A 1) et (A 1 2) ont des signes contraires et sont situées de part et d'autre de la ligne O(AB). Si l'on prend la ligne AB qui ferme le polygone comme axe des abscisses, c'est au point 2 que l'ordonnée du polygone funiculaire passe par un maximum. En ce point, la tangente au polygone funiculaire est parallèle à AB et la résultante des forces agissant en dehors de ce point est une force infiniment petite située à l'infini.

Le polygone funiculaire et le polygone des forces, tels que nous les avons construits dans les *fig.* 144 et 145, donnent immédiatement les conditions d'équilibre d'un arc chargé (*fig.* 146) ou d'un câble de pont suspendu (*fig.* 147). Les rayons menés par le pôle O représentent les

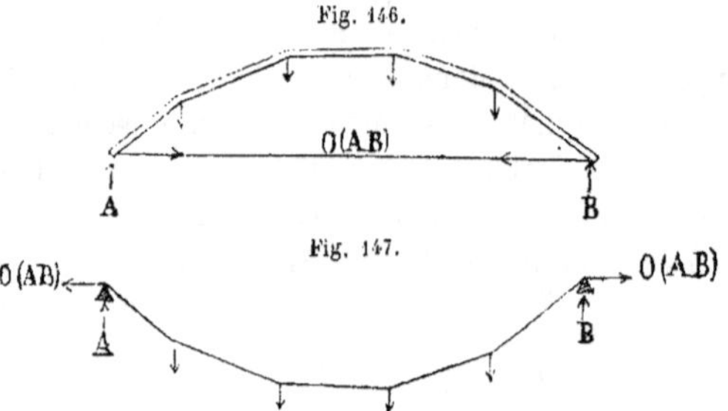

compressions ou les tensions des sections correspondantes de l'arc ou du câble.

La proposition tout à fait générale que nous avons démontrée, à savoir que le changement dans l'ordre des forces à composer n'a pas d'influence sur le résultat final, s'applique également aux forces parallèles. On peut donc, ainsi que nous le verrons par la suite, lorsqu'il s'agira de calculer des ponts, construire d'abord le polygone constant qui correspond au poids propre du pont, et y ajouter ensuite la charge accidentelle et variable.

Il convient de remarquer enfin que, dans le cas de charges uniformément réparties, ces deux polygones ont, ainsi que nous l'avons démontré au n° 79, p. 284, des paraboles pour enveloppes.

85. MOMENT DES FORCES PARALLÈLES DANS LE PLAN

Pour appliquer la méthode exposée au n° 49 (p. 171) à la détermination du moment d'un nombre quelconque de forces parallèles, remplaçons ces forces par les tensions P et P_1 des côtés extrêmes du polygone funiculaire. Cela posé, si on prend, pour la longueur H, qui, dans la *fig.* 105 (p. 173), représente la force ou le bras de levier auquel on réduit tous les moments, la distance du pôle O au polygone des forces (qui est une ligne droite), les composantes Q et Q_1 de la *fig.* 105 deviendront perpendiculaires à H et les lignes OA et OA_1 de la *fig.* 104 seront parallèles à $h + h_1$. Par suite, le moment $h + h_1$ des forces P et P_1, ou des forces parallèles qui leur sont équivalentes, sera égal au segment que les côtés extrêmes du polygone funiculaire par rapport aux forces considérées interceptent sur une parallèle à ces forces menée par le pôle des moments. Ainsi, sur la *fig.* 144 (p. 305),

le moment des forces	A 1,	A 1 2,	2 3 4
par rapport aux sections	y_1,	y_2,	y_4
est égal aux produits	y_1 H,	y_2 H,	y_4 H,

l'un quelconque des deux facteurs de ces produits pouvant être pris comme force et l'autre comme bras de levier.

Le sens de rotation des moments est naturellement déterminé par la direction et la position de la résultante par rapport à la section considérée. Il est à peine nécessaire de rappeler que ce procédé est identique avec la multiplication du n° 4 (p. 23, Pl. III).

On peut démontrer cette même proposition en décomposant chacune des deux forces qui agissent suivant les côtés extrêmes du polygone funiculaire, à leurs points d'intersection avec la verticale par rapport à laquelle on prend les moments, en deux composantes, l'une horizontale et l'autre verticale. Le moment des deux composantes verticales est nul. Chaque composante horizontale est égale à H, et la somme de leurs moments est égale au produit de H par le segment intercepté sur la verticale.

Si l'on veut introduire un moment dans le polygone funiculaire pour composer ce moment avec les forces considérées, il faut, d'après ce qui a été dit au n° 52 (p. 178), déplacer, parallèlement à lui-même, le côté du polygone funiculaire qui relie les deux forces entre lesquelles on veut introduire le moment, d'une quantité telle, que le produit de la tension de ce côté par la longueur du déplacement, ou, ce qui revient au même dans le cas de forces parallèles, que le produit de la distance polaire par le segment intercepté sur une parallèle aux forces par les deux positions du côté déplacé soit égal au moment donné. Cette dernière partie de la proposition résulte de la relation

$$S : h = \frac{\Psi}{h} : s,$$

fournie par les deux triangles semblables désignés par ces lettres dans
les *fig.* 149 et 150. On a intercalé sur ces figures, entre les réactions des

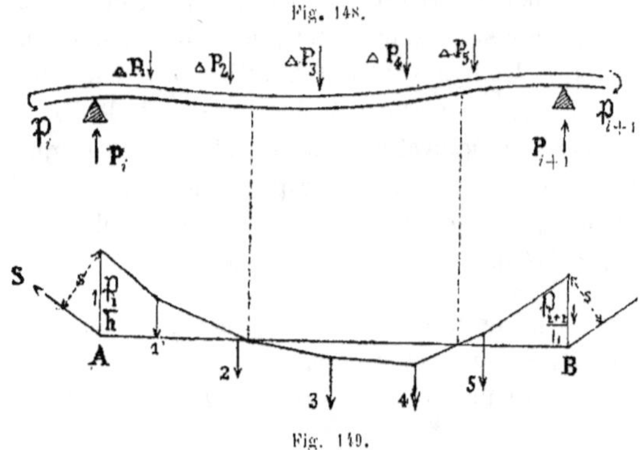

Fig. 148.

Fig. 149.

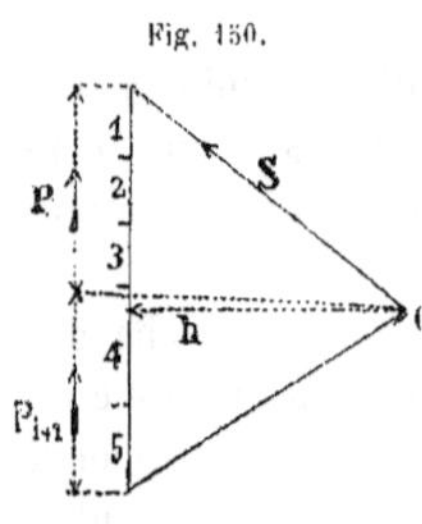

Fig. 150.

appuis et les côtés extrèmes du polygone funicu-
laire, les moments $\mathfrak{P}_i$ et $\mathfrak{P}_{i+1}$. La *fig.* 148 représente la travée d'une poutre continue, comprise
entre les appuis i et $i+1$. Le moment $\mathfrak{P}_i$ sur
l'appui i a été supposé négatif $\mathfrak{C}$; la longueur $\dfrac{\mathfrak{P}_i}{h}$
doit par suite être portée, sur la *fig.* 149, de telle
façon que, lorsque le premier côté S du polygone
funiculaire, sur lequel la direction de la force a

été indiquée par une flèche, aura été déplacé, cette force tourne dans
le sens $\mathfrak{C}$ autour d'un point de sa direction primitive; $\dfrac{\mathfrak{P}_i}{h}$ doit donc être

porté vers le haut. Nous traçons ensuite le polygone funiculaire comme à
l'ordinaire jusqu'à l'appui $i+1$ en B ; à partir de ce point, le polygone doit
être déplacé d'une quantité correspondante au moment $\mathfrak{P}_{i+1}$ et qui,
mesurée parallèlement à la direction des forces, sera égale à $\mathfrak{P}_{i+1} : h$. En
B, le moment a été pris positivement $\mathfrak{I}$, comme l'indique la *fig.* 148 ;
le sens de la rotation est par suite inverse de celui du moment correspondant à l'appui A, et le dernier côté du polygone funiculaire doit être
déplacé de haut en bas.

Les côtés extrêmes du polygone funiculaire coupent les réactions des
appuis aux points A et B, et la ligne qui réunit ces points ferme le polygone ; en menant par le pôle une parallèle à cette ligne (*fig.* 150), on
détermine dans le polygone des forces les réactions des appuis P_i et
P_{i+1}.

Tout ce qui a été dit dans ce paragraphe et dans le paragraphe précédent du polygone de la *fig.* 144 (p. 305), s'applique au cas actuel. Si l'on considère une section faite dans la poutre, les côtés extérieurs du polygone funiculaire se coupent sur la résultante des forces qui agissent sur la portion de la poutre qui a été séparée par la section. Si l'on mène une sécante quelconque parallèle aux forces, le produit du segment intercepté sur cette sécante par le polygone funiculaire et de la distance polaire est égal au moment, par rapport à un point quelconque de cette sécante, des forces situées d'un même côté de celle-ci. Sur la *fig.* 149, la ligne qui ferme le polygone funiculaire coupe ce polygone en deux points. On reconnaît facilement qu'en ces points le moment change de signe, car ce moment passe alors par zéro sans qu'il en soit de même pour les forces. Si l'on fait deux sections, l'une à droite, l'autre à gauche de l'un de ces points, les résultantes des forces agissant en dehors de ces sections se trouvent entre ces sections; par suite, elles tournent en sens opposé, si la force n'a pas changé de signe dans l'intervalle. Inversement, pour qu'un moment change de signe, il faut qu'il passe par zéro, parce que, dans les constructions, on ne rencontre pas de moments infiniment grands. En outre, comme les surfaces (voir *fig.* 76, p. 115) ne changent de signe que lorsque leur contour se croise entre la surface positive et la surface négative, on peut dire d'une manière générale en parlant des polygones funiculaires correspondants à des forces parallèles en équilibre :

Si l'on coupe une portion d'un polygone funiculaire fermé, reliant des forces parallèles en équilibre, par une sécante parallèle aux forces, le moment, par rapport à cette sécante, des forces situées d'un même côté de la section sera positif ou négatif suivant que la surface ainsi détachée du polygone pourra être décrite dans un sens positif ou négatif par un mobile qui parcourrait le polygone funiculaire suivant la direction des tensions ou des pressions des côtés extrêmes de la partie considérée. Pour les points situés en dehors de la section, le moment a le même signe ou un signe contraire, suivant que ce point se trouve situé du même côté ou d'un côté opposé par rapport à la résultante des forces séparées par la section, c'est-à-dire par rapport à une parallèle aux forces, menée par le point d'intersection des côtés du polygone funiculaire coupés par la sécante.

C'est dans ce sens qu'on peut appeler *surface de moment* la surface d'un polygone funiculaire fermé, correspondant à des forces parallèles. Ces propositions ne s'appliquent pas d'une manière générale aux polygones funiculaires, parce que la direction de la résultante est variable.

Si les forces en équilibre, qui ont été composées dans la *fig.* 149, sont appliquées à une poutre (*fig.* 148), le sens de la courbure de la poutre supposée primitivement rectiligne s'accordera toujours avec le signe du moment ou de la surface de moment. Les portions de poutre, qui correspondent aux parties du polygone situées au-dessus de la ligne qui le ferme, ont leur concavité tournée vers le bas, et réciproquement, ainsi que l'indiquent les figures. Aux points où les moments sont nuls correspondent par suite des sections pour lesquelles la courbure change de sens; dans ces sections elles-mêmes la courbure est nulle.

Ces points s'appellent *points d'inflexion;* en ces points, on pourrait couper la poutre sans troubler l'équilibre, mais à la condition d'empêcher le glissement des sections. Ce résultat pourrait être obtenu soit au moyen d'un étai, soit en suspendant la partie de la poutre comprise entre les points d'inflexion, aux portions qui reposent sur les points d'appui; c'est ce qu'indique clairement la *fig.* 151. Nous avons sup-

Fig. 151.

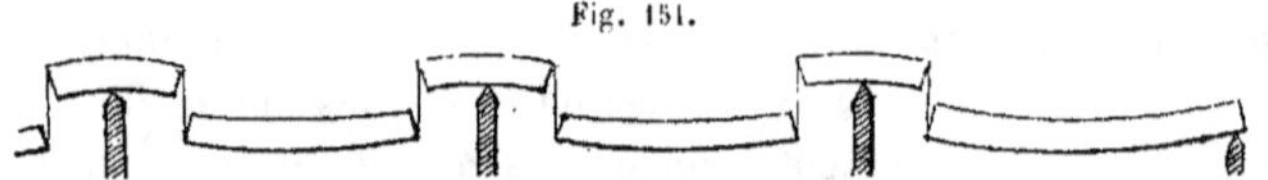

posé, dans cette figure, un fragment de poutre reposant sur chaque appui, et la partie médiane de chaque poutre suspendue par ses extrémités aux parties latérales.

Si l'on considère d'une part les forces agissant d'un côté d'une section, et d'autre part les forces qui agissent de l'autre côté de cette section, on obtient, d'après le n° 53 (p. 180), des signes opposés pour la résultante et pour son moment. Pour les forces situées dans un même plan, il est indifférent de considérer un côté ou l'autre comme retranché. Cependant il est utile, dans les conditions ordinaires, de considérer toujours le même côté comme retranché; on se rappellera ainsi plus facilement comment agissent les forces et les réactions des parties supprimées. Par suite, à moins d'indications spéciales, nous considérerons toujours

Fig. 152.

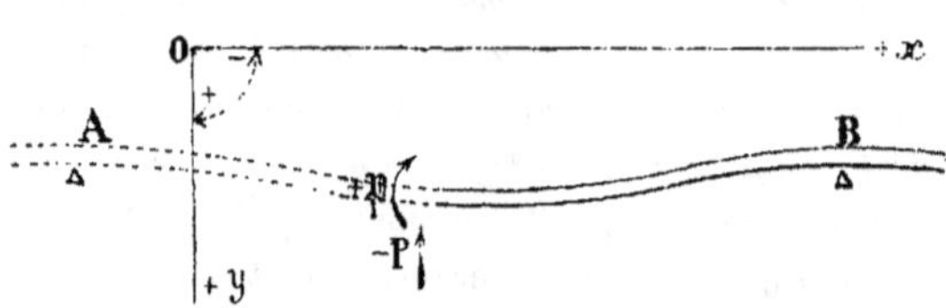

comme supprimée la partie de la construction située du côté de $-x_\infty$, et nous remplacerons cette partie par les forces qui agissent sur elle. Comme nous prenons généralement $+x_\infty$ situé à droite, la *fig.* 152 représentera les notations que nous emploierons. La partie de poutre retranchée est figurée en pointillé, et la résultante des forces qui agissent en dehors de la section est représentée par $+\,\mathfrak{P}$ et $-\,\mathrm{P}$.

Il est très important de déterminer la section à laquelle correspond le maximum du moment des forces agissant en dehors de cette section, et que nous appellerons *point* ou *section de moment maximum*. On l'obtient en menant (*fig.* 144) au polygone funiculaire une tangente parallèle à la ligne qui le ferme. Sur la figure, cette tangente passe par le sommet Q et ne coïncide avec aucun des côtés du polygone ; mais si, au lieu de supposer des charges isolées, nous considérons une poutre chargée d'une façon continue, le polygone funiculaire deviendra une courbe et la tangente coïncidera avec le côté infiniment petit, parallèle à la ligne AB qui ferme le polygone. La tension de ce côté est donnée par le rayon O (AB) dans le polygone des forces (*fig.* 145). Le point de contact coïncide par suite avec celui dont il a été question au n° 84 (p. 308), et l'on peut dire d'une manière générale :

Au point de moment maximum, la résultante des forces agissant en dehors de ce point se réduit à une force infiniment petite située à l'infini ; cette résultante change de signe en ce point et passe d'un côté à l'autre du polygone en allant à l'infini.

Si l'on applique cette propriété à une poutre chargée, on peut dire aussi que la section de moment maximum correspond à un point tel que le poids de la partie de poutre détachée soit égal à la pression déterminée sur l'appui qui soutient cette partie de poutre.

La force à l'infini agissant en dehors de la section de moment maximum a pour mesure le produit de la pression sur l'appui par la distance qui le sépare de la résultante des forces qui agissent sur la portion de poutre séparée par la section considérée ; cette résultante est du reste égale, comme nous venons de le dire, à la pression sur l'appui.

Si l'on considère en particulier le cas d'une poutre uniformément chargée d'un poids p par unité de longueur, la résultante de toutes les forces qui agissent sur la poutre passe par le milieu de la poutre. Ainsi que nous l'avons démontré au n° 79 (p. 285), les réactions des appuis sont égales et la section de moment maximum est située à égale distance des appuis.

Si nous désignons par l la longueur de la portion de poutre séparée par la section de moment maximum, longueur qui est égale dans ce cas à la demi-portée, la réaction sur un appui sera égale à la résultante pl des forces agissant jusqu'à la section de moment maximum, et la distance de cette résultante à l'appui sera égale à $\frac{1}{2}\,l$; par suite, le moment maximum sera : $pl \times \frac{1}{2}\,l = \frac{1}{2}\,pl^{2}$.

Enfin, il suffit de jeter un coup d'œil sur la *fig.* 145, p. 305, pour reconnaître que la résultante des forces agissant en dehors d'une section quelconque, par exemple y_1, est égale et contraire à celle des forces agissant entre cette section et celle de moment maximum. Lorsque l'on considère des charges isolées, il faut supposer la force qui correspond au moment maximum, c'est-à-dire la force Q dans le cas actuel, partagée par la ligne O(AB) du polygone des forces en deux parties, dont l'une agit sur la portion de poutre située à gauche de la section de moment maximum, et l'autre sur la portion de poutre située à droite de cette section. La force 1, ajoutée à la partie correspondante de la force 2, formera la somme A_1 des forces agissant en dehors de la section y_1. Si l'on déplace la section y_1, sans toutefois dépasser le point d'application d'une des forces, à un déplacement Δx (voir *fig.* 144, p. 305) correspondra un accroissement du moment des forces agissant en dehors de la section égal à Δx (A1), car, quelle que soit la position de A1 par rapport à y_1, son bras de levier prend un accroissement Δx, si aucune nouvelle force ne vient s'ajouter à celles qui agissent en dehors de la section. Si, pour une section quelconque, nous désignons par P la somme des forces agissant en dehors de cette section, et par $\mathfrak{P}$ leur moment (chacune de ces lettres étant affectée des indices correspondants aux sections et aux forces), nous pourrons poser d'une manière générale, en remarquant que l'accroissement du moment peut aussi s'exprimer par $H\Delta y_1$,

$$\frac{\Delta\mathfrak{P}}{\Delta x} = H\,\frac{\Delta y}{\Delta x} = P.$$

L'égalité

$$\frac{\Delta y}{\Delta x} = \frac{P}{H},$$

résulte d'ailleurs aussi de la similitude des figures formées par ces longueurs dans le polygone des forces et dans le polygone funiculaire, et elle est identique avec les relations établies au n° 4 (p. 21).

Il résulte de là que $\mathfrak{P}$ sera maximum quand on aura

$$\frac{\Delta\mathfrak{P}}{\Delta x} = P = 0,$$

c'est-à-dire quand la somme des forces agissant en dehors de la section sera égale à 0, ou, pour employer une expression à laquelle nous avons déjà eu recours, quand elle se réduit à un couple. Ce résultat concorde avec ce que nous avons dit plus haut.

86. VARIATION DE LA SOMME ET DU MOMENT (P ET $\mathfrak{P}$) DES FORCES PARAL-
   LÈLES AGISSANT SUR UNE POUTRE, EN DEHORS D'UNE SECTION DÉTERMINÉE,
   QUAND D'AUTRES FORCES VIENNENT S'AJOUTER A CELLES QUE L'ON CONSI-
   DÈRE.

Comme les forces parallèles et leurs moments se composent par une
simple addition, nous pourrons traiter séparément chaque force venant
s'ajouter aux quatre forces de la *fig.* 144 (p. 305), rechercher ses effets
par rapport à une section donnée, et les ajouter à une des forces précédemment considérées. Si nous effectuons sur la *fig.* 153, pour une force

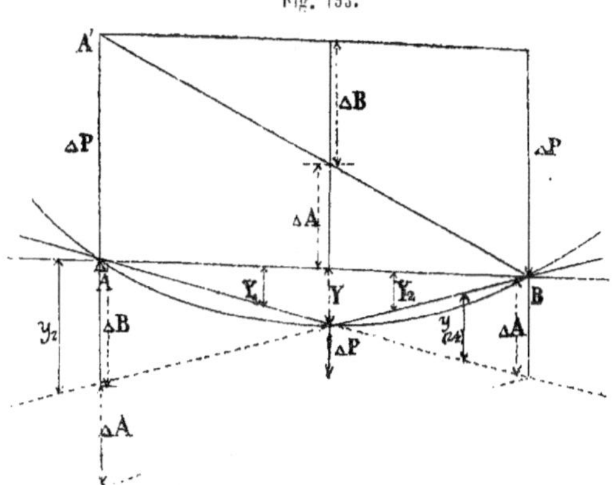

Fig. 153.

supplémentaire ΔP, les constructions que nous avons faites sur les
fig. 144 et 145 (p. 305), et si nous supposons que ΔP entre en ligne de
compte, les pressions sur les appuis A et B s'accroîtront des pressions
ΔA et ΔB de la *fig.* 153; les ordonnées représentatives des moments varieront de quantités égales à y_1, y_2 et y_{24}, et les ordonnées correspondantes de la *fig.* 144 se trouveront augmentées de ces différences d'ordonnées.

Comme nous pouvons choisir arbitrairement la distance polaire H du
polygone des forces, nous prendrons, pour simplifier, cette distance polaire égale à la portée AB. D'après le n° 84 (p. 307), les côtés extrêmes du
polygone funiculaire interceptent dans ce cas, sur les verticales A et B, des
longueurs représentant les réactions ΔB et ΔA des appuis. Si donc nous
portons sur ces verticales ces réactions dont la somme est égale à ΔP,
les rayons issus de A et B formeront deux côtés du polygone funiculaire.

se coupant sur ΔP; de plus, l'ordonnée Y de ce point d'intersection, multipliée par la distance polaire $2l$, soit $2l Y$, représentera le moment des forces agissant en dehors de la section Y. Nous notons cette ordonnée Y, et non y, afin de bien indiquer que si $2l$ a été mesuré sur l'échelle des longueurs, Y doit être mesuré sur l'échelle des forces. Si l'on fait varier la position de ΔP, le lieu des extrémités de Y est une parabole, parce que les faisceaux A et B sont projectifs et que les seuls rayons de ces faisceaux qui soient parallèles sont ceux qui sont dirigés vers le point à l'infini des verticales, en sorte que la courbe n'a qu'un point double commun avec la droite à l'infini.

Si, des deux extrémités de l'un des deux rayons, celui qui est issu de A par exemple, on projette les longueurs ΔA et ΔB, au moyen de parallèles à l'autre rayon, sur l'ordonnée de Y, et si l'on déplace ensuite cette figure en la déformant de telle manière que le rayon issu de A vienne occuper la position A'B, les deux rayons projetants seront parallèles à la ligne AB; on voit par suite que, si on porte les ΔA sur l'ordonnée correspondante de Y, au-dessus de la ligne AB, le lieu des extrémités de ces ΔA sera la ligne droite A'B. En menant par A' une parallèle à AB, on obtient sur l'ordonnée de Y le complément ΔB de ΔA.

Il ressort de la figure, ainsi que du n° 54 (p. 183), que les valeurs de ΔA et de ΔB sont données par les relations

$$\frac{\Delta A}{BY} = \frac{\Delta P}{AB} = \frac{\Delta B}{YA}.$$

Ces relations confirment ce que nous avons déjà vu, à savoir que ΔA et ΔB sont négatifs, et que $\Delta A + \Delta P + \Delta B = 0$. Si nous coupons la construction dans le sens indiqué par la *fig.* 152 (p. 312), la somme des forces agissant en dehors de la section sera, si celle-ci est comprise entre A et ΔP, égale à ΔA et par suite négative; pour une section comprise entre ΔP et B, cette somme sera $\Delta A + \Delta P = -\Delta B$, c'est-à-dire positive. On voit aussi que la force ΔP exerce sur cette somme des effets opposés, suivant qu'on la suppose agissant d'un côté ou de l'autre de la section considérée. Les relations précédentes donnent aussi le moment $\Delta \mathfrak{P}$ des forces agissant en dehors d'une section Y_1 comprise entre A ΔP :

$$\Delta \mathfrak{P} = \frac{Y_1 A \cdot BY}{AB} \cdot \Delta P = \frac{AY_1 \cdot YB}{AB} \cdot \Delta P.$$

Nous aurons de la même manière, pour le moment par rapport à une section comprise entre ΔP et B :

$$\Delta \mathfrak{P} = \frac{AY \cdot Y_2 B}{AB} \cdot \Delta P.$$

Ce dernier résultat est mis en évidence par la figure suivante :

Fig. 154.

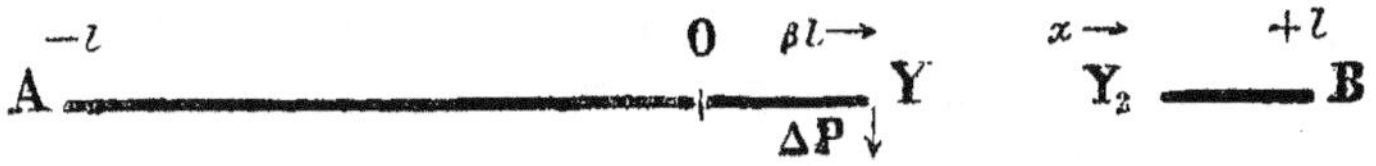

Le moment est égal au produit des deux segments figurés par un trait fort et situés de part et d'autre de la charge et de la section donnée, divisé par la portée totale AB et multiplié par ΔP.

On peut déduire aussi de la figure une expression très simple du moment $\Delta\mathfrak{P}$. Si l'on place l'origine des abscisses au milieu O de la portée et si l'on désigne par βl l'abscisse de ΔP, par x celle de la section pour laquelle on veut déterminer le moment, on aura respectivement, pour un x compris entre $-l$ et βl, limites que nous désignerons par -1 et β, et pour un x compris entre β et $+1$:

$$\Delta\mathfrak{P}^{\beta}_{-1} = \frac{1}{2}\,(1+\beta)\left(1-\frac{x}{l}\right) l\Delta\mathrm{P},$$

$$\Delta\mathfrak{P}^{+1}_{\beta} = \frac{1}{2}\,(1-\beta)\left(1+\frac{x}{l}\right) l\Delta\mathrm{P}.$$

De ces remarques générales nous concluons la proposition suivante :
Si à des charges données l'on ajoute une charge nouvelle ΔP, *la section de moment maximum se rapprochera du point d'application de cette charge, et elle s'en rapprochera d'autant plus que* ΔP *sera lui-même plus voisin de la section de moment maximum.*

Supposons, par exemple, que cette section soit située entre Y et B ; rien ne sera modifié dans la partie YB de la poutre, si ce n'est la pression sur l'appui B qui sera augmentée ; par suite, d'après ce qui a été dit au n° 85 (p. 314), la portion de poutre comprise entre la section de moment maximum et l'appui B devra être plus longue, afin que son poids soit toujours égal à la pression sur l'appui B. La section de moment maximum s'éloignera donc de B et se rapprochera de Y, puisque, par hypothèse, ΔP est situé du côté opposé ; elle s'en rapprochera d'ailleurs d'autant plus que B sera plus grand, et, par suite, que ΔP sera plus près de B, c'est-à-dire de la section de moment maximum que ΔP ne peut pas dépasser d'après notre hypothèse.

Si la charge d'une poutre est uniformément répartie, la section de moment maximum sera le plus rapprochée d'un appui lorsque la poutre sera totalement chargée entre cette section et l'appui. Si l'on peut augmenter cette charge uniforme dans certaines parties, par exemple en intercalant une locomotive dans un train, la section de moment maximum se rapprochera d'autant plus de l'appui que la locomotive sera elle-même plus rapprochée de cette section. Comme une charge placée au delà du point de moment maximum par rapport à un appui éloigne ce point de l'appui considéré, la locomotive ne devra pas dépasser le point de moment maximum pour que ce point soit le plus près possible de l'appui.

Ainsi, quand un train, ayant sa locomotive en tête, s'engage sur un pont, le point de moment maximum se rapproche sans cesse de la locomotive qui avance, jusqu'à ce qu'il atteigne la roue d'avant; lorsque le train continue à avancer, le point de moment maximum s'éloigne du premier appui pour se rapprocher du second, jusqu'à ce qu'il soit atteint par la dernière roue de wagon; il rétrograde ensuite pour regagner sa position primitive.

La somme P *des forces agissant en dehors d'une section* Y_1 *(fig. 144 et 153) est augmentée ou diminuée suivant que l'on ajoute une force d'un côté ou de l'autre de cette section. Cette variation est d'autant plus considérable que la force ajoutée est plus rapprochée de la section.*

En effet, nous venons de démontrer que ΔP produit des effets opposés, suivant qu'on l'ajoute d'un côté ou de l'autre d'une section faite dans la construction. S'il s'agit d'augmenter l'effort tranchant négatif, on chargera autant que possible la portion comprise entre la section et l'appui B; s'il s'agit, au contraire, d'augmenter l'effort tranchant positif, c'est la partie comprise entre l'appui et la section qu'il faut charger.

En outre, comme ces forces ΔA et ΔB sont proportionnelles aux longueurs AY et YB, l'effet de ΔP est d'autant plus grand que ΔP est plus rapproché de la section.

En reprenant l'exemple donné plus haut, on peut dire que, pour une section quelconque, la somme $(+ P)$ des forces agissant en dehors de cette section est maxima, quand la roue d'avant du train venant de B atteint la section y_1; elle est minima (et sa valeur absolue $- P$ est un maximum) quand la roue d'avant du train venant de A atteint cette section.

Le moment des forces agissant en dehors d'une section quelconque y_1 *(fig. 144 et 153) augmente lorsqu'on ajoute une force* ΔP *agissant dans l'étendue de la travée* AB; *l'accroissement est d'autant plus grand que la force ajoutée est plus rapprochée de la section.*

Comme, d'après le n° 85 (p. 309), les moments sont proportionnels aux ordonnées du polygone funiculaire prises par rapport à la ligne qui ferme ce polygone, et que ces ordonnées, pour chaque section de la *fig. 144*, s'accroissent des ordonnées correspondantes de la *fig. 152*, les moments subissent aussi des accroissements proportionnels à ces dernières ordonnées. Il ressort d'ailleurs de la *fig.* 152 que ces accroissements ont tous le même signe dans l'étendue de la portée AB, car toutes les ordonnées qui représentent ces accroissements appartiennent à une surface de moment de signe constant (voir n° 85, p. 314).

La même figure montre d'ailleurs que y_1 est maximum quand ΔP a son point d'application sur la section considérée.

Si nous appliquons encore ces propositions à l'exemple donné plus haut, on voit que le moment des forces agissant en dehors d'une section donnée est maximum quand tout le pont est chargé, et que les charges les plus fortes sont concentrées auprès de cette section. Deux trains, ayant leurs locomotives cheminée contre cheminée et se rencontrant sur la section considérée, déterminent par suite le moment maximum dans cette section.

87. COMPOSITION ANALYTIQUE DES FORCES PARALLÈLES

L'équation normale de la ligne d'action d'une force est :

$$n_i = (ax + by + c_i)\,\frac{\omega'}{c}.$$

Lorsque toutes les forces sont parallèles, le rapport des coefficients a et b est constant, et par suite il en est de même des rapports $\dfrac{a}{c}\,\omega'$ et $\dfrac{b}{c}\,\omega'$. Il n'y a alors d'autre coefficient variable, quand on passe d'une direction à l'autre, que c_i. Dans la formule de sommation, on peut mettre ces rapports en facteurs communs, et on obtient pour l'équation de la résultante :

$$S_s = (ax + by)\,\frac{\omega'}{c}\,\sum A + \sum \frac{c\omega'}{c}\,A.$$

On voit qu'en divisant par ΣA, on met cette équation sous la forme normale, et par suite, on a :

$$S = \Sigma A.$$

Il résulte en outre de l'équation précédente que la résultante est parallèle aux composantes, et que son moment est égal à la somme des moments de ces composantes.

La proposition générale, démontrée au n° 53, p. 179, pour l'équilibre de forces quelconques, s'applique à l'équilibre de deux forces parallèles; les lignes d'action des deux forces doivent coïncider, et ces deux forces doivent être égales et de sens contraire. Quant à l'équilibre de trois forces parallèles, il n'y a rien à changer à ce qui a été dit au n° 54, p. 183; on n'a qu'à regarder n comme la forme normale des équations.

Lorsque des forces parallèles ont une direction constante, il convient de prendre l'un des axes, celui des y, par exemple, parallèle à cette direction, et l'autre axe perpendiculaire. L'équation d'un ΔP positif, agissant à l'extrémité d'un bras de levier positif b, et qui, par suite, tourne dans le sens positif autour de l'origine. est :

$$(b + x)\Delta P.$$

L'équation de la résultante de tous les ΔP est donc :

$$\Sigma(b - x)\Delta P = -x\Sigma\Delta P + \Sigma b\Delta P.$$

le signe Σ s'étendant à toutes les forces à composer. En divisant par $\Sigma\Delta P$, on met cette équation sous la forme normale; par suite, $\Sigma\Delta P$ est la grandeur de la résultante, et l'abscisse de son point d'application est :

$$x = \Sigma b\Delta P = \Sigma\Delta P.$$

Si l'on suppose un système de forces agissant sur une poutre, et qui doit être équilibré par les réactions A et A_1 de deux appuis dont les abscisses sont a et a_1, on aura :

$$0 = -x(A + \Sigma\Delta P + A_1) + aA + \Sigma b\Delta P + a_1 A_1.$$

Cette équation devant être satisfaite pour une infinité de valeurs de x, il faut qu'on ait simultanément :

$$0 = A + \Sigma\Delta P + A_1,$$
$$0 = aA + \Sigma b\Delta P + a_1 A_1.$$

On en déduit :

$$A = -\sum \frac{a_1 - b}{a_1 - a} \Delta P \quad \text{et} \quad A_1 = -\sum \frac{b - a}{a_1 - a} \Delta P.$$

Faisons une section entre le ΔP d'indice i et le ΔP d'indice $i + 1$, et désignons par $\mathfrak{P}$ l'équation de la résultante des forces agissant en dehors de cette section, c'est-à-dire son moment par rapport au point x; nous aurons. d'une manière analogue à ce que nous avons vu au n° 86, p. 316 :

$$\mathfrak{P} = (a - x)A + \sum_a^i (b - x)\Delta P = -(a_1 - x)A_1 - \sum_i^{a_1} (b - x)\Delta P$$

$$= \sum_a^i \frac{(b - a)(a_1 - x)}{a_1 - a} \Delta P + \sum_i^{a_1} \frac{(x - a)(a_1 - b)}{a_1 - a} \Delta P.$$

La somme P des forces agissant en dehors de la section i s'obtient, soit directement, soit en formant le coefficient de $-x$ dans l'expression de $\mathfrak{P}$:

$$P = A + \sum_a^i \Delta P = -A_1 - \sum_i^{a_i} \Delta P = \sum_a^i \frac{b - a}{a_1 - a}\Delta P - \sum_i^{a_1} \frac{a_1 - b}{a_1 - a}\Delta P.$$

En regardant P comme $\Sigma\Delta P$, on voit, d'après ces équations, que chaque réaction A et A_1 joue le rôle d'une constante d'intégration.

Appelons l la portée de la poutre, b et b'' les distances respectives d'un ΔP aux appuis A et A_1, et x, x' les distances de la section considérée à ces mêmes appuis. On aura :

$$b + b' = x + x' = l,$$

et le produit bx doit avoir un signe contraire à celui de $b'x$. Avec ces notations, les formules précédentes se simplifient et deviennent :

$$A = -\frac{1}{l}\sum_o^l b'\Delta P, \quad A_1 = -\frac{1}{l}\sum_o^l b\Delta P,$$

$$P = A + \sum_o^i \Delta P = -A_1 - \sum_i^l \Delta P = \frac{1}{l}\left(\sum_o^i b\Delta P - \sum_i^l b'\Delta P\right),$$

$$\mathfrak{P} = -xA - \sum_o^i (x-b)\Delta P = -x'A_1 - \sum_i^l (x'-b')\Delta P$$

$$= \frac{x'}{l}\sum_o^i b\Delta P + \frac{x}{l}\sum_i^l b'\Delta P.$$

Quand on veut déterminer les forces résultant de charges fixes, par exemple du poids propre d'un pont, A et A_1 sont constants, et le calcul peut s'effectuer très facilement au moyen de l'une des premières formules. Mais si les charges sont variables, comme celles qui résultent du déplacement d'un train, le calcul est plus simple au moyen de la dernière formule, qui ne contient ni A ni A_1.

S'il n'y a qu'une charge unique ΔP, l'un des termes Σ disparaît dans les formules précédentes. Si en outre on prend les moments par rapport à la section correspondante à cette charge unique, on devra faire $x = b$, $x' = b'$, et l'on obtient :

$$P = A = -\frac{l-x}{l}\Delta P,$$

$$\mathfrak{P} = \frac{xx'}{l}\Delta P.$$

En portant, à une échelle quelconque, sur l'ordonnée correspondante à la position de la charge ΔP, cette force P et le moment $\mathfrak{P}$, on obtient une ligne droite pour le lieu de l'extrémité de P, et une parabole pour le lieu de l'extrémité de $\mathfrak{P}$, comme au n° 86, p, 316.

Dans le cas des poutres symétriques, et en vue de certaines déductions analytiques, il est commode de prendre l'origine des abscisses au milieu de la portée (*fig.* 154, p. 317). Les formules deviennent alors :

$$A = -\frac{1}{2}\sum_{-1}^{+1} (1-\beta)\Delta P, \quad A_1 = -\frac{1}{2}\sum_{-1}^{+1} (1+\beta)\Delta P,$$

$$P = A + \sum_{-1}^i \Delta P = -A_1 - \sum_i^{+1} \Delta P = \frac{1}{2}\sum_{-1}^i (1-\beta)\Delta P + \frac{1}{2}\sum_i^{+1} (1+\beta)\Delta P,$$

$$\mathfrak{P} = -(l+x)A + \frac{1}{2}\sum_{-1}^i \left(\beta - \frac{x}{l}\right)l\Delta P = -(l-x)A_1 - \frac{1}{2}\sum_i^{+1} \left(\beta - \frac{x}{l}\right)l\Delta P$$

$$= \frac{1}{2}(l-x)\sum_1^i (1+\beta)\Delta P + \frac{1}{2}(l+x)\sum_i^{+1} (1-\beta)\Delta P.$$

Si la charge est continue, et que p soit une fonction de β représentant la charge par unité de longueur, on n'a qu'à poser $\Delta P = lpd\beta$ et à intégrer au lieu de faire la somme.

Si la charge est uniformément répartie, on peut la supposer concentrée au milieu de la poutre, et on n'a par suite qu'à remplacer, dans les formules précédentes, ΔP par la charge totale, βl par l'abscisse du milieu, puis à faire la somme.

Quand la charge uniformément répartie n'occupe qu'une portion de la poutre, dont les extrémités sont b et b_1, ou βl et $\beta_1 l$, on devra remplacer ΔP par $(b_1 - b)p$ ou $(\beta_1 - \beta)lp$; $b\Delta$P, $(1 + \beta)l\Delta$P et $(1 - \beta)l\Delta$P par $\frac{1}{2}(b_1 - b)p$, $\left[1 + \frac{1}{2}(\beta + \beta_1)\right](\beta_1 - \beta)l^2 p$ et $\left[1 - \frac{1}{2}(\beta + \beta_1)\right](\beta_1 - \beta)l^2 p$, et sommer les différents poids et les moments.

Le cas qui se présente le plus fréquemment dans la pratique est celui où la section considérée i sépare des charges différentes p et q par unité de longueur, et où la travée entière est chargée.

Dans ce cas, le nombre des ΔP se réduit à deux, et si l'on désigne par b et b' les distances respectives de la section i aux appuis, les deux ΔP sont bp et $b'q$, et leurs moments par rapport aux appuis voisins sont $\frac{1}{2}b^2 p$ et $\frac{1}{2}b'^2 q$. On a alors :

$$\mathrm{A} = -\frac{1}{l}\left[\left(l - \frac{1}{2}b\right)bp + \frac{1}{2}b'^2 q\right], \quad \mathrm{A}_1 = -\frac{1}{l}\left[\frac{1}{2}b^2 p + \left(l - \frac{1}{2}b'\right)b'q\right],$$

$$\mathrm{P} = \frac{1}{l}\left(\frac{1}{2}b^2 p - \frac{1}{2}b'^2 q\right),$$

$$\mathfrak{B} = \frac{x'}{2l}b^2 p + \frac{x}{2l}b'^2 q,$$

x et x' désignant les distances aux appuis du point par rapport auquel on prend les moments.

Si l'on place l'origine des abscisses au milieu de la portée, et qu'on désigne par βl l'abscisse de la section i, par x celle du centre des moments, et par l la demi-portée, c'est-à-dire par $\pm l$ les abscisses des appuis, les deux ΔP sont $(1 + \beta)lp$ et $(1 - \beta)lq$, et leurs moments par rapport aux appuis voisins sont $\frac{1}{2}(1 + \beta)^2 l^2 p$ et $\frac{1}{2}(1 + \beta)^2 l^2 q$. On a, dans ce cas :

$$\mathrm{A} = -\frac{1}{4}(3 - \beta)(1 + \beta)lp - \frac{1}{4}(1 - \beta)^2 lq,$$

$$\mathrm{A}_1 = -\frac{1}{4}(1 + \beta)^2 lp - \frac{1}{4}(3 + \beta)(1 - \beta)lq,$$

$$\mathrm{P} = \frac{1}{4}(1 + \beta)^2 lp - \frac{1}{4}(1 - \beta)^2 lq,$$

$$\mathfrak{B} = \frac{1}{4}(l - x)(1 + \beta)^2 lp + \frac{1}{4}(l + x)(1 - \beta)^2 lq.$$

Quand la charge est uniforme sur toute la longueur de la poutre, on a $p = q$. En prenant, dans ce cas, l'un des appuis pour origine, et appelant b l'abscisse de la section considérée, x l'abscisse du centre des moments, l la longueur de la travée, on a :

$$\mathrm{A} = \mathrm{A}_1 = -\frac{1}{2}lp,$$

$$\mathrm{P} = -\left(\frac{1}{2}l - b\right)p.$$

$$\mathfrak{B} = \frac{1}{2}(b^2 - 2bx + lx)p.$$

Enfin, si l'on prend l'origine au milieu de la portée et qu'on désigne par βl

l'abscisse de la section, par x celle du centre des moments, par $\pm l$ celle des appuis, on obtient :

$$A = A_1 = -lp,$$
$$P = \beta lp,$$
$$\mathfrak{P} = \left(1 + \beta^2 - 2\beta\,\frac{x}{l}\right)\frac{1}{2}\,l^2 p.$$

88. CENTRE DE PRESSION DES ESSIEUX D'UN TRAIN FORMÉ DE LOCOMOTIVES

Les trains de locomotives forment le mode de chargement le plus important, et nous pourrions presque ajouter celui qui se présente le plus fréquemment pour le calcul des ponts à construire de nos jours; souvent même on considère la charge résultant du passage d'un train de locomotives comme la charge maxima qu'un pont puisse avoir à supporter. La première question à résoudre consiste à rechercher où se trouve le point d'application du centre de pression, ou bien où passe la verticale du centre de gravité d'un certain nombre d'essieux situés d'un côté ou de l'autre d'une section déterminée.

Comme les opérations nécessaires à la détermination de ce point d'application sont connues, il nous suffira de les appliquer à un exemple.

Sur la Pl. XI₁, nous avons déterminé les verticales passant par les centres de pression d'un nombre arbitraire d'essieux consécutifs d'un train formé par des locomotives Engerth. Sur une horizontale tracée près du bord supérieur de la feuille, nous avons porté, à l'échelle de 0ᵐ,003 par mètre, une série de longueurs de 10ᵐ,60, représentant chacune une locomotive avec son tender; nous avons figuré la position des essieux de chaque locomotive, et nous les avons numérotés de 1 à 35; la dimension de la feuille nous a permis de placer sept locomotives. Les quatre premières sont dirigées vers la droite et les trois dernières vers la gauche, en sorte qu'entre le vingtième et le vingt et unième essieu, les locomotives sont placées cheminée contre cheminée. C'est entre ces essieux et les essieux voisins que nous trouverons plus tard les moments maxima. Les sommets du polygone funiculaire sont situés sur les verticales correspondantes aux points de contact des roues. Nous n'avons pas figuré ces verticales.

Sur une verticale tracée à gauche de la planche, nous avons porté à l'échelle de 0ᵐ,003 par 10 tonnes les charges correspondantes à chaque essieu, savoir 13 tonnes pour chacun des trois essieux de la locomotive, et 8ᵗ,5 pour chaque essieu de tender. Nous avons naturellement donné aux charges les numéros des essieux correspondants.

Nous avons pris pour distance du pôle à la verticale des forces une longueur de 0,06 représentant soit une longueur de 20 mètres, soit un poids de 200 tonnes, suivant que l'on prendra pour base de réduction des moments un poids ou un bras de levier.

En prolongeant deux côtés quelconques du polygone funiculaire, on obtient par leur intersection un point de la résultante des pressions produites par les essieux compris entre ces côtés. Le plus souvent on définit la position de cette résultante par sa distance au premier essieu. Dans la Pl. XI₁, c'est l'essieu n° 20 qui est le premier, et cette planche indique comment les distances des centres de pression de tous les essieux qui précèdent ou qui suivent le vingtième peuvent être mesurées.

Comme, sur cette figure, le point d'intersection des côtés du polygone funiculaire qui sont voisins les uns des autres ne sont pas obtenus avec précision, nous avons répété la construction sur la Pl. XI₂, à une échelle double, en ne considérant que la partie du polygone relative à deux locomotives, et en prenant pour distance polaire une longueur de 5 mètres correspondante à 50 tonnes seulement.

Enfin, comme exemple, nous avons reproduit les mêmes constructions sur la Pl. XI₃, pour un train léger formé de locomotives à voyageurs. Les charges sur les essieux sont seulement de 4ᵗ,5, 10ᵗ,8, 2ᵗ,7, 4ᵗ,4 et 4 tonnes, et la longueur totale de la locomotive et de son tender est de 12ᵐ,60.

89. MOMENT D'UN TRAIN DE LOCOMOTIVES PAR RAPPORT A UNE SECTION D'UNE POUTRE CHARGÉE

Les polygones de la Pl. XI servent principalement à mettre en évidence les moments résultant de la surcharge accidentelle, et à déterminer, pour une portée donnée, le mode de chargement le plus défavorable résultant du déplacement du train.

Tant que les charges ne sont pas représentées d'une façon régulière par une loi, il n'est pas possible de donner des règles précises sur le mode de déplacement de ces charges. Nous ne serons pas en état de dire *à priori* : à telle ou telle portée correspond telle ou telle position la plus défavorable pour le train ; nous ne pouvons procéder que par tâtonnement. Néanmoins les considérations suivantes pourront être de quelque utilité, spécialement pour les petites portées.

Si, sur un quelconque des polygones funiculaires de la Pl. XI, nous réunissons deux points par une droite, dont la longueur, mesurée horizontalement, c'est-à-dire parallèlement à la tension horizontale, soit égale à une portée déterminée, les ordonnées du polygone, par rapport à cette ligne, seront, d'après le n° 85 (p. 309), proportionnelles aux moments des forces agissant en dehors des sections correspondantes à ces ordonnées. Pour obtenir ces moments, il faut multiplier les ordonnées par la tension horizontale considérée comme force. On peut les mesurer directement sur la figure, en multipliant l'échelle adoptée par la tension horizontale. Ainsi, sur les *fig.* 1 et 2 de la Pl. XI, une longueur de $0^m,003$ représentera un moment de 200 tonnes avec un bras de levier de 1 mètre; sur la *fig.* 2, une longueur de $0^m,006$ ne représentera qu'un moment de 50 tonnes.

Si l'on déplace une même travée par rapport au polygone funiculaire, c'est-à-dire si l'on déplace une corde BB' de ce polygone (Pl. XI_2), de telle façon que la distance horizontale de ses extrémités reste constante, ces cordes envelopperont une parabole TT″OT′ tant qu'elles s'appuieront sur les deux mêmes côtés du polygone, parce que leurs extrémités décrivent sur ces côtés des ponctuelles semblables. De plus, un point quelconque T″ de ces cordes correspondant à un point fixe de la travée se déplacera sur une tangente BB' à la parabole, parce que toutes les tangentes se coupent réciproquement suivant des ponctuelles semblables. Les ordonnées verticales ET″ comprises entre la parabole et le polygone représentent les moments maximum qui peuvent se produire en un point E du polygone, car, puisque la parabole est l'enveloppe des cordes, aucune de celles-ci ne peut couper l'ordonnée ET″ qui représente le moment, plus haut que T″. L'ordonnée maxima E′, correspondant à la position BB' de la corde, représentera le moment maximum qui peut se produire au point T″ de la corde, qui décrit, comme nous venons de le dire, lorsque la travée se déplace, la tangente BB′.

Enfin, l'ordonnée maxima comprise entre la parabole et le polygone représente le moment maximum qui peut se produire pour une portée déterminée BB′. Il est à peine nécessaire de rappeler que les deux derniers maximums correspondent toujours à un sommet du polygone.

Ces différents maximums apparaissent clairement lorsque la parabole est construite, mais, comme il est assez difficile de la tracer, il est bon de chercher à les déterminer directement.

Pour une portée donnée BB′, mesurée horizontalement, on obtient facilement le point T″ de la parabole correspondant à une verticale déterminée E, ainsi que la position correspondante BB′ de la corde. Il suffit de remarquer, en effet, que le milieu O′ de cette corde se trouve toujours à égale distance de la verticale donnée E et de la verticale passant par le point de rencontre S des côtés directeurs de la parabole. Car si l'on mène la tangente AA′ qui a son milieu en O, cette tangente coupera toutes les autres tangentes à la parabole en leur milieu, et par suite BB′ en son milieu O′. Le point O′ étant l'intersection des deux tangentes à la parabole se trouve à égale distance des diamètres passant par leurs points de contact, c'est-à-dire des verticales S et E.

Si les distances horizontales T″B et T″B′ sont données, la proposition que nous venons de démontrer permet de déterminer la position de la tangente BB′ sur laquelle se meut le point fixe T″, car, comme BB′ et OT″ sont divisés l'un et l'autre en deux parties égales par O′, on obtient la position des points B et B′ en prenant des distances horizontales BO et OB′ égales aux distances T″B′ et BT″.

La plus grande ordonnée de la corde BB′, ordonnée qui correspond au sommet E′, représente le moment maximum qui peut se produire dans la section T″; mais il est clair que ce moment ne se produit pas dans la position BB′, mais bien quand le point T″ se trouve sur la verticale de E′.

Enfin, quand on donne la position d'une extrémité B et de E, ce qui correspond au cas où de nouveaux essieux entrent dans la travée, on obtient la position de l'autre extrémité, en prenant la distance horizontale SB′ = BE.

Nous serions maintenant en mesure de construire directement les moments maximums si le sommet E′ pour lequel ces moments se produisent était connu. Nous ne pouvons pas le déterminer *a priori*. Cependant, dans le cas d'une charge uniformément répartie, produite par un train de locomotives de poids égaux, ce sommet sera généralement un des sommets voisins de la résultante de la charge, c'est-à-dire de S. Il n'y aura d'exception à cette règle que lorsque la charge sera inégalement répartie, lorsque, par exemple, à une série d'essieux de locomotives succédera une série d'essieux de wagons moins chargés; il serait alors possible que les plus lourds essieux de locomotives se maintinssent plus longtemps que la verticale de la résultante sur l'ordonnée du moment maximum. Car tant que la charge est uniforme, tous les côtés qui se trouvent compris entre les mêmes essieux des différentes locomotives enveloppent des paraboles, et le polygone se rapproche alors de la forme parabolique; dans ce cas, l'angle E′ du polygone voisin de la résultante S, contiendra toujours les directions (mais non la position) des tangentes moyennes, et par suite aussi les directions des cordes qui leur sont parallèles et par rapport auxquelles les moments sont pris; le sommet E′ détermine par suite la position de l'ordonnée maxima. Si, au contraire, la charge est inégalement répartie, le polygone correspondant paraîtra déplacé par rapport à une parabole inscrite dans l'angle des côtés extrêmes. La moitié correspondante à la charge la plus faible sera plus déprimée que la parabole, et la moitié correspondante à la charge la plus forte, plus renflée. Par suite, la parabole et le polygone se coupent et leurs sommets sont éloignés l'un de l'autre. Le sommet de la parabole étant sur la verticale de la résultante des charges, et celui du polygone correspondant à l'ordonnée maxima, il est donc possible que le sommet correspondant au moment maximum ne soit pas le plus rapproché de la verticale de la résultante.

Ce cas ne se présente du reste pour aucun des polygones de la Pl. XI. bien que les essieux des locomotives soient plus chargés et plus rapprochés que ceux des tenders qui les suivent.

Mais si ce cas se présentait pour une charge donnée, le sommet correspondant au moment maximum ne pourrait être déterminé que par tâtonnement, ce qui se fait du reste si facilement et si rapidement que nous n'avons pas besoin d'insister davantage.

Nous pouvons traduire de la manière suivante en langage ordinaire les résultats auxquels nous sommes parvenus par des considérations graphiques :

Lorsqu'une poutre est chargée par des essieux (charges concentrées sur des points), la section de moment maximum de la poutre se trouve toujours sous un essieu.

En général, c'est sous l'essieu le plus voisin de la résultante des charges que se trouve la section de moment maximum.

Lorsque la charge occupe la position la plus défavorable, cette résultante et cet essieu sont à égale distance du milieu de la poutre.

Dans le cas de la charge la plus défavorable pour une section donnée, un essieu se trouve également sur cette section. Cet essieu peut être déterminé par cette condition que le train soit placé de telle sorte que la section considérée et la direction de la résultante des charges soient à égale distance du milieu de la poutre; l'essieu sous lequel se produit le moment maximum est celui qui doit passer sur la section donnée pour que le moment soit maximum dans cette section. Il est bien entendu d'ailleurs qu'aucun des essieux ne doit sortir de la travée.

Les théorèmes que nous venons d'énoncer peuvent être considérés comme le complément de ce que nous avons dit au n° 86, p. 317. Nous n'avons rien à ajouter à ce que nous avons dit dans ce numéro au sujet du maximum produit par des forces agissant en dehors d'une section déterminée.

90. POSITION LA PLUS DÉFAVORABLE D'UN TRAIN DE LOCOMOTIVES
SUR DES POUTRES DE DIFFÉRENTES PORTÉES

Nous sommes maintenant en mesure de représenter la position la plus défavorable d'un train pour différentes portées. C'est ce que nous avons fait (Pl. XI$_2$) pour de petites ouvertures.

Nous avons tracé plusieurs ordonnées r représentant les moments maximums. Chacune de ces ordonnées correspond à certaines limites de l'ouverture et détermine l'essieu sous lequel se produit le moment maximum. Nous avons figuré par un trait pointillé — · —· · —· — la position du milieu m de la travée.

D'après ce que nous avons vu précédemment, ce milieu est toujours situé à égale distance de l'essieu r et de la verticale passant par l'intersection des côtés du polygone funiculaire correspondant à la charge de la travée considérée, verticale qui représente la position de la résultante de cette charge. Quand r et m coïncident, nous n'avons marqué que r. Lorsque de nouveaux essieux s'introduisent sur la travée, la position de m, et par suite aussi celle de r, change. Par suite, au moment où un nouvel essieu s'introduit, une même travée peut occuper deux positions différentes, correspondant l'une et l'autre à un maximum du moment, suivant qu'on trace le côté extrême du polygone funiculaire en tenant compte de cet essieu ou en le laissant de côté, car, dans ces deux cas, le milieu de la travée occupe des positions différentes.

Il est clair que toutes les travées qui sont plus petites que le double de la distance de l'essieu considéré à celui des deux milieux qui est le plus rapproché de cet essieu auront leur centre sur l'autre milieu. Inversement, toutes les travées qui sont plus grandes que le double de la distance de l'essieu considéré à celui des deux milieux qui est le plus éloigné de cet essieu auront leur centre sur l'autre milieu. Enfin, les travées comprises entre ces deux limites pourront avoir leur centre soit sur l'un, soit sur l'autre milieu. Sur la Pl. XI$_2$, nous avons figuré, pour le cas du quatrième essieu de la seconde locomotive, les deux positions de la travée moyenne entre les deux limites dont nous venons de parler. Si l'on mesure le moment maximum correspondant à chacune de ces deux positions, on trouve la même valeur dans les deux cas, du moins en égard à la précision dont la figure est susceptible. Cette ouverture moyenne peut donc être considérée comme une ouverture limite, au-dessous de laquelle le centre de la travée sera pris sur le milieu le plus éloigné de l'essieu, et au-dessus de laquelle le centre de la travée sera pris sur le milieu le plus rapproché.

En opérant comme nous venons de l'indiquer, il sera facile de déterminer sur une épure les différentes positions que peut occuper le milieu d'une travée, suivant son ouverture, et les limites de l'ouverture auxquelles correspond chaque milieu. Cette épure peut être utile dans le cas de poutres de petites portées ayant une section constante, et l'usage en est très simple. Supposons, par exemple, qu'il s'agisse de déterminer la section à donner à une poutre de 8 mètres l'ouverture, de façon qu'elle puisse résister à la charge d'un train formé de locomotives Engerth. Sur la Pl. XI$_2$, on inscrira dans le polygone funiculaire une corde de 8 mètres de longueur mesurée horizontalement, dont le milieu soit sur la verticale m dont les limites comprennent entre elles l'ouverture de 8 mètres. L'ordonnée r correspondante est celle qui passe par le sommet 2; cette ordonnée représente soit $14^T,2$, soit $1^m,42$. Comme la distance polaire représente un bras de levier de 5 mètres ou une force de 50^T, le moment maximum sera égal à 71. De ce moment maximum on déduira aisément la section qu'il convient de donner à la poutre.

Si l'on mène par le pôle du polygone des forces une parallèle à la corde de 8 mètres (cette corde est la ligne qui ferme le polygone funiculaire), cette parallèle partage la charge totale 1 2 3 4 en deux segments de $22^T \frac{1}{4}$ et $25^T \frac{1}{4}$, qui représentent les réactions des appuis.

Fréquemment on compare le moment maximum à celui d'une poutre uniformément chargée; on opère ainsi surtout pour déterminer facilement ce moment par la formule $\frac{1}{2}\,pl^2$. Lorsqu'on emploie les procédés graphiques, cette comparaison devient inutile, parce qu'il est bien plus rapide de construire ce moment que de le calculer. Nous avons cependant représenté cette comparaison sur la Pl. XI$_2$. Comme la parabole est, d'après ce qui a été dit au n° 79, p. 284, la courbe de la charge uniforme, et que, dans la parabole, la sous-tangente est égale au double de l'abscisse, on obtient facilement la direction des tangentes pp d'une parabole sous-tendue par une corde dont la projection horizontale est égale à 8 mètres, et dont l'ordonnée maximum est égale à l'ordonnée du sommet 2 du polygone. Il suffit d'élever, sur le milieu m de la portée de 8 mètres, une verticale ayant le double de cette ordonnée pour longueur, et de joindre l'extrémité de cette ordonnée aux deux extrémités de la corde par les lignes pp. Si l'on mène par le pôle du polygone des forces deux parallèles à ces tangentes extrêmes, ces parallèles déterminent sur la verticale des forces la charge qui, uniformément répartie sur ces

8 mètres, produirait un moment maximum égal à celui que produit la locomotive. En augmentant cette charge dans le rapport de 10 à 8 ou de $0^m,05$ à $0^m,04$, ainsi que nous l'avons indiqué sur la figure, nous obtiendrons 88 tonnes comme charge équivalente pour 10 mètres. La charge uniformément répartie est par suite, suivant l'expression habituellement employée, de $8^T,8$ par mètre courant. Comme vérification, cette charge uniformément répartie donne, d'après le n° 85, p. 313, un moment maximum de $\frac{1}{2} \times 8,8 \times 4^2 = 70,4$, alors que nous avons trouvé 71.

Dans les poutres formées de matériaux lourds, tels que le fer ou l'acier, et pour lesquelles chaque section doit être en rapport avec les forces qui agissent en dehors de cette section, il ne suffit plus de connaître seulement le moment maximum, mais il faut encore le déterminer pour diverses sections. C'est ce que nous avons fait sur la Pl. XI$_4$, où les courbes des moments ont été tracées au moyen des ordonnées de la Pl. XI$_2$, pour des ouvertures de 2 à 10 mètres. Nous verrons, par les calculs du numéro suivant (dont les résultats pour les petites ouvertures de 2, 3, 4 mètres ont été figurés sur la Pl. XI$_4$ en exagérant l'échelle des hauteurs), que l'on ne peut rien dire de général sur la forme de ces courbes ; les unes sont renflées vers le sommet, les autres sont au contraire aplaties.

Dans les frameworks, on n'a besoin des moments qu'aux nœuds. Pour montrer comment ces moments varient d'un nœud à l'autre, nous avons figuré sur la Pl. XI$_1$ les trajectoires que décrivent les 11 nœuds équidistants lorsqu'on les fait glisser sur le polygone correspondant au train de locomotives.

A gauche du vingtième essieu nous avons tracé les lignes brisées que décrivent les cinq premiers nœuds, et à droite celles que décrivent les cinq derniers. La ligne moyenne est décrite par le milieu de la poutre. La position de la poutre est elle-même figurée trois fois.

Les distances verticales de ces lignes au polygone funiculaire donnent les moments pour les diverses positions du train.

Un coup d'œil jeté sur cette figure montre que les maximums des moments se produisent sur l'un des trois premiers essieux des locomotives qui vont à la rencontre l'une de l'autre, par suite sur l'un des essieux 18 à 23, parce que chacune des trajectoires des nœuds est renflée dans la partie correspondante à ces essieux. Au moyen d'essais avec le compas, on détermine facilement les moments maximums, que nous avons désignés sur chaque trajectoire par la lettre m. On remarque également, ce qui s'accorde avec ce que nous avons dit plus haut, que les maximums ne peuvent en général se produire que sous l'un des essieux les plus chargés des locomotives. Comme les irrégularités dans la courbure des diverses trajectoires diminuent en allant de la trajectoire d'un nœud extrême à celle du nœud central, il en résulte que le maximum de la distance verticale entre l'une quelconque de ces trajectoires et le polygone funiculaire ne peut pas correspondre à un sommet de la trajectoire, mais seulement à un sommet de ce dernier polygone. Comme d'ailleurs l'augmentation du poids d'un essieu abaisse le sommet correspondant du polygone funiculaire, le maximum devra correspondre à l'un des essieux les plus chargés.

En portant, sur une horizontale représentant la portée de la poutre, les maximums trouvés pour chaque nœud, on obtient la courbe des moments maximums, qui est le but de notre construction.

Afin de montrer comment les moments pour une locomotive Engerth se modifient dans le cas d'une locomotive légère pour trains de voyageurs, nous avons, sur la Pl. XI_3, répété la construction pour une portée de 40 mètres.

D'après le n° 84, p. 306, les polygones de la Pl. XI peuvent aussi servir à déterminer les efforts tranchants qui résultent de la charge accidentelle. Si l'on considère une portée dont la longueur soit égale à la distance polaire mesurée sur l'échelle des longueurs, c'est-à-dire à 20 mètres dans le cas de la Pl. $XI_{1\ ol\ 3}$, et qu'on déplace cette portée de telle façon que le nœud 2, pour lequel on veut déterminer le maximum de l'effort tranchant, corresponde au premier essieu du train, c'est-à-dire à l'essieu 20, et que les extrémités soient situées l'une en γ sur le polygone funiculaire, l'autre en δ sur le dernier côté de ce polygone, l'ordonnée $S\gamma$ mesurée à l'échelle des forces représentera le maximum de l'effort tranchant que le passage du train peut produire sur le nœud ε. Pour une portée différente de la distance polaire, il faudrait diminuer la force S, qui résulterait d'une construction analogue, dans le rapport de la distance polaire à la portée. Les efforts tranchants sont donc, dans tous les cas, proportionnels aux ordonnées S.

91. CALCUL DES MOMENTS DES FORCES PARALLÈLES.

Comme application des formules développées au n° 87, nous allons calculer les moments et les forces que nous avons déterminés graphiquement dans le précédent numéro. Nous nous bornerons par suite au calcul des efforts et des moments produits par une locomotive Engerth sur des poutres de différentes portées. Nous commencerons par des travées de faible ouverture.

Dans le cas d'une travée de 1 mètre de portée entre les points d'application des réactions des appuis, on n'a à considérer, pour déterminer le moment maximum dans une section, que l'effet d'un seul essieu de 13 T., puisque l'écartement minimum des essieux est de $1^m,10$. Le moment pour la section considérée est donc, d'après le n° 86, donné par l'équation

$$\mathfrak{P} = \frac{x(1-x)}{1} \cdot 13 = \frac{13}{4} - \left(\frac{1}{2} - x\right)^2 \cdot 13.$$

Ce moment est maximum pour $x = \frac{1}{2}$, et sa valeur est alors $\frac{13}{4} = 3,25$, le moment étant exprimé en tonnes et en mètres. En portant, au-dessus de chaque section x, ce moment comme ordonnée, on obtient une parabole dont le sommet correspond au milieu de la portée. Nous avons déjà vu ce résultat au n° 86, p. 316.

Si maintenant nous considérons une ouverture de 2 mètres, la poutre pourra être chargée à la fois de deux essieux écartés de $1^m,10$; il suffira pour cela que l'un des deux essieux soit distant de plus de $0^m,10$ du milieu de la travée. Ainsi, tant que x est compris entre 0^m et $0^m,90$, la poutre est chargée de deux essieux placés l'un en x, l'autre en $x + 1^m,10$, et, pour x compris entre $0^m,90$ et $1^m,00$, la poutre n'est chargée que d'un seul essieu. Les moments, dans ces deux cas, sont:

$$\mathfrak{P}_0^{0,9} = \frac{1}{2} \cdot 13 (2 - x + 2 - x - 1,1)\, x = 13\,(1,45 - x)\, x = 6,8331 - 13\,(0,725 - x)^2,$$

$$\mathfrak{P}_{0,9}^{1} = \frac{1}{2} \cdot 13 (2 \quad x)\, x = 6,5 - 6,5\,(1 - x)^2.$$

Il résulte de ces équations que le moment commence par croître jusqu'à l'abscisse $x = 0,725$, qui correspond au sommet de la parabole représentant les moments entre 0 et 0,9 et que le moment, en ce point, est 6,8331. Le moment décroît ensuite jusqu'à l'abscisse 0,9 pour laquelle les deux équations donnent la même valeur du moment, soit 6,435, et il augmente de nouveau jusqu'au milieu de la poutre. Sa valeur, en ce dernier point, est 6,5.

Nous avons représenté, sur la Pl. XI₄, cette disposition particulière au moyen des paraboles correspondant aux équations ci-dessus, et en exagérant l'échelle des moments. On voit que, dans le cas qui vient d'être examiné, le moment maximum ne correspond pas au milieu, mais à l'abscisse 0,725. En employant l'échelle des moments dont nous nous sommes servis dans les précédents numéros, la déformation de la courbe ne serait pas sensible; toutefois, pour les petites portées, les courbes des moments ont plutôt l'apparence de segments de cercles que de segments de paraboles.

En procédant d'une manière analogue, on obtient les équations des moments pour une portée de 3 mètres, savoir :

$$\mathfrak{P}_0^{0,8} = \frac{1}{3} \cdot 13(3 - x + 3 - x - 1,1 + 3 - x - 2,2)x = 13(1,9 - x)\, x = 11,7325 - 13(0,95 - x)^2,$$

$$\mathfrak{P}_{0,8}^{1,1} = \frac{1}{3} \cdot 13(3 - x + 3 - x - 1,1)\, x = \frac{2}{3} \cdot 13(2,45 - x)\, x = 13,0054 - \frac{2}{3} \cdot 13(1,225 - x)^2,$$

$$\mathfrak{P}_{1,1}^{1,5} = \frac{1}{3} \cdot 13[(x - 1,1)(3 - x) + (3 - x)x + (3 - x - 1,1)\, x] = 13(-x^2 + 3x - 1,1)$$

$$= 14,95 - 13(1,5 - x)^2.$$

On obtient pour les limites $x = 0,8$ et $x = 1,1$

$$\mathfrak{P}_{0,8} = 11,44 \quad \text{et} \quad \mathfrak{P}_{1,1} = 12,87.$$

Cette portée de 3 mètres n'offre rien de particulier. La portée de 4 mètres est au contraire intéressante à considérer. Pour x compris entre 1,1 et 1,7, les essieux peuvent être disposés de deux manières différentes, savoir :

des essieux de 13^{T} en $(x-1,1)$, x, et $x+1,1$, et un essieu de $8^{\mathrm{T}},5$ en $x+2,3$;

ou bien

des essieux de 13^{T} en x, $x+1,1$ et $x+2,2$.

Au commencement, c'est la première disposition qui donne les plus grands moments, et ensuite la seconde. Pour déterminer la limite entre les deux dispositions, il faut chercher la valeur de x pour laquelle les moments correspondants sont égaux, et on trouve $x=1,2168$. Cette abscisse est celle du point d'intersection des paraboles qui correspondent aux deux modes de charge indiqués. Les équations des moments seront, en ayant égard à cette particularité :

$$\mathfrak{P}_0^{0,6} = \frac{1}{4}[(4-x+2,9-x+1,8-x)\,13+(0,6-x)8,5]\,x = \frac{1}{4}(118,2-47,5\,x)\,x$$
$$= 18,383-11,875\,(1,244-x)^2;$$

$$\mathfrak{P}_{0,6}^{1,2168} = \frac{3}{4}\cdot 13\,(2,9-x)\,x = 20,499-9,75\,(1,45-x)^2;$$

$$\mathfrak{P}_{1,2168}^{1,7} = \frac{1}{4}[13(x-1,1)(4-x)+13(4-x)x+13(2,9-x)x+8,5(1,7-x)x]$$
$$= \frac{1}{4}(-57,2+170,45\,x-47,5\,x^2)=23,928-11,875\,(1,794-x)^2;$$

$$\mathfrak{P}_{1,7}^{2} = \frac{1}{4}\cdot 13\,[(x-1,1)(4-x)+(4-x)x+(2,9-x)x]=\frac{1}{4}\cdot 13\,(-4,4+12\,x-3\,x^2)$$
$$= 24,7-9,75\,(2-x)^2.$$

Ces équations donnent deux à deux les mêmes valeurs pour les limites des abscisses, savoir :

$$\text{pour } x=0,6, \qquad \mathfrak{P}=13,455,$$
$$x=1,2168, \qquad \mathfrak{P}=19,969,$$
$$x=1,7, \qquad \mathfrak{P}=23,823,$$
$$x=2, \qquad \mathfrak{P}=24,7.$$

Nous avons aussi représenté ces paraboles Pl. XI_4; il résulte de la comparaison de ces courbes qu'il n'y a pas de règle générale pour la disposition qu'affectent les courbes des moments. Dans le cas de travées assez petites pour ne comporter qu'un seul essieu, comme dans la travée de 1 mètre, la courbe de moment maximum est une courbe parabolique régulière, tandis que, pour une portée de 2 mètres, la partie supérieure de la courbe des moments est déprimée dans l'espace auquel ne correspond qu'une seule charge d'essieu. Au contraire, dans le cas d'une portée de 3 mètres, la courbe est exhaussée; il n'y a jamais que trois essieux à la fois sur la poutre, mais dans la partie médiane, ce sont les essieux les plus lourds, et de là le relèvement de la courbe au milieu. Il y a en outre, dans les parties rentrantes formées par les paraboles, des points correspondants à des minimums relatifs des moments, et d'autres correspondants à des maximums relatifs. Avec une portée de 4 mètres, ces irrégularités commencent à devenir peu apparentes sur la figure, et, pour des portées plus considérables, on ne peut les distinguer que par le calcul.

Pour terminer, nous calculerons encore les moments correspondants aux nœuds d'une frame d'une portée de 40 mètres, moments que nous avons déterminés graphiquement (Pl. XI_1). Dans cette détermination, nous nous sommes servis du compas pour rechercher sous quel essieu se produit le moment maximum. L'emploi du calcul permet de déterminer, d'une manière assez simple, si le moment correspondant à un essieu AP_2 est un maximum ou non, sans avoir à calculer ce moment lui-même. Désignons par P_1 la somme des charges de tous les essieux précédant l'essieu ΔP_2, et par P_3 la somme des charges de tous les essieux qui suivent ce dernier; par b_2 et b'_2 les distances de l'essieu ΔP_2 aux deux extrémités de la poutre, par b_1 et b'_1, b_3 et b'_3 les distances à ces mêmes extrémités de centres de gravité des groupes d'essieux P_1 et P_3. D'après le n° 87, p. 321, le moment résultant de ces différentes charges par rapport à la section b_2. b'_2 sera :

$$\mathfrak{P} = \frac{1}{7}\,(b_1 b'_2 P_1 + b_2 b'_2 \Delta P_2 + b_2 b'_3 P_3).$$

Si maintenant nous faisons avancer tout le système d'essieux d'une quantité Δb, sans changer la position de la section considérée b_2, b_1 augmente de Δb, tandis que b'_2 et b'_3, qui entrent respectivement comme facteurs de ΔP_2 et de P_3, diminuent de cette même quantité Δb. On a par suite :

$$\frac{\Delta \mathfrak{P}}{\Delta b} = b'_2 P_1 - b_2(\Delta P_2 + P_3).$$

Si, au contraire, on fait reculer tout le système de Δb, b_1 et b_2. qui sont facteurs de P_1 et de ΔP_2 diminuent, tandis que b'_3 augmente de Δb. On a donc aussi :

$$\frac{\Delta \mathfrak{P}}{\Delta b} = - b'_2(P_1 + \Delta P_2) + b_2 P_3.$$

Si le moment $\mathfrak{P}$ est un maximum, il devra diminuer dans chacun des mouvements considérés, et par suite les deux différences de moments doivent être négatives, ce que l'on peut exprimer par les inégalités

$$\frac{P_1 + \Delta P_2}{P_3} > \frac{b_2}{b'_2} > \frac{P_1}{\Delta P_2 + P_3}.$$

En général, la règle à calcul suffira pour vérifier ces inégalités. On n'a qu'à mettre en regard l'un de l'autre les nombres b_2 et b'_2, le premier sur la règle, le second sur la réglette; la distance entre le nombre P_1 lu sur la règle et le nombre P_3 lu sur la réglette devra être plus petite que ΔP_2, ce qu'un simple coup-d'œil permet de constater. Si cette distance est plus grande que ΔP_2, il faut faire avancer tout le système vers celle des charges P_1 et P_3 qui est la plus petite.

Le maximum ainsi déterminé n'est pas un maximum absolu, et plusieurs essieux consécutifs peuvent satisfaire à la condition résultant des inégalités ci-dessus. Dans ce cas, la direction des côtés du polygone funiculaire et celle des côtés du contour du nœud considéré (Pl. XI₁) sont sensiblement parallèles en passant d'un essieu à l'autre, de telle sorte que la distance verticale comprise entre ces deux polygones diminue en allant de chacun des deux essieux vers le sommet du polygone du nœud qu'ils comprennent entre eux, et qui correspond à un minimum du moment. Lorsque cette circonstance se présente, il est nécessaire de calculer les moments pour les deux positions de la charge et de prendre le plus grand de ces moments. Quant aux minima des moments, nous ne nous en occuperons pas, parce qu'ils sont sans utilité. Nous ferons seulement remarquer la dualité qui existe entre les maxima et les minima des moments : les premiers correspondent aux sommets du polygone funiculaire, les seconds aux sommets de chaque polygone des nœuds.

Après avoir déterminé quels sont les essieux sous lesquels se produisent les moments maxima, il faut déterminer la valeur de ces moments. Pour cela, il convient de calculer les moments de tous les essieux d'un train par rapport à un certain point, par exemple par rapport au premier essieu, et en même temps de faire la somme des poids et des moments des essieux. C'est ce que nous avons fait pour la table ci-après. La 1ʳᵉ colonne de cette table contient les numéros d'ordre des es-

POIDS ET MOMENTS PRODUITS PAR UN TRAIN DE LOCOMOTIVES ENGERTH.

NUMÉROS D'ORDRE des essieux.	AB-SCISSES.	POIDS des essieux		MOMENTS des essieux		NUMÉROS D'ORDRE des essieux.	AB-SCISSES.	POIDS des essieux		MOMENTS des essieux	
		partiels.	cumulés.	partiels.	cumulés.			partiels.	cumulés.	partiels.	cumulés.
n	b	ΔP	P	$\Delta\mathfrak{P}$	$\mathfrak{P}$	n	b	ΔP	P	$\Delta\mathfrak{P}$	$\mathfrak{P}$
1	0	13	13			41	84,8	13	461	1102,4	18698,80
2	1,1	13	26	14,3	14,30	42	55,9	13	474	1116,7	19815,50
3	2,2	13	39	28,6	42,90	43	87	13	487	1131,0	20946,50
4	3,4	8,5	47,5	28,9	71,80	44	88,2	8,5	495,5	749,7	21696,20
5	5,9	8,5	56	50,15	121,95	45	90,7	8,5	504	770,95	22467,15
6	10,6	13	69	137,8	259,75	46	95,4	13	517	1240,2	23707,35
7	11,7	13	82	152,1	411,85	47	96,5	13	530	1254,5	24961,85
8	12,8	13	95	166,4	578,25	48	97,6	13	543	1268,8	26230,65
9	14	8,5	103,5	119	697,25	49	98,8	8,5	551,5	839,8	27070,45
10	16,5	8,5	112	140,25	837,50	50	101,3	8,5	560	860,05	27931,50
11	21,2	13	125	275,6	1113,10	51	106	13	573	1378,0	27309,50
12	22,3	13	138	289,9	1403,00	52	107,1	13	586	1392,3	30701,80
13	23,4	13	151	304,2	1707,20	53	108,2	13	599	1406,6	32108,40
14	24,6	8,5	159,5	209,1	1916,30	54	109,4	8,5	607,5	929,9	33038,30
15	27,1	8,5	168	230,35	2146,65	55	111,9	8,5	616	951,15	33949,35
16	31,8	13	181	413,4	2560,05	56	116,6	13	629	1515,8	35505,25
17	32,9	13	194	427,7	2987,75	57	117,7	13	642	1530,1	37035,35
18	34	13	207	442	3429,75	58	118,8	13	655	1544,4	38579,75
19	35,2	8,5	215,5	299,2	3728,95	59	120	8,5	663,5	1020,00	39599,75
20	37,7	8,5	224	320,45	4049,40	60	122,5	8,5	672	1041,25	40641,0
21	42,4	13	237	551,2	4600,60	61	127,2	13	685	1653,6	42294,60
22	43,5	13	250	565,5	5166,10	62	128,3	13	698	1667,9	43962,50
23	44,6	13	263	579,8	5745,90	63	129,4	13	711	1682.2	45644,70
24	45,8	8,5	271,5	389,3	6135,20	64	130,6	8,5	719,5	1110,1	46754,80
25	46,3	8,5	280	410,55	6545,75	65	133,1	8,5	728	1131,35	47886,15
26	53	13	293	689	7234,75	66	137,8	13	741	1791,4	49677,55
27	54,1	13	306	703,3	7938,05	67	138,9	13	754	1805,7	51483,25
28	55,2	13	319	717,6	8655,65	68	140	13	767	1820,0	53303,25
29	56,4	8,5	327,5	479,4	9135,05	69	141,2	8,5	775,5	1200,2	54503,45
30	58,9	8,5	336	500,65	9635,70	70	143,7	8,5	784	1221,45	55724.90
31	63,6	13	349	826,8	10462,50	71	148,4	13	797	1929,2	57654,10
32	64,7	13	362	841,1	11303,60	72	149,5	13	810	1943,5	59597,60
33	65,8	13	375	855,4	12159,00	73	150,6	13	823	1957,8	61555,40
34	67	8,5	383,5	569,5	12728,50	74	151,8	8,5	831,5	1290,3	62845,70
35	69,5	8,5	392	590,75	13319,25	75	154,3	8,5	840	1311,55	64157,25
36	74,2	13	405	964,6	14283,85	76	159	13	853	2067,0	66224,25
37	75,3	13	418	978,9	15262,75	77	160,1	13	866	2081,3	68305,55
38	76,4	13	431	993,2	16255,95	78	161,2	13	879	2095,6	70401.15
39	77,6	8,5	439,5	659,6	16915,55	79	162,4	8,5	887,5	1380,4	71781,55
40	80,1	8,5	448	680,85	17596,40	80	164,9	8,5	896	1401,65	73183,20

sieux; la 2ᵉ, leurs abscisses; la 3ᵉ, leurs poids; la 4ᵉ, les poids cumulés à partir du premier essieu; la 5ᵉ, les moments des différents essieux; la 6ᵉ, les moments des groupes d'essieux à partir du premier. La somme des poids et des moments d'un nombre quelconque d'essieux consécutifs par rapport au premier essieu s'obtient simplement en prenant la différence des sommes correspondantes au dernier essieu de la série inclusivement et au premier essieu exclusivement. Le moment des poids de ces mêmes essieux par rapport à un point quelconque, par exemple par rapport au point d'intersection de deux barres du frame, est égal au moment de ces essieux par rapport au premier (moment dont la valeur absolue est donnée par la table), augmenté du moment des poids de ces essieux supposés appliqués au premier, et en ayant égard aux signes de ces deux moments. On voit par suite que cette table peut, dans les calculs, remplacer le polygone funiculaire. Les calculs, pour la portée de 40 mètres de la Pl. XI$_1$, s'effectuent de la manière suivante. Le premier nœud divise la portée en deux segments de 3^m,33 et 36^m,66 de longueur. Il est clair qu'un moment maximum ne peut se produire en ce nœud qu'au moyen d'un essieu de la locomotive marchant en avant, car si l'on plaçait sur ce nœud un essieu du train marchant en arrière, aucun essieu de l'autre train ne pourrait se trouver dans l'étendue du segment 3,33, et comme les essieux de la deuxième locomotive marchant en arrière sont en moyenne plus éloignés de ceux de la première locomotive marchant aussi en arrière que ceux-ci ne le sont de la première locomotive marchant en avant, la travée serait moins chargée. Nous plaçons donc sur le nœud 3,33 la première locomotive du train marchant en avant. Pour $b = 2,2$, la table donne $P = 39^T$; par suite $P_1 = 26$ et $\Delta P_2 = 13$. Le premier essieu du train marchant en arrière a pour abscisse $3,33 + 5 = 8,33$; par suite, il y a encore sur la travée une longueur de ce train égale à 31^m,66. Pour $b = 27,1$, la table donne $P_3 = 168^T$. En mettant en regard, sur la règle à calcul, les nombres 3,33 et 36,66, ou 1 et 1,1, on voit que la distance entre les nombres 26 et 168 est plus grande que 13, de sorte que la position considérée ne correspond pas à un maximum.

Nous faisons avancer le train d'un essieu : la longueur du train avant est 4,433, et $P_1 = 47,5 - 26 = 21,5$; celle du train arrière est 30,566 et $P_3 = 168 + 13 = 181$; ΔP_2 est toujours égal à 13 tonnes. On n'a pas à changer la position relative de la règle et de la réglette, le nœud considéré étant le même. Un simple coup d'œil montre que la position de la charge ne correspond pas à un maximum. Nous faisons de nouveau avancer le train d'un essieu : la longueur du train avant est 5,533; celle du train arrière, 29,466; $P_1 = 47,5 - 39 = 8,5$; $P_3 = 168 + 26 = 194$. On voit immédiatement, sur la règle à calcul, que cette position de la charge donne le maximum cherché. La valeur de ce maximum est :

$$\mathfrak{P}_1 = \frac{11}{12}\,[5,533 \times 21,5 - (71,8 - 14,3)]$$
$$+ \frac{1}{12}\,[35,566 + 34,466) . 13 + 29,466 \times 168 - 2146,65] = 365,9.$$

Dans cette équation, $(35,566 + 34,446) . 13$ représente les moments des deux essieux que nous avons fait avancer; $5,533 \times 21,5$ et $29,466 \times 168$, les moments des charges concentrées sur le premier essieu. De ces moments, nous avons retranché les moments par rapport au premier essieu que donne la table.

Pour le second nœud, auquel correspondent les segments 6,66 et 33,33 de la travée, on ne peut pas reconnaître *a priori* si le maximum absolu résulte de l'un des trois essieux du train avant ou de ceux du train arrière; il est par suite nécessaire de faire les essais et les calculs pour les deux cas. Pour le train avant, le deuxième essieu doit être placé sur la section considérée, et on obtient un moment maximum de 588,4. Les essieux du train arrière donnent un moment plus grand. Nous indiquons, sous la forme abrégée ci-après, les résultats de ces essais.

Train avant.				*Train arrière.*	
Longueur.	Poids P_1.		ΔP_2.	Longueur.	Poids P_3.
1,66	26	$= 26$	13	33,33	194 $- 13 = 181$
0,56	$13 + 13 = 26$		13	34,43	207 $- 26 = 181$
—	$0 + 26 = 26$		13	35,53	215,5 $- 39 = 176,5$

Règle à calcul :

$$\begin{array}{ccccccc} 6,66 & 1 & 26 & & & & ; \\ 33,33 & 5 & & & 176,5 & 181 & 39. \end{array}$$

Comme, dans ce cas, P_3 est toujours compris sur la règle à calcul entre $P_1 = 26$ et $P_1 + \Delta P_2 = 39$, les trois positions considérées de la charge offrent toutes le caractère d'un moment maximum. Nous rencontrons ainsi la circonstance indiquée plus haut; le polygone funiculaire est sensiblement parallèle, dans le voisinage du moment maximum, au polygone du nœud, et, dans cette partie, les côtés du polygone funiculaire qui partent de chaque sommet de ce polygone convergent vers le côté du polygone du nœud situé au-dessus de ce sommet (voir Pl. XI_1).

Dans ce cas, il est nécessaire de calculer les trois moments. Pour la 1ʳᵉ et la 2ᵉ position des essieux, les moments sont 604,0 et 608,2; mais le maximum a lieu pour la 3ᵉ position, savoir :

$$\mathfrak{P}_2 = \frac{5}{6}\,(4,46 + 5,566) \times 13$$
$$+ \frac{1}{6}\,[35,533(215,5 - 26) - (3728,95 - 14,3)] = 611,8.$$

Pour le 3ᵉ nœud dont les segments sont 10 et 30, on est aussi obligé de calculer le maximum pour les premiers essieux du train avant et du train arrière. Dans le cas du train avant, on obtient le maximum quand le premier essieu est placé sur le nœud; ce maximum est 846,30. Le moment est un peu plus grand pour le train arrière. On obtient le véritable moment maximum pour ce dernier train, quand le premier essieu est placé sur le nœud, savoir :

$$\mathfrak{P}_3 = \frac{3}{4}\,(5 \times 47,5 - 71,8) + \frac{1}{4}\,(30 \times 168 - 2146,65) = 847,6.$$

En plaçant le 3ᵉ essieu du train arrière sur le 4ᵉ nœud, auquel correspondent les segments 13,33 et 26,66, le moment est égal à 1011,65. C'est le 2ᵉ essieu de ce train qui donne le moment maximum, savoir :

$$\mathfrak{P}_4 = \frac{2}{3}\,(12,23 \times 13 + 7,23 \times 56 - 121,95)$$
$$+ \frac{1}{3}\,[27,76(168 - 13) - 2146,65] = 1013,8.$$

Pour le 5ᵉ nœud dont les segments sont 16,66 et 23,33, on obtient le moment maximum quand le 2ᵉ essieu du train avant est placé sur le nœud; ce moment est :

$$\mathfrak{P}_5 = \frac{7}{12}\,[17,76(112 - 13) - 837,5]$$
$$+ \frac{5}{12}\,(22,23 \times 13 + 17,23 \times 112 - 837,5) = 1113,2.$$

En plaçant sur le 5ᵉ nœud le 3ᵉ essieu du train arrière, on n'obtient, pour le moment, que 1093,6.

Quant au nœud du milieu, il est évidemment indifférent de le charger avec le

1er essieu du train avant ou avec celui du train arrière. En prenant le 1er essieu du train avant, on obtient pour le moment maximum :

$$\mathfrak{P}_6 = \frac{1}{2}\,[20 \times 112 - 837,5 + 15 \times 103,5 - 697,25] = 1128,88.$$

Nous terminerons ces calculs par une comparaison des résultats obtenus avec ceux que donne la construction graphique et avec ceux qui sont représentés par deux paraboles correspondant, la 1re à une surcharge uniforme de 5T,644 par mètre courant; la 2e à une surcharge uniforme de 56T : 10,6 = 5T,283. La 1re surcharge est celle qui produit le même moment maximum, au milieu de la poutre, que les trains de locomotives; la 2e résulte de la répartition uniforme du poids des locomotives sur la longueur de la travée. Ces paraboles se calculent simplement d'après la dernière formule du n° 87, p. 323, en faisant $\beta = \dfrac{x}{l}$.

Le tableau suivant résume ces résultats et fait ressortir les différences avec les moments calculés :

N°ˢ d'ordre des essieux.	MOMENTS calculés.	MOMENTS mesurés sur l'épure.	Δ	MOMENTS CALCULÉS POUR DES SURCHARGES UNIFORMES DE			
				5T,644.	Δ	5T,283.	Δ
1	365,9	360	— 6	344,9	— 21	322,9	— 44
2	612	640	+ 28	627,2	+ 15	587,0	— 35
3	847,6	853	+ 5	846,7	— 1	792,5	— 55
4	1013,8	1013	— 1	1003,5	— 10	939,2	— 74
5	1113,2	1120	+ 7	1097,5	— 16	1027,3	— 86
6	1128,88	1143	+ 14	1128,88	0	1056,6	— 72

En examinant de près ces résultats, on voit qu'une irrégularité se produit pour le nœud n° 2, irrégularité qui ne peut s'expliquer que par cette circonstance que ce nœud correspond à un de ces points de moment minimum, que nous avons fait ressortir sur la Pl. XI₄ en exagérant l'échelle des moments. Il est seulement remarquable que l'épure des moments n'indique pas cette irrégularité.

En faisant abstraction de cette circonstance particulière et en tenant compte de la petitesse de l'échelle adoptée pour la Pl. XI₁, échelle d'après laquelle $\dfrac{1}{10}$ de millimètre représente un moment de 6T·m,66, on peut dire que la construction graphique donne les mêmes résultats que le calcul. Ordinairement, on emploie, pour construire les polygones, une échelle cinq ou six fois plus grande que celle de la *fig.* 1, et on obtient alors une exactitude bien suffisante pour les besoins de la pratique. Les calculs fastidieux, que nous avons indiqués plus haut, sont donc pratiquement tout à fait inutiles.

On voit aussi que, pour une travée de 40 mètres, il n'est nullement permis de considérer les poids des différents essieux comme uniformément répartis sur la longueur de la poutre; on obtient ainsi des moments trop petits, et les erreurs sont considérables.

Au contraire, on ne commet pas de bien grandes erreurs quand on calcule les moments comme si la charge était uniformément répartie, en prenant cette charge de façon que le moment au milieu de la poutre soit exact. Toutefois la construction graphique est préférable à ce mode de calcul, notamment parce qu'elle donne des résultats trop forts, tandis que le calcul donne des résultats trop faibles.

Nous n'avons pas besoin de calculer le maximum des efforts tranchants correspondants, pour une section déterminée, à une surcharge située d'un même côté de la section. D'après le n° 84, p. 306, ces efforts sont proportionnels à $\mathfrak{P}$.

92. EFFET DE LA RÉUNION DE LA CHARGE RÉSULTANT DU POIDS PROPRE ET DE LA SURCHARGE ACCIDENTELLE

Jusqu'à présent, pour déterminer, soit graphiquement, soit analytiquement, les forces agissant en dehors d'une section, nous avons disposé librement des charges, et, pour obtenir les charges les plus défavorables, nous avons considéré des portions de poutre complètement chargées et d'autres complètement déchargées. Mais, dans la réalité, il n'y a jamais aucune partie de poutre sans charge, puisque chaque élément de la construction doit supporter au moins son poids propre. Par suite, les déplacements de la charge que nous avons considérés dans les numéros précédents se rapportent uniquement à la surcharge accidentelle.

Dans la pratique, il convient de séparer entièrement l'une de l'autre les deux natures de charges, savoir : la charge provenant du poids propre et la surcharge. Pour déterminer les forces résultant de la première charge, la méthode la plus simple est celle que nous avons exposée au n° 82 (Pl. X), tandis que pour la surcharge, il convient d'employer la méthode indiquée dans le n° 90 (Pl. XI). Cela fait, on n'a qu'à composer ensemble les forces déterminées par ces deux méthodes différentes. Beaucoup d'ingénieurs poussent la séparation plus loin encore, et déterminent les efforts p (tensions ou compressions) qui se produisent dans une section déterminée, en ajoutant aux efforts p_s produits par la surcharge les efforts p_p résultant du poids propre.

Dans certains cas, il est utile de connaître l'effet résultant de la réunion des deux charges, par exemple lorsqu'on veut rechercher, dans un frame, jusqu'à quel panneau il est nécessaire d'employer des barres croisées ; il en est de même pour les poutres du système *Schwedler* (*),

---

(*) En 1870, M. *Schwedler*, désirant éviter l'inconvénient des changements de sens dans les efforts auxquels sont soumises les barres des poutres continues, renonça à ce dernier système et imagina une forme de poutre composée d'un longeron inférieur horizontal et d'un longeron supérieur formé d'une partie centrale horizontale prolongée par des arcs d'hyperbole. Les deux longerons sont réunis par un treillis formé de montants et de barres inclinées. Mais ce système ne répondit pas complétement aux vues de M. Schwedler, qui l'abandonna et adopta, pour les grandes fermes des ponts qu'il a construits récemment sur l'Elbe et sur la Vistule, une forme elliptique. Ces systèmes seront étudiés dans le second volume.

qui n'exigent pas des barres croisées dans les panneaux extrêmes. On peut déterminer de la manière suivante l'effet de la réunion du poids propre et de la charge accidentelle.

Nous construisons d'abord (*fig.* 155), au moyen du polygone des

Fig. 155.

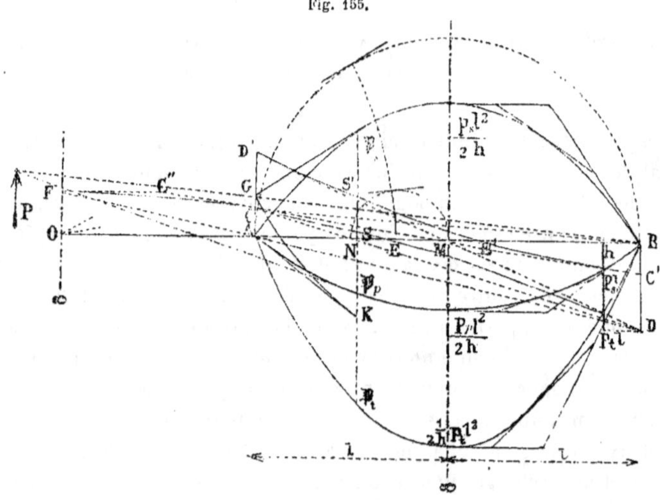

forces dont le pôle est en B et dont la distance polaire est h, le polygone funiculaire correspondant au poids propre. Ce polygone est représenté sur la figure par un trait de force. Puis nous portons au-dessus de AB les moments maximums résultant de la charge accidentelle, que l'on obtient par une construction semblable à celle que nous avons exposée au n° 90 (Pl. XI₁), en ayant soin de réduire ces moments à l'échelle de la *fig.* 155, d'après le procédé indiqué (p. 10), *fig.* 15. On obtient ainsi la courbe de la charge accidentelle; en ajoutant les ordonnées de cette courbe à celles du poids propre, on obtient la courbe correspondante à la charge totale. Ces trois courbes font connaître, pour une section quelconque, les moments maximums $\mathfrak{P}_p$, $\mathfrak{P}_s$ et $\mathfrak{P}_t$, divisés par la distance polaire h. Dans le cas d'une poutre de hauteur constante h, ces ordonnées $\mathfrak{P}_p$, $\mathfrak{P}_s$ et $\mathfrak{P}_t$ représentent, d'après le n° 56 (p. 192), les forces qui agissent dans les deux longerons. Si les charges sont uniformément réparties, comme on l'a supposé dans la *fig.* 155, les trois courbes sont

des paraboles dont les flèches sont respectivement $\dfrac{p_p l^2}{2h}$, $\dfrac{p_s l^2}{2h}$ et $\dfrac{p_t l^2}{2h}$.

Dans ce cas, il convient de calculer directement ces flèches et de construire les paraboles au moyen des tangentes enveloppes, comme on l'a indiqué sur le côté droit de la figure.

Si l'on mesure directement sur le polygone des forces les efforts tranchants correspondants au poids propre et qu'on les porte en ordonnées sur AB, on obtiendra la courbe CMC′ qui représente ces efforts tranchants. Dans le cas où le poids propre est uniformément réparti, cette courbe est une ligne droite dont les ordonnées aux points A et B sont égales à $p_p\,l$, comme l'indique la figure. Ajoutons maintenant aux ordonnées de CMC′ celles qui représentent les efforts tranchants résultant de la surcharge ; nous prenons pour cela ces efforts tranchants sur la Pl. XI$_1$, en les réduisant d'après le procédé de la *fig.* 15, et nous les ajoutons aux ordonnées de CMC′, en commençant une fois par la gauche et une autre fois par la droite. On obtient ainsi les courbes CD et C′D′ du maximum des efforts tranchants. Les ordonnées de ces deux courbes par rapport à AB donnent les maxima S et S′ des efforts tranchants des différentes sections de la poutre pour un train marchant dans un sens ou dans l'autre. Ces deux courbes rencontrent la droite AB aux points E et E′. Entre ces deux points, les efforts tranchants peuvent être positifs, nuls ou négatifs, tandis qu'en dehors de ces points les deux valeurs de S ont toujours le même signe. Comme, en dehors de ces points, les S ne peuvent pas être nuls en même temps, ces points marquent, d'après le n° 85 (p. 313), les limites du déplacement du point de moment maximum. Au point de vue pratique de la construction, cet espace EE′ représente, comme nous le verrons plus tard en nous occupant des frames, la partie d'une poutre à longerons parallèles pour laquelle les barres du treillis doivent être en état de résister à la fois à des tensions et à des compressions.

Il résulte de la nature même des constructions que les courbes CD et C′D′ sont tangentes à la fois à la courbe CC′ qui représente les efforts tranchants résultant du poids propre, et à la courbe DD′ qui représente les efforts tranchants résultant de la charge totale. Si le poids propre est uniformément réparti et qu'ainsi la courbe CMC′ soit une ligne droite, la courbe DD′ est évidemment le polygone funiculaire de la surcharge, construit avec une distance polaire égale en grandeur et en direction à CC′. Si en effet on construit ce polygone funiculaire, les segments interceptés entre ce polygone et CC′ sont, d'après le n° 84 (p. 306), proportionnels aux efforts tranchants résultant de la surcharge accidentelle. Enfin, si la surcharge est elle-même uniformément répartie, comme on l'a supposé sur la *fig.* 155, les courbes CD et C′D′ sont des paraboles qui sont tangentes aux droites CC′ et DD′ correspondantes au poids propre et à la surcharge aux points de rencontre de ces droites avec les verticales A et B, et dont les points à l'infini sont situés sur la direction des forces, c'est-à-dire des verticales. Le point de contact F de la tangente

FC parallèle à AB, point de contact qui est le sommet de la parabole, puisque la ligne AB est horizontale, est situé à l'intersection des droites AD et BC. Supposons en effet un quadrilatère inscrit dans la parabole aux quatre points FCD∞, et un second quadrilatère circonscrit en ces mêmes points : les deux points A et B sont des sommets du triangle polaire de ces deux quadrilatères ; la droite AB est un côté de ce triangle comme ligne de jonction des intersections des tangentes en CD et F∞ ; par suite, les points d'intersection des droites C∞ et DF, D∞ et CF, diagonales du quadrilatère inscrit, sont situés sur AB, et ne sont autres dès lors que les points A et B eux-mêmes. Désignons par N le point d'intersection de AB avec la corde CD, et par ∞_h le point à l'infini de l'horizontale AB ; les couples $O\infty_h . AB . MN . E$ forment une involution de points conjugués par rapport à la parabole. Les points A et B sont conjugués comme sommets d'un triangle polaire ; les points O et N sont respectivement situés sur des droites joignant deux points de la parabole dont les tangentes se coupent respectivement en M et ∞_h. Le point O étant le centre de l'involution, on a :

$$\overline{OE}^2 = OM . ON = OA . OB ;$$

par suite OE est la longueur de la tangente menée du point O à un cercle décrit sur AB ou sur MN comme diamètre, et peut être construit facilement comme on l'a indiqué sur la figure. On a naturellement $ME = ME'$.

Cette construction permet d'obtenir facilement une expression analytique de la position des points E et E'. On a d'abord par construction:

$$\frac{OA}{p_p} = \frac{OB}{p_t} = \frac{AB}{p_s} = \frac{2l}{p_s},$$

d'où l'on déduit :

$$OE = \sqrt{\overline{OA . OB}} = \frac{\sqrt{p_p p_t}}{p_s} . 2l,$$

$$AE = E'B = \frac{1}{p_s} \left(\sqrt{p_p p_t} - p_p \right) . 2l,$$

$$AE' = EB = \frac{1}{p_s} \left(p_t - \sqrt{p_p p_t} \right) . 2l,$$

$$EM = ME' = \left(\sqrt{\frac{p_t}{p_s}} - \sqrt{\frac{p_p}{p_s}} \right)^2 . l.$$

Nous avons calculé un certain nombre de valeurs correspondantes de $\frac{p_p}{p_s}$ et de $\frac{EM}{l} = \frac{1}{p_s} \left(p_p + p_t - 2\sqrt{p_p p_t} \right)$; ces valeurs sont données dans le tableau suivant :

$\dfrac{p_p}{p_s}$	$\dfrac{EM}{l}$	$\dfrac{p_p}{p_s}$	$\dfrac{EM}{l}$	$\dfrac{p_p}{p_s}$	$\dfrac{EM}{l}$
0,05	0,6417	0,6	0,2404	2,5	0,0839
0,10	0,5367	0,7	0,2183	3,5	0,0718
0,15	0,4693	0,8	0,2000	3,0	0,0627
0,20	0,4202	0,9	0,1847	4,5	0,0557
0,25	0,3820	1,0	0,1716	4	0,0501
0,30	0,3510	1,2	0,1504	5	0,0455
0,35	0,3252	1,4	0,1339	6	0,0385
0,40	0,3033	1,6	0,1208	7	0,0334
0,45	0,2845	1,8	0,1100	8	0,0294
0,50	0,2679	2,0	0,1010	9	0,0263

On voit, par ce tableau, que, dans la pratique, le point de moment maximum est toujours compris entre deux points situés au quart de la portée à partir de chaque extrémité Si, en effet, on suppose $p_p = 0,15\,p_s$, ce qui correspond à une très petite valeur du poids mort, on a $EM < \dfrac{1}{2}\,l$.

Si $p_p > 2p_s$, le point de moment maximum ne sort pas d'une longueur égale au cinquième de la portée située au milieu de la travée.

Après avoir déterminé la grandeur de la résultante des forces agissant en dehors d'une section, en supposant que la surcharge ne s'étende que d'un seul côté de la section considérée, nous devons rechercher la position de la ligne d'action de cette résultante. L'ordre adopté pour les forces étant sans influence sur le résultat de la composition, nous pouvons conserver le polygone funiculaire correspondant au poids mort, que nous avons déjà tracé et représenté par un trait de force, et tracer, à partir du point d'intersection K du dernier côté de ce polygone funiculaire avec la verticale de la section considérée, le polygone funiculaire de la surcharge accidentelle supposée limitée à cette section à partir de la gauche. Nous avons aussi représenté par un trait de force ce dernier polygone funiculaire KG. Il est clair que, si l'on tient compte de la différence des échelles, le segment AG est égal au segment correspondant de la Pl. XI₁. On n'a par suite besoin que de tracer une seule fois le polygone funiculaire de la surcharge, et on obtient l'extrémité G du polygone funiculaire correspondant à une portion quelconque de cette surcharge à partir de l'extrémité gauche de la travée, en portant en AG la valeur de S correspondante à cette surcharge. L'intersection I de la droite BG, qui ferme le contour, avec le côté du polygone funiculaire du poids propre correspondant à la section considérée, c'est-à-dire, dans le cas de la *fig.* 155, avec la tangente en $\mathfrak{P}_p$, donne un point de la résultante P des forces agissant en dehors de la section. Ce n'est que dans le cas où la surcharge accidentelle est uniformément répartie que les segments compris entre le côté AK et la courbe GK sont égaux aux segments compris entre le polygone A$\mathfrak{P}_s$ de la surcharge accidentelle et le côté G$\mathfrak{P}_s$ de ce polygone. Par suite, c'est dans ce cas seulement que la construction indiquée par M. C. Heuser, dans le *Erbkam's Zeitshrift* (année 1873 p. 523), est exacte.

La position de cette résultante P par rapport à une section du longeron comprimé ou du longeron tendu dans une poutre du système Pauli, ou dans une poutre à suspension, indique le sens des efforts auxquels sont soumis les étrésillons. Dans les poutres du système Schwedler, le côté du longeron comprimé correspondant à la section K doit passer par l'intersection de P et de AB.

Pour appliquer le calcul au cas que nous venons d'examiner, on n'a qu'à écrire les équations des moments du n° 86, p. 316, pour le poids propre et pour la surcharge accidentelle, et à les additionner. Dans le cas d'une charge uniforme, les formules de la page 321 donnent immédiatement les forces correspondantes à une section ou à un nœud quelconque.

CHAPITRE II

CENTRE DE GRAVITÉ

93. DU CENTRE DE GRAVITÉ EN GÉNÉRAL

Comme, dans tout ce qui précède, nous n'avons fait aucune hypothèse sur le nombre et l'écartement des différentes forces, nos propositions s'appliqueront encore si nous supposons le nombre des forces infiniment grand et leur écartement infiniment petit. Tel est le cas de tous les corps ou de toutes les masses matérielles, qui, sous l'influence de l'attraction terrestre ou d'autres actions parallèles, déterminent des pressions; le centre de ces pressions, de ces poids ou de ces forces, s'appelle centre de gravité.

Pour déterminer le centre de gravité, on suppose le corps décomposé en éléments finis ou infiniment petits, dont les centres de gravité sont connus et dont les poids peuvent être composés d'après les règles que nous avons indiquées précédemment.

Il arrive fréquemment qu'on peut grouper les éléments des corps de telle façon que leurs centres de gravité se trouvent tous situés dans un même plan ou sur une même ligne droite : les opérations à effectuer se réduisent alors à des opérations dans ce plan ou sur cette ligne. S'agit-il, par exemple, de déterminer le centre de gravité d'un rail de voie ferrée ou de toute autre construction à section constante, on peut supposer le corps décomposé en éléments prismatiques, dont les centres de gravité sont tous situés dans la section placée à égale distance des extrémités, et dont les poids sont proportionnels aux bases des prismes, c'est-à-dire aux surfaces interceptées dans la section moyenne par ces éléments prismatiques.

Cette section moyenne peut être considérée comme le lieu des centres de gravité de tous les éléments prismatiques et comme uniformément chargés par le poids de tous les éléments ; pour obtenir le centre de gravité, on décomposera la section moyenne en surfaces élémentaires et l'on appliquera à chacune de ces surfaces une force proportionnelle à son étendue. C'est dans ce sens qu'il peut être question de déterminer les centres de gravité de surfaces et de lignes ; on les considère les lieux des centres de gravité de corps. Les lignes et les surfaces peuvent être chargées, soit uniformément, soit inégalement par les éléments des corps. Dans la détermination des centres de gravité d'un certain nombre de lignes ou de surfaces, nous supposerons toujours la charge uniformément répartie.

Dans tout ce chapitre il ne sera question que de forces parallèles.

Pour obtenir les expressions analytiques des coordonnées du centre des forces parallèles et du centre de gravité, prenons un plan arbitraire $\xi\eta\zeta 1$, qui soit parallèle à la direction des forces. Des points d'application des forces, abaissons des perpendiculaires sur ce plan :

$$\frac{a\omega'}{\rho} = (a\xi + b\eta + c\zeta + 1)\,\frac{\omega'}{\rho}.$$

Dans cette formule, $abc1$ désignent les coordonnées des points d'application, ω' le sinus de l'angle solide, et ρ la fonction du nᵒ 64, p. 220. Soit en outre P la grandeur d'une quelconque des forces parallèles. Le moment de ces forces, par rapport au plan, dans le sens indiqué au nᵒ 59, p. 200, est :

$$\mathfrak{P} = \sum \frac{a\omega'}{\rho}\,P = \sum (a\xi + b\eta + c\zeta + 1)\,\frac{\omega'}{\rho}\,P.$$

Pour que ce moment soit nul, il suffit que les coordonnées du plan $\xi\eta\zeta 1$ satisfassent à la condition

$$0 = \xi\Sigma aP + \eta\Sigma bP + \zeta\Sigma cP + \Sigma P.$$

Cette équation étant du 1ᵉʳ degré en $\xi\eta\zeta 1$, est celle d'un point qui est le centre des forces parallèles. Les coordonnées de ce point sont :

$$\frac{\Sigma aP}{\Sigma P},\qquad \frac{\Sigma bP}{\Sigma P},\qquad \frac{\Sigma cP}{\Sigma P}.$$

Il est facile d'étendre immédiatement ces formules aux lignes, aux surfaces et aux solides ; on n'a qu'à remplacer P par les éléments des lignes Δs, les éléments des surfaces ΔF et les éléments des solides ΔV ; puis, passant aux limites, ces éléments deviennent des différentielles et les sommes des intégrales.

On peut obtenir ainsi l'ordonnée y_c du centre de gravité d'une courbe quelconque par rapport à un plan coordonné. On aura :

$$M_y = s y_c = \int y\,ds.$$

L'abscisse du centre de gravité d'une surface plane F est :

$$\mathfrak{M}_x = F x_c = \iint x\,dx\,dy = \int xy\,dx.$$

Il n'est pas nécessaire que, dans cette formule, l'ordonnée soit mesurée à partir de l'axe des abscisses; y peut être la longueur interceptée sur l'ordonnée par le contour de la courbe qui limite la surface. Il n'en est plus de même quand on recherche l'ordonnée y_c du centre de gravité. On a alors :

$$\mathfrak{M}_y = Fy_c = \iint y\,dx\,dy = \int dx \int_{y'}^{y''} y\,dy = \frac{1}{2}\int (y''^2 - y'^2)dx,$$

ou, ce qui revient au même, pour le contour entier de la surface :

$$\mathfrak{M}_y = Fy_c = \frac{1}{2}\int y^2 dx.$$

Dans le premier cas, les limites d'x sont les abscisses des extrémités de la projection de la figure sur l'axe des x. Dans le second cas, les limites de l'intégrale ne diffèrent pas l'une de l'autre, mais à chaque valeur de x correspondent deux valeurs de y; la série de l'une de ces valeurs de y correspond aux valeurs croissantes de x, l'autre aux valeurs décroissantes.

En multipliant $\mathfrak{M}_y$ par 2π, on obtient :

$$2\mathfrak{M}_y \pi = \pi \int (y''^2 - y'^2)dx,$$

c'est l'expression du volume engendré par la rotation de la figure autour de l'axe des x, ainsi que cela résulte du n° 30, p. 127.

Si l'on remplace les ordonnées parallèles par des rayons vecteurs issus de l'origine, le moment par rapport à l'axe des x sera en coordonnées cartésiennes :

$$\mathfrak{M}_y = Fy_c = \frac{2}{3}\int y(x\,dy - y\,dx).$$

L'intégrale doit être prise pour le contour entier. Mais cette expression n'a pas grande utilité; cette méthode n'est pratique qu'en coordonnées polaires. Dans ce cas, l'expression du moment par rapport à une droite $\varphi = \alpha$ est :

$$\mathfrak{M}_\alpha = \frac{1}{3}\int r^3 \sin(\varphi - \alpha)d\varphi.$$

Les formules pour la détermination des moments des volumes ne diffèrent de celles que nous venons d'indiquer que par le remplacement de l'ordonnée y par l'aire de la section faite parallèlement à un plan coordonné. Le moment par rapport à l'axe des xy est :

$$\mathfrak{M} = \iiint z\,dx\,dy\,dz = \frac{1}{2}\iint (z''^2 - z'^2)\,dx\,dy = \int z\,F_{xy}\,dz = \int \mathfrak{M}_{zy}dx = \int \mathfrak{M}_{zx}dy.$$

La première de ces intégrales est l'expression générale du moment; la seconde représente la somme des moments de tous les éléments prismatiques ayant pour base l'élément superficiel $dx\,dy$; la troisième, la somme des produits des volumes des tranches élémentaires xy par la distance de ces tranches au plan des xy; la quatrième, la somme des moments des tranches zy, et la cinquième, la somme des moments des tranches zx. On obtient des formules analogues pour les moments par rapport aux autres plans coordonnés.

L'emploi des déterminants permet d'obtenir l'expression des moments des éléments polaires; mais les résultats auxquels on arrive sont si compliqués qu'ils n'ont aucune utilité pratique.

94. CENTRE DE GRAVITÉ DE LIGNES

a) Centre de gravité de la ligne droite.

Il se trouve en son milieu, car on peut, en partant de ce point, partager la ligne en éléments qui deux à deux ont la même longueur et le même poids, et qui sont également éloignés du milieu; le centre de gravité de chaque groupe de deux éléments se trouve au milieu de la droite, et il en est de même, par conséquent, du centre de gravité de la droite entière.

b) Centre de gravité d'une ligne brisée.

Il s'obtient en considérant le milieu de chaque ligne comme le point d'application d'une force proportionnelle à la longueur de cette ligne. Si toutes les lignes sont situées dans le même plan, deux polygones funiculaires suffiront pour déterminer le centre de gravité; dans le cas contraire, il en faudra trois (*fig.* 121, p. 198).

Si la ligne brisée est formée par un certain nombre de côtés d'un polygone régulier, les centres de gravité de ces côtés seront situés sur un même cercle. Si nous remarquons que, d'après la *fig.* 156,

Fig. 156.

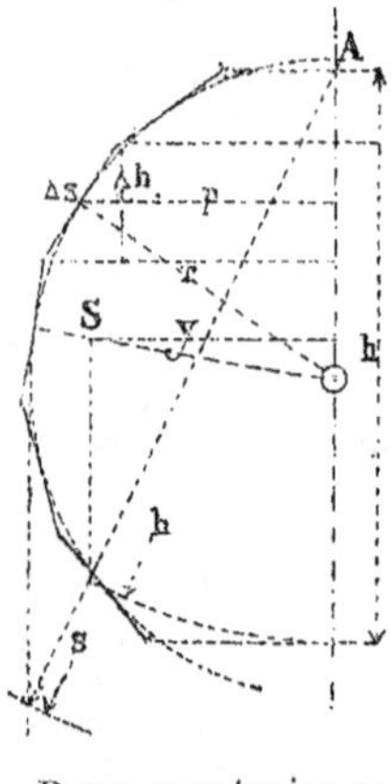

$$\frac{\Delta s}{r} = \frac{\Delta h}{p}$$

(*s* étant la longueur totale de la ligne brisée, Δs celle d'un côté du polygone; et les autres lettres ayant la signification indiquée sur la figure), on obtient pour le moment de la ligne brisée :

$$\mathfrak{M} = \Sigma p \Delta s = \Sigma r \Delta h = rh = ys,$$

d'où

$$y = r \cdot \frac{h}{s}.$$

Pour construire *y*, nous décrirons, du point A comme centre, un cercle ayant pour rayon la longueur *s* développée, et nous joindrons le point A à l'intersection de ce cercle avec une tangente parallèle à *h*; sur cette ligne nous porterons *h*; l'ordonnée de l'extrémité de cette longueur sera *y*. En menant, par cette extrémité, une parallèle à *y*, jusqu'au rayon qui divise en deux parties égales le contour polygonal, on obtient le centre de gravité S de ce contour. Le centre de gravité doit en effet être situé sur ce rayon, qui est le lieu des centres de gravité du côté médian du polygone et des autres côtés pris deux à deux.

c) Centre de gravité d'un arc de cercle.

On peut considérer l'arc de cercle comme un polygone régulier d'un nombre infini de côtés, et déterminer son centre de gravité par l'application de la méthode précédente.

La construction de la *fig.* 157 ne diffère de celle de la *fig.* 156 que

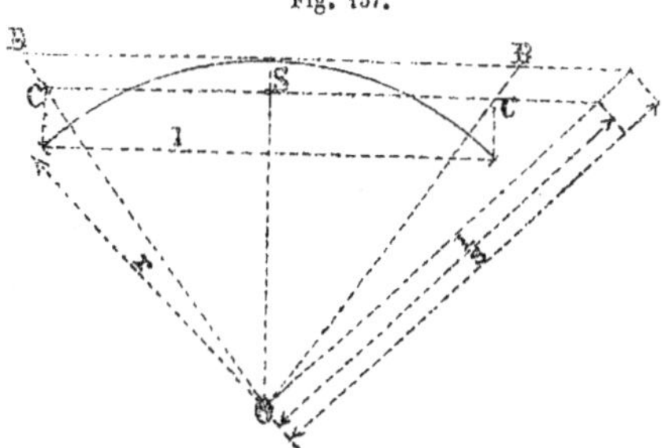

Fig. 157.

par la disposition des lignes. Le centre de gravité est situé sur le rayon OS qui divise l'arc en deux parties égales; si on développe l'arc sur sa tangente moyenne en BB $= s$, et qu'on mène par les extrémités de l'arc des parallèles au rayon OS jusqu'à la rencontre en C des deux rayons OB, les trois points CSC seront en ligne droite. On a en effet :

$$OS = r . \frac{CC}{BB} = r . \frac{l}{s},$$

l étant la corde et s la longueur de l'arc.

On obtiendra deux autres points de cette ligne CSC en décrivant un cercle O comme centre, avec s comme rayon; joignant O aux points d'intersection de ce cercle avec la tangente moyenne, et portant enfin sur ces rayons la longueur l de la corde.

L'expression analytique du moment d'un arc de cercle par rapport à un axe φ est

$$M_\varphi = \int_{\varphi'}^{\varphi''} r^2 \sin \varphi\, d\varphi = r^2(\cos \varphi' - \cos \varphi'') = 2r^2 \sin \frac{1}{2}(\varphi'' - \varphi') \sin \frac{1}{2}(\varphi'' + \varphi')$$
$$= r \sin \frac{1}{2}(\varphi'' + \varphi') \cdot r\varphi \cdot \frac{2 \sin \frac{1}{2}(\varphi'' - \varphi')}{\varphi}.$$

d) Centre de gravité de lignes courbes quelconques.

Il s'obtient de la manière la plus simple en divisant ces lignes en parties d'égale longueur, assez courtes pour qu'on puisse les considérer comme des lignes droites ; puis en reliant une série de parallèles menées par les centres de gravité correspondants au moyen de deux ou trois polygones funiculaires, qui donneront le centre de gravité cherché.

95. CENTRE DE GRAVITÉ DE FIGURES LIMITÉES PAR DES LIGNES DROITES

a) Centre de gravité du triangle.

Imaginons la surface du triangle (*fig.* 158) décomposée en éléments, au moyen de parallèles à la base AC ; un de ces éléments est indiqué par

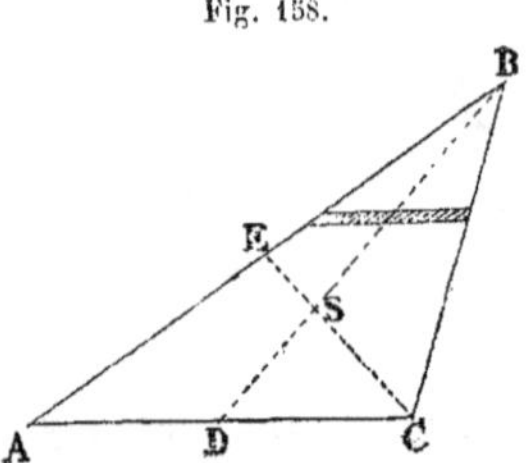

des hachures sur la figure. Les centres de gravité de ces divers éléments se trouveront tous sur la droite BD qui les divise en deux parties égales, et par suite le centre de gravité de la figure sera sur cette ligne. Pour le même motif, il devra être sur la ligne CE, médiane de AB, et sur la médiane BC.

Pour déterminer d'une manière plus précise la position du centre de gravité, que l'on peut d'ailleurs construire très facilement en traçant les médianes, remarquons que si l'on considère la droite CSE comme une sécante coupant le triangle ADB, on doit avoir

$$\frac{DC}{CA} \cdot \frac{AE}{EB} \cdot \frac{BS}{SD} = -1.$$

Comme on a d'ailleurs, en ayant égard aux signes,

$$\frac{DC}{CA} = -\frac{1}{2} \quad \text{et} \quad \frac{AE}{EB} = +1,$$

on en déduit

$$\frac{BS}{SD} = +2.$$

Le centre de gravité du triangle se trouve donc au tiers de la longueur de chaque médiane à partir du côté correspondant. On peut dire aussi que la hauteur du centre de gravité au-dessus de chaque base est égale au tiers de la hauteur correspondante du triangle.

Si le triangle est situé dans l'espace et que a, b, c, s soient les ordonnées respectives des sommets et du centre de gravité par rapport à un plan quelconque, l'ordonnée du point D sera

$$D = \frac{a+c}{2},$$

et celle du centre de gravité

$$s = \frac{a+c}{2} + \frac{1}{3}\left[b - \frac{a+c}{2}\right] = \frac{1}{3}(a+b+c).$$

b) Centre de gravité du parallélogramme.

Le centre de gravité du parallélogramme est au milieu de chaque diagonale et de chaque droite qui réunit les milieux de deux côtés opposés. Toutes ces droites se coupent au centre de gravité par suite de raisons qui se comprennent d'elles-mêmes.

c) Centre de gravité du trapèze.

Le centre de gravité du trapèze ABCD (*fig.* 159) est situé tout d'abord sur la ligne EF qui joint les milieux des deux côtés parallèles.

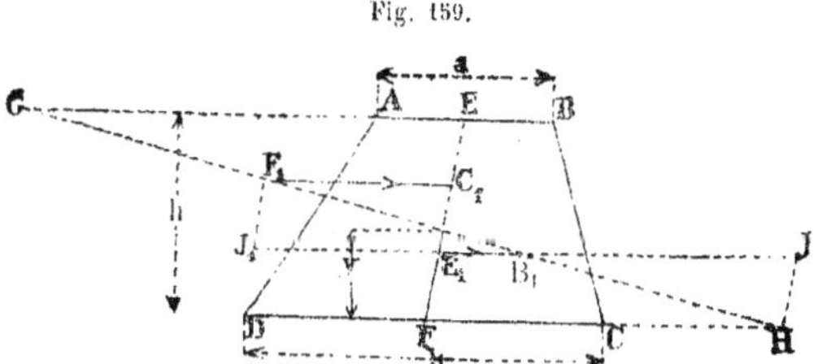

Fig. 159.

Si l'on suppose le trapèze décomposé en deux triangles ABD et BCD (la diagonale BD n'est pas tracée sur la figure), les aires de ces triangles sont égales respectivement aux produits de EB et de FC par h, et leurs centres de gravité sont situés au tiers de la hauteur de chaque triangle.

Appliquons, par les centres de gravité des deux triangles et à partir de la ligne EF, des forces parallèles à AB et à DC et proportionnelles aux aires de ces deux triangles, en les intervertissant comme nous l'avons vu au n° 83 (p. 303), et de telle façon que C_1E_1 forme le troisième côté du quadrilatère de la *fig.* 143. Nous n'aurons pour cela qu'à porter la longueur FC en F_1C_1 et longueur EB en E_1B_1. La ligne B_1F_1 déterminera alors sur EF le centre de gravité cherché. On peut se dispenser de diviser la ligne EF ou la hauteur du trapèze en trois parties égales, en prolongeant B_1F_1 jusqu'aux points de rencontre G et H avec les côtés parallèles, et en menant J_1F_1 et HJ parallèlement à EF. En effet, on a

$$B_1J = B_1J_1 = F_1C_1 + E_1B_1$$

et

$$E_1J = FH = F_1C_1 + 2B_1E_1 = FC + AB.$$

Par suite

$$CH = AB.$$

On démontre de la même manière que

$$AG = CD.$$

Par suite, si l'on porte, des sommets A et C situés aux extrémités d'une diagonale, les côtés opposés en prolongement des côtés parallèles suivant AG et CH, la ligne GH déterminera le centre de gravité sur la ligne qui réunit les points milieux des côtés parallèles.

La distance y du centre de gravité à l'un des côtés parallèles b (*fig.* 159) est égale à

$$y = h \,\frac{FH}{FH + EG}.$$

Par suite, si l'on désigne par a et b les longueurs des côtés parallèles, on a

$$FH = a + \frac{1}{2}\,b,$$

$$EG = \frac{1}{2}\,a + b,$$

$$FH + EG = \frac{3}{2}\,(a + b);$$

d'où

$$y = h \,\frac{a + \frac{1}{2}b}{\frac{3}{2}(a + b)} = \frac{1}{3}\,h\,\frac{2a + b}{a + b}.$$

La distance du centre de gravité à l'autre côté parallèle est

$$y_1 = \frac{1}{3}\,h\,\frac{a + 2b}{a + b}.$$

La longueur d'une parallèle à a et b passant par le centre de gravité est égale à

$$\frac{ay + by_1}{y + y_1} = \frac{2(a^2 + ab + b^2)}{3(a + b)}.$$

La distance du centre de gravité à l'un des côtés obliques, mesurée

suivant la direction des côtés parallèles, étant la moitié de cette longueur,
le moment par rapport à l'un de ces côtés sera égal à

$$\mathfrak{M} = \frac{1}{6}\, h(a^2 + ab + b^2).$$

On arrive aux mêmes résultats, sous une forme un peu plus générale, en considérant le trapèze comme la surface comprise entre deux ordonnées consécutives z_1
et z_2, dont la distance est égale à $y_2 - y_1$. L'équation de la droite $(y_1 z_1)(y_2 z_2)$ est :

$$(z_2 - z_1)y + (y_1 - y_2)z + y_2 z_1 - y_1 z_2 = 0.$$

De cette équation on déduira l'expression d'un élément superficiel du trapèze, en
considérant soit y comme une fonction de z, soit z comme une fonction de y; on
substituera cette expression dans l'équation des moments, et on intègrera entre les
limites correspondantes aux indices 1 et 2. On pourra utiliser dans ce but la formule
suivante :

$$\frac{1}{y_2 - y_1}\int_1^2 y^m z^n dy = \frac{1}{z_2 - z_1}\int_1^2 y^m z^n dz$$
$$= \frac{(1.2\ldots m)(1.2\ldots n)}{1.2\ldots(m + n + 1)} \sum \binom{g + h}{g}\binom{i + k}{i} y_1^g z_1^h y_2^i z_2^k.$$

Nous emploierons plus loin, pour les moments d'inertie, cette formule qui abrège
beaucoup l'intégration. Les combinaisons des indices *ghik* doivent être telles que
$g + i = m$ et $h + k = n$; $\binom{g + h}{g}$ et $\binom{i + h}{i}$ sont les coefficients du binôme, et la
somme s'étend à toutes les combinaisons possibles de i et k.

En effectuant les opérations indiquées, on a pour la surface F :

$$F = \frac{1}{2}\, (y_2 - y_1)(z_1 + z_2).$$

Le moment par rapport à l'axe des y est :

$$\mathfrak{M}_y = \int_{z_1}^{y_2} yz\, dz = \frac{1}{6}\, (y_2 - y_1)[(2y_1 + y_2)z_1 + (y_1 + 2y_2)z_2],$$

et le moment par rapport à l'axe des z est :

$$\mathfrak{M}_z = \frac{1}{2}\int z^2 dy = \frac{1}{6}\, (y_2 - y_1)(z_1^2 + z_1 z_2 + z_2^2).$$

La division de ces moments par la surface donne les coordonnées du centre de
gravité, savoir :

$$y_c = \frac{(2y_1 + y_2)z_1 + (y_1 + 2y_2)z_2}{3(z_1 + z_2)} = \frac{(2z_1 + z_2)y_1 + (z_1 + 2z_2)y_2}{3(z_1 + z_2)},$$
$$z_c = \frac{z_1^2 + z_1 z_2 + z_2^2}{3(z_1 + z_2)}.$$

d) Centre de gravité d'un quadrilatère irrégulier.

On partage le quadrilatère ABCD (*fig.* 160) par la diagonale BD en
deux triangles ABD et CDB, dont les centres de gravité S_1 et S_2 se

trouvent situés au tiers des lignes EA et EC, qui réunissent le milieu E de la diagonale aux sommets opposés A et C. Le centre de gravité S du quadrilatère partage la ligne S_1S_2, qui réunit les centres de gravité des deux triangles, de telle sorte que les segments S_1S et SS_2 soient inversement proportionnels aux aires des deux triangles correspondants. Mais comme ces aires, qui ont une base commune

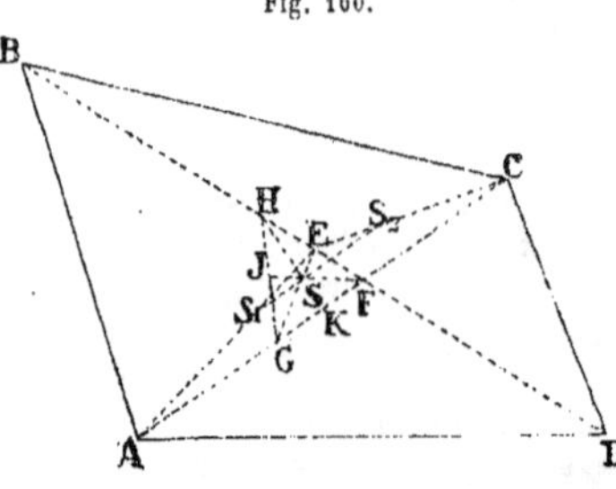

BD, sont proportionnelles aux segments AF et FC de la deuxième diagonale AC, et que cette diagonale est parallèle à S_1S_2, on obtient le point S en intervertissant les segments sur AC, c'est-à-dire en portant AG = FC et GC = AF; S se trouve alors sur la ligne EG, car on a

$$\frac{S_1S}{SS_2} = \frac{AG}{GC} = \frac{FC}{AF} = \frac{\text{Tr. CDB}}{\text{Tr. ABD}}.$$

Si l'on remarque en outre que S est au tiers de EG, puisque S_1 et S_2 sont au tiers des lignes EA et EC, on peut dire :

Le centre de gravité S d'un quadrilatère ABCD est au tiers de la droite EG, que l'on obtient en joignant le point E, milieu d'une diagonale, au point G qui est déterminé sur la deuxième diagonale par l'interversion des segments interceptés sur cette deuxième diagonale par la première.

Si l'on répète cette construction, en changeant la diagonale sur laquelle on opère, le point S devra se trouver également au tiers de la ligne KH, qui joint le milieu K de CA au point H qui résulte de l'interversion des segments FD et BF. En remarquant que les points milieux E et K des diagonales sont aussi au milieu de GF et de HF, on peut dire : *Le centre de gravité d'un quadrilatère coïncide avec celui d'un triangle, qui aurait ses sommets au point d'intersection F des diagonales, et aux points H et G, que l'on obtient par l'interversion des segments que les diagonales interceptent l'une sur l'autre.*

Les points F, S et le milieu J de HG sont en ligne droite. Si CD et AB deviennent parallèles, c'est-à-dire si le quadrilatère est un trapèze, HG devient aussi parallèle à ces lignes, et leurs trois points milieux se trouvent avec F et le centre de gravité S sur une même ligne droite. Cette proposition est d'accord avec ce que nous avons dit plus haut en *c*). On en déduit également le théorème déjà énoncé sur la distance du centre de gravité à l'un des côtés parallèles du trapèze.

e) Centre de gravité des polygones ayant plus de quatre côtés.

Le procédé le plus simple pour déterminer le centre de gravité de polygones ayant plus de quatre côtés consiste à les décomposer en quadrilatères et à réunir leurs centres de gravité par un polygone funiculaire tracé d'après les règles du nᵒ 58 (p. 198)

On peut, de la manière suivante, obtenir des expressions analytiques des moments des polygones au moyen de l'expression relative au cas du triangle.

Soient $x_i y_i$ les coordonnées des sommets d'un polygone. Si de l'origine des coordonnées nous projetons le côté ik, nous aurons, pour l'expression de la surface du triangle ainsi obtenu et pour celle du moment de ce triangle par rapport à l'axe des x :

$$2\mathrm{F}_{ik} = \begin{vmatrix} x_i & y_i \\ x_k & y_k \end{vmatrix} \quad \text{et} \quad 6\mathfrak{M}_{ik} = \begin{vmatrix} x_i & y_i \\ x_k & y_k \end{vmatrix}(y_i + y_k).$$

On obtient la surface totale et le moment total en faisant la somme des déterminants pour tous les côtés du polygone, et, dans cette sommation, le signe de la surface et celui du moment sont indiqués par l'ordre des indices ik dans le contour du polygone. Si toutes les surfaces et tous les moments à ajouter doivent avoir le même signe, le sens de ik doit rester le même dans le contour.

En appliquant cette sommation à un triangle quelconque 123, on obtient :

$$2\mathrm{F} = \begin{vmatrix} x_1 & y_1 \\ x_2 & y_2 \end{vmatrix} + \begin{vmatrix} x_2 & y_2 \\ x_3 & y_3 \end{vmatrix} + \begin{vmatrix} x_3 & y_3 \\ x_1 & y_1 \end{vmatrix} = \begin{vmatrix} x_1 & y_1 & 1 \\ x_2 & y_2 & 1 \\ x_3 & y_3 & 1 \end{vmatrix},$$

$$6\mathfrak{M} = \begin{vmatrix} x_1 & y_1 & y_2 + y_3 \\ x_2 & y_2 & y_3 + y_1 \\ x_3 & y_3 & y_1 + y_1 \end{vmatrix} = \begin{vmatrix} x_1 & y_1 & 1 \\ x_2 & y_2 & 1 \\ x_3 & y_3 & 1 \end{vmatrix} y_{123},$$

en désignant par y_{123} la somme des trois ordonnées $y_1 + y_2 + y_3$.

Au lieu de projeter les différents côtés du polygone à partir de l'origine des coordonnées, on peut les projeter d'un des sommets du polygone, le sommet 1 par exemple. Dans ce cas, on doit faire la somme des derniers déterminants pour les indices

$$123, \quad 134\ldots, \quad 1ik\ldots, \quad 1n - 1n.$$

Appliquons cette sommation au quadrilatère. Nous aurons :

$$2\mathrm{F} = \begin{vmatrix} x_1 & y_1 & 1 \\ x_2 & y_2 & 1 \\ x_3 & y_3 & 1 \end{vmatrix} + \begin{vmatrix} x_1 & y_1 & 1 \\ x_3 & y_3 & 1 \\ x_4 & y_4 & 1 \end{vmatrix} = \begin{vmatrix} x_1 & y_1 & 1 & 0 \\ x_2 & y_2 & 0 & 1 \\ x_3 & y_3 & 1 & 0 \\ x_4 & y_4 & 0 & 1 \end{vmatrix},$$

$$6\mathfrak{M} = \begin{vmatrix} x_1 & y_1 & 1 \\ x_2 & y_2 & 1 & y_{341} \\ x_3 & y_3 & 1 \\ x_4 & y_4 & 1 & y_{123} \end{vmatrix} + \begin{vmatrix} x_1 & y_1 & 1 & y_1 \\ x_2 & y_2 & 1 & s \\ x_3 & y_3 & 1 & y_3 \\ x_4 & y_4 & 1 & s \end{vmatrix} = \begin{vmatrix} x_1 & y_1 & s & 1 \\ x_2 & y_2 & y_2 & 1 \\ x_3 & y_3 & s & 1 \\ x_4 & y_4 & y_4 & 1 \end{vmatrix},$$

s désignant la somme $y_1 + y_2 + y_3 + y_4$. Il est facile de déduire de ces expressions, au moyen de substitutions convenables, les résultats indiqués dans les paragraphes c et d. Mais ce calcul serait sans utilité. Ces déterminants ne peuvent servir que pour obtenir la surface et le moment de polygones irréguliers.

96. Centre de gravité des figures limitées par des lignes courbes

a) **Centre de gravité d'un secteur de cercle.**

Si l'on suppose le secteur décomposé en secteurs élémentaires ayant tous le même centre, les centres de gravité de ces différents éléments, dont l'un est hachuré sur la *fig.* 161, et que l'on peut considérer comme des triangles, seront situés sur l'arc de cercle décrit avec le rayon $\frac{2}{3}\,r$.

Fig. 161.

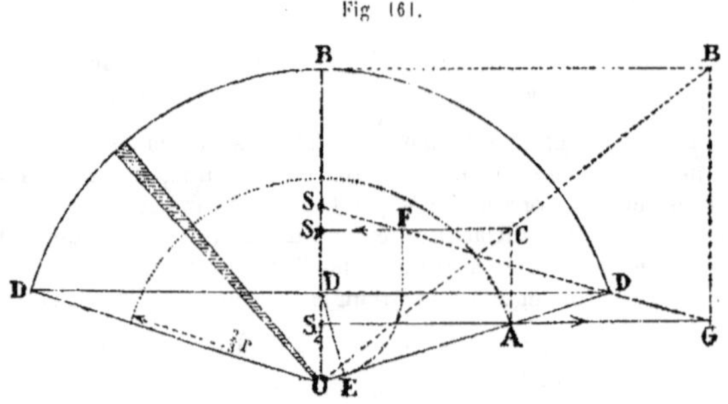

Cet arc de cercle considéré comme le lieu de tous ces centres de gravité, étant également chargé par chaque élément, son centre de gravité coïncide avec le centre de gravité S_1 du secteur.

Pour appliquer la méthode donnée au paragraphe *c*) (*fig.* 157, p. 349), nous n'aurons qu'à développer le demi-arc BD sur la tangente moyenne BB (*fig.* 161), puis à joindre les points O et B, et à projeter l'extrémité A de l'arc de cercle, lieu du centre de gravité, en C sur OB, parallèlement au rayon moyen. Le centre de gravité S_1 est le pied de la perpendiculaire abaissée de C sur le rayon moyen.

b) **Centre de gravité d'un segment de cercle.**

Considérons le segment DBD (*fig.* 161) comme la différence du secteur et du triangle ODD, dont le centre de gravité S_2 coïncide avec le pied de la perpendiculaire abaissée de A sur le rayon moyen. Le centre de gravité S sera le centre de deux forces parallèles dont l'une BB est proportionnelle à l'aire du secteur et agit en son centre de gravité S_1, et dont l'autre ED est proportionnelle à l'aire négative du triangle et agit en son centre de gravité S_2. Si l'on porte BB et DE sur deux parallèles S_2G et FS, menées par S_1 et S_2, en les intervertissant et en ayant égard à leurs signes, le point d'intersection des côtés opposés $S_1 S_2$ et FG du quadrilatère, dont les autres côtés sont des lignes proportionnelles aux aires, déterminera le centre de gravité du segment.

Cette construction n'est précise que lorsque la surface du triangle est petite par rapport à celle du secteur, c'est-à-dire quand l'angle DOD est grand. Lorsque cet angle est petit, il est préférable de considérer le segment de cercle comme un segment de parabole, ou de le décomposer en plusieurs segments de paraboles ou en triangles, que l'on compose ensuite au moyen d'un polygone funiculaire.

c) Centre de gravité d'un segment de parabole.

La position du centre de gravité d'un segment de parabole se détermine très facilement par le calcul. Soit

$$y^2 = pz$$

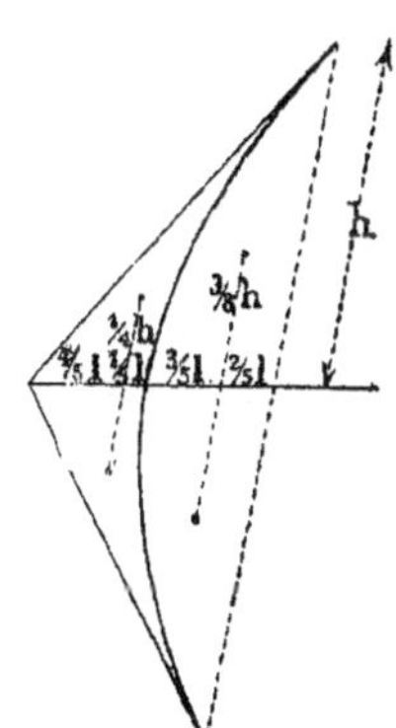

Fig. 162.

l'équation d'une parabole (*fig.* 162). On a alors pour la surface, pour le moment par rapport à l'axe des y et pour l'abscisse du centre de gravité :

$$F = \int_0^l y\,dz = \sqrt{p} \int_0^l \sqrt{z}\,dz = \frac{2}{3}\sqrt{pl^3} = \frac{2}{3}\,hl,$$

$$M_1 = \int_0^l yz\,dz = \sqrt{p}\int_0^l \sqrt{z^3}\,dz = \frac{2}{5}\sqrt{pl^5} = \frac{2}{5}\,hl^2,$$

$$z_c = \frac{M_1}{F} = \frac{3}{5}\,l.$$

Le moment de la moitié du segment parabolique par rapport à l'axe des z et l'ordonnée du centre de gravité sont :

$$M_2 = \frac{1}{2}\int_0^l y^2\,dz = \frac{1}{2}\,p\int_0^l z\,dz = \frac{1}{4}\,pl^2 = \frac{1}{4}\,h^2l,$$

$$y_c = \frac{M_2}{F} = \frac{3}{8}\,h.$$

La surface du triangle formé par la corde de l'arc de parabole et par les deux tangentes aux extrémités de cet arc est hl, et les moments sont $\frac{1}{3}\,hl^2$ et $\frac{1}{3}\,h^2l$. Si l'on en retranche les moments obtenus ci-dessus pour le segment parabolique, on a pour le triangle formé par les deux tangentes et par l'arc de parabole :

$$M_1 = \left(\frac{1}{3} - \frac{2}{5}\right)hl^2 = -\frac{1}{15}\,hl^2; \quad z_c = -\frac{1}{5}\,l;$$

$$M_2 = \left(\frac{1}{3} - \frac{1}{4}\right)h^2l = \frac{1}{12}\,h^2l; \quad y_c = +\frac{1}{4}\,h.$$

Nous avons représenté sur la *fig.* 162 les résultats que nous venons de trouver. Ces formules sont très utiles; elles permettent de tenir compte des petits arcs qui se présentent dans des profils irréguliers, et on peut même les appliquer, sans graves erreurs, à des segments de cercle assez grands.

d) **Centre de gravité du trapèze parabolique.**

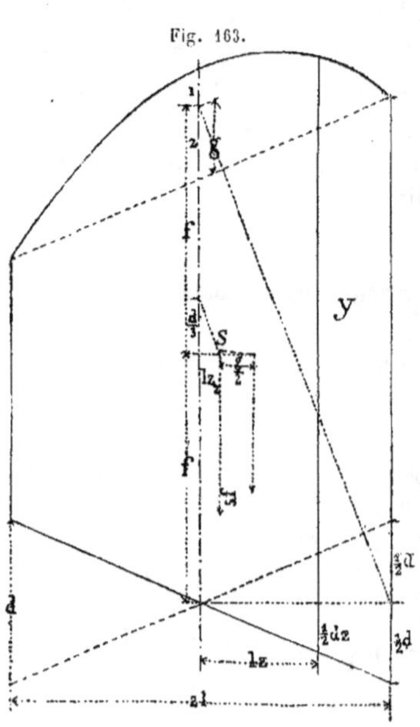

Fig. 163.

Dans la sommation des aires (n° 24, p. 103), nous avons considéré le trapèze parabolique comme l'élément constitutif des figures limitées par des courbes quelconques, dont l'aire était à déterminer. Il est dès lors intéressant de rechercher le moment et le centre de gravité du trapèze parabolique, afin de pouvoir déterminer le moment et le centre de gravité d'une figure quelconque.

Nous pourrions, pour déterminer le centre de gravité, construire séparément celui du segment parabolique et celui du trapèze, et partager leur distance en parties inversement proportionnelles aux aires. Mais, bien que ce procédé puisse être, dans certains cas particuliers, le plus expéditif, il est en général préférable de calculer des formules donnant les moments, et de construire ensuite le centre de gravité au moyen de ces formules.

On arrive rapidement à établir ces formules en additionnant les moments du trapèze et du segment parabolique ; mais, en vue d'une application ultérieure au calcul des moments d'inertie, nous les déterminerons analytiquement par intégration.

Comme on a à diviser les moments par les surfaces, il est utile d'introduire dans les formules la surface réduite à la largeur, mesurée horizontalement, prise pour base. Désignons (*fig.* 163) par $2f$ la hauteur médiane diminuée du tiers de la flèche, ce qui donne pour l'expression de la surface totale $F = 4fl$. Désignons en outre par g les $\frac{2}{3}$ de la flèche, par $2d$ la différence des ordonnées extrêmes, et enfin par lz l'abscisse de l'ordonnée y. Ces notations sont indiquées sur la figure. On a alors :

$$y = 2f + \frac{1}{2} g + dz - \frac{3}{2} gz^2,$$

car le point à l'infini de la parabole est situé dans la direction des ordonnées, et pour $z = 0$ on obtient l'ordonnée moyenne $2f + \dfrac{1}{2} g$, et, pour $z = \pm 1$, les ordonnées $2f - g \pm d$ des extrémités, ainsi que cela doit être.

Cela posé, nous avons :

$$\frac{\mathrm{F}}{2l} = \frac{1}{2} \int_{-1}^{+1} y\,dz = 2f + \frac{1}{2} g - \frac{1}{3} \times \frac{3}{2} g = 2f,$$

$$\frac{\mathrm{M}_z}{2l^2} = \frac{1}{3} \int_{-1}^{+1} yz\,dz = \frac{1}{3} d,$$

$$\frac{\mathrm{M}_y}{2l} = \frac{1}{4} \int_{-1}^{+1} y^2\,dz = \frac{1}{2} \left(2f + \frac{1}{2} g \right)^2 + \frac{1}{2.3} \left[d^2 - 3g \left(2f + \frac{1}{2} g \right) \right]$$
$$+ \frac{1}{2.5} \times \frac{9}{4} g^2 = 2f^2 + \frac{1}{6} d^2 + \frac{1}{10} g^2.$$

Désignons par lz_c et y_c les coordonnées du centre de gravité; nous aurons :

$$z_c = \frac{\mathrm{M}_z}{l\mathrm{F}} = \frac{d}{6f},$$

$$y_c = \frac{\mathrm{M}_y}{\mathrm{F}} = f + \frac{d^2}{12f} + \frac{g_2}{20f} = f + \frac{1}{2} dz_c + \frac{g^2}{20f}.$$

Pour construire le centre de gravité au moyen de ces coordonnées, joignons le pied de l'ordonnée médiane $2f$ au milieu de la longueur d portée sur la plus grande des deux ordonnées extrêmes à partir du côté inférieur, et menons à partir du milieu de l'ordonnée $2f$ une parallèle à cette ligne. Portons ensuite sur cette même ordonnée, à partir de son milieu f, la longueur $\dfrac{1}{3} d$, et menons, par le point obtenu, une parallèle à la droite qui joint l'extrémité supérieure de l'ordonnée $2f$ au milieu de d. L'abscisse du point d'intersection de ces deux parallèles est égale à lz_c, car on a :

$$\frac{lz_c}{\frac{1}{3} d} = \frac{l}{2f}, \quad \text{ou} \quad z_c = \frac{d}{6f}.$$

L'ordonnée de ce même point est $f + \dfrac{1}{2} dz_c$ comme on le voit immédiatement sur la figure. Le centre de gravité est donc situé sur cette ordonnée, à une hauteur $\dfrac{g^2}{20f}$ au-dessus de ce point. On construit cette longueur $\dfrac{g^2}{20f}$ au moyen d'un triangle rectangle dont la hauteur est $\dfrac{1}{2} g$, soit le tiers de la flèche, et dont l'un des segments de l'hypoténuse est $5f$, comme l'indique la figure. Dans la plupart des cas, la quantité $\dfrac{g^2}{20f}$ est si petite qu'on ne peut la construire, et, si l'on peut la négliger, la détermination du centre de gravité, d'après la construction précédente, est très simple.

L'expression du moment M_y permet de déterminer aussi d'une façon très simple le volume d'un vase, engendré par la révolution d'un arc de parabole (*fig.* 164). D'après la règle de Guldin, ce volume est :

$$\mathfrak{I} = 2\pi \mathrm{M}_y = \left[(2f)^2 + \frac{1}{3} d^2 + \frac{1}{5} g^2 \right] 2l\pi.$$

En général $\dfrac{1}{3} g^2$ est négligeable par rapport aux autres quantités, et si $d = 0$, comme c'est le cas lorsqu'il s'agit d'un tonneau, on peut considérer $2f$ comme le rayon moyen du vase.

Lorsqu'on donne la section longitudinale du vase, on peut mesurer immédiatement sur le dessin les longueurs $2f$, $2d$, l et g. Dans le cas contraire, on est obligé de les calculer en mesurant le rayon supérieur, inférieur et moyen. Soient a, c et b ces trois rayons, on a:

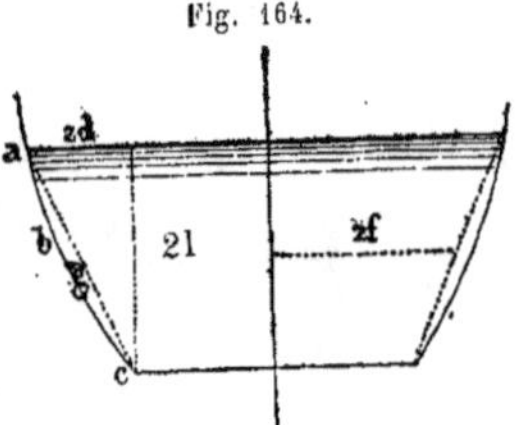
Fig. 164.

$$12f = a + 4b + c,$$
$$2d = a - c,$$
$$3g = 2b - a - c.$$

Ces formules peuvent être utilisées pour le cubage exact des bois non équarris.

Les formules que nous avons trouvées pour la surface et les moments du trapèze parabolique sont susceptibles d'une application très étendue: on peut en déduire, par la substitution de valeurs particulières de a, b et c, tous les moments que nous avons déterminés jusqu'à présent, à l'exception de ceux qui se rapportent au cercle.

e) Centre de gravité de figures irrégulières.

Pour déterminer le centre de gravité de figures irrégulières, on les divise par des lignes parallèles en bandes trapézoïdales assez étroites pour que leurs centres de gravité puissent être considérés comme situés au milieu de la largeur; puis on détermine l'aire de ces bandes, qui, d'après le n° 24 (p. 103), peut être regardée comme proportionnelle à la hauteur moyenne pour les bandes dont la largeur est constante. Pour les bandes dont la largeur n'est pas constante, ce qui a lieu, par exemple, pour les bandes extrêmes ou pour celles qui correspondent à des irrégularités particulières de la figure, on détermine les aires en les réduisant à une base commune. Cela fait, on considère ces aires comme des forces parallèles qui agissent au centre de gravité de chaque bande, on les réunit pour former un polygone des forces, et on construit, à l'aide de ce polygone des forces, un polygone funiculaire, dont les sommets sont situés sur des parallèles à la direction des forces, menées par les centres de gravité des bandes; l'intersection des côtés extrêmes de ce polygone détermine la parallèle sur laquelle le centre de gravité est situé.

Ces opérations ont été effectuées sur la Pl. XII₁ pour le profil d'un rail.

Le profil du rail est symétrique par rapport à la verticale qui divise en deux parties égales les lignes horizontales. Le centre de gravité de la section est par suite situé, d'après le n° 93 (p. 345), sur cette verticale, à une certaine hauteur qu'il s'agit de déterminer. Décomposons, par des horizontales, ce profil en 19 bandes. Celles qui sont numérotées 4, 10, 11, 12, 13, 14 ont une largeur de 1 centimètre, et, pour les réduire à la base a qui est égale à 3 centimètres, il suffit de prendre le tiers de leur largeur moyenne. Les bandes 2, 3, 5, 6, 7, 9, 15, 17, 18 et 19 ont une largeur de 5 millimètres égale à la moitié de la largeur normale, et leur surface est par suite représentée par le sixième de leur largeur moyenne. Enfin, les bandes 8 et 16 ont une largeur de 8 millimètres, et leurs aires ont été déterminées au moyen d'une transformation directe de surfaces par la réduction à la base $a = 0^m,03$. Nous avons porté, sur la ligne médiane de chaque bande et sur le côté gauche de la figure, une longueur proportionnelle à sa surface, et nous avons donné à chaque longueur le numéro de la bande correspondante.

Désignons par y_1, y_2, y_3, etc., la hauteur, par rapport au centre de gravité du milieu de la 1re, 2e, 3e ... bande; par z_1, z_2, z_3, ... la largeur de ces mêmes bandes ; par F_1, F_2, F_3, ... la surface de la première, des deux premières, des trois premières bandes, etc., et par ΔF_i la surface de la bande de rang i. Cette surface sera représentée, en la ramenant à la base a, par la hauteur réduite, que nous pouvons désigner par $\Delta z'_i$, et l'on aura :

$$\Delta F_i = a\Delta z'_i.$$

Considérons les aires des différentes bandes comme des forces agissant horizontalement, et additionnons-les sur une horizontale qui représentera le polygone des forces. Les différents segments de cette horizontale sont égaux aux $\Delta z'$ des bandes correspondantes, et l'aire d'un certain nombre de bandes consécutives sera représentée, en la ramenant à la base a, par le z' correspondant. On aura ainsi pour les cinq premières bandes :

$$F_5 = az'_5.$$

L'aire de la section totale du rail est égale à

$$F_{19} = az'_{19} = 3 \times 15,92 = 47,76 \text{ centimètres carrés.}$$

Comme on a souvent à diviser les moments par les aires, nous avons pris la distance verticale du pôle des forces à la droite qui représente le polygone des forces égale à $\frac{1}{2}z_{19} = 7,96$ centimètres, et nous avons pris le pôle sur la verticale du milieu de z'_{19}. Par suite de cette disposition, les rayons extrêmes menés par le pôle forment l'un avec l'autre un angle droit, et les côtés extrêmes du polygone funiculaire qui leur sont parallèles donnent ainsi une intersection aussi précise que possible. Le polygone funiculaire a ses côtés respectivement parallèles aux rayons correspondants de ce faisceau. Ainsi le côté compris entre le milieu de la 5ᵉ et celui de la 6ᵉ bande est parallèle au rayon qui projette le point de séparation des segments du polygone des forces correspondants à la 5ᵉ et à la 6ᵉ bande.

Les côtés extrêmes du polygone se coupent sur l'horizontale qui passe par le centre de gravité du rail.

Si l'on prolonge tous les côtés du polygone funiculaire jusqu'à cette horizontale, ils y déterminent des segments $\Delta z''$, qui, d'après le n° 85 (p. 309), sont proportionnels aux moments des forces, c'est-à-dire aux produits des aires des différentes bandes par les distances y au centre de gravité. En multipliant ces segments par $\frac{1}{2} z'_{19}$, on obtient les moments eux-mêmes. Ainsi, on a, par exemple :

$$y_6 \Delta F_6 = y_6 a \Delta z'_6 = \frac{1}{2} a z'_{19} \Delta z''_6 = \frac{1}{2} F \Delta z''_6$$

et

$$\sum_0^6 y \Delta F = \frac{1}{2} F z''_6.$$

Cette dernière relation signifie que le moment des cinq premières bandes est égal à celui qu'on obtiendrait si toute la surface $F = a z'_{19}$ agissait au bout d'un bras de levier $\frac{1}{2} z''_6$. Les côtés extrêmes du polygone funiculaire déterminent sur une horizontale quelconque un segment qui est égal au moment de la surface entière par rapport à cette horizontale, divisé par la distance polaire, c'est-à-dire

$$y_c z'_{19} : \frac{1}{2} z'_{19} = s,$$

s désignant le segment considéré et y_c la distance de l'horizontale au centre de gravité, ou le bras de levier au bout duquel agit toute la surface z'_{19}. Par suite, pour une horizontale quelconque, le segment est le double du bras de levier.

Cette proposition résulte d'ailleurs immédiatement de ce que les côtés extrêmes du polygone, dont l'intersection détermine le centre de gravité, forment avec une horizontale quelconque un triangle dont la hauteur est égale au double de la base.

$\Delta z''$ change de signe pour la bande qui contient le centre de gravité; z'' diminue alors et devient nul pour le profil entier, ainsi que cela doit avoir lieu pour tout axe passant par le centre de gravité.

97. CENTRE DE GRAVITÉ DES VOLUMES

a) **Centre de gravité des polyèdres.**

Nous commencerons par déterminer le centre de gravité du tétraèdre. Si l'on coupe le tétraèdre par une série de plans parallèles à deux arêtes opposées AC et BD (*fig.* 165), on obtient une série de parallélogrammes dont les angles sont constants.

Fig. 165.

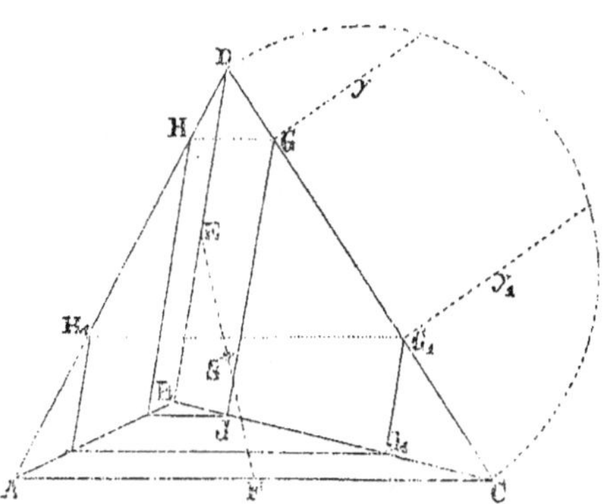

Les centres de gravité de ces parallélogrammes sont tous situés sur la ligne qui joint les milieux E et F des deux arêtes, car le plan AEC partage en parties égales tous les côtés des parallélogrammes parallèles à BD, et EF partage en deux parties égales toutes les lignes qui réunissent deux à deux les points d'intersection du plan AEC avec les côtés parallèles à BD. Comme les surfaces des parallélogrammes sont entre elles dans le même rapport que les produits de leurs côtés HG et GJ, et que ces derniers côtés sont respectivement dans le même rapport que les segments correspondants DG et GC de la ligne CD, puisque

$$\frac{HG}{H_1 G_1} = \frac{DG}{DG_1} \quad \text{et} \quad \frac{GJ}{G_1 J_1} = \frac{GC}{G_1 C},$$

les produits de ces côtés, c'est-à-dire les surfaces des parallélogrammes HJ et $H_1 J_1$, sont aussi dans le même rapport que les produits correspondants des segments de DC, savoir :

$$\frac{(HJ)}{(H_1 J_1)} = \frac{HG \times GJ}{H_1 G_1 \times G_1 J_1} = \frac{DG \times GC}{DG_1 \times G_1 C} = \frac{y^2}{y_1{}^2},$$

en désignant par y et y_1 les ordonnées du cercle décrit sur DC comme diamètre, élevées en G et G_1. Mais, comme deux ordonnées également éloignées du milieu de DC sont égales, les surfaces de deux parallélogrammes également distants du milieu S de la ligne EE sont aussi égales.

Par suite, on peut grouper les éléments du tétraèdre deux à deux, par rapport au milieu S de EF, de telle façon que tous ces groupes aient leurs centres de gravité en S. S est, par suite, le centre de gravité du tétraèdre. Si l'on considère ABC comme la base du tétraèdre, E correspond au milieu de la hauteur et S au milieu de cette demi-hauteur, soit au quart de la hauteur totale du tétraèdre.

Si l'on désigne par $abcd$ les ordonnées du sommet du tétraèdre et de son centre de gravité par rapport à un plan quelconque, l'ordonnée de F sera représentée par $\frac{1}{2}(a + c)$, et celle de D par $\frac{1}{2}(b + d)$; par suite, celle de S, qui est au milieu de E et de F, sera représentée par

$$S = \frac{1}{4}(a + b + c + d).$$

Si l'on mène par le centre de gravité S du tétraèdre un plan parallèle aux arêtes opposées AC et BD, et qu'on le considère comme un plan diamétral d'un ellipsoïde dans lequel les longueurs parallèles à AC et à BD seraient des diamètres conjugués, et dans lequel la ligne EF qui réunit le milieu des arêtes serait le troisième diamètre conjugué, les sections du tétraèdre résultant de l'intersection de ce corps par des plans parallèles à AC et à BD seront aux sections correspondantes de l'ellipsoïde comme $1 : \pi$. En effet, cette relation a lieu pour la section faite par le plan qui passe par le point S, et comme toutes les sections de l'ellipsoïde sont entre elles dans le rapport des carrés des ordonnées d'une ellipse ou d'un demi-cercle décrit sur CD comme diamètre, et qu'il en est de même des sections du tétraèdre, la proposition que nous venons d'énoncer est démontrée.

Comme toutes les sections parallèles du tétraèdre et de l'ellipsoïde sont dans le rapport $1 : \pi$, il en est de même de la portion du volume de chacun de ces deux corps comprise entre deux plans parallèles, et du volume total des deux corps. Par suite, les centres de gravité des volumes compris entre deux mêmes plans parallèles coïncident.

Si un corps est limité par des surfaces planes, on le décomposera en tétraèdres et l'on supposera menées par chacun des centres de gravité de ces tétraèdres des forces parallèles et proportionnelles à leurs volumes. Leur résultante pourra être déterminée par la méthode développée au n° 58 (p. 198.)

L'expression analytique du moment $\mathfrak{M}$ d'un tétraèdre par rapport à un plan coordonné, celui des yz, par exemple, est

$$24\,\mathfrak{M} = \begin{vmatrix} x_1 & y_1 & z_1 & 1 \\ x_2 & y_2 & z_2 & 1 \\ x_3 & y_3 & z_3 & 1 \\ x_4 & y_4 & z_4 & 1 \end{vmatrix} (x_1 + x_2 + x_3 + x_4) = \begin{vmatrix} x_1 & y_1 & z_1 & x_{234} \\ x_2 & y_2 & z_2 & x_{134} \\ x_3 & y_3 & z_3 & x_{124} \\ x_4 & y_4 & z_4 & x_{123} \end{vmatrix}$$

en désignant par x_{ikl} la somme $x_i + x_k + x_l$. Le déterminant est égal à six fois le volume du tétraèdre, et l'expression entre parenthèses à quatre fois l'abscisse du centre de gravité. La deuxième expression se déduit immédiatement de la première.

Comme un polyèdre quelconque peut être décomposé en tétraèdres, les formules qui précèdent permettent de calculer le volume, le moment et le centre de gravité d'un polyèdre quelconque.

Si le polyèdre est convexe, c'est-à-dire si sa surface ne peut être rencontrée par une ligne droite qu'en deux points, et que l'on prenne pour la décomposition en tétraèdres un point fixe à l'intérieur ou sur la surface du polyèdre, tous les tétraèdres sont pleins ; ils s'ajoutent les uns aux autres pour former le polyèdre, et l'on n'a à s'occuper que de la valeur absolue des volumes et des moments. Dans le cas contraire, on devra avoir soin de donner le même signe aux tétraèdres pleins et le même signe aux tétraèdres à jour.

Lorsqu'on a écrit le déterminant d'un tétraèdre, le signe de tous les autres tétraèdres se trouve par là même déterminé. Si on prend un point unique comme sommet de tous les tétraèdres, le côté commun des deux bases adjacentes devra paraître être parcouru dans des sens différents pour les deux tétraèdres auxquels ce côté commun appartient, par exemple : $0\,2\,3\,4$, $0\,5\,4\,3$, $0\,5\,6\,4$.

Lorsque, pour éviter, dans la décomposition d'un polyèdre non convexe, d'avoir des tétraèdres à jour et des tétraèdres se pénétrant, on ne prend pas un pôle unique, les sommets de deux tétraèdres qui ont une base commune devront être situés de part et d'autre de cette base ; celle-ci devra, par suite, paraître parcourue dans des sens différents pour chacun des deux tétraèdres, exemple : $1\,2\,3\,4$, $3\,2\,1\,5$.

b) Centre de gravité d'un prisme tronqué à base triangulaire.

Pour déterminer le moment statique d'un solide terminé par des faces planes, on peut aussi décomposer ce solide en prismes tronqués ayant pour bases les différents triangles suivant lesquels on peut décomposer la surface du solide et terminés à un même plan. Nous allons rechercher, en employant cette méthode, l'expression du moment.

Prenons les arêtes du prisme parallèles à l'axe des z et limitons-le au plan des xy. L'expression du volume du prisme pourra être mise sous la forme de la somme des volumes de trois pyramides :

$$6\,\mathfrak{Z} = \begin{vmatrix} x_1 & y_1 & z_1 & 1 \\ x_2 & y_2 & z_2 & 1 \\ x_3 & y_3 & z_3 & 1 \\ x_1 & y_1 & 0 & 1 \end{vmatrix} + \begin{vmatrix} x_1 & y_1 & 0 & 1 \\ x_2 & y_2 & z_2 & 1 \\ x_3 & y_3 & z_3 & 1 \\ x_2 & y_2 & 0 & 1 \end{vmatrix} + \begin{vmatrix} x_1 & y_1 & 0 & 1 \\ x_2 & y_2 & 0 & 1 \\ x_3 & y_3 & z_3 & 1 \\ x_3 & y_3 & 0 & 1 \end{vmatrix} = F(z_1 + z_2 + z_3),$$

en désignant par $x_1 y_1 z_1 \ldots$ les coordonnées des sommets de la base du prisme et par F le double de la surface de la projection de la base du prisme sur le plan des xy, soit

$$F = \begin{vmatrix} x_1 & y_1 & 1 \\ x_2 & y_2 & 1 \\ x_3 & y_3 & 1 \end{vmatrix}$$

On en déduit :

$$24\,\mathfrak{M}_x = [(2x_1 + x_2 + x_3)\,z_1 + (x_1 + 2x_2 + x_3)\,z_2 + (x_1 + x_2 + 2x_3)\,z_3]\,F,$$
$$24\,\mathfrak{M}_y = [(2y_1 + y_2 + y_3)\,z_1 + (y_1 + 2y_2 + y_3)\,z_2 + (y_1 + y_2 + 2y_3)\,z_3]\,F,$$
$$24\,\mathfrak{M}_z = [(z_1 + z_2 + z_3)\,z_1 + (z_2 + z_3)\,z_2 + z_3^2]\,F.$$

Enfin, en désignant par s_x la somme des trois abscisses $x_1\,x_2\,x_3$, et divisant les moments ci-dessus par $\mathfrak{J}$, on obtient les coordonnées du centre de gravité. savoir:

$$4\,x_c = s_x + \frac{x_1 z_1 + x_2 z_2 + x_3 z_3}{s_z},$$
$$4\,y_c = s_y + \frac{y_1 z_1 + y_2 z_2 + y_3 z_3}{s_z},$$
$$8\,z_c = s_z + \frac{z_1^2 + z_2^2 + z_3^2}{s_z}.$$

Il résulte de la forme de ces équations que les coordonnées $x_c\,y_c\,2z_c$ satisfont à l'équation du plan de la base du prisme, et que par suite le centre de gravité est situé dans le plan médian des arêtes.

Ce résultat est d'ailleurs évident de lui-même, car, si l'on divise le prisme en éléments prismatiques, les centres de gravité de tous ces éléments sont situés dans ce plan.

c) Centre de gravité des volumes limités par des faces courbes.

Si un corps est limité par des faces courbes, on le partagera par des plans parallèles, en prismes de même hauteur, cette hauteur étant prise suffisamment petite pour qu'on puisse admettre que le centre de gravité d'un quelconque de ces prismes coïncide avec le centre de gravité de la section moyenne et que son volume soit proportionnel à cette section. On pourra alors supposer qu'en ces centres de gravité on fasse agir des forces parallèles, proportionnelles à ces sections, et déterminer leurs résultantes par la méthode du n° 58 (p. 197).

En opérant ainsi, on obtient ordinairement une calotte, au lieu d'un prisme, à chaque extrémité du corps. Si l'on admet que la section de chaque calotte, par un plan perpendiculaire à sa base, soit une parabole, on peut admettre aussi que le centre de gravité est situé dans la section menée au tiers de la hauteur. Le volume de la calotte peut alors être considéré, ainsi que nous l'avons fait remarquer au n° 34 (p. 131), comme égal au produit de sa base par sa demi-hauteur.

CHAPITRE III

MOMENTS D'INERTIE

98. MOMENTS D'ORDRE SUPÉRIEUR EN GÉNÉRAL

Nous avons montré au n° 4 (p. 26) comment on peut former graphiquement des sommes de la forme $\Sigma x_k y_n z_m P$, que l'on rencontre quelquefois en mécanique, et où les P représentent des forces parallèles, x, y, z les distances des points d'application de ces forces à trois plans coordonnés quelconques et mesurées suivant des directions arbitraires.

Bien que, dans la statique, on n'ait jamais à faire la somme des produits de différentes forces par plus de deux longueurs, nous croyons utile d'indiquer d'une façon plus complète comment ces sommes peuvent être construites.

D'après le n° 59 (p. 200), le moment statique simple de diverses forces parallèles, par rapport à un plan projetant la direction de ces forces, est proportionnel au segment intercepté, sur l'intersection de ce plan et du plan de projection, par les côtés extrêmes du polygone funiculaire construit dans ce dernier plan. Le moment lui-même est égal au produit du segment et de la base H du polygone des forces.

Si l'on veut obtenir un moment du second degré de ces forces, on n'a qu'à construire un nouveau polygone funiculaire, avec une nouvelle base h, en considérant les moments précédents comme des forces. Les segments que l'on obtient alors sont évidemment proportionnels aux moments des premiers segments considérés comme des forces, c'est-à-dire aux produits de ces segments par leurs distances au plan, par rapport auquel on prend les moments. Pour obtenir ces produits eux-mêmes, on n'a qu'à multiplier les segments par h. Ces seconds segments sont donc proportionnels au produit des forces par le carré des distances au plan. D'ailleurs ces seconds segments jouent par rapport aux premiers le même rôle que ceux-ci par rapport aux forces ; il en résulte que leur somme est, en ayant égard aux signes, proportionnelle à la somme des produits des différentes forces par leurs distances respectives au plan projetant. Il faut multiplier cette somme de segments par Hh pour obtenir $\Sigma y^2 \mathrm{P}$.

Pour fixer les idées, nous répéterons brièvement les opérations précédentes en nous aidant de notations. Supposons que l'on se donne le plan E, par rapport auquel on prend les moments du second degré, et la direction des ordonnées y, dont le carré doit multiplier chaque force P. Si on prend arbitrairement la direction des forces P, la direction du plan de projection S, dans lequel on doit construire le polygone funiculaire, se trouvera par là déterminée, car ce plan est parallèle à la fois à P et à y. Inversement, on peut choisir arbitrairement la position du plan S, et les forces P devront être prises parallèles à l'intersection des plans S et E. Cela posé, si l'on construit dans le plan S un polygone des forces avec une distance polaire H, et ensuite un polygone funiculaire, les côtés de ce polygone funiculaire interceptent sur l'intersection (ES) des segments qui, multipliés par H, sont égaux à Py. En désignant par p la somme de ces segments, c'est-à-dire la longueur interceptée sur (ES) entre les côtés extrêmes du polygone funiculaire, on aura :

$$\Sigma \mathrm{P}y = p \cdot \mathrm{H}.$$

Ce que nous venons de dire n'est que la répétition du procédé indiqué au n° 58 (p. 199). Nous pouvons continuer de la même manière.

Considérant les longueurs p comme des forces, construisons avec ces longueurs un second polygone des forces, dont la distance polaire mesurée parallèlement à y soit h, et avec ce polygone un second polygone funiculaire. Les différents segments interceptés sur la droite (ES) par le premier polygone remplaceront complètement les forces P dans l'équation précédente, et les segments du second polygone, multipliés par h seront égaux aux segments du premier multipliés par y, soit à $\dfrac{\mathrm{P}y^2}{\mathrm{H}}$. Désignons par p_1 leur somme, c'est-à-dire le segment de la ligne (ES) intercepté par les côtés extrêmes du second polygone funiculaire ; nous aurons :

$$p_1 h \mathrm{H} = \Sigma y^2 \mathrm{P}.$$

Chaque terme de la somme se composant du produit d'une force par deux dimensions linéaires, on devra, d'après le n° 49 (p. 174), mesurer l'une quelconque des trois longueurs p_1, h, H sur l'échelle des forces, et les deux autres sur l'échelle des longueurs.

Souvent on exprime $\Sigma y^2 \mathrm{P}$ au moyen du produit de $\Sigma \mathrm{P}$ par le carré d'une longueur k. Pour obtenir la valeur de k, on n'a qu'à prendre une des deux longueurs h et H égale à $\Sigma \mathrm{P}$; k est alors évidemment égal à $\sqrt{p_1 h}$, car on a :

$$p_1 h \mathrm{H} = k^2 \Sigma \mathrm{P} = \Sigma y^2 \mathrm{P}.$$

Si, au lieu d'exécuter, par rapport à un plan E, avec une direction y, la deuxième opération indiquée ci-dessus et consistant à traiter les $y\mathrm{P}$ comme on a traité les P, on exécute cette opération par rapport à un autre plan E avec une direction z, on obtient, au lieu de $\Sigma y^2\mathrm{P}$,

$$p_1 h \mathrm{H} = \Sigma yz\mathrm{P}.$$

En répétant de la même manière cette opération dans l'espace au moyen du polygone funiculaire, comme nous l'avons montré au n° 58 (p. 199), on peut former d'une manière générale l'expression

$$p_1 h^{n+m\ldots-1}\,\mathrm{H} = \Sigma y^n z^n \ldots \mathrm{P}.$$

Nous avons supposé jusqu'à présent que la direction des forces P était constante, et que les différents plans E, E_1 ..., à partir desquels on mesure les y, z, étaient aussi constants. Mais cette condition ne s'impose nullement pour la construction : on peut, si le problème à résoudre l'exige, par exemple quand les P représentent des masses de différentes grandeurs, qui doivent suivre dans toutes les directions les forces agissant sur elles, changer la direction des forces P, en même temps que la position du plan E, qui doit d'ailleurs être toujours parallèle à P.

Lorsqu'on détermine des moments d'ordre supérieur, on peut remplacer le tracé du dernier polygone par une transformation de surface du polygone précédent, transformation pour laquelle on peut utiliser le planimètre, car la surface limitée par le polygone funiculaire, par les côtés extrêmes de ce polygone et par une parallèle aux forces, est proportionnelle au moment d'ordre suivant. Décomposons en effet cette surface, que nous désignerons, pour simplifier, par l'expression de *surface de moment*, en triangles ayant pour côtés deux côtés consécutifs du polygone et le troisième côté sur la parallèle aux forces (voir *fig.* 24, p. 21); la surface du premier triangle sera

$$\frac{1}{2}\,(x_n - x_1) \cdot (x_n - x_1)\,\frac{\Delta \mathrm{P}_1}{\mathrm{H}_1} = \frac{1}{2}\,(x_n - x_1)^2\,\frac{\Delta \mathrm{P}_1}{\mathrm{H}_1}.$$

Ainsi, pendant que les deux premiers côtés consécutifs du polygone funiculaire interceptent sur la verticale de droite, le moment $(x_n - x_1)\,\dfrac{\Delta \mathrm{P}_1}{\mathrm{H}_1}$

la surface du triangle compris entre ces deux côtés est égale à la moitié du moment d'ordre suivant. La somme de tous les triangles sera par suite égale à la demi-somme des moments d'ordre suivants de tous les ΔP.

Poncelet a déjà eu l'idée de déterminer les moments par des surfaces; mais le procédé qu'il a employé n'est plus en harmonie avec l'état actuel des méthodes graphiques. Le tracé d'un nouveau polygone funiculaire est plus rapide et plus général que la transformation des surfaces, et, si on veut employer un planimètre, il est préférable de recourir au planimètre des moments, que nous décrirons plus loin, au n° 114. Cet instrument n'exige en effet aucun dessin.

99. VARIATION DES MOMENTS D'INERTIE POUR DES DÉPLACEMENTS PARALLÈLES DES PLANS COORDONNÉS

Les moments du second degré ou moments d'inertie ont une importance spéciale. Nous les appellerons moments d'inertie, même quand les distances des points d'application des différentes forces ne sont pas mesurées par rapport à un axe, mais par rapport à un plan parallèle à la direction des forces. Nous allons indiquer quelques propriétés de ces moments.

La recherche des moments d'inertie serait très compliquée si on voulait déterminer ces moments pour un système ponctuel quelconque dans l'espace, dont chaque point serait considéré comme le point d'application d'une force parallèle. Mais, dans la pratique, cette recherche se simplifie beaucoup, quand on peut disposer de la position et de la direction des axes, par exemple quand on peut choisir des axes de symétrie. Pour pouvoir opérer ainsi, il faut que l'on sache passer, des moments déterminés par rapports à ces axes particuliers, aux moments pour un système d'axes quelconques. Dans ce numéro, nous nous bornerons à étudier les variations des moments d'inertie pour des déplacements parallèles des axes; plus tard, nous étudierons aussi ces changements, pour des rotations des axes autour de l'origine.

Soient x_1, y_1 les coordonnées de la nouvelle origine, $(x\,y)$, $(x'\,y')$ les coordonnées du point d'application d'une forme quelconque ΔP par rapport aux deux systèmes d'axes. On aura :

$$x = x' + x_1, \quad y = y' + y_1,$$

et

$$\Sigma xy \Delta P = \Sigma x'y' \Delta P + x_1 \Sigma y' \Delta P + y_1 \Sigma x' \Delta P + x_1 y_1 P$$

en posant $\Sigma \Delta P = P$.

Cette expression se simplifie, quand la nouvelle origine coïncide avec le centre de gravité du système, car, dans ce cas, $\Sigma x'\Delta P$ et $\Sigma y'\Delta P$ sont nuls, et, si on désigne par $C_1 P$ le moment $\Sigma x'y\Delta P$ par rapport au centre de gravité, on obtient :

$$\Sigma xy\Delta P = (x_1 y_1 + C_1)P.$$

Cette équation donne aussi la valeur de $C_1 P$, quand le moment $\Sigma xy\Delta P$ et les coordonnées $x_1 y_1$ de l'origine sont connus.

On peut traduire cette équation en langage ordinaire en disant :

La différence entre le moment du second degré, par rapport à des axes quelconques et le moment du second degré, par rapport à des axes parallèles passant par le centre de gravité, est égale au produit des coordonnées du centre de gravité et de la somme de toutes les forces.

Il est d'usage de représenter les moments quadratiques par la racine carrée de ces moments, préalablement divisés par la somme des forces. Cette manière d'opérer est souvent avantageuse, comme nous le verrons dans le numéro suivant. On pose pour cela :

$$\Sigma x^2\Delta P = a^2 P, \quad \Sigma xy\Delta P = CP, \quad \Sigma y^2\Delta P = b^2 P,$$
$$\Sigma x'^2\Delta P = k^2 P, \quad \Sigma x'y'\Delta P = C_1 P, \quad \Sigma y'^2\Delta P = h^2 P.$$

En adoptant ces notations, l'équation à laquelle nous sommes parvenus plus haut, se réduit à la forme simple :

$$C = x_1 y_1 + C_1.$$

En faisant $x_1 = y_1$, ou $y_1 = x_1$, on a aussi :

$$a^2 = x_1{}^2 + k^2$$
$$b^2 = y_1{}^2 + h^2.$$

et

On a souvent à composer des groupes entiers de ΔP. Nous pouvons effectuer cette opération en tenant compte des résultats précédents. Désignons par $x_i y_i$ les ordonnées du centre de gravité du groupe i, par P_i la somme des ΔP, et enfin affectons de l'indice i les k, C, h correspondants à ce groupe. Nous aurons, en effectuant la sommation par groupes :

$$\Sigma x^2 \Delta P = a^2 P = \Sigma(x_i{}^2 + k_i{}^2)P_i$$
$$\Sigma xy \Delta P = CP = \Sigma(x_i y_i + C_i)P_i$$
$$\Sigma y^2 \Delta P = b^2 P = \Sigma(y_i{}^2 + h_i{}^2)P_i.$$

Nous devons enfin déterminer les moments par rapport au centre de gravité de l'ensemble des différents groupes. Désignons par $x_c y_c$ les coordonnées de ce centre de gravité, et les moments correspondants par

$a^2{}_c\mathrm{P}$, $\mathrm{C}_c\mathrm{P}$ et $b^2{}_c\mathrm{P}$. Nous aurons pour l'expression de ce second moment, en ayant égard aux relations précédentes :

$$\mathrm{C}_c\mathrm{P} = \Sigma(x_i y_i + \mathrm{C}_i)\mathrm{P}_i - x_c y_c \mathrm{P}$$
$$= \Sigma\mathrm{C}_i\mathrm{P}_i + \frac{1}{\mathrm{P}}\left[(\Sigma x_i y_i \mathrm{P}_i)(\Sigma\mathrm{P}_i) - (\Sigma x_i \mathrm{P}_i)(\Sigma y_i \mathrm{P}_i)\right].$$

En effectuant les opérations indiquées, on voit que tous les produits qui ont les mêmes indices, c'est-à-dire qui sont de la forme $x_i y_i \mathrm{P}_i^2$, se détruisent réciproquement. Quant aux produits qui ont des indices différents i et k, le coefficient de $\mathrm{P}_i\mathrm{P}_k$ est :

$$x_i y_i + x_k y_k - x_i y_k - x_k y_i = (x_i - x_k)(y_i - y_k).$$

On a par suite :

$$\mathrm{C}_c\mathrm{P} = \Sigma\mathrm{C}_i\mathrm{P}_i + \frac{1}{\mathrm{P}}\Sigma(x_i - x_k)(y_i - y_k)\mathrm{P}_i\mathrm{P}_k.$$

On peut aussi mettre cette équation sous la forme suivante, qui est cependant moins simple :

$$\mathrm{C}_c\mathrm{P} = \frac{1}{\mathrm{P}}\left\{\Sigma\mathrm{C}_i\mathrm{P}_i^2 + \Sigma[\mathrm{C}_i + \mathrm{C}_k + (x_i - x_k)(y_i - y_k)]\mathrm{P}_i\mathrm{P}_k\right\}.$$

En faisant coïncider les deux axes des x et des y, comme précédemment, on obtient les valeurs de $a^2{}_c\mathrm{P}$ et de $b^2{}_c\mathrm{P}$, savoir :

$$a^2{}_c\mathrm{P} = \Sigma k_i^2\mathrm{P}_i + \frac{1}{\mathrm{P}}\Sigma(x_i - x_k)^2\mathrm{P}_i\mathrm{P}_k$$
$$= \frac{1}{\mathrm{P}}\left\{\Sigma k_i^2\mathrm{P}_i^2 + \Sigma[k_i^2 + k_k^2 + (x_i - x_k)^2]\mathrm{P}_i\mathrm{P}_k\right\},$$
$$\mathrm{C}_c\mathrm{P} = \mathrm{C}_i\mathrm{P}_i + \frac{1}{\mathrm{P}}\Sigma(x_i - x_k)(y_i - y_k)\mathrm{P}_i\mathrm{P}_k$$
$$= \frac{1}{\mathrm{P}}\left\{\Sigma\mathrm{C}_i\mathrm{P}^2{}_i + \Sigma[\mathrm{C}_i + \mathrm{C}_k + (x_i - x_k)(y_i - y_k)]\mathrm{P}_i\mathrm{P}_k\right\},$$
$$b^2{}_c\mathrm{P} = \Sigma h_i^2\mathrm{P}_i^2 + \frac{1}{\mathrm{P}}(y_i - y_k)^2\mathrm{P}_i\mathrm{P}_k$$
$$= \frac{1}{\mathrm{P}}\left\{\Sigma h_i^2\mathrm{P}_i^2 + \Sigma[h_i^2 + h_k^2 + (y_i - y_k)^2]\mathrm{P}_i\mathrm{P}_k\right\}.$$

Dans ces expressions, lorsqu'il n'y a qu'un seul indice, le signe Σ s'étend à tous les groupes, tandis que, lorsqu'il y a deux indices i et k, le signe Σ s'étend aux $\frac{1}{2}n(n-1)$ combinaisons possibles de deux indices différents.

Quand $\Sigma h_i^2 P_i$ peut être négligé, le moment d'inertie $a^2_c P$ se réduit à la somme

$$a^2_c P = \frac{1}{P} \Sigma(x_i - x_k)^2 P_i P_k.$$

Si l'on n'a que deux groupes P_1 et P_2, l'expression devient, à cause de $P = P_1 + P_2$:

$$a_c = \frac{\sqrt{P_1 P_2}}{P_1 + P_2}\, d,$$

où d représente la distance des centres de gravité des deux groupes. Enfin, en réduisant le moment à la distance d, on obtient la résultante

$$\frac{a^2_c P}{d^2} = P_m = \frac{P_1 P_2}{P_1 + P_2}.$$

Voir n° 2 (p. 12).

100. ELLIPSE D'INERTIE

Après avoir étudié les variations que subissent les moments de second ordre pour des déplacements parallèles des axes, nous allons étudier ces changements pour des rotations autour de l'origine.

Cherchons d'abord à exprimer le moment $\Sigma y^2 \Delta P = h^2 P$, par rapport à un axe q passant par l'origine, au moyen des moments $\Sigma x^2 \Delta P = a^2 P$, $\Sigma xy \Delta P = CP$ et $\Sigma y^2 \Delta P = b^2 P$. Cela fait, nous mènerons, de part et d'autre de l'origine, des parallèles à l'axe y à une distance h, mesurée suivant la direction des nouvelles coordonnées q, et nous chercherons l'enveloppe de toutes ces parallèles lorsque l'axe q tourne autour de l'origine.

Avant tout, nous ferons remarquer que la position de ces parallèles est indépendante de la direction suivant laquelle on mesure les coordonnées q. Si en effet on change cette direction, les deux membres de l'égalité $\Sigma y^2 \Delta P = h^2 P$ sont multipliés par le même facteur, et l'égalité n'est pas modifiée.

Nous pouvons par suite mesurer les distances des points d'application des forces élémentaires ΔP à l'axe q, c'est-à-dire les coordonnées q, suivant une direction quelconque. Si nous supposons que l'axe q soit l'axe des x déplacé autour de l'origine, nous conserverons l'axe des y fixe, et nous aurons simplement :

$$q = y - \tau x.$$

τ étant le coefficient angulaire de l'axe q (*fig.* 166). En substituant cette valeur de q dans $\Sigma y^2 \Delta P$, on obtient :

$$\Sigma q^2 \Delta P = \tau^2 \Sigma x^2 \Delta P - 2\tau \Sigma xy \Delta P + \Sigma y^2 \Delta P$$

u

$$h^2 = a^2 \tau^2 - 2C\tau + b^2 = \left(a\tau - \frac{C}{a} \right)^2 + b^2 - \frac{C^2}{a^2}.$$

Pour construire cette valeur de h, menons des parallèles aux axes des

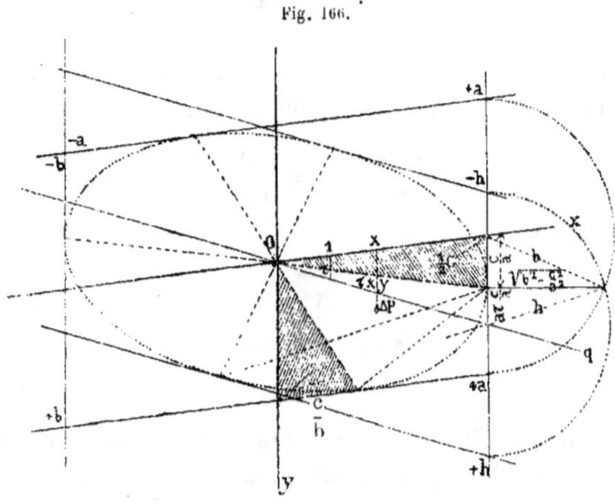

Fig. 166.

x et des y aux distances $\pm a$ et $\pm b$; l'axe des x et l'axe q interceptent sur les parallèles à l'axe des y la longueur $a\tau$. Portons sur ces mêmes parallèles, à partir de l'axe des x, une longueur $\dfrac{C}{a}$, et élevons à l'extré-mité de cette longueur une perpendiculaire à l'axe des y. En décrivant, du point $x = a$, $y = 0$ comme centre, avec b comme rayon, une demi-circonférence, cette demi-circonférence interceptera sur la perpen-diculaire la longueur $\sqrt{b^2 - \dfrac{C^2}{a^2}}$. La distance de l'extrémité de cette perpendiculaire, au point d'intersection de l'axe q avec la droite $x = a$, est égale à h. Nous rabattons cette longueur h sur $x = a$, au moyen d'une demi-circonférence, et, par les deux points ainsi obtenus, nous menons les parallèles à q, dont nous voulons chercher l'enveloppe.

Cette enveloppe est une ellipse, appelée *ellipse d'inertie;* elle a pour centre l'origine O, est tangente aux parallèles $x = \pm a$, aux points $y = \pm \dfrac{C}{a}$, et par suite aux parallèles $y = \pm b$, aux points $x = \pm \dfrac{C}{b}$, et coupe les axes des x et des y aux points $y = \sqrt{b^2 - \dfrac{C^2}{a^2}}$ et $x = \sqrt{a^2 - \dfrac{C^2}{b^2}}$.

Ces conditions sont plus que suffisantes pour déterminer l'ellipse.

En effet, les différents couples de tangentes parallèles déterminent sur la tangente $x = a$ une involution de points, dont le centre est au point de contact $y = \dfrac{C}{a}$ de cette tangente, et dont la puissance est égale au carré du diamère conjugué $b^2 - \dfrac{C^2}{a^2}$. Or, comme le diamètre parallèle aux tangentes considérées coïncide avec q, il en résulte que ces tangentes enveloppent une ellipse, satisfaisant aux conditions indiquées plus haut.

Le produit des coordonnées des points de contact sur les parallèles $x = \pm a$ et $y = \pm b$ est égal à $b \cdot \dfrac{C}{b} = a \cdot \dfrac{C}{a} = C$. Comme d'ailleurs nous n'avons fait aucune hypothèse sur la position et la direction des axes coordonnés, ce résultat est général, et nous pouvons dire :

Le moment $\Sigma pq \Delta P$ par rapport à deux axes quelconques est égal au produit des coordonnées de l'extrémité du diamètre qui, dans l'ellipse d'inertie, est conjugué à la direction p *ou à la direction* q.

Si les deux axes coïncident, le produit des coordonnées devient le carré h^2 *de la distance, par rapport à l'axe* q, *de la tangente parallèle à cet axe.*

Quand les axes p et q sont des diamètres conjugués $\Sigma pq \Delta P$ est nul, car l'une des coordonnées de l'extrémité du diamètre conjugué à p ou à y est alors égale à 0.

Le produit est le même, quel que soit celui des deux diamètres conjugués aux axes que l'on considère, car ce produit est respectivement pour y et pour x, comme nous l'avons vu plus haut, $a \cdot \dfrac{C}{a}$ et $b \cdot \dfrac{C}{b} = C$. Il en résulte que les extrémités de ces deux diamètres sont situées sur une parallèle à la diagonale du quadrilatère ax, by, car $\dfrac{C}{a}$ et $\dfrac{C}{b}$ sont dans le rapport de b à a, et par suite les tangentes $+ a$ et $+ b$ sont divisées en parties proportionnelles, par les extrémités des segments $\dfrac{C}{a}$ et $\dfrac{C}{b}$. Cette propriété peut se déduire aussi de ce que toutes les droites, qui joignent les points de contact d'un quadrilatère circonscrit, passent par un sommet du triangle polaire de ce quadrilatère. En effet, dans le cas du parallélogramme circonscrit $\pm a \pm b$, le triangle polaire se compose des deux diagonales et de la droite à l'infini: par suite, les droites qui joignent les points de contact doivent être parallèles à l'une des diagonales ou passer par le centre O.

Cette propriété nous fournit un moyen simple de déterminer le point de contact d'une nouvelle tangente $+ h$. La droite qui joint les points de contact des tangentes $+ a$ et $+ h$ est en effet parallèle à la diagonale aq, yh. En joignant ce point de contact au centre O, on obtient le diamètre conjugué à q. Les intersections de ces diamètres conjugués et de a forment avec l'extrémité de la longueur $\sqrt{b^2 - \dfrac{C^2}{a^2}}$ un triangle rectangle, ce qui donne un autre procédé pour construire le point de contact.

Pour obtenir les extrémités du diamètre q, on peut, de l'intersection du diamètre conjugué à q et de $+ a$ comme centre, rabattre au moyen d'une demi-circonférence l'extrémité de $\sqrt{b^2 - \dfrac{C^2}{a^2}}$ sur a; en menant, des deux points ainsi obtenus, des parallèles au diamètre conjugué à q, ces parallèles sont tangentes à l'ellipse et passent par les extrémités de q. On peut aussi, par le point de contact de $+ a$, mener une parallèle au diamètre conjugué à q; cette parallèle et a coupent q en des points conjugués; par suite, la longueur du demi-diamètre q est moyenne proportionnelle entre les distances de ces deux points au centre O. Nous n'avons pas effectué cette construction sur la *fig.* 166 parce qu'elle aurait été trop petite.

On obtient les intersections des axes de l'ellipse avec a au moyen du cercle qui, ayant son centre sur a, passe par l'extrémité de $\sqrt{b^2 - \dfrac{C^2}{a^2}}$ et par O. On peut construire les longueurs de ces axes au moyen de l'une des méthodes que nous venons d'indiquer. On peut aussi faire tourner de 90° un diamètre quelconque, joindre l'extrémité de ce diamètre conjugué au premier, puis décrire un cercle sur cette droite comme diamètre; les longueurs des axes seront les distances du centre O de l'ellipse, au point du cercle qui en est le plus rapproché et au point qui en est le plus éloigné. Cette construction est l'inverse de la construction ordinaire d'une ellipse, au moyen de deux cercles concentriques, ayant pour rayons les longueurs des axes, et n'exige par suite aucune explication spéciale.

Dans les constructions qui précèdent, nous avons supposé que les données étaient a, C et b. Mais, au lieu de construire $C = (\Sigma xy \Delta P):P$, on peut construire le moment d'inertie $\Sigma q^2 \Delta P = h^2 P$ pour un troisième axe, et les données pour la construction de l'ellipse sont alors a, b et h. Ce cas peut se ramener immédiatement au premier, en décrivant deux demi-cercles ayant leurs centres sur a et passant par les points d'intersection des tangentes $\pm b$ parallèles à x, et $\pm h$ parallèles à q avec $+ a$. L'intersection de ces deux demi-cercles est l'extrémité de la perpendiculaire

$$\sqrt{b^2 - \frac{C^2}{a^2}},$$ dont le pied est le point de contact de la tangente $+ a$ et

fournit la grandeur $\dfrac{C}{a}$, dont nous nous sommes servis dans notre construction.

101. ELLIPSE CENTRALE

Les constructions développées dans le numéro précédent sont générales et s'appliquent à des points quelconques. Si, en particulier, on les effectue pour le centre de gravité, on pourra, d'une manière très simple, d'après les règles du n° 99, passer, des moments déterminés par rapport à des axes quelconques, passant par le centre de gravité, aux moments par rapport à des axes parallèles. En raison des facilités que donne la construction de l'ellipse d'inertie, pour la détermination des moments quelconques, on commence toujours par construire cette ellipse, qui porte le nom d'*ellipse centrale*.

Si l'on désigne, sous le nom d'antipôle d'une droite, le pôle d'une droite

Fig. 167.

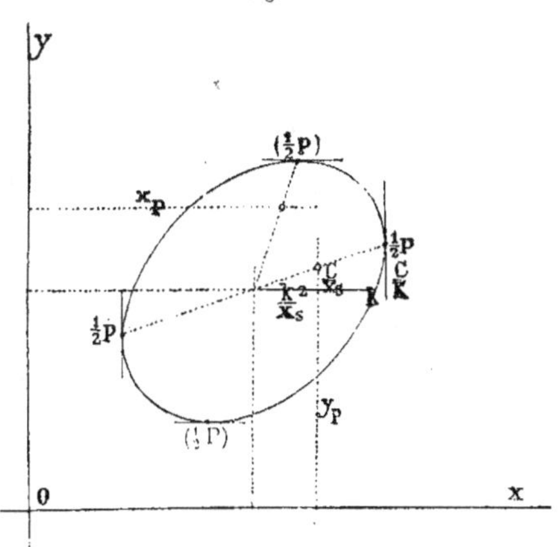

symétrique de la première par rapport au centre de l'ellipse, *le moment* $\Sigma xy\Delta P$ *d'un système de* ΔP *par rapport à deux axes quelconques est égal à* P, *multiplié par le produit de la distance* x_c *du centre de gravité à l'un des axes, par la distance* y_p *de l'antipôle de cet axe à l'autre axe, c'est-à-dire que l'on a* $\Sigma xy\Delta P = x_c y_p P$ *ou* $x_p y_c P$, *si* y_c *et* x_p *représentent les distances du centre de gravité à l'axe des* x *et celle de l'antipôle de cet axe à l'axe des* y.

On a, en effet, d'après le n° 99 :

$$\sum xy\Delta P = (x_c y_c + \text{C})\text{P} = x_c \left(y_c + \frac{\text{C}}{x_c}\right)\text{P}.$$

La distance du pôle et par suite de l'antipôle de l'axe des y, au centre de gravité est égale à $\dfrac{k^2}{x_c}$, k désignant la distance de la tangente parallèle à l'axe des y, au centre de gravité. Si l'on mène par le centre de gravité une parallèle à l'axe des x, la distance de l'antipôle à cette parallèle est égale à $\dfrac{\text{C}}{x_c}$, car on a :

$$\frac{\text{C}}{k} : k = \frac{\text{C}}{x_c} : \frac{k^2}{x_c} = \frac{\text{C}}{k^2}.$$

Par suite $y_c + \dfrac{\text{C}}{x_c}$ est égal à la distance, mesurée suivant la direction des y, de l'antipôle à l'axe des x, distance que nous avons désignée par y_p, ce qui démontre la proposition énoncée.

La construction de $x_c y_p P$ offre le meilleur moyen de composer des groupes de ΔP, par exemple une surface principale avec d'autres groupes ou surfaces. Pour construire les deux polygones funiculaires, on supposera, pour le premier, les masses concentrées au centre de gravité, et pour le second à l'antipôle du premier axe. Parfois cependant, lorsque le centre de gravité est voisin des axes et que x_c est très petit ou égal à 0, cette construction n'est plus facilement applicable, parce que $\dfrac{k^2}{x_c}$ devient alors très grand ou ∞. On peut dans ce cas recourir par divers moyens à une construction directe des CP. La proposition suivante peut aussi être très utile.

On obtient $(x_c^2 + k^2)\text{P}$ *et* $(x_c y_c + \text{C})\text{P}$ *en supposant* $\dfrac{1}{2}\text{P}$ *concentré à chaque extrémité du diamètre conjugué à l'axe, à partir duquel les* x *sont mesurés.* On a en effet :

$$(x_c + k)\left(y_c + \frac{\text{C}}{k}\right)\frac{1}{2}\text{P} + (x_c - k)\left(y_c - \frac{\text{C}}{k}\right)\frac{1}{2}\text{P} = (x_c y_c + \text{C})\text{P}.$$

Si l'ellipse centrale d'un système de ΔP est donnée, il est très facile.

à l'aide de cette proposition, de construire l'ellipse d'inertie pour un point quelconque et réciproquement.

Joignons (*fig.* 168) le point O au centre S de l'ellipse centrale, qui est

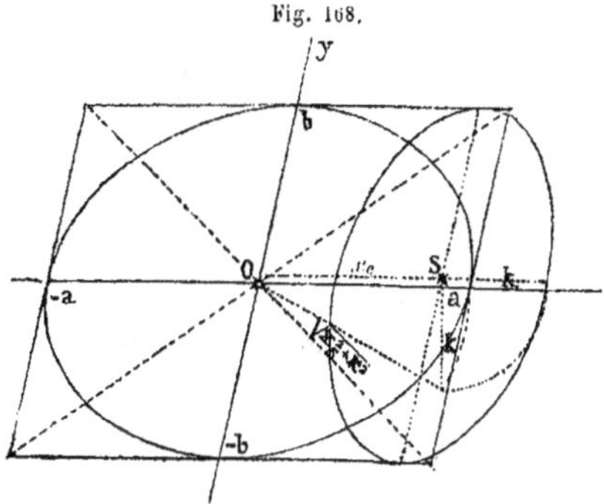

Fig. 168.

le centre de gravité du système, et prenons comme axe des x la ligne qui réunit ces deux points. L'axe des y étant supposé parallèle au diamètre conjugué de l'ellipse centrale, nous aurons dans l'égalité :

$$\Sigma xy\Delta P = (x_c y_c + C_c)P,$$

$C_c = 0$, parce que les parallèles aux axes menées par le centre de gravité sont des diamètres conjugués. Par suite, y_c étant nul, $\Sigma xy\Delta P$ est aussi égal à 0. Les axes ainsi choisis sont conjugués dans l'ellipse d'inertie.

De plus, on a :

$$h^2 = \frac{1}{P}\Sigma y^2\Delta P = y_c^2 + h^2 - h^2.$$

Les deux diamètres conjugués à l'axe des x sont donc égaux, c'est-à-dire que les deux groupes de tangentes parallèles à l'axe des x coïncident. Enfin, on a encore :

$$a^2 = \frac{1}{P}\Sigma x^2\Delta P = y_c^2 + k^2.$$

La construction de a est indiquée sur la *fig.* 168, a doit toujours être plus grand que x_c. Si l'ellipse d'inertie et le centre de gravité étaient donnés, on pourrait tout aussi facilement construire $k^2 = a^2 - x_c^2$.

Les diagonales ponctuées du parallélogramme circonscrit à l'ellipse d'inertie sont des diamètres conjugués ; ils coupent évidemment l'ellipse centrale. Comme, dans deux groupes de diamètres conjugués quelconques, les deux diamètres de l'un des groupes sont toujours séparés l'un de l'autre par un diamètre de l'autre groupe, il en résulte que, sur deux diamètres conjugués quelconques, il y en a toujours un qui est compris entre les diagonales et par suite qui coupe l'ellipse centrale. En général, on peut dire que, sur deux diamètres conjugués quelconques, il y en a toujours un pour lequel les points d'application des ΔP sont situés de part et d'autre de ce diamètre, car si tous les ΔP se trouvaient compris dans un seul et même angle formé par deux diamètres conjugués, tous les $xy\Delta P$ seraient de même signe et $\Sigma xy\Delta P$ ne pourrait pas être nul.

Nous pouvons résumer de la manière suivante les propositions que nous venons de développer.

L'ellipse centrale d'un système de ΔP a deux tangentes parallèles communes avec toutes les ellipses d'inertie.

Les diamètres conjugués au diamètre commun des deux ellipses sont parallèles. Le centre de gravité du système est à l'intérieur de toutes les ellipses.

Les ΔP ne peuvent être tous situés dans un seul des angles formés par deux diamètres conjugués, et, sur deux diamètres conjugués quelconques, il y en a au moins un qui coupe l'ellipse centrale.

La différence des carrés des longueurs du diamètre commun de l'ellipse centrale et d'une ellipse d'inertie est égale au carré de la distance des centres de ces deux ellipses.

Lorsque le centre de l'ellipse d'inertie s'éloigne, dans une direction d'ailleurs quelconque, du centre de gravité, c'est-à-dire du centre de l'ellipse centrale, le diamètre conjugué à cette direction reste constant, tandis que le diamètre correspondant à cette direction est toujours égal à $\sqrt{x_c^2 + k^2}$, x_c représentant dans cette relation la distance du nouveau centre au centre de gravité, et k étant, comme plus haut, la longueur du demi-diamètre de l'ellipse centrale correspondant à la direction de x_c. A mesure que la distance du centre de l'ellipse d'inertie au centre de gravité augmente, le contour de l'ellipse d'inertie se rapproche asymptotiquement du centre de gravité.

Si l'on choisit une droite quelconque comme axe des y et que l'axe des z doive passer par le centre de gravité et être situé de telle façon que ΣyzP soit égal à 0, cet axe est dans l'ellipse centrale le diamètre conjugué à la direction des y.

Si toutes les forces peuvent être groupées de telle façon que tous les points d'application des forces d'un même groupe soient sur une même droite, et que ces différentes droites soient parallèles, qu'en outre les points d'application de la résultante de chaque groupe soient aussi situés sur une même ligne droite, les diamètres de l'ellipse centrale parallèles à ces deux droites sont conjugués, et il en est de même des diamètres parallèles de toutes les ellipses d'inertie, dont les centres sont situés sur un de ces diamètres de l'ellipse centrale.

Si toutes les forces peuvent être groupées, de telle façon que les centres des ellipses centrales de chaque groupe isolé, soient situés sur une même droite et que les diamètres conjugués à cette droite dans toutes les ellipses soient parallèles, le diamètre parallèle à cette direction dans l'ellipse centrale de tous les systèmes est conjugué à la ligne des centres.

Tout ce que nous venons de dire s'applique naturellement aussi au cas, où les diamètres conjugués sont perpendiculaires les uns aux autres et sont par suite des axes principaux du système.

102. ELLIPSOÏDE D'INERTIE ET ELLIPSOÏDE CENTRAL

Comme $\Sigma xy\Delta P$ ne contient que le produit de deux coordonnées, on peut étendre immédiatement à l'espace les résultats que nous venons d'obtenir. Si l'on projette parallèlement à l'axe des z sur le plan xy, les points d'application de tous les ΔP, on pourra construire dans ce plan une ellipse centrale et des ellipses d'inertie quelconques. Si l'on considère toutes ces courbes comme les directrices de surfaces cylindriques, ayant pour génératrices des parallèles à l'axe des z, on pourra appliquer à l'espace ce que nous avons dit dans les trois numéros précédents au sujet des moments $\Sigma xy\Delta P$ (expression dans laquelle on peut supposer $x - y$), en remplaçant les ellipses par les cylindres dont nous venons de parler. Comme nous n'avons fait aucune hypothèse spéciale au sujet de la position et de la direction des plans xz et yz, nous pouvons énoncer d'une manière générale la proposition suivante : Si l'on forme, par rapport à tous les plans d'un faisceau de premier ordre, les $\Sigma p^2\Delta P$, et si l'on mène deux plans parallèles à chaque plan du faisceau aux distances

$$\pm\sqrt{\frac{1}{P}\Sigma p^2\Delta P},$$ tous ces plans enveloppent un cylindre elliptique, dont

l'axe coïncide avec celui du faisceau de plans. Si l'on détermine les deux génératrices situées dans le plan diamétral qui est conjugué au plan par rapport auquel les p sont mesurés, $\Sigma pq\Delta P$ sera égal au produit $p_1 q_1$ des distances de ces génératrices aux plans p et q, multiplié par P. Si l'intersection des deux plans décrit un faisceau dans le plan des xy, autour de l'origine des coordonnées, toutes ces surfaces cylindriques ont deux plans tangents communs, savoir ceux qui sont parallèles au plan des xy. De plus, chacun de ces cylindres a deux plans tangents

communs avec le premier cylindre qui a pour axe l'axe des z. Par suite,
toutes ces surfaces cylindriques enveloppent un ellipsoïde. Si, parmi les
plans qui passent par les axes des cylindres, on en choisit un quelconque p, et si l'on détermine la génératrice située dans le plan diamétral conjugué à ce plan, cette génératrice sera tangente à l'ellipsoïde à
l'extrémité du diamètre qui est conjugué à ce même plan dans l'ellipsoïde. Si l'on prend un second plan quelconque à partir duquel on
mesurera les q, $\Sigma pq\Delta P$ sera égal à P fois le produit $p_1 q_1$ des distances à
ces mêmes plans de l'une des extrémités du diamètre, qui est conjugué
à l'un de ces plans.

Si l'un des plans contient le diamètre conjugué à l'autre, l'une des
deux distances $p_1 q_1$ est nulle, et par suite on a $\Sigma pq\Delta P = 0$. De cette manière on peut, au moyen de l'ellipsoïde d'inertie, déterminer les moments $\Sigma pq\Delta P$ par rapport à deux plans quelconques passant par l'origine.

L'ellipsoïde d'inertie relatif au centre de gravité s'appelle ellipsoïde
central. Si cet ellipsoïde est donné, il est facile de passer, de deux plans
contenant le centre de gravité, à deux plans parallèles passant par un
point quelconque. Les formules du n° 99 s'appliquent, sans aucune
modification, à cette transformation, et il en est de même des résultats
que nous en avons déduits au n° 101. Il nous paraît inutile de répéter
ces formules; par contre, nous croyons utile d'énoncer les résultats
auxquels on arrive, en les étendant aux figures de l'espace et en y opérant les modifications nécessaires. Par analogie avec ce qui précède,
nous entendrons par antipôle d'un plan, le pôle du plan symétrique du
premier, par rapport au centre de l'ellipsoïde.

*Le moment $\Sigma xy\Delta P$ d'un système de ΔP par rapport à deux plans quel-
conques xz et yz est égal à P fois le produit de la distance x_c du centre de
gravité à l'un de ces plans par la distance y_p de l'antipôle de ce plan à l'autre
plan; en d'autres termes, on a $\Sigma xy\Delta P = x_c y_p P$, et $= x_p y_c P$, en désignant
par y_c la distance du centre de gravité au plan des xz et par x_p celle de l'antipôle de ce plan au plan des yz. Cette somme est égale à 0 pour des diamètres conjugués.*

*On obtient également $\Sigma x^2\Delta P$ et $\Sigma xy\Delta P$, en supposant une force $\dfrac{1}{2}$ P con-
centrée à chaque extrémité du diamètre qui est conjugué au plan, à partir
duquel les x sont mesurés.*

*L'ellipsoïde central et un ellipsoïde d'inertie quelconque peuvent toujours
être enveloppés par une surface cylindrique.*

*Les plans diamétraux conjugués au diamètre commun des deux ellipsoïdes
sont parallèles et coupent les ellipsoïdes et les surfaces cylindriques suivant
les deux ellipses de contact qui sont congruentes.*

La différence des carrés des longueurs du diamètre commun à l'ellipsoïde d'inertie et à l'ellipsoïde central est égale au carré de la distance des centres des ellipsoïdes.

Le centre de gravité est à l'intérieur de tous les ellipsoïdes.

Les ΔP ne peuvent être tous situés dans le même angle de deux plans diamétraux, conjugués dans un ellipsoïde d'inertie, et, sur deux de ces plans, il y en a au moins un qui coupe l'ellipsoïde central.

Nous entendons ici par plans diamétraux conjugués deux plans tels que chacun d'eux passe par le diamètre conjugué à l'autre plan.

Si l'on suppose que le centre O coïncide d'abord avec le centre de gravité S et s'en éloigne ensuite, suivant une direction quelconque SO, l'ellipse conjuguée à cette direction se meut avec lui; deux diamètres conjugués quelconques de cette ellipse restent parallèles, conjugués entre eux et ne changent pas de grandeur; le diamètre situé suivant la direction OS est le seul qui varie; la longueur de ce diamètre doit toujours être égale à $\sqrt{x_c^2 + k^2}$.

Bien que ce diamètre aille toujours en grandissant, son extrémité se rapproche de plus en plus du centre de gravité S, car $\sqrt{x_c^2 + k^2} - x_c$ diminue lorsque x_c croît.

Les plans tangents aux extrémités de ce diamètre coupent le cylindre qui enveloppe toutes ces ellipses parallèles, suivant une ellipse, qui appartient à la fois à la série des ellipses qui ne changent pas de grandeur et à la série des ellipses qui engendrent le cylindre. Si l'on projette cette ellipse du centre de l'ellipsoïde, l'angle solide que l'on forme ainsi renferme toujours l'un des diamètres de tous les groupes possibles de trois diamètres conjugués; deux de ces diamètres peuvent même être situés sur la surface conique qui enveloppe cet angle solide; comme cette surface conique coupe l'ellipsoïde central, suivant deux ellipses semblables et le pénètre entièrement, il en résulte que, sur trois diamètres conjugués d'un ellipsoïde d'inertie, il y en a toujours au moins un qui rencontre l'ellipsoïde central.

Si trois diamètres conjugués doivent être déterminés par la condition que l'un passe par le centre de gravité, centre de l'ellipsoïde central, et que les deux autres soient situés dans un plan donné, le premier de ces diamètres est le diamètre conjugué dans l'ellipsoïde central à la direction du plan donné, et les deux autres sont parallèles à deux diamètres conjugués dans ce plan.

Si les forces ΔP peuvent être groupées, de telle manière que tous les points d'application d'un même groupe soient en ligne droite, que toutes ces lignes droites soient parallèles, et qu'enfin les points d'application des résultantes de chaque groupe soient situés dans un même plan, la direction des parallèles et la position de ce plan sont conjuguées dans tous les ellipsoïdes d'inertie, dont les centres sont situés sur une parallèle aux droites de direction constante, contenant les points d'application et menée par le centre de gravité de tout le système. Il suffit de démontrer cette propriété pour l'ellipsoïde central, car, d'après ce qui a été dit plus haut, il en sera de même pour tout ellipsoïde dont le centre est situé sur la parallèle dont nous venons de parler.

Prenons pour plan des xy le plan dans lequel sont situés les points d'application des résultantes de chaque groupe, et pour axe des z cette parallèle menée par le centre de gravité; x et y seront constants pour toutes les forces d'un même groupe. En outre, dans chaque groupe, ΣzP est égal à 0, puisque, par hypothèse, le point d'application de la résultante est situé dans le plan des xy; par suite, ΣxzP et ΣyzP sont nuls pour un même groupe, et par conséquent aussi pour l'ensemble du système. Il en résulte, d'après ce qui a été dit plus haut, que l'ordonnée z, commune à ces deux sommes, est conjuguée au plan des xy.

Si toutes les forces peuvent être groupées de telle manière, que les points d'application d'un même groupe soient situés dans un même plan ayant une direction constante, et que les points d'application des résultantes de chaque groupe soient situés sur une même droite, cette droite est, dans l'ellipsoïde central, le diamètre conjugué à la direction des plans parallèles. Si, en effet, on choisit cette ligne comme axe des z, et si l'on prend pour plan des xy un plan parallèle à la direction des plans parallèles, on a, par hypothèse, pour chaque groupe, ΣxP et $\Sigma yP = 0$; par suite, l'axe des z, qui passe également par le centre de gravité (n° 59, p. 200), est dans l'ellipsoïde central le diamètre conjugué à la direction du plan des xy.

Enfin, si les forces peuvent être groupées, de telle manière que les centres des ellipsoïdes centraux de tous les groupes soient situés sur une même droite, et que les diamètres parallèles à deux diamètres conjugués à cette droite dans l'un des groupes soient aussi conjugués dans les autres groupes, les deux diamètres parallèles à ceux-ci, dans l'ellipsoïde central de tout le système, seront aussi conjugués par rapport à la droite qui réunit les centres. Cette proposition se démontre comme la précédente.

Tout ce que nous venons de dire est général, quelles que soient la position et la direction des plans et des lignes dont il a été question; par suite, les diverses propositions que nous venons d'énoncer s'appliquent encore lorsque ces plans et ces lignes sont perpendiculaires les uns aux autres. Les trois diamètres rectangulaires de l'ellipsoïde d'inertie s'appellent les axes principaux. Les directions des axes principaux de l'ellipsoïde central sont conjugués dans chaque ellipsoïde, dont le centre est situé sur l'un des axes principaux.

Si les forces peuvent être groupées deux à deux, de telle façon que les lignes qui réunissent leurs points d'application soient perpendiculaires à un plan donné, et que le point d'application de leur résultante soit situé dans ce plan, la perpendiculaire à ce plan, passant par le centre de gravité, est un axe principal du système.

Si les forces peuvent être groupées de telle façon, que les points d'application de toutes les forces appartenant à un même groupe, soient situés dans des plans normaux à une même droite, contenant également les points d'application de la résultante de chaque groupe, cette droite est un axe principal de l'ellipsoïde central.

Enfin, si les forces peuvent être groupées de telle façon, que la ligne qui réunit les centres soit un axe principal, dans les ellipsoïdes centraux de tous les groupes, elle est également un axe principal de l'ellipsoïde central de tout le système; si les deux autres axes principaux sont respectivement parallèles dans tous les ellipsoïdes partiels, ceux de l'ellipsoïde leur sont également parallèles.

Les théorèmes énoncés en dernier lieu se réduisent aux suivants, quand les points d'application de tous les ΔP sont dans un même plan (l'ellipsoïde d'inertie et l'ellipsoïde central étant alors remplacés par des ellipses).

Si toutes les forces ΔP peuvent être groupées de telle façon, que les centres de gravité de tous les groupes soient situés sur une même droite et que les diamètres conjugués à cette droite, considérée comme diamètre commun de tous les groupes, soient parallèles, le diamètre conjugué de ce diamètre commun, dans l'ellipse centrale, sera aussi parallèle aux premiers, et il en sera de même dans toutes les ellipses d'inertie dont les centres sont situés soit sur le diamètre commun, soit sur le diamètre conjugué à ce diamètre commun dans l'ellipse centrale.

Dans le cas particulier où toutes les forces ΔP peuvent être groupées deux à deux, de telle façon que les droites joignant les points d'application des forces soient parallèles et que les points d'application des résultantes de chaque groupe, soient situés sur une même droite, les diamètres parallèles à ces droites sont conjugués dans toutes les ellipses d'inertie, dont les centres sont situés sur l'une des deux parallèles passant par le centre de gravité. Rien n'est changé dans ces propositions, quand les deux directions sont normales entre elles; les diamètres conjugués sont alors les axes.

103. SYSTÈME DE FORCES PARALLÈLES, DONT LES INTENSITÉS SONT PROPOR-
TIONNELLES AUX DISTANCES DE LEURS POINTS D'APPLICATION A UN PLAN

Nous nous proposons d'appliquer les théories que nous venons de développer au système de forces défini dans le titre de ce paragraphe.

Soient ΔP des constantes, qu'il suffira de multiplier par les distances respectives des points d'application à un plan, mesurées suivant une direction quelconque, pour qu'on puisse les considérer comme des forces. Il est clair que la résultante de tout le système est égale au moment de ces constantes, considérées comme des forces, par rapport au plan donné. Par suite, si l'on détermine le centre de gravité de ces constantes, d'après la méthode du n° 97, p. 363, l'intensité de la résultante du système sera égale à $x_c P$, x_c étant la distance de ce centre de gravité au plan donné E, mesurée suivant la direction donnée. La direction des forces est d'ailleurs arbitraire, mais doit rester la même pour toutes les forces.

Pour déterminer le point d'application de la résultante, supposons ce point d'application relié au centre de gravité des ΔP, centre que nous venons de déterminer. Prenons la droite qui réunit ces deux points comme axe des z et le plan donné E comme plan des xy. L'intensité de chaque force est proportionnelle au produit $z\Delta P$, alors même que z n'est pas parallèle à la distance qui détermine l'intensité de chaque force. Comme le point d'application de la résultante est situé par hypothèse sur l'axe des z, et par suite tout à la fois dans les plans xz et yz, $\Sigma y.z\Delta P$ et $\Sigma x.z\Delta P$ seront nuls. Par suite, d'après le n° 102, p. 384, la direction des z est conjuguée, dans l'ellipsoïde d'inertie ayant son centre à l'origine des coordonnées, à la direction du plan E; elle est, par suite, complètement déterminée. Comme z passe par le centre de gravité, il en est de même dans l'ellipsoïde central.

Il nous reste à déterminer la position du point d'application sur le diamètre de l'ellipsoïde central, conjugué à la direction du plan E.

Comme le moment de la résultante est égal à la somme des moments de toutes les différentes forces par rapport au plan E, nous obtiendrons cette distance, en divisant cette somme des moments par la résultante.

La somme des moments est

$$\Sigma z^2 \Delta P = z_c\, z_p P \;;$$

en désignant, comme au n° 101 (p. 378), par z_c et z_p les distances au plan E du centre de gravité et de l'antipôle de ce plan dans l'ellipsoïde central.

Nous supposons z_o et z_p mesurés suivant la direction des z.

Nous ne diminuons ainsi en rien la généralité de la proposition, puisque ces distances restent proportionnelles aux distances mesurées suivant des directions quelconques.

L'intensité de la résultante est représentée par

$$\Sigma z \Delta P = z_o \Sigma P.$$

Par suite, la distance de son point d'application à l'origine des coordonnées est

$$\frac{z_o z_p P}{z_o P} = z_p,$$

c'est-à-dire égale à la distance du plan E à son antipôle, dans le système polaire dont l'ellipsoïde central est la surface directrice.

Par suite, nous pourrons dire :

Quand, dans un système de forces parallèles, agissant suivant une direction d'ailleurs quelconque, chaque force isolée est égale au produit d'une constante ΔP, par la distance de son point d'application à un plan E, mesurée suivant une direction quelconque, et quand, traitant ces constantes comme des forces, on détermine leur centre de gravité et leur ellipsoïde central, l'intensité de la résultante de ce système est égale à la somme P de toutes ces constantes, multipliée par la distance de leur centre de gravité au plan E, et son point d'application est l'antipôle du plan E dans le système polaire dont l'ellipsoïde central est la surface directrice.

Comme les moments statiques et les moments d'inertie ont pris la place des forces et des moments, nous pourrons également les composer par groupes, d'après les règles données dans les numéros précédents, au moyen des ellipsoïdes centraux des différents groupes.

104. Noyau d'un corps

Comme nous n'avons fait aucune hypothèse sur le nombre et la grandeur des ΔP, nous pouvons supposer le nombre infini, et les ΔP eux-mêmes infiniment petits ; les propositions développées dans les numéros précédents seront encore exactes. Ces propositions peuvent donc s'appliquer immédiatement à des corps, dont les divers éléments sont soumis à des forces proportionnelles au produit du volume de chaque élément par sa distance au plan E. On pourra déterminer l'ellipsoïde central, comme on a déterminé celui de la somme des ΔP.

Si, au lieu de supposer fixe le plan E des numéros précédents, on le suppose variable, le point d'application de la résultante des forces se déplacera également, suivant les lois de la relation réciproque, dans le système antipolaire ayant pour surface directrice l'ellipsoïde central des constantes P, et le point d'application restera toujours le pôle du plan symétrique à E.

Par suite, si le plan E décrit un faisceau de plans de 1er ordre en se mouvant autour d'une droite, le point d'application de la résultante décrira une droite ;

Un faisceau de plans de 2e ordre, en enveloppant une surface conique, une courbe plane du 2e degré ;

Une gerbe de 1er ordre, en passant toujours par un point fixe, un plan ;

Une gerbe de 2e ordre, en enveloppant une surface du 2e degré, une surface du 2e degré ;

Un corps quelconque, enveloppe du plan E. la surface d'un solide auquel on donne le nom de *noyau*.

Lorsque le plan E est situé en dehors d'un corps, le point d'application est situé à l'intérieur du noyau de ce corps.

Nous allons essayer d'indiquer, par un exemple, quelle est la signification de ce noyau.

Si nous supposons que les différents éléments d'un corps soient soumis à des forces attractives émanant d'un plan, et dont l'intensité soit proportionnelle à la distance de chaque élément à ce plan ; si nous supposons, en outre, que les plans attractifs ne puissent jamais pénétrer dans l'intérieur du corps, mais qu'ils puissent simplement être tangents à ce corps, le noyau sera le lieu de toutes les positions du centre des forces attractives, et ce centre ne pourra pas sortir du noyau.

Dans la suite de cet ouvrage, nous aurons très rarement à considérer un système de forces dont les points d'application sont dispersés dans l'espace, mais nous considérerons ordinairement des systèmes de forces dont les points d'application se trouvent tous dans un même plan. De même que nous avons supposé plus haut que les éléments d'un corps étaient soumis à des forces proportionnelles à leurs distances à un plan E, nous pouvons également considérer les éléments d'une surface comme soumis à des forces proportionnelles à leurs distances à un axe situé dans le plan. C'est le cas, par exemple, des tensions des fibres de la section d'une poutre chargée, car ces tensions sont proportionnelles aux distances à la fibre neutre. Nous terminerons en appliquant ce que nous venons de dire au plan et en particulier à l'exemple dont nous venons de parler.

105. Système de forces parallèles agissant sur les différents éléments d'une section plane, et dont l'intensité est proportionnelle a la distance de ces éléments a un axe neutre. Noyau de la section.

Pour pouvoir appliquer plus tard les résultats que nous venons de trouver à la résistance des poutres, nous allons donner dès à présent les indications générales nécessaires à la détermination de cette résistance. Toutes les fois que cela sera possible, nous prendrons l'axe de la poutre comme axe des x; par suite, cet axe se trouvera tout entier dans le plan des xy. Les ordonnées y et z nous serviront à la détermination de la section. Nous placerons l'origine des coordonnées au centre de gravité, nous prendrons comme axe des z la parallèle à la fibre neutre, et comme axe des y le diamètre conjugué à l'axe des z dans l'ellipse centrale. Soient y_n l'ordonnée de la fibre neutre, et ρ la réaction d'un élément de surface ΔF dont l'ordonnée y est égale à c. La réaction de la fibre dont la distance à l'axe neutre est égale à $y_n + y$ sera égale à $\dfrac{y_n + y}{y_n + c}\, \rho \Delta F$, puisque les réactions des différentes fibres sont entre elles dans le rapport de leurs distances à l'axe neutre.

La réaction totale est par suite égale à

$$Q = \sum \frac{y_n + y}{y_n + c}\, \rho \Delta F = \frac{y_n}{y_n + c}\, \rho \Delta F.$$

Remarquons que la réaction de la fibre du centre de gravité est égale à

$$\frac{y_n}{y_n + c}\, \rho.$$

Par suite, on peut dire : *la réaction de la fibre qui passe par le centre de gravité, et qui est parallèle à l'axe neutre, est la même que si la réaction totale Q était uniformément répartie suivant toute la section.*

Le moment des réactions par rapport à l'axe des z est égal à

$$\mathfrak{Q} = \sum y \cdot \frac{y_n + y}{y_n + c}\, \rho \Delta F = \frac{k^2}{y_n + c}\, \rho F$$

$k^2 F$ est comme au n° 99 (p. 371), le moment d'inertie de la surface par rapport à l'axe des z, qui passe par le centre de gravité.

En divisant le moment par la force, nous obtiendrons l'ordonnée du point d'application de cette force

$$y_q = \frac{\mathfrak{D}}{Q} = \frac{k^2}{y_n},$$

par suite

$$y_n y_q = k^2.$$

Le moment $\sum z \cdot \dfrac{y_n + y}{y_n + c}\, \rho \Delta F$ des réactions par rapport à l'axe des y est égal à zéro, puisque nous avons admis que cet axe passe par le centre de gravité, ce qui donne $\Sigma z \Delta F = 0$, et qu'il est conjugué à l'axe des z, d'où il suit que $\Sigma y z \Delta F = 0$. Le point d'application est par suite situé sur l'axe des y, c'est-à-dire sur le diamètre conjugué à l'axe neutre. Comme l'ordonnée y_q de cet axe est aussi celle de l'antipôle, il en résulte que *le point d'application de la réaction est l'antipôle de l'axe neutre par rapport à l'ellipse centrale de la section.* Par suite cette réaction est complètement déterminée.

Fréquemment, la réaction et son point d'application sont donnés, et il s'agit de déterminer la tension maxima dans la fibre c. On déduit d'abord, du point d'application donné, l'ordonnée de la fibre neutre $y_n = \dfrac{k^2}{y_q}$, et ensuite de la première des relations développées plus haut

$$\rho = \left(1 + \frac{c}{y_n}\right)\frac{Q}{F} = \left(1 + \frac{c y_q}{k^2}\right)\frac{Q}{F}.$$

Si l'on pose $c = y_n$, ρ est égal à $2\,\dfrac{Q}{F}$, c'est-à-dire que *la tension suivant la droite symétrique de l'axe neutre par rapport au centre de gravité est le double de celle de la fibre qui passe par le centre de gravité.*

Si $y_q = 0$, y_n devient ∞, et ρ est constant et égal à $\dfrac{Q}{F}$. Par suite, *si Q a son point d'application au centre de gravité, ou ce qui est la même chose, si l'axe neutre coïncide avec la droite à l'infini, la réaction totale Q est uniformément répartie sur toute la section.*

Si $y_q = \infty$, $y = 0$, c'est-à-dire si Q est égal à 0 ou à une force infiniment petite située à l'infini, l'axe neutre passe par le centre de gravité; cet axe divise la section en deux parties, dont les moments statiques sont égaux, et Q se réduit à un couple.

La tension dans la fibre c est égale à

$$\rho = \frac{\mathfrak{D}c}{k^2 F}.$$

Si l'on construit l'ellipse centrale pour chacune des deux portions de la section séparées par l'axe neutre, les antipôles de la fibre neutre sont, dans chacune des deux ellipses centrales, les points d'application des deux forces Q qui constituent le couple, et dont l'une produit une tension, et l'autre une compression. Le moment $\mathfrak{D}$, divisé par la distance de l'antipôle, donne la grandeur de la force.

Si deux sections sont en affinité, il en est de même de toutes les lignes de construction qui servent à la détermination de l'ellipse centrale. Les pôles de deux axes correspondants se correspondent également et réciproquement.

Nous avons représenté dans la *fig.* 169 le cas particulier de l'affinité

Fig. 169.

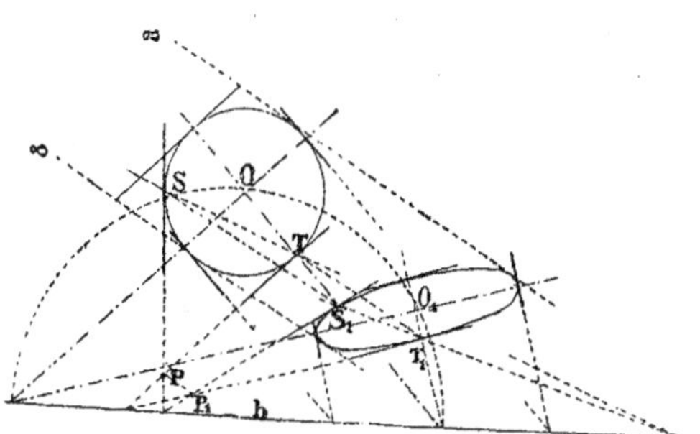

dans lequel les deux systèmes ont en commun un point à l'infini et l droite h.

Tous les points correspondants OPST et $O_1P_1S_1T_1$ sont situés sur les parallèles qui passent par le point ∞, et toutes les droites correspondantes, par exemple, les tangentes SP et S_1P_1, TP et T_1P_1, ou les droites qui réunissent deux groupes de points correspondants, se coupent en h.

Comme la similitude n'est qu'un cas particulier de l'affinité, tout ce qui vient d'être dit s'applique naturellement aux systèmes semblables.

Si l'on suppose que l'axe neutre varie, la position du point d'application de la résultante varie également.

Si l'axe neutre décrit,	le point d'application de la résultante décrit :
Un faisceau du 1er ordre, en tournant autour d'un point,	une droite ;
Un faisceau du 2e ordre, en enveloppant une courbe du 2e degré,	une courbe du 2e degré ;
Le contour de la section, en enveloppant ce contour.	le contour, *noyau de la section*.

Lorsque l'axe neutre est situé en dehors de la section, le point d'application de la résultante est situé à l'intérieur du noyau. L'exemple suivant montre quelle est la signification du noyau. Certaines constructions, telles que les murs, par exemple, ne peuvent résister que suivant une seule direction. Ainsi, les murs ne doivent pas être soumis à des tensions; ils doivent uniquement supporter des pressions. Pour que les assises du mur ne soient réellement soumises qu'à des pressions, il faut que la résultante de la charge ne sorte pas du noyau. Cependant, alors même qu'il en serait ainsi, si le mur était trop chargé près du parement, des lézardes pourraient se produire sur la face opposée.

106. FORMULES DE L'ELLIPSOÏDE D'INERTIE

Soit un système de forces parallèles constantes, poids ou masses, ΔP_i, appliquées aux points $x_i y_i z_i 1$; il s'agit de former la somme des produits de tous les ΔP par les distances p et q des points d'application respectifs à deux plans passant par un centre fixe $x_m y_m z_m 1$, soit $\Sigma pq\Delta P$. Cette somme est ce qu'on appelle le *moment centrifuge* (*) par rapport aux deux plans. Pour cela, nous déterminerons la position de deux plans $\xi\eta\zeta 1$, $\xi'\eta'\zeta'1$, parallèles aux plans donnés, de telle façon que le produit des distances de ces deux plans par rapport au centre fixe, multiplié par $\Sigma\Delta P = P$, soit égal à la somme cherchée.

La distance du point $x_i y_i z_i 1$ au plan $\xi\eta\zeta 1$ est

$$\alpha_i \frac{\omega'}{\rho} = (x_i\xi + y_i\eta + z_i\zeta + 1)\frac{\omega'}{\rho}.$$

La distance du centre fixe à ce même plan est :

$$\alpha_m \frac{\omega'}{\rho} = (x_m\xi + y_m\eta + z_m\zeta + 1)\frac{\omega'}{\rho}.$$

Par suite, la distance du point i au plan donné qui passe par le centre fixe et auquel le plan ξ est parallèle, est $(\alpha_i - \alpha_m)\dfrac{\omega'}{\rho}$.

De même, la distance du point i au second plan donné passant par le centre fixe sera $(\alpha'_i - \alpha'_m)\dfrac{\omega'}{\rho}$. Les coordonnées $\xi\eta\zeta 1$, $\xi'\eta'\zeta'1$ des deux plans cherchés devront par suite satisfaire à l'équation de condition :

$$\sum (\alpha_i - \alpha_m)\frac{\omega'}{\rho} \cdot (\alpha'_i - \alpha'_m)\frac{\omega'}{\rho} \cdot \Delta P = \alpha_m\alpha'_m \frac{\omega'^2}{\rho\rho'} P.$$

Le facteur $\dfrac{\omega'^2}{\rho\rho'}$ est commun aux deux membres de cette équation et disparaît. Donc *la direction suivant laquelle on mesure les distances* p *et* q *est indifférente; il suffit qu'elle soit constante pour chaque plan.*

(*) Le moment centrifuge est appelé *moment complexe* par les géomètres italiens.

L'équation se réduit à

$$\frac{1}{P} \Sigma(\alpha_i - \alpha_m)(\alpha'_i - \alpha'_m)\Delta P = \alpha_m \alpha'_m,$$

ou

$$\frac{1}{P} \Sigma\alpha_i\alpha'_i\Delta P = \alpha_m \alpha'_c + \alpha_c \alpha'_m,$$

en désignant par α_c et α'_c les distances du centre de gravité du système aux deux plans α et α', soit $\alpha_c = x_c\xi + y_c\eta + z_c\zeta + 1$, et de même pour α'_c.

Ces équations ne changent pas si l'on permute les deux plans ; il en résulte que ξ et $\xi\eta'$ ont respectivement les mêmes coefficients que ξ' et $\xi'\eta$. Comme d'ailleurs ces quantités n'interviennent qu'à la première puissance, on aura, en faisant ξ, η, ζ, $1 = \xi'$, η', ζ', 1, les équations tangentielles d'une surface du second degré, c'est-à-dire

$$\frac{1}{P} \Sigma(\alpha_i - \alpha_m)^2 \Delta P = \alpha_m^2,$$

$$\frac{1}{P} \Sigma\alpha_i^2 \Delta P = 2\alpha_m \alpha_c.$$

Considérons de plus près cette surface.

Si nous prenons un second plan α' parallèle à $\xi\eta\zeta 1$, et tel que $+ \alpha'_m = - \alpha_m$, c'est-à-dire si nous déplaçons le plan $\xi\eta\zeta 1$ parallèlement à lui-même de manière que le centre m soit situé au milieu de la distance entre les deux plans, les coordonnées du second plan satisferont aux équations précédentes. Donc le centre des moments $x_m y_m z_m 1$ est aussi le centre de la surface.

Cette surface est, comme le montre la deuxième équation, inscrite dans les deux cônes qui ont leurs sommets respectivement au centre des moments et au centre de gravité, et qui enveloppent la surface $\Sigma\alpha^2_i\Delta P = 0$. Si tous les ΔP sont de même signe, cette dernière équation ne peut être satisfaite par aucune valeur réelle de $\xi\eta\zeta 1$, et les deux cônes sont par suite imaginaires ; le centre des moments et le centre de gravité sont alors situés à l'intérieur de la surface qui est un ellipsoïde. Cet ellipsoïde s'appelle *ellipsoïde d'inertie* quand le centre m est arbitraire, et *ellipsoïde central* quand il coïncide avec le centre de gravité. L'équation de l'ellipsoïde central est :

$$\frac{1}{P} \Sigma\alpha^2_i \Delta P = 2\alpha^2_c.$$

L'équation d'un autre ellipsoïde ayant son centre au point $x_n y_n z_n 1$ est :

$$\frac{1}{P} \Sigma\alpha^2_i \Delta P = 2\alpha_c \alpha_n.$$

En retranchant cette équation de celle de l'ellipsoïde ayant pour centre le point m, on obtient l'équation d'une surface du second degré, qui est tangente à tous les plans tangents communs aux deux ellipsoïdes. L'équation de cette surface est :

$$\alpha_c (\alpha_m - \alpha_n) = 0.$$

Cette équation se décompose en deux autres $\alpha_c = 0$ et $\alpha_m - \alpha_n = 0$. La première représente le centre de gravité ; la seconde, le point à l'infini de la droite qui joint les points m et n, car l'équation $\alpha_m - \alpha_n = 0$ ne contient pas de terme constant. Nous savions déjà que tous les ellipsoïdes d'inertie sont inscrits dans un même cône imaginaire ayant son sommet au centre de gravité. L'équation $\alpha_m - \alpha_n = 0$ nous permet de dire en outre : *Deux ellipsoïdes d'inertie quelconques correspondants à un même système de forces constantes ΔP sont inscrits dans un cylindre réel dont les géné-*

ratrices sont parallèles à la ligne qui joint les centres des deux ellipsoïdes. Ceux-ci ne se coupent que suivant une seule courbe du second degré réelle.

Ce que nous venons de dire s'applique naturellement à l'ellipsoïde central et à un autre ellipsoïde quelconque.

Revenons à la somme $\Sigma pq\,\Delta P$. L'équation

$$\frac{1}{P}\,\Sigma \alpha_i \alpha'_i\,\Delta P = \alpha_m \alpha'_c + \alpha_c \alpha'_m$$

peut être regardée comme l'équation tangentielle de l'ellipsoïde d'inertie, car on n'a qu'à remplacer dans cette équation $\xi'\eta'\zeta'1$ par $\xi\eta\zeta1$ pour obtenir l'équation de l'ellipsoïde. Par suite, si l'on considère les coordonnées $\xi\eta\zeta1$ de l'un des plans comme des constantes, et les coordonnées de l'autre plan comme des variables, cette équation représentera le pôle du plan $\xi\eta\zeta1$.

Donc : *Le moment centrifuge de forces ΔP par rapport à deux plans, passant par le centre de l'ellipsoïde d'inertie, est égal à la somme P de ces forces, multipliée par le produit de la distance à l'un des deux plans donnés d'un plan quelconque, mené parallèlement à ce plan, et de la distance à l'autre plan donné du pôle de ce plan parallèle.*

Ce dernier plan pouvant être pris à une distance arbitraire de l'un des plans donnés, on a le moyen de diviser le moment centrifuge par une longueur quelconque. Si on le suppose tangent à l'ellipsoïde, le point de contact sera le pôle de ce plan. On peut donc dire :

Le moment centrifuge est égal à P multiplié par le produit des distances, par rapport aux deux plans donnés, de l'un des points de contact des quatre plans tangents à l'ellipsoïde que l'on peut mener parallèlement à ces deux plans.

Si les deux plans donnés sont des plans conjugués de l'ellipsoïde, chacun de ces plans contient le pôle de tous les plans parallèles à l'autre. Donc : *Le moment centrifuge, par rapport à deux plans conjugués de l'ellipsoïde, est nul.*

Dans la plupart des cas, on se contente de construire l'ellipsoïde central, et l'on a alors à déterminer le moment centrifuge par rapport à deux plans quelconques ne passant pas par le centre de l'ellipsoïde. Menons un plan $\xi\eta\zeta1$ parallèle au premier de ces plans et passant par le centre de gravité; alors $\alpha_c = 0$, et l'équation du pôle de ce plan par rapport à l'ellipsoïde d'inertie est :

$$\frac{1}{P}\,\Sigma \alpha_i \alpha'_i\,\Delta P = \alpha_m \alpha'_c.$$

Cette équation est identique avec celle de l'antipôle du premier plan par rapport à l'ellipsoïde central. En effet, l'équation générale du pôle d'un plan quelconque $\xi\eta\zeta1$ par rapport à l'ellipsoïde central est :

$$\frac{1}{P}\,\Sigma \alpha_i \alpha'_i\,\Delta P = 2\alpha_c \alpha'_c.$$

Pour que cette équation représente l'antipôle du premier plan, il faut prendre $\xi\eta\zeta1$ de telle façon que le centre de gravité se trouve à égale distance de ce plan $\xi\eta\zeta1$ et du premier. On aura alors évidemment :

$$2\alpha_c = \alpha_m,$$

ce qui rend identiques les deux équations.

On peut donc dire : *Le moment centrifuge d'un système de forces ΔP par rapport à deux plans quelconques est égal à P multiplié par le produit de la distance du centre de gravité à l'un de ces plans et de la distance, au second plan, de l'antipôle du premier par rapport à l'ellipsoïde central. Quand l'un des plans passe par l'antipôle de l'autre, le moment centrifuge est nul.*

Il résulte en outre de la formule :

$$\Sigma(\alpha_i - \alpha_m)(\alpha'_i - \alpha'_m)\Delta P = (\alpha_c - \alpha_m)(\alpha'_c - \alpha'_m)P + \Sigma(\alpha_i - \alpha_c)(\alpha'_i - \alpha'_c)\Delta P$$

qui est identique avec celles du n° 99, p. 371, que *le moment centrifuge, par rapport à deux plans quelconques, est égal à P multiplié par le produit des distances du centre de gravité à ces deux plans, plus le moment centrifuge du même système par rapport à deux plans parallèles aux premiers et menés par le centre de gravité.*

Les propriétés démontrées subsistent quand les deux plans se confondent. Dans ce cas, $\Sigma pq\Delta P$ devient $\Sigma p^2\Delta P$ et s'appelle moment d'inertie. Nous pouvons donc dire :

Le moment d'inertie d'un système de forces ΔP par rapport à un plan passant par le centre d'un ellipsoïde d'inertie est égal :

A P multiplié par le produit des distances au plan donné d'un plan quelconque parallèle à ce plan et de son pôle par rapport à l'ellipsoïde d'inertie;

Ou à P multiplié par le carré de la distance des deux plans tangents à l'ellipsoïde d'inertie parallèles au plan donné;

Ou à P multiplié par le produit des distances, au plan donné, du centre de gravité et de l'antipôle de ce plan par rapport à l'ellipsoïde central;

Ou à P multiplié par la somme des carrés des distances du centre de gravité au plan donné et à un plan parallèle tangent à l'ellipsoïde central.

Pour les applications pratiques, il est utile de développer les formules qui précèdent. Posons :

$$a^2 = \frac{1}{P}\Sigma x_i^2\Delta P, \qquad A = \frac{1}{P}\Sigma y_i z_i\Delta P, \qquad x_c = \frac{1}{P}\Sigma x_i\Delta P,$$

$$b^2 = \frac{1}{P}\Sigma y_i^2\Delta P, \qquad B = \frac{1}{P}\Sigma z_i x_i\Delta P, \qquad y_c = \frac{1}{P}\Sigma y_i\Delta P,$$

$$c^2 = \frac{1}{P}\Sigma z_i^2\Delta P, \qquad C = \frac{1}{P}\Sigma x_i y_i\Delta P, \qquad z_c = \frac{1}{P}\Sigma z_i\Delta P.$$

L'équation tangentielle, qui nous a servi de point de départ, sera alors :

$$\begin{aligned}
(a^2 - \quad 2x_c x_m)\xi\xi' &+ (C - x_m y_c - x_c y_m)\ \xi\eta' + (B - x_m z_c - x_c z_m)\xi\zeta' - x_m\xi \\
(C - y_m x_c - y_c x_m)\eta\xi' &+ (b^2 \qquad - 2y_c y_m)\eta\eta' + (A - y_m z_c - y_c z_m)\eta\zeta' - y_m\eta \\
(B - z_m x_c - z_c x_m)\zeta\xi' &+ (A - z_m y_c - z_c y_m)\ \zeta\eta' + (c^2 \qquad - 2z_c z_m)\zeta\zeta' - z_m\zeta \\
- \quad x_m\ \xi' \quad &\qquad\qquad - \quad y_m\ \eta' \qquad\qquad\qquad - \quad z_m\ \zeta' - 1 \\
&= 0.
\end{aligned}$$

Si l'on veut déterminer le moment centrifuge du système par rapport à deux plans passant par le point $x_m y_m z_m 1$, on calculera les valeurs des différents coefficients de l'équation précédente, et on substituera ces valeurs dans l'équation. Cela fait, on déterminera les cordonnées $\xi\eta\zeta 1$, $\xi'\eta'\zeta' 1$ de deux plans parallèles aux plans donnés de façon à satisfaire à cette équation, et le moment cherché sera égal à P multiplié par le produit des distances du centre des moments à ces deux plans, c'est-à-dire, en mesurant les distances normalement :

$$(x_m\xi + y_m\eta + z_m\zeta + 1)(x_m\xi' + y_m\eta' + z_m\zeta' + 1)\frac{\omega'^2}{\rho\rho'}P.$$

Si l'on fait $x_m y_m z_m 1 = x_c y_c z_c 1$, on obtient l'équation tangentielle de l'ellipsoïde central, savoir :

$$\begin{aligned}
(a^2 - 2x_c^2)\ \xi\xi' &+ (C - 2x_c y_c)\ \xi\eta + (B - 2x_c z_c)\xi\zeta' - x_c\xi + \\
(C - 2y_c z_c)\eta\xi' &+ (b^2 - 2y_c^2)\ \eta\eta' + (A - 2y_c z_c)\eta\zeta - y_c\eta + \\
(B - 2z_c x_c)\zeta\xi' &+ (A - 2z_c y_c)\zeta\eta' + (c^2 - 2z_c^2)\ \zeta\zeta' - z_c\zeta - \\
- \quad x_c\ \xi' \quad &\qquad\quad - \quad y_c\ \eta' \qquad\qquad\quad - \quad z_c \quad \zeta' - \quad 1 = 0.
\end{aligned}$$

Si l'on transporte l'origine des coordonnées au centre de gravité, on aura $x_c y_c z_c 1 = 0$, et l'équation de l'ellipsoïde d'inertie devient :

$$a^2 \xi \xi' + C \xi \eta' + B \xi \zeta' - x_m \xi +$$
$$C \eta \xi' + b^2 \eta \eta' + A \eta \zeta' - y_m \eta +$$
$$B \zeta \xi' + A \zeta \eta' + c^2 \zeta \zeta' - z_m \zeta -$$
$$- x_m \xi' - y_m \eta' - z_m \zeta' - \quad 1 = 0.$$

Enfin, si l'origine des coordonnées est le centre des moments, on doit faire $x_m y_m z_m = 0$, et on obtient la forme la plus simple de l'ellipsoïde d'inertie :

$$a^2 \xi \xi' + C \xi \eta' + B \xi \zeta' +$$
$$C \eta \xi' + b^2 \eta \eta' + A \eta \zeta' +$$
$$B \zeta \xi' + A \zeta \eta' + c^2 \eta \eta' = 1.$$

Comme $x_m y_m z_m = 0$, le moment centrifuge se réduit alors simplement à

$$\frac{\omega'^2 \mathrm{P}}{\rho \rho'}.$$

Les deux plans $\xi \eta \zeta 1$, $\xi' \eta' \zeta' 1$, qui servent à déterminer le moment centrifuge, étant parallèles aux plans donnés, on connaît les rapports de leurs coordonnées, qui sont respectivement proportionnelles aux coordonnées des deux plans. Par suite, l'équation tangentielle contient deux indéterminées, et l'on peut prendre arbitrairement l'un des deux plans, par exemple $\xi \eta \zeta 1$. Substituant alors, dans l'équation, à la place de $\xi' \eta' \zeta'$, $\lambda \xi' \lambda \eta' \lambda \zeta'$, on obtient une équation du premier degré en λ, d'où l'on déduit facilement la valeur de λ. A chaque valeur de λ, correspondent deux groupes de coordonnées satisfaisant à l'équation.

Si, au lieu d'un moment centrifuge, on veut déterminer un moment d'inertie, on substitue dans l'équation à la place de $\xi \eta \zeta$ et $\xi' \eta' \zeta'$, $\lambda \xi = \lambda \xi'$, $\lambda \eta = \lambda \eta'$, $\lambda \zeta = \lambda \zeta'$, et l'on obtient une équation du second degré en λ, qui détermine la position d'un plan tangent à l'ellipsoïde, dont la distance au plan donné fera connaître le moment d'inertie cherché.

Si l'on calcule de cette manière les coordonnées d'un plan tangent et qu'on les substitue dans l'une des équations tangentielles, l'équation ainsi obtenue représentera le point de contact, comme nous l'avons déjà fait remarquer.

Lorsqu'on veut se servir de ces équations pour construire un ellipsoïde, il convient de calculer les équations des points de contact des trois plans tangents parallèles aux plans coordonnés. Ainsi, pour le plan tangent parallèle au plan yz, η et ζ sont nuls, et ξ est donné par l'équation

$$(a^2 - 2 x_c x_m) \xi^2 - 2 x_m \xi = 1,$$

d'où

$$(a^2 - 2 x_c x_m) \xi = x_m \pm \sqrt{a^2 - 2 x_c x_m + x_m^2} = x_m + \mathrm{W}_x,$$

en désignant par W_x la valeur positive ou négative du radical. En substituant cette valeur, ainsi que celles de η et $\zeta = 0$, dans l'équation tangentielle générale, on obtient l'équation du point de contact, savoir :

$$(a^2 - 2 x_c x_m) \mathrm{W}_x \xi'$$
$$+ \left[(C - x_m y_c - x_c y_m)(x_m + \mathrm{W}_x) - y_m (a^2 - 2 x_c x_m) \right] \eta'$$
$$+ \left[(B - x_m z_c - x_c z_m)(x_m + \mathrm{W}_x) - z_m (a^2 - 2 x_c x_m) \right] \zeta'$$
$$- (x_m + \mathrm{W}_x) \mathrm{W}_x = 0.$$

On obtient de la même manière l'équation du point de contact du plan tangent parallèle au plan zx, soit :

$$[(C - y_m x_c - y_c x_m)(y_m + W_y) - x_m(b^2 - 2y_c y_m)]\xi' - (b^2 - 2y_c y_m)W_y \eta' +$$
$$[(A - y_m z_c - y_c z_m)(y_m + W_y) - z_m(b^2 - 2y_c y_m)]\zeta' + (y_m + W_y)W_y = 0.$$

ou

$$W_y = \pm \sqrt{b^2 - 2y_c y_m + y_m^2}.$$

Enfin, pour le plan xy, on a l'équation

$$[(B - z_m x_c - z_c x_m)(z_m + W_z) - x_m(c^2 - 2z_c z_m)]\xi' + (c^2 - 2z_c z_m)W_z \zeta' +$$
$$[(A - z_m y_c - z_c y_m)(z_m + W_z) - y_m(c^2 - 2z_c z_m)]\zeta' - (z_m + W_z)W_z = 0,$$

ou

$$W_z = \pm \sqrt{c^2 - 2z_c z_m + z_m^2}.$$

Ces trois équations des points de contact se simplifient fort peu pour l'ellipsoïde central, et nous pouvons nous dispenser de les écrire de nouveau dans ce cas. Au contraire, elles se simplifient beaucoup pour l'ellipsoïde d'inertie dont le centre coïncide avec l'origine des coordonnées; elles deviennent en effet :

$$a\,\xi' + \frac{C}{a}\eta' + \frac{B}{a}\zeta' \pm 1 = 0,$$

$$\frac{C}{b}\xi' + b\eta' + \frac{A}{b}\xi' \pm 1 = 0,$$

$$\frac{B}{c}\xi' + \frac{A}{c}\eta' + c\,\zeta' \pm 1 = 0.$$

Le dernier terme de ces équations étant ± 1, les coefficients de $\xi'\,\eta'\,\zeta'$, pris avec leurs signes ou changés de signes, sont les coordonnées des points de contact.

En coordonnées cartésiennes, l'équation générale de l'ellipsoïde est la suivante :

$$0 = \begin{vmatrix} a^2 & -2x_c x_m, & C - x_m y_c - x_c y_m, & B - x_m z_c - x_c z_m, & -x_m, & x \\ C - y_m x_c - y_c x_m, & b^2 & -2y_c y_m, & A - y_m z_c - y_c z_m, & -y_m, & y \\ B - z_m x_c - z_c x_m, & A - z_m y_c - z_c y_m, & c^2 & -2z_c z_m, & -z_m, & z \\ - & x_m, & - & y_m, & - & z_m, -1, & 1 \\ x, & & y, & & z, & 1, & 0 \end{vmatrix}$$

ou bien

$$0 = \begin{vmatrix} a^2 & C & B & x_c & x_m & x \\ C & b^2 & A & y_c & y_m & y \\ B & A & c^2 & z_c & z_m & z \\ x_c & y_c & z_c & 1 & 1 & 1 \\ x_m & y_m & z_m & 1 & 0 & 0 \\ x & y & z & 1 & 0 & 1 \end{vmatrix}$$

Nous n'écrirons pas la forme particulière de cette équation pour l'ellipsoïde central; on l'obtient en faisant $x_m y_m z_m 1 = x_c y_c z_c 1$. Mais nous écrirons la forme de l'équation pour l'ellipsoïde d'inertie correspondant à l'origine, forme qui se simplifie beaucoup, et que l'on obtient en faisant $x_m y_m z_m = 0$, savoir :

$$0 = \begin{vmatrix} a^2 & C & B & x \\ C & b^2 & A & y \\ B & A & c^2 & z \\ x & y & z & 1 \end{vmatrix}$$

107. FORMULES DE L'ELLIPSE D'INERTIE.

Si, au lieu de considérer des systèmes dans l'espace, on considère des systèmes plans, le mode de démonstration du numéro précédent reste le même; on n'a qu'à remplacer les mots ellipsoïde et plan tangent par ellipse et tangente. Nous pouvons dès lors nous dispenser de répéter les propositions générales que nous avons démontrées pour l'espace; nous nous bornerons à écrire les formules correspondantes au plan, et que l'on obtient en faisant ζ et $z = 0$.

Tous les moments dans le plan peuvent être représentés au moyen des cinq constantes suivantes :

$$a^2 = \frac{1}{P}\, \Sigma x_i^2 \Delta P, \quad C = \frac{1}{P}\, \Sigma x_i y_i \Delta P, \quad b^2 = \frac{1}{P}\, \Sigma y_i^2 \Delta P, \quad x_c = \frac{1}{P}\, \Sigma x_i \Delta P, \quad y_c = \frac{1}{P}\, \Sigma y_i \Delta P.$$

L'équation tangentielle de l'ellipse d'inertie correspondante à un centre de moments $x_m y_m 1$ est

$$
\begin{aligned}
&(a^2 \qquad\quad - 2x_c x_m)\,\xi\xi' + (C - x_m y_c - x_c y_m)\,\xi\eta' - x_m\xi + \\
&(C - y_m x_c - y_c x_m)\,\eta\xi' + (b^2 \qquad\quad - 2y_c y_m)\,\eta\eta' - y_m\eta - \\
&\qquad\quad - \quad x_m \quad \xi' \qquad\qquad - \quad y_m \quad - 1 \quad = 0.
\end{aligned}
$$

Si on détermine deux droites parallèles aux deux droites données et dont les coordonnées satisfassent à cette équation, le moment centrifuge par rapport aux deux droites données (qui passent par le point $x_m y_m 1$) sera

$$(x_m\xi + y_m\eta + 1)(x_m\xi' + y_m\eta' + 1)\,\frac{\omega'^2}{PP'}\,P.$$

L'équation de l'ellipse centrale est

$$
\begin{aligned}
&(a^2 - 2x_c^2)\,\xi\xi' + C - 2x_c y_c)\,\xi\eta' - x_c\xi + \\
&(C - 2y_c x_c)\,\eta\xi' + b^2 - 2y_c^2)\,\eta\eta' - y_c\eta \\
&\qquad - \quad x_c \quad \xi' \qquad - \quad y_c \quad \eta' - \quad 1 = 0.
\end{aligned}
$$

Si l'on prend l'origine des coordonnées au centre de gravité du système, l'équation d'une ellipse d'inertie quelconque est :

$$a^2\xi\xi' + C(\xi\eta' + \xi'\eta) + b^2\eta\eta' - x_m(\xi + \xi') - y_m(\eta + \eta') = 1.$$

Enfin, l'équation tangentielle d'une ellipse d'inertie dont le centre coïncide avec l'origine des coordonnées est :

$$a^2\xi\xi' + C(\xi\eta' + \xi'\eta) + b^2\eta\eta' = 1.$$

Si l'on détermine deux droites dont les coordonnées satisfassent à cette équation, le moment centrifuge par rapport à deux droites parallèles passant par l'origine sera :

$$\frac{\omega'^2 P}{PP'}.$$

Enfin, si l'on pose

$$
\begin{aligned}
W_x &= \pm\sqrt{a^2 - 2x_c x_m + x^2{}_m,} \\
W_y &= \pm\sqrt{b^2 - 2y_c y_m + y^2{}_m,}
\end{aligned}
$$

les équations des points de contact des quatre tangentes que l'on peut mener à l'ellipse d'inertie parallèlement aux axes coordonnées seront :

$$(a^2 - 2\,x_c x_m)\,W_x \xi' - (x_m + W_x)\,W_x +$$
$$[(C - x_m y_c - x_c y_m)(x_m + W_x) - y_m(a^2 - 2\,x_c x_m)]\,\eta' = 0$$
$$[(C - y_m x_c - y_c x_m)(y_m + W_y) - x_m(b^2 - 2\,y_c y_m)]\,\xi' +$$
$$(a^2 - 2\,x_c x_m)\,W_y \eta' - (y_m + W_y)\,W_y = 0.$$

Dans le cas de l'ellipse d'inertie dont le centre coïncide avec l'origine, ces équations deviennent :

$$a\,\xi' + \frac{C}{a}\,\eta' \pm 1 = 0,$$

$$\frac{C}{b}\,\xi' + b\,\eta' \pm 1 = 0.$$

L'équation générale de l'ellipse d'inertie en coordonnées cartésiennes est :

$$0 = \begin{vmatrix} a^2 & -2\,x_c x_m, & C - x_m y_c - x_c y_m, & -x_m, & x \\ C - y_m y_c - y_c y_m, & b^2 & -2\,y_c y_m, & -1, & y \\ - & x_m, & - & y_m, & -1, & 1 \\ & x, & & y, & 1, & 0 \end{vmatrix}$$

ou

$$0 = \begin{vmatrix} a^2 & C & x_c & x_m & x \\ C & b^2 & y_c & y_m & y \\ x_c & y_c & 1 & 1 & 1 \\ x_m & y_m & 1 & 0 & 0 \\ x & y & 1 & 0 & 1 \end{vmatrix}$$

L'ellipse d'inertie correspondante à l'origine des coordonnées est

$$0 = + \begin{vmatrix} a^2 & C & x \\ C & b^2 & y \\ x & y & 1 \end{vmatrix}$$

ou

$$\frac{x^2}{a^2} + 2\,\frac{Cxy}{a^2 b^2} + \frac{y^2}{b^2} = 1 - \frac{C^2}{a^4 b^2}.$$

CHAPITRE IV

CONSTRUCTION DE L'ELLIPSE CENTRALE ET DU NOYAU
DE FIGURES PLANES

---

108. CONSTRUCTION DE L'ELLIPSE CENTRALE ET DU NOYAU DE FIGURES PLANES

Comme l'ellipsoïde central et tous les rapports des moments d'une surface ou d'un volume sont donnés graphiquement par l'ellipse centrale et analytiquement par les moments statiques et les moments centrifuges, nous déterminerons cette ellipse et cet ellipsoïde pour les surfaces et les volumes les plus simples, et nous montrerons ensuite comment on peut les construire pour des surfaces ou des volumes irréguliers.

Nous entendons par lignes, surfaces ou volumes simples, ceux pour lesquels la position de deux éléments conjugués passant par le centre de gravité peut être déterminée *a priori*, et pour lesquels la longueur ou la surface d'éléments parallèles peut être représentée par une fonction simple de leurs distances normales. Dans ce cas, le calcul ou plutôt la construction des résultats calculés une fois pour toutes, est plus simple que la méthode purement graphique.

Par suite, si l'on choisit le diamètre conjugué aux éléments parallèles comme axe des y et si l'on désigne par z l'élément parallèle qui représente une longueur ou une surface, on aura, en prenant pour les intégrales les limites de la surface ou du volume, suivant qu'il s'agira d'une surface ou d'un volume, les relations suivantes

La surface ou le volume sera $\qquad = \int z\, dy$

Le moment statique $\qquad\qquad = \int yz\, dy$

Le moment d'inertie $(y^2{}_0 + k^2)\int z\, dy = \int y^2 z\, dy$

et comme $y_c = \dfrac{\int yzdy}{\int zdy}$, le carré du demi-diamètre mesuré perpendiculairement à y sera égal à

$$k^2 = \frac{\int y^2 zdy}{\int zdy} - \left(\frac{\int yzdz}{\int zdy}\right)^2.$$

Si l'on prend pour origine des z l'élément parallèle, qui passe par le centre de gravité, le dernier membre deviendra :

$$\frac{\int yzdy}{\int zdy} = 0.$$

Enfin si deux z, également éloignés de cet élément parallèle ont la même valeur, on peut limiter l'intégration à une moitié de la surface ou du volume, parce que la division du demi-moment d'inertie par la demi-surface, ou du moment d'inertie total par la surface totale, conduit au même résultat.

109. MOMENTS D'INERTIE DE LIGNES

a) **Moments d'inertie d'une ligne droite.**

Nous supposons la ligne droite uniformément chargée ; par suite son poids sera proportionnel à sa longueur ; nous représenterons cette longueur, y compris le poids, par l. Le centre de gravité de la droite est par suite situé en son milieu, et son moment d'inertie par rapport à une perpendiculaire élevée en son milieu sera :

$$\mathfrak{M} = \int_{-\frac{1}{2}l}^{+\frac{1}{2}l} y^2 dy = \frac{1}{12} l^3.$$

L'axe de l'ellipse centrale, qui coïncide avec la direction de la ligne, est

$$a = \frac{1}{\sqrt{12}} l = 0{,}2889\, l.$$

Le moment d'inertie par rapport à la droite elle-même et égal à 0, et l'ellipse centrale se réduit à deux points situés sur la droite ; leur distance au milieu de cette droite est égale à $\dfrac{l}{\sqrt{12}}$. Chaque tangente de l'ellipse **centrale** passe par un de ces deux points et dans tous les calculs de moments on peut supposer le poids $\frac{1}{2}\,l$ concentré en un de ces points.

Supposons maintenant la ligne occupant une position quelconque dans le plan ; soient $y_1\,z_1$ et $y_2\,z_2$ les coordonnées de leurs extrémités, le moment centrifuge par rapport à des parallèles aux axes des coordonnées, passant par le milieu de la ligne, sera égal à :

$$\frac{1}{12}\,(y_2 - y_1)\,(z_2 - z_1)\,l.$$

et par rapport aux axes eux-mêmes :

$$\left[\frac{1}{4}\,(y_2 + y_1)\,(z_2 + z_1) + \frac{1}{12}\,(y_2 - y_1)\,(z_2 - z_1)\right]l$$
$$= \frac{1}{6}\,(2\,y_1 z_1 + y_1 z_2 + y_2 z_1 + 2\,y_2 z_2)\,l.$$

On en déduit les moments d'inertie en posant $y = z$ et l'on a finalement :

$$b^2 = \frac{1}{3}\,(y^2_1 + y_1 y_2 + y^2_2),$$
$$A = \frac{1}{6}\,(2\,y_1 z_1 + y_1 z_2 + y_2 z_1 + 2\,y_2 z_2),$$
$$c^2 = \frac{1}{3}\,(z^2_1 + z_1 z_2 + z^2_2).$$

b) **Moments d'inertie du périmètre d'un triangle.**

Le centre de gravité de ce périmètre peut être déterminé de deux manières différentes, soit que l'on suppose le poids de chaque côté concentré en son milieu, soit que l'on suppose la moitié du poids de deux côtés concentrés en leurs points d'intersections.

En suivant la dernière méthode, on pourrait, d'après la *fig.* 16, p. 12, partager chaque côté du triangle, de telle façon que les segments soient entre eux dans le rapport inverse des poids concentrés à leurs extrémités, poids qui sont proportionnels aux sommes des côtés adjacents, par suite à $a + b$, $b + c$, $c + a$. Les trois lignes qui joignent les points de division aux sommets opposés du triangle se coupent au centre de gravité S. En supposant le poids de chaque côté concentré en son milieu, on obtient une construction plus simple et plus élégante. Si l'on réunit les trois points milieux des côtés, on détermine un triangle (pointillé —·—·— sur la *fig.* 170), dont les côtés sont la moitié de ceux du grand triangle et sont par suite proportionnels aux poids concentrés aux sommets opposés. Si l'on compose deux des poids agissant aux extrémités d'un côté, leur résultante partagera ce côté en deux segments qui seront entre eux dans le rapport des côtés adjacents. Par suite, la ligne qui joint le point d'application d'une de ces résultantes, au milieu du côté opposé du grand triangle, partage en deux parties égales l'angle du triangle

Fig. 170.

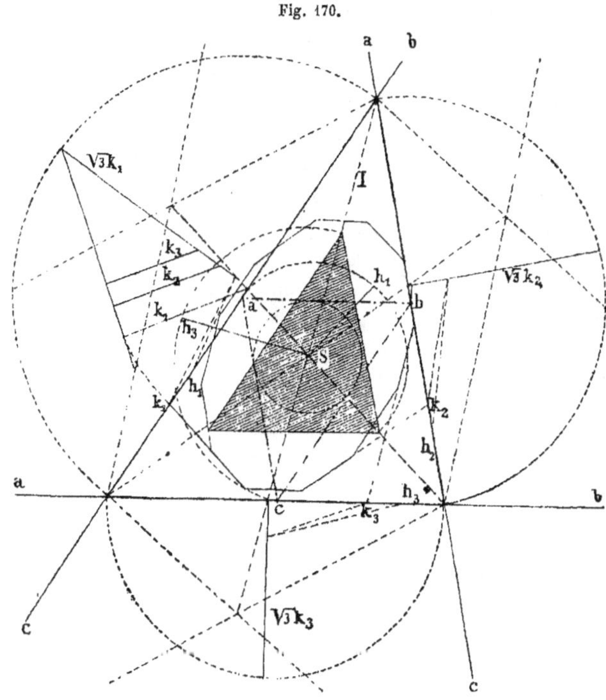

pointillé. Donc *le centre de gravité du périmètre d'un triangle est le centre du cercle inscrit dans le triangle, dont les sommets coïncident avec les points milieux des côtés du triangle donné.*

Pour déterminer d'une façon précise les points où les droites, qui réunissent le centre de gravité S à un sommet, coupent le côté opposé à ce sommet, nous menons par chaque sommet du grand triangle des parallèles aux deux bissectrices des angles du petit triangle qui sont voisins de ce sommet. Deux de ces parallèles, menées par des sommets différents du grand triangle, déterminent, avec deux côtés de ce grand triangle, un quadrilatère semblable au quadrilatère que ces mêmes côtés forment avec les deux bissectrices correspondantes du petit triangle. Par suite, la ligne qui projette, du point d'intersection de ces deux côtés, l'intersection des deux parallèles aux bissectrices, passe par le centre de gravité et ce centre est situé au milieu de cette ligne, le rapport de similitude des deux quadrilatères étant 2 à 1. Les parallèles aux bissectrices ont été construites directement comme troisièmes côtés des triangles isocèles, formés par chaque angle extérieur et le côté adjacent. Les sommets extérieurs de ces triangles ne tombent pas dans les limites de la figure; mais nous avons indiqué quelles sont les longueurs interceptées sur les prolongements des côtés. Cette construction du centre de gravité est toujours la plus simple. Les six parallèles aux bissectrices forment un hexagone, dont les côtés opposés sont égaux deux à deux, et ont une longueur égale au double de chacune des lignes joignant le centre de gravité aux milieux des côtés du triangle, lignes auxquelles les côtés de l'hexagone sont respectivement parallèles. Le centre de gravité est le centre de l'hexagone et les lignes qui réunissent les sommets de l'hexagone aux sommets du triangle, sont des diagonales.

Les segments, suivant lesquels le côté c est divisé par la ligne S (ab), sont respectivement, savoir le segment adjacent au côté a :

$$\frac{b+c}{a+c+b+c} \cdot c = \frac{s-a}{s+c} \cdot c$$

en désignant par

$$s = a + b + c$$

la somme des trois côtés; et le segment adjacent au côté b :

$$\frac{s-b}{s+c} \cdot c.$$

Il nous paraît inutile d'indiquer quelles sont les expressions analogues des segments des autres côtés.

Pour déterminer les segments sur S (ab), désignons la longueur de cette ligne par l et nous aurons, en prenant S comme origine des coordonnées, pour l'ordonnée du côté c :

$$\frac{\frac{1}{2}(a+b)}{a+b+c} \cdot l = \frac{s-c}{2s} \cdot l.$$

L'ordonnée du sommet (ab) sera :

$$l - \frac{s-c}{2s} \cdot l = \frac{s+c}{2s} \cdot l.$$

Enfin l'ordonnée de la ligne qui joint les milieux de a et b sera :

$$\frac{1}{2} l - \frac{s-c}{2s} l = \frac{c}{2s} \cdot l.$$

Le moment d'inertie du triangle par rapport à une parallèle à c passant par S est égal à :

$$h^2{}_2 s = \left[\left(\frac{cl}{2s}\right)^2 + \frac{1}{12} l^2 \right] (s-c) + \left(\frac{s-c}{2s} l\right)^2 c = \frac{(s-c)(s+3c)}{12s} l^2.$$

Pour construire h_3, demi-hauteur de l'ellipse centrale, mesurée suivant la direction de l, nous mettrons son expression sous la forme suivante :

$$h_3{}^2 = \frac{s-c}{2s} l \left(\frac{1}{6} l + \frac{c}{2s} l\right).$$

Si l'on remarque que la somme des deux facteurs, suivant lesquels nous avons décomposé $h^2{}_3$, est égale à $\frac{2}{3} l$, on en déduit que h_3 est l'ordonnée en S d'un demi-cercle, décrit sur la longueur $\frac{2}{3} l$ adjacente à c, parce que l'ordonnée de c est égale à $\frac{s-c}{2l} l$. Nous avons effectué sur la *fig.* 170 la construction de h_1 et de h_3 et nous avons désigné par ces lettres les extrémités des ordonnées. En rabattant ces ordonnées sur les l correspondants, on obtient les points suivant lesquels les l sont coupés par les tangentes parallèles aux côtés.

Il est intéressant de se demander si l'ellipse centrale coupe le périmètre du triangle. Cela résulte des inégalités suivantes.

$$h_3 \gtrless \frac{s-c}{2s} l,$$

et celles-ci dépendent elles-mêmes de :

$$\frac{1}{6} l + \frac{c}{2s} l \lessgtr \frac{s-c}{2s} l,$$

ou

$$c \lessgtr \frac{1}{3} s.$$

Si les trois côtés du triangle sont de longueurs inégales, le plus grand des côtés sera toujours plus grand que $\frac{1}{3} s$ et le plus petit sera plus petit que cette même quantité.

Par suite *le plus grand côté d'un triangle est toujours coupé par l'ellipse centrale de son périmètre, et le plus petit ne l'est jamais.*

Si un côté a pour longueur $\frac{1}{3}$ s, *ce côté est tangent à l'ellipse centrale.*

Ce dernier cas se présente dans la *fig.* 170 pour le côté b qui est tangent à l'ellipse; h_2 est dans ce cas égal à $\frac{1}{3}\,l^2$ et l'on n'a pas besoin de construction spéciale pour le déterminer.

Les règles que nous venons d'énoncer sont générales et s'appliquent également aux triangles isoscèles. Si les côtés égaux sont plus grands que le troisième côté; ils sont coupés tous deux par l'ellipse centrale et le troisième côté ne l'est pas. C'est l'inverse qui a lieu dans le cas contraire.

Dans les triangles équilatéraux, l'ellipse centrale coïncide avec le cercle inscrit.

Les trois groupes de tangentes que nous avons construites suffisent pour qu'on puisse dessiner l'ellipse centrale; néanmoins, pour compléter l'étude de la question, nous déterminerons encore le moment d'inertie par rapport à l et le moment centrifuge par rapport aux axes l et à la parallèle à c passant par S.

Le moment d'inertie par rapport à l'axe l est égal à :

$$k_3^2 s = \frac{1}{3}\left(\frac{s-a}{s+c}\,c\right)^2\left(\frac{s-a}{s+c}\,c+a\right) + \frac{1}{3}\left(\frac{s-b}{s+c}\,c\right)^2\left(\frac{s-b}{s+c}\,c+b\right)$$
$$= \frac{(s-a)(s-b)}{3(s+c)^2}\,c^2 s.$$

Pour construire la hauteur k_3 de l'ellipse centrale, mesurée suivant la direction des c, nous mettrons k_3 sous la forme :

$$3k_3^2 = \frac{s-a}{s+c}\,c \cdot \frac{s-b}{s+c}\,c.$$

Les deux facteurs du second membre représentent les longueurs des segments suivant lesquels l partage la ligne c, par suite $\sqrt{3}\,k_3$ est, dans le demi-cercle décrit sur c comme diamètre, l'ordonnée élevée au point de séparation des deux segments, ainsi que l'indique la *fig.* 170.

Pour obtenir k_3, il suffit de réduire cette ordonnée dans le rapport :

$$\frac{\sqrt{3}}{1} = \frac{1}{0{,}57734} = \frac{97}{56}.$$

Nous avons opéré cette réduction, au moyen du rapport des sinus, sur la ligne $\sqrt{3}\,k_1$ qui correspond au côté a et qui est la plus longue, et nous avons obtenu, ainsi que l'indique la figure, $k_1 k_2 k_3$. En portant ces longueurs k des deux côtés des l et suivant la direction des côtés, nous obtiendrons trois autres groupes de tangentes. Les six groupes de tangentes ainsi construites suffisent amplement pour représenter l'ellipse centrale; dans la *fig.* 170, nous avons tracé, au lieu de l'ellipse, le polygone formé par ces tangentes et circonscrit à l'ellipse. On peut encore déterminer les points de contact de ces tangentes au moyen du moment centrifuge. Ce moment par rapport à l et à une parallèle à c, passant par S, est égal à :

$$\text{As} = \left[\frac{cl}{2s}\cdot\frac{(s-a)c}{2(s+c)} - \frac{l}{12}\cdot\frac{(s-a)}{s+c}\,c\right]a + \left[-\frac{cl}{2s}\cdot\frac{(s-b)c}{2(s+c)} + \frac{l}{12}\cdot\frac{s-b}{s+c}\,c\right]b$$
$$+ \frac{(s-c)l}{2s}\left(\frac{s-b}{s+c}\cdot c - \frac{1}{2}\,c\right)c = \frac{(a-b)c^2 l}{6(s+c)}.$$

D'après le n° 109 (p. 402), le moment centrifuge d'une ligne droite est en effet égal à la longueur de cette droite multipliée par la somme des produits des coordonnées du milieu de la ligne, augmentée du $\frac{1}{12}$ de la somme des produits de la différence des coordonnées des extrémités. Ce dernier produit est nul pour la ligne c, parce que la différence des ordonnées est nulle suivant la direction des l.

Nous mettrons A sous la forme :

$$\text{A} = \frac{a-b}{2(s+c)}\,c.\,\frac{c}{3s}\,l.$$

$\frac{a-b}{2(s+c)}c = \frac{s-b}{s+c}c - \frac{1}{2}c$ est l'abscisse du milieu de la ligne c par rapport à l; $\frac{c}{3s}l$ est égal aux deux tiers de l'ordonnée $\frac{c}{2s}l$ de la ligne qui joint ces milieux de a et b. Par suite, pour obtenir $\frac{\text{A}}{k}$ et $\frac{\text{A}}{h}$, abscisses et ordonnées des points de contact, nous portons, à partir du pied de chaque $\sqrt{3}\,k$, h et k sur le côté du triangle vers le sommet le plus éloigné, et $\frac{2}{3}\frac{c}{2s}$ sur la perpendiculaire à ce côté; nous joignons l'extrémité de cette dernière longueur aux extrémités de h et k et par le milieu de chaque côté, c'est-à-dire par l'extrémité de $\frac{a-b}{2(s+c)}$, nous menons des parallèles à ces deux lignes de jonction, qui déterminent sur $\sqrt{3}\,k$ les longueurs $\frac{\text{A}}{h}$ et $\frac{\text{A}}{k}$. Dans la *fig.* 170, ces longueurs sont si petites qu'on peut à peine les distinguer.

Nous avons encore à construire le noyau central du triangle. L'ordonnée de l'antipôle du côté c est égale à :

$$-h_3^2 : \frac{s-c}{2s}\, l = -\frac{(s-c)(s+3c)}{12s^2}\, l^2 : \frac{s-c}{2s}\, l = -\frac{1}{6}\, l - \frac{c}{2s}\, l;$$

elle est par suite égale à l'ordonnée du tiers supérieur de la longueur l.

Donc *les sommets du noyau central du périmètre d'un triangle sont situés aux* $\dfrac{2}{3}$ *de la hauteur du triangle.*

Toutefois ces sommets ne sont pas situés sur les lignes l, mais sur celles qui joignent S aux points de contact des tangentes parallèles aux côtés, et qui déterminent avec l, sur ces tangentes, les segments $\dfrac{A}{h}$ que nous venons de construire. Sur la *fig.* 170, le segment $\dfrac{A}{h_2}$ a encore une longueur appréciable; mais les segments $\dfrac{A}{h_1}$ et $\dfrac{A}{h_3}$ sont si petits, que le noyau central semble mal dessiné. Le noyau central paraît être semblable au triangle et avoir des dimensions moitié plus petites; mais ce n'est là qu'une approximation, et les côtés correspondants convergent, bien que cette convergence n'apparaisse que peu dans la *fig.* 170.

110. Ellipse centrale et noyau des figures limitées par des droites

a) Ellipse centrale et noyau du parallélogramme.

Les parallèles aux côtés, passant par le centre de gravité, sont des diamètres conjugués.

$y = b$ est constant; si l'on désigne par h la hauteur du parallélogramme, on a :

$$h^2 = \frac{\displaystyle\int_0^{\frac{1}{2}h} b z^2\, dz}{\displaystyle\int_0^{\frac{1}{2}h} b\, dz} = \frac{1}{12}\, h^2 = (0{,}2887 h)^2.$$

Le procédé le plus rapide pour déterminer l'ellipse centrale consiste à porter directement la longueur $0{,}2887 h$, comme hauteur normale de la demi-ellipse (*fig.* 171); mais si l'on tient à construire directement cette longueur, on décrira un demi-cercle sur la demi-hauteur du parallélogramme comme diamètre; la corde qui a pour projection

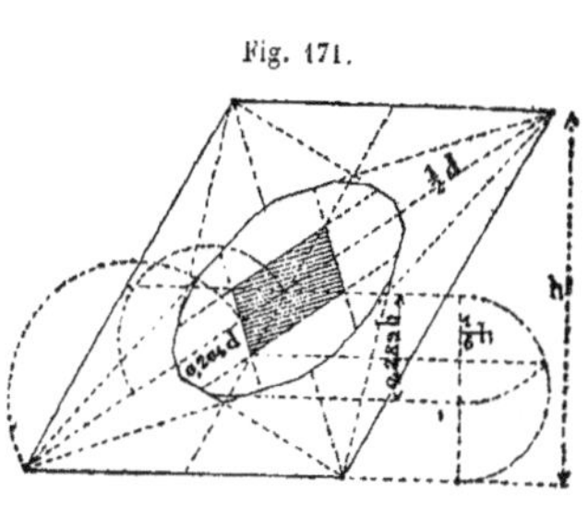

Fig. 171.

$\dfrac{1}{6}\,h$ (voir *fig.* 171) est la demi-hauteur de l'ellipse, car elle a pour carré

$$\dfrac{1}{6}\,h \cdot \dfrac{1}{2}\,h = \dfrac{1}{12}\,h^2.$$

Le moment d'inertie par rapport au diamètre b est naturellement égal à :

$$\dfrac{1}{12}\,bh^3.$$

Si l'on choisit un côté comme axe, on a, pour la distance à cet axe du centre de toutes les forces, ou du sommet correspondant du noyau :

$$y_c + \dfrac{k^2}{y_c} = \dfrac{1}{2}\,h + \dfrac{\frac{1}{12}\,h^2}{\frac{1}{2}\,h} = \dfrac{1}{2}\,h + \dfrac{1}{6}\,h.$$

La demi-hauteur du noyau est donc égale au $\dfrac{1}{6}$ de la hauteur du parallélogramme. Par suite, ce noyau occupe dans le parallélogramme le tiers moyen.

Les deux sommets correspondants à deux côtés parallèles sont naturellement situés sur le diamètre conjugué parallèle aux deux autres côtés. Comme les diagonales de tout quadrilatère circonscrit à une courbe de second degré sont conjuguées, il en résulte que les tangentes aux points où la courbe rencontre une des diagonales sont parallèles à l'autre diagonale. Ces points de la courbe sont eux-mêmes déterminés par cette condition, qu'ils forment une division harmonique avec un sommet du parallélogramme et le point de rencontre de la diagonale avec le côté correspondant du noyau; le milieu de la ligne qui les joint doit d'ailleurs coïncider avec le centre de la courbe. Le demi-diamètre qui réunit ces deux points (voir *fig.* 171) est par suite égal à la distance du centre de la courbe au point d'intersection de deux demi-cercles, dont l'un serait décrit sur la distance des points à diviser harmoniquement, c'est-à-dire sur la distance du sommet du parallélogramme au côté du noyau, comme diamètre, et l'autre, sur la distance du centre de ce cercle au centre de la courbe; car les points d'intersection de deux cercles, qui se coupent normalement avec une droite passant par le centre de l'un d'eux, forment toujours une division harmonique.

Du reste, on peut porter directement ce diamètre sur la figure, parce qu'il est coupé par le côté du noyau au $\frac{1}{12}$ de la longueur totale d de la diagonale, et qu'on a par suite :

$$\frac{k^2}{\frac{1}{2}d} = \frac{1}{12}\,d.$$

Le demi-diamètre sera donc :

$$k = \sqrt{\frac{1}{24}\,d^2} = 0,2041d.$$

Si l'on trace encore les huit tangentes passant par les sommets du parallélogramme (et il suffit d'en construire une, puisque toutes les autres sont symétriques), on obtient en tout 16 tangentes, que l'on a tracées sur la *fig.* 171, à la place de l'ellipse.

Si le parallélogramme devient un carré, les deux diamètres conjugués sont égaux et sont perpendiculaires l'un à l'autre; l'ellipse devient un cercle; il en est naturellement de même pour tous les profils en forme d'étoiles ou de croix, qui sont symétriques par rapport à quatre diamètres formant entre eux des angles de 45°.

b) Ellipse centrale et noyau du triangle.

La droite qui joint un des sommets au milieu du côté opposé, et la parallèle à ce côté, passant par le centre de gravité, sont des diamètres conjugués. Si l'on désigne par τz la longueur d'une bande située à une

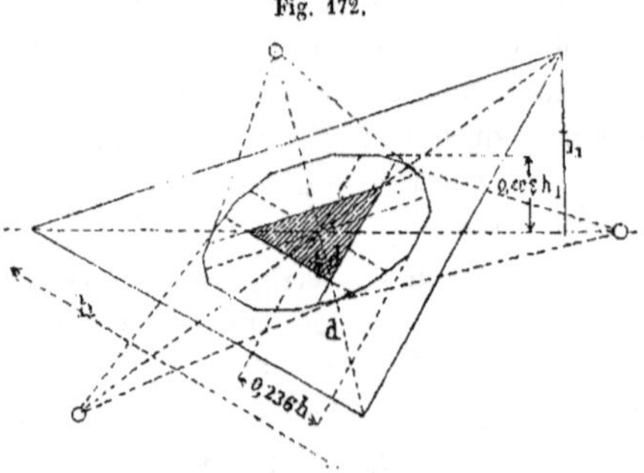

Fig. 172.

distance z du sommet (cette distance étant mesurée parallèlement à h), on aura pour le carré de la demi-hauteur de l'ellipse :

$$k^2 = \frac{\displaystyle\int_0^h \tau z^3\,dz}{\displaystyle\int_0^h \tau z\,dz} - \left(\frac{\displaystyle\int_0^h \tau z^2\,dz}{\displaystyle\int_0^h \tau z\,dz}\right)^2 = \left[\frac{2}{4} - \left(\frac{2}{3}\right)^2\right]h^2 = \frac{1}{18}\,h^2 = (0{,}2357h)^2.$$

En appliquant cette formule à l'un des deux demi-triangles séparés par la médiane considérée, la hauteur de l'ellipse centrale de ce demi-triangle sera $\frac{1}{18}\,h^2{}_1$; pour obtenir le rayon de gyration de ce même demi-triangle par rapport à la médiane, il suffit d'ajouter à cette quantité $\left(\frac{1}{3}\,h_1\right)^2$, puisque cette médiane passe à une distance $\frac{1}{3}\,h_1$ du centre de gravité du demi-triangle.

Par suite, le carré de la demi-hauteur de l'ellipse par rapport à la médiane est :

$$\left(\frac{1}{18} + \frac{1}{9}\right)h^2{}_1 = \frac{1}{6}\,h^2{}_1 = (0{,}4082h_1)^2.$$

Si l'on reproduit les conclusions que nous avons tirées au paragraphe a), on en déduit que la distance au centre de gravité du côté du noyau qui correspond au sommet du triangle et qui est par suite parallèle au côté opposé à ce sommet, est égale à :

$$\frac{\frac{1}{18}h^2}{\frac{2}{3}h} = \frac{1}{12}\,h,$$

et la distance au centre de gravité du sommet du noyau qui correspond à un côté est égale à :

$$\frac{\frac{1}{18}h^2}{\frac{1}{2}h} = \frac{1}{6}\,h.$$

Si l'on remarque en outre que $\frac{1}{6}$ et $\frac{1}{12}$ sont le $\frac{1}{4}$ de $\frac{2}{3}$ et de $\frac{1}{3}$, on en conclut que le noyau est un triangle semblable au triangle donné et semblablement placé par rapport au centre de gravité, et que le rapport de similitude des deux figures est $\frac{1}{4}$.

On peut construire $\sqrt{\frac{1}{18}h^2}$ et $\sqrt{\frac{1}{6}h^2{}_1}$, comme nous l'indiquerons à propos du trapèze à bases parallèles.

Dans la construction, chaque côté donne quatre tangentes à l'ellipse; si, par chaque sommet, on mène encore les deux tangentes à l'ellipse d'inertie, on obtient 18 tangentes, qui ont été tracées sur la *fig.* 172 à la place de l'ellipse.

c) Ellipse centrale et noyau du trapèze.

On obtient deux diamètres conjugués en prenant la droite qui joint les milieux des deux côtés parallèles et la parallèle à ces côtés, passant par le centre de gravité.

Partageons le trapèze, par une diagonale, en deux triangles dont les surfaces seront égales à ah et bh (*fig.* 173). Les centres de gravité de ces

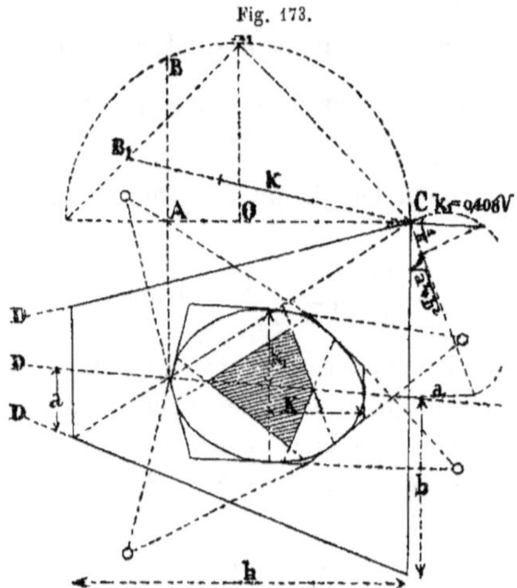

Fig. 173.

deux triangles sont au tiers de h, et leur distance est partagée par le centre de gravité du trapèze, dans le rapport inverse de a et de b, en sorte que ces distances sont égales à :

$$\frac{b}{a+b} \cdot \frac{1}{3} h \quad \text{et} \quad \frac{a}{a+b} \cdot \frac{1}{3} h.$$

Le moment d'inertie des deux triangles ou du trapèze par rapport au diamètre parallèle aux côtés parallèles est par suite égal à :

$$\left[\frac{1}{18} + \left(\frac{b}{3(a+b)} \right)^2 \right] h^2 \cdot ah + \left[\frac{1}{18} + \left(\frac{a}{3(a+b)} \right)^2 \right] h^2 \cdot bh.$$

Si l'on divise ce moment par la surface $(a+b)h$, on obtient :

$$k^2 = \left(\frac{1}{18} + \frac{ab}{9(a+b)^2} \right) h^2.$$

Pour construire k, nous le mettrons sous la forme :

$$3k = \sqrt{\frac{1}{2} h^2 + \frac{ab}{(a+b)^2} \cdot h^2}.$$

Décrivons un demi-cercle sur la hauteur h comme diamètre (*fig.* 173). Chacun des côtés du triangle isoscèle inscrit dans ce demi-cercle est égal à :

$$A_1 C = \sqrt{\frac{1}{2} h^2}.$$

L'ordonnée de ce cercle qui correspond au point d'intersection des diagonales du trapèze est égale à :

$$AB = \sqrt{\frac{a}{a+b} h \cdot \frac{b}{a+b} h}.$$

Par suite, en prenant une longueur $A_1 B_1$ égale à AB, nous obtiendrons en $B_1 C$ la longueur $3k$.

Le tiers de cette longueur est égal à la demi-hauteur de l'ellipse centrale.

Cette construction est, sous tous les rapports, plus simple que le calcul ; il n'est pas difficile de l'apprendre par cœur et de l'appliquer au triangle, où $AB = 0$ et $k = \frac{1}{3} A_1 C$, et au parallélogramme où $A_1 B_1$ est égal à AO, c'est-à-dire au rayon du cercle.

Pour obtenir la longueur du diamètre parallèle aux côtés parallèles, formons avec le trapèze un triangle, ayant son sommet en D (le point D tombe en dehors des limites de la figure), et pour déterminer le k correspondant, déformons la figure de manière que les côtés parallèles deviennent perpendiculaires au diamètre qui les partage en deux parties égales ; nous obtiendrons ainsi un trapèze, qui sera en affinité avec le trapèze donné et dont la demi-longueur d'axe est égale à la moitié de la longueur du diamètre de ce trapèze (et non pas de la demi-hauteur) d'après le n° 105 (p. 391). Si l'on désigne par h la hauteur du trapèze transformé, on a pour

	Du grand triangle.	Du petit triangle.
La hauteur	$= \dfrac{bh}{b-a}$	$\dfrac{ah}{b-a}$,
la surface	$= \dfrac{b^2 h}{b-a}$	$\dfrac{a^2 h}{b-a}$,
le moment d'inertie	$= \dfrac{1}{6} \dfrac{b^4 h}{b-a}$	$\dfrac{1}{6} \dfrac{a^4 h}{b-a}$
par suite	$k^2 = \dfrac{1}{6} \dfrac{b^4 - a^4}{b^2 - a^2} = \dfrac{1}{6}(a^2 + b^2),$	
ou	$k = 0,4082 \sqrt{a^2 + b^2}.$	

Le plus simple sous tous les rapports est de construire $\sqrt{a^2 + b^2}$, comme on l'a indiqué sur la *fig.* 173. On peut alors ou bien prendre directement les 0,4082 de cette longueur, ou bien construire $\sqrt{\frac{1}{6}\,(a^2 + b^2)}$, comme le montre la figure. On peut construire de la même manière la hauteur de l'ellipse centrale au-dessus d'un des côtés, qui divisent en deux parties égales le triangle.

On ne peut pas en général déterminer d'une manière simple, comme pour les figures précédentes, la position des sommets et des côtés du noyau central ; le procédé le plus commode consiste dans la construction des polaires des sommets du trapèze symétrique. Il faut remarquer que les sommets correspondants aux côtés parallèles doivent se trouver sur le diamètre conjugué qui divise en deux parties égales le trapèze. Les sommets qui correspondent aux deux autres côtés sont situés sur les polaires du point symétrique de D.

d) Calcul des moments des polygones.

Comme suite du n° 95 *c* (p. 351) et pour servir de base au calcul des moments centrifuges des polygones en général, nous allons calculer d'abord les moments pour des trapèzes compris entre deux ordonnées consécutives du périmètre d'un polygone. En procédant exactement comme au numéro cité, on obtient pour les moments du second degré :

$$\mathfrak{M}_{yy} = \frac{1}{12}\,(y_2 - y_1)[(3y^2_1 + 2y_1 y_2 + y^2_2)z_1 + (y^2_1 + 2y_1 y_2 + 3y^2_2)z_2],$$

$$\mathfrak{M}_{yz} = \frac{1}{24}\,(y_2 - y_1)[(3z^2_1 + 2z_1 z_2 + z^2_2)y_1 + (z^2_1 + 2z_1 z_2 + 3z^2_2)y^2_2],$$

$$\mathfrak{M}_{zz} = \frac{1}{12}\,(y_2 - y_1)(z^3_1 + z^2_1 z_2 + z_1 z^2_2 + z^3_2) = \frac{1}{6}\,F(z^2_1 + z^2_2).$$

En ayant égard à ce que nous avons dit au n° 99 (p. 371), ces moments peuvent être mis sous la forme suivante :

$$\mathfrak{M}_{yy} = Fy^2_c + \frac{z^2_1 + 4z_1 z_2 + z^2_2}{36(z_1 + z_2)}\,(y_2 - y_1)^3 = F(y^2_c + h^2),$$

$$\mathfrak{M}_{yz} = Fy_c z_c + \frac{z^2_1 + 4z_1 z_2 + z^2_2}{72(z_1 + z_2)}\,(z_2 - z_1)(y_2 - y_1)^2 = F(y_c z + A),$$

$$\mathfrak{M}_{zz} = Fz^2_c + \frac{z^4_1 + 2z^3_1 z_2 + 2z_1 z^3_2 + z^4_2}{36(z_1 + z_2)}\,(y_2 + y_1) = F(z^2_c + k^2).$$

On en déduit, pour les dimensions de l'ellipse centrale :

$$h^2 = \frac{z^2_1 + 4z_1 z_2 + z^2_2}{18(z_1 + z_2)^2}\,(y_2 - y_1)^2 = \frac{1}{18}\left(1 + \frac{2z_1 z_2}{(z_1 + z_2)^2}\right)(y_2 - y_1)^2,$$

$$A = \frac{z^2_1 + 4z_1 z_2 + z^2_2}{36(z_1 + z_2)^2}\,(y_2 - y_1)(z_2 - z_1) = \frac{z_2 - z_1}{2(y_2 - y_1)}\,h^2,$$

$$k^2 = \frac{z^4_1 + 2z^3_1 z_2 + 2z_1 z^3_2 + z^4_2}{18(z_1 + z_2)^2} = \frac{1}{18}\left(z^2_1 + z^2_2 - \frac{2z^2_1 z^2_2}{(z_1 + z_2)^2}\right)$$

La concordance de ces résultats avec ceux du n° 110 (p. 413) est évidente. Il résulte en outre de l'expression de l'ordonnée du point de contact, savoir :

$$\frac{A}{h} = \frac{z_2 - z_1}{2(y_2 + y_1)} h,$$

que ce point de contact est situé sur la droite qui joint les milieux des ordonnées z_2 et z_1.

Les valeurs ci-dessus de $\mathfrak{M}_{yy}\,\mathfrak{M}_{yz}\,\mathfrak{M}_{zz}$ permettent d'obtenir les équations des ellipses d'inertie de différents polygones.

Calculons d'abord les moments d'un triangle. Soient $y_1 z_1$, $y_2 z_2$, $y_3 z_3$ les coordonnées des sommets. Le moment centrifuge du triangle s'obtiendra simplement au moyen de la sommation des moments des trois trapèzes entre les ordonnées $z_1 z_2 z_3$.

Soit :

$$F = \begin{vmatrix} y_1 & z_1 & 1 \\ y_2 & z_2 & 1 \\ y_3 & z_3 & 1 \end{vmatrix}$$

le double de la surface du triangle. Si l'on regarde comme positif le sens 123, le signe du trapèze compris entre les ordonnées y_1 et y_2, et par suite celui de la surface $\frac{1}{2}(y_2 - y_1)(z_2 + z_1)$ doit être pris négativement. Le signe de ce trapèze détermine celui des deux autres. On a par suite à faire la somme des moments des trapèzes $\frac{1}{2}(y_1 - y_2)(z_1 + z_2)$, $\frac{1}{2}(y_2 - y_3)(z_2 + z_3)$ et $\frac{1}{2}(y_3 - y_1)(z_3 + z_1)$. On obtient :

$$\mathfrak{M}_{yz} = \frac{1}{12} F[(2y_1 + y_2 + y_3)z_1 + (y_1 + 2y_2 + y_3)z_2 + (y_1 + y_2 + 2y_3)z_3]$$

$$= \frac{1}{12} F[9y_c z_c + y_1 z_1 + y_2 z_2 + y_3 z_3),$$

y_c et z_c désignant, comme précédemment, les coordonnées du centre de gravité.

Quant aux moments $\mathfrak{M}_{yy}$ et $\mathfrak{M}_{zz}$, on les obtient très simplement en faisant $y = z$. Posons :

$$S_{yz} = (2y_1 + y_2 + y_3)z_1 + (y_1 + 2y_2 + y_3)z_2 + (y_1 + y_2 + 2y_3)z_3$$
$$= y_1 z_1 + y_2 z_2 + y_3 z_3 + 9 y_c z_c,$$
$$T_{yz} = y_1 z_1 + y_2 z_2 + y_3 z_3 - 3 y_c z_c,$$
$$S_{yy} = 2(y^2_1 + y^2_2 + y^2_3 + y_1 y_2 + y_2 y_3 + y_3 y_1) = y^2_1 + y^2_2 + y^2_3 + 9 y^2_c,$$
$$T_{yy} = y^2_1 + y^2_2 + y^2_3 - 3 y^2_c.$$

Les dimensions de l'ellipse d'inertie et de l'ellipse centrale seront données par les équations :

$$h^2 = \mathfrak{M}_{yy} : F = \frac{1}{12} S_{yy} = y^2_c + \frac{1}{12} T_{yy} = y^2_c + h^2,$$

$$A = \mathfrak{M}_{yz} : F = \frac{1}{12} S_{yz} = y_c z_c + \frac{1}{12} T_{yz} = y_c z_c + A,$$

$$c^2 = \mathfrak{M}_{zz} : F = \frac{1}{12} S_{zz} = z^2_c + \frac{1}{12} T_{zz} = z^2_c + k^2.$$

Si l'on fait, dans ces formules $y_1 = z_2 = y_3 = 0$, $z_3 = -z_1$, c'est-à-dire si l'on prend comme axes des coordonnées un côté du triangle et la droite qui joint le milieu de ce côté au sommet opposé, on obtient :

$$y_c = \frac{1}{3} y_2, \quad z_c = 0, \quad A = 0.$$

Les deux axes sont donc conjugués par rapport à l'ellipse centrale. On a en outre :

$$h^2 = \frac{1}{12}\,T_{yy} = \frac{1}{12}\left(y^2_2 - \frac{1}{3}\,y^2_2\right) = \frac{1}{18}\,y^2_2,$$

$$k^2 = \frac{1}{12}\,T_{zz} = \frac{1}{12}\,(z^2_1 + z'^2_2) = \frac{1}{6}\,z^2_1.$$

ce qui concorde complètement avec les résultats trouvés (p. 411 *b*).

Les moments d'inertie des polygones de plus de trois côtés s'obtiendront en faisant la somme des moments des triangles suivant lesquels on peut décomposer ces polygones. Mais le développement général de ces moments en fonction des coordonnées est trop compliqué pour trouver place ici.

111. ELLIPSE CENTRALE ET NOYAU DE FIGURES PARABOLIQUES ET ELLIPTIQUES

a) **Ellipse centrale et noyau d'un segment parabolique.**

Le diamètre conjugué à la corde de l'arc de parabole, et la parallèle à cette corde, passant par le centre de gravité du segment, forment deux diamètres conjugués.

Pour déterminer le diamètre de l'ellipse centrale correspondant au diamètre de la parabole, on se sert de l'équation de la parabole

$$y = \sqrt{p}\,.\,z^{\frac{1}{2}}.$$

Fig. 174.

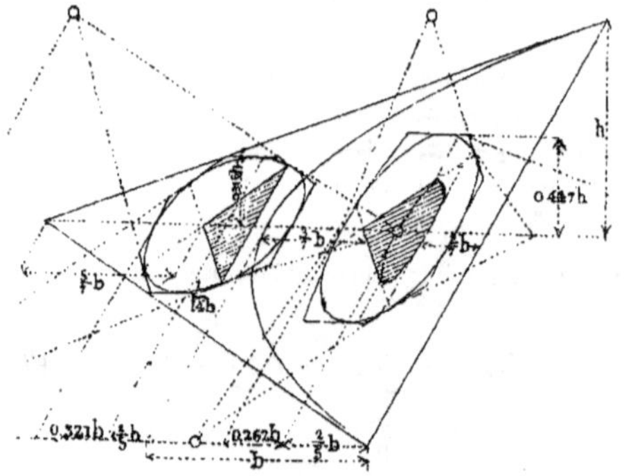

Par suite, pour une longueur de segment égale à *b*, on a (voir *fig.* 174):

$$k^2 = \frac{\displaystyle\int_0^h \sqrt{p}\,z^{\frac{5}{2}}dz}{\displaystyle\int_0^h \sqrt{p}\,z^{\frac{1}{2}}dz} - \left(\frac{\displaystyle\int_0^b \sqrt{p}\,.\,z^{\frac{3}{2}}dz}{\displaystyle\int_0^b \sqrt{p}\,z^{\frac{1}{2}}dz}\right)^2 = \left(\frac{3}{7} - \frac{3^2}{5^2}\right)b^2 = \frac{12}{175}\,b^2 = (0,26186\,b)^2.$$

Pour déterminer la hauteur de l'ellipse normalement à b, on met l'équation de la parabole sous la forme

$$y = b\left(1 - \frac{z^2}{h^2}\right),$$

en prenant pour axes coordonnés la corde et le diamètre b (la coordonnée y étant parallèle à b). On a par suite

$$k^2 = \frac{\displaystyle\int_0^h b\left(z^2 - \frac{z^4}{h^2}\right) dz}{\displaystyle\int_0^h b\left(1 - \frac{z^2}{h^2}\right) dz} = \frac{\frac{1}{3} - \frac{1}{5}}{1 - \frac{1}{3}}\, h^2 = \frac{1}{5}\, h^2 = (0{,}44721\, h)^2.$$

La distance au centre de gravité du sommet du noyau, qui correspond à la corde de la parabole, est égale à :

$$\frac{k^2}{\frac{2}{3}b} = \frac{5}{2} \cdot \frac{12}{175}\, b = \frac{6}{35}\, b.$$

Les points extrêmes de la corde, considérés comme points de la parabole, correspondent aux tangentes de l'ellipse du noyau qui se coupent en ce sommet.

Comme toutes les tangentes à la parabole sont extérieures à l'ellipse centrale, tous les points du périmètre du noyau correspondants à ces tangentes sont à l'intérieur de l'ellipse centrale ; la partie courbe du noyau ne peut donc appartenir qu'à une ellipse, qui doit passer par le centre de l'ellipse centrale, c'est-à-dire par le centre de gravité, parce que la droite à l'infini est tangente à la parabole.

A la tangente à la parabole, passant par le sommet, correspond un point de l'ellipse du noyau, dont la distance au centre de gravité est égale à :

$$\frac{k^2}{\frac{3}{3}b} = \frac{3}{5} \cdot \frac{12}{175}\, b = \frac{4}{35}\, b.$$

Les distances entre le noyau et le segment sont d'une part :

$$\left(\frac{3}{5} - \frac{6}{35} = \frac{3}{7}\right)b,$$

et d'autre part :

$$\left(\frac{2}{5} - \frac{4}{35} = \frac{2}{7}\right)b,$$

et le noyau n'occupe dans l'intérieur du segment que les $\frac{2}{7}$ de sa largeur.

Les autres dimensions du noyau se déterminent de la manière la plus commode au moyen de l'ellipse centrale.

b) Ellipse centrale et noyau d'un triangle parabolique.

Nous désignons sous le nom de triangle parabolique, la surface comprise entre deux tangentes à la parabole et l'arc de parabole qui s'étend d'un point de contact à l'autre (voir *fig.* 174).

Le diamètre de la parabole qui passe par le point d'intersection des tangentes et qui coïncide avec le diamètre du segment, et la parallèle à la tangente au sommet, menée par le centre de gravité, sont des diamètres conjugués.

On arrive à déterminer de la manière la plus simple les longueurs des diamètres, en considérant le triangle parabolique comme la différence entre le triangle formé par les deux tangentes et la corde du segment de parabole, et ce segment lui-même.

Si nous désignons par F la surface du triangle parabolique, celle du segment sera égale à 2F et celle de tout le triangle égale à 3F.

De plus, le centre de gravité est situé, d'après le n° 96 (p. 357), au cinquième de la base mesuré à partir du sommet. Comme la largeur du segment est aussi égale à celle du triangle parabolique et par suite égale à b, la distance du centre de gravité de ce dernier à celui du triangle total sera :

$$\frac{6}{5}\,b - \frac{1}{3}\,2b = \frac{8}{15}\,b,$$

et celle de ce centre au centre de gravité du segment :

$$\frac{6}{5}\,b - \frac{2}{5}\,b = \frac{4}{5}\,b.$$

Le moment du triangle total est par suite égal à :

$$\left[\frac{1}{18} \cdot (2b)^2 + \left(\frac{8}{15}\,b\right)^2\right]3\mathrm{F},$$

et celui du segment est d'après a) égal à :

$$\left[\frac{12}{175} \cdot b^2 + \left(\frac{4}{5}\,b\right)^2\right]2\mathrm{F}.$$

Si l'on divise la différence de ces deux moments d'inertie, par la surface F du triangle parabolique, on obtient :

$$k^2 = \left[3 \left(\frac{4}{18} + \frac{64}{225} \right) - 2 \left(\frac{12}{175} + \frac{16}{25} \right) \right] b^2 = \frac{18}{175}\, b^2 = (0{,}32071\, b)^2.$$

Le moment par rapport au diamètre de la parabole a une forme plus simple, parce que les trois centres de gravité sont situés sur ce diamètre ; on obtient pour l'expression de ce moment

$$\frac{1}{6}\, h^2 \cdot 3F - \frac{1}{5}\, h^2 \cdot 2F \quad \text{et} \quad k^2 = \left(\frac{1}{2} - \frac{2}{5} \right) h^2 = \frac{1}{10}\, h^2 = (0{,}31623 h)^2.$$

En déterminant le noyau, on n'a pas à se préoccuper de l'arc de parabole, parce que toutes ses tangentes coupent le triangle et que par suite aucune d'elles n'est à l'extérieure de l'ellipse centrale. Le noyau est par suite le même que celui du triangle total.

La distance, au centre de gravité, du côté qui correspond à l'intersection des tangentes est égale à :

$$\frac{18}{175}\, b^2 : \frac{4}{5}\, b = \frac{9}{70}\, b$$

et la distance de ce même côté au sommet de la parabole, qui est distant du centre de gravité de $\frac{1}{5}\, b$ est égale à :

$$\left(\frac{1}{5} - \frac{9}{70} = \frac{1}{14} \right) b.$$

La distance au centre de gravité du sommet correspondant à la corde est égale à :

$$\frac{18}{175}\, b^2 : \frac{6}{5}\, b = \frac{3}{35}\, b.$$

Enfin la distance au sommet du triangle parabolique est égale à :

$$\left(\frac{4}{5} - \frac{3}{35} = \frac{5}{7} \right) b.$$

On détermine les autres éléments du noyau, de la manière la plus commode, au moyen de la construction graphique.

En général on considère toutes les parties courbes des profils, qu'elles soient concaves ou convexes, comme des arcs de parabole ; d'habitude il suffit de dessiner à vue d'œil les ellipses centrales que nous venons de construire, pour pouvoir apprécier la petite longueur dont il faut déplacer le centre de gravité pour la détermination des moments d'inertie.

Quant au noyau central, on en fait peu usage, car il suffit de considérer combien ses dimensions sont faibles, pour comprendre que l'emploi de ces profils paraboliques, dans les constructions, est défavorable au point de vue de la résistance.

c) Ellipse centrale et noyau du trapèze parabolique.

Comme suite du n° 96 d (p. 358), nous calculerons les moments d'inertie de la fig. 163 (p. 358). En conservant la définition et la valeur de y, telles qu'elles sont données dans ce numéro en fonction de z, on obtient de la manière suivante le moment d'inertie $\mathfrak{M}_{yy}$ par rapport à la base du trapèze, le moment d'inertie $\mathfrak{M}_{zz}$ par rapport à la ligne médiane et le moment centrifuge $\mathfrak{M}_{yz}$ par rapport à ces deux axes.

$$\frac{\mathfrak{M}_{zz}}{2l^3} = \frac{1}{2}\int_{-1}^{+1} yz^2 dz = \frac{1}{3}\left(2f + \frac{1}{2}g\right) - \frac{1}{5}\cdot\frac{3}{2}g = \frac{2}{3}f - \frac{2}{15}g,$$

$$\frac{\mathfrak{M}_{yz}}{2l^2} = \frac{1}{4}\int_{-1}^{+1} y^2 z dz = \frac{1}{3}\left(2f + \frac{1}{2}g\right)d - \frac{1}{5}\cdot\frac{3}{2}gd = \left(\frac{2}{3}f - \frac{2}{15}g\right)d,$$

$$\frac{\mathfrak{M}_{yy}}{2l} = \frac{1}{6}\int_{-1}^{+1} y^3 dz = \frac{1}{3}\left(2f + \frac{1}{2}g\right)^3 + \frac{3}{9}\left[\left(2f + \frac{1}{2}g\right)d^2 - \frac{3}{2}g\left(2f + \frac{1}{2}g\right)^2\right]$$
$$+ \frac{3}{15}\left[\left(2f + \frac{1}{2}g\right)\cdot\frac{9}{4}g^2 - \frac{3}{2}gd^2\right] - \frac{1}{21}\cdot\frac{27}{8}g^3$$
$$= \frac{8}{3}f^3 + \frac{2}{5}fy^2 - \frac{2}{7.15}g^3 + \left(\frac{2}{3}f - \frac{2}{15}g\right)d^2.$$

Posons, pour simplifier $\dfrac{d}{f} = \gamma$, $\dfrac{g}{f} = \delta$; nous obtiendrons, pour les éléments de l'ellipse d'inertie, les expressions :

$$\frac{k^2}{l^2} = \frac{\mathfrak{M}_{zz}}{l^2 F} - z_c^2 = \frac{1}{3}\left(1 - \frac{1}{5}\gamma - \frac{1}{12}\delta^2\right),$$

$$\frac{C}{fl} = \frac{\mathfrak{M}_{yz}}{flF} - \frac{y_c z_c}{f} = \left(\frac{1}{3} - \frac{1}{15}\gamma\right)\delta - \frac{1}{6}\delta\left(1 + \frac{1}{12}\delta^2 + \frac{1}{20}\gamma^2\right)$$
$$= \frac{1}{6}\delta\left[\left(1 - \frac{1}{2}\gamma\right)\left(1 + \frac{1}{10}\gamma\right) - \frac{1}{2}\delta^2\right],$$

$$\frac{h^2}{f^2} = \frac{\mathfrak{M}_{yy}}{f^2 F} - \frac{y_c^2}{f^2} = \frac{4}{3} + \frac{1}{5}\gamma^2 - \frac{1}{105}\gamma^3 + \frac{1}{3}\delta^2 - \frac{1}{15}\gamma\delta^2 - \left(1 + \frac{1}{12}\delta^2 + \frac{1}{20}\gamma^2\right)^2$$
$$= \frac{4}{3}\left(1 - \frac{1}{5}\gamma\right)^3 + \frac{4}{21}\left(\frac{3}{5}\gamma\right)^3 - \left[\left(1 - \frac{1}{2}\gamma\right)\left(1 + \frac{1}{10}\gamma\right) - \left(1 + \frac{1}{12}\delta^2\right)\right]^2.$$

Nous avons construit ces grandeurs fig. 175 et 176. La construction du centre de gravité (fig. 175) est identique avec celle de la fig. 163 (p. 358). Pour obtenir les rapports des sinus des différents γ et δ, nous avons, sur la fig. 176, décrit une demi-circonférence avec $2f$ comme rayon, puis, d'une extrémité de diamètre $2f$, nous avons porté les cordes

$$\frac{1}{5}g, \quad \frac{1}{3}d, \quad \frac{6}{5}g, \quad d, \quad 2f - y, \quad 2f - \frac{2}{5}g.$$

En joignant les extrémités de ces cordes à l'autre extrémité du diamètre $2f$, on obtient les rapports de sinus

$$\frac{1}{10}\,\gamma, \quad \frac{1}{6}\,\delta, \quad \frac{3}{5}\,\gamma, \quad \frac{1}{2}\,\delta, \quad \gamma''=1-\frac{1}{2}\,\gamma, \quad \gamma'=1-\frac{1}{5}\,\gamma.$$

En portant sur le rayon $\frac{1}{2}\delta$ les longueurs l et f, la distance des points ainsi ob-

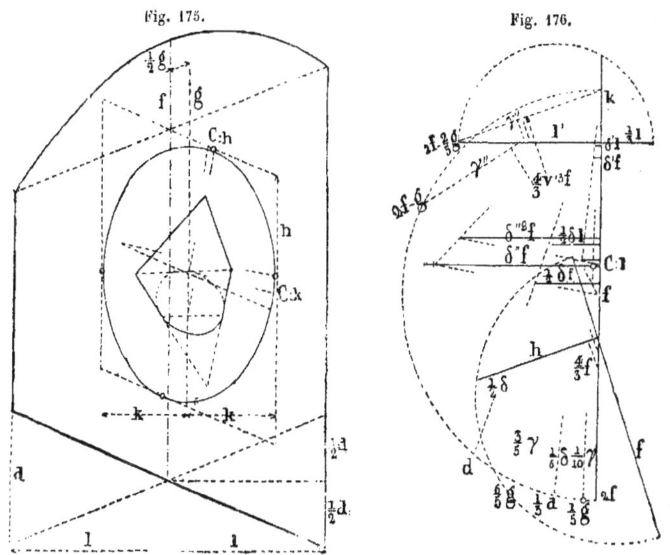

Fig. 175.

Fig. 176.

tenus au diamètre $2f$ est égale à $\frac{1}{2}\,\delta l$ et $\frac{1}{2}\,\delta f$. En portant ces mêmes longueurs sur

le rayon $\frac{1}{6}\,\delta$, on obtient les distances $\delta'l = \frac{1}{12}\,\delta^2 l$ et $\delta'f = \frac{1}{12}\,\delta^2 f$.

En portant la longueur l sur le rayon γ', la distance du point obtenu à la verti-
cale $2f$ est $\gamma'l = \left(1-\frac{1}{5}\,\gamma\right)l$. Nous avons, sur la *fig.* 176. retranché de cette distance

la longueur $\delta'l = \frac{1}{12}\,\delta^2 l$, et obtenu :

$$l' = \left(1-\frac{1}{5}\,\gamma-\frac{1}{12}\,\delta^2\right)l.$$

Un demi-cercle décrit sur l' et $\frac{1}{3}\,l$ intercepte la longueur k sur la verticale comme
le montre la figure.

La distance du point f de la verticale au rayon γ'' est égale à $\gamma''f = \left(1-\frac{1}{2}\,\gamma\right)f$.

Nous avons porté cette longueur sur le rayon $\frac{1}{10}\,\gamma$, puis nous l'avons rabattu sur

l'horizontale passant par l'extrémité du point ainsi obtenu. La distance de l'extré
mité de cette horizontale à la verticale sera alors, d'après la *fig.* 15 (**p.** 10),

$\left(1 - \dfrac{1}{2}\gamma\right)\left(1 + \dfrac{1}{10}\gamma\right) f$. En retranchant $\delta' f$ de cette longueur, on obtient :

$$\delta'' f = \left[\left(1 - \dfrac{1}{2}\gamma\right)\left(1 + \dfrac{1}{10}\gamma\right) - \dfrac{1}{12}\delta^2\right] f.$$

Enfin, en portant $\delta'' f$ sur le rayon $\dfrac{1}{6}\delta$, la distance de l'extrémité à la verticale est $\dfrac{C}{f}$, comme le montre la figure.

Pour obtenir h, nous avons d'abord multiplié $\delta'' f$ par δ'' en [portant $\delta'' f$ sur la verticale et construisant, au moyen d'un rayon et de deux parallèles, une figure $f\delta''$ et $f\delta''^2$ semblable à f et $f\delta''$. Nous avons ensuite porté $\dfrac{4}{3} f$ sur la verticale, et multiplié trois fois par le rapport de sinus γ' ce qui nous donne $\dfrac{1}{3}\gamma'^3 f = \dfrac{4}{3}\left(1 - \dfrac{1}{5}\gamma\right)^3 f$, comme l'indique la figure. Il faudrait encore y ajouter $\dfrac{4}{21}\left(\dfrac{3}{5}\gamma\right)^3 f$; mais cette dernière quantité n'est pas susceptible d'être construite : le calcul montre qu'elle serait représentée par $\dfrac{1}{10}$ de millimètre ; aussi, nous n'en avons pas tenu compte. En retranchant de $\dfrac{4}{3}\gamma' f$ la longueur $\delta''^2 f$ déjà construite, on obtient $\dfrac{h^2}{f}$; ajoutant f à cette dernière longueur et décrivant un demi-cercle sur la somme, on obtient h comme on le voit sur la figure.

Menons, aux distances h et k du centre de gravité, *fig.* 175, des parallèles aux côtés du trapèze ; ces droites seront tangentes à l'ellipse centrale et formeront, par suite, un parallélogramme circonscrit à cette courbe. D'après le n° 100 (p. 375), les points de contact sont situés aux distances $\dfrac{C}{h}$ et $\dfrac{C}{k}$ des diamètres parallèles aux côtés du parallélogramme, et, comme C est positif dans le cas actuel, ces distances doivent être prises dans le sens positif des coordonnées. Nous avons construit ces deux distances, dans la position qu'elles doivent occuper, au moyen des longueurs connues et déjà construites l et $\dfrac{C}{l}$, et obtenu ainsi deux points de contact. Les deux autres points de contact sont symétriques de ceux-ci. Ces quatre points de contact sont les sommets d'un parallélogramme inscrit, dont les côtés sont parallèles aux diagonales du parallélogramme circonscrit. Il est facile, au moyen des quatre tangentes et de leurs points de contact, de construire l'ellipse centrale.

Nous avons aussi construit, sur la *fig.* 175, le noyau central. Les quatre côtés rectilignes sont les antipolaires des quatre sommets du trapèze parabolique. Comme la parabole qui forme un côté de ce trapèze passe par deux sommets du trapèze et par le point d'intersection (à l'infini) des deux côtés parallèles, où elle est tangente à la droite à l'infini, la section conique correspondante à cette parabole sera tangente aux antipolaires des deux sommets et à la ligne qui joint les deux sommets du noyau correspondants aux côtés parallèles du trapèze, et en outre elle passera par le pôle. Ce pôle est le point de contact de la ligne de jonction et la direction de celle-ci est conjuguée à la direction des côtés parallèles. Dans les deux figures, à l'intersection de deux tangentes, correspond la ligne qui réunit leurs points de contact. La parabole étant située complétement en dehors du trapèze et ne passant que par deux de ses sommets, la section conique correspondante est située tout entière à l'intérieur du trapèze et n'est tangente qu'à deux de ses côtés ; c'est par conséquent une ellipse.

Il est évident que les formules développées pour les moments d'inertie du trapèze parabolique contiennent aussi celles du triangle parabolique. (Voir b.)

d) Moments d'inertie de surfaces limitées par des ellipses et des paraboles.

L'équation d'une section conique à centre peut toujours être mise sous la forme :

$$z = \tau y + c \pm \sqrt{\alpha(y - b)^2 + R}.$$

Si, par exemple, on prend l'équation générale :

$$0 = a_{11}y^2 + 2a_{12}yz + a_{22}z^2 + 2a_{13}y + 2a_{23}z + a_{33}.$$

on a

$$\tau = -\frac{a_{12}}{a_{22}}, \quad c = -\frac{a_{23}}{a_{22}}, \quad \alpha = -\frac{A_{33}}{a^2_{22}}, \quad b = \frac{A_{13}}{A_{33}}, \quad R = -\frac{D}{a_{22}A_{33}}.$$

Cela posé, si l'on considère une surface limitée par deux ordonnées z, par un arc de la courbe, et par l'axe, on trouve, pour la surface F, les moments statiques M_y, M_z, et les moments d'inertie $\mathfrak{M}_{yy}$, $\mathfrak{M}_{yz}$, $\mathfrak{M}_{zz}$, les expressions suivantes, dans lesquelles w désigne le radical $\pm\sqrt{\alpha(y - b)^2 + R}$. qui entre dans la valeur de z :

$$F = \int z\,dy = \frac{1}{2}\tau y^2 + cy + \int w\,dy:$$

$$M_y = \int yz\,dy = \frac{1}{3}\tau y^3 + \frac{1}{2}cy^2 + \int yw\,dy:$$

$$M_z = \frac{1}{2}\int z^2\,dy = \frac{1}{6\tau}(\tau y + c)^3 + \tau\int yw\,dy + c\int w\,dy + \frac{1}{2}\int w^2\,dy:$$

$$\mathfrak{M}_{yy} = \int y^2 z\,dy = \frac{1}{4}\tau y^5 + \frac{1}{3}cy^3 + \int y^2 w\,dy;$$

$$\mathfrak{M}_{yz} = \frac{1}{2}\int yz^2\,dy = \frac{1}{8}\tau^2 y^4 + \frac{1}{3}c\tau y^3 + \frac{1}{4}c^2 y^2 + \tau\int y^2 w\,dy + c\int yw^2\,dy + \frac{1}{2}\int w^2\,dy;$$

$$\mathfrak{M}_{zz} = \frac{1}{3}\int z^3\,dy = \frac{1}{12\tau}(\tau y + c)^4 + \tau\int yw^2\,dy + c\int w^2\,dy + \tau^2\int y^2 w\,dy + 2\tau c\int yw\,dy$$
$$+ c^2\int w\,dy + \frac{1}{3}\int w^3\,dy.$$

Nous avons laissé de côté les constantes dans ces formules, car il est clair que toutes les intégrales doivent être prises entre les limites des coordonnées extrêmes. Il convient toutefois de remarquer qu'entre ces limites l'arc de courbe ne doit pas passer par l'infini.

Si les deux axes sont conjugués par rapport à la section conique, on aura $c = \tau = 0$, et les moments se réduisent aux derniers membres des expressions ci-dessus. En intégrant et mettant des accents pour éviter la confusion, nous aurons

$$F' = \int w\,dy = \frac{1}{2}(y - b)w + \frac{1}{2}R\int\frac{dy}{w},$$

$$M'_y = \int yw\,dy = \frac{1}{3\alpha}w^3 + \frac{1}{2}b(y - b)w + \frac{1}{2}bR\int\frac{dy}{w},$$

$$M'_z = \frac{1}{2}\int w^2\,dy = \frac{1}{6}\alpha y^3 - \alpha by^2 + \frac{1}{2}(\alpha b^2 + R)y.$$

$$\mathfrak{M}'_{yy} = \int y^2 w\,dy = \frac{2}{3\alpha}bw^3 + \frac{1}{8\alpha}(2w^2 + 4\alpha b^2 - R)(y - b)w + \frac{1}{8\alpha}(4\alpha b^2 - R)R\int\frac{dy}{w},$$

$$\mathfrak{M}'_{yz} = \frac{1}{2}\int yw^2\,dy = \frac{1}{8}\alpha y^4 - \frac{1}{3}\alpha by^3 + \frac{1}{4}(\alpha b^2 + R)y^2,$$

$$\mathfrak{M}'_{zz} = \frac{1}{3}\int w^3\,dy = \frac{1}{24}(2w^2 - 3R)(y - b)w + \frac{1}{8}R^2\int\frac{dy}{w}.$$

L'intégrale $\frac{1}{2}R\int\frac{dy}{w}$, que nous avons conservée dans les formules précédentes, n'est autre chose que la surface comprise entre l'arc et les deux rayons qui, du centre de la courbe, projettent les extrémités de cet arc. Un élément de cette surface est en effet :

$$\frac{1}{2}\left[(y-b)dw-wdy\right]=\frac{1}{2w}\left[\alpha(y-b)^2-w^2\right]dy=\frac{Rdy}{2w}.$$

L'expression de cette surface est différente suivant qu'il s'agit d'une ellipse ou d'une hyperbole. Dans le cas de l'ellipse, α est négatif et R est positif, et l'on a :

$$\frac{1}{2}R\int\frac{dy}{w}=\frac{R}{2\sqrt{-\alpha}}\text{ arc sin }\sqrt{\frac{-\alpha}{R}}(y-b)=\frac{R}{2\sqrt{-\alpha}}\text{ arc cos }\frac{w}{\sqrt{R}}.$$

Les arcs à introduire dans ces formules sont complétement déterminés par les signes des sinus et des cosinus. L'arc est égal à zéro pour $y-b=0$, $w=\sqrt{R}$; égal à $\frac{\pi}{2}$ pour $y-b=\sqrt{\frac{R}{-\alpha}}$, $w=0$; égal à π pour $y-b=0$, $w=-\sqrt{R}$, et enfin égal à $\frac{3}{2}\pi$ pour $y-b=-\sqrt{\frac{R}{-\alpha}}$, $w=0$. Nous avons représenté, sur la *fig. 177*,

Fig. 177.

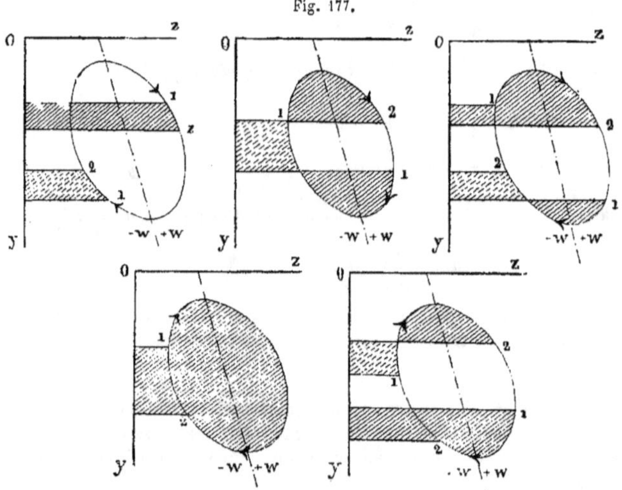

les différents cas qui peuvent se présenter pour l'ellipse ; les extrémités de chaque arc sont désignées par les numéros 1 et 2, placés de telle sorte que le numéro 2 suive le numéro 1, lorsqu'on parcourt la courbe dans le sens positif, indiqué par les flèches. Les surfaces positives sont hachurées, et les surfaces négatives pointillées ; les formules écrites plus haut donnent la différence des moments des deux surfaces.

Dans le cas de l'hyperbole, où α est positif et où R peut avoir un signe quelconque, l'intégrale $\frac{1}{2}R\int\frac{dy}{w}$ est :

$$\frac{1}{2}R\int\frac{dy}{w}=\frac{R}{2\sqrt{\alpha}}\text{ L. }\left[\sqrt{\alpha}(y-b)+w\right].$$

Dans cette intégrale, le plus grand des deux termes $\sqrt{\alpha}(y-b)$ et w change de signe quand on passe d'une branche de l'hyperbole à l'autre. Si, par exemple, R est positif, w est toujours plus grand que $\sqrt{\alpha}(y-b)$ et est imaginaire entre $+\sqrt{R}$ et $-\sqrt{R}$; w change par conséquent de signe en passant de $+\sqrt{R}$ à $-\sqrt{R}$, c'est-à-dire d'une branche de l'hyperbole à l'autre. Si, au contraire, R est négatif, $\sqrt{\alpha}(y-b)$ est plus grand que w, $(y-b)$ est imaginaire entre $+\sqrt{\dfrac{-R}{\alpha}}$ et $-\sqrt{\dfrac{-R}{\alpha}}$ et change de signe en passant d'une branche de la courbe à l'autre. Il en résulte que l'expression $\sqrt{\alpha}(y-b)+w$ change toujours de signe en passant d'une branche à l'autre, et que, lorsqu'on substitue les coordonnées de deux points pris sur les deux branches de l'hyperbole dans l'expression :

$$\frac{\sqrt{\alpha}(y_2-b)+w_2}{\sqrt{\alpha}(y_1-b)+w_2},$$

dont le logarithme est égal à la différence des logarithmes à calculer, le résultat est négatif, c'est-à-dire que son logarithme est imaginaire. Par conséquent, lorsqu'on prend comme limites des intégrales entrant dans les formules, les coordonnées de deux points non situés sur la même branche de l'hyperbole, le résultat est une quantité imaginaire; il faut donc prendre des points appartenant à la même branche.

Les *fig.* 178 et 179 montrent quelles sont, dans le cas de l'hyperbole, les surfaces

Fig. 178.   Fig. 179.

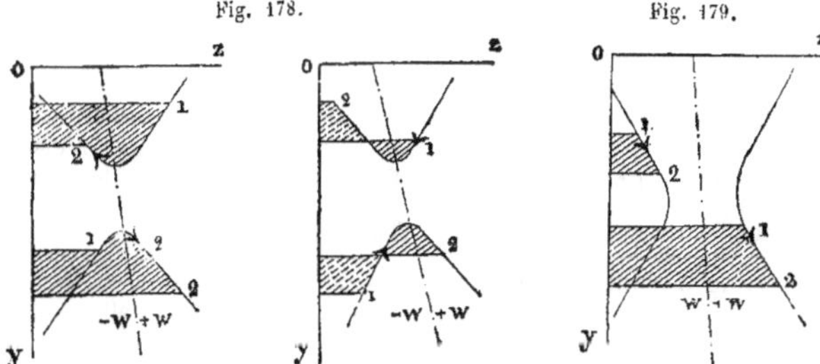

dont les moments sont donnés par les formules précédentes, quand les coordonnées du point 2 sont prises comme limites supérieures, et celles du point 1 comme limites inférieures des intégrales. Ces figures n'exigent aucune explication; on voit que les relations sont plus simples que dans le cas d'arcs elliptiques.

Dans la pratique, on a rarement à déterminer les moments de surfaces limitées par des trapèzes irréguliers, mais seulement de segments de courbes limités par une ou deux parallèles à un axe de coordonnées.

On pourrait déterminer ces moments, en substituant dans les formules développées plus haut, les coordonnées (y_1+w), (y_1-w); tous les membres contenant w à une puissance paire disparaîtraient. Mais il est plus simple de traiter ce cas directement. On a d'une manière générale :

$$\int y_i\,dy \int_{\tau y+c-w}^{\tau y+c-w} z^{n-1}\,dz = \frac{2}{n}\int [(\tau y+c+w)^n-(\tau y+c-w)^n]\,y_i\,dy$$

$$= \frac{2}{n}\int \left[n(\tau y+c)^{n-1}w + \binom{n}{3}(\tau y+c)^{n-3}w^3 + \ldots \right] y_i\,dy.$$

On obtient par suite :

$$F = 2 \int w\,dy = (y - b)w + R \int \frac{dy}{w}.$$

$$M_y = 2 \int yw\,dy = \frac{2}{3\alpha} w^3 + b(y - b)w + bR \int \frac{dy}{w}.$$

$$M_z = 2 \int (\tau y + c)w\,dy = \tau M_y + cF.$$

$$\mathfrak{M}_{yy} = 2 \int y^2 w\,dy = \frac{4}{3\alpha} bw^3 + \frac{1}{4\alpha} (w^2 + 4\alpha b^2 - R)(y - b)w$$
$$+ \frac{1}{4\alpha} (4\alpha b^2 - R)R \int \frac{dy}{w},$$

$$\mathfrak{M}_{yz} = 2 \int (\tau y + c)^2 yw\,dy = \tau \mathfrak{M}_{yy} + cM_y.$$

$$\mathfrak{M}_{zz} = 2 \int (\tau y + c)^2 w\,dy + \frac{2}{3} \int w^3 dy = \tau^2 \mathfrak{M}_{yy} + 2\tau cM_y + c^2 F$$
$$+ \frac{1}{12} (2w + 3R)(y - b)w + \frac{1}{4} R^2 \int \frac{dy}{w}.$$

Dans ces intégrales, les w sont supposés positifs, et on ne doit substituer par suite que des limites positives. On ne doit par conséquent, dans ce cas, jamais trouver entre ces limites un point pour lequel w soit nul. Si donc un sommet se trouve sur l'arc de courbe qui limite la surface considérée, ce sommet doit être une extrémité de l'arc. Les coordonnées de ces points sont données par la condition :

$$w = 0, \quad y - b = \sqrt{\frac{-R}{\alpha}}.$$

Ces coordonnées ne sont réelles que si R et α sont de signes différents, c'est-à-dire pour des ellipses et des hyperboles qui coupent en des points réels le diamètre $\tau y + c = 0$. En substituant ces coordonnées comme limites dans les formules précédentes, tous les termes disparaissent à l'exception de $\int \frac{dy}{w}$.

Par suite de la manière dont nous avons établi ces formules, elles ne s'appliquent pas aux surfaces négatives; il en résulte que, dans le cas de l'ellipse, les limites de l'arc qui entre dans l'expression de $\int \frac{dy}{w}$ ne peuvent pas être prises dans toute l'étendue du cercle, mais seulement entre $-\frac{\pi}{2}$, 0 et $+\frac{\pi}{2}$. Il n'en est naturellement pas ainsi dans le cas de l'hyperbole.

En divisant M_z par F, on obtient :

$$z_0 = \tau y_0 + c,$$

d'où il résulte que, dans le cas que nous examinons, le centre de gravité de la surface est toujours situé sur le diamètre $\tau y + c = 0$.

Les dimensions des ellipses centrales des segments ne peuvent pas être exprimées d'une manière générale. Cela n'est possible que lorsque les surfaces sont fermées à distance finie, c'est-à-dire dans le cas d'ellipses. Nous poserons dans ce cas, pour obtenir les dimensions cherchées τ, c, $b = 0$, et nous obtiendrons :

$$F = \frac{R}{\sqrt{-\alpha}} \pi: \quad \mathfrak{M}_{yy} = -\frac{1}{4} \cdot \frac{R}{\alpha} \cdot F; \quad \mathfrak{M}_{zz} = \frac{1}{4} RF,$$

$$M_y, \, M_z, \, \mathfrak{M}_{zz} = 0.$$

Les diamètres conjugués de l'ellipse centrale sont par suite :

$$h = \sqrt{\frac{\overline{M_{yy}}}{F}} = \frac{1}{2}\sqrt{\frac{R}{-\alpha}} = \frac{1}{2}\,a_1, \quad k = \sqrt{\frac{\overline{\mathfrak{M}_{zz}}}{F}} = \frac{1}{2}\,\sqrt{R} = \frac{1}{2}\,b_1.$$

en désignant par a_1 et b_1 les longueurs des diamètres de l'ellipse donnée. Il résulte de là que l'ellipse d'inertie et l'ellipse donnée sont semblables, et que le rapport de similitude est $\frac{1}{2}$.

Il en est naturellement de même du noyau; i étant toujours égal à h, la demi-hauteur de l'ellipse du noyau sera :

$$\frac{k^2}{i} = \frac{\frac{1}{4}\,a^2_1}{a_1} = \frac{1}{4}\,a_1.$$

Les dimensions de l'ellipse du noyau sont donc égales au quart des dimensions correspondantes de l'ellipse donnée, et à la moitié de celles de l'ellipse d'inertie.

Si l'ellipse donnée est un cercle de rayon r, l'ellipse d'inertie et l'ellipse du noyau seront aussi des cercles dont les rayons seront respectivement :

$$\frac{1}{2}\,r \quad \text{et} \quad \frac{1}{4}\,r.$$

Le moment d'inertie d'un anneau compris entre deux ellipses semblables est :

$$\frac{1}{4}\left(a^2_1 - a^2_2\,\frac{a^2_2}{a^2_1}\right)F,$$

en désignant par F la surface de l'ellipse extérieure, et par a_1 et a_2 les longueurs de deux diamètres correspondants de l'ellipse extérieure et de l'ellipse intérieure. Nous aurons par suite :

$$k^2 = \frac{\dfrac{1}{4}\,a^2_1 - \dfrac{1}{4}\,a^2_2 \cdot \dfrac{a^2_2}{a^2_1}}{1 - \dfrac{a^2_2}{a^2_1}} = \frac{1}{4}\,(a^2_1 + a^2_2).$$

112. MOMENTS D'INERTIE DE DEUX SURFACES.

Nous avons vu au n° 83 (p. 303), que lorsqu'il s'agit de composer deux forces seulement, il existe une construction plus simple que celle qui consiste à relier ces deux forces par un polygone funiculaire. Il en est de même lorsqu'il s'agit de déterminer le moment d'inertie de deux surfaces, par rapport au centre de gravité.

Soient ΔF_1 et ΔF_2 les deux surfaces; employons les notations du n° 99 (p. 371), et désignons par $x_i\,y_i$, $x_i\Delta F_i$, $y_i\Delta F_i$, $(x^2_i + k^2_i)\Delta F_i$, $(x_iy_i + C_i)F_i$, $(y^2_i + h^2_i)F_i$, les coordonnées des centres de gravité et les moments de ces surfaces. Nous désignerons par F la somme des deux surfaces et les sommes de moments par les mêmes notations, sans indices.

Construisant d'abord le centre de gravité, d'après le n° 83, nous aurons :

$$x_1 \Delta F_1 + x_2 \Delta F_2 = 0,$$

et

$$\frac{\Delta F_1}{x_2} = \frac{\Delta F_2}{-x_1} = \frac{F}{x_2 - x_1} = \frac{F}{l},$$

en désignant par l la distance de ces deux centres de gravité, mesurée suivant l'axe des x. Si l'on substitue les valeurs de ΔF_1 et ΔF_2 que l'on tire de ces équations, dans l'équation des moments par rapport à l'un des deux axes, l'axe des y par exemple, on obtient :

$$k^2 = \frac{1}{F} \left[(x^2_1 + k^2_1)\Delta F_1 + (x^2_2 + k^2_2)\Delta F_2 \right] = \frac{1}{l} \left[x_1 x_2 (x_1 - x_2) \right.$$

$$\left. + k^2_1 x_2 - k^2_2 x_1 \right] = -x_1 x_2 + \frac{x_2}{l} k_1{}^2 - \frac{x_1}{l} k^2_2.$$

formule que l'on peut aussi déduire directement du n° 99 (p. 371).

Nous remarquerons, d'après les données admises dans nos calculs, que x_1 doit être négatif; tous les membres de cette dernière équation sont par suite positifs et faciles à construire.

Décrivons, sur la ligne l qui joint les deux centres de gravité, un demi-cercle; menons, par le centre de gravité total, l'ordonnée m, et joignons son extrémité aux deux extrémités du diamètre par les lignes m_1 et m_2; nous aurons $m = \sqrt{-x_1 x_2}$; $m_1 = \sqrt{-lx_1}$; $m_2 = \sqrt{lx_2}$. Enfin si, à partir du point 1, nous portons k_1 sur m_1, la perpendiculaire abaissée de l'extrémité de k_1 sur l, sera, par suite de la similitude du triangle, égale à :

$$\frac{k_1 \, m}{m_1} = k_1 \frac{\sqrt{-x_1 x_2}}{\sqrt{-lx_1}} = k_1 \frac{\sqrt{x_2}}{l}.$$

On obtient de la même manière en portant k_2 sur m_2 la hauteur

$$k_2 \sqrt{\frac{-x_1}{l}}.$$

Si l'on porte une de ces longueurs $k_1 \sqrt{\dfrac{x_2}{l}}$, sur une perpendiculaire menée à l'extrémité de m, on obtient comme hypothénuse du triangle rectangle ainsi formé, la longueur $\sqrt{m^2 + \dfrac{k_1{}^2 x_2}{l}}$. En portant à l'extrémité de cette nouvelle ligne, sur une perpendiculaire, la longueur

$k_2 \sqrt{\dfrac{-x_1}{l}}$, on obtient :

$$k^2 = \sqrt{-x_1 x_2 + \frac{x_2}{l} k_1{}^2 - \frac{x_1}{l} k_2{}^2}$$

ainsi que l'indique la figure.

Comme la construction de $k_1 \sqrt{\dfrac{x_2}{l}}$ et $k_2 \sqrt{\dfrac{-x_1}{l}}$ ne dépend que des angles formés par m_1 et m_2 avec l et que ces angles ne varient pas quand les rapports $x_1 : x_2$ restent constants, il suffit d'effectuer une seule fois la construction de la *fig.* 180. Il vaut mieux se servir de la droite qui

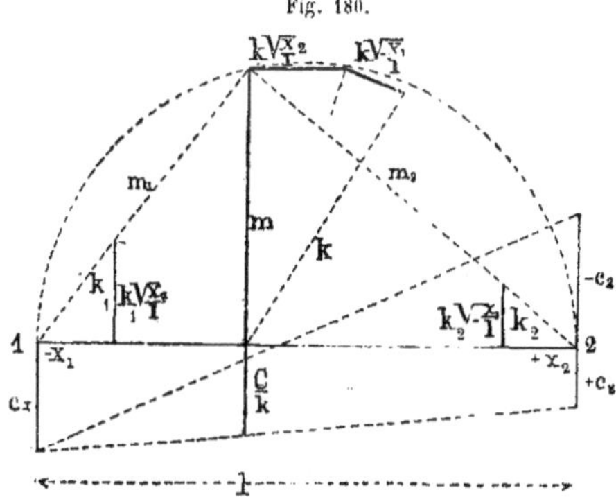

Fig. 180.

joint les centres de gravité eux-mêmes, parce que c'est celle qui donne la figure la plus grande. Pour construire la valeur de h correspondante à une autre direction, celle des y, par exemple, on projette suivant cette direction la longueur m préalablement rabattue sur m; puis, à l'extrémité de la projection, on porte, sur des perpendiculaires, les longueurs $h_1 \sqrt{\dfrac{x_2}{l}}$ et $h_2 \sqrt{\dfrac{-x_1}{l}}$ construites au moyen des angles $m_1 l$ et $m_2 l$.

Pour construire les moments $(x_1 y_1 + C_1)\Delta F_1 + (x_2 y_2 + C_2)\Delta P_2$, nous transformons les surfaces $x_i y_i + C_i$ en $c_i k$, soit en employant les coordonnées de l'antipôle, soit directement par une construction graphique, et nous obtiendrons par la substitution des valeurs de ΔF_1 et ΔF_2 :

$$C = \frac{k}{l} (c_1 x_2 - c_2 x_1).$$

Mais $\dfrac{C}{k}$ est la distance, mesurée sur la tangente k, du point de contact de cette tangente au diamètre parallèle à la tangente h ; il suffit donc de construire $\dfrac{c_1 x_2}{l}$ et $\dfrac{-c_2 x_1}{l}$, ce que l'on peut faire de diverses manières.

Dans la *fig.* 180, cette construction a été effectuée, en portant $+ c_1$ en 1 suivant une direction quelconque, $+ c_2$ en 2 parallèlement à cette direction ; les lignes qui joignent les extrémités de c_1 à 2 et de c_2 à 1 déterminent sur m, ainsi qu'il est facile de s'en assurer, la longueur $\dfrac{C}{k}$, à l'aide de laquelle l'ellipse est maintenant complètement déterminée.

Dans les grandeurs que nous venons d'additionner, tous les $k_2 \Delta F$ ont été pris positifs. En ce qui concerne les signes C. il faut remarquer que C a le même signe pour des surfaces situées entre les angles opposés par le sommet, formés par les axes et des signes contraires pour des surfaces situées entre les angles adjacents. Les surfaces situées entre des angles correspondants formés par des axes parallèles ont également le même signe. En faisant attention à ces remarques, on voit immédiatement sur la figure, si les moments doivent être ajoutés ou retranchés. S'il faut ajouter les moments, les deux c doivent être portés sur le même côté de la droite qui réunit les centres de gravité ; s'ils sont de signes contraires, il faut les porter sur des côtés opposés. Les deux cas ont été indiqués sur la figure, et distingués l'un de l'autre par les notations $+ c_2$ et $- c_2$. $\dfrac{C}{k}$ est du côté de la longueur correspondant à $+ c_2$.

Les constructions que nous venons de développer permettent de déterminer très rapidement les moments des cornières et des fers à $\mathbf{T}$, lorsqu'on peut négliger les petites courbures des angles. La *fig.* 180 n'a pas été faite pour un de ces cas, parce que les C sont nuls, quand les côtés des rectangles partiels sont parallèles, et sont très petits, quand ils sont presque parallèles, comme c'est le cas ordinaire. Notre démonstration n'aurait par suite pas pu être effectuée sur cet exemple. Si l'on veut tenir compte des courbures aux sommets, on appliquera les constructions du n° 116.

113. MOMENTS D'INERTIE DES FIGURES ANNULAIRES.

On a cherché à calculer approximativement le moment d'inertie des figures annulaires à mince paroi en considérant ce moment comme la différentielle du moment de la surface totale. Par exemple, dans le cas d'un rectangle creux, dont le moment total est $\dfrac{1}{12} bc^3$, on a employé la

formule

$$\frac{1}{12} \left(3bc^2 dc + c^3 db\right)$$

dans laquelle db et dc représentent les différences des largeurs et des hauteurs du rectangle plein et du rectangle vide.

Le moment d'inertie d'une figure annulaire à mince paroi est approximativement

$$e \int y^2 ds = k^2 es$$

où k est la hauteur de l'ellipse centrale du contour par rapport à son centre de gravité, et e l'épaisseur de la paroi.

Soit $\int y^2 dF$ le moment d'inertie d'une figure annulaire; la différentielle de cette intégrale, par rapport à ses limites, ne sera en général sensiblement égale à $k^2 es$ et ne donnera une valeur approchée du moment, que si, dans les deux intégrales $e \int y^2 ds$ et $\int y^2 dF$, les ordonnées y sont prises par rapport au même axe, c'est-à-dire si cet axe passe à la fois par le centre de gravité de la surface annulaire et par le centre de gravité de la surface entière. S'il n'en est pas ainsi, et si les deux axes sont distants de y_e, l'erreur pourrait, dans le cas où il ne se produirait aucune compensation particulière, atteindre $y^2_e es$, et être ainsi assez considérable pour que ce procédé de calcul ne pût être considéré comme approximatif. En général, la coïncidence des axes n'a lieu que pour les figures symétriques; il peut toutefois en être ainsi pour d'autres figures, par suite de compensations fortuites.

Si cette condition est satisfaite, il faut en outre que l'accroissement des limites de l'intégration dans l'intégrale qui représente la surface donne une surface dont le contour soit à une distance constante e du contour de la surface primitive. Cette seconde condition n'est satisfaite approximativement, en coordonnées parallèles, que pour les surfaces dont le contour est sensiblement parallèle aux axes, et, en coordonnées polaires, pour les surfaces dont le contour est sensiblement normal aux rayons vecteurs menés par le centre de gravité, c'est-à-dire pour les cercles, les polygones réguliers d'un nombre de côtés assez considérable, et les ellipses dont l'excentricité est faible et pour lesquelles par suite les accroissements des axes diffèrent peu. Quand ces deux conditions ne sont pas satisfaites, on ne peut pas en général considérer la différentielle totale de $\int y^2 dF$ comme une valeur approximative de $e\int y^2 ds$. La différence sera d'autant plus considérable que la distance entre les centres de gravité de la figure pleine et de la figure annulaire est plus grande, et que l'angle, que la direction du contour fait avec l'axe, à partir duquel on mesure les y, est plus ouvert.

Pour mieux expliquer ces relations, nous allons calculer, d'après les différentes méthodes, le moment d'inertie d'un triangle isocèle creux ayant une base très petite.

Soit (*fig.* 181) le triangle donné, dont la base, la hauteur et les côtés égaux ont pour longueurs moyennes 6,2, 48 et 48,1. Les dimensions correspondantes du profil intérieur sont plus petites de $\dfrac{1}{10}$, et par suite égales à 5,58, 43,2, 43,29 ; celles du profil extérieur sont plus grandes de $\dfrac{1}{10}$, et par suite égales à 6,82, 52,8 et 52,91. L'épaisseur de la paroi, mesurée normalement au contour, est constante et égale à $\dfrac{9,3}{160} = 0,58125$; elle n'est que le $\dfrac{1}{10}$ de la base et le $\dfrac{1}{80}$ de la hauteur du petit triangle, c'est-à-dire assez petite pour qu'on puisse considérer la surface annulaire comme étant à mince paroi, par rapport aux autres dimensions de la figure. En outre, le rapport $\dfrac{1}{8}$ de la base à la hauteur offrirait une stabilité suffisante pour une poutre.

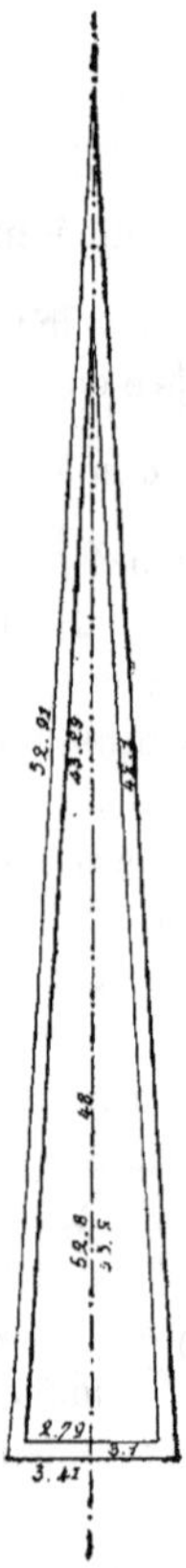

Il est facile de prévoir *à priori* le résultat du calcul, et de reconnaître qu'en calculant, comme une différentielle, le moment d'inertie par rapport à un axe parallèle à la base menée par le centre de gravité, on commettrait une erreur considérable. En effet, la distance entre les centres de gravité du triangle entier et de l'anneau, mesurée perpendiculairement à cet axe, est très grande, car le premier centre de gravité est situé au tiers de la hauteur, et le second est sensiblement au milieu. En outre, les deux côtés du triangle forment un angle très ouvert avec la base. Si, au contraire, on prenait le moment d'inertie par rapport à la hauteur du triangle, on obtiendrait une bien plus grande approximation, car les deux centres de gravité sont situés sur cette hauteur, et les deux côtés du triangle forment avec celle-ci des angles très petits.

Calculons d'abord la valeur exacte du moment. Nous aurons

$$F = 3,41 \times 52,8 - 2,79 \times 43,2 = 180,048 - 120,528 = 59,52;$$
$$M_y = 180,048 \times 17,6 - 120,528 \times 14,98125 = 1363,184;$$
$$y_c = 1363,184 \times 50,52 = 22,9029$$
$$y_c - 17,6 = 5,3029; \qquad y_c - 14,98125 = 7,92165$$
$$\mathfrak{M}_{yy} = (\overline{5,3029}^2 + \frac{1}{18} \times \overline{52,8}^2) \times 180,048 - (\overline{7,92165}^2 + \frac{1}{18} \times \overline{43,2}^2) 120,528$$
$$= 32948,92 - 20059,77 = 12889,1$$
$$\mathfrak{M}_{zz} = \frac{1}{6} (\overline{3,41}^2 \times 180,048 - \overline{2,79}^2 \times 120,528) = 348,94 - 156,37 = 192,57.$$

Comparons à ces valeurs exactes l'expression $e\int y^2 ds$ prise comme première approximation. Considérons pour cela la surface annulaire comme concentrée sur le contour moyen. La surface est comme précédemment

$$F = 2(48,1 + 3,1) \times 0,58125 = 51,2 \times 1,1625 = 59,52.$$

Pour les autres moments, on n'a qu'à substituer les valeurs $a = b = 48,1$; $c = 6,2 : s = 102,4$ dans les équations du n° 109 (p. 402). On obtient

$$y_c = \frac{s - c}{2s} l = \frac{96,2}{2 + 102,4} \times 48 = 22,546875.$$

$$\mathfrak{M}_{yy} = \frac{(s - c)(s + 3c)}{12s} l^2 \times 0,58125 = \frac{96,2 \times 121 \times \overline{48}^2 \times 0,58125}{12 \times 102,4}$$
$$= 12686$$

$$\mathfrak{M}_{zz} = \frac{s(s - a)(s - b)c^2}{3(s + c)^2} \times 0,58125 = \frac{102,4 \times \overline{54,3}^2 \times \overline{6,2}^2 \times 0,58125}{3 \times \overline{108,6}^2}$$
$$= 190,7.$$

On voit que le centre de gravité du contour moyen est à une distance égale à $22,547 + \frac{1}{2} \times 0,58125 - 21,707 = 1,13$ du centre de gravité véritable; l'erreur est ainsi de $\frac{1}{40}$, ce qui est déjà assez sensible. La valeur approchée de $\mathfrak{M}_{yy}$ diffère de 203, soit $\frac{1}{60}$, et celle de $\mathfrak{M}_{zz}$ de 1,9 ou $\frac{1}{90}$, de la valeur véritable.

Ces différences proviennent de ce que la longueur des côtés du triangle extérieur, et surtout des côtés latéraux, diffère notablement de la longueur des côtés correspondants du triangle intérieur, ce qui fait que les centres de gravité des côtés du triangle annulaire ne sont pas situés sur le contour moyen.

Calculons enfin les moments comme des différentielles des moments de la surface entière. Nous aurons

$$\mathfrak{M}_{yy} = d\left(\frac{1}{36}\, b\, h^3\right) = \left(\frac{h}{6}\right)^2 (3\, bdh + hdb)$$

$$= \left(\frac{6}{48}\right)^3 (18,6 \times 9,6 + 48 \times 1,24) = 15233,3\,;$$

Fig. 182.

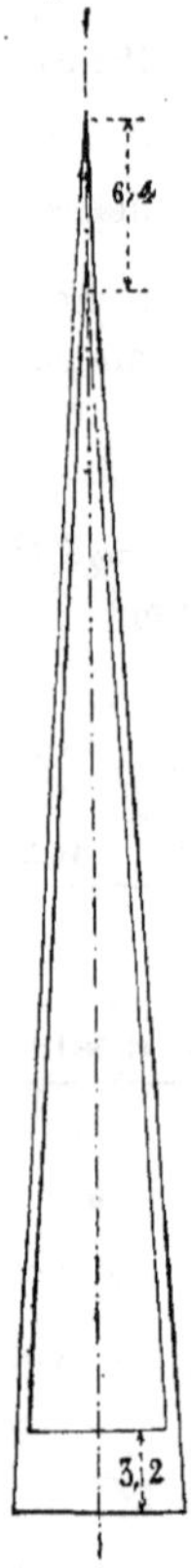

$$\mathfrak{M}_{zz} = d\left(\frac{1}{48}\, b^3\, h\right) = \frac{b^2}{48} (bdh + 3hbd)$$

$$= \frac{\overline{3,1}^2}{12} (6,2 \times 9,6 + 144 \times 1,24) = 190,66.$$

$\mathfrak{M}_{zz}$ ne diffère de sa véritable valeur que de 1,91 soit de $\frac{1}{100}$, tandis que $\mathfrak{M}_{yy}$ diffère de 2444. c'est à-dire de près de $\frac{1}{5}$, et ne peut par suite nullement être considéré comme une valeur approchée. On peut facilement se rendre compte de cette grande différence en construisant la figure à laquelle se rapportent les moments que nous venons de calculer.

Comme le moment $\frac{1}{36}\, bh^3$ par rapport au centre de gravité est un moment central, $d\left(\frac{1}{36}\, bh^3\right)$ ne pourra être un moment central que si $\frac{1}{36}\, (b + db)(h + db)^3$ en est aussi un.

Par suite, si nous ne conservons que les premières puissances de db et de dh, les différentielles des moments donnent le moment de la surface annulaire. comprise entre deux triangles, dont les dimensions sont déterminées par bh d'une part, $b + db$, $h + dh$ de l'autre, et dont *les centres de gravité coïncident*. La *fig.* 182 représente le triangle annulaire, dont les moments d'inertie sont donnés par les différentielles; la hauteur de la base est $\frac{1}{3}\, dh = 3,2$, et celle de la pointe est $\frac{2}{3}\, dh = 6,4$, au lieu de 0,58125 et 9,01775. On voit par là que la surface de la petite base se trouve considérablement augmentée, ce qui augmente d'autant plus le moment que, d'après le n° 109 b (p. 405), le plus petit côté d'un triangle ne coupe jamais l'ellipse centrale. Au contraire, le moment d'inertie de ce triangle, par rapport à la hauteur, concorde complètement avec le moment véritable, parce que toute parallèle à la hauteur intercepte des segments égaux sur les *fig.* 181 et 182.

Les résultats de cet exemple confirment ce que nous avons dit au commencement de ce numéro, et nous pouvons en tirer cette conclusion pratique que, *dans le cas de surfaces annulaires, on ne doit pas considérer les différentielles des moments des surfaces entières comme donnant des valeurs suffisamment approchées des moments véritables.*

114. PLANIMÈTRE DES MOMENTS

M. le professeur Amsler a, dans le premier volume de l'année 1856 du journal de la société des sciences naturelles de Zurich, fait connaître la construction d'un planimètre qui donne, par un procédé mécanique, analogue à celui du planimètre décrit au n° 27 (p. 119), la surface, le moment statique et le moment d'inertie d'une figure, dont on suit le contour au moyen d'une pointe.

Un instrument de ce genre a été construit, avec quelques améliorations importantes, pour le Polytechnikum de Zurich, et, sous cette nouvelle forme, il rend de grands services. Nous allons en donner une courte description et en faire connaître la théorie.

L'instrument consiste (*fig.* 183) en un chariot monté sur deux roues

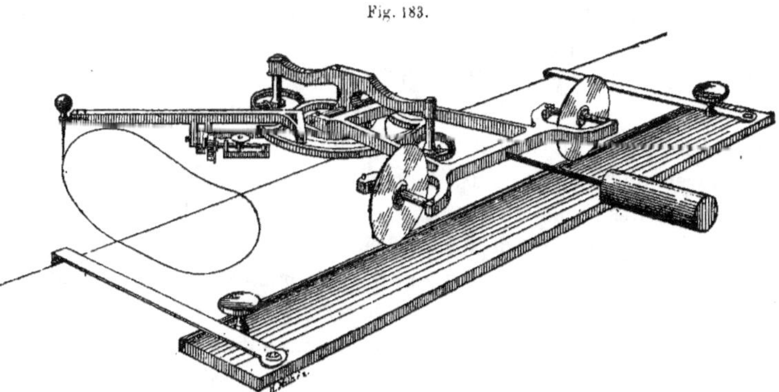

Fig. 183.

assujetties à suivre la rainure d'une règle, de telle sorte que le chariot ne peut se déplacer qu'en ligne droite parallèlement à lui-même. Sur le chariot est montée une roue dentée à axe vertical, qui peut être mise en mouvement par un bras horizontal, à l'extrémité duquel est fixée la pointe traçante.

La roue dentée n'a pas partout le même rayon: mais elle est formée de deux parties, dont les rayons ont des longueurs qui sont entre elles dans le rapport de 3 à 2. Sur cette roue engrènent deux roues plus petites, dont le rayon, qui est le même pour les deux roues, est le tiers du plus grand rayon de la roue centrale, et par suite la moitié de l'autre rayon. Les axes des trois roues dentées sont situés dans un plan perpendiculaire à la direction de la règle; ils laissent le plus de jeu possible pour le déplacement du bras de la roue centrale, mais ne permettent pas le rabattement de ce bras dans l'autre sens. Le bras de la roue se trouve ainsi toujours du même côté du chariot.

A la tige qui porte la pointe est adaptée une roulette dont l'axe est parallèle à celui de cette tige. Comme l'autre extrémité de la tige, qui est fixée sur le chariot, décrit une ligne droite. c'est-à-dire une figure dont la surface est nulle, le chemin parcouru par la roulette, multiplié par la longueur de la tige, donnera, d'après le n° 26 (p. 118), la surface F de la figure décrite par la pointe.

A chacune des petites roues dentées est aussi adaptée une roulette. Lorsque la pointe est située sur la parallèle à la règle que décrit l'autre extrémité de la tige, c'est-à-dire le centre de la roue principale, l'axe de la roulette adaptée à la petite roue en contact avec le rayon 2 est perpendiculaire à la direction de la règle; l'axe de l'autre roulette est parallèle à cette même direction. Dans une position quelconque de la pointe, si on appelle φ l'angle de la tige et de la règle, les axes des deux roulettes forment des angles de $90° + 2\varphi$ et 3φ avec la règle. La *fig.* 184 montre ces relations.

L'instrument est construit et équilibré d'une manière très-ingénieuse. Le cadre, qui porte les trois roues dentées, n'est pas réuni d'une manière fixe au chariot, mais au moyen d'une charnière, et il est équilibré au moyen d'un contre-poids, de manière que les deux roulettes adaptées aux petites roues exercent une pression douce sur le papier. La tige qui porte la pointe est de même fixée sur la roue centrale, au moyen d'une charnière, et son propre poids sert à presser la pointe contre le papier. Enfin, une troisième charnière relie la roulette de la tige à cette tige, et, comme le poids de cette roulette ne suffirait pas pour exercer une pression convenable sur le papier, cette pression est légèrement augmentée au moyen d'un ressort. Les longueurs respectives, données aux différentes charnières sont combinées de façon que, sans nuire à la rigidité de l'appareil, les trois roulettes et la pointe soient maintenues constamment en contact avec le papier et que cependant le pression soit assez douce pour laisser toute la facilité désirable au mouvement de la pointe, que la main doit pouvoir diriger sans effort suivant le contour de la figure ; ce problème de mécanique pratique, qui n'est certainement pas facile, a été résolu ici d'une manière à la fois simple et élégante.

Recherchons maintenant quel est le chemin parcouru par chaque roulette, lorsque la pointe décrit une figure fermée de surface F.

Soient b la longueur de la tige, u_1 le périmètre de la roulette fixée sur cette tige, et α_1 le nombre des rotations effectuées par cette roulette, c'est-à-dire $\alpha_1 u_1$ le chemin parcouru.

La surface de la figure sera alors, d'après le n° 26 (p. 118) :

$$F = \alpha_1 (u_1 b).$$

Comme α_1 doit donner la surface de la figure, il convient d'adopter pour u_1 et b des dimensions telles que le produit $u_1 b$ soit égal à l'unité de surface, soit, dans le cas de l'instrument que nous avons sous les yeux, 1 décimètre carré.

Pour obtenir les chemins $\alpha_2 u_2$ et $\alpha_3 u_3$ parcourus par les deux autres roulettes, imaginons par la pensée que les axes de ces roulettes aient une

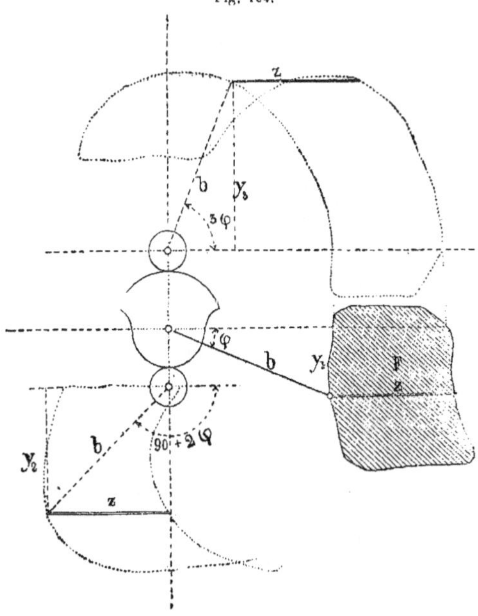

Fig. 184.

longueur b. L'extrémité de chaque axe décrira une courbe que nous avons indiquée par un trait pointillé sur la *fig*. 184, et les surfaces de ces deux courbes seront respectivement $\alpha_2(u_2 b)$ et $\alpha_3(u_3 b)$.

Appelons z la largeur variable de la figure donnée mesurée parallèlement à la réglette, et désignons de la même manière la largeur des deux autres figures. Cette largeur z sera la même dans les trois figures pour des positions simultanées des tiges. Les ordonnées y_1, y_2, y_3 des extrémités de ces tiges par rapport à des axes parallèles à la règle et menés par les centres des trois roues sont, pour une valeur donnée de φ :

$$y_1 = b \sin \varphi,$$

$$y_2 = b \sin(90° + 2\varphi) = b \cos 2\varphi = b(1 - 2\sin^2 \varphi) = b - \frac{2y^2_1}{b},$$

$$y_3 = b \sin 3\varphi = b(3 \sin \varphi - 4 \sin^3 \varphi) = 3y_1 - \frac{4y^3_1}{b^2}.$$

Les surfaces des trois figures sont par suite :

$$z_1(bu_1) = \int z\,dy_1 = F,$$

$$\alpha_2(bu_2) = \int z\,dy_2 = -\frac{4}{b} \int y_1 z\,dy_1 = -\frac{4}{b} M_y,$$

$$z_3(bu_3) = \int z\,dy_3 = 3 \int z\,dy_1 - \frac{12}{b^2} \int y^2 z\,dy_1 = 3F - \frac{12}{b^2} \mathfrak{M}_{yy}.$$

On a donc en définitive :

$$F = \alpha_1(bu_1),$$

$$M_y = -\alpha_2 \left(\frac{1}{4} b^2 u_2 \right).$$

$$\mathfrak{M}_{yy} = \alpha_1 \left(\frac{1}{4} b^3 u_1 \right) - \alpha_3 \left(\frac{1}{12} b^3 u_3 \right).$$

Les termes entre parenthèses ne dépendent que des dimensions de l'instrument et sont par suite des coefficients constants pour un même appareil. Dans le cas de notre instrument, on a :

$$F = \alpha_1,$$
$$M_y = 0,4485\,\alpha_2,$$
$$\mathfrak{M}_{yy} = 0,7753\,\alpha_1 - 0,2633\,\alpha_3.$$

Pour obtenir le changement de signe de M_y, on a simplement numéroté les divisions de la seconde roulette en sens inverse des divisions des deux autres.

Une fois l'instrument construit, une petite correction de la longueur b de la tige a permis de rendre le produit bu_1 rigoureusement égal à 1, et l'on a ensuite déterminé les autres coefficients, en appliquant l'instrument à des figures dont la surface et les moments étaient connus. On peut inversement, lorsque ces coefficients sont connus, en déduire les dimensions rigoureuses des différentes parties de l'instrument. Des équations

$$\frac{1}{4} b^3 u_1 = 0{,}7753 \quad \text{et} \quad b u_1 = 1,$$

on tire :

$$b = 1{,}7610, \quad u_1 = \frac{1}{b} = 0{,}5678 \quad \text{et} \quad d_1 = \frac{u_1}{2\pi} = 0{,}1808,$$

d_1 étant le diamètre de la première roulette. Nous appellerons de même d_2 et d_3 les diamètres des autres roulettes, et nous aurons :

$$\frac{b^2 u_2}{b^3 u_1} = u_2 = \frac{0{,}4485}{0{,}7753} = 0{,}5785, \quad d_2 = 0{,}1841,$$

$$\frac{3\left(\frac{1}{12} b^3 u_3\right)}{b\left(\frac{1}{4} b^3 u_1\right)} = u_3 = \frac{3 \times 0{,}2633}{1{,}7610 \times 0{,}7753} = 0{,}5785; \quad d_3 = 0{,}1841.$$

Dans ces différentes équations, l'unité de longueur est le diamètre.

Les erreurs, que l'on peut commettre avec cet instrument, sont, comme pour le planimètre polaire, plutôt des erreurs absolues que des erreurs relatives. On ne peut compter sur l'exactitude de la millième partie du périmètre de la roulette, en faisant la lecture au vernier. A cette erreur absolue correspond, pour F, $\frac{1}{10}$ de centimètre carré, quelle que soit d'ailleurs la grandeur de la surface. Pour $\mathfrak{M}_{yy}$, l'erreur absolue correspondante est de $\frac{1}{1000} \times 1^4 = 10 \times 0{,}1^4$; l'erreur relative, que l'on peut commettre sur ce moment, est égale à celle que l'on peut commettre sur la surface, multipliée par $\left(\frac{1}{k}\right)^2$, k étant le rayon de gyration.

ce dernier rayon étant, pour les pièces métalliques isolées que l'on a à considérer dans la pratique, plus petit que 1 décimètre, on voit que l'erreur relative sur le moment d'inertie est en général beaucoup plus grande que sur la surface. Néanmoins, le degré de précision que l'on peut obtenir est encore beaucoup plus considérable que celui qui affecte la détermination des coefficients de résistance, c'est-à-dire que le degré de précision qui sert de base aux constructions métalliques. L'emploi du planimètre pour la détermination des moments d'inertie peut donc offrir des avantages marqués dans la pratique.

Si la position du centre de gravité de la section dont on s'occupe n'est pas connue à l'avance, on déterminera d'abord les moments pour un axe choisi approximativement, de façon à passer aussi près que possible du centre de gravité. On calculera alors au moyen de ces moments et en se servant de la règle à calcul la distance du centre de gravité à l'axe d'après l'équation :

$$y_c = \frac{M_y}{F}.$$

Pour avoir le moment d'inertie par rapport à un axe passant par le centre de gravité, on se servira de l'équation :

$$\mathfrak{M}'_{yy} = \mathfrak{M}_{yy} - \frac{M^2_y}{F}.$$

Au moyen de deux ou trois de ces moments, on pourra construire l'ellipse centrale et déterminer ainsi le moment d'inertie par rapport à un axe quelconque passant par le centre de gravité.

M. Amsler nous a montré récemment un nouveau planimètre des moments qui est très simplifié, et dont le prix sera beaucoup moins élevé que celui de l'instrument que nous venons de décrire. Mais ce nouveau planimètre exige trois opérations séparées pour déterminer la surface et les deux moments.

Comme il ne nous a pas été possible de faire préparer une figure pour accompagner la courte description que nous allons donner, le lecteur voudra bien y suppléer en combinant la *fig.* 84 (p. 119) et la *fig.* 184, comme nous allons l'indiquer.

La tige OB de la *fig.* 84 porte à son extrémité la roue principale dont le centre coïncide avec le point B ; un arrêt permet de fixer la roue sur la tige, ou au contraire de la laisser tourner librement sur son axe. Dans ce dernier cas, la roue ne fonctionne pas.

La tige AB porte en C une petite roue dentée qui engrène avec la roue précédente, et dont le diamètre est la moitié du diamètre de celle-ci. Cette roue peut aussi être fixée ou rendue libre sur la tige ; elle porte l'unique roulette de l'instrument.

Si cette roue est fixée et la roue en B rendue libre, on a le planimètre ordinaire ; la roulette de la roue C décrit un chemin proportionnel à la surface.

Si on relie l'extrémité A de la tige AB à un chariot qui glisse le long d'une règle, comme dans la *fig.* 184, et qu'on fixe la roue principale sur la tige OB, on obtient une disposition analogue à celle qui, dans la *fig.* 184, sert à la détermination des moments statiques. Le nombre de tours qu'effectue la roulette, lorsque le point O décrit le contour d'une figure, est proportionnel au moment statique.

Enfin, si on relie la tige OB au chariot et qu'on fixe la roue B sur cette tige, mais dans une autre position que précédemment, ce qu'on obtient au moyen de l'arrêt et de rainures particulières, la roulette, portée par la petite roue, décrit un chemin, qui est proportionnel à la somme du moment d'inertie et du produit de la surface par une constante.

Les formules pour la surface et le moment statique sont identiques à celles que nous avons établies plus haut; mais la formule relative au moment d'inertie s'établit d'une manière un peu différente. Imaginons qu'au centre de la petite roue soit fixée une tige de longueur a, et déterminons les figures fermées que décrivent les extrémités de cette tige. L'aire de la figure décrite par le centre n'est pas égale à 0 comme dans la *fig.* 184, où cette figure est une ligne droite; mais elle a une certaine valeur, que nous devons déterminer.

Désignons par y'_2 les ordonnées de cette figure et par a_2 la distance des centres des deux roues. Les ordonnées des courbes décrites par les extrémités de la tige idéale a seront :

$$y_2 = a \sin 3\varphi - a_2 \sin \varphi = \left(3 \pm \frac{a_2}{a}\right) y - 4 \frac{y^3}{a^2},$$

$$y'_2 = a_2 \sin \varphi = \frac{a_2}{a} y \ (^*).$$

On en déduit :

$$dy_2 = \left[\left(3 \pm \frac{a_2}{a}\right) - 12 \frac{y^2}{a^2}\right] dy, \quad \text{et} \quad dy'_2 = \frac{a_2}{a} dy.$$

Les aires des figures décrites seront par suite :

$$\left(3 \pm \frac{a_2}{a}\right) F - \frac{12}{a^2} k^2 F \quad \text{et} \quad \frac{a_2}{a} F.$$

On reconnaît facilement que ces deux aires sont décrites en sens inverse l'une de l'autre, et l'on a dès lors, pour le chemin parcouru par la roulette (celle-ci étant placée sur a_2) :

$$a_2 a u_2 = 3 F - \frac{12}{a^2} k^2 F,$$

d'où

$$k^2 F = \frac{a}{4} a^3 u - \frac{a_2}{12} a^3 u_2 = K^2 F = \frac{a}{4} a^3 u - \frac{a_2}{12} a^3 u_2.$$

Comme nous ne possèdons pas ce nouvel instrument, nous ne donnerons pas le calcul inverse des dimensions au moyen des constantes.

(*) Dans ces formules, il faut prendre le signe + ou le signe — selon que la roulette sera placée sur a_2 ou sur son prolongement.

On voit que la signification des constantes s'est un peu modifiée, mais que la forme de la formule est restée la même.

Ce nouveau planimètre des moments est plus simple et plus maniable que le premier instrument à trois roulettes que nous avons décrit. Mais les opérations à effectuer sont beaucoup plus longues, et l'on peut se demander si les résultats sont aussi exacts. N'est-il pas à craindre qu'après avoir successivement fixé et rendu libres les roues et les tiges de l'appareil, les différentes parties ne reviennent pas exactement à leurs positions primitives? Ce qui est certain, c'est que, pour le planimètre ordinaire (*fig.* 84), les instruments dont toutes les parties sont fixes donnent des résultats bien plus exacts que ceux dont la longueur de la tige peut être modifiée, pour changer la base de réduction.

115. ELLIPSE CENTRALE ET NOYAU D'UN PROFIL DE RAIL.

Le moyen le plus simple pour déterminer le moment d'inertie et par suite le rayon de gyration d'un profil limité par une courbe irrégulière consiste, comme nous l'avons indiqué au n° 98 (p. 367), à décomposer la figure en bandes parallèles ou trapèzes et à former le moment du second degré de chaque élément.

Pour expliquer les constructions à effectuer dans ce cas, nous prendrons comme exemple le profil de rail de la Pl. XII$_1$, dont nous avons déjà déterminé le centre de gravité par un procédé analogue, au n° 96 (p. 361). Nous reprendrons la question au point où nous l'avons laissée dans ce numéro.

Nous avons vu que les segments $\Delta z''$ de l'horizontale passant par le centre de gravité sont proportionnels aux moments simples $y \Delta F$ des trapèzes élémentaires; pour obtenir les moments, il faut multiplier ces segments par $\frac{1}{2} a z'_{19} = F = 47{,}76$ cent. carrés. Considérons par suite la droite z'' comme un polygone des forces, dont les composantes sont représentées par les segments $\Delta z''$, et regardons ces composantes comme agissant suivant la direction des médianes horizontales des différents trapèzes. Nous pourrons ainsi construire un second polygone funiculaire, ayant ses sommets sur ces horizontales. Ce polygone a la forme d'un S, et ses côtés interceptent, sur l'horizontale passant par le centre de gravité, des segments proportionnels aux moments des $\Delta z''$. Pour obtenir les moments eux-mêmes, on n'a qu'à multiplier les segments par la distance c du pôle du nouveau polygone des forces à la droite z''. On aura ainsi :

$$c \Delta z''' = y \Delta z''.$$

Mais on a déjà, d'après le n° 96 d (p. 356) :

$$\frac{1}{2}\,F\Delta z'' = \frac{1}{2}\,az'_{1\,0}\Delta z'' = y\Delta F.$$

par suite,

$$\frac{1}{2}\,Fc\Delta z''' = y^2\Delta F.$$

Il résulte de la forme en S du second polygone funiculaire, que tous les $\Delta z'''$ sont de même signe, des deux côtés de l'horizontale passant par le centre de gravité, ce qui doit être puisque y^2 ne change pas de signe quand y change de signe. Les différents $\Delta z'''$ donnent par suite une somme z'''_{19} telle que :

$$\frac{1}{2}\,Fcz'_{19} = \sum_{0}^{19} y^2\Delta F.$$

Dans la pratique, on n'a jamais à faire usage de la valeur complète du moment d'inertie avec ses quatre dimensions, mais seulement de cette valeur, divisée par des surfaces ou des lignes.

Si l'on veut construire la hauteur de l'ellipse centrale, on doit diviser le moment d'inertie par la surface F; c'est pour ce motif que nous avons pris le produit des deux premières bases $\frac{1}{2}\,az'_{1\,0}$ égal à un sous-multiple de la surface, soit $\frac{1}{2}\,F$. Si l'on veut déterminer le moment de résistance on doit diviser le moment d'inertie par la distance c, au centre de gravité, de la fibre la plus éloignée. Nous avons, par suite, pris sur la Pl. XII$_1$, comme distance du second pôle à la ligne des z'', la distance du sommet du champignon au centre de gravité du rail. On n'a ainsi, pour effectuer les divisions, qu'à laisser de côté les facteurs correspondants.

Nous résumons ci-après les formules des moments obtenus au n° 96 d, et que nous venons de construire, en indiquant les facteurs dans l'ordre suivant lequel ils se présentent comme bases de transformation :

$$\sum \Delta F = az' = F,$$

$$\sum y\Delta F = a \cdot \frac{1}{2}\,z'_n \cdot z'' = \frac{1}{2}\,F_n z',$$

$$\sum y^2\Delta F = a \cdot \frac{1}{2}\,z'_n \cdot c \cdot z''' = \frac{1}{2}\,F_n cz''',$$

$$h^2 = \sum_{0}^{n} y^2\Delta F : F = \frac{1}{2}\,cz'''_n.$$

Quand la construction graphique a pour but de déterminer les moments des forces agissant sur une section et que la fibre neutre coïncide
avec l'axe, lieu des centres de gravité des sections, la force agissant sur
un nombre quelconque d'éléments de la section et son moment ont
pour valeurs, d'après le n° 105, en y faisant $y_n = 0$:

$$Q = (\rho \mathrm{F}_n) \cdot \frac{z''}{2c},$$

$$\mathfrak{Q} = \rho \mathrm{F}_n) \cdot \frac{1}{2} z'''.$$

ρ étant l'effort auquel est soumise la fibre à la distance c.

Dans toutes ces sommes, les limites des z doivent naturellement concorder avec celles des éléments auxquels se rapportent les forces et les
moments considérés. F_n et z_n s'étendent aux n bandes ou éléments de
la section, soit 19 dans l'exemple du rail, et sont des constantes dans les
formules précédentes. F_n est l'aire de la section du rail, et $\rho \mathrm{F}_n$ la force à
laquelle cette section pourrait résister, si elle était soumise à des efforts
uniformes ρ dans toutes ses parties. Cette force joue, dans les expressions de Q et de $\mathfrak{Q}$, le rôle d'une base de réduction, et $\frac{1}{2} z'''$ est le bras
du levier, suivant lequel cette force doit agir, pour produire un moment
égal à celui que l'on obtient réellement.

Lorsqu'on a achevé la construction des polygones funiculaires, on
construit h en ajoutant la longueur $\frac{1}{2} c$ à z'''_n, et en décrivant une demi-
circonférence sur la somme; l'ordonnée correspondante au point de
séparation des segments $\frac{1}{2} c$ et z'''_n est la hauteur h de l'ellipse centrale.

Pour déterminer les moments par rapport à l'axe vertical du rail, nous
pouvons, d'après le n° 101 (p. 378), regarder la demi-surface de chaque
bande comme concentrée aux extrémités du diamètre conjugué à cet
axe; on peut encore, puisque l'axe vertical est un axe de symétrie
sur lequel sont situés, par suite, les centres de toutes les ellipses des
bandes, considérer la surface totale de chaque bande comme concentrée à une extrémité du diamètre. Pour les bandes, qui peuvent
être regardées comme rectangulaires, la longueur du diamètre est égale
à $\sqrt{\frac{1}{3}} = 0,57735$ de la largeur totale de la bande. Pour les bandes qui
ne peuvent être assimilées à des rectangles, par exemple pour la première, qui est parabolique, nous avons dû construire directement l'ellipse
d'inertie. Nous avons numéroté les extrémités des diamètres; les deux

polygones funiculaires doivent avoir leurs sommets sur les verticales passant par ces extrémités.

Pour la construction des premiers polygones, nous avons utilisé le polygone des forces déjà construit. Les côtés du polygone funiculaire sont perpendiculaires aux rayons correspondants issus du pôle O_1 et aux côtés du polygone qui a servi à la construction du centre de gravité. Les segments z'' interceptés sur l'axe vertical du rail par les côtés du premier polygone funiculaire forment le polygone des forces du second polygone funiculaire. Nous avons pris le pôle O_2 à la distance c' de la fibre la plus éloignée, située à l'extrémité du patin. Les côtés extrêmes de ce polygone interceptent, sur l'axe du rail, la longueur z'''_{19}. La résistance transversale du rail sera, par suite, égale à $\frac{1}{2}$ (ρF) z'''_{19}. Pour construire la longueur k de l'axe horizontal de l'ellipse, nous avons décrit une demi-circonférence sur $\frac{1}{2}$ c' et z'''_{19}, placés à la suite l'un de l'autre et pris l'ordonnée correspondante au point de séparation de ces deux segments.

Si on décrit, sur les axes d'une ellipse, deux cercles concentriques, et qu'on considère le segment intercepté entre ces deux cercles sur un diamètre quelconque, comme la diagonale d'un rectangle, dont les côtés sont parallèles aux axes, le sommet de ce rectangle, compris entre le diamètre considéré et le grand axe est toujours situé sur l'ellipse, et le rayon qui, du centre, projette le quatrième sommet, est parallèle à la normale. Nous avons utilisé cette propriété bien connue de l'ellipse, pour construire, Pl. 12₁, l'ellipse centrale et le noyau. Nous avons indiqué aussi la construction de l'antipolaire m du point M, et de l'antipôle N de la droite n.

Du centre de gravité S, nous décrivons deux cercles concentriques avec h et k pour rayons, et, sur le segment du rayon SM compris entre ces deux cercles, nous construisons un triangle rectangle ayant ses côtés parallèles aux axes. Le sommet de ce triangle est situé sur la diagonale d'un rectangle dont le troisième sommet U est situé sur SM et sur l'ellipse, et dont le quatrième sommet T donne la direction ST de la normale. L'antipolaire m coupe SM à la distance $\overline{SU}^2$: SM de S. Pour construire cette longueur, nous portons, perpendiculairement à SM, $SU' = SU$, et la perpendiculaire en U' à U'M donne, par son intersection avec le prolongement de SM, un point de l'antipolaire m, qui est, comme la tangente en U, perpendiculaire à ST.

Pour construire l'antipôle de la droite n, nous menons, de S, une perpendiculaire à cette droite. Elle passera par un sommet du rectangle dont le quatrième sommet est un point V de l'ellipse, pour lequel la tangente est parallèle à n. Un triangle rectangle, construit sur le segment intercepté sur cette perpendiculaire, donne la diagonale de ce rectangle, et détermine ainsi le point V. L'antipôle cherché est situé sur SV: nous prolongeons SV jusqu'en N' ou n, puis nous élevons SV' perpendiculaire et égal à SV; la perpendiculaire à N'V' menée sur le point V' donne, par son intersection avec SV, l'antipôle N. En construisant de cette manière la figure réciproque du contour convexe du profil, c'est-à-dire le noyau central, on obtiendra en même temps un nombre suffisant de points et de tangentes de l'ellipse centrale.

La construction, que nous venons d'exposer, est toujours la plus simple lorsque les axes sont donnés ou faciles à déterminer.

116. ELLIPSE CENTRALE ET NOYAU D'UN FER CORNIÈRE

Afin de montrer encore comment on peut composer ensemble différentes surfaces pour la construction des moments d'inertie, nous avons, Pl. XIII, construit l'ellipse centrale d'une cornière, en divisant chaque branche en deux trapèzes à bases parallèles, ce qui fait quatre trapèzes pour l'ensemble du profil.

Nous portons sur la verticale z' les surfaces réduites à la base $a = 0^m,04$; nous prenons comme seconde base la distance polaire $= z' = 0^m,1019$, et nous déterminons le centre de gravité S au moyen de deux polygones funiculaires, dont l'un a ses côtés respectivement parallèles, l'autre ses côtés perpendiculaires à ceux du polygone des forces, et dont les sommets sont situés sur les horizontales et les verticales, passant par les centres de gravité des quatre surfaces partielles. Les lignes, qui ont servi à effectuer cette construction, n'ont pas été conservées sur la figure.

Cela fait, nous dessinons les ellipses d'inertie des quatre surfaces. Les dimensions de la surface 1 sont si petites et son centre de gravité est si éloigné du centre de gravité total, que l'écart entre l'antipôle et le centre de gravité n'est pas appréciable. On peut, par suite, supposer la surface ΔF_1 concentrée au centre de gravité.

Pour la surface ΔF_2 les antipôles doivent servir à déterminer les moments d'ordre supérieur. Il est nécessaire de déterminer avec précision l'antipôle de l'axe vertical, parce qu'il doit servir à la construction de $\dfrac{C}{h}$. Pour cela, nous traçons d'abord le diamètre conjugué à l'axe vertical, nous portons sa longueur normalement à sa direction réelle, et nous obtenons le point $2'$ par le procédé que nous avons déjà indiqué. L'antipôle de l'axe horizontal ne sert qu'à la construction de k^2, et, par suite, on n'a besoin de déterminer que l'horizontale sur laquelle il est situé. On peut, dans ce cas, se dispenser de construire le diamètre conjugué à l'axe horizontal et obtenir le point $2''$, sur le diamètre vertical, au moyen de l'une des deux tangentes horizontales de l'ellipse centrale. Le point $2''$ n'est pas l'antipôle de l'axe vertical, mais il est situé sur la même horizontale que cet antipôle.

L'ellipse centrale de ΔF_3 est coupée par l'un des axes; dans ce cas, il est avantageux de considérer chacun des éléments $\frac{1}{2}\Delta F_3$ comme concentré à chaque extrémité des diamètres conjugués aux deux axes. Le diamètre conjugué à l'axe vertical, devant servir à la construction de $\frac{C}{h}$. les points $3'$ et $3''$ doivent être pris exactement aux extrémités de ce diamètre, tandis que, pour les points 3_1 et 3_2, qui doivent servir à la construction de k^2, il suffit de les prendre sur les tangentes horizontales.

Les sommets du premier polygone funiculaire sont situés sur les verticales des centres de gravité 1, 2, 3, 3, 4. Les côtés de ce polygone interceptent sur l'axe passant par le centre de gravité les $\Delta z''$, qui servent à construire un second polygone comme polygone des forces. Nous avons pris la distance polaire égale à la distance c de la fibre la plus éloignée. Les sommets du second polygone funiculaire sont situés sur les verticales 1, $2'$. $3'$, $3''$, 4; ce second polygone donne z'''_n. au moyen duquel on construit $h = \sqrt{cz'''_n}$, ce qui n'exige aucune nouvelle explication.

On construit k de la même manière. Les sommets du premier polygone funiculaire, qui relie les horizontales, sont situés sur les horizontales 1. 2, 3, 3, 4. Elles interceptent sur l'horizontale passant par le centre de gravité les segments $\Delta z''$, au moyen desquels on construit, avec une distance polaire c, égale à la distance de la fibre la plus éloignée, un second polygone funiculaire ayant ses sommets sur les horizontales 1. $2''$, 3_1, 3_2, 4. Le segment z'''_n intercepté sur l'horizontale du centre de gravité, permet de construire $k = \sqrt{cz'''_n}$.

Pour construire $\frac{A}{k}$, nous utilisons les segments $\Delta z''$ de la verticale du centre de gravité. nous prenons comme distance polaire k, et, au moyen de ce polygone des forces, nous construisons un polygone funiculaire, ayant ses sommets sur les horizontales 1. $2'$, $3'$, $3''$. $4'$ et ses côtés respectivement perpendiculaires aux rayons correspondants du polygone des forces. Comme les centres de gravité de toutes les surfaces sont situés dans le même angle des axes et que, par suite, tous les $yz\Delta F$ ont le même signe, il ne peut y avoir de doute sur la position du point de contact sur la tangente horizontale à l'ellipse centrale, dont la distance au centre de gravité est k, car ce point de contact doit être situé dans le même angle des axes que les centres de gravité des surfaces. Si les centres des ΔF ne se trouvaient pas dans le même angle des axes et que, par suite, les $\Delta z''' = xy\Delta F : cF$ fussent de signes différents, le point de contact devrait être situé dans le même angle des axes que les ΔF dont le $\Sigma\Delta z'''$ est le plus grand, ce qu'un simple coup d'œil jeté sur l'épure permet d'apprécier.

Nous pouvons maintenant, au moyen de h, k et $\dfrac{A}{h}$, construire, Pl. XII₂,

l'ellipse centrale d'après les règles développées au n° 104 (p. 377). Décrivons un demi-cercle sur les points d'intersection de la tangente $+ k$ avec les deux tangentes $+ h$ et $- h$ parallèles à z ; le point d'intersection C de ce demi-cercle et de la perpendiculaire à la tangente $+ k$, menée par le

point $\dfrac{A}{k}$, est le centre d'involution. Le demi-cercle, qui a son centre sur

$+ k$, et passe par le centre de gravité S et par le point C, détermine, par son intersection avec $+ k$, un point de chaque axe de l'ellipse. En rabattant, de chacun de ces points, le centre d'involution sur la tangente $+ k$, on obtient des points des tangentes aux sommets. Enfin, en rabattant la perpendiculaire C sur la tangente, on obtient des points des tangentes aux extrémités de l'axe y. On pourrait, en décrivant deux cercles sur les axes de l'ellipse, construire des polaires et des antipôles correspondants par le procédé que nous avons indiqué au n° précédent. Mais on peut construire directement ces polaires et ces antipôles au moyen du centre d'involution C, sans déterminer les axes. Soit, par exemple à construire l'antipolaire du point N ; menons, par le point N, le diamètre n', et décrivons un cercle passant par les points n', C et ayant son centre sur $+ k$; le point d'insersection m' appartient au diamètre conjugué parallèle à l'antipolaire cherchée. Soit, au contraire, à construire l'antipôle de la droite m ; menons par le centre de gravité S le diamètre parallèle m', et déterminons, au moyen d'un demi-cercle passant par C, le diamètre conjugué n', sur lequel est situé l'antipôle cherché. Si maintenant on rabat, du point m' le centre d'involution sur la tangente $+ k$, on obtient un point de chaque tangente à l'extrémité du diamètre n' ; les tangentes sont complètement déterminées, puisqu'elles sont parallèles à m', et leur intersection avec n' donne deux points de la courbe. En portant perpendiculairement à n' en ST, la longueur du demi-diamètre, et construisant l'angle droit NTM, le point M est l'antipôle de la droite m. La parallèle n à n', menée par ce point M, est l'antipolaire du point N.

Cette construction n'est guère plus compliquée que celle que nous avons indiquée au n° précédent, au moyen des cercles décrits sur les axes.

On obtient le noyau central en construisant les éléments antipolaires des points et des lignes formant le contour du fer cornière (Pl. XIII).

Comme l'ellipse centrale n'est pas complètement située à l'intérieur du profil de la cornière, le noyau n'est pas complètement situé à l'intérieur de l'ellipse.

117. PROFILS DIVERS AVEC LEURS ELLIPSES CENTRALES ET LEURS NOYAUX

Nous avons représenté, Pl. XIV, quelques-uns des profils de fers les plus usités, avec leurs ellipses centrales et leurs noyaux; en étudiant ces profils, on peut s'exercer à apprécier les formes de l'ellipse centrale et du noyau et à les dessiner à vue d'œil. On arrive ainsi à se rendre compte, par un simple coup d'œil, des propriétés respectives des différentes formes de fers.

Les anciens procédés graphiques sont encore quelquefois en usage pour construire les ellipses d'inertie et les noyaux. Quoique ces procédés soient moins commodes que ceux que nous avons exposés dans les deux numéros précédents, ils peuvent être utiles dans certaines circonstances et il convient de les faire connaître.

Nous avons construit, Pl. XIV_2, l'ellipse centrale au moyen de trois couples de tangentes au lieu des moments centrifuges. Décrivons des demi-cercles sur les segments interceptés sur la tangente horizontale inférieure par les deux autres couples de tangentes; leur intersection donne le centre d'involution C. Comme dans le numéro précédent, en décrivant un demi-cercle passant par C et par l'intersection d'une parallèle à une tangente menée par le centre de gravité, on obtient un point du diamètre passant par le point de contact de cette tangente. Les directions des axes s'obtiennent au moyen d'un demi-cercle passant par C et par S. Pour déterminer la longueur du petit axe, décrivons un cercle sur le segment intercepté sur cet axe par une tangente et par l'ordonnée de son point de contact; la longueur du petit axe est égale à la longueur de la tangente menée de S à ce cercle. Si, en effet, on décrit un cercle avec la longueur de cette tangente comme rayon, le petit axe sera divisé harmoniquement par les deux cercles, puisque ces cercles se coupent à angle droit; comme d'ailleurs le point S est situé au milieu de l'intervalle des points d'intersection du cercle décrit avec la longueur de la tangente et de l'axe, ces points sont les extrémités de cet axe.

Cette construction peut utilement être appliquée lorsqu'on a déterminé, au moyen du planimètre des moments, trois moments d'inertie. c'est-à-dire les distances du centre de gravité à trois tangentes.

Sur la Pl. XIV$_6$, nous avons établi, entre l'ellipse centrale et le cercle décrit sur le petit axe, une relation collinéaire, telle que ces deux figures aient en commun le petit axe lui-même et le point à l'infini sur la direction du grand axe. Les abscisses des points correspondants sont alors dans le rapport des axes. On n'a, par suite, qu'à construire la figure correspondante au contour du profil, par rapport au cercle, en exécutant toutes les constructions polaires par rapport à ce cercle, et à passer ensuite de cette figure à la figure correspondante par rapport à l'ellipse. Considérons, par exemple, le point M du contour; son symétrique est M_1, et le point M_2 correspondant à M, s'obtient au moyen de deux rayons SM_1 et SM_2 tels qu'ils coupent à la même hauteur deux tangentes parallèles au petit axe, menées aux cercles décrits sur les deux axes de l'ellipse. En menant de M_2 deux tangentes au cercle décrit sur le petit axe, on obtient la polaire m_2 du point M_2 par rapport au cercle. En utilisant les rayons qui passent par les points de contact de ces tangentes, pour déterminer des points de l'ellipse au moyen de deux cercles concentriques décrits sur les axes (par la méthode bien connue, à laquelle nous avons eu souvent recours), les points obtenus sont sur l'antipolaire m du point M par rapport à l'ellipse.

La construction de la *fig.* 5 ne diffère de celle de la *fig.* 6 qu'en ce que la relation collinéaire a été établie avec le cercle décrit sur le grand axe, et non avec le cercle décrit sur le petit axe. Dans ce cas, le point M_2, d'où l'on mène deux tangentes au cercle, est le point M_1, déplacé parallèlement au petit axe, au lieu d'être déplacé parallèlement au grand axe. comme dans la *fig.* 6.

Lorsqu'on emploie un profil de fer comme poutre, ce profil doit, pour une même surface, présenter le plus grand moment de résistance possible et la plus grande hauteur possible pour le noyau central. Cette dernière condition a pour but de donner la plus grande sécurité possible pour l'écart entre le point d'application de la résultante des forces extérieures et le centre de gravité, parce que, dans la plupart des constructions, cette résultante ne doit pas sortir du noyau central. Le moment de résistance est, d'après le n° 103 (p. 390), égal à $\dfrac{k^2}{c} \cdot \rho F$; pour une même valeur du coefficient de résistance ρ, ce moment a trois dimensions; par suite, chaque dimension devant être divisée par $\sqrt{F}$, si l'on veut rapporter le moment à la même surface, il faudra diviser le moment lui-même par $\mathrm{F}^{\frac{3}{2}}$, ce qui donne

$$\frac{k^2}{c\sqrt{\mathrm{F}}}.$$

Cette expression représente donc un coefficient qui croît ou diminue lorsque le moment de résistance croît ou diminue, la surface du profil restant la même, ainsi que la matière employée ; ce coefficient peut par suite servir à comparer la valeur des différentes formes de profil au point de vue de la résistance.

Quant à la hauteur du noyau central, il faut la diviser par $\sqrt{\mathrm{F}}$. Si on désigne par c et c' les distances des deux fibres les plus éloignées par rapport au centre de gravité, la hauteur du noyau central sera $\dfrac{k^2}{c} + \dfrac{k^2}{c'}$, et le rapport cherché sera

$$\mu = \frac{k^2}{c\sqrt{\mathrm{F}}}\left(1 + \frac{c}{c'}\right).$$

Dans les profils symétriques, c est égal à c' ; dans les profils non symétriques, c est plus grand que c'. Par suite, dans les premiers profils, le coefficient μ est le double du coefficient $\dfrac{k^2}{c\sqrt{\mathrm{F}}}$, et, dans les seconds, il est un peu plus grand que le double. Mais, en réalité, les deux coefficients représentent une seule et même propriété, c'est-à-dire la valeur de la forme du profil au point de vue de la résistance.

Nous donnons, dans le tableau ci-après, la valeur de ces coefficients pour les différents profils construits Pl. XII, XIII et XIV :

Planches	Figures.	Profils.	F.	k.	$k^2\mathrm{F}$.	$k^2\mathrm{F}:c$.	$k^2:c\sqrt{\mathrm{F}}$.	μ.
XII		Rail.	47,85	4,7	1 057,0	162,14	0,490	0,983
XIII		⌐	40,8	5,2	1 103,2	95,10	0,365	1,053
XIV	1	I	10,07	4,42	196,73	33,28	1,041	2,082
»	2	⌐	9,77	3,05	90,85	23,15	0,758	1,516
»	3	⊥	13,28	3,10	127,63	24,49	0,506	1,280
»	4	⊥	15,70	2,57	103,69	15,25	0,245	0,946
»	5	⊏	8,70	2.73	64,84	18,26	0,712	1,424
»	6	Ω	4,70	1,55	11,29	5,32	0,522	1,083
»	7	Ω	10,40	0,66	4,53	2,86	0,085	0,186
»	8	+	6,10	0,97	5,74	2,28	0,151	0,303

Ce tableau exprime en nombres des propriétés bien connues. Nous trouvons, comme forme du profil la plus avantageuse, le double T, qui réunit le plus de matière possible dans les parties les plus éloignées du centre de gravité, et donne par suite la plus grande résistance pour une même surface. Son coefficient de résistance est 1,04, et cette valeur pourrait même être augmentée, en renforçant les ailes aux dépens de l'âme, qui a une force plus que suffisante. Au contraire, on diminuerait la valeur du coefficient en renforçant l'âme aux dépens des aîles, comme cela a lieu pour les profils Γ et C, Pl. XIV$_{\text{2 et 5}}$, dont les coefficients sont respectivement 0,758 et 0,712. Après ces deux profils, vient le fer Zorès Ω, Pl. XIV$_{6}$, qui n'a, par suite de sa faible hauteur, qu'un coefficient égal à 0,522. Le fer $\perp$ de la Pl. XIV$_{3}$ a un coefficient de 0,506, presque égal à celui du fer Zorès; le rail de la Pl. XII est plus faible à cause de la grande épaisseur donnée à l'âme; son coefficient n'est que de 0,49. Le fer $+$, Pl. XIV$_{8}$, est beaucoup plus faible encore, car son coefficient n'est que de 0,151. Mais le plus désavantageux de tous les profils est le rail plat américain Ω_{I}, Pl. XIV$_{9}$, dont le coefficient s'abaisse à 0,085. Pour cette forme de profil, la résistance est 12 fois plus faible que pour la forme à double T. Cependant, c'est une forme de ce genre que l'on essaye d'introduire sur certains chemins de fer allemands. Et si l'on s'informe des motifs qui ont déterminé l'adoption d'un type aussi mauvais, on apprend que le but principal que doit remplir ce rail n'est pas de supporter des trains, mais « *d'incommoder le moins possible le public*! »

Nous devons encore appeler l'attention sur une propriété particulière. On a quelquefois essayé de renforcer la partie supérieure du fer Zorès, au moyen d'un petit renflement que nous avons représenté en pointillé sur la Pl. XIV$_{6}$. Si on recherche quelle est la résistance de ce fer Zorès, on trouve qu'elle est plus faible avec que sans renflement. Ainsi, l'addition d'une petite quantité de matière à un profil peut diminuer la résistance de ce profil. On s'explique facilement cette contradiction apparente au moyen de l'expression $\dfrac{k^2}{c}\,\rho F$ du moment de résistance. On voit, en effet, que l'addition du renflement a eu pour résultat d'augmenter très-peu $k^2 F$, et, au contraire, d'augmenter c dans une proportion relativement considérable, de sorte que cette forme donne un moment de résistance plus faible pour une même valeur de ρ.

Il n'est pas difficile d'exprimer la variation du moment de résistance d'un profil de surface F par suite de l'addition d'une petite surface ΔF. Désignons par l la distance des centres de gravité des deux surfaces; par $y = \dfrac{Fl}{F + \Delta F}$ la distance du centre de gravité de la surface ΔF par rapport au centre de gravité de l'ensemble des deux surfaces; par $c + \Delta c$ la distance de la fibre la plus éloignée de la surface $F + \Delta F$ par rapport à ce centre de gravité ; par k et k_Δ les hauteurs des ellipses centrales des surfaces F et ΔF. Le moment des résistance de la surface totale sera, d'après le n° 99 (p. 370)

$$\frac{\rho}{c + \Delta c} \left(ly\Delta F + k^2 F + k_\Delta^2 \Delta F \right).$$

En retranchant de cette expression le moment de résistance primitif $k^2 \rho F : c$, on obtient pour l'accroissement du moment

$$\frac{\rho}{c + \Delta c} \left[(ly + k_\Delta^2)\Delta F - \frac{\Delta c}{c} k^2 F \right) = \frac{\rho k^2 F}{c + \Delta c} \left(\frac{ly + k_\Delta^2}{k^2} \cdot \frac{\Delta F}{F} - \frac{\Delta c}{c} \right).$$

Si on remarque que $\dfrac{ly + k_\Delta^2}{k^2}$ ne diffère pas d'une manière bien sensible de 1, cette dernière expression montre que, *lorsque le rapport de l'accroissement de la surface, à l'accroissement de la distance de la fibre extrême, est sensiblement égal au rapport de la surface primitive à la distance primitive, le moment de résistance ne varie pas. Mais si la distance de la fibre extrême augmente plus rapidement que la surface, le moment diminue.*

Appliquons les formules précédentes à un exemple, et recherchons si, en laissant subsister la lame supérieure dans le profil symétrique dont une moitié est représentée par la *fig.* 185, le moment de résistance croît ou diminue.

Par suite de la symétrie, le centre de gravité ne change pas dans cette nouvelle disposition ; on a par suite

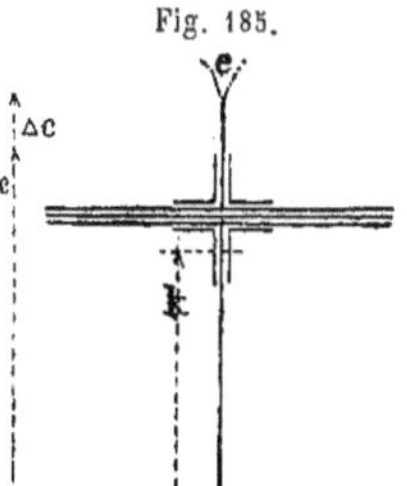

Fig. 185.

$$y = l = c + \frac{1}{2} \Delta c,$$

$$k_\Delta^2 = \frac{1}{12} \Delta c^2,$$

$$\Delta F = e \cdot \Delta c.$$

L'accroissement du moment est par conséquent

$$\frac{\rho \Delta c}{c(c + \Delta c)} \cdot k^2 F \left[\frac{(c + \frac{1}{2} \Delta c)^2 + \frac{1}{12} \Delta c^2}{k^2} \cdot \frac{ec}{F} - 1 \right].$$

ec représente la section d'une lame de même hauteur que la poutre. Si donc cette section n'est pas sensiblement égale à celle de la poutre, l'addition de la lame aura pour effet de diminuer le moment de résistance. Si l'on a, par exemple, en centimètres $c = 250$, $k = 235$, $\Delta c = 6$

et $F = 600$, et, par suite, $\dfrac{F}{c} = 2,4$, l'expression ci-dessus devient

$$\frac{\rho \Delta c}{c + \Delta c} \cdot k^2 F \left(1,16 \cdot \frac{e}{2,4} - 1 \right).$$

Il faut par suite que l'épaisseur e de la lame supérieure soit au moins égale à $\dfrac{2,4}{1,16} = 2^{\text{cent.}},07$ pour que l'addition de cette lame ne diminue pas le moment de résistance.

Toutefois, afin de rassurer les constructeurs, nous croyons utile d'ajouter que cette lame additionnelle ne peut pas en réalité diminuer la résistance de la poutre ; si, en effet, le profil primitif présente un moment de résistance plus considérable que celui du profil augmenté, on peut toujours compter sur la résistance du profil primitif, quand même les parties ajoutées viendraient à être déchirées par suite de l'effort plus considérable auxquelles leurs fibres sont soumises. On peut donc dire : *quand, en ne tenant pas compte de certaines parties d'un profil, le moment de résistance est augmenté, il est permis d'admettre, pour le calcul de la résistance de la poutre, ce dernier moment.* Le moment sur lequel on peut en réalité compter est ainsi le maximum des moments que l'on peut obtenir en combinant les différents éléments du profil.

Il convient naturellement, dans la pratique, de bien se garder de perdre de la matière en l'employant dans des positions aussi défavorables. Les lames les plus larges doivent former les parties extrêmes de la poutre, de manière à utiliser toute la résistance qu'elles sont susceptibles d'offrir. Les sections à double T simple et à coffre ⊓ sont par suite les meilleures.

CHAPITRE V

MOMENTS D'INERTIE, ELLIPSOÏDES CENTRAUX ET NOYAUX DE QUELQUES CORPS

118. ELLIPSOÏDE CENTRAL ET NOYAU D'UN PRISME ET D'UN CYLINDRE

Dans un prisme ou dans un cylindre limité par des plans parallèles, la position de ces plans est conjuguée à la direction des arêtes ou des génératrices, par rapport au centre de gravité.

Comme toutes les parallèles aux arêtes ont la même longueur, la section faite par le centre de gravité parallèlement aux bases est également chargée dans toutes ses parties; son ellipse centrale et son noyau sont par suite les sections de l'ellipsoïde central et du noyau.

Comme toutes les sections parallèles sont égales, les segments interceptés, sur la parallèle aux arêtes, menée par le centre de gravité, par les bases du prisme, par l'ellipsoïde central et par le noyau sont égaux à ceux qui sont interceptés par les côtés, par l'ellipse centrale et par le noyau d'un parallélogramme de même hauteur, sur la droite qui joint les milieux de deux côtés opposés. Si l'on remarque en outre qu'au périmètre d'une base correspond, d'après le n° 104 (p. 388), une pyramide ou un cône dont le sommet est le pôle de cette base, il en résulte que l'ellipsoïde central et le noyau sont complètement déterminés. La hauteur de l'ellipsoïde central est égale à $\sqrt{\dfrac{1}{12}}$ ou 0,289 de la hauteur du prisme ou du cylindre, et la hauteur du noyau, qui est formé par la réunion de deux pyramides ou de deux cônes, occupe le tiers intermédiaire du prisme.

119. MOMENTS D'INERTIE D'UN TÉTRAÈDRE

Pour déterminer d'une manière générale les moments d'inertie des corps limités par des surfaces planes, on peut décomposer chaque face en triangles, et projeter ces triangles d'un même point, par exemple, de l'origine des coordonnées, du point à l'infini d'un des axes ou d'un sommet du corps. On décompose ainsi le corps en un certain nombre de tétraèdres ou de prismes triangulaires, dont on détermine les moments, et on n'a plus qu'à faire la somme de ces moments. Pour pouvoir exécuter ces opérations, il est nécessaire de savoir déterminer les moments d'un tétraèdre ou d'un prisme triangulaire à bases non parallèles, lorsqu'on donne les coordonnées des sommets de ces corps. Nous chercherons d'abord l'expression du moment centrifuge $\Sigma xy\,\Delta\mathfrak{J}$ d'un prisme à bases non parallèles, et nous en déduirons tous les autres moments.

Dans ces calculs, nous laisserons de côté le sinus de l'angle solide et les angles que les axes coordonnées font entre eux, c'est-à-dire que nous supposerons les axes rectangulaires. Les formules que nous obtiendrons ainsi s'appliqueront d'une manière générale à des axes obliques, car, d'après le n° 58 (p. 198), les moments par rapport à des plans fixes ne diffèrent que par des facteurs constants, lorsqu'on change les axes. Par suite, pour appliquer les formules à des axes obliques, on n'a qu'à remplacer le déterminant du volume, par le volume divisé par le sinus de l'angle solide, et les déterminants des surfaces, par les surfaces divisées par le sinus de l'angle des axes correspondants.

Soit provisoirement, jusqu'à l'élimination des constantes,

$$z = \alpha x + \beta y + c,$$

l'équation du plan qui limite le prisme. On a à déterminer l'intégrale :

$$\int_{x_1}^{x_2} x\,dx \int_{0}^{y} (\alpha x + \beta y + c)y\,dy,$$

dans laquelle y est égal à :

$$y = \frac{y_2 - y_1}{x_2 - x_1}\,x + \frac{x_2 y_1 - x_1 y_2}{x_2 - x_1}.$$

En employant les formules générales du n° 95 (p. 350), on obtient pour cette intégrale l'expression

$$\frac{\alpha}{60}(x_2 - x_1)\left[(6y^2_1 + 3y_1 y_2 + y^2_2)x^2_1 + (3y^2_1 + 4y_1 y_2 + 3y^2_2)x_1 x_2 + (y^2_1 + 3y_1 y_2 + 6y^2_2)x^2_2\right]$$

$$+ \frac{\beta}{60}(x_2 - x_1)\left[(4y^3_1 + 3y^2_1 y_2 + 2y_1 y'^2_2 + y^3_2)x_1 + (y^3_1 + 2y^2_1 y_2 + 3y_1 y^2_2 + 4y^3_2)x_2\right]$$

$$+ \frac{c}{12}(x_2 - x_1)\left[y^3_1 + y^2_1 y_2 + y_1 y^2_2 + y^3_2\right].$$

Cette somme représente le moment d'un prisme, dont les bases sont situées dans le plan des xy et dans le plan $z = \alpha x + \dots$, et dont les faces latérales sont le plan des xz, deux plans parallèles au plan des yz, menés par les points $(x_1 y_1 z_1)(x_2 y_2 z_2)$ que nous désignerons pour simplifier par 1 et 2, et un plan parallèle à l'axe des z, mené par les mêmes points. Nous obtiendrons le moment du prisme dont la base dans le plan z est le triangle 123, en écrivant les expressions analogues à l'expression précédente pour les points 23 et 31, et faisant la somme des trois expressions ainsi obtenues. Dans cette opération, nous prendrons, pour les différences des abscisses, des signes tels que l'expression du double de la surface de la projection du triangle 123, ou

$$F_{123} = \begin{vmatrix} x_1 & y_1 & 1 \\ x_2 & y_2 & 1 \\ x_3 & y_3 & 1 \end{vmatrix} = (x_2 - x_3)y_1 + (x_3 - x_1)y_2 + (x_1 - x_2)y_3,$$

soit positive, ce qui suppose que les indices 123 soient placés dans un ordre tel que le sens de rotation 123 soit le même que celui de $+x$ vers $+y$. On voit par suite que, dans la somme des moments, le moment développé ci-dessus doit être affecté du signe $-$, c'est-à-dire que les expressions, toujours positives, placées entre parenthèses doivent être multipliées respectivement par les différences d'abscisses $(x_1 - x_2)$, $(x_2 - x_3)$ et $(x_3 - x_1)$.

Dans ce cas, la somme est divisible par F_{123} et le moment centrifuge $\mathfrak{C}_{123}$ peut être mis sous la forme :

$$\mathfrak{C}_{123} = \frac{\alpha F_{123}}{60} \begin{bmatrix} (3x^2_1 + 2x_1x_2 + 2x_1x_3 + x^2_2 + x_2x_3 + x^2_3)y_1 \\ (x^2_1 + 2x_1x_2 + x_1x_3 + 3x^2_2 + 2x_2x_3 + x^2_3)y_2 \\ (x^2_1 + x_1x_2 + 2x_1x_3 + x^2_2 + 2x_2x_3 + 3x^2_3)y_3 \end{bmatrix}$$
$$+ \frac{\beta F_{123}}{60} \begin{bmatrix} (3y^2_1 + 2y_1y_2 + 2y_1y_3 + y^2_2 + 2y_2y_3 + y^2_3) \\ (y^2_1 + 2y_1y_2 + y_1y_3 + 3y^2_2 + 2y_2y_3 + y^2_3) \\ (y^2_1 + y_1y_2 + 2y_1y_3 + y^2_2 + 2y_2y_3 + 3y^2_3) \end{bmatrix}$$
$$+ \frac{cF_{123}}{24} \begin{bmatrix} (2y_1 + y_2 + y_3)x_1 \\ (y_1 + 2y_2 + y_3)x_2 \\ (y_1 + y_2 + 2y_3)x_3 \end{bmatrix}.$$

Pour l'élimination de a, β et c, posons :

$$Q' = (6x_1 + 2x_2 + 2x_3)y_1 + (2x_1 + 2x_2 + x_3)y_2 + (2x_1 + x_2 + 2x_3)y_3,$$
$$Q'' = (2x_1 + 2x_2 + x_3)y_1 + (2x_1 + 6x_2 + 2x_3)y_2 + (x_1 + 2x_2 + 2x_3)y_3,$$
$$Q''' = (2x_1 + x_2 + 2x_3)y_1 + (x_1 + 2x_2 + 2x_3)y_2 + (2x_1 + 2x_2 + 6x_3)y_3$$
$$= (x_1 + x_2 + 2x_3)(y_1 + y_2 + 2y_3) + (x_1y_1 + x_2y_2 + 2x_3y_3).$$

Le moment $\mathfrak{C}_{123}$ pourra alors être mis sous la forme suivante :

$$\mathfrak{C}_{123} = \frac{F_{123}}{120} [(Q'x_1 + Q''x_2 + Q'''x_3)a + (Q'y_1 + Q''y_2 + Q'''y_3)\beta + (Q' + Q'' + Q''')c].$$

Mais, pour $i = 1, 2, 3$, on a :

$$z_i = ax_i + \beta y_i + c_i.$$

Par suite

$$\mathfrak{C}_{123} = \frac{F_{123}}{120} (Q'z_1 + Q''z_2 + Q'''z_3).$$

C'est là la forme la plus simple du moment centrifuge d'un prisme triangulaire par rapport aux plans zxy ; cette expression ne contient plus les coefficients $\alpha\beta\gamma$, et les coefficients Q_i sont des sommes de termes de la forme $x_g y_h$.

Nous obtiendrons le moment correspondant d'un tétraèdre, en faisant la somme des moments des quatre prismes triangulaires qui projettent ses faces. Considérons un quatrième point $(x_4 y_4 z_4)$, que nous désignerons par 4, et posons :

$$s_x = x_1 + x_2 + x_3 + x_4,$$
$$S_{xy} = (2x_1 + x_2 + x_3 + x_4)y_1 + (x_1 + 2x_2 + x_3 + x_4)y_2 + (x_1 + x_2 + 2x_3 + x_4)y_3$$
$$+ (x_1 + x_2 + x_3 + 2x_4)y_4 = s_x s_y + x_1y_1 + x_2y_2 + x_3y_3 + x_4y_4,$$
$$S_{xx} = s^2_x + x^2_1 + x^2_2 + x^2_3 + x^2_4,$$
$$= 2\begin{bmatrix} x^2_1 + x_1x_2 + x_1x_3 + x_1x_4 \\ x^2_2 + x_2x_3 + x_2x_4 \\ x^2_3 + x_3x_4 \\ x^2_4 \end{bmatrix}$$

Si l'on a égard à la seconde forme de Q''' indiquée précédemment, on peut exprimer

$Q^{(i)}$ au moyen de s, S et des coordonnées $x_i y_i$, $x_4 y_4$, savoir :

$$Q^{(i)} = (s_x - x_4)(s_y - y_4) + (s_x - x_4)y_i + (s_y - y_4)x_i + x_1 y_1 + x_2 y_2 + x_3 y_3 + 2x_i y_i,$$
$$= S_{xy} + s_x(y_i - y_4) + s_y(x_i - x_4) + 2x_i y_i - x_i y_4 - x_4 y_i.$$

On a en particulier :

$$Q'''' = S_{xy} + s_x(y_4 - y_4) + s_y(x_4 - x_4) + 2x_4 y_4 - x_4 y_4 - x_4 y_4 = S_{xy}.$$

En faisant la somme des produits $z_i Q_i$, et tenant compte de cette valeur de Q'''', on obtient pour $\mathfrak{C}_{123}$:

$$\mathfrak{C}_{123} = \frac{F_{123}}{120} (Q'z_1 + Q''z_2 + Q'''z_3 + Q''''z_4 + S_{xy}z_4)$$
$$= \frac{F_{123}}{120} [S_{yz}(s_x - x_4) + S_{zx}(s_y - y_4) + S_{xy}(s_z - z_4) + 2(x_1 y_1 z_1 + x_2 y_2 z_2$$
$$+ x_3 y_3 z_3 + x_4 y_4 z_4) - 2s_x s_y s_z].$$

Nous supposons que les indices 1234 des sommets du tétraèdre sont disposés de telle façon dans l'espace que le déterminant :

$$\mathfrak{J} = \begin{vmatrix} x_1 & y_1 & z_1 & 1 \\ x_2 & y_2 & z_2 & 1 \\ x_3 & y_3 & z_3 & 1 \\ x_4 & y_4 & z_4 & 1 \end{vmatrix},$$

qui représente six fois le volume du tétraèdre, soit positif. Dans ce cas, le point 4 doit se trouver au-dessous du plan 123, c'est-à-dire du côté de $-z\infty$ par rapport à ce plan. Si en effet le point 4 était situé dans le plan 123, $\mathfrak{J}$ serait nul, et par suite $z_4 Z_4$ doit être égal et de signe contraire à $z_1 Z_1 + z_2 Z_2 + z_3 Z_3$, Z_i désignant le coefficient de z_i dans $\mathfrak{J}$. Mais comme F_{123} est positif, Z_4 qui est égal à $-F_{123}$ doit être négatif, et il faut par suite que z_4 soit plus petit que l'ordonnée du point $(x_4 y_4)$ du plan 123. Ce résultat concorde avec la proposition générale, d'après laquelle, dans le plan à l'infini, le sens de rotation 4)123 est identique avec le sens $+x\infty + y\infty + z\infty$. Supposons en outre que la projection du point 4 sur le plan xy tombe à l'intérieur du triangle 123, le moment du prisme 123 sera positif, et par suite les moments des trois prismes 124, 234, 314 doivent être négatifs. Comme on a $F_{123} = -Z_4$, $F_{124} = +Z_3$, $F_{234} = +Z_1$, $F_{314} = +Z_2$, il faut, dans chaque $\mathfrak{C}_{ghi}$, mettre à la place de F_{ghi} le $-Z_k$ de l'indice qui manque. En opérant ainsi et ajoutant les quatre $\mathfrak{C}$, on trouve, en ayant égard aux égalités suivantes :

$$x_1 Z_1 + x_2 Z_2 + x_3 Z_3 + x_4 Z_4 = 0,$$
$$y_1 Z_1 + y_2 Z_2 + y_3 Z_3 + y_4 Z_4 = 0,$$
$$z_1 Z_1 + z_2 Z_2 + z_3 Z_3 + z_4 Z_4 = \mathfrak{J},$$
$$Z_1 + Z_2 + Z_3 + Z_4 = 0;$$

que le moment centrifuge du tétraèdre est :

$$\mathfrak{C} = \frac{1}{120} \mathfrak{J} S_{xy}.$$

Le moment d'inertie $\Sigma x^2 \Delta \mathfrak{J}$ s'obtient en faisant $x = y$. Comme les expressions de S sont symétriques par rapport aux coordonnées, il suffira, pour obtenir tous les moments, de permuter les indices xy de S. Il est superflu d'écrire ces expressions.

Nous obtiendrons les quantités a, b, c, A, B, C du n° 106 en divisant ces moments par le volume $\frac{1}{6} \mathfrak{J}$ du tétraèdre, ce qui donne :

$$a^2 = \frac{1}{20}\, S_{xx}, \quad A = \frac{1}{20}\, S_{yz}, \quad x_c = \frac{1}{4}\, s_x,$$

$$b^2 = \frac{1}{20}\, S_{yy}, \quad B = \frac{1}{20}\, S_{zx}, \quad y_c = \frac{1}{4}\, s_y,$$

$$c^2 = \frac{1}{20}\, S_{zz}, \quad C = \frac{1}{20}\, S_{xy}, \quad z_c = \frac{1}{4}\, s_z,$$

La substitution de ces valeurs dans les équations du n° 106 (p. 392) donne les dimensions de l'ellipsoïde d'inertie. Nous n'écrirons pas les résultats; mais nous nous bornerons à indiquer les simplifications qui se produisent pour S_{xy} et S_{xx}, dans le cas où l'origine des coordonnées coïncide avec le sommet 4, et dans le cas où cette origine coïncide avec le centre de gravité. Tous les autres S sont symétriques et les dimensions de l'ellipsoïde correspondant sont simplement proportionnelles à ces valeurs de S.

En prenant l'origine au sommet 4, on a :

$$x_4 = y_4 = z_4 = 0,$$
$$s_x = x_1 + x_2 + x_3, \quad \text{et de même pour } s_y \text{ et } s_z.$$
$$S_{xy} = (x_1 + x_2 + x_3)(y_1 + y_2 + y_3) + x_1 y_1 + x_2 y_2 + x_3 y_3,$$
$$S_{xx} = (x_1 + x_2 + x_3)^2 + (x^2_1 + x^2_2 + x^2_3) = 2\left[x^2_1 + x_1 x_2 + x_1 x_3 + x^2_2 + x_2 x_3 + x^2_3 \right].$$

On voit que ces fonctions sont identiques avec celles du n° 110 d; elles sont composées exactement de la même manière.

En prenant pour axes les trois arêtes qui passent par le sommet 4, toutes les coordonnées deviennent nulles, à l'exception de x_1, y_2 et z_3, et l'on a :

$$a^2 = \frac{1}{10}\, x^2_1, \qquad b^2 = \frac{1}{10}\, y^2_2, \qquad c^2 = \frac{1}{18}\, z^2_3,$$

$$A = \frac{1}{20}\, y_2 z_3, \qquad B = \frac{1}{20}\, x_1 z_3, \qquad C = \frac{1}{20}\, x_1 y_2.$$

Si on prend l'origine des coordonnées au centre de gravité, on a, quelles que soient les directrices des axes, $s_x = s_y = s_z = 0$, et l'on obtient :

$$S_{xx} = x^2_1 + x^2_2 + x^2_3 + x^2_4,$$
$$S_{xy} = x_1 y_1 + x_2 y_2 + x_3 y_3 + x_4 y_4.$$

Les expressions des autres S sont symétriques.

Si on choisit, pour les directions des axes, des parallèles à trois arêtes se coupant en un même sommet, en conservant toujours l'origine des coordonnées au centre de gravité, et qu'on désigne par d, e, f les longueurs de ces trois arêtes, les coordonnées des quatre sommets sont respectivement ·

		x	y	z
Pour le sommet	1	$+\frac{3}{4}\, d,$	$-\frac{1}{4}\, e,$	$-\frac{1}{4}\, f,$
Id.	2	$-\frac{1}{4}\, d,$	$+\frac{3}{4}\, e,$	$-\frac{1}{4}\, f,$
Id.	3	$-\frac{1}{4}\, d,$	$-\frac{1}{4}\, e,$	$+\frac{3}{4}\, f,$
Id.	4	$-\frac{1}{4}\, d,$	$-\frac{1}{4}\, e,$	$-\frac{1}{4}\, f,$

et l'on trouve :

$$a_2 = \frac{3}{80}\, d^2, \qquad b^2 = \frac{3}{80}\, e^2 \qquad c^2 = \frac{3}{80}\, f^2,$$

$$A = -\frac{1}{80}\, ef, \qquad B = \frac{1}{80}\, fd, \qquad C = -\frac{1}{80}\, de.$$

Remarquons la concordance de ces dimensions de l'ellipsoïde central avec celles de l'ellipsoïde d'inertie relatif à un sommet, les axes étant parallèles aux arêtes qui passent par ce sommet. On peut du reste déduire ces dernières dimensions des premières en ajoutant à celles-ci $\frac{1}{16}\, d^2$ ou $\frac{1}{16}\, de$, et on a en effet :

$$\frac{3}{80} + \frac{1}{16} = \frac{1}{10} \quad \text{et} \quad -\frac{1}{80} + \frac{1}{16} = \frac{1}{20}.$$

On obtient les formules les plus simples en prenant pour l'un des axes l'axe des z, par exemple, la droite qui joint les milieux de deux arêtes opposées, et pour les deux autres axes des parallèles à ces arêtes.

Soient h la longueur de la ligne de jonction des deux arêtes, d et e les longueurs de celles-ci, les coordonnées des quatre sommets sont respectivement :

	x	y	z
Pour le sommet 1	$+\frac{1}{2}\, d,$	$0,$	$+\frac{1}{2}\, h,$
Id. 2	$-\frac{1}{2}\, d,$	$0,$	$+\frac{1}{2}\, h,$
Id. 3	$0,$	$+\frac{1}{2}\, e,$	$-\frac{1}{2}\, h,$
Id. 4	$0,$	$-\frac{1}{2}\, e,$	$-\frac{1}{2}\, h,$

ce qui donne :

$$a^2 = \frac{1}{40}\, d^2, \qquad b^2 = \frac{1}{40}\, e^2, \qquad c^2 = \frac{1}{20}\, h^2,$$

et

$$S_{zx} = S_{xy} = S_{yz} = 0.$$

Les trois axes choisis sont donc des diamètres conjugués de l'ellipsoïde central et fournissent les éléments les plus commodes pour la construction de cet ellipsoïde. Le diamètre parallèle à une arête a pour longueur $\frac{1}{\sqrt{10}} = 0,31623$ de la longueur de cette arête; le diamètre parallèle à la droite qui joint les milieux de deux arêtes opposées a pour longueur $\frac{1}{\sqrt{5}} = 0,44721$ de la longueur de cette droite. Ces relations simples donnent les longueurs de trois groupes de trois diamètres conjugués, c'est-à-dire trois fois plus d'éléments qu'il n'en faut pour construire l'ellipsoïde. L'antipolaire de l'arête d est parallèle à la direction conjuguée; elle rencontre la droite qui joint les milieux de cette arête d et de l'arête opposée à une distance :

$$\frac{1}{20}\, h^2 : \frac{1}{2}\, h = \frac{1}{10}\, h.$$

Comme il en est de même pour toutes les autres arêtes, on en conclut que le noyau est un tétraèdre dont les arêtes sont respectivement parallèles à celles du tétraèdre donné, et rencontrent les droites qui joignent deux à deux les milieux des arêtes opposées au $\frac{1}{10}$ de la distance de ces milieux, ou bien au $\frac{1}{5}$ de la distance de chaque arête au centre de gravité. Le noyau d'un tétraèdre est donc un tétraèdre semblable, ayant le même centre de gravité que le tétraèdre donné, et le $\frac{1}{5}$ des dimensions de ce tétraèdre.

120. MOMENTS D'UN PRISME A BASES NON PARALLÈLES

Nous admettrons qu'on prenne l'axe des z parallèle aux arêtes parallèles du prisme. Nous avons déjà déterminé, au commencement du numéro précédent, le moment par rapport au plan z ou xy, pour en déduire les moments d'un tétraèdre. Pour obtenir les autres moments, décomposons le prisme en trois tétraèdres, et faisons la somme des moments de ces trois éléments. Nous aurons, pour le volume $\mathfrak{I}$ du prisme, en désignant, comme précédemment, par F le double de la surface de la base, et par s_x, s_y, s_z la somme des trois coordonnées de même nature (par exemple $s_z = z_1 + z_2 + z_3$) :

$$6\mathfrak{I} = \begin{vmatrix} x_1 & y_1 & z_1 & 1 \\ x_1 & y_1 & & 1 \\ x_2 & y_2 & & 1 \\ x_3 & y_3 & & 1 \end{vmatrix} + \begin{vmatrix} x_1 & y_1 & z_1 & 1 \\ x_2 & y_2 & z_2 & 1 \\ x_2 & y_2 & & 1 \\ x_3 & y_3 & & 1 \end{vmatrix} + \begin{vmatrix} x_1 & y_1 & z_1 & 1 \\ x_2 & y_2 & z_2 & 1 \\ x_3 & y_3 & z_3 & 1 \\ x_3 & y_3 & & 1 \end{vmatrix} = Fs_z.$$

Nous avons mis l'expression de ce volume sous la forme de la somme des volumes des trois tétraèdres, afin de mettre en évidence les coordonnées des sommets de ces tétraèdres.

Cela posé, formons les S du prisme en le considérant comme la somme des trois tétraèdres, et multiplions-les par le volume correspondant zF; nous obtiendrons ainsi le moment total. Nous aurons :

$$20s_z \cdot C = 120 \frac{\mathfrak{M}_{xy}}{F} = [(2x_1 + x_2 + x_3)(2y_1 + y_2 + y_3) + 2x_1y_1 + x_2y_2 + x_3y_3]\,z_1$$
$$+ [(x_1 + 2x_2 + x_3)(y_1 + 2y_2 + y_3) + x_1y_1 + 2x_2y_2 + x_3y_3]\,z_2$$
$$+ [(x_1 + x_2 + 2x_3)(y_1 + y_2 + 2y_3) + x_1y_1 + x_2y_2 + 2x_3y_3]\,z_3$$
$$= s_x s_y s_z + (y_1z_1 + y_2z_2 + y_3z_3)s_x + (x_1z_1 + x_2z_2 + x_3z_3)s_y + (x_1y_1 + x_2y_2 + x_3y_3)s_z$$
$$+ 2(x_1y_1z_1 + x_2y_2z_2 + x_3y_3z_3).$$

Dans ces formules, nous avons d'abord mis en évidence les moments des trois tétraèdres, et nous avons ensuite composé la somme de ces trois moments en une expression qui est complètement symétrique par rapport aux trois coordonnées xyz. On en déduit la proposition suivante : *Si l'on considère un triangle dans l'espace, comme la base de trois prismes de projection, ayant respectivement leurs arêtes parallèles aux axes et leur autre base située dans chaque plan de projection, et qu'on forme les moments centrifuges de chacun de ces prismes, par rapport aux deux plans de projection qui ne contiennent pas cette base, ces moments centrifuges seront proportionnels aux projections du triangle, divisées par le sinus de l'angle des axes dans chaque plan de projection.* Les rapports $\dfrac{\mathfrak{M}_{xy}}{F}$ restent en effet constants quand on permute x, y, z.

Les moments d'inertie $\mathfrak{M}_{xx}$ et $\mathfrak{M}_{yy}$ se déduisent du moment précédent en faisant $y = x$ ou $x = y$. Nous n'écrirons qu'un seul de ces moments :

$$20 s_z a^2 = 120 \frac{\mathfrak{M}_{xx}}{F} = s^2_x s_z + 2(x_1z_1 + x_2z_2 + x_3z_3)s_x + (x^2_1 + x^2_2 + x^2_3)s_z$$
$$+ 2(x^2_1z_1 + x^2_2z_2 + x^2_3z_3).$$

Cette expression ne contient aucun y. On obtiendra $\mathfrak{M}_{yy}$ en remplaçant x par y. On a en outre :

$$20\,s_x B = 120\,\frac{\mathfrak{M}_{xx}}{F} = [(2x_1 + x_2 + x_3)z_1 \qquad\qquad + x_1 z_1 \qquad\qquad]z_1$$
$$+ [(x_1 + 2x_2 + x_3)(z_1 + z_2) \qquad + x_1 z_1 + x_2 z_2 \qquad]z_2$$
$$+ [(x_1 + x_2 + 2x_3)(z_1 + z_2 + z_3) + x_1 z_1 + x_2 z_2 + x_3 z_3]z_3$$
$$= s_x s^2_z + 2(x_1 z^2_1 + x_2 z^2_2 + x_3 z^2_3) - x_1 z_2 z_3 - z_1 x_2 z_3 - z_1 z_2 x_3.$$

Le moment $\mathfrak{M}_{yz}$ s'obtient en remplaçant x par y.

Enfin, on a, pour le moment $\mathfrak{M}_{zz}$, l'expression :

$$20\,s_z c^2 = 120\,\frac{\mathfrak{M}_{zz}}{F} = [2z^2_1 \qquad\qquad\qquad]z_1$$
$$+ [(z_1 + z_2)^2 + z^2_1 + z^2_2 \qquad\qquad]z_2$$
$$+ [(z_1 + z_2 + z_3)^2 + z^2_1 + z^2_2 + z^2_3]z_3$$
$$= 2[(z^2_1 + z^2_2 + z^2_3)s_z + z_1 z_2 z_3]$$
$$= 2[s^2_z - 2(z_1 z_2 + z_2 z_3 + z_3 z_1)s_z + z_1 z_2 z_3].$$

Il est facile de déduire de ces différents moments les dimensions de l'ellipse centrale. Mais comme la substitution de ces expressions dans les formules générales du n° 108 (p. 401) ne donne aucune simplification, il est inutile de l'effectuer.

121. MOMENTS DE LA PYRAMIDE ET DU CÔNE

Les moments d'une pyramide et d'un cône peuvent se ramener aux moments de la base. Prenons pour origine des coordonnées le sommet du cône et pour plan des yz un plan parallèle à la base. Soient l l'abscisse de la base, F, y'_c, z'_c, h', k', A' la surface, les coordonnées du centre de gravité et les dimensions de l'ellipse centrale de cette base. Partageons la pyramide ou le cône en une série d'éléments parallèles à la base. Les dimensions correspondantes pour une de ces surfaces élémentaires seront :

$$\frac{x^2}{l^2}\,F,\ \frac{x}{l}\,y'_c,\ \frac{x}{l}\,z'_c,\ \frac{x}{l}\,h',\ \frac{x}{l}\,k',\ \frac{x^2}{l^2}\,A'.$$

Formons, à l'aide de ces expressions, les moments des surfaces $\dfrac{x^2}{l^2}\,Fdx$ et ajoutons-les ; nous obtiendrons les moments du cône :

$$\mathfrak{M}_{xx} = \int_0^l x^2 \cdot \frac{x^2}{l^2}\,Fdx = \frac{1}{5}\,l^3 F = \frac{3}{5}\,l^2 \mathfrak{I},$$

$$\mathfrak{M}_{xy} = \int_0^l x \cdot \frac{x}{l}\,y'_c \cdot \frac{x^2}{l^3}\,Fdx = \frac{1}{5}\,l^2 y'_c F = \frac{3}{5}\,ly'_c \mathfrak{I},$$

$$\mathfrak{M}_{xx} = \int_0^l x \cdot \frac{x}{l}\, y'_c \cdot \frac{x^2}{l^2}\, \mathrm{F}\, dx = \frac{1}{5}\, l^2 y'_c \mathrm{F} = \frac{3}{5}\, l z'_c \mathfrak{I},$$

$$\mathfrak{M}_{yy} = \int_0^l \frac{x^2}{l^2}\, (y'_c + h'^2) \cdot \frac{x^2}{l^2}\, \mathrm{F}\, dx = \frac{1}{5}\, l(y'^2_c + h'^2)\mathrm{F} = \frac{3}{5}\, (y'^2_c + h'^2)\mathfrak{I},$$

$$\mathfrak{M}_{yz} = \int_0^l \frac{x^2}{l^2}\, (y'_c z'_c + \mathrm{A}') \cdot \frac{x^2}{l^2}\, \mathrm{F}\, dx = \frac{1}{5}\, l(y'_c z'_c + \mathrm{A}')\mathrm{F} = \frac{3}{5}\, (y'_c z'_c + \mathrm{A}')\mathfrak{I},$$

$$\mathfrak{M}_{zz} = \int_0^l \frac{x^2}{l^2}\, (z'^2_c + k'^2) \cdot \frac{x^2}{l^2}\, \mathrm{F}\, dx = \frac{1}{5}\, l(z'^2_c + k'^2)\mathrm{F} = \frac{3}{5}\, (z'^2_c + k'^2)\mathfrak{I}.$$

D'après le n° 97 a, les coordonnées du centre de gravité sont les valeurs suivantes : $\frac{3}{4}\, l$, $\frac{3}{4}\, y'_c$, $\frac{3}{4} z'_c$. Si l'on divise les moments précédemment obtenus par $\mathfrak{I}$, on obtient les dimensions de l'ellipsoïde d'inertie relatif à l'origine des coordonnées. Si l'on en retranche ensuite les carrés et les produits des coordonnées du centre de gravité (dont le coefficient numérique $\frac{9}{16}$ retranché de $\frac{1}{5}$ donne $\frac{3}{80}$), on obtient les dimensions de l'ellipsoïde central, c'est-à-dire :

$$a^2 = \frac{3}{80}\, l^2, \qquad b^2 = \frac{3}{80}\, y'^2_c + \frac{3}{5}\, h'^2,$$

$$\mathrm{C} = \frac{3}{80}\, l y_c, \qquad \mathrm{A} = \frac{3}{80}\, y'z' + \frac{3}{5}\, \mathrm{A}',$$

$$\mathrm{B} = \frac{3}{80}\, l z_c, \qquad c^2 = \frac{3}{80}\, z'^2_c + \frac{3}{5}\, k'^2.$$

Si l'on fait passer l'axe des z par le centre de gravité, y_c et z_c, et par suite aussi B et c, deviennent nuls ; par suite *la droite qui joint le centre de gravité de la base au sommet du cône est conjuguée au plan de la base. La section de l'ellipsoïde central par un plan parallèle à la base, mené par le centre de gravité, est une ellipse semblable à l'ellipse centrale de la base et ses dimensions sont égales à* $\sqrt{\dfrac{3}{5}} = 0{,}77460$ *des dimensions de cette ellipse. La distance au centre de gravité des plans menés tangentiellement à l'ellipsoïde central et parallèlement à la base, c'est-à-dire la demi-hauteur de l'ellipsoïde central, est égale à* $\sqrt{\dfrac{3}{80}} = 0{,}19365$ *de la hauteur du cône.*

Quant aux dimensions du noyau, on peut dire d'une façon générale ; l'antipôle de la base est situé sur le diamètre qui lui est conjugué dans l'ellipsoïde central, et par suite aussi sur la droite qui réunit le sommet à son centre de gravité ; sa distance au centre de gravité est égale à $\frac{3}{80} : \frac{1}{4} = \frac{3}{20}$

de la hauteur du cône. Le plan antipolaire du sommet est parallèle à la base et sa distance au centre de gravité est égale aux $\dfrac{3}{80} : \dfrac{3}{4} = \dfrac{1}{20}$ de la hauteur du cône ; par suite la hauteur totale du noyau est le $\dfrac{1}{5}$ de celle du cône ; en outre, comme à chaque point de la base du cône correspond un plan, passant par l'antipôle de la base, qui est situé à $\dfrac{1}{4} + \dfrac{3}{20} = \dfrac{2}{5}$ de la hauteur, tous ces plans enveloppent un cône, quand le point décrit le périmètre de la base. Le noyau est par suite également un cône, qui occupe le deuxième cinquième de la hauteur du cône donné et dont le sommet et la base sont situés, par rapport au centre de gravité, dans la même direction que le sommet et la base du cône donné. Pour déterminer le rapport entre les bases des deux cônes, faisons une section par le sommet et le centre de gravité du cône. La *fig.* 186 représente cette section ; portons, à partir du centre de gravité, suivant les directions indiquées sur la figure, les longueurs $\dfrac{1}{4}$, $\dfrac{1}{20}$, $\dfrac{3}{20}$ et $\dfrac{3}{4}$ de l ; nous obtiendrons ainsi les positions des bases et des sommets des deux cônes. L'ordonnée du demi-cercle, décrit sur $\left(\dfrac{1}{4} + \dfrac{3}{20}\right) l$ comme diamètre, donne la demi-hauteur $\sqrt{\dfrac{3}{80}}\, l$ de l'ellipsoïde central. Si l'on projette, du point S, l'ellipse centrale de la base, les rayons projetants détermineront sur un plan parallèle mené par $\sqrt{\dfrac{3}{80}}\, l$, la base d'un cylindre enveloppant l'ellipsoïde central. Si, en effet, k est un point de l'ellipse central de la base, on a :

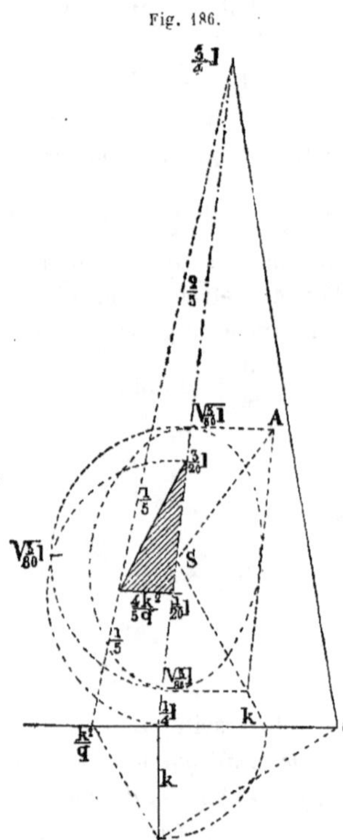

Fig. 186.

$$ k : \tfrac{1}{4} l = \sqrt{\tfrac{3}{5}}\, k : \sqrt{\tfrac{3}{80}}\, l. $$

Déterminons maintenant le plan antipolaire correspondant au point k; il coupe la section (*fig.* 186) suivant l'antipolaire de k. Cette antipolaire passe par le point $\frac{3}{20} l$ et est parallèle à la diagonale SA du parallélogramme circonscrit à l'ellipse, car Sk et SA sont des diamètres conjugués. Elle intercepte sur la base du noyau la longueur $\frac{4}{5} k$, car on a :

$$\frac{4}{5} k : \frac{1}{5} l = \sqrt{\frac{3}{5}} k : \sqrt{\frac{3}{80}} l.$$

Les points d'une droite, menée dans le plan de la base du cône, par le centre de gravité de cette base et le faisceau des antipolaires de ces points, faisceau dont le centre est au point $\frac{3}{20} l$, forment une involution; au point à l'infini de la droite correspond le rayon qui passe par le centre de gravité S du cône; par suite les produits des distances de deux points correspondants de la droite sont constants et égaux à $\frac{8}{5} k^2$, car k et $\frac{8}{5} k$ sont les distances de deux points correspondants. Par suite si q est la distance d'un point quelconque de la base du cône au pied du rayon, qui passe par le centre de gravité S, c'est-à-dire au centre de gravité de la base, le plan antipolaire de ce point coupera, dans la section (*fig.* 186), la base du cône à la distance $\frac{8 k^2}{5q}$ et la base du noyau à la distance $\frac{4 k^2}{5q}$. L'antipolaire de ce même point, par rapport à l'ellipse centrale de la base, coupe le diamètre passant par ce point à la distance $\frac{k^2}{q}$. Donc : *Le noyau d'un cône est également un cône, ayant sa base et son sommet placés comme ceux du cône, et occupant le deuxième cinquième de la hauteur du cône ; la base du noyau est semblable au noyau de la base et semblablement placée. Les centres de similitude sont les points d'intersection du rayon passant par* S, *et les dimensions de la base du noyau sont les $\frac{4}{5}$ de celles du noyau de la base du cône.*

Dans la pyramide triangulaire, ou tétraèdre, le noyau de la base est, d'après le n° 110 *b* (p. 410), semblable à cette base, et ses dimensions sont le quart des dimensions de celles-ci. Les dimensions de la base du noyau du tétraèdre sont par suite égales à $\frac{1}{4} \cdot \frac{4}{5} = \frac{1}{5}$ des dimensions de la base de ce tétraèdre. Comme la hauteur du noyau est aussi le $\frac{1}{5}$ de la hauteur de la pyramide, il en résulte que : *le noyau d'un tétraèdre est un solide, semblable à ce tétraèdre et semblablement placé, par rapport au centre de gravité ; il occupe le $\frac{1}{5}$ intermédiaire du tétraèdre.*

122. MOMENTS D'UN TRONC DE PYRAMIDE OU DE CÔNE A BASES NON PARALLÈLES.

Dans le numéro précédent, nous avons ramené les moments de la pyramide et du cône à ceux de leurs bases ; nous pourrons par suite déterminer les moments d'un tronc de pyramide ou de cône, au moyen des moments de leurs bases. Les moments cherchés seront la différence des moments des deux cônes ou pyramides.

Conservons comme origine des coordonnées le sommet du cône ; prenons pour plan des xz, un plan parallèle à l'une des bases et pour plan des yz, un plan parallèle à l'autre base. Nous pourrons encore disposer de la position du plan des xy et choisir ce plan, de manière à simplifier les résultats. Les relations entre les coordonnées de deux points perspectifs, situés dans les plans des bases $x' = a$ et $y'' = b$ sont les suivantes :

$$\frac{x''}{a} = \frac{b}{y'} = \frac{z''}{z'}.$$

De ces relations, on déduit :

$$z'' = \frac{bz'}{y'}, \quad x'' = \frac{ab}{y'} \quad dx'' = -\frac{ab}{y'^2}\, dy'.$$

La substitution de ces valeurs dans les expressions de la surface et des moments de la base $(x''z'')$ donne la surface et les moments de cette base en fonction des coordonnées y' et z', de sorte que tous les moments sont alors exprimés au moyen des coordonnées d'une seule des bases. La substitution donne :

$$F'' = \int z''\, dx'' = -ab^2 \int \frac{z'\, dy'}{y'^3},$$

$$M''_x = \int z'' x''\, dx'' = -a^2 b^3 \int \frac{z'\, dy'}{y'^4},$$

$$M''_z = \frac{1}{2}\int z''^2\, dx'' = -\frac{1}{2}\, ab^3 \int \frac{z'^2\, dy'}{y'^4},$$

$$\mathfrak{M}''_{xx} = \int z'' x''^2 \, dx'' = -a^3 b^4 \int \frac{z' \, dy'}{y'^5},$$

$$\mathfrak{M}''_{xz} = \frac{1}{2} \int z''^2 x'' \, dx'' = -\frac{1}{2} a^2 b^4 \int \frac{z'^2 \, dy'}{y'^5},$$

$$\mathfrak{M}''_{yz} = \frac{1}{3} \int z''^3 \, dx'' = -\frac{1}{3} ab^4 \int \frac{z'^3 \, dy'}{y'^5}.$$

Les signes — ne sont qu'apparents dans ces formules, car, par suite de la relation réciproque $x''y' = ab$, si, dans les premières intégrales, la limite supérieure est plus grande que la limite inférieure, ce sera l'inverse pour les secondes intégrales, et, en permutant les limites, on rétablit le signe +. Du reste, ces formules ne servent pas souvent dans la pratique. Si les bases sont des polygones, on substituera directement les valeurs de x'' et z'' dans les équations des moments des bases à trois ou plus de trois côtés, c'est-à-dire qu'on utilisera les intégrations déjà effectuées pour ces surfaces. On opèrera de même pour les surfaces limitées par des courbes du second degré, comme nous le montrerons au paragraphe b de ce numéro. Quant aux surfaces limitées par des courbes de degré supérieur au second, on ne pourra les traiter que par des procédés graphiques.

Les moments des bases une fois déterminés par un procédé quelconque, on n'a, d'après ce qui a été dit (p. 463), qu'à les multiplier par le $\frac{1}{5}$ de la hauteur, pour obtenir les moments correspondants de chaque cône. Comme d'ailleurs le rapport des hauteurs de deux cônes peut varier entre 0 et ∞, les expressions générales des différences des moments, c'est-à-dire des moments du tronc de cône, ne sont susceptibles d'aucune simplification. Nous nous dispenserons par suite de les écrire.

Nous terminerons ces considérations par quelques applications.

a) **Moments d'un tronc de pyramide triangulaire à bases non parallèles.**

Lorsqu'on veut déterminer les moments d'un tronc de pyramide considéré isolément et non comme une partie d'un tronc de pyramide à bases ayant plus de trois côtés, le moyen le plus simple consiste à prendre comme axes des coordonnées les trois arêtes qui se coupent au sommet de la pyramide. Appelons, dans ce cas, $x_1 y_2 z_3$ les longueurs des arêtes de la pyramide supposée entière, et λx_1, μy_2, νz_3 les longueurs des arêtes de la pyramide retranchée. Comme les volumes des deux pyramides sont dans le rapport $\frac{1}{\lambda\mu\nu}$, nous aurons immédiatement :

$$a' = \frac{1-\lambda^3\mu\nu}{10(1-\lambda\mu\nu)}\, x^2_1, \qquad b^2 = \frac{1-\lambda\mu^3\nu}{10(1-\lambda\mu\nu)}\, y^2_2. \qquad c^2 = \frac{1-\lambda\mu\nu^3}{10(1-\lambda\mu\nu)}\, z^2_3:$$

$$A = \frac{1-\lambda\mu^2\nu^2}{20(1-\lambda\mu\nu)}\, y_2 z_3, \qquad B = \frac{1-\lambda^2\mu\nu^2}{20(1-\lambda\mu\nu)}\, x_1 z_3, \qquad C = \frac{1-\lambda^2\mu^2\nu}{20(1-\lambda\mu\nu)}\, x_1 y_2.$$

Si au contraire le tronc de pyramide triangulaire forme une partie d'un autre tronc de pyramide, on se servira des formules du numéro précédent pour déterminer les coordonnées d'une base au moyen des coordonnées de l'autre base; on n'effectuera pas les intégrations indiquées, mais on déterminera directement, par substitution les moments des deux pyramides, et on les retranchera l'un de l'autre pour obtenir le moment du tronc.

Suivant que le tronc de pyramide est donné au moyen des coordonnées de l'une ou de l'autre base, on exprimera tous les s et S au moyen de ces coordonnées.

De la relation déjà établie précédemment :

$$\frac{a}{x''} = \frac{y'}{b} = \frac{z'}{z''},$$

et en outre des relations :

$$s'_x = 3a,$$
$$s'_y = y'_1 + y'_2 + y'_3 = ab\left(\frac{1}{x''_1} + \frac{1}{x''_2} + \frac{1}{x''_3}\right),$$
$$s'_z = z'_1 + z'_2 + z'_3 = a\left(\frac{z''_1}{x''_1} + \frac{z''_2}{x''_2} + \frac{z''_3}{x''_3}\right),$$

on déduit :

$$S'_{xx} = 12a^2, \quad S'_{xy} = 4as'_y, \quad S'_{xz} = 4as'_z,$$
$$S'_{yy} = s'^2_y + y'^2_1 + y'^2_2 + y'^2_3 = s'^2_y + a^2b^2\left(\frac{1}{x''^2_1} + \frac{1}{x''^2_2} + \frac{1}{x''^2_3}\right),$$
$$S'_{yz} = s'_y s'_z + y'_1 z'_1 + y'_2 z'_2 + y'_3 z'_3 = s'_y s'_z + a^2b\left(\frac{z''_1}{x''^2_1} + \frac{z''_2}{x''^2_2} + \frac{z''_3}{x''^2_3}\right),$$
$$S'_{zz} = s'^2_z + z'^2_1 + z'^2_2 + z'^2_3 = s'^2_z + a^2\left(\frac{z''^2_1}{x''^2_1} + \frac{z''^2_2}{x''^2_2} + \frac{z''^2_3}{x''^2_3}\right).$$

On a enfin :

$$s''_x = x''_1 + x''_2 + y''_3 = ab\left(\frac{1}{y'_1} + \frac{1}{y'_2} + \frac{1}{y'_3}\right),$$
$$s''_y = 3b,$$
$$s''_z = z''_1 + z''_2 + z''_3 = b\left(\frac{z'_1}{y'_1} + \frac{z'_2}{y'_2} + \frac{z'_3}{y'_3}\right),$$
$$S''_{xy} = 4bs''_x, \quad S''_{yy} = 12b^2, \quad S''_{yz} = 4bs''_z,$$
$$S''_{xx} = s''^2_x + x''^2_1 + x''^2_2 + x''^2_3 = s''^2_x + a^2b^2\left(\frac{1}{y'^2_1} + \frac{1}{y'^2_2} + \frac{1}{y'^2_3}\right),$$
$$S''_{xz} = s''_x s''_z + x''_1 z''_1 + x''_2 z''_2 + x''_3 z''_3 = s''_x s''_z + ab^2\left(\frac{z'_1}{y'^2_1} + \frac{z'_2}{y'^2_2} + \frac{z'_3}{y'^2_3}\right),$$
$$S''_{zz} = s''^2_z + z''^2_1 + z''^2_2 + z''^2_3 = s''^2_z + b^2\left(\frac{z'^2_1}{y'^2_1} + \frac{z'^2_2}{y'^2_2} + \frac{z'^2_3}{y'^2_3}\right).$$

Comme les volumes $\mathfrak{I}'$ et $\mathfrak{I}''$ de la pyramide totale et de la pyramide retranchée sont entre eux dans le rapport des produits des longueurs des trois arêtes, on aura :

$$\frac{\mathfrak{I}'}{\mathfrak{I}''} = \frac{a^3}{x''_1 x''_2 x''_3} = \frac{y'_1 y'_2 y'_3}{b^3} = \frac{1}{\lambda},$$

d'où l'on déduit, pour le volume du tronc de pyramide en fonction de $\mathfrak{I}'$ ou de $\mathfrak{I}''$, les expressions :

$$\mathfrak{I}' - \mathfrak{I}'' = (1 - \lambda)\,\mathfrak{I}' = \left(\frac{1}{\lambda} - 1\right)\mathfrak{I}''.$$

Si l'on forme séparément les moments de chaque pyramide, qu'on les retranche l'un de l'autre et qu'on divise le résultat par le volume du tronc de pyramide, ce qui fait disparaître $\mathfrak{S}'$ et $\mathfrak{S}''$, on obtient les coordonnés du centre de gravité :

$$4x_c = \frac{3a - \lambda S''_x}{1 - \lambda}, \quad 4y_s = \frac{s'_y - 3\lambda b}{1 - \lambda}, \quad 4z_c = \frac{s'_z - \lambda S''_z}{1 - \lambda},$$

et les dimensions de l'ellipsoïde d'inertie sont :

$$20a^2{}_1 = \frac{S'_{xx} - \lambda S''_{xx}}{1 - \lambda}, \quad 20b^2{}_1 = \frac{S'_{yy} - \lambda S''_{yy}}{1 - \lambda}, \quad 20c^2{}_1 = \frac{S'_{zz} - \lambda S''_{zz}}{1 - \lambda},$$

$$20\mathrm{A} = \frac{S'_{yz} - \lambda S''_{yz}}{1 - \lambda}, \quad 20\mathrm{B} = \frac{S'_{zz} - \lambda S''_{zz}}{1 - \lambda}, \quad 20\mathrm{C} = \frac{S'_{xy} - \lambda S''_{xy}}{1 - \lambda},$$

Par suite de la présence du facteur λ, il n'est pas possible de réunir ou de simplifier S' et S'', et l'on voit qu'en général tous les moments devront être calculés comme la différence entre les moments des deux pyramides. Il en sera ainsi toutes les fois qu'il n'existera pas des rapports particuliers entre les coordonnées.

b) Moments d'un tronc de cône du second degré a bases non parallèles.

Pour les motifs indiqués p. 467, nous nous bornerons à montrer comment on doit procéder pour déterminer les moments des deux bases d'un tronc de cône du second degré. Au moyen de ces moments, nous pourrons, d'après le n° 121 (p. 462), déterminer les moments des deux cônes, et la différence de ces derniers moments donnera le moment du tronc de cône. Nous pouvons, d'après ce qui a été dit p. 466, disposer arbitrairement de la position du plan xy, et, par suite, nous prendrons pour ce plan, le plan polaire du point à l'infini de l'axe des z. Les équations des sections du cône par les plans $x' = a$ et $y'' = b$ devront dès lors être de la forme

$$z'^2 = a_{11} + 2a'_{12}y' + a'_{22}y'^2 = a'_{22}\left(y' + \frac{a'_{12}}{a'_{22}}\right)^2 + \frac{\mathrm{A}'_{33}}{a'_{22}},$$

$$z''^2 = a''_{11}x''^2 + 2a''_{12}x'' + a''_{22} = a''_{11}\left(x'' + \frac{a''_{12}}{a''_{22}}\right)^2 + \frac{\mathrm{A}''_{33}}{a''_{11}}.$$

Si l'une de ces équations est donnée, l'autre s'en déduira facilement par la substitution des valeurs des variables données ci-dessus. Si, par exemple, la première équation est donnée, et qu'on y substitue

$$z' = \frac{az''}{x''} \text{ et } y' = \frac{ab}{x''},$$

on obtient

$$a^2z''^2 = a'_{11}x''^2 + 2a'_{12}abx'' + a'_{22}a^2b^2 = a'_{11}\left(x + \frac{a'_{12}}{a'_{11}}ab\right)^2 + \frac{\mathrm{A}'_{33}}{a'_{11}}a^2b^2.$$

En comparant les coefficients de cette dernière équation avec ceux de l'équation correspondante ci-dessus, on trouve que les coefficients a' et a'' sont liés par les relations suivantes :

$$a'_{11} = a^2a''_{11},$$
$$a'_{12}b = aa''_{12},$$
$$a'_{22}b^2 = a''_{22},$$
$$\mathrm{A}'_{33}b^2 = \mathrm{A}''_{33}a^2.$$

Au moyen de ces relations, on peut, d'après le n° 111 d, calculer les moments de chaque base du tronc de cône, puis, d'après le n° 497, les moments des deux cônes. et retrancher ces derniers moments. On détermine enfin les dimensions de l'ellipsoïde d'inertie.

Nous nous dispenserons de développer davantage ces calculs, qui se présentent rarement dans la pratique.

123. MOMENTS DE QUELQUES ELLIPSOÏDES.

Il est très rare que l'on ait à déterminer les moments de corps dont la surface s'étend à l'infini dans toutes les directions; par contre, il arrive fréquemment que l'on a à résoudre ce problème pour des corps qui sont coupés, suivant des ellipses semblables, par tous les plans parallèles à un plan déterminé. Si nous bornons nos recherches au cas où les centres de toutes ces ellipses sont sur une même ligne droite, nous pourrons représenter d'une manière générale la surface de ces corps par l'équation :

$$\frac{y^2}{b^2} + \frac{z^2}{c^2} = u,$$

dans laquelle u représente une fonction de x n'ayant pas de dimension.

Les axes et la surface de l'ellipse dont l'abscisse est x sont :

$$b^2_x = b^2 u, \qquad c^2_x = c^2 u, \qquad F = b_x c_x \pi = bcu\pi.$$

Le volume d'un corps engendré par cette surface et terminé par deux surfaces planes est égal à :

$$\mathfrak{I} = \int F\,dx = bc\pi \int u\,dx,$$

le signe $\int$ devant être pris entre les abscisses des surfaces planes qui limitent le corps.

Le centre de gravité de l'ellipsoïde est situé sur l'axe des x; son abscisse est donnée par l'équation :

$$M_x = \int Fx\,dx = bc\pi \int ux\,dx.$$

En ce qui concerne les moments centrifuges, A est égal à 0 parce que les axes bc sont conjugués, et que par suite le moment A de chaque élément de surface est nul; B et C sont aussi égaux à 0, parce que le centre de gravité de chaque élément est situé sur l'axe des x; les autres moments seront

$$\mathfrak{M}_{xx} = \int \mathrm{F} x^2 \, dx = bc \pi \int u x^2 \, dx,$$

$$\mathfrak{M}_{yy} = \int \frac{1}{2} b^2{}_x \mathrm{F} dx = \frac{1}{4} b^3 c \pi \int u^2 \, dx,$$

$$\mathfrak{M}_{zz} = \int \frac{1}{4} c^2{}_x \mathrm{F} dx = \frac{1}{4} bc^3 \pi \int u^2 \, dx.$$

Pour l'ellipsoïde ordinaire :

$$u = 1 - \frac{x^2}{a^2}$$

$$\mathfrak{J} = bc \pi \int u \, dx = abc \pi \left(\frac{x}{a} - \frac{x^3}{3a^3} \right),$$

$$\mathrm{M}_x = bc \pi \int u x \, dx = a^2 bc \pi \left(\frac{x^2}{2a^2} - \frac{x^4}{4a^4} \right),$$

$$\mathfrak{M}_{xx} = bc \pi \int u x^2 \, dx = a^3 bc \pi \left(\frac{x^3}{3a^3} - \frac{x^5}{5a^5} \right),$$

$$\mathfrak{M}_{yy} = \frac{1}{4} b^3 c \pi \int u^2 \, dx = \frac{1}{4} ab^3 c \pi \left(\frac{x}{a} - \frac{2x^3}{3a^3} + \frac{x^5}{5a^5} \right),$$

$$\mathfrak{M}_{zz} = \frac{1}{4} bc^3 \pi \int u^2 \, dx = \frac{1}{4} abc^3 \pi \left(\frac{x}{a} - \frac{2x^3}{3a^3} + \frac{x^5}{5a^5} \right).$$

Si l'on prend pour limites de la somme $x = -a$ et $x = +a$, on obtient les résultats suivants :

$$\mathfrak{J} = \frac{4}{3} abc \pi, \qquad \mathrm{M}_x = 0,$$

$$\mathfrak{M}_{xx} = \frac{4}{15} a^3 bc \pi, \qquad 44_{yy} = \frac{4}{15} ab^3 c \pi, \qquad 43_{zz} = \frac{4}{15} abc^3 \pi,$$

$$a^2{}_1 = \frac{1}{5} a^2, \qquad b^2{}_1 = \frac{1}{5} b^2, \qquad c^2{}_1 = \frac{1}{5} c^2,$$

a_1, b_1, c_1 représentent les longueurs des diamètres de l'ellipsoïde d'inertie qui, dans ce cas, coïncide avec l'ellipsoïde central. Cet ellipsoïde est semblable à l'ellipsoïde donné et ses dimensions sont à celles de cet ellipsoïde dans le rapport :

$$\frac{1}{\sqrt{5}} = 0{,}44721.$$

Le plan antipolaire du point, dont l'abscisse est égale à a, coupe l'axe des x à la distance :

$$\frac{1}{5} a^2 : a = \frac{1}{5} a.$$

Le noyau est par suite aussi un ellipsoïde qui est semblable à l'ellipsoïde donné et qui occupe à l'intérieur de cet ellipsoïde le cinquième des dimensions linéaires.

En comparant ces relations aux relations correspondantes du tétraèdre, on constate une concordance remarquable (voir n° 122, p. 466). Cette concordance n'est pas fortuite; elle est la conséquence d'une propriété, sur laquelle nous avons déjà appelé l'attention au n° 97 (p. 364). Cette propriété consiste en ce que les surfaces des sections d'un ellipsoïde, dont deux diamètres conjugués sont égaux et parallèles à deux arêtes opposées d'un tétraèdre, et dont le troisième diamètre conjugué est la droite qui joint les milieux de ces arêtes sont, avec les surfaces des sections correspondantes du tétraèdre, dans le rapport $\pi : 1$. Il en résulte que les segments interceptés par l'ellipsoïde d'inertie et le noyau, sur un de ces diamètres, dans les deux corps sont égaux.

Les formules précédentes peuvent s'appliquer à l'hyperboloïde à une nappe (surface réglée), en remplaçant $+ a^2$ par $- a^2$; tous les termes négatifs des équations précédentes deviennent positifs, et nous pouvons nous dispenser d'écrire les nouvelles équations. Sur l'axe des x il n'y a aucun point de la surface, car cet axe coupe la surface aux points imaginaires $\pm ai$; la substitution de a à x n'a donc pas de but et ne donne aucun résultat.

Pour l'hyperboloïde à deux nappes, on a :

$$u = \frac{x^2}{a^2} - 1.$$

Cet hyperboloïde coupe l'axe des x aux points $x = \pm a$; y et z ne prennent des valeurs réelles que pour les valeurs de x qui ne sont pas comprises entre $- a$ et $+ a$. Il faut par suite limiter l'intégration à l'une des deux nappes. Nous l'effectuerons pour le côté des x positifs, en déterminant la constantes d'intégration de chaque intégrale, de telle façon que cette intégrale soit égale à 0 pour $x = + a$.

Nous obtiendrons alors pour cet hyperboloïde :

$$\mathfrak{Z} = bc\pi \int u\,dx = abc\pi \left(\frac{2}{3} - \frac{x}{a} + \frac{x^3}{3a^3} \right),$$

$$\mathrm{M}_x = bc\pi \int ux\,dx = \frac{1}{4} a^2 bc\pi \left(\frac{x^2}{a^2} - 1 \right)^2,$$

$$\mathfrak{M}_{xx} = bc\pi \int ux^2\,dx = a^3 bc\pi \left(\frac{2}{15} - \frac{x^3}{3a^3} + \frac{x^5}{5a^5} \right),$$

$$\mathfrak{M}_{yy} = \frac{1}{4} b^3 c\pi \int u^2\,dx = \frac{1}{4} ab^3 c\pi \left(- \frac{8}{15} + \frac{x}{a} - \frac{2x^3}{3a^3} + \frac{x^5}{5a^5} \right),$$

$$\mathfrak{M}_{zz} = \frac{1}{4} bc^3\pi \int u^2\,dx = \frac{1}{4} abc^3\pi \left(- \frac{8}{15} + \frac{x}{a} - \frac{2x^3}{3a^3} + \frac{x^5}{5a^5} \right).$$

Si, dans ces équations, on prend comme limite supérieure de l'intégration, une valeur de $x > a$, on obtient le volume et les moments de la partie du corps, comprise entre le sommet $+a$ et la section terminale, dont l'abscisse est égale à x.

Pour le paraboloïde elliptique, on a :

$$u = \frac{2x}{p}$$

$$\mathfrak{J} = bc\pi \int u\,dx = bcp\,\pi \cdot \frac{x^2}{p^2},$$

$$\mathrm{M}_x = bc\pi \int ux\,dx = \frac{2}{3}\,bcp^2\pi \cdot \frac{x^3}{p^3},$$

$$\mathfrak{M}_{xx} = bc\pi \int ux^2\,dx = \frac{1}{2}\,bcp^3\pi \cdot \frac{x^4}{p^4},$$

$$\mathfrak{M}_{yy} = \frac{1}{4}\,b^3 c\pi \int u^2\,dx = \frac{1}{3}\,b^3 cp\,\pi \cdot \frac{x^3}{p^3},$$

$$\mathfrak{M}_{zz} = \frac{1}{4}\,bc^3\pi \int u^2\,dx = \frac{1}{3}\,bc^3 p\,\pi \cdot \frac{x^3}{p^3}.$$

En divisant les moments par $\mathfrak{J}$, on obtient la position du centre de gravité et les dimensions de l'ellipsoïde central, pour la portion du paraboloïde comprise entre le sommet et la section terminale d'abscisse x. On trouve ainsi :

$$x_, = \frac{2}{3}\,x, \qquad a^2_{,} = \left[\frac{1}{2} - \left(\frac{2}{3}\right)^2\right] x^2 = \frac{1}{18}\,x^2, \qquad a_1 = 0{,}2357x,$$

$$b^2_{,} = \frac{b^2 x^2}{3p^2}; \qquad b_1 = 0{,}5773.\frac{bx}{p}; \qquad c_1 = 0{,}5773\,\frac{cx}{p}.$$

Le noyau de ce paraboloïde est formé d'un cône, dont le sommet correspond à la section terminale et est situé à une distance du centre de gravité, égale à $\frac{1}{18}\,x^2 : \frac{1}{3}\,x = \frac{1}{6}\,x$, et d'un ellipsoïde correspondant au paraboloïde ; cet ellipsoïde est inscrit dans le cône et coupe l'axe des abscisses au centre de gravité et à une distance de ce centre égale à $\frac{1}{18}\,x^2 : \frac{2}{3}\,x = \frac{1}{12}\,x$.

QUATRIÈME PARTIE

———

ÉLÉMENTS DE LA THÉORIE DE L'ÉLASTICITÉ

CHAPITRE I

FORCES PROPORTIONNELLES A DES LIGNES OU A DES SURFACES

124. FORCES PROPORTIONNELLES A DES LONGUEURS.

On obtient des forces proportionnelles à des longueurs, en exprimant les efforts que subissent les éléments d'un corps, sollicité par des forces quelconques.

Alors même que ces efforts varient pour des points du corps, situés à des distances finies les uns des autres, on peut les supposer constants pour un élément infiniment petit de l'espace, et, dès lors, dans ces limites les théories que nous allons exposer seront tout à fait générales.

Nous admettrons tout d'abord que les efforts produits sur le corps ne changent pas, lorsqu'on suit une certaine direction. Dès lors, si l'on coupe le corps par des plans parallèles, normaux à cette direction, il faudra que les forces extérieures agissant sur ces plans soient les mêmes pour chacune de ces sections. Dans la plupart des cas qui se présentent dans la pratique, ces forces sont nulles; c'est ce qui a lieu, par exemple, lorsque la flexion d'une poutre se produit dans un plan.

En faisant cette hypothèse, nous pouvons, pour le moment, nous borner à étudier un élément limité par deux plans parallèles, distants de l'unité de longueur.

Si l'on coupe un pareil corps par des plans comprenant la direction dont nous avons parlé et normaux par suite aux deux plans parallèles, toutes les forces extérieures à ces sections agiront dans un troisième plan parallèle, situé à égale distance de ces deux plans, et ces forces seront proportionnelles aux longueurs des sections.

Cela posé, toutes les compositions de forces pourront s'effectuer dans ce plan intermédiaire, et c'est ce plan que nous considérerons en étudiant les forces proportionnelles à des longueurs dans un plan.

Lorsque des forces sont proportionnelles aux longueurs des lignes sur lesquelles elles agissent, elles passent toujours par les milieux de ces lignes. Par suite, la direction d'une force S, agissant sur un élément s d'une direction quelconque, est déterminée quand l'on connaît les directions de deux forces A et B qui agissent sur deux autres éléments a et b. Construisons en effet (*fig.* 187) un triangle élémentaire, dont les trois côtés soient parallèles aux directions des éléments considérés, et menons, par les milieux des deux côtés a et b, des parallèles aux directions des forces A et B; la troisième force S devra passer par l'intersection de A et de B et par le milieu de S; sa direction est par suite entièrement déterminée. — Cette construction donne aussi le rapport des trois forces A, B et S; elles sont entre elles comme les côtés du triangle indiqué en traits de force sur la figure; la grandeur d'une seule des trois forces est donc arbitraire, et le choix de cette grandeur détermine celle des deux autres.

Fig. 187.

Quelque simple que soit la construction indiquée (*fig.* 187), il est souvent plus commode, dans la pratique, d'exprimer la relation qui lie A et B de la manière suivante. Décomposons les forces A et B, en leurs points d'intersection avec les côtés a et b, suivant les deux directions a et b; les deux composantes A_ρ et B_ρ, qui agissent sur les côtés a et b, passeront par le milieu de s. Par suite, puisque la résultante des quatre forces $A_\rho A_\sigma B_\rho B_\sigma$ doit passer par ce point, il faut aussi que celle des deux forces $A_\sigma B_\sigma$ qui agissent suivant les côtés a et b, y passe elle-même. Mais, pour que cette condition soit remplie, il faut que ces forces soient entre elles comme les côtés du petit parallélogramme dessiné sur la figure, côtés qui sont proportionnels aux longueurs a et b. Il faut, par suite, que l'on ait :

$$\frac{A_\sigma}{a} = \frac{B_\sigma}{b}.$$

Ce rapport, que nous désignerons par σ, représente la grandeur des forces qui agissent par unité de surface suivant les côtés a et b. La relation qui lie deux forces A et B, agissant sur des sections a et b, peut donc s'énoncer de la manière suivante :

Si l'on décompose les forces qui agissent sur deux surfaces égales (sur l'unité de surface) de deux sections a *et* b, *suivant les directions de* a *et de* b, *les composantes agissant suivant les sections* a *et* b, *sont égales entre elles.*

Cette condition est nécessaire et suffisante pour que deux forces A

Fig. 188.

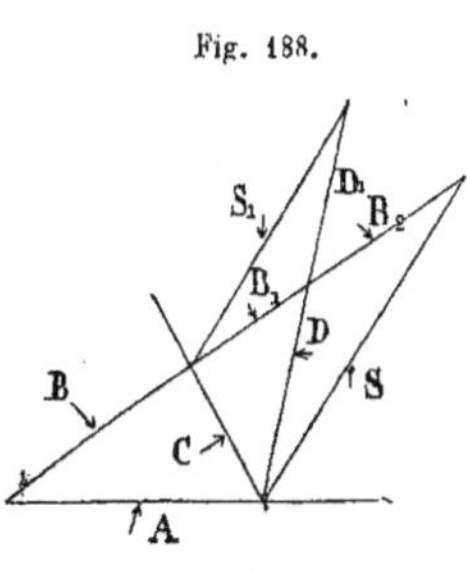

et B puissent être considérées comme les efforts que subit un point matériel suivant deux directions a et b.

Il va de soi que si, partant des deux forces A et B qui agissent sur les directions a et b (*fig.* 188), on détermine les forces C et D qui sollicitent les directions c et d, et qu'on déduise de ces deux dernières la force S qui agit sur une cinquième direction s, on trouvera le même résultat qu'en déterminant S au moyen des deux premières forces A et B. Si, en effet, il n'en était pas ainsi, les résultats de nos constructions n'exprimeraient pas un état d'équilibre.

Ce théorème nous permet de choisir les directions a et b de manière à simplifier les constructions. Nous en donnons ici, à cause de son importance, une autre démonstration, quoique évidemment cette démonstration ne puisse être qu'une juxtaposition d'identités.

Si nous exprimons l'équilibre des forces A, $B + B_1 + B_2$, S de la manière indiquée n° 43 (p. 159) par l'équation

$$A + B + B_1 + B_2 + S = 0,$$

et si nous indiquons par l'équation

$$C = A + B$$

que C est la résultante de A et de B, nous aurons à démontrer que la valeur de S, tirée de l'équation précédente, est égale à $-\dfrac{B_2}{B_1} S_1$; la force S_1, parallèle à S, étant obtenue au moyen de l'équation :

$$C + D + D_1 + S_1 = 0.$$

Car les longueurs des lignes, sur lesquelles agissent S et S_1, sont entre elles comme celles que sollicitent B_1 et B_2, lorsque les directions s sont parallèles. Retranchant de la première équation qui détermine S, l'équation

$$A + B + B_1 + D = 0,$$

qui exprime que D s'obtient au moyen de A, B et B_1, il viendra :

$$S = D - B_2.$$

Retranchant, de même, l'équation

$$C + B_1 + D = 0$$

de l'équation qui donne S_1, il viendra :

$$S_1 = B_1 - D_1.$$

Or

$$D_1 = \frac{B_1}{B_2} D.$$

par suite :

$$S_1 = \frac{B_1}{B_3}(B_2 - D) = -\frac{B_1}{B_2} S.$$

À *étant la force qui agit sur la section* a (fig. 189), *la force* B *qui agit sur une section parallèle à* A *est parallèle à* a. *Deux directions qui se correspondent de cette manière, et dont chacune est la direction de la force qui agit sur une section parallèle à l'autre, sont appelées directions conjuguées.*

Si l'on décompose, en effet, la force A suivant les directions a et b, il faudra que la composante suivant a soit égale à zéro, puisque b est parallèle à A, et, dès lors, la composante de B, suivant la direction b, sera nulle aussi (p. 478), c'est-à-dire que B sera parallèle à a. Nous verrons plus tard que toutes les directions ainsi conjuguées forment un faisceau en involution, ce qui justifie l'expression de directions conjuguées.

123. GRANDEURS ET DIRECTIONS DES FORCES QUI AGISSENT
SUR LES DIVERSES SECTIONS FAITES PAR UN POINT.

Nous avons démontré dans le paragraphe précédent, que l'on peut se servir de deux sections quelconques, pour déterminer la force qui agit

Fig. 189.

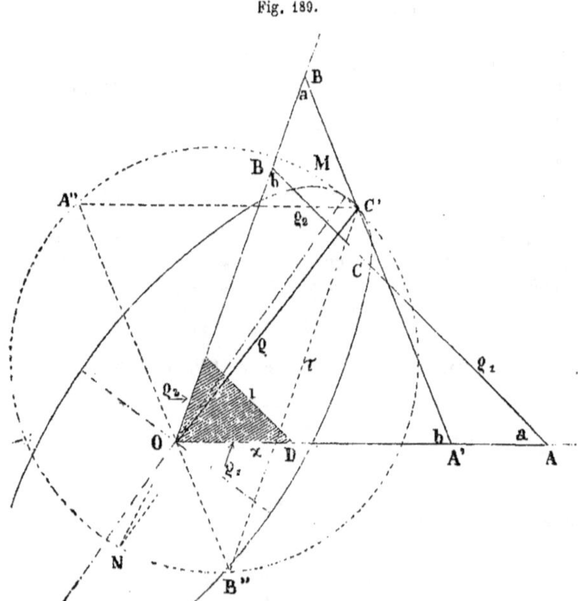

sur une troisième ; nous supposerons par suite données, les forces qui sollicitent deux directions conjuguées, hypothèse qui nous permettra de déterminer le plus simplement possible les relations qui existent entre les diverses sections et les efforts qu'elles subissent.

Soient (*fig.* 189 et 190) deux directions conjuguées a et b, et soient ρ_1 et ρ_2 les forces qui les sollicitent par unité de longueur (ou par unité de surface). Portons ces deux forces sur une droite ACB, de manière que AB soit égal à $\rho_1 + \rho_2$, c'est-à-dire égal à la somme des deux forces (*fig.* 189), lorsque leur effet est de même sens (c'est-à-dire produit une tension ou une compression) pour les sections élémentaires, sur lesquelles elles agissent, et, de manière que AB soit égal à $\rho_1 - \rho_2$, c'est-à-dire à leur différence, lorsque, comme dans la *fig.* 190, ces effets sont de sens con-

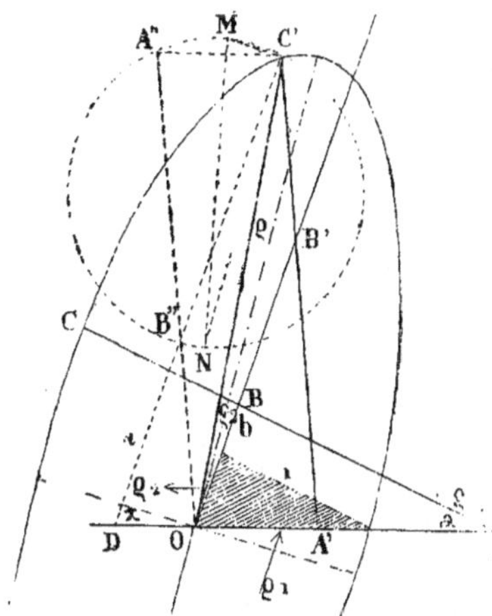

Fig. 190.

traire. Déterminons ensuite, sur a et b, deux points A et B, tels que leur distance soit égale à $\rho_1 \pm \rho_2$, et que la direction AB soit parallèle à celle d'une troisième section, sollicitée par une force inconnue que nous allons chercher. Cela fait, permutons les segments OA et OB, de manière que $OA' = OB = b$ et que $OB' = OA = a$; dans cette nouvelle position A'B' de la droite AB, le point C', qui sépare les deux segments ρ_1 et ρ_2, est tel que la droite OC' représente en grandeur et en direction la force ρ, qui agit sur AB par unité de longueur.

Soient, en effet, $\varkappa$ et ι les composantes OD et DC' de OC' suivant les a et b, on aura :

$$\frac{OD}{OA'} = \frac{\varkappa}{b} = \frac{\rho_2}{\rho_1 + \rho_2} = \frac{B'C'}{B'A'},$$

$$\frac{DC'}{OB'} = \frac{\iota}{a} = \frac{\rho_1}{\rho_1 + \rho_2} = \frac{A'C'}{A'B'}.$$

Or $b\rho_2$ et $a\rho_1$ sont les forces totales B et A, qui agissent sur b et sur a, parallèlement à a et à b ; on aura par suite :

$$\varkappa = \frac{B}{\rho_1 + \rho_2}, \qquad \iota = \frac{A}{\rho_1 + \rho_2}.$$

Soit R la résultante des forces A et B, résultante qui agit sur une longueur $AB = \rho_1 + \rho_2$, il viendra, en composant les deux forces $\varkappa$ et ι :

$$OC' = \frac{R}{\rho_1 + \rho_2} = \rho,$$

OC' est donc la force, par unité de longueur, qui sollicite la direction AB.

On obtient le même résultat dans le cas où les deux forces données ρ_1 et ρ_2 produisent sur les sections a et b des effets de sens différents; il suffit (voir *fig.* 190) de remplacer $+ \rho_2$ par $- \rho_2$, et de répéter les mêmes opérations.

Ces constructions sont identiques avec la construction bien connue de l'ellipse, au moyen d'une droite de longueur constante, dont les extrémités glissent sur deux axes. Par suite : *Si l'on porte à partir d'un même point les forces par unité de longueur, qui agissent sur les différentes directions passant par ce point, le lieu des extrémités de ces forces est une ellipse. Cette ellipse s'appelle ellipse des forces.*

Les parallèles, menées par C' à a et b, déterminent sur une parallèle menée par O à A'B', des points A″ et B″, tels que A″OB″ soit congruent avec ABC. Le cercle circonscrit au triangle A″C'B″ a dès lors un rayon constant pour les diverses positions de C', car la corde A″B″ et l'angle A″C'B″ qu'elle sous-tend restent constants. On voit que le point C', tout en décrivant l'ellipse, se meut sur un cercle invariablement fixé à la droite A″OB″. Il en résulte que les longueurs OM, ON, mesurées sur le diamètre MON qui passe par le point O, sont les longueurs des demi-axes de l'ellipse; la direction de ces axes est celle des droites C'M et C'N, car si l'on donne l'une de ces directions au diamètre OM, le point C' vient se confondre avec le point le plus éloigné de O, soit M, ou avec le plus rapproché N.

D'après ce que nous venons de dire, la construction de l'ellipse des forces peut se faire au moyen de la méthode ordinaire : du centre O, avec les demi-axes OM, ON pris comme rayons, on décrira des circonférences; des rayons quelconques, parallèles aux directions A″B″, rencontreront les deux circonférences en des points dont les coordonnées, par rapport au grand axe et au petit axe, se couperont en un point de l'ellipse. On sait que, dans cette construction, deux points de l'ellipse provenant de deux rayons rectangulaires sont les extrémités de deux diamètres conjugués. Or, si l'on fait tourner AB (*fig.* 189 et 190) de 90 degrés, A'B' et A″B″ tourneront en sens inverse, du même angle; par suite : *à deux sections rectangulaires correspondent comme forces, dans l'ellipse des forces, deux diamètres conjugués.*

126. INVOLUTION DES DIRECTIONS CONJUGUÉES DES FORCES
ET DES SECTIONS

Soient $\tau_1 = -\dfrac{b}{a}$ le coefficient angulaire de la section AB (*fig.* 189) et
$\tau_2 = \dfrac{\iota}{\varkappa}$, celui de la force qui sollicite cette section; on obtiendra, en divisant l'une par l'autre, les valeurs trouvées pour $\varkappa$ et ι dans le numéro précédent :

$$\frac{\iota b}{\varkappa a} = -\,\tau_1\tau_2 = \frac{\rho_1}{\rho_2}.$$

Par suite : *Les rayons conjugués forment un faisceau en involution.*

Cette involution ne coïncide pas avec celles des diamètres conjugués de l'ellipse, que nous avons construite dans le numéro précédent, car au diamètre a_1 ne correspond pas dans cette ellipse le diamètre dont la direction est b, mais bien le diamètre OG, que l'on obtient en plaçant AB normalement à a; il en est de même pour le diamètre b. Deux involutions ne peuvent avoir qu'un seul couple de rayons conjugués communs; dans le cas actuel, ces rayons communs sont les rayons rectangulaires ou les axes de chaque involution. En effet, si l'on suppose connus *a priori* les axes des directions conjuguées des forces et des sections, et si l'on répète, en partant de ces deux directions rectangulaires, les constructions des *fig.* 189 ou 190, l'angle aOb sera droit, et Oa, Ob seront les axes de l'ellipse. Donc : *Les axes de l'ellipse des forces sont des rayons conjugués de l'involution des forces et des sections. Sur une section faite dans la direction de l'un de ces axes, agit une force normale qui est un maximum ou un minimum par rapport à celles qui agissent sur toutes les autres sections. L'effort tranchant est nul dans la direction des axes, et c'est suivant ces directions qu'a lieu la transmission directe des pressions ou tensions.*

L'involution $\tau_1\tau_2$ nous permet de simplifier les constructions du numéro précédent. Portons (*fig.* 191 et 192) sur la direction a une longueur $OG = \rho_2$, et à partir de G, des longueurs $GA = \rho_1$ et $GB = \rho_2$ dans un même sens (*fig.* 191) si ρ_1 et ρ_2 ont des signes différents, et en sens contraire (*fig.* 192) si ρ_1 et ρ_2 ont le même signe. De cette manière A et B sont les points qui doivent glisser sur a et b, pour que G décrive l'ellipse des forces. OA et OB forment, dès lors, un deuxième couple de l'involution, car le coefficient angulaire du rayon OB, bissecteur de l'angle $\widehat{ab}$ est $\tau_1 = \dfrac{\rho_2}{\rho_2} = 1$, et celui du rayon OA est $\tau_2 = -\dfrac{\rho_1}{\rho_2}$, d'où $\tau_1\tau_2 = -\dfrac{\rho_1}{\rho_2}$.

Lorsque ρ_1 et ρ_2 ont des signes différents (*fig.* 191), deux rayons conjugués quelconques sont toujours compris tous les deux entre les rayons OA et OB, ou aucun de ces rayons ne se trouve compris entre ceux-ci;

Fig. 191.
Fig. 192.

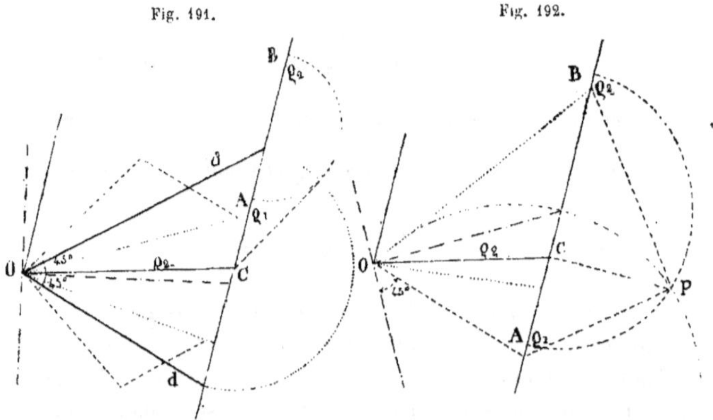

l'involution a alors des rayons doubles. Nous construirons ces derniers, en décrivant un cercle sur AB comme diamètre et en menant une tangente à ce cercle par le point C, centre de l'involution déterminée sur CA par les rayons conjugués. Le rabattement de cette tangente des deux côtés de C, sur la droite CA, au moyen du cercle ponctué, déterminera les rayons doubles *dd*. Les extrémités de chaque demi-cercle dont le centre se trouve sur AC et qui coupe le cercle ponctué sous un angle droit, fournissent des rayons conjugués. Mais cette méthode est peu commode pour la construction des rayons conjugués. Il est beaucoup plus simple, lorsqu'on connaît les rayons doubles, de mener par un point d'un de ces rayons, une parallèle à l'autre; deux rayons conjugués quelconques interceptent de part et d'autre de ce point, sur cette parallèle, des segments égaux. Nous avons employé cette méthode pour déterminer (*fig.* 191) les rayons conjugués des bissectrices de l'angle des axes. Les axes sont eux-mêmes les bissectrices de l'angle des rayons doubles, et sont indiqués en demi-traits ponctués. Les bissectrices des axes, étant perpendiculaires entre elles et formant avec chaque axe le même angle de 45 degrés, ont, comme rayons conjugués, deux diamètres conjugués de l'ellipse qui sont, eux aussi, également inclinés sur chaque axe, et qui passent, par suite, par les sommets du rectangle circonscrit à l'ellipse, dont les côtés sont parallèles aux axes. Ces diamètres sont d'égale longueur, et les axes de l'ellipse sont proportionnels aux perpendiculaires abaissées d'un point quelconque de ces diamètres sur les directions des axes. Ces diamètres sont ponctués sur les *fig.* 191 et 192.

Cela posé, les longueurs des axes peuvent se déterminer facilement au moyen d'un point quelconque C de l'ellipse des forces. Traçons en effet les coordonnées du point C par rapport aux axes, diminuons l'abscisse dans le rapport du petit axe au grand axe, et augmentons l'ordonnée dans le rapport inverse, nous obtiendrons les longueurs cherchées, comme distances des points ainsi obtenus au centre O.

Pour des sections faites suivant les rayons doubles d, la direction de la force coïncide avec celle de la section. On voit que de pareilles sections ne sont sollicitées que par des efforts tranchants. Les deux rayons doubles faisant les mêmes angles avec les axes, les efforts tranchants seront égaux pour ces directions. Toutes les directions conjuguées de forces et de sections sont divisées harmoniquement par les rayons doubles. Deux quelconques de ces directions conjuguées, situées de part et d'autre d'un rayon double et considérées comme sections, sont sollicitées d'une manière inverse l'une de l'autre. Par suite, les rayons doubles séparent les sections comprimées par les forces extérieures, de celles qui subissent une tension.

Lorsque ρ_1 et ρ_2 ont le même signe (*fig.* 192), le point C est situé à l'intérieur du demi-cercle décrit sur AB. Ce demi-cercle coupe alors, sur une perpendiculaire CP à AB, la puissance CP de l'involution. Le cercle qui passe par O, par P et dont le centre se trouve sur AB, détermine sur cette ligne, des points appartenant aux axes, et la longueur de ces axes peut s'obtenir par la méthode employée (*fig.* 191). Un angle droit quelconque, dont le sommet est en P, détermine sur AB des points appartenant à deux rayons conjugués. Il n'existe, dans ce cas, aucun rayon double, c'est-à-dire aucune direction qui ne soit sollicitée que par des efforts tranchants; et la matière, est, par suite, soumise dans toutes les directions à des efforts de même sens.

Nous avons indiqué sur la *fig.* 192, comme nous l'avons fait sur la *fig.* 191, les diamètres conjugués égaux de l'ellipse des forces; ces diamètres correspondent aux bissectrices de l'angle des axes.

Si enfin les forces qui agissent sur deux sections différentes étaient parallèles, les forces agissant sur toutes les autres sections seraient également parallèles à celles-ci. A une section faite suivant la direction de ces forces, correspondrait une force égale à zéro, dont la direction serait indéterminée; par suite aussi, à une direction quelconque des forces, autre que la direction ci-dessus, correspond une seule et même direction des sections. Dans ce cas, les deux rayons doubles coïncident; c'est ce qui a lieu, par exemple, lorsque les surfaces terminales de corps prismatiques sont chargées uniformément. C'est ainsi que, pour un prisme en bois, lorsque la direction de ces forces est celle des fibres, qui offrent peu de résistance à un effort tranchant, on voit la pièce se fendre suivant ces directions, avant que chaque fibre ne fléchisse.

Nous allons résumer les résultats auxquels nous sommes arrivés :

Lorsque les forces qui agissent sur les sections d'un corps sont proportionnelles aux longueurs de ces sections, et que l'on détermine, pour chaque section d'un faisceau, la force qui lui correspond par unité de longueur, ces forces, portées en grandeur et en direction, à partir du sommet du faisceau, formeront avec les sections un faisceau en involution. A une section correspondra comme direction conjuguée celle de la force qui la sollicite.

Les extrémités de toutes les forces sont situées sur une ellipse dont les axes coïncident avec ceux de l'involution.

A des sections rectangulaires correspondent comme forces, des diamètres conjugués de l'ellipse, et en particulier, aux bissectrices des axes, correspondent les diamètres conjugués égaux.

Lorsque l'involution a deux rayons doubles qui, par suite, divisent harmoniquement tous les rayons conjugués et forment des angles égaux avec les axes, les forces qui sollicitent les sections, faites suivant ces rayons, sont égales entre elles et se réduisent à des efforts tranchants. Ces rayons doubles séparent les sections qui sont soumises à des compressions, de celles qui sont soumises à des tensions. Chacun des deux angles des rayons doubles contient un axe, pour la direction duquel l'effort est un maximum ou un minimum; cet effort est normal à la direction de chaque axe et ne donne lieu à aucun effort tranchant.

Lorsque l'involution n'a pas de rayons doubles, il n'existe aucune section qui ne soit soumise qu'à des efforts tranchants. Toutes les sections sont soumises à des efforts de même sens. L'effort maximum se produit suivant la direction du grand axe, et l'effort minimum suivant la direction du petit axe. Aucun effort tranchant n'agit suivant la direction des axes.

Lorsque les rayons doubles se confondent, et coïncident par suite, avec l'un des axes, la force qui agit sur une section quelconque est toujours dirigée suivant cet axe. L'ellipse des forces se réduit à la droite des rayons doubles, et, dans la direction de cette droite, la matière est à la fois soumise à un effort tranchant et à une compression ou à une tension; normalement à cette direction, elle n'est soumise qu'à une compression ou à une tension, ou bien, elle n'est soumise à aucun effort.

127. CONSTRUCTION GÉNÉRALE DE LA FORCE AGISSANT SUR UNE SECTION QUELCONQUE.

Il était simple et commode, pour étudier les relations générales qui existent entre les sections et les forces agissant sur ces sections, de partir de deux directions conjuguées ; mais, dans la pratique, on ne connait pas, *à priori*, deux directions pareilles, mais seulement les forces agissant sur deux sections quelconques, et c'est avec ces données qu'il faut résoudre le problème. Nous allons en donner la solution.

Soit, *fig.* 193, un triangle élémentaire dont les côtés sont entre eux

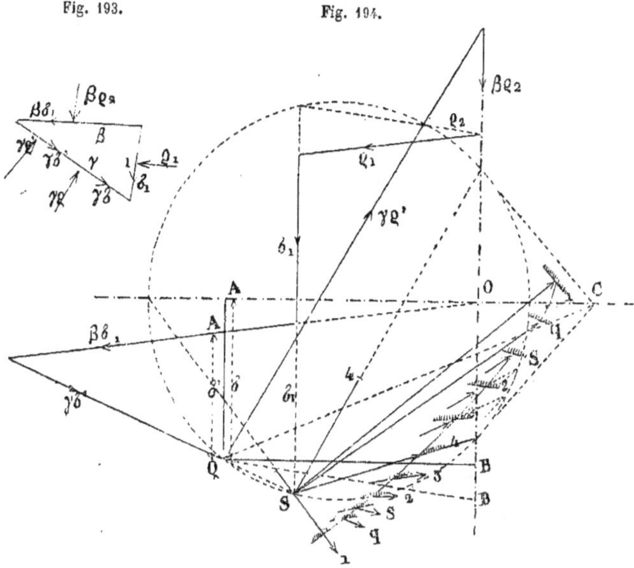

Fig. 193.　　　　Fig. 194.

comme les longueurs 1 β et γ, et supposons données, les forces agissant par unité de surface, sur les côtés 1 et β. Décomposons chacune de ces forces en deux composantes suivant les directions 1 et β. Soient ρ_1 et σ_1 les composantes qui agissent, sur et suivant le côté 1 ; la composante agissant suivant β, sera aussi égale à σ_1 par unité de surface, et, par suite, égale à $\beta\sigma_1$ pour la surface entière ; enfin la force qui agit sur β, sera $\beta\rho_2$, ρ_2 étant celle qui agit par unité de surface. Quant à la force cherchée, qui agit sur le 3e côté γ, décomposons-la d'abord en deux composantes $\gamma\rho'$ et $\gamma\sigma'$, faisant entre elles le même angle que ρ_1 et σ_1 ; puis en deux composantes $\gamma\rho$ et $\gamma\sigma$ normales entre elles. Ces deux décompositions sont indiquées *fig.* 193, mais il faut remarquer qu'elles ne peuvent pas avoir lieu simultanément. Le but de la construction est de déterminer les forces σ et ρ qui agissent, par unité de surface, sur et suivant chaque direction de γ.

Lorsqu'on change la direction et la grandeur de γ, le côté 1 reste fixe, tandis que la grandeur de β varie, sa direction étant constante. On voit

que les forces ρ_1 et σ_1 sont constantes, pendant que les autres forces
varient. Puisque, d'après le n° 124 (p. 477), les six forces que nous avons
à considérer passent par le milieu de γ, c'est-à-dire par un point connu,
il nous suffira de porter les quatre forces données, l'une à la suite de
l'autre, suivant un polygone des forces, et de mener, par les extrémités
de la ligne polygonale ainsi obtenue, des parallèles aux directions des
forces qui agissent sur γ, pour obtenir la grandeur de ces dernières. Au
milieu de la ligne polygonale, se trouvent les deux forces constantes σ_1
et ρ_1 (*fig.* 194 et 195). Avant σ_1 nous avons porté $\beta\sigma_1$, et après ρ_1, $\beta\rho_2$.

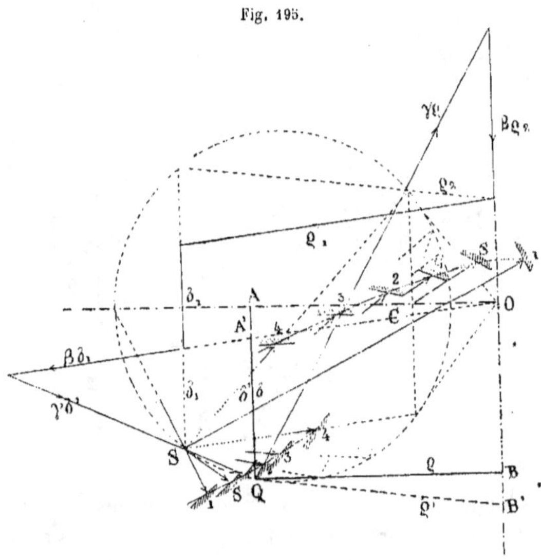

Fig. 195.

Pour obtenir $\beta\sigma_1$ en grandeur et en direction, nous prolongeons σ_1 vers le
bas, d'une quantité égale à elle-même jusqu'en S, et nous construisons,
avec ce nouveau σ_1 (pointillé) comme côté, un triangle semblable à celui
de la *fig.* 193. Dans ce triangle, le côté parallèle à β aura évidemment une
longueur $\beta\sigma_1$. Nous construirons de la même manière la longueur $\beta\rho_2$, à
l'extrémité de ρ_1. Portons d'abord, à cette extrémité, la grandeur de ρ_2
sur une direction formant avec σ_1, et par suite avec $\beta\rho_2$, le même angle
que ρ_1, puis construisons avec ce ρ_2 comme côté, un second triangle
semblable à celui de la *fig.* 193 ; le côté de ce triangle, parallèle à σ_1,
nous donnera la longueur cherchée $\beta\rho_2$. Prolongeons enfin, dans les
triangles que nous venons de construire, les troisièmes côtés, qui correspondent à γ jusqu'à leur intersection Q ; ces côtés fermeront le polygone
des forces $\beta\sigma_1$, σ_1, ρ_1 et ρ_2, et seront, par suite, égaux à $\gamma\sigma'$ et $\gamma\rho'$, car $\gamma\sigma'$

passe par l'origine du polygone et est parallèle à γ, et $\gamma\rho'$ forme avec $\gamma\sigma'$, comme tous les côtés correspondants des deux triangles, le même angle que ρ_1 avec σ_1. En menant enfin par le point Q des parallèles à σ_1 et ρ_2, jusqu'aux forces $\beta\sigma_1$ et $\beta\rho_2$, on obtiendra, par suite de la similitude des triangles $1\beta\gamma$ ainsi formés, les grandeurs de σ' et de ρ'.

Si l'on fait varier la direction de γ, les droites $\gamma\sigma'$ et $\gamma\rho'$ formeront toujours entre elles l'angle constant de σ_1 avec ρ_1, et, comme ces deux droites passent par les extrémités fixes de σ_1 et de ρ_1, leur intersection Q décrira le cercle pointillé dans chacune des *fig.* 194 et 195. Ce cercle passe aussi par l'intersection de σ_1 et de ρ_2, ces dernières droites correspondant à une direction $\beta = 0$. Son centre est situé sur la perpendiculaire abaissée du point d'intersection O des deux lignes $\beta\sigma_1$ et $\beta\rho_2$ sur σ_1, puisque la corde σ_1 entière, est égale à $2\sigma_1 + 2$ fois la projection de ρ_1 sur σ_1, et que la distance du point S à cette perpendiculaire est égale à $\sigma_1 + 1$ fois cette projection. La perpendiculaire divisant la corde en deux parties égales est un diamètre. Nous pouvons donc dire que ρ' et σ' sont les coordonnées du cercle par rapport aux axes $\beta\sigma_1$ et $\beta\rho_2$, coordonnées mesurées parallèlement à σ_1 et ρ_2.

L'angle constant, que forment les coordonnées ρ' et σ', est égal à celui de ρ_1 et de σ_1, et par suite aussi égal à celui des forces $\rho'\sigma'$ elles-mêmes. La droite A'B', qui les sous-tend, représente donc la grandeur de la force qui agit sur la section γ. En prolongeant σ' jusqu'en A, sur le diamètre qui passe par O et en abaissant du point Q une perpendiculaire QB sur $\beta\rho_2$, nous aurons AB $=$ A'B', car A'A $=$ B'B, puisque ρ_1 et ρ_2 forment le même angle avec σ_1. *Les coordonnées rectangulaires $\rho\sigma$ d'un point Q du cercle par rapport aux axes OA, OB, sont donc les forces qui agissent par unité de surface, l'une normalement, l'autre tangentiellement, sur la direction SQ, et la distance du point Q à l'origine des coordonnées O est égale à la résultante agissant sur γ par unité de surface.* On a, en effet : OQ $=$ AB. Pour obtenir cette force AB dans sa position réelle, il faudrait faire tourner l'angle AQB de manière que le côté AQ coïncidât avec γ. On trouvera plus simplement cette direction, en se rappelant que les section et les forces correspondantes, forment une involution pour les rayons doubles de laquelle, ρ est égal à zéro. Les rayons doubles sont, par suite, dans la *fig.* 194, les rayons 4 qui joignent S aux intersections du cercle avec OB. Le centre de l'involution est le pôle C de la ligne OB; deux rayons joignant S aux intersections du cercle avec une sécante partant de C, sont conjugués, et, en particulier les rayons 1 1, qui passent par les intersections du cercle avec le diamètre OC, sont les axes de cette involution, en même temps que ceux de l'ellipse des forces. Cette dernière se construira en portant sur chaque rayon, à partir de son origine

S, la distance au point O du point, où son conjugué coupe le cercle. Nous avons dessiné (*fig.* 194), un quart de cette ellipse, et, à l'extrémité de chaque force, nous avons indiqué la direction qui lui est conjuguée (elle porte le même indice) et nous avons représenté par des hachures la section sur laquelle agit chaque force. Ce quart d'ellipse donne une idée complète de la manière dont le corps résistant est sollicité.

Les sections et les forces tournent en sens inverse, puisque nous avons des rayons doubles dans le cas de la *fig.* 194 ; et l'on voit que les sections $1\,q\,s\,2\,3\,4$ sont soumises à des efforts de sens contraire à ceux qui agissent sur les sections $4\,3\,2\,s\,q\,1$; une section faite suivant le rayon double 4 n'est soumise qu'à un effort tranchant.

Lorsque le cercle ne coupe pas la ligne $\beta\rho_2$ *fig.* 195, l'origine des coordonnées est située en dehors du cercle, et le centre de l'involution, pôle de la droite OA, est située à l'intérieur du cercle. L'involution des forces et des sections n'a pas de rayons doubles, les directions conjuguées sont alternées, les sections et les forces tournent dans le même sens, et le corps résistant est soumis dans toutes les directions à des efforts de même sens. Les axes étant conjugués dans l'involution, alternent avec toutes les autres directions conjuguées ; par suite, les forces et sections conjuguées sont, dans la *fig.* 195, situées dans deux quadrants différents et non dans le même, comme pour la *fig.* 194.

Les rayons qui joignent S (*fig.* 195) aux points où la polaire de O rencontre le cercle, sont les diamètres conjugués égaux de l'ellipse des forces (voir n° 126, p. 483) ; ils ont, avec les rayons doubles, cette propriété commune, que le carré de la tangente de l'angle qu'ils forment avec les axes, est égal au produit des tangentes que forment avec ces axes deux rayons conjugués quelconques. Ces rayons suffisent pour déterminer l'involution, puisque leurs bissectrices forment un second couple de rayons conjugués ; nous les avons indiqués en pointillé sur la figure. On pourrait les appeler rayons doubles imaginaires de l'involution des forces et des sections.

Lorsqu'on transporte le centre S de l'ellipse des forces, en un autre point quelconque du cercle, cette ellipse ne change pas, puisque les angles que forment entre eux les rayons aboutissant à des points fixes du cercle restent constants ; il en est de même de la distance du point O à ces points, c'est-à-dire de la longueur des rayons de l'ellipse. Il en résulte que l'ellipse tourne autour du point S, sans changer de dimensions lorsque S parcourt le cercle ; elle est, par suite, complètement déterminée par les deux points O et C, qui sont situés sur un diamètre du cercle, et conjugués par rapport au cercle.

Si l'on fait abstraction de la grandeur absolue des forces, et si l'on n'a en vue que leur grandeur relative pour les diverses sections, il suffira, pour représenter entièrement la manière dont le corps résistant est sollicité, de connaître en un point la position des rayons doubles réels, *fig.* 194, ou celle des rayons doubles imaginaires, *fig.* 195. Si, en effet, on trace un cercle quelconque par leur intersection, le pôle de la corde, déterminée sur le cercle par les deux rayons doubles sera, soit le point O, soit le point C, suivant que les rayons doubles seront réels ou imaginaires, et, dès lors, l'ellipse sera déterminée. Il ne reste plus qu'à indiquer la manière dont le corps résistant est sollicité, ce qui peut se faire simplement au moyen des signes $+$ et $-$, ou bien des indices c et t pour représenter la compression et la tension.

Si l'on veut indiquer la grandeur absolue des efforts que subit le corps, on peut ne donner à chaque rayon double que la longueur de la force qui le sollicite. Prenons, sur chaque rayon, un point tel que sa distance soit égale au double de la force qui agit suivant ce rayon ; le cercle passant par ces deux points et par l'origine des rayons doubles sera celui des *fig.* 194 et 195.

Les axes de l'ellipse des forces, lorsqu'ils sont donnés en grandeur et en direction, déterminent aussi les divers efforts que subit un corps résistant autour d'un de ses points. En effet, si l'on porte a et b à partir du point O dans des directions opposées, lorsque les rayons doubles sont réels, et dans la même direction, lorsqu'ils sont imaginaires, leurs extrémités seront celles d'un diamètre des cercles des *fig.* 194 et 195, et la construction peut, dès lors, s'achever entièrement.

L'angle que forment les rayons doubles avec les axes peut s'exprimer très simplement au moyen de ces axes. Soient α et β les longueurs des axes, et par suite celles des segments du diamètre qui passe par O dans la *fig.* 194, la demi-corde perpendiculaire à ce diamètre aura une longueur $\sqrt{\alpha\beta}$ et la tangente de l'angle que forme un rayon double avec α sera :

$$\operatorname{tg} \frac{1}{2}\,\theta = \sqrt{\frac{\beta}{\alpha}}.$$

On obtient la même expression pour les rayons doubles imaginaires de la *fig.* 195. Les segments, mesurés depuis O jusqu'aux intersections du diamètre avec le cercle, ont des longueurs égales à α et β. Les segments que détermine C sur le diamètre sont :

$$\frac{\alpha(\alpha-\beta)}{\alpha+\beta} \quad \text{et} \quad \frac{\beta(\alpha-\beta)}{\alpha+\beta},$$

car, C et O étant conjugués, ces segments doivent être entre eux comme α et β, et leur somme égale à α — β; conditions que remplissent les valeurs précédentes. La tangente de l'angle que forme avec l'axe α l'un des rayons doubles imaginaires (pointillé dans la figure) est donc :

$$\operatorname{tg} \frac{1}{2}\,\Theta = \frac{(\alpha - \beta)\sqrt{\alpha\beta}}{\alpha + \beta} : \frac{\alpha\,(\alpha - \beta)}{\alpha + \beta} = \sqrt{\frac{\beta}{\alpha}},$$

valeur identique à la précédente.

Les deux cas, correspondant à des tangentes réelles ou à des tangentes imaginaires, donnent lieu, par suite, à une seule formule :

$$\operatorname{tg} \frac{1}{2}\,\Theta = \sqrt{-\frac{\beta}{\alpha}},$$

en donnant à α et β des signes contraires lorsque les efforts qu'ils produisent sont de sens différent, et le même signe dans le cas contraire. Dans le premier cas, la tangente est réelle, elle est imaginaire dans le second. Si on construit cette expression, on retrouve la construction de la *fig.* 194.

Il résulte des développements précédents, qu'en faisant abstraction de la grandeur des forces, le corps résistant peut être, en un point, sollicité d'un nombre de manière qui est un infini de 1ᵉʳ ordre. Mais, pour chacune de ces manières dont le corps est sollicité, il existe une infinité d'efforts, se distinguant par leur grandeur et donnant lieu à des ellipses semblables. Un point peut donc, en réalité, être sollicité d'un nombre de manières égal à un infini du second ordre. On pourrait même dire que ce nombre est un infini du troisième ordre, si l'on distinguait les rotations de l'ellipse des forces, c'est-à-dire la position des sections qui subissent les efforts maxima ou minima.

Lorsqu'on connaît pour un point les deux axes, c'est-à-dire les directions de la plus grande tension et de la plus grande compression, et si, pour un point infiniment voisin pris sur la direction de la tension, on détermine de nouveau la direction de la plus forte tension qu'il subit, et ainsi de suite, on obtiendra une trajectoire des tensions, suivant laquelle le corps résistant n'est sollicité que par tension, sans avoir à subir aucun effort tranchant. En agissant de même pour la direction de la compression, on obtiendra une trajectoire des pressions qui, à son point de départ, coupe la première sous un angle droit. On pourra en déterminer deux autres pour un point situé à distance finie du premier, et ainsi de suite. On peut donc tracer sur tout le corps deux systèmes de trajectoires, se coupant toutes sous un angle droit, et donnant les directions suivant lesquelles se transmettent les tensions et les pressions : nous nommerons par suite ces trajectoires *courbes des tensions et courbes des pressions*. Si l'on suppose condensée en ces courbes toute la matière qui est située entre elles, le nouveau corps n'aura à résister qu'à des efforts de tension ou de compression, et résistera aux mêmes actions que le corps primitif. Les constructions de la nature présentent partout ces courbes des tensions et des pressions ; nous les trouvons dans les fibres du bois, dans les mailles du tissu spongieux des os. Elles y sont si bien en évidence, qu'on ne peut avoir aucune espèce de doute au sujet de la transmission effective des efforts suivant les directions qu'elles présentent. Nous construirons, plus tard, ces courbes pour diverses poutres.

128. FORMULES DES EFFORTS QUE SUBISSENT LES SECTIONS.

Prenons comme axes de coordonnées, *fig.* 193, les directions des sections pour lesquelles sont données les trois forces ρ_1, ρ_2 et σ_1. Soient a et b les longueurs des sections suivant l'axe des x et l'axe des y, et ρ_2 et σ_1, ρ_1 et σ_1, les composantes des forces qui agissent, par unité de surface, sur les directions a et b. La distance des extrémités de a et b est donnée par la formule :

$$e^2 = a^2 + b^2 - 2ab\omega,$$

ω étant le cosinus de l'angle des axes ; nous désignerons de même son sinus par ω
Les composantes X et Y des forces qui agissent sur e sont :

$$X = a\sigma_1 + b\rho_1,$$
$$Y = a\rho_2 + b\sigma_1.$$

Soient $\varkappa$ et ι les composantes de la force ρ qui agit sur l'unité de surface de e, on aura : $X = e\varkappa$ et $Y = e\iota$. Substituons ces valeurs dans les équations précédentes, et tirons-en les valeurs de $\dfrac{a}{e}$ et $\dfrac{b}{e}$, il viendra :

$$\delta^2 = \sigma^2_1 - \rho_1\rho_2.$$
$$\delta^2 \frac{a}{e} = \sigma_1\varkappa - \rho_1.$$
$$\delta^2 \frac{b}{e} = -\rho_2\varkappa + \sigma_1\iota.$$

Éliminant $\dfrac{\delta^2}{e}$ entre ces équations, et remplaçant $-\dfrac{b}{a}$ et $\dfrac{\iota}{\varkappa}$ par les coefficients angulaires τ_1 et τ_2 des directions conjuguées de forces et de sections, on obtient :

$$\rho_1\tau_1\tau_2 - \sigma_1(\tau_1 + \tau_2) + \rho_2 = 0,$$

équation de l'involution que forment entre elles ces directions conjuguées.

Les coefficients angulaires des rayons doubles s'obtiennent au moyen de l'équation :

$$\rho_1\tau^2 - 2\sigma_1\tau + \rho_2 = 0,$$

et sont réels, se confondent, ou sont imaginaires suivant que le discriminant $\sigma^2_1 - \rho_1\rho_2$ est positif, nul ou négatif.

En remplaçant dans cette équation τ par $\frac{y}{x}$, on obtiendra l'équation des rayons doubles :

$$\rho_2 x^2 - 2\sigma_1 xy + \rho_1 y^2 = 0,$$

équation que nous pouvons décomposer en deux facteurs dont chacun, égal à zéro, représentera l'un de ces rayons

$$[(-\sigma_1 + \delta)x + \rho_1 y]\,[(-\sigma_1 - \delta)x + \rho_1 y] = 0.$$

Si nous posons

$$\lambda = \rho_1 + 2\sigma_1\omega + \rho_2,$$

les facteurs ε' et ε'', qui ramènent à la forme normale les équations des rayons doubles seront :

$$\varepsilon'^2 = (-\sigma_1 + \delta)^2 - 2\rho_1(-\sigma_1 + \delta)\omega + \rho^2_1$$
$$= \rho_1(\rho_1 - \rho_2)^2 + 2(\sigma_1 + \rho_1\omega)(\sigma_1 - \delta) = \rho_1\lambda + 2\delta^2 - 2(\sigma_1 + \rho_1\omega)\delta,$$
$$\varepsilon''^2 = \rho_1(\rho_1 - \rho_2) + 2(\sigma_1 + \rho_1\omega)(\sigma_1 + \delta) = \rho_1\lambda + 2\delta^2 + 2(\sigma_1 + \rho_1\omega)\delta.$$

Posons enfin :

$$\mu^2 = (\rho_1 - \rho_2)^2 + 4(\sigma_1 + \rho_1\omega)(\sigma_1 + \rho_2\omega) = \lambda^2 + 4\delta^2\omega'^2,$$

il viendra :

$$\varepsilon'\varepsilon'' = \rho_1\mu,$$

et nous obtiendrons l'angle que font entre eux les deux rayons doubles, au moyen des équations :

$$\mu \sin\Theta = 2\delta\omega'$$
$$\mu \cos\Theta = \lambda;$$

dans lesquelles Θ désigne celui des deux angles dont les côtés interceptent sur une ordonnée une longueur finie.

L'équation de l'axe de l'involution qui rencontre également cette longueur finie est :

$$-(\mu + \rho_2 - \rho_1)x + 2(\sigma_1 + \rho_1\omega)y = 0.$$

Le coefficient qui ramène l'équation de cet axe à la forme normale, est :

$$\varepsilon^2_1 = 2\mu(\mu + \lambda - 2\rho_1\omega'^2),$$

et l'angle qu'il forme avec les rayons doubles est donné par les formules :

$$2\mu \sin^2 \frac{1}{2}\Theta = \mu - \lambda,$$
$$2\mu \cos^2 \frac{1}{2}\Theta = \mu + \lambda,$$

L'équation de l'autre axe, de celui qui ne coupe pas le segment fini d'une ordonnée, est :

$$(\mu - \rho_2 + \rho_1)x + 2(\sigma_1 + \rho_1\omega)y = 0.$$

Lorsque $\sigma_1 + \rho_1\omega$ est positif, cet axe se trouvera entre l'axe des y négatif et la ligne ε'; si cette valeur est négative, il se trouvera entre ε'' et l'axe des y positif.

Son facteur normal est :

$$\varepsilon_2^2 = 2\mu(\mu - \lambda + 2\rho_1\omega'^2).$$

L'angle qu'il forme avec les rayons doubles est égal à $90° - \frac{1}{2}\Theta$.

Les axes sont toujours réels; mais si les rayons doubles sont imaginaires, la valeur $2\mu \sin^2 \frac{1}{2}\theta$ devient négative, et les angles qu'ils forment avec les rayons doubles sont imaginaires comme ces derniers.

Pour obtenir l'équation de l'ellipse des forces, c'est-à-dire une relation entre les composantes $\varkappa$ et ι de ρ_1, substituons les valeurs trouvées page 493 pour $\delta^2 \frac{a}{e}$ et $\delta^2 \frac{b}{e}$ dans l'identité :

$$\delta^4 = \delta^4\left(\frac{a^2 - 2ab\omega + b^2}{e}\right),$$

et posons :

$$a_{11} = \rho^2_2 + 2\rho_2\sigma_1\omega + \sigma^2_1,$$
$$a_{12} = \rho_1\sigma_1 + \rho_2\sigma_1 + \rho_1\rho_2\omega + \sigma^2_1\omega,$$
$$a_{22} = \rho^2_1 + 2\rho_1\sigma_1\omega + \sigma^2_1,$$

il viendra, pour l'équation cherchée :

$$a_{11}\varkappa^2 - 2a_{12}\iota\varkappa + a_{22}\iota^2 = \delta^4.$$

Comme cette équation a été obtenue, en substituant les valeurs linéaires de $\delta^2\frac{a}{e}$ et de $\delta^2\frac{b}{e}$ dans une équation du second degré par rapport à $\delta^2\frac{a}{e}$ et $\delta^2\frac{b}{e}$, il faudra que leurs invariants puissent s'exprimer d'une manière simple au moyen des invariants de cette équation. Et, d'abord, le discriminant A_{33} de l'équation doit être égal à celui de l'équation primitive, multiplié par le carré du déterminant de substitution δ^4. On reconnaît facilement, en effet, que :

$$A_{33} = \begin{vmatrix} a_{11} & a_{12} \\ a_{21} & a_{22} \end{vmatrix} = \begin{vmatrix} \rho_2 & \sigma_1 \\ \sigma_1 & \rho_1 \end{vmatrix}^2 \begin{vmatrix} 1 & \omega \\ \omega & 1 \end{vmatrix} = \delta^4\omega'^2.$$

On a, de plus :

$$a_{22} - a_{11} = (\rho_1 - \rho_2)\lambda,$$
$$a_{12} + a_{22}\omega = (\sigma_1 + \rho_1\omega)\lambda,$$
$$a_{12} + a_{11}\omega = (\sigma_1 + \rho_2\omega)\lambda;$$
$$l = a_{11} + 2a_{12}\omega + a_{22} = \lambda^2 + 2\delta^2\omega'^2,$$
$$m = + \sqrt{l^2 - 4A_{33}\omega'^2} = + \sqrt{\lambda^4 + 4\lambda^2\delta^2\omega'^2} = + \mu\lambda.$$

L'équation d'un des axes de l'ellipse est :

$$- (m + a_{11} - a_{22})x + 2(a_{12} + a_{22}\omega)y = 0.$$

Nous avons, dans cette équation, remis x et y à la place de $\varkappa$ et ι, pour montrer qu'il ne s'agit plus des composantes de ρ, dont l'extrémité se trouve toujours sur l'ellipse centrale, mais bien de l'équation générale d'un axe. Substituant dans cette équation les valeurs que nous venons de trouver pour a_{11} a_{12} a_{22} et m, il viendra :

$$- (\mu + \rho_2 - \rho_1)x + 2(\sigma_1 + \rho_1\omega)y = 0.$$

L'équation de cet axe est identique avec celle de l'axe d'involution qui rencontre le segment fini intercepté sur une ordonnée par les rayons doubles.

Le carré de sa longueur est :

$$\alpha^2 = \frac{(m + l)\delta^4}{2A_{33}} = \frac{1}{2\omega'^2}(\mu\lambda + \lambda^2 + 2\delta^2\omega'^2) = \frac{1}{2\omega'^2}\left(\mu\lambda + \frac{1}{2}\lambda^2 + \frac{1}{2}\mu^2\right).$$

La quantité entre parenthèses étant un carré parfait, la longueur de l'axe sera :

$$\alpha = \pm \frac{1}{2\omega'}(\mu + \lambda).$$

La grandeur du deuxième axe, de celui qui ne rencontre pas le segment fini intercepté sur les rayons doubles par une ordonnée, et dont nous avons déjà donné l'équation, est :

$$\beta = \pm \frac{1}{2\omega'}\,(\mu - \lambda).$$

δ^2 est positif ou négatif, suivant que les rayons doubles sont réels ou imaginaires.

$\delta^2{}_{33}$, et en même temps A_{33}, sont toujours positifs, et, par suite, les extrémités des ρ sont toujours situées sur une ellipse, et jamais sur une autre conique. Leur valeur limite est zéro; dans ce cas, les rayons doubles coïncident, et la direction des forces est constante. (N° 126, p. 483.)

Lorsque, δ^2 étant positif, λ est égal à zéro, l'angle Θ des rayons doubles est droit, les axes α et β de l'ellipse sont d'égale longueur, et l'ellipse devient un cercle.

Si λ est positif, l'angle des rayons doubles est aigu, et l'axe α qu'ils comprennent est le grand axe.

Si λ est négatif, l'angle des rayons doubles est obtus et β est le grand axe. On voit que le grand axe de l'ellipse des forces est toujours situé dans l'angle aigu des rayons doubles.

Dans les trois cas que nous venons d'examiner, on a $\mu > \lambda$, il faudra donc prendre le signe $+$ pour α et β; si par contre δ^2 était négatif, les rayons doubles seraient imaginaires et l'on aurait $\mu < \lambda$; il faudrait alors prendre pour α et β des signes tels que les résultats soient toujours positifs.

En divisant $\sin^2 \frac{1}{2}\Theta$ par $\cos^2 \frac{1}{2}\Theta$, il vient :

$$tg^2 \frac{1}{2}\Theta = \frac{\mu - \lambda}{\mu + \lambda} = \frac{\beta}{\alpha},$$

ce qui concorde avec le résultat trouvé p. 491.

129. FORCES PROPORTIONNELLES A DES SURFACES.

Nous avons supposé jusqu'à présent que les efforts auxquels le corps est soumis ne changent pas lorsqu'on suit une même direction; nous allons maintenant abandonner cette hypothèse, et nous supposerons que les efforts varient suivant toutes les directions possibles. Pour déterminer les forces qui agissent dans ce cas sur une section plane quelconque, par unité de surface, nous supposerons données, comme au n° 124 (p. 477), les forces agissant par unité de surface sur trois sections quelconques BOC, COA, AOB faites par un point O (*fig.* 196). Nous couperons ces trois sections par un plan ABC, parallèle à la section considérée, et nous obtiendrons, en composant les forces qui sollicitent les sections données, celle qui agit sur la section ABC.

Les forces qui agissent sur les faces du tétraèdre sont les résultantes de forces uniformément réparties; par suite, elles sont appliquées aux centres de gravité de ces faces. Décomposons chaque force, comme l'indique la figure, en trois composantes R_g, S_{ig}, S_{kg}; R_g désigne la compo-

sante qui agit sur la face g parallèlement à l'arête ou à l'axe de coordonnées g, S_{ig} et S_{kg} les composantes qui agissent dans cette même face g,
parallèlement à l'axe i et à l'axe k. Dès lors, pour qu'il y ait équilibre

Fig. 196.

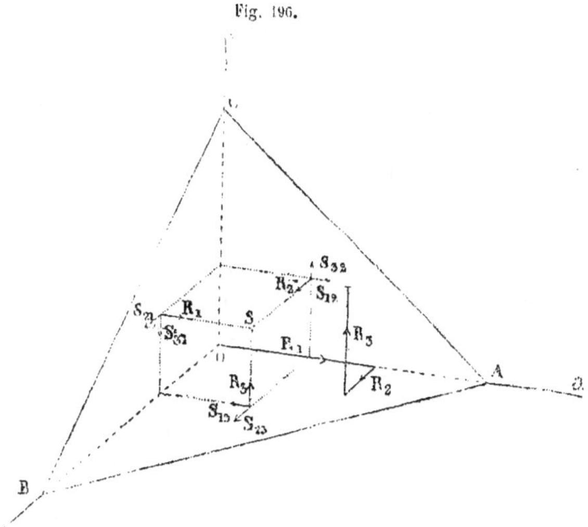

entre les neuf forces ainsi obtenues et la dixième, qui est inconnue, mais
qui passe par le centre de gravité de ABC, il faudra que les forces S, qui
sont situées deux à deux dans des faces différentes et qui se coupent en
un même point de l'arête correspondante à ces faces, soient telles que
leur résultante deux à deux, passe par le centre de gravité S de ABC.

Les forces S, que nous considérons ainsi deux à deux, ont les mêmes
indices, mais permutés; telles sont, par exemple, S_{12} et S_{21}, et leur
plan contient le centre de gravité S, puisque leur ordonnée est égale à
$\frac{1}{3}c$, abc étant les longueurs des arêtes du tétraèdre OABC. Si maintenant la résultante de S_{12} et de S_{21} doit passer par le point S, il faut que
ces forces soient entre elles, comme les côtés du parallélogramme qu'elles
forment avec S, c'est-à-dire dans le rapport de $\frac{1}{3}a$ à $\frac{1}{3}b$. Nous exprimerons cette relation entre les deux forces, en représentant chacune d'elles
pour l'unité de surface, par $\frac{\sigma_{12}}{\omega_2}$ et $\frac{\sigma_{21}}{\omega_1}$, expressions dans lesquelles σ_{12}
doit être égale à σ_{21} : on aura en effet $S_{12} = \frac{1}{2}ac\omega_2 \cdot \frac{\sigma_{12}}{\omega_2} = \frac{1}{2}ac\sigma_{12}$, et de

même $S_{21} = \frac{1}{2} bc\sigma_{21}$, expressions qui sont bien dans le rapport de a à b.

Il faudra de même que l'on ait $\sigma_{13} = \sigma_{31}$ et que $\sigma_{23} = \sigma_{32}$, en désignant par $\frac{\sigma_{13}}{\omega'_3}$, $\frac{\sigma_{31}}{\omega'_1}$, $\frac{\sigma_{23}}{\omega'_3}$ et $\frac{\sigma_{32}}{\omega'_2}$ les forces qui agissent, par unité de surface, dans les faces 3, 1 et 2.

Il est évident que l'équilibre pourra être établi de cette manière, quelle que soit la position du plan ABC ; si, en effet, les trois forces R et les trois résultantes des S, prises deux à deux, passent par le centre de gravité de ABC, on n'obtiendra pour ces six forces qu'une seule résultante.

On peut bien imaginer d'autres conditions d'équilibre, mais seulement pour des positions particulières de ABC et pour certaines directions des forces, et non pas dans le cas général. Supposons, en effet, que la résultante des deux forces σ_{12} et σ_{21} ne satisfasse pas à la condition indiquée ; elle ne passera pas par le centre de gravité, comme cela aura lieu pour la résultante des sept autres forces. Par suite, pour que toutes les forces puissent être composées en une seule, il faudra que la résultante des sept forces $S_{13}, S_{31}, S_{23}, S_{32}, R_1, R_2, R_3$ soit située dans le plan σ_{12} σ_{21}, et soit ainsi parallèle au plan 3. Cette condition peut se réaliser pour une position déterminée de ABC ; mais cessera d'être remplie si l'on change cette position. En supposant que deux groupes de forces $\sigma_{12} \sigma_{21}$ et $\sigma_{13} \sigma_{31}$, ne satisfassent pas à la condition indiquée, on sera ramené au cas précédent, si les résultantes des deux groupes de forces S correspondantes se coupent. Si elles ne se coupent pas, et si la résultante des forces $S_{23} S_{32} R_1 R_2 R_3$ ne rencontre aucune d'elles, on arrive à trois forces qui ne se coupent pas, et leur résultante, si elles en ont une, ne pourra jamais passer par le point S, puisque ce point est situé sur l'une des trois forces, et que la résultante de trois forces qui ne se coupent pas ne peut, d'après le n° 61 (p. 207), rencontrer aucune d'elles. Il faudrait encore plus de conditions, si la résultante du troisième groupe $S_{32} S_{23}$, ne passait pas par le point S. Nous pouvons donc dire, en général, que : *Si l'on décompose les forces agissant en un point O d'un corps résistant, sur trois sections planes différentes, parallèlement aux arêtes du tétraèdre que forment ces sections, deux composantes situées dans des faces différentes et non parallèles à leur arête, sont inversement proportionnelles aux sinus de ces faces.*

Nous représenterons, pour des raisons de symétrie, les composantes qui agissent sur les faces du tétraèdre, par unité de surface, au moyen de l'expression $\frac{\rho_1}{\omega'_1}$; il faudra donc, pour obtenir les composantes R et S relatives à une face, multiplier les ρ et les σ correspondants par le demi-produit des longueurs des deux arêtes, qui limitent cette face à partir du point O.

Lorsque la force qui agit, par unité de surface, sur une face AOB (*fig.* 196) est donnée en grandeur et en direction, si l'on fait passer deux autres plans par le point O, de manière que leur intersection OC soit parallèle à cette force, la décomposition des forces suivant les trois directions O) ABC, fournira des composantes $\frac{\sigma_{31}}{\omega'_1}$, $\frac{\sigma_{32}}{\omega'_2}$ et $\frac{\sigma_{13}}{\omega'_3}$, $\frac{\sigma_{23}}{\omega'_3}$ égales à zéro, puisque $\frac{\rho_3}{\omega'_3}$ a déjà la direction OC. Les forces qui agissent sur les faces BOC et COA, c'est-à-dire $\frac{\rho_1}{\omega'_1}$, $\frac{\sigma_{21}}{\omega'_1}$ et $\frac{\rho_2}{\omega'_2}$, $\frac{\sigma_{12}}{\omega'_2}$ sont, par suite, parallèles à AOB et seraient situées dans cette face, si on les portait à partir du point O, considéré comme centre d'une gerbe. Nous pouvons dire, par suite, que *la position d'un plan est conjuguée à la direction de la force qui le sollicite. Lorsqu'un plan A passe par la direction d'une force b, la force qui sollicite A est située dans le plan B conjugué de b, et le plan ab ou C est conjugué à la direction c de l'intersection AB. Dans un pareil tétraèdre chaque face est conjuguée à l'arête opposée, et chaque arête à la face opposée; ces éléments forment trois couples d'éléments conjugués.*

Pour étudier les relations qui existent entre les forces et leurs plans conjugués, nous supposerons donné un pareil système de trois couples conjugués. Égalons à zéro toutes les forces S_{ik} (*fig.* 196), puis portons, à partir du point O, les trois forces R_1 R_2 R_3 qui nous restent, suivant un polygone des forces, et projetons enfin le tétraèdre avec le polygone, parallèlement à BC, sur un plan perpendiculaire à cette droite. Cette projection sera identique à la *fig.* 193 (p. 487), et, en faisant tourner le plan ABC autour de la ligne BC, le polygone des forces sera identique à celui des *fig.* 194 et 195 où l'on supposait $\sigma_1 = 0$. En effet, R_1 reste constant, comme autrefois ρ_1, puisque la surface OBC ne change pas pendant ce mouvement; de plus, la direction de la résultante de R_2 et R_3 est constante aussi, puisque le rapport des surfaces AOB et AOC est invariable, et la grandeur de cette résultante varie proportionnellement à la longueur de l'arête OA, les deux surfaces étant proportionnelles à cette ligne qui est leur seule dimension variable. Enfin, comme dans nos anciennes figures, la surface ABC, sur laquelle agit la résultante R_1 R_2 R_3, est proportionnelle à la longueur de la section, c'est-à-dire à la hauteur du triangle ABC. Les propositions que nous avons démontrées n° 125 et n° 126 sont, par suite, applicables à la projection du système sur un plan perpendiculaire à l'arête BC de rotation. Si donc un plan sécant tourne autour d'un axe fixe, la force qui sollicite cette section se meut dans le plan quⁱ

projette à partir du point O la résultante de R_2 et R_3 et qui est conjugué à la direction BC. La projection de la force sur le plan normal à BC, et par suite, la force elle-même, forme avec le plan sécant un faisceau en involution. L'extrémité de la force est située sur un cylindre projetant elliptique et détermine elle-même une ellipse; à des sections planes rectangulaires, correspondent comme forces des diamètres conjugués de cette ellipse. Lorsque l'involution des sections et des forces a des éléments doubles, ces éléments forment dans la section normale des angles égaux avec les axes de l'ellipse projetée, mais les angles qu'ils forment avec les axes de l'ellipse des forces elle-même ne sont plus égaux, puisque les projections d'angles égaux sur des plans qui se coupent ne sont pas égales entre elles, et que les axes des deux ellipses ne sont pas situés dans les mêmes plans de projection. Dès lors, les efforts tranchants qui sollicitent les éléments doubles ne sont plus égaux ; cette propriété ne peut donc pas être étendue d'une section normale à une section oblique.

Nous n'avons fait encore aucune hypothèse particulière sur la position de l'arête BC et ce que nous venons de dire est vrai pour toutes les directions de l'espace. Lorsque cet axe de rotation décrit, en particulier, un plan, on obtient une infinité d'ellipses des forces; le rayon qui représente la force conjuguée à un plan est commun à toutes les ellipses, et les plans, passant par les axes de rotation, coupent chacun une ellipse sur l'ensemble de ces ellipses, il faut donc qu'elles soient toutes situées sur un ellipsoïde, que nous appellerons ellipsoïde des forces.

De même que nous avons passé de l'ellipse des forces à l'ellipsoïde, nous pourrons passer de l'involution des éléments conjugués dans le plan, au système polaire dans la gerbe; mais cette nouvelle opération n'est pas aussi facile à saisir dans l'espace, car nous ne pouvons plus la représenter au moyen d'une ellipse. En faisant tourner un plan autour d'un axe, nous obtenons, pour chaque position, une involution dans ce plan mobile, et tous les rayons qui sont conjugués à l'axe de rotation sont situés dans le plan conjugué à cet axe; en prenant deux autres axes de rotation quelconques, nous obtiendrons deux nouvelles séries d'involutions. S'il faut maintenant qu'à trois plans, pris chacun dans l'un des faisceaux et passant par une même droite, soient conjugués trois rayons situés dans un même plan, et qu'en outre les six éléments soient en involution, il faudra nécessairement, pour que cela ait lieu, quels que soient les axes de rotation, que toutes les involutions appartiennent à un même système d'involution, c'est-à-dire qu'elles forment un système polaire dans la gerbe.

Ce système polaire n'est pas identique à celui des diamètres conjugués et des plans diamétraux de l'ellipsoïde des forces; mais ces deux systèmes ont, comme éléments communs, les plans principaux et les axes. Si l'on cherche, en effet, dans le système polaire les trois couples de plans conjugués qui sont normaux l'un à l'autre et dont les intersections forment les axes du système, ces couples seront aussi conjugués dans l'ellipsoïde des forces, puisque les plans sont rectangulaires deux à deux ; les intersections sont donc aussi les axes de l'ellipse des forces, car elles sont conjuguées et forment les arêtes d'un tétraèdre trirectangle.

Lorsque le système polaire a un cône directeur, les angles que forment dans un plan quelconque les rayons doubles avec l'un des trois axes sont égaux. Nous démontrerons dans un prochain numéro, que le cylindre projetant parallèlement à l'un des trois axes, l'intersection du cône directeur avec l'ellipsoïde, est un cylindre du second degré.

Résumons maintenant les résultats auxquels nous venons d'arriver, et complétons-les au moyen de propositions qui en dérivent naturellement et qui sont analogues à celles des numéros précédents.

Lorsqu'un corps matériel est soumis en un de ses points à un effort variable lorsqu'on suit une direction quelconque, les directions des forces qui agissent sur des sections planes, passant par ce point, forment avec les plans des sections un système polaire dans la gerbe.

Lorsque le système polaire n'a pas de cône directeur, le corps est sollicité par des efforts de même sens dans toutes les directions; il est partout soit comprimé, soit tendu.

Lorsque le système polaire a un cône directeur, le corps est soumis, dans l'intérieur du cône et à l'extérieur, à des efforts de sens différents; les sections tangentielles au cône ne sont sollicitées que par des efforts tranchants, puisque la force agit alors suivant la section.

Lorsqu'on porte, à partir d'un point donné, les forces agissant en grandeur et en direction sur les diverses sections, les extrémités de ces forces sont toutes situées sur un ellipsoïde dont les axes coïncident avec ceux du système polaire. Le plus grand des trois axes donne l'effort maximum que subit le corps résistant.

Lorsque le système polaire des sections planes et des forces a un cône directeur, la grandeur de l'axe intérieur à ce cône donne l'effort maximum qui se produit à l'intérieur du cône. Le plus grand des deux axes extérieurs au cône représente l'effort maximum qui se produit à l'extérieur; ce maximum est de sens inverse au précédent.

En représentant par α, β et γ les forces qui agissent par unité de surface, suivant les trois axes de l'ellipsoïde, c'est-à-dire les longueurs de ces trois axes, on obtiendra les angles qu'ils forment avec les génératrices du cône di-

recteur au moyen des formules :

$$\operatorname{tg}\frac{1}{2}\Theta_\alpha = \sqrt{-\frac{\beta}{\gamma}}; \quad \operatorname{tg}\frac{1}{2}\Theta_\beta = \sqrt{-\frac{\gamma}{\alpha}}; \quad \operatorname{tg}\frac{1}{2}\Theta_\gamma = \sqrt{-\frac{\alpha}{\beta}};$$

les axes auxquels se rapportent les formules sont ceux du dénominateur. Lorsque α, β et γ ont les mêmes signes, c'est-à-dire lorsque pour les trois sections principales, le corps résistant est sollicité de la même manière, le cône directeur est imaginaire. Lorsque αβγ ont des signes différents, deux d'entre eux, c'est-à-dire deux des forces qu'ils représentent ont le même signe, et dans les sections déterminées par chacun d'eux et le troisième, les génératrices du cône sont réelles, et le troisième axe est intérieur au cône. Les génératrices sont imaginaires dans le plan des deux forces du même signe; ces deux forces ou axes sont par suite situés en dehors du cône.

On peut, dans les plans principaux, construire au moyen de cercles l'ellipse des forces et l'angle Θ (voir *fig.* 194 et 195, p. 487 et 488); on pourrait encore faire cette construction dans deux couples d'autres sections, deux d'entre elles pouvant être imaginaires. Ces sections passent, les unes par l'axe moyen, les autres par le plus petit axe, et sont telles que la hauteur de la force au-dessus du plan diamétral qui leur est conjugué est égale à l'axe moyen. Mais il n'y a aucun intérêt à construire de pareilles sections, qui ne sont d'ailleurs pas des sections circulaires. Pour toute autre section, la construction que nous avons indiquée n'est pas applicable.

130. CONSTRUCTION DE L'ELLIPSOÏDE DES FORCES PROPORTIONNELLES A DES SURFACES.

Nous allons maintenant indiquer le mode de construction de l'ellipsoïde des forces proportionnelles à des surfaces. Nous supposerons, tout d'abord, que les forces agissant sur les trois faces d'un trièdre soient dirigées suivant les arêtes opposées à ces faces, et que les grandeurs de ces trois forces soient données. Les faces et les arêtes opposées du trièdre seront conjuguées dans le système polaire des forces et des sections. Nous nous proposons de déterminer en premier lieu la force qui agit sur un plan donné quelconque, et en second lieu, les grandeurs et les directions des efforts maximums qui sollicitent le point matériel.

Coupons le trièdre par un plan situé à une distance convenable *r* (Pl. XV) de son sommet (O) et parallèle au plan dont nous voulons déterminer la force correspondante. Nous prendrons ce plan parallèle comme plan de la figure. Soit O la projection du sommet (O), et soit ABC la trace du trièdre sur le plan de la figure.

Comme, dans notre construction, nous aurons surtout affaire à des rayons du faisceau (O), nous nous contenterons d'une seule projection du trièdre et des autres figures à représenter. Un point et une ligne quelconque seront déterminés par leur projection et par la trace du rayon ou du plan, qui les projette à partir du point (O). Les figures situées dans ces plans projetants, par exemple les sections planes de l'ellipsoïde des forces, seront également déterminées par leurs projections et la trace des plans dans lesquels elles sont situées. Pour obtenir les véritables dimensions de ces figures, il suffira de rabattre les rayons autour de leurs projections; les hauteurs O (O) se rabattront sur les rayons du cercle de distance r, qui sont perpendiculaires aux projections des rayons; et tous les éléments de ces figures seront déterminés par ces points O rabattus et les traces des rayons. La vraie grandeur des figures planes s'obtiendra par le rabattement des plans autour de leurs traces. Les perpendiculaires, abaissées de O sur ces traces, viendront alors se confondre avec leurs projections; on obtiendra, par suite, la position du point (O), sur le plan rabattu, en portant la longueur de la perpendiculaire sur sa projection; cette longueur se détermine elle-même par un second rabattement. Nous avons construit, Pl. XV, les perpendiculaires $p_a p_b p_c$ abaissées du sommet (O) sur les traces des faces du trièdre (O) ABC. Il suffirait de rabattre ces longueurs sur leurs projections pour obtenir les rabattements des faces du trièdre.

Soient $\rho_a \rho_b \rho_c$ les projections des forces portées à partir du point O, et qui agissent, suivant les arêtes (O) ABC, sur les faces opposées à ces arêtes. Pour construire la force R qui agit sur le plan parallèle au plan de la figure, nous supposerons ce dernier déplacé parallèlement à lui-même, de manière que la surface de la base ABC soit égale à l'unité, ou bien, ce qui revient au même, nous prendrons ABC comme unité de surface. Si maintenant nous déterminons les composantes $R_a R_b R_c$, qui agissent sur les faces (O)ABC et si nous les composons au moyen d'un polygone des forces, nous obtiendrons la résultante R qui agit sur l'unité de surface ABC.

Les surfaces (O)BC et ABC sont entre elles comme les perpendiculaires abaissées de (O) et A sur le côté commun BC. Nous avons déjà construit la perpendiculaire p_a abaissée de (O) sur BC. La perpendiculaire p'_a abaissée de A sur BC se mesure directement sur l'épure. Pour obtenir, par suite, la projection de la force R_a, qui agit sur (O)BC, il suffit de multiplier ρ_a par le rapport $p_a : p'_a$ de ces deux hauteurs. Cette opération a été faite dans l'angle droit de la surface rabattue, mais nous ne l'avons pas indiquée ; il nous suffira de dire que R_a, R_b et R_c sont les résultats de ces multiplications. Nous avons porté (Pl. XV) les projections $R_c R_a R_b$ de ces forces, à la suite l'une de l'autre, et obtenu ainsi celle de la résultante R, qui agit sur la face ABC. Toutefois, la projection de l'extrémité de ce polygone ne détermine pas complétement cette extrémité ; il nous faut encore trouver la trace du rayon qui la projette à partir de (O) ; pour l'obtenir, coupons ce rayon par la trace du plan, qui projette à partir du point O, la dernière force R_b. Cette trace passe par le point B, puisque R_b est parallèle à OB. Elle passe aussi par la trace M_b du rayon (O)($R_a R_b$), trace qui est située sur AC, puisque R_a se trouve, aussi bien que R_c, dans le plan (O)AC ; la ligne qui joint les points M_b et B coupe sur le rayon, passant par l'extrémité de la ligne polygonale, la trace M de cette extrémité. La position de ce point est maintenant complétement déterminée, et par suite aussi la force qui agit sur le plan de la figure. La première partie du problème est donc résolue.

Dans le système polaire que détermine le cône directeur sur le plan de la figure, le point M a pour conjugué l'intersection avec ce plan d'un plan qui lui est parallèle, c'est-à-dire la droite de l'infini ; M est, par suite, le centre de ce système polaire, qui dès lors, avec le triangle polaire ABC, est complétement déterminé. Au point M_b, intersection de MB avec AC, est conjugué le point à l'infini sur AC ; ce point est donc le centre de l'involution, que détermine sur AC le système polaire. Comme il est situé hors du segment AC, l'involution a des points doubles, le système polaire a une courbe directrice, et le cône directeur est réel. On obtient les points doubles de l'involution AC, en rabattant sur AC la longueur d'une tangente, menée par M_b, à un cercle passant par AC ; les extrémités du rabattement déterminent, de part et d'autre de M_b, les deux intersections de la courbe directrice s avec AC. Les droites joignant B à ces points doubles lui sont tangentes en ces points. Si par l'un d'eux on mène une parallèle à la tangente à l'autre, tous les rayons projetant, à partir de B, des segments égaux sur cette parallèle, de part et d'autre du point double, interceptent sur AC des segments conjugués. On répètera les mêmes opérations pour BC ; mais le point M_a se trouve en dehors de l'épure ; il tombait encore dans les limites de la planche, lorsque nous avons fait la construction, et nous avons pu nous en servir pour déterminer l'intersection de s avec le segment BC et la tangente correspondante qui passe par A ; la seconde intersection, c'est-à-dire l'autre point double, est située trop en dehors du dessin pour qu'on puisse s'en servir. M_c est situé entre A et B ; l'involution déterminée sur AB n'a pas, par suite, de points doubles, et AB est le côté du triangle polaire qui est situé à l'extérieur de la courbe s. Un demi-cercle décrit sur AB, coupe l'ordonnée de M_c en un point J_c marqué sur l'épure, et les côtés d'un angle droit qui pivote autour de ce point J_c comme sommet, déterminent sur AB des points conjugués. L'involution des diamètres de la courbe s, diamètres qui passent par le centre M, est aussi déterminée. A chaque rayon ou diamètre, passant par les points à l'infini des côtés du triangle ABC, correspondent les rayons qui aboutissent aux sommets opposés du triangle. Les trois couples de rayons que l'on obtient ainsi permettent de construire directement les asymptotes de la courbe s. Nous avons, en somme, plus d'éléments qu'il n'en faut pour construire cette courbe.

A chaque plan sécant du faisceau (O) qui projette une ligne du plan de la figure, correspond, comme direction de la force qui sollicite la section, le rayon qui projette le pôle de cette ligne. Les éléments ainsi conjugués peuvent se construire, soit au moyen de la courbe s, soit au moyen des trois involutions sur les côtés du triangle ABC. On emploiera évidemment ce dernier moyen, lorsqu'il n'y a pas de courbe directrice s.

Pour déterminer les axes du système polaire, nous emploierons une construction identique à celle que donne M. Fiedler, dans le chapitre intitulé : « *Die Axenscheitel, etc.*, *der Flächen* 2er *Ordnung*, » de sa *Géomémétrie descriptive*, n° 97, p. 357, et qu'il applique à un exemple. On détermine, pour chaque rayon du plan (O)AB, son conjugué rectangulaire ; le lieu des diamètres ainsi déterminés est un cône du second degré, qui contient les trois axes cherchés ; ils sont les conjugués rectangulaires de ceux des rayons du plan (O)AB, qui sont situés sur les trois plans principaux. Les rayons du plan (O)AC donneront de même un second cône passant par les trois axes. Ces deux cônes se couperont suivant le rayon qui, dans les deux systèmes, est conjugué au rayon (O)A, et par suite, suivant un autre rayon au moins ; d'ailleurs, dans le cas qui nous occupe, ils se couperont suivant trois autres rayons, qui seront les trois axes cherchés. Les constructions que nous venons d'indiquer s'exécutent de la manière suivante :

Soient d'abord à déterminer les conjugués rectangulaires des rayons (O)A et (O)B. Au rayon (O)B est conjugué le plan (O)AC ; la trace du rayon cherché se trouvera donc sur AC, et, en outre, sur la trace d'un plan normal mené par (O) à la droite (O)B. Ce plan normal, passant par la perpendiculaire menée par (O) au plan (O)AB, passera par la trace V de cette perpendiculaire. On déterminera V en rabattant sur le plan de la figure le plan (O)OV, qui lui est normal ainsi qu'à AB et qui contient la perpendiculaire p_c ; une normale à p_c, menée par son extrémité, déterminera le point V sur la projection de p_c. Comme enfin la trace du plan cherché doit être perpendiculaire à OB, nous pourrons la mener, et son intersection avec AC donnera le point v_0 de la trace v du cône cherché. Nous obtiendrons de même le point uv de la trace du rayon correspondant à (O)A; il sera situé au point de rencontre de CB avec la droite UV, perpendiculaire à OA.

Nous avons vu que dans l'involution déterminée sur AB, le point M_0 était conjugué du point à l'infini; par suite, le rayon mené par C, parallèlement à AB. coupera sur le rayon mené par V, normalement à OM_0, un nouveau point v_∞ de la trace du cône v; il en est de même du point v_m, intersection du rayon CM_0M et de la perpendiculaire VO. La courbe déterminée par ces points est une conique; en effet, les rayons partant de V sont perpendiculaires aux rayons de O, ceux partant de O et de C sont projectifs, comme projetant des points conjugués sur AB. par suite, les rayons partant de V et de C le sont aussi. On voit que les sommets V et C de ces deux derniers faisceaux sont situés sur la courbe v. Chaque couple de points conjugués sur AB donne deux nouveaux points de v; mais, dans un cas comme le nôtre, où le point O est situé dans le dessin tout près de la ligne AB, et où les rayons quelquefois assez longs partant de V, ne peuvent pas être tracés très exactement, il est préférable de se servir de six points déjà déterminés, qui proviennent de lignes assez longues dans le dessin, et d'achever la conique d'après la méthode ordinaire, au moyen des ponctuelles projectives.

La courbe u, qui correspond aux points conjugués de la ligne AC, passe par les points $BUu_0(uv)u_\infty u_m$, que l'on détermine comme les précédents. Le point (uv) est commun aux deux courbes u et v. Ces courbes se coupent, en outre, en trois points XYZ qui sont les traces des axes. Désignant par Z celle des traces qui est située à l'intérieur de l'hyperbole directrice, les lignes XZ et YZ seront coupés par l'hyperbole, ce qui n'aura pas lieu pour XY. Le point O doit être l'intersection des hauteurs du triangle XYZ.

La courbe directrice des sections et des forces détermine une involution sur chaque côté du triangle XYZ. Dans l'involution sur XY, les intersections de s avec cette ligne sont leurs propres conjugués; les rayons qui joignent Z à chacun des autres points ABCM que nous connaissons, déterminent sur XY des points conjugués aux intersections avec XY des polaires correspondantes. En particulier, le rayon MZ détermine sur XY le centre de l'involution. Tous les demi-cercles dont les extrémités passent par deux points conjugués, se coupent en un point J_3 de la perpendiculaire MJ_3 à XY et l'on peut dire que deux points conjugués quelconques sont projetés du point J_3 sous un angle droit.

On peut de même construire les involutions à points doubles qui sont déterminées sur XZ et YZ. Les quatre points doubles s'obtiennent plus simplement encore, comme intersections de l'hyperbole directrice avec les côtés.

Pour obtenir les sections principales de l'ellipsoïde des forces, nous rabattrons leurs plans $X(O)Y$, $Y(O)Z$, $Z(O)X$ sur le plan de la figure. Dans ces divers rabattements, le point (O) viendra se placer en O_x O_y O_z. Les droites qui joignent les points O aux points XYZ sont les axes des ellipses principales ; celles qui joignent ces points aux points doubles des involutions sont des rayons doubles de l'involution des forces et des sections. Nous avons déterminé, d'après le n° 126 (p. 483), l'un des rayons doubles imaginaires dans le plan $X(O)Y$. C'est le rayon $O_z(45°)$ conjugué à la bissectrice $O_z 45°$. Les indices $45°$ et $(45°)$ ont été marqués sur XY ; ils sont vus du point J_3 sous un angle droit.

Pour déterminer la longueur des axes, nous avons pris arbitrairement pour l'un des trois axes, une force ρ_z' et nous l'avons portée, à partir des points O_x et O_y, dans la direction du point Z ; par les extrémités des ρ'_z, nous avons mené deux perpendiculaires jusqu'aux intersections avec les rayons doubles, et, par ces intersections et les points O_x et O_y, nous avons mené des circonférences. En comparant ces circonférences à celles de la *fig.* 194, on voit qu'elles se confondent lorsqu'on prend le point S à l'extrémité du diamètre CO. Sur la Pl. XV, ρ'_z et la perpendiculaire menée par son extrémité sont les axes de coordonnées pour les composantes des forces qui agissent sur les sections. Les longueurs qu'il y a lieu d'ajouter à ρ'_z, pour obtenir les diamètres des cercles, sont les longueurs ρ'_x et ρ'_y des axes, ainsi que l'indique la figure. Avec ces longueurs d'axes, nous pourrons construire l'ellipse dessinée dans le plan rabattu XO_zY. Les diagonales du rectangle circonscrit à cette ellipse doivent coïncider avec les rayons doubles imaginaires que nous avons déjà construits ; nous avons indiqué cette coïncidence pour l'un d'eux $O_z(45°)$. Nous avons également dessiné le cercle analogue à celui de la *fig.* 195. Ce cercle, décrit avec la différence $\rho'_x - \rho'_y$ comme diamètre, est malheureusement trop petit pour servir aux constructions ; mais il montre clairement l'analogie. Sur la Pl. XV, la force ρ'_y et la tangente menée par son extrémité à l'ellipse, sont les axes de coordonnées pour les forces agissant sur les sections. La distance de ce point à l'extrémité la plus éloignée du diamètre déterminé dans le cercle, est égale à ρ'_x. Le pôle J de l'origine des coordonnées, dont la construction est indiquée par la figure, est le centre de l'involution des sections et des forces ; il correspond au point C de la *fig.* 195. Nous avons encore montré (Pl. XV) que les points déterminés par les rayons doubles imaginaires et les bissectrices des axes, sont situés sur une droite passant par J ; les bissectrices passent par les extrémités du diamètre perpendiculaire à ρ'_y.

Au moyen de la longueur des axes, nous pouvons déterminer celle d'un rayon quelconque partant du point O. Nous en indiquerons d'abord la construction pour les trois rayons $\rho_a \, \rho_b \, \rho_c$. Rabattons sur le plan de l'image, le plan B(O)Z qui projette ρ_b à partir de l'axe Z; B_z est le pied de la perpendiculaire, abaissée de (O) sur la trace BZ. Si l'on porte, sur la perpendiculaire menée de O à cette ligne, la longueur B_zO_{bz} égale à la distance (O)B_z, on obtiendra le rabattement O_{bz} du point (O). Les axes rabattus de la section avec l'ellipsoïde, sont les droites $O_{bz}Z$ et $O_{bz}Z_b$, Z_b étant l'intersection de BZ avec XY. La longueur du premier est ρ'_z et celle du second ρ'_{bz}, ρ'_{bz} étant le rayon de l'ellipse O_zZ_b, que l'on peut déterminer facilement dans le plan XO_zY au moyen des axes ρ'_x et ρ'_y, sans construire auparavant l'ellipse entière. Deux cercles, dont le centre est situé en O_{bz} et dont les rayons sont égaux à ρ'_z et ρ'_{bz} permettent, dès lors, de déterminer la longueur ρ'_b du rayon dirigé vers le point B. Nous avons de même rabattu les plans A(O)Y et C(O)Y autour de AY_aA_yY et CY_cC_yY; nous obtenons ainsi le rayon ρ'_a au moyen de O_{ay}, et le rayon ρ'_c au moyen de O_{cy}.

Les longueurs $\rho'_a \, \rho'_b \, \rho'_c$ ainsi obtenues ne sont pas égales à celles que nous nous étions données au début du problème, à cause de la valeur arbitraire que nous avons donnée à ρ'_z; elles leur sont simplement proportionnelles. Cela veut dire que si l'on projette les extrémités des axes $\rho'_a \, \rho'_b \, \rho'_c$ ainsi trouvés, parallèlement à O) $O_{ay} \, O_{bz} \, O_{cy}$, sur leurs projections (O)ABC, et si l'on joint leurs extrémités, ces lignes de jonction doivent être parallèles aux lignes de jonction des forces primitives $\rho_a \rho_b \rho_c$. On n'aura donc qu'à projeter les valeurs arbitraires $\rho'_x \, \rho'_y \, \rho'_z$ sur (O)XYZ, et l'on déterminera, au moyen de parallèles, les vraies longueurs de $\rho_x \, \rho_y \, \rho_z$. C'est avec ces dernières que l'on dessinera les ellipses des plans principaux. Cette méthode, qui est analogue à la règle de fausse position, ne nous a pas servi dans notre épure. Nous avons construit les $\rho'_a \rho'_b \rho'_c$ avec les vraies longueurs des axes.

En projetant les extrémités des axes sur le plan de la figure, on obtient leurs projections $\rho_x \, \rho_y \, \rho_z$. On peut, maintenant, avec les longueurs des trois axes, dessiner les ellipses principales rabattues, et notre problème est, dès lors, résolu. On voit que, à l'extérieur du cône directeur, le plus grand effort que subit le point matériel est dirigé suivant (O)X et égal à ρ_x; à l'intérieur du cône, cet effort maximum est égal à ρ_z et à la direction (O)Z. On obtiendra la direction de la force qui sollicite une section quelconque, au moyen du pôle de la trace de cette section par rapport à l'hyperbole directrice; sa grandeur se déterminera par un rabattement, absolument comme celles de ρ_{abc}. Toutefois, pour mieux fixer les idées, nous avons encore construit les intersections de l'ellipsoïde

avec les plans des angles trièdres ABC, XYZ et avec le cône directeur:
enfin, nous avons rabattu les plans perpendiculaires à celui de la figure,
qui passent par X et par le pôle du plan de la figure.

Le cylindre projetant l'ellipsoïde lui est tangent suivant le plan diamétral conjugué au diamètre O(O). Aux trois plans diamétraux (O) O) XYZ
qui passent par les axes et qui contiennent le rayon (O)O, correspondent
les trois rayons $e'_x e'_y e'_z$ situés dans un plan principal, conjugués aux
diamètres $(O)O_x O_y O_z$ et dont les traces sont en $E_x E_y E_z$; ils sont situés
dans le plan conjugué à (O)O, et l'intersection de ce plan avec le plan de
la figure est, par suite, la droite E qui joint les trois points. On obtiendra
en $e_x e_y e_z$, sur les rayons O) $E_x E_y E_z$, les projections des extrémités de
$e'_x e'_y e'_z$. Les plans parallèles à (O) O) XYZ sont tangents à l'ellipsoïde en
ces extrémités, et par suite, les tangentes à l'ellipse qui forme le contour
apparent sont, aux points $e_x e_y e_z$, parallèles à O) XYZ. Nous connaissons
maintenant six points, situés sur trois diamètres, ainsi que leurs tangentes,
et ces éléments sont plus que suffisants pour dessiner le contour apparent.

La projection de chaque plan diamétral touche celle de l'ellipsoïde à
l'extrémité du rayon ou diamètre mené par O, qui passe par l'intersection de la trace du plan diamétral avec la ligne E. Les parallèles menées
dans les deux ellipses, celle du contour et celle du plan diamétral, à
leur tangente commune, seront donc coupées par ces ellipses en segments proportionnels. Nous nous sommes servis de cette propriété pour
dessiner les six ellipses que déterminent les sections (O) XYZ et (O) ABC.
Chacune des trois ellipses (O) XYZ passe par deux des points $\rho_x \rho_y \rho_z$ et
touche la projection de l'ellipsoïde aux extrémités des diamètres $e_x e_y$ ou
e_z. Les tangentes en ces extrémités étant parallèles à O) XYZ, nous avons
mené tout d'abord deux parallèles à ces lignes par les deux points $\rho_x \rho_y$
ou ρ_z qui sont situés sur l'ellipse cherchée; nous avons ensuite déterminé le
rapport de réduction des segments compris entre ces ellipses et le diamètre et nous avons enfin réduit, d'après ce rapport, une série d'autres
ordonnées. Cette construction a été répétée identiquement pour les trois
ellipses des trois sections O) A B C; seulement, il a fallu d'abord dessiner
les tangentes communes aux points de contact, tangentes qui n'étaient
pas connues *à priori*.

Pour mener facilement des plans quelconques par la droite (O)O, il est
nécessaire de connaître la longueur du rayon ρ'_0 de l'ellipsoïde suivant
cette droite; nous obtenons cette longueur, comme nous avons trouvé
précédemment $\rho'_a \rho'_b \rho'_c$, en rabattant le plan (O)OZ. Nous avons construit
ρ_{0z} dans le plan principal $O_z XY$, puis rabattu (O)OZ; le point O_0 se
rabat évidemment sur le cercle de distance r; la longueur cherchée ρ_0
s'obtient alors au moyen de ρ_z et de ρ_{0z}. Dans toutes les sections passant

par (O)O, ce demi-diamètre est conjugué à celui qui se trouve dans le plan E, puisque ce dernier est conjugué au rayon (O)O.

Les deux diamètres conjugués ainsi déterminés permettent de dessiner toutes les ellipses passant par (O)O, sans revenir aux plans principaux. Nous allons, au moyen de cette méthode rapide, rabattre le plan qui contient le diamètre conjugué au plan de la figure, et qui renferme, par suite, le point le plus haut et le point le plus bas de l'ellipsoïde.

Ce diamètre passe par le point ∞, pôle de la droite à l'infini du plan de la figure, par rapport au système polaire déterminé par l'ellipsoïde. Le point ∞ est situé à l'intersection des trois droites joignant XYZ aux centres $M_x M_y M_z$ des involutions qui sont déterminées sur les côtés opposés. Dans le rabattement, le point (O) vient en O_∞, sur l'intersection d'une perpendiculaire à $O\infty$ avec le cercle de distance; et c'est sur cette perpendiculaire que nous portons ρ_0, vers le point O. La droite qui joint O_∞ à l'intersection E_∞ de la trace $O\infty$ et de E est le diamètre conjugué à ρ_0; ses extrémités sont situées au-dessus des extrémités du diamètre $O\infty$ du contour apparent, sur des normales à ce diamètre. Les deux diamètres conjugués que nous venons d'obtenir, permettent de dessiner l'ellipse. Le point le plus haut et le plus bas se trouvent sur la ligne $O_\infty \infty$, et sont les extrémités du diamètre conjugué au diamètre parallèle au plan de la figure ou à celui qui est parallèle à $O\infty$. Ce dernier diamètre, appartenant à un plan parallèle au plan de la figure, est conjugué au diamètre parallèle à E dans la projection de l'ellipsoïde. Nous n'avons pas dessiné l'ellipse parallèle au plan de la figure, parce qu'elle aurait compliqué les constructions, qui sont déjà trop chargées. Les sections principales donnent une idée très nette de l'ellipsoïde; mais la dernière ellipse que nous avons dessinée en représente mieux la position par rapport au plan de la figure.

L'intersection de l'ellipsoïde avec le plan de la figure sert également à en bien indiquer la forme. Nous en connaissons le centre ∞, les deux points d'intersection avec chacun des plans (O)AB, BC, XY, XZ, $O\infty$, c'est-à-dire dix points, et en tout vingt points en tenant compte du centre. L'ellipse pourra donc être dessinée très exactement.

Outre cette ellipse, nous avons encore représenté les traces des faces du trièdre et du cône directeur sur le plan de la figure. Supposons que ce plan soit horizontal, et que la partie inférieure de l'ellipsoïde soit remplie d'eau; la surface de l'eau figurera deux petits lacs limités par l'ellipse, et d'un côté par l'hyperbole, de l'autre par les traces du trièdre. Le point le plus profond est donné par l'ellipse dessinée précédemment dans le plan vertical $O\infty$. Nous avons fortement marqué ce point dans le dessin.

Il nous reste à chercher l'intersection du cône directeur avec l'ellipsoïde. Chacune de ces surfaces est divisée par les huit trièdres que forment les plans principaux, en parties égales ou symétriques ; il faudra donc que l'intersection cherchée se compose aussi de huit parties égales ou symétriques ; il faudra aussi, à cause de cette égalité ou symétrie, que chaque rayon projetant la courbe, parallèlement à l'un des axes, sur le plan principal conjugué à cet axe, contienne deux points de cette courbe. Comme elle est du 4e degré et que les cônes qui projettent ces courbes, de telle manière que chaque rayon en contienne deux points, sont des cônes du second degré, les projections de l'intersection cherchée sur les plans principaux seront des coniques. A cause de cette même symétrie, les axes $\rho'_x \rho'_y \rho'_z$ des plans principaux seront les axes de ces coniques. Le sommet du cône directeur se trouvant à l'intérieur de l'ellipsoïde, la courbe sera divisée en deux anneaux séparés, par les milieux desquels passera l'axe OZ. La projection de ces deux anneaux sur le plan XO_zY forme une ellipse entière. Les longueurs des axes $O_z1 = O_z5$ s'obtiennent comme ordonnées des intersections des rayons doubles avec l'ellipse de projection, dans le plan XO_yZ, où l'on peut directement les mesurer ; dans le plan YO_xZ, les projections se font sur l'axe O_zZ. Les longueurs des axes $O_z3 = O_z7$ s'obtiennent de même, comme ordonnées y des intersections des deux rayons doubles avec l'ellipse de projection, dans le plan YO_xZ ; dans le plan XO_yZ les projections se font sur l'axe O_yZ. Nous connaissons maintenant les deux axes de l'ellipse O_z ; dans l'hyperbole O_y, nous connaissons un axe $O_y(3\,7)$ et les deux points 1 et 5, et enfin dans l'ellipse O_x, l'axe $O_x(1\,5)$ et les deux points 3 7. Les trois coniques sont par suite déterminées.

Il est facile de trouver les projections correspondantes d'un même point ; soit en effet, un point quelconque 2 sur XO_zY ; l'abscisse x_2 de ce point dans le plan XO_yZ et l'ordonnée y_2, dans le plan YO_xZ, déterminent sur les deux anneaux, deux points qui ont le même z_2, ce qui permet de trouver les deux autres projections des deux points qui sont situés au-dessus de 2, dans XO_zY. Si l'on ne tient pas compte des signes et que l'on choisisse une ordonnée quelconque, un point de cette ordonnée se trouvera dans chacun des huit trièdres que forment les plans de coordonnées ; et, à cause de l'égalité ou de la symétrie des parties de la courbe dans chaque trièdre, les projections de ces quatre points 2 4 6 8, répétés deux fois, forment des rectangles dans chaque plan principal. Nous avons dessiné ces rectangles autant que les limites de notre dessin nous le permettaient. Dans l'espace, les points forment le parallélipipède rectangle 2 4 6 8 2′ 4′ 6′ 8′.

Les projections des points de la courbe sur le plan de la figure, s'obtiennent très exactement au moyen des trois lignes projetantes, parallèles à O)XYZ, pour chaque plan principal. Nous avons indiqué en traits pointillés les lignes projetant les points pairs, comme étant les côtés du parallélipipède. Les rayons 15 se trouvent en outre sur un rayon projetant parallèle à OX, et les points 37 sur un rayon parallèle à OY. Comme points particuliers, très utiles pour dessiner la courbe, nous avons les douze points situés sur les six rayons projetants, dont deux touchent chacune des projections de la courbe sur les plans principaux. La courbe est projetée, dans la figure, suivant les mêmes rayons, de sorte que nous trouverons non seulement les points correspondants, mais encore leurs tangentes. Nous en avons indiqué quelques-uns, en employant la méthode générale pour les construire.

Nous devons encore signaler, comme points particuliers, les quatre points où la courbe touche la projection de l'ellipsoïde; ils sont situés sur les deux rayons, joignant le point O aux intersections de l'hyperbole directrice avec la ligne E. Nous avons, de plus, les quatre points situés sur les tangentes menées du point O à l'hyperbole directrice, les tangentes en ces points étant aussi tangentes à la courbe d'intersection. Nous n'avons pu indiquer que celui qui se trouve entre 3 et 4, puisque le rayon compris entre 7 et 8 se confond avec la génératrice du cône située dans le plan (O)AC. Pour obtenir en général un point de la courbe d'intersection sur une génératrice du cône directeur, donnée par sa trace sur l'hyperbole s, on projettera la trace donnée, à partir des points XYZ, sur les côtés opposés XYZ, on joindra les points obtenus à O_{xyz}; ces lignes de jonction seront les projections de la génératrice donnée sur les plans principaux, elles couperont par suite le point cherché, sur les projections de la courbe d'intersection. Nous n'avons pas indiqué cette construction dans notre dessin, puisqu'une trace des tangentes est située bien en dehors des limites de l'épure, et que l'autre tombe entre les points 1 et 8, qui sont déjà trop rapprochés pour permettre la détermination d'un point entre eux. La courbe une fois dessinée, la longueur de chaque rayon passant par O sera la projection de celle du rayon correspondant de (O), prise entre le plan de l'image et l'ellipsoïde. En projetant en particulier, à partir du point (O) sur l'hyperbole, les huit points $2\,4\,6\,8\,2'\,4'\,6'\,8'$ du parallélipipède, on obtiendra sur chaque rayon de O deux points opposés $26'$, $48'$, $62'$, $84'$; ces rayons ne déterminent par suite que quatre points de l'hyperbole, les points $2''\,4''\,6''\,8''$. Les droites de jonction de deux de ces points passent par l'un des points XY ou Z, puisque ces droites peuvent être considérées comme les traces de plans, passant par deux arêtes opposées du parallélipipède, plans qui contiennent aussi l'axe parallèle à ces arêtes.

2″ et 8″ sont les seuls qui soient situés dans les limites de l'épure ; la droite qui les joint passe par Y. La réciproque de cette proposition étant également vraie, il en résulte que les sommets de chaque rectangle inscrit dans l'hyperbole, et dont le triangle polaire coïncide avec XYZ, peuvent être considérés comme les projections de huit points symétriques de la courbe d'intersection.

131. DÉTERMINATION DU SYSTÈME DE SECTIONS ET DE FORCES CONJUGUÉES. COURBES DE PRESSION ET DE TENSION.

Nous nous sommes donné, dans le numéro précédent, un trièdre tel que ses arêtes soient conjuguées aux faces opposées, et nous avons, au moyen de ce trièdre, déterminé les efforts auxquels le point matériel, sommet du trièdre, était soumis. Ce cas était le cas général, puisque nous pouvions choisir comme arêtes les directions de trois forces quelconques, il est aussi le plus instructif, puisqu'il permet, par la composition des forces, de déterminer le système polaire réciproque des forces et des sections. Le problème cependant ne se présente pas ainsi dans la pratique ; les sections et les forces qui agissent sur ces sections, sont quelconques, et il s'agit, avec ces données, de construire l'ellipsoïde. Nous allons montrer comment les différents cas possibles peuvent se ramener à celui que nous avons étudié (Pl. XV).

Nous admettrons *a priori* que le système polaire des forces et des sections détermine les rapports des dimensions de l'ellipsoïde, nous ne pourrons plus, dès lors, prendre à volonté que l'une des trois forces ; ce choix fixera les dimensions de l'ellipsoïde.

Supposons que l'on donne trois plans sécants ; les directions des forces qui sollicitent ces plans ne sont pas arbitraires, et il faut que le trièdre des plans soit perspectif à celui des forces, afin de former un système polaire. Soient ABC les trois plans ; nous pouvons prendre, pour les forces qui sollicitent A et B, deux directions quelconques a et b ; la force qui sollicite C devra être choisie de manière que les plans a(BC), b(CA) et c(AB) se coupent suivant un rayon s de la gerbe, ou, ce qui revient au même, que les intersections des plans (ab)C, (bc)A et (ca)B soient situées dans un même plan S. La droite c doit donc être prise dans le plan s(AB) ; cela posé, les quatre pôles $sabc$ et leurs polaires SABC déterminent, d'après les règles de la géométrie de position, un système polaire avec ou sans courbe directrice, et ce système pourrait être construit exactement comme celui du numéro précédent, au moyen d'un triangle polaire et du centre du système. L'ellipsoïde est, dès lors, déterminé par le système polaire, pourvu que l'on se donne encore une dimension, c'est-à-dire une force. On arrive encore au même résultat, en décomposant la force primitivement choisie, suivant les arêtes de ABC, et en choisissant les deux autres forces de telle manière que leurs composantes satisfassent aux conditions du n° 129 (p. 496). Nous nous contentons ici d'indiquer l'identité de ces deux moyens d'opérer, sans nous y arrêter plus longtemps. Le cas que nous avons indiqué en dernier lieu est d'ailleurs celui qui se présente le plus souvent dans la pratique.

Celui qui va suivre est presque identique à celui de la Pl. XV. Supposons que l'on donne arbitrairement les directions et les grandeurs des forces, sollicitant deux sections planes A et B, nous pourrons encore prendre, à volonté, la grandeur de la force qui agit suivant l'intersection c de AB sur le plan $ab = $ C. En effet, d'après le n° 126, l'involution des forces et des sections, et par suite l'ellipse centrale, est complétement déterminée, dans le plan C, par les traces de A et B sur ce plan et par les forces a et b qui les sollicitent; nous pourrons donc trouver deux plans conjugués A′ et B′, tels que $a′$ soit situé dans B′ et $b′$ dans A′, $a′$ et $b′$ ayant des grandeurs connues. Si maintenant l'on prend, dans l'intersection de A′, B′ ou de A, B une force c agissant sur ab ou $a′b′$, le problème est ramené à celui de la Pl. XV. En général, si l'on connaît, soit d'après les données précédentes, soit d'une manière quelconque, l'involution des forces et des sections dans un des plans d'une gerbe, et la force qui sollicite ce plan, il est permis de choisir arbitrairement la force qui sollicite un second plan quelconque, pourvu que le plan des deux forces coupe le premier plan donné suivant le rayon conjugué aux deux plans.

Nous n'examinerons pas le cas où le système polaire réciproque est donné par un polyèdre à cinq faces, dans lequel chaque arête correspond à la face opposée, parce qu'il n'arrive, pour ainsi dire jamais, qu'on ait à en faire usage.

Si l'on connaissait pour tous les points d'un corps le système polaire des sections et des forces, on pourrait, comme nous l'avons indiqué pour une figure plane (n° 127, p. 486), représenter les directions des forces dans l'intérieur du corps. Supposons connues, pour un point matériel, les trois directions des axes. Supposons que l'effort auquel est soumis le corps, suivant l'un des axes, soit de sens contraire de celui qu'il subit suivant les deux autres; prenons sur ces deux axes, à une distance finie, mais très petite, quatre nouveaux points pour lesquels nous construirons de nouveau les axes; ces derniers nous donneront huit nouveaux points qui ne seront pas dans le même plan que les quatre premiers; au moyen de ces huit points, nous en construirons douze, en continuant de la sorte, etc. Supposons maintenant que l'espace soit rempli entre quatre de ces points au moyen de surfaces gauches, nous aurons obtenu une surface gauche, couverte d'un réseau de trajectoires qui se coupent à angle droit et à l'intersection desquelles sont tracées des normales à la surface. Au-dessus et au-dessous de cette surface nous pourrons en construire deux autres, et ainsi de suite; et nous obtiendrons, comme résultat final de notre opération, une gerbe de lignes, traversant le corps et coupant normalement les surfaces étagées. Suivant ces lignes, les efforts que subit le corps sont des maximums et ont tous le même sens. Suivant les surfaces, ils ont soit des sens différents, soit les mêmes sens, suivant la manière dont est sollicité le corps. On peut encore indiquer, dans ces surfaces, les efforts maximums ou minimums au moyen d'un réseau de lignes. Si l'on marque enfin, pour chacun des points de la construction, la grandeur des forces qui sollicitent ce point suivant les trois directions, les efforts que subit la matière du corps seront entièrement représentés.

Cette représentation est malheureusement impraticable. L'exécution du dessin du numéro précédent a coûté beaucoup de peine, et relativement beaucoup de temps; elle serait très longue, alors même que l'on ne chercherait que les axes de l'ellipsoïde; un travail pareil, répété pour cent points par exemple, ce qui serait encore insuffisant, absorberait plus de temps et d'efforts qu'il n'est loisible d'en consacrer à un projet quelconque. Par suite, on se bornera à déterminer les courbes de pression et de tension dans plusieurs plans de profils.

132. FORMULES DONNANT LES FORCES PROPORTIONNELLES A DES SURFACES.

Nous déterminerons, comme au n° 129, les forces qui agissent sur les plans ABC (*fig*. 196, p. 497) au moyen de celles qui agissent sur les trois faces AOB, BOC et COA. Prenons ces trois plans comme plans de coordonnées, et supposons comme précédemment :

les coordonnées des plans ABC égales à $\xi \eta \zeta$,
les cosinus des angles que font les axes de coordonnées, égaux à $\omega_1 \omega_2 \omega_3$,
leurs sinus égaux à $\omega'_1 \omega'_2 \omega'_3$;

et enfin les forces qui agissent, par unité de surface, sur un plan g de coordonnées égales à $\dfrac{\rho g}{\omega'_g}$, $\dfrac{\sigma_{ig}}{\omega'_g}$ et $\dfrac{\sigma_{kg}}{\omega'_g}$.

Les forces totales agissant sur une surface g seront, par suite, et d'après le n° 129 (p. 496) :

$$R_g = \frac{\rho g}{2\xi_i \xi_k}, \quad S_{ig} = \frac{\sigma_{ig}}{2\xi_i \xi_k}, \quad S_{kg} = \frac{\sigma_{kg}}{2\xi_i \xi_k};$$

gik étant une combinaison quelconque de 1 2 3 et $\xi_1 \xi_2 \xi_3$ étant identiques à ξ, η, ζ.

Soient XYZ, ou, par unité de surface $\mathfrak{X}\mathfrak{Y}\mathfrak{Z}$, les composantes agissant sur la surface $F_4 = ABC$ parallèlement aux axes de coordonnées. On aura évidemment :

$$X = F_4 \mathfrak{X} = \frac{\rho_1}{2\eta\zeta} + \frac{\sigma_{12}}{2\zeta\xi} + \frac{\sigma_{13}}{2\xi\eta}.$$

La surface F_4 donnée par la formule :

$$4\xi^2\eta^2\zeta^2 F^2_4 = - \begin{vmatrix} 1 & \omega_3 & \omega_2 & \xi \\ \omega_3 & 1 & \omega_1 & \eta \\ \omega_2 & \omega_1 & 1 & \zeta \\ \xi & \eta & \zeta & \end{vmatrix} = \Sigma^2.$$

On a par suite :

$$\Sigma\mathfrak{X} = \rho_1\xi + \sigma_{12}\eta + \sigma_{13}\zeta,$$
$$\Sigma\mathfrak{Y} = \sigma_{12}\xi + \rho_2\eta + \sigma_{23}\zeta,$$
$$\Sigma\mathfrak{Z} = \sigma_{31}\xi + \sigma_{32}\eta + \rho_3\zeta.$$

En posant :

$$\delta = \begin{vmatrix} \rho_1 & \sigma_{12} & \sigma_{13} \\ \sigma_{21} & \rho_2 & \sigma_{23} \\ \sigma_{31} & \sigma_{32} & \rho_3 \end{vmatrix},$$

et représentant les déterminants mineurs de δ par $\delta_{ik} = \delta_{ki}$, on aura, d'après les formules précédentes :

$$\delta\xi : \Sigma = \delta_{11}\mathfrak{X} + \delta_{12}\mathfrak{Y} + \delta_{31}\mathfrak{Z},$$
$$\delta\eta : \Sigma = \delta_{12}\mathfrak{X} + \delta_{22}\mathfrak{Y} + \delta_{32}\mathfrak{Z},$$
$$\delta\zeta : \Sigma = \delta_{13}\mathfrak{X} + \delta_{23}\mathfrak{Y} + \delta_{33}\mathfrak{Z}.$$

La substitution de ces valeurs de $\xi\eta\zeta$, dans l'équation $\xi x + \eta y + \zeta z = 0$ du plan mené par l'origine parallèlement à ABC, nous donnera l'équation du plan correspondant à la direction $\mathfrak{X}\mathfrak{Y}\mathfrak{Z}$:

$$\delta_{11}\mathfrak{X}x + \delta_{12}(\mathfrak{X}y + \mathfrak{Y}x) + \delta_{22}\mathfrak{Y}y + \delta_{13}(\mathfrak{X}z + \mathfrak{Z}x) + \delta_{23}(\mathfrak{Y}z + \mathfrak{Z}y) + \delta_{33}\mathfrak{Z}z = 0.$$

Cette équation est évidemment l'équation polaire du cône :

$$\delta_{11}x^2 + 2\delta_{12}xy + \delta_{22}y^2 + 2\delta_{13}xz + 2\delta_{23}yz + \delta_{33}z^2 = 0.$$

Pour exprimer que les éléments conjugués dans ce cône sont rectangulaires, nous identifierons l'équation polaire :

$$(\delta_{11}x + \delta_{12}y + \delta_{13}z)x' + (\delta_{21}x + \delta_{22}y + \delta_{23}z)y' + (\delta_{31}x + \delta_{32}y + \delta_{33}z)z' = 0,$$

à celle d'un plan perpendiculaire à la droite qui joint l'origine au point xyz, c'est-à-dire :

$$(x + \omega_3 y + \omega_2 z)x' + (\omega_3 x + y + \omega_1 z)y' + (\omega_2 x + \omega_1 y + z)z' = 0,$$

et nous aurons, en désignant par λ la constante d'identification :

$$(\delta_{11}x + \delta_{12}y + \delta_{13}z)\lambda = x + \omega_3 y + \omega_2 z,$$
$$(\delta_{21}x + \delta_{22}y + \delta_{23}z)\lambda = \omega_3 x + y + \omega_1 z,$$
$$(\delta_{31}x + \delta_{32}y + \delta_{33}z)\lambda = \omega_2 x + \omega_1 y + z.$$

Pour que ces trois équations aient lieu en même temps, il faut que l'on ait :

$$\begin{vmatrix} \delta_{11}\lambda - 1, & \delta_{12}\lambda - \omega_3, & \delta_{13}\lambda - \omega_2 \\ \delta_{21}\lambda - \omega_3, & \delta_{22}\lambda - 1, & \delta_{23}\lambda - \omega_1 \\ \delta_{31}\lambda - \omega_2, & \delta_{32}\lambda - \omega_1, & \delta_{33}\lambda - 1 \end{vmatrix} = 0.$$

Ce déterminant étant du troisième degré par rapport à λ, nous ne pourrons trouver pour cette constante que trois valeurs satisfaisant aux trois équations. On peut démontrer qu'elles sont toujours réelles, et les trouver en résolvant l'équation d'après les méthodes ordinaires.

En substituant l'une des valeurs trouvées dans le déterminant, les coordonnées des axes seront entre elles comme les déterminants mineurs d'une ligne ou d'une colonne.

Ces calculs sont faciles à effectuer pour des valeurs particulières de δ_{ik}, mais n'ont pas encore été faits, à notre connaissance, pour le cas général.

On obtiendra les relations qui lient $\varkappa\iota\vartheta$, c'est-à-dire l'équation de l'ellipsoïde des forces, en substituant dans le déterminant Σ^2 les valeurs trouvées précédemment pour $\xi\eta\zeta$. Il viendra :

$$\delta^2 = - \begin{vmatrix} 1 & \omega_3 & \omega_2 & \delta_{11}\varkappa + \delta_{12}\iota + \delta_{13}\vartheta \\ \omega_3 & 1 & \omega_1 & \delta_{12}\varkappa + \delta_{22}\iota + \delta_{23}\vartheta \\ \omega_2 & \omega_2 & 1 & \delta_{13}\varkappa + \delta_{23}\iota + \delta_{33}\vartheta \\ \delta_{11}\varkappa + \delta_{12}\iota, & \delta_{21}\varkappa + \delta_{22}\iota, & \delta_{31}\varkappa + \delta_{32}\iota, & 0 \\ + \delta_{13}\vartheta, & + \delta_{23}\vartheta, & + \delta_{33}\vartheta, & \end{vmatrix}.$$

Les coordonnées de deux plans perpendiculaires l'un à l'autre satisfont à la relation :

$$0 = \begin{vmatrix} 1 & \omega_3 & \omega_2 & \xi \\ \omega_3 & 1 & \omega_1 & \eta \\ \omega_2 & \omega_1 & 1 & \zeta \\ \xi' & \eta' & \zeta' & 0 \end{vmatrix}.$$

En substituant dans cette équation les valeurs trouvées précédemment pour $\xi\eta\zeta$ en fonction de $\varkappa\iota\vartheta$ et celles de $\xi'\eta'\zeta'$ en fonction de $\varkappa'\iota'\vartheta'$, on obtiendra l'équation polaire des plans diamétraux et des diamètres conjugués dans l'ellipsoïde des forces. Il en résulte qu'à des sections ou directions rectangulaires correspondent des points à l'infini, qui sont conjugués dans l'ellipsoïde des forces.

On peut en conclure que le cône et l'ellipsoïde ont les mêmes axes, puisque les axes du cône sont aussi conjugués dans l'ellipsoïde. Comme les trois plans qu'ils forment sont rectangulaires entre eux, les axes qui leur sont opposés sont aussi conjugués dans l'ellipsoïde, et sont aussi les axes de cet ellipsoïde, comme étant des diamètres conjugués rectangulaires. On voit que l'équation trouvée plus haut pour λ détermine aussi les axes de l'ellipsoïde.

Supposons maintenant que les trois plans dont nous sommes partis et que nous avons pris comme plans de coordonnées soient conjugués dans le système polaire des forces et des sections, toutes les forces σ seront alors nulles, d'après ce que nous avons dit (n° 129, p. 496). Par suite :

$$\delta = \rho_1\rho_2\rho_3; \quad \delta_{11} = \rho_2\rho_3; \quad \delta_{22} = \rho_3\rho_1; \quad \delta_{33} = \rho_1\rho_2; \quad \delta_{12} = \delta_{23} = \delta_{31} = 0,$$

et l'équation du cône directeur se réduit à :

$$\frac{x^2}{\rho_1} + \frac{y^2}{\rho_2} \pm \frac{z^2}{\rho_3} = 0.$$

Les ρ ont les mêmes signes ou des signes différents, suivant qu'ils représentent pour le point matériel des efforts de même nature ou de nature différente. Lorsque le point matériel est soumis, suivant les trois directions, à des efforts de même nature, il n'existe pas de valeur réelle pour xy ou z qui satisfasse à l'équation précédente ; le cône directeur est donc imaginaire bien que, dans l'équation polaire de ce cône, un plan réel soit conjugué à un point réel et réciproquement.

Lorsque les ρ n'ont pas tous le même signe, un seul d'entre eux sera contraire aux deux autres. Nous avons affecté de ce signe la force agissant suivant l'axe des z, comme nous l'avons indiqué par le signe inférieur du dernier terme dans l'équation du cône. Dans ce cas, ce cône sera réel, et toutes les propositions énoncées (n° 129, p. 496) concernant les sections et les forces conjuguées seront applicables.

L'équation en λ qui donne les axes du cône et de l'ellipsoïde se réduit à :

$$\begin{vmatrix} 1 - \rho_2\rho_3\lambda, & \omega_3 & \omega_2 \\ \omega_3 & 1 - \rho_3\rho_1\lambda, & \omega_1 \\ \omega_2 & \omega_1 & 1 - \rho_1\rho_2\lambda \end{vmatrix} = 0,$$

et celle de l'ellipsoïde des forces à :

$$1 = - \begin{vmatrix} 1 & \omega_3 & \omega_2 & \dfrac{x}{\rho_1} \\ \omega_3 & 1 & \omega_1 & \dfrac{\iota}{\rho_2} \\ \omega_2 & \omega_1 & 1 & \dfrac{\varsigma}{\rho_3} \\ \dfrac{x}{\rho_1} & \dfrac{\iota}{\rho_2} & \dfrac{\varsigma}{\rho_3} & 0 \end{vmatrix}.$$

Cette équation peut s'écrire encore, en désignant par ω_{ik} les déterminants mineurs du sinus de l'angle solide :

$$1 = \omega_{11}\frac{x^2}{\rho^2_1} + 2\omega_{12}\frac{x\iota}{\rho_1\rho_2} + \omega_{22}\frac{\iota^2}{\rho^2_2} + 2\omega_{13}\frac{x\varsigma}{\rho_1\rho_3} + 2\omega_{23}\frac{\iota\varsigma}{\rho_2\rho_3} + \omega_{33}\frac{\varsigma^2}{\rho^2_3}.$$

En supposant enfin que les trois axes conjugués soient rectangulaires, tous les ω_i et les ω_{ik} seront nuls; les ω_{ii} avec les mêmes indices seront égaux à 1, et les équations du cône et de l'ellipsoïde seront :

$$\frac{x^2}{\rho_1} + \frac{y^2}{\rho_2} \pm \frac{z^2}{\rho_3} = 0,$$

$$\frac{x^2}{\rho^2_1} + \frac{\iota^2}{\rho^2_2} + \frac{\varsigma^2}{\rho^2_3} = 1.$$

En égalant à zéro dans ces équations, l'une des coordonnées courantes, on obtiendra celles que nous avons trouvées (n° 128, p. 493). On voit que dans les plans principaux il existe entre les sections et les forces conjuguées les mêmes relations que dans un système plan. Les éléments conjugués peuvent être construits au moyen des cercles du n° 127 (p. 486 et suivantes).

Des plans ne contenant qu'un axe ne jouissent pas toutefois de cette propriété. Posons, en effet, $y = \tau x$ et $\iota = \tau x$; les équations du cône et de l'ellipsoïde deviendront :

$$\left(\frac{1}{\rho_1} + \frac{\tau^2}{\rho_2}\right)x^2 \pm \frac{z^2}{\rho_3} = 0$$

et

$$\left(\frac{1}{\rho^2_1} + \frac{\tau^2}{\rho^2_2}\right)x^2 \pm \frac{\varsigma^2}{\rho^2_3} = 1.$$

Or $\left(\dfrac{1}{\rho^2_1} + \dfrac{\tau^2}{\rho^2_2}\right)$ n'est pas le carré de $\left(\dfrac{1}{\rho_1} + \dfrac{\tau^2}{\rho_2}\right)$; par suite les propositions trouvées pour le plan, et les constructions au moyen du cercle ne sont plus applicables, ce qui concorde avec ce que nous avons dit (n° 129, p. 496).

L'intersection du cône avec l'ellipsoïde ne peut naturellement être réelle que lorsque ce cône est réel. Dans ce cas, les trois projections de l'intersection seront :

$$\left(\frac{1}{\rho_1} + \frac{1}{\rho_3}\right)\frac{x^2}{\rho_1} + \left(\frac{1}{\rho_2} + \frac{1}{\rho_3}\right)\frac{y^2}{\rho_2} = 1,$$

$$\left(\frac{1}{\rho_1} - \frac{1}{\rho_2}\right)\frac{x^2}{\rho_1} + \left(\frac{1}{\rho_3} + \frac{1}{\rho_2}\right)\frac{z^2}{\rho_3} = 1,$$

$$\left(\frac{1}{\rho_2} - \frac{1}{\rho_1}\right)\frac{y^2}{\rho_2} + \left(\frac{1}{\rho_3} + \frac{1}{\rho_2}\right)\frac{z^2}{\rho_3} = 1.$$

De ces trois projections, la première est toujours une ellipse, et des deux autres, l'une est une ellipse et l'autre une hyperbole, quoique la courbe d'intersection elle-même soit du quatrième degré. Cette propriété nous a permis d'effectuer d'une manière assez simple la construction de la courbe de la Pl. XV, voir n° 130 (p. 511).

CHAPITRE II

FIBRE MOYENNE

---

133. DE LA FIBRE MOYENNE EN GÉNÉRAL.

La théorie de l'élasticité sert surtout, dans les calculs de construction, à déterminer les forces qui sollicitent une poutre, lorsque les conditions d'équilibre ne sont pas indiquées *à priori*. Soit, par exemple, une poutre chargée d'une manière quelconque et reposant sur deux points d'appuis qui ne peuvent résister que dans le sens vertical; les charges qui agissent sur la poutre, ne pourront, dans ce cas, se décomposer que d'une seule manière en deux forces verticales passant par les points d'appuis, comme nous l'avons vu au n° 58 (p. 197); nous n'aurons donc pas besoin, dans ce cas, de la théorie de l'élasticité. Mais si la poutre repose sur plus de deux appuis, en n points par exemple, les conditions ordinaires d'équilibre ne suffisent plus pour déterminer les réactions verticales de ces points; car $n-2$ réactions peuvent être prises arbitrairement et composées avec les charges, de manière à donner une résultante unique; cette résultante pourrait, dès lors, déterminer, d'après les lois de la statique, les deux réactions restantes. On voit que le problème aurait ainsi une infinité de solutions. L'indétermination disparaît si l'on exprime que dans la déformation de la poutre, sous l'influence des forces qui la sollicitent, la position des points d'appuis ne change pas. Il en est de même pour l'arc; les réactions des culées peuvent avoir des directions, quelquefois même des positions diverses (voir n° 55, *fig.* 109 et 110, p. 185), ce qui donnerait pour l'équilibre des forces sollicitant un arc, une infinité de solutions; ici aussi, on fera disparaître l'indétermination en exprimant que les forces qui agissent sur l'arc doivent être telles que, malgré la déformation, la position et la direction des surfaces d'appuis que peut présenter cet arc, ne varient pas.

Nous emploierons la méthode suivante pour déterminer les forces (réactions des piliers ou des culées) satisfaisant à de pareilles conditions : nous supposerons la poutre sollicitée par un système de forces admissibles, c'est-à-dire satisfaisant aux conditions d'équilibre ; nous chercherons les déformations que produisent ces forces, variables d'une section à l'autre ; puis, nous modifierons le système adopté, c'est-à-dire que nous ajouterons de nouvelles forces en équilibre (dont la somme sera nulle) et qui seront, la plupart du temps, constantes pour une grande partie de la poutre, de manière à ramener à leur position primitive, ceux des points de la poutre qui ne doivent pas être déplacés, d'après les conditions du problème.

Le problème comporte ainsi les deux opérations suivantes :

1) Nous déterminerons la déformation d'une poutre sollicitée par des forces quelconques, c'est-à-dire que nous *construirons la fibre moyenne correspondant à ces forces*.

2) Nous ramènerons certains points à leur position primitive, c'est-à-dire que nous *ferons passer la fibre moyenne par des points donnés*, en modifiant les forces primitivement adoptées.

Nous allons d'abord traiter ces questions aussi complétement qu'il est possible de le faire dans le cas général, surtout en ce qui concerne la seconde de ces opérations, puis nous étudierons avec plus de détails les cas spéciaux de la poutre continue et de l'arc.

134. DÉFORMATIONS QUE PRODUISENT, SUR LES ÉLÉMENTS D'UNE POUTRE, DES PRESSIONS ET DES EFFORTS TRANCHANTS.

Nous limiterons nos recherches au cas où la fibre moyenne est plane. Dès lors, les forces qui sollicitent la poutre, ne devant pas la faire sortir de son plan, il faudra que la résultante de toutes les forces extérieures à une section quelconque soit située dans ce plan. Il n'existera pas de forces de torsion, tournant autour d'axes non perpendiculaires à ce plan, et il faudra de plus que ce plan contienne un axe de l'ellipse centrale de chaque section.

Cela posé, il sera toujours possible de décomposer la résultante des forces extérieures à une section en trois forces : l'une Q, agissant suivant la direction de l'axe de la poutre, l'autre S agissant normalement à la première dans le plan de la section et qui est l'effort tranchant ; la dernière enfin, située à l'infini et que nous désignerons par $\mathfrak{P}$.

La première force Q comprime l'élément Δs de la poutre (*fig.* 197) suivant la direction de l'axe. Q agissant au centre de gravité, l'axe neutre autour duquel tourne la section est situé à l'infini, car il est l'antipolaire du centre de l'ellipse centrale ; la section se déplacera donc parallèlement à elle-même. On admet que la force ρ, par unité de surface, capable de produire sur l'unité de surface un certain déplacement λ très petit, est proportionnelle à ce déplacement, de sorte que l'on peut écrire $\rho = \varepsilon\lambda$, formule dans laquelle ε est un coefficient déterminé par l'expérience, et que l'on appelle *module d'élasticité*. Soit F la surface de la section ; on aura $\rho = \dfrac{Q}{F}$, et le déplacement $\lambda\Delta s$ d'un élément de

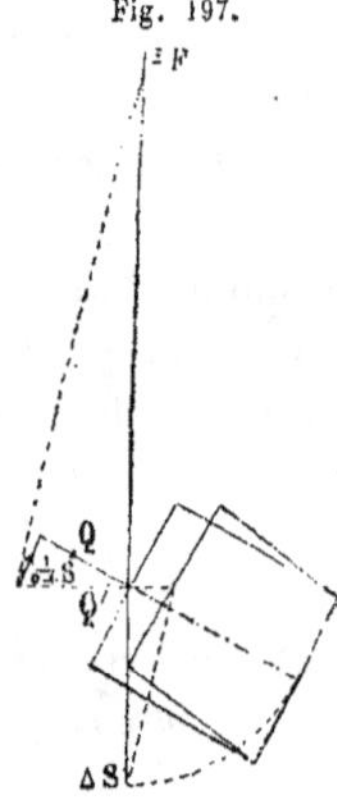

Fig. 197.

longueur Δs sera égal à $\dfrac{Q}{\varepsilon F}\,\Delta s$.

L'angle dont tourne la surface terminale de Δs étant égal à zéro pendant cette compression, il faudra que tous les points invariablement liés à l'élément Δs, l'extrémité de la poutre, par exemple, se déplacent de cette même quantité $\dfrac{Q}{\varepsilon F}\,\Delta s$, parallèlement à l'axe de l'élément.

Pendant que, sous l'influence de la force Q, la longueur de l'élément Δs diminue, toutes les dimensions dans le sens de la section augmentent.

Admettons que cette augmentation soit la même pour toutes les dimensions de la section et qu'elle soit égale à μ pour l'unité de longueur le volume de l'élément Δs deviendra, par suite de sa compression et de son élargissement, égal à :

$$(1-\lambda)(1+\mu)^2 F\Delta s = (1 + 2\mu - \lambda + \mu^2 - 2\lambda\mu - \mu^2\lambda)F\Delta s$$

ou

$$= (1 + 2\mu - \lambda)F\Delta s,$$

en négligeant les termes du deuxième degré en μ et λ, puisque λ et μ sont des quantités extrêmement petites.

La force Q n'a pu que diminuer le volume de Δs, il faudra donc que l'on ait :

$$\mu < \frac{1}{2}\lambda, \text{ c'est-à-dire que } \mu \text{ soit compris entre 0 et } \frac{1}{2}\lambda.$$

La deuxième force S déplace la surface terminale de Δs, dans le plan F de cette surface, suivant sa propre direction. Nous admettrons également que la force σ qui est nécessaire, par unité de surface, pour déplacer d'une longueur φ la surface terminale d'un élément, ayant pour longueur 1, est proportionnelle à ce déplacement, et nous poserons :

$$\sigma = \varepsilon' \varphi.$$

Le déplacement $\varphi \Delta s$, produit par la force S sur un élément de longueur Δs, sera donc égal à $\dfrac{S}{\varepsilon' F} \Delta s$, puisque $\sigma = \dfrac{S}{F}$.

Nous reproduisons ici la méthode employée par M. Clebsch, dans sa théorie de l'élasticité (p. 10), pour démontrer que ε' est compris entre $\dfrac{1}{2}\varepsilon$ et $\dfrac{1}{3}\varepsilon$, et par suite que, si Q est égal à S, le déplacement de la section dans son propre plan, produit par l'effort tranchant S, est de deux à trois fois plus grand que le déplacement suivant l'axe, produit par la force de compression Q.

Soit (*fig.* 198) la section d'un élément cubique, dont les faces ont pour

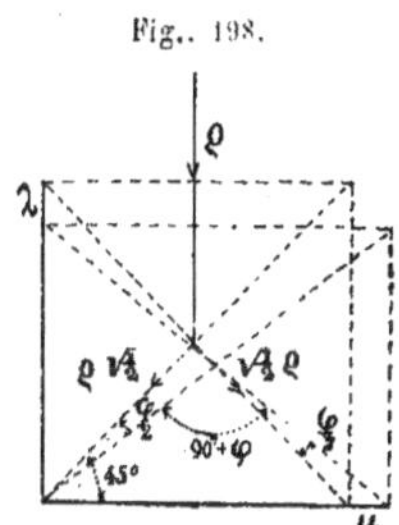

surface l'unité, et supposons cet élément soumis à une force ρ. Sous l'influence de cette force, la hauteur de l'élément diminuera d'une quantité λ, et sa largeur augmentera d'une quantité μ. Ce changement des dimensions augmentera l'angle, primitivement droit, des diagonales, qui deviendra $90° + \varphi$ comme l'indique la figure, et l'on aura évidemment, l'angle φ étant très petit :

$$\mathrm{tg}\left(45 - \frac{1}{2}\varphi\right) = \frac{1 - \frac{1}{2}\varphi}{1 + \frac{1}{2}\varphi} = \frac{1 - \lambda}{1 + \mu}.$$

On en déduit :

$$\frac{1}{2}\varphi(2 - \lambda + \mu) = \lambda + \mu,$$

ou, en négligeant les termes $\lambda\varphi$, $\mu\varphi$ très petits par rapport aux autres :

$$\varphi = \lambda + \mu.$$

Nous avons montré plus haut que μ était compris entre 0 et $\dfrac{1}{2}\lambda$, il faudra donc, dans notre cas, que φ soit compris entre λ et $\dfrac{3}{2}\lambda$.

Puisque l'angle φ est très petit, on pourra le considérer comme représentant le déplacement dans leur propre plan de toutes les sections normales aux diagonales, et M. Clebsch admet que c'est la composante de ρ, parallèle à ces sections, qui produit ces déplacements. Coupons le cube suivant ses plans diagonaux (comme l'indique la *fig.* 198), et décomposons ρ, à son intersection avec ces plans, suivant deux composantes dont l'une soit située dans la section et dont l'autre soit normale à cette section; chacune d'elles sera égale à $\rho\sqrt{\dfrac{1}{2}}$, puisqu'elles forment avec ρ un angle de 45°. Mais la surface correspondant à une diagonale est $\sqrt{2}$, dans un cube dont les côtés sont égaux à 1 et l'effort tranchant $\rho\sqrt{\dfrac{1}{2}}$ se répartit sur cette surface; l'unité de force sera donc :

$$\sigma = \rho\sqrt{\frac{1}{2}} : \sqrt{2} = \frac{1}{2}\rho.$$

Comme $\rho = \lambda\varepsilon$, nous aurons $\sigma = \dfrac{1}{2}\lambda\varepsilon$, et, en substituant cette valeur dans l'équation $\sigma = \varphi\varepsilon'$ et tenant compte de la valeur de φ trouvée plus haut, nous obtiendrons une relation entre ε et ε' :

$$\frac{1}{2}\lambda\varepsilon = (\lambda + \mu)\varepsilon'.$$

d'où

$$\varepsilon' = \frac{\varepsilon}{2\left(1 + \dfrac{\mu}{\lambda}\right)}.$$

Nous avons vu que $\dfrac{\mu}{\lambda}$ était compris entre 0 et $\dfrac{1}{2}$; en substituant successivement ces limites dans la relation précédente, on voit que ε' varie entre $\dfrac{1}{2}$ et $\dfrac{1}{3}\varepsilon$. Comme nous manquons de données plus précises au sujet de ε', nous poserons :

$$\varepsilon' = 0{,}4\varepsilon.$$

Pour construire les déformations provenant de Q et de S, il est commode de les combiner, en augmentant S dans le rapport $\dfrac{\varepsilon}{\varepsilon'}$, et en composant $\dfrac{\varepsilon}{\varepsilon'}$ S avec Q, de manière à n'avoir qu'une force Q'. Nous avons opéré ainsi dans la *fig.* 191 ; Q a été composé avec $\dfrac{1}{0{,}4}$ S, et nous avons construit la déformation $\dfrac{Q'}{\varepsilon F}\Delta S$ provenant de Q' et correspondant au module ε. Nous avons, pour cela, porté Δs et εF sur une droite passant par le point d'application de la force ; à partir de ce point, et par l'extrémité de Δs

nous avons mené une parallèle à la droite joignant les extrémités de Q' et de εF. Cette parallèle détermine sur Q', à partir du point d'application, un segment égal, en grandeur et en direction, au déplacement cherché. La figure explique cette construction. Il est inutile de faire remarquer que cette construction peut s'effectuer dans une partie quelconque de l'épure, sans s'astreindre à l'exécuter à l'extrémité de chaque élément ; on pourra, pour les divers éléments, former, par exemple, un faisceau avec les Q ou les Δs, et, de cette manière, il suffira de tracer une seule fois les lignes $2F$ et Δs. Quant à la force εF, il ne faudra pas la porter à l'échelle des forces Q et S, car elle est de 500 à 1000 fois plus grande que toutes les forces qui se présentent dans l'épure et qui sont de la nature de ρF ; si, au lieu de εF, on porte $\dfrac{1}{n}\,\varepsilon F$, il est clair que toutes les déformations obtenues seront n fois trop grandes, ce dont il faudra tenir compte, pour les comparer aux autres lignes. M. Mohr, professeur à Dresde, recommande (*Hannoveranische Zeitschrift des Ing. und Arch. Vereins*, 1868) de prendre n égal à la réciproque de l'échelle ; les déformations s'obtiendront ainsi en grandeur naturelle. Il est bon d'opérer ainsi ; mais ce n'est pas toujours possible.

En ajoutant successivement les déformations des divers Δs, on obtiendra le déplacement total d'un point quelconque invariablement lié à l'arc, de son extrémité, par exemple. Le polygone de sommation sera une figure de même forme que l'arc ou la poutre quand les ρ seront très petits, ce qui doit avoir lieu autant que possible.

Lorsque les S peuvent être négligés et que les rapports $\dfrac{Q}{\varepsilon F}$ sont constants pour toute la poutre, le polygone de sommation a une forme semblable à celle de la poutre, car tous les éléments correspondants sont parallèles et sont entre eux dans le rapport de εF à Q. Ce cas se présente pour un arc, dont la forme coïnciderait avec celle de la courbe de pression, et dont les surfaces des sections seraient proportionnelles aux forces extérieures qui les sollicitent. Si les extrémités d'un pareil arc étaient situées primitivement sur une horizontale, le résultat de la sommation de tous les déplacements donnerait une ligne droite d'une longueur égale à $\dfrac{Q}{\varepsilon F}$ fois la portée.

Les déplacements produits par des différences de température satisfont à ces conditions. Le polygone de sommation est semblable à l'arc ou à la poutre ; le rapport de similitude est de $1 : \tau \cdot \dfrac{1}{100}\,\Delta t$, τ étant le coefficient de dilatation pour 100° et Δt étant la différence des températures. D'après la *Physique* de M. Mousson (p. 17), le coefficient τ est : pour le fer, égal à 0,001118 ; pour l'acier, à 0,00124 environ $\frac{1}{800}$; pour le cuivre, à 0,00171 ; pour le grès, à 0,0117 ; le granit, à 0,0009 ; le bois, à 0,0003.

On peut, par suite, déterminer d'avance les deux sortes de déplacement avec une approximation assez grande. On les supposera égaux à $\frac{Q}{\varepsilon F} \pm \tau \frac{1}{100} \Delta\tau$, et l'on admettra que ceux qui proviennent des S se détruisent. On mettra pour $\frac{Q}{\varepsilon F}$ une valeur moyenne.

Cette méthode suffit d'autant mieux que les déformations produites par Q et S sont très petites par rapport à celles que produit le moment $\mathfrak{P}$, ainsi que nous le verrons dans le numéro suivant. Dans la poutre continue elle-même, où les déformations produites par les S sont relativement les plus grandes, elles sont presque toujours négligeables.

135. DÉFORMATIONS PRODUITES PAR DES MOMENTS SOLLICITANT LES SECTIONS D'UNE POUTRE.

Pour déterminer les déformations que produisent les moments $\mathfrak{P}$, nous composerons de nouveau chaque moment $\mathfrak{P}$ avec la force Q, en une seule force Q qui, dès lors, n'agira plus au centre de gravité, mais à

Fig. 199.

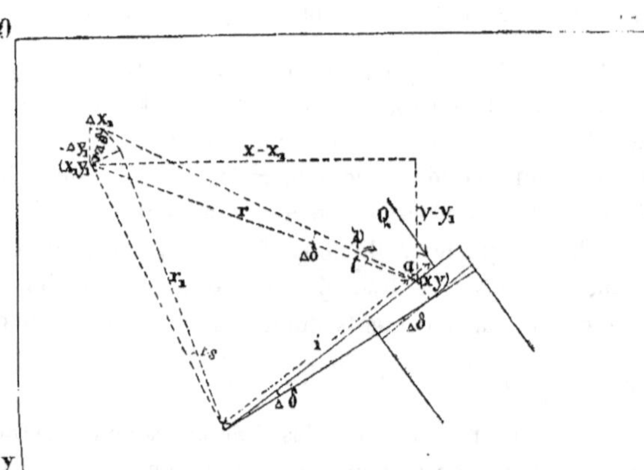

l'extrémité d'un bras de levier q (voir *fig.* 199), tel que $Qq = \mathfrak{P}$. D'après le n° 105 (p. 389), la force Q fait tourner la surface terminale de Δs autour d'un axe neutre, situé à une distance $i = \dfrac{k^2}{q}$ du centre de gravité, k étant le rayon d'inertie correspondant, dans l'ellipse centrale de la section. Le déplacement du centre de gravité est égal à $\dfrac{Q}{\varepsilon F}\,\Delta s$ ou $i\Delta\delta$, si l'on représente par $\Delta\delta$ l'angle dont tourne la section autour de l'axe neutre.

Il en résulte que l'on a :

$$\Delta\delta = \frac{Q}{\varepsilon i F}\,\Delta s = \frac{qQ}{\varepsilon i q F}\,\Delta s = \frac{\mathfrak{P}}{\varepsilon \mathfrak{J}}\,\Delta s,$$

en posant $iqF = k^2 F = \mathfrak{J}$, moment d'inertie de la section, par rapport à l'axe qui passe par le centre de gravité et qui est conjugué au point d'application de Q dans l'ellipse centrale.

Le moment $\mathfrak{P}$, considéré indépendamment de la force Q, agit comme force infiniment petite située à l'infini, et fait tourner la section autour de l'antipolaire de son point d'application, c'est-à-dire autour du diamètre de l'ellipse centrale conjugué à $\mathfrak{P}$, et autour de l'axe horizontal de cette ellipse, en supposant que le grand axe soit situé dans le plan vertical de $\mathfrak{P}$. On voit que le moment $\mathfrak{P}$ ne change pas la position de l'axe du centre de gravité, il ne produit qu'une rotation autour de cet axe. D'un autre côté, la force Q, agissant seule, déplace la section parallèlement à elle-même, sans produire de rotation, d'une quantité $i\Delta\delta = \dfrac{Q\Delta s}{\varepsilon F}$, ainsi que nous l'avons vu dans le numéro précédent. Lorsque les deux forces $\mathfrak{P}$ et Q agissent simultanément, c'est à la force Q qu'il faut attribuer le déplacement parallèle ($i\Delta\delta$) et à la force $\mathfrak{P}$ la rotation $\Delta\delta$.

Lorsque, par suite, un moment $\mathfrak{P}$ sollicite la surface terminale d'un élément Δs, la rotation qu'il produit autour de l'axe du centre de gravité est donnée par la formule :

$$\Delta\delta = \frac{\mathfrak{P}}{\varepsilon \mathfrak{J}}\,\Delta s.$$

Toute surface invariablement liée à l'élément Δs, comme l'est par exemple celle de l'extrémité de l'arc, tourne du même angle et chaque point invariablement lié à cette surface, décrit un chemin $r\Delta\delta = \dfrac{r\mathfrak{P}}{\varepsilon \mathfrak{J}}\,\Delta s$ (voir *fig.* 199), r étant la distance de ce point au centre de rotation. La direction de ce déplacement est naturellement perpendiculaire au rayon r qui joint le point au centre, c'est-à-dire à l'axe du centre de gravité, situé dans la surface terminale de l'élément Δs.

Le chemin total parcouru sous l'action des forces $\mathfrak{P}$ et Q et qui se compose de $r\Delta\delta$ et de $i\Delta\delta$, est normal à la droite r_1 joignant le point mobile à l'antipolaire du point d'application de Q, c'est-à-dire à l'extrémité de i; il est égal à $r_1\Delta\delta$, et la figure montre que $r_1\Delta\delta$ est bien égal à la somme des chemins $r\Delta\delta$ et $i\Delta\delta$.

On a, en effet :

$$\frac{r_1\Delta\delta}{r_1} = \frac{i\Delta\delta}{i} = \frac{r\Delta\delta}{r}.$$

136. SOMMATION DES DÉFORMATIONS QUE PRODUISENT LES MOMENTS.

Pour ajouter les déformations produites sur tous les éléments Δs de la poutre, il est bon de déterminer les changements Δx_1 et Δy_1 des coordonnées du point $x_1 y_1$, invariablement lié à l'arc. Les trois déformations Δx_1, Δy_1 et $r\Delta\delta$ forment un triangle rectangle (*fig.* 199) qui est semblable au triangle $y - y_1$, $x - x_1$ et r, en désignant par x et y les coordonnées du centre de gravité de la section. Les deux triangles ont, en effet, leurs côtés perpendiculaires, et l'on a :

$$\frac{\Delta x_1}{y - y_1} = \frac{-\Delta y_1}{x - x_1} = \frac{r\Delta\delta}{r} = \frac{\mathfrak{P}\Delta s}{\varepsilon\mathfrak{J}};$$

d'où

$$\Delta x_1 = (y - y_1)\frac{\mathfrak{P}\Delta s}{\varepsilon\mathfrak{J}} \quad \text{et} \quad -\Delta y_1 = (x - x_1)\frac{\mathfrak{P}\Delta s}{\varepsilon\mathfrak{J}}.$$

Δy_1 est négatif puisqu'à une rotation positive correspond une diminution de l'ordonnée, comme l'indique la figure.

Désignons par h et k le changement total des coordonnées du point (x_1, y_1), et par δ la rotation totale d'une droite, invariablement liée au point $(x_1 y_1)$. Ces grandeurs se composent de la somme de tous les $\Delta\delta$, Δx_1 et Δy_1 provenant de chaque Δs, sollicité par un moment extérieur $\mathfrak{P}$, et l'on aura : $\delta = \Sigma\Delta\delta$, $h = \Sigma\Delta x_1$ et $k = \Sigma\Delta y_1$. Lorsqu'on a déterminé ces sommes, on peut, inversement, en déduire le centre $(x''y'')$ de rotation, autour duquel $x_1 y_1$ a dû tourner, pour passer de sa position primitive à sa dernière position. Il suffira, pour trouver ce point, de remplacer dans les formules précédentes Δx_1, Δy_1, $\Delta\delta$, x et y par h, k, δ, et x'', y''.

Les sommations indiquées nous conduisent aux formules suivantes :

$$\delta = \sum \mathfrak{P}\frac{\Delta s}{\varepsilon\mathfrak{J}},$$

$$h = \sum (y - y_1)\mathfrak{P}\frac{\Delta s}{\varepsilon\mathfrak{J}} = (y'' - y_1)\delta,$$

$$-k = \sum (x - x_1)\mathfrak{P}\frac{\Delta s}{\varepsilon\mathfrak{J}} = (x'' - x_1)\delta.$$

Les sommes s'étendent naturellement à toute la portion de la poutre que l'on considère, par exemple à celle qui s'étend depuis une culée fixe, jusqu'à la section à laquelle le point $x_1 y_1$ et une droite passant par ce point sont invariablement liés.

Pour effectuer cette sommation et pour en construire les résultats, nous chercherons d'abord l'influence d'une seule force A agissant sur une partie plus ou moins longue de la poutre, et nous déterminerons ensuite les déformations produites par diverses charges ΔP. Nous supposerons à la poutre la forme générale d'un arc. Admettons donc que les moments $\mathfrak{P}$ sont produits par une seule force A, constante pour la partie considérée de l'arc, et ajoutons les unes aux autres les déformations correspondantes des divers éléments.

Soit u la distance variable du centre de chaque section à la direction de la force A. On aura $\mathfrak{P} = u$A et les formules fondamentales deviendront :

$$\delta = A \sum u \left(\frac{\Delta s}{\varepsilon \mathfrak{J}} \right),$$

$$h = A \sum (y - y_1) u \left(\frac{\Delta s}{\varepsilon \mathfrak{J}} \right),$$

$$-k = A \sum (x - x_1) u \left(\frac{\Delta s}{\varepsilon \mathfrak{J}} \right),$$

puisque le facteur constant A peut être mis en dehors du signe Σ. Imaginons maintenant que chaque élément de l'arc ait un poids représenté par le nombre $\frac{\Delta s}{\varepsilon \mathfrak{J}}$; déterminons, d'après les règles connues, la somme σ de ces poids, et cherchons le centre de gravité et l'ellipse centrale de ce système idéal de forces. Dans cette supposition, le signe Σ de la première formule correspondra à un moment statique, puisque les longueurs u sont les distances des éléments de l'arc ayant un poids $\frac{\Delta s}{\varepsilon \mathfrak{J}}$, à la ligne droite suivant laquelle agit A.

Transportons les axes des coordonnées au point $x_1 y_1$, de manière que les coordonnées de ce point soient égales à zéro avant le déplacement, et deviennent égales à h et k après le déplacement. Donnons, en outre, (*fig.* 200) à la force A le sens qu'elle a réellement, lorsqu'elle agit comme réaction (le moment négatif produit par cette force aura le signe contraire à celui de $\mathfrak{P}$ dans les formules précédentes), et désignons par u_σ la distance du centre de gravité σ du système idéal $\frac{\Delta s}{\varepsilon \mathfrak{J}}$ à la direction de A, et par $x_\sigma y_\sigma$ les coordonnées de ce point, par rapport aux nouveaux axes; nous désignerons de même, par x_u et y_u, les coordonnées de l'antipôle de la ligne A, et par $u_x u_y$ les distances à A des antipôles des deux axes, ainsi que la figure l'indique. La première somme δ sera alors propor-

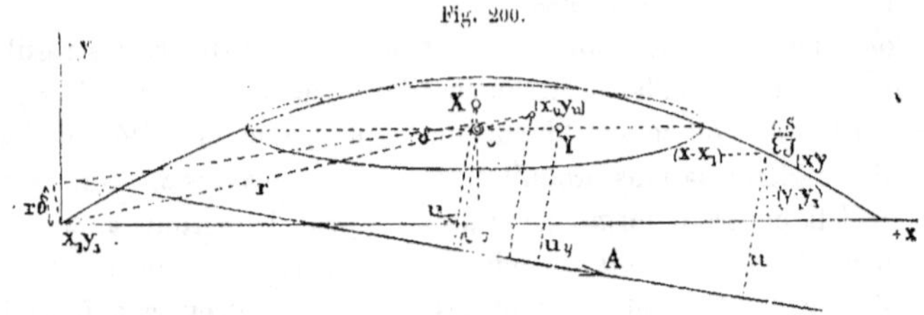

Fig. 200.

tionnelle au moment statique des $\dfrac{\Delta s}{\varepsilon \Im}$ par rapport à la droite A, et égale à

$u_\sigma A\sigma$; la deuxième somme sera égale à $y_\sigma u_x A\sigma$ ou à $y_u u_\sigma A\sigma$ ou enfin à

$y_u \delta$, car elle contient le moment centrifuge des poids $\dfrac{\Delta s}{\varepsilon \Im}$, par rapport à la

ligne A et à la parallèle à l'axe des x, menée par le point $x_1 y_1$; et l'on a

vu (n° 101, p. 377), que le moment centrifuge était égal à la somme σ de

toutes les forces $\dfrac{\Delta s}{\varepsilon \Im}$ multipliée : 1° par la distance u_σ ou y_σ du centre de

gravité σ à l'un des axes; 2° par la distance y_u ou u_x à l'autre axe de l'antipôle de la ligne correspondante. Nous trouverons, de la même manière et au moyen du moment centrifuge par rapport à A et à l'axe des y, que
$- k$ est égal à $x_\sigma u_y A\sigma$ ou à $x_u u_\sigma A\sigma$ ou enfin à $x_u \delta$.

Nous avons donc :

$$\delta = u_\sigma A\sigma,$$
$$h = y_\sigma u_x A\sigma = y_u u_\sigma A\sigma = y_u \delta,$$
$$- k = x_\sigma u_y A\sigma = x_u u_\sigma A\sigma = x_u \delta.$$

Comme nous n'avons fait aucune hypothèse sur la direction des axes, nous pouvons leur donner une direction quelconque et les résultats que nous avons trouvés seront encore applicables. Faisons donc passer l'axe des x par l'antipôle de A, en l'amenant dans la position r, indiquée *fig.* 200; on aura alors $y_u = 0$, $x_u = r$, et le chemin décrit par l'origine $x_1 y_1$ coïncidera avec l'axe des y et sera égal à $r\delta$. On a, en résumé :

$$\delta = u_\sigma A\sigma; \quad h = 0; \quad - k = r\delta.$$

Ces résultats nous conduisent au théorème suivant :

Une force quelconque, sollicitant un arc, fait tourner l'extrémité de l'arc

autour de son antipôle par rapport à l'ellipse centrale des $\dfrac{\Delta s}{\varepsilon \Im}$; *et la grandeur de la rotation est égale à la force, multipliée par le moment statique de ces* $\frac{\Delta s}{\varepsilon \mathfrak{J}}$ *par rapport à sa direction.*

Les équations trouvées plus haut peuvent s'écrire de la manière suivante :

$$u_\sigma : \delta = u_x : \frac{h}{y_\sigma} = - u_y : \frac{k}{x_\sigma} = \frac{1}{A\sigma},$$

et nous pourrons dire que les perpendiculaires, abaissées sur la direction de la force A, à partir du centre de gravité σ et des deux antipôles des axes de coordonnées, sont proportionnelles à δ, $\frac{h}{y_\sigma}$ et $-\frac{k}{x_\sigma}$; c'est-à-dire que, si de ces trois points, toujours connus, comme centres, on décrit des cercles avec des rayons proportionnels à δ, $\frac{h}{y_\sigma}$ et $-\frac{k}{x_\sigma}$, les tangentes communes à deux quelconques de ces cercles se couperont en un point de la droite A. Nous pourrions aussi déterminer trois points de cette droite, en employant la méthode indiquée n° 2 (p. 6). Sur trois parallèles, passant par les trois points donnés, nous porterons, à partir de ces points, des longueurs proportionnelles à δ, $\frac{h}{y_\sigma}$ et $\frac{k}{x_\sigma}$, et les droites, joignant deux à deux les deux extrémités de ces parallèles, se couperont aussi sur la droite cherchée A. Il convient de remarquer que les points de A, obtenus par cette nouvelle construction, sont précisément ceux qu'on obtenait au moyen des cercles.

Lorsque les sommations sont faites algébriquement, les trois valeurs δ, $\frac{h}{y_\sigma}$ et $\frac{k}{x_\sigma}$ ont une signification toute particulière : *elles sont les coordonnées trilinéaires de la ligne* A, *par rapport au triangle fondamental, formé par le centre de gravité des* $\frac{\Delta s}{\varepsilon \mathfrak{J}}$ *et les antipôles des axes de coordonnées.*

Nous sommes maintenant en état de résoudre la deuxième partie de notre problème (voir p. 521), c'est-à-dire de déterminer la force qu'il est nécessaire d'appliquer à l'extrémité de l'arc, pour ramener à zéro une rotation d'un angle donné et un déplacement d'une longueur donnée. Déterminons, sur la perpendiculaire menée à l'extrémité de cette longueur, le point d'où la longueur donnée est vue sous l'angle δ. L'antipolaire de ce point sera la direction de la force A cherchée; construisons cette antipolaire, les u seront connus, et la grandeur de A sera donnée par $$A = \frac{\delta}{u_\sigma \sigma},$$

CHAPITRE III

ARC ÉLASTIQUE

---

137. RÉACTIONS DES CULÉES D'UN ARC.

Nous avons, dans le numéro précédent, déterminé d'une manière tout
à fait générale la force A, capable de ramener à sa position primitive un
point invariablement lié à une poutre ou à un arc, en supposant que
cette poutre, dont la forme est d'ailleurs quelconque, soit fixée en l'une
de ses extrémités. Avant de construire les formules que nous avons trouvées, nous allons montrer comment elles peuvent nous donner les réactions des culées des arcs, puisque c'est surtout pour la construction des
ponts en arcs que notre théorie servira aux ingénieurs.

Nous procéderons comme dans le numéro précédent, pour déterminer
les réactions des culées d'un arc, appuyé assez solidement, pour que les
directions de ses surfaces d'appui ne puissent pas varier. Déterminons la
déformation produite à l'extrémité de l'arc par chaque ΔP, provenant soit
du poids propre, soit de la charge accidentelle, et admettons pour cela
que cette extrémité soit mobile, l'autre étant fixe. Nous chercherons ensuite la réaction ΔA de la culée qui annulerait cette déformation, et la
résultante de tous les ΔA trouvés pour les divers ΔP, sera la réaction
cherchée.

La réaction des culées du même arc, provenant d'un changement de
température pourra se déterminer de la manière suivante. Si l'une des
extrémités est fixe, l'arc déformé par la dilatation, qui s'exerce uniformément sur toute la longueur, sera semblable à l'arc primitif, et son
extrémité libre décrira une ligne horizontale, sans rotation; le centre de
rotation est par suite le point à l'infini d'une verticale, et l'antipolaire de
ce point, c'est-à-dire le diamètre conjugué dans l'ellipse centrale à la
direction verticale, sera la direction suivant laquelle agit la réaction

cherchée. Lorsque l'arc est symétrique, cette réaction est l'horizontale passant par le centre de gravité des $\dfrac{\Delta s}{\varepsilon\mathfrak{J}}$.

Supposons maintenant, comme second cas, que l'arc repose en deux points sur ses deux culées, et qu'il puisse tourner autour de ces points. Nous agirons comme précédemment ; nous décomposerons ΔP en deux composantes verticales, passant par les deux points d'appuis et en une poussée ΔA, qui devra passer par ces deux mêmes points, parce que si cette condition n'était pas remplie, elle produirait autour d'eux une rotation de l'arc. Lorsque l'axe des x aura été choisi parallèlement à la droite qui joint les points d'appui, on pourra déterminer la grandeur de la réaction OA au moyen de la deuxième équation, donnant h ; dans cette équation on connaît tous les bras de levier, puisque la position de la réaction ΔA est connue d'avance. Les réactions ΔA, qui passent par les deux points d'appui, produisent aussi des déformations Δy_1 positives, qu'on ne peut, en général, annuler par aucune force, précisément parce que cette force ne passerait pas par les points d'appuis ; si elle y passait, en effet, elle ne serait jamais nécessaire. Il ne nous reste, par suite, qu'un moyen : nous ferons tourner en sens inverse tout le système, de l'angle infiniment petit $\dfrac{\Delta y_1}{l}$, l étant la portée de l'arc. Cette valeur représente l'angle dont a tourné celui des points d'appuis que nous avions supposé fixe. Quant à l'extrémité mobile, elle tournera, suivant le signe de δ, de l'angle $\delta \pm$ l'angle précédent.

La dilatation produite par la chaleur, pourra être traitée comme dans le cas précédent. L'extension h, produite par la chaleur, sera neutralisée par un ΔA horizontal, passant par l'extrémité de l'arc. Ce ΔA fait tourner vers le bas, la partie libre de l'arc, et il faudra faire tourner tout le système, en sens inverse, de la même quantité. Cette opération donnera lieu à un redressement vertical des deux extrémités de l'arc, ce qui est d'ailleurs tout naturel.

De vieux routiniers ont parfois l'idée (!) de mettre une charnière au milieu du pont. On n'a plus besoin de la théorie de l'élasticité pour déterminer les forces qui sollicitent un pareil système, car il n'y a qu'un seul polygone funiculaire possible ; il joint tous les ΔP, ses côtés extrêmes passent par les centres des charnières des culées, et le côté situé entre les deux forces ΔP, avoisinant de part et d'autre la charnière centrale, passe par cette charnière. Toutes les forces sont dès lors connues au moyen de ce seul polygone.

138. ÉPURE D'UN ARC ÉLASTIQUE.

Nous allons maintenant appliquer à l'arc les formules trouvées au n° 136 et montrer comment les valeurs placées sous le signe Σ peuvent être construites d'une manière générale et peuvent être sommées. Ainsi que nous l'avons déjà fait remarquer, nous construirons d'abord les déformations produites par une charge isolée ΔP, agissant verticalement vers le bas, et placée en un point quelconque de l'arc; nous chercherons la réaction ΔA correspondante; puis, nous ajouterons tous les ΔA qui produisent de pareils ΔP, au moyen d'un simple polygone funiculaire. Soient βl la distance de la force ΔP à la culée A de gauche, et $\beta' l$ sa distance à la culée B de droite; soit enfin l la portée entière de l'arc. En désignant par x la distance d'un élément quelconque de l'arc à la verticale de A, et par x' sa distance à la verticale de B, le moment provenant de la charge ΔP par rapport à un point x, situé sur le segment βl, pourra s'exprimer par $\beta' x \Delta P$, et le moment par rapport à un point x' situé sur le segment $\beta' l$, sera $\beta x' \Delta P$ (voir n° 86, p. 315).

Quant à la force ΔA cherchée, nous supposerons pour le moment sa direction et sa grandeur connues; son moment pour tous les points de la poutre sera $u\Delta A$, puisqu'elle agit sur la poutre entière.

Nous mettrons la valeur $\dfrac{\Delta s}{\varepsilon \Im}$ sous la forme $\dfrac{\Delta x}{\mathfrak{C} z'''}$, $\mathfrak{C}$ étant une constante, et z''' étant variable. En construisant, par exemple, le moment d'inertie d'après les méthodes indiquées n° 116 (p. 446), on augmentera la troisième base dans le rapport $\dfrac{\Delta s}{\Delta x}$. Cette opération pourra se faire, en partageant la projection de l'arc sur l'axe des x, en parties égales, et en prenant les bases c proportionnelles aux longueurs d'arcs, qui correspondent à ces projections. On aura alors $\varepsilon \Im = (\varepsilon ab)c \dfrac{\Delta s}{\Delta x} z'''_n$ et en écrivant $\mathfrak{C}$ et z''' au lieu du moment constant $(\varepsilon ab)c$ et de z'''_n, il viendra

$$\frac{\Delta s}{\varepsilon \Im} = \frac{\Delta x}{\mathfrak{C} z'''}.$$

Substituons ces valeurs dans les équations du n° 136 (p. 528), et nous aurons à construire alors les valeurs suivantes ; .

$$\mathfrak{E}\delta = \beta'\Delta P \sum_{0}^{\beta l} x\, \frac{\Delta x}{z'''} + \beta\Delta P \sum_{\beta l}^{l} x'\, \frac{\Delta x}{z'''} + \Delta A \cdot u_\sigma \sigma,$$

$$\mathfrak{E}h = \beta'\Delta P \sum_{0}^{\beta l} xy\, \frac{\Delta x}{z'''} + \beta\Delta P \sum_{\beta l}^{l} x'y\, \frac{\Delta x}{z'''} + \Delta A \cdot u_x y_\sigma \sigma,$$

$$-\mathfrak{E}k = \beta'\Delta P \sum_{0}^{\beta l} x^2\, \frac{\Delta x}{z'''} + \beta\Delta P \sum_{\beta l}^{l} x' \cdot x\, \frac{\Delta x}{z'''} + \Delta A \cdot u_y x_\sigma \sigma,$$

Dans ces formules, σ représente une valeur égale à $\sum_{0}^{l} \frac{\Delta x}{z'''}$, et se distingue, par suite, du σ primitif du n° 135, par le facteur constant $\mathfrak{E}$.

Les produits placés sous le signe Σ, et les valeurs $\sigma, x_\sigma, y_\sigma$, peuvent être construites au moyen de polygones de sommation, d'après les méthodes indiquées (n° 4, p. 18). Les constructions ont été faites sur la Pl. XVI. Soit (Pl. XVI$_1$) l'axe de l'arc, représenté par un trait fort et dont la forme est à peu près parabolique. Nous partageons cet arc en dix parties ou lamelles, ayant même projection Δx, sur la corde de l'arc prise comme axe des x. Ces Δx, placés, dans la figure, les uns à la suite des autres, peuvent servir à former un polygone des forces, ainsi que nous l'avons vu (n° 3); mais ce polygone ayant de trop grandes dimensions, nous le réduisons de moitié (Pl. XVI$_2$). Sur la verticale passant par le milieu de chacune des 5 premières, nous portons les z''' qui leur correspondent, et que nous supposons déterminés d'une manière quelconque; la figure indiquera ainsi la loi de variation de ces longueurs. Les sommets du premier polygone, analogue à celui de la *fig.* 25 (p. 21), sont situés sur les horizontales des extrémités des z'''. Pour le construire, nous avons pris verticalement le rayon 56 (Pl. XVI$_2$) et formé de part et d'autre de ce rayon, les autres rayons et triangles.

L'un quelconque des rapports $\frac{\Delta x_i}{z'''_i}$ est donné dans ce polygone par Δx_i et la hauteur du triangle dont Δx_i est la base. La somme de tous ces rapports est égale à $\sum \frac{1}{2} \Delta x = \frac{1}{2} l$, c'est-à-dire à la demi-portée, divisée par la hauteur $\frac{1}{2} m$ du triangle dont $\frac{1}{2} l$ est la base (voir *fig.* 2)(nous avons écrit $\frac{1}{2} m$, pour la symétrie). Nous aurons donc :

$$\sigma = \frac{l}{m}.$$

Pour déterminer la valeur de ΔA au moyen des équations précédentes

(p. 535), nous aurons à diviser par σ toutes les longueurs qu'elles contiennent; nous nous épargnerons donc, pour l'avenir, beaucoup de réductions, en multipliant, dès maintenant, tous les z''' par ce rapport. Il faudra par suite que le rapport $\sum\limits_{0}^{l} \dfrac{\Delta x}{z'''\sigma}$, construit avec les nouveaux z''', soit égal à 1, puisque l'on a : $\sum\limits_{0}^{l} \dfrac{\Delta x}{\sigma z'''} = \dfrac{1}{\sigma}\sum\limits_{0}^{l} \dfrac{\Delta x}{z'''} = \dfrac{\sigma}{\sigma} = 1$. Nous déformerons donc collinéairement à lui-même le polygone des forces, de manière que l'ancien et le nouveau polygone aient comme ligne commune celle des $\frac{1}{2}\Delta x$, que le centre de collinéation soit situé à l'infini sur la droite m, et que la distance à la ligne des Δx de l'intersection des côtés extrêmes soit égale à $\frac{1}{2}l$.

Comme chaque verticale est commune aux deux polygones, il suffira de porter $\frac{1}{2}l$ sur la verticale m, de joindre l'extrémité de cette longueur aux extrémités de l, et de prolonger ces lignes de jonction jusqu'à leur rencontre avec les verticales du premier et du dernier $(n^{ème})$ $\sigma z'''$. On joindra ensuite ce point au commencement de $\frac{1}{2}\Delta x_2$ et de $\frac{1}{2}\Delta x_{n-1}$, et on déterminera l'intersection de ce rayon avec z'''_2 et z'''_{n-1}. En continuant ainsi, on construira le polygone en rebroussant chemin, comme nous l'avons déjà souvent fait. Par cette méthode, les $\sigma z'''$ du milieu ne seront pas déterminés très exactement, lorsqu'on approchera de la verticale $\frac{1}{2}m$, et c'est pour cela que nous commençons le dessin par les côtés extrêmes; nous pourrons trouver exactement les $\sigma z'''$ du milieu, en joignant l'extrémité de l'ancien z''' à un z'''_i quelconque un peu éloigné, cette ligne de jonction coupera la droite des $\frac{1}{2}\Delta x$, en un point qui, joint à l'extrémité de $\sigma z'''_i$, coupera sur la verticale de z''' le $\sigma z'''$ cherché. Cette construction repose sur les principes élémentaires de la collinéation.

Avec ce nouveau polygone nous construirons, d'après la méthode indiquée (n° 4), le polygone funiculaire (Pl. XVI$_3$) dont les côtés, compris entre les verticales des milieux des Δx, sont perpendiculaires aux rayons correspondants de la *fig.* 2. Deux côtés consécutifs, l'un avant, l'autre après un Δx, coupent sur les verticales de A et de B les segments $\dfrac{x\Delta x}{z'''\sigma}$

et $\dfrac{x'\Delta x}{z'''\sigma}$, ainsi que nous l'avons indiqué (*fig.* 3) pour la lamelle 8. Un côté du polygone, situé sous l'extrémité d'un βl quelconque, intercepte sur ces mêmes verticales les segments $\displaystyle\sum_{o}^{\beta l} x\,\dfrac{\Delta x}{\sigma z'''}$ et $\displaystyle\sum_{\beta l}^{l} x'\,\dfrac{\Delta x}{\sigma z'''}$; les valeurs sont marquées dans la figure pour le côté 45, c'est-à-dire pour $\beta = 0{,}4$. Par suite, l'ordonnée du polygone funiculaire, à l'extrémité d'un βl, c'est-à-dire au-dessous d'une force ΔP, est :

$$u'_\sigma = \frac{\beta' l\,\displaystyle\sum_{\sigma}^{\beta l}\dfrac{x\Delta x}{\sigma z'''} + \beta l\,\displaystyle\sum_{\beta l}^{l}\dfrac{x'\Delta x}{\sigma z'''}}{\beta' l + \beta l} = \frac{1}{u'_\sigma}\left[\beta'\displaystyle\sum_{0}^{\beta l} x\,\dfrac{\Delta x}{z'''} + \beta\displaystyle\sum_{\beta l}^{l} x'\,\dfrac{\Delta x}{z'''}\right],$$

puisque $\beta' l + \beta l = l$.

Ainsi u'_σ est le facteur de ΔP, déjà divisé par σ, que l'on trouve dans la première équation (p. 535) ; les deux côtés extrêmes du polygone se coupent sur le centre de gravité de tous les $\dfrac{\Delta s}{\varepsilon\mathfrak{I}}$ ou $\dfrac{\Delta x}{z'''}$, et déterminent par suite x_σ (voir Pl. XVI$_3$).

Nous joignons ensuite toutes les parallèles à l'axe horizontal des x, menées par les milieux des Δs, au moyen d'un polygone funiculaire dont les côtés sont parallèles aux côtés correspondants du polygone de la *fig.* 2 (voir *fig.* 4). Les segments que déterminent les côtés de ce polygone funiculaire, sur l'horizontale l, sont égaux à $\dfrac{y\Delta x}{\sigma z'''}$, comme l'indique la figure, et les côtés extrêmes du polygone se coupent sur l'horizontale du centre de gravité σ et déterminent par suite y_σ. Le point σ est maintenant connu.

Considérons à présent la ligne des $x\,\dfrac{\Delta x}{z'''\sigma}$ (*fig.* 3) comme formant un nouveau polygone des forces, et prenons comme pôle l'intersection des côtés extrêmes du polygone, c'est-à-dire x_σ comme distance polaire. Ce polygone nous permettra de construire le polygone funiculaire de la *fig.* 5, dont les côtés compris entre les verticales des Δs, sont parallèles aux côtés correspondants du premier. Comme, pour la *fig.* 3, ce polygone nous donnera les résultats suivants : deux côtés consécutifs déterminent sur les verticales A et B les produits $x\,\dfrac{x}{x_\sigma}\dfrac{\Delta x}{\sigma z'''}$ et $x'\,\dfrac{x\Delta x}{x_\sigma\sigma z'''}$ (voir *fig.* 5) ; à l'abscisse βl, l'ordonnée du polygone, mesurée jusqu'à la **droite** qui le ferme, est donnée par la formule :

$$u'_y = \frac{1}{x_\sigma \sigma} \left[\beta' \sum_0^{\beta'} x^2 \frac{\Delta x}{z'''} + \beta \sum_{\beta'}^{'} x' x \frac{\Delta x}{z'''} \right].$$

Elle est donc égale au facteur de ΔP dans l'équation — $\mathfrak{E}k$ (p. 535), lorsqu'on divise ce facteur par $x_\sigma \tau$. Les côtés extrêmes de ce polygone se coupent, d'après ce que nous avons dit (p. 382), sur la verticale de l'antipôle de l'axe des y passant par A, comme l'indique la figure.

Un demi-cercle, décrit sur la distance de cet antipôle à son antipolaire (voir la figure) comme diamètre, détermine sur la verticale du point σ, la demi-distance des tangentes verticales à l'ellipse centrale. Comme, dans notre cas, nous avons supposé l'arc symétrique, cette distance sera égale au grand axe de l'ellipse.

Considérons maintenant la ligne des y $\frac{\Delta x}{\sigma z'''}$ (*fig.* 4) comme un nouveau polygone des forces, et prenons comme pôle l'intersection des côtés extrêmes; la distance polaire sera égale à y_σ. Nous construirons un polygone funiculaire (*fig.* 6) normal à ce polygone des forces, c'est-à-dire dont les côtés seront situés sur les verticales élevées par les milieux des lamelles. Deux côtés consécutifs de ce polygone intercepteront, sur les verticales A et B, des segments $x \frac{y}{y_\sigma} \frac{\Delta x}{\sigma z'''}$ et $x' \frac{y}{y_\sigma} \frac{\Delta x}{\sigma z'''}$, et une ordonnée de ce polygone sera égale à :

$$u'_x = \frac{1}{y_\sigma \sigma} \left[\beta' \sum_0^{\beta'} xy \frac{\Delta x}{z'''} + \beta \sum_{\beta'}^{'} x' y \frac{\Delta x}{z'''} \right],$$

c'est-à-dire au facteur de ΔP dans l'équation $\mathfrak{E}k$ (p. 535), après avoir divisé ce facteur par $y_\sigma \sigma$. Les côtés extrêmes du polygone se coupent, sur la verticale de l'antipôle de l'axe des x, ainsi que nous l'avons vu p. 382.

Pour déterminer complétement cet antipôle, nous nous servirons du polygone des forces précédent (*fig.* 4), et nous construirons un second polygone funiculaire (*fig.* 7) parallèle au polygone des forces et dont les sommets seront situés sur les horizontales des milieux des lamelles. Les côtés extrêmes de ce polygone se couperont sur l'horizontale de l'antipôle, par rapport à l'axe des x, et cet antipôle sera, dès lors, complétement déterminé. Un demi-cercle, décrit sur la distance verticale de cet antipôle à l'axe des x comme diamètre, détermine sur l'horizontale de σ la demi-distance des deux tangentes, parallèles à l'axe des x dans 'ellipse centrale. La droite qui joint l'antipôle au centre σ représente le diamètre conjugué à l'axe des x, et coupe, par suite, les tangentes parallèles que nous venons de trouver, en leurs points de contact. L'ellipse peut donc être dessinée d'après les règles données au n° 100.

Nous venons d'indiquer la construction de l'ellipse centrale pour compléter notre étude, mais cette ellipse ne sert qu'à mieux faire comprendre la question, et il suffit de construire les polygones qui donnent les $u'_\sigma u'_x u'_y$, le centre de gravité et les deux antipôles. En tenant compte des longueurs qu'ils fournissent les équations d'équilibre deviennent :

$$\frac{\mathfrak{E}\delta}{\sigma} = u'_\sigma \Delta P + u_\sigma \Delta A ,$$

$$\frac{\mathfrak{E}h}{\sigma y_\sigma} = u'_x \Delta P + u_x \Delta A ,$$

$$-\frac{\mathfrak{E}k}{\sigma x_\sigma} = u'_y \Delta P + u_y \Delta A .$$

Lorsque ΔA est précisément la réaction de la culée, qui annule toutes les déformations produites par ΔP, il faut égaler à zéro les premiers membres de ces équations, et l'on a par suite :

$$\frac{u_\sigma}{u'_\sigma} = \frac{u_x}{u'_x} = \frac{u_y}{u'_y} = -\frac{\Delta P}{\Delta A} .$$

Puisque les distances $u_\sigma u_x u_y$, de la force inconnue ΔA, au centre de gravité σ et aux deux antipôles sont proportionnelles aux longueurs $u'_\sigma u'_x u'_y$, il sera facile de déterminer la droite ΔA. Nous avons indiqué spécialement la construction pour les segments marqués $u'_\sigma u'_x u'_y$, sur la verticale située entre les lamelles 4 et 5, dans la Pl. XVI$_{3, 5\ \text{et}\ 6}$. Ces trois longueurs ont été portées sur des parallèles, à partir du centre de gravité S et des antipôles XY. Les droites, joignant deux à deux les extrémités de ces longueurs, déterminent sur les côtés correspondants du triangle SXY trois points de la force cherchée ΔA, qui sera ainsi entièrement déterminée. et l'on pourra mesurer les segments $u_\sigma u_x u_y$. On construira ensuite ΔA dans l'angle que forment u_σ et u'_σ (Pl. XVI$_1$), au moyen de la longueur de ΔP.

Toutes les forces ΔA, provenant des autres ΔP, s'obtiennent de la même manière. Nous les avons indiquées, sur la *fig.* 1, par leurs intersections avec la verticale de A, et par le segment déterminé sur chacune d'elles par celle qui la précède et celle qui la suit. Ces segments déterminent une enveloppe de forme elliptique, qui doit être tangente à la culée de droite, puisque les verticales des culées se correspondent réciproquement, comme directions de forces ΔP et ΔA. Lorsqu'en effet ΔP est situé au-dessus de la culée de gauche, les segments infiniment petits $u'_\sigma u'_x u'_y$ sont entre eux comme les segments déterminés sur la verticale de droite, par les premiers côtés des polygones funiculaires et par les droites qui les ferment. On aura, par suite, à cause du parallélisme des côtés extrêmes (voir *fig.* 5) :

$$u'_\sigma : u'_x : u'_y = \mathrm{DM}' : \mathrm{DM}' : \mathrm{DY}' = \mathrm{DM} : \mathrm{DM} : \mathrm{DY}.$$

Ces coordonnées trilinéaires sont les mêmes pour les sommets σ et X (*fig.* 1) et sont à l'ordonnée de Y comme les distances de ces points à la verticale de la culée de droite; cette verticale est donc la force cherchée. Son point de contact avec la courbe enveloppe ne se détermine pas directement; on pourrait le trouver par approximation, en supposant ΔP aussi rapproché que possible de la culée de gauche.

Les ΔA, déterminés en grandeur et en direction par cette méthode, ne constituent pas la réaction entière des culées, il faut encore leur ajouter la réaction verticale que produit ΔP. La construction a été indiquée (*fig.* 1) pour $\Delta A_{45}...$, et les résultats $\Delta A'$ seront les véritables réactions de culées provenant des charges ΔP. Ces réactions $\Delta A'$ peuvent aussi s'obtenir directement; leurs coordonnées trilinéaires sont proportionnelles aux segments $u''_\sigma u''_x u''_y$ (*fig.* 3, 5, 6). La première équation (p. 535) peut, en effet, s'écrire de la manière suivante, en remplaçant $\sum\limits_0^{\beta l}$ par $\sum\limits_0^l - \sum\limits_{\beta l}^l$:

$$\frac{\mathfrak{G}\delta}{\sigma} = \beta' \Delta P \sum_0^l x \frac{\Delta x}{\sigma z''} - \Delta P \sum_{\beta l}^l (x - \beta l) \frac{\Delta x}{\sigma z''} + u_\sigma \Delta A.$$

Remarquons maintenant que l'on a :

$$\sum_0^l x \frac{\Delta x}{\sigma z'''} = x_\sigma$$

et

$$\sum_{\beta l}^l (x - \beta l) \frac{\Delta x}{\sigma z''} = u''_\sigma.$$

La première de ces relations est évidente d'après la manière dont nous avons trouvé x_σ; et pour montrer l'exactitude de la seconde, nous avons, dans la *fig.* 3, indiqué spécialement la signification de $(x_8 - \beta l) \frac{\Delta x}{\sigma z'''}_8$.

En égalant dans l'équation, δ à zéro, substituant les valeurs de x_σ et

de u''_σ, et faisant enfin les transformations analogues pour les équations
qui donnent h et k, il viendra :

$$0 = x_\sigma \beta'\Delta P - \nu u''_\sigma \frac{\Delta P'}{\nu} + u_\sigma \Delta A,$$

$$0 = x_\sigma \beta'\Delta P - \nu u''_x \frac{\Delta P'}{\nu} + u_x \Delta A,$$

$$0 = x_y \beta'\Delta P - \nu u''_y \frac{\Delta P}{\nu} + u_y \Delta A,$$

ν étant un facteur à déterminer pour chaque β et β', $x_\sigma x_\sigma x_y$ et $u_\sigma u_x u_y$
étant les perpendiculaires abaissées des points σ, X et Y sur les direc-
tions de la réaction verticale $\beta'\Delta P$ et de la force ΔA ; les équations précédentes peuvent donc être considérées, comme les résultats de la substi-
tution des coordonnées de ces trois points, dans l'équation normale des

forces $\beta'\Delta P$, ΔA et de leur résultante. Par suite, $\dfrac{\Delta P}{\nu}$ est leur résultante, et

$\nu u''_\sigma$, $\nu u''_x$ et $\nu u''_y$ sont les perpendiculaires abaissées sur cette force, des
trois points σ X Y. On obtiendra la direction de la réaction totale, en
faisant la construction au moyen des coordonnées trilinéaires u''_σ, u''_x
et u''_y.

On voit que $\Delta A'$ se construit de la même manière que ΔA, mais avec
les segments u''_σ, u''_x et u''_y. En représentant la forme normale des trois
forces par ΔA, $\beta'\Delta P$ et $\Delta A'$, il résultera de l'équation

$$\Delta A = -\beta'\Delta P + \Delta A',$$

que

$$\Delta A' = \Delta A + \beta'\Delta P.$$

$\Delta A'$ est donc la réaction de la culée, en y comprenant $\beta'\Delta P$; et c'est bien
cette force que nous voulions construire.

Dans la pratique, il suffira de faire cette dernière construction. On déterminera ces réactions pour deux segments β, complémentaires de la
portée ; les deux forces ainsi obtenues devront se couper sur ΔP, et, en
ce point d'intersection, nous pourrons décomposer directement ΔP suivant leurs deux directions, sans être obligé de déterminer d'abord la
force ΔA.

Cette construction, bien plus rapide que l'autre, n'est malheureusement applicable, que dans le cas où ΔA ne dépend que de ΔP et peut satisfaire aux trois équations, sans être lié par d'autres conditions, telles
que celle de passer par des points donnés. Dans ce dernier cas, qui est
le plus fréquent dans la pratique, il faut se servir de la première mé-

thode, qui est générale, et c'est pour cela que nous l'avons indiquée en premier lieu.

Lorsqu'on a à dessiner l'épure d'un arc, il est inutile de la faire pour l'arc entier, il suffit de prendre la moitié de cet arc, que l'on dessine alors à une échelle double. Les premiers et les derniers côtés des polygones étant parallèles, on fera partir les polygones des figures 3, 4 et 5, d'un même point situé à gauche et au bas de la feuille, et les polygones 4 et 7, de la verticale du sommet de l'arc. Les côtés extrêmes des deux derniers polygones, 4 et 7, se couperont précisément sur cette verticale et y détermineront les points σ et X. Les polygones symétriques 3 et 6 peuvent être tracés sans difficulté au moyen des polygones 2 et 4. Quant au polygone 5, qui n'est pas symétrique et dont le rabattement a été ponctué, il faudra, pour le dessiner dans cette position, rabattre aussi la partie supérieure du polygone des forces (*fig.* 3) qui sert à le construire, c'est-à-dire rabattre sur le bas les segments 7, 8, 9, 10 marqués sur la verticale A. Ce dernier rabattement pourra s'effectuer de la manière suivante : on prolongera le côté 2 3 du polygone jusqu'à la verticale A sur laquelle il coupe le point 2 3, et jusqu'à la verticale du milieu de l'arc ; on portera alors, au-dessus de 2 3, deux fois la distance d de la dernière intersection au pôle x_σ, comme l'indique la ligne pointillée, on obtiendra ainsi le point 8 9. En effet, si l'on rabattait autour de x_σ le côté 8 9 symétrique de 2 3, il viendrait se placer parallèlement à 2 3 et à une distance $2d$ au-dessus du point 2 3.

Lorsque l'arc doit être dessiné à la plus grande échelle possible et que le point Y (*fig.* 4) est situé, par suite, hors des limites de l'épure, on peut, pour un arc symétrique, construire toutes les réactions avec l'anti-pôle Y′ de la verticale B. Dans ce cas, le ΔB construit pour $\beta = 0,4$ à partir de la verticale de droite (pour $\beta = 0,6$ à partir de la gauche) sera exactement le symétrique du ΔA construit pour 0,4, mais les coordonnées trilinéaires de ce ΔB seront, pour le point fondamental Y′, égaux à (u'_y) et à (u''_y) ; par suite de la symétrie, ces segments seront aussi ceux qu'on obtiendra au moyen du côté symétrique 4 5. Les distances u_σ et u_x ne varient naturellement pas. Ainsi, pour des arcs symétriques, on peut faire toutes les opérations sur la moitié de l'arc ; lorsque le point Y est encore situé sur la feuille, on aura une détermination plus exacte des réactions ΔA, car le point trouvé sur XY′ est situé assez loin des points situés sur σY, σX et XY, de sorte que ce point est très nécessaire à la détermination des directions ΔA′. On a, d'ailleurs, de toute manière, les relations suivantes :

$$2u'_\sigma = u'_y + (u'_y) \qquad \text{et} \qquad 2u''_\sigma = u''_y + (u''_y).$$

Ces relations fournissent un contrôle précieux pour l'exactitude du dessin.

Les relations entre les différents u s'obtiennent par l'addition des formules correspondantes. Puisque l'on a, en effet, à cause de la symétrie :

$$\sum_{0}^{\beta' l} x^2 \frac{\Delta x}{z'''} = \sum_{\beta l}^{l} x'^2 \frac{\Delta x}{z'''} \quad \text{et} \quad \sum_{\beta' l}^{l} x x' \frac{\Delta x}{z'''} = \sum_{0}^{\beta l} x x' \frac{\Delta x}{z'''},$$

il viendra, d'après la relation $x + x' = 2 x_\sigma$:

$$u'_y + (u'_y) = \beta' \sum_{0}^{\beta l} \frac{x^2}{x_\sigma} \cdot \frac{\Delta x}{\sigma z'''} + \beta \sum_{\beta l}^{l} \frac{x x'}{x_\sigma} \cdot \frac{\Delta x}{\sigma z'''} + \beta \sum_{\beta l}^{l} \frac{x'^2}{x_\sigma} \cdot \frac{\Delta x}{\sigma z'''}$$

$$+ \beta' \sum_{0}^{\beta l} \frac{x x'}{x_\sigma} \cdot \frac{\Delta x}{\sigma z'''} = 2 \beta' \sum_{0}^{\beta l} x \frac{\Delta x}{\sigma z'''} + 2 \beta \sum_{\beta l}^{l} x' \frac{\Delta x}{\sigma z'''} = 2 u'_\sigma.$$

On voit sur la figure que l'on a

$$(u''_y) = \sum_{0}^{\beta l} (\beta' l - x) \frac{x}{x_\sigma} \cdot \frac{\Delta x}{\sigma z'''} = \sum_{\beta l}^{l} (x - \beta l) \frac{x'}{x_\sigma} \cdot \frac{\Delta x}{\sigma z'''};$$

or

$$u''_y = \sum_{\beta l}^{l} (x - \beta l) \frac{x}{x_\sigma} \cdot \frac{\Delta x}{\sigma z'''},$$

et ajoutant, membre à membre, ces deux dernières relations, il viendra

$$u''_y + (u''_y) = 2 u''_\sigma.$$

139. COURBE D'INTERSECTION ET COURBE ENVELOPPE DES FORCES.

En employant le procédé qui nous a servi à déterminer l'une des réactions $\Delta A'$ des culées, nous pourrons aussi déterminer l'autre, $\Delta A''$. Ces deux réactions doivent évidemment se couper sur la force ΔP. L'arc de la Pl. XVI étant symétrique, les $\Delta A'$ et $\Delta A''$ le sont également pour des ΔP situés à égale distance des extrémités de l'arc, et la condition que les trois forces se coupent en un même point sera remplie, lorsque la ligne joignant toutes les intersections des $\Delta A'$ avec leurs ΔP sera également symétrique par rapport à l'axe de l'arc. Cette ligne d'intersection des forces forme dans les limites du dessin une courbe légèrement recourbée sur l'arc; si l'on prolongeait cette courbe au delà de l'arc, on verrait qu'elle a un point double, coïncidant avec le point à l'infini de la direction verticale ; les asymptotes correspondantes sont situées assez loin en dehors des limites de l'arc ; elle a, de plus, un autre point à l'infini dans la direction horizontale. Nous verrons plus tard, dans l'étude analytique, que la courbe d'intersection des forces, lorsque $\varepsilon\mathfrak{J}\,\dfrac{\Delta x}{\Delta s}$ est constant, devient une courbe du troisième ordre, ayant un point double à l'infini sur une verticale ; il en résulte que, si la section varie, la courbe conserve la même direction pour les asymptotes, quoique ces dernières ne soient plus placées comme elles l'étaient pour une section constante.

En traçant le segment de chaque $\Delta A'$, compris entre le $\Delta A'$ qui le précède et celui qui le suit, nous obtiendrons (*fig.* 1) la ligne enveloppe de tous les $\Delta A'$. Cette courbe est analogue à celle que l'on obtient lorsque les $\varepsilon\mathfrak{J}\,\dfrac{\Delta x}{\Delta s}$ sont constants, et nous pouvons, dès lors, en conclure qu'elle a un point double à l'infini sur la verticale, deux autres points doubles également à l'infini, et enfin un quatrième point double. Lorsque l'arc est symétrique, la courbe se décompose en deux branches symétriques; et lorsque $\varepsilon\mathfrak{J}\,\dfrac{\Delta x}{\Delta s}$ est constant, en deux hyperboles.

La ligne d'intersection et l'enveloppe des forces permettent de déterminer les réactions des culées, pour un ΔP quelconque. Par le point de rencontre de ce ΔP avec la ligne d'intersection des forces, on mènera deux tangentes à la courbe enveloppe ; ces tangentes seront les droites suivant lesquelles agissent les deux réactions, et la grandeur de ces réactions s'obtiendra, en décomposant ΔP suivant leurs deux directions (voir *fig.* 1), sans qu'il soit nécessaire de recourir aux relations qui relient uu' et ΔP.

Nous pourrons aussi, grâce à ces deux courbes, déterminer les charges les plus défavorables pour l'arc élastique, c'est-à-dire les charges qui rendent maximum le moment des forces extérieures, pour certains points déterminés. Ces points sont les nœuds dans les arcs à treillis et, dans les arcs pleins, le point le plus haut et le plus bas du noyau central de chaque section. Nous avons, dans la *fig.* 1, indiqué la construction pour une section placée près de la lamelle 6. Soit C le point, par rapport auquel le moment des efforts produits dans la section par les charges doit être un maximum, pour que la section soit placée dans les conditions les plus défavorables. Nous mènerons par C des tangentes aux courbes enveloppes ; elles couperont la ligne d'intersection des forces en E et F. Un ΔP, placé avant le point E, produit un $\Delta A''$ qui rencontre la section au-dessous du point C, et qui tourne par suite autour de ce point dans le sens négatif. Nous supposons, dans cette détermination, que la partie de l'arc située à gauche de la section a été enlevée, et que les $\Delta A'$ ainsi que les $\Delta A''$ agissent vers la droite contre la section. Un ΔP, placé entre E et la section, produit un $\Delta A''$ rencontrant la section au-dessus du point C, et tournant par suite autour de C dans le sens positif. Un ΔP, compris entre la section et le point F, produit un $\Delta A'$ situé au-dessus de C et tournant de même dans le sens positif. Enfin un ΔP, situé entre F et la culée de droite, produit un $\Delta A'$, situé au-dessous de C, et tournant par suite dans le sens négatif autour de C. On voit que les ΔP placés entre E et F, produisent pour le point C des moments positifs, et les ΔP situés en dehors de ces points, des moments négatifs. Il faudra donc que le segment intérieur soit toujours chargé d'une manière inverse à celle du segment extérieur, afin que la section de l'arc considérée soit sollicitée par les plus grands efforts, efforts qui dépendent du moment par rapport au point C.

Lorsque, par cette méthode, due à M. le professeur Winkler, on a déterminé la charge la plus défavorable, il reste à composer les divers $\Delta A'$ provenant des ΔP employés, afin d'obtenir la réaction totale de la culée. Nous avons, pour faciliter cette composition, formé (*fig.* 1) un polygone des forces et un polygone funiculaire avec les $\Delta A'$ et $\Delta A''$, provenant de charges ΔP égales entre elles. La figure n'a pas besoin d'explications. Ces polygones donnent immédiatement les réactions qui proviennent d'un nombre quelconque de ΔP consécutifs. Dans la pratique, on n'aura jamais à composer plus de deux groupes de ces $\Delta A'$ ou $\Delta A''$ pour obtenir la réaction totale. Cette réaction sera enfin la force extérieure à la section, et il ne nous restera plus qu'à la répartir entre les diverses parties de la construction pour avoir résolu entièrement notre problème.

Nous allons encore indiquer brièvement comment on peut tenir compte des efforts de compression, des efforts tranchants et de la dilatation produite par la chaleur. Lorsqu'on voudra tenir compte de ces forces, la méthode la plus simple consistera à construire, d'après le n° 134 (p. 522) les déplacements parallèles produits sur les surfaces terminales, et à annuler ces déplacements au moyen d'une force spéciale ΔA. Si nous remplaçons $\mathfrak{C}$ par sa valeur primitive εabc, nous aurons à construire les expressions suivantes :

$$\varepsilon abc\,\frac{\delta}{\sigma} = u_z\,\Delta A = 0,$$

$$u_x : u_y = \frac{h}{y_\sigma} : -\frac{k}{x_\sigma},$$

$$\varepsilon ab\,\frac{c}{y_\sigma}\,\frac{h}{\sigma u_x} = -\varepsilon ab\,\frac{c}{x_\sigma}\,\frac{h}{\sigma u_y} = \Delta A.$$

Nous porterons les longueurs h et $-\dfrac{ky_\sigma}{x_\sigma}$ sur deux parallèles, passant par les antipôles X et Y. L'intersection avec la droite XY de la ligne de jonction de leurs extrémités donnera un point de la force ΔA. Ce point joint à σ, puisque $u_\sigma = 0$ donnera la direction de la force cherchée, et l'on pourra, dès lors, mesurer directement u_x et u_y. Cela posé, on construira, d'après la *fig.* 22 (p. 17), deux angles dont les sinus soient $\dfrac{c}{y_\sigma}$ et $\dfrac{h}{\sigma u_x}$ ou $\dfrac{c}{x_\sigma}$ et $\dfrac{k}{\sigma u_y}$, et, au moyen de ces angles, on pourra réduire successivement εab dans les deux rapports voulus et obtenir la grandeur de ΔA ; σu_x et σu_y se construiront dans l'angle que forment l et m.

Il faut naturellement tenir compte, dans ces réductions, de ce que h et k sont à multiplier par le nombre n si l'on a pris εab n fois trop petit (voir n° 134, p. 522).

140. ARCS POUR LESQUELS LES RÉACTIONS DES CULÉES PASSENT PAR DES POINTS FIXES.

Nous avons supposé dans les numéros précédents que les ΔA pouvaient prendre des directions quelconques, et que l'on donnait aux arcs des dimensions suffisantes pour résister à ces ΔA ; ce cas est celui de l'arc plein reposant sur des culées fixes. Mais il arrive souvent que les ΔA doivent passer par des points fixes déterminés ; dans les arcs à treillis, par exemple, ils passent par le premier nœud ; dans les arcs à charnières sur les culées, par les centres des charnières, etc. En général, ces arcs sont symétriques ; le ΔA passe alors par les deux culées, car, en supposant qu'il ne passe pas par l'un des points d'appui, il produirait une rotation autour de ce point, et par hypothèse l'arc est établi, de manière à céder à cette rotation. Nous devons, par suite, admettre que, pour ces arcs, les ΔA sont horizontaux.

Par contre, il arrive souvent que le point d'application du ΔA ne se trouve pas sur l'axe théorique de l'arc ; dans un arc à treillis, par exemple, cet axe théorique passe par le centre de gravité de la section, en comprenant dans cette section le longeron supérieur qui est horizontal ; il est situé par suite plus ou moins au-dessus de l'arc proprement dit. Mais, quelle que puisse être la forme de l'arc, les valeurs $u_\sigma u_x u_y$ sont connues *à priori*, et constantes pour tous les ΔA. La grandeur que l'on pourra choisir pour ΔA ne pourra, par suite, plus satisfaire aux trois équations du n° 138 (p. 535) ; une seule d'entre elles suffira pour la déterminer. D'après ce que nous avons dit au n° 137 (p. 533), nous poserons $h = 0$, et nous satisferons à la deuxième équation. Nous aurons, par suite :

$$0 = u'_x \Delta P + u_x \Delta A.$$

Les longueurs u_x étant constantes, nous arriverons le plus simplement possible aux directions des $\Delta A'$ et $\Delta A''$, en prenant l'échelle des forces de manière que ΔP soit représenté par u_x, alors ΔA sera égal à $-u'_x$. On portera donc cet u'_x, sur l'horizontale, à partir du point fixe de la culée ; à son extrémité on ajoutera la verticale $\beta' \Delta P = \beta' u_x$, construite comme l'indique la Pl. XVI₆. On obtiendra de cette manière $\Delta A'$ qui coupe ΔP en un point de la ligne d'intersection des forces.

La courbe enveloppe est ici remplacée par les deux points d'application de ΔA ; la ligne d'intersection des forces et ces deux points serviront, dès lors, à effectuer les constructions suivantes comme dans le numéro précédent ; on pourra déterminer aussi, de la même manière, le ΔA provenant de la dilatation, et le ΔA provenant des efforts de compression et des efforts tranchants.

Si l'on voulait enfin savoir de quel angle l'extrémité de l'arc a tourné, il faudrait résoudre le problème inverse. On remplacerait chaque ΔA, trouvé au moyen des formules précédentes, dans les deux relations :

$$\varepsilon ab \cdot \frac{c}{\sigma} \delta = u'_\sigma \Delta P + u_\sigma \Delta A,$$

$$-\varepsilon ab \cdot \frac{c}{\sigma} \cdot \frac{k}{x_\sigma} = u'_y \Delta P + u_y \Delta A,$$

et l'on en tirerait δ et k. Il faut déterminer k, principalement afin de connaître l'angle $\frac{k}{l}$; $\delta - \frac{k}{l}$ est en effet (voir n° 137, p. 533) l'angle dont a tourné l'une des extrémités de l'arc, $\frac{k}{l}$ étant celui dont a tourné l'autre.

Or on a, dans la plupart des cas, $x_\sigma = \frac{1}{2} l$.

On aura par suite :

$$\varepsilon ab \delta = (u'_\sigma \Delta P + u_\sigma \Delta A) \frac{\sigma}{c},$$

$$-\varepsilon ab \frac{k}{l} = (u'_y \Delta P + u_y \Delta A) \frac{\sigma}{2c}.$$

Après avoir construit $\frac{c}{\sigma}$ dans l'angle $\frac{m}{l}$ (*fig.* 2), on réduira les surfaces de moments qu'indiquent les formules, aux bras de levier $\dfrac{c}{\sigma}$ pour la pre-

mière et $\dfrac{2c}{\sigma}$ pour la seconde, et les résultats, considérés comme arcs d'un

rayon εab, fourniront les angles cherchés.

141. COURBE DE PRESSION DANS UN ARC ÉLASTIQUE.

Lorsqu'on a sommé les $\Delta A'$ et les $\Delta A''$ pour toutes les charges d'un arc, et que l'on a obtenu ainsi les réactions totales A' et A'', on peut, au moyen de ces réactions, construire la courbe de pression des forces qui sollicitent l'arc, comme l'indiquent le polygone des forces et le polygone funiculaire, dans les *fig.* 201 et 202. La courbe de pression ainsi dessinée,

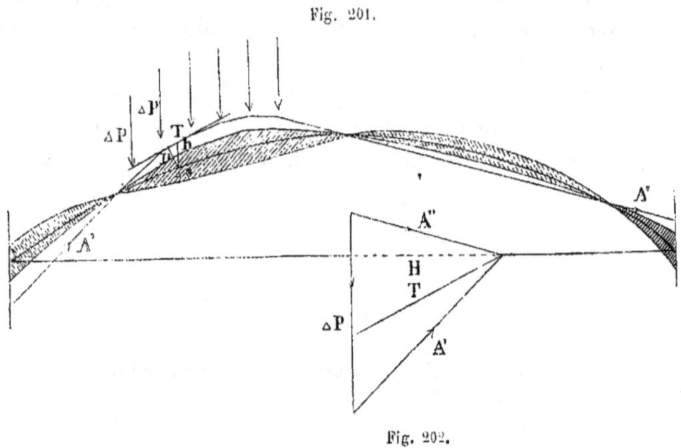

Fig. 202.

pour un arc déterminé, est en corrélation intime avec l'axe de cet arc. Nous trouverons facilement les relations qui les lient, en montrant comment l'on peut arriver, pour une charge quelconque, mais déterminée, à construire les réactions totales A' et A'' sans passer par la sommation des $\Delta A'$ et des $\Delta A''$.

Relions les charges ΔP qui agissent sur un arc, au moyen d'une courbe de pression arbitraire, mais pour laquelle les réactions des culées auront été choisies, de manière que cette courbe se rapproche autant que possible de l'axe de l'arc. Soit maintenant T la force qui agit suivant le côté du polygone, coupé par une section quelconque, et soit Δs l'élément de l'arc coupé par cette même section. Le moment de la force extérieure T, par rapport au milieu de l'élément de l'arc sera pT, p étant la perpendiculaire abaissée de ce milieu sur le côté T. Menons (*fig.* 201) la verticale h, c'est-à-dire une parallèle aux forces ΔP, et (*fig.* 202) la ligne H perpendiculaire à h, c'est-à-dire horizontale. Les deux triangles ph et PH seront semblables, puisque l'angle Th (*fig.* 201) est égal à l'angle TΔP (*fig.* 202), et que les deux triangles sont, en outre, rectangles.

Le moment de la force extérieure à Δs sera donc :

$$\mathfrak{P} = p\mathrm{T} = h\mathrm{H}.$$

Substituons cette valeur de $\mathfrak{P}$ dans les formules générales, et remplaçons, comme nous l'avons déjà fait, $\varepsilon\mathfrak{Z}$ par $\mathfrak{C}z''' \dfrac{\Delta s}{\Delta x}$. Il viendra, en supposant qu'une force A ramène l'arc à sa position primitive, et en divisant les équations par σH, $y_\sigma\sigma$H et $x_\sigma\sigma$H :

$$\frac{\mathfrak{C}\delta}{\mathrm{H}\sigma} = \sum \frac{h\Delta x}{\sigma z'''} + \frac{\mathrm{A}}{\mathrm{H}}\, u_\sigma,$$

$$\frac{\mathfrak{C}h}{y_\sigma\mathrm{H}\sigma} = \sum \frac{y}{y_\sigma}\, \frac{h\Delta x}{\sigma z'''} + \frac{\mathrm{A}}{\mathrm{H}}\, u_x,$$

$$-\frac{\mathfrak{C}k}{x_\sigma\mathrm{H}\sigma} = \sum \frac{x}{x_\sigma}\, \frac{h\Delta x}{\sigma z'''} + \frac{\mathrm{A}}{\mathrm{H}}\, u_y,$$

$\dfrac{h\Delta x}{\sigma z'''}$ représente la surface de moment correspondante à une lamelle (*fig.* 201), après la réduction de cette surface à la base, généralement variable, $\sigma z'''$. Traçons, à l'aide de tous les segments obtenus par cette réduction de surfaces, un polygone des forces ; la longueur de ce polygone sera : $u'_\sigma = \sum \dfrac{h\Delta x}{\sigma z'''}$ et de plus, elle sera proportionnelle à u_σ. Construisons, au moyen de ce polygone et de la distance polaire y_σ, un polygone funiculaire, dont les côtés soient situés sur les horizontales de Δs ; les côtés extrêmes de ce polygone intercepteront, sur l'horizontale de l'extrémité de l'arc, un segment $u'_x = \sum \dfrac{y}{y_\sigma} \cdot \dfrac{h\Delta x}{\sigma z'''}$. Ce segment sera proportionnel aux moments des surfaces par rapport à cette ligne, et en outre à la longueur u_x.

Le polygone funiculaire construit avec la distance polaire x_σ, et dont les sommets sont situés sur les verticales des Δs interceptera de même, sur la verticale de l'extrémité de l'arc, un segment $u'_y = \sum \dfrac{x}{x_\sigma}\, \dfrac{h\Delta x}{\sigma z'''}$, proportionnel au moment des surfaces par rapport à cette verticale, proportionnel aussi à u_y. Les trois grandeurs u'_σ, u'_y et u'_x, peuvent, comme nous l'avons montré n° 138 (p. 539), servir à construire la direction et la grandeur de A, force qui modifierait la réaction arbitraire avec laquelle nous avons fait la construction. Si la réaction choisie avait été exacte, les sommes u'_σ, u'_x, u'_y, et par suite A auraient été égales à zéro.

Lorsqu'en outre les z''' sont constants, on pourra faire sortir du signe Σ le facteur $\dfrac{1}{\sigma z'''}$, et le négliger, puisque nos trois sommes sont égales à zéro dans le cas où la réaction est exacte. La première somme représente alors rigoureusement l'aire des surfaces comprises entre la courbe de pression et l'arc, puisque les côtés du polygone funiculaire se coupent sur les verticales, menées par les Δx, qui leur correspondent; la première relation exprime, par suite, que les aires des surfaces situées au-dessus de l'arc sont égales à celles qui sont situées au-dessous de l'arc. Nous avons, dans la figure, ombré les surfaces correspondant à des forces extérieures qui tournent dans le sens positif autour de l'axe; les surfaces de moment négatives ont été pointillées. x et y sont les coordonnées des éléments de l'arc, par rapport aux axes qui passent par son extrémité; admettons maintenant que l'on recule les surfaces élémentaires, sur des verticales, de manière que leurs centres de gravité viennent coïncider avec ceux de l'arc, il faudra dans cette hypothèse que les moments des surfaces par rapport aux axes x et y soient aussi nuls.

Or, comme la somme des surfaces est elle-même égale à zéro, que leur poids peut être, dès lors, considéré comme infiniment petit et situé à l'infini, et qu'enfin les deux axes sont situés à une distance finie, les conditions que nous venons d'indiquer ne peuvent être satisfaites que si les deux centres de gravité, celui des surfaces positives ombrées, et celui des surfaces négatives pointillées viennent à coïncider; il faut, en un mot, que la résultante des poids de ces deux surfaces soit égale à zéro.

La construction que nous venons d'employer prouve que l'on peut, pour une charge quelconque, satisfaire à ces conditions, mais nous pouvons encore le démontrer plus clairement de la manière suivante : prenons une réaction de grandeur et de direction quelconques, et joignons-la aux charges ΔP. Il sera facile, au moyen de la réduction des surfaces, et d'un déplacement parallèle, de placer la courbe de pression ainsi obtenue, dans une position telle que les surfaces situées au-dessus et au-dessous de l'arc, soient équivalentes. Si maintenant, les centres de gravité de la surface positive et de la surface négative ne coïncident pas, on pourra, à partir d'un point fixe quelconque, porter la distance relative de ces deux points, puis changer la réaction adoptée. Enfin, si on fait varier, pour diverses directions des réactions, la grandeur de celles-ci, depuis a jusqu'à ∞, l'extrémité de la distance relative des deux centres décrira un système de lignes, et celle de ces lignes qui passera par l'origine déterminera la vraie grandeur et la vraie direction. Mais il est clair que cette construction, basée sur la méthode de fausse position à deux inconnues, est bien plus compliquée que celle que nous avons donnée précédemment.

On peut encore exprimer de la manière suivante que les surfaces comprises entre la courbe de pression et l'arc doivent être égales des deux côtés de l'arc; la courbe de pression doit suivre de très près la forme de l'arc et couper cet arc au moins en trois points, pour les formes ordinairement admises. Il est impossible, en effet, que, pour un arc convexe ordinaire, les deux surfaces situées aux extrémités de l'arc et qui sont de même signe, puissent avoir le même centre de gravité que la surface placée à l'intérieur de l'arc, dans le cas où il n'y a que deux points d'intersection, et par suite, que trois surfaces. L'écartement plus ou moins grand des deux courbes entre leurs points d'intersection dépend de la condition d'égalité des moments. Il est clair aussi que, lorsque la forme de l'arc est celle de la courbe de pression produite par les charges, les deux courbes doivent coïncider. Nous avons vu, en effet, n° 46 (p. 165), que tous les points communs des deux lignes sont situés sur une même droite; elles coïncideront donc dès qu'elles se couperont en plus de deux points.

On voit qu'il est permis, dans tous les cas où la courbe de pression peut se rapprocher suffisamment de l'axe de l'arc, pour qu'elle coïncide à peu près complètement avec lui, de dessiner simplement une courbe de pression qui satisfasse à ces conditions. Ce cas se présente pour la partie médiane des voûtes, dans lesquelles le poids propre est très grand par rapport à la charge accidentelle. Remarquons toutefois, qu'il ne faut, dans aucun cas, faire passer la courbe de pression par les arêtes extérieures des voussoirs.

Quant aux arcs en bois ou en fer, il convient de leur donner la forme de la courbe de pression qui correspond au poids propre (et non la forme d'un segment de cercle, comme on le fait généralement en France). Dans ce cas, en effet, le poids propre se répartira uniformément sur toutes les sections de l'arc, sans y produire de flexion, et l'on n'aura besoin de la théorie de l'élasticité que pour trouver les efforts produits par les charges accidentelles.

M. le professeur Ritter de Riga s'est servi de l'équation des surfaces et de celles de leurs moments, pour construire d'une manière très ingénieuse, les réactions produites, pour un arc parabolique, par des charges uniformes. Mais comme nous préférons, dans ce cas, calculer les réactions une fois pour toutes, ainsi que nous le ferons dans le chapitre suivant, nous n'exposerons pas sa méthode.

La construction que nous avons indiquée, dans ce numéro, pour la force A paraît être très rapide pour une charge déterminée, puisque deux polygones suffisent pour arriver au but; mais en réalité elle n'est pas aussi pratique qu'elle en a l'air, puisque, pour obtenir les points σXY, la courbe d'intersection et la courbe enveloppe, on a besoin des polygones de la planche XVI; de plus, pour chaque nouvelle charge, il faudra deux nouveaux polygones. Ce n'est que dans les cas particuliers, où l'on connaît *à priori* les charges les plus défavorables et où les polygones se composent de peu de lignes, pour les poutres droites, par exemple, que l'on pourra se servir avantageusement des surfaces des moments ; nous emploierons cette méthode au chapitre cinquième.

CHAPITRE IV

ARCS ÉLASTIQUES DE FORME PARABOLIQUE ET POUR LESQUELS
$$\mathfrak{E} = \varepsilon \mathfrak{J} \frac{dx}{ds} \text{ EST CONSTANT}$$

---

142. FORMULES GÉNÉRALES POUR LA PARABOLE ÉLASTIQUE,
DANS LE CAS OU $\mathfrak{E}$ EST CONSTANT.

Nous sommes arrivés, n° 136 (p. 529), aux trois formules fondamentales suivantes :

$$\delta = \Sigma \mathfrak{B} \frac{\Delta s}{\varepsilon \mathfrak{J}}; \quad h = \Sigma (y - y_1) \mathfrak{B} \frac{\Delta s}{\varepsilon \mathfrak{J}}; \quad -k = \Sigma (x - x_1) \mathfrak{B} \frac{\Delta s}{\varepsilon \mathfrak{J}},$$

qui déterminent la rotation et le déplacement de l'extrémité d'un arc, lorsque l'autre extrémité reste fixe. Nous avons montré comment la question pouvait se résoudre graphiquement dans le cas général, et pour des valeurs $\mathfrak{B}$ et $\mathfrak{J}$ quelconques. Pour résoudre le problème par l'analyse, nous aurons à remplacer Δs par ds et le signe Σ par le signe $\int$, entre les limites pour lesquelles le moment peut s'exprimer analytiquement en fonction de x ou de s.

L'intégration présente quelques difficultés, et l'on s'est donné beaucoup de peine pour l'effectuer, dans le cas où la section est constante et où l'axe présente une forme circulaire ou parabolique. Lorsque la section et par suite le moment d'inertie sont variables, les méthodes graphiques développées dans les numéros précédents, sont les seules qui soient applicables et comme les hypothèses faites en vue d'un calcul analytique ne se rapprochent que très peu de la réalité, les méthodes graphiques donnent certainement un résultat plus exact. Le calcul ne serait avantageux que dans le cas où les intégrales pourraient se mettre sous une forme simple.

Supposons, tout d'abord, que la charge résultant du poids propre soit uniforme : il faudra, d'après ce que nous avons dit, n° 141 (p. 551), que l'axe de l'arc soit de forme parabolique, afin qu'on puisse négliger l'action du poids propre. Il ne nous restera, dès lors, à considérer que les surcharges pouvant s'étendre, selon les circonstances, sur diverses parties de l'arc; nous les supposerons, de même, uniformément réparties sur chacune de ces parties. Mais on arrivera à la plus grande simplification possible pour les formules, en admettant que les moments d'inertie des sections varient depuis le sommet jusqu'à la culée, dans le rapport des longueurs des éléments à leurs projections. Il est vrai que la section de l'arc augmente du sommet à la culée dans une proportion bien plus forte que ds par rapport à dx; néanmoins notre hypothèse se rapproche plus de la réalité que celle qui consiste à supposer la section constante et que l'on emploie usuellement pour les calculs.

Dans ce cas la valeur

$$\mathfrak{E} = \varepsilon \mathfrak{Z} \frac{dx}{ds},$$

sera constante. En multipliant les trois formules fondamentales par cette valeur, il viendra :

$$\mathfrak{E}\,\delta = \Sigma \int \mathfrak{P}\,dx,$$

$$\mathfrak{E}\,h = \Sigma \int (y - y_1)\,\mathfrak{P}\,dx,$$

$$-\mathfrak{E}\,k = \Sigma \int (x - x_1)\,\mathfrak{P}\,dx.$$

Dans ces formules, le signe $\int$ s'étend sur chaque longueur de charge, pour laquelle la loi des moments extérieurs ne change pas, et le signe Σ indique l'addition des diverses intégrales, correspondant à chacune de ces parties.

Soit

$$\frac{y}{f} = \frac{x^2}{l^2} = \beta^2$$

l'équation de la parabole; soient de plus $+ l$ et f les coordonnées de l'extrémité fixe de l'arc, et $- l$, γf celles de l'extrémité mobile $x_1 y_1$; nous désignons l'ordonnée de cette extrémité par γf et non par f, parce qu'il arrive souvent que l'axe de l'arc, supposé parabolique, ne passe pas par l'extrémité sur laquelle l'arc repose.

Nous déterminerons en premier lieu les dimensions de l'ellipse d'élasticité, et les coordonnées du triangle fondamental, de la manière suivante:

Les coordonnées du centre de gravité seront :

$$x_\sigma = 0, \qquad y_\sigma = \int_0^l y\,dx : \int_0^l dx = \frac{f}{l^3} \int_0^l x^2\,dx = \frac{1}{3}$$

L'axe horizontal de l'ellipse centrale sera :

$$h'^2 = \frac{1}{l} \int_0^l x^2\,dx = \frac{1}{3}\, l^2; \quad h' = 0{,}57735\, l;$$

L'axe vertical :

$$k'^2 = \frac{1}{l} \int_0^l y^2\,dx - y^2_\sigma = \frac{f^2}{l^5} \int_0^l x^4\,dx - \frac{1}{9}\, f^2 = \frac{4}{45}\, f^2, \quad k' = 0{.}29814\, f.$$

L'équation de l'ellipse d'élasticité sera, par suite,

$$\frac{x^2}{\dfrac{1}{3}\, l^2} + \frac{\left(y - \dfrac{1}{3}\, f \right)^2}{\dfrac{4}{45}\, f^2} = \frac{x^2}{(0{,}57735\, l)^2} = \frac{\left(y - \dfrac{1}{3}\, f \right)^2}{(0{,}29814\, f)^2} = 1.$$

Le point de la parabole qui a pour ordonnée $y = \frac{1}{3}\, f$, a aussi pour abscisse $x^2 = \frac{1}{3}\, l^2$, et les extrémités de l'axe horizontal de l'ellipse sont, par suite, situées sur la parabole elle-même. Les deux autres intersections de l'ellipse avec l'arc ont comme coordonnées :

$$\frac{y}{f} = \frac{x^2}{l^2} = \frac{1}{15} = (0{,}2582)^2.$$

Les ordonnées des extrémités du petit axe sont :

$$\frac{y}{f} = \frac{1}{3} \pm 0{,}29814 = 0{,}03519 \quad \text{et} \quad 0{,}63147.$$

Nous avons déjà trouvé les coordonnées d'un des points fondamentaux, le centre de l'ellipse. L'abscisse de l'antipôle, par rapport à l'axe des y, qui passe par l'extrémité $-l$ est :

$$x = \frac{1}{3}\, l^2 : l = \frac{1}{3}\, l.$$

L'ordonnée de l'antipôle par rapport à la corde de la parabole est :

$$y = \frac{1}{3}\, f - \frac{4}{45}\, f^2 : \frac{2}{3}\, f = \frac{1}{5}\, f.$$

On n'a jamais besoin de l'antipôle de la droite $y = \gamma f$. Nous n'avons d'ailleurs calculé ces dimensions que pour les comparer à celles que nous avons trouvées dans l'épure ; nous les avons, pour cela, portées sur la *fig.* 203. Cette comparaison fait

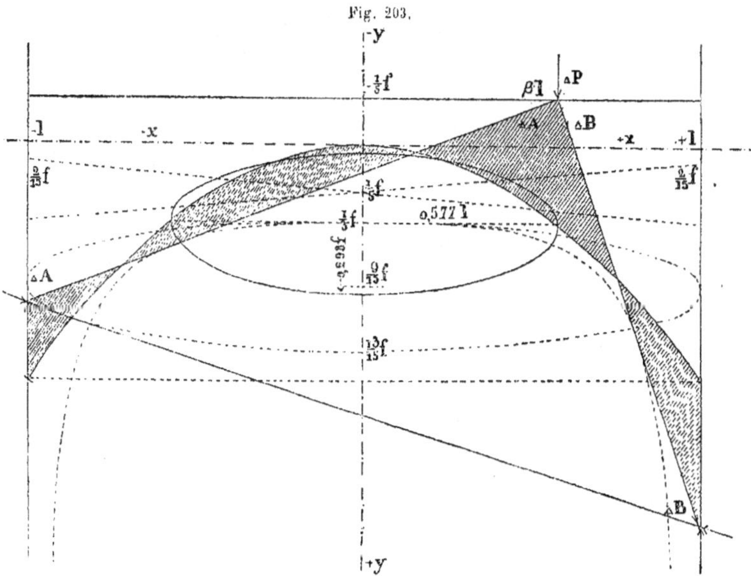

ressortir d'assez grandes différences, ce qui prouve que les méthodes graphiques sont préférables.

Nous procéderons maintenant comme dans le n° 138. Nous déterminerons d'abord la réaction ΔA de la culée provenant d'une charge ΔP ayant pour abscisse β*l*. Le moment de cette charge est, d'après les considérations développées au n° 43 (p. 159), égal à la somme des équations normales de la force.

L'équation normale de la charge ΔP, en y comprenant sa réaction verticale à l'abscisse $-l$, est donnée par l'une des deux expressions suivantes, selon que l'élément considéré se trouve avant ou après βl. (Voir n° 86 p. 317).

$$\frac{1}{2}(1 - \beta)\left(1 + \frac{x}{l}\right) l\Delta P \quad \text{et} \quad \frac{1}{2}(1 + \beta)\left(1 - \frac{x}{l}\right) l\Delta P.$$

Les signes sont ici opposés à ceux que nous avons trouvés au n° 86, parce que les x et les βl sont pris dans un ordre contraire.

L'équation normale de la force ΔA est :

$$\frac{1}{\varsigma}(\xi x + \eta y + 1)\Delta A,$$

où ξ et η sont les coordonnées encore inconnues de la direction de ΔA, et ς le facteur normal $\sqrt{\xi^2 + \eta^2}$. Nous aurons, par suite, comme somme des équations des forces produites par ΔP, avant et après β :

$$\mathfrak{P}_{-1}^{\beta} = \Delta \mathfrak{A} = \frac{1}{2}(1 - \beta)\left(1 + \frac{x}{l}\right) l\Delta P + \frac{1}{\varsigma}(\xi x + \eta y + 1)\Delta A,$$

$$\mathfrak{P}_{\beta}^{+1} = \Delta \mathfrak{B} = \frac{1}{2}(1 - \beta)\left(1 + \frac{x}{l}\right) l\Delta P + \frac{1}{\varsigma}(\xi x + \eta y + 1)\Delta A,$$

La substitution de ces valeurs dans les formules générales nous donne :

$$\mathfrak{S}\delta = 0 = \left[(1 - \beta)\int_{-1}^{\beta}\left(1 + \frac{x}{l}\right)dx + (1 + \beta)\int_{\beta}^{+1}\left(1 - \frac{x}{l}\right)dx\right]\frac{1}{2}l\Delta P$$
$$+ \frac{1}{\varsigma}\Delta A\int_{-1}^{+1}(\xi x + \eta y + 1)dx,$$

$$\mathfrak{S}h = 0 = \left[(1 - \beta)\int_{-1}^{\beta}\left(1 + \frac{x}{l}\right)\left(\frac{x^2}{l^2} - \gamma\right)dx + (1 + \beta)\int_{\beta}^{+1}\left(1 - \frac{x}{l}\right)\left(\frac{x^2}{l^2} - \gamma\right)dx\right]\frac{1}{2}f l\Delta P$$
$$+ \frac{1}{\varsigma}f\Delta A\int_{-1}^{+1}(\xi x + \eta y + 1)\left(\frac{x^2}{l^2} - \gamma\right)dx,$$

$$- \mathfrak{S}h = 0 = \left[(1 - \beta)\int_{-1}^{\beta}\left(1 + \frac{x}{l}\right)^2 dx + (1 + \beta)\int_{\beta}^{+1}\left(1 - \frac{x^2}{l^2}\right)dx\right]\frac{1}{2}l^2\Delta P$$
$$+ \frac{1}{\varsigma}l\Delta A\int_{-1}^{+1}(\xi x + \eta y + 1)\left(1 + \frac{x}{l}\right)dx;$$

et après avoir calculé les intégrales :

$$\mathfrak{S}\delta = (1 - \beta^2)\frac{1}{2}l^2\Delta P + \frac{1}{\varsigma}\left(\frac{1}{3}f\eta + 1\right)x l\Delta A,$$

$$- \mathfrak{S}h = (1 - \beta^2)(6\gamma - 1 - \beta^2)\frac{1}{12}f l^3\Delta P + \frac{1}{\varsigma}\left[\frac{1}{5}(5\gamma - 3)f\eta + 3\gamma - 1\right]\frac{2}{3}f l\Delta A,$$

$$- \mathfrak{S}k = (1 - \beta^2)(3 + \beta)\frac{1}{6}l^3\Delta P + \frac{1}{\varsigma}\left(\frac{1}{3}l\xi + \frac{1}{3}f\eta + 1\right)2l^2\Delta A.$$

143. ARC PARABOLIQUE A CULÉES FIXES, SOUMIS A DES CHARGES ΔP.

Nous admettrons, comme précédemment, que l'arc repose sur ses culées d'une manière assez stable et assez fixe pour qu'il puisse résister à un ΔA quelconque ; ce ΔA n'est, dans ce cas, assujetti à aucune condition, et peut être choisi de manière à annuler à la fois les trois équations donnant δ, h et k. Le point dont la position ne doit pas changer, et dont la section correspondante dans l'arc ne peut pas tourner, est alors le dernier point de l'axe, et il faudra, dans nos équations, poser $\gamma = 1$. En égalant, en outre, δ, h et $-k$ à zéro, et cherchant les inconnues $\dfrac{\xi}{\rho}\Delta A$, $\dfrac{\eta}{\rho}\Delta A$ et $\dfrac{1}{\rho}\Delta A$, il viendra :

$$\frac{\xi}{\rho}\, l\Delta A = -\, 8(1 - \beta^2)\beta \qquad\cdot\; \frac{1}{32}\, l\Delta P,$$

$$\frac{\eta}{\rho}\, f\Delta A = \quad 15(1 - \beta^2)^2 \qquad\cdot\; \frac{1}{32}\, l\Delta P,$$

$$\frac{1}{\rho}\, \Delta A = -\,(1 - \beta^2)(13 - 5\beta^2) \cdot \frac{1}{32}\, l\Delta P.$$

L'addition, membre à membre, de ces trois équations nous donnera la forme normale de la réaction de la culée cherchée. Elle est, par suite, entièrement déterminée, et sa valeur est :

$$\frac{1}{\rho}(\xi x + \eta y + 1)\Delta A = \left[-\,8\beta\,\frac{x}{l} + 15(1 - \beta^2)\frac{y}{f} - 13 + 5\beta^2\right](1 - \beta^2)\frac{1}{32}\, l\Delta P.$$

Lorsqu'une équation est mise sous la forme normale, la composante parallèle à l'axe des x est égale au coefficient positif de y (voir n° 43, p. 159), c'est-à-dire, dans notre cas, à $\dfrac{15}{32}(1 - \beta^2)^2\dfrac{l}{f}\Delta P$, la composante parallèle à l'axe des y est égale au coefficient de x, changé de signe, c'est-à-dire à $\dfrac{1}{4}\beta(1 - \beta^2)\Delta P$, et le moment par rapport à l'origine est égal au terme constant $-\dfrac{1}{32}(13 - 5\beta^2)(1 - \beta^2)l\Delta P$.

L'équation de la droite, suivant laquelle agit la force, peut se mettre sous la forme suivante, en la débarrassant des facteurs communs :

$$5\left(1 - 3\frac{y}{f}\right)\beta^2 - 4\frac{x}{l}\cdot 2\beta - 13 + 15\frac{y}{f} = 0.$$

Cette équation, qui est du premier degré, contient β au second degré ; par suite, les forces ΔA obtenues pour divers β, enveloppent une courbe du second degré. L'équation de cette enveloppe est, comme on l'a vu en géométrie analytique, le discriminant de l'équation du 1er degré, pris par rapport à β, c'est-à-dire :

$$S = 5\left(1 - 3\frac{y}{f}\right)\left(13 - 15\frac{y}{f}\right) + 16\frac{x^2}{l^2} = 0,$$

qui revient à l'équation de l'ellipse :

$$\frac{x^2}{l^2} + \frac{(y - \frac{3}{5}f)^2}{(\frac{4}{15}f)^2} = 1.$$

Cette ellipse a été dessinée (fig. 203) ; on voit par l'équation qu'elle est tangente aux verticales des culées, et aux deux horizontales $y = \dfrac{1}{3}f$ et $y = \dfrac{13}{15}f$; $y = \dfrac{1}{3}f$ étant l'ordonnée du point σ, il en résulte qu'elle est en ce point tangente à l'ellipse d'élasticité.

En substituant l'équation normale de ΔA trouvée plus haut, dans les équations de $\Delta \mathfrak{A}$ et $\Delta \mathfrak{B}$ du numéro précédent, on obtiendra la réaction totale sous sa forme normale ; elle sera :

$$\Delta\mathfrak{A} = \left[\; 8(2 + \beta)\frac{x}{l} + 15(1 + \beta)^2\,\frac{y}{f} + 8 - 5(1 + \beta)^2\right](1 - \beta)^2\,\frac{1}{32}\,l\Delta P,$$

$$\Delta\mathfrak{B} = \left[-8(2 - \beta)\frac{x}{l} + 15(1 - \beta)^2\,\frac{y}{f} + 8 - 5(1 - \beta)^2\right](1 + \beta)^2\,\frac{1}{32}\,l\Delta P.$$

Les deux équations sont satisfaites à la fois par les valeurs :

$$x = \beta l \quad \text{et} \quad y = -\frac{1}{5}\,f;$$

par suite,

$$y + \frac{1}{5}\,f = 0$$

sera l'équation de la courbe d'intersection des forces. Elle se réduit à une horizontale, située au-dessus du sommet de l'arc, à une distance égale au $\frac{1}{5}$ de la flèche.

L'équation de $\mathfrak{A}$ peut s'écrire de la manière suivante :

$$0 = 5\left(3\,\frac{y}{f} - 1\right)(1 + \beta)^2 + 4\,\frac{x}{l}\cdot 2(1 + \beta) + 8\left(1 + \frac{x}{l}\right).$$

Cette équation contient aussi un paramètre $1 + \beta$. En formant son discriminant par rapport à ce paramètre, on obtiendra l'enveloppe des réactions pour des valeurs $1 + \beta$ variables. Cette enveloppe est donnée par l'équation :

$$S' = 5\left(3\,\frac{y}{f} - 1\right)\left(1 + \frac{x}{l}\right) - 2\,\frac{x^2}{l^2} = 3\left(1 + \frac{x}{l}\right)\left(\frac{x}{-\frac{3}{2}l} + \frac{x}{\frac{1}{3}f} - 1\right) - 2 = 0,$$

équation qui représente évidemment une hyperbole.

La verticale $x = -l$ est l'une des asymptotes, l'autre passe par le centre $x = -l$, $y = \frac{1}{15}\,f$, par les points des axes $x = -\frac{3}{2}\,l$ et $y = \frac{1}{5}\,f$, et par l'extrémité $x = l$, $y = \frac{1}{3}f$ de la tangente $y = \frac{1}{3}\,f = 0$, dont le point de contact se trouve à l'abscisse $x = 0$.

On obtient, de même, l'équation de $\mathfrak{B}$:

$$0 = 5\left(3\,\frac{y}{f} - 1\right)(1 - \beta)^2 - 4\,\frac{x}{l}\cdot 2(1 - \beta) + 8\left(1 - \frac{x}{l}\right).$$

$\mathfrak{B}$ enveloppe l'hyperbole :

$$S'' = 5\left(3\,\frac{x}{f} - 1\right)\left(1 - \frac{x}{l}\right) - 2\,\frac{x^2}{l^2} = 3\left(1 - \frac{x}{l}\right)\left(\frac{x}{\frac{3}{2}l} + \frac{y}{\frac{1}{3}f} - 1\right) - 2 = 0.$$

La verticale $x = l$ est une des asymptotes ; l'autre asymptote passe

par le centre $x = l$, $y = \frac{1}{15}\,f$;

par les points des axes, $x = \frac{3}{2}\,l$ et $y = \frac{1}{5}\,f$;

par l'extrémité $x = -l$, $y = \frac{1}{3}\,f$ de la tangente $0 = y - \frac{1}{3}\,f$, commune aux trois courbes, et dont le point de contact a pour abscisse $x = 0$.

Toutes ces tangentes ont été indiquées (*fig.* 203); mais leurs points de contact $\pm\frac{3}{2}l$ sont situés hors des limites de la figure.

Les trois courbes S, S′, S″ sont osculatrices l'une à l'autre au point $x=0$, $y=\frac{1}{3}f$; on peut, en effet, les mettre sous la forme suivante :

$$8S' + S = 5\left(3\frac{y}{f} - 1\right)\left(8\frac{x}{l} + 15\frac{y}{f} - 5\right),$$

$$8S'' + S = 5\left(3\frac{y}{f} - 1\right)\left(-8\frac{x}{l} + 15\frac{y}{f} - 5\right),$$

$$S' - S'' = 10\left(3\frac{y}{f} - 1\right)\frac{x}{l}.$$

Puisque la droite $3\frac{y}{f} - 1 = 0$ touche déjà les trois coniques au même point $\frac{x}{l} = 0$, et que les trois cordes :

$$\pm 8\frac{x}{l} + 15\frac{y}{f} - 5 = 0 \quad \frac{x}{l} = 0$$

passent par le même point; en ce point se confondront trois fois trois points des trois courbes. Deux quelconques de ces courbes ne peuvent donc plus avoir qu'un autre point de commun; et ces trois nouveaux points d'intersection, pour les trois courbes, sont situés sur les trois cordes dont nous avons écrit les équations. Leurs coordonnées sont :

$$\frac{x}{l} = \mp \frac{4}{5}, \quad \frac{y}{f} = \frac{19}{25}, \quad \frac{x}{l} = 0, \quad y = \infty.$$

La dépendance réciproque des directions des trois forces ΔA, Δ𝔄, Δ𝔅 peut s'exprimer symétriquement de la manière suivante :

Le triangle que forment ces trois directions est inscrit dans le triangle $y = -\frac{1}{5}f$, $x = \pm l$ *dont un des sommets est situé à l'infini, et il enveloppe les trois coniques S, S′, S″. Les trois côtés du triangle touchent chacun l'une des coniques, et les trois coniques se touchent elles-mêmes en un même point triple. Par suite, les directions des forces déterminent des formes projectives sur les côtés du triangle, dans lequel elles sont inscrites, et sur les courbes auxquelles elles sont circonscrites.*

Il peut être intéressant de ne pas limiter les composantes de ΔP à des points d'application situés, sur la courbe d'intersection, entre les deux verticales des culées, et d'étudier ce qu'elles deviennent pour des points d'application, situés en dehors de ces verticales. Nous avons pu, en effet, au n° 139 (p. 544), généraliser quelques remarques sur la forme des courbes enveloppes.

Nous avons essayé (*fig.* 204) de montrer comment les diverses directions des ΔP, ΔA, ΔB, Δ𝔅, Δ𝔄 et Δ𝔅 sont liées entre elles. La droite d'intersection des forces est coupée en sept segments, par les quatre asymptotes des deux hyperboles (dont deux coïncident *toujours* avec les réactions verticales des culées), par les points de tangence de ces hyperboles et enfin par le point à l'infini. Nous avons, dans la figure, distingué ces segments par le dessin, en employant le même genre de lignes pour les segments symétriques. A ces segments correspondent sur l'ellipse des segments qui sont également symétriques, et, sur les hyperboles et sur les asymptotes verticales, d'autres segments qui ne sont plus symétriques, car si le segment déterminé sur l'une est grand, il sera nécessairement petit sur l'autre.

Toutes les formes étant projectives, les segments se suivront partout dans le même ordre, et pendant que ΔP parcourra, de — ∞ à + ∞, la ligne d'intersection des forces, les points de contact de chacune des autres forces décriront leur courbe enveloppe. Quant à la direction des ΔA, ces forces tourneront toujours dans le

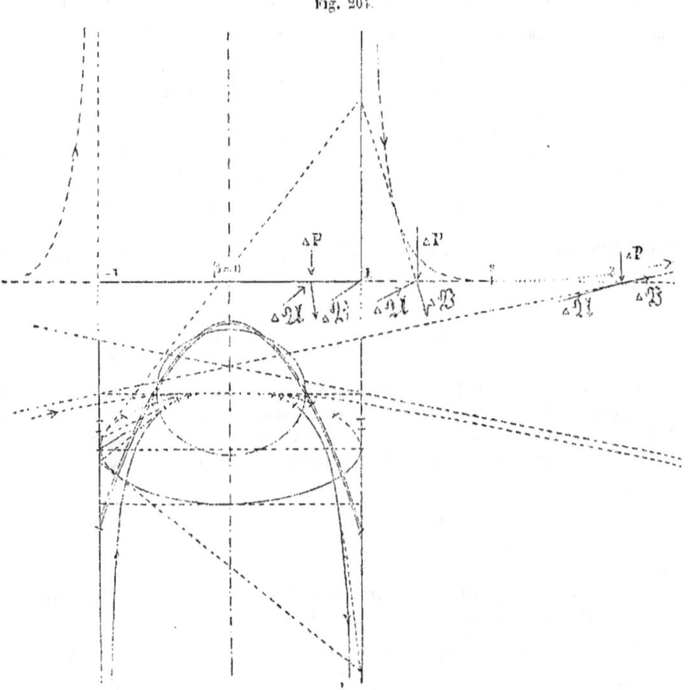

Fig. 204.

même sens, puisqu'elles enveloppent une ellipse. Pour les hyperboles, les asymptotes sont des tangentes de rebroussement, ce qui change la loi suivant laquelle tournent les forces; on le voit d'ailleurs, sur la figure, d'après la direction de ces forces avant et après les asymptotes de l'hyperbole Δ𝔄. Comme, dans la figure, on a établi partout l'équilibre de ΔA et de Δ𝔄, puis de ΔB et Δ𝔅 avec la réaction de la culée, il arrive parfois que la direction de ces forces concorde, et parfois qu'elle ne concorde pas avec le sens des courbes. ΔB et Δ𝔅 concordant, il n'en est pas de même pour ΔA et Δ𝔄.

Depuis β = 0 jusqu'à β = + ∞, Δ𝔄 tourne toujours dans le sens positif; il n'en est de même pour Δ𝔅 que jusqu'à la culée de droite β = 1, où elle devient verticale; elle tourne ensuite en sens contraire, c'est-à-dire dans le sens négatif jusqu'à ce qu'elle atteigne l'autre asymptote β = 3; pour β = 2, elle est horizontale et coïncide avec la ligne d'intersection des forces. De β = 3 jusqu'à β = ∞ elle tourne de nouveau dans le sens positif, et redevient horizontale pour β = ∞ sans coïncider toutefois avec la ligne d'intersection des forces; elle se confond, dans cette position, avec la tangente d'osculation, commune aux trois courbes. Pour les valeurs de β = 0 jusqu'à β = — ∞, il suffit, dans les considérations précédentes, de permuter 𝔄 et 𝔅.

144. ARC PARABOLIQUE REPOSANT SUR DES CULÉES FIXES ET CHARGÉ UNIFORMÉMENT DE p TONNES PAR MÈTRE COURANT.

Nous obtiendrons les réactions totales $\mathfrak{A}$ et $\mathfrak{B}$ des culées, pour le cas d'une charge uniformément répartie, en posant dans les formules du numéro précédent :

$$\Delta \mathrm{P} = pd(l\beta) = lpd\beta,$$

et en intégrant ces formules par rapport à β. Remplaçons aussi $\Delta\mathfrak{A}$ par $d \cdot \mathfrak{A}$ et $1 - \beta$ par β', et nous verrons immédiatement que l'équation intégrée contiendra le facteur β'^3 et que par suite, β' aussi bien que β n'y entreront qu'au second degré, si l'on choisit $1 - \beta = 0$ ou $\beta = 1$ comme limite supérieure de l'intégrale définie. Les formules donnant $\mathfrak{A}$ seront donc plus simples, en prenant comme limite supérieure la valeur $+1$, c'est-à-dire en considérant une charge non-adjacente à $\mathfrak{A}$. Pour les mêmes raisons, nous prendrons aussi pour $\mathfrak{B}$ une charge non-adjacente, et la limite inférieure -1 pour l'intégrale correspondante. Lorsqu'une charge ne s'étendra pas jusqu'à la culée opposée, nous trouverons la réaction qu'elle produit, en soustrayant les réactions $\mathfrak{A}$ et $\mathfrak{B}$, obtenues pour ses deux limites.

L'intégration des formules nous donne les résultats suivants :

$$\mathfrak{A}_{\beta}^{+1} = \left[\; 2(3 + \beta)\frac{x}{l} + (8 + 9\beta + 3\beta^2)\frac{y}{f} - (3 + \beta)\beta \right](1 - \beta)^3 \cdot \frac{1}{32}\, l^2 p,$$

$$\mathfrak{B}_{-1}^{\beta} = \left[-2(3 - \beta)\frac{x}{l} + (8 - 9\beta + 3\beta^2)\frac{y}{f} + (3 - \beta)\beta \right](1 + \beta)^3 \cdot \frac{1}{32}\, l^2 p,$$

$$\mathfrak{C}_{\beta} = \mathfrak{B}_{-1}^{\beta} + \mathfrak{A}_{\beta}^{+1} = \left(-2\beta \cdot \frac{x}{l} + \frac{y}{f} + \beta^2 \right)\frac{1}{2}\, l^2 p.$$

L'équation donnant la direction de la force $\mathfrak{A}$ peut se mettre sous la forme :

$$\left(3\frac{y}{f} - 1 \right)(3 + \beta)^2 + 2\left(\frac{x}{l} - \frac{9}{2}\frac{y}{f} + \frac{3}{2} \right)(3 + \beta) + 8\frac{y}{f} = 0.$$

Elle enveloppe donc la courbe :

$$\left(\frac{x}{l} - \frac{9}{2}\frac{y}{f} + \frac{3}{2} \right)^2 - 8 \cdot \frac{y}{f}\left(3 \cdot \frac{y}{f} - 1 \right) = 0.$$

Les droites $\frac{y}{f} = 0$ et $\frac{y}{f} = \frac{1}{3}$ sont tangentes à cette courbe, et leurs points de contact ont pour abscisses $\frac{x}{l} = -\frac{3}{2}$ et $\frac{x}{l} = 0$. Ces deux tangentes étant parallèles, le milieu de la droite joignant les points de contact sera le centre de la courbe. Les coordonnées sont : $\frac{x}{l} = -\frac{3}{4}$ et $\frac{y}{f} = \frac{1}{6}$.

L'équation peut être mise sous une forme donnant ses asymptotes; elle peut s'écrire :

$$\left(\frac{x}{l} + \frac{3}{4} \right)^2 - 9\left(\frac{x}{l} + \frac{3}{4} \right)\left(\frac{y}{f} + \frac{1}{6} \right) - \frac{15}{4}\left(\frac{y}{f} - \frac{1}{6} \right)^2 + \frac{2}{3} = 0,$$

ou :

$$\left[\frac{x}{l} + \frac{3}{4} - \left(\frac{9}{2} + 2\sqrt{6} \right)\left(\frac{y}{f} - \frac{1}{6} \right) \right] \cdot \left[\frac{x}{l} + \frac{3}{4} - \left(\frac{9}{2} - 2\sqrt{6} \right)\left(\frac{y}{f} - \frac{1}{6} \right) \right] + \frac{2}{3} = 0,$$

36

ou enfin :

$$\left[\frac{y}{f} - \frac{1}{6} + \frac{4}{45}\left(\frac{9}{2} - 2\sqrt{6}\right)\left(\frac{x}{l} + \frac{3}{4}\right)\right] \cdot \left[\frac{y}{f} - \frac{1}{6} + \frac{4}{15}\left(\frac{9}{2} + 2\sqrt{6}\right)\left(\frac{x}{l} + \frac{3}{4}\right)\right] - \frac{8}{45} = 0.$$

Les asymptotes couperont : la tangente $y = 0$ aux points $\frac{x}{l} = -\frac{3}{2} \pm \frac{1}{3}\sqrt{6} = -1{,}5 \mp 0{,}8165$, la tangente $\frac{y}{f} = \frac{1}{3}$ aux points $\frac{x}{l} = \pm\frac{1}{3}\sqrt{6} = \pm 0{,}8165$; et la tangente à l'extrémité de l'arc, dont l'équation est $2\frac{x}{l} + \frac{y}{f} + 1 = 0$ aux points $\frac{x}{l} = -1 \pm \frac{1}{6}\sqrt{6} = -1 \pm 0{,}4082$, $\frac{y}{f} = 1 \mp \frac{1}{3}\sqrt{6} = 1 \mp 0{,}8165$. Elles rencontrent la verticale $\frac{x}{l} = -1$ aux points $\frac{y}{f} = \frac{7}{15} \mp \frac{2}{15}\sqrt{6} = \frac{7}{15} \mp 0{,}3266$, l'axe des x, $\frac{x}{l} = 0$ aux points $\frac{y}{f} = -\frac{11}{15} \pm \frac{2}{5}\sqrt{6} = -\frac{11}{15} \pm 0{,}9798$, et la verticale $\frac{x}{l} = 1$, aux points $\frac{y}{f} = -\frac{29}{15} \pm \frac{14}{15}\sqrt{6} = -\frac{29}{15} \pm 2{,}2862$.

Ces valeurs s'appliquent aussi à $\mathfrak{B}$ lorsqu'on y remplace $+x$ par $-x$. Nous avons dessiné l'une des hyperboles sur la *fig.* 205. Comme, pour une charge totale, les directions de $\mathfrak{A}$ et de $\mathfrak{B}$ viennent coïncider avec les tangentes extrêmes à la parabole, il faudra que ces hyperboles soient elles-mêmes tangentes à la parabole, aux abscisses $\pm l$. En effet, on obtient, par la substitution de $\beta = -1$ dans $\mathfrak{A}$ et de $\beta = +1$ dans $\mathfrak{B}$, les équations des tangentes à la parabole :

$$\pm 2\frac{x}{l} + \frac{y}{f} + 1 = 0.$$

La courbe enveloppe des $\mathfrak{B}_\beta^{+1}$ et celle des $\mathfrak{A}_{-1}^\beta$ sont des courbes de cinquième classe ; nous ne nous arrêterons pas à les étudier, nous nous bornerons à donner plus loin, par un petit tableau, un moyen de les construire par segments.

Les courbes enveloppes de $\mathfrak{A}$ et de $\mathfrak{B}$ ne suffisent pas pour construire les directions, suivant lesquelles ces forces agissent : il faut connaître encore un point de chacune de ces directions ; nous calculerons, pour cela, la courbe d'intersection des forces, c'est-à-dire que nous déterminerons le point en lequel $\mathfrak{A}_\beta^{+1}$ rencontre la verticale du centre de gravité, correspondant à la charge uniforme depuis β jusqu'à 1, et dont l'équation est $x = \frac{1}{2}(\beta + 1)$. Ce point de rencontre appartiendra aussi à $\mathfrak{B}_\beta^{+1}$. Nous obtiendrons évidemment la courbe d'intersection, en éliminant la constante β entre l'équation précédente et celle de $\mathfrak{A}$, ce qui revient à remplacer dans $\mathfrak{A}$, β par la valeur $2x - 1$. Le résultat de cette substitution sera, en écrivant simplement x et y au lieu de $\frac{x}{l}$ et $\frac{y}{f}$:

$$y = -\frac{x+1}{6x^2 + 3x + 1} = -\frac{x+1}{N},$$

N représente le dénominateur $6x^2 + 3x + 1$ qui est toujours positif. Les quotients différentiels de l'équation sont les suivants :

$$N^2 \frac{dy}{dx} = 2(3x^2 + 6x + 1) = 6\left(x + 1 + \sqrt{\frac{2}{3}}\right)\left(x + 1 - \sqrt{\frac{2}{3}}\right),$$

$$N^3 \frac{d^2y}{dx^2} = -72(x^3 + 3x^2 + x) = -18(2x + 3 + \sqrt{5})(2x + 3 - \sqrt{5}).$$

Il résulte de ces équations que la courbe se compose d'une seule branche (voir fig. 205), puisque sur chaque ordonnée réelle se trouve un seul point réel de la

Fig. 205

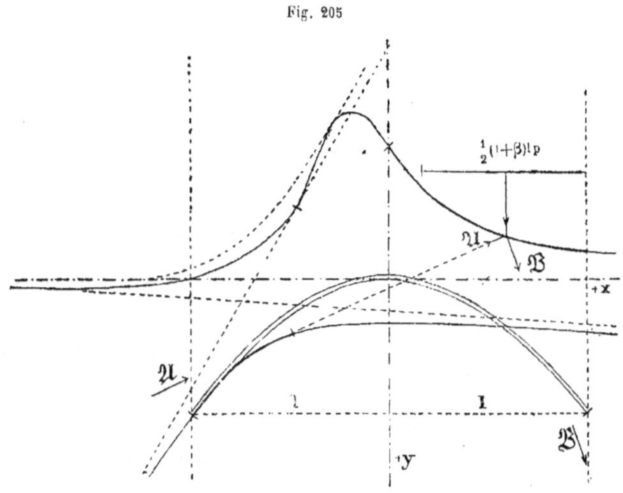

courbe. Elle touche à l'infini l'axe des x, qui est, par suite, l'unique asymptote réelle. La courbe a en outre trois points réels d'inflexion, situés sur une même droite, et entre lesquels se trouve, une fois un maximum, une fois un minimum. Les coordonnées de ces points sont les suivantes :

	x	y	$\dfrac{dy}{dx}$
Points d'inflexion :	$-\dfrac{1}{2}\left(3\pm\sqrt{5}\right)$	$+\dfrac{1}{5}\left(\pm\sqrt{5}-2\right)$	$\left(-1,6\pm0,72\sqrt{5}\right)$
	$-2,61803$	$+0,04721$	$+0,009969$
	$-0,38197$	$-0,84721$	$-3,209969$
	0	-1	$+2$
Maximum et minimum :	$\left(1\pm\sqrt{\dfrac{2}{3}}\right)$	$\dfrac{1}{15}\left(\pm4\sqrt{6}-9\right)$	0
	$-1,81650$	$0,05320$	0
	$-0,18350$	$1,25320$	0
Points sur les verticales des culées :	-1	$0,0$	$-0,25$
	$+1$	$-0,2$	$+0,2$

Nous avons indiqué ces valeurs afin de montrer la forme de la courbe; on n'a, d'ailleurs, besoin de cette courbe qu'entre les deux verticales $x=0$ et $x=+1$.

La courbe d'intersection des forces est en relation avec l'hyperbole enveloppe des forces $\mathfrak{A}_{\beta}^{+1}$. L'équation de cette hyperbole peut, en effet, se mettre sous la forme suivante :

$$(15y + 18x + 11)^2 = 64(6x^2 + 9x + 4),$$

en remplaçant, comme précédemment $\dfrac{y}{f}$ et $\dfrac{x}{l}$ par y et x. Remplaçant dans cette équation la valeur trouvée plus haut pour l'ordonnée y de la courbe d'intersection, et égalant à zéro le résultat, nous obtiendrons un carré parfait :

$$(3x^3 + 6x^2 + 5x + 1)^2 = 0.$$

Cette équation montre que les deux courbes ne peuvent pas se couper en leurs trois points communs, mais qu'elles sont tangentes l'une à l'autre en ces points.

Les trois racines doubles de l'équation sont :

$$x = -0,28194; \quad x = -0,85903 \pm 0,38486 \sqrt{-3}.$$

A la racine réelle correspond l'ordonnée réelle du point double; sa valeur et celle du coefficient angulaire de la tangente, en ce point, sont données par les équations :

$$y = -1,13775; \quad \frac{dy}{dx} = -2,27550.$$

En réalité, on n'a besoin que d'une petite partie de cette courbe pour déterminer les réactions, et nous n'avons calculé ses points remarquables que pour mieux la caractériser. Lorsqu'on voudra s'en servir pour trouver directement les réactions des culées, provenant de divers modes de charge, sans ajouter d'abord les équations donnant les réactions partielles, pour trouver enfin leur résultante totale, comme nous le ferons à la fin de ce chapitre, il sera très avantageux d'employer les vingt valeurs correspondantes de $\mathfrak{A}_\beta^{+1}$ et de $\mathfrak{B}_\beta^{+1}$ que donne le tableau ci-après; elles permettent de dessiner la courbe d'intersection et l'enveloppe des forces, avec une exactitude plus que suffisante pour ces vingt valeurs de β. Les valeurs intermédiaires de $\mathfrak{A}$ et $\mathfrak{B}$ pourront facilement être interpolées.

Le tableau donne, depuis $\beta = -1$ jusqu'à $\beta = +1$, l'ordonnée de l'intersection de $\mathfrak{A}_\beta^{+1}$ avec $x = -1$, les coordonnées du point d'intersection des forces, et l'ordonnée du point où $\mathfrak{B}_\beta^{+1}$ coupe la droite $x = +1$.

$-\beta.$	$\mathfrak{A}_\beta^{+1}$ pour $x=-1.$	COURBE d'intersection des forces.		$\mathfrak{B}_\beta^{+1}$ pour $x=+1.$	$+\beta.$	$\mathfrak{A}_\beta^{+1}$ pour $x=-1.$	COURBE d'intersection des forces.		$\mathfrak{B}_\beta^{+1}$ pour $x=+1.$
	$y=$	$x=$	$y=$	$y=$		$y=$	$x=$	$y=$	$y=$
1,0	1,0000	0,00	1,0000	1,0000	0,0	0,7500	0,50	0,3750	1,1250
0,9	0,9914	0,05	0,9013	1,0005	0,1	0,7290	0,55	0,3471	1,3312
0,8	0,9706	0,10	0,8088	1,0033	0,2	0,7097	0,60	0,3226	1,4355
0,7	0,9432	0,15	0,7256	1,0100	0,3	0,6919	0,65	0,3008	1,5722
0,6	0,9130	0,20	0,6522	1,0217	0,4	0,6755	0,70	0,2815	1,7572
0,5	0,8823	0,25	0,5882	1,0392	0,5	0,6604	0,75	0,2642	2,0190
0,4	0,8525	0,30	0,5328	1,0632	0,6	0,6465	0,80	0,2486	2,4144
0,3	0,8241	0,35	0,4847	1,0947	0,7	0,6337	0,85	0,2346	3,0768
0,2	0,7975	0,40	0,4430	1,1350	0,8	0,6220	0,90	0,2220	4,4051
0,1	0,7728	0,45	0,4067	1,1859	0,9	0,6110	0,95	0,2105	8,4162
0,0	0,7500	0,50	0,3750	1,1250	1,0	0,6000	1,00	0,2000	∞

On trouvera les deux réactions des culées, en décomposant la charge à partir du milieu de la partie β chargée, suivant deux composantes tangentielles à la courbe enveloppe.

La réaction provenant d'une charge non adjacente à une culée s'obtiendra comme différence de deux réactions calculées; on composera les réactions des deux charges adjacentes, l'une d'elles, la plus petite, étant prise en sens contraire. En composant enfin une réaction ainsi déterminée, avec la charge verticale située entre elle et la section considérée, on obtiendra la force extérieure à cette section. Cette dernière est ainsi donnée comme résultante de trois forces.

On peut encore employer la méthode suivante, moins simple pour le dessin, mais plus expéditive pour le calcul. On déterminera la force extérieure à une section β, pour une charge s'étendant entre les limites β' et β'', en retranchant $\mathfrak{A}_{\beta''}^{+1}$ et $\mathfrak{B}_{-1}^{\beta'}$ de la force $\mathfrak{C}_\beta$ correspondant, pour la section β, à une charge totale de l'arc. Nous expliquerons cette méthode au moyen d'un exemple.

Pour le dessin d'une épure, on se placera rarement au point de vue qui nous a servi dans les développements qui précèdent; les valeurs $\mathfrak{A}$ et $\mathfrak{B}$ que nous venons de construire proviennent de l'intégration des $\Delta P = p l \Delta \beta$ et ne sont, par suite, que les résultantes des divers ΔA et ΔB, provenant de ces ΔP. Comme il faut, de toute manière, construire les deux hyperboles qu'enveloppent ΔA et ΔB, pour trouver les charges les plus défavorables, on déterminera beaucoup plus simplement les $\mathfrak{A}$ et $\mathfrak{B}$ en composant directement les ΔA et ΔB que produisent les ΔP, ainsi que nous l'avons montré n° 139 (p. 590). C'est, d'ailleurs, la méthode employée généralement à l'École polytechnique de Zurich.

On pourrait, pour obtenir une plus grande exactitude, ajouter les équations des $\mathfrak{A}$ et des $\mathfrak{B}$, qui servent à former les forces extérieures à une section, et porter après cela, la résultante totale.

Nous allons donner à ce sujet quelques explications plus détaillées. Supposons que l'on ait trouvé, pour un joint, la charge la plus défavorable, au moyen de la courbe enveloppe et de la courbe d'intersection, et admettons que cette charge s'étende de β' à β''; cherchons la somme des forces extérieures à la section β, en supposant tout d'abord que β soit situé entre β' et β''.

Les charges situées entre β' et β produisent dans la section β, comme force extérieure à la section, c'est-à-dire comme réaction de l'appui :

$$\mathfrak{B}_{\beta'}^{\beta} = \mathfrak{B}_{-1}^{\beta} - \mathfrak{B}_{-1}^{\beta'}.$$

De même, la charge comprise entre β et β'' produira, comme force extérieure, une réaction :

$$\mathfrak{A}_\beta^{\beta''} = \mathfrak{A}_\beta^{+1} - \mathfrak{A}_{\beta''}^{+1}.$$

La force totale $\mathfrak{T}_\beta$ sollicitant la section sera, par suite :

$$\mathfrak{T}_\beta = \mathfrak{B}_{-1}^{\beta} + \mathfrak{A}_\beta^{+1} - \mathfrak{B}_{-1}^{\beta'} - \mathfrak{A}_{\beta''}^{+1}.$$

Or, l'on a :

$$\mathfrak{C}_\beta = \mathfrak{B}_{-1}^{\beta} + \mathfrak{A}_\beta^{+1} = \left(-2\beta \frac{x}{l} + \frac{y}{f} + \beta^2 \right) \cdot \frac{1}{2} l^2 p$$

et cette force n'est autre que la force extérieure à la section β, pour une charge totale de l'arc. Elle enveloppe, nécessairement, la parabole donnée :

$$\frac{y}{f} - \frac{x^2}{l^2} = 0.$$

$\mathfrak{T}_\beta$ se réduit donc à :

$$\mathfrak{T}_\beta = \mathfrak{C}_\beta - \mathfrak{B}_{-1}^{\beta'} - \mathfrak{A}_{\beta''}^{+1}.$$

COEFFICIENTS POUR DES ARCS A CULÉES FIXES.

β	a_β	Δ	−Δ	$a_{-\beta}$	b_β	±Δ	$b_{-\beta}$	c_β	Δ	Δ	$c_{-\beta}$	β
0,	6	1612	1588	6	8	1500	8	0	308	292	0,	0,
01	6,1612.	1636	1564	5,8412.	8,1500.	1499	7,8500	0,0308	324	276	0292	01
02	6,3248.	1660	1540	5,6848.	8,2999	1498	7,7001.	0,0632	342	262	0568	02
03	6,4908.	1684	1516	5,5308.	8,4497	1497	7,5503.	0,0974.	358	246	0830.	03
04	6,6592.	1708	1492	5,3792.	8,5994.	1494	7,4006	0,1332.	375	231	1076.	04
05	6,8300.	1732	1468	5,2300.	9,7488.	1490	7,2542	0,1707	394	218	1307	05
06	7,0032.	1756	1444	5,0832.	8,8978	1488	7,1022.	0,2101.	412	204	1525.	06
07	7,1788.	1779	1421	4,9388.	9,0466.	1483	6,9534	0,2513.	430	190	1729.	07
08	7,3567	1804	1396	4,7967	9,1949.	1478	6,8051	0,2943.	449	177	1919.	08
09	7,5371.	1827	1373	4,6571.	9,3427	1473	6,6573.	0,3392.	468	164	2096.	09
10	7,7198	1851	1349	4,5198	9,4900.	1467	6,5100.	0,3860.	488	152	2260.	10
11	7,9049	1875	1325	4,3849	9,6367	1461	6,3633.	0,4348.	507	139	2412.	11
12	8,0924.	1898	1302	4,2524	9,7828	1453	6,2172	0,4855	528	128	2551	12
13	8,2822	1922	1278	4,1222	9,9281	1446	6,0719.	0,5383	549	117	2679	13
14	8,4744	1946	1254	3,9944	10,0727	1438	5,9273.	0,5932	570	106	2796	14
15	8,6690.	1969	1231	3,8690.	10,2165.	1429	5,7835	0,6502.	591	95	2902.	15
16	8,8659.	1992	1208	3,7459.	10,3594.	1419	5,6406	0,7093.	612	84	2997.	16
17	9,0651	2016	1184	3,6251	10,5013	1409	5,4987	0,7705	635	75	3081	17
18	9,2667	2039	1161	3,5067	10,6422	1400	5,3578.	0,8340	657	65	3156	18
19	9,4706.	2062	1138	3,3906.	10,7822.	1388	5,2178	0,8997	680	56	3221	19
20	9,6768	2085	1115	3,2768	10,9210	1376	5,0790	0,9677	703	47	3277.	20
21	9,8853	2108	1092	3,1653	11,0586	1365	4,9414.	1,0380.	726	38	3324.	21
22	10,0961	2131	1069	3,0561	11,1951.	1352	4,8049	1,1106.	750	30	3362.	22
23	10,3092	2154	1046	2,9492	11,3303.	1338	4,6697	1,1856.	773	21	3392.	23
24	10,5246.	2176	1024	2,8446.	11,4641	1326	4,5359.	1,2629	799	15	3413	24
25	10,7422.	2199	1001	2,7422.	11,5967.	1311	4,4033	1,3428.	823	7	3428.	25
26	10,9621.	2221	979	2,6421.	11,7278	1297	4,2722.	1,4251.	848	0	3435.	26
27	11,1842.	2243	957	2,5442.	11,8575.	1281	4,1425	1,5099.	873	−7	3435.	27
28	11,4085	2266	934	2,4485	11,9856	1267	4,0144.	1,5972.	899	−13	3428.	28
29	11,6351.	2287	913	2,3551.	12,1123.	1250	3,8877	1,6871.	925	−19	3415.	29
30	11,8638	2309	891	2,2638	12,2373.	1234	3,7627	1,7796.	951	−25	3396.	30
31	12,0947	2331	869	2,1747	12,3607.	1217	3,6393	1,8747.	978	−30	3371.	31
32	13,3278	2353	847	2,0878	12,4824.	1200	3,5176	1,9725.	1004	−36	3341.	32
33	12,5631.	2374	826	2,0031.	12,6024.	1182	3,3976	2,0729	1032	−40	3305	33
34	12,8005.	2395	805	1,9205.	12,7206	1164	3,2794	2,1761.	1059	−45	3265.	34
35	13,0400.	2416	784	1,8400.	12,8370	1146	3,1630.	2,2820.	1087	−49	3220.	35
36	13,2816	2437	763	1,7616	12,9516.	1127	3,0484	2,3907.	1115	−53	3171.	36
37	13,5253	2458	742	1,6853	13,0643.	1108	2,9357	2,5022.	1143	−57	3118.	37
38	13,7711.	2478	722	1,6111.	13,1751.	1088	2,8249	2,6165	1172	−60	3061	38
39	14,0189	2499	701	1,5389	13,2839.	1068	2,7161	2,7337.	1201	−63	3001.	39
40	14,2688	2519	681	1,4688	13,3907	1048	2,6093.	2,8538.	1229	−67	2938.	40
41	14,5207.	2539	661	1,4007.	13,4955	1028	2,5045.	2,9767	1260	−68	2871	41
42	14,7746.	2558	642	1,3346.	13,5983	1007	2,4017.	3,1027.	1288	−72	2803	42
43	15,0304	2578	622	1,2704	13,6990	986	2,3010.	3,2315	1319	−73	2731	43
44	15,2882	2598	602	1,2082	13,7976	965	2,2024.	3,3634	1349	−75	2658	44
45	15,5480.	2617	583	1,1480.	13,8941	943	2,1059.	3,4983.	1379	−77	2583.	45
46	15,8097.	2635	565	1,0897.	13,9884	922	2,0116.	3,6362	1410	−78	2506	46
47	16,0732	2654	546	1,0332	14,0806.	899	1,9194	3,7772	1441	−79	2428	47
48	16,3386	2673	527	0,9786	14,1705	878	1,8295.	3,9213.	1471	−81	2349	48
49	16,6059	2691	509	0,9259	14,2583.	855	1,7417	4,0684	1504	−80	2268	49
50	16,8750		—	0,8750	14,3438.		1,6562	4,2188.			2188.	50

COEFFICIENTS POUR DES ARCS A CULÉES FIXES (*suite*).

β	a_β	Δ	−Δ	$a_{-\beta}$	b_β	±Δ	$b_{-\beta}$	c_β	Δ	Δ	$c_{-\beta}$	β
0.			−Δ			±Δ			Δ	Δ	0,	0,
50	16,8750			0,8750	14,3438.		1,6562	4,2188.			2188.	50
		2709	491			832			1534	−82		
51	17,1459.			0,8259.	14,4270.		1,5730	4,3722			2106	51
		2727	473			810			1566	−82		
52	17,4186.			0,7786.	14,5080.		1,4920	4,5288			2024	52
		2744	456			787			1598	−82		
53	17,6930.			0,7330.	14,5867.		1,4133	4,6886			1942	53
		2761	439			764			1631	−81		
54	17,9691			0,6891	14,6631		1,3369.	4,8517.			1861.	54
		2779	421			741			1662	−81		
55	18,2470.			0,6470.	14,7372		1,2628.	5,0179			1779	55
		2795	403			719			1695	−81		
56	18,5265			0,6065.	14,8091.		1,1909	5,1874			1698	56
		2812	388			695			1728	−80		
57	18,8077.			0,5677.	14,8786.		1,1214	5,3602.			1618.	57
		2828	372			672			1760	−80		
58	19,0905.			0,5305.	14,9458.		1,0542	5,5362			1538	58
		2844	356			649			1794	−78		
59	19,3749.			0,4949.	15,0107.		0,9893	5,7156.			1460.	59
		2859	341			626			1826	−78		
60	19,6608			0,4608	15,0733.		0,9267	5,8982			1382	60
		2875	325			603			1860	−76		
61	19,9483.			0,4283.	15,1336.		0,8664	6,0842			1306	61
		2890	310			580			1891	−74		
62	20,2373.			0,3973.	15,1916.		0,8084	6,2736.			1232.	62
		2904	296			557			1926	−74		
63	20,5277			0,3677.	15,2473.		0,7527	6,4662			1158.	63
		2920	280			534			1961	−71		
64	20,8197			0,3397.	15,3007.		0,6993	6,6623.			1087.	64
		2933	267			511			1994	−70		
65	21,1130.			0,3130.	15,3518		0,6482.	6,8617			1017	65
		2947	253			489			2028	−68		
66	21,4077			0,2877	15,4007		0,5993.	7,0645			0949	66
		2961	239			467			2063	−65		
67	21,7038.			0,2638.	15,4474		0,5526.	7,2708.			0884.	67
		2974	226			445			2096	−64		
68	22,0012.			0,2412.	15,4919.		0,5081	7,4804.			0820.	68
		2987	213			422			2131	−61		
69	22,2999.			0,2199.	15,5341		0,4659.	7,6935.			0759.	69
		2999	201			401			2164	−60		
70	22,5998			0,1998	15,5742		0,4258.	7,9099			0699	70
		3012	188			380			2199	−57		
71	22,9010.			0,1810.	15,6122.		0,3878	8,1298			0642	71
		3023	177			358			2234	−54		
72	23,2033			0,1633	15,6480.		0,3520	8,3532.			0588.	72
		3035	165			338			2268	−52		
73	23,5068			0,1468	15,6818.		0,3182	8,5800.			0536.	73
		3047	153			317			2302	−50		
74	23,8115.			0,1315.	15,7135.		0,2865	8,8102			0486	74
		3057	143			297			2337	−47		
75	24,1172.			0,1172.	15,7432.		0,2568	9,0439			0439	75
		3068	132			277			2372	−44		
76	24,4240.			0,1040.	15,7709.		0,2291	9,2811			0395	76
		3077	123			258			2406	−42		
77	24,7317			0,0917	15,7967		0,2033.	9,5217			0353	77
		3088	112			239			2441	−39		
78	25,0405.			0,0805.	15,8206		0,1794.	9,7658.			0314.	78
		3097	103			221			2475	−37		
79	25,3502.			0,0702.	15,8427		0,1573.	10,0133			0277	79
		3106	94			203			2510	−34		
80	25,6608			0,0608	15,8630		0,1370.	10,2643			0243	80
		3115	85			186			2545	−31		
81	25,9723.			0,0523.	15,8816		0,1184.	10,5188.			0212.	81
		3123	77			160			2570	−29		
82	26,2846.			0,0446.	15,8985		0,1015.	10,7767.			0183.	82
		3130	70			153			2613	−27		
83	26,5976			0,0376	15,9138		0,0862.	11,0380			0156	83
		3139	61			138			2648	−24		
84	26,9115.			0,0315.	15,9276.		0,0724	11,3028			0132	84
		3145	55			123			2682	−22		
85	27,2260.			0,0260.	15,9399.		0,0601	11,5710			0110	85
		3152	48			108			2717	−19		
86	27,5412.			0,0212.	15,9507		0,0493.	11,8427			0091	86
		3158	42			95			2751	−17		
87	27,8570			0,0170	15,9602		0,0398.	12,1178.			0074.	87
		3164	36			83			2785	−15		
88	28,1734			0,0134	15,9685.		0,0315	12,3963			0059	88
		3170	30			70			2819	−13		
89	28,4904.			0,0104.	15,9755		0,0245.	12,6782			0046	89
		3174	26			60			2853	−11		
90	28,8078			0,0078	15,9815.		0,0185	12,9635			0035	90
		3179	21			49			2887	−9		
91	29,1257			0,0057	15,9864.		0,0136	13,2522.			0026.	91
		3183	17			40			2920	−8		
92	29,4440			0,0040	15,9904.		0,0096	13,5412			0018	92
		3187	13			31			2955	−5		
93	29,7627.			0,0027.	15,9935.		0,0065	13,8397.			0013.	93
		3190	10			24			2987	−5		
94	30,0817			0,0017	15,9959.		0,0041	14,1384.			0008.	94
		3193	7			17			3021	−3		
95	30,4010.			0,0010.	15,9976.		0,0024	14,4405.			0005.	95
		3195	5			12			3053	−3		
96	30,7205			0,0005	15,9988.		0,0012	14,7458			0002	96
		3197	3			7			3087	−1		
97	31,0402			0,0002	15,9995.		0,0005	15,0545			0001	97
		3199	1			3			3119	−1		
98	31,3601.			0,0001.	15,9998		0,0002.	15,3664			0000	98
		3199	1			2			3152	0		
99	31,6800			0,0000	16,0000.		0,0000	15,6816			0000	99
		3200	0			0			3184	0		
1,	32			0.	16		0.	16			0,	1,

Lorsque la section β est située au-dessous d'une partie non chargée, les charges des deux côtés devront s'étendre jusqu'aux culées, d'après le n° 138, et l'on aura évidemment :

$$\mathfrak{T}'_\beta = \mathfrak{B}^{\beta'}_{-1} + \mathfrak{A}^{+1}_{\beta''}.$$

Les deux $\mathfrak{T}_\beta$ ajoutés donnent, comme cela doit être, une somme égale à $\mathfrak{C}_\beta$. Pour faciliter le calcul des $\mathfrak{A}$ et des $\mathfrak{B}$, nous avons donné (p. 566 et 567) des tables indiquant tous les coefficients de β, à savoir :

$$\begin{aligned}
a_{-\beta} &= 2(3+\beta)(1-\beta)^3, & a_\beta &= 2(3-\beta)(1+\beta)^3, \\
b_{-\beta} &= (8+9\beta+3\beta^2)(1-\beta)^3, & b_\beta &= (8-9\beta+3\beta^2)(1+\beta)^3, \\
c_{-\beta} &= \beta(3+\beta)(1-\beta)^3, & c_\beta &= \beta(3-\beta)(1+\beta)^3.
\end{aligned}$$

On obtiendra la somme $\mathfrak{T}_\beta$ des forces extérieures à une section β, pour une charge de β' à β'', en ajoutant les trois équations suivantes, dans lesquelles on prendra le signe supérieur pour des β positifs, et le signe inférieur lorsque β sera négatif :

$$\mathfrak{T}_\beta = \begin{cases} +\,\mathfrak{C}_\beta = \\ -\,\mathfrak{B}^{\beta'}_{-1} = \\ -\,\mathfrak{A}^{+1}_{\beta''} = \end{cases} \left\{ \begin{aligned} &-32\beta\,\frac{x}{l} + 16\ \frac{y}{f} + 16\beta^2 \\ &+a_{\beta'}\ \frac{x}{l} - b_{\beta'}\ \frac{y}{f} \mp c_{\beta'} \\ &-a_{-\beta''}\frac{x}{l} - b_{-\beta''}\frac{y}{f} \pm c_{-\beta''} \end{aligned} \right\} \frac{1}{32}\,l^2 p.$$

Lorsque les sections seront faites au-dessous de parties non chargées, $\mathfrak{C}_\beta$ disparaîtra, et il suffira d'ajouter les deux lignes inférieures après avoir changé leurs signes. Il est inutile de recopier ces expressions.

Nous croyons nécessaire d'appliquer les formules précédentes à un exemple.

On trouve, au moyen de la courbe d'intersection et de la courbe enveloppe des forces, que les charges les plus défavorables pour les sections 0,1; 0,3; 0,5; 0,7 et 0,9 sont :

a) Pour les fibres supérieures de l'arc :

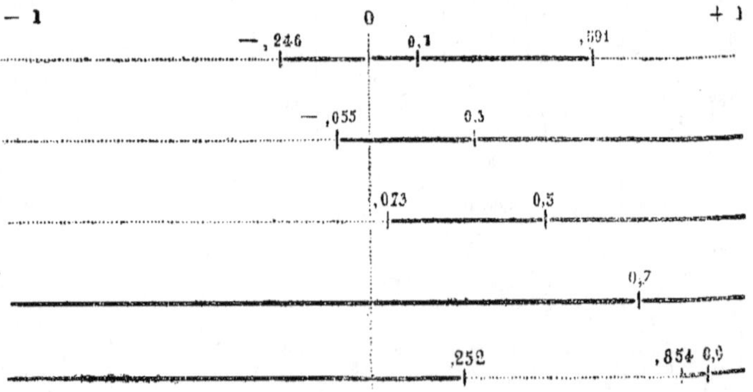

b) Pour les fibres inférieures de l'arc :

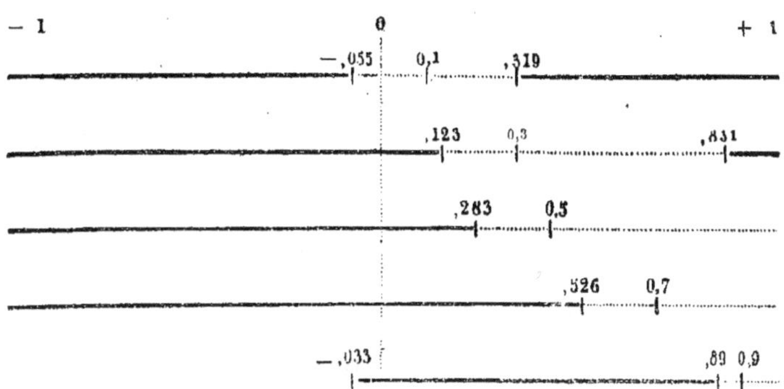

Dans le calcul des forces extérieures aux diverses sections, nous poserons, pour simplifier :

$$\mathfrak{B}_{-1}^{\beta} + \mathfrak{A}_{\beta}^{+1} = \mathfrak{C}_{\beta} = -32\,\beta\frac{x}{l} + 16\,\frac{y}{f} + 16\beta^2.$$

Pour les fibres supérieures de la section 0,1, nous obtiendrons, comme force extérieure provenant de la charge accidentelle :

$$\mathfrak{T}_{0,1} = \mathfrak{C}_{0,1} - \mathfrak{B}_{-1}^{-0,246} - \mathfrak{A}_{0,591}^{+1}$$

$$\mathfrak{C}_{0,1} = -3,2\ \frac{x}{l} + 16\ \frac{y}{f} + 0,16$$

$$-\mathfrak{B}_{-1}^{-0,246} = +2,783\,\frac{x}{l} - 4,456\,\frac{y}{f} + 0,342$$

$$-\mathfrak{A}_{0,591}^{+1} = -0,492\,\frac{x}{l} - 0,983\,\frac{y}{f} + 0.145$$

$$\overline{\mathfrak{T}_{0,1} = -0,000\,\frac{x}{l} + 10,561\,\frac{y}{f} + 0,047}$$

A cette force, il faudrait encore ajouter celle provenant de la dilatation, si l'on voulait en tenir compte pour la section.

L'équation précédente est rapportée à des axes de coordonnées passant par le sommet de l'arc ; pour la rapporter au centre de gravité de la section, il faudrait y remplacer le terme constant par le résultat de la substitution de $x = \beta l = 0,1\,l$ et de $y = \beta^2 f = 0,01\,f$ dans l'équation, c'est-à-dire par

$$-0,909 \times 0,1 + 10,561 \cdot 0,01 + 0,647 = +0,662.$$

La force extérieure à la section, rapportée à des axes passant par son centre de gravité, aura pour équation :

$$\mathfrak{T}'_{0,1} = -0,909\,\frac{x}{l} + 10,561\,\frac{y}{f} + 0,662.$$

Nous avons calculé de la même manière les $\mathfrak{T}$ suivants, et nous les indiquons dans le tableau ci-après :

a) Pour les fibres supérieures :

$$\mathfrak{T}'_{0,1} = \mathfrak{C}_{0,1} - \mathfrak{B}^{-0,246}_{-1} - \mathfrak{A}^{+1}_{0,591} = \left(- 0,909\,\frac{x}{l} + 10,561\,\frac{y}{f} + 0,062\right)\frac{1}{32}\,l^2 p,$$

$$\mathfrak{T}'_{0,3} = \mathfrak{C}_{0,3} - \mathfrak{B}^{-0,055}_{-1} \qquad = \left(- 4,413\,\frac{x}{l} + 8,823\,\frac{y}{f} + 1,043\right)\frac{1}{32}\,l^2 p,$$

$$\mathfrak{T}'_{0,5} = \mathfrak{C}_{0,5} - \mathfrak{B}^{-0,073}_{-1} \qquad = \left(- 8,768\,\frac{x}{l} + 6,909\,\frac{y}{f} + 1,079\right)\frac{1}{32}\,l^2 p,$$

$$\mathfrak{T}'_{0,7} = \mathfrak{C}_{0,7} \qquad = \left(- 22,4\,\frac{x}{l} + 16\,\frac{y}{f} + 0\right)\frac{1}{32}\,l^2 p,$$

$$\mathfrak{T}'_{0,9} = \mathfrak{C}_{0,9} + \mathfrak{B}^{0,252}_{-1} - \mathfrak{B}^{0,854}_{-1} = \left(- 12.231\,\frac{x}{l} + 11,679\,\frac{y}{f} + 1,089\right)\frac{1}{32}\,l^2 p.$$

b) Pour les fibres inférieures :

$$\mathfrak{T}'_{0,1} = \mathfrak{B}^{-0,055}_{-1} + \mathfrak{A}^{+1}_{0,319} = \left(- 3,060\,\frac{x}{l} + 10,707\,\frac{y}{f} - 0,675\right)\frac{1}{32}\,l^2 p,$$

$$\mathfrak{T}'_{0,3} = \mathfrak{B}^{0,123}_{-1} + \mathfrak{A}^{+1}_{0,831} = \left(- 8,093\,\frac{x}{l} + 9,897\,\frac{y}{f} - 1,056\right)\frac{1}{32}\,l^2 p,$$

$$\mathfrak{T}'_{0,5} = \mathfrak{B}^{0,283}_{-1} \qquad = \left(- 11,476\,\frac{x}{l} + 12.024\,\frac{y}{f} - 1,108\right)\frac{1}{32}\,l^2 p,$$

$$\mathfrak{T}'_{0,7} = \mathfrak{B}^{0,526}_{-1} \qquad = \left(- 17,583\,\frac{x}{l} + 14,555\,\frac{y}{f} - 0,552\right)\frac{1}{32}\,l^2 p,$$

$$\mathfrak{T}'_{0,9} = \mathfrak{B}^{0,890}_{-1} - \mathfrak{B}^{-0,033}_{-1} = \left(- 23,005\,\frac{x}{l} + 8,470\,\frac{y}{f} - 1,075\right)\frac{1}{32}\,l^2 p.$$

Ces formules nous montrent que les composantes horizontales et verticales sont toujours positives, mais que leurs moments, par rapport au centre de gravité, sont positifs pour les charges les plus défavorables des fibres supérieures, et négatifs pour celles des fibres inférieures, ce qui pouvait d'ailleurs se prévoir.

Les forces $\mathfrak{T}$ ainsi calculées seront dessinées auprès des sections qui leur correspondent (mais non pas sur l'élévation du pont, qui est ordinairement dessinée à une très petite échelle); et l'on pourra, dès lors, calculer les efforts ρ pour les fibres extérieures, comme nous l'avons vu n° 105 (p. 389).

145. REPRÉSENTATION GRAPHIQUE DES FORCES CALCULÉES.

Nous n'avons pas indiqué jusqu'ici comment on pouvait dessiner des forces lorsqu'on connaissait leurs équations, et nous allons donner une méthode tout à fait générale pour ces constructions.

Soit à construire la ligne représentée par l'équation homogène

$$a\,\frac{x}{l} + b\,\frac{y}{f} + c = 0.$$

Nous construirons d'abord l'abscisse et l'ordonnée à l'origine $-\dfrac{cl}{a}$ et $-\dfrac{cf}{a}$, et, pour cela, nous porterons à volonté f et l sur l'un des axes, $-c$

sur l'autre, en ayant soin seulement que les triangles cl et cf soient situés dans l'angle négatif des axes lorsque c est positif, et dans l'angle positif quand c est négatif. Dans la *fig.* 206 nous avons porté f et l sur l'axe des x, et $-c$ sur l'axe des y; a et b sont portés de même avec leurs signes, mais sur les axes opposés, c'est-à-dire a sur Oy et b sur Ox. Des parallèles menées par $-c$ à al et par f à $-cb$ interceptent sur les axes les segments cherchés, ainsi que le montre la *fig.* 206. Lorsque pour porter les segments on a tenu compte de ce que nous avons dit à propos des

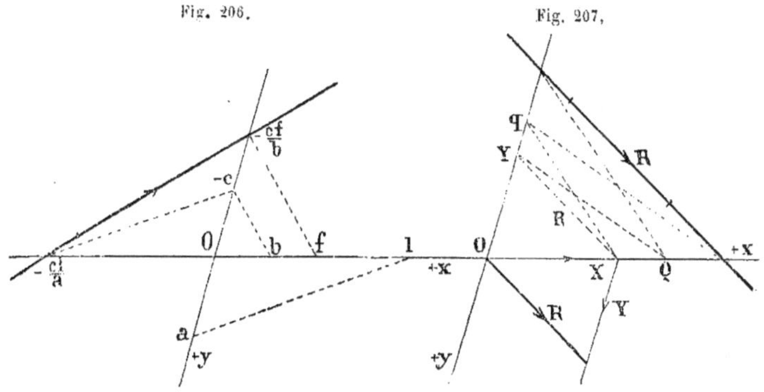

signes, il n'y a pas d'autres parallèles possibles, de sorte qu'on ne pourra pas commettre d'erreur. Il faudra, toutefois, remarquer que cl et cf, facteurs qui se multiplient, ne pourront jamais déterminer la direction des parallèles, ainsi que nous l'avons vu n° 2 (p. 7).

Nous avons, pour cette construction, supposé que abc sont des longueurs; mais comme l'équation est homogène par rapport à ces grandeurs, elles peuvent aussi avoir une autre signification quelconque et être, par exemple, des forces, comme nous allons le montrer; si ces grandeurs étaient des rapports $\alpha\beta\gamma$, on pourrait les porter à une échelle quelconque; les résultats ne dépendent que de leur proportion.

S'il fallait, comme au n° 43 (p. 161), affecter un sens à la droite que l'on construit, on l'indiquerait au moyen d'une flèche placée sur la ligne. La ligne tournerait ainsi suivant, les signes de $+a$, $+b$, $+c$ dans le sens positif autour des trois sommets du triangle fondamental 00, $\infty 0$ et 0∞.

Soit

$$-Yx + Xy + Qq = 0$$

l'équation normale d'une force, divisée par le sinus ω' de l'angle des axes. D'après cette équation (voir n° 43, p. 159) la force R sera donnée par l'équation

$$R = \pm \sqrt{X^2 + Y^2 + 2XY\omega},$$

X et Y étant les composantes et $Qq\omega'$, le moment de la force par rapport à l'origine.

Faisons (*fig.* 207) les mêmes constructions que dans la *fig.* 206; il faudra porter q et Q de manière que le triangle qQ du moment soit situé dans l'angle négatif des axes, que X, coefficient de y, soit porté sur l'axe des x, et $-$ Y, coefficient de x, sur l'axe des y, vers le haut à partir du point O. Les parallèles donnent les segments des axes, et, par suite, la position de R; la grandeur et le sens de cette force sont donnés par la droite pointillée, qui joint les extrémités des longueurs Y et X, dont on s'est servi pour la construction. Il suffit, pour s'en assurer, de composer à partir de O les composantes X et Y.

Il nous reste à appliquer les constructions ci-dessus à la force trouvée dans le numéro précédent :

$$\left(a\,\frac{x}{l} + b\,\frac{y}{f} + c\right)\frac{1}{32}\,l^2p.$$

On pourrait, avec les valeurs abc, dessiner la ligne comme dans la *fig.* 206, puis construire ou calculer $a \cdot \dfrac{1}{32}$ comme composante $-$ Y, ce qui déterminerait R. Mais il est plus avantageux de chercher d'abord

$$A = a \cdot \frac{1}{32}\,lp, \quad B = b \cdot \frac{1}{32}\,\frac{l^2}{f}\,p, \quad C = c \cdot \frac{1}{32}\,lp,$$

et d'achever les opérations comme dans la *fig.* 207. On construit ABC au moyen des rapports de sinus que l'on fera bien de disposer comme dans la *fig.* 208.

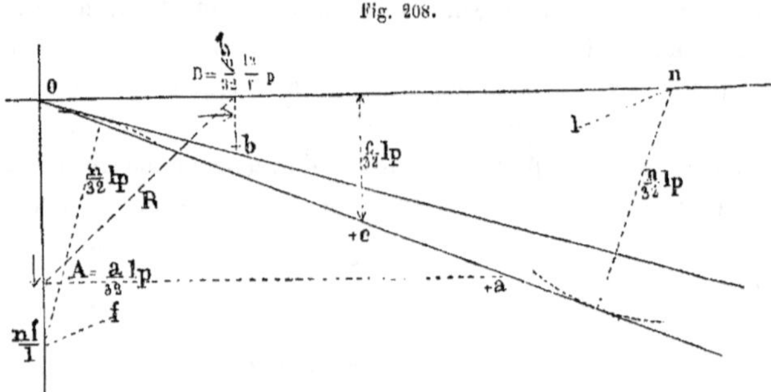

Fig. 208.

Du point O, on porte sur l'horizontale une longueur n, exprimée par un chiffre rond, $n = 10$ ou 20^{et}, par exemple, et, de l'extrémité de cette longueur comme centre, on décrit un cercle, avec un rayon égal à $\dfrac{n}{32} \, lp$, valeur que l'on pourra calculer. La tangente menée du point O à ce cercle déterminera le rapport $\dfrac{1}{32} \, lp$; et, si l'on porte sur cette tangente, à partir de O, la longueur a, en tenant compte de son signe, l'ordonnée de l'extrémité de a sera égale à A ou $\dfrac{a}{32} \, lp$. Il suffira de mener par cette extrémité une parallèle à l'axe des x, pour obtenir le point A sur l'axe des y.

Par le point n, menons une parallèle à la droite qui joint l et f, droite toujours située dans les limites de la feuille, mais que nous n'avons pas indiquée dans notre figure; cette parallèle rencontre l'axe des y en un point $\dfrac{nf}{l}$ et de ce point comme centre, avec le même rayon $\dfrac{n}{32} \, lp$, nous décrivons un second cercle. La tangente, menée de O à ce cercle, détermine avec l'axe des y le sinus $\dfrac{1}{32} \dfrac{l^2}{f} \, p$. Portons aussi sur cette tangente à partir de O, la longueur b, en tenant compte de son signe. L'abscisse de l'extrémité de b aura une valeur $B = \dfrac{b}{32} \dfrac{l^2}{f} \, p$. Cela posé, la droite R est la ligne de jonction de A et de B; on pourra, de plus, mesurer sur la première tangente, à l'extrémité c, la longueur $C = \dfrac{c}{32} \, pl$, la porter à partir du point O sur $-y$ et achever la construction comme dans la *fig.* 207.

146. ARC PARABOLIQUE POUR LEQUEL LES RÉACTIONS PRODUITES PAR ΔP PASSENT PAR DES POINTS FIXES.

Ainsi que nous l'avons dit (n° 140, p. 546), la réaction ΔA sera horizontale et sera représentée par l'équation $y = \gamma f$ où γ est plus grand que 1.

Nous ne pourrons, par suite de cette condition, satisfaire qu'à l'une des trois formules fondamentales, à celle du milieu qui donne $\mathfrak{C}h$ (voir n° 142, p. 554). L'équation normale de ΔA est :

$$(y - \gamma f)\Delta A = 0.$$

Substituons, dans cette formule fondamentale, les valeurs :

$$\frac{\xi}{9} = 0, \quad \frac{\eta}{9} = 1, \quad \frac{1}{9} = -\gamma f.$$

Il vient :

$$- \mathfrak{C}h = (1 - \beta^2)(6\gamma - 1 - \beta^2)\frac{1}{12}\, l^2 \Delta \mathrm{P} - \left(3\gamma^2 - 2\gamma + \frac{3}{5}\right) \cdot \frac{2}{3}\, l^2 l \Delta \mathrm{A}.$$

Posons dans cette équation :

$$\alpha = 3\gamma^2 - 2\gamma + \frac{3}{5}$$

valeur qui pourra facilement se calculer, et que l'on pourra construire en la mettant sous la forme : $\alpha f^2 = 3\left(\gamma f - \dfrac{1}{3}f\right)^2 + \dfrac{4}{15}f^2 = \left[1{,}732051\left(\gamma f - \dfrac{1}{3}f\right)\right]^2 + (0{,}516398 f)^2$.
L'équation se mettra dès lors sous la forme :

$$\Delta \mathrm{A} = (1 - \beta^2)(6\gamma - 1 - \beta^2) \cdot \frac{1}{8\alpha} \cdot \frac{l}{f}\, \Delta \mathrm{P},\ \text{en posant}\ h = 0.$$

Substituons maintenant ce $\Delta \mathrm{A}$ dans les équations primitives de $\Delta \mathfrak{A}$ et $\Delta \mathfrak{B}$ (p. 558), et nous aurons :

$$\Delta \mathfrak{A} = \left[4(1 - \beta)\left(1 + \frac{x}{l}\right) - (1 - \beta^2)(6\gamma - 1 - \beta) \cdot \frac{1}{\alpha}\left(\gamma - \frac{y}{f}\right)\right]\frac{1}{8}\, l \Delta \mathrm{P}.$$

$$\Delta \mathfrak{B} = \left[4(1 + \beta)\left(1 - \frac{x}{l}\right) - (1 - \beta^2)(6\gamma - 1 - \beta^2) \cdot \frac{1}{\alpha}\left(\gamma - \frac{y}{f}\right)\right]\frac{1}{8}\, l \Delta \mathrm{P}.$$

Fig. 209.

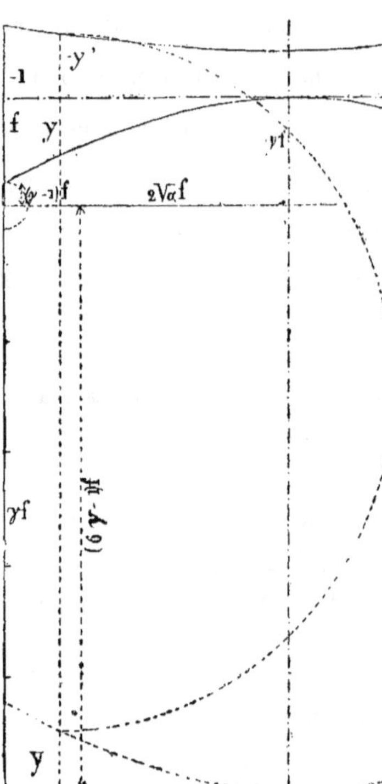

Résolvons par rapport à x et y les équations obtenues en posant $\Delta \mathfrak{A} = 0$ et $\Delta \mathfrak{B} = 0$; les racines donneront les coordonnées de l'intersection de ces droites. Elles sont :

$$x = \beta l;\quad \gamma - \frac{y}{f} = \frac{4\alpha}{6\gamma - 1 - \beta^2}.$$

Soient x' et y' les coordonnées courantes de la ligne d'intersection des forces, l'équation de cette dernière sera, puisque $\beta l = x'$:

$$\left(6\gamma - 1 - \frac{x'^2}{l^2}\right)\left(\gamma - \frac{y'}{f}\right) = 4\alpha.$$

Cette courbe est du troisième ordre, elle a un point double à l'infini sur l'axe des x; chaque ordonnée la rencontre en un point, et ses trois asymptotes sont données par les équations : $x = \mp \sqrt{(6\gamma - 1)}\,l$ et $y' = \gamma f$. Elle n'a pas de points d'inflexion, et peut se calculer facilement pour chaque γ. Elle peut aussi se construire très facilement en mettant son équation sous la forme :

$$[(6\gamma - 1)f - y](\gamma f - y') = 4\alpha f^2,$$

puisque l'on a $\dfrac{x'^2}{l^2} = \dfrac{y}{f}$, y étant une ordonnée de la parabole.

On construira l'horizontale $(6\gamma - 1)f$ au-dessous de ΔA, puis à une distance de cette force, égale à $(6\gamma - 1)f$, et à partir de chaque point de cette horizontale, on portera vers le haut l'ordonnée y de l'arc (voir *fig.* 209). Tous les points ainsi obtenus seront situés sur la parabole pointillée, et seront à une distance de ΔA égale à $(6\gamma - 1)f - y$. Sur ΔA, portons à partir de chaque ordonnée la longueur $2f\sqrt{\alpha}$, construite ou calculée d'avance comme nous l'avons indiqué, joignons son extrémité au point correspondant de la parabole pointillée, et la perpendiculaire à cette ligne, menée par l'extrémité de $f\sqrt{\alpha}$, déterminera sur l'ordonnée un point de la ligne d'intersection cherchée, puisque son ordonnée sera $\gamma f + (- y')$.

La ligne d'intersection des forces détermine complètement les deux composantes $\Delta\mathfrak{A}$ et $\Delta\mathfrak{B}$ de ΔP, puisque la courbe enveloppe se réduit ici à deux points; toutes les réactions passant par $\pm l$, γf.

Nous pourrons ainsi déterminer, au moyen de la courbe d'intersection, les charges les plus défavorables pour chaque nœud, ou pour chaque sommet du noyau (voir n° 139, p. 544). Nous pourrons même, d'après les méthodes du n° 139 (p. 545), décomposer directement les ΔP et ajouter leurs composantes $\Delta\mathfrak{A}$ et $\Delta\mathfrak{B}$ de manière à obtenir la réaction totale de la culée. A l'école de Zurich, on emploie ordinairement cette dernière méthode, parce que les calculs sont plus compliqués que ceux du n° 144; nous allons, malgré cela, donner, dans le numéro suivant, les calculs d'intégration pour des charges uniformément réparties.

147. ARC PARABOLIQUE POUR LEQUEL LES RÉACTIONS PASSENT PAR DES POINTS FIXES. SURCHARGE DE p^T PAR MÈTRE COURANT.

Posons, comme au n° 144 : $\Delta P = lpd\beta$, et intégrons les équations obtenues dans le numéro précédent pour les réactions des culées. Comme autrefois et pour les mêmes raisons, nous prendrons pour $\mathfrak{A}$ la limite supérieure $+1$ et pour $\mathfrak{B}$ la limite inférieure -1; les réactions seront donc également déterminées pour des charges non adjacentes.

On arrive, par l'intégration, aux résultats suivants :

$$\mathfrak{A}_\beta^{+1} = \left\{ 1 + \frac{x}{l} - \left[3\gamma - 1 \quad (\gamma - 1)(1 - \beta) - \frac{1}{10}(4 + \beta)(1 - \beta)^3 \right] \frac{1}{\alpha} \left(\gamma - \frac{y}{f} \right) \right\} (1 - \beta)^2 \frac{1}{4} l^2 p,$$

$$\mathfrak{B}_{-1}^\beta = \left\{ 1 - \frac{x}{l} - \left[3\gamma - 1 - (\gamma - 1)(1 + \beta) - \frac{1}{10}(4 - \beta)(1 + \beta)^2 \right] \frac{1}{\alpha} \left(\gamma - \frac{y}{f} \right) \right\} (1 + \beta)^2 \frac{1}{4} l^2 p,$$

$$\mathfrak{C}_\beta = \mathfrak{B}_{-1}^\beta + \mathfrak{A}_\beta^{+1} = \left[-2\beta \frac{x}{l} + \frac{1}{\alpha}(2\gamma - 0{,}4) \frac{y}{f} + 1 + \beta^2 - \frac{\gamma}{\alpha}(2\gamma - 0{,}4) \right] \frac{1}{2} l^2 p.$$

$\mathfrak{A}_\beta^{+1}$ et $\mathfrak{B}_{-1}^\beta$, passant par deux points fixes $f\gamma$, il n'y aura pas de courbe enveloppe, et ces forces sont données toutes deux par la courbe de leurs intersections, qui se produisent sur la verticale du milieu de la charge. On obtiendra l'intersection des composantes qui correspondent à des charges s'étendant de β à 1, en posant dans $\mathfrak{A}_\beta^{+1}$, $\frac{x}{l} = \frac{1}{2}(\beta + 1)$, et on aura la courbe d'intersection en posant ensuite $\beta = 2\frac{x}{l} - 1$. On arrivera donc directement à l'équation de cette courbe, si l'on pose $\beta = 2\frac{x}{l} - 1$ dans l'équation de $\mathfrak{A}_\beta^{+1}$. En faisant cette substitution et tirant la valeur de γ, il viendra :

$$\left(\gamma - \frac{y}{f}\right) = \frac{\alpha\left(1 + \frac{x}{l}\right)}{3\gamma - 1 - 2(\gamma - 1)\left(1 - \frac{x}{l}\right) - \frac{2}{5}\left(3 + \frac{2x}{l}\right)\left(1 - \frac{x}{l}\right)^2}.$$

$f\gamma - y$ n'est autre chose que la hauteur de la ligne d'intersection au-dessus de la culée de l'arc (voir le numéro précédent); nous pourrions construire l'équation précédente, mais il est plus simple de la calculer pour chaque γ, puis de porter les résultats sur le dessin.

On obtiendra les réactions des culées pour chaque charge non adjacente, en décomposant la charge $p\beta l$ suivant les deux points d'appuis, à partir du point de la courbe d'intersection situé au-dessus du milieu de la charge.

Il suffira de quatre décompositions pareilles, pour obtenir graphiquement tous les $\mathfrak{T}_\beta$, en composant les réactions partielles qui les produisent, ainsi que nous l'avons indiqué (n° 144, p. 568).

On peut, d'ailleurs, aussi les calculer.

Chaque ingénieur ayant à sa disposition des tables de carrés et de cubes, il nous suffira, pour faciliter les calculs, de donner, dans un tableau, les valeurs suivantes :

$$d_{-\beta} = \frac{1}{10}(4 + \beta)(1 - \beta)^4 \quad \text{et} \quad d_\beta = \frac{1}{10}(4 - \beta)(1 + \beta)^4.$$

On calcule, en outre :

$$a'_{-\beta} = (1 - \beta)^2,$$
$$b'_{-\beta} = \frac{1}{\alpha}\,[(3\gamma - 1)(1 - \beta)^2 - (\gamma - 1)(1 - \beta)^3 - d_{-\beta}],$$
$$c'_{-\beta} = (1 - \beta)^2 - \gamma b'_{-\beta},$$
$$a'_\beta = (1 + \beta)^2,$$
$$b'_\beta = \frac{1}{\alpha}\,[(3\gamma - 1)(1 + \beta)^2 - (\gamma - 1)(1 + \beta)^3 - d_\beta],$$
$$c'_\beta = (1 + \beta)^2 - \gamma b'_\beta.$$

La somme des forces extérieures à une section β, pour des charges s'étendant de β' à β'' s'obtiendra en ajoutant les trois équations :

$$\left.\begin{aligned}
\mathfrak{C}_\beta^{+1} &= \left(- 4\beta\,\frac{x}{l} + \frac{2}{\alpha}\,(2\gamma - 0{,}4)\,\frac{y}{f} + 2\left[1 + \beta^2 - \frac{\gamma}{\alpha}\,(2\gamma - 0{,}4)\right]\right) \\
- \mathfrak{B}_{-1}^{\beta'} &= \left\{+ a'_{\beta'}\,\frac{x}{l} - b'_{\beta'}\,\frac{y}{f} - c'_{\beta'}\right. \\
- \mathfrak{A}_{\beta''}^{+1} &= \left(- a'_{\beta''}\,\frac{x}{l} - a'_{-\beta''}\,\frac{y}{f} - c'_{-\beta''}\right)
\end{aligned}\right\}\frac{1}{4}\,l^2 p.$$

On portera les forces de la même manière qu'au n° 145.

Nous avons été assez concis dans cette dernière étude, où les réactions des culées passent par des points fixes, parce que, comme nous l'avons déjà fait remarquer, l'hypothèse qui consiste à supposer à un arc à treillis une forme parabolique, n'est guère exacte, et il vaut toujours mieux employer les méthodes graphiques du n° 140.

COEFFICIENTS POUR DES ARCS A CULÉES MOBILES.

β	d_β	Δ	$-\Delta$	$d_{-\beta}$
0,	0,4	152	148	0,4
01	0,4152	156	144	0,3852.
02	0,4308	160	140	0,3708.
03	0,4468	165	137	0,3568.
04	0,4633.	168	132	0,3431
05	0,4801	173	129	0,3299.
06	0,4974	177	125	0,3170.
07	0,5151	182	122	0,3045.
08	0,5333	186	118	0,2923.
09	0,5519	191	115	0,2805.
10	0,5710.	195	111	0,2690
11	0,5905	200	108	0,2579.
12	0,6105	205	105	0,2471.
13	0,6310.	209	101	0,2366
14	0,6519	215	99	0,2265.
15	0,6734.	219	95	0,2166
16	0,6953.	224	92	0,2071
17	0,7177.	229	89	0,1979
18	0,7406	234	86	0,1890.
19	0,7640	240	84	0,1804.
20	0,7880.	244	80	0,1720
21	0,8124	250	78	0,1640.
22	0,8374.	255	75	0,1562
23	0,8629	260	72	0,1487.
24	0,8889	266	70	0,1415.
25	0,9155	272	68	0,1345.
26	0,9427.	276	64	0,1277
27	0,9703	283	63	0,1213.
28	0,9986.	288	60	0,1150
29	1,0274.	294	58	0,1090
30	1,0568.	299	55	0,1032
31	1,0867	305	53	0,0977.
32	1,1172	311	51	0,0924.
33	1,1483	317	49	0,0873.
34	1,1800	323	47	0,0824.
35	1,2123			0,0777.

β	d_β	Δ	$-\Delta$	$d_{-\beta}$
35	1,2123	330	46	0,0777.
36	1,2453.	335	43	0,0731
37	1,2788.	341	41	0,0688
38	1,3129.	347	39	0,0647
39	1,3476	354	38	0,0608.
40	1,3830.	360	36	0,0570
41	1,4190.	366	34	0,0534
42	1,4556.	372	32	0,0500
43	1,4928	379	31	0,0468.
44	1,5307	386	30	0,0437.
45	1,5693.	392	28	0,0407
46	1,6085.	398	26	0,0379
47	1,6483	405	25	0,0353.
48	1,6888	412	24	0,0328.
49	1,7300	419	23	0,0304.
50	1,7719.	425	21	0,0281
51	1,8144	432	20	0,0260.
52	1,8576	439	19	0,0240.
53	1,9015.	446	18	0,0221
54	1,9461.	452	16	0,0203
55	1,9913	460	16	0,0187.
56	2,0373	467	15	0,0171.
57	2,0840.	473	13	0,0156
58	2,1313	481	13	0,0143.
59	2,1794	488	12	0,0130.
60	2,2282	495	11	0,0118.
61	2,2777	503	11	0,0107.
62	2,3280.	509	9	0,0096
63	2,3789	517	9	0,0087.
64	2,4306	524	8	0,0078.
65	2,4830	532	8	0,0070.
66	2,5362.	539	7	0,0062
67	2,5901.	546	6	0,0055
68	2,6447.	554	6	0,0049
69	2,7001.	561	5	0,0043
70	2,7562.			0,0038

β	d_β	Δ	$-\Delta$	$d_{-\beta}$
70	2,7562.	569	5	0,0038
71	2,8131.	576	4	0,0033
72	2,8707	584	4	0,0029
73	2,9291.	591	3	0,0025
74	2,9882	599	3	0,0022.
75	3,0481	607	3	0,0019
76	3,1088	615	3	0,0016.
77	3,1703.	622	2	0,0013
78	3,2325.	630	2	0,0011
79	3,2955.	637	1	0,0009
80	3,3592	646	2	0,0008.
81	3,4238.	653	1	0,0006
82	3,4891.	661	1	0,0005
83	3,5552.	669	1	0,0004
84	3,6221.	677	1	0,0003
85	3,6898.	684	0	0,0002
86	3,7582	693	1	0,0002.
87	3,8275.	700	0	0,0001
88	3,8975.	708	0	0,0001
89	3,9683	717	1	0,0001.
90	4,0400.	724	0	0,0000
91	4,1124.	732	0	0,0000
92	4,1856.	740	0	0,0000
93	4,2596.	748	0	0,0000
94	4,3344.	756	0	0,0000
95	4,4100.	764	0	0,0000
96	4,4864.	772	0	0,0000
97	4,5636.	780	0	0,0900
98	4,6416.	788	0	0,0000
99	4,7204.	790	0	0,0000
1,	4,8000	—	—	0,0000

Il suffit en général de prendre deux ou au plus trois décimales pour le dessin de l'épure. Si l'on voulait, pour plus d'exactitude, se servir de quatre décimales, il faudrait tenir compte encore des secondes différences, ce qui pourrait se faire au moyen de la formule suivante :

$$a_n + \delta = a_n + \delta \Delta a_n - \frac{1}{2}\delta(1-\delta)\Delta^2 a_n + \ldots$$

Les nombres suivis de points dans le tableau ont été forcés, les autres diminués. Ces remarques sont aussi applicables aux tables données (p. 566 et 567).

CHAPITRE V

POUTRE DROITE ÉLASTIQUE

---

148. DE LA POUTRE DROITE ÉLASTIQUE EN GÉNÉRAL.

La théorie de l'élasticité sert, dans le cas de poutres droites, à déterminer les réactions des appuis, et, par suite, les forces extérieures lorsque ces poutres sont encastrées ou continues. Nous allons traiter, ici d'une manière générale, les cas les plus simples, en exceptant toutefois la poutre continue, dont nous nous occuperons dans un chapitre du second volume.

Nous admettrons que la poutre est horizontale et qu'elle n'est sollicitée que par la charge qu'elle supporte et par les réactions verticales des appuis. Dans ce cas, les Δs deviennent égaux aux Δx, en prenant l'axe des x horizontal et celui des y vertical. Dans tous les cas, même lorsque tous les points d'appuis ne sont pas en ligne droite, on pourra négliger les déformations dans le sens horizontal, la deuxième formule fondamentale (n° 136, p. 528) disparaîtra donc, et il ne nous restera que les deux suivantes :

$$\delta = \sum \mathfrak{P} \frac{\Delta x}{\varepsilon \mathfrak{J}}; \quad -k = \sum (x - x_1) \mathfrak{P} \frac{\Delta x}{\varepsilon \mathfrak{J}}.$$

Nous pourrions nous servir de ces formules ainsi que nous l'avons fait pour l'arc, déterminer les déformations δ et $-k$ provenant d'une charge ΔP et d'une réaction ΔA agissant sur tout l'arc, chercher les charges les plus défavorables et sommer les ΔA qu'elles produisent.

Mais comme les ΔA passent tous, dans le cas qui nous occupe, par un point connu et sont tous dirigés verticalement, que, par suite, nous n'avons à déterminer ni courbe enveloppe ni courbe d'intersection des forces, il est inutile d'étudier séparément chaque ΔP, et nous chercherons immédiatement les déformations provenant de la charge totale.

M. le professeur Mohr a, le premier, employé cette méthode : il a considéré les éléments $\mathfrak{P}\Delta x$ de la surface de moment comme des forces, les a portés sur une verticale et en a formé un polygone des forces, en prenant pour distance polaire $\varepsilon\mathfrak{J}$; il a construit ensuite le polygone funiculaire correspondant. Les côtés de ce dernier polygone forment entre eux l'angle δ et déterminent sur des verticales les déformations $-k$, de sorte que le polygone lui-même coïncide avec la fibre moyenne pour la charge considérée. Lorsqu'on a choisi arbitrairement la réaction de l'appui, la fibre moyenne ne satisfait pas en général à toutes les conditions voulues ; elle peut, par exemple, ne pas passer par tous les points d'appuis ou ne pas avoir au point d'encastrement la direction et la position voulues. Il faut alors modifier les forces extérieures, de manière que ces conditions soient remplies ; les réactions obtenues après cette modification sont les réactions exactes.

Cette méthode est au fond identique à celle que nous avons donnée au n° 132 ; mais les constructions ont été exécutées d'une manière différente par M. Mohr. Nous allons faire connaître sa solution qui est très ingénieuse.

La poutre droite peut se présenter sous deux formes, soit sous celle d'une poutre pleine, soit sous celle d'une poutre à treillis. Dans le premier cas, $\varepsilon\mathfrak{J}$ pourra s'exprimer, d'après les n°s 115 et 116, par la formule

$$\varepsilon\mathfrak{J} = (\varepsilon ab)cz'''.$$

et dans le second, d'après les n°s 99 ou 112, par

$$\varepsilon\mathfrak{J} = (\varepsilon F)h^2.$$

Lorsque la section est variable, les longueurs z''' dans le premier cas, les forces (εF) dans le second, le sont aussi. Pour les raisons indiquées au n° 133, on ne portera que la $n^{ième}$ partie de la force εab, c'est-à-dire $\dfrac{1}{n}\varepsilon ab$ ou $\dfrac{1}{n} \cdot \varepsilon F$, et les résultats δ et $-k$ seront par suite n fois trop grands (voir n° 136) ; mais nous croyons inutile d'embarrasser nos formules de ce facteur n, et nous le laisserons de côté.

Cela posé, nous pourrons indiquer les opérations pour les deux cas en écrivant les formules de la manière suivante :

$$-k = \sum \frac{x - x_1}{z'''} \cdot \frac{\Delta x}{c} \cdot \frac{b'}{\varepsilon ab} \, \Delta P = \sum \frac{x - x_1}{\varepsilon F} \cdot \frac{\Delta x}{h} \cdot \frac{b'}{h} \, \Delta P.$$

Nous porterons sur une verticale les forces ΔP, qui agissent suivant les verticales b' et nous les joindrons par un polygone funiculaire, construit avec une distance polaire εab ou h. Cette construction est celle qui nous donne en général les moments sollicitant l'arc, sous la forme $\mathfrak{P} : \varepsilon ab$ ou $\mathfrak{P} : h$, et qu'il faut faire de toute manière.

Nous réduirons ensuite à la base c ou à la base h les éléments

$$\Delta x \frac{\mathfrak{P}}{h} = \Delta x \frac{b'}{h} \, \Delta P = \Delta x \frac{b'}{\varepsilon ab} \, \Delta P$$

que des verticales déterminent dans la surface de moment. Pour que cette réduction se fasse par une simple mesure des hauteurs des lamelles, on prendra pour Δx un multiple de c ou un sous-multiple de h.

Nous porterons les résultats de cette réduction sur une verticale formant un nouveau polygone des forces, dont les distances polaires seront égales aux z''' ou εF (variables, suivant le cas); le polygone funiculaire qui lui correspondra donnera la fibre moyenne provisoire.

Nous allons indiquer dans les numéros suivants, au moyen de quelques exemples, comment on pourra exécuter ces opérations et substituer la fibre moyenne définitive à celle qui n'était que provisoire.

149. POUTRE ENCASTRÉE A L'UNE DE SES EXTRÉMITÉS.

Nous avons porté (Pl. XVII₁) les charges ΔP de la poutre sur la verticale de l'appui, et nous avons mené la distance polaire εab par le commencement de la force 7, parallèlement à la direction de l'encastrement. En partant de la lamelle 7 pour dessiner le polygone funiculaire, les segments déterminés sur les verticales, par le côté extérieur à 7 et les divers côtés du polygone donneront les $\mathfrak{P} : \varepsilon ab$. Ces segments sont les hauteurs des lamelles que nous avons à réduire à la base c. Dans le cas qui nous occupe, comme nous ne nous sommes pas donné de profil spécial, nous prendrons pour c la double largeur $2\Delta x$ des lamelles, et nous porterons, par suite, les $\frac{1}{2} \mathfrak{P} : \varepsilon ab$, résultats de la réduction, sur la verticale de l'extrémité libre de la poutre, à partir du point où cette verticale est rencontrée par le prolongement de l'horizontale εab. De cette manière, le premier côté du polygone coïncidera avec la direction de l'encastrement.

Nous avons pris z_1''' égal à la longueur de la poutre, et nous avons supposé que les z''' suivants décroissent deux par deux; nous avons donc encore, dans la *fig.* 1, les trois distances z_{23}''' z_{45}''' z_{67}'''.

Le polygone funiculaire qui correspond au polygone des forces ainsi formé, donne les déformations de la fibre moyenne. Comme le premier côté de ce polygone coïncide avec la tangente à l'encastrement, et que c'est la seule condition à laquelle soit soumise la poutre dans sa déformation, puisque l'extrémité libre peut prendre une position quelconque, le polygone funiculaire sera la fibre moyenne elle-même, défigurée verticalement dans le rapport de n à 1. On peut, à cette même échelle, mesurer l'angle δ dont a tourné l'extrémité de la poutre, soit dans le polygone des forces, soit dans le polygone funiculaire, ainsi que l'indique la *fig.* 1.

Lorsque la charge à laquelle est soumise la poutre encastrée est uniformément répartie, la courbe des moments donnant les $\dfrac{\mathfrak{B}}{\varepsilon\,ab}$ est une parabole; si, de plus, la section de la poutre est constante, c'est-à-dire si tous les z''' sont égaux, la fibre moyenne coïncidera avec le polygone funiculaire qui donne le centre de gravité d'un triangle parabolique. Or, d'après la *fig.* 162 (p. 357), ce centre de gravité est situé au quart de la longueur de la poutre, à partir de l'encastrement; nous connaissons, dès lors, toutes les formes et dimensions de la ligne et nous pouvons déduire directement tous les résultats de la figure.

Le moment d'une charge uniforme de la poutre, par rapport à la verticale d'encastrement, est égal à $\dfrac{1}{2}\,pl^2$ en appelant p la charge par mètre courant, et l la longueur de la poutre; la plus grande ordonnée de la parabole, au-dessous de l'encastrement, est donc égale à $\dfrac{pl^2}{2(\varepsilon ab)}$ (elle sera naturellement n fois plus grande dans notre dessin). La surface de la parabole est égale à $\dfrac{pl^3}{6(\varepsilon ab)}$, la longueur du polygone des forces, après la réduction à la base c, est donnée par $\dfrac{pl^3}{6(\varepsilon ab)c}$, et l'angle δ par la formule :

$$\delta = \frac{pl^3}{6(\varepsilon ab)cz'''} = \frac{pl^3}{6\varepsilon\mathfrak{J}}.$$

Le bras de levier de la surface parabolique étant de $\dfrac{3}{4}\,l$, l'ordonnée extrême de la poutre, c'est-à-dire son déplacement sous l'influence de la charge, est :

$$-k = \frac{pl^4}{8\varepsilon\mathfrak{J}}.$$

On peut encore arriver plus rapidement à ce résultat en intégrant les formules :

$$\delta = \int_0^l \frac{px^2}{2\varepsilon\Im}\,dx = \frac{pl^3}{6\varepsilon\Im},$$

$$-k = \int_0^l \frac{px^3}{2\varepsilon\Im}\,dx = \frac{pl^4}{8\varepsilon\Im}.$$

k a le signe $(-)$, parce que les moments sont négatifs dans notre hypothèse; si l'on tenait compte de leur signe en dessinant l'épure, k deviendrait positif.

150. POUTRE REPOSANT SIMPLEMENT SUR DEUX POINTS D'APPUIS ET FAISANT SAILLIE D'UN CÔTÉ.

Admettons que la poutre représentée (Pl. XVII$_2$) soit chargée uniformément d'un poids total pl, et soit sollicitée, en outre, par un poids P, placé à son extrémité libre. Nous construirons, au moyen de ces charges et de la distance polaire εab, un polygone funiculaire dont la courbure sera parabolique et de même sens pour toute la poutre, et qui présentera un angle à l'extrémité libre, à cause des côtés qui correspondent à la charge concentrée P agissant en ce point. La droite fermant le polygone s'obtiendra, en joignant l'intersection de l'appui de gauche avec la parabole, à celle de l'appui de droite avec le dernier côté du polygone funiculaire, après la force P. La surface de moment est formée dès lors par la courbe funiculaire, par le dernier côté du polygone et par la droite qui le ferme. Elle se compose d'une surface positive ombrée et d'une surface négative ponctuée. Dans les limites de la première surface, la courbure de la poutre est dirigée vers le bas, et dans celles de la seconde, vers le haut. Les deux parties courbées en sens différents sont séparées par un point d'inflexion, situé nécessairement sur la verticale de l'intersection de la courbe funiculaire avec la ligne finale.

Dans la construction de la fibre moyenne pour cette poutre, nous ne partagerons la surface de moment qu'en trois parties, afin d'obtenir un dessin plus clair. La première partie se composera de la grande surface positive 1, et les deux autres seront les surfaces négatives 2 et 3, que sépare la verticale du point d'appui. Il est nécessaire d'avoir en cet endroit une séparation des surfaces, puisqu'on a besoin du côté du polygone funiculaire qui, joignant la précédente à la suivante, passe par le point d'appui de la poutre.

Cela posé, nous réduisons les trois surfaces à la base c, et nous portons les $\Delta \mathfrak{P} : \varepsilon ab$ sur une verticale à droite de la figure, en tenant compte de leurs signes, nous prenons ensuite un pôle sur une direction quelconque, à la distance z'''_1 (*fig.* 2), et nous construisons la fibre moyenne pointillée, en partant de l'appui de gauche. Cette fibre ne passe pas par le point d'appui de droite et est donc fausse. Supposons, pour un instant, que la fibre moyenne exacte soit également dessinée : les deux lignes, la fausse et la vraie devront avoir comme côté commun la verticale de l'appui de gauche. En effet, deux côtés correspondants des deux polygones coupent cette verticale, à une distance de l'appui égale au moment des surfaces comprises entre cet appui et les verticales des sommets d'où partent les deux côtés, et ces moments, indépendants de la position donnée à z''', sont égaux pour les deux surfaces. Or, pour que deux côtés correspondants déterminent sur la verticale de la culée des segments égaux, il est nécessaire qu'ils la coupent en un même point, et, comme cette condition est vraie pour deux côtés quelconques correspondants, il s'ensuit que la verticale de l'appui de gauche se correspond à elle-même dans les deux polygones.

Il résulte encore de ce que nous venons de dire que les côtés de chaque polygone, et, en général, d'un polygone quelconque, construit avec la même distance polaire z''', interceptent des segments égaux sur les mêmes verticales, et il faut, pour cela, que la distance de deux points qui se correspondent soit constante sur une verticale quelconque.

Prolongeons maintenant, jusqu'à la verticale A, le côté 2 3 du polygone pointillé, côté qui aurait dû passer par le point d'appui de droite; le point d'intersection obtenu appartiendra aussi au côté 2 3 du polygone exact. Il suffira, dès lors, de joindre ce point au point d'appui de droite pour avoir le côté exact 2 3, qui touche au point d'appui la fibre moyenne cherchée.

En menant une parallèle à ce côté, par le point 2 3 du polygone des forces, on obtiendra la position exacte de la distance polaire, ce qui permettra de dessiner la véritable fibre moyenne. Mais il n'est pas même nécessaire de recommencer ces constructions; on trouvera le dernier côté, après 3, en prolongeant également jusqu'à la verticale A, le côté correspondant du polygone pointillé; quant au sommet 1, il pourra s'obtenir au moyen des segments égaux s. On déterminerait aussi le premier côté du polygone en remarquant que son intersection avec le côté 2 3, doit se trouver sur la même verticale que l'intersection correspondante dans le polygone pointillé.

La fibre moyenne réelle est, dès lors, entièrement déterminée.

151. POUTRE ENCASTRÉE A L'UNE DE SES EXTRÉMITÉS, ET FORMANT SAILLIE PAR RAPPORT A UN DEUXIÈME POINT D'APPUI QUELCONQUE.

En comparant une pareille poutre (Pl. XVII$_3$) avec la précédente, on voit qu'entre les forces A et B, il doit exister en A un moment qui recourbe la poutre dans le sens négatif, jusqu'à ce que son extrémité A vienne prendre la direction de l'encastrement. Nous donnerons d'abord une grandeur arbitraire $\mathfrak{P}'_a$ à ce moment, nous étudierons son influence sur la poutre, et nous le changerons ensuite de manière que la fibre moyenne satisfasse aux conditions imposées. Dessinons donc, comme dans le cas précédent, le premier polygone funiculaire au moyen du polygone des forces ΔP, et portons ensuite, à partir de A, vers le bas, le moment $\mathfrak{P}'$ réduit à la première distance polaire εab (ou h), c'est-à-dire la longueur $\mathfrak{P}' : \varepsilon ab$ (ou $: h$) (voir *fig.* 148, p. 310); l'extrémité inférieure de cette longueur, jointe à l'intersection du dernier côté du polygone avec la verticale B, déterminera la droite fermant le polygone.

Cette ligne, de même que celle que l'on construirait avec le moment exact $\mathfrak{P} : \varepsilon ab$ forme avec le polygone funiculaire, une surface de moment négative 1, pointillée dans la figure pour le moment $\mathfrak{P}_a$, et dans les limites de laquelle la poutre est concave; plus loin, elle forme une surface positive 2, ombrée, pour laquelle la poutre est convexe; puis, enfin, une surface négative donnant lieu à une courbure concave; cette dernière surface a été partagée par la verticale B en deux surfaces partielles 3 et 4, puisque le côté du polygone funiculaire qui passe par B est un élément déterminant du problème. Ces surfaces successives, pour lesquelles la poutre est sollicitée d'une manière différente, sont séparées les unes des autres par deux points d'inflexion, situés sur les verticales des points pour lesquels les moments sont nuls, c'est-à-dire des points où le polygone funiculaire est rencontré par la droite qui le ferme.

Si l'on portait les surfaces des moments dans l'ordre que nous venons d'indiquer, on obtiendrait une fibre moyenne quelconque, et, si cette fibre ne passait pas par le point d'appui B, on aurait, pour un nouveau $\mathfrak{P}'$, à charger les trois premières surfaces des moments, et leurs variations ne seraient pas proportionnelles à celles de $\mathfrak{P}'$, puisque les surfaces sont limitées par un polygone funiculaire irrégulier. On emploiera la méthode suivante qui réduit les variations à une seule, proportionnelle elle-même à celle de $\mathfrak{P}'$; on considérera comme première surface négative le triangle entier qui projette (*fig.* 3) le segment $\mathfrak{P}' : \varepsilon ab$ à partir de B; la seconde surface positive sera celle de la parabole, limitée par la corde AB, c'est-à-dire celle que l'on obtient, en ajoutant aux surfaces positives et négatives des moments celle qui est faiblement ponctuée sur la figure, au-dessous de la droite AB. De cette manière tout le changement se bornera à la variation du triangle qui a $\mathfrak{P}'$: εab pour base, le centre de gravité de ce triangle (ou plutôt le centre des forces verticales qu'il représente) restera toujours sur la même verticale, et sa variation sera proportionnelle à sa base. Nous porterons donc la surface des moments $1'2'3'4$, ainsi augmentée, sur une verticale, pour former avec une distance polaire z''' supposée ici constante, un polygone des forces O_1, au moyen duquel nous dessinerons la première fibre moyenne, pointillée dans la figure. Cette ligne ne passe pas par le point d'appui donné B'; si la fibre moyenne exacte était dessinée, ses côtés couperaient ceux qui leur correspondent dans la précédente sur la verticale $1'$. En effet, d'après ce que nous avons dit au numéro précédent, les polygones qui joignent les mêmes surfaces de moments $2'3'$, la première $1' = \mathfrak{P}'$: εab étant exclue, déterminent des segments égaux sur une verticale quelconque; or, on voit, en considérant la verticale $1'$, que le point où elle est rencontrée par la direction de l'encastrement appartient à chacun des polygones; il faudra donc que les secondes extrémités des segments coïncident aussi, c'est-à-dire que les côtés correspondants se coupent sur cette verticale. Il en résulte qu'on obtiendra la véritable fibre moyenne en joignant à B' l'intersection du côté $3'4'$ avec la verticale $1'$, ce qui permettra de construire tous les côtés précédents en rebroussant chemin.

On peut obtenir le moment $\mathfrak{P}'$ qui correspond à ce dernier polygone, en construisant le pôle du polygone funiculaire qui le fournit; une parallèle, menée par ce pôle au premier côté du polygone exact, déterminera sur la verticale des surfaces réduites, la surface du triangle exact $\frac{1}{2} l\mathfrak{P}$: εabc, et l'on pourra en déduire $\mathfrak{P}$. Mais on obtiendra plus simplement et plus rapidement la hauteur verticale $\mathfrak{P}$: εab en déterminant, dans le premier polygone funiculaire, la verticale qui coupe le segment $\mathfrak{P}'$: εab entre les deux côtés situés avant et après $\mathfrak{P}'$. Cette même verticale interceptera entre les côtés correspondants du polygone exact le segment cherché $\mathfrak{P}$: εab. En effet, les segments que déterminent ces côtés sur la verticale de $\mathfrak{P}'$: εab sont proportionnels aux moments des surfaces des triangles; ceux-ci sont eux-mêmes proportionnels aux bases $\mathfrak{P}'$: εab, et le premier segment $\mathfrak{P}'$: εab étant précisément la base du triangle correspondant, le second, sur le polygone exact, devra être $\mathfrak{P}$: εab.

Cette propriété subsiste encore, lorsque les z''' sont variables et non pas

constants, comme nous l'avons supposé dans la *fig.* 3. Par suite, lorsqu'on
aura construit les deux polygones, on déterminera avec une ouverture
de compas égale à $\mathfrak{P}'$: εab portée verticalement entre les deux premiers
côtés du polygone primitif, la verticale qui permettra de mesurer direc-
tement la longueur $\mathfrak{P}$: εab Cette longueur, portée à partir de A, donnera
les moments exacts, et le but de la construction sera, en général, atteint.

Pour compléter notre étude, nous avons encore dessiné (*fig.* 3) la véritable fibre moyenne au moyen de la surface 1 2 3 4 des moments.

152. POUTRE ENCASTRÉE A SES DEUX EXTRÉMITÉS.

La construction de la fibre moyenne dans le cas d'une poutre encastrée à ses deux extrémités, ne diffère que peu de celle que nous avons
indiquée au numéro précédent. Pour donner les directions de l'encastrement aux extrémités d'une poutre librement placée sur deux points d'ap-
pui, il faut appliquer des deux côtés (*fig.* 4) des moments $\mathfrak{P}$ et $\mathfrak{P}_1$, l'un
à l'extrémité A, l'autre en B, le premier étant négatif, le second positif;
on les portera, ainsi que l'indique la *fig.* 149 (p. 310). La surface de moment se composera donc de deux parties extérieures, négatives et ponctuées 1 et 3 (Pl. XVII$_4$) et d'une partie centrale 2, positive et ombrée.
Pour les raisons données au numéro précédent, nous compléterons le
segment parabolique 2, au moyen de la surface faiblement ponctuée, et
nous aurons ainsi un segment total 2'; les deux surfaces négatives deviendront, en même temps, un trapèze qui variera seul lorsque l'on
changera les moments $\mathfrak{P}$ et $\mathfrak{P}_1$; nous partagerons enfin ce trapèze en
deux triangles 1' et 3' ayant pour bases les longueurs $\mathfrak{P}'$ et $\mathfrak{P}'_1$: εab.

Dans la figure, au-dessous de la surface de moment, nous avons construit une première fibre moyenne provisoire avec deux moments arbi-
traires $\mathfrak{P}'$ et $\mathfrak{P}'_1$. Lorsque les z''' sont constants, ainsi que nous l'avons
supposé dans le cas actuel, les côtés du polygone, qui précèdent et qui
suivent les surfaces $\mathfrak{P}$ et $\mathfrak{P}'$, se coupent au $\frac{1}{3}$ de la portée; la construction du polygone est en effet identique à celle du polygone qui fournit le
centre de gravité de la surface, comme nous l'avons déjà fait remarquer
au numéro précédent, et le centre de gravité d'un triangle est situé au $\frac{1}{3}$
de la hauteur. Nous pouvons donc, dans ce cas, supposer les surfaces
entières des deux triangles, appliquées suivant les verticales $\frac{1}{3} l$ corres-

pondantes ; toutefois, lorsque les z''' sont variables, il est nécessaire de construire les deux polygones pointillés dans la figure. La fibre moyenne provisoire étant construite, nous déterminerons des deux côtés les verticales qui coupent les segments $\mathfrak{P}'$ et $\mathfrak{P}'_1 : \varepsilon ab$, entre les deux côtés qui précèdent et suivent chacun des triangles. L'une de ces verticales se confond, sur la *fig. 4*, avec celle du point B, grâce au choix particulier des bases de réduction.

Au-dessous du polygone provisoire de la fibre moyenne, nous avons dessiné le polygone définitif. Le premier côté a la direction AC de l'encastrement, le point C est situé sur la verticale de l'intersection des deux côtés extrêmes correspondant à la surface triangulaire $\mathfrak{P}' : \varepsilon ab$; et cette verticale se trouve elle-même au $\dfrac{1}{3}$ de la portée lorsque z''' est constant.

Le dernier côté BD a été construit de la même manière, et le point D se détermine comme le point C. En dessinant les deux directions AC et BD, il faut tenir compte de ce que les ordonnées et les tangentes des angles seront obtenues n fois trop grandes, à cause de la distance polaire $\varepsilon ab : n$, il faudra donc aussi les dessiner à cette nouvelle échelle, et il devra en être de même pour la différence des ordonnées des deux points A et B. Cela posé, nous savons que lorsque la charge, et par suite la surface des moments qui lui correspond, ne change pas, les côtés extrêmes, qui lui correspondent dans le polygone funiculaire, interceptent un segment déterminé sur chaque verticale ; ce segment lui-même ne change pas, lorsqu'on fait varier la forme du polygone, en déplaçant le pôle du polygone des forces sur une même verticale. Nous porterons donc, à partir de C et de D, vers le bas, les segments s et s', que déterminent sur les verticales de C et de D les côtés extérieurs à la surface $2'$, et nous obtiendrons ainsi, aux extrémités de ces segments, des points qui doivent appartenir aux côtés correspondants du polygone définitif ; ce dernier pourra dès lors être construit, ainsi que nous l'avons fait dans la figure.

Les côtés extérieurs aux surfaces triangulaires et passant par C et D, déterminent sur les verticales de $\mathfrak{P}' : \varepsilon ab$ et de $\mathfrak{P}'_1 : \varepsilon ab$ les moments définitifs $\mathfrak{P}$ et $\mathfrak{P}_1 : \varepsilon ab$. Ces longueurs, portées dans la surface de moment sur les verticales A et B, déterminent la droite qui ferme réellement le polygone funiculaire, et par suite tous les moments qui sollicitent la poutre. La surface définitive des moments 1, 2 et 3 nous a servi à construire, au bas du dessin, la véritable fibre moyenne de la poutre donnée.

Dans le dessin de la fibre moyenne provisoire, la construction des polygones, qui correspondent aux surfaces triangulaires, n'avait qu'un seul but, celui de déterminer la position des verticales sur lesquelles il fallait porter les segments s et mesurer les longueurs $\mathfrak{P} : \varepsilon ab$. Lorsque les z'' sont variables, on ne peut point se passer de cette construction; mais lorsqu'ils sont constants, les points C et D sont situés au tiers de la portée, ainsi que nous l'avons déjà vu; on peut, de plus, s'arranger par un choix convenable des bases, de manière que les segments $\mathfrak{P} : \varepsilon ab$ se mesurent sur les verticales elles-mêmes des points A et B. En effet, si, pour le dernier polygone des forces, pour celui dans lequel les surfaces réduites ont été portées sur une verticale, on prend une distance polaire égale à $\frac{1}{3} l$, les côtés du polygone funiculaire, extérieurs aux triangles et se coupant en C et D, devront intercepter, sur les verticales de A et de C, des segments égaux à ceux que déterminent les rayons polaires parallèles sur la verticale des surfaces. Or, en choisissant pour base de réduction des surfaces la longueur $\frac{1}{2} l$, le segment porté, pour le triangle, sur la verticale des surfaces sera précisément égal à $\mathfrak{P} : \varepsilon ab$, puisque la surface du triangle est elle-même égale à $\frac{1}{2} l \mathfrak{P} : \varepsilon ab$. Donc :

Lorsque la base de réduction des surfaces est égale à $\frac{1}{2} l$ et que la distance polaire qui sert à construire la fibre moyenne est $\frac{1}{3} l$, les côtés extérieurs aux surfaces triangulaires interceptent les longueurs $\mathfrak{P} : \varepsilon ab$ sur les verticales des culées.

Lorsque, par suite, la section de la poutre est constante et que l'on choisit les bases que nous venons d'indiquer, on n'aura pas à tenir compte des moments qui agissent aux points d'appui, pour la construction de la fibre moyenne provisoire; on ne s'occupera que de la surface parabolique entière qui correspond à la poutre non encastrée, elle servira à déterminer les segments s et s', qu'il suffira dès lors de porter à partir de C et de D, pour obtenir, en joignant leurs extrémités en croix, les moments des points d'appui sur les verticales des culées.

Les constructions précédentes s'appliquent à une charge quelconque; mais elles peuvent se simplifier lorsque la charge est uniforme. Dans ce cas, le polygone funiculaire des forces est une parabole. Soit f la flèche de cette parabole, trouvée par la construction. La surface de moment, autrement dit la surface parabolique, est alors égale à $\frac{2}{3} fl$. En la réduisant à la base $\frac{1}{2} l$, nous obtiendrons une longueur $\frac{4}{3} f$ que nous porterons sur la verticale des surfaces, dans le polygone des forces correspondant. Le moment de cette surface, pris par rapport au point A ou au point B, c'est-à-dire avec un bras de levier $\frac{1}{2} l$ est $\frac{1}{2} l \cdot \frac{4}{3} f$, et si on le réduit enfin à la distance polaire $\frac{1}{3} l$, on obtient $\frac{1}{2} l \cdot \frac{4}{3} f : \frac{1}{3} l = 2f$.

On voit que, lorsque la surface de moment se compose d'un segment parabolique entier, la fibre moyenne provisoire se réduit aux deux droites qui se croisent, et que nous avons indiquées en traits de force sur la figure ; ces droites interceptent sur les verticales A et B des segments égaux à $2f$.

Les segments qu'elles déterminent sur les verticales C et D sont égaux à $\frac{2}{3} f$; mais on a rarement besoin de cette valeur, puisque, dans la poutre continue, pour laquelle nous appliquerons ces propriétés, les verticales des points fixes ne sont que rarement situées au tiers de la portée.

Pour exprimer la flèche f au moyen de la charge elle-même, on aurait, en appelant H la première distance polaire pour le polygone des charges, et désignant par p la charge par l'unité de longueur :

$$H f = \frac{1}{8} p l^2.$$

Multipliant les deux membres de cette équation par le produit des bases employées dans la suite $\frac{1}{2} l \cdot \frac{1}{3} l = \frac{1}{6} l^2$, on verra que le segment $2f$, déterminé par les côtés extrêmes du deuxième polygone funiculaire sur les verticales A et B, représente le moment d'ordre supérieur :

$$\frac{1}{6} H l^2 \cdot 2 f = \frac{1}{24} p l^4.$$

Dans la pratique, on n'a affaire, en général, qu'à des charges adjacentes ou non-adjacentes aux culées, c'est-à-dire que la poutre entière se décompose en deux segments chargés différemment. Lors donc que la section est constante et que la charge est uniforme, il est bon de calculer, une fois pour toutes, ces moments supérieurs par rapport aux verticales A et B pour les diverses charges possibles, afin de pouvoir porter directement les segments que détermineront sur ces verticales les côtés extrêmes des fibres moyennes provisoires.

Supposons que la charge uniforme de p' par mètre courant s'étende à partir du point A sur une longueur βl (*fig.* 210) et soit égale à $\beta p l$.

Construisons, dans la figure, avec une distance polaire quelconque, le polygone funiculaire qui correspond à cette charge ; nous aurons à exprimer le moment, par rapport aux verticales A et B, de la surface de moment ainsi obtenue, surface limitée par une parabole dans l'étendue de βl et par une tangente à cette parabole, en dehors de cette étendue.

Fig. 210.

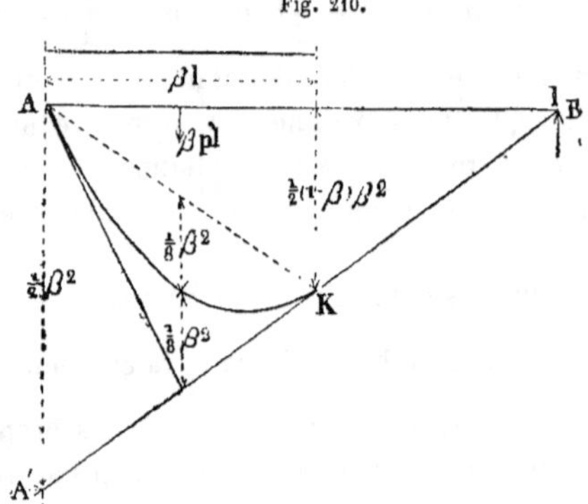

Nous aurons :

comme réaction du point d'appui B : $\dfrac{1}{2}\beta \cdot \beta l p = \dfrac{1}{2}\beta^2 l p$;

comme moment de la charge à l'ordonnée βl : $(1-\beta)l \cdot \dfrac{1}{2}\beta^2 l p$

$= \dfrac{1}{2}\beta^2(1-\beta)l^2 p$.

Si nous portons maintenant cette valeur $\dfrac{1}{2}\beta^2(1-\beta)l^2 p$ à une échelle quelconque, comme ordonnée du polygone funiculaire et que nous joignions son extrémité au point B, la ligne de jonction sera un côté du polygone funiculaire et touchera la parabole au point K (*fig. 210*).

Cette droite détermine sur la verticale A le segment

$$AA' = \dfrac{1}{2}\beta^2 \cdot l^2 p.$$

La flèche de la parabole, égale à la moitié du segment que la verticale $\dfrac{1}{2}\beta l$ intercepte entre la corde AK et la tangente A'K, sera égale à $\dfrac{1}{8}\beta^2 \cdot l^2 p$.

On en déduit :

la surface du segment parabolique $F_1 = \dfrac{2}{3}\beta l \cdot \dfrac{1}{8}\beta^2 l^2 p = \dfrac{1}{12}\beta^3 \cdot l^3 p$;

la surface du triangle F_2, $F_2 = \dfrac{1}{4}\beta^2(1-\beta) \cdot l^3 p$;

l'aire de la surface de moment entière, $F = \dfrac{1}{12}\beta^2(3 - 2\beta) \cdot l^3 p$.

Les moments de ces surfaces par rapport à la verticale A sont :

pour le segment parabolique, $M'_a = \dfrac{1}{2}\beta l \cdot F_1 = \dfrac{1}{24}\beta^4 \cdot l^4 p$;

pour la surface triangulaire, $M''_a = \dfrac{1}{3}(1 + \beta)l F_2 = \dfrac{1}{12}\beta^2(1 - \beta^2) \cdot l^4 p$.

Le moment total, par rapport à la verticale A, est :

$$M_a = \frac{1}{24}\beta^2(2 - \beta^2) \cdot l^4 p ;$$

et le moment total, par rapport à la verticale B :

$$M_b = l F - M_a = \frac{1}{24}\beta^2(2 - \beta)^2 \cdot l^4 p.$$

Pour $\beta = 1$, M_a et M_b deviennent égaux à $\dfrac{1}{24} l^4 p$, comme cela devait être.

On voit que les côtés extrêmes d'un polygone, donnant la fibre moyenne pour une charge partielle sur une longueur βl, déterminent sur la verticale de la culée adjacente à la charge, et sur celle non-adjacente des segments égaux, le premier à $\beta^2(2 - \beta^2)$ fois, le deuxième à $\beta^2(2 - \beta)^2$ fois la longueur $2f = \dfrac{1}{24} p l^4$, qui représente le segment correspondant à une charge entière.

Comme on fait un grand usage des coefficients $\beta^2(2 - \beta^2)$ et $\beta^2(2 - \beta)^2$, nous les avons calculés pour les valeurs $\beta = \dfrac{n}{10}$ et réunis dans le tableau suivant :

TABLEAU DONNANT LES RAPPORTS DES SEGMENTS, QUE DÉTERMINENT SUR LES VERTICALES DES POINTS D'APPUIS LES CÔTÉS EXTRÊMES DES POLYGONES FUNICULAIRES, CORRESPONDANT A DES CHARGES βl ADJACENTES OU NON ADJACENTES A CES VERTICALES.

β	ADJACENT, $\beta^2(2-\beta^2)$.	NON ADJACENT. $\beta^2(2-\beta)^2$.	β	ADJACENT. $\beta^2(2-\beta^2)$.	NON ADJACENT. $\beta^2(2-\beta)^2$.
0,1	0,0199	0,0361	0,6	0,5904	0,7056
0,2	0,0784	0,1296	0,7	0,7399	0,8281
0,3	0,1719	0,2601	0,8	0,8704	0,9216
0,4	0,2944	0,4096	0,9	0,9639	0,9801
0,5	0,4375	0,5625	1	1,0000	1,0000

Lorsqu'on a dessiné, par exemple, dans l'épure d'une poutre ou d'une construction à treillis, les paraboles du poids propre et de la charge totale, si l'on a à construire les côtés extrêmes du polygone de la fibre moyenne pour les diverses charges, on procédera de la manière suivante: on choisira arbitrairement le premier côté A'B' (Pl. XVII$_4$), puis on portera des longueurs A'A''' = B'B''' et A'A'' = B'B'', égales à deux fois les flèches de la parabole du poids total et de celle du poids propre. On partagera ensuite la différence A''A''' = B''B''' des segments, c'est-à-dire les segments qui correspondent à la charge accidentelle, dans les rapports indiqués par le tableau précédent, et on obtiendra ainsi les côtés extrêmes, qui correspondent aux diverses charges adjacentes et non-adjacentes.

Nous avons indiqué (Pl. XVII$_4$) les côtés du polygone, qui correspondent à une charge adjacente et à une charge non-adjacente aux deux culées, et s'étendant jusqu'aux 0,3 de la portée: nous avons donc porté des deux côtés, à partir de A'' et de B'', des segments égaux à 0,1749 et 0,2601 de A''A'' ou de B''B''' et nous avons joint leurs extrémités. On ne risquera pas de confondre les charges adjacentes avec les charges non-adjacentes, si l'on se rappelle que les côtés du polygone coupent le plus petit segment sur la verticale adjacente à la charge. Nous avons indiqué par un trait un peu plus fort l'endroit où le segment se mesure. Comme les côtés du polygone coupent les mêmes segments

$$(0,2601 - 0,1749)A''A''' = (0,2601 - 0,1749)B''B'''$$

sur les verticales des points d'appuis, pour deux parties égales et également chargées des deux côtés de la poutre, les deux côtés ainsi construits devront être parallèles, et, de plus, situés à égale distance de part et d'autre du point où les côtés extrêmes A'B', A''B'' et A'''B''' se coupent.

Il résulte de la nature du problème, puisqu'une charge adjacente sur β et une charge non-adjacente sur la longueur 1 — β se complètent pour former une charge totale, et aussi des formules, puisque

$$\beta^2(2 - \beta^2) + (1 - \beta)^2(1 + \beta)^2 = 1,$$

que des charges complémentaires 1 — β, déterminent sur les verticales des culées les mêmes segments que les charges β, et l'on voit que les côtés qui correspondent à des charges complémentaires doivent se couper au milieu de la portée. En général, les longueurs A''A''' et B''B''' sont partagées par les segments en quatre séries symétriques.

Nous venons de voir comment on peut trouver par le dessin les valeurs des moments des surfaces par rapport aux points d'appuis; si l'on voulait calculer ces valeurs, il faudrait intégrer la dernière des trois équations données nº 142 (p. 556).

Nous déterminerons d'abord la flexion $-k$ produite par une charge unique ΔP. On a, d'après le n° 86 (p. 317) :

$$\mathfrak{P}_0^\beta = x(1-\beta)\,l\Delta P ; \quad \mathfrak{P}_\beta^l = (l-x)\beta l\Delta P.$$

La flexion sera donc :

$$-\mathfrak{E}k = \Sigma \int \mathfrak{P} x\,dx = (1-\beta)\,l\Delta P \int_0^{\beta l} x^2\,dx + \beta l\Delta P \int_{\beta l}^l (l-x)x\,dx = \frac{1}{6}(1-\beta^2)\beta l^3 \Delta P.$$

En remplaçant dans cette équation ΔP par $lp\,d\beta$, comme précédemment, et intégrant il viendra, pour une charge adjacente :

$$-\mathfrak{E}k = \frac{1}{6}\,l^4 p \int_0^\beta (\beta - \beta^3)\,d\beta = \frac{1}{24}(2-\beta^2)\beta^2 l^4 p$$

et pour une charge non-adjacente :

$$-\mathfrak{E}k = \frac{1}{6}\,l^4 p \int_\beta^l (\beta - \beta^3)\,d\beta = \frac{1}{24}(1-\beta^2)^2 l^4 p.$$

La première de ces deux équations est identique à celle que nous avons trouvée précédemment, et la seconde le devient, comme cela doit être, lorsqu'on y remplace β par $(1-\beta)$.

Pour simplifier les constructions, nous avons, dans ce qui précède, remplacé simplement les bases et les distances polaires εab, c, z''' ou h, h, εF par H, $\frac{1}{2}l$, $\frac{1}{3}l$. Si l'on avait à calculer les déformations en grandeur réelle ou à les comparer à celles que donnent, par exemple, les dernières formules que nous avons établies, il faudrait diviser $\varepsilon\mathfrak{J} = \varepsilon ab c z''' = \varepsilon F h^2$ par $\frac{1}{6}Hl^2$ afin d'obtenir l'échelle à laquelle elles ont été réduites. Les fibres moyennes dessinées Pl. XVII ont toutes leurs ordonnées n fois trop grandes, avec

$$n = \frac{6\varepsilon\mathfrak{J}}{Hl^2} = \frac{6(\varepsilon ab)}{H}\cdot\frac{c z'''}{l^2} = \frac{6\cdot\varepsilon F}{H}\cdot\frac{h^2}{l^2}.$$

Tous les angles que forment les côtés des polygones funiculaires, ou les rayons des polygones des forces, sont n fois trop grands, ainsi que les segments qu'ils déterminent sur des verticales. Ce rapport n est le même que celui dont nous avons déjà parlé au n° 134 (p. 525).

[illegible]

NOTES DES TRADUCTEURS

A. — Sur le procédé Bruckner, pour déterminer l'emploi
des déblais en remblais.

Ce procédé, qui fait l'objet du n° 33 (p. 133), ne tardera pas, nous
l'espérons, à être connu et apprécié en France comme il mérite de
l'être. Il a été recommandé par M. de Freycinet, ministre des travaux publics, dans le :

Recueil de types (plans, profils, ouvrages d'art) et de Tableaux et
procédés graphiques pour l'étude et la construction des chemins de
fer, annexé à la circulaire ministérielle du 30 juillet 1879.

Ce recueil contient une note de M. L. Lalanne, inspecteur général
des ponts et chaussées, sur l'application du procédé Bruckner :

« *La* Statique graphique, *déjà citée, du célèbre professeur de Zurich, a consacré un chapitre spécial au procédé employé, dès 1844,
dans la construction du plan incliné de Culmbach (Franconie bava-
roise), par M. Bruckner, pour l'opération qu'il appelle le nivellement
des masses de terrassements. Ce procédé avait déjà été décrit, sous
une forme un peu différente, dans les* Annales des ponts et chaussées
*de 1840, comme une des applications du planimètre d'Oppikofer et
d'Ernst, muni d'organes nouveaux qui en font une véritable machine
à calculer. Mais il est, en lui-même, indépendant des moyens qu'on
emploie pour mesurer les aires planes dont on peut tracer très facilement les contours sans avoir recours à l'arithmoplanimètre.*

L'usage qu'on en a fait et qu'on en fait encore journellement en

Allemagne et en Russie, les éloges qu'y donne l'éminent professeur de Zurich, et plus encore l'utilité qu'y ont reconnue les ingénieurs du service central des chemins de fer de l'État, contribueront peut-être à décider les ingénieurs à en faire au moins l'essai. »

M. L. Lalanne ajoute, à la fin de la note qu'il consacre, dans le même recueil, au procédé Bruckner :

« *Les considérations géométriques sur lesquelles est fondé l'emploi du procédé graphique, dont on devait se borner ici à donner les règles pratiques, sont développées dans un article des* Annales des ponts et chaussées, Mémoires et documents, *cahier d'août* 1879, *article qui paraît séparément sous le titre :* Exposé de deux méthodes pour abréger les calculs des terrassements et des mouvements de terre, etc., Dunod, *éditeur. L'origine même s'en trouve dans un mémoire intitulé :* Sur l'arithmoplanimètre, machine arithmétique et géométrique, etc., *publié aux* Annales (2ᵉ *semestre*, 1840), *comme on l'a déjà dit. Enfin, c'est aux pages* 142 *et suivantes du beau livre de M. Culmann* (Die graphische statik, *Zurich*, 1875), *que l'on trouvera les détails du procéaé Bruckner.* »

Enfin, nous croyons utile de citer le passage de la circulaire ministérielle du 30 juillet 1879, relatif aux tableaux graphiques joints au recueil et dressés d'après la méthode si ingénieuse de M. L. Lalanne :

« Les huit nouveaux tableaux graphiques contenus dans le dessin
« dont il est ici question serviront pour quatre gabarits différents,
« soit à une, soit à deux voies, gabarits conformes à ceux qu'indi
« quent les deux pièces intitulées : *Profils en travers types*. J'ai
« d'autant moins hésité à en ordonner l'exécution que l'emploi des
« procédés graphiques comme moyens de calcul se répand chaque
« jour davantage, en France ainsi qu'à l'étranger, et que l'avis du
« Conseil général des ponts et chaussées est venu confirmer le ver
« dict du jury de l'Exposition universelle, pour la classe 66, verdict
« en vertu duquel la plus haute des récompenses, le diplôme d'hon

« neur, a été décerné, dans l'exposition spéciale du ministère des
« travaux publics, à l'ensemble des procédés graphiques dont les
« nouveaux tableaux sont une application. »

Ceux de nos lecteurs qui se reporteront à l'article publié par
M. Lalanne dans les *Annales* de 1840, constateront en effet que si
le procédé dont il est l'inventeur diffère par quelques points de la
méthode Bruckner, notamment en ce qu'il n'est pas fait usage du
profil en long pour déterminer les positions que doivent occuper les
diverses longueurs, en ce que toutes les masses n'ont pas une origine commune, etc., l'esprit de la méthode suivie par M. Lalanne
est le même que celui de l'ingénieur allemand.

B. — Sur les systèmes de coordonnées.

Comme les traités élémentaires de géométrie analytique donnent
peu de détails sur les systèmes de coordonnées dont il est fait usage
dans différentes parties de l'ouvrage de M. Culmann, nous croyons
utile de donner quelques indications sur ces systèmes.

Dans les coordonnées *cartésiennes.* on considère les formes géométriques comme composées de points, et on détermine la position
des points au moyen de leurs distances à deux axes fixes dans la
géométrie plane et à trois plans fixes, dans la géométrie de l'espace.

Dans les coordonnées *pluckériennes*, les éléments que l'on considère sont la droite dans le plan et le plan dans l'espace.

Bornons-nous, pour le moment, à la géométrie du plan. Soit

$$A x + B y + C = 0$$

l'équation d'une droite en coordonnées ordinaires. Si l'on donnait
les rapports $\dfrac{A}{C}$ et $\dfrac{B}{C}$, la droite serait complétement déterminée; on
peut, par suite, considérer ces rapports comme les coordonnées de
la droite. Ce sont les coordonnées pluckériennes; ces coordonnées

sont, comme il est facile de le reconnaître, les inverses, changés de signe, des segments interceptés par la droite sur les axes coordonnés. En les appelant ξ et η, l'équation ci-dessus peut s'écrire

$$\xi x + \eta y + 1 = 0.$$

Elle est susceptible d'une double interprétation, dans laquelle on retrouve le principe de dualité qui joue un rôle si important dans la géométrie de position. Si, en effet, on considère x et y comme les variables, l'équation représente en coordonnées cartésiennes la droite dont les coordonnées pluckériennes sont ξ et η; si l'on considère ξ et η comme les variables, l'équation représente, en coordonnées pluckériennes, le point dont les coordonnées cartésiennes sont x et y. En général, toute équation en ξ et η représente un lieu géométrique, auquel sont tangentes toutes les droites dont les coordonnées pluckériennes satisfont à cette équation. C'est pour ce motif que ces coordonnées sont aussi appelées *tangentielles*.

Il semble, au premier abord, que le principe de dualité n'est pas complétement satisfait, car les coordonnées pluckériennes sont rapportées à des axes, comme les coordonnées cartésiennes, mais ce n'est là qu'une lacune apparente. Nous verrons, en effet, plus loin, que les coordonnées pluckériennes ne sont qu'un cas particulier d'un système plus général, dans lequel les éléments auxquels on se réfère sont les points, l'élément générateur des formes géométriques étant d'ailleurs la droite ou le plan, comme dans les coordonnées pluckériennes.

Extension des coordonnées cartésiennes : coordonnées trilinéaires.— Soient trois droites données par leurs équations en coordonnées ordinaires

$$\alpha = 0, \quad \beta = 0, \quad \gamma = 0.$$

Une droite quelconque du plan pourra être représentée par une équation de la forme

$$l\alpha + m\beta + n\gamma = 0.$$

Or, si on substitue, dans les expressions α, β, γ, les coordonnées d'un point quelconque du plan, les résultats sont proportionnels aux distances respectives de ce point aux trois droites α, β, γ. On peut, dès lors, considérer α, β, γ, comme les coordonnées d'un point par rapport à trois axes. Ces coordonnées s'appellent *trilinéaires;* dans ce système, les lieux géométriques sont représentés par des équations homogènes. Ainsi, l'équation générale de la ligne droite est

$$lx + my + nz = 0.$$

Si l'une des trois droites de référence, γ par exemple, s'éloigne à l'infini, l'expression γ se réduira à une constante, et l'équation générale de la ligne droite deviendra

$$lx + my + n = 0.$$

C'est-à-dire que nous retombons sur le système des coordonnées cartésiennes ordinaires, qui ne sont ainsi qu'un cas particulier des coordonnées trilinéaires.

Extension des coordonnées pluckériennes; coordonnées triponctuelles. — Soient x, y, z les coordonnées trilinéaires d'un point, et ξ, η, ζ les distances des sommets du *triangle de référence* ou *triangle fondamental* à une ligne droite. Ces distances ξ, η, ζ définissent la position de la droite et peuvent par suite être regardées comme les coordonnées de cette droite; on les appelle coordonnées *triponctuelles.* Cherchons quelle relation doit exister entre x, y, z et ξ, η, ζ pour que le point soit situé sur la droite. L'équation de la droite en coordonnées trilinéaires sera de la forme

$$lx + my + nz = 0.$$

Soient p_x, p_y, p_z les distances des sommets du triangle fondamental aux côtés opposés, c'est-à-dire aux axes. La distance d'un point quelconque x, y, z à la droite étant proportionnelle à $lx + my + nz$, il est clair que les distances des sommets du triangle fondamental à la droite seront respectivement proportionnelles à

lp_x, mp_y, np_z. On aura par suite

$$\frac{\xi}{lp_x} = \frac{\eta}{mp_y} = \frac{\zeta}{np_z},$$

et l'équation de la droite pourra être mise sous la forme

$$\frac{\xi x}{p_x} + \frac{\eta y}{p_y} + \frac{\zeta z}{p_z} = 0.$$

C'est la relation cherchée. Sous cette forme, le principe de dualité apparaît d'une manière très nette. Si on considère x, y, z comme les variables, l'équation représente, en coordonnées trilinéaires, une droite dont les coordonnées triponctuelles sont ξ, η, ζ. Si l'on considère ξ, η, ζ comme les variables, l'équation représente, en coordonnées triponctuelles, un point dont les coordonnées trilinéaires sont x, y, z.

Si l'un des côtés du triangle fondamental, γ par exemple, s'éloigne à l'infini, on reconnaît facilement que l'équation ci-dessus prend la forme

$$\xi'x' + \eta'y' + 1 = 0,$$

x' et y' étant les coordonnées cartésiennes par rapport aux deux autres côtés du triangle fondamental, ξ' et η' les inverses, changés de signes des segments interceptés par la droite sur les axes, c'est-à-dire les coordonnées pluckériennes.

Donc : *les coordonnées cartésiennes et les coordonnées pluckériennes ne sont qu'un cas particulier des coordonnées trilinéaires et des coordonnées triponctuelles, dans lequel l'un des côtés et par suite deux sommets du triangle fondamental s'éloignent à l'infini.*

Les coordonnées trilinéaires et les coordonnées triponctuelles, considérées ensemble, s'appellent *coordonnées trimétriques*. Il est à peine nécessaire de faire remarquer que les coordonnées triponctuelles sont des coordonnées tangentielles.

Il est facile d'étendre à l'espace ce que nous venons de dire du plan ; les coordonnées *tétramétriques* sont rapportées aux quatre faces et aux quatre sommets d'un tétraèdre.

Coordonnées trimétriques projectives. — Les coordonnées trimétriques, telles que nous les avons indiquées, ne sont pas projectives, c'est-à-dire que les propriétés qui en résultent ne sont pas toutes conservées par la projection. On peut rendre ces coordonnées projectives de la manière suivante : au lieu de prendre, pour les coordonnées d'un point, les distances de ce point à trois droites, et, pour les coordonnées d'une droite, les distances de cette droite à trois points, on prend comme coordonnées les rapports de ces distances aux distances d'un point fixe et d'une droite fixe, que l'on appelle *point-unité* et *droite-unité* parce que les coordonnées de ce point et de cette droite sont l'unité. Il est clair que ces rapports ne sont pas modifiés par des projections. Le *point-unité* et la *droite-unité* forment le lien entre la géométrie analytique et la géométrie de position. Ainsi, pour établir les relations projectives de deux systèmes plans, on peut choisir à volonté quatre points correspondants ABCD de chaque système. Les positions des cinquièmes points ε, se correspondant dans chaque système, sont déterminées par l'égalité des anharmoniques A)BCDε, B)CADε, C)BADε. Deux d'entre elles déterminent la troisième.

Les points ABC forment le triangle fondamental. D est le *point-unité*, et les proportions anharmoniques (Staudt les désigne sous le nom de Wurf) sont les coordonnées projectives.

Si on choisit la position du point-unité D et de la droite-unité *e* de telle manière qu'en prolongeant l'un quelconque des trois côtés du triangle de référence, *z* par exemple, jusqu'à la droite *e*, le faisceau formé par les quatre droites *x*, *y*, $(xy)(ez)$, et (xy)D soit un faisceau harmonique, on trouve que la condition pour qu'un point (xyz) soit situé sur une droite $(\xi\eta\zeta)$ se réduit à

$$\xi x + \eta y + \zeta z = 0.$$

Nous n'insisterons pas davantage sur ces explications, et nous renverrons le lecteur, pour plus de détails, au traité de *Géométrie* *descriptive* de Fiedler (*). Nous ajouterons seulement quelques mots au sujet de l'équation, en coordonnées pluckériennes, du point à l'infini sur une direction déterminée.

Soit, dans l'espace, un point M dont les coordonnées cartésiennes sont x, y, z. L'équation de ce point en coordonnées pluckériennes sera :

$$\xi x + \eta y + \zeta z + 1 = 0.$$

Soit un second point A, (abc), situé sur la droite OM joignant l'origine au point M; appelons e la distance de l'origine à ce point et r la distance OM. On aura :

$$\frac{r}{e} = \frac{x}{a} = \frac{y}{b} = \frac{z}{c},$$

et, par suite, l'équation du point M pourra se mettre sous la forme

$$\frac{r}{e}(\xi a + \eta b + \zeta c) + 1 = 0.$$

Si le point M s'éloigne à l'infini, on devra avoir :

$$\frac{1}{e}(a\xi + b\eta + c\zeta) = 0.$$

C'est l'équation du point à l'infini de la droite OA. On peut naturellement remplacer le facteur $\frac{1}{e}$ par un facteur quelconque. Nous appellerons l'équation $\frac{1}{e}(a\xi + b\eta + c\zeta) = 0$ la forme normale de l'équation du point à l'infini sur la direction O(abc). On voit facilement qu'en ajoutant 1 à cette équation on obtient l'équation du point situé sur la droite OA, à l'unité de distance de l'origine.

(*) *Die Darstellende Geometrie, ein Grundriss für Vorlesungen an technischen Hochschulen und zum Selbststudium, von Dr Wilhelm Fiedler, Leipzig.*

C. — Sur le signe de e_i.

La quantité e_i étant une racine carrée est affectée d'un double signe, et l'on peut être embarrassé pour déterminer le signe qu'il convient d'adopter. On y parvient par les considérations suivantes.

On a, en supprimant les indices :

$$\alpha' = X\xi + Y\eta + Z\zeta$$

et

$$\alpha' = A\alpha = \frac{A}{e}(a\xi + b\eta + c\zeta),$$

a, b, c étant les coordonnées d'un point quelconque pris sur la direction de la force A. L'intensité A de la force est une quantité toujours positive. Il faudra par suite que les signes de $\frac{a}{e}, \frac{b}{e}, \frac{c}{e}$ soient respectivement les mêmes que ceux de X, Y, Z, ou bien que ceux des coordonnées de l'extrémité du rayon 1, porté à partir de l'origine sur la direction et dans le sens de la force.

Il est clair qu'il suffit qu'une de ces conditions soit satisfaite pour que les deux autres le soient aussi, parce que abc ont tous respectivement les mêmes signes que XYZ ou des signes contraires.

D. — Sur la construction d'une surface réglée contenant une courbe donnée du troisième degré.

Une surface de degré m coupe une courbe de degré p en mp points réels ou imaginaires. Par suite, si la courbe a plus de mp points communs avec la surface, elle est située tout entière sur cette surface. Ainsi, une droite qui a trois points communs avec une surface du second degré est située en entier sur la surface; de même une courbe du troisième degré qui a sept points communs avec la surface.

Le problème consistant à faire passer une surface réglée du second degré par une courbe du troisième degré est donc doublement indéterminé, et l'on peut se donner arbitrairement deux points en dehors de la courbe. Il en résulte que le problème sera déterminé si on se donne, outre la courbe du troisième degré, une droite passant par un point de la courbe, mais par un seul point. Si la droite passait par deux points de la courbe, c'est-à-dire était une sécante, le problème serait encore indéterminé, et l'on pourrait prendre arbitrairement un point qui ne serait situé ni sur la courbe, ni sur la sécante, ou bien une deuxième sécante.

FIN DU TOME PREMIER.

Paris. — Imprimerie Arnous de Rivière, rue Racine. 26.

TRAITÉ

DE

STATIQUE GRAPHIQUE

PAR

C. CULMANN

PROFESSEUR A L'ÉCOLE POLYTECHNIQUE FÉDÉRALE DE ZURICH

TRADUIT SUR LA DEUXIÈME ÉDITION ALLEMANDE

PAR

G. GLASSER ET J. JACQUIER

INGÉNIEURS DES PONTS ET CHAUSSÉES

ET

A. VALAT

INGÉNIEUR CIVIL, ANCIEN SUPPLÉANT DE M. CULMANN A L'ÉCOLE POLYTECHNIQUE DE ZURICH

Ouvrage honoré d'une Souscription de Monsieur le Ministre des Travaux Publics

TOME PREMIER

PLANCHES

PARIS

DUNOD, ÉDITEUR

LIBRAIRE DES CORPS NATIONAUX DES PONTS ET CHAUSSÉES, DES MINES
ET DES TÉLÉGRAPHES

49, Quai des Augustins, 49

1880

TABLE DES PLANCHES

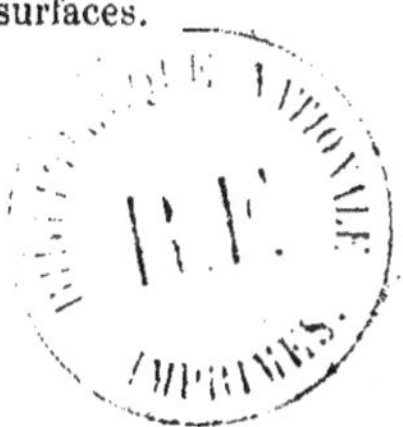

Paris. — Imprimerie Arnous de Rivière, rue Racine. 26.

Spirale Logarithmique

Fig. 1

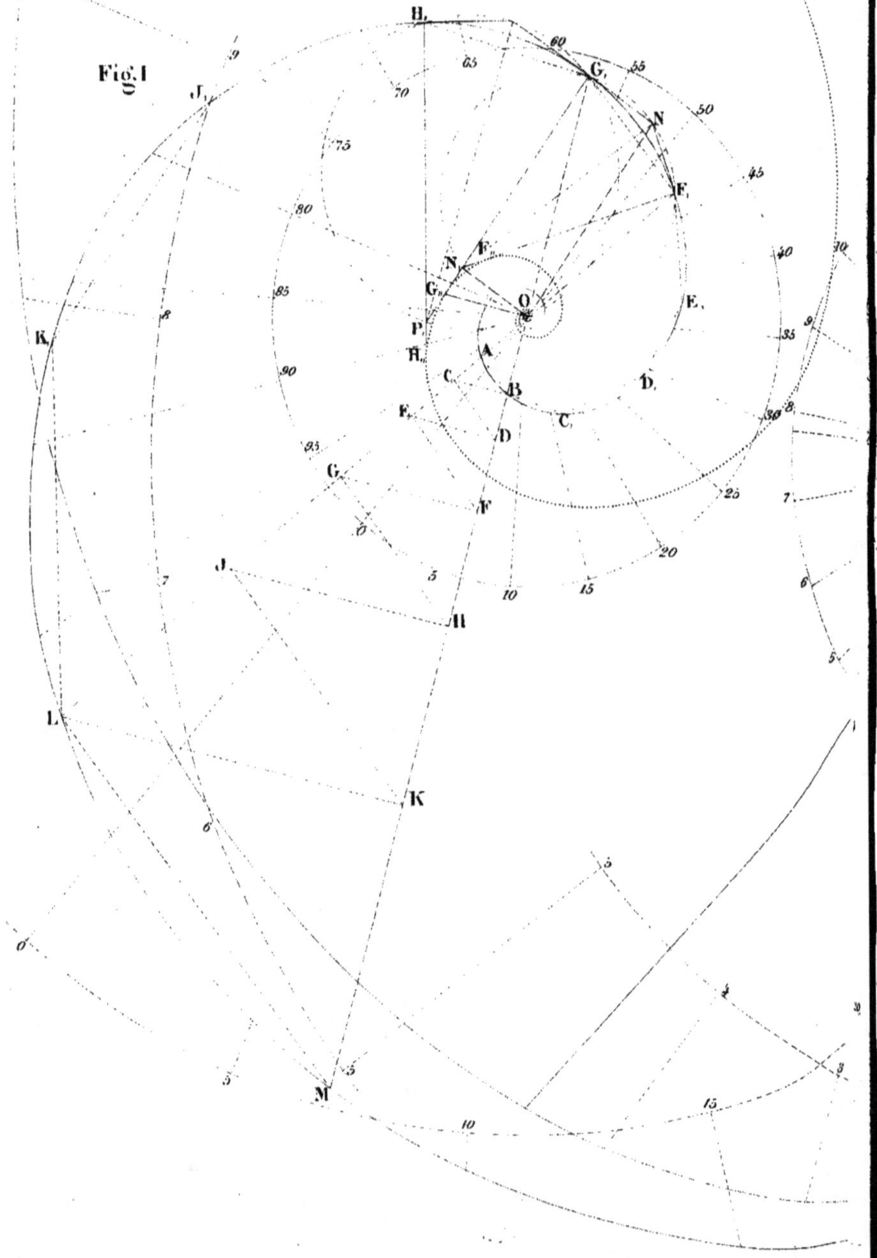

Spirale Logarithmique
coincidant avec sa propre developpée.

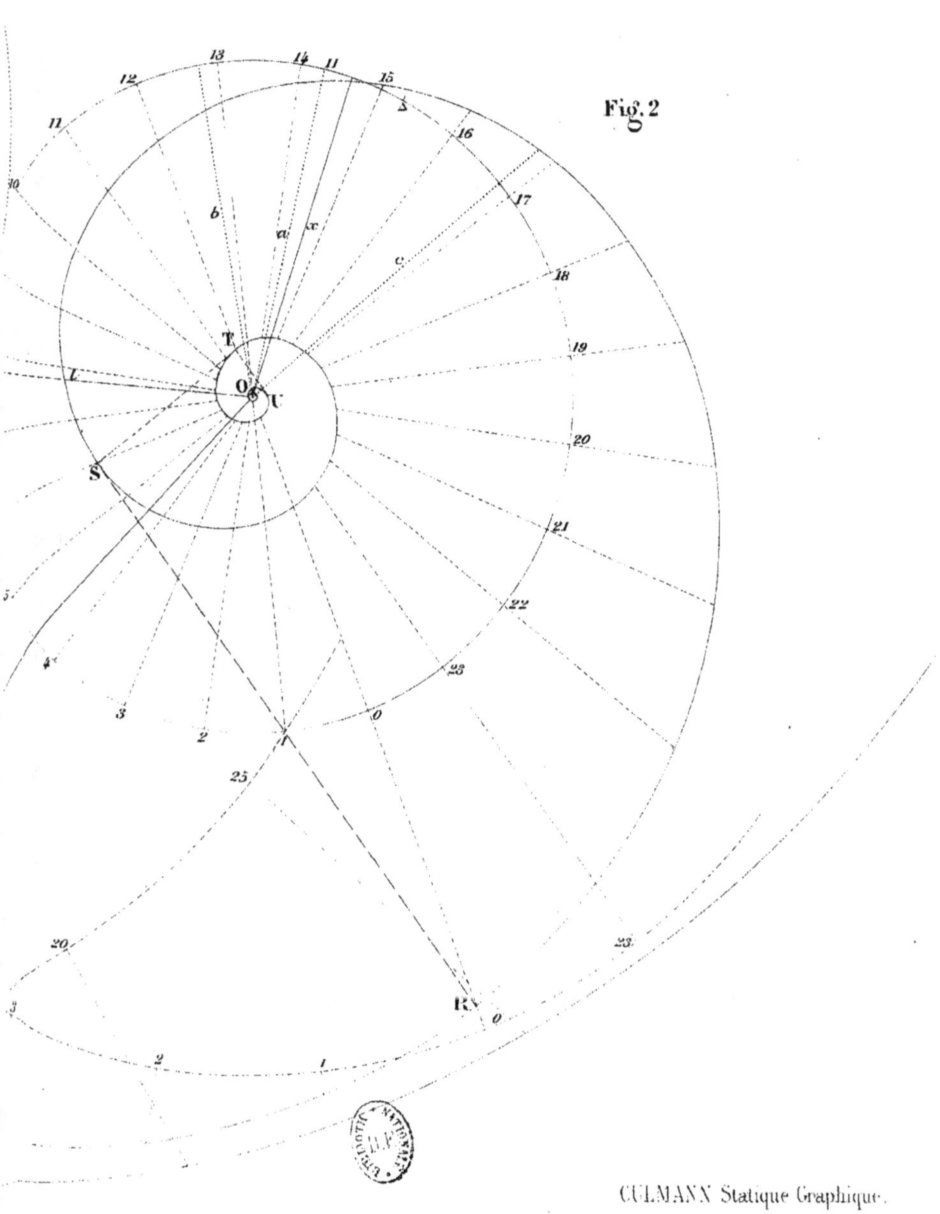

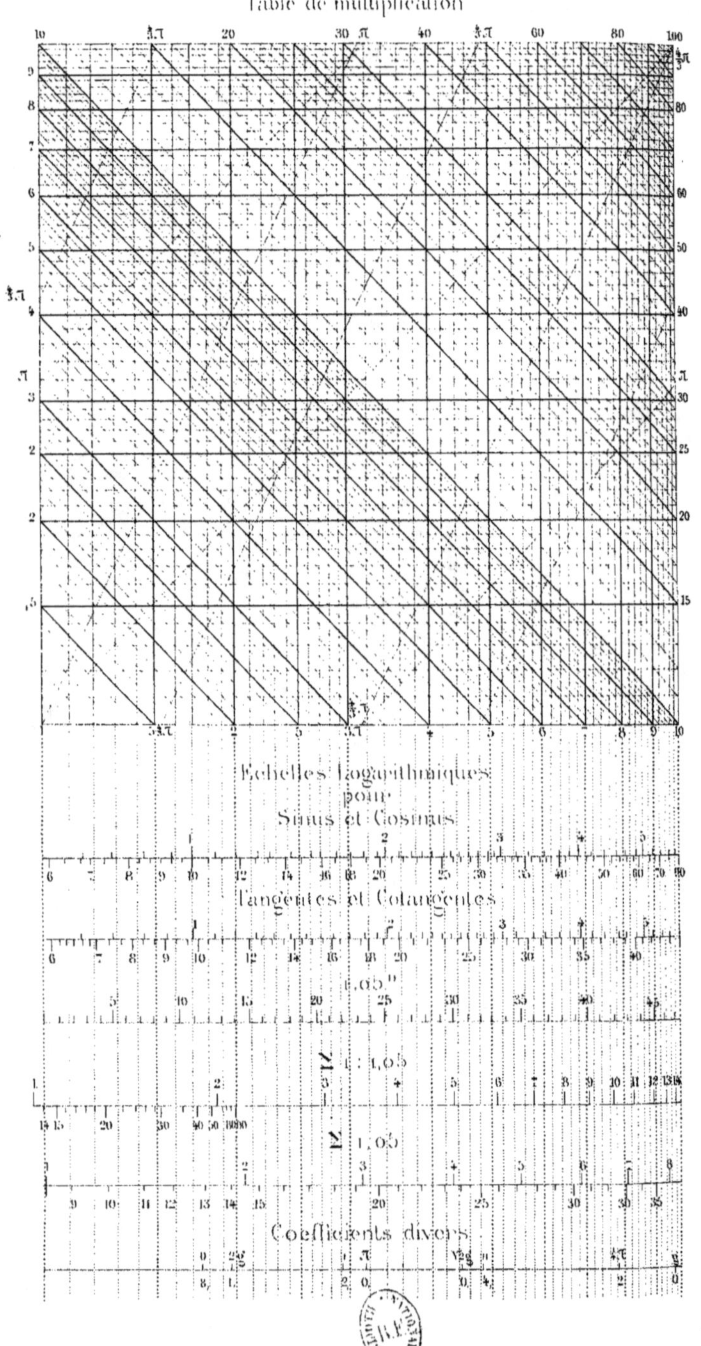

Fig.1
Table de multiplication
Échelles logarithmiques
pour
Sinus et Cosinus
Tangentes et Cotangentes
M : 1,05
M : 1,05
Coefficients divers

Fig. 2

Table des produits $a^2 b$ et $\sqrt{a^2 b}$

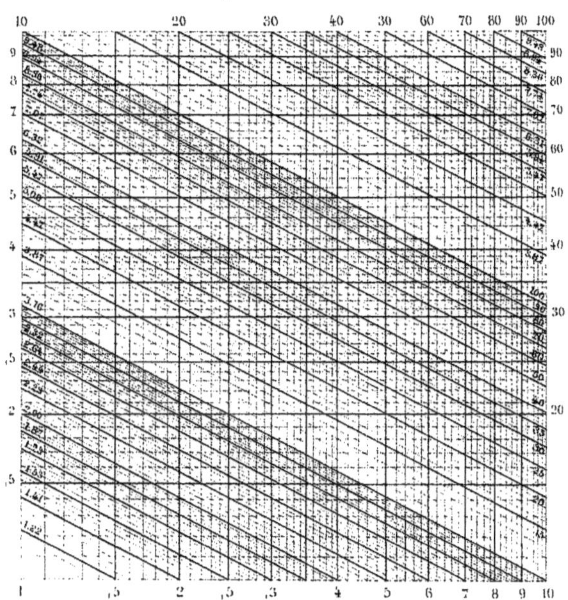

Fig. 3

Table de surfaces

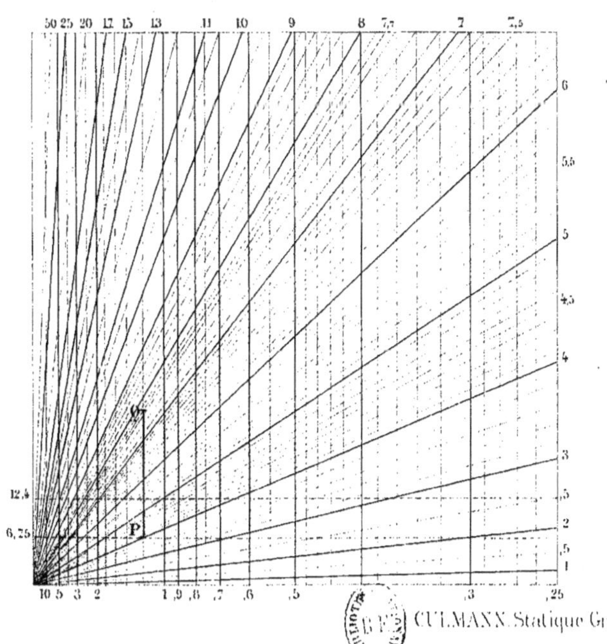

CULMANN. Statique Graphique.

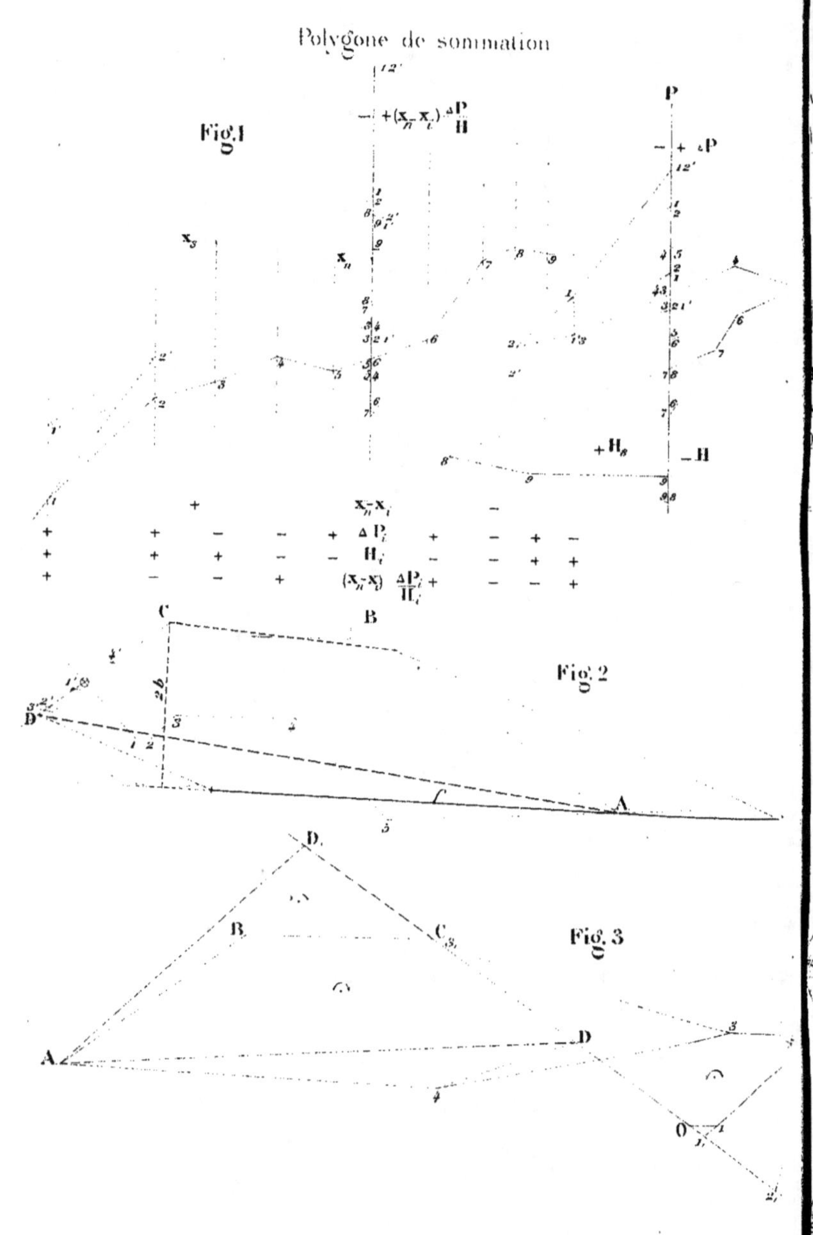
Polygone de sommation
Fig.1
Fig. 2
Fig. 3
A
B
C
D

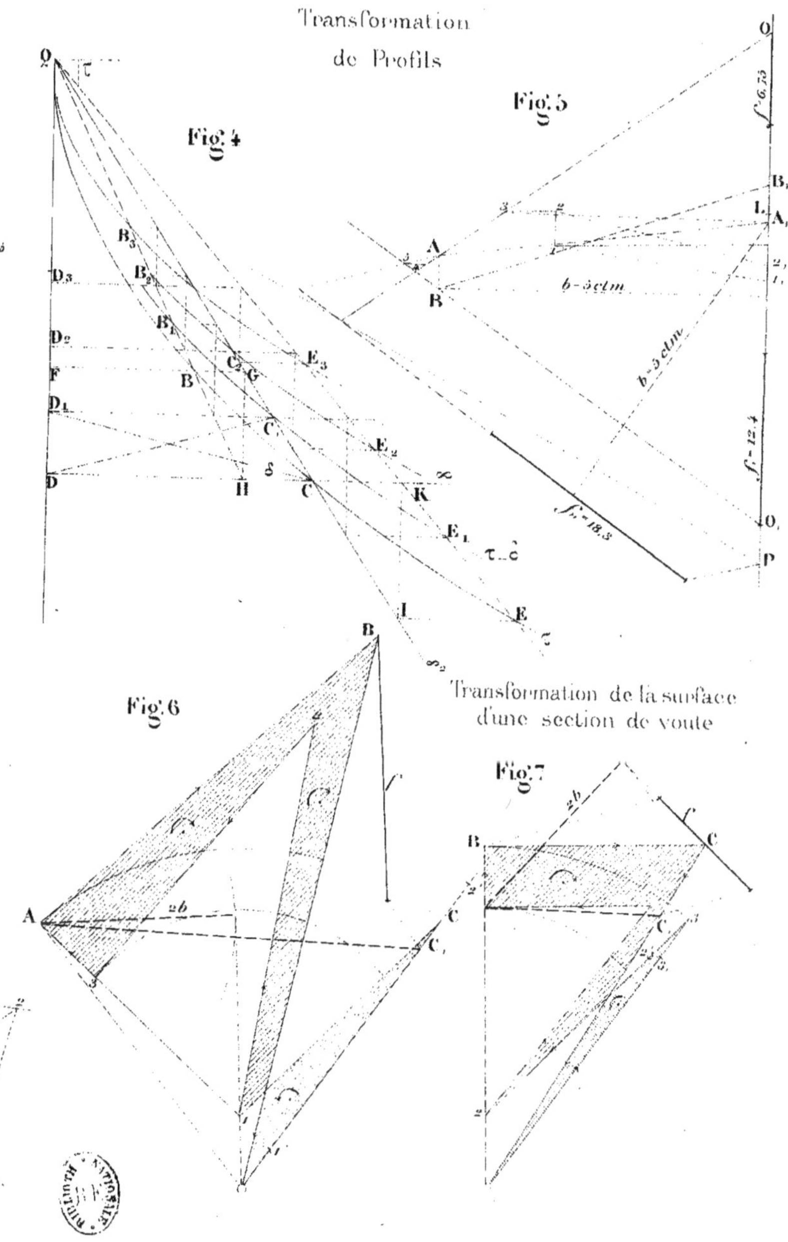

CULMANN. Statique Graphique.

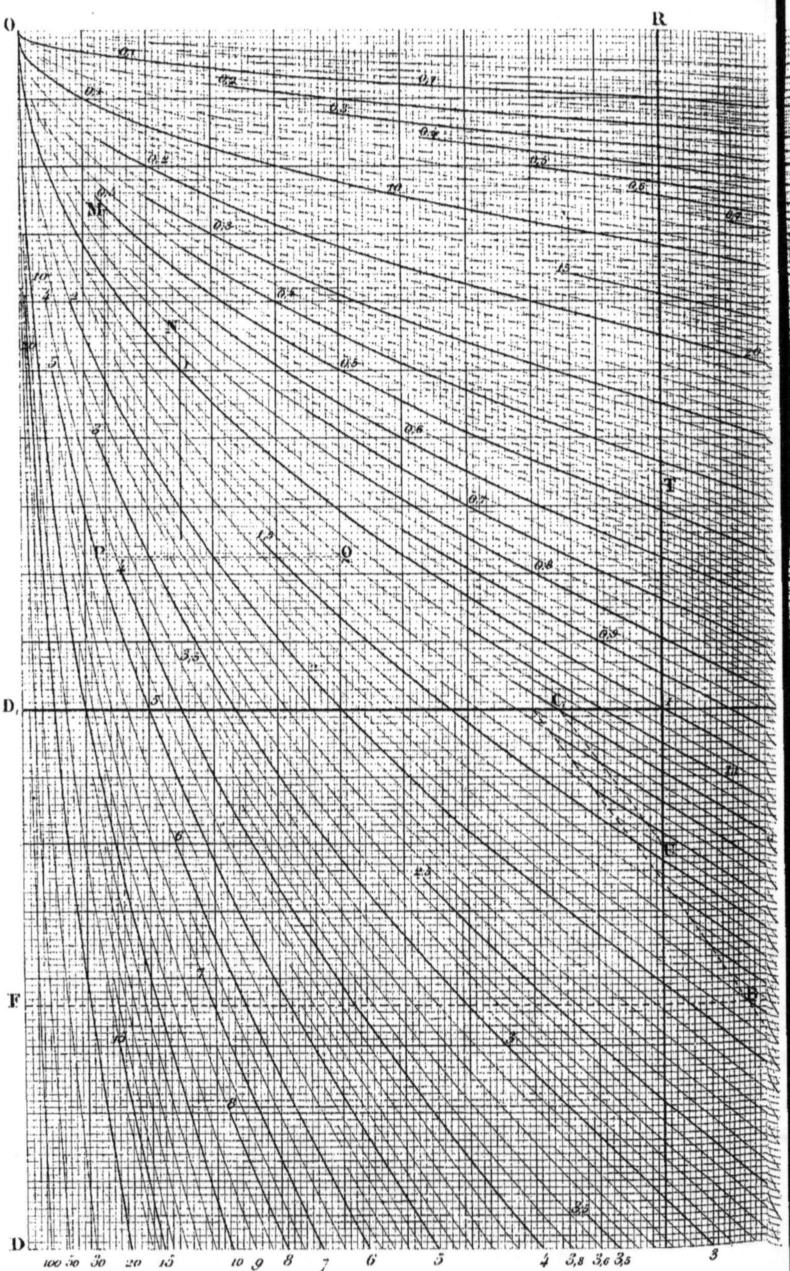

100 50 30 20 15 10 9 8 7 6 5 4 3,8 3,6 3,5 3

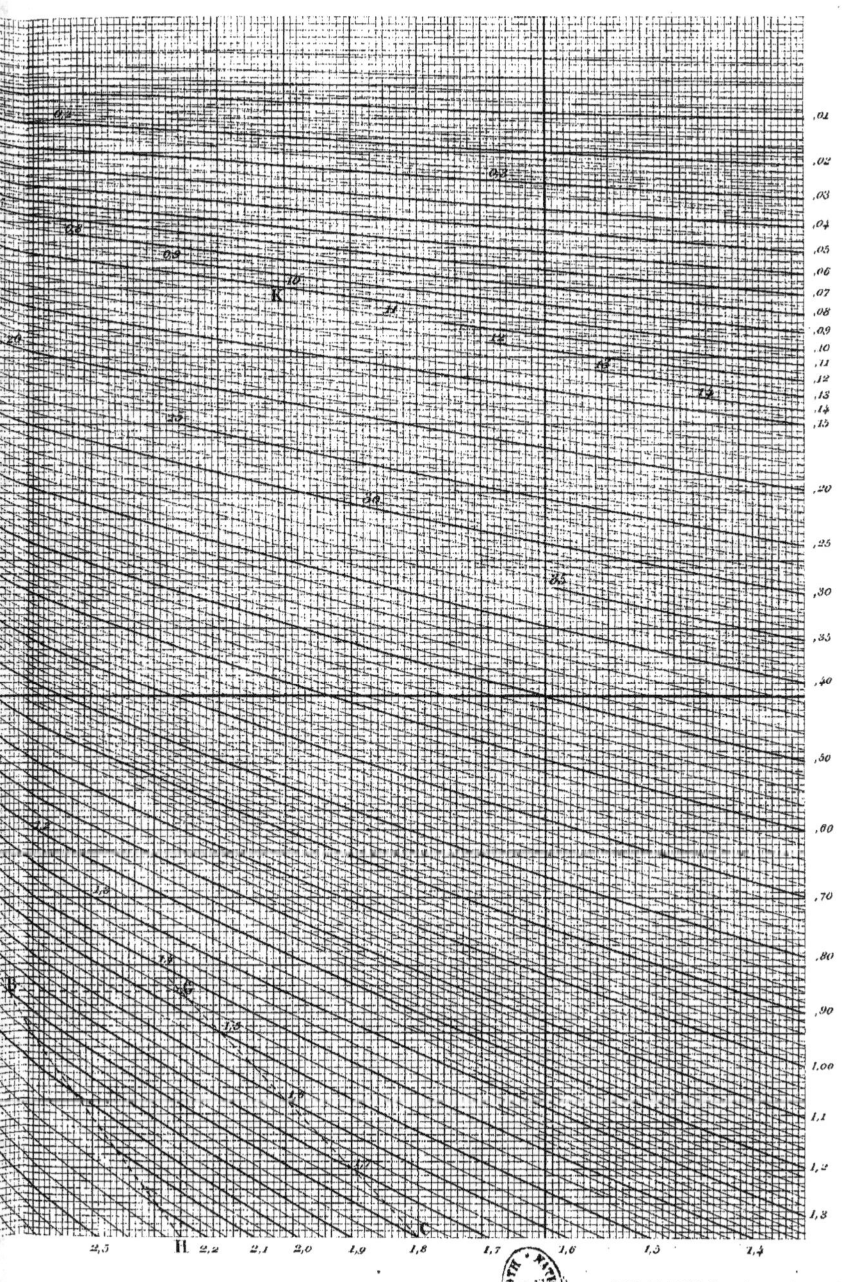

CULMANN. Statique Graphique.

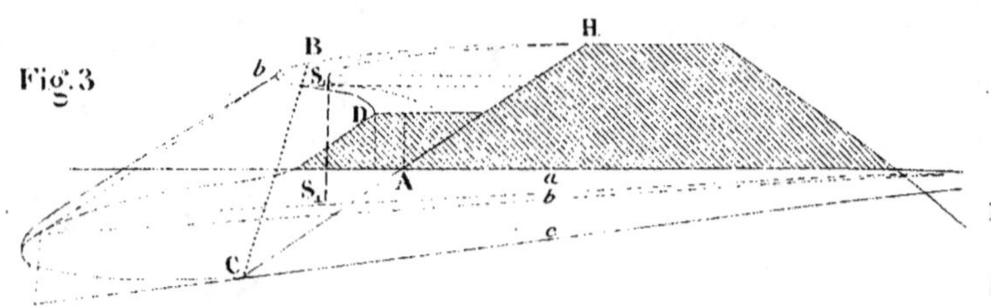

Traversée de chemins

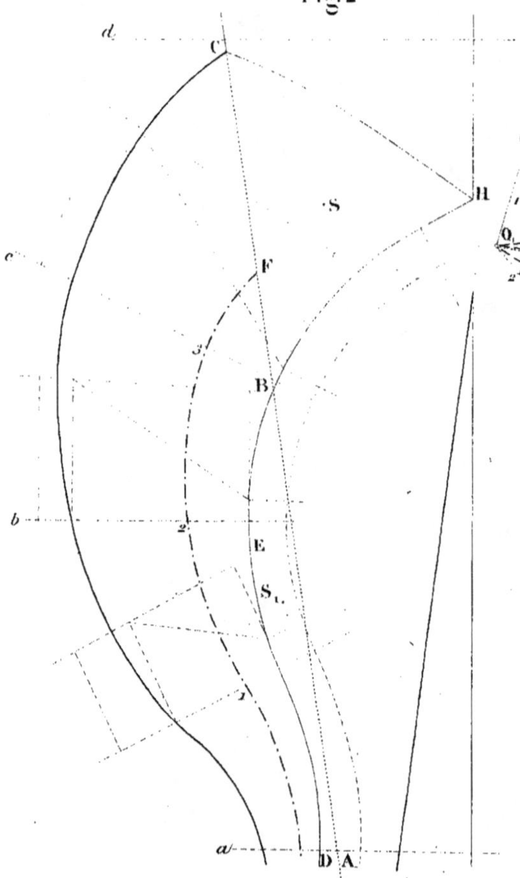

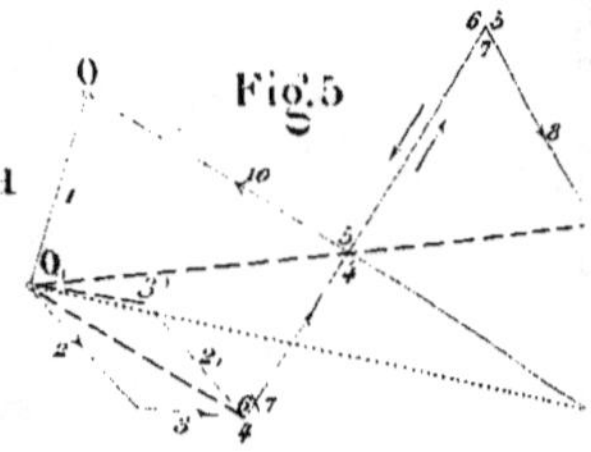

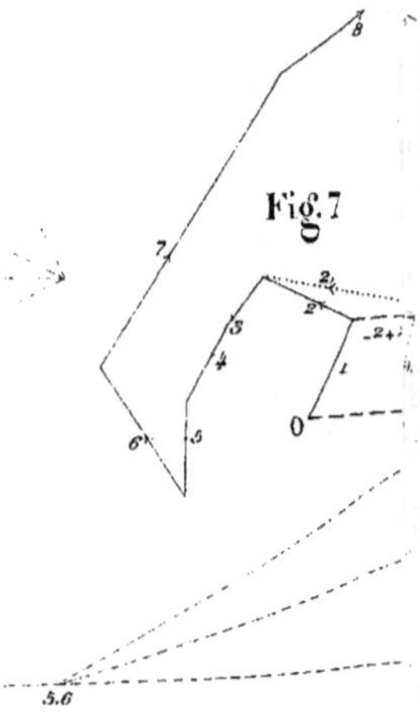

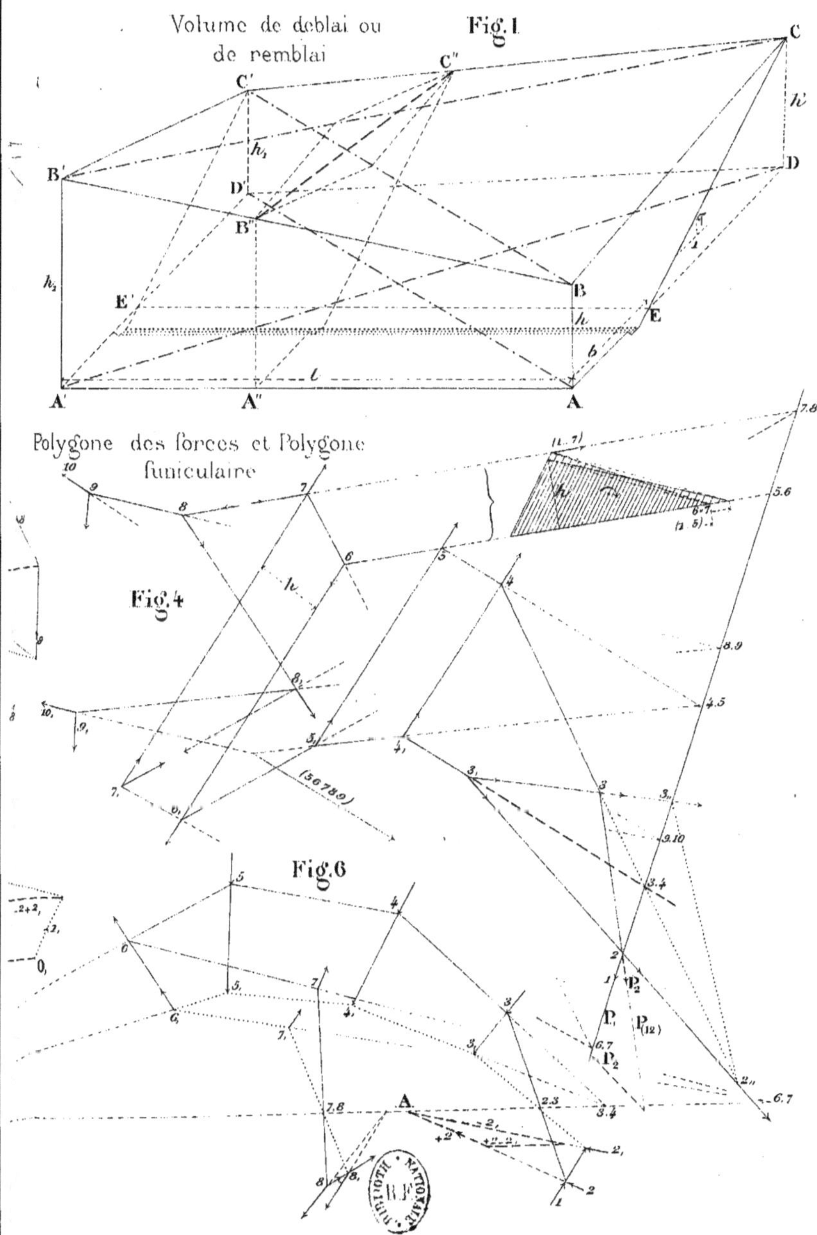
Volume de deblai ou
de remblai
Fig. 1.
C'
C"
C
h'
B'
h_1
D'
D
B"
h_2
E'
B
h
E
b
l
A'
A"
A
Polygone des forces et Polygone
funiculaire
Fig. 4
Fig. 6
(1.7)
7.8
5.6
6.7
(1.5)
8.9
4.5
(5.6.7.8.9)
9.10
3.4
P_2
P_1
P_(12)
P_2
6.7
6.7
3.4
2.3
2+2
A
1.8

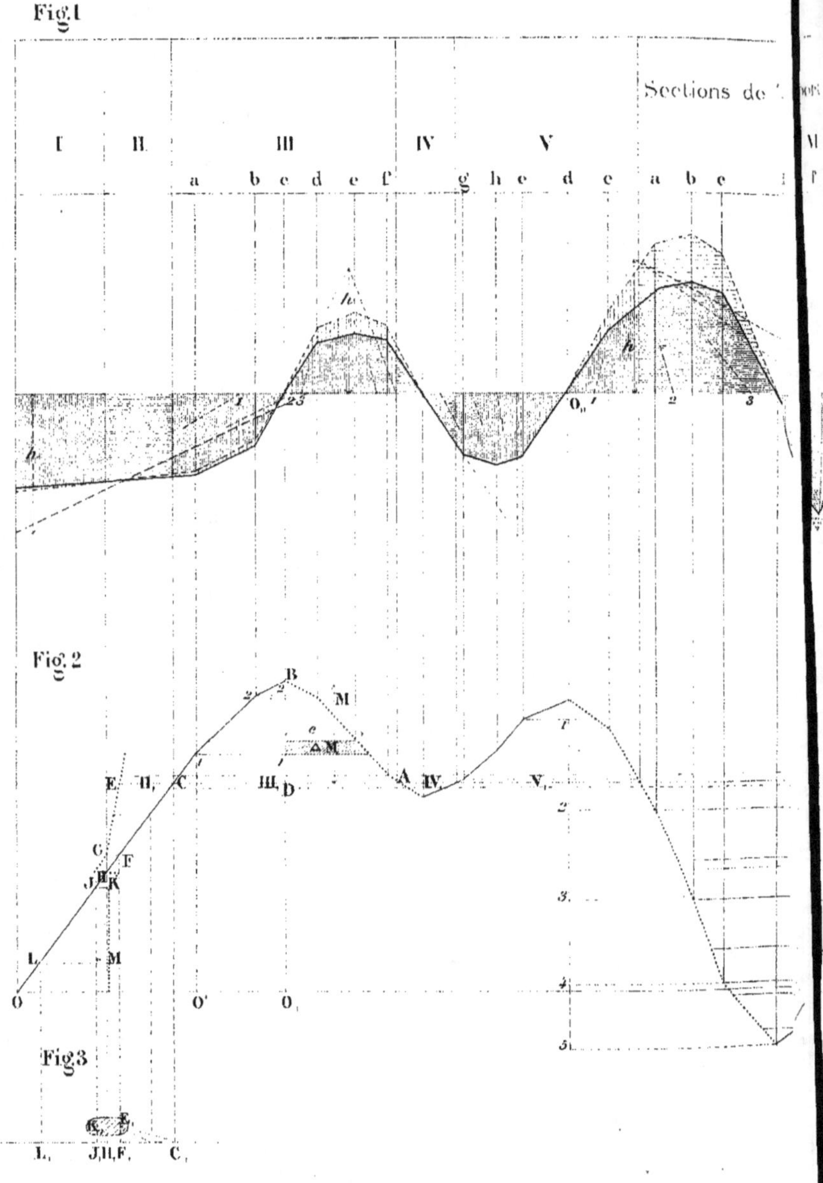

Fig.1
Sections de
I II III IV V
a b c d e f g h e d e a b e
Fig.2
B M
c M
E II C III D A IV V F
G F
J H K
L M
O O' O
Fig.3
L J,H,F C

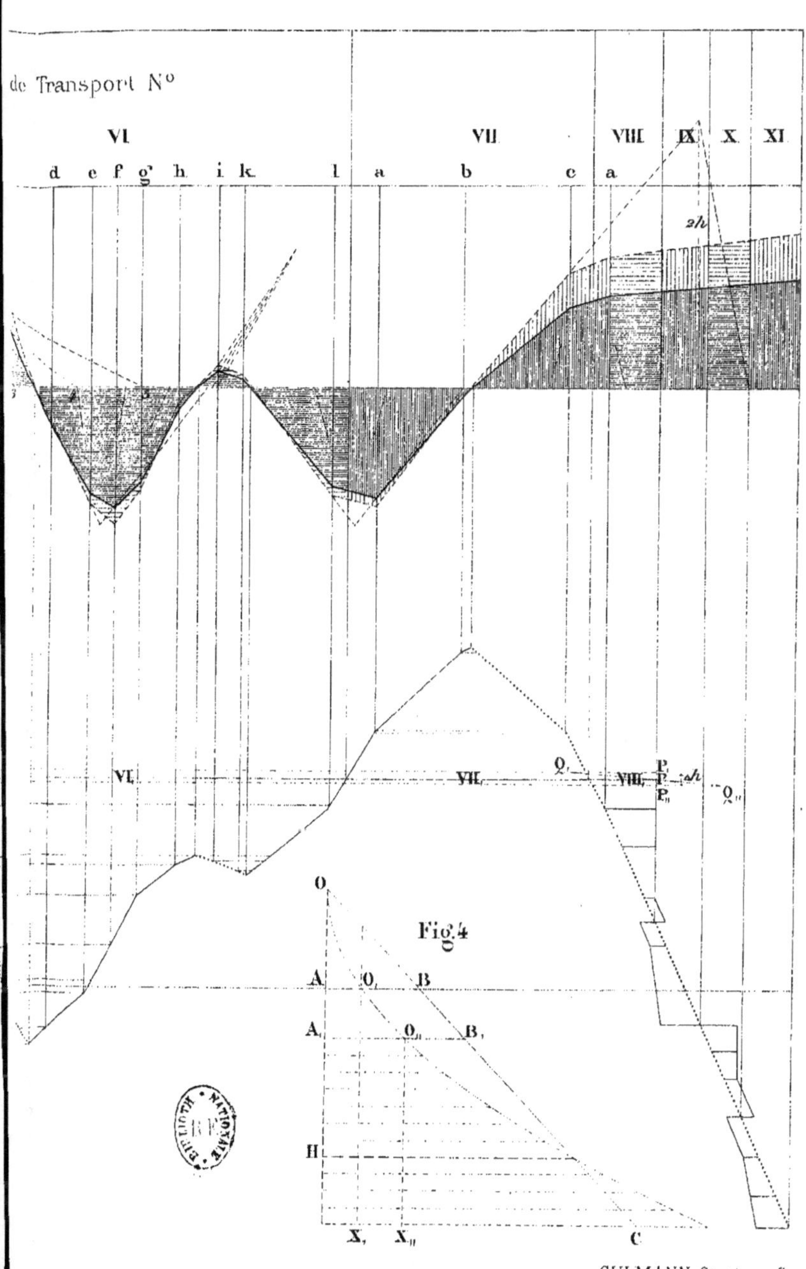

CULMANN. Statique Graphique.

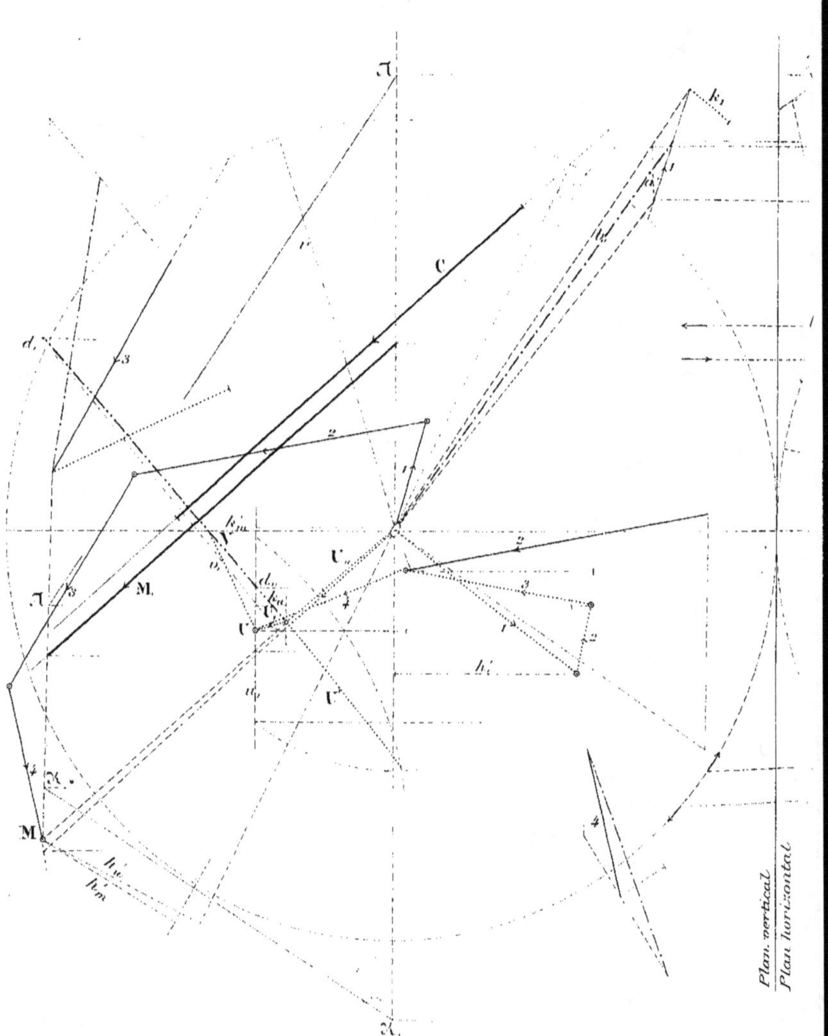
Plan vertical
Plan horizontal

de lignes conjuguées et de l'axe central

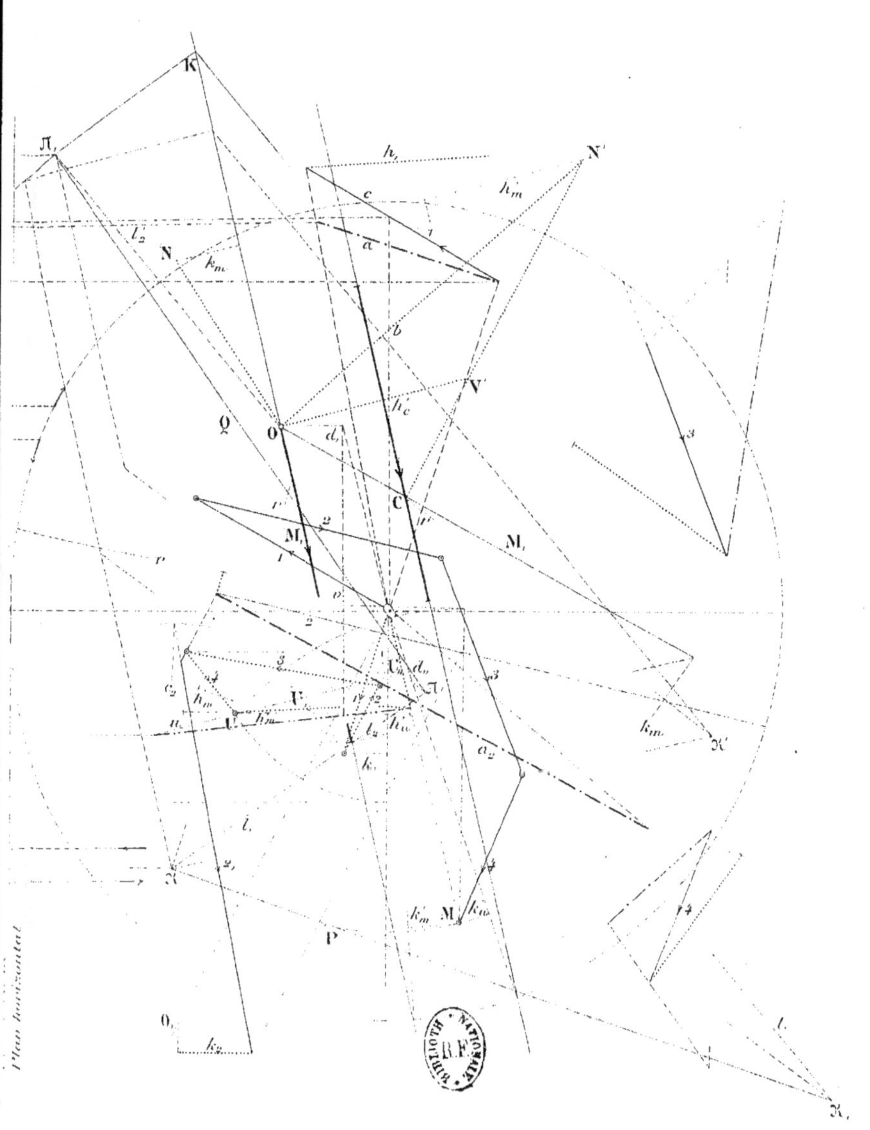

CULMANN. Statique Graphique.

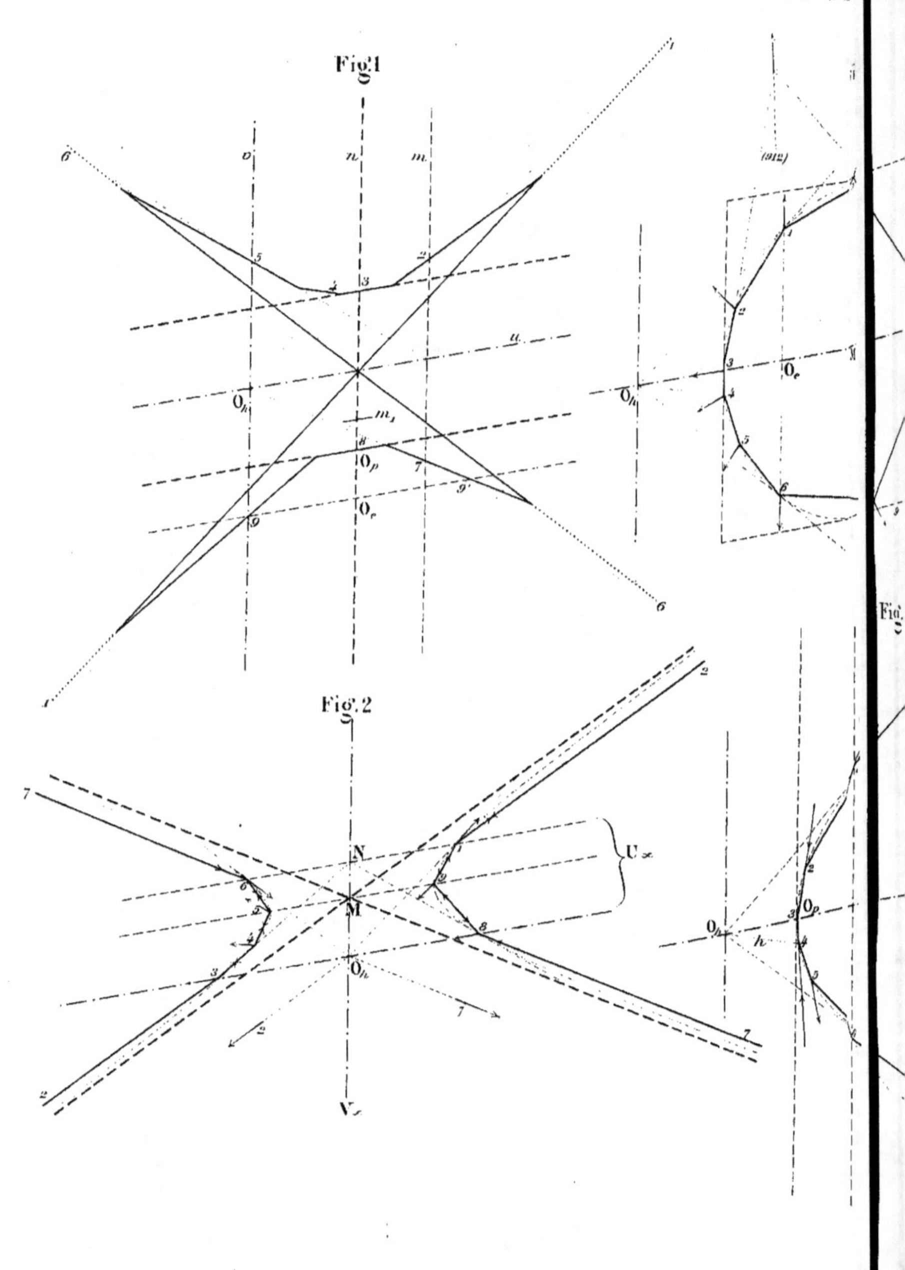

Fig. 1
Fig. 2

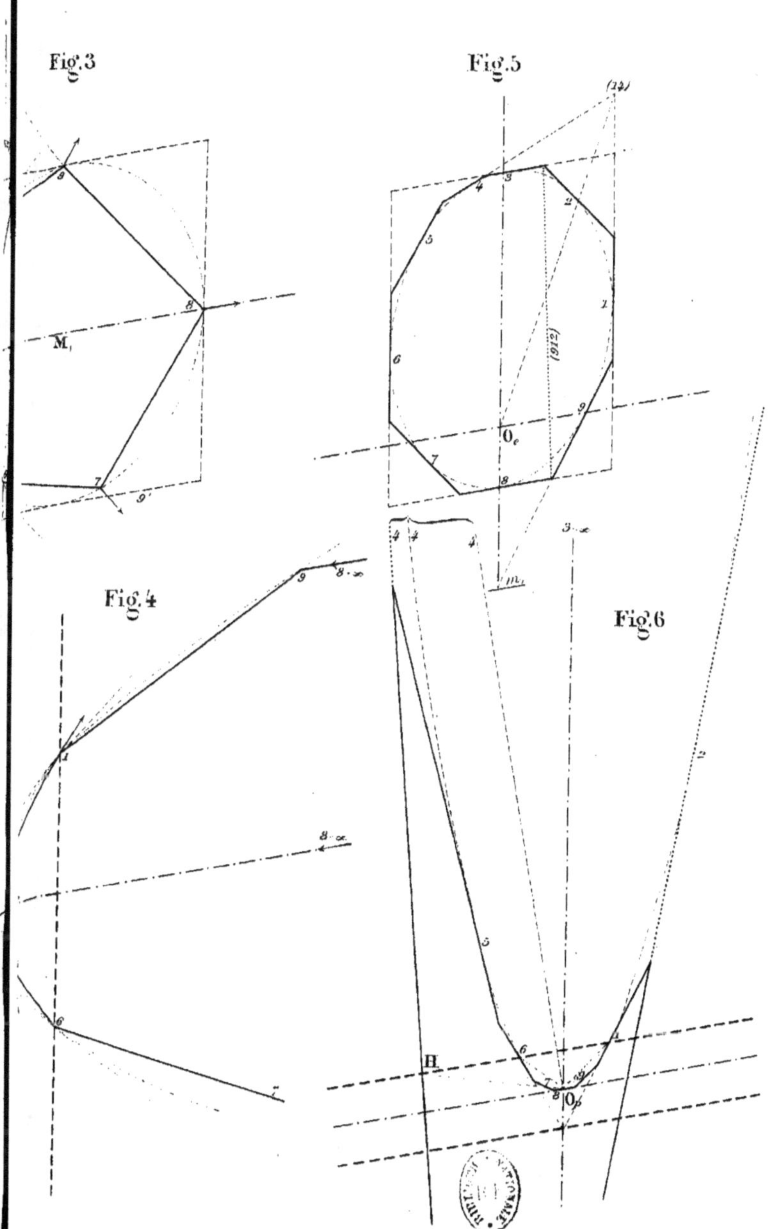
Fig.3
M,
Fig.4
Fig.5
O₆
Fig.6
H
O₆

Courbes de charge d'...

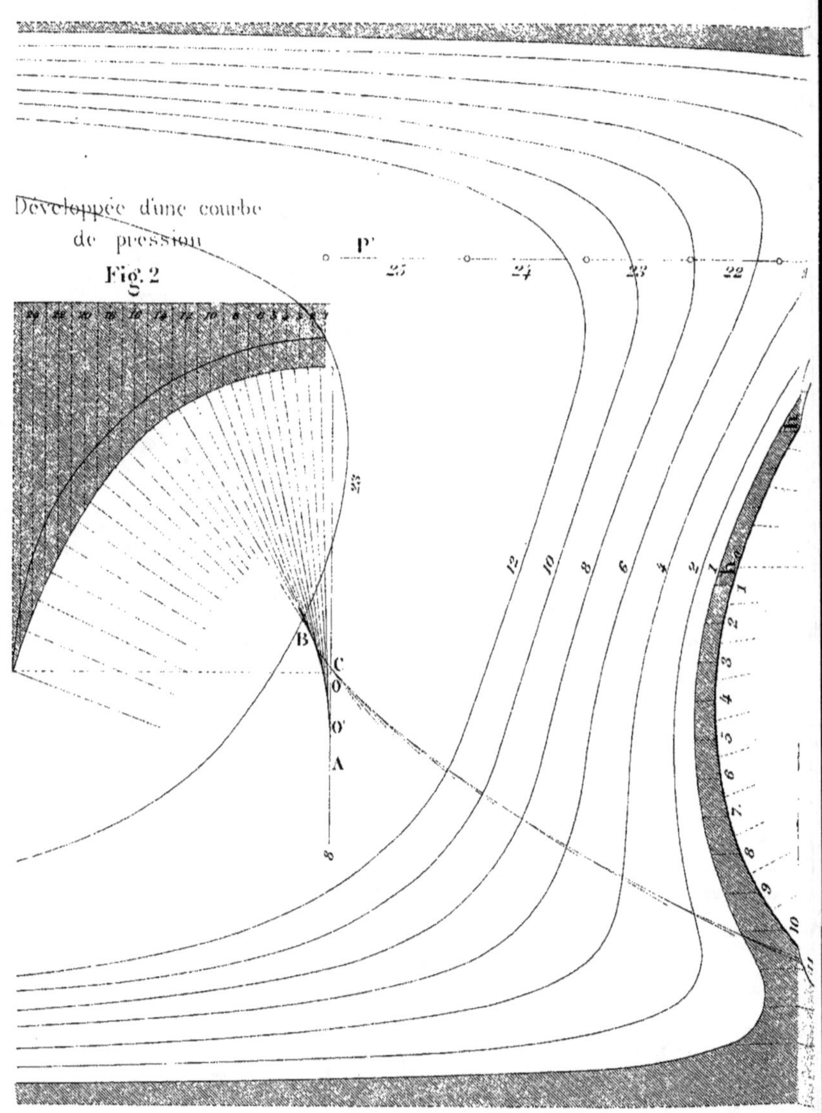

d'une voûte elliptique

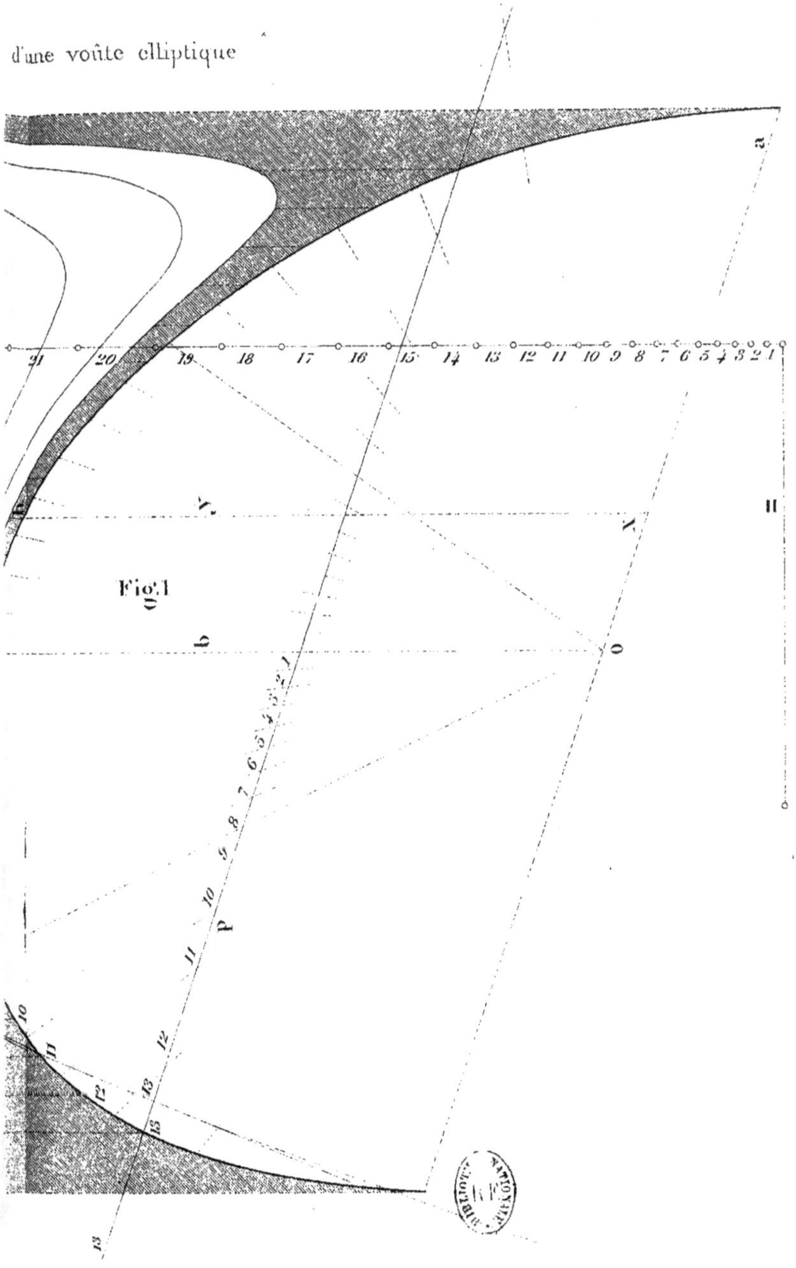

Fig. 1

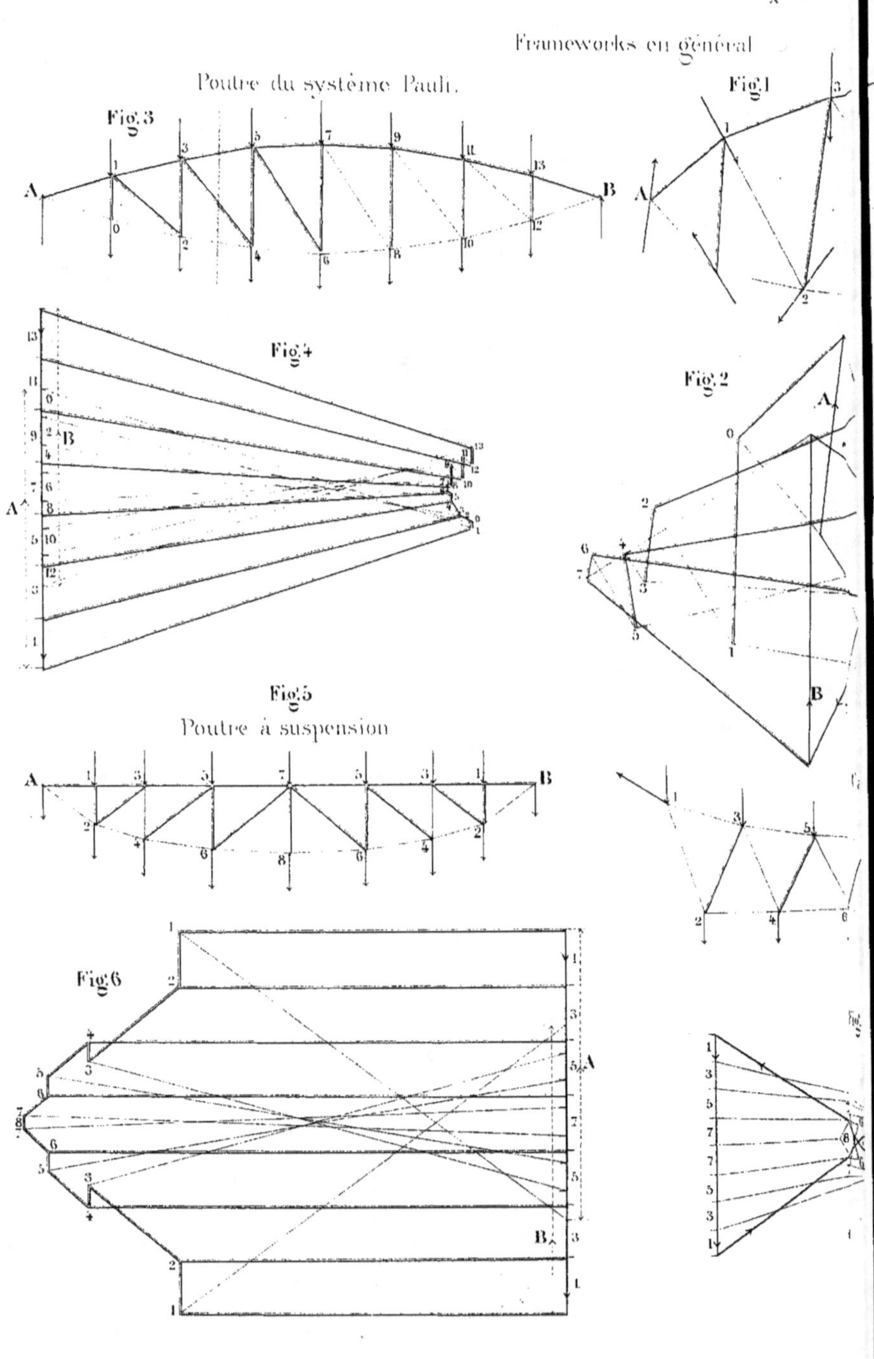
Frameworks en général
Poutre du système Pauli.
Fig. 3
Fig. 1
Fig. 2
Fig. 4
Fig. 5
Poutre à suspension
Fig. 6
A
B

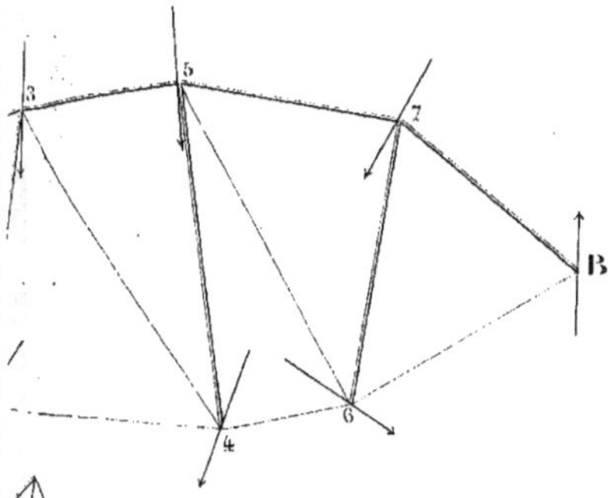

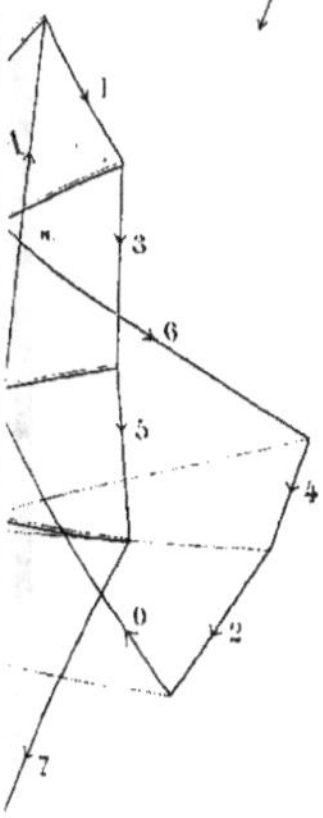

B

Grue

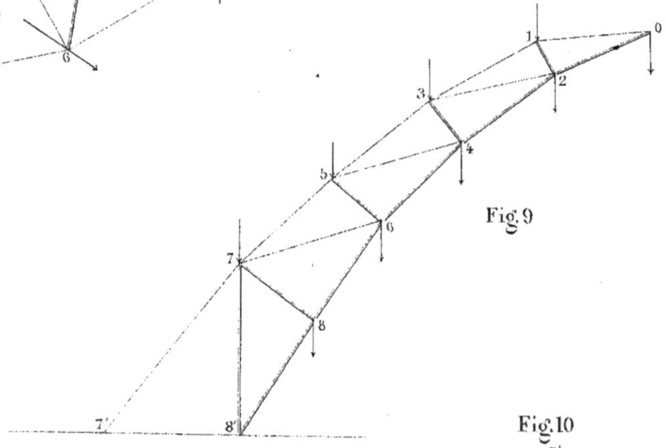

Fig.9

Fig.10

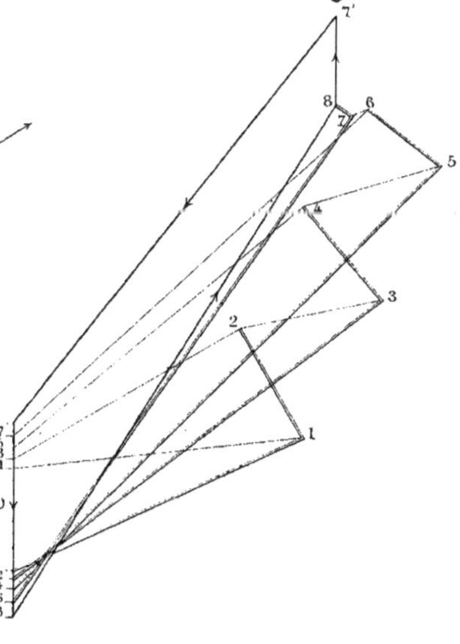

Fig.7
Cable rigide

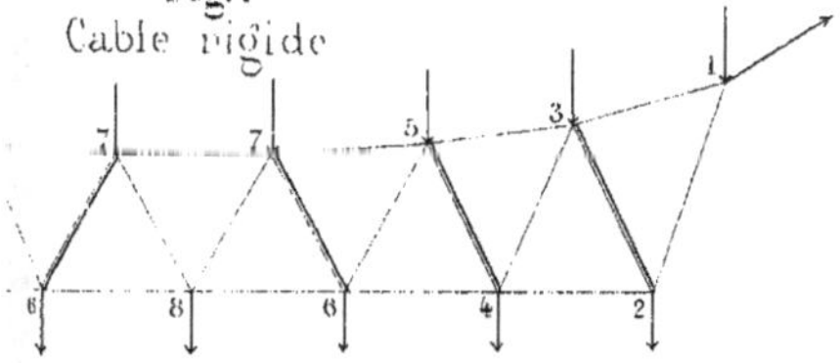

Fig.8

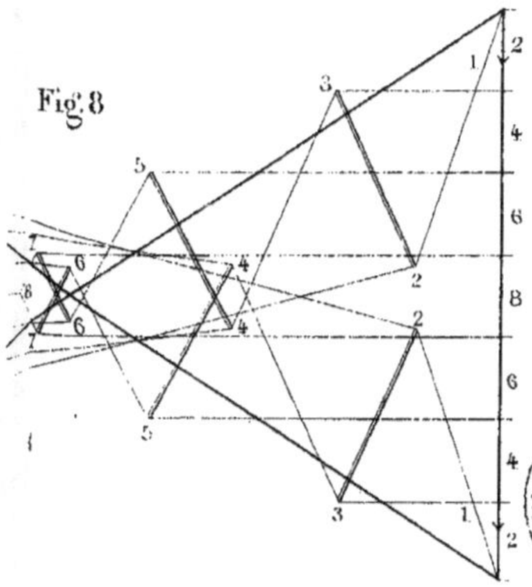

CULMANN. Statique Graphique.

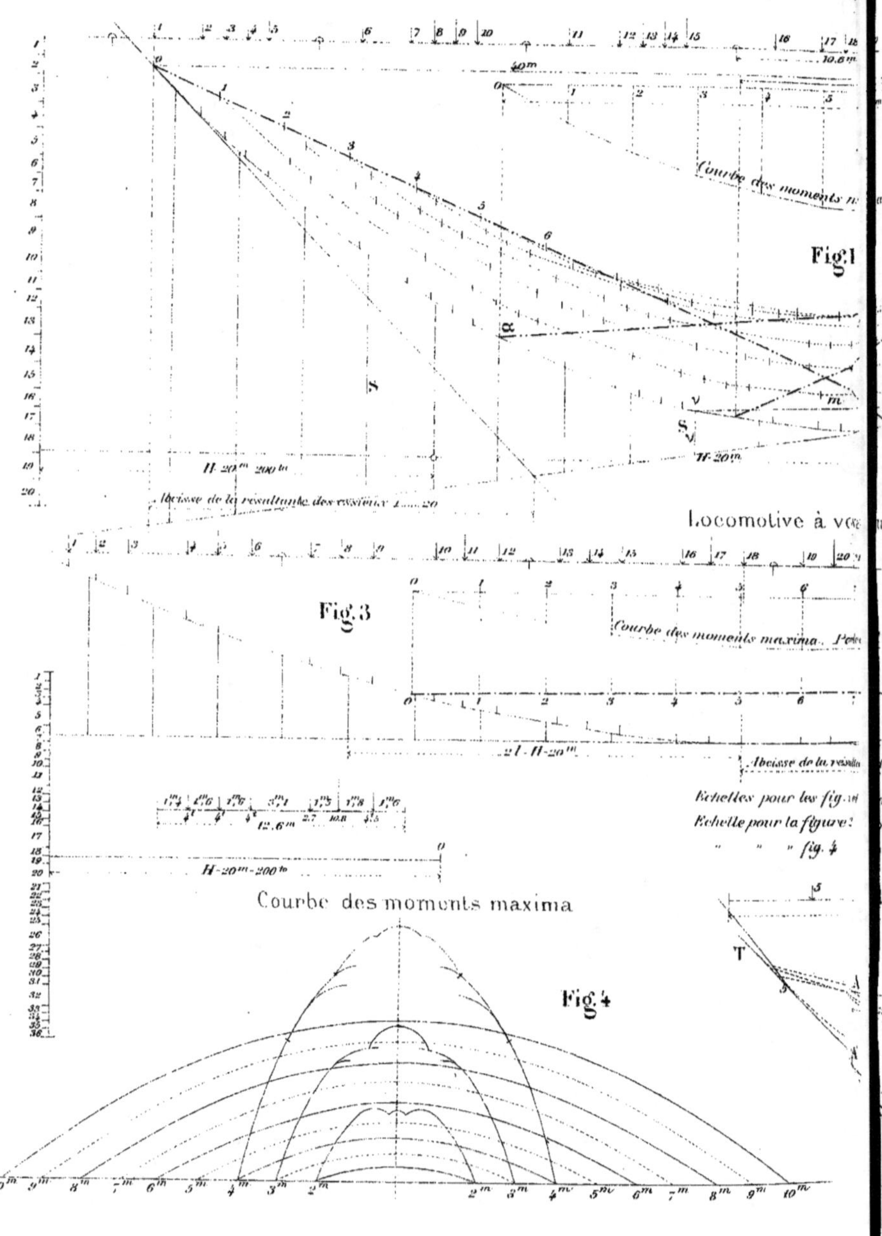
Courbe des moments maxima
Fig.1
Locomotive à voyageurs
Abcisse de la resultante des essieux 1....20
H-20m 200t
Fig.3
Courbe des moments maxima
Abcisse de la resulta...
Echelles pour les fig...
Echelle pour la figure...
fig. 4
H-20m-200t
Courbe des moments maxima
Fig.4
10m 9m 8m 7m 6m 5m 4m 3m 2m 2m 3m 4m 5m 6m 7m 8m 9m 10m

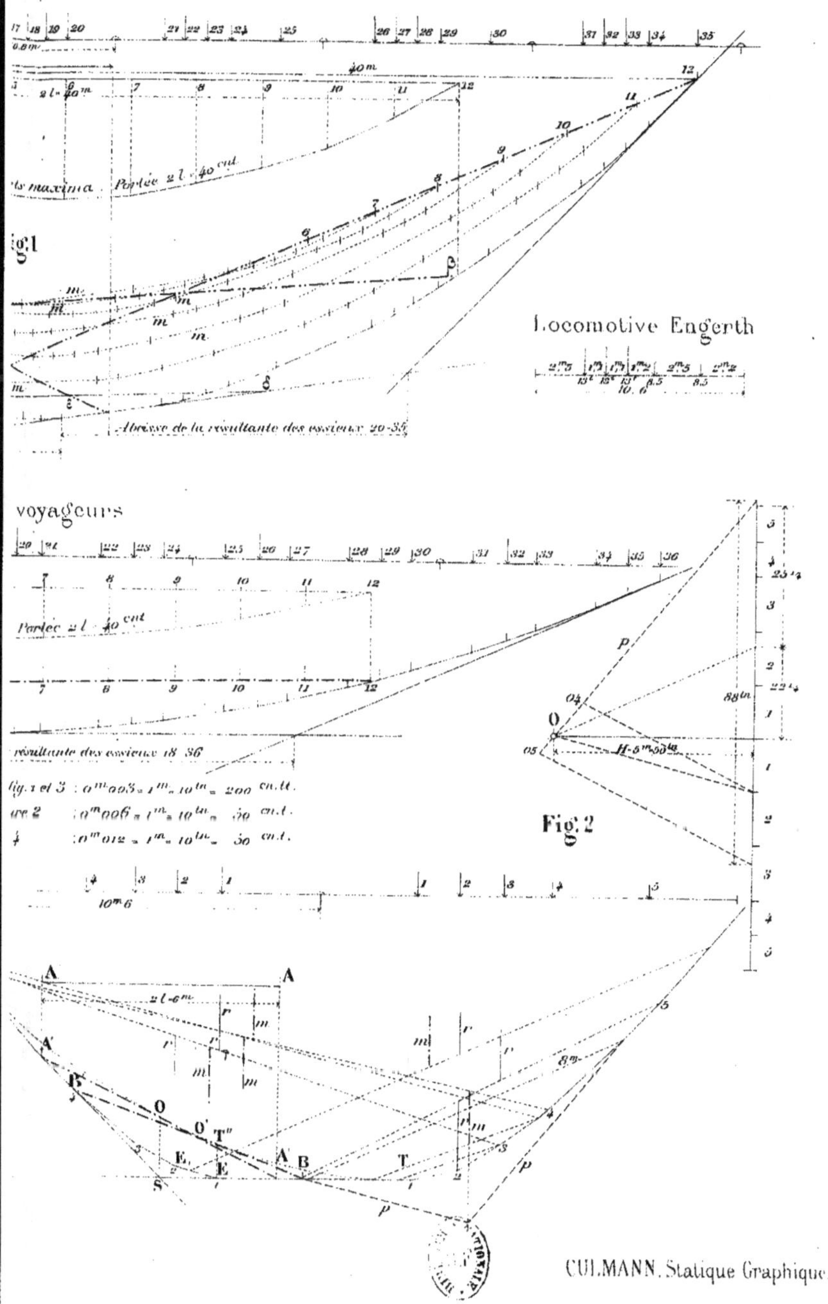

CULMANN. Statique Graphique

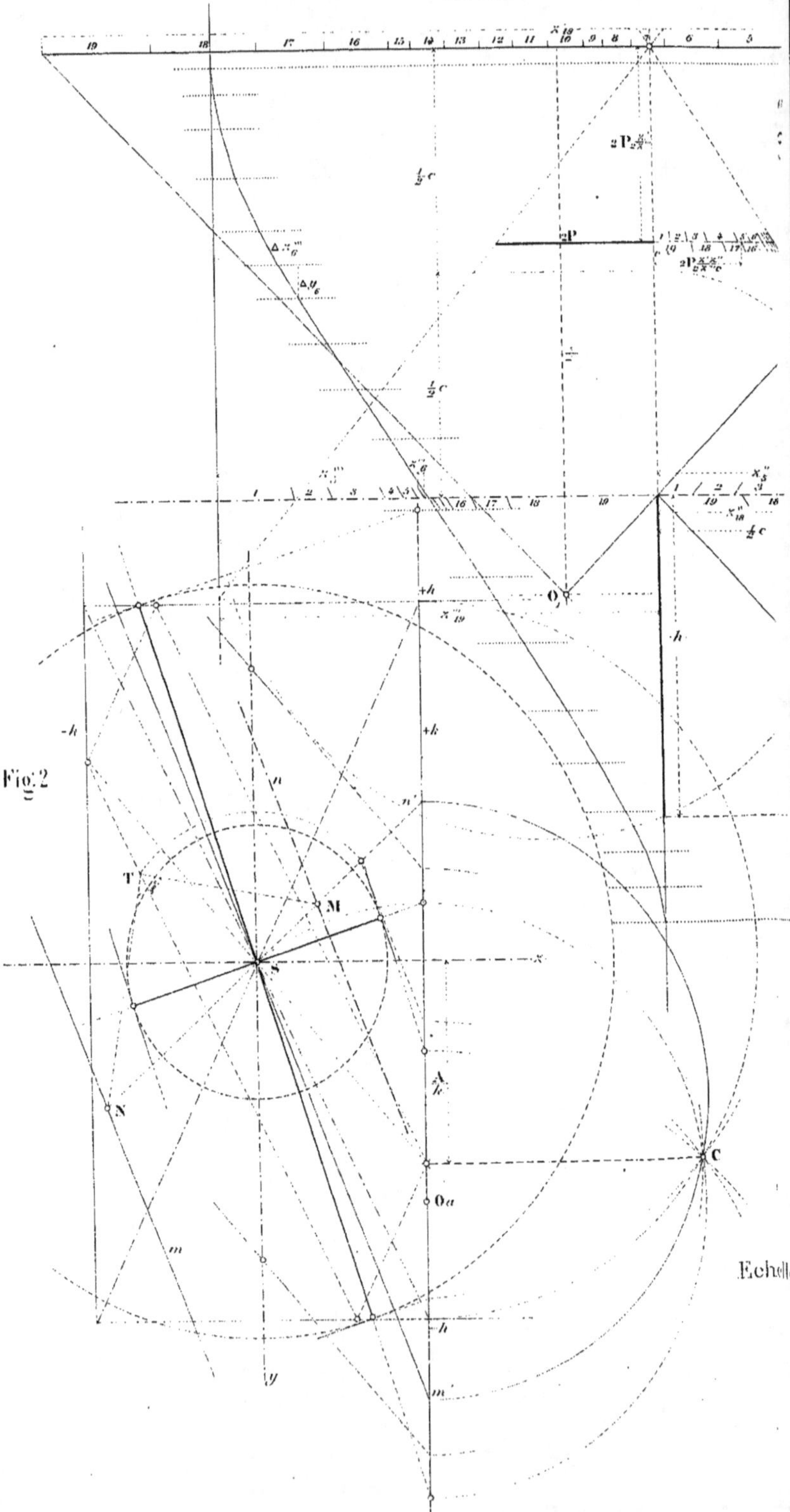

Fig. 2

Échelle

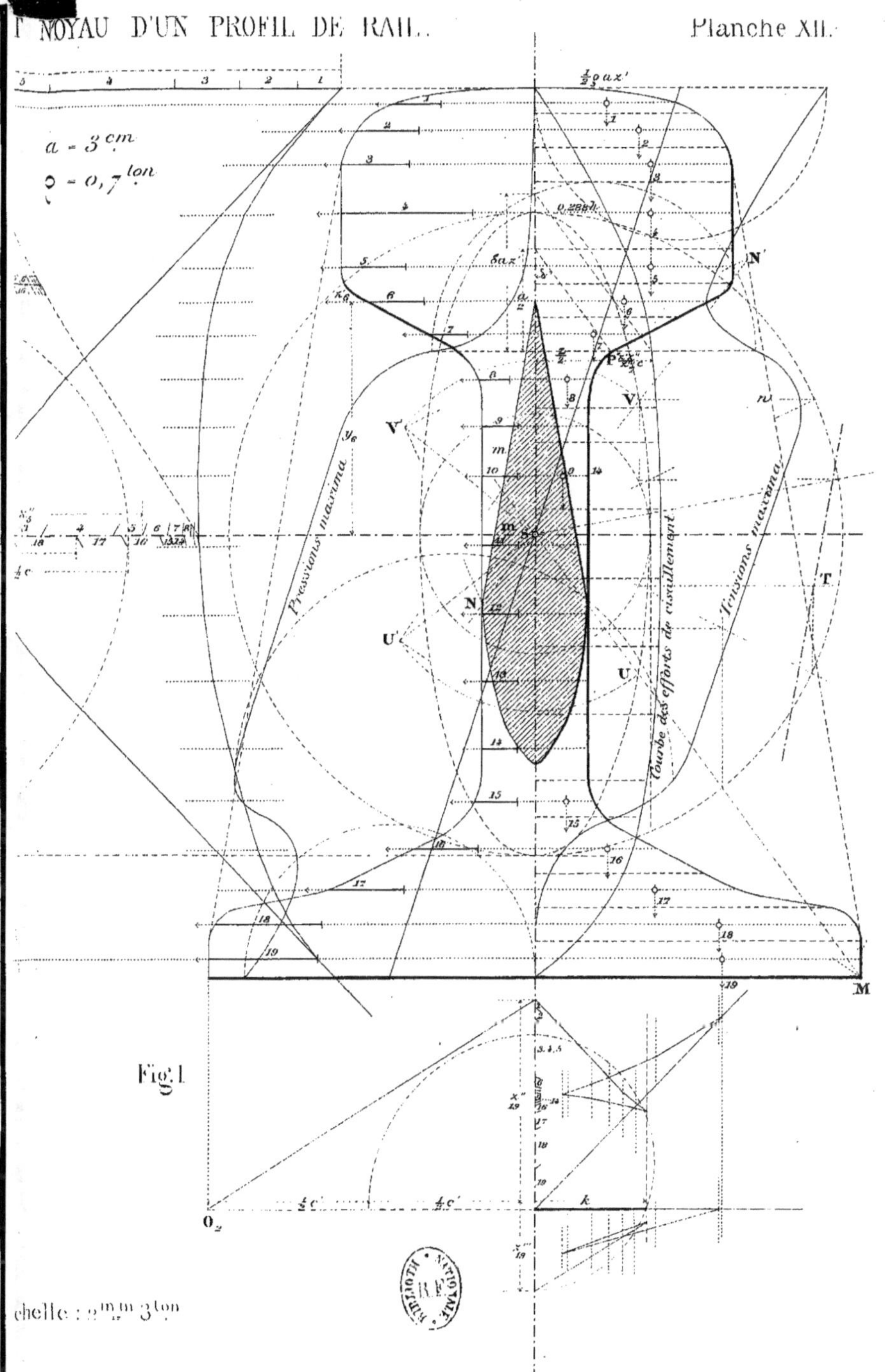
a = 3 cm
o = 0,7 ton
Pressions maxima
Tensions maxima
Courbe des efforts de cisaillement
N'
N
V'
V
U'
U
T
M
O_2
Fig. 1
Échelle : 2 m.m 3 ton.

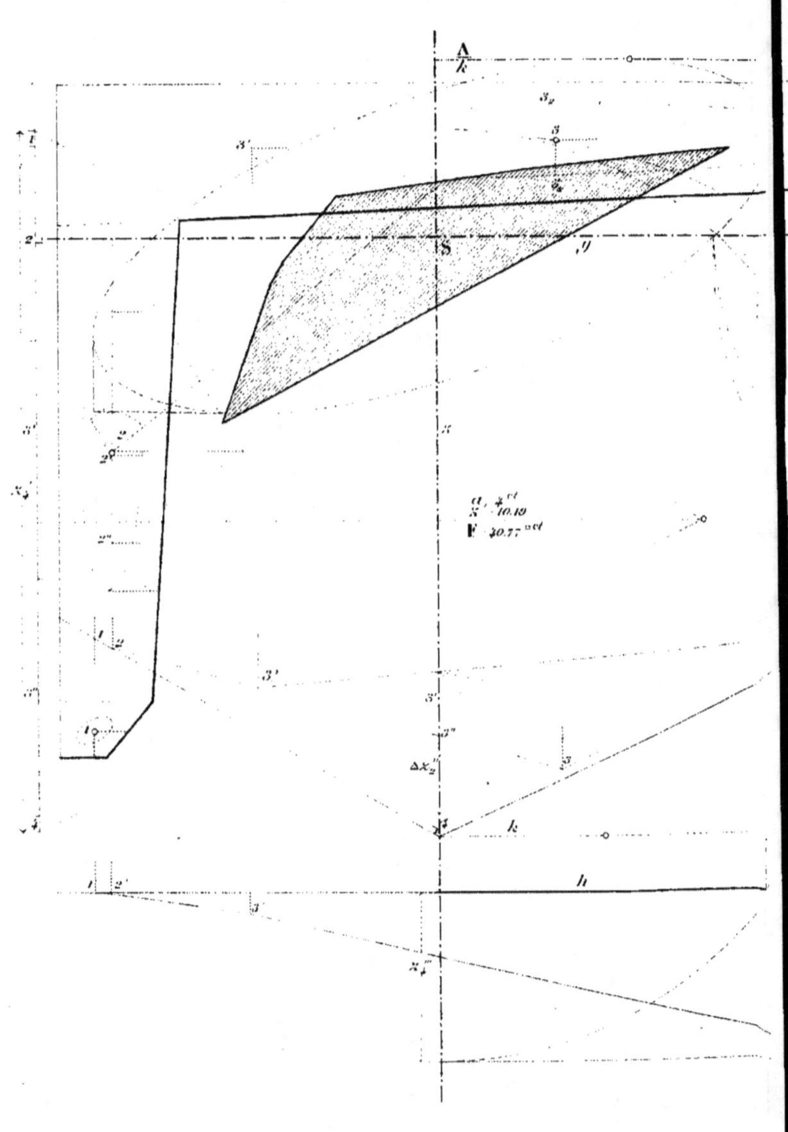

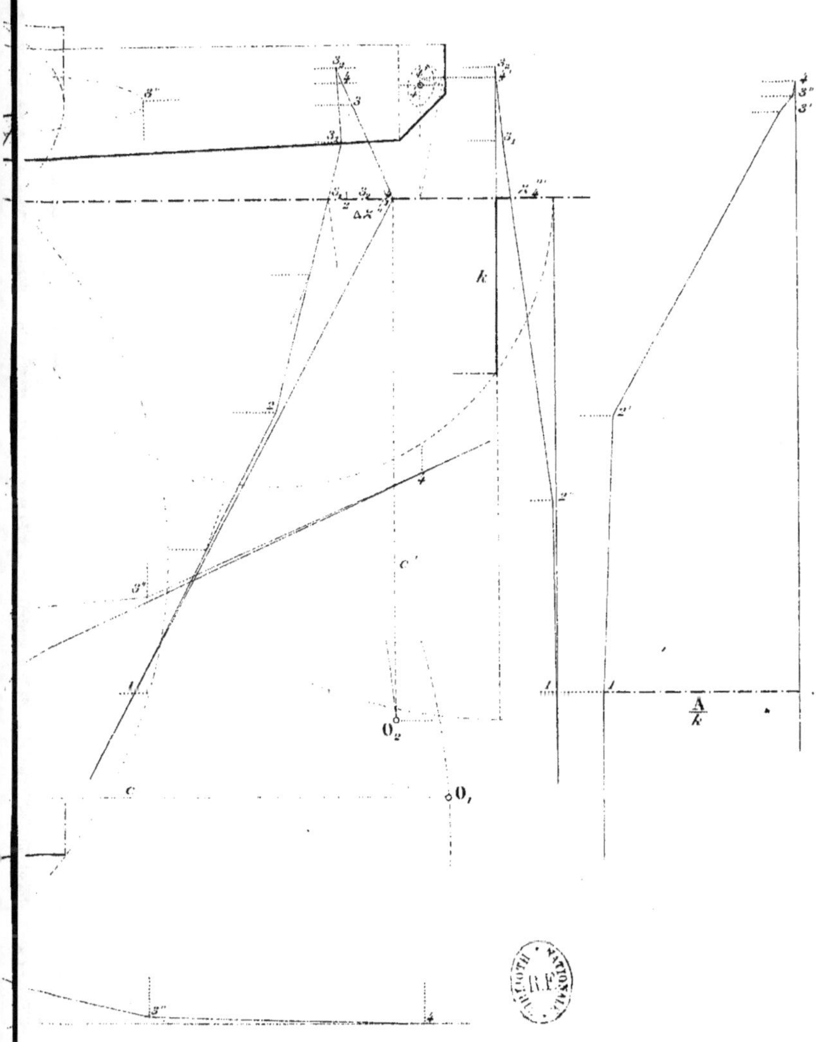

k
c'
c
O_2
O_1
A/k

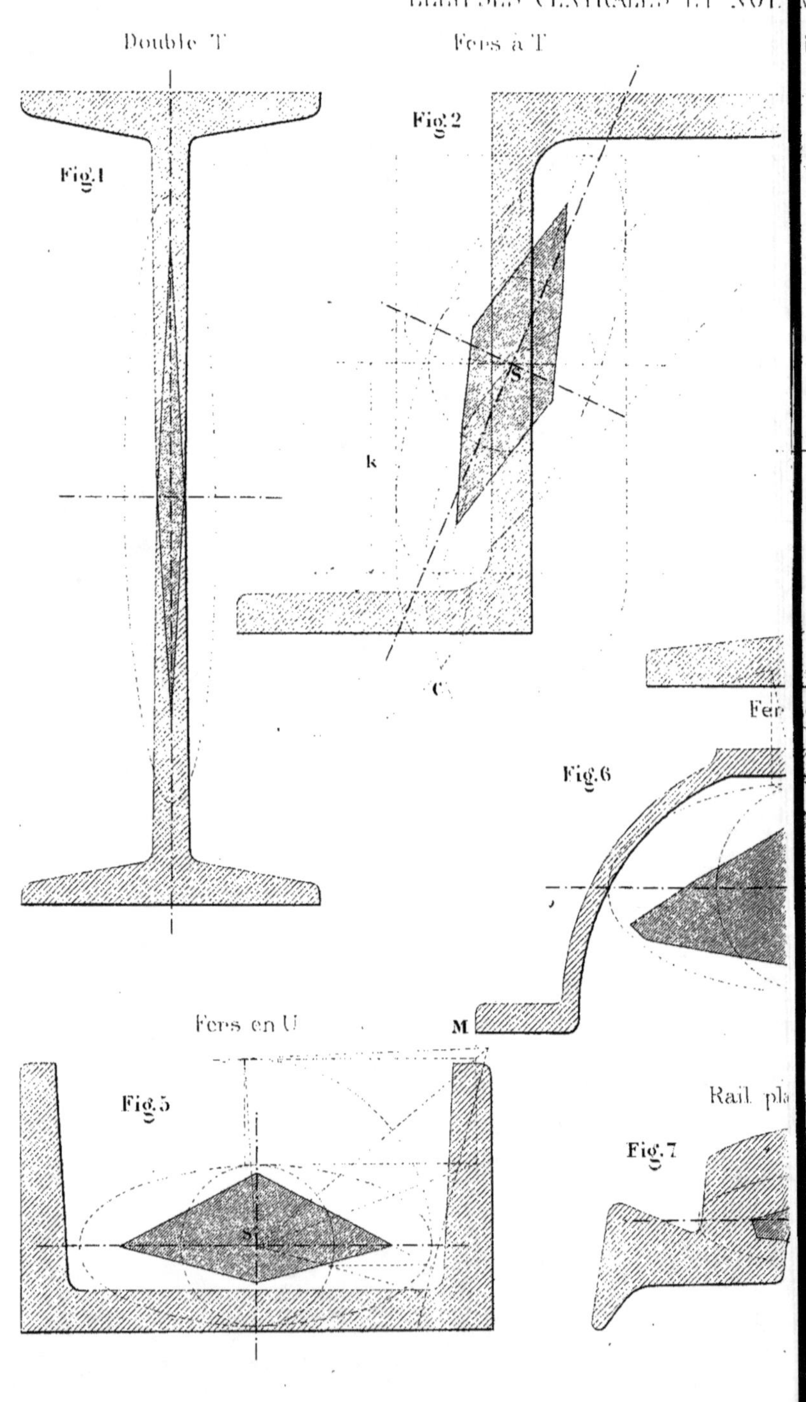
Double T
Fig.1
Fers à T
Fig.2
k
C
Fig.6
Fer [bord]
M
Fers en U
Fig.5
S
Rail plat [ament]
Fig.7

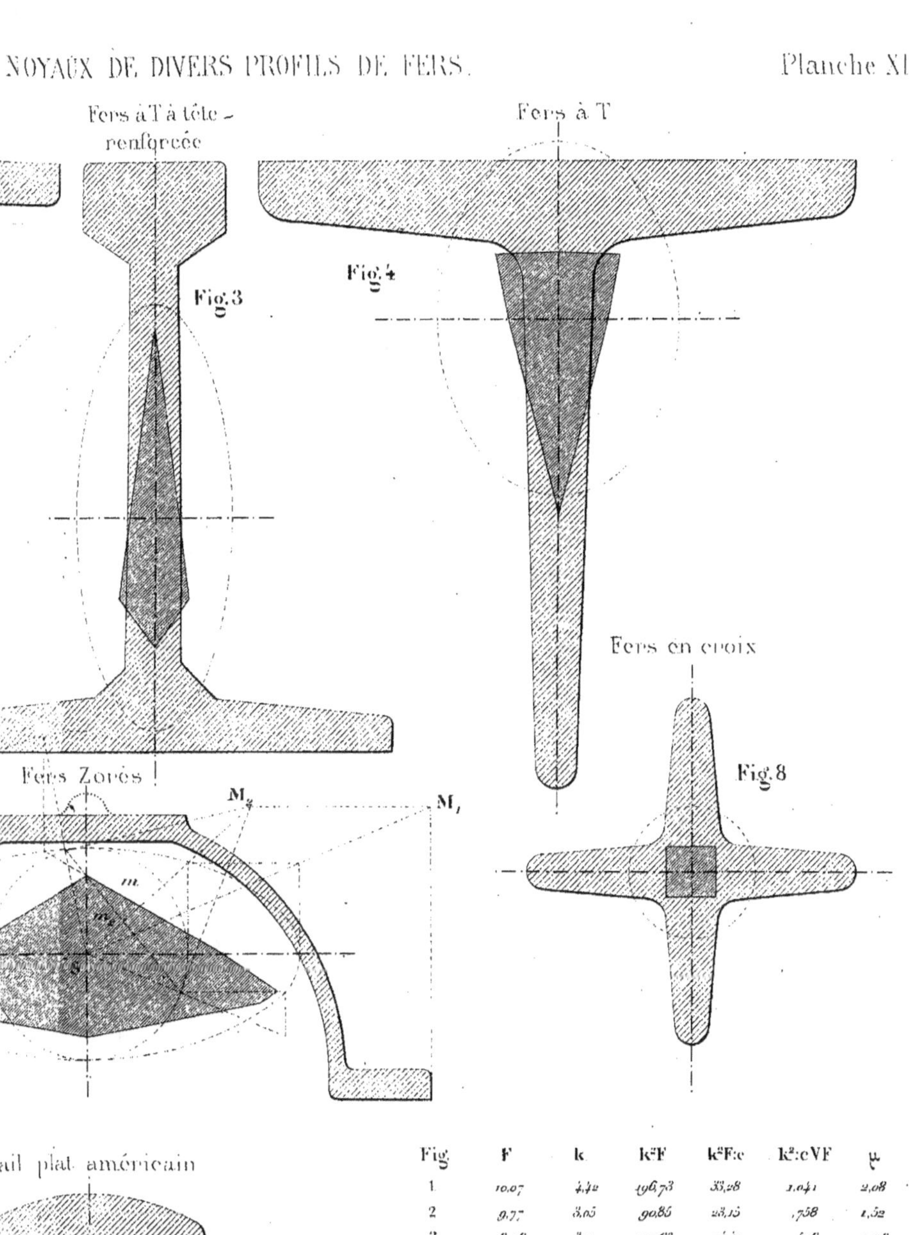

Fig.	F	k	k^2F	$k^3F{:}c$	$k^2{:}cVF$	μ
1	10,07	4,42	196,73	33,28	1,041	2,08
2	9,77	3,05	90,85	23,15	,758	1,52
3	13,28	3,10	127,63	24,49	,506	1,28
4	15,70	2,57	103,69	15,25	,245	,95
5	8,70	2,73	64,84	18,26	,712	1,43
6	4,70	1,55	11,29	5,32	,522	1,08
7	10,40	0,66	4,53	2,86	,085	,10
8	6,10	0,97	5,74	2,28	,151	,30

CULMANN. Statique Graphique.

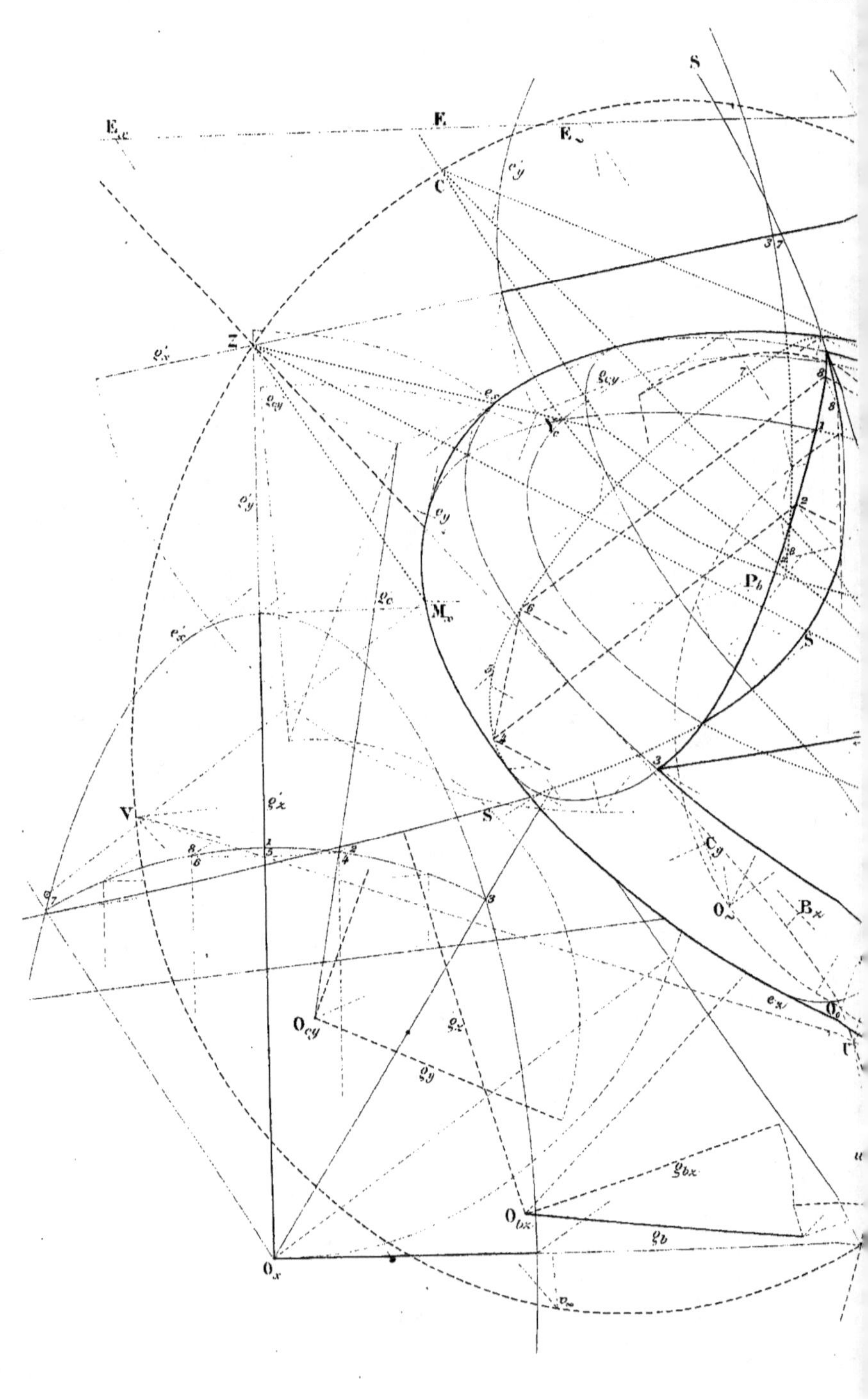

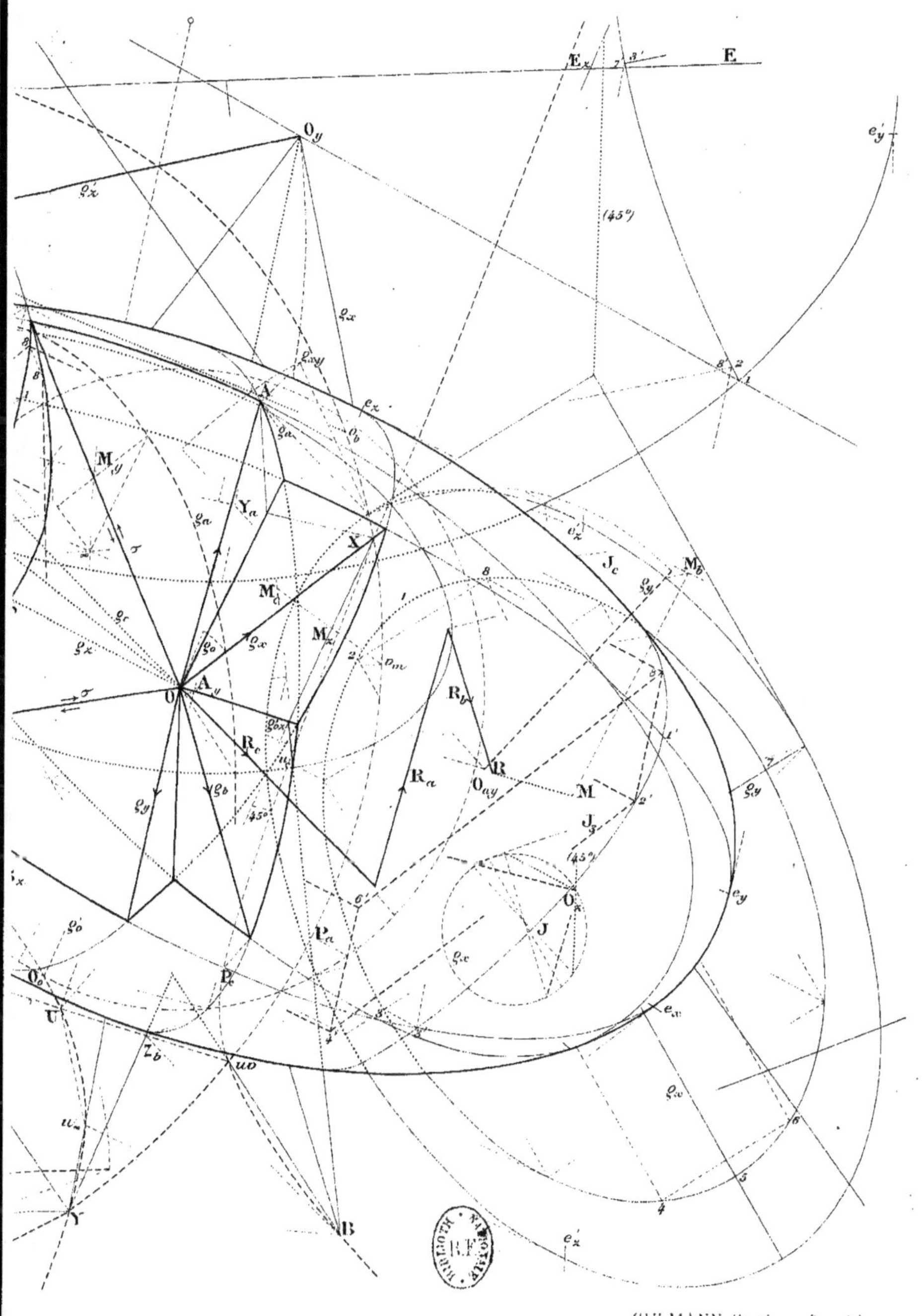

CULMANN. Statique Graphique.

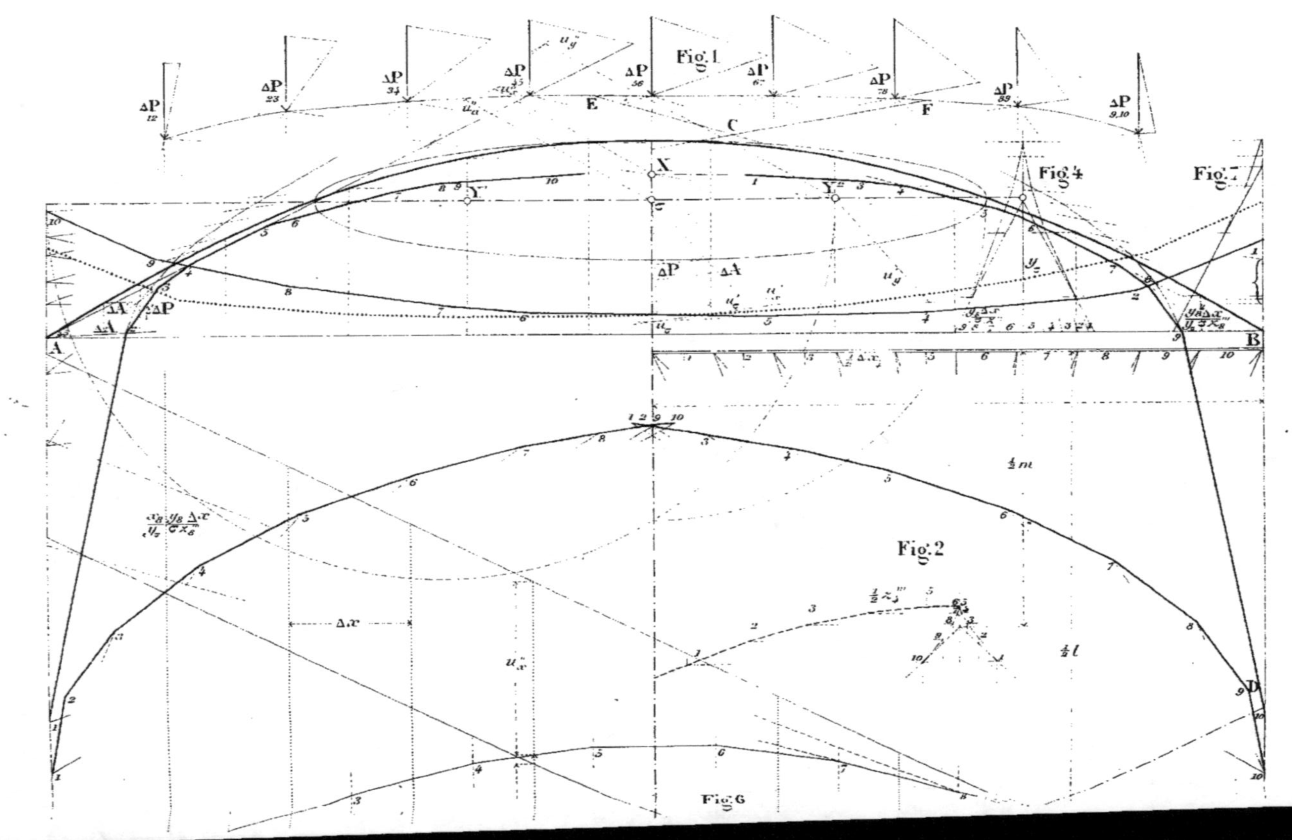
Fig. 1
Fig. 2
Fig. 4
Fig. 6
Fig. 7
A
B
C
D
E
F
X
Y

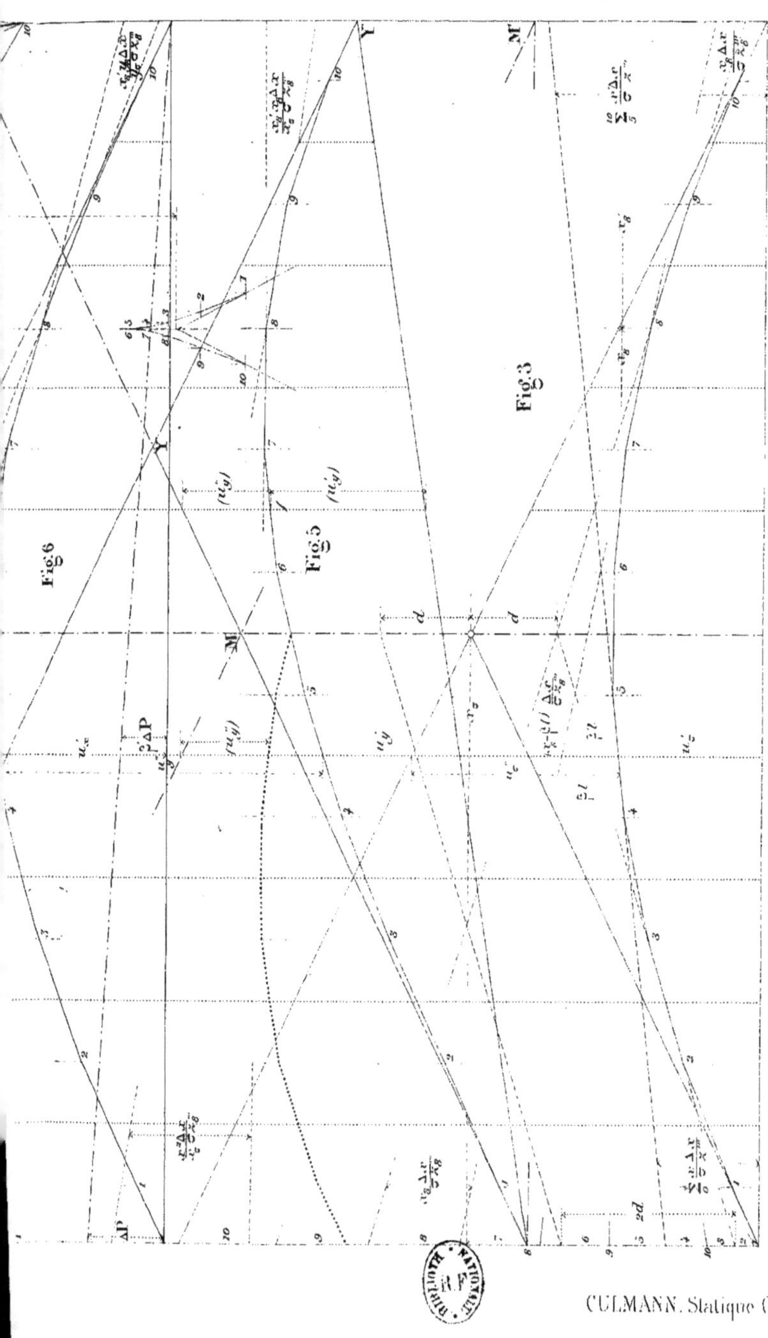
Fig.6
Fig.5
Fig.3
(u'y)
(u'y)
u'y
M
M'
Y
Y
P
P
2d
ΔP

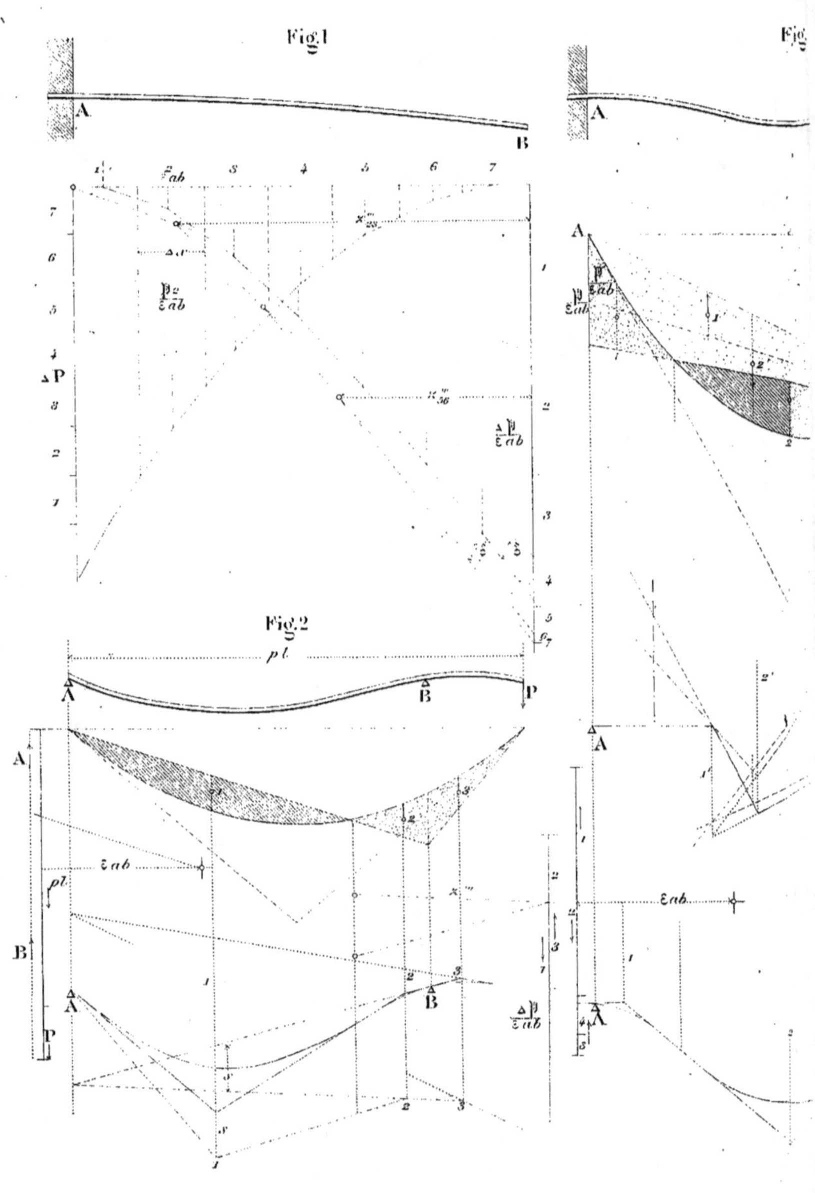
Fig.1
A
B
Fig.2
A
B
P
pl
A
B
P

Planche XVII.

Fig.3

Fig.4

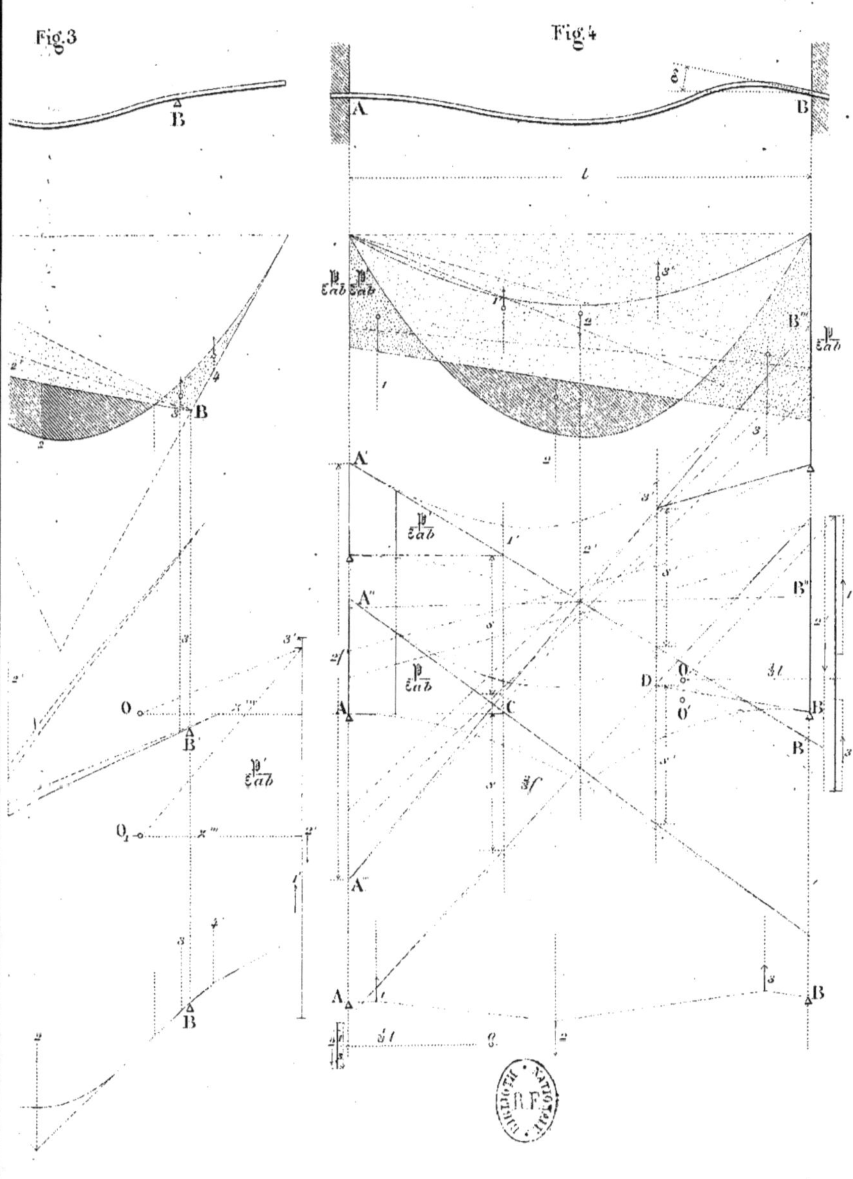

CULMANN. Statique Graphique.